MEANS ELECTRICAL COST DATA 1991

TABLE OF CONTENTS

Foreword	ii
How To Use This Book	iii
Section A Unit Price	
Crew Listings	viii
Unit Price Pages	1
Section B Assemblies	231
Section C Reference	293
Section D Appendix	345
Historical Cost Index	346
City Cost Indexes	347
Abbreviations	356
Index	359

Senior Editor
John H. Chiang

Chief Editor
Phillip R. Waier

Contributing Editors
Allan B. Cleveland
Donald D. Denzer
Jeffrey M. Goldman
Patricia Jackson
Alan E. Lew
Melville J. Mossman
John J. Moylan
Jeannene D. Murphy
Kenneth M. Randall
Kornelis Smit
Rory Woolsey
David M. Zuniga

Technical Coordinators
Marion Schofield
Wayne D. Anderson

Graphics
Carl W. Linde

Publisher
Roger J. Grant

First Printing

FOREWORD

THE COMPANY AND THE EDITORS

Since 1942, R.S. Means Company, Inc. has been actively engaged in construction cost publishing and consulting throughout North America. The primary objective of the company is to provide the construction industry professional — the contractor, the owner, the architect, the engineer, the facilities manager — with current and comprehensive construction cost data.

A thoroughly experienced and highly qualified staff of professionals at R.S. Means works daily at collecting, analyzing and disseminating reliable cost information for your needs. These staff members have years of practical construction experience and engineering training prior to joining the firm. Each contributes to the maintenance of a complete, continually-updated construction cost data system.

With the constant flow of new construction methods and materials, the construction professional often cannot find enough time to examine and evaluate all the diverse construction cost possibilities. R.S. Means performs this function by analyzing all facets of the industry. Data is collected and organized into a format that is instantly accessible. The data is useful for all phases of construction cost determination — from the preliminary budget to the detailed unit price estimate.

The Means organization is always prepared to assist you and help in the solution of construction problems through the services of its four major divisions; Construction and Cost Data Publishing, Computer Data and Software Services, Consulting Services and Educational Seminars.

DEVELOPMENT OF COST DATA

The staff at R.S. Means Company, Inc. continuously monitors developments in the construction industry in order to ensure reliable, thorough and up-to-date cost information. While *overall* construction costs may vary relative to general economic conditions, price fluctuations within the industry are dependent upon many other factors. Individual price variations may, in fact, be opposite to overall economic trends. Therefore, costs are monitored and updated and new items are added in response to industry changes.

All costs represent U.S. national averages and are given in U.S. dollars. The Means City Cost Indexes can be used to convert costs to a particular location. The City Cost Indexes for Canada can be used to convert U.S. national averages to local costs in Canadian dollars.

Material Costs are determined by contacting manufacturers, dealers, distributors, and contractors throughout the United States. If current material costs are available for a specific location, adjustments can be made to reflect differences from the national average. Material costs do not include sales tax.

Labor Costs are based on the average of wage rates from 30 major U.S. cities. Rates are determined from agreements or prevailing wages for construction trades for the current year. Rates are listed on the inside back cover of this book. If wage rates in your area vary from those used in this book, or if rate increases are expected within a given year, labor costs should be adjusted accordingly.

Labor costs reflect productivity based on actual working conditions. These figures include time spent during a normal work day on items other than actual installation such as material receiving and handling, mobilization, site movement, breaks, and cleanup. Productivity data is developed over an extended period so as not to be influenced by abnormal variations, and reflects a typical average.

Equipment Costs as presented include not only rental costs, but also operating costs. Equipment prices are obtained from industry sources throughout North America — contractors, suppliers, dealers, manufacturers and distributors.

FACTORS AFFECTING COSTS

Quality: The prices for materials and the workmanship upon which productivity is based are in line with U.S. Government specifications and represent good sound construction.

Overtime: No allowance has been made for overtime. If premium time or work during other than normal working hours is anticipated, adjustments to labor costs should be made accordingly.

Productivity: The productivity, daily output and man-hour figures for each line item are based on working an eight hour day in daylight hours. For other than normal work hours, productivity may decrease.

Size of Project: The size and type of construction project can have a significant impact on cost. Economy of scale can reduce costs for large projects. Conversely, costs may be higher for small projects due to higher percentage overhead costs, small quantity material purchases and minimum labor and/or equipment charges. Costs in this book are intended for the size and type of project as described in the "How To Use This Book" pages. Costs for projects of a significantly different size or type should be adjusted accordingly.

Location: Material prices are for metropolitan areas. Beyond a 20 mile radius of large cities, extra trucking or other transportation charges will increase the material costs slightly. This material increase may be offset by lower wage rates. Both of these factors should be considered when preparing an estimate, especially if the job site is remote. Highly specialized subcontract items may require high travel and per diem expenses for mechanics.

Other factors affecting costs are season of year, contractor management, weather, local union restrictions, building code requirements, and the availability of adequate energy, skilled labor, and building materials. General business conditions influence the "in-place" cost of all items. Substitute materials and construction methods may have to be employed, and these may increase the installed cost and/or life cycle costs. Such factors are difficult to evaluate and cannot be predicted on the basis of the job's location in a particular section of the country. Thus, there may be a significant, but unavoidable cost variation where these factors are concerned.

HOW TO USE THIS BOOK

HOW THE BOOK IS ARRANGED

This book is divided into four sections: A, B, C and D:

Section A — Unit Price: All cost information in this section has been divided into the 16 CSI divisions plus a S.F. (square foot) and C.F. (cubic foot) Cost division (17).

Each of the CSI divisions are further divided into topical subdivisions by R.S. Means, reflecting component installation activities. These subdivisions are further broken down, arranged in a more or less alphabetical order and assigned a major classification number.

A listing of the divisions and an outline of their subdivisions is shown in the Table of Contents page at the beginning of the Unit Price Section.

Numbering Each unit price line item has been assigned a unique 10 digit code. A graphic explanation of the numbering system is shown on the "How To Use Unit Price" page.

Descriptions Each line item number is followed by a description of the item. Sub-items and additional sizes are indented beneath appropriate line items. The first line or two after the main (bold face) item often contain descriptive information that pertains to all line items beneath this bold face listing.

Reference Numbers in Bold Squares `C9.3 -105`
Numbers in bold squares refer to related items in other sections of the book.

The relation may be: (1) an estimating procedure that should be read before estimating, (2) an alternate pricing method, or (3) technical information.

The letter in the square indicates the section of the book in which the related information appears. The numbers refer to the system, table, or line number within the particular section.

Example: The square number above is located in major classification 160-205, "Conduit to 15' high" and is telling the reader to refer to Section C, 9.3-105. In this example it is a "Unit Cost Procedure", which includes the assumptions made by the editor to arrive at cost.

Crew The "Crew" column designates the typical trade or crew to install the item. When an installation is done by one trade and requires no power equipment, that trade is listed. For example, "2 Elec" indicates that the installation is done with 2 electricians. Where a composite crew is appropriate, a crew code designation is listed. For example, an "R-1" crew is made up of 1 foreman, 3 electricians and 2 helpers. All crews are listed at the beginning of the Unit Price Section. Costs are shown both with bare labor rates, and with the contractor's overhead and profit. For each, the total crew cost per eight-hour day and the composite cost per man-hour are listed.

Daily Output To the right of every "Crew" code listing, a "Daily Output" figure is given. This is the number of units that the listed crew can install in a normal 8-hour day.

Man-hours The column following "Daily Output" is "Man-hours." This figure represents the man-hours required to install one "unit" of work. Unit man-hours are calculated by dividing the total daily crew hours (as seen in the Crew Tables) by the Daily Output.

Unit To the right of the "Man-hour" column is the "Unit" column. The abbreviated designations listed under this heading describe the unit of measure upon which the price, productivity and crew are based. See Section D for a complete list of abbreviations.

Material The first column under the "Bare Cost" heading lists the unit material cost for the line item. This figure is the "bare" material cost with no overhead and profit allowances included. Costs shown reflect national average material prices for January of the current year and include delivery to the jobsite.

Labor The second column under the "Bare Cost" heading is the unit labor cost. This cost may be derived by multiplying the crew's rate per man-hour times the man-hour's per unit.

Equipment The third column under the "Bare Cost" heading lists the unit equipment cost. This figure is the daily equipment cost divided by the daily output. The daily crew equipment cost in this case is based on weekly rental rates for the machine plus operating (gas, oil, etc.) costs.

Total The last column under the "Bare Cost" heading lists the total bare cost of the item. This is the arithmetic total of the three previous columns: "Material", "Labor", and "Equipment".

Total Incl. O&P The figure in this column is the sum of three components: the bare material cost plus 10% handling fee; the bare labor cost plus overhead and profit (per the labor rate table on the inside back cover); and the bare equipment cost plus 10% handling fee. A sample calculation is shown on the "How To Use Unit Price" page preceding Section A.

Division 17 contains Square Foot and Cubic Foot costs for 59 different building types. These figures include contractor's overhead and profit but do not include architectural fees or land costs.

Section B — Assemblies: This section uses an "assemblies" format which groups the functional elements of a building's erection into 12 "Uniformat" Construction Divisions. This book presents a few relevant Mechanical assemblies (Division 8) and many Electrical assemblies (Division 9).

At the top of each "Assembly" cost table is an illustration, a brief description, and the design criteria used to develop the cost. Each of the components and its contributing cost to the assemblies is shown in the next box. For a complete breakdown and explanation of a typical page, see "How To Use Assemblies Cost Tables" at the beginning of Section B.

Material These cost figures include a standard 10% markup for "handling". They are national average material costs as of January of the current year and include delivery to the jobsite.

Installation The installation costs include labor and equipment, plus a markup for the installing contractor's overhead and profit.

Section C — Reference: This section contains a wide array of relevant estimating information. Included are charts and tables, design and cost information, suggested estimating procedures, tax and insurance rates, and other technical information.

Many of the items listed in this section are the object of reference numbers from other sections of the book. Others, such as the wire and conduit tables, can aid the estimator to approximate various sizes when minimal information is available from drawings.

The estimating procedures show how the editors arrived at the figures and are often of value in listing materials for purchase. This section also includes information on design and economy in construction.

Section D — Appendix: Included in this section are Historical and City Cost Indexes, a list of abbreviations and a comprehensive index.

Historical Cost Index This index provides data to adjust construction costs over time.

City Cost Indexes These indexes provide data to adjust the "national average" costs in this book to 162 major cities throughout the U.S. and Canada.

Abbreviations/Index A listing of the abbreviations used throughout this book, along with the terms they represent is included. Following the abbreviations list, is an index for all sections.

	CSI Format		Assemblies Format	
	Division	Description	Division	Description
Electrical with Related Items *These divisions do not appear in this publication. For expanded listings of related publications, see advertising pages at back of book.	1	General Requirements	*1	Foundation/Substructure
	2	Site Work	*2	Substructure
	3	Concrete	*3	Superstructure
	*4	Masonry	*4	Exterior Closure
	5	Metals	*5	Roofing
	6	Wood & Plastics	*6	Interior Construction
	*7	Moisture Protection	*7	Conveying
	*8	Doors, Windows & Glass	10	General Conditions
	*9	Finishes	*11	Specialties
	10	Specialties	*12	Site Work
	11	Architectural Equipment		
	*12	Furnishings		
	13	Special Construction		
	*14	Conveying Systems		
	15	Mechanical	8	Mechanical
Electrical	16	Electrical	9	Electrical
Cost Modifications	17 Appendix	Square Foot City Cost Index	14	Square Foot Costs

ORGANIZATION OF THE BOOK

Format Division Numbers —Note that the approximate relation between the CSI format numbers and the Assemblies format are given above. Not all the divisions appear in the book.

OVERHEAD, PROFIT & CONTINGENCIES

General: Prices given in this book are of two kinds: (1) BARE COSTS and (2) TOTAL INCLUDING INSTALLING CONTRACTOR'S OVERHEAD & PROFIT.

The Bare Costs are the costs to a contractor before his mark-up. A contractor would have to add the company's percentage mark-up to these costs to arrive at a bid quote or selling price.

The total including the Installing Contractor's Overhead & Profit are calculated costs using standard "average" mark-ups for O&P added to the bare costs. This would be the subcontract cost to which a general contractor would add a mark-up to arrive at a bid quote or selling price to the owner if a subcontractor's price were not available. This mark-up, ranging from 2 to 15 percent, depends upon economic conditions plus the supervision and cost of processing expected by the general contractor. For the purposes of this book, an average mark-up of 10% could be used.

Overhead and Profit: Overhead and profit allowances are detailed in C10.3-200. These are general figures and local deviations are certainly to be expected. A contractor should be able to tell from his records very closely what his own overhead will be. He will then add whatever profit and contingency percentages that circumstances dictate.

Subcontractors: Usually a considerable portion of all large jobs is subcontracted. In fact the percentage done by subs is constantly increasing and may run over 90%. Since the workmen employed by these companies do nothing else but install their particular product, they soon become experts in that line. The result is, installation by these firms is accomplished so efficiently that the total in-place cost, even with the subcontractor's overhead and profit, is no more and often less than if the principal contractor had handled the installation himself. Also, the quality of the work may be higher.

Contingencies: The allowance for contingencies generally is to provide for indefinable construction difficulties. On alterations or repair jobs, 20% is none too much. If drawings are final and only field contingencies are being considered, 2% or 3% is probably sufficient and often nothing need be added. As far as the contract is concerned, future changes in plans will be covered by extras. The contractor should allow for inflationary price trends and possible material shortages during the course of the job. If drawings are not complete or approved, or a budget cost wanted, it is wise to add 5% to 10%. Contingencies, then, are a matter of judgment. Additional allowances are shown in Section A, 010 for contingencies and job conditions and Section C, 10.4-400 for factors to convert prices for repair and remodeling jobs.

SIZE OF JOB

The book is aimed primarily at industrial and commercial buildings costing $500,000 and up or large housing projects. The costs are also for new construction of complete buildings rather than repairs and minor alterations. Material prices given are usually trade quantity purchases. WITH REASONABLE EXERCISE OF JUDGMENT THE FIGURES CAN BE USED FOR ANY BUILDING WORK, but do not apply to civil engineering structures such as bridges, dams, highways or the like.

ROUNDING OF COSTS

In general, all unit prices in excess of $5.00 have been rounded to make them easier to use and still maintain adequate precision of the results. The rounding rules are as follows:
Price from $5.01 to $20.00 rounded to the nearest 5¢
Price from $20.01 to $100.00 rounded to the nearest $1
Price from $100.01 to $1,000.00 rounded to the nearest $5
Price from $1,000.01 to $10,000.00 rounded to the nearest $25
Price from $10,000.01 to $50,000.00 rounded to the nearest $100
Price over $50,000.01 rounded to the nearest $500

ESTIMATING GUIDELINES

The following suggestions are made to enable the estimator to perform unit price estimating in a logical, easy to check and thorough manner.

1. Use pre-printed or columnar forms for orderly sequence of dimensions and locations and for recording telephone quotations.
2. Use only the front side of each paper or form except for certain pre-printed summary forms.
3. Be consistent in listing dimensions: for example, length x width x height. This helps in re-checking to insure that, say, the total length of partitions is appropriate for the building area.
4. Use printed (rather than scaled) dimensions where given.
5. Add up multiple printed dimensions for a single entry where possible.
6. Scale all other dimensions carefully.
7. Use each set of dimensions to calculate multiple related quantities.
8. Convert foot and inch measurements to decimal feet when listing. Memorize decimal equivalents to .01 parts of a foot (1/8" equals approximately .01').
9. Do not "round off" quantities until the final summary.
10. Mark drawings with different colors as items are taken off.
11. Keep similar items together; different items separate.
12. Identify location and drawing numbers to aid in future checking for completeness.
13. Measure or list everything on the drawings or mentioned in the specifications.
14. It may be necessary to list items not called for to make the job complete.
15. Be alert for: notes on plans such as N.T.S. (not to scale); changes in scale throughout the drawings; reduced size drawings; discrepancies between the specifications and the drawings.
16. Develop a consistent pattern of performing an estimate, for example:
    a. Start the quantity take-off at the lower floor and move to the next higher floor.
    b. Proceed from the main section of the building to the wings.
    c. Proceed from south to north or vice versa, clockwise or counterclockwise.
    d. Take off floor plan quantities first, elevations next, then detail drawings.
17. List all gross dimensions that can be either used again for different quantities, or used as a rough check of other quantities for verification (exterior perimeter, gross floor area, individual floor areas, etc.).
18. Utilize design symmetry or repetition (repetitive floors, repetitive wings, symmetrical design around a center line, similar room layouts, etc.). Note: extreme caution is needed here so as not to omit or duplicate an area.
19. Do not convert units until the final total is obtained. For instance, when estimating concrete work, keep all units to the nearest cubic foot, then summarize and convert to cubic yards.
20. When figuring alternates, it is best to total all items involved in the basic system, then total all items involved in the alternates. Thus you work with positive numbers in all cases. When adds and deducts are used, it often is confusing whether to add or subtract a portion of an item, especially on a complicated or involved alternate.

DOING THE WORK

In making an engineering estimate ignore the cents column. Just give total per unit to the nearest dollar. The cents will average up in a column of figures. An engineering estimate of $457,323.37 is ridiculous: $457,325 is certainly more sensible and $457,000 is better and just as likely to be right.

If you follow this simple instruction the time saved is tremendous with an added important advantage: using round figures your mind is left free to exercise judgment and common sense rather than being overcome and befuddled by a mass of computations.

When you have finished, roughly check the big items for location of the decimal point. That is important. A large error can creep in if you write down $300 when it should be $3,000. Also check the list to be sure you have not omitted any large item. A common error is to overlook, let us say, heating or to forget outside lighting or transformers or otherwise commit a gross omission. No amount of accuracy in prices can compensate for such an oversight.

It is important to keep the bare costs and costs that already include the Subs O & P separate since different mark-ups will have to be applied to each category. Organize your estimating procedures to minimize confusion and simplify checking to insure against omissions and/or duplications.

By using printed forms listing the usual building items, the chance of omissions and duplications is lessened, but never completely eliminated.

ESTIMATING LABOR MAN-HOURS

The Man-hours expressed in this publication are based on Average Installation time, using an efficiency level of approximately 60-65% (see item 7 below).

The book uses this National Efficiency Average to establish a consistent benchmark.

For bid situations, adjustments to this efficiency level should be the responsibility of the contractor bidding the project.

The unit man-hour is divided in the following manner. A typical day for a crew might be:

1. Study Plans	3%	14.4 min.
2. Material Procurement	3%	14.4 min.
3. Receiving and Storing	3%	14.4 min.
4. Mobilization	5%	24.0 min.
5. Site Movement	5%	24.0 min.
6. Layout and Marking	8%	38.4 min.
7. Actual Installation	64%	307.2 min.
8. Clean-up	3%	14.4 min.
9. Breaks, Non-Productive	6%	28.8 min.
	100%	480.0 min.

If any of the percentages expressed in this breakdown do not apply to the particular work or project situation, then that percentage or a portion of it may be deducted from or added to labor hours.

CAUTION: As references are made to Section C, "Unit Cost Procedures", note that in many instances a labor time/cost modifier is included. When this is used, do not further adjust the above breakdown of labor, as this has already been done for you.

HOW TO USE UNIT PRICE PAGES

Important
Prices in this section are listed in two ways: as bare costs and as costs including overhead and profit of the installing contractor. In most cases, if the work is to be subcontracted, it is best for a general contractor to add an additional 10% to the figures found in the column titled **"TOTAL INCL. O&P"**.

Unit
The unit of measure listed here reflects the material being used in the line item. For example: Wood poles are priced in units of EACH pole.

Productivity
The daily output represents the typical total daily amount of installed units that the designated crew will produce. Unit man-hours are a measure of the labor involved in performing a task. To derive the total man-hours for a task, multiply the quantity of the item involved times the man-hour figure shown.

Line Number Determination
Each line item is identified by a unique ten-digit number.

MASTERFORMAT
Division
<u>167</u> 110 2600

Subdivision

Mediumscope
<u>167 100</u>
167 110 2600

Major Classification

167 110 **2600**

Individual Line Number

Description
The meaning of line 167-110-2600 is: Each 30' creosoted wood telephone pole requires a total of 7.69 man-hours to set. The customer's cost would be $680 each.

C9.1 -147 Reference Number
These "square numbers" refer to charts, tables, estimating data, cost derivations and other information which may be useful to the user of this book. These references may direct the reader to any section within the book.

Crew R-3

Crew No.	Bare Costs		Incl. Subs O & P		Cost Per Man-Hour	
Crew R-3	Hr.	Daily	Hr.	Daily	Bare Costs	Incl. O&P
1 Electrician Foreman	$25.65	$205.20	$37.90	$303.20	$24.98	$37.01
1 Electrician	25.15	201.20	37.15	297.20		
.5 Equip. Oper. (crane)	23.30	93.20	34.95	139.80		
.5 S.P. Crane, 5 Ton		104.00		114.40	5.20	5.72
20 M.H., Daily Totals		$603.60		$854.60	$30.18	$42.73

Bare Costs are developed as follows for line no. **167-110-2600** (with rounding):

Mat. is Bare Material Cost (**$320.00**)
Labor for Crew R3 = Man-hour Cost (**$24.98**) × Man-hour Units (**7.69**) = **$190**
Equip. for Crew R3 = Equip. Hour Cost (**$5.20**) × Man-hour Units (**7.69**) = **$40**
Total = **Mat.** Cost (**$320**) + **Labor** Cost (**$190**) + **Equip.** Cost (**$40**) = **$550** per each wood pole.
(**Note:** Where a Crew is indicated, Equipment and Labor costs are derived from the Crew Tables. See example above.)

Total Costs Including O&P are developed as follows:

Mat. is Bare Material Cost + 10% = **$320.00** + **$32.00** = **$352**
Labor = Bare Inst. Cost (**$190**) + O&P (**47.7%**) = **$284**
Equip. = Bare Eq. Cost (**$40**) + 10% = **$44**
Total = **Mat.** Cost (**$352**) + **Labor** Cost (**$284**) + **Equip.** Cost (**$44**) = **$680**
(**Note:** Where a crew is indicated, Equipment and Labor costs are derived from the Crew Tables. See example above. **"Total Incl. O&P"** costs are rounded.)

---

167 | Electric Utilities

167 100	Electric Utilities	CREW	DAILY OUTPUT	MAN-HOURS	UNIT	MAT.	LABOR	EQUIP.	TOTAL	TOTAL INCL O&P
110 0010	ELECTRIC & TELEPHONE SITEWORK Not including excavation,									
0200	backfill and cast in place concrete									
0600	2' x 2' x 3' deep	R-3	2.40	8.330	Ea.	244	210	43	497	625
0800	3' x 3' x 3' deep		1.90	10.530		336	265	55	656	820
1000	4' x 4' x 4' deep	↓	1.40	14.290	↓	728	355	74	1,157	1,400
1200	Manholes, precast, with iron racks, pulling irons, C.I. frame									
1400	and cover, 4' x 6' x 7' deep	R-3	1.20	16.670	Ea.	1,300	415	87	1,802	2,150
1600	6' x 8' x 7' deep		1	20		1,580	500	105	2,185	2,600
1800	6' x 10' x 7' deep		.80	25		1,785	625	130	2,540	3,025
2000	Poles, wood, creosoted, see also division 166-115, 20' high		3.10	6.450		220	160	34	414	520
2400	25' high		2.90	6.900		275	170	36	481	595
2600	30' high		2.60	7.690		320	190	40	550	680
2800	35' high		2.40	8.330		410	210	43	663	805
3000	40' high		2.30	8.700		495	215	45	755	915
3200	45' high	↓	1.70	11.760	↓	525	295	61	881	1,075
3400	Cross arms with hardware & insulators									
3600	4' long	1 Elec	2.50	3.200	Ea.	80	80		160	205
3800	5' long		2.40	3.330		97	84		181	230
4000	6' long	↓	2.20	3.640	↓	112	91		203	260
4200	Underground duct, banks ready for concrete fill, min. of 7"									
4400	between conduits, ctr. to ctr.(for wire & cable see div. 161									
4580	PVC, type EB, 1 @ 2" diameter	1 Elec	240	.033	L.F.	.36	.84		1.20	1.63
4600	2 @ 2" diameter		120	.067		.72	1.68		2.40	3.27
4800	4 @ 2" diameter		60	.133		1.44	3.35		4.79	6.55
4900	1 @ 3" diameter		200	.040		.50	1.01		1.51	2.07
5000	2 @ 3" diameter		100	.080		1	2.01		3.01	4.07
5200	4 @ 3" diameter		50	.160		2	4.02		6.02	8.15
5300	1 @ 4" diameter		160	.050		.81	1.26		2.07	2.75
5400	2 @ 4" diameter		80	.100		1.62	2.52		4.14	5.50
5600	4 @ 4" diameter		40	.200		3.24	5.05		8.29	11
5800	6 @ 4" diameter		27	.296		4.86	7.45		12.31	16.35
5810	1 @ 5" diameter		130	.062		1.24	1.55		2.79	3.65
5820	2 @ 5" diameter		65	.123		2.48	3.10		5.58	7.30
5840	4 @ 5" diameter		35	.229		4.96	5.75		10.71	13.95

SECTION A
UNIT PRICE COSTS

TABLE OF CONTENTS

DIV. NO.		PAGE
010	Overhead	1
013	Submittals	3
015	Construction Facilities & Temporary Controls	3
016	Material & Equipment	5
017	Contract Closeout	9
020	Subsurface Investigation & Demolition	10
021	Site Preparation	14
022	Earthwork	15
026	Piped Utilities	16
027	Sewerage & Drainage	17
031	Concrete Formwork	18
033	Cast-In-Place Concrete	18
050	Metal Materials, Finishes & Fastenings	19
051	Structural Metal Framing	22
060	Fasteners & Adhesives	22
061	Rough Carpentry	23
102	Louvers, Corner Protection and Access Flooring	23

DIV. NO.		PAGE
108	Toilet & Bath Accessories & Scales	24
110	Equipment	24
111	Mercantile, Commercial & Detention Equipment	25
114	Food Service, Residential, Darkroom, Athletic Equipment	26
116	Laboratory, Planetarium, Observatory Equipment	27
117	Medical Equipment	28
130	Special Construction	28
131	Pre-Eng. Structures, Pools & Ice Rinks	31
133	Utility Control Systems	32
151	Pipe & Fittings	32
152	Plumbing Fixtures	33
153	Plumbing Appliances	34

DIV. NO.		PAGE
154	Fire Extinguishing Systems	35
155	Heating	35
157	Air Conditioning/Ventilating	39
160	Raceways	43
161	Conductors & Grounding	103
162	Boxes & Wiring Devices	120
163	Starters, Boards, & Switches	132
164	Transformers & Bus Ducts	165
165	Power Systems & Capacitors	189
166	Lighting	191
167	Electric Utilities	202
168	Special Systems	206
169	Power Transmission & Distribution	219
171	S.F., C.F. & % of Total Costs	222

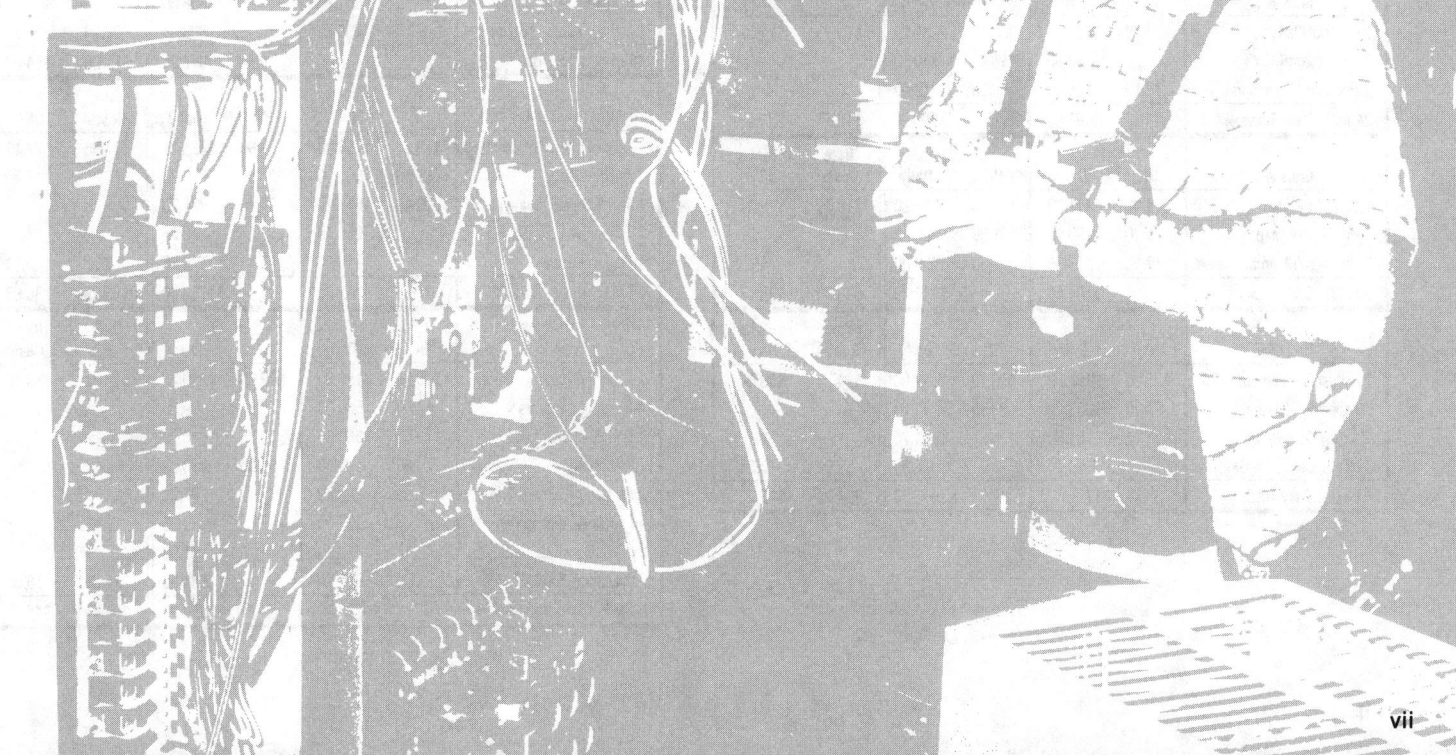

CREWS

Crew No.	Bare Costs		Incl. Subs O & P		Cost Per Man-Hour	
Crew A-1	Hr.	Daily	Hr.	Daily	Bare Costs	Incl. O&P
1 Building Laborer	$17.50	$140.00	$26.85	$214.80	$17.50	$26.85
1 Gas Eng. Power Tool		54.40		59.85	6.80	7.48
8 M.H., Daily Totals		$194.40		$274.65	$24.30	$34.33
Crew A-1A	Hr.	Daily	Hr.	Daily	Bare Costs	Incl. O&P
1 Laborer	$17.50	$140.00	$26.85	$214.80	$17.50	$26.85
1 Power Equipment		29.80		32.80	3.72	4.10
8 M.H., Daily Totals		$169.80		$247.60	$21.22	$30.95
Crew A-2	Hr.	Daily	Hr.	Daily	Bare Costs	Incl. O&P
2 Building Laborers	$17.50	$280.00	$26.85	$429.60	$17.70	$26.96
1 Truck Driver (light)	18.10	144.80	27.20	217.60		
1 Light Truck, 1.5 Ton		146.00		160.60	6.08	6.69
24 M.H., Daily Totals		$570.80		$807.80	$23.78	$33.65
Crew A-3	Hr.	Daily	Hr.	Daily	Bare Costs	Incl. O&P
1 Truck Driver (heavy)	$18.40	$147.20	$27.65	$221.20	$18.40	$27.65
1 Dump Truck, 12 Ton		298.80		328.70	37.35	41.08
8 M.H., Daily Totals		$446.00		$549.90	$55.75	$68.73
Crew A-4	Hr.	Daily	Hr.	Daily	Bare Costs	Incl. O&P
2 Carpenters	$22.00	$352.00	$33.75	$540.00	$21.60	$32.83
1 Painter, Ordinary	20.80	166.40	31.00	248.00		
24 M.H., Daily Totals		$518.40		$788.00	$21.60	$32.83
Crew A-5	Hr.	Daily	Hr.	Daily	Bare Costs	Incl. O&P
2 Building Laborers	$17.50	$280.00	$26.85	$429.60	$17.56	$26.88
.25 Truck Driver (light)	18.10	36.20	27.20	54.40		
.25 Light Truck, 1.5 Ton		36.50		40.15	2.02	2.23
18 M.H., Daily Totals		$352.70		$524.15	$19.58	$29.11
Crew A-6	Hr.	Daily	Hr.	Daily	Bare Costs	Incl. O&P
1 Chief Of Party	$21.40	$171.20	$32.10	$256.80	$20.30	$30.45
1 Instrument Man	19.20	153.60	28.80	230.40		
16 M.H., Daily Totals		$324.80		$487.20	$20.30	$30.45
Crew A-7	Hr.	Daily	Hr.	Daily	Bare Costs	Incl. O&P
1 Chief Of Party	$21.40	$171.20	$32.10	$256.80	$19.23	$29.13
1 Instrument Man	19.20	153.60	28.80	230.40		
1 Rodman/Chainman	17.10	136.80	26.50	212.00		
24 M.H., Daily Totals		$461.60		$699.20	$19.23	$29.13
Crew A-8	Hr.	Daily	Hr.	Daily	Bare Costs	Incl. O&P
1 Chief Of Party	$21.40	$171.20	$32.10	$256.80	$18.70	$28.47
1 Instrument Man	19.20	153.60	28.80	230.40		
2 Rodmen/Chainmen	17.10	273.60	26.50	424.00		
32 M.H., Daily Totals		$598.40		$911.20	$18.70	$28.47
Crew A-9	Hr.	Daily	Hr.	Daily	Bare Costs	Incl. O&P
1 Asbestos Foreman	$25.20	$201.60	$39.10	$312.80	$24.76	$38.44
7 Asbestos Workers	24.70	1383.20	38.35	2147.60		
4 Airless Sprayers		101.60		111.75		
3 HEPA Vacs., 16 Gal.		89.40		98.35	2.98	3.28
64 M.H., Daily Totals		$1775.80		$2670.50	$27.74	$41.72

Crew No.	Bare Costs		Incl. Subs O & P		Cost Per Man-Hour	
Crew A-10	Hr.	Daily	Hr.	Daily	Bare Costs	Incl. O&P
1 Asbestos Foreman	$25.20	$201.60	$39.10	$312.80	$24.76	$38.44
7 Asbestos Workers	24.70	1383.20	38.35	2147.60		
2 HEPA Vacs., 16 Gal.		59.60		65.55	.93	1.02
64 M.H., Daily Totals		$1644.40		$2525.95	$25.69	$39.46
Crew A-11	Hr.	Daily	Hr.	Daily	Bare Costs	Incl. O&P
1 Asbestos Foreman	$25.20	$201.60	$39.10	$312.80	$24.76	$38.44
7 Asbestos Workers	24.70	1383.20	38.35	2147.60		
4 Airless Sprayers		101.60		111.75		
2 HEPA Vacs., 16 Gal.		59.60		65.55		
2 Chipping Hammers		18.40		20.25	2.80	3.08
64 M.H., Daily Totals		$1764.40		$2657.95	$27.56	$41.52
Crew A-12	Hr.	Daily	Hr.	Daily	Bare Costs	Incl. O&P
1 Asbestos Foreman	$25.20	$201.60	$39.10	$312.80	$24.76	$38.44
7 Asbestos Workers	24.70	1383.20	38.35	2147.60		
4 Airless Sprayers		101.60		111.75		
2 HEPA Vacs., 16 Gal.		59.60		65.55		
1 Large Prod. Vac. Loader		440.80		484.90	9.40	10.34
64 M.H., Daily Totals		$2186.80		$3122.60	$34.16	$48.78
Crew B-1	Hr.	Daily	Hr.	Daily	Bare Costs	Incl. O&P
1 Labor Foreman (outside)	$19.50	$156.00	$29.90	$239.20	$18.16	$27.86
2 Building Laborers	17.50	280.00	26.85	429.60		
24 M.H., Daily Totals		$436.00		$668.80	$18.16	$27.86
Crew B-2	Hr.	Daily	Hr.	Daily	Bare Costs	Incl. O&P
1 Labor Foreman (outside)	$19.50	$156.00	$29.90	$239.20	$17.90	$27.46
4 Building Laborers	17.50	560.00	26.85	859.20		
40 M.H., Daily Totals		$716.00		$1098.40	$17.90	$27.46
Crew B-3	Hr.	Daily	Hr.	Daily	Bare Costs	Incl. O&P
1 Labor Foreman (outside)	$19.50	$156.00	$29.90	$239.20	$18.96	$28.77
2 Building Laborers	17.50	280.00	26.85	429.60		
1 Equip. Oper. (med.)	22.50	180.00	33.75	270.00		
2 Truck Drivers (heavy)	18.40	294.40	27.65	442.40		
F.E. Loader, T.M., 2.5 C.Y.		807.80		888.60		
2 Dump Trucks, 16 Ton		730.40		803.45	32.04	35.25
48 M.H., Daily Totals		$2448.60		$3073.25	$51.00	$64.02
Crew B-4	Hr.	Daily	Hr.	Daily	Bare Costs	Incl. O&P
1 Labor Foreman (outside)	$19.50	$156.00	$29.90	$239.20	$17.98	$27.49
4 Building Laborers	17.50	560.00	26.85	859.20		
1 Truck Driver (heavy)	18.40	147.20	27.65	221.20		
1 Tractor, 4 x 2, 195 H.P.		268.40		295.25		
1 Platform Trailer		130.60		143.65	8.31	9.14
48 M.H., Daily Totals		$1262.20		$1758.50	$26.29	$36.63
Crew B-5	Hr.	Daily	Hr.	Daily	Bare Costs	Incl. O&P
1 Labor Foreman (outside)	$19.50	$156.00	$29.90	$239.20	$19.81	$30.10
4 Building Laborers	17.50	560.00	26.85	859.20		
2 Equip. Oper. (med.)	22.50	360.00	33.75	540.00		
1 Mechanic	24.00	192.00	36.00	288.00		
1 Air Compr., 250 C.F.M.		88.80		97.70		
Air Tools & Accessories		27.60		30.35		
2-50 Ft. Air Hoses, 1.5" Dia.		10.80		11.90		
F.E. Loader, T.M., 2.5 C.Y.		807.80		888.60	14.60	16.07
64 M.H., Daily Totals		$2203.00		$2954.95	$34.41	$46.17

CREWS

Crew No.	Bare Costs		Incl. Subs O & P		Cost Per Man-Hour	
Crew B-6	Hr.	Daily	Hr.	Daily	Bare Costs	Incl. O&P
2 Building Laborers	$17.50	$280.00	$26.85	$429.60	$18.80	$28.60
1 Equip. Oper. (light)	21.40	171.20	32.10	256.80		
1 Backhoe Loader, 48 H.P.		190.40		209.45	7.93	8.72
24 M.H., Daily Totals		$641.60		$895.85	$26.73	$37.32
Crew B-7	Hr.	Daily	Hr.	Daily	Bare Costs	Incl. O&P
1 Labor Foreman (outside)	$19.50	$156.00	$29.90	$239.20	$18.66	$28.50
4 Building Laborers	17.50	560.00	26.85	859.20		
1 Equip. Oper. (med.)	22.50	180.00	33.75	270.00		
1 Chipping Machine		178.80		196.70		
F.E. Loader, T.M., 2.5 C.Y.		807.80		888.60		
2 Chain Saws		83.20		91.50	22.28	24.51
48 M.H., Daily Totals		$1965.80		$2545.20	$40.94	$53.01
Crew B-7A	Hr.	Daily	Hr.	Daily	Bare Costs	Incl. O&P
2 Laborers	$17.50	$280.00	$26.85	$429.60	$18.80	$28.60
1 Equip. Oper. (light)	21.40	171.20	32.10	256.80		
1 Rake w/Tractor		186.80		205.50		
2 Chain Saws		40.00		44.00	9.45	10.39
24 M.H., Daily Totals		$678.00		$935.90	$28.25	$38.99
Crew B-8	Hr.	Daily	Hr.	Daily	Bare Costs	Incl. O&P
1 Labor Foreman (outside)	$19.50	$156.00	$29.90	$239.20	$19.43	$29.40
2 Building Laborers	17.50	280.00	26.85	429.60		
2 Equip. Oper. (med.)	22.50	360.00	33.75	540.00		
1 Equip. Oper. Oiler	19.20	153.60	28.80	230.40		
2 Truck Drivers (heavy)	18.40	294.40	27.65	442.40		
1 Hyd. Crane, 25 Ton		486.40		535.05		
F.E. Loader, T.M., 2.5 C.Y.		807.80		888.60		
2 Dump Trucks, 16 Ton		730.40		803.45	31.63	34.79
64 M.H., Daily Totals		$3268.60		$4108.70	$51.06	$64.19
Crew B-9	Hr.	Daily	Hr.	Daily	Bare Costs	Incl. O&P
1 Labor Foreman (outside)	$19.50	$156.00	$29.90	$239.20	$17.90	$27.46
4 Building Laborers	17.50	560.00	26.85	859.20		
1 Air Compr., 250 C.F.M.		88.80		97.70		
Air Tools & Accessories		27.60		30.35		
2-50 Ft. Air Hoses, 1.5" Dia.		10.80		11.90	3.18	3.49
40 M.H., Daily Totals		$843.20		$1238.35	$21.08	$30.95
Crew B-10	Hr.	Daily	Hr.	Daily	Bare Costs	Incl. O&P
1 Equip. Oper. (med.)	$22.50	$180.00	$33.75	$270.00	$20.83	$31.45
.5 Building Laborer	17.50	70.00	26.85	107.40		
12 M.H., Daily Totals		$250.00		$377.40	$20.83	$31.45
Crew B-10A	Hr.	Daily	Hr.	Daily	Bare Costs	Incl. O&P
1 Equip. Oper. (med.)	$22.50	$180.00	$33.75	$270.00	$20.83	$31.45
.5 Building Laborer	17.50	70.00	26.85	107.40		
1 Roll. Compact., 2K Lbs.		74.40		81.85	6.20	6.82
12 M.H., Daily Totals		$324.40		$459.25	$27.03	$38.27
Crew B-10B	Hr.	Daily	Hr.	Daily	Bare Costs	Incl. O&P
1 Equip. Oper. (med.)	$22.50	$180.00	$33.75	$270.00	$20.83	$31.45
.5 Building Laborer	17.50	70.00	26.85	107.40		
1 Dozer, 200 H.P.		775.80		853.40	64.65	71.11
12 M.H., Daily Totals		$1025.80		$1230.80	$85.48	$102.56

Crew No.	Bare Costs		Incl. Subs O & P		Cost Per Man-Hour	
Crew B-10C	Hr.	Daily	Hr.	Daily	Bare Costs	Incl. O&P
1 Equip. Oper. (med.)	$22.50	$180.00	$33.75	$270.00	$20.83	$31.45
.5 Building Laborer	17.50	70.00	26.85	107.40		
1 Dozer, 200 H.P.		775.80		853.40		
1 Vibratory Roller, Towed		90.40		99.45	72.18	79.40
12 M.H., Daily Totals		$1116.20		$1330.25	$93.01	$110.85
Crew B-10D	Hr.	Daily	Hr.	Daily	Bare Costs	Incl. O&P
1 Equip. Oper. (med.)	$22.50	$180.00	$33.75	$270.00	$20.83	$31.45
.5 Building Laborer	17.50	70.00	26.85	107.40		
1 Dozer, 200 H.P.		775.80		853.40		
1 Sheepsft. Roller, Towed		119.80		131.80	74.63	82.10
12 M.H., Daily Totals		$1145.60		$1362.60	$95.46	$113.55
Crew B-10E	Hr.	Daily	Hr.	Daily	Bare Costs	Incl. O&P
1 Equip. Oper. (med.)	$22.50	$180.00	$33.75	$270.00	$20.83	$31.45
.5 Building Laborer	17.50	70.00	26.85	107.40		
1 Tandem Roller, 5 Ton		118.40		130.25	9.86	10.85
12 M.H., Daily Totals		$368.40		$507.65	$30.69	$42.30
Crew B-10F	Hr.	Daily	Hr.	Daily	Bare Costs	Incl. O&P
1 Equip. Oper. (med.)	$22.50	$180.00	$33.75	$270.00	$20.83	$31.45
.5 Building Laborer	17.50	70.00	26.85	107.40		
1 Tandem Roller, 10 Ton		187.60		206.35	15.63	17.19
12 M.H., Daily Totals		$437.60		$583.75	$36.46	$48.64
Crew B-10G	Hr.	Daily	Hr.	Daily	Bare Costs	Incl. O&P
1 Equip. Oper. (med.)	$22.50	$180.00	$33.75	$270.00	$20.83	$31.45
.5 Building Laborer	17.50	70.00	26.85	107.40		
1 Sheepsft. Roll., 130 H.P.		487.00		535.70	40.58	44.64
12 M.H., Daily Totals		$737.00		$913.10	$61.41	$76.09
Crew B-10H	Hr.	Daily	Hr.	Daily	Bare Costs	Incl. O&P
1 Equip. Oper. (med.)	$22.50	$180.00	$33.75	$270.00	$20.83	$31.45
.5 Building Laborer	17.50	70.00	26.85	107.40		
1 Diaphr. Water Pump, 2"		14.40		15.85		
1-20 Ft. Suction Hose, 2"		4.40		4.85		
2-50 Ft. Disch. Hoses, 2"		5.20		5.70	2.00	2.20
12 M.H., Daily Totals		$274.00		$403.80	$22.83	$33.65
Crew B-10I	Hr.	Daily	Hr.	Daily	Bare Costs	Incl. O&P
1 Equip. Oper. (med.)	$22.50	$180.00	$33.75	$270.00	$20.83	$31.45
.5 Building Laborer	17.50	70.00	26.85	107.40		
1 Diaphr. Water Pump, 4"		50.20		55.20		
1-20 Ft. Suction Hose, 4"		11.20		12.30		
2-50 Ft. Disch. Hoses, 4"		8.00		8.80	5.78	6.35
12 M.H., Daily Totals		$319.40		$453.70	$26.61	$37.80
Crew B-10J	Hr.	Daily	Hr.	Daily	Bare Costs	Incl. O&P
1 Equip. Oper. (med.)	$22.50	$180.00	$33.75	$270.00	$20.83	$31.45
.5 Building Laborer	17.50	70.00	26.85	107.40		
1 Centr. Water Pump, 3"		27.20		29.90		
1-20 Ft. Suction Hose, 3"		6.80		7.50		
2-50 Ft. Disch. Hoses, 3"		7.20		7.90	3.43	3.77
12 M.H., Daily Totals		$291.20		$422.70	$24.26	$35.22

CREWS

Crew No.	Bare Costs		Incl. Subs O & P		Cost Per Man-Hour	
Crew B-10K	Hr.	Daily	Hr.	Daily	Bare Costs	Incl. O&P
1 Equip. Oper. (med.)	$22.50	$180.00	$33.75	$270.00	$20.83	$31.45
.5 Building Laborer	17.50	70.00	26.85	107.40		
1 Centr. Water Pump, 6"		146.20		160.80		
1-20 Ft. Suction Hose, 6"		23.40		25.75		
2-50 Ft. Disch. Hoses, 6"		26.00		28.60	16.30	17.92
12 M.H., Daily Totals		$445.60		$592.55	$37.13	$49.37
Crew B-10L	Hr.	Daily	Hr.	Daily	Bare Costs	Incl. O&P
1 Equip. Oper. (med.)	$22.50	$180.00	$33.75	$270.00	$20.83	$31.45
.5 Building Laborer	17.50	70.00	26.85	107.40		
1 Dozer, 75 H.P.		272.80		300.10	22.73	25.00
12 M.H., Daily Totals		$522.80		$677.50	$43.56	$56.45
Crew B-10M	Hr.	Daily	Hr.	Daily	Bare Costs	Incl. O&P
1 Equip. Oper. (med.)	$22.50	$180.00	$33.75	$270.00	$20.83	$31.45
.5 Building Laborer	17.50	70.00	26.85	107.40		
1 Dozer, 300 H.P.		861.80		948.00	71.81	79.00
12 M.H., Daily Totals		$1111.80		$1325.40	$92.64	$110.45
Crew B-10N	Hr.	Daily	Hr.	Daily	Bare Costs	Incl. O&P
1 Equip. Oper. (med.)	$22.50	$180.00	$33.75	$270.00	$20.83	$31.45
.5 Building Laborer	17.50	70.00	26.85	107.40		
F.E. Loader, T.M., 1.5 C.Y.		343.20		377.50	28.60	31.45
12 M.H., Daily Totals		$593.20		$754.90	$49.43	$62.90
Crew B-10O	Hr.	Daily	Hr.	Daily	Bare Costs	Incl. O&P
1 Equip. Oper. (med.)	$22.50	$180.00	$33.75	$270.00	$20.83	$31.45
.5 Building Laborer	17.50	70.00	26.85	107.40		
F.E. Loader, T.M., 2.25 C.Y.		436.40		480.05	36.36	40.00
12 M.H., Daily Totals		$686.40		$857.45	$57.19	$71.45
Crew B-10P	Hr.	Daily	Hr.	Daily	Bare Costs	Incl. O&P
1 Equip. Oper. (med.)	$22.50	$180.00	$33.75	$270.00	$20.83	$31.45
.5 Building Laborer	17.50	70.00	26.85	107.40		
F.E. Loader, T.M., 2.5 C.Y.		807.80		888.60	67.31	74.05
12 M.H., Daily Totals		$1057.80		$1266.00	$88.14	$105.50
Crew B-10Q	Hr.	Daily	Hr.	Daily	Bare Costs	Incl. O&P
1 Equip. Oper. (med.)	$22.50	$180.00	$33.75	$270.00	$20.83	$31.45
.5 Building Laborer	17.50	70.00	26.85	107.40		
F.E. Loader, T.M., 5 C.Y.		1006.00		1106.60	83.83	92.21
12 M.H., Daily Totals		$1256.00		$1484.00	$104.66	$123.66
Crew B-10R	Hr.	Daily	Hr.	Daily	Bare Costs	Incl. O&P
1 Equip. Oper. (med.)	$22.50	$180.00	$33.75	$270.00	$20.83	$31.45
.5 Building Laborer	17.50	70.00	26.85	107.40		
F.E. Loader, W.M., 1 C.Y.		225.60		248.15	18.80	20.67
12 M.H., Daily Totals		$475.60		$625.55	$39.63	$52.12
Crew B-10S	Hr.	Daily	Hr.	Daily	Bare Costs	Incl. O&P
1 Equip. Oper. (med.)	$22.50	$180.00	$33.75	$270.00	$20.83	$31.45
.5 Building Laborer	17.50	70.00	26.85	107.40		
F.E. Loader, W.M., 1.5 C.Y.		309.60		340.55	25.80	28.37
12 M.H., Daily Totals		$559.60		$717.95	$46.63	$59.82
Crew B-10T	Hr.	Daily	Hr.	Daily	Bare Costs	Incl. O&P
1 Equip. Oper. (med.)	$22.50	$180.00	$33.75	$270.00	$20.83	$31.45
.5 Building Laborer	17.50	70.00	26.85	107.40		
F.E. Loader, W.M., 2.5 C.Y.		449.20		494.10	37.43	41.17
12 M.H., Daily Totals		$699.20		$871.50	$58.26	$72.62

Crew No.	Bare Costs		Incl. Subs O & P		Cost Per Man-Hour	
Crew B-10U	Hr.	Daily	Hr.	Daily	Bare Costs	Incl. O&P
1 Equip. Oper. (med.)	$22.50	$180.00	$33.75	$270.00	$20.83	$31.45
.5 Building Laborer	17.50	70.00	26.85	107.40		
F.E. Loader, W.M., 5.5 C.Y.		927.40		1020.15	77.28	85.01
12 M.H., Daily Totals		$1177.40		$1397.55	$98.11	$116.46
Crew B-10V	Hr.	Daily	Hr.	Daily	Bare Costs	Incl. O&P
1 Equip. Oper. (med.)	$22.50	$180.00	$33.75	$270.00	$20.83	$31.45
.5 Building Laborer	17.50	70.00	26.85	107.40		
1 Dozer, 700 H.P.		2483.20		2731.50	206.93	227.62
12 M.H., Daily Totals		$2733.20		$3108.90	$227.76	$259.07
Crew B-10W	Hr.	Daily	Hr.	Daily	Bare Costs	Incl. O&P
1 Equip. Oper. (med.)	$22.50	$180.00	$33.75	$270.00	$20.83	$31.45
.5 Building Laborer	17.50	70.00	26.85	107.40		
1 Dozer, 105 H.P.		399.20		439.10	33.26	36.59
12 M.H., Daily Totals		$649.20		$816.50	$54.09	$68.04
Crew B-10X	Hr.	Daily	Hr.	Daily	Bare Costs	Incl. O&P
1 Equip. Oper. (med.)	$22.50	$180.00	$33.75	$270.00	$20.83	$31.45
.5 Building Laborer	17.50	70.00	26.85	107.40		
1 Dozer, 410 H.P.		1156.80		1272.50	96.40	106.04
12 M.H., Daily Totals		$1406.80		$1649.90	$117.23	$137.49
Crew B-10Y	Hr.	Daily	Hr.	Daily	Bare Costs	Incl. O&P
1 Equip. Oper. (med.)	$22.50	$180.00	$33.75	$270.00	$20.83	$31.45
.5 Building Laborer	17.50	70.00	26.85	107.40		
1 Vibratory Drum Roller		296.80		326.50	24.73	27.20
12 M.H., Daily Totals		$546.80		$703.90	$45.56	$58.65
Crew B-11	Hr.	Daily	Hr.	Daily	Bare Costs	Incl. O&P
1 Equipment Oper. (med.)	$22.50	$180.00	$33.75	$270.00	$20.00	$30.30
1 Building Laborer	17.50	140.00	26.85	214.80		
16 M.H., Daily Totals		$320.00		$484.80	$20.00	$30.30
Crew B-11A	Hr.	Daily	Hr.	Daily	Bare Costs	Incl. O&P
1 Equipment Oper. (med.)	$22.50	$180.00	$33.75	$270.00	$20.00	$30.30
1 Building Laborer	17.50	140.00	26.85	214.80		
1 Dozer, 200 H.P.		775.80		853.40	48.48	53.33
16 M.H., Daily Totals		$1095.80		$1338.20	$68.48	$83.63
Crew B-11B	Hr.	Daily	Hr.	Daily	Bare Costs	Incl. O&P
1 Equipment Oper. (med.)	$22.50	$180.00	$33.75	$270.00	$20.00	$30.30
1 Building Laborer	17.50	140.00	26.85	214.80		
1 Dozer, 200 H.P.		775.80		853.40		
1 Air Powered Tamper		13.20		14.50		
1 Air Compr. 365 C.F.M.		201.80		222.00		
2-50 Ft. Air Hoses, 1.5" Dia.		10.80		11.90	62.60	68.86
16 M.H., Daily Totals		$1321.60		$1586.60	$82.60	$99.16
Crew B-11C	Hr.	Daily	Hr.	Daily	Bare Costs	Incl. O&P
1 Equipment Oper. (med.)	$22.50	$180.00	$33.75	$270.00	$20.00	$30.30
1 Building Laborer	17.50	140.00	26.85	214.80		
1 Backhoe Loader, 48 H.P.		190.40		209.45	11.90	13.09
16 M.H., Daily Totals		$510.40		$694.25	$31.90	$43.39
Crew B-11K	Hr.	Daily	Hr.	Daily	Bare Costs	Incl. O&P
1 Equipment Oper. (med.)	$22.50	$180.00	$33.75	$270.00	$20.00	$30.30
1 Building Laborer	17.50	140.00	26.85	214.80		
1 Trencher, 8' D., 16" W.		420.00		462.00	26.25	28.87
16 M.H., Daily Totals		$740.00		$946.80	$46.25	$59.17

CREWS

Crew No.	Bare Costs		Incl. Subs O & P		Cost Per Man-Hour	
Crew B-11L	Hr.	Daily	Hr.	Daily	Bare Costs	Incl. O&P
1 Equipment Oper. (med.)	$22.50	$180.00	$33.75	$270.00	$20.00	$30.30
1 Building Laborer	17.50	140.00	26.85	214.80		
1 Grader, 30,000 Lbs.		521.00		573.10	32.56	35.81
16 M.H., Daily Totals		$841.00		$1057.90	$52.56	$66.11
Crew B-11M	Hr.	Daily	Hr.	Daily	Bare Costs	Incl. O&P
1 Equipment Oper. (med.)	$22.50	$180.00	$33.75	$270.00	$20.00	$30.30
1 Building Laborer	17.50	140.00	26.85	214.80		
1 Backhoe Loader, 80 H.P.		286.60		315.25	17.91	19.70
16 M.H., Daily Totals		$606.60		$800.05	$37.91	$50.00
Crew B-12	Hr.	Daily	Hr.	Daily	Bare Costs	Incl. O&P
1 Equip. Oper. (crane)	$23.30	$186.40	$34.95	$279.60	$21.25	$31.87
1 Equip. Oper. Oiler	19.20	153.60	28.80	230.40		
16 M.H., Daily Totals		$340.00		$510.00	$21.25	$31.87
Crew B-12A	Hr.	Daily	Hr.	Daily	Bare Costs	Incl. O&P
1 Equip. Oper. (crane)	$23.30	$186.40	$34.95	$279.60	$21.25	$31.87
1 Equip. Oper. Oiler	19.20	153.60	28.80	230.40		
1 Hyd. Excavator, 1 C.Y.		566.60		623.25	35.41	38.95
16 M.H., Daily Totals		$906.60		$1133.25	$56.66	$70.82
Crew B-12B	Hr.	Daily	Hr.	Daily	Bare Costs	Incl. O&P
1 Equip. Oper. (crane)	$23.30	$186.40	$34.95	$279.60	$21.25	$31.87
1 Equip. Oper. Oiler	19.20	153.60	28.80	230.40		
1 Hyd. Excavator, 1.5 C.Y.		679.60		747.55	42.47	46.72
16 M.H., Daily Totals		$1019.60		$1257.55	$63.72	$78.59
Crew B-12C	Hr.	Daily	Hr.	Daily	Bare Costs	Incl. O&P
1 Equip. Oper. (crane)	$23.30	$186.40	$34.95	$279.60	$21.25	$31.87
1 Equip. Oper. Oiler	19.20	153.60	28.80	230.40		
1 Hyd. Excavator, 2 C.Y.		947.00		1041.70	59.18	65.10
16 M.H., Daily Totals		$1287.00		$1551.70	$80.43	$96.97
Crew B-12D	Hr.	Daily	Hr.	Daily	Bare Costs	Incl. O&P
1 Equip. Oper. (crane)	$23.30	$186.40	$34.95	$279.60	$21.25	$31.87
1 Equip. Oper. Oiler	19.20	153.60	28.80	230.40		
1 Hyd. Excavator, 3.5 C.Y.		2017.00		2218.70	126.06	138.66
16 M.H., Daily Totals		$2357.00		$2728.70	$147.31	$170.53
Crew B-12E	Hr.	Daily	Hr.	Daily	Bare Costs	Incl. O&P
1 Equip. Oper. (crane)	$23.30	$186.40	$34.95	$279.60	$21.25	$31.87
1 Equip. Oper. Oiler	19.20	153.60	28.80	230.40		
1 Hyd. Excavator, .5 C.Y.		336.40		370.05	21.02	23.12
16 M.H., Daily Totals		$676.40		$880.05	$42.27	$54.99
Crew B-12F	Hr.	Daily	Hr.	Daily	Bare Costs	Incl. O&P
1 Equip. Oper. (crane)	$23.30	$186.40	$34.95	$279.60	$21.25	$31.87
1 Equip. Oper. Oiler	19.20	153.60	28.80	230.40		
1 Hyd. Excavator, .75 C.Y.		457.20		502.90	28.57	31.43
16 M.H., Daily Totals		$797.20		$1012.90	$49.82	$63.30
Crew B-12G	Hr.	Daily	Hr.	Daily	Bare Costs	Incl. O&P
1 Equip. Oper. (crane)	$23.30	$186.40	$34.95	$279.60	$21.25	$31.87
1 Equip. Oper. Oiler	19.20	153.60	28.80	230.40		
1 Power Shovel, .5 C.Y.		376.40		414.05		
1 Clamshell Bucket, .5 C.Y.		46.80		51.50	26.45	29.09
16 M.H., Daily Totals		$763.20		$975.55	$47.70	$60.96
Crew B-12H	Hr.	Daily	Hr.	Daily	Bare Costs	Incl. O&P
1 Equip. Oper. (crane)	$23.30	$186.40	$34.95	$279.60	$21.25	$31.87
1 Equip. Oper. Oiler	19.20	153.60	28.80	230.40		
1 Power Shovel, 1 C.Y.		435.80		479.40		
1 Clamshell Bucket, 1 C.Y.		59.60		65.55	30.96	34.05
16 M.H., Daily Totals		$835.40		$1054.95	$52.21	$65.92
Crew B-12I	Hr.	Daily	Hr.	Daily	Bare Costs	Incl. O&P
1 Equip. Oper. (crane)	$23.30	$186.40	$34.95	$279.60	$21.25	$31.87
1 Equip. Oper. Oiler	19.20	153.60	28.80	230.40		
1 Power Shovel, .75 C.Y.		401.20		441.30		
1 Dragline Bucket, .75 C.Y.		29.60		32.55	26.92	29.61
16 M.H., Daily Totals		$770.80		$983.85	$48.17	$61.48
Crew B-12J	Hr.	Daily	Hr.	Daily	Bare Costs	Incl. O&P
1 Equip. Oper. (crane)	$23.30	$186.40	$34.95	$279.60	$21.25	$31.87
1 Equip. Oper. Oiler	19.20	153.60	28.80	230.40		
1 Gradall, 3 Ton, .5 C.Y.		555.60		611.15	34.72	38.19
16 M.H., Daily Totals		$895.60		$1121.15	$55.97	$70.06
Crew B-12K	Hr.	Daily	Hr.	Daily	Bare Costs	Incl. O&P
1 Equip. Oper. (crane)	$23.30	$186.40	$34.95	$279.60	$21.25	$31.87
1 Equip. Oper. Oiler	19.20	153.60	28.80	230.40		
1 Gradall, 3 Ton, 1 C.Y.		768.00		844.80	48.00	52.80
16 M.H., Daily Totals		$1108.00		$1354.80	$69.25	$84.67
Crew B-12L	Hr.	Daily	Hr.	Daily	Bare Costs	Incl. O&P
1 Equip. Oper. (crane)	$23.30	$186.40	$34.95	$279.60	$21.25	$31.87
1 Equip. Oper. Oiler	19.20	153.60	28.80	230.40		
1 Power Shovel, .5 C.Y.		376.40		414.05		
1 F.E. Attachment, .5 C.Y.		47.00		51.70	26.46	29.10
16 M.H., Daily Totals		$763.40		$975.75	$47.71	$60.97
Crew B-12M	Hr.	Daily	Hr.	Daily	Bare Costs	Incl. O&P
1 Equip. Oper. (crane)	$23.30	$186.40	$34.95	$279.60	$21.25	$31.87
1 Equip. Oper. Oiler	19.20	153.60	28.80	230.40		
1 Power Shovel, .75		401.20		441.30		
1 F.E. Attachment, .75 C.Y.		86.80		95.50	30.50	33.55
16 M.H., Daily Totals		$828.00		$1046.80	$51.75	$65.42
Crew B-12N	Hr.	Daily	Hr.	Daily	Bare Costs	Incl. O&P
1 Equip. Oper. (crane)	$23.30	$186.40	$34.95	$279.60	$21.25	$31.87
1 Equip. Oper. Oiler	19.20	153.60	28.80	230.40		
1 Power Shovel, 1 C.Y.		435.80		479.40		
1 F.E. Attachment, 1 C.Y.		123.40		135.75	34.95	38.44
16 M.H., Daily Totals		$899.20		$1125.15	$56.20	$70.31
Crew B-12O	Hr.	Daily	Hr.	Daily	Bare Costs	Incl. O&P
1 Equip. Oper. (crane)	$23.30	$186.40	$34.95	$279.60	$21.25	$31.87
1 Equip. Oper. Oiler	19.20	153.60	28.80	230.40		
1 Power Shovel, 1.5 C.Y.		659.00		724.90		
1 F.E. Attachment, 1.5 C.Y.		137.80		151.60	49.80	54.78
16 M.H., Daily Totals		$1136.80		$1386.50	$71.05	$86.65
Crew B-12P	Hr.	Daily	Hr.	Daily	Bare Costs	Incl. O&P
1 Equip. Oper. (crane)	$23.30	$186.40	$34.95	$279.60	$21.25	$31.87
1 Equip. Oper. Oiler	19.20	153.60	28.80	230.40		
1 Crawler Crane, 40 Ton		659.00		724.90		
1 Dragline Bucket, 1.5 C.Y.		42.20		46.40	43.82	48.20
16 M.H., Daily Totals		$1041.20		$1281.30	$65.07	$80.07

xi

CREWS

Crew No.	Bare Costs		Incl. Subs O & P		Cost Per Man-Hour	
Crew B-12Q	Hr.	Daily	Hr.	Daily	Bare Costs	Incl. O&P
1 Equip. Oper. (crane)	$23.30	$186.40	$34.95	$279.60	$21.25	$31.87
1 Equip. Oper. Oiler	19.20	153.60	28.80	230.40		
1 Hyd. Excavator, 5/8 C.Y.		351.40		386.55	21.96	24.15
16 M.H., Daily Totals		$691.40		$896.55	$43.21	$56.02
Crew B-12R	Hr.	Daily	Hr.	Daily	Bare Costs	Incl. O&P
1 Equip. Oper. (crane)	$23.30	$186.40	$34.95	$279.60	$21.25	$31.87
1 Equip. Oper. Oiler	19.20	153.60	28.80	230.40		
1 Hyd. Excavator, 1.5 C.Y.		679.60		747.55	42.47	46.72
16 M.H., Daily Totals		$1019.60		$1257.55	$63.72	$78.59
Crew B-12S	Hr.	Daily	Hr.	Daily	Bare Costs	Incl. O&P
1 Equip. Oper. (crane)	$23.30	$186.40	$34.95	$279.60	$21.25	$31.87
1 Equip. Oper. Oiler	19.20	153.60	28.80	230.40		
1 Hyd. Excavator, 2.5 C.Y.		1614.20		1775.60	100.88	110.97
16 M.H., Daily Totals		$1954.20		$2285.60	$122.13	$142.84
Crew B-12T	Hr.	Daily	Hr.	Daily	Bare Costs	Incl. O&P
1 Equip. Oper. (crane)	$23.30	$186.40	$34.95	$279.60	$21.25	$31.87
1 Equip. Oper. Oiler	19.20	153.60	28.80	230.40		
1 Crawler Crane, 75 Ton		871.20		958.30		
1 F.E. Attachment, 3 C.Y.		255.00		280.50	70.38	77.42
16 M.H., Daily Totals		$1466.20		$1748.80	$91.63	$109.29
Crew B-12V	Hr.	Daily	Hr.	Daily	Bare Costs	Incl. O&P
1 Equip. Oper. (crane)	$23.30	$186.40	$34.95	$279.60	$21.25	$31.87
1 Equip. Oper. Oiler	19.20	153.60	28.80	230.40		
1 Crawler Crane, 75 Ton		871.20		958.30		
1 Dragline Bucket, 3 C.Y.		75.40		82.95	59.16	65.07
16 M.H., Daily Totals		$1286.60		$1551.25	$80.41	$96.94
Crew B-13	Hr.	Daily	Hr.	Daily	Bare Costs	Incl. O&P
1 Labor Foreman (outside)	$19.50	$156.00	$29.90	$239.20	$18.85	$28.72
4 Building Laborers	17.50	560.00	26.85	859.20		
1 Equip. Oper. (crane)	23.30	186.40	34.95	279.60		
1 Equip. Oper. Oiler	19.20	153.60	28.80	230.40		
1 Hyd. Crane, 25 Ton		486.40		535.05	8.68	9.55
56 M.H., Daily Totals		$1542.40		$2143.45	$27.53	$38.27
Crew B-14	Hr.	Daily	Hr.	Daily	Bare Costs	Incl. O&P
1 Labor Foreman (outside)	$19.50	$156.00	$29.90	$239.20	$18.48	$28.23
4 Building Laborers	17.50	560.00	26.85	859.20		
1 Equip. Oper. (light)	21.40	171.20	32.10	256.80		
1 Backhoe Loader, 48 H.P.		190.40		209.45	3.96	4.36
48 M.H., Daily Totals		$1077.60		$1564.65	$22.44	$32.59
Crew B-15	Hr.	Daily	Hr.	Daily	Bare Costs	Incl. O&P
1 Equipment Oper. (med)	$22.50	$180.00	$33.75	$270.00	$19.44	$29.27
.5 Building Laborer	17.50	70.00	26.85	107.40		
2 Truck Drivers (heavy)	18.40	294.40	27.65	442.40		
2 Dump Trucks, 16 Ton		730.40		803.45		
1 Dozer, 200 H.P.		775.80		853.40	53.79	59.17
28 M.H., Daily Totals		$2050.60		$2476.65	$73.23	$88.44
Crew B-16	Hr.	Daily	Hr.	Daily	Bare Costs	Incl. O&P
1 Labor Foreman (outside)	$19.50	$156.00	$29.90	$239.20	$18.22	$27.81
2 Building Laborers	17.50	280.00	26.85	429.60		
1 Truck Driver (heavy)	18.40	147.20	27.65	221.20		
1 Dump Truck, 16 Ton		365.20		401.70	11.41	12.55
32 M.H., Daily Totals		$948.40		$1291.70	$29.63	$40.36

Crew No.	Bare Costs		Incl. Subs O & P		Cost Per Man-Hour	
Crew B-17	Hr.	Daily	Hr.	Daily	Bare Costs	Incl. O&P
2 Building Laborers	$17.50	$280.00	$26.85	$429.60	$18.70	$28.36
1 Equip. Oper. (light)	21.40	171.20	32.10	256.80		
1 Truck Driver (heavy)	18.40	147.20	27.65	221.20		
1 Backhoe Loader, 48 H.P.		190.40		209.45		
1 Dump Truck, 12 Ton		298.80		328.70	15.28	16.81
32 M.H., Daily Totals		$1087.60		$1445.75	$33.98	$45.17
Crew B-18	Hr.	Daily	Hr.	Daily	Bare Costs	Incl. O&P
1 Labor Foreman (outside)	$19.50	$156.00	$29.90	$239.20	$18.16	$27.86
2 Building Laborers	17.50	280.00	26.85	429.60		
1 Vibrating Compactor		43.40		47.75	1.80	1.98
24 M.H., Daily Totals		$479.40		$716.55	$19.96	$29.84
Crew B-19	Hr.	Daily	Hr.	Daily	Bare Costs	Incl. O&P
1 Pile Driver Foreman	$24.20	$193.60	$40.45	$323.60	$22.35	$35.94
4 Pile Drivers	22.20	710.40	37.10	1187.20		
2 Equip. Oper. (crane)	23.30	372.80	34.95	559.20		
1 Equip. Oper. Oiler	19.20	153.60	28.80	230.40		
1 Crane, 40 Ton & Access.		659.00		724.90		
60 L.F. Leads, 15K Ft. Lbs.		60.00		66.00		
1 Hammer, 15K Ft. Lbs.		258.40		284.25		
1 Air Compr., 600 C.F.M.		269.20		296.10		
2-50 Ft. Air Hoses, 3" Dia.		20.40		22.45	19.79	21.77
64 M.H., Daily Totals		$2697.40		$3694.10	$42.14	$57.71
Crew B-20	Hr.	Daily	Hr.	Daily	Bare Costs	Incl. O&P
1 Labor Foreman (out)	$19.50	$156.00	$29.90	$239.20	$19.88	$30.51
1 Skilled Worker	22.65	181.20	34.80	278.40		
1 Building Laborer	17.50	140.00	26.85	214.80		
24 M.H., Daily Totals		$477.20		$732.40	$19.88	$30.51
Crew B-21	Hr.	Daily	Hr.	Daily	Bare Costs	Incl. O&P
1 Labor Foreman (out)	$19.50	$156.00	$29.90	$239.20	$20.37	$31.15
1 Skilled Worker	22.65	181.20	34.80	278.40		
1 Building Laborer	17.50	140.00	26.85	214.80		
.5 Equip. Oper. (crane)	23.30	93.20	34.95	139.80		
.5 S.P. Crane, 5 Ton		104.00		114.40	3.71	4.08
28 M.H., Daily Totals		$674.40		$986.60	$24.08	$35.23
Crew B-22	Hr.	Daily	Hr.	Daily	Bare Costs	Incl. O&P
1 Labor Foreman (out)	$19.50	$156.00	$29.90	$239.20	$20.56	$31.40
1 Skilled Worker	22.65	181.20	34.80	278.40		
1 Building Laborer	17.50	140.00	26.85	214.80		
.75 Equip. Oper. (crane)	23.30	139.80	34.95	209.70		
.75 S.P. Crane, 5 Ton		156.00		171.60	5.20	5.72
30 M.H., Daily Totals		$773.00		$1113.70	$25.76	$37.12
Crew B-23	Hr.	Daily	Hr.	Daily	Bare Costs	Incl. O&P
1 Labor Foreman (outside)	$19.50	$156.00	$29.90	$239.20	$17.90	$27.46
4 Building Laborers	17.50	560.00	26.85	859.20		
1 Drill Rig		395.60		435.15		
1 Light Truck, 3 Ton		148.40		163.25	13.60	14.96
40 M.H., Daily Totals		$1260.00		$1696.80	$31.50	$42.42
Crew B-24	Hr.	Daily	Hr.	Daily	Bare Costs	Incl. O&P
1 Cement Finisher	$21.65	$173.20	$31.65	$253.20	$20.38	$30.75
1 Building Laborer	17.50	140.00	26.85	214.80		
1 Carpenter	22.00	176.00	33.75	270.00		
24 M.H., Daily Totals		$489.20		$738.00	$20.38	$30.75

CREWS

Crew No.	Bare Costs		Incl. Subs O & P		Cost Per Man-Hour	
Crew B-25	**Hr.**	**Daily**	**Hr.**	**Daily**	**Bare Costs**	**Incl. O&P**
1 Labor Foreman	$19.50	$156.00	$29.90	$239.20	$19.04	$29.00
7 Laborers	17.50	980.00	26.85	1503.60		
3 Equip. Oper. (med.)	22.50	540.00	33.75	810.00		
1 Asphalt Paver, 130 H.P.		1086.40		1195.05		
1 Tandem Roller, 10 Ton		187.60		206.35		
1 Roller, Pneumatic Wheel		236.20		259.80	17.16	18.87
88 M.H., Daily Totals		$3186.20		$4214.00	$36.20	$47.87
Crew B-25B	**Hr.**	**Daily**	**Hr.**	**Daily**	**Bare Costs**	**Incl. O&P**
1 Labor Foreman	$19.50	$156.00	$29.90	$239.20	$19.33	$29.40
7 Laborers	17.50	980.00	26.85	1503.60		
4 Equip. Oper. (medium)	22.50	720.00	33.75	1080.00		
1 Asphalt Paver, 130 H.P.		1086.40		1195.05		
2 Rollers, Steel Wheel		375.20		412.70		
1 Roller, Pneumatic Wheel		236.20		259.80	17.68	19.45
96 M.H., Daily Totals		$3553.80		$4690.35	$37.01	$48.85
Crew B-26	**Hr.**	**Daily**	**Hr.**	**Daily**	**Bare Costs**	**Incl. O&P**
1 Labor Foreman	$19.50	$156.00	$29.90	$239.20	$19.55	$30.01
6 Building Laborers	17.50	840.00	26.85	1288.80		
2 Equip. Oper. (med.)	22.50	360.00	33.75	540.00		
1 Rodman (reinf.)	23.90	191.20	40.00	320.00		
1 Cement Finisher	21.65	173.20	31.65	253.20		
1 Grader, 30,000 Lbs.		521.00		573.10		
1 Paving Mach. & Equip.		1175.80		1293.40	19.28	21.21
88 M.H., Daily Totals		$3417.20		$4507.70	$38.83	$51.22
Crew B-27	**Hr.**	**Daily**	**Hr.**	**Daily**	**Bare Costs**	**Incl. O&P**
1 Labor Foreman (outside)	$19.50	$156.00	$29.90	$239.20	$18.00	$27.61
3 Building Laborers	17.50	420.00	26.85	644.40		
1 Berm Machine		58.20		64.00	1.81	2.00
32 M.H., Daily Totals		$634.20		$947.60	$19.81	$29.61
Crew B-28	**Hr.**	**Daily**	**Hr.**	**Daily**	**Bare Costs**	**Incl. O&P**
2 Carpenters	$22.00	$352.00	$33.75	$540.00	$20.50	$31.45
1 Building Laborer	17.50	140.00	26.85	214.80		
24 M.H., Daily Totals		$492.00		$754.80	$20.50	$31.45
Crew B-29	**Hr.**	**Daily**	**Hr.**	**Daily**	**Bare Costs**	**Incl. O&P**
1 Labor Foreman (outside)	$19.50	$156.00	$29.90	$239.20	$18.85	$28.72
4 Building Laborers	17.50	560.00	26.85	859.20		
1 Equip. Oper. (crane)	23.30	186.40	34.95	279.60		
1 Equip. Oper. Oiler	19.20	153.60	28.80	230.40		
1 Gradall, 3 Ton, 1/2 C.Y.		555.60		611.15	9.92	10.91
56 M.H., Daily Totals		$1611.60		$2219.55	$28.77	$39.63
Crew B-30	**Hr.**	**Daily**	**Hr.**	**Daily**	**Bare Costs**	**Incl. O&P**
1 Equip. Oper. (med.)	$22.50	$180.00	$33.75	$270.00	$19.76	$29.68
2 Truck Drivers (heavy)	18.40	294.40	27.65	442.40		
1 Hyd. Excavator, 1.5 C.Y.		679.60		747.55		
2 Dump Trucks, 16 Ton		730.40		803.45	58.75	64.62
24 M.H., Daily Totals		$1884.40		$2263.40	$78.51	$94.30

Crew No.	Bare Costs		Incl. Subs O & P		Cost Per Man-Hour	
Crew B-31	**Hr.**	**Daily**	**Hr.**	**Daily**	**Bare Costs**	**Incl. O&P**
1 Labor Foreman (outside)	$19.50	$156.00	$29.90	$239.20	$18.80	$28.84
3 Building Laborers	17.50	420.00	26.85	644.40		
1 Carpenter	22.00	176.00	33.75	270.00		
1 Air Compr., 250 C.F.M.		88.80		97.70		
1 Sheeting Driver		9.20		10.10		
2-50 Ft. Air Hoses, 1.5" Dia.		10.80		11.90	2.72	2.99
40 M.H., Daily Totals		$860.80		$1273.30	$21.52	$31.83
Crew B-32	**Hr.**	**Daily**	**Hr.**	**Daily**	**Bare Costs**	**Incl. O&P**
1 Highway Laborer	$17.50	$140.00	$26.85	$214.80	$21.25	$32.02
3 Equip. Oper. (med.)	22.50	540.00	33.75	810.00		
1 Grader, 30,000 Lbs.		521.00		573.10		
1 Tandem Roller, 10 Ton		187.60		206.35		
1 Dozer, 200 H.P.		775.80		853.40	46.38	51.02
32 M.H., Daily Totals		$2164.40		$2657.65	$67.63	$83.04
Crew B-32A	**Hr.**	**Daily**	**Hr.**	**Daily**	**Bare Costs**	**Incl. O&P**
1 Laborer	$17.50	$140.00	$26.85	$214.80	$20.83	$31.45
2 Equip. Oper. (medium)	22.50	360.00	33.75	540.00		
1 Grader, 30,000 Lbs.		521.00		573.10		
1 Roll., Vibratory, 29,000 Lbs.		341.60		375.75	35.94	39.53
24 M.H., Daily Totals		$1362.60		$1703.65	$56.77	$70.98
Crew B-32B	**Hr.**	**Daily**	**Hr.**	**Daily**	**Bare Costs**	**Incl. O&P**
1 Laborer	$17.50	$140.00	$26.85	$214.80	$20.83	$31.45
2 Equip. Oper. (medium)	22.50	360.00	33.75	540.00		
1 Dozer, 200 H.P.		775.80		853.40		
1 Roll., Vibratory, 29,000 Lbs.		341.60		375.75	46.55	51.21
24 M.H., Daily Totals		$1617.40		$1983.95	$67.38	$82.66
Crew B-32C	**Hr.**	**Daily**	**Hr.**	**Daily**	**Bare Costs**	**Incl. O&P**
1 Labor Foreman	$19.50	$156.00	$29.90	$239.20	$20.33	$30.80
2 Laborers	17.50	280.00	26.85	429.60		
3 Equip. Oper. (medium)	22.50	540.00	33.75	810.00		
1 Grader, 30,000 Lbs.		521.00		573.10		
1 Roller, Steel Wheel		187.60		206.35		
1 Dozer, 200 H.P.		775.80		853.40	30.92	34.01
48 M.H., Daily Totals		$2460.40		$3111.65	$51.25	$64.81
Crew B-33	**Hr.**	**Daily**	**Hr.**	**Daily**	**Bare Costs**	**Incl. O&P**
1 Equip. Oper. (med.)	$22.50	$180.00	$33.75	$270.00	$21.07	$31.77
.5 Building Laborer	17.50	70.00	26.85	107.40		
.25 Equip. Oper. (med.)	22.50	45.00	33.75	67.50		
14 M.H., Daily Totals		$295.00		$444.90	$21.07	$31.77
Crew B-33A	**Hr.**	**Daily**	**Hr.**	**Daily**	**Bare Costs**	**Incl. O&P**
1 Equip. Oper. (med.)	$22.50	$180.00	$33.75	$270.00	$21.07	$31.77
.5 Building Laborer	17.50	70.00	26.85	107.40		
.25 Equip. Oper. (med.)	22.50	45.00	33.75	67.50		
1 Scraper, Towed, 7 C.Y.		61.60		67.75		
1 Dozer, 300 H.P.		861.80		948.00		
.25 Dozer, 300 H.P.		215.45		237.00	81.34	89.48
14 M.H., Daily Totals		$1433.85		$1697.65	$102.41	$121.25

CREWS

Crew No.	Bare Costs		Incl. Subs O & P		Cost Per Man-Hour	
Crew B-33B	Hr.	Daily	Hr.	Daily	Bare Costs	Incl. O&P
1 Equip. Oper. (med.)	$22.50	$180.00	$33.75	$270.00	$21.07	$31.77
.5 Building Laborer	17.50	70.00	26.85	107.40		
.25 Equip. Oper. (med.)	22.50	45.00	33.75	67.50		
1 Scraper, Towed, 10 C.Y.		170.00		187.00		
1 Dozer, 300 H.P.		861.80		948.00		
.25 Dozer, 300 H.P.		215.45		237.00	89.08	98.00
14 M.H., Daily Totals		$1542.25		$1816.90	$110.15	$129.77
Crew B-33C	Hr.	Daily	Hr.	Daily	Bare Costs	Incl. O&P
1 Equip. Oper. (med.)	$22.50	$180.00	$33.75	$270.00	$21.07	$31.77
.5 Building Laborer	17.50	70.00	26.85	107.40		
.25 Equip. Oper. (med.)	22.50	45.00	33.75	67.50		
1 Scraper, Towed, 12 C.Y.		170.00		187.00		
1 Dozer, 300 H.P.		861.80		948.00		
.25 Dozer, 300 H.P.		215.45		237.00	89.08	98.00
14 M.H., Daily Totals		$1542.25		$1816.90	$110.15	$129.77
Crew B-33D	Hr.	Daily	Hr.	Daily	Bare Costs	Incl. O&P
1 Equip. Oper. (med.)	$22.50	$180.00	$33.75	$270.00	$21.07	$31.77
.5 Building Laborer	17.50	70.00	26.85	107.40		
.25 Equip. Oper. (med.)	22.50	45.00	33.75	67.50		
1 S.P. Scraper, 14 C.Y.		1382.60		1520.85		
.25 Dozer, 300 H.P.		215.45		237.00	114.14	125.56
14 M.H., Daily Totals		$1893.05		$2202.75	$135.21	$157.33
Crew B-33E	Hr.	Daily	Hr.	Daily	Bare Costs	Incl. O&P
1 Equip. Oper. (med.)	$22.50	$180.00	$33.75	$270.00	$21.07	$31.77
.5 Building Laborer	17.50	70.00	26.85	107.40		
.25 Equip. Oper. (med.)	22.50	45.00	33.75	67.50		
1 S.P. Scraper, 24 C.Y.		1650.60		1815.65		
.25 Dozer, 300 H.P.		215.45		237.00	133.28	146.61
14 M.H., Daily Totals		$2161.05		$2497.55	$154.35	$178.38
Crew B-33F	Hr.	Daily	Hr.	Daily	Bare Costs	Incl. O&P
1 Equip. Oper. (med.)	$22.50	$180.00	$33.75	$270.00	$21.07	$31.77
.5 Building Laborer	17.50	70.00	26.85	107.40		
.25 Equip. Oper. (med.)	22.50	45.00	33.75	67.50		
1 Elev. Scraper, 11 C.Y.		589.20		648.10		
.25 Dozer, 300 H.P.		215.45		237.00	57.47	63.22
14 M.H., Daily Totals		$1099.65		$1330.00	$78.54	$94.99
Crew B-33G	Hr.	Daily	Hr.	Daily	Bare Costs	Incl. O&P
1 Equip. Oper. (med.)	$22.50	$180.00	$33.75	$270.00	$21.07	$31.77
.5 Building Laborer	17.50	70.00	26.85	107.40		
.25 Equip. Oper. (med.)	22.50	45.00	33.75	67.50		
1 Elev. Scraper, 20 C.Y.		774.80		852.30		
.25 Dozer, 300 H.P.		215.45		237.00	70.73	77.80
14 M.H., Daily Totals		$1285.25		$1534.20	$91.80	$109.57
Crew B-34	Hr.	Daily	Hr.	Daily	Bare Costs	Incl. O&P
1 Truck Driver (heavy)	$18.40	$147.20	$27.65	$221.20	$18.40	$27.65
8 M.H., Daily Totals		$147.20		$221.20	$18.40	$27.65
Crew B-34A	Hr.	Daily	Hr.	Daily	Bare Costs	Incl. O&P
1 Truck Driver (heavy)	$18.40	$147.20	$27.65	$221.20	$18.40	$27.65
1 Dump Truck, 12 Ton		298.80		328.70	37.35	41.08
8 M.H., Daily Totals		$446.00		$549.90	$55.75	$68.73

Crew No.	Bare Costs		Incl. Subs O & P		Cost Per Man-Hour	
Crew B-34B	Hr.	Daily	Hr.	Daily	Bare Costs	Incl. O&P
1 Truck Driver (heavy)	$18.40	$147.20	$27.65	$221.20	$18.40	$27.65
1 Dump Truck, 16 Ton		365.20		401.70	45.65	50.21
8 M.H., Daily Totals		$512.40		$622.90	$64.05	$77.86
Crew B-34C	Hr.	Daily	Hr.	Daily	Bare Costs	Incl. O&P
1 Truck Driver (heavy)	$18.40	$147.20	$27.65	$221.20	$18.40	$27.65
1 Truck Tractor, 40 Ton		348.80		383.70		
1 Dump Trailer, 16.5 C.Y.		108.60		119.45	57.17	62.89
8 M.H., Daily Totals		$604.60		$724.35	$75.57	$90.54
Crew B-34D	Hr.	Daily	Hr.	Daily	Bare Costs	Incl. O&P
1 Truck Driver (heavy)	$18.40	$147.20	$27.65	$221.20	$18.40	$27.65
1 Truck Tractor, 40 Ton		348.80		383.70		
1 Dump Trailer, 20 C.Y.		109.60		120.55	57.30	63.03
8 M.H., Daily Totals		$605.60		$725.45	$75.70	$90.68
Crew B-34E	Hr.	Daily	Hr.	Daily	Bare Costs	Incl. O&P
1 Truck Driver (heavy)	$18.40	$147.20	$27.65	$221.20	$18.40	$27.65
1 Truck, Off Hwy., 25 Ton		549.00		603.90	68.62	75.48
8 M.H., Daily Totals		$696.20		$825.10	$87.02	$103.13
Crew B-34F	Hr.	Daily	Hr.	Daily	Bare Costs	Incl. O&P
1 Truck Driver (heavy)	$18.40	$147.20	$27.65	$221.20	$18.40	$27.65
1 Truck, Off Hwy., 22 C.Y.		836.00		919.60	104.50	114.95
8 M.H., Daily Totals		$983.20		$1140.80	$122.90	$142.60
Crew B-34G	Hr.	Daily	Hr.	Daily	Bare Costs	Incl. O&P
1 Truck Driver (heavy)	$18.40	$147.20	$27.65	$221.20	$18.40	$27.65
1 Truck, Off Hwy., 34 C.Y.		1096.80		1206.50	137.10	150.81
8 M.H., Daily Totals		$1244.00		$1427.70	$155.50	$178.46
Crew B-34H	Hr.	Daily	Hr.	Daily	Bare Costs	Incl. O&P
1 Truck Driver (heavy)	$18.40	$147.20	$27.65	$221.20	$18.40	$27.65
1 Truck, Off Hwy., 42 C.Y.		1368.80		1505.70	171.10	188.21
8 M.H., Daily Totals		$1516.00		$1726.90	$189.50	$215.86
Crew B-34J	Hr.	Daily	Hr.	Daily	Bare Costs	Incl. O&P
1 Truck Driver (heavy)	$18.40	$147.20	$27.65	$221.20	$18.40	$27.65
1 Truck, Off Hwy., 60 C.Y.		1860.40		2046.45	232.55	255.80
8 M.H., Daily Totals		$2007.60		$2267.65	$250.95	$283.45
Crew B-34K	Hr.	Daily	Hr.	Daily	Bare Costs	Incl. O&P
1 Truck Driver (heavy)	$18.40	$147.20	$27.65	$221.20	$18.40	$27.65
1 Truck Tractor, 240 H.P.		439.00		482.90		
1 Low Bed Trailer		262.20		288.40	87.65	96.41
8 M.H., Daily Totals		$848.40		$992.50	$106.05	$124.06
Crew B-35	Hr.	Daily	Hr.	Daily	Bare Costs	Incl. O&P
1 Laborer Foreman (out)	$19.50	$156.00	$29.90	$239.20	$21.26	$32.20
1 Skilled Worker	22.65	181.20	34.80	278.40		
1 Welder (plumber)	25.45	203.60	37.95	303.60		
1 Laborer	17.50	140.00	26.85	214.80		
1 Equip. Oper. (crane)	23.30	186.40	34.95	279.60		
1 Equip. Oper. Oiler	19.20	153.60	28.80	230.40		
1 Electric Welding Mach.		39.00		42.90		
1 Hyd. Excavator, .75 C.Y.		457.20		502.90	10.33	11.37
48 M.H., Daily Totals		$1517.00		$2091.80	$31.59	$43.57

CREWS

Crew No.		Bare Costs		Incl. Subs O & P		Cost Per Man-Hour	
Crew B-36	Hr.	Daily	Hr.	Daily	Bare Costs	Incl. O&P
1 Labor Foreman (outside)	$19.50	$156.00	$29.90	$239.20	$19.90	$30.22
2 Highway Laborers	17.50	280.00	26.85	429.60		
2 Equip. Oper. (med.)	22.50	360.00	33.75	540.00		
1 Dozer, 200 H.P.		775.80		853.40		
1 Aggregate Spreader		58.60		64.45		
1 Tandem Roller, 10 Ton		187.60		206.35	25.55	28.10
40 M.H., Daily Totals		$1818.00		$2333.00	$45.45	$58.32
Crew B-36A	Hr.	Daily	Hr.	Daily	Bare Costs	Incl. O&P
1 Labor Foreman	$19.50	$156.00	$29.90	$239.20	$20.64	$31.22
2 Laborers	17.50	280.00	26.85	429.60		
4 Equip. Oper. (medium)	22.50	720.00	33.75	1080.00		
1 Dozer, 200 H.P.		775.80		853.40		
1 Aggregate Spreader		58.60		64.45		
1 Roller, Steel Wheel		187.60		206.35		
1 Roller, Pneumatic Wheel		236.20		259.80	22.46	24.71
56 M.H., Daily Totals		$2414.20		$3132.80	$43.10	$55.93
Crew B-37	Hr.	Daily	Hr.	Daily	Bare Costs	Incl. O&P
1 Labor Foreman (outside)	$19.50	$156.00	$29.90	$239.20	$18.48	$28.23
4 Building Laborers	17.50	560.00	26.85	859.20		
1 Equip. Oper. (light)	21.40	171.20	32.10	256.80		
1 Tandem Roller, 5 Ton		118.40		130.25	2.46	2.71
48 M.H., Daily Totals		$1005.60		$1485.45	$20.94	$30.94
Crew B-38	Hr.	Daily	Hr.	Daily	Bare Costs	Incl. O&P
1 Labor Foreman (outside)	$19.50	$156.00	$29.90	$239.20	$19.68	$29.89
2 Building Laborers	17.50	280.00	26.85	429.60		
1 Equip. Oper. (light)	21.40	171.20	32.10	256.80		
1 Equip. Oper. (medium)	22.50	180.00	33.75	270.00		
1 Backhoe Loader, 48 H.P.		190.40		209.45		
1 Demol. Hammer, (1000 lb)		337.80		371.60		
1 F.E. Loader (170 H.P.)		563.00		619.30		
1 Pavt. Rem. Bucket		38.20		42.00	28.23	31.05
40 M.H., Daily Totals		$1916.60		$2437.95	$47.91	$60.94
Crew B-39	Hr.	Daily	Hr.	Daily	Bare Costs	Incl. O&P
1 Labor Foreman (outside)	$19.50	$156.00	$29.90	$239.20	$18.48	$28.23
4 Building Laborers	17.50	560.00	26.85	859.20		
1 Equipment Oper. (light)	21.40	171.20	32.10	256.80		
1 Air Compr., 250 C.F.M.		88.80		97.70		
Air Tools & Accessories		27.60		30.35		
2-50 Ft. Air Hoses, 1.5" Dia.		10.80		11.90	2.65	2.91
48 M.H., Daily Totals		$1014.40		$1495.15	$21.13	$31.14
Crew B-40	Hr.	Daily	Hr.	Daily	Bare Costs	Incl. O&P
1 Pile Driver Foreman	$24.20	$193.60	$40.45	$323.60	$22.35	$35.94
4 Pile Drivers	22.20	710.40	37.10	1187.20		
2 Equip. Oper. (crane)	23.30	372.80	34.95	559.20		
1 Equip. Oper. Oiler	19.20	153.60	28.80	230.40		
1 Crane, 40 Ton		659.00		724.90		
Vibratory Hammer & Gen.		1059.80		1165.80	26.85	29.54
64 M.H., Daily Totals		$3149.20		$4191.10	$49.20	$65.48

Crew No.		Bare Costs		Incl. Subs O & P		Cost Per Man-Hour	
Crew B-41	Hr.	Daily	Hr.	Daily	Bare Costs	Incl. O&P
1 Labor Foreman (outside)	$19.50	$156.00	$29.90	$239.20	$18.20	$27.86
4 Building Laborers	17.50	560.00	26.85	859.20		
.25 Equip. Oper. (crane)	23.30	46.60	34.95	69.90		
.25 Equip. Oper. Oiler	19.20	38.40	28.80	57.60		
.25 Crawler Crane, 40 Ton		164.75		181.25	3.74	4.11
44 M.H., Daily Totals		$965.75		$1407.15	$21.94	$31.97
Crew B-42	Hr.	Daily	Hr.	Daily	Bare Costs	Incl. O&P
1 Labor Foreman (outside)	$19.50	$156.00	$29.90	$239.20	$19.51	$30.40
4 Building Laborers	17.50	560.00	26.85	859.20		
1 Equip. Oper. (crane)	23.30	186.40	34.95	279.60		
1 Equip. Oper. Oiler	19.20	153.60	28.80	230.40		
1 Welder	24.10	192.80	42.20	337.60		
1 Hyd. Crane, 25 Ton		486.40		535.05		
1 Gas Welding Machine		68.40		75.25		
1 Horz. Boring Csg. Mch.		424.40		466.85	15.30	16.83
64 M.H., Daily Totals		$2228.00		$3023.15	$34.81	$47.23
Crew B-43	Hr.	Daily	Hr.	Daily	Bare Costs	Incl. O&P
1 Labor Foreman (outside)	$19.50	$156.00	$29.90	$239.20	$19.08	$29.03
3 Building Laborers	17.50	420.00	26.85	644.40		
1 Equip. Oper. (crane)	23.30	186.40	34.95	279.60		
1 Equip. Oper. Oiler	19.20	153.60	28.80	230.40		
1 Drill Rig & Augers		744.65		819.15	15.51	17.06
48 M.H., Daily Totals		$1660.65		$2212.75	$34.59	$46.09
Crew B-44	Hr.	Daily	Hr.	Daily	Bare Costs	Incl. O&P
1 Pile Driver Foreman	$24.20	$193.60	$40.45	$323.60	$22.13	$35.70
4 Pile Drivers	22.20	710.40	37.10	1187.20		
2 Equip. Oper. (crane)	23.30	372.80	34.95	559.20		
1 Building Laborer	17.50	140.00	26.85	214.80		
1 Crane, 40 Ton, & Access.		1153.25		1268.60		
45 L.F. Leads, 15K Ft. Lbs.		45.00		49.50	18.72	20.59
64 M.H., Daily Totals		$2615.05		$3602.90	$40.85	$56.29
Crew B-45	Hr.	Daily	Hr.	Daily	Bare Costs	Incl. O&P
1 Equip. Oper. (med.)	$22.50	$180.00	$33.75	$270.00	$20.45	$30.70
1 Truck Driver (heavy)	18.40	147.20	27.65	221.20		
1 Dist. Tank Truck, 3K Gal.		308.20		339.00		
1 Tractor, 4 x 2, 250 H.P.		315.00		346.50	38.95	42.84
16 M.H., Daily Totals		$950.40		$1176.70	$59.40	$73.54
Crew B-46	Hr.	Daily	Hr.	Daily	Bare Costs	Incl. O&P
1 Pile Driver Foreman	$24.20	$193.60	$40.45	$323.60	$20.18	$32.53
2 Pile Drivers	22.20	355.20	37.10	593.60		
3 Building Laborers	17.50	420.00	26.85	644.40		
1 Chain Saw, 36" Long		41.60		45.75	.86	.95
48 M.H., Daily Totals		$1010.40		$1607.35	$21.04	$33.48
Crew B-47	Hr.	Daily	Hr.	Daily	Bare Costs	Incl. O&P
1 Blast Foreman	$19.50	$156.00	$29.90	$239.20	$19.46	$29.61
1 Driller	17.50	140.00	26.85	214.80		
1 Equip. Oper. (light)	21.40	171.20	32.10	256.80		
1 Crawler Type Drill, 4"		217.00		238.70		
1 Air Compr., 600 C.F.M.		269.20		296.10		
2-50 Ft. Air Hoses, 3" Dia.		20.40		22.45	21.10	23.21
24 M.H., Daily Totals		$973.80		$1268.05	$40.56	$52.82

XV

CREWS

Crew B-47A	Hr.	Daily	Hr.	Daily	Bare Costs	Incl. O&P
1 Drilling Foreman	$19.50	$156.00	$29.90	$239.20	$20.66	$31.21
1 Equip. Oper. (heavy)	23.30	186.40	34.95	279.60		
1 Oiler	19.20	153.60	28.80	230.40		
1 Quarry Drill		451.40		496.55	18.80	20.68
24 M.H., Daily Totals		$947.40		$1245.75	$39.46	$51.89

Crew B-48	Hr.	Daily	Hr.	Daily	Bare Costs	Incl. O&P
1 Labor Foreman (outside)	$19.50	$156.00	$29.90	$239.20	$19.41	$29.47
3 Building Laborers	17.50	420.00	26.85	644.40		
1 Equip. Oper. (crane)	23.30	186.40	34.95	279.60		
1 Equip. Oper. Oiler	19.20	153.60	28.80	230.40		
1 Equip. Oper. (light)	21.40	171.20	32.10	256.80		
1 Centr. Water Pump, 6"		146.20		160.80		
1-20 Ft. Suction Hose, 6"		23.40		25.75		
1-50 Ft. Disch. Hose, 6"		13.00		14.30		
1 Drill Rig & Augers		744.65		819.15	16.55	18.21
56 M.H., Daily Totals		$2014.45		$2670.40	$35.96	$47.68

Crew B-49	Hr.	Daily	Hr.	Daily	Bare Costs	Incl. O&P
1 Labor Foreman (outside)	$19.50	$156.00	$29.90	$239.20	$20.25	$31.29
3 Building Laborers	17.50	420.00	26.85	644.40		
2 Equip. Oper. (crane)	23.30	372.80	34.95	559.20		
2 Equip. Oper. Oilers	19.20	307.20	28.80	460.80		
1 Equip. Oper. (light)	21.40	171.20	32.10	256.80		
2 Pile Drivers	22.20	355.20	37.10	593.60		
1 Hyd. Crane, 25 Ton		486.40		535.05		
1 Centr. Water Pump, 6"		146.20		160.80		
1-20 Ft. Suction Hose, 6"		23.40		25.75		
1-50 Ft. Disch. Hose, 6"		13.00		14.30		
1 Drill Rig & Augers		744.65		819.15	16.06	17.67
88 M.H., Daily Totals		$3196.05		$4309.05	$36.31	$48.96

Crew B-50	Hr.	Daily	Hr.	Daily	Bare Costs	Incl. O&P
2 Pile Driver Foremen	$24.20	$387.20	$40.45	$647.20	$21.42	$34.48
6 Pile Drivers	22.20	1065.60	37.10	1780.80		
2 Equip. Oper. (crane)	23.30	372.80	34.95	559.20		
1 Equip. Oper. Oiler	19.20	153.60	28.80	230.40		
3 Building Laborers	17.50	420.00	26.85	644.40		
1 Crane, 40 Ton		659.00		724.90		
60 L.F. Leads, 15K Ft. Lbs.		60.00		66.00		
1 Hammer, 15K Ft. Lbs.		258.40		284.25		
1 Air Compr., 600 C.F.M.		269.20		296.10		
2-50 Ft. Air Hoses, 3" Dia.		20.40		22.45		
1 Chain Saw, 36" Long		41.60		45.75	11.68	12.85
112 M.H., Daily Totals		$3707.80		$5301.45	$33.10	$47.33

Crew B-51	Hr.	Daily	Hr.	Daily	Bare Costs	Incl. O&P
1 Labor Foreman (outside)	$19.50	$156.00	$29.90	$239.20	$17.93	$27.41
4 Building Laborers	17.50	560.00	26.85	859.20		
1 Truck Driver (light)	18.10	144.80	27.20	217.60		
1 Light Truck, 1.5 Ton		146.00		160.60	3.04	3.34
48 M.H., Daily Totals		$1006.80		$1476.60	$20.97	$30.75

Crew B-52	Hr.	Daily	Hr.	Daily	Bare Costs	Incl. O&P
1 Carpenter Foreman	$24.00	$192.00	$36.80	$294.40	$20.47	$31.37
1 Carpenter	22.00	176.00	33.75	270.00		
3 Building Laborers	17.50	420.00	26.85	644.40		
1 Cement Finisher	21.65	173.20	31.65	253.20		
.5 Rodman (reinf.)	23.90	95.60	40.00	160.00		
.5 Equip. Oper. (med.)	22.50	90.00	33.75	135.00		
.5 F.E. Ldr., T.M., 2.5 C.Y.		403.90		444.30	7.21	7.93
56 M.H., Daily Totals		$1550.70		$2201.30	$27.68	$39.30

Crew B-53	Hr.	Daily	Hr.	Daily	Bare Costs	Incl. O&P
1 Equip. Oper. (light)	$21.40	$171.20	$32.10	$256.80	$21.40	$32.10
1 Trencher, Chain, 12 H.P.		53.20		58.50	6.65	7.31
8 M.H., Daily Totals		$224.40		$315.30	$28.05	$39.41

Crew B-54	Hr.	Daily	Hr.	Daily	Bare Costs	Incl. O&P
1 Equip. Oper. (light)	$21.40	$171.20	$32.10	$256.80	$21.40	$32.10
1 Trencher, Chain, 40 H.P.		135.20		148.70	16.90	18.58
8 M.H., Daily Totals		$306.40		$405.50	$38.30	$50.68

Crew B-55	Hr.	Daily	Hr.	Daily	Bare Costs	Incl. O&P
2 Building Laborers	$17.50	$280.00	$26.85	$429.60	$17.70	$26.96
1 Truck Driver (light)	18.10	144.80	27.20	217.60		
1 Flatbed Truck w/Auger		395.60		435.15		
1 Truck, 3 Ton		148.40		163.25	22.66	24.93
24 M.H., Daily Totals		$968.80		$1245.60	$40.36	$51.89

Crew B-56	Hr.	Daily	Hr.	Daily	Bare Costs	Incl. O&P
1 Building Laborer	$17.50	$140.00	$26.85	$214.80	$19.45	$29.47
1 Equip. Oper. (light)	21.40	171.20	32.10	256.80		
1 Crawler Type Drill, 4"		217.00		238.70		
1 Air Compr., 600 C.F.M.		269.20		296.10		
1-50 Ft. Air Hose, 3" Dia.		10.20		11.20	31.02	34.12
16 M.H., Daily Totals		$807.60		$1017.60	$50.47	$63.59

Crew B-57	Hr.	Daily	Hr.	Daily	Bare Costs	Incl. O&P
1 Labor Foreman (outside)	$19.50	$156.00	$29.90	$239.20	$19.73	$29.90
2 Building Laborers	17.50	280.00	26.85	429.60		
1 Equip. Oper. (crane)	23.30	186.40	34.95	279.60		
1 Equip. Oper. (light)	21.40	171.20	32.10	256.80		
1 Equip. Oper. Oiler	19.20	153.60	28.80	230.40		
1 Power Shovel, 1 C.Y.		435.80		479.40		
1 Clamshell Bucket, 1 C.Y.		59.60		65.55		
1 Centr. Water Pump, 6"		146.20		160.80		
1-20 Ft. Suction Hose, 6"		23.40		25.75		
20-50 Ft. Disch. Hoses, 6"		260.00		286.00	19.27	21.19
48 M.H., Daily Totals		$1872.20		$2453.10	$39.00	$51.09

Crew B-58	Hr.	Daily	Hr.	Daily	Bare Costs	Incl. O&P
2 Building Laborers	$17.50	$280.00	$26.85	$429.60	$18.80	$28.60
1 Equip. Oper. (light)	21.40	171.20	32.10	256.80		
1 Backhoe Loader, 48 H.P.		190.40		209.45		
1 Small Helicopter		2259.00		2484.90	102.05	112.26
24 M.H., Daily Totals		$2900.60		$3380.75	$120.85	$140.86

Crew B-59	Hr.	Daily	Hr.	Daily	Bare Costs	Incl. O&P
1 Truck Driver (heavy)	$18.40	$147.20	$27.65	$221.20	$18.40	$27.65
1 Truck, 30 Ton		268.40		295.25		
1 Water tank, 5000 Gal.		184.80		203.30	56.65	62.31
8 M.H., Daily Totals		$600.40		$719.75	$75.05	$89.96

CREWS

Crew No.		Bare Costs		Incl. Subs O & P		Cost Per Man-Hour	
Crew B-60	Hr.	Daily	Hr.	Daily	Bare Costs	Incl. O&P
1 Labor Foreman (outside)	$19.50	$156.00	$29.90	$239.20	$19.97	$30.22
2 Building Laborers	17.50	280.00	26.85	429.60		
1 Equip. Oper. (crane)	23.30	186.40	34.95	279.60		
2 Equip. Oper. (light)	21.40	342.40	32.10	513.60		
1 Equip. Oper. Oiler	19.20	153.60	28.80	230.40		
1 Crawler Crane, 40 Ton		659.00		724.90		
45 L.F. Leads, 15K Ft. Lbs.		45.00		49.50		
1 Backhoe Loader, 48 H.P.		190.40		209.45	15.97	17.56
56 M.H., Daily Totals		$2012.80		$2676.25	$35.94	$47.78
Crew B-61	Hr.	Daily	Hr.	Daily	Bare Costs	Incl. O&P
1 Labor Foreman (outside)	$19.50	$156.00	$29.90	$239.20	$18.68	$28.51
3 Building Laborers	17.50	420.00	26.85	644.40		
1 Equip. Oper. (light)	21.40	171.20	32.10	256.80		
1 Cement Mixer, 2 C.Y.		230.60		253.65		
1 Air Compr., 160 C.F.M.		85.40		93.95	7.90	8.69
40 M.H., Daily Totals		$1063.20		$1488.00	$26.58	$37.20
Crew B-62	Hr.	Daily	Hr.	Daily	Bare Costs	Incl. O&P
2 Building Laborers	$17.50	$280.00	$26.85	$429.60	$18.80	$28.60
1 Equip. Oper. (light)	21.40	171.20	32.10	256.80		
1 Loader, Skid Steer		88.80		97.70	3.70	4.07
24 M.H., Daily Totals		$540.00		$784.10	$22.50	$32.67
Crew B-63	Hr.	Daily	Hr.	Daily	Bare Costs	Incl. O&P
4 Building Laborers	$17.50	$560.00	$26.85	$859.20	$18.28	$27.90
1 Equip. Oper. (light)	21.40	171.20	32.10	256.80		
1 Loader, Skid Steer		88.80		97.70	2.22	2.44
40 M.H., Daily Totals		$820.00		$1213.70	$20.50	$30.34
Crew B-64	Hr.	Daily	Hr.	Daily	Bare Costs	Incl. O&P
1 Building Laborer	$17.50	$140.00	$26.85	$214.80	$17.80	$27.02
1 Truck Driver (light)	18.10	144.80	27.20	217.60		
1 Power Mulcher (small)		88.60		97.45		
1 Light Truck, 1.5 Ton		146.00		160.60	14.66	16.12
16 M.H., Daily Totals		$519.40		$690.45	$32.46	$43.14
Crew B-65	Hr.	Daily	Hr.	Daily	Bare Costs	Incl. O&P
1 Building Laborer	$17.50	$140.00	$26.85	$214.80	$17.80	$27.02
1 Truck Driver (light)	18.10	144.80	27.20	217.60		
1 Power Mulcher (large)		202.60		222.85		
1 Light Truck, 1.5 Ton		146.00		160.60	21.78	23.96
16 M.H., Daily Totals		$633.40		$815.85	$39.58	$50.98
Crew B-66	Hr.	Daily	Hr.	Daily	Bare Costs	Incl. O&P
1 Equip. Oper. (light)	$21.40	$171.20	$32.10	$256.80	$21.40	$32.10
1 Backhoe Ldr. w/Attchmt.		162.60		178.85	20.32	22.35
8 M.H., Daily Totals		$333.80		$435.65	$41.72	$54.45
Crew B-67	Hr.	Daily	Hr.	Daily	Bare Costs	Incl. O&P
1 Millwright	$22.95	$183.60	$33.65	$269.20	$22.17	$32.87
1 Equip. Oper. (light)	21.40	171.20	32.10	256.80		
1 Forklift		183.00		201.30	11.43	12.58
16 M.H., Daily Totals		$537.80		$727.30	$33.60	$45.45
Crew B-68	Hr.	Daily	Hr.	Daily	Bare Costs	Incl. O&P
2 Millwrights	$22.95	$367.20	$33.65	$538.40	$22.43	$33.13
1 Equip. Oper. (light)	21.40	171.20	32.10	256.80		
1 Forklift		183.00		201.30	7.62	8.38
24 M.H., Daily Totals		$721.40		$996.50	$30.05	$41.51

Crew No.		Bare Costs		Incl. Subs O & P		Cost Per Man-Hour	
Crew B-69	Hr.	Daily	Hr.	Daily	Bare Costs	Incl. O&P
1 Labor Foreman (outside)	$19.50	$156.00	$29.90	$239.20	$19.08	$29.03
3 Highway Laborers	17.50	420.00	26.85	644.40		
1 Equip. Oper. (crane)	23.30	186.40	34.95	279.60		
1 Equip. Oper. Oiler	19.20	153.60	28.80	230.40		
1 Truck Crane, 80 Ton		1103.40		1213.75	22.98	25.28
48 M.H., Daily Totals		$2019.40		$2607.35	$42.06	$54.31
Crew B-69A	Hr.	Daily	Hr.	Daily	Bare Costs	Incl. O&P
1 Labor Foreman	$19.50	$156.00	$29.90	$239.20	$19.35	$29.30
3 Laborers	17.50	420.00	26.85	644.40		
1 Equip. Oper. (medium)	22.50	180.00	33.75	270.00		
1 Concrete Finisher	21.65	173.20	31.65	253.20		
1 Curb Paver		394.80		434.30	8.22	9.04
48 M.H., Daily Totals		$1324.00		$1841.10	$27.57	$38.34
Crew B-69B	Hr.	Daily	Hr.	Daily	Bare Costs	Incl. O&P
1 Labor Foreman	$19.50	$156.00	$29.90	$239.20	$19.35	$29.30
3 Laborers	17.50	420.00	26.85	644.40		
1 Equip. Oper. (medium)	22.50	180.00	33.75	270.00		
1 Cement Finisher	21.65	173.20	31.65	253.20		
1 Curb/Gutter Paver		858.00		943.80	17.87	19.66
48 M.H., Daily Totals		$1787.20		$2350.60	$37.22	$48.96
Crew B-70	Hr.	Daily	Hr.	Daily	Bare Costs	Incl. O&P
1 Labor Foreman (outside)	$19.50	$156.00	$29.90	$239.20	$19.92	$30.24
3 Highway Laborers	17.50	420.00	26.85	644.40		
3 Equip. Oper. (med.)	22.50	540.00	33.75	810.00		
1 Motor Grader, 30,000 Lb.		521.00		573.10		
1 Grader Attach., Ripper		51.60		56.75		
1 Road Sweeper, S.P.		148.60		163.45		
1 F.E. Loader, 1-3/4 C.Y.		309.60		340.55	18.40	20.24
56 M.H., Daily Totals		$2146.80		$2827.45	$38.32	$50.48
Crew B-71	Hr.	Daily	Hr.	Daily	Bare Costs	Incl. O&P
1 Labor Foreman (outside)	$19.50	$156.00	$29.90	$239.20	$19.92	$30.24
3 Highway Laborers	17.50	420.00	26.85	644.40		
3 Equip. Oper. (med.)	22.50	540.00	33.75	810.00		
1 Pvmt. Profiler, 450 H.P.		3455.60		3801.15		
1 Road Sweeper, S.P.		148.60		163.45		
1 F.E. Loader, 1-3/4 C.Y.		309.60		340.55	69.88	76.87
56 M.H., Daily Totals		$5029.80		$5998.75	$89.80	$107.11
Crew B-72	Hr.	Daily	Hr.	Daily	Bare Costs	Incl. O&P
1 Labor Foreman (outside)	$19.50	$156.00	$29.90	$239.20	$20.25	$30.68
3 Highway Laborers	17.50	420.00	26.85	644.40		
4 Equip. Oper. (med.)	22.50	720.00	33.75	1080.00		
1 Pvmt. Profiler, 450 H.P.		3455.60		3801.15		
1 Hammermill, 250 H.P.		935.20		1028.70		
1 Windrow Loader		938.80		1032.70		
1 Mix Paver 165 H.P.		1230.20		1353.20		
1 Roller, Pneu. Tire, 12 T.		236.20		259.80	106.18	116.80
64 M.H., Daily Totals		$8092.00		$9439.15	$126.43	$147.48

CREWS

Crew No.	Bare Costs		Incl. Subs O & P		Cost Per Man-Hour	
Crew B-73	Hr.	Daily	Hr.	Daily	Bare Costs	Incl. O&P
1 Labor Foreman (outside)	$19.50	$156.00	$29.90	$239.20	$20.87	$31.54
2 Highway Laborers	17.50	280.00	26.85	429.60		
5 Equip. Oper. (med.)	22.50	900.00	33.75	1350.00		
1 Road Mixer, 310 H.P.		871.40		958.55		
1 Roller, Tandem, 12 Ton		187.60		206.35		
1 Hammermill, 250 H.P.		935.20		1028.70		
1 Motor Grader, 30,000 Lb.		521.00		573.10		
.5 F.E. Loader, 1-3/4 C.Y.		154.80		170.30		
.5 Truck, 30 Ton		134.20		147.60		
.5 Water Tank, 5000 Gal.		92.40		101.65	45.25	49.78
64 M.H., Daily Totals		$4232.60		$5205.05	$66.12	$81.32
Crew B-74	Hr.	Daily	Hr.	Daily	Bare Costs	Incl. O&P
1 Labor Foreman (outside)	$19.50	$156.00	$29.90	$239.20	$20.47	$30.88
1 Highway Laborer	17.50	140.00	26.85	214.80		
4 Equip. Oper. (med.)	22.50	720.00	33.75	1080.00		
2 Truck Drivers (heavy)	18.40	294.40	27.65	442.40		
1 Motor Grader, 30,000 Lb.		521.00		573.10		
1 Grader Attach., Ripper		51.60		56.75		
2 Stabilizers, 310 H.P.		1198.00		1317.80		
1 Flatbed Truck, 3 Ton		148.40		163.25		
1 Chem. Spreader, Towed		89.00		97.90		
1 Vibr. Roller, 29,000 Lb.		341.60		375.75		
1 Water Tank, 5000 Gal.		184.80		203.30		
1 Truck, 30 Ton		268.40		295.25	43.79	48.17
64 M.H., Daily Totals		$4113.20		$5059.50	$64.26	$79.05
Crew B-75	Hr.	Daily	Hr.	Daily	Bare Costs	Incl. O&P
1 Labor Foreman (outside)	$19.50	$156.00	$29.90	$239.20	$20.77	$31.34
1 Highway Laborer	17.50	140.00	26.85	214.80		
4 Equip. Oper. (med.)	22.50	720.00	33.75	1080.00		
1 Truck Driver (heavy)	18.40	147.20	27.65	221.20		
1 Motor Grader, 30,000 Lb.		521.00		573.10		
1 Grader Attach., Ripper		51.60		56.75		
2 Stabilizers, 310 H.P.		1198.00		1317.80		
1 Dist. Truck, 3000 Gal.		308.20		339.00		
1 Vibr. Roller, 29,000 Lb.		341.60		375.75	43.22	47.54
56 M.H., Daily Totals		$3583.60		$4417.60	$63.99	$78.88
Crew B-76	Hr.	Daily	Hr.	Daily	Bare Costs	Incl. O&P
1 Dock Builder Foreman	$24.20	$193.60	$40.45	$323.60	$22.33	$36.07
5 Dock Builders	22.20	888.00	37.10	1484.00		
2 Equip. Oper. (crane)	23.30	372.80	34.95	559.20		
1 Equip. Oper. Oiler	19.20	153.60	28.80	230.40		
1 Crawler Crane, 50 Ton		758.00		833.80		
1 Barge, 400 Ton		384.00		422.40		
1 Hammer, 15K. Ft. Lbs.		258.40		284.25		
60 L.F. Leads, 15K. Ft. Lbs.		60.00		66.00		
1 Air Compr., 600 C.F.M.		269.20		296.10		
2-50 Ft. Air Hoses, 3" Dia.		20.40		22.45	24.30	26.73
72 M.H., Daily Totals		$3358.00		$4522.20	$46.63	$62.80
Crew B-77	Hr.	Daily	Hr.	Daily	Bare Costs	Incl. O&P
1 Labor Foreman	$19.50	$156.00	$29.90	$239.20	$18.02	$27.53
3 Laborers	17.50	420.00	26.85	644.40		
1 Truck Driver (light)	18.10	144.80	27.20	217.60		
1 Crack Cleaner, 25 H.P.		71.20		78.30		
1 Crack Filler, Trailer Mtd.		126.40		139.05		
1 Flatbed Truck, 3 Ton		148.40		163.25	8.65	9.51
40 M.H., Daily Totals		$1066.80		$1481.80	$26.67	$37.04

Crew No.	Bare Costs		Incl. Subs O & P		Cost Per Man-Hour	
Crew B-78	Hr.	Daily	Hr.	Daily	Bare Costs	Incl. O&P
1 Labor Foreman	$19.50	$156.00	$29.90	$239.20	$17.93	$27.41
4 Laborers	17.50	560.00	26.85	859.20		
1 Truck Driver (light)	18.10	144.80	27.20	217.60		
1 Paint Striper, S.P.		180.40		198.45		
1 Flatbed Truck, 3 Ton		148.40		163.25		
1 Pickup Truck, 3/4 Ton		107.40		118.15	9.08	9.99
48 M.H., Daily Totals		$1297.00		$1795.85	$27.01	$37.40
Crew B-79	Hr.	Daily	Hr.	Daily	Bare Costs	Incl. O&P
1 Labor Foreman	$19.50	$156.00	$29.90	$239.20	$18.02	$27.53
3 Laborers	17.50	420.00	26.85	644.40		
1 Truck Driver (light)	18.10	144.80	27.20	217.60		
1 Thermo. Striper, T.M.		225.50		248.05		
1 Flatbed Truck, 3 Ton		148.40		163.25		
2 Pickup Trucks, 3/4 Ton		214.80		236.30	14.71	16.19
40 M.H., Daily Totals		$1309.50		$1748.80	$32.73	$43.72
Crew B-80	Hr.	Daily	Hr.	Daily	Bare Costs	Incl. O&P
1 Labor Foreman	$19.50	$156.00	$29.90	$239.20	$19.12	$29.01
1 Laborer	17.50	140.00	26.85	214.80		
1 Truck Driver (light)	18.10	144.80	27.20	217.60		
1 Equip. Oper. (light)	21.40	171.20	32.10	256.80		
1 Flatbed Truck, 3 Ton		148.40		163.25		
1 Post Driver, T.M.		256.80		282.50	12.66	13.92
32 M.H., Daily Totals		$1017.20		$1374.15	$31.78	$42.93
Crew B-81	Hr.	Daily	Hr.	Daily	Bare Costs	Incl. O&P
1 Laborer	$17.50	$140.00	$26.85	$214.80	$19.46	$29.41
1 Equip. Oper. (med.)	22.50	180.00	33.75	270.00		
1 Truck Driver (heavy)	18.40	147.20	27.65	221.20		
1 Hydromulcher, T.M.		239.80		263.80		
1 Tractor Truck, 4x2		268.40		295.25	21.17	23.29
24 M.H., Daily Totals		$975.40		$1265.05	$40.63	$52.70
Crew B-82	Hr.	Daily	Hr.	Daily	Bare Costs	Incl. O&P
1 Highway Laborer	$17.50	$140.00	$26.85	$214.80	$19.45	$29.47
1 Equip. Oper. (light)	21.40	171.20	32.10	256.80		
1 Horiz. Borer, 6 H.P.		37.00		40.70	2.31	2.54
16 M.H., Daily Totals		$348.20		$512.30	$21.76	$32.01
Crew B-83	Hr.	Daily	Hr.	Daily	Bare Costs	Incl. O&P
1 Tugboat Captain	$22.50	$180.00	$33.75	$270.00	$20.00	$30.30
1 Tugboat Hand	17.50	140.00	26.85	214.80		
1 Tugboat, 250 H.P.		456.40		502.05	28.52	31.37
16 M.H., Daily Totals		$776.40		$986.85	$48.52	$61.67
Crew B-84	Hr.	Daily	Hr.	Daily	Bare Costs	Incl. O&P
1 Equip. Oper. (med.)	$22.50	$180.00	$33.75	$270.00	$22.50	$33.75
1 Rotary Mower/Tractor		227.40		250.15	28.42	31.26
8 M.H., Daily Totals		$407.40		$520.15	$50.92	$65.01
Crew B-85	Hr.	Daily	Hr.	Daily	Bare Costs	Incl. O&P
3 Highway Laborers	$17.50	$420.00	$26.85	$644.40	$18.68	$28.39
1 Equip. Oper. (med.)	22.50	180.00	33.75	270.00		
1 Truck Driver (heavy)	18.40	147.20	27.65	221.20		
1 Aerial Lift Truck		515.00		566.50		
1 Brush Chipper, 130 H.P.		178.80		196.70		
1 Pruning Saw, Rotary		15.20		16.70	17.72	19.49
40 M.H., Daily Totals		$1456.20		$1915.50	$36.40	$47.88

CREWS

Crew No.	Bare Costs		Incl. Subs O & P		Cost Per Man-Hour	
	Hr.	Daily	Hr.	Daily	Bare Costs	Incl. O&P
Crew B-86						
1 Equip. Oper. (med.)	$22.50	$180.00	$33.75	$270.00	$22.50	$33.75
1 Stump Chipper, S.P.		152.40		167.65	19.05	20.95
8 M.H., Daily Totals		$332.40		$437.65	$41.55	$54.70
Crew B-86A	Hr.	Daily	Hr.	Daily	Bare Costs	Incl. O&P
1 Equip. Oper. (medium)	$22.50	$180.00	$33.75	$270.00	$22.50	$33.75
1 Grader, 30,000 Lbs.		521.00		573.10	65.12	71.63
8 M.H., Daily Totals		$701.00		$843.10	$87.62	$105.38
Crew B-86B	Hr.	Daily	Hr.	Daily	Bare Costs	Incl. O&P
1 Equip. Oper. (medium)	$22.50	$180.00	$33.75	$270.00	$22.50	$33.75
1 Dozer, 200 H.P.		775.80		853.40	96.97	106.67
8 M.H., Daily Totals		$955.80		$1123.40	$119.47	$140.42
Crew B-87	Hr.	Daily	Hr.	Daily	Bare Costs	Incl. O&P
1 Common Laborer	$17.50	$140.00	$26.85	$214.80	$21.50	$32.37
4 Equip. Oper. (med.)	22.50	720.00	33.75	1080.00		
2 Feller Bunchers, 50 H.P.		626.80		689.50		
1 Log Chipper, 22" Tree		1820.20		2002.20		
1 Dozer, 105 H.P.		272.80		300.10		
1 Chainsaw, Gas, 36" Long		41.60		45.75	69.03	75.93
40 M.H., Daily Totals		$3621.40		$4332.35	$90.53	$108.30
Crew B-88	Hr.	Daily	Hr.	Daily	Bare Costs	Incl. O&P
1 Common Laborer	$17.50	$140.00	$26.85	$214.80	$21.78	$32.76
6 Equip. Oper. (med.)	22.50	1080.00	33.75	1620.00		
2 Feller Bunchers, 50 H.P.		626.80		689.50		
1 Log Chipper, 22" Tree		1820.20		2002.20		
2 Log Skidders, 50 H.P.		639.60		703.55		
1 Dozer, 105 H.P.		272.80		300.10		
1 Chainsaw, Gas, 36" Long		41.60		45.75	60.73	66.80
56 M.H., Daily Totals		$4621.00		$5575.90	$82.51	$99.56
Crew B-89	Hr.	Daily	Hr.	Daily	Bare Costs	Incl. O&P
1 Equip. Oper. (light)	$21.40	$171.20	$32.10	$256.80	$19.75	$29.65
1 Truck Driver (light)	18.10	144.80	27.20	217.60		
1 Truck, Stake Body, 3 Ton		148.40		163.25		
1 Concrete Saw		92.80		102.10		
1 Water Tank, 65 Gal.		6.60		7.25	15.48	17.03
16 M.H., Daily Totals		$563.80		$747.00	$35.23	$46.68
Crew B-89A	Hr.	Daily	Hr.	Daily	Bare Costs	Incl. O&P
1 Skilled Worker	$22.65	$181.20	$34.80	$278.40	$20.07	$30.82
1 Laborer	17.50	140.00	26.85	214.80		
1 Core Drill (large)		48.80		53.70	3.05	3.35
16 M.H., Daily Totals		$370.00		$546.90	$23.12	$34.17
Crew B-90	Hr.	Daily	Hr.	Daily	Bare Costs	Incl. O&P
1 Labor Foreman (outside)	$19.50	$156.00	$29.90	$239.20	$18.95	$28.74
3 Highway Laborers	17.50	420.00	26.85	644.40		
2 Equip. Oper. (light)	21.40	342.40	32.10	513.60		
2 Truck Drivers (heavy)	18.40	294.40	27.65	442.40		
1 Road Mixer, 310 H.P.		871.40		958.55		
1 Dist. Truck, 2000 Gal.		285.00		313.50	18.06	19.87
64 M.H., Daily Totals		$2369.20		$3111.65	$37.01	$48.61

Crew No.	Bare Costs		Incl. Subs O & P		Cost Per Man-Hour	
Crew B-90A	Hr.	Daily	Hr.	Daily	Bare Costs	Incl. O&P
1 Labor Foreman	$19.50	$156.00	$29.90	$239.20	$20.64	$31.22
2 Laborers	17.50	280.00	26.85	429.60		
4 Equip. Oper. (medium)	22.50	720.00	33.75	1080.00		
2 Graders, 30,000 Lbs.		1042.00		1146.20		
1 Roller, Steel Wheel		187.60		206.35		
1 Roller, Pneumatic Wheel		236.20		259.80	26.17	28.79
56 M.H., Daily Totals		$2621.80		$3361.15	$46.81	$60.01
Crew B-90B	Hr.	Daily	Hr.	Daily	Bare Costs	Incl. O&P
1 Labor Foreman	$19.50	$156.00	$29.90	$239.20	$20.33	$30.80
2 Laborers	17.50	280.00	26.85	429.60		
3 Equip. Oper. (medium)	22.50	540.00	33.75	810.00		
1 Roller, Steel Wheel		187.60		206.35		
1 Roller, Pneumatic Wheel		236.20		259.80		
1 Road Mixer, 310 H.P.		871.40		958.55	26.98	29.68
48 M.H., Daily Totals		$2271.20		$2903.50	$47.31	$60.48
Crew B-91	Hr.	Daily	Hr.	Daily	Bare Costs	Incl. O&P
1 Labor Foreman (outside)	$19.50	$156.00	$29.90	$239.20	$20.36	$30.78
2 Highway Laborers	17.50	280.00	26.85	429.60		
4 Equip. Oper. (med.)	22.50	720.00	33.75	1080.00		
1 Truck Driver (heavy)	18.40	147.20	27.65	221.20		
1 Dist. Truck, 3000 Gal.		308.20		339.00		
1 Aggreg. Spreader, S.P.		561.40		617.55		
1 Roller, Pneu. Tire, 12 Ton		236.20		259.80		
1 Roller, Steel, 10 Ton		187.60		206.35	20.20	22.22
64 M.H., Daily Totals		$2596.60		$3392.70	$40.56	$53.00
Crew B-92	Hr.	Daily	Hr.	Daily	Bare Costs	Incl. O&P
1 Labor Foreman (outside)	$19.50	$156.00	$29.90	$239.20	$18.00	$27.61
3 Highway Laborers	17.50	420.00	26.85	644.40		
1 Crack Cleaner, 25 H.P.		71.20		78.30		
1 Air Compressor		64.40		70.85		
1 Tar Kettle, T.M.		17.80		19.60		
1 Flatbed Truck, 3 Ton		148.40		163.25	9.43	10.37
32 M.H., Daily Totals		$877.80		$1215.60	$27.43	$37.98
Crew B-93	Hr.	Daily	Hr.	Daily	Bare Costs	Incl. O&P
1 Equip. Oper. (med.)	$22.50	$180.00	$33.75	$270.00	$22.50	$33.75
1 Feller Buncher, 50 H.P.		313.40		344.75	39.17	43.09
8 M.H., Daily Totals		$493.40		$614.75	$61.67	$76.84
Crew C-1	Hr.	Daily	Hr.	Daily	Bare Costs	Incl. O&P
3 Carpenters	$22.00	$528.00	$33.75	$810.00	$20.87	$32.02
1 Building Laborer	17.50	140.00	26.85	214.80		
Power Tools		24.00		26.40	.75	.82
32 M.H., Daily Totals		$692.00		$1051.20	$21.62	$32.84
Crew C-1A	Hr.	Daily	Hr.	Daily	Bare Costs	Incl. O&P
1 Carpenter	$22.00	$176.00	$33.75	$270.00	$22.00	$33.75
1 Circular Saw, 7"		8.00		8.80	1.00	1.10
8 M.H., Daily Totals		$184.00		$278.80	$23.00	$34.85
Crew C-2	Hr.	Daily	Hr.	Daily	Bare Costs	Incl. O&P
1 Carpenter Foreman (out)	$24.00	$192.00	$36.80	$294.40	$21.58	$33.10
4 Carpenters	22.00	704.00	33.75	1080.00		
1 Building Laborer	17.50	140.00	26.85	214.80		
Power Tools		32.00		35.20	.66	.73
48 M.H., Daily Totals		$1068.00		$1624.40	$22.24	$33.83

CREWS

Crew No.	Bare Costs		Incl. Subs O & P		Cost Per Man-Hour	
Crew C-3	Hr.	Daily	Hr.	Daily	Bare Costs	Incl. O&P
1 Rodman Foreman	$25.90	$207.20	$43.35	$346.80	$22.23	$36.14
4 Rodmen (reinf.)	23.90	764.80	40.00	1280.00		
1 Equip. Oper. (light)	21.40	171.20	32.10	256.80		
2 Building Laborers	17.50	280.00	26.85	429.60		
Stressing Equipment		36.00		39.60		
Grouting Equipment		115.20		126.70	2.36	2.59
64 M.H., Daily Totals		$1574.40		$2479.50	$24.59	$38.73
Crew C-4	Hr.	Daily	Hr.	Daily	Bare Costs	Incl. O&P
1 Rodman Foreman	$25.90	$207.20	$43.35	$346.80	$24.40	$40.83
3 Rodmen (reinf.)	23.90	573.60	40.00	960.00		
Stressing Equipment		36.00		39.60	1.12	1.23
32 M.H., Daily Totals		$816.80		$1346.40	$25.52	$42.06
Crew C-5	Hr.	Daily	Hr.	Daily	Bare Costs	Incl. O&P
1 Rodman Foreman	$25.90	$207.20	$43.35	$346.80	$23.42	$38.15
4 Rodmen (reinf.)	23.90	764.80	40.00	1280.00		
1 Equip. Oper. (crane)	23.30	186.40	34.95	279.60		
1 Equip. Oper. Oiler	19.20	153.60	28.80	230.40		
1 Hyd. Crane, 25 Ton		486.40		535.05	8.68	9.55
56 M.H., Daily Totals		$1798.40		$2671.85	$32.10	$47.70
Crew C-6	Hr.	Daily	Hr.	Daily	Bare Costs	Incl. O&P
1 Labor Foreman (outside)	$19.50	$156.00	$29.90	$239.20	$18.52	$28.15
4 Building Laborers	17.50	560.00	26.85	859.20		
1 Cement Finisher	21.65	173.20	31.65	253.20		
2 Gas Engine Vibrators		62.00		68.20	1.29	1.42
48 M.H., Daily Totals		$951.20		$1419.80	$19.81	$29.57
Crew C-7	Hr.	Daily	Hr.	Daily	Bare Costs	Incl. O&P
1 Labor Foreman (outside)	$19.50	$156.00	$29.90	$239.20	$18.89	$28.69
5 Building Laborers	17.50	700.00	26.85	1074.00		
1 Cement Finisher	21.65	173.20	31.65	253.20		
1 Equip. Oper. (med.)	22.50	180.00	33.75	270.00		
2 Gas Engine Vibrators		62.00		68.20		
1 Concrete Bucket, 1 C.Y.		16.80		18.50		
1 Hyd. Crane, 55 Ton		727.20		799.90	12.59	13.85
64 M.H., Daily Totals		$2015.20		$2723.00	$31.48	$42.54
Crew C-8	Hr.	Daily	Hr.	Daily	Bare Costs	Incl. O&P
1 Labor Foreman (outside)	$19.50	$156.00	$29.90	$239.20	$19.68	$29.64
3 Building Laborers	17.50	420.00	26.85	644.40		
2 Cement Finishers	21.65	346.40	31.65	506.40		
1 Equip. Oper. (med.)	22.50	180.00	33.75	270.00		
1 Concrete Pump (small)		514.60		566.05	9.18	10.10
56 M.H., Daily Totals		$1617.00		$2226.05	$28.86	$39.74
Crew C-9	Hr.	Daily	Hr.	Daily	Bare Costs	Incl. O&P
1 Cement Finisher	$21.65	$173.20	$31.65	$253.20	$21.65	$31.65
1 Gas Finishing Mach.		34.80		38.30	4.35	4.78
8 M.H., Daily Totals		$208.00		$291.50	$26.00	$36.43
Crew C-10	Hr.	Daily	Hr.	Daily	Bare Costs	Incl. O&P
1 Building Laborer	$17.50	$140.00	$26.85	$214.80	$20.26	$30.05
2 Cement Finishers	21.65	346.40	31.65	506.40		
2 Gas Finishing Mach.		69.60		76.55	2.90	3.18
24 M.H., Daily Totals		$556.00		$797.75	$23.16	$33.23

Crew No.	Bare Costs		Incl. Subs O & P		Cost Per Man-Hour	
Crew C-11	Hr.	Daily	Hr.	Daily	Bare Costs	Incl. O&P
1 Struc. Steel Foreman	$26.10	$208.80	$45.70	$365.60	$23.68	$40.29
6 Struc. Steel Workers	24.10	1156.80	42.20	2025.60		
1 Equip. Oper. (crane)	23.30	186.40	34.95	279.60		
1 Equip. Oper. Oiler	19.20	153.60	28.80	230.40		
1 Truck Crane, 150 Ton		1387.80		1526.60	19.27	21.20
72 M.H., Daily Totals		$3093.40		$4427.80	$42.95	$61.49
Crew C-12	Hr.	Daily	Hr.	Daily	Bare Costs	Incl. O&P
1 Carpenter Foreman (out)	$24.00	$192.00	$36.80	$294.40	$21.80	$33.30
3 Carpenters	22.00	528.00	33.75	810.00		
1 Building Laborer	17.50	140.00	26.85	214.80		
1 Equip. Oper. (crane)	23.30	186.40	34.95	279.60		
1 Hyd. Crane, 12 Ton		362.00		398.20	7.54	8.29
48 M.H., Daily Totals		$1408.40		$1997.00	$29.34	$41.59
Crew C-13	Hr.	Daily	Hr.	Daily	Bare Costs	Incl. O&P
1 Struc. Steel Worker	$24.10	$192.80	$42.20	$337.60	$23.40	$39.38
1 Welder	24.10	192.80	42.20	337.60		
1 Carpenter	22.00	176.00	33.75	270.00		
1 Gas Welding Machine		68.40		75.25	2.85	3.13
24 M.H., Daily Totals		$630.00		$1020.45	$26.25	$42.51
Crew C-14	Hr.	Daily	Hr.	Daily	Bare Costs	Incl. O&P
1 Carpenter Foreman (out)	$24.00	$192.00	$36.80	$294.40	$21.41	$33.33
5 Carpenters	22.00	880.00	33.75	1350.00		
4 Building Laborers	17.50	560.00	26.85	859.20		
4 Rodmen (reinf.)	23.90	764.80	40.00	1280.00		
2 Cement Finishers	21.65	346.40	31.65	506.40		
1 Equip. Oper. (crane)	23.30	186.40	34.95	279.60		
1 Equip. Oper. Oiler	19.20	153.60	28.80	230.40		
1 Crane, 80 Ton, & Tools		1103.40		1213.75		
Power Tools		24.00		26.40		
2 Gas Finishing Mach.		69.60		76.55	8.31	9.14
144 M.H., Daily Totals		$4280.20		$6116.70	$29.72	$42.47
Crew C-15	Hr.	Daily	Hr.	Daily	Bare Costs	Incl. O&P
1 Carpenter Foreman (out)	$24.00	$192.00	$36.80	$294.40	$20.85	$32.01
2 Carpenters	22.00	352.00	33.75	540.00		
3 Building Laborers	17.50	420.00	26.85	644.40		
2 Cement Finishers	21.65	346.40	31.65	506.40		
1 Rodman (reinf.)	23.90	191.20	40.00	320.00		
Power Tools		16.00		17.60		
1 Gas Finishing Mach.		34.80		38.30	.70	.77
72 M.H., Daily Totals		$1552.40		$2361.10	$21.55	$32.78
Crew C-16	Hr.	Daily	Hr.	Daily	Bare Costs	Incl. O&P
1 Labor Foreman (outside)	$19.50	$156.00	$29.90	$239.20	$20.62	$31.94
3 Building Laborers	17.50	420.00	26.85	644.40		
2 Cement Finishers	21.65	346.40	31.65	506.40		
1 Equip. Oper. (med.)	22.50	180.00	33.75	270.00		
2 Rodmen (reinf.)	23.90	382.40	40.00	640.00		
1 Concrete Pump (small)		514.60		566.05	7.14	7.86
72 M.H., Daily Totals		$1999.40		$2866.05	$27.76	$39.80
Crew C-17	Hr.	Daily	Hr.	Daily	Bare Costs	Incl. O&P
2 Skilled Worker Foremen	$24.65	$394.40	$37.85	$605.60	$23.05	$35.41
8 Skilled Workers	22.65	1449.60	34.80	2227.20		
80 M.H., Daily Totals		$1844.00		$2832.80	$23.05	$35.41

CREWS

Crew No.	Bare Costs		Incl. Subs O & P		Cost Per Man-Hour	
Crew C-17A	Hr.	Daily	Hr.	Daily	Bare Costs	Incl. O&P
2 Skilled Worker Foremen	$24.65	$394.40	$37.85	$605.60	$23.05	$35.41
8 Skilled Workers	22.65	1449.60	34.80	2227.20		
.125 Equip. Oper. (crane)	23.30	23.30	34.95	34.95		
.125 Crane, 80 Ton, & Tools		143.45		157.80		
.125 Hnd. Held Pwr. Tools		1.05		1.15		
.125 Wlk. Bhnd. Pwr. Tools		4.50		5.00	1.83	2.02
81 M.H., Daily Totals		$2016.30		$3031.70	$24.88	$37.43
Crew C-17B	Hr.	Daily	Hr.	Daily	Bare Costs	Incl. O&P
2 Skilled Worker Foremen	$24.65	$394.40	$37.85	$605.60	$23.05	$35.41
8 Skilled Workers	22.65	1449.60	34.80	2227.20		
.25 Equip. Oper. (crane)	23.30	46.60	34.95	69.90		
.25 Crane, 80 Ton, & Tools		275.85		303.45		
.25 Hand Held Pwr. Tools		2.00		2.20		
.25 Wlk. Bhnd. Pwr. Tools		8.70		9.55	3.49	3.84
82 M.H., Daily Totals		$2177.15		$3217.90	$26.54	$39.25
Crew C-17C	Hr.	Daily	Hr.	Daily	Bare Costs	Incl. O&P
2 Skilled Worker Foremen	$24.65	$394.40	$37.85	$605.60	$23.05	$35.41
8 Skilled Workers	22.65	1449.60	34.80	2227.20		
.375 Equip. Oper. (crane)	23.30	69.90	34.95	104.85		
.375 Crane, 80 Ton & Tools		419.30		461.20		
.375 Hand Held Pwr. Tools		3.05		3.35		
.375 Wlk. Bhnd. Pwr. Tools		13.20		14.55	5.24	5.77
83 M.H., Daily Totals		$2349.45		$3416.75	$28.29	$41.18
Crew C-17D	Hr.	Daily	Hr.	Daily	Bare Costs	Incl. O&P
2 Skilled Worker Foremen	$24.65	$394.40	$37.85	$605.60	$23.05	$35.41
8 Skilled Workers	22.65	1449.60	34.80	2227.20		
.5 Equip. Oper. (crane)	23.30	93.20	34.95	139.80		
.5 Crane, 80 Ton & Tools		551.70		606.85		
.5 Hand Held Power Tools		4.00		4.40		
.5 Walk Behind Power Tools		17.40		19.15	6.82	7.50
84 M.H., Daily Totals		$2510.30		$3603.00	$29.87	$42.91
Crew C-17E	Hr.	Daily	Hr.	Daily	Bare Costs	Incl. O&P
2 Skilled Worker Foremen	$24.65	$394.40	$37.85	$605.60	$23.05	$35.41
8 Skilled Workers	22.65	1449.60	34.80	2227.20		
1 Hyd. Jack with Rods		54.40		59.85	.68	.74
80 M.H., Daily Totals		$1898.40		$2892.65	$23.73	$36.15
Crew C-18	Hr.	Daily	Hr.	Daily	Bare Costs	Incl. O&P
.125 Labor Foreman (out)	$19.50	$19.50	$29.90	$29.90	$17.72	$27.18
1 Building Laborer	17.50	140.00	26.85	214.80		
1 Concrete Cart, 10 C.F.		44.00		48.40	4.88	5.37
9 M.H., Daily Totals		$203.50		$293.10	$22.60	$32.55
Crew C-19	Hr.	Daily	Hr.	Daily	Bare Costs	Incl. O&P
.125 Labor Foreman (out)	$19.50	$19.50	$29.90	$29.90	$17.72	$27.18
1 Building Laborer	17.50	140.00	26.85	214.80		
1 Concrete Cart, 18 C.F.		105.80		116.40	11.75	12.93
9 M.H., Daily Totals		$265.30		$361.10	$29.47	$40.11

Crew No.	Bare Costs		Incl. Subs O & P		Cost Per Man-Hour	
Crew C-20	Hr.	Daily	Hr.	Daily	Bare Costs	Incl. O&P
1 Labor Foreman (outside)	$19.50	$156.00	$29.90	$239.20	$18.89	$28.69
5 Building Laborers	17.50	700.00	26.85	1074.00		
1 Cement Finisher	21.65	173.20	31.65	253.20		
1 Equip. Oper. (med.)	22.50	180.00	33.75	270.00		
2 Gas Engine Vibrators		62.00		68.20		
1 Concrete Pump (small)		514.60		566.05	9.00	9.91
64 M.H., Daily Totals		$1785.80		$2470.65	$27.89	$38.60
Crew C-21	Hr.	Daily	Hr.	Daily	Bare Costs	Incl. O&P
1 Labor Foreman (outside)	$19.50	$156.00	$29.90	$239.20	$18.89	$28.69
5 Building Laborers	17.50	700.00	26.85	1074.00		
1 Cement Finisher	21.65	173.20	31.65	253.20		
1 Equip. Oper. (med.)	22.50	180.00	33.75	270.00		
2 Gas Engine Vibrators		62.00		68.20		
1 Concrete Conveyer		118.80		130.70	2.82	3.10
64 M.H., Daily Totals		$1390.00		$2035.30	$21.71	$31.79
Crew C-22	Hr.	Daily	Hr.	Daily	Bare Costs	Incl. O&P
1 Rodman Foreman	$25.90	$207.20	$43.35	$346.80	$24.15	$40.25
4 Rodmen (reinf.)	23.90	764.80	40.00	1280.00		
.125 Equip. Oper. (crane)	23.30	23.30	34.95	34.95		
.125 Equip. Oper. Oiler	19.20	19.20	28.80	28.80		
.125 Hyd. Crane, 25 Ton		63.25		69.55	1.50	1.65
42 M.H., Daily Totals		$1077.75		$1760.10	$25.65	$41.90
Crew C-23	Hr.	Daily	Hr.	Daily	Bare Costs	Incl. O&P
2 Skilled Worker Foremen	$24.65	$394.40	$37.85	$605.60	$22.77	$34.82
6 Skilled Workers	22.65	1087.20	34.80	1670.40		
1 Equip. Oper. (crane)	23.30	186.40	34.95	279.60		
1 Equip. Oper. Oiler	19.20	153.60	28.80	230.40		
1 Crane, 90 Ton		1071.40		1178.55	13.39	14.73
80 M.H., Daily Totals		$2893.00		$3964.55	$36.16	$49.55
Crew C-24	Hr.	Daily	Hr.	Daily	Bare Costs	Incl. O&P
2 Skilled Worker Foremen	$24.65	$394.40	$37.85	$605.60	$22.77	$34.82
6 Skilled Workers	22.65	1087.20	34.80	1670.40		
1 Equip. Oper. (crane)	23.30	186.40	34.95	279.60		
1 Equip. Oper. Oiler	19.20	153.60	28.80	230.40		
1 Truck Crane, 150 Ton		1387.80		1526.60	17.34	19.08
80 M.H., Daily Totals		$3209.40		$4312.60	$40.11	$53.90
Crew D-1	Hr.	Daily	Hr.	Daily	Bare Costs	Incl. O&P
1 Bricklayer	$22.75	$182.00	$34.20	$273.60	$20.20	$30.37
1 Bricklayer Helper	17.65	141.20	26.55	212.40		
16 M.H., Daily Totals		$323.20		$486.00	$20.20	$30.37
Crew D-2	Hr.	Daily	Hr.	Daily	Bare Costs	Incl. O&P
3 Bricklayers	$22.75	$546.00	$34.20	$820.80	$20.82	$31.37
2 Bricklayer Helpers	17.65	282.40	26.55	424.80		
.5 Carpenter	22.00	88.00	33.75	135.00		
44 M.H., Daily Totals		$916.40		$1380.60	$20.82	$31.37
Crew D-3	Hr.	Daily	Hr.	Daily	Bare Costs	Incl. O&P
3 Bricklayers	$22.75	$546.00	$34.20	$820.80	$20.77	$31.26
2 Bricklayer Helpers	17.65	282.40	26.55	424.80		
.25 Carpenter	22.00	44.00	33.75	67.50		
42 M.H., Daily Totals		$872.40		$1313.10	$20.77	$31.26

CREWS

Crew No.	Bare Costs		Incl. Subs O & P		Cost Per Man-Hour	
Crew D-4	Hr.	Daily	Hr.	Daily	Bare Costs	Incl. O&P
1 Bricklayer	$22.75	$182.00	$34.20	$273.60	$19.86	$29.85
2 Bricklayer Helpers	17.65	282.40	26.55	424.80		
1 Equip. Oper. (light)	21.40	171.20	32.10	256.80		
1 Grout Pump		88.80		97.70		
1 Hoses & Hopper		23.20		25.50		
1 Accessories		9.80		10.80	3.80	4.18
32 M.H., Daily Totals		$757.40		$1089.20	$23.66	$34.03
Crew D-5	Hr.	Daily	Hr.	Daily	Bare Costs	Incl. O&P
1 Bricklayer	$22.75	$182.00	$34.20	$273.60	$22.75	$34.20
1 Power Tool		32.00		35.20	4.00	4.40
8 M.H., Daily Totals		$214.00		$308.80	$26.75	$38.60
Crew D-6	Hr.	Daily	Hr.	Daily	Bare Costs	Incl. O&P
3 Bricklayers	$22.75	$546.00	$34.20	$820.80	$20.27	$30.51
3 Bricklayer Helpers	17.65	423.60	26.55	637.20		
.25 Carpenter	22.00	44.00	33.75	67.50		
50 M.H., Daily Totals		$1013.60		$1525.50	$20.27	$30.51
Crew D-7	Hr.	Daily	Hr.	Daily	Bare Costs	Incl. O&P
1 Tile Layer	$22.15	$177.20	$32.10	$256.80	$19.80	$28.70
1 Tile Layer Helper	17.45	139.60	25.30	202.40		
16 M.H., Daily Totals		$316.80		$459.20	$19.80	$28.70
Crew D-8	Hr.	Daily	Hr.	Daily	Bare Costs	Incl. O&P
3 Bricklayers	$22.75	$546.00	$34.20	$820.80	$20.71	$31.14
2 Bricklayer Helpers	17.65	282.40	26.55	424.80		
40 M.H., Daily Totals		$828.40		$1245.60	$20.71	$31.14
Crew D-9	Hr.	Daily	Hr.	Daily	Bare Costs	Incl. O&P
3 Bricklayers	$22.75	$546.00	$34.20	$820.80	$20.20	$30.37
3 Bricklayer Helpers	17.65	423.60	26.55	637.20		
48 M.H., Daily Totals		$969.60		$1458.00	$20.20	$30.37
Crew D-10	Hr.	Daily	Hr.	Daily	Bare Costs	Incl. O&P
1 Bricklayer Foreman	$24.75	$198.00	$37.20	$297.60	$21.22	$31.89
1 Bricklayer	22.75	182.00	34.20	273.60		
2 Bricklayer Helpers	17.65	282.40	26.55	424.80		
1 Equip. Oper. (crane)	23.30	186.40	34.95	279.60		
1 Truck Crane, 12.5 Ton		419.20		461.10	10.48	11.52
40 M.H., Daily Totals		$1268.00		$1736.70	$31.70	$43.41
Crew D-11	Hr.	Daily	Hr.	Daily	Bare Costs	Incl. O&P
1 Bricklayer Foreman	$24.75	$198.00	$37.20	$297.60	$21.71	$32.65
1 Bricklayer	22.75	182.00	34.20	273.60		
1 Bricklayer Helper	17.65	141.20	26.55	212.40		
24 M.H., Daily Totals		$521.20		$783.60	$21.71	$32.65
Crew D-12	Hr.	Daily	Hr.	Daily	Bare Costs	Incl. O&P
1 Bricklayer Foreman	$24.75	$198.00	$37.20	$297.60	$20.70	$31.12
1 Bricklayer	22.75	182.00	34.20	273.60		
2 Bricklayer Helpers	17.65	282.40	26.55	424.80		
32 M.H., Daily Totals		$662.40		$996.00	$20.70	$31.12

Crew No.	Bare Costs		Incl. Subs O & P		Cost Per Man-Hour	
Crew D-13	Hr.	Daily	Hr.	Daily	Bare Costs	Incl. O&P
1 Bricklayer Foreman	$24.75	$198.00	$37.20	$297.60	$21.35	$32.20
1 Bricklayer	22.75	182.00	34.20	273.60		
2 Bricklayer Helpers	17.65	282.40	26.55	424.80		
1 Carpenter	22.00	176.00	33.75	270.00		
1 Equip. Oper. (crane)	23.30	186.40	34.95	279.60		
1 Truck Crane, 12.5 Ton		419.20		461.10	8.73	9.60
48 M.H., Daily Totals		$1444.00		$2006.70	$30.08	$41.80
Crew E-1	Hr.	Daily	Hr.	Daily	Bare Costs	Incl. O&P
1 Welder Foreman	$26.10	$208.80	$45.70	$365.60	$23.86	$40.00
1 Welder	24.10	192.80	42.20	337.60		
1 Equip. Oper. (light)	21.40	171.20	32.10	256.80		
1 Gas Welding Machine		68.40		75.25	2.85	3.13
24 M.H., Daily Totals		$641.20		$1035.25	$26.71	$43.13
Crew E-2	Hr.	Daily	Hr.	Daily	Bare Costs	Incl. O&P
1 Struc. Steel Foreman	$26.10	$208.80	$45.70	$365.60	$23.57	$39.75
4 Struc. Steel Workers	24.10	771.20	42.20	1350.40		
1 Equip. Oper. (crane)	23.30	186.40	34.95	279.60		
1 Equip. Oper. Oiler	19.20	153.60	28.80	230.40		
1 Crane, 90 Ton		1071.40		1178.55	19.13	21.04
56 M.H., Daily Totals		$2391.40		$3404.55	$42.70	$60.79
Crew E-3	Hr.	Daily	Hr.	Daily	Bare Costs	Incl. O&P
1 Struc. Steel Foreman	$26.10	$208.80	$45.70	$365.60	$24.76	$43.36
1 Struc. Steel Worker	24.10	192.80	42.20	337.60		
1 Welder	24.10	192.80	42.20	337.60		
1 Gas Welding Machine		68.40		75.25		
1 Torch, Gas & Air		62.80		69.10	5.46	6.01
24 M.H., Daily Totals		$725.60		$1185.15	$30.22	$49.37
Crew E-4	Hr.	Daily	Hr.	Daily	Bare Costs	Incl. O&P
1 Struc. Steel Foreman	$26.10	$208.80	$45.70	$365.60	$24.60	$43.07
3 Struc. Steel Workers	24.10	578.40	42.20	1012.80		
1 Gas Welding Machine		68.40		75.25	2.13	2.35
32 M.H., Daily Totals		$855.60		$1453.65	$26.73	$45.42
Crew E-5	Hr.	Daily	Hr.	Daily	Bare Costs	Incl. O&P
2 Struc. Steel Foremen	$26.10	$417.60	$45.70	$731.20	$23.93	$40.83
5 Struc. Steel Workers	24.10	964.00	42.20	1688.00		
1 Equip. Oper. (crane)	23.30	186.40	34.95	279.60		
1 Welder	24.10	192.80	42.20	337.60		
1 Equip. Oper. Oiler	19.20	153.60	28.80	230.40		
1 Crane, 90 Ton		1071.40		1178.55		
1 Gas Welding Machine		68.40		75.25		
1 Torch, Gas & Air		62.80		69.10	15.03	16.53
80 M.H., Daily Totals		$3117.00		$4589.70	$38.96	$57.36

CREWS

Crew E-6	Bare Costs Hr.	Daily	Incl. Subs O & P Hr.	Daily	Cost Per Man-Hour Bare Costs	Incl. O&P
3 Struc. Steel Foreman	$26.10	$626.40	$45.70	$1096.80	$23.95	$40.93
9 Struc. Steel Workers	24.10	1735.20	42.20	3038.40		
1 Equip. Oper. (crane)	23.30	186.40	34.95	279.60		
1 Welder	24.10	192.80	42.20	337.60		
1 Equip. Oper. Oiler	19.20	153.60	28.80	230.40		
1 Equip. Oper. (light)	21.40	171.20	32.10	256.80		
1 Crane, 90 Ton		1071.40		1178.55		
1 Gas Welding Machine		68.40		75.25		
1 Torch, Gas & Air		62.80		69.10		
1 Air Compr., 160 C.F.M.		85.40		93.95		
2 Impact Wrenches		55.60		61.15	10.49	11.54
128 M.H., Daily Totals		$4409.20		$6717.60	$34.44	$52.47

Crew E-7	Hr.	Daily	Hr.	Daily	Bare Costs	Incl. O&P
1 Struc. Steel Foreman	$26.10	$208.80	$45.70	$365.60	$23.93	$40.83
4 Struc. Steel Workers	24.10	771.20	42.20	1350.40		
1 Equip. Oper. (crane)	23.30	186.40	34.95	279.60		
1 Equip. Oper. Oiler	19.20	153.60	28.80	230.40		
1 Welder Foreman	26.10	208.80	45.70	365.60		
2 Welders	24.10	385.60	42.20	675.20		
1 Crane, 90 Ton		1071.40		1178.55		
2 Gas Welding Machines		136.80		150.50	15.10	16.61
80 M.H., Daily Totals		$3122.60		$4595.85	$39.03	$57.44

Crew E-8	Hr.	Daily	Hr.	Daily	Bare Costs	Incl. O&P
1 Struc. Steel Foreman	$26.10	$208.80	$45.70	$365.60	$23.76	$40.37
4 Struc. Steel Workers	24.10	771.20	42.20	1350.40		
1 Welder Foreman	26.10	208.80	45.70	365.60		
4 Welders	24.10	771.20	42.20	1350.40		
1 Equip. Oper. (crane)	23.30	186.40	34.95	279.60		
1 Equip. Oper. Oiler	19.20	153.60	28.80	230.40		
1 Equip. Oper. (light)	21.40	171.20	32.10	256.80		
1 Crane, 90 Ton		1071.40		1178.55		
4 Gas Welding Machines		273.60		300.95	12.93	14.22
104 M.H., Daily Totals		$3816.20		$5678.30	$36.69	$54.59

Crew E-9	Hr.	Daily	Hr.	Daily	Bare Costs	Incl. O&P
2 Struc. Steel Foremen	$26.10	$417.60	$45.70	$731.20	$23.95	$40.93
5 Struc. Steel Workers	24.10	964.00	42.20	1688.00		
1 Welder Foreman	26.10	208.80	45.70	365.60		
5 Welders	24.10	964.00	42.20	1688.00		
1 Equip. Oper. (crane)	23.30	186.40	34.95	279.60		
1 Equip. Oper. Oiler	19.20	153.60	28.80	230.40		
1 Equip. Oper. (light)	21.40	171.20	32.10	256.80		
1 Crane, 90 Ton		1071.40		1178.55		
5 Gas Welding Machines		342.00		376.20		
1 Torch, Gas & Air		62.80		69.10	11.53	12.68
128 M.H., Daily Totals		$4541.80		$6863.45	$35.48	$53.61

Crew E-10	Hr.	Daily	Hr.	Daily	Bare Costs	Incl. O&P
1 Welder Foreman	$26.10	$208.80	$45.70	$365.60	$25.10	$43.95
1 Welder	24.10	192.80	42.20	337.60		
4 Gas Welding Machines		273.60		300.95		
1 Truck, 3 Ton		148.40		163.25	26.37	29.01
16 M.H., Daily Totals		$823.60		$1167.40	$51.47	$72.96

Crew E-11	Hr.	Daily	Hr.	Daily	Bare Costs	Incl. O&P
2 Painters, Struc. Steel	$21.45	$343.20	$38.50	$616.00	$20.45	$33.98
1 Building Laborer	17.50	140.00	26.85	214.80		
1 Equip. Oper. (light)	21.40	171.20	32.10	256.80		
1 Air Compr., 250 C.F.M.		88.80		97.70		
1 Sand Blaster		23.20		25.50		
1 Sand Blasting Accessories		9.80		10.80	3.80	4.18
32 M.H., Daily Totals		$776.20		$1221.60	$24.25	$38.16

Crew E-12	Hr.	Daily	Hr.	Daily	Bare Costs	Incl. O&P
1 Welder Foreman	$26.10	$208.80	$45.70	$365.60	$23.75	$38.90
1 Equip. Oper. (light)	21.40	171.20	32.10	256.80		
1 Gas Welding Machine		68.40		75.25	4.27	4.70
16 M.H., Daily Totals		$448.40		$697.65	$28.02	$43.60

Crew E-13	Hr.	Daily	Hr.	Daily	Bare Costs	Incl. O&P
1 Welder Foreman	$26.10	$208.80	$45.70	$365.60	$24.53	$41.16
.5 Equip. Oper. (light)	21.40	85.60	32.10	128.40		
1 Gas Welding Machine		68.40		75.25	5.70	6.27
12 M.H., Daily Totals		$362.80		$569.25	$30.23	$47.43

Crew E-14	Hr.	Daily	Hr.	Daily	Bare Costs	Incl. O&P
1 Welder Foreman	$26.10	$208.80	$45.70	$365.60	$26.10	$45.70
1 Gas Welding Machine		68.40		75.25	8.55	9.40
8 M.H., Daily Totals		$277.20		$440.85	$34.65	$55.10

Crew E-15	Hr.	Daily	Hr.	Daily	Bare Costs	Incl. O&P
2 Painters, Struc. Steel	$21.45	$343.20	$38.50	$616.00	$21.45	$38.50
1 Paint Sprayer, 17 C.F.M.		25.40		27.95	1.58	1.74
16 M.H., Daily Totals		$368.60		$643.95	$23.03	$40.24

Crew F-1	Hr.	Daily	Hr.	Daily	Bare Costs	Incl. O&P
1 Carpenter	$22.00	$176.00	$33.75	$270.00	$22.00	$33.75
Power Tools		8.00		8.80	1.00	1.10
8 M.H., Daily Totals		$184.00		$278.80	$23.00	$34.85

Crew F-2	Hr.	Daily	Hr.	Daily	Bare Costs	Incl. O&P
2 Carpenters	$22.00	$352.00	$33.75	$540.00	$22.00	$33.75
Power Tools		16.00		17.60	1.00	1.10
16 M.H., Daily Totals		$368.00		$557.60	$23.00	$34.85

Crew F-3	Hr.	Daily	Hr.	Daily	Bare Costs	Incl. O&P
4 Carpenters	$22.00	$704.00	$33.75	$1080.00	$22.26	$33.99
1 Equip. Oper. (crane)	23.30	186.40	34.95	279.60		
1 Hyd. Crane, 12 Ton		362.00		398.20		
Power Tools		16.00		17.60	9.45	10.39
40 M.H., Daily Totals		$1268.40		$1775.40	$31.71	$44.38

Crew F-4	Hr.	Daily	Hr.	Daily	Bare Costs	Incl. O&P
4 Carpenters	$22.00	$704.00	$33.75	$1080.00	$21.75	$33.12
1 Equip. Oper. (crane)	23.30	186.40	34.95	279.60		
1 Equip. Oper. Oiler	19.20	153.60	28.80	230.40		
1 Hyd. Crane, 55 Ton		727.20		799.90		
Power Tools		16.00		17.60	15.48	17.03
48 M.H., Daily Totals		$1787.20		$2407.50	$37.23	$50.15

Crew F-5	Hr.	Daily	Hr.	Daily	Bare Costs	Incl. O&P
1 Carpenter Foreman	$24.00	$192.00	$36.80	$294.40	$22.50	$34.51
3 Carpenters	22.00	528.00	33.75	810.00		
Power Tools		16.00		17.60	.50	.55
32 M.H., Daily Totals		$736.00		$1122.00	$23.00	$35.06

CREWS

Crew No.	Bare Costs		Incl. Subs O & P		Cost Per Man-Hour	
Crew F-6	Hr.	Daily	Hr.	Daily	Bare Costs	Incl. O&P
2 Carpenters	$22.00	$352.00	$33.75	$540.00	$20.46	$31.23
2 Building Laborers	17.50	280.00	26.85	429.60		
1 Equip. Oper. (crane)	23.30	186.40	34.95	279.60		
1 Hyd. Crane, 12 Ton		362.00		398.20		
Power Tools		16.00		17.60	9.45	10.39
40 M.H., Daily Totals		$1196.40		$1665.00	$29.91	$41.62
Crew F-7	Hr.	Daily	Hr.	Daily	Bare Costs	Incl. O&P
2 Carpenters	$22.00	$352.00	$33.75	$540.00	$19.75	$30.30
2 Building Laborers	17.50	280.00	26.85	429.60		
Power Tools		16.00		17.60	.50	.55
32 M.H., Daily Totals		$648.00		$987.20	$20.25	$30.85
Crew G-1	Hr.	Daily	Hr.	Daily	Bare Costs	Incl. O&P
1 Roofer Foreman	$22.35	$178.80	$37.00	$296.00	$19.07	$31.58
4 Roofers, Composition	20.35	651.20	33.70	1078.40		
2 Roofer Helpers	14.90	238.40	24.65	394.40		
Application Equipment		108.20		119.00	1.93	2.12
56 M.H., Daily Totals		$1176.60		$1887.80	$21.00	$33.70
Crew G-2	Hr.	Daily	Hr.	Daily	Bare Costs	Incl. O&P
1 Plasterer	$21.80	$174.40	$32.70	$261.60	$19.06	$28.80
1 Plasterer Helper	17.90	143.20	26.85	214.80		
1 Building Laborer	17.50	140.00	26.85	214.80		
Grouting Equipment		230.40		253.45	9.60	10.56
24 M.H., Daily Totals		$688.00		$944.65	$28.66	$39.36
Crew G-3	Hr.	Daily	Hr.	Daily	Bare Costs	Incl. O&P
2 Sheet Metal Workers	$25.00	$400.00	$38.00	$608.00	$21.25	$32.42
2 Building Laborers	17.50	280.00	26.85	429.60		
Power Tools		25.10		27.65	.78	.86
32 M.H., Daily Totals		$705.10		$1065.25	$22.03	$33.28
Crew G-4	Hr.	Daily	Hr.	Daily	Bare Costs	Incl. O&P
1 Labor Foreman (outside)	$19.50	$156.00	$29.90	$239.20	$18.16	$27.86
2 Building Laborers	17.50	280.00	26.85	429.60		
1 Light Truck, 1.5 Ton		146.00		160.60		
1 Air Compr., 160 C.F.M.		85.40		93.95	9.64	10.60
24 M.H., Daily Totals		$667.40		$923.35	$27.80	$38.46
Crew G-5	Hr.	Daily	Hr.	Daily	Bare Costs	Incl. O&P
1 Roofer Foreman	$22.35	$178.80	$37.00	$296.00	$18.57	$30.74
2 Roofers, Composition	20.35	325.60	33.70	539.20		
2 Roofer Helpers	14.90	238.40	24.65	394.40		
Application Equipment		108.20		119.00	2.70	2.97
40 M.H., Daily Totals		$851.00		$1348.60	$21.27	$33.71
Crew H-1	Hr.	Daily	Hr.	Daily	Bare Costs	Incl. O&P
2 Glaziers	$22.55	$360.80	$33.50	$536.00	$23.32	$37.85
2 Struc. Steel Workers	24.10	385.60	42.20	675.20		
32 M.H., Daily Totals		$746.40		$1211.20	$23.32	$37.85
Crew H-2	Hr.	Daily	Hr.	Daily	Bare Costs	Incl. O&P
2 Glaziers	$22.55	$360.80	$33.50	$536.00	$20.86	$31.28
1 Building Laborer	17.50	140.00	26.85	214.80		
24 M.H., Daily Totals		$500.80		$750.80	$20.86	$31.28

Crew No.	Bare Costs		Incl. Subs O & P		Cost Per Man-Hour	
Crew J-1	Hr.	Daily	Hr.	Daily	Bare Costs	Incl. O&P
3 Plasterers	$21.80	$523.20	$32.70	$784.80	$20.24	$30.36
2 Plasterer Helpers	17.90	286.40	26.85	429.60		
1 Mixing Machine, 6 C.F.		33.20		36.50	.83	.91
40 M.H., Daily Totals		$842.80		$1250.90	$21.07	$31.27
Crew J-2	Hr.	Daily	Hr.	Daily	Bare Costs	Incl. O&P
3 Plasterers	$21.80	$523.20	$32.70	$784.80	$20.52	$30.67
2 Plasterer Helpers	17.90	286.40	26.85	429.60		
1 Lather	21.95	175.60	32.25	258.00		
1 Mixing Machine, 6 C.F.		33.20		36.50	.69	.76
48 M.H., Daily Totals		$1018.40		$1508.90	$21.21	$31.43
Crew J-3	Hr.	Daily	Hr.	Daily	Bare Costs	Incl. O&P
1 Terrazzo Worker	$22.10	$176.80	$32.05	$256.40	$19.72	$28.60
1 Terrazzo Helper	17.35	138.80	25.15	201.20		
1 Terrazzo Grinder, Electric		34.80		38.30		
1 Terrazzo Mixer		53.80		59.20	5.53	6.09
16 M.H., Daily Totals		$404.20		$555.10	$25.25	$34.69
Crew J-4	Hr.	Daily	Hr.	Daily	Bare Costs	Incl. O&P
1 Tile Layer	$22.15	$177.20	$32.10	$256.80	$19.80	$28.70
1 Tile Layer Helper	17.45	139.60	25.30	202.40		
16 M.H., Daily Totals		$316.80		$459.20	$19.80	$28.70
Crew K-1	Hr.	Daily	Hr.	Daily	Bare Costs	Incl. O&P
1 Carpenter	$22.00	$176.00	$33.75	$270.00	$20.05	$30.47
1 Truck Driver (light)	18.10	144.80	27.20	217.60		
1 Truck w/Power Equip.		390.30		429.30	24.39	26.83
16 M.H., Daily Totals		$711.10		$916.90	$44.44	$57.30
Crew K-2	Hr.	Daily	Hr.	Daily	Bare Costs	Incl. O&P
1 Struc. Steel Foreman	$26.10	$208.80	$45.70	$365.60	$22.76	$38.36
1 Struc. Steel Worker	24.10	192.80	42.20	337.60		
1 Truck Driver (light)	18.10	144.80	27.20	217.60		
1 Truck w/Power Equip.		390.30		429.30	16.26	17.88
24 M.H., Daily Totals		$936.70		$1350.10	$39.02	$56.24
Crew L-1	Hr.	Daily	Hr.	Daily	Bare Costs	Incl. O&P
1 Electrician	$25.15	$201.20	$37.15	$297.20	$25.30	$37.55
1 Plumber	25.45	203.60	37.95	303.60		
16 M.H., Daily Totals		$404.80		$600.80	$25.30	$37.55
Crew L-2	Hr.	Daily	Hr.	Daily	Bare Costs	Incl. O&P
1 Carpenter	$22.00	$176.00	$33.75	$270.00	$19.55	$30.12
1 Helper	17.10	136.80	26.50	212.00		
16 M.H., Daily Totals		$312.80		$482.00	$19.55	$30.12
Crew L-3	Hr.	Daily	Hr.	Daily	Bare Costs	Incl. O&P
1 Carpenter	$22.00	$176.00	$33.75	$270.00	$23.53	$35.66
.5 Electrician	25.15	100.60	37.15	148.60		
.5 Sheet Metal Worker	25.00	100.00	38.00	152.00		
16 M.H., Daily Totals		$376.60		$570.60	$23.53	$35.66
Crew L-4	Hr.	Daily	Hr.	Daily	Bare Costs	Incl. O&P
2 Skilled Workers	$22.65	$362.40	$34.80	$556.80	$20.80	$32.03
1 Helper	17.10	136.80	26.50	212.00		
24 M.H., Daily Totals		$499.20		$768.80	$20.80	$32.03

CREWS

Crew No.	Bare Costs		Incl. Subs O & P		Cost Per Man-Hour	
Crew L-5	Hr.	Daily	Hr.	Daily	Bare Costs	Incl. O&P
1 Struc. Steel Foreman	$26.10	$208.80	$45.70	$365.60	$24.27	$41.66
5 Struc. Steel Workers	24.10	964.00	42.20	1688.00		
1 Equip. Oper. (crane)	23.30	186.40	34.95	279.60		
1 Hyd. Crane, 25 Ton		486.40		535.05	8.68	9.55
56 M.H., Daily Totals		$1845.60		$2868.25	$32.95	$51.21
Crew L-6	Hr.	Daily	Hr.	Daily	Bare Costs	Incl. O&P
1 Plumber	$25.45	$203.60	$37.95	$303.60	$25.35	$37.68
.5 Electrician	25.15	100.60	37.15	148.60		
12 M.H., Daily Totals		$304.20		$452.20	$25.35	$37.68
Crew L-7	Hr.	Daily	Hr.	Daily	Bare Costs	Incl. O&P
2 Carpenters	$22.00	$352.00	$33.75	$540.00	$21.16	$32.26
1 Building Laborer	17.50	140.00	26.85	214.80		
.5 Electrician	25.15	100.60	37.15	148.60		
28 M.H., Daily Totals		$592.60		$903.40	$21.16	$32.26
Crew L-8	Hr.	Daily	Hr.	Daily	Bare Costs	Incl. O&P
2 Carpenters	$22.00	$352.00	$33.75	$540.00	$22.69	$34.59
.5 Plumber	25.45	101.80	37.95	151.80		
20 M.H., Daily Totals		$453.80		$691.80	$22.69	$34.59
Crew L-9	Hr.	Daily	Hr.	Daily	Bare Costs	Incl. O&P
1 Labor Foreman (inside)	$18.00	$144.00	$27.60	$220.80	$19.92	$31.57
2 Building Laborers	17.50	280.00	26.85	429.60		
1 Struc. Steel Worker	24.10	192.80	42.20	337.60		
.5 Electrician	25.15	100.60	37.15	148.60		
36 M.H., Daily Totals		$717.40		$1136.60	$19.92	$31.57
Crew M-1	Hr.	Daily	Hr.	Daily	Bare Costs	Incl. O&P
3 Elevator Constructors	$25.35	$608.40	$37.85	$908.40	$24.08	$35.96
1 Elevator Apprentice	20.28	162.24	30.30	242.40		
Hand Tools		76.00		83.60	2.37	2.61
32 M.H., Daily Totals		$846.64		$1234.40	$26.45	$38.57
Crew M-2	Hr.	Daily	Hr.	Daily	Bare Costs	Incl. O&P
2 Millwrights	$22.95	$367.20	$33.65	$538.40	$22.95	$33.65
Power Tools		16.00		17.60	1.00	1.10
16 M.H., Daily Totals		$383.20		$556.00	$23.95	$34.75
Crew Q-1	Hr.	Daily	Hr.	Daily	Bare Costs	Incl. O&P
1 Plumber	$25.45	$203.60	$37.95	$303.60	$22.90	$34.17
1 Plumber Apprentice	20.36	162.88	30.40	243.20		
16 M.H., Daily Totals		$366.48		$546.80	$22.90	$34.17
Crew Q-2	Hr.	Daily	Hr.	Daily	Bare Costs	Incl. O&P
2 Plumbers	$25.45	$407.20	$37.95	$607.20	$23.75	$35.43
1 Plumber Apprentice	20.36	162.88	30.40	243.20		
24 M.H., Daily Totals		$570.08		$850.40	$23.75	$35.43
Crew Q-3	Hr.	Daily	Hr.	Daily	Bare Costs	Incl. O&P
1 Plumber Foreman (ins)	$25.95	$207.60	$38.70	$309.60	$24.30	$36.25
2 Plumbers	25.45	407.20	37.95	607.20		
1 Plumber Apprentice	20.36	162.88	30.40	243.20		
32 M.H., Daily Totals		$777.68		$1160.00	$24.30	$36.25
Crew Q-4	Hr.	Daily	Hr.	Daily	Bare Costs	Incl. O&P
1 Plumber Foreman (ins)	$25.95	$207.60	$38.70	$309.60	$24.30	$36.25
1 Plumber	25.45	203.60	37.95	303.60		
1 Welder (plumber)	25.45	203.60	37.95	303.60		
1 Plumber Apprentice	20.36	162.88	30.40	243.20		
1 Electric Welding Mach.		39.00		42.90	1.21	1.34
32 M.H., Daily Totals		$816.68		$1202.90	$25.51	$37.59
Crew Q-5	Hr.	Daily	Hr.	Daily	Bare Costs	Incl. O&P
1 Steamfitter	$25.50	$204.00	$38.05	$304.40	$22.95	$34.25
1 Steamfitter Apprentice	20.40	163.20	30.45	243.60		
16 M.H., Daily Totals		$367.20		$548.00	$22.95	$34.25
Crew Q-6	Hr.	Daily	Hr.	Daily	Bare Costs	Incl. O&P
2 Steamfitters	$25.50	$408.00	$38.05	$608.80	$23.80	$35.51
1 Steamfitter Apprentice	20.40	163.20	30.45	243.60		
24 M.H., Daily Totals		$571.20		$852.40	$23.80	$35.51
Crew Q-7	Hr.	Daily	Hr.	Daily	Bare Costs	Incl. O&P
1 Steamfitter Foreman (ins)	$26.00	$208.00	$38.80	$310.40	$24.35	$36.33
2 Steamfitters	25.50	408.00	38.05	608.80		
1 Steamfitter Apprentice	20.40	163.20	30.45	243.60		
32 M.H., Daily Totals		$779.20		$1162.80	$24.35	$36.33
Crew Q-8	Hr.	Daily	Hr.	Daily	Bare Costs	Incl. O&P
1 Steamfitter Foreman (ins)	$26.00	$208.00	$38.80	$310.40	$24.35	$36.33
1 Steamfitter	25.50	204.00	38.05	304.40		
1 Welder (steamfitter)	25.50	204.00	38.05	304.40		
1 Steamfitter Apprentice	20.40	163.20	30.45	243.60		
1 Electric Welding Mach.		39.00		42.90	1.21	1.34
32 M.H., Daily Totals		$818.20		$1205.70	$25.56	$37.67
Crew Q-9	Hr.	Daily	Hr.	Daily	Bare Costs	Incl. O&P
1 Sheet Metal Worker	$25.00	$200.00	$38.00	$304.00	$22.50	$34.20
1 Sheet Metal Apprentice	20.00	160.00	30.40	243.20		
16 M.H., Daily Totals		$360.00		$547.20	$22.50	$34.20
Crew Q-10	Hr.	Daily	Hr.	Daily	Bare Costs	Incl. O&P
2 Sheet Metal Workers	$25.00	$400.00	$38.00	$608.00	$23.33	$35.46
1 Sheet Metal Apprentice	20.00	160.00	30.40	243.20		
24 M.H., Daily Totals		$560.00		$851.20	$23.33	$35.46
Crew Q-11	Hr.	Daily	Hr.	Daily	Bare Costs	Incl. O&P
1 Sheet Metal Foreman (ins)	$25.50	$204.00	$38.75	$310.00	$23.87	$36.28
2 Sheet Metal Workers	25.00	400.00	38.00	608.00		
1 Sheet Metal Apprentice	20.00	160.00	30.40	243.20		
32 M.H., Daily Totals		$764.00		$1161.20	$23.87	$36.28
Crew Q-12	Hr.	Daily	Hr.	Daily	Bare Costs	Incl. O&P
1 Sprinkler Installer	$26.40	$211.20	$39.45	$315.60	$23.76	$35.50
1 Sprinkler Apprentice	21.12	168.96	31.55	252.40		
16 M.H., Daily Totals		$380.16		$568.00	$23.76	$35.50
Crew Q-13	Hr.	Daily	Hr.	Daily	Bare Costs	Incl. O&P
1 Sprinkler Foreman (ins)	$26.90	$215.20	$40.20	$321.60	$25.20	$37.66
2 Sprinkler Installers	26.40	422.40	39.45	631.20		
1 Sprinkler Apprentice	21.12	168.96	31.55	252.40		
32 M.H., Daily Totals		$806.56		$1205.20	$25.20	$37.66

CREWS

Crew No.	Bare Costs		Incl. Subs O & P		Cost Per Man-Hour	
Crew Q-14	Hr.	Daily	Hr.	Daily	Bare Costs	Incl. O&P
1 Asbestos Worker	$24.70	$197.60	$38.35	$306.80	$22.23	$34.50
1 Asbestos Apprentice	19.76	158.08	30.65	245.20		
16 M.H., Daily Totals		$355.68		$552.00	$22.23	$34.50
Crew Q-15	Hr.	Daily	Hr.	Daily	Bare Costs	Incl. O&P
1 Plumber	$25.45	$203.60	$37.95	$303.60	$22.90	$34.17
1 Plumber Apprentice	20.36	162.88	30.40	243.20		
1 Electric Welding Mach.		39.00		42.90	2.43	2.68
16 M.H., Daily Totals		$405.48		$589.70	$25.33	$36.85
Crew Q-16	Hr.	Daily	Hr.	Daily	Bare Costs	Incl. O&P
2 Plumbers	$25.45	$407.20	$37.95	$607.20	$23.75	$35.43
1 Plumber Apprentice	20.36	162.88	30.40	243.20		
1 Electric Welding Mach.		39.00		42.90	1.62	1.78
24 M.H., Daily Totals		$609.08		$893.30	$25.37	$37.21
Crew Q-17	Hr.	Daily	Hr.	Daily	Bare Costs	Incl. O&P
1 Steamfitter	$25.50	$204.00	$38.05	$304.40	$22.95	$34.25
1 Steamfitter Apprentice	20.40	163.20	30.45	243.60		
1 Electric Welding Mach.		39.00		42.90	2.43	2.68
16 M.H., Daily Totals		$406.20		$590.90	$25.38	$36.93
Crew Q-18	Hr.	Daily	Hr.	Daily	Bare Costs	Incl. O&P
2 Steamfitters	$25.50	$408.00	$38.05	$608.80	$23.80	$35.51
1 Steamfitter Apprentice	20.40	163.20	30.45	243.60		
1 Electric Welding Mach.		39.00		42.90	1.62	1.78
24 M.H., Daily Totals		$610.20		$895.30	$25.42	$37.29
Crew Q-19	Hr.	Daily	Hr.	Daily	Bare Costs	Incl. O&P
1 Steamfitter	$25.50	$204.00	$38.05	$304.40	$23.68	$35.21
1 Steamfitter Apprentice	20.40	163.20	30.45	243.60		
1 Electrician	25.15	201.20	37.15	297.20		
24 M.H., Daily Totals		$568.40		$845.20	$23.68	$35.21
Crew Q-20	Hr.	Daily	Hr.	Daily	Bare Costs	Incl. O&P
1 Sheet Metal Worker	$25.00	$200.00	$38.00	$304.00	$23.03	$34.79
1 Sheet Metal Apprentice	20.00	160.00	30.40	243.20		
.5 Electrician	25.15	100.60	37.15	148.60		
20 M.H., Daily Totals		$460.60		$695.80	$23.03	$34.79
Crew Q-21	Hr.	Daily	Hr.	Daily	Bare Costs	Incl. O&P
2 Steamfitters	$25.50	$408.00	$38.05	$608.80	$24.13	$35.92
1 Steamfitter Apprentice	20.40	163.20	30.45	243.60		
1 Electrician	25.15	201.20	37.15	297.20		
32 M.H., Daily Totals		$772.40		$1149.60	$24.13	$35.92
Crew Q-22	Hr.	Daily	Hr.	Daily	Bare Costs	Incl. O&P
1 Plumber	$25.45	$203.60	$37.95	$303.60	$22.90	$34.17
1 Plumber Apprentice	20.36	162.88	30.40	243.20		
1 Truck Crane, 12 Ton		362.00		398.20	22.62	24.88
16 M.H., Daily Totals		$728.48		$945.00	$45.52	$59.05
Crew R-1	Hr.	Daily	Hr.	Daily	Bare Costs	Incl. O&P
1 Electrician Foreman	$25.65	$205.20	$37.90	$303.20	$22.55	$33.72
3 Electricians	25.15	603.60	37.15	891.60		
2 Helpers	17.10	273.60	26.50	424.00		
48 M.H., Daily Totals		$1082.40		$1618.80	$22.55	$33.72
Crew R-2	Hr.	Daily	Hr.	Daily	Bare Costs	Incl. O&P
1 Electrician Foreman	$25.65	$205.20	$37.90	$303.20	$22.65	$33.90
3 Electricians	25.15	603.60	37.15	891.60		
2 Helpers	17.10	273.60	26.50	424.00		
1 Equip. Oper. (crane)	23.30	186.40	34.95	279.60		
1 S.P. Crane, 5 Ton		208.00		228.80	3.71	4.08
56 M.H., Daily Totals		$1476.80		$2127.20	$26.36	$37.98
Crew R-3	Hr.	Daily	Hr.	Daily	Bare Costs	Incl. O&P
1 Electrician Foreman	$25.65	$205.20	$37.90	$303.20	$24.98	$37.01
1 Electrician	25.15	201.20	37.15	297.20		
.5 Equip. Oper. (crane)	23.30	93.20	34.95	139.80		
.5 S.P. Crane, 5 Ton		104.00		114.40	5.20	5.72
20 M.H., Daily Totals		$603.60		$854.60	$30.18	$42.73
Crew R-4	Hr.	Daily	Hr.	Daily	Bare Costs	Incl. O&P
1 Struc. Steel Foreman	$26.10	$208.80	$45.70	$365.60	$24.71	$41.89
3 Struc. Steel Workers	24.10	578.40	42.20	1012.80		
1 Electrician	25.15	201.20	37.15	297.20		
1 Gas Welding Machine		68.40		75.25	1.71	1.88
40 M.H., Daily Totals		$1056.80		$1750.85	$26.42	$43.77
Crew R-5	Hr.	Daily	Hr.	Daily	Bare Costs	Incl. O&P
1 Electrician Foreman	$25.65	$205.20	$37.90	$303.20	$22.26	$33.34
4 Electrician Linemen	25.15	804.80	37.15	1188.80		
2 Electrician Operators	25.15	402.40	37.15	594.40		
4 Electrician Groundmen	17.10	547.20	26.50	848.00		
1 Crew Truck		161.20		177.30		
1 Tool Van		291.80		321.00		
1 Pick-up Truck		107.40		118.15		
.2 Crane, 55 Ton		145.45		160.00		
.2 Crane, 12 Ton		72.40		79.65		
.2 Auger, Truck Mtd.		297.50		327.25		
1 Tractor w/Winch		251.40		276.55	15.08	16.58
88 M.H., Daily Totals		$3286.75		$4394.30	$37.34	$49.92
Crew R-6	Hr.	Daily	Hr.	Daily	Bare Costs	Incl. O&P
1 Electrician Foreman	$25.65	$205.20	$37.90	$303.20	$22.26	$33.34
4 Electrician Linemen	25.15	804.80	37.15	1188.80		
2 Electrician Operators	25.15	402.40	37.15	594.40		
4 Electrician Groundmen	17.10	547.20	26.50	848.00		
1 Crew Truck		161.20		177.30		
1 Tool Van		291.80		321.00		
1 Pick-up Truck		107.40		118.15		
.2 Crane, 55 Ton		145.45		160.00		
.2 Crane, 12 Ton		72.40		79.65		
.2 Auger, Truck Mtd.		297.50		327.25		
1 Tractor w/Winch		251.40		276.55		
3 Cable Trailers		370.80		407.90		
.5 Tensioning Rig		122.20		134.40		
.5 Cable Pulling Rig		723.70		796.05	28.90	31.79
88 M.H., Daily Totals		$4503.45		$5732.65	$51.16	$65.13
Crew R-7	Hr.	Daily	Hr.	Daily	Bare Costs	Incl. O&P
1 Electrician Foreman	$25.65	$205.20	$37.90	$303.20	$18.52	$28.40
5 Electrician Groundmen	17.10	684.00	26.50	1060.00		
1 Crew Truck		161.20		177.30	3.35	3.69
48 M.H., Daily Totals		$1050.40		$1540.50	$21.87	$32.09

CREWS

Crew No.	Bare Costs		Incl. Subs O & P		Cost Per Man-Hour	
Crew R-8	Hr.	Daily	Hr.	Daily	Bare Costs	Incl. O&P
1 Electrician Foreman	$25.65	$205.20	$37.90	$303.20	$22.55	$33.72
3 Electrician Linemen	25.15	603.60	37.15	891.60		
2 Electrician Groundmen	17.10	273.60	26.50	424.00		
1 Pick-up Truck		107.40		118.15		
1 Crew Truck		161.20		177.30	5.59	6.15
48 M.H., Daily Totals		$1351.00		$1914.25	$28.14	$39.87
Crew R-9	Hr.	Daily	Hr.	Daily	Bare Costs	Incl. O&P
1 Electrician Foreman	$25.65	$205.20	$37.90	$303.20	$21.18	$31.91
1 Electrician Lineman	25.15	201.20	37.15	297.20		
2 Electrician Operators	25.15	402.40	37.15	594.40		
4 Electrician Groundmen	17.10	547.20	26.50	848.00		
1 Pick-up Truck		107.40		118.15		
1 Crew Truck		161.20		177.30	4.19	4.61
64 M.H., Daily Totals		$1624.60		$2338.25	$25.37	$36.52
Crew R-10	Hr.	Daily	Hr.	Daily	Bare Costs	Incl. O&P
1 Electrician Foreman	$25.65	$205.20	$37.90	$303.20	$23.89	$35.50
4 Electrician Linemen	25.15	804.80	37.15	1188.80		
1 Electrician Groundman	17.10	136.80	26.50	212.00		
1 Crew Truck		161.20		177.30		
3 Tram Cars		436.80		480.50	12.45	13.70
48 M.H., Daily Totals		$1744.80		$2361.80	$36.34	$49.20

Crew No.	Bare Costs		Incl. Subs O & P		Cost Per Man-Hour	
Crew R-11	Hr.	Daily	Hr.	Daily	Bare Costs	Incl. O&P
1 Electrician Foreman	$25.65	$205.20	$37.90	$303.20	$22.97	$34.26
4 Electricians	25.15	804.80	37.15	1188.80		
1 Helper	17.10	136.80	26.50	212.00		
1 Common Laborer	17.50	140.00	26.85	214.80		
1 Crew Truck		161.20		177.30		
1 Crane, 12 Ton		362.00		398.20	9.34	10.27
56 M.H., Daily Totals		$1810.00		$2494.30	$32.31	$44.53
Crew R-12	Hr.	Daily	Hr.	Daily	Bare Costs	Incl. O&P
1 Carpenter Foreman	$22.50	$180.00	$34.50	$276.00	$20.64	$32.07
4 Carpenters	22.00	704.00	33.75	1080.00		
4 Common Laborers	17.50	560.00	26.85	859.20		
1 Equip. Oper. (med.)	22.50	180.00	33.75	270.00		
1 Steel Worker	24.10	192.80	42.20	337.60		
1 Dozer, 200 H.P.		775.80		853.40		
1 Pick-up Truck		107.40		118.15	10.03	11.04
88 M.H., Daily Totals		$2700.00		$3794.35	$30.67	$43.11

010 | Overhead

010 000 | Overhead

			CREW	DAILY OUTPUT	MAN-HOURS	UNIT	MAT.	LABOR	EQUIP.	TOTAL	TOTAL INCL O&P	
008	0011	**BOND PERFORMANCE** See 010-068										008
012	0011	**CONSTRUCTION COST INDEX** For 162 major U.S. and										012
	0020	Canadian cities, total cost, min. (Greensboro, NC)				%					78.60%	
	0050	Average									100%	
	0100	Maximum (Anchorage, AK)									127%	
020	0010	**CONTINGENCIES** Allowance to add at conceptual stage				Project					15%	020
	0050	Schematic stage									10%	
	0100	Preliminary working drawing stage									7%	
	0150	Final working drawing stage									2%	
022	0010	**CONTRACTOR EQUIPMENT** See division 016	C10.3-300									022
024	0010	**CREWS** For building construction, see How To Use This Book										024
028	0010	**ENGINEERING FEES** Educational planning consultant, minimum				Project					.50%	028
	0100	Maximum				"					2.50%	
	0200	Electrical, minimum				Contrct					4.10%	
	0300	Maximum									10.10%	
	0400	Elevator & conveying systems, minimum									2.50%	
	0500	Maximum									5%	
	0600	Food service & kitchen equipment, minimum									8%	
	0700	Maximum									12%	
	1000	Mechanical (plumbing & HVAC), minimum									4.10%	
	1100	Maximum									10.10%	
032	0010	**FACTORS** To be added to construction costs for particular job										032
	0200											
	0500	Cut & patch to match existing construction, add, minimum				Costs	2%	3%				
	0550	Maximum					5%	9%				
	0800	Dust protection, add, minimum					1%	2%				
	0850	Maximum					4%	11%				
	1100	Equipment usage curtailment, add, minimum					1%	1%				
	1150	Maximum					3%	10%				
	1400	Material handling & storage limitation, add, minimum					1%	1%				
	1450	Maximum					6%	7%				
	1700	Protection of existing work, add, minimum					2%	2%				
	1750	Maximum					5%	7%				
	2000	Shift work requirements, add, minimum						5%				
	2050	Maximum						30%				
	2300	Temporary shoring and bracing, add, minimum					2%	5%				
	2350	Maximum					5%	12%				
034	0010	**FIELD OFFICE EXPENSE**										034
	0100	Office equipment rental, average				Month	135				148.50	
	0120	Office supplies, average				"	250				275	
	0125	Office trailer rental, see division 015-904										
	0140	Telephone bill; avg. bill/month incl. long dist.				Month	225				247.50	
	0160	Field office lights & HVAC				"	78				85.80	
038	0011	**HISTORICAL COST INDEXES** Back to 1947										038
040	0010	**INSURANCE** Builders risk, standard, minimum	C10.1-300			Job					.22%	040
	0050	Maximum									.59%	
	0200	All-risk type, minimum									.25%	
	0250	Maximum									.62%	
	0400	Contractor's equipment floater, minimum				Value					.50%	
	0450	Maximum				"					1.50%	
	0600	Public liability, average				Job					1.55%	
	0800	Workers' compensation & employer's liability, average										
	0850	by trade, carpentry, general	C10.3-200			Payroll		16.64%				
	1000	Electrical				"		5.97%				

For expanded coverage of these items see *Means Building Construction Cost Data 1991*

010 | Overhead

		010 000	Overhead	CREW	DAILY OUTPUT	MAN-HOURS	UNIT	BARE COSTS MAT.	LABOR	EQUIP.	TOTAL	TOTAL INCL O&P	
040	1150		Insulation				Payroll		13.48%				040
	1450		Plumbing						7.45%				
	1550		Sheet metal work (HVAC)				↓		10.24%				
042	0010	**JOB CONDITIONS** Modifications to total											042
	0020	project cost summaries											
	0100	Economic conditions, favorable, deduct					Project					2%	
	0200	Unfavorable, add										5%	
	0300	Hoisting conditions, favorable, deduct										2%	
	0400	Unfavorable, add										5%	
	0700	Labor availability, surplus, deduct										1%	
	0800	Shortage, add										10%	
	0900	Material storage area, available, deduct										1%	
	1000	Not available, add										2%	
	1100	Subcontractor availability, surplus, deduct										5%	
	1200	Shortage, add										12%	
	1300	Work space, available, deduct										2%	
	1400	Not available, add					↓					5%	
046	0011	**LABOR INDEX** For 162 major U.S. and Canadian cities											046
	0020	Minimum (Charleston, SC)					%		62.20%				
	0050	Average							100%				
	0100	Maximum (San Francisco, CA)					↓		143.70%				
052	0010	**MARK-UP** For General Contractors for change											052
	0100	of scope of job as bid											
	0200	Extra work, by subcontractors, add					%					10%	
	0250	By General Contractor, add										15%	
	0400	Omitted work, by subcontractors, deduct										5%	
	0450	By General Contractor, deduct										7.50%	
	0600	Overtime work, by subcontractors, add										15%	
	0650	By General Contractor, add										10%	
	1000	Installing contractors, on his own labor, minimum	C10.3-200						45%				
	1100	Maximum					↓		79.6%				
054	0011	**MATERIAL INDEX** For 162 major U.S. and Canadian cities											054
	0020	Minimum (San Antonio, TX)					%	94.30%					
	0040	Average						100%					
	0060	Maximum (Anchorage, AK)						125.40%					
058	0010	**OVERHEAD** As percent of direct costs, minimum	C10.3-200								5%		058
	0050	Average									12%		
	0100	Maximum					↓				30%		
062	0010	**OVERHEAD & PROFIT** Allowance to add to items in this	C10.3-200										062
	0020	book that do not include Subs O&P, average					%				25%		
	0100	Allowance to add to items in this book that											
	0110	do include Subs O&P, minimum					%					5%	
	0150	Average										10%	
	0200	Maximum										15%	
	0300	Typical, by size of project, under $100,000									30%		
	0350	$500,000 project									25%		
	0400	$2,000,000 project									20%		
	0450	Over $10,000,000 project					↓				15%		
064	0010	**OVERTIME** For early completion of projects or where	C10.2-400										064
	0020	labor shortages exist, add to usual labor, up to					Costs		100%				
068	0010	**PERFORMANCE BOND** For buildings, minimum	C10.1-302				Job					.60%	068
	0100	Maximum										2.50%	
070	0010	**PERMITS** Rule of thumb, most cities, minimum										.50%	070
	0100	Maximum					↓					2%	
082	0010	**SMALL TOOLS** As % of contractor's work, minimum					Total					.50%	082
	0100	Maximum					"					2%	

For expanded coverage of these items see *Means Building Construction Cost Data 1991*

010 | Overhead

010 000 | Overhead

		CREW	DAILY OUTPUT	MAN-HOURS	UNIT	BARE COSTS MAT.	BARE COSTS LABOR	BARE COSTS EQUIP.	TOTAL	TOTAL INCL O&P	
086	0010 TAXES Sales tax, State, County & City, average				%	4.44%					086
	0050 Maximum					7.50%					
	0300 Unemployment, MA, combined Federal and State, minimum						2.60%				
	0350 Average						6.20%				
	0400 Maximum						6.80%				

013 | Submittals

013 800 | Construction Photos

		CREW	DAILY OUTPUT	MAN-HOURS	UNIT	BARE COSTS MAT.	BARE COSTS LABOR	BARE COSTS EQUIP.	TOTAL	TOTAL INCL O&P	
804	0010 PHOTOGRAPHS 8" x 10", 4 shots, 2 prints ea., std. mounting				Set	92			92	100	804
	0100 Hinged linen mounts					105			105	115	
	0200 8" x 10", 4 shots, 2 prints each, in color					185			185	205	
	0300 For I.D. slugs, add to all above					2.55			2.55	2.81	
	1500 Time lapse equipment, camera and projector, buy					3,675			3,675	4,050	
	1550 Rent per month					520			520	570	
	1700 Cameraman and film, including processing, B.&W.				Day	535			535	590	
	1720 Color				"	605			605	665	

015 | Construction Facilities and Temporary Controls

015 100 | Temporary Utilities

		CREW	DAILY OUTPUT	MAN-HOURS	UNIT	BARE COSTS MAT.	BARE COSTS LABOR	BARE COSTS EQUIP.	TOTAL	TOTAL INCL O&P	
104	0010 TEMPORARY UTILITIES										104
	0100 Heat, incl. fuel and operation, per week, 12 hrs. per day	1 Skwk	8.75	.914	CSF Flr	16.75	21		37.75	50	
	0200 24 hrs. per day	"	4.50	1.780		22	40		62	86	
	0350 Lighting, incl. service lamps, wiring & outlets, minimum	1 Elec	34	.235		2.21	5.90		8.11	11.15	
	0360 Maximum	"	17	.471		5.10	11.85		16.95	23	
	0400 Power for temporary lighting only, per month, minimum/month								1.03	1.02	
	0450 Maximum/month								2.61	2.61	
	0600 Power for job duration incl. elevator, etc., minimum								47	50	
	0650 Maximum								105	100	
	1000 Toilet, portable, see division 016-420-6410										

015 200 | Temporary Construction

		CREW	DAILY OUTPUT	MAN-HOURS	UNIT	BARE COSTS MAT.	BARE COSTS LABOR	BARE COSTS EQUIP.	TOTAL	TOTAL INCL O&P	
204	0010 PROTECTION Stair tread, 2" x 12" planks, 1 use	1 Carp	75	.107	Tread	.98	2.35		3.33	4.67	204
	0100 Exterior plywood, ½" thick, 1 use		65	.123		.47	2.71		3.18	4.67	
	0200 ¾" thick, 1 use		60	.133		.86	2.93		3.79	5.45	
208	0010 TEMPORARY CONSTRUCTION See division 010-094 & 015-300										208

015 250 | Construction Aids

		CREW	DAILY OUTPUT	MAN-HOURS	UNIT	BARE COSTS MAT.	BARE COSTS LABOR	BARE COSTS EQUIP.	TOTAL	TOTAL INCL O&P	
254	0010 SCAFFOLD Steel tubular, regular, buy										254
	0090 Building exterior, 1 to 5 stories	3 Carp	16.80	1.430	C.S.F.	13	31		44	62	
	0200 To 12 stories	4 Carp	15	2.130		12.20	47		59.20	85	
	0310 13 to 20 stories	5 Carp	16.75	2.390		11.40	53		64.40	93	

For expanded coverage of these items see *Means Building Construction Cost Data 1991*

015 | Construction Facilities and Temporary Controls

015 250 | Construction Aids

			CREW	DAILY OUTPUT	MAN-HOURS	UNIT	MAT.	LABOR	EQUIP.	TOTAL	TOTAL INCL O&P	
254	0460	Building interior walls, (area) up to 16' high	3 Carp	22.70	1.060	C.S.F.	12.50	23		35.50	49	254
	0560	16' to 40' high		18.70	1.280	"	12.75	28		40.75	57	
	0800	Building interior floor area, up to 30' high	↓	90	.267	C.C.F.	3.90	5.85		9.75	13.30	
	0900	Over 30' high	4 Carp	100	.320	"	4.40	7.05		11.45	15.65	
255	0011	**SCAFFOLDING SPECIALTIES**										255
	0050											
	1500	Sidewalk bridge using tubular steel										
	1510	scaffold frames, including planking	3 Carp	45	.533	L.F.	3.71	11.75		15.46	22	
	1600	For 2 uses per month, deduct from all above					50%					
	1700	For 1 use every 2 months, add to all above					100%					
	1900	Catwalks, 32" wide, no guardrails, 6' span, buy				Ea.	115			115	125	
	2000	10' span, buy					180			180	200	
	3720	Putlog, standard, 8' span, with hangers, buy					85			85	94	
	3750	12' span, buy					125			125	140	
	3760	Trussed type, 14' span, buy					195			195	215	
	3790	20' span, buy					230			230	255	
	3795	Rent per month					26			26	29	
	3800	Rolling ladders with handrails, 30" wide, buy, 2 step					155			155	170	
	4000	7 step					335			335	370	
	4050	10 step					465			465	510	
	4100	Rolling towers, buy, 5' wide, 7' long, 9' high					925			925	1,025	
	4200	For 5' high added sections, add					180			180	200	
	4300	Complete incl. wheels, railings, etc.										
	4400	up to 20' high, rent per month				Ea.	105			105	115	
256	0010	**SWING STAGING** For masonry, 5' wide to 7' long, hand operated										256
	0020	cable type, with 150' cables, buy				Ea.	1,800			1,800	1,975	
	0030	Rent per week				"	15.45			15.45	17	

015 300 | Barriers And Enclosures

			CREW	DAILY OUTPUT	MAN-HOURS	UNIT	MAT.	LABOR	EQUIP.	TOTAL	TOTAL INCL O&P	
302	0010	**BARRICADES** 5' high, 3 rail @ 2" x 8", fixed	2 Carp	30	.533	L.F.	9.40	11.75		21.15	28	302
	0150	Movable		20	.800		10.15	17.60		27.75	38	
	1000	Guardrail, wooden, 3' high, 1" x 6", on 2" x 4" posts		200	.080		1.45	1.76		3.21	4.29	
	1100	2" x 6", on 4" x 4" posts	↓	165	.097		2.41	2.13		4.54	5.90	
	1200	Portable metal with base pads, buy					11.50			11.50	12.65	
	1250	Typical installation, assume 10 reuses	2 Carp	600	.027		1.35	.59		1.94	2.38	
304	0010	**FENCING** Chain link, 5' high	2 Clab	100	.160		4.60	2.80		7.40	9.35	304
	0100	6' high		75	.213		5.85	3.73		9.58	12.15	
	0200	Rented chain link, 6' high, to 500'		100	.160		1.89	2.80		4.69	6.35	
	0250	Over 1000' (up to 12 mo.)	↓	110	.145		1.58	2.55		4.13	5.65	
	0350	Plywood, painted, 2" x 4" frame, 4' high	A-4	135	.178		3.83	3.84		7.67	10.05	
	0400	4" x 4" frame, 8' high	"	110	.218		6.50	4.71		11.21	14.30	
	0500	Wire mesh on 4" x 4" posts, 4' high	2 Carp	100	.160		4.15	3.52		7.67	9.95	
	0550	8' high	"	80	.200	↓	6.25	4.40		10.65	13.60	
306	0010	**WINTER PROTECTION** Reinforced plastic on wood										306
	0100	framing to close openings	2 Clab	750	.021	S.F.	.28	.37		.65	.88	
	0200	Tarpaulins hung over scaffolding, 8 uses, not incl. scaffolding		1,500	.011		.14	.19		.33	.44	
	0300	Prefab fiberglass panels, steel frame, 8 uses	↓	1,200	.013	↓	.53	.23		.76	.94	

015 500 | Access Roads

			CREW	DAILY OUTPUT	MAN-HOURS	UNIT	MAT.	LABOR	EQUIP.	TOTAL	TOTAL INCL O&P	
552	0010	**ROADS AND SIDEWALKS** Temporary										552
	0050	Roads, gravel fill, no surfacing, 4" gravel depth	B-14	715	.067	S.Y.	1	1.24	.27	2.51	3.29	
	0100	8" gravel depth	"	615	.078	"	2.19	1.44	.31	3.94	4.95	
	1000	Ramp, ¾" plywood on 2" x 6" joists, 16" O.C.	2 Carp	300	.053	S.F.	1.18	1.17		2.35	3.10	
	1100	On 2" x 10" joists, 16" O.C.	"	275	.058		1.44	1.28		2.72	3.55	
	2200	Sidewalks, 2" x 12" planks, 2 uses	1 Carp	350	.023		.32	.50		.82	1.12	
	2300	Exterior plywood, 2 uses, ½" thick		750	.011		.22	.23		.45	.60	
	2400	⅝" thick	↓	650	.012	↓	.28	.27		.55	.72	

For expanded coverage of these items see *Means Building Construction Cost Data 1991*

015 | Construction Facilities and Temporary Controls

015 500 | Access Roads

		CREW	DAILY OUTPUT	MAN-HOURS	UNIT	BARE COSTS MAT.	LABOR	EQUIP.	TOTAL	TOTAL INCL O&P	
552	2500	¾" thick	1 Carp	600	.013	S.F.	.32	.29		.61	.80	552

015 800 | Project Signs

					UNIT	MAT.	LABOR	EQUIP.	TOTAL	INCL O&P	
804	0010	SIGNS Hi-intensity reflectorized, no posts, buy				S.F.	9.25			9.25	10.20	804

015 900 | Field Offices And Sheds

			CREW	DAILY OUTPUT	MAN-HOURS	UNIT	MAT.	LABOR	EQUIP.	TOTAL	INCL O&P	
904	0010	OFFICE Trailer, furnished, no hookups, 20' x 8', buy	2 Skwk	1	16	Ea.	4,000	360		4,360	4,950	904
	0250	Rent per month					150			150	165	
	0300	32' x 8', buy	2 Skwk	.70	22.860		6,000	520		6,520	7,400	
	0350	Rent per month					200			200	220	
	0400	50' x 10', buy	2 Skwk	.60	26.670		11,300	605		11,905	13,400	
	0450	Rent per month					365			365	400	
	0500	50' x 12', buy	2 Skwk	.50	32		12,400	725		13,125	14,800	
	0550	Rent per month					390			390	430	
	0700	For air conditioning, rent per month, add					37			37	41	
	0800	For delivery, add per mile				Mile	1.58			1.58	1.74	
	1000	Portable buildings, prefab, on skids, economy, 8' x 8'	2 Carp	265	.060	S.F.	60	1.33		61.33	68	
	1100	Deluxe, 8' x 12'	"	150	.107	"	75	2.35		77.35	86	
	1200	Storage vans, trailer mounted, 16' x 8', buy	2 Skwk	1.80	8.890	Ea.	2,500	200		2,700	3,050	
	1250	Rent per month					89			89	98	
	1300	28' x 10', buy	2 Skwk	1.40	11.430		2,925	260		3,185	3,625	
	1350	Rent per month					89			89	98	

016 | Material and Equipment

016 400 | Equipment Rental

			UNIT	HOURLY OPER. COST.	RENT PER DAY	RENT PER WEEK	RENT PER MONTH	CREW EQUIPMENT COST	
408	0010	EARTHWORK EQUIPMENT RENTAL Without operators	C10.3-300						408
	0075	Auger, truck mounted, vertical drilling, to 25' depth	Ea.	39.70	1,950	5,850	17,600	1,487	
	0100	Backhoe, diesel hydraulic, crawler mounted, ½ C.Y. cap.		9.55	435	1,300	3,900	336.40	
	0120	⅝ C.Y. capacity		13.30	410	1,225	3,675	351.40	
	0140	¾ C.Y. capacity		14.65	565	1,700	5,100	457.20	
	0150	1 C.Y. capacity		18.95	690	2,075	6,225	566.60	
	0200	1-½ C.Y. capacity		22.45	835	2,500	7,500	679.60	
	0300	2 C.Y. capacity		37.75	1,075	3,225	9,675	947	
	0320	2-½ C.Y. capacity		51.15	2,000	6,025	18,100	1,614	
	0340	3-½ C.Y. capacity		67.75	2,450	7,375	22,100	2,017	
	0350	Gradall type, truck mounted, 3 ton @ 15' radius, ⅝ C.Y.		22.45	625	1,880	5,650	555.60	
	0370	1 C.Y. capacity		24.75	950	2,850	8,550	768	
	0400	Backhoe-loader, wheel type, 40 to 45 H.P., ⅝ C.Y. capacity		6.20	190	565	1,700	162.60	
	0450	45 H.P. to 60 H.P., ¾ C.Y. capacity		7.30	220	660	2,000	190.40	
	0460	80 H.P., 1-¼ C.Y. capacity		10.95	330	995	2,975	286.60	
	0470	112 H.P.,1-¾ C.Y. loader, ½ C.Y. backhoe		13.15	320	970	2,900	299.20	
	0750	Bucket, clamshell, general purpose, ⅜ C.Y.		.70	57	170	520	39.60	
	0800	½ C.Y.		.85	67	200	600	46.80	
	0850	¾ C.Y.		.95	78	235	700	54.60	
	0900	1 C.Y.		1.20	83	250	750	59.60	
	0950	1-½ C.Y.		1.45	120	360	1,050	83.60	
	1000	2 C.Y.		1.65	135	400	1,200	93.20	
	1200	Compactor, roller, 2 drum, 2000 lb., operator walking		1.55	105	310	930	74.40	
	1250	Rammer compactor, gas, 1000 lb. blow		.35	35	105	315	23.80	

For expanded coverage of these items see *Means Building Construction Cost Data 1991*

016 | Material and Equipment

016 400 | Equipment Rental

			UNIT	HOURLY OPER. COST.	RENT PER DAY	RENT PER WEEK	RENT PER MONTH	CREW EQUIPMENT COST	
408	1300	Vibratory plate, gas, 13" plate, 1000 lb. blow	Ea.	.45	28	84	250	20.40	408
	1350	24" plate, 5000 lb. blow		1.55	52	155	465	43.40	
	4900	Trencher, chain, boom type, gas, operator walking, 12 H.P.		1.65	65	200	600	53.20	
	4910	Operator riding, 40 H.P.		5.40	155	460	1,375	135.20	
	5000	Wheel type, diesel, 4' deep, 12" wide		11.40	390	1,175	3,500	326.20	
	5100	Diesel, 6' deep, 20" wide		12.75	590	1,775	5,300	457	
	5150	Ladder type, diesel, 5' deep, 8" wide		8.05	295	875	2,650	239.40	
	5200	Diesel, 8' deep, 16" wide		15	500	1,500	4,500	420	
	5250	Truck, dump, tandem, 12 ton payload		15.10	295	890	2,675	298.80	
	5300	Three axle dump, 16 ton payload		16.90	385	1,150	3,450	365.20	
	5350	Dump trailer only, rear dump, 16-½ C.Y.		2.95	140	425	1,275	108.60	
	5400	20 C.Y.		2.95	145	430	1,300	109.60	
	5450	Flatbed, single axle, 1-½ ton rating		9.50	115	350	1,050	146	
	5500	3 ton rating		9.55	120	360	1,075	148.40	
	5550	Off highway rear dump, 25 ton capacity		16.75	690	2,075	6,225	549	
	5600	35 ton capacity		27	1,025	3,100	9,300	836	
420	0010	**GENERAL EQUIPMENT RENTAL**							420
	0150	Aerial lift, scissor type, to 15' high, 1000 lb. cap., electric	Ea.	.95	80	240	715	55.60	
	0160	To 25' high, 2000 lb. capacity		1.45	125	380	1,150	87.60	
	0170	Telescoping boom to 40' high, 750 lb. capacity, gas		5.60	345	1,025	3,100	249.80	
	0180	2000 lb. capacity		7.35	460	1,375	4,125	333.80	
	0190	To 60' high, 750 lb. capacity		7.80	535	1,625	4,825	387.40	
	0200	Air compressor, portable, gas engine, 60 C.F.M.		4.55	47	140	420	64.40	
	0300	160 C.F.M.		6.05	62	185	555	85.40	
	0400	Diesel engine, rotary screw, 250 C.F.M.		4.85	83	250	750	88.80	
	0500	365 C.F.M.		8.35	225	675	2,025	201.80	
	0600	600 C.F.M.		14.40	255	770	2,300	269.20	
	0700	750 C.F.M.		15.85	285	850	2,575	296.80	
	0800	For silenced models, small sizes, add		3%	5%	5%	5%		
	0900	Large sizes, add		4%	7%	7%	7%		
	0920	Air tools and accessories							
	0930	Breaker, pavement, 60 lb.	Ea.	.10	22	65	195	13.80	
	0940	80 lb.		.12	21	71	195	15.15	
	0980	Dust control per drill		.16	9	27	81	6.70	
	1000	Hose, air with couplings, 50' long, ¾" diameter		.39	3	8	25	4.70	
	1100	1" diameter		1	4	11	34	10.20	
	1200	1-½" diameter		.05	8	25	75	5.40	
	1300	2" diameter		.12	14	42	125	9.35	
	1400	2-½" diameter		.13	15	44	130	9.85	
	1410	3" diameter		.10	16	47	140	10.20	
	1530	Sheeting driver for 60 lb. breaker		.08	7.30	22	66	5.05	
	1540	For 90 lb. breaker		.10	14	42	125	9.20	
	1560	Tamper, single, 35 lb.		.10	21	62	185	13.20	
	1570	Triple, 140 lb.		1.65	35	110	330	35.20	
	1580	Wrenches, impact, air powered, up to ¾" bolt		.15	17	50	150	11.20	
	1590	Up to 1-¼" bolt		.35	42	125	375	27.80	
	2100	Generator, electric, gas engine, 1.5 KW to 3 KW		.95	29	87	260	25	
	2200	5 KW		1.18	47	140	420	37.45	
	2300	10 KW		2.05	115	350	1,050	86.40	
	2400	25 KW		6.05	115	345	1,025	117.40	
	2500	Diesel engine, 20 KW		3.65	81	245	735	78.20	
	2600	50 KW		5.60	99	295	890	103.80	
	2700	100 KW		10.80	145	440	1,325	174.40	
	2800	250 KW		25.70	255	760	2,275	357.60	
	2900	Heaters, space, oil or electric, 50 MBH		.10	20	61	185	13	
	3000	100 MBH		.06	17	51	155	10.70	
	3100	300 MBH		.11	42	125	375	25.90	
	3150	500 MBH		.17	57	170	515	35.35	

For expanded coverage of these items see *Means Building Construction Cost Data 1991*

016 | Material and Equipment

016 400 | Equipment Rental

		UNIT	HOURLY OPER. COST.	RENT PER DAY	RENT PER WEEK	RENT PER MONTH	CREW EQUIPMENT COST
3200	Hose, water, suction with coupling, 20' long, 2" diameter	Ea.	.05	7	20	60	4.40
3210	3" diameter		.05	11	32	95	6.80
3220	4" diameter		.05	18	54	160	11.20
3230	6" diameter		.05	38	115	345	23.40
3240	8" diameter		.05	51	145	460	29.40
3250	Discharge hose with coupling, 50' long, 2" diameter		.05	4	11	35	2.60
3260	3" diameter		.05	5	16	50	3.60
3270	4" diameter		.05	6	18	55	4
3280	6" diameter		.05	21	63	190	13
3290	8" diameter		.05	27	81	245	16.60
3300	Ladders, extension type, 16' to 36' long			8.30	24	72	4.80
3400	40' to 60' long			19.75	60	180	12
3410	Level, laser type, for pipe laying, self leveling			99	295	890	59
3430	Manual leveling			78	235	700	47
3440	Rotary beacon with rod and sensor			99	295	890	59
3460	Builders level with tripod and rod			23	70	210	14
3500	Light towers, towable, with diesel generator, 2000 watt		1.40	105	315	950	74.20
3600	4000 watt		1.70	120	360	1,075	85.60
4100	Pump, centrifugal gas pump, 1-½", 4 MGPH		.37	19.05	57	170	14.35
4200	2", 8 MGPH		.37	21	62	185	15.35
4300	3", 15 MGPH		1	32	96	290	27.20
4400	6", 90 MGPH		8.40	130	395	1,175	146.20
4500	Submersible electric pump, 1-¼", 55 GPM		.27	30	90	270	20.15
4600	1-½", 83 GPM		.27	33	100	300	22.15
4700	2", 120 GPM		.27	35	105	315	23.15
4800	3", 300 GPM		.55	44	130	390	30.40
4900	4", 560 GPM		1	59	180	535	44
5000	6", 1590 GPM		4.65	165	500	1,500	137.20
5100	Diaphragm pump, gas, single, 1-½" diameter		.43	16	48	145	13.05
5200	2" diameter		.45	18	54	160	14.40
5300	3" diameter		.60	31	94	280	23.60
5400	Double, 4" diameter		1.40	65	195	585	50.20
5500	Trash pump, self-priming, gas, 2" diameter		.95	27	80	240	23.60
5600	Diesel, 4" diameter		1.50	81	245	735	61
5650	Diesel, 6" diameter		4.10	140	420	1,275	116.80
5700	Salamanders, L.P. gas fired, 100,000 B.T.U.		.60	12	36	110	12
5800	Saw, chain, gas engine, 18" long		.40	28	84	250	20
5900	36" long		.95	57	170	510	41.60
5950	60" long		.96	55	165	495	40.70
6000	Masonry, table mounted, 14" diameter, 5 H.P.		1.50	33	100	300	32
6100	Circular, hand held, electric, 7" diameter		.15	11	34	100	8
6200	12" diameter		.25	22	66	200	15.20
6410	Toilet, portable chemical			8.30	25	75	5
6420	Recycle flush type			10.80	31	93	6.20
6430	Toilet, fresh water flush, garden hose,			16.20	49	145	9.80
6440	Hoisted, non-flush, for high rise			8.65	26	78	5.20
6450	Toilet, trailers, minimum			20	60	180	12
6460	Maximum			81	245	730	49
6470	Trailer, office, see division 015-904						
6500	Trailers, platform, flush deck, 2 axle, 25 ton capacity	Ea.	1.10	125	380	1,150	84.80
6600	40 ton capacity		1.45	200	595	1,785	130.60
6810	Trailer, cable reel for H.V. line work		2.70	170	510	1,530	123.60
6820	Cable tensioning rig		5.55	335	1,000	3,000	244.40
6830	Cable pulling rig		37.80	1,910	5,725	17,175	1,447
7010	Tram car for H.V. line work		12.45	75	230	690	145.60
7020	Transit with tripod			27	80	240	16
7100	Truck, pickup, ¾ ton, 2 wheel drive		9.05	58	175	525	107.40
7200	4 wheel drive		10.25	60	175	530	117

For expanded coverage of these items see *Means Building Construction Cost Data 1991*

016 | Material and Equipment

016 400 | Equipment Rental

			UNIT	HOURLY OPER. COST.	RENT PER DAY	RENT PER WEEK	RENT PER MONTH	CREW EQUIPMENT COST	
420	7250	Crew carrier, 9 passenger	Ea.	14.15	80	240	720	161.20	420
	7290	Tool van, 24,000 G.V.W.		16.60	265	795	2,375	291.80	
	7300	Tractor, 4 x 2, 30 ton capacity, 195 H.P.		9.05	325	980	2,950	268.40	
	7410	250 H.P.		12.50	360	1,075	3,225	315	
	7640	Tractor, with A frame, boom and winch, 225 H.P.		17.80	180	545	1,625	251.40	
	7700	Welder, electric, 200 amp		.80	18	54	160	17.20	
	7800	300 amp		1.75	42	125	375	39	
	7900	Gas engine, 200 amp		4.05	35	105	315	53.40	
	8000	300 amp		4.30	57	170	510	68.40	
	8100	Wheelbarrow, any size			6.65	20	60	4	
460	0010	**LIFTING & HOISTING EQUIPMENT RENTAL**							460
	0100	without operators							
	0200	Crane, climbing, 106' jib, 6000 lb. capacity, 410 FPM	Ea.	22.45	1,075	3,225	9,675	824.60	
	0300	101' jib, 10,250 lb. capacity, 270 FPM	"	29.95	1,375	4,100	12,300	1,059	
	0400	Tower, static, 130' high, 106' jib,							
	0500	6200 lb. capacity at 400 FPM	Ea.	48.15	1,275	3,800	11,400	1,145	
	0600	Crawler, cable, ½ C.Y., 15 tons at 12' radius		15.80	415	1,250	3,750	376.40	
	0700	¾ C.Y., 20 tons at 12' radius		16.40	450	1,350	4,050	401.20	
	0800	1 C.Y., 25 tons at 12' radius		17.60	490	1,475	4,425	435.80	
	0900	1-½ C.Y., 40 tons at 12' radius		25.50	760	2,275	6,825	659	
	1000	2 C.Y., 50 tons at 12' radius		29.75	865	2,600	7,800	758	
	1100	3 C.Y., 75 tons at 12' radius		36.40	965	2,900	8,700	871.20	
	1600	Truck mounted, cable operated, 6 x 4, 20 tons at 10' radius		11.55	590	1,800	5,400	452.40	
	1700	25 tons at 10' radius		17.60	980	2,950	8,850	730.80	
	1800	8 x 4, 30 tons at 10' radius		23.70	575	1,725	5,175	534.60	
	1900	40 tons at 12' radius		24.85	725	2,175	6,525	633.80	
	2000	8 x 4, 60 tons at 15' radius		37.60	825	2,475	7,425	795.80	
	2100	90 tons at 15' radius		40.80	1,250	3,725	11,200	1,071	
	2200	115 tons at 15' radius		42.80	1,825	5,450	16,400	1,432	
	2300	150 tons at 18' radius		64.10	1,450	4,375	13,100	1,387	
	2400	Truck mounted, hydraulic, 12 ton capacity		19	350	1,050	3,150	362	
	2500	25 ton capacity		19.55	550	1,650	4,950	486.40	
	2550	33 ton capacity		20.40	885	2,340	7,025	631.20	
	2600	55 ton capacity		28.40	835	2,500	7,500	727.20	
	2700	80 ton capacity		31.05	1,425	4,275	12,800	1,103	
	2800	Self-propelled, 4 x 4, with telescoping boom, 5 ton		7.25	250	750	2,250	208	
	2900	12-½ ton capacity		13.65	515	1,550	4,650	419.20	
	3000	15 ton capacity		15.45	430	1,300	3,900	383.60	
	3100	25 ton capacity		17.65	640	1,925	5,775	526.20	
	3200	Derricks, guy, 20 ton capacity, 60' boom, 75' mast		7.80	265	790	2,375	220.40	
	3300	100' boom, 115' mast		14.25	470	1,400	4,200	394	
	3400	Stiffleg, 20 ton capacity, 70' boom, 37' mast		10	355	1,050	3,200	290	
	3500	100' boom, 47' mast		15.85	575	1,750	5,200	476.80	
	3600	Hoists, chain type, overhead, manual, ¾ ton		.05	5.20	14.55	42.65	3.30	
	3900	10 ton		.25	22	66	200	15.20	
	4000	Hoist and tower, 5000 lb. cap., portable electric, 40' high		3.45	150	455	1,375	118.60	
	4100	For each added 10' section, add			7.30	21	62	4.20	
	4200	Hoist and single tubular tower, 5000 lb. electric, 100' high		4.55	210	625	1,875	161.40	
	4300	For each added 6'-6" section, add		.05	18	52	155	10.80	
	4400	Hoist and double tubular tower, 5000 lb., 100' high		4.85	225	680	2,050	174.80	
	4500	For each added 6'-6" section, add		.05	11	33	99	7	
	4550	Hoist and tower, mast type, 6000 lb., 100' high		4.65	245	740	2,225	185.20	
	4570	For each added 10' section, add		.10	8.30	25	75	5.80	
	4600	Hoist and tower, personnel, electric, 2000 lb., 100' @ 125 FPM		8.65	605	1,825	5,450	434.20	
	4700	3000 lb., 100' @ 200 FPM		9.30	660	1,975	5,925	469.40	
	4800	3000 lb., 150' @ 300 FPM		9.95	710	2,125	6,400	504.60	
	4900	4000 lb., 100' @ 300 FPM		10.65	765	2,275	6,875	540.20	
	5000	6000 lb., 100' @ 275 FPM		11.30	825	2,475	7,400	585.40	

For expanded coverage of these items see *Means Building Construction Cost Data 1991*

016 | Material and Equipment

016 400 | Equipment Rental

			UNIT	HOURLY OPER. COST.	RENT PER DAY	RENT PER WEEK	RENT PER MONTH	CREW EQUIPMENT COST	
460	5100	For added heights up to 500', add	L.F.		1.05	3	9	.60	460
	5200	Jacks, hydraulic, 20 ton	Ea.	.11	2	6	18	2.10	
	5500	100 ton	"	.15	18	54	160	12	
	6000	Jacks, hydraulic, climbing with 50' jackrods							
	6010	and control consoles, minimum 3 mo. rental							
	6100	30 ton capacity	Ea.	.05	90	270	810	54.40	
	6150	For each added 10' jackrod section, add			2	6	18	1.20	
	6300	50 ton capacity			150	460	1,375	92	
	6350	For each added 10' jackrod section, add			3.12	9	27	1.80	
	6500	125 ton capacity			435	1,300	3,900	260	
	6550	For each added 10' jackrod section, add	↓		22	65	195	13	

017 | Contract Closeout

017 100 | Final Cleaning

			CREW	DAILY OUTPUT	MAN-HOURS	UNIT	MAT.	LABOR	EQUIP.	TOTAL	TOTAL INCL O&P	
104	0010	**CLEANING UP** After job completion, allow				Job					.30%	104
	0050	Cleanup of floor area, continuous, per day	A-5	12	1.500	M.S.F.	1.54	26	3.04	30.58	45	
	0100	Final	"	11.50	1.570	"	1.64	28	3.17	32.81	47	
160	0010	**ELECTRICAL FACILITIES MAINTENANCE**										160
	0700	Cathodic protection systems										
	0720	Check and adjust reading on rectifier	1 Elec	20	.400	Ea.		10.05		10.05	14.85	
	0730	Check pipe to soil potential		20	.400			10.05		10.05	14.85	
	0740	Replace lead connection		4	2			50		50	74	
	0800	Control device, install		5.70	1.400			35		35	52	
	0810	Disassemble, clean and reinstall		7	1.140			29		29	42	
	0820	Replace		10.70	.748			18.80		18.80	28	
	0830	Trouble shoot	↓	10	.800	↓		20		20	30	
	0900	Demolition, for electrical demolition see Division 020-708										
	1000	Distribution systems and equipment install or repair a breaker										
	1010	In power panels up to 200 amps	1 Elec	7	1.140	Ea.		29		29	42	
	1020	Over 200 amps		2	4			100		100	150	
	1030	Reset breaker or replace fuse		20	.400			10.05		10.05	14.85	
	1100	Megger test MCC (each stack)		4	2			50		50	74	
	1110	MCC vacuum and clean (each stack)		5.30	1.510			38		38	56	
	2500	Lighting equipment, replace road lamp		3	2.670		670	67		737	835	
	2510	Fluorescent fixture		7	1.140		54	29		83	100	
	2515	Relamp (fluor.) facility area ea. tube		60	.133		4.20	3.35		7.55	9.55	
	2518	Fluorescent fixture, clean (area)		44	.182			4.57		4.57	6.75	
	2520	Incandescent fixture		11	.727		42	18.30		60.30	73	
	2530	Lamp (incandescent or fluorescent)		60	.133		4.20	3.35		7.55	9.55	
	2535	Replace cord in socket lamp		13	.615		1.80	15.50		17.30	25	
	2540	Ballast		6	1.330		9.95	34		43.95	60	
	2541	Starter		30	.267		.87	6.70		7.57	10.85	
	2545	Replace other lighting parts		11	.727		11	18.30		29.30	39	
	2550	Switch		11	.727		4.60	18.30		22.90	32	
	2555	Receptacle		11	.727		4.55	18.30		22.85	32	
	2560	Floodlight		4	2		250	50		300	350	
	2570	Christmas lighting, indoor, per string		16	.500			12.60		12.60	18.55	
	2580	Outdoor		13	.615			15.50		15.50	23	
	2590	Test battery operated emergency lights	↓	40	.200			5.05		5.05	7.45	

For expanded coverage of these items see *Means Building Construction Cost Data 1991*

017 | Contract Closeout

017 100 | Final Cleaning

			CREW	DAILY OUTPUT	MAN-HOURS	UNIT	BARE COSTS MAT.	LABOR	EQUIP.	TOTAL	TOTAL INCL O&P	
160	2600	Repair/replace component in communication system	1 Elec	6	1.330	Ea.	46	34		80	100	160
	2700	Repair misc. appliances (incl. clocks, vent fan, blower, etc.)		6	1.330			34		34	50	
	2710	Reset clocks & timers		50	.160			4.02		4.02	5.95	
	2720	Adjust time delay relays		16	.500			12.60		12.60	18.55	
	2730	Test specific gravity of lead-acid batteries	↓	80	.100	↓		2.52		2.52	3.71	
	3000	Motors and generators										
	3020	Disassemble, clean and reinstall motor, up to ¼ HP	1 Elec	4	2	Ea.		50		50	74	
	3030	Up to ¾ HP		3	2.670			67		67	99	
	3040	Up to 10 HP		2	4			100		100	150	
	3050	Replace part, up to ¼ HP		6	1.330			34		34	50	
	3060	Up to ¾ HP		4	2			50		50	74	
	3070	Up to 10 HP		3	2.670			67		67	99	
	3080	Megger test motor windings		5.33	1.500			38		38	56	
	3082	Motor vibration check		16	.500			12.60		12.60	18.55	
	3084	Oil motor bearings		25	.320			8.05		8.05	11.90	
	3086	Run test emergency generator for 30 minutes		11	.727			18.30		18.30	27	
	3090	Rewind motor, up to ¼ HP		3	2.670			67		67	99	
	3100	Up to ¾ HP		2	4			100		100	150	
	3110	Up to 10 HP		1.50	5.330			135		135	200	
	3150	Generator, repair or replace part		4	2			50		50	74	
	3160	Repair DC generator		2	4			100		100	150	
	4000	Stub pole, install or remove		3	2.670			67		67	99	
	4500	Transformer maintenance up to 15KVA	↓	2.70	2.960	↓		75		75	110	

020 | Subsurface Investigation and Demolition

020 120 | Std Penetration Tests

			CREW	DAILY OUTPUT	MAN-HOURS	UNIT	BARE COSTS MAT.	LABOR	EQUIP.	TOTAL	TOTAL INCL O&P	
125	0010	**DRILLING, CORE** Reinforced concrete slab, up to 6" thick slab										125
	0020	Including layout and set up										
	0100	1" diameter core	B-89A	48	.333	Ea.	2.14	6.70	1.02	9.86	13.75	
	0150	Each added inch thick, add		400	.040		.36	.80	.12	1.28	1.77	
	0300	3" diameter core		40	.400		4.75	8.05	1.22	14.02	18.90	
	0350	Each added inch thick, add		267	.060		.79	1.20	.18	2.17	2.92	
	0500	4" diameter core		37	.432		6.35	8.70	1.32	16.37	22	
	0550	Each added inch thick, add		242	.066		1.06	1.33	.20	2.59	3.43	
	0700	6" diameter core		29	.552		7.75	11.10	1.68	20.53	27	
	0750	Each added inch thick, add		200	.080		1.28	1.61	.24	3.13	4.14	
	0900	8" diameter core		21	.762		10.60	15.30	2.32	28.22	38	
	0950	Each added inch thick, add	↓	133	.120		1.77	2.42	.37	4.56	6.05	
	1100	10" diameter core	A-1	19	.421		14.30	7.35	2.86	24.51	30	
	1150	Each added inch thick, add		114	.070		2.38	1.23	.48	4.09	5.05	
	1300	12" diameter core		16	.500		17.25	8.75	3.40	29.40	36	
	1350	Each added inch thick, add		96	.083		2.88	1.46	.57	4.91	6.05	
	1500	14" diameter core		13.80	.580		21	10.15	3.94	35.09	43	
	1550	Each added inch thick, add		80	.100		3.56	1.75	.68	5.99	7.35	
	1700	18" diameter core		6.80	1.180		27	21	8	56	70	
	1750	Each added inch thick, add		40	.200	↓	4.77	3.50	1.36	9.63	12.10	
	1760	For horizontal holes, add to above								30%	30%	
	1770	Prestressed hollow core plank, 6" thick										
	1780	1" diameter core	B-89A	65	.246	Ea.	1.38	4.94	.75	7.07	9.95	
	1790	Each added inch thick, add	"	432	.037	"	.22	.74	.11	1.07	1.51	

For expanded coverage of these items see *Means Site Work Cost Data 1991*

020 | Subsurface Investigation and Demolition

020 120 | Std Penetration Tests

			DAILY	MAN-			BARE COSTS			TOTAL	
		CREW	OUTPUT	HOURS	UNIT	MAT.	LABOR	EQUIP.	TOTAL	INCL O&P	
125	1800	3" diameter core	B-89A	66	.242	Ea.	3.13	4.87	.74	8.74	11.75	125
	1810	Each added inch thick, add		296	.054		.53	1.09	.16	1.78	2.43	
	1820	4" diameter core		63	.254		4.17	5.10	.77	10.04	13.25	
	1830	Each added inch thick, add		271	.059		.70	1.19	.18	2.07	2.79	
	1840	6" diameter core		52	.308		5.05	6.20	.94	12.19	16.10	
	1850	Each added inch thick, add		222	.072		.84	1.45	.22	2.51	3.38	
	1860	8" diameter core		37	.432		6.90	8.70	1.32	16.92	22	
	1870	Each added inch thick, add		147	.109		1.14	2.19	.33	3.66	4.97	
	1880	10" diameter core	A-1	32	.250		9.30	4.38	1.70	15.38	18.80	
	1890	Each added inch thick, add		124	.065		1.14	1.13	.44	2.71	3.46	
	1900	12" diameter core		28	.286		11.30	5	1.94	18.24	22	
	1910	Each added inch thick, add		107	.075		1.88	1.31	.51	3.70	4.64	
	1950	Minimum charge for above, 3" diameter core	B-89A	7.45	2.150			43	6.55	49.55	73	
	2000	4" diameter core		7.15	2.240			45	6.85	51.85	76	
	2050	6" diameter core		6.40	2.500			50	7.65	57.65	85	
	2100	8" diameter core		5.80	2.760			55	8.40	63.40	94	
	2150	10" diameter core		5	3.200			64	9.75	73.75	110	
	2200	12" diameter core		4.10	3.900			78	11.90	89.90	135	
	2250	14" diameter core		3.55	4.510			90	13.75	103.75	155	
	2300	18" diameter core		3.30	4.850			97	14.80	111.80	165	

020 550 | Site Demolition

554	0010	SITE DEMOLITION No hauling, abandon catch basin or manhole	B-6	7	3.430	Ea.		64	27	91	130	554
	0020	Remove existing catch basin or manhole		4	6			115	48	163	225	
	0030	Catch basin or manhole frames and covers stored		13	1.850			35	14.65	49.65	69	
	0040	Remove and reset		7	3.430			64	27	91	130	
	1710	Pavement removal, bituminous, 3" thick	B-38	690	.058	S.Y.		1.14	1.64	2.78	3.53	
	1750	4" to 6" thick		420	.095			1.87	2.69	4.56	5.80	
	1800	Bituminous driveways		680	.059			1.16	1.66	2.82	3.59	
	1900	Concrete to 6" thick, mesh reinforced		255	.157			3.09	4.43	7.52	9.55	
	2000	Rod reinforced		200	.200			3.94	5.65	9.59	12.20	
	2100	Concrete 7" to 24" thick, plain		13.10	3.050	C.Y.		60	86	146	185	
	2200	Reinforced		9.50	4.210	"		83	120	203	255	
	2300	With hand held air equipment, bituminous	B-39	1,900	.025	S.F.		.47	.07	.54	.79	
	2320	Concrete to 6" thick, no reinforcing		1,200	.040			.74	.11	.85	1.25	
	2340	Mesh reinforced		830	.058			1.07	.15	1.22	1.80	
	2360	Rod reinforced		765	.063			1.16	.17	1.33	1.95	
	4000	Sidewalk removal, bituminous, 2-½" thick	B-6	325	.074	S.Y.		1.39	.59	1.98	2.76	
	4050	Brick, set in mortar		185	.130			2.44	1.03	3.47	4.84	
	4100	Concrete, plain		160	.150			2.82	1.19	4.01	5.60	
	4200	Mesh reinforced		150	.160			3.01	1.27	4.28	5.95	

020 600 | Building Demolition

612	0010	DUMP CHARGES Typical urban city, fees only										612
	0100	Building construction materials				C.Y.					25	
	0200	Demolition lumber, trees, brush									32	
	0300	Rubbish only									24	
	0500	Reclamation station, usual charge				Ton					55	

020 700 | Selective Demolition

708	0010	ELECTRICAL DEMOLITION										708
	0020	Conduit to 15' high, including fittings & hangers										
	0100	Rigid galvanized steel, ½" to 1" diameter	1 Elec	242	.033	L.F.		.83		.83	1.23	
	0120	1-¼" to 2"		200	.040			1.01		1.01	1.49	
	0140	2" to 4"		151	.053			1.33		1.33	1.97	
	0160	4" to 6"		57	.140			3.53		3.53	5.20	

For expanded coverage of these items see *Means Site Work Cost Data 1991*

020 | Subsurface Investigation and Demolition

020 700 | Selective Demolition

			CREW	DAILY OUTPUT	MAN-HOURS	UNIT	MAT.	LABOR	EQUIP.	TOTAL	TOTAL INCL O&P	
708	0200	Electric metallic tubing (EMT) ½" to 1"	1 Elec	394	.020	L.F.		.51		.51	.75	708
	0220	1-¼" to 1-½"		326	.025			.62		.62	.91	
	0240	2" to 3"		236	.034			.85		.85	1.26	
	0260	3-½" to 4"		95	.084			2.12		2.12	3.13	
	0270	Armored cable, (BX) avg. 50' runs										
	0280	#14, 2 wire	1 Elec	690	.012	L.F.		.29		.29	.43	
	0290	#14, 3 wire		571	.014			.35		.35	.52	
	0300	#12, 2 wire		605	.013			.33		.33	.49	
	0310	#12, 3 wire		514	.016			.39		.39	.58	
	0320	#10, 2 wire		514	.016			.39		.39	.58	
	0330	#10, 3 wire		425	.019			.47		.47	.70	
	0340	#8, 3 wire		342	.023			.59		.59	.87	
	0350	Non metallic sheathed cable (Romex)										
	0360	#14, 2 wire	1 Elec	720	.011	L.F.		.28		.28	.41	
	0370	#14, 3 wire		657	.012			.31		.31	.45	
	0380	#12, 2 wire		629	.013			.32		.32	.47	
	0390	#10, 3 wire		450	.018			.45		.45	.66	
	0400	Wiremold raceway, including fittings & hangers										
	0420	No. 3000	1 Elec	250	.032	L.F.		.80		.80	1.19	
	0440	No. 4000		217	.037			.93		.93	1.37	
	0460	No. 6000		166	.048			1.21		1.21	1.79	
	0500	Channels, steel, including fittings & hangers										
	0520	¾" x 1-½"	1 Elec	308	.026	L.F.		.65		.65	.96	
	0540	1-½" x 1-½"		269	.030			.75		.75	1.10	
	0560	1-½" x 1-⅞"		229	.035			.88		.88	1.30	
	0600	Copper bus duct, indoor, 3 ph, incl. removal of										
	0610	hangers & supports										
	0620	225 amp	1 Elec	67	.119	L.F.		3		3	4.43	
	0640	400 amp		53	.151			3.80		3.80	5.60	
	0660	600 amp		43	.186			4.68		4.68	6.90	
	0680	1000 amp		30	.267			6.70		6.70	9.90	
	0700	1600 amp		20	.400			10.05		10.05	14.85	
	0720	3000 amp		10	.800			20		20	30	
	0800	Plug-in switches, 600V 3 ph, incl. disconnecting										
	0820	wire, pipe terminations, 30 amp	1 Elec	15.50	.516	Ea.		13		13	19.15	
	0840	60 amp		13.90	.576			14.45		14.45	21	
	0850	100 amp		10.40	.769			19.35		19.35	29	
	0860	200 amp		6.20	1.290			32		32	48	
	0880	400 amp		2.70	2.960			75		75	110	
	0900	600 amp		1.70	4.710			120		120	175	
	0920	800 amp		1.30	6.150			155		155	230	
	0940	1200 amp		1	8			200		200	295	
	0960	1600 amp		.85	9.410			235		235	350	
	1000	Safety switches, 250 or 600V, incl. disconnection										
	1050	of wire & pipe terminations										
	1100	30 amp	1 Elec	12.30	.650	Ea.		16.35		16.35	24	
	1120	60 amp		8.80	.909			23		23	34	
	1140	100 amp		7.30	1.100			28		28	41	
	1160	200 amp		5	1.600			40		40	59	
	1180	400 amp		3.40	2.350			59		59	87	
	1200	600 amp		2.30	3.480			87		87	130	
	1210	Panel boards, incl. removal of all breakers,										
	1220	pipe terminations & wire connections										
	1230	3 wire, 120/240V, 100A, to 20 circuits	1 Elec	2.60	3.080	Ea.		77		77	115	
	1240	200 amps, to 42 circuits		1.30	6.150			155		155	230	
	1250	400 amps, to 42 circuits		1.10	7.270			185		185	270	
	1260	4 wire, 120/208V, 125A, to 20 circuits		2.40	3.330			84		84	125	
	1270	200 amps, to 42 circuits		1.20	6.670			170		170	250	

For expanded coverage of these items see *Means Site Work Cost Data 1991*

020 | Subsurface Investigation and Demolition

020 700 | Selective Demolition

		CREW	DAILY OUTPUT	MAN-HOURS	UNIT	BARE COSTS MAT.	BARE COSTS LABOR	BARE COSTS EQUIP.	BARE COSTS TOTAL	TOTAL INCL O&P
1280	400 amps, to 42 circuits	1 Elec	.96	8.330	Ea.		210		210	310
1300	Transformer, dry type, 1 ph, incl. removal of									
1320	supports, wire & pipe terminations									
1340	1 KVA	1 Elec	7.70	1.040	Ea.		26		26	39
1360	5 KVA		4.70	1.700			43		43	63
1380	10 KVA		3.60	2.220			56		56	83
1400	37.5 KVA		1.50	5.330			135		135	200
1420	75 KVA	↓	1.25	6.400	↓		160		160	240
1440	3 Phase to 600V, primary									
1460	3 KVA	1 Elec	3.85	2.080	Ea.		52		52	77
1480	15 KVA		2.10	3.810			96		96	140
1500	30 KVA		1.74	4.600			115		115	170
1510	45 KVA		1.53	5.230			130		130	195
1520	75 KVA		1.35	5.930			150		150	220
1530	112.5 KVA		1.16	6.900			175		175	255
1540	150 KVA		1.09	7.340			185		185	275
1550	300 KVA		.71	11.270			285		285	420
1560	500 KVA		.58	13.790			345		345	510
1570	750 KVA	↓	.45	17.780	↓		445		445	660
1600	Pull boxes & cabinets, sheet metal, incl. removal									
1620	of supports and pipe terminations									
1640	6" x 6" x 4"	1 Elec	31.10	.257	Ea.		6.45		6.45	9.55
1660	12" x 12" x 4"		23.30	.343			8.65		8.65	12.75
1680	24" x 24" x 6"		12.30	.650			16.35		16.35	24
1700	36" x 36" x 8"		7.70	1.040			26		26	39
1720	Junction boxes, 4" sq. & oct.		80	.100			2.52		2.52	3.71
1740	Handy box		107	.075			1.88		1.88	2.78
1760	Switch box		107	.075			1.88		1.88	2.78
1780	Receptacle & switch plates		257	.031			.78		.78	1.16
1790	Receptacles & switches, 15 to 30 amp	↓	135	.059	↓		1.49		1.49	2.20
1800	Wire, THW-THWN-THHN, removed from									
1810	in place conduit, to 15' high									
1830	#14	1 Elec	65	.123	C.L.F.		3.10		3.10	4.57
1840	#12		55	.145			3.66		3.66	5.40
1850	#10		45.50	.176			4.42		4.42	6.55
1860	#8		40.40	.198			4.98		4.98	7.35
1870	#6		32.60	.245			6.15		6.15	9.10
1880	#4		26.50	.302			7.60		7.60	11.20
1890	#3		25	.320			8.05		8.05	11.90
1900	#2		22.30	.359			9		9	13.30
1910	1/0		16.60	.482			12.10		12.10	17.90
1920	2/0		14.60	.548			13.80		13.80	20
1930	3/0		12.50	.640			16.10		16.10	24
1940	4/0		11	.727			18.30		18.30	27
1950	250 MCM		10	.800			20		20	30
1960	300 MCM		9.50	.842			21		21	31
1970	350 MCM		9	.889			22		22	33
1980	400 MCM		8.50	.941			24		24	35
1990	500 MCM	↓	8.10	.988	↓		25		25	37
2000	Interior fluorescent fixtures, incl. supports									
2010	& whips, to 15' high									
2100	Recessed drop-in 2' x 2', 2 lamp	2 Elec	35	.457	Ea.		11.50		11.50	17
2120	2' x 4', 2 lamp		33	.485			12.20		12.20	18
2140	2' x 4', 4 lamp		30	.533			13.40		13.40	19.80
2160	4' x 4', 4 lamp	↓	20	.800	↓		20		20	30
2180	Surface mount, acrylic lens & hinged frame									
2200	1' x 4', 2 lamp	2 Elec	44	.364	Ea.		9.15		9.15	13.50
2220	2' x 2', 2 lamp	"	44	.364	"		9.15		9.15	13.50

For expanded coverage of these items see *Means Site Work Cost Data 1991*

020 | Subsurface Investigation and Demolition

	020 700	Selective Demolition	CREW	DAILY OUTPUT	MAN-HOURS	UNIT	MAT.	LABOR	EQUIP.	TOTAL	TOTAL INCL O&P	
708	2260	2' x 4', 4 lamp	2 Elec	33	.485	Ea.		12.20		12.20	18	708
	2280	4' x 4', 4 lamp	"	23	.696	"		17.50		17.50	26	
	2300	Strip fixtures, surface mount										
	2320	4' long, 1 lamp	2 Elec	53	.302	Ea.		7.60		7.60	11.20	
	2340	4' long, 2 lamp		50	.320			8.05		8.05	11.90	
	2360	8' long, 1 lamp		42	.381			9.60		9.60	14.15	
	2380	8' long, 2 lamp		40	.400			10.05		10.05	14.85	
	2400	Pendant mount, industrial, incl. removal										
	2410	of chain or rod hangers, to 15' high										
	2420	4' long, 2 lamp	2 Elec	35	.457	Ea.		11.50		11.50	17	
	2440	8' long, 2 lamp	"	27	.593	"		14.90		14.90	22	
	2460	Interior incandescent, surface, ceiling										
	2470	or wall mount, to 12' high										
	2480	Metal cylinder type, 75 Watt	2 Elec	62	.258	Ea.		6.50		6.50	9.60	
	2500	150 Watt	"	62	.258	"		6.50		6.50	9.60	
	2520	Metal halide, high bay										
	2540	400 Watt	2 Elec	15	1.070	Ea.		27		27	40	
	2560	1000 Watt		12	1.330			34		34	50	
	2580	150 Watt, low bay		20	.800			20		20	30	
	2600	Exterior fixtures, incandescent, wall mount										
	2620	100 Watt	2 Elec	50	.320	Ea.		8.05		8.05	11.90	
	2640	Quartz, 500 Watt		33	.485			12.20		12.20	18	
	2660	1500 Watt		27	.593			14.90		14.90	22	
	2680	Wall pack, mercury vapor										
	2700	175 Watt	2 Elec	25	.640	Ea.		16.10		16.10	24	
	2720	250 Watt	"	25	.640	"		16.10		16.10	24	
	2740	Minimum labor/equipment charge	1 Elec	4	2	Job		50		50	74	
730	0010	TORCH CUTTING Steel, 1" thick plate	A-1A	95	.084	L.F.		1.47	.31	1.78	2.61	730
	0040	1" diameter bar	"	210	.038	Ea.		.67	.14	.81	1.18	
	1000	Oxygen lance cutting, reinforced concrete walls										
	1040	12" to 16" thick walls	A-1A	10	.800	L.F.		14	2.98	16.98	25	
	1080	24" thick walls	"	6	1.330	"		23	4.97	27.97	41	

021 | Site Preparation

	021 400	Dewatering	CREW	DAILY OUTPUT	MAN-HOURS	UNIT	MAT.	LABOR	EQUIP.	TOTAL	TOTAL INCL O&P	
404	0010	DEWATERING Excavate drainage trench, 2' wide, 2' deep	B-11C	90	.178	C.Y.		3.56	2.12	5.68	7.70	404
	0100	2' wide, 3' deep, with backhoe loader	"	135	.119			2.37	1.41	3.78	5.15	
	0200	Excavate sump pits by hand, light soil	1 Clab	7.10	1.130			19.70		19.70	30	
	0300	Heavy soil	"	3.50	2.290			40		40	61	
	0500	Pumping 8 hr., attended 2 hrs. per day, including 20 L.F.										
	0550	of suction hose & 100 L.F. discharge hose										
	0600	2" diaphragm pump used for 8 hours	B-10H	4	3	Day		63	6	69	100	
	0650	4" diaphragm pump used for 8 hours	B-10I	4	3			63	17.35	80.35	115	
	0800	8 hrs. attended, 2" diaphragm pump	B-10H	1	12			250	24	274	405	
	0900	3" centrifugal pump	B-10J	1	12			250	41	291	425	
	1000	4" diaphragm pump	B-10I	1	12			250	69	319	455	
	1100	6" centrifugal pump	B-10K	1	12			250	195	445	595	

For expanded coverage of these items see *Means Site Work Cost Data 1991*

022 | Earthwork

022 200 | Excav, Backfill, Compact

		CREW	DAILY OUTPUT	MAN-HOURS	UNIT	MAT.	LABOR	EQUIP.	TOTAL	TOTAL INCL O&P	
204	0010	**BACKFILL** By hand, no compaction, light soil	1 Clab	14	.571	C.Y.		10		10	15.35	204
	0100	Heavy soil		11	.727			12.75		12.75	19.50	
	0300	Compaction in 6" layers, hand tamp, add to above		20.60	.388			6.80		6.80	10.40	
	0400	Roller compaction operator walking, add	B-10A	100	.120			2.50	.74	3.24	4.59	
	0500	Air tamp, add	B-9	190	.211			3.77	.67	4.44	6.50	
	0600	Vibrating plate, add	A-1	60	.133			2.33	.91	3.24	4.58	
	0800	Compaction in 12" layers, hand tamp, add to above	1 Clab	34	.235			4.12		4.12	6.30	
	0900	Roller compaction operator walking, add	B-10A	150	.080			1.67	.50	2.17	3.06	
	1000	Air tamp, add	B-9	285	.140			2.51	.45	2.96	4.34	
	1100	Vibrating plate, add	A-1	90	.089			1.56	.60	2.16	3.05	
	1300	Dozer backfilling, bulk, up to 300' haul, no compaction	B-10B	1,200	.010			.21	.65	.86	1.03	
	1400	Air tamped	B-11B	240	.067			1.33	4.17	5.50	6.60	
	1600	Compacting backfill, 6" to 12" lifts, vibrating roller	B-10C	800	.015			.31	1.08	1.39	1.66	
	1700	Sheepsfoot roller	B-10D	750	.016			.33	1.19	1.52	1.82	
	1900	Dozer backfilling, trench, up to 300' haul, no compaction	B-10B	900	.013			.28	.86	1.14	1.37	
	2000	Air tamped	B-11B	235	.068			1.36	4.26	5.62	6.75	
	2200	Compacting backfill, 6" to 12" lifts, vibrating roller	B-10C	700	.017			.36	1.24	1.60	1.90	
	2300	Sheepsfoot roller	B-10D	650	.018			.38	1.38	1.76	2.10	
258	0010	**EXCAVATING, UTILITY TRENCH** Common earth										258
	0050	Trenching with chain trencher, 12 H.P., operator walking										
	0100	4" wide trench, 12" deep	B-53	800	.010	L.F.		.21	.07	.28	.39	
	0150	18" deep		750	.011			.23	.07	.30	.42	
	0200	24" deep		700	.011			.24	.08	.32	.45	
	0300	6" wide trench, 12" deep		650	.012			.26	.08	.34	.49	
	0350	18" deep		600	.013			.29	.09	.38	.53	
	0400	24" deep		550	.015			.31	.10	.41	.57	
	0450	36" deep		450	.018			.38	.12	.50	.70	
	0600	8" wide trench, 12" deep		475	.017			.36	.11	.47	.66	
	0650	18" deep		400	.020			.43	.13	.56	.79	
	0700	24" deep		350	.023			.49	.15	.64	.90	
	0750	36" deep		300	.027			.57	.18	.75	1.05	
	1000	Backfill by hand including compaction, add										
	1050	4" wide trench, 12" deep	A-1	800	.010	L.F.		.18	.07	.25	.34	
	1100	18" deep		530	.015			.26	.10	.36	.52	
	1150	24" deep		400	.020			.35	.14	.49	.69	
	1300	6" wide trench, 12" deep		540	.015			.26	.10	.36	.51	
	1350	18" deep		405	.020			.35	.13	.48	.68	
	1400	24" deep		270	.030			.52	.20	.72	1.02	
	1450	36" deep		180	.044			.78	.30	1.08	1.53	
	1600	8" wide trench, 12" deep		400	.020			.35	.14	.49	.69	
	1650	18" deep		265	.030			.53	.21	.74	1.04	
	1700	24" deep		200	.040			.70	.27	.97	1.37	
	1750	36" deep		135	.059			1.04	.40	1.44	2.03	
	2000	Chain trencher, 40 H.P. operator riding										
	2050	6" wide trench and backfill, 12" deep	B-54	1,200	.007	L.F.		.14	.11	.25	.34	
	2100	18" deep		1,000	.008			.17	.14	.31	.41	
	2150	24" deep		975	.008			.18	.14	.32	.42	
	2200	36" deep		900	.009			.19	.15	.34	.45	
	2250	48" deep		750	.011			.23	.18	.41	.54	
	2300	60" deep		650	.012			.26	.21	.47	.62	
	2400	8" wide trench and backfill, 12" deep		1,000	.008			.17	.14	.31	.41	
	2450	18" deep		950	.008			.18	.14	.32	.43	
	2500	24" deep		900	.009			.19	.15	.34	.45	
	2550	36" deep		800	.010			.21	.17	.38	.51	
	2600	48" deep		650	.012			.26	.21	.47	.62	
	2700	12" wide trench and backfill, 12" deep		975	.008			.18	.14	.32	.42	
	2750	18" deep		860	.009			.20	.16	.36	.47	
	2800	24" deep		800	.010			.21	.17	.38	.51	

For expanded coverage of these items see *Means Site Work Cost Data 1991*

022 | Earthwork

022 200 | Excav, Backfill, Compact

			CREW	DAILY OUTPUT	MAN-HOURS	UNIT	MAT.	LABOR	EQUIP.	TOTAL	TOTAL INCL O&P	
258	2850	36" deep	B-54	725	.011	L.F.		.24	.19	.43	.56	258
	3000	16" wide trench and backfill, 12" deep		835	.010			.21	.16	.37	.49	
	3050	18" deep		750	.011			.23	.18	.41	.54	
	3100	24" deep	↓	700	.011	↓		.24	.19	.43	.58	
	3200	Compaction with vibratory plate, add								50%	50%	
266	0010	HAULING Earth 6 C.Y. dump truck, ¼ mile round trip, 5.0 loads/hr.	B-34A	240	.033	C.Y.		.61	1.25	1.86	2.29	266
	0030	½ mile round trip, 4.1 loads/hr.		197	.041			.75	1.52	2.27	2.79	
	0040	1 mile round trip, 3.3 loads/hr.		160	.050			.92	1.87	2.79	3.44	
	0100	2 mile round trip, 2.6 loads/hr.		125	.064			1.18	2.39	3.57	4.40	
	0150	3 mile round trip, 2.1 loads/hr.		100	.080			1.47	2.99	4.46	5.50	
	0200	4 mile round trip, 1.8 loads/hr.		85	.094			1.73	3.52	5.25	6.45	
	0300	12 C.Y. dump truck, 1 mile round trip, 2.7 loads/hr.	B-34B	260	.031			.57	1.40	1.97	2.40	
	0400	2 mile round trip, 2.2 loads/hr.		210	.038			.70	1.74	2.44	2.97	
	0450	3 mile round trip, 1.9 loads/hr.		180	.044			.82	2.03	2.85	3.46	
	0500	4 mile round trip, 1.6 loads/hr.		150	.053			.98	2.43	3.41	4.15	
	1300	Hauling in medium traffic, add								20%	20%	
	1400	Heavy traffic, add								30%	30%	
	1600	Grading at dump, or embankment if required, by dozer	B-10B	1,000	.012			.25	.78	1.03	1.23	
	1800	Spotter at fill or cut, if required	1 Clab	8	1	Hr.		17.50		17.50	27	

026 | Piped Utilities

026 010 | Piped Utilities

			CREW	DAILY OUTPUT	MAN-HOURS	UNIT	MAT.	LABOR	EQUIP.	TOTAL	TOTAL INCL O&P	
011	0010	ELECTRICAL UTILITIES, see division 167										011
012	0010	BEDDING For pipe and conduit, not incl. compaction										012
	0050	Crushed or screened bank run gravel	B-6	150	.160	C.Y.	11.05	3.01	1.27	15.33	18.15	
	0100	Crushed stone ¾" to ½"		150	.160		12.90	3.01	1.27	17.18	20	
	0200	Sand, dead or bank,		150	.160		3.45	3.01	1.27	7.73	9.75	
	0500	Compacting bedding in trench	A-1	90	.089	↓		1.56	.60	2.16	3.05	
014	0010	EXCAVATION AND BACKFILL See division 022-204 & 254										014
	0100	Hand excavate and trim for pipe bells after trench excavation										
	0200	8" pipe	1 Clab	155	.052	L.F.		.90		.90	1.38	
	0300	18" pipe	"	130	.062	"		1.08		1.08	1.65	

026 050 | Manholes And Cleanouts

			CREW	DAILY OUTPUT	MAN-HOURS	UNIT	MAT.	LABOR	EQUIP.	TOTAL	TOTAL INCL O&P	
054	0010	UTILITY VAULTS Precast concrete, 6" thick										054
	0050	5' x 10' x 6' high, I.D.	B-13	2	28	Ea.	1,600	530	245	2,375	2,825	
	0100	6' x 10' x 6' high, I.D.		2	28		1,700	530	245	2,475	2,950	
	0150	5' x 12' x 6' high, I.D.		2	28		1,800	530	245	2,575	3,050	
	0200	6' x 12' x 6' high, I.D.		1.80	31.110		1,950	585	270	2,805	3,325	
	0250	6' x 13' x 6' high, I.D.		1.50	37.330		2,500	705	325	3,530	4,175	
	0300	8' x 14' x 7' high, I.D.	↓	1	56	↓	2,725	1,050	485	4,260	5,150	
	0350	Hand hole, precast concrete, 1-½" thick										
	0400	1'-0" x 2'-0" x 1'-9", I.D., light duty	B-1	4	6	Ea.	255	110		365	450	
	0450	4'-6" x 3'-2" x 2'-0", O.D., heavy duty	B-6	3	8	"	540	150	63	753	895	

027 | Sewerage & Drainage

027 150 | Sewage Systems

			CREW	DAILY OUTPUT	MAN-HOURS	UNIT	MAT.	LABOR	EQUIP.	TOTAL	TOTAL INCL O&P
152	0010	**CATCH BASINS OR MANHOLES** Including footing & excavation,										152
	0020	not including frame and cover										
	0050	Brick, 4' inside diameter, 4' deep	D-1	1	16	Ea.	385	325		710	910	
	0100	6' deep		.70	22.860		535	460		995	1,275	
	0150	8' deep		.50	32	↓	680	645		1,325	1,725	
	0200	For depths over 8', add		4	4	V.L.F.	88	81		169	220	
	0400	Concrete blocks (radial), 4' I.D., 4' deep		1.50	10.670	Ea.	250	215		465	600	
	0500	6' deep		1	16		335	325		660	855	
	0600	8' deep		.70	22.860	↓	435	460		895	1,175	
	0700	For depths over 8', add		5.50	2.910	V.L.F.	63	59		122	160	
	0800	Concrete, cast in place, 4' x 4', 8" thick, 4' deep	B-6	2	12	Ea.	323	225	95	643	805	
	0900	6' deep		1.50	16		435	300	125	860	1,075	
	1000	8' deep		1	24	↓	570	450	190	1,210	1,525	
	1100	For depths over 8', add		8	3	V.L.F.	75	56	24	155	195	
	1110	Precast, 4' I.D., 4' deep		4.10	5.850	Ea.	258	110	46	414	500	
	1120	6' deep		3	8		358	150	63	571	690	
	1130	8' deep		2	12		446	225	95	766	940	
	1140	For depths over 8', add		16	1.500	V.L.F.	63	28	11.90	102.90	125	
	1150	5' I.D., 4' deep		3	8	Ea.	388	150	63	601	725	
	1160	6' deep		2	12		525	225	95	845	1,025	
	1170	8' deep		1.50	16	↓	667	300	125	1,092	1,325	
	1180	For depths over 8', add		12	2	V.L.F.	86	38	15.85	139.85	170	
	1190	6' I.D., 4' deep		2	12	Ea.	635	225	95	955	1,150	
	1200	6' deep		1.50	16		825	300	125	1,250	1,500	
	1210	8' deep		1	24	↓	1,030	450	190	1,670	2,025	
	1220	For depths over 8', add		8	3	V.L.F.	133	56	24	213	260	
	1250	Slab tops, precast, 8" thick										
	1300	4' diameter manhole	B-6	8	3	Ea.	93.50	56	24	173.50	215	
	1400	5' diameter manhole		7.50	3.200		105	60	25	190	235	
	1500	6' diameter manhole		7	3.430		178.50	64	27	269.50	325	
	1600	Frames and covers, C.I., 24" square, 500 lb.		7.80	3.080		172.20	58	24	254.20	305	
	1700	26" D shape, 600 lb.		7	3.430		194.50	64	27	285.50	340	
	1800	Light traffic, 18" diameter, 100 lb.		10	2.400		70.95	45	19.05	135	170	
	1900	24" diameter, 300 lb.		8.70	2.760		137	52	22	211	255	
	2000	36" diameter, 900 lb.		5.80	4.140		350	78	33	461	540	
	2100	Heavy traffic, 24" diameter, 400 lb.		7.80	3.080		172	58	24	254	305	
	2200	36" diameter, 1150 lb.		3	8		475	150	63	688	820	
	2300	Mass. State standard, 26" diameter, 475 lb.		7	3.430		190	64	27	281	335	
	2400	30" diameter, 620 lb.		7	3.430		240	64	27	331	390	
	2500	Watertight, 24" diameter, 350 lb.		7.80	3.080		280	58	24	362	425	
	2600	26" diameter, 500 lb.		7	3.430		335	64	27	426	495	
	2700	32" diameter, 575 lb.	↓	6	4	↓	356	75	32	463	540	
	2800	3 piece cover & frame, 10" deep,										
	2900	1200 lbs., for heavy equipment	B-6	3	8	Ea.	470	150	63	683	815	
	3000	Raised for paving 1-¼" to 2" high,										
	3100	4 piece expansion ring										
	3200	20" to 26" diameter	1 Clab	3	2.670	Ea.	92	47		139	175	
	3300	30" to 36" diameter	"	3	2.670	"	126	47		173	210	
	3320	Frames and covers, existing, raised for paving 2", including										
	3340	row of brick, concrete collar, up to 12" wide frame	B-9	18	2.220	Ea.	27	40	7.05	74.05	99	
	3360	20" to 26" wide frame		11	3.640		33	65	11.55	109.55	150	
	3380	30" to 36" wide frame		9	4.440		48	80	14.15	142.15	190	
	3400	Inverts, single channel brick	D-1	3	5.330		51	110		161	220	
	3500	Concrete		5	3.200		40.10	65		105.10	140	
	3600	Triple channel, brick		2	8		73	160		233	325	
	3700	Concrete		3	5.330		45.50	110		155.50	210	
	3800	Steps, heavyweight cast iron, 7" x 9"	1 Bric	40	.200		6.90	4.55		11.45	14.45	
	3900	8" x 9"	"	40	.200		10.30	4.55		14.85	18.15	

For expanded coverage of these items see *Means Site Work Cost Data 1991*

027 | Sewerage & Drainage

027 150 | Sewage Systems

			CREW	DAILY OUTPUT	MAN-HOURS	UNIT	BARE COSTS				TOTAL INCL O&P	
							MAT.	LABOR	EQUIP.	TOTAL		
152	4000	Standard sizes, galvanized steel	1 Bric	40	.200	Ea.	10.40	4.55		14.95	18.30	152
	4100	Aluminum	"	40	.200	"	9.10	4.55		13.65	16.85	

031 | Concrete Formwork

031 100 | Struct C.I.P. Formwork

			CREW	DAILY OUTPUT	MAN-HOURS	UNIT	BARE COSTS				TOTAL INCL O&P	
							MAT.	LABOR	EQUIP.	TOTAL		
126	0010	**ACCESSORIES, SLEEVES AND CHASES**										126
	0100	Plastic type, 1 use, 9" long, 2" diameter	1 Carp	100	.080	Ea.	1.05	1.76		2.81	3.85	
	0150	4" diameter		90	.089		1.75	1.96		3.71	4.92	
	0200	6" diameter		75	.107		2.15	2.35		4.50	5.95	
	0250	12" diameter		60	.133		4.60	2.93		7.53	9.55	
	5000	Sheet metal, 2" diameter		100	.080		.70	1.76		2.46	3.47	
	5100	4" diameter		90	.089		1.20	1.96		3.16	4.32	
	5150	6" diameter		75	.107		1.70	2.35		4.05	5.45	
	5200	12" diameter		60	.133		2.10	2.93		5.03	6.80	
	6000	Steel pipe, 2" diameter		100	.080		2.70	1.76		4.46	5.65	
	6100	4" diameter		90	.089		6.45	1.96		8.41	10.10	
	6150	6" diameter		75	.107		18.50	2.35		20.85	24	
	6200	12" diameter	↓	60	.133	↓	44	2.93		46.93	53	
154	0010	**FORMS IN PLACE, EQUIPMENT FOUNDATIONS** 1 use	C-2	160	.300	SFCA	1.64	6.50	.20	8.34	11.95	154
	0050	2 use		190	.253		.90	5.45	.17	6.52	9.55	
	0100	3 use		200	.240		.68	5.20	.16	6.04	8.85	
	0150	4 use	↓	205	.234	↓	.58	5.05	.16	5.79	8.55	

033 | Cast-In-Place Concrete

033 100 | Structural Concrete

			CREW	DAILY OUTPUT	MAN-HOURS	UNIT	BARE COSTS				TOTAL INCL O&P	
							MAT.	LABOR	EQUIP.	TOTAL		
126	0010	**CONCRETE, READY MIX** Regular weight, 2000 psi				C.Y.	47.80			47.80	53	126
	0100	2500 psi					49.45			49.45	54	
	0150	3000 psi					51.05			51.05	56	
	0200	3500 psi				↓	52.70			52.70	58	
130	0011	**CONCRETE IN PLACE** Including forms (4 uses), reinforcing										130
	0020	steel, and finishing										
	3901	Footings, strip, 18" x 9", plain				C.Y.					165	
	3951	36" x 12", reinforced									140	
	4001	Foundation mat, under 10 C.Y.									210	
	4051	Over 20 C.Y.									165	
	4651	Slab on grade, not including finish, 4" thick									120	
	4701	6" thick				↓					100	
168	0010	**PATCHING CONCRETE**										168
	0100	Floors, ¼" thick, small areas, regular grout	1 Cefi	170	.047	S.F.	.82	1.02		1.84	2.39	
	0150	Epoxy grout	"	100	.080	"	3.50	1.73		5.23	6.40	
	2000	Walls, including chipping, cleaning and epoxy grout										
	2100	Minimum	1 Cefi	65	.123	S.F.	.14	2.66		2.80	4.05	
	2150	Average	"	50	.160	"	.23	3.46		3.69	5.30	

For expanded coverage of these items see *Means Concrete Cost Data 1991*

033 | Cast-In-Place Concrete

033 100 | Structural Concrete

			CREW	DAILY OUTPUT	MAN-HOURS	UNIT	BARE COSTS MAT.	LABOR	EQUIP.	TOTAL	TOTAL INCL O&P	
168	2200	Maximum	1 Cefi	40	.200	S.F.	.37	4.33		4.70	6.75	168
172	0011	PLACING CONCRETE and vibrating, including labor & equipment										172
	1901	Footings, continuous, shallow, direct chute	C-6	120	.400	C.Y.		7.40	.52	7.92	11.85	
	1951	Pumped	C-20	100	.640			12.10	5.75	17.85	25	
	2001	With crane and bucket	C-7	90	.711			13.45	8.95	22.40	30	
	2100	Deep continuous footings, direct chute	C-6	155	.310			5.75	.40	6.15	9.15	
	2150	Pumped	C-20	120	.533			10.10	4.81	14.91	21	
	2200	With crane and bucket	C-7	110	.582			11	7.35	18.35	25	
	2900	Foundation mats, over 20 C.Y., direct chute	C-6	350	.137			2.54	.18	2.72	4.06	
	2950	Pumped	C-20	325	.197			3.72	1.77	5.49	7.60	
	3000	With crane and bucket	C-7	300	.213			4.03	2.69	6.72	9.10	

033 450 | Concrete Finishing

			CREW	DAILY OUTPUT	MAN-HOURS	UNIT	MAT.	LABOR	EQUIP.	TOTAL	TOTAL INCL O&P	
454	0011	FINISHING FLOORS Monolithic, screed finish	1 Cefi	900	.009	S.F.		.19		.19	.28	454
	0101	Float finish	C-9	725	.011			.24	.05	.29	.40	
	0151	Broom finish	"	675	.012			.26	.05	.31	.43	

050 | Metal Materials, Finishes and Fastenings

050 500 | Metal Fastening

			CREW	DAILY OUTPUT	MAN-HOURS	UNIT	MAT.	LABOR	EQUIP.	TOTAL	TOTAL INCL O&P	
508	0010	BOLTS & HEX NUTS Steel, A307										508
	0100	¼" diameter, ½" long				Ea.	.05			.05	.06	
	0200	1" long					.06			.06	.07	
	0300	2" long					.08			.08	.09	
	0400	3" long					.12			.12	.13	
	0500	4" long					.17			.17	.19	
	0600	⅜" diameter, 1" long					.12			.12	.13	
	0700	2" long					.17			.17	.19	
	0800	3" long					.22			.22	.24	
	0900	4" long					.28			.28	.31	
	1000	5" long					.41			.41	.45	
	1100	½" diameter, 1-½" long					.25			.25	.28	
	1200	2" long					.29			.29	.32	
	1300	4" long					.39			.39	.43	
	1400	6" long					.54			.54	.59	
	1500	8" long					.69			.69	.76	
	1600	⅝" diameter, 1-½" long					.44			.44	.48	
	1700	2" long					.51			.51	.56	
	1800	4" long					.66			.66	.73	
	1900	6" long					.84			.84	.92	
	2000	8" long					1.14			1.14	1.25	
	2100	10" long					1.31			1.31	1.44	
	2200	¾" diameter, 2" long					.66			.66	.73	
	2300	4" long					.93			.93	1.02	
	2400	6" long					1.13			1.13	1.24	
	2500	8" long					1.52			1.52	1.67	
	2600	10" long					1.89			1.89	2.08	
	2700	12" long					2.60			2.60	2.86	
	2800	1" diameter, 3" long					2.12			2.12	2.33	
	2900	6" long					3.03			3.03	3.33	

For expanded coverage of these items see *Means Building Construction Cost Data 1991*

050 | Metal Materials, Finishes and Fastenings

050 500 | Metal Fastening

			CREW	DAILY OUTPUT	MAN-HOURS	UNIT	BARE COSTS MAT.	LABOR	EQUIP.	TOTAL	TOTAL INCL O&P	
508	3000	12" long				Ea.	5.17			5.17	5.70	508
	3100	For galvanized, add					20%					
	3200	For stainless, add					150%					
515	0010	**DRILLING** And layout for anchors, per										515
	0050	inch of depth, concrete or brick walls										
	0100	¼" diameter	1 Carp	75	.107	Ea.	.07	2.35		2.42	3.67	
	0200	⅜" diameter		63	.127		.09	2.79		2.88	4.38	
	0300	½" diameter		50	.160		.11	3.52		3.63	5.50	
	0400	⅝" diameter		48	.167		.15	3.67		3.82	5.80	
	0500	¾" diameter		45	.178		.18	3.91		4.09	6.20	
	0600	⅞" diameter		43	.186		.26	4.09		4.35	6.55	
	0700	1" diameter		40	.200		.33	4.40		4.73	7.10	
	0800	1-¼" diameter		38	.211		.56	4.63		5.19	7.70	
	0900	1-½" diameter		35	.229		.90	5.05		5.95	8.70	
	1000	For ceiling installations add						40%				
	1100	Drilling & layout for drywall or plaster walls										
	1200	Holes, ¼" diameter	1 Carp	150	.053	Ea.	.04	1.17		1.21	1.84	
	1300	⅜" diameter		140	.057		.05	1.26		1.31	1.98	
	1400	½" diameter		130	.062		.06	1.35		1.41	2.14	
	1500	¾" diameter		120	.067		.09	1.47		1.56	2.35	
	1600	1" diameter		110	.073		.17	1.60		1.77	2.64	
	1700	1-¼" diameter		100	.080		.28	1.76		2.04	3.01	
	1800	1-½" diameter		90	.089		.45	1.96		2.41	3.49	
	1900	For ceiling installations add						40%				
520	0010	**EXPANSION ANCHORS** & shields										520
	0100	Bolt anchors for concrete, brick or stone, no layout and drilling										
	0200	Expansion shields, zinc, ¼" diameter, 1" long, single	1 Carp	90	.089	Ea.	.51	1.96		2.47	3.56	
	0300	1-⅜" long, double		85	.094		.58	2.07		2.65	3.81	
	0400	⅜" diameter, 2" long, single		85	.094		.90	2.07		2.97	4.16	
	0500	2" long, double		80	.100		1.08	2.20		3.28	4.56	
	0600	½" diameter, 2-½" long, single		80	.100		1.39	2.20		3.59	4.90	
	0700	2-½" long, double		75	.107		1.41	2.35		3.76	5.15	
	0800	⅝" diameter, 2-⅝" long, single		75	.107		1.98	2.35		4.33	5.75	
	0900	3" long, double		70	.114		2.14	2.51		4.65	6.20	
	1000	¾" diameter, 2-¾" long, single		70	.114		2.91	2.51		5.42	7.05	
	1100	4" long, double		65	.123		4	2.71		6.71	8.55	
	1200	⅞" diameter, 5-½" long, double		65	.123		14.95	2.71		17.66	21	
	1300	1" diameter, 6" long, double		60	.133		17.55	2.93		20.48	24	
	1500	Self drilling, steel, ¼" diameter bolt		26	.308		.62	6.75		7.37	11.05	
	1600	⅜" diameter bolt		23	.348		.94	7.65		8.59	12.75	
	1700	½" diameter bolt		20	.400		1.41	8.80		10.21	15.05	
	1800	⅝" diameter bolt		18	.444		2.49	9.80		12.29	17.75	
	1900	¾" diameter bolt		16	.500		4.23	11		15.23	22	
	2000	⅞" diameter bolt		14	.571		6.20	12.55		18.75	26	
	2100	Hollow wall anchors for gypsum board,										
	2200	plaster, tile or wall board										
	2300	⅛" diameter, short				Ea.	.18			.18	.20	
	2400	Long					.19			.19	.21	
	2500	3/16" diameter, short					.38			.38	.42	
	2600	Long					.41			.41	.45	
	2700	¼" diameter, short					.46			.46	.51	
	2800	Long					.54			.54	.59	
	3000	Toggle bolts, bright steel, ⅛" diameter, 2" long	1 Carp	85	.094		.24	2.07		2.31	3.44	
	3100	4" long		80	.100		.29	2.20		2.49	3.69	
	3400	¼" diameter, 3" long		75	.107		.30	2.35		2.65	3.93	
	3500	6" long		70	.114		.44	2.51		2.95	4.34	

050 | Metal Materials, Finishes and Fastenings

050 500 | Metal Fastening

			CREW	DAILY OUTPUT	MAN-HOURS	UNIT	MAT.	LABOR	EQUIP.	TOTAL	TOTAL INCL O&P	
520	3600	3/8" diameter, 3" long	1 Carp	70	.114	Ea.	.67	2.51		3.18	4.59	520
	3700	6" long		60	.133		.95	2.93		3.88	5.55	
	3800	1/2" diameter, 4" long		60	.133		1.97	2.93		4.90	6.65	
	3900	6" long		50	.160		2.62	3.52		6.14	8.30	
	4000	Nailing anchors										
	4100	Nylon anchor, standard nail, 1/4" diameter, 1" long				C	10.80			10.80	11.90	
	4200	1-1/2" long					14.05			14.05	15.45	
	4300	2" long					21.25			21.25	23	
	4400	Zamac anchor, stainless nail, 1/4" diameter, 1" long					20.55			20.55	23	
	4500	1-1/2" long					24.95			24.95	27	
	4600	2" long					37.90			37.90	42	
	5000	Screw anchors for concrete, masonry,										
	5100	stone & tile, no layout or drilling included										
	5200	Jute fiber, #6, #8, & #10, 1" long				Ea.	.09			.09	.10	
	5400	#14, 2" long					.19			.19	.21	
	5500	#16, 2" long					.23			.23	.25	
	5600	#20, 2" long					.30			.30	.33	
	5700	Lag screw shields, 1/4" diameter, short					.29			.29	.32	
	5900	3/8" diameter, short					.52			.52	.57	
	6100	1/2" diameter, short					.80			.80	.88	
	6300	3/4" diameter, short					1.59			1.59	1.75	
	6600	Lead, #6 & #8, 3/4" long					.12			.12	.13	
	6700	#10 - #14, 1-1/2" long					.17			.17	.19	
	6800	#16 & #18, 1-1/2" long					.23			.23	.25	
	6900	Plastic, #6 & #8, 3/4" long					.03			.03	.03	
	7100	#10 & #12, 1" long					.04			.04	.04	
	8000	Wedge anchors, not including layout or drilling										
	8050	Carbon steel, 1/4" diameter, 1-3/4" long	1 Carp	150	.053	Ea.	.37	1.17		1.54	2.21	
	8200	5" long		145	.055		.88	1.21		2.09	2.83	
	8250	1/2" diameter, 2-3/4" long		140	.057		.91	1.26		2.17	2.93	
	8300	7" long		130	.062		1.60	1.35		2.95	3.84	
	8350	5/8" diameter, 3-1/2" long		130	.062		1.69	1.35		3.04	3.93	
	8400	8-1/2" long		115	.070		2.86	1.53		4.39	5.50	
	8450	3/4" diameter, 4-1/4" long		115	.070		2.48	1.53		4.01	5.05	
	8500	10" long		100	.080		5.05	1.76		6.81	8.25	
	8550	1" diameter, 6" long		100	.080		7.60	1.76		9.36	11.05	
	8600	12" long		80	.100		10.95	2.20		13.15	15.40	
530	0010	LAG SCREWS Steel, 1/4" diameter, 2" long	1 Carp	140	.057	Ea.	.04	1.26		1.30	1.97	530
	0100	3/8" diameter, 3" long		105	.076		.12	1.68		1.80	2.70	
	0200	1/2" diameter, 3" long		95	.084		.21	1.85		2.06	3.07	
	0300	5/8" diameter, 3" long		85	.094		.36	2.07		2.43	3.57	
535	0010	MACHINE SCREWS Steel, #8 x 1" long, round head				C	.88			.88	.97	535
	0110	#8 x 2" long					1.72			1.72	1.89	
	0200	#10 x 1" long					1.06			1.06	1.17	
	0300	#10 x 2" long					1.87			1.87	2.06	
540	0010	MACHINERY ANCHORS Standard, flush mounted,										540
	0020	incl. stud w/fiber plug, nut & washer, anchor & anchor bolt										
	0200	Material only, 1/2" diameter stud & bolt				Ea.	20.95			20.95	23	
	0300	5/8" diameter					22.85			22.85	25	
	0500	3/4" diameter					24.85			24.85	27	
	0600	7/8" diameter					28.75			28.75	32	
	0800	1" diameter					31.75			31.75	35	
	0900	1-1/4" diameter					40.40			40.40	44	
545	0010	RIVETS 1/2" grip length										545
	0100	Aluminum rivet & mandrel, 1/8" diameter				C	3.40			3.40	3.74	
550	0010	STUDS .22 caliber stud driver, buy, minimum				Ea.	230			230	255	550
	0100	Maximum				"	375			375	415	

For expanded coverage of these items see *Means Building Construction Cost Data 1991*

050 | Metal Materials, Finishes and Fastenings

050 500 | Metal Fastening

			CREW	DAILY OUTPUT	MAN-HOURS	UNIT	MAT.	LABOR	EQUIP.	TOTAL	TOTAL INCL O&P	
550	0300	Powder charges for above, low velocity				C	12			12	13.20	550
	0400	Standard velocity					20			20	22	
	0600	Drive pins & studs, ¼" & ⅜" diam., to 3" long, minimum					30			30	33	
	0700	Maximum					80			80	88	
	0800	Pneumatic stud driver for ⅛" diameter studs				Ea.	850			850	935	
	0900	Drive pins for above, ½" to ¾" long				M	40			40	44	

051 | Structural Metal Framing

051 100 | Bracing

			CREW	DAILY OUTPUT	MAN-HOURS	UNIT	MAT.	LABOR	EQUIP.	TOTAL	TOTAL INCL O&P	
110	0010	PIPE SUPPORT Framing, under 10#/L.F.	E-4	3,900	.008	Lb.	.75	.20	.02	.97	1.20	110
	0200	10.1 to 15#/L.F.		4,300	.007		.65	.18	.02	.85	1.06	
	0400	15.1 to 20#/L.F.		4,800	.007		.55	.16	.01	.72	.91	
	0600	Over 20#/L.F.		5,400	.006		.50	.15	.01	.66	.82	

060 | Fasteners and Adhesives

060 500 | Fasteners & Adhesives

			CREW	DAILY OUTPUT	MAN-HOURS	UNIT	MAT.	LABOR	EQUIP.	TOTAL	TOTAL INCL O&P	
504	0010	NAILS Prices of material only, copper, plain				Lb.	3.75			3.75	4.13	504
	0400	Stainless steel, plain					5			5	5.50	
	0600	Common, 3d to 60d, plain					.70			.70	.77	
	0700	Galvanized					.90			.90	.99	
	0800	Aluminum					4.40			4.40	4.84	
	1000	Annular or spiral thread, 4d to 60d, plain					1			1	1.10	
	1200	Galvanized					1.10			1.10	1.21	
	1400	Drywall nails, plain					.98			.98	1.08	
	1600	Galvanized					1.20			1.20	1.32	
	1800	Finish nails, 4d to 10d, plain					.75			.75	.83	
	2000	Galvanized					.95			.95	1.05	
	2100	Aluminum					4.40			4.40	4.84	
	2300	Flooring nails, hardened steel, 2d to 10d, plain					1			1	1.10	
	2400	Galvanized					1.10			1.10	1.21	
	2500	Gypsum lath nails, 1-⅛", 13 ga. flathead, blued					1.20			1.20	1.32	
	2600	Masonry nails, hardened steel, ¾" to 3" long, plain					1			1	1.10	
	2700	Galvanized					1.15			1.15	1.27	
	5000	Add to prices above for cement coating					.05			.05	.06	
	5200	Zinc or tin plating					.10			.10	.11	
508	0010	SHEET METAL SCREWS Steel, standard, #8 x ¾", plain				C	2.55			2.55	2.81	508
	0100	Galvanized					3.15			3.15	3.47	
	0300	#10 x 1", plain					3.45			3.45	3.80	
	0400	Galvanized					4.05			4.05	4.46	
	0600	With washers, #14 x 1", plain					10.40			10.40	11.45	
	0700	Galvanized					11.55			11.55	12.70	
	0900	#14 x 2", plain					15.15			15.15	16.65	
	1000	Galvanized					17.05			17.05	18.75	

For expanded coverage of these items see *Means Interior Cost Data 1991*

060 | Fasteners and Adhesives

060 500 | Fasteners & Adhesives

			CREW	DAILY OUTPUT	MAN-HOURS	UNIT	MAT.	LABOR	EQUIP.	TOTAL	TOTAL INCL O&P	
508	1500	Self-drilling, with washers, (pinch point) #8 x ¾", plain				C	4.45			4.45	4.90	508
	1600	Galvanized					6			6	6.60	
	1800	#10 x ¾", plain					5.95			5.95	6.55	
	1900	Galvanized					6.80			6.80	7.50	
	3000	Stainless steel w/aluminum or neoprene washers, #14 x 1", plain					15.15			15.15	16.65	
	3100	#14 x 2", plain					22.55			22.55	25	
516	0010	WOOD SCREWS #8, 1" long, steel					2.95			2.95	3.25	516
	0100	Brass					14			14	15.40	
	0200	#8, 2" long, steel					5.50			5.50	6.05	
	0300	Brass					27.10			27.10	30	
	0400	#10, 1" long, steel					3.60			3.60	3.96	
	0500	Brass					18.85			18.85	21	
	0600	#10, 2" long, steel					6.30			6.30	6.95	
	0700	Brass					33.40			33.40	37	
	0800	#10, 3" long, steel					11.75			11.75	12.95	
	1000	#12, 2" long, steel					8.50			8.50	9.35	
	1100	Brass					42.10			42.10	46	
	1500	#12, 3" long, steel					13.30			13.30	14.65	
	2000	#12, 4" long, steel					24			24	26	

061 | Rough Carpentry

061 150 | Sheathing

			CREW	DAILY OUTPUT	MAN-HOURS	UNIT	MAT.	LABOR	EQUIP.	TOTAL	TOTAL INCL O&P	
154	0010	SHEATHING Plywood on roof, CDX										154
	0030	5/16" thick	F-2	1,600	.010	S.F.	.22	.22	.01	.45	.59	
	0050	⅜" thick		1,525	.010		.24	.23	.01	.48	.63	
	0100	½" thick		1,400	.011		.29	.25	.01	.55	.72	
	0200	⅝" thick		1,300	.012		.36	.27	.01	.64	.83	
	0300	¾" thick		1,200	.013		.42	.29	.01	.72	.92	
	0500	Plywood on walls with exterior CDX, ⅜" thick		1,200	.013		.24	.29	.01	.54	.72	
	0600	½" thick		1,125	.014		.29	.31	.01	.61	.82	
	0700	⅝" thick		1,050	.015		.36	.34	.02	.72	.93	
	0800	¾" thick		975	.016		.42	.36	.02	.80	1.03	

102 | Louvers, Corner Protection and Access Flooring

			CREW	DAILY OUTPUT	MAN-HOURS	UNIT	MAT.	LABOR	EQUIP.	TOTAL	TOTAL INCL O&P	
705	0010	PEDESTAL ACCESS FLOORS Computer room application, metal										705
	0020	Particle board or steel panels, no covering, under 6000 S.F.	2 Carp	1,000	.016	S.F.	5	.35		5.35	6.05	
	0300	Metal covered, over 6000 S.F.		1,100	.015		5	.32		5.32	6	
	0400	Aluminum, 24" panels		500	.032		15	.70		15.70	17.60	
	0600	For carpet covering, add					2.35			2.35	2.59	
	0700	For vinyl floor covering, add					3.40			3.40	3.74	
	0900	For high pressure laminate covering, add					3.25			3.25	3.58	
	0910	For snap on stringer system, add	2 Carp	1,000	.016		.60	.35		.95	1.20	
	0950	Office applications, to 8" high, steel panels,										
	0960	no covering, over 6000 S.F.	2 Carp	400	.040	S.F.	4.75	.88		5.63	6.55	
	1000	Machine cutouts after initial installation	1 Carp	10	.800	Ea.	5.50	17.60		23.10	33	
	1050											
	1100	Air conditioning grilles, 4" x 12"	1 Carp	17	.471	Ea.	25	10.35		35.35	43	
	1150	6" x 18"	"	14	.571	"	30	12.55		42.55	52	
	1200	Approach ramps, minimum	2 Carp	85	.188	S.F.	10	4.14		14.14	17.35	
	1300	Maximum	"	60	.267	"	20	5.85		25.85	31	

For expanded coverage of these items see *Means Interior Cost Data 1991*

102 | Louvers, Corner Protection and Access Flooring

102 700	Access Flooring	CREW	DAILY OUTPUT	MAN-HOURS	UNIT	BARE COSTS MAT.	LABOR	EQUIP.	TOTAL	TOTAL INCL O&P	
705	1500	Handrail, 2 rail aluminum	1 Carp	15	.533	L.F.	25	11.75		36.75	45	705

108 | Toilet and Bath Accessories and Scales

	108 200	Bath Accessories	CREW	DAILY OUTPUT	MAN-HOURS	UNIT	BARE COSTS MAT.	LABOR	EQUIP.	TOTAL	TOTAL INCL O&P	
208	0010	MEDICINE CABINETS With mirror, st. st. frame, 16" x 22", unlighted	1 Carp	14	.571	Ea.	57	12.55		69.55	82	208
	0100	Wood frame		14	.571		61	12.55		73.55	86	
	0300	Sliding mirror doors, 20" x 16" x 4-¾", unlighted		7	1.140		56	25		81	100	
	0400	24" x 19" x 8-½", lighted		5	1.600		94	35		129	155	
	0600	Triple door, 30" x 32", unlighted, plywood body		7	1.140		183	25		208	240	
	0700	Steel body		7	1.140		243	25		268	305	
	0900	Oak door, wood body, beveled mirror, single door		7	1.140		102	25		127	150	
	1000	Double door		6	1.330		200	29		229	265	
	1200	Hotel cabinets, stainless, with lower shelf, unlighted		10	.800		150	17.60		167.60	190	
	1300	Lighted		5	1.600		220	35		255	295	

110 | Equipment

	110 600	Theater/Stage Equip	CREW	DAILY OUTPUT	MAN-HOURS	UNIT	BARE COSTS MAT.	LABOR	EQUIP.	TOTAL	TOTAL INCL O&P	
601	0010	STAGE EQUIPMENT Control boards with dimmers & breakers										601
	0050	Minimum	1 Elec	1	8	Ea.	2,000	200		2,200	2,500	
	0100	Average		.50	16		7,000	400		7,400	8,300	
	0150	Maximum		.20	40		30,000	1,000		31,000	34,500	
	2000	Lights, border, quartz, reflector, vented,										
	2100	colored or white	1 Elec	20	.400	L.F.	115	10.05		125.05	140	
	2500	Spotlight, follow spot, with transformer, 2100 watt	"	4	2	Ea.	1,100	50		1,150	1,275	
	2600	For no transformer, deduct					400			400	440	
	3000	Stationary spot, fresnel quartz, 6" lens	1 Elec	4	2		95	50		145	180	
	3100	8" lens		4	2		150	50		200	240	
	3500	Ellipsoidal quartz, 1000W, 6" lens		4	2		200	50		250	295	
	3600	12" lens		4	2		350	50		400	460	
	4000	Strobe light, 1 to 15 flashes per second, quartz		3	2.670		450	67		517	595	
	4500	Color wheel, portable, five hole, motorized		4	2		85	50		135	170	
604	0010	MOVIE EQUIPMENT Changeover, minimum					345			345	380	604
	0100	Maximum					650			650	715	
	0800	Lamphouses, incl. rectifiers, xenon, 1000 watt	1 Elec	2	4		5,600	100		5,700	6,300	
	0900	1600 watt		2	4		6,300	100		6,400	7,075	
	1000	2000 watt		1.50	5.330		6,500	135		6,635	7,350	
	1100	4000 watt		1.50	5.330		9,200	135		9,335	10,300	
	3700	Sound systems, incl. amplifier, single system, minimum		.90	8.890		1,800	225		2,025	2,300	
	3800	Dolby/Super Sound, maximum		.40	20		10,000	505		10,505	11,700	
	4100	Dual system, minimum		.70	11.430		3,000	285		3,285	3,725	
	4200	Dolby/Super Sound, maximum		.40	20		12,000	505		12,505	13,900	
	5300	Speakers, recessed behind screen, minimum		2	4		1,300	100		1,400	1,575	
	5400	Maximum		1	8		2,225	200		2,425	2,750	

For expanded coverage of these items see *Means Building Construction Cost Data 1991*

110 | Equipment

110 600 | Theater/Stage Equip

		CREW	DAILY OUTPUT	MAN-HOURS	UNIT	BARE COSTS MAT.	LABOR	EQUIP.	TOTAL	TOTAL INCL O&P	
604	7000 For automation, varying sophistication, minimum	1 Elec	1	8	System	1,280	200		1,480	1,700	604
	7100 Maximum	2 Elec	.30	53.330	"	4,000	1,350		5,350	6,375	

111 | Mercantile, Commercial and Detention Equipment

111 100 | Laundry/Dry Cleaning

		CREW	DAILY OUTPUT	MAN-HOURS	UNIT	BARE COSTS MAT.	LABOR	EQUIP.	TOTAL	TOTAL INCL O&P	
101	0010 LAUNDRY EQUIPMENT Not incl. rough-in. Dryers, gas fired	L-1	.20	80	Ea.	18,000	2,025		20,025	22,800	101
	2000 Dry cleaners, electric, 20 lb. capacity										
	2050 25 lb. capacity		.17	94.120		24,000	2,375		26,375	29,900	
	2100 30 lb. capacity		.15	107		34,000	2,700		36,700	41,400	
	2150 60 lb. capacity	↓	.09	178		52,000	4,500		56,500	64,000	
	3500 Folders, blankets & sheets, minimum	1 Elec	.17	47.060		14,700	1,175		15,875	17,900	
	3700 King size with automatic stacker		.10	80		29,000	2,000		31,000	34,900	
	3800 For conveyor delivery, add		.45	17.780		4,500	445		4,945	5,600	
	4500 Ironers, institutional, 110", single roll	↓	.20	40		11,000	1,000		12,000	13,600	
	5000 Washers, residential, 4 cycle, average	1 Plum	3	2.670		560	68		628	715	
	5300 Commercial, coin operated, average	"	3	2.670		680	68		748	850	
	6000 Combination washer/extractor, 20 lb. capacity	L-6	1.50	8		2,400	205		2,605	2,950	
	6100 30 lb. capacity		.80	15		5,500	380		5,880	6,625	
	6200 50 lb. capacity		.68	17.650		7,200	445		7,645	8,575	
	6300 75 lb. capacity		.30	40		14,000	1,025		15,025	16,900	
	6350 125 lb. capacity	↓	.16	75		19,000	1,900		20,900	23,700	

111 500 | Parking Control Equip

		CREW	DAILY OUTPUT	MAN-HOURS	UNIT	MAT.	LABOR	EQUIP.	TOTAL	INCL O&P	
501	0010 PARKING EQUIPMENT Traffic, detectors, magnetic	2 Elec	2.70	5.930	Ea.	440	150		590	705	501
	0200 Single treadle		2.40	6.670		680	170		850	995	
	0500 Automatic gates, 8' arm, one way		1.10	14.550		2,360	365		2,725	3,125	
	0650 Two way		1.10	14.550		2,360	365		2,725	3,125	
	3500 Ticket printer and dispenser, standard		1.40	11.430		4,700	285		4,985	5,600	
	3700 Rate computing		1.40	11.430		5,200	285		5,485	6,150	
	4000 Card control station, single period		4.10	3.900		550	98		648	750	
	4200 4 period		4.10	3.900		570	98		668	770	
	4500 Key station on pedestal		4.10	3.900		285	98		383	460	
	4750 Coin station, multiple coins	↓	4.10	3.900		2,900	98		2,998	3,325	

111 700 | Waste Handling Equip

		CREW	DAILY OUTPUT	MAN-HOURS	UNIT	MAT.	LABOR	EQUIP.	TOTAL	INCL O&P	
701	0010 WASTE HANDLING Compactors, 115 volt, 250#/hr., chute fed	L-4	1	24	Ea.	7,400	500		7,900	8,900	701
	1000 Heavy duty industrial compactor, 0.5 C.Y. capacity		1	24		4,500	500		5,000	5,725	
	1050 1.0 C.Y. capacity		1	24		7,475	500		7,975	9,000	
	1100 2.5 C.Y. capacity		.50	48		13,200	1,000		14,200	16,100	
	1150 5.0 C.Y. capacity		.50	48		21,400	1,000		22,400	25,100	
	1200 Combination shredder/compactor (5,000 lbs./hr.)	↓	.50	48		25,000	1,000		26,000	29,000	
	1500 Crematory, not including building, 1 place	Q-3	.20	160		42,000	3,900		45,900	52,000	
	1750 2 place	"	.10	320		60,000	7,775		67,775	77,500	
	3750 Incinerator, electric, 100 lb. per hr., minimum	L-9	.75	48		13,000	955		13,955	15,800	
	3850 Maximum		.70	51.430		26,000	1,025		27,025	30,200	
	4000 400 lb. per hr., minimum		.60	60		25,000	1,200		26,200	29,400	
	4100 Maximum		.50	72		60,000	1,425		61,425	68,500	
	4250 1000 lb. per hr., minimum		.25	144		68,000	2,875		70,875	79,500	
	4350 Maximum	↓	.20	180		140,000	3,575		143,575	159,500	
	5800 Shredder, industrial, minimum					15,000			15,000	16,500	
	5850 Maximum				↓	80,000			80,000	88,000	

For expanded coverage of these items see *Means Building Construction Cost Data 1991*

111 | Mercantile, Commercial and Detention Equipment

111 700 | Waste Handling Equip

			CREW	DAILY OUTPUT	MAN-HOURS	UNIT	BARE COSTS MAT.	LABOR	EQUIP.	TOTAL	TOTAL INCL O&P	
701	5900	Baler, industrial, minimum				Ea.	6,000			6,000	6,600	701
	5950	Maximum				"	350,000			350,000	385,000	

114 | Food Service, Residential, Darkroom, Athletic Equipment

114 000 | Food Service Equipment

			CREW	DAILY OUTPUT	MAN-HOURS	UNIT	BARE COSTS MAT.	LABOR	EQUIP.	TOTAL	TOTAL INCL O&P	
002	0010	APPLIANCES Cooking range, 30" free standing, 1 oven, minimum	2 Clab	10	1.600	Ea.	270	28		298	340	002
	0050	Maximum		4	4		1,200	70		1,270	1,425	
	0700	Free-standing, 21" wide range, 1 oven, minimum		10	1.600		300	28		328	375	
	0750	Maximum		4	4		410	70		480	560	
	0900	Counter top cook tops, 4 burner, standard, minimum	1 Elec	6	1.330		200	34		234	270	
	0950	Maximum		3	2.670		470	67		537	615	
	1050	As above, but with grille and griddle attachment, minimum		6	1.330		320	34		354	400	
	1100	Maximum		3	2.670		520	67		587	670	
	1200	Induction cooktop, 30" wide		3	2.670		700	67		767	870	
	1250	Microwave oven, minimum		4	2		100	50		150	185	
	1300	Maximum		2	4		1,525	100		1,625	1,825	
	1500	Combination range, refrigerator and sink, 30" wide, minimum	L-1	2	8		520	200		720	870	
	1550	Maximum		1	16		1,180	405		1,585	1,900	
	1570	60" wide, average		1.40	11.430		1,875	290		2,165	2,500	
	1590	72" wide, average		1.20	13.330		2,100	335		2,435	2,800	
	1600	Office model, 48" wide		2	8		1,575	200		1,775	2,025	
	1620	Refrigerator and sink only		2.40	6.670		1,625	170		1,795	2,050	
	1640	Combination range, refrigerator, sink, microwave										
	1660	oven and ice maker	L-1	.80	20	Ea.	3,175	505		3,680	4,250	
	2450	Dehumidifier, portable, automatic, 15 pint					175			175	195	
	2550	40 pint					270			270	295	
	2750	Dishwasher, built-in, 2 cycles, minimum	L-1	4	4		230	100		330	405	
	2800	Maximum		2	8		390	200		590	730	
	2950	4 or more cycles, minimum		4	4		300	100		400	480	
	3000	Maximum		2	8		700	200		900	1,075	
	3300	Garbage disposer, sink type, minimum		10	1.600		55	40		95	120	
	3350	Maximum		10	1.600		195	40		235	275	
	3550	Heater, electric, built-in, 1250 watt, ceiling type, minimum	1 Elec	4	2		40	50		90	120	
	3600	Maximum		3	2.670		100	67		167	210	
	3700	Wall type, minimum		4	2		40	50		90	120	
	3750	Maximum		3	2.670		75	67		142	180	
	3900	1500 watt wall type, with blower		4	2		75	50		125	155	
	3950	3000 watt		3	2.670		130	67		197	240	
	4150	Hood for range, 2 speed, vented, 30" wide, minimum	L-3	5	3.200		40	75		115	160	
	4200	Maximum		3	5.330		260	125		385	475	
	4300	42" wide, minimum		5	3.200		155	75		230	285	
	4350	Maximum		3	5.330		300	125		425	520	
	4500	For ventless hood, 2 speed, add					12			12	13.20	
	4650	For vented 1 speed, deduct from maximum					25			25	28	
	4850	Humidifier, portable, 7 gallons per day					80			80	88	
	5000	15 gallons per day					160			160	175	
	6900	Water heater, electric, glass lined, 30 gallon, minimum	L-1	5	3.200		135	81		216	270	
	6950	Maximum		3	5.330		315	135		450	545	
	7100	80 gallon, minimum		2	8		225	200		425	550	
	7150	Maximum		1	16		535	405		940	1,200	

For expanded coverage of these items see *Means Building Construction Cost Data 1991*

114 | Food Service, Residential, Darkroom, Athletic Equipment

114 000 | Food Service Equipment

			CREW	DAILY OUTPUT	MAN-HOURS	UNIT	MAT.	LABOR	EQUIP.	TOTAL	TOTAL INCL O&P	
004	0010	**KITCHEN EQUIPMENT** Bake oven gas, one section	Q-1	8	2	Ea.	3,030	46		3,076	3,400	004
	1300	Broiler, without oven, standard	"	8	2		2,660	46		2,706	3,000	
	1550	Infra-red	L-7	4	7		3,650	150		3,800	4,250	
	1850	Coffee urns, twin 6 gallon urns					4,000			4,000	4,400	
	2350	Cooler, reach-in, beverage, 6' long	Q-1	6	2.670		2,200	61		2,261	2,500	
	2700	Dishwasher, commercial, rack type										
	2720	10 to 12 racks per hour	Q-1	3.20	5	Ea.	2,000	115		2,115	2,375	
	2750	Semi-automatic 38 to 50 racks per hour	"	1.30	12.310		4,200	280		4,480	5,050	
	3300	Food warmer, counter, 1.2 KW					600			600	660	
	3550	1.6 KW					740			740	815	
	3800	Food mixers, 20 quarts	L-7	7	4		2,750	85		2,835	3,150	
	4000	60 quarts		5	5.600		9,200	120		9,320	10,300	
	6350	Kettles, steam-jacketed, 20 gallons		7	4		5,150	85		5,235	5,800	
	6600	60 gallons		6	4.670		6,700	99		6,799	7,525	
	8550	With glass doors, 68 C.F.	Q-1	4	4		5,075	92		5,167	5,725	
	8850	Steamer, electric 27 KW	L-7	7	4		5,300	85		5,385	5,950	
	9100	Electric, 10 KW or gas 100,000 BTU	"	5	5.600		2,800	120		2,920	3,250	
	9150	Toaster, conveyor type, 16-22 slices per minute					1,560			1,560	1,725	
	9200	For deluxe models of above equipment, add					75%					
	9400	Rule of thumb: Equipment cost based										
	9410	on kitchen work area										
	9420	Office buildings, minimum	L-7	77	.364	S.F.	41	7.70		48.70	57	
	9450	Maximum		58	.483		69	10.20		79.20	91	
	9550	Public eating facilities, minimum		77	.364		54	7.70		61.70	71	
	9600	Maximum		46	.609		87	12.90		99.90	115	
	9750	Hospitals, minimum		58	.483		55	10.20		65.20	76	
	9800	Maximum		39	.718		92	15.20		107.20	125	

114 800 | Athletic/Recreational

			CREW	DAILY OUTPUT	MAN-HOURS	UNIT	MAT.	LABOR	EQUIP.	TOTAL	TOTAL INCL O&P	
805	0010	**SCHOOL EQUIPMENT** For exterior equipment see division 028										805
	0020											
	7000	Scoreboards, baseball, minimum	R-3	2.10	9.520	Ea.	1,950	240	50	2,240	2,550	
	7200	Maximum		.05	400		16,000	10,000	2,075	28,075	34,700	
	7300	Football, minimum		1.20	16.670		4,800	415	87	5,302	6,000	
	7400	Maximum		.20	100		50,000	2,500	520	53,020	59,500	
	7500	Basketball (one side), minimum		2.40	8.330		2,000	210	43	2,253	2,550	
	7600	Maximum		.30	66.670		16,000	1,675	345	18,020	20,400	
	7700	Hockey-basketball (four sides), minimum		.25	80		7,300	2,000	415	9,715	11,400	
	7800	Maximum		.15	133		25,000	3,325	695	29,020	33,200	

116 | Laboratory, Planetarium, Observatory Equipment

116 000 | Laboratory Equipment

			CREW	DAILY OUTPUT	MAN-HOURS	UNIT	MAT.	LABOR	EQUIP.	TOTAL	TOTAL INCL O&P	
001	0010	**LABORATORY EQUIPMENT** Cabinets, base, door units, metal	2 Carp	18	.889	L.F.	82	19.55		101.55	120	001
	2550	Glassware washer, distilled water rinse, minimum	L-1	1.80	8.890	Ea.	3,400	225		3,625	4,075	
	2600	Maximum	"	1	16	"	15,400	405		15,805	17,500	
	4200	Alternate pricing method: as percent of lab furniture										
	4400	Installation, not incl. plumbing & duct work				% Furn.					22%	
	4800	Plumbing, final connections, simple system									10%	
	5000	Moderately complex system									15%	
	5200	Complex system									20%	

For expanded coverage of these items see *Means Building Construction Cost Data 1991*

116 | Laboratory, Planetarium, Observatory Equipment

116 000 | Laboratory Equipment

			Crew	Daily Output	Man-Hours	Unit	Mat.	Labor	Equip.	Total	Total Incl O&P	
001	5400	Electrical, simple system				% Furn.					10%	001
	5600	Moderately complex system									20%	
	5800	Complex system				↓					35%	
	6000	Safety equipment, eye wash, hand held				Ea.	206			206	225	
	6200	Deluge shower				"	122			122	135	
	6300	Rule of thumb: lab furniture including installation & connection										
	6320	High school				S.F.					23	
	6340	College									34	
	6360	Clinical, health care									29	
	6380	Industrial				↓					47	

117 | Medical Equipment

117 000 | Medical Equipment

			Crew	Daily Output	Man-Hours	Unit	Mat.	Labor	Equip.	Total	Total Incl O&P	
001	0010	MEDICAL EQUIPMENT Autopsy table, standard	1 Plum	1	8	Ea.	5,500	205		5,705	6,350	001
	6200	Steam generators, electric 10 KW to 180 KW										
	6250	Minimum	1 Elec	3	2.670	Ea.	3,500	67		3,567	3,950	
	6300	Maximum	"	.70	11.430	↓	18,000	285		18,285	20,200	
	6700	Surgical lights, doctor's office, single arm	2 Elec	.90	17.780		1,100	445		1,545	1,875	
	6750	Dual arm	"	.30	53.330	↓	3,500	1,350		4,850	5,825	

130 | Special Construction

130 250 | Integrated Ceilings

			Crew	Daily Output	Man-Hours	Unit	Mat.	Labor	Equip.	Total	Total Incl O&P	
251	0010	INTEGRATED CEILINGS Lighting, ventilating & acoustical										251
	0100	Luminaire, incl. connections, 5' x 5' modules, 50% lighted	L-3	90	.178	S.F.	3.29	4.18		7.47	9.95	
	0200	100% lighted	"	50	.320	↓	4.91	7.55		12.46	16.80	
	0400	For ventilating capacity with perforations, add									.26	
	0600	For supply air diffuser, add				Ea.					63	
	0700	Dimensionaire, 2' x 4' board system, see also div. 095-106	L-3	50	.320	L.F.	7.67	7.55		15.22	19.85	
	0900	Tile system	1 Carp	250	.032	S.F.	2	.70		2.70	3.28	
	1000	For air bar suspension, add, minimum									.57	
	1100	Maximum				↓					.97	
	1200	For vaulted coffer, including fixture, stock, add				Ea.	74.50			74.50	82	
	1300	Custom, add, minimum									130	
	1400	Average									340	
	1500	Maximum				↓					565	
	1800	Radiant hot water system with finished acoustic ceiling,										
	1810	not including supply piping. Heating only (gross S.F.)										
	2100	Elementary schools, minimum				S.F.					4.81	
	2200	Maximum									6.05	
	2400	High schools and colleges, minimum									4.27	
	2500	Maximum									6.05	
	2700	Libraries, minimum									4.32	
	2800	Maximum									5.70	
	3000	Hospitals, minimum									5.90	

For expanded coverage of these items see *Means Building Construction Cost Data 1991*

130 | Special Construction

130 250 | Integrated Ceilings

					BARE COSTS				TOTAL
		CREW	DAILY OUTPUT	MAN-HOURS	UNIT	MAT.	LABOR	EQUIP.	TOTAL	INCL O&P
251	3100	Maximum				S.F.					7.35	251
	3300	Office buildings, minimum									4.21
	3400	Maximum									5.55
	3600	For combined heating and cooling, add, minimum					30%	30%		
	3700	Maximum					40%	40%		
	4000	Radiant electric ceiling board, strapped between joists	1 Elec	250	.032		1.59	.80		2.39	2.94
	4100	2' x 4' heating panel for grid system, manila finish		25	.320	Ea.	36.70	8.05		44.75	52
	4200	Textured epoxy finish		22	.364		37.80	9.15		46.95	55
	4300	Vinyl finish		19	.421		39.95	10.60		50.55	60
	4400	Hair cell, ABS plastic finish		13	.615		64.80	15.50		80.30	94
	4500	2' x 4' alternate blank panel, for use with above									
	4600	Manila finish	1 Elec	50	.160	Ea.	8.75	4.02		12.77	15.55
	4700	Textured epoxy finish		45	.178		19.35	4.47		23.82	28
	4800	Vinyl finish		40	.200		21.45	5.05		26.50	31
	4900	Hair cell, ABS plastic finish		25	.320		58.30	8.05		66.35	76

130 360 | Clean Rooms

361	0010	**CLEAN ROOM** Ceiling systems, including grid, blank panels,										361
	0020	HEPA filters, tear drop lights,									
	0100	Pressurized plenum type, silicone seal,									
	0120	Class 10,000 (30% HEPA)				S.F.					35
	0200	Class 100 (80% HEPA)									60
	0300	100% HEPA									75
	0500	Channel seal, class 100									80
	0600	Class 10									100
	1000	Hooded filter type, class 100									40
	2800	Ceiling grid support, slotted channel struts 4'-0" O.C., ea. way									6.50
	3000	Ceiling panel, vinyl coated foil on mineral substrate									
	3020	Sealed, non-perforated				S.F.					1.40
	4000	Ceiling panel seal, silicone sealant, 150 L.F./gal.	1 Carp	150	.053	L.F.	.22	1.17		1.39	2.04
	4100	Two sided adhesive tape	"	240	.033	"	.10	.73		.83	1.23
	4200	Clips, one per panel				Ea.	.85			.85	.94
	6000	HEPA filter, 2'x4', 99.97% eff., 3" dp beveled frame (silicone seal)					300			300	330
	6040	6" deep skirted frame (channel seal)					400			400	440
	6100	99.99% efficient, 3" deep beveled frame (silicone seal)					200			200	220
	6140	6" deep skirted frame (channel seal)					400			400	440
	6200	99.999% efficient, 3" deep beveled frame (silicone seal)					225			225	250
	6240	6" deep skirted frame (channel seal)					400			400	440
	7000	Wall panel systems, including channel strut framing									
	7020	Polyester coated aluminum, particle board				S.F.					20
	7100	Porcelain coated aluminum, particle board									35
	7400	Wall panel support, slotted channel struts, to 12' high									18

130 520 | Saunas

521	0010	**SAUNA** Prefabricated, incl. heater & controls, 7' high, 6' x 4'	L-7	2.20	12.730	Ea.	2,750	270		3,020	3,425	521
	0400	6' x 5'		2	14		3,075	295		3,370	3,825
	0600	6' x 6'		1.80	15.560		3,400	330		3,730	4,250
	0800	6' x 9'		1.60	17.500		4,450	370		4,820	5,450
	1000	8' x 12'		1.10	25.450		5,525	540		6,065	6,900
	1200	8' x 8'		1.40	20		4,350	425		4,775	5,425
	1400	8' x 10'		1.20	23.330		5,400	495		5,895	6,700
	1600	10' x 12'		1	28		6,200	595		6,795	7,725
	2500	Heaters only (incl. above), wall mounted, to 200 C.F.					375			375	415
	2750	To 300 C.F.					480			480	530
	3000	Floor standing, to 720 C.F., 10,000 watts	1 Elec	3	2.670		720	67		787	890
	3250	To 1,000 C.F., 12,500 watts	"	3	2.670		780	67		847	955

For expanded coverage of these items see *Means Building Construction Cost Data 1991*

130 | Special Construction

130 540 | Steam Baths

		CREW	DAILY OUTPUT	MAN-HOURS	UNIT	MAT.	LABOR	EQUIP.	TOTAL	TOTAL INCL O&P	
541	0010	STEAM BATH Heater, timer & head, single, to 140 C.F.	1 Plum	1.20	6.670	Ea.	790	170		960	1,125	541
	0500	To 300 C.F.		1.10	7.270		900	185		1,085	1,275	
	1000	Commercial size, to 800 C.F.		.90	8.890		1,475	225		1,700	1,950	
	1500	To 2500 C.F.		.80	10		4,150	255		4,405	4,950	
	2000	Multiple baths, motels, apartment, 2 baths	Q-1	1.30	12.310		1,200	280		1,480	1,750	
	2500	4 baths	"	.70	22.860		1,475	525		2,000	2,400	

130 910 | Radiation Protection

		CREW	DAILY OUTPUT	MAN-HOURS	UNIT	MAT.	LABOR	EQUIP.	TOTAL	TOTAL INCL O&P	
911	0010	SHIELDING LEAD										911
	0100	Laminated lead in wood doors, 1/16" thick				S.F.	15			15	16.50	
	0200	Lead lined door frame, not incl. steel frame										
	0210	or hardware, 1/16" thick	1 Lath	2.40	3.330	Ea.	250	73		323	380	
	0300	Lead lath or sheets, 1/16" thick	2 Lath	135	.119	S.F.	4.50	2.60		7.10	8.75	
	0400	1/8" thick		120	.133	"	8.50	2.93		11.43	13.65	
	0600	Lead glass, 1/4" thick, 12" x 16"		13	1.230	Ea.	167	27		194	225	
	0700	24" x 36"		8	2		750	44		794	890	
	0800	36" x 60"		2	8		1,875	175		2,050	2,325	
	0850	Frame with 1/16" lead and voice passage, 36" x 60"		2	8		545	175		720	855	
	0870	24" x 36" frame		8	2		420	44		464	525	
	0900	Lead gypsum board, 5/8" thick with 1/16" lead		160	.100	S.F.	3.95	2.20		6.15	7.55	
	0910	1/8" lead		140	.114		7.35	2.51		9.86	11.75	
	0930	1/32" lead		200	.080		3.25	1.76		5.01	6.15	
	0950	Lead headed nails (average 1 lb. per sheet)				Lb.	5			5	5.50	
	1000	Butt joints in 1/8" lead or thicker, lead strip, add	2 Lath	240	.067	S.F.	.75	1.46		2.21	2.97	
	1200	X-ray protection, average radiography or fluoroscopy										
	1210	room, up to 300 S.F. floor, 1/16" lead, minimum	2 Lath	.25	64	Total	3,000	1,400		4,400	5,375	
	1500	Maximum, 7'-0" walls	"	.15	107	"	4,000	2,350		6,350	7,850	
	1600	Deep therapy X-ray room, 250 KV capacity,										
	1800	up to 300 S.F. floor, 1/4" lead, minimum	2 Lath	.08	200	Total	8,500	4,400		12,900	15,800	
	1900	Maximum, 7'-0" walls	"	.06	267	"	11,500	5,850		17,350	21,200	
	2000	X-ray viewing panels, clear lead plastic										
	2010	7 mm thick, 0.3 mm LE, 2.3 lbs/S.F.	H-2	209	.115	S.F.	80	2.40		82.40	92	
	2020	12 mm thick, 0.5 mm LE, 3.9 lbs/S.F.		123	.195		98	4.07		102.07	115	
	2030	18 mm thick, 0.8mm LE, 5.9 lbs/S.F.		81	.296		106	6.20		112.20	125	
	2040	22 mm thick, 1.0 mm LE, 7.2 lbs/S.F.		66	.364		110	7.60		117.60	130	
	2050	35 mm thick, 1.5 mm LE, 11.5 lbs/S.F.		42	.571		122	11.90		133.90	150	
	2060	46 mm thick, 2.0 mm LE, 15.0 lbs/S.F.		32	.750		166	15.65		181.65	205	
	2090	For panels 12 S.F. to 48 S.F., add crating charge				Ea.					50	
	4000	X-ray barriers, modular, panels mounted within framework for										
	4002	attaching to floor, wall or ceiling, upper portion is clear lead										
	4005	plastic window panels 48"H, lower portion is opaque leaded										
	4008	steel panels 36"H, structural supports not incl.										
	4010	1-section barrier, 36"W x 84"H overall										
	4020	0.5 mm LE panels	H-2	9.60	2.500	Ea.	1,790	52		1,842	2,050	
	4030	0.8 mm LE panels		9.60	2.500		1,890	52		1,942	2,150	
	4040	1.0 mm LE panels		8	3		1,930	63		1,993	2,225	
	4050	1.5 mm LE panels		8	3		2,080	63		2,143	2,375	
	4060	2-section barrier, 72"W x 84"H overall										
	4070	0.5 mm LE panels	H-2	6	4	Ea.	3,860	83		3,943	4,375	
	4080	0.8 mm LE panels		6	4		4,055	83		4,138	4,575	
	4090	1.0 mm LE panels		5.30	4.530		4,140	94		4,234	4,700	
	5000	1.5 mm LE panels		4.80	5		4,445	105		4,550	5,050	
	5010	3-section barrier, 108"W x 84"H overall										
	5020	0.5 mm LE panels	H-2	4.80	5	Ea.	5,890	105		5,995	6,625	
	5030	0.8 mm LE panels		4.80	5		6,180	105		6,285	6,950	
	5040	1.0 mm LE panels		4	6		6,310	125		6,435	7,125	
	5050	1.5 mm LE panels		3.70	6.490		6,765	135		6,900	7,650	
	7000	X-ray barriers, mobile, mounted within framework w/casters on										

For expanded coverage of these items see *Means Building Construction Cost Data 1991*

130 | Special Construction

130 910 | Radiation Protection

			CREW	DAILY OUTPUT	MAN-HOURS	UNIT	BARE COSTS MAT.	LABOR	EQUIP.	TOTAL	TOTAL INCL O&P	
911	7005	bottom, clear lead plastic window panels on upper portion,										911
	7010	opaque on lower, 30"W x 75"H overall, incl. framework										
	7020	24"h upper w/0.5 mm LE, 48"H lower w/0.8 mm LE	1 Carp	16	.500	Ea.	1,345	11		1,356	1,500	
	7030	48"W x 75"H overall, incl. framework										
	7040	36"H upper w/0.5 mm LE, 36"H lower w/0.8 mm LE	1 Carp	16	.500	Ea.	2,220	11		2,231	2,450	
	7050	36"H upper w/1.0 mm LE, 36"H lower w/1.5 mm LE	"	16	.500	"	2,875	11		2,886	3,175	
	7060	72"W x 75"H overall, incl. framework										
	7070	36"H upper w/0.5 mm LE, 36"H lower w/0.8 mm LE	1 Carp	16	.500	Ea.	2,820	11		2,831	3,125	
	7080	36"H upper w/1.0 mm LE, 36"H lower w/1.5 mm LE	"	16	.500	"	3,595	11		3,606	3,975	
912	0010	**SHIELDING, RADIO FREQUENCY**										912
	0020	Prefabricated or screen-type copper or steel, minimum	2 Carp	180	.089	SF Surf	23	1.96		24.96	28	
	0100	Average		155	.103		25	2.27		27.27	31	
	0150	Maximum		145	.110		30	2.43		32.43	37	

131 | Pre-Eng. Structures, Pools and Ice Rinks

131 520 | Swimming Pools

			CREW	DAILY OUTPUT	MAN-HOURS	UNIT	BARE COSTS MAT.	LABOR	EQUIP.	TOTAL	TOTAL INCL O&P	
523	0010	**SWIMMING POOL EQUIPMENT** Diving stand, stainless steel, 3 meter	2 Carp	.40	40	Ea.	3,050	880		3,930	4,700	523
	2100	Lights, underwater, 12 volt, with transformer, 300 watt	1 Elec	.40	20		205	505		710	970	
	2200	110 volt, 500 watt, standard		.40	20		73	505		578	825	
	2400	Low water cutoff type		.40	20		73	505		578	825	
	2800	Heaters, see division 155-150										
525	0010	**SWIMMING POOLS** Residential in-ground, vinyl lined, concrete sides										525
	0020	Sides including equipment, sand bottom	B-52	300	.187	SF Surf	10.05	3.82	1.35	15.22	18.40	
	0100	Metal or polystyrene sides	B-14	410	.117		8.40	2.16	.46	11.02	13.05	
	0200	Add for vermiculite bottom					.65			.65	.72	
	0500	Gunite bottom and sides, white plaster finish										
	0600	12' x 30' pool	B-52	145	.386	SF Surf	14	7.90	2.79	24.69	31	
	0720	16' x 32' pool		155	.361		8.25	7.40	2.61	18.26	23	
	0750	20' x 40' pool		250	.224		8	4.59	1.62	14.21	17.60	
	0810	Concrete bottom and sides, tile finish										
	0820	12' x 30' pool	B-52	80	.700	SF Surf	16.80	14.35	5.05	36.20	46	
	0830	16' x 32' pool		95	.589		13.90	12.05	4.25	30.20	38	
	0840	20' x 40' pool		130	.431		11.05	8.80	3.11	22.96	29	
	1100	Motel, gunite with plaster finish, incl. medium										
	1150	capacity filtration & chlorination	B-52	115	.487	SF Surf	17.50	9.95	3.51	30.96	38	
	1200	Municipal, gunite with plaster finish, incl. high										
	1250	capacity filtration & chlorination	B-52	100	.560	SF Surf	20	11.45	4.04	35.49	44	
	1350	Add for formed gutters				L.F.	46			46	51	
	1360	Add for stainless steel gutters				"	125			125	140	
	1700	Filtration and deck equipment only, as % of total				Total				20%	20%	
	1800	Deck equipment, rule of thumb, 20' x 40' pool				SF Pool					1.30	
	1900	5000 S.F. pool				"					1.90	

For expanded coverage of these items see *Means Building Construction Cost Data 1991*

133 | Utility Control Systems

133 300 | Power Control Systems

			DAILY	MAN-		BARE COSTS				TOTAL
		CREW	OUTPUT	HOURS	UNIT	MAT.	LABOR	EQUIP.	TOTAL	INCL O&P
311	0010 RADIO TOWERS Guyed, 50'h, 40 lb. sec., 70MPH basic wind spd.	2 Sswk	1	16	Ea.	1,200	385		1,585	2,000
	0100 Wind load 90 MPH basic wind speed	"	1	16		1,200	385		1,585	2,000
	0300 190' high, 40 lb. section, wind load 70 MPH basic wind speed	K-2	.33	72.730		3,275	1,650	1,175	6,100	7,700
	0400 70 lb. section, wind load 90 MPH basic wind speed		.33	72.730		7,100	1,650	1,175	9,925	11,900
	0600 300' high, 70 lb. section, wind load 70 MPH basic wind speed		.20	120		9,275	2,725	1,950	13,950	17,000
	0700 270' high, 90 lb. section, wind load 90 MPH basic wind speed		.20	120		12,650	2,725	1,950	17,325	20,700
	0800 400' high, 90 lb. section, wind load 70 MPH basic wind speed		.14	171		15,725	3,900	2,800	22,425	26,900
	0900 Self-supporting, 60' high, wind load 70 MPH basic wind speed		.80	30		2,525	685	490	3,700	4,475
	1200 190' high, wind load 90 MPH basic wind speed		.20	120		14,975	2,725	1,950	19,650	23,200
	2000 For states west of Rocky Mountains, add for shipping					10%				

151 | Pipe and Fittings

151 900 | Pipe Supports/Hangers

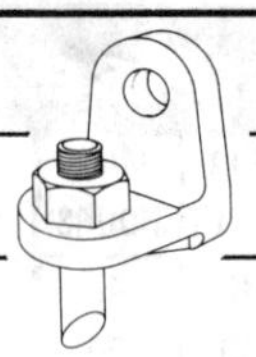

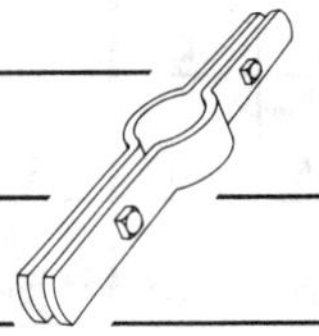

			DAILY	MAN-		BARE COSTS				TOTAL
		CREW	OUTPUT	HOURS	UNIT	MAT.	LABOR	EQUIP.	TOTAL	INCL O&P
901	0010 PIPE HANGERS AND SUPPORTS									
	0050 Brackets									
	0060 Beam side or wall, malleable iron									
	0070 ⅜" threaded rod size	1 Plum	48	.167	Ea.	.95	4.24		5.19	7.35
	0080 ½" threaded rod size		48	.167		1.35	4.24		5.59	7.80
	0090 ⅝" threaded rod size		48	.167		2.20	4.24		6.44	8.75
	0100 ¾" threaded rod size		48	.167		3.35	4.24		7.59	10
	0110 ⅞" threaded rod size		48	.167		4.30	4.24		8.54	11.05
	0120 For concrete installation, add						30%			
	0150 Wall, welded steel									
	0160 0 size, 12" wide, 18" deep	1 Plum	34	.235	Ea.	55	6		61	69
	0170 1 size, 18" wide 24" deep		34	.235		66	6		72	82
	0180 2 size, 24" wide, 30" deep		34	.235		86	6		92	105
	0300 Clamps									
	0310 C-clamp, for mounting on steel beam flange, w/locknut									
	0320 ⅜" threaded rod size	1 Plum	160	.050	Ea.	.95	1.27		2.22	2.94
	0330 ½" threaded rod size		160	.050		1.10	1.27		2.37	3.11
	0340 ⅝" threaded rod size		160	.050		1.65	1.27		2.92	3.71
	0350 ¾" threaded rod size		160	.050		2.35	1.27		3.62	4.48
	0750 Riser or extension pipe, carbon steel									
	0760 ¾" pipe size	1 Plum	48	.167	Ea.	1.43	4.24		5.67	7.90
	0770 1" pipe size		47	.170		1.45	4.33		5.78	8.05
	0780 1-¼" pipe size		46	.174		1.82	4.43		6.25	8.60
	0790 1-½" pipe size		45	.178		1.96	4.52		6.48	8.90
	0800 2" pipe size		43	.186		2.01	4.73		6.74	9.30
	0810 2-½" pipe size		41	.195		2.11	4.97		7.08	9.75
	0820 3" pipe size		40	.200		2.25	5.10		7.35	10.05
	0830 3-½" pipe size		39	.205		2.78	5.20		7.98	10.85
	0840 4" pipe size		38	.211		2.84	5.35		8.19	11.10
	0850 5" pipe size		37	.216		4.10	5.50		9.60	12.70
	0860 6" pipe size		36	.222		4.75	5.65		10.40	13.65
	1150 Insert, concrete									
	1160 Wedge type, carbon steel body, malleable iron nut									
	1170 ¼" threaded rod size	1 Plum	96	.083	Ea.	.88	2.12		3	4.13
	1180 ⅜" threaded rod size		96	.083		.89	2.12		3.01	4.14
	1190 ½" threaded rod size		96	.083		.93	2.12		3.05	4.19
	1200 ⅝" threaded rod size		96	.083		.99	2.12		3.11	4.25
	1210 ¾" threaded rod size		96	.083		1.04	2.12		3.16	4.31

For expanded coverage of these items see *Means Mechanical Cost Data* or *Means Plumbing Cost Data 1991*

151 | Pipe and Fittings

151 900 | Pipe Supports/Hangers

			CREW	DAILY OUTPUT	MAN-HOURS	UNIT	BARE COSTS				TOTAL INCL O&P	
							MAT.	LABOR	EQUIP.	TOTAL		
901	1220	7/8" threaded rod size	1 Plum	96	.083	Ea.	1.20	2.12		3.32	4.48	901
	1230	For galvanized, add				"	.88			.88	.97	
	2650	Rods, carbon steel										
	2660	Continuous thread										
	2670	1/4" thread size	1 Plum	144	.056	L.F.	.14	1.41		1.55	2.26	
	2680	3/8" thread size		144	.056		.20	1.41		1.61	2.33	
	2690	1/2" thread size		144	.056		.32	1.41		1.73	2.46	
	2700	5/8" thread size		144	.056		.60	1.41		2.01	2.77	
	2710	3/4" thread size		144	.056		.90	1.41		2.31	3.10	
	2720	7/8" thread size		144	.056		1.45	1.41		2.86	3.70	
	2730	For galvanized add					33%					
	2750	Both ends machine threaded 18" length										
	2760	3/8" thread size	1 Plum	240	.033	Ea.	1.16	.85		2.01	2.54	
	2770	1/2" thread size		240	.033		1.87	.85		2.72	3.32	
	2780	5/8" thread size		240	.033		2.69	.85		3.54	4.22	
	2790	3/4" thread size		240	.033		3.95	.85		4.80	5.60	
	2800	7/8" thread size		240	.033		5.80	.85		6.65	7.65	
	2810	1" thread size		240	.033		8.05	.85		8.90	10.10	
	4400	U-bolt, carbon steel										
	4410	Standard, with nuts										
	4420	1/2" pipe size	1 Plum	160	.050	Ea.	.43	1.27		1.70	2.37	
	4430	3/4" pipe size		158	.051		.44	1.29		1.73	2.41	
	4450	1" pipe size		152	.053		.45	1.34		1.79	2.49	
	4460	1-1/4" pipe size		148	.054		.81	1.38		2.19	2.94	
	4470	1-1/2" pipe size		143	.056		.84	1.42		2.26	3.05	
	4480	2" pipe size		139	.058		.86	1.46		2.32	3.13	
	4490	2-1/2" pipe size		134	.060		1.40	1.52		2.92	3.81	
	4500	3" pipe size		128	.063		1.48	1.59		3.07	4	
	4510	3-1/2" pipe size		122	.066		1.55	1.67		3.22	4.19	
	4520	4" pipe size		117	.068		1.57	1.74		3.31	4.32	
	4530	5" pipe size		114	.070		1.73	1.79		3.52	4.57	
	4540	6" pipe size		111	.072		2.98	1.83		4.81	6	
	4580	For plastic coating on 1/2" thru 6" size add					150%					

152 | Plumbing Fixtures

152 100 | Fixtures

			CREW	DAILY OUTPUT	MAN-HOURS	UNIT	BARE COSTS				TOTAL INCL O&P	
							MAT.	LABOR	EQUIP.	TOTAL		
120	0010	HOT WATER DISPENSERS										120
	0160	Commercial, 100 cup, 11.3 amp	1 Plum	14	.571	Ea.	240	14.55		254.55	285	
	3180	Household, 60 cup	"	14	.571	"	143	14.55		157.55	180	

153 | Plumbing Appliances

153 100 | Water Appliances

			DAILY	MAN-			BARE COSTS			TOTAL
		CREW	OUTPUT	HOURS	UNIT	MAT.	LABOR	EQUIP.	TOTAL	INCL O&P
0010	**WATER HEATERS**									
1000	Residential, electric, glass lined tank, 10 gal., single element	1 Plum	2.30	3.480	Ea.	144	89		233	290
1040	20 gallon, single element		2.20	3.640		169	93		262	325
1060	30 gallon, double element		2.20	3.640		202	93		295	360
1080	40 gallon, double element		2	4		221	100		321	395
1100	52 gallon, double element		2	4		244	100		344	420
1120	66 gallon, double element		1.80	4.440		314	115		429	515
1140	80 gallon, double element		1.60	5		363	125		488	590
1180	120 gallon, double element		1.40	5.710		530	145		675	800
2000	Gas fired, glass lined tank, vent not incl., 20 gallon		2.10	3.810		186	97		283	350
2040	30 gallon		2	4		189	100		289	360
2060	40 gallon		1.90	4.210		203	105		308	385
2080	50 gallon		1.80	4.440		244	115		359	435
2100	75 gallon		1.50	5.330		497	135		632	750
2120	100 gallon		1.30	6.150		770	155		925	1,075
3000	Oil fired, glass lined tank, vent not included, 30 gallon		2	4		673	100		773	890
3040	50 gallon		1.80	4.440		910	115		1,025	1,175
3060	70 gallon		1.50	5.330		1,055	135		1,190	1,375
3080	85 gallon		1.40	5.710		1,525	145		1,670	1,900
4000	Commercial, 100° rise. NOTE: for each size tank, a range of									
4010	heaters between the ones shown are available									
4020	Electric									
4100	5 gal., 3 KW, 12 GPH	1 Plum	2	4	Ea.	1,070	100		1,170	1,325
4120	10 gal., 6 KW, 25 GPH		2	4		1,185	100		1,285	1,450
4140	50 gal., 9 KW, 37 GPH		1.80	4.440		1,530	115		1,645	1,850
4160	50 gal., 36 KW, 148 GPH		1.80	4.440		2,345	115		2,460	2,750
4180	80 gal., 12 KW, 49 GPH		1.50	5.330		1,945	135		2,080	2,350
4200	80 gal., 36 KW, 148 GPH		1.50	5.330		2,690	135		2,825	3,150
4220	100 gal., 36 KW, 148 GPH		1.20	6.670		2,800	170		2,970	3,325
4240	120 gal., 36 KW, 148 GPH		1.20	6.670		2,920	170		3,090	3,475
4260	150 gal., 15 KW, 61 GPH		1	8		7,010	205		7,215	8,025
4280	150 gal., 120 KW, 490 GPH		1	8		10,650	205		10,855	12,000
4300	200 gal., 15 KW, 61 GPH	Q-1	1.70	9.410		7,650	215		7,865	8,725
4320	200 gal., 120 KW , 490 GPH		1.70	9.410		11,200	215		11,415	12,600
4340	250 gal., 15 KW, 61 GPH		1.50	10.670		7,880	245		8,125	9,025
4360	250 gal., 150 KW, 615 GPH		1.50	10.670		12,350	245		12,595	13,900
4380	300 gal., 30 KW, 123 GPH		1.30	12.310		8,710	280		8,990	10,000
4400	300 gal., 180 KW, 738 GPH		1.30	12.310		13,550	280		13,830	15,300
4420	350 gal., 30 KW, 123 GPH		1.10	14.550		9,350	335		9,685	10,800
4440	350 gal., 180 KW, 738 GPH		1.10	14.550		13,850	335		14,185	15,700
4460	400 gal., 30 KW, 123 GPH		1	16		10,550	365		10,915	12,200
4480	400 gal., 210 KW, 860 GPH		1	16		16,450	365		16,815	18,600
4500	500 gal., 30 KW, 123 GPH		.80	20		12,300	460		12,760	14,200
4520	500 gal., 240 KW, 984 GPH		.80	20		19,450	460		19,910	22,100
4540	600 gal., 30 KW, 123 GPH	Q-2	1.20	20		14,050	475		14,525	16,200
4560	600 gal., 300 KW, 1230 GPH		1.20	20		22,900	475		23,375	25,900
4580	700 gal., 30 KW, 123 GPH		1	24		14,750	570		15,320	17,100
4600	700 gal., 300 KW, 1230 GPH		1	24		23,700	570		24,270	26,900
4620	800 gal., 60 KW, 245 GPH		.90	26.670		16,200	635		16,835	18,800
4640	800 gal., 300 KW, 1230 GPH		.90	26.670		24,400	635		25,035	27,800
4660	1000 gal., 60 KW, 245 GPH		.70	34.290		17,650	815		18,465	20,600
4680	1000 gal., 480 KW, 1970 GPH		.70	34.290		31,700	815		32,515	36,100
4700	1250 gal., 60 KW, 245 GPH		.60	40		19,950	950		20,900	23,400
4720	1250 gal., 480 KW, 1970 GPH		.60	40		32,650	950		33,600	37,300
4740	1500 gal., 60 KW, 245 GPH		.50	48		26,450	1,150		27,600	30,800
4760	1500 gal., 480 KW, 1970 GPH		.50	48		37,850	1,150		39,000	43,300
5400	Modulating step control, 2-5 steps	1 Elec	5.30	1.510		845	38		883	985
5440	6-10 steps	"	3.20	2.500		1,090	63		1,153	1,300

For expanded coverage of these items see *Means Mechanical Cost Data* or *Means Plumbing Cost Data 1991*

153 | Plumbing Appliances

153 100 | Water Appliances

		CREW	DAILY OUTPUT	MAN-HOURS	UNIT	BARE COSTS MAT.	LABOR	EQUIP.	TOTAL	TOTAL INCL O&P	
110	5460	11-15 steps	1 Elec	2.70	2.960	Ea.	1,340	75		1,415	1,575	110
	5480	16-20 steps		1.60	5		1,580	125		1,705	1,925	
	5500	21-25 steps		.30	26.670		1,790	670		2,460	2,950	
	5520	26-30 steps		.26	30.770		1,940	775		2,715	3,275	

154 | Fire Extinguishing Systems

154 100 | Fire Systems

			CREW	DAILY OUTPUT	MAN-HOURS	UNIT	BARE COSTS MAT.	LABOR	EQUIP.	TOTAL	TOTAL INCL O&P	
101	0010	**AUTOMATIC FIRE SUPPRESSION SYSTEMS**										101
	0040	For detectors and control stations, see division 168-120										
	0100	Control panel, single zone with batteries (2 zones det., 1 suppr.)	1 Elec	1	8	Ea.	1,050	200		1,250	1,450	
	0150	Multizone (4) with batteries (8 zones det., 4 suppr.)	"	.50	16		2,150	400		2,550	2,950	
	1000	Dispersion nozzle, CO2, 3" x 5"	1 Plum	18	.444		48	11.30		59.30	70	
	1100	Halon, 1-½"	"	14	.571		68	14.55		82.55	97	
	2000	Extinguisher, CO2 system, high pressure, 75 lb. cylinder	Q-1	6	2.670		715	61		776	880	
	2100	100 lb. cylinder	"	5	3.200		820	73		893	1,000	
	2400	Halon system, filled, with mounting bracket										
	2460	26 lb. container	Q-1	8	2	Ea.	1,240	46		1,286	1,425	
	2480	44 lb. container		7	2.290		1,310	52		1,362	1,525	
	2500	63 lb. container		6	2.670		1,430	61		1,491	1,675	
	2520	101 lb. container		5	3.200		1,790	73		1,863	2,075	
	2540	196 lb. container		4	4		2,300	92		2,392	2,675	
	3000	Electro/mechanical release	L-1	4	4		180	100		280	350	
	3400	Manual pull station	1 Plum	6	1.330		31	34		65	85	
	4000	Pneumatic damper release	"	8	1		85	25		110	130	
	6000	Average halon system, minimum				C.F.					.55	
	6020	Maximum				"					1.50	

155 | Heating

155 100 | Boilers

			CREW	DAILY OUTPUT	MAN-HOURS	UNIT	BARE COSTS MAT.	LABOR	EQUIP.	TOTAL	TOTAL INCL O&P	
105	0010	**BOILERS, GENERAL** Prices do not include flue piping, elec. wiring,										105
	0020	gas or oil piping, boiler base, pad, or tankless unless noted										
	0100	Boiler horsepower: 10 KW = 34 lbs/steam/hr = 33,475 BTU/hr.										
	0120											
	0150	To convert SFR to BTU rating: Hot water, 150 x SFR;										
	0160	Forced hot water, 180 x SFR; steam, 240 x SFR										
110	0010	**BOILERS, ELECTRIC, ASME** Standard controls and trim										110
	1000	Steam, 6 KW, 20.5 MBH	Q-19	1.20	20	Ea.	2,950	475		3,425	3,950	
	1020	9 KW, 30.7 MBH		1.20	20		2,960	475		3,435	3,950	
	1040	12 KW, 40.9 MBH		1.20	20		2,960	475		3,435	3,950	
	1060	18 KW, 61.4 MBH		1.20	20		3,000	475		3,475	4,000	
	1080	24 KW, 81.8 MBH		1.10	21.820		3,170	515		3,685	4,250	
	1100	30 KW, 102 MBH		1.10	21.820		3,180	515		3,695	4,275	
	1120	36 KW, 123 MBH		1.10	21.820		3,360	515		3,875	4,475	

For expanded coverage of these items see *Means Mechanical Cost Data* or *Means Plumbing Cost Data 1991*

155 | Heating

155 100 | Boilers

		CREW	DAILY OUTPUT	MAN-HOURS	UNIT	BARE COSTS MAT.	LABOR	EQUIP.	TOTAL	TOTAL INCL O&P	
110	1140	45 KW, 153 MBH	Q-19	1	24	Ea.	3,370	570		3,940	4,550	110
	1160	60 KW, 205 MBH		1	24		4,240	570		4,810	5,500	
	1180	75 KW, 256 MBH		.90	26.670		4,440	630		5,070	5,825	
	1200	105 KW, 358 MBH		.80	30		6,810	710		7,520	8,550	
	1220	120 KW, 409 MBH		.75	32		7,000	760		7,760	8,825	
	1240	150 KW, 512 MBH		.65	36.920		8,050	875		8,925	10,200	
	1260	180 KW, 614 MBH		.60	40		8,430	945		9,375	10,700	
	1280	210 KW, 716 MBH		.55	43.640		9,320	1,025		10,345	11,800	
	1300	240 KW, 819 MBH		.45	53.330		14,020	1,275		15,295	17,300	
	1320	300 KW, 1023 MBH		.40	60		15,120	1,425		16,545	18,700	
	1340	360 KW, 1228 MBH		.35	68.570		16,270	1,625		17,895	20,300	
	1360	420 KW, 1433 MBH		.30	80		19,050	1,900		20,950	23,800	
	1380	510 KW, 1740 MBH	Q-21	.36	88.890		19,250	2,150		21,400	24,400	
	1400	600 KW, 2047 MBH		.34	94.120		19,950	2,275		22,225	25,300	
	1420	720 KW, 2456 MBH		.32	100		20,850	2,425		23,275	26,500	
	1440	810 KW, 2764 MBH		.30	107		21,950	2,575		24,525	28,000	
	1460	900 KW, 3070 MBH		.28	114		23,550	2,750		26,300	30,000	
	1480	1080 KW, 3685 MBH		.25	128		26,150	3,100		29,250	33,400	
	1500	1260 KW, 4300 MBH		.22	145		29,650	3,500		33,150	37,800	
	1520	1620 KW, 5527 MBH		.20	160		39,100	3,850		42,950	48,800	
	1540	1800 KW, 6141 MBH		.19	168		40,850	4,075		44,925	51,000	
	1560	2070 KW, 7063 MBH		.18	178		47,000	4,300		51,300	58,000	
	1580	2250 KW, 7677 MBH		.17	188		48,600	4,550		53,150	60,000	
	1600	2340 KW, 7984 MBH		.16	200		49,500	4,825		54,325	61,500	
	1620	2430 KW, 8291 MBH		.14	229		50,800	5,525		56,325	64,000	
	1640	2520 KW, 8598 MBH		.12	267		52,700	6,425		59,125	67,500	
	2000	Hot water, 12 KW, 41 MBH	Q-19	1.30	18.460		2,440	435		2,875	3,325	
	2020	15 KW, 52 MBH		1.30	18.460		2,450	435		2,885	3,350	
	2040	24 KW, 82 MBH		1.20	20		2,610	475		3,085	3,575	
	2060	30 KW, 103 MBH		1.20	20		2,670	475		3,145	3,650	
	2070	36 KW, 123 MBH		1.20	20		2,840	475		3,315	3,825	
	2080	45 KW, 154 MBH		1.10	21.820		2,860	515		3,375	3,925	
	2100	60 KW, 205 MBH		1.10	21.820		3,400	515		3,915	4,500	
	2120	90 KW, 308 MBH		1	24		3,980	570		4,550	5,225	
	2140	120 KW, 410 MBH		.90	26.670		4,330	630		4,960	5,700	
	2160	150 KW, 510 MBH		.75	32		6,150	760		6,910	7,900	
	2180	180 KW, 615 MBH		.65	36.920		6,580	875		7,455	8,550	
	2200	210 KW, 716 MBH		.60	40		7,220	945		8,165	9,350	
	2220	240 KW, 820 MBH		.55	43.640		7,640	1,025		8,665	9,950	
	2240	270 KW, 922 MBH		.50	48		9,230	1,125		10,355	11,800	
	2260	300 KW, 1024 MBH		.45	53.330		9,820	1,275		11,095	12,700	
	2280	360 KW, 1228 MBH		.40	60		10,500	1,425		11,925	13,700	
	2300	420 KW, 1432 MBH		.35	68.570		12,150	1,625		13,775	15,800	
	2320	480 KW, 1636 MBH	Q-21	.46	69.570		13,250	1,675		14,925	17,100	
	2340	510 KW, 1739 MBH		.44	72.730		13,600	1,750		15,350	17,600	
	2360	570 KW, 1944 MBH		.43	74.420		14,450	1,800		16,250	18,600	
	2380	630 KW, 2148 MBH		.42	76.190		16,150	1,850		18,000	20,500	
	2400	690 KW, 2353 MBH		.40	80		16,850	1,925		18,775	21,400	
	2420	720 KW, 2452 MBH		.39	82.050		17,100	1,975		19,075	21,800	
	2440	810 KW, 2764 MBH		.38	84.210		19,550	2,025		21,575	24,500	
	2460	900 KW, 3071 MBH		.37	86.490		20,800	2,100		22,900	26,000	
	2480	1020 KW, 3480 MBH		.36	88.890		22,150	2,150		24,300	27,600	
	2500	1200 KW, 4095 MBH		.34	94.120		24,200	2,275		26,475	30,000	
	2520	1320 KW, 4505 MBH		.33	96.970		27,850	2,350		30,200	34,100	
	2540	1440 KW, 4915 MBH		.32	100		29,400	2,425		31,825	35,900	
	2560	1560 KW, 5323 MBH		.31	103		31,000	2,500		33,500	37,800	
	2580	1680 KW, 5733 MBH		.30	107		32,250	2,575		34,825	39,300	
	2600	1800 KW, 6143 MBH		.29	110		33,650	2,675		36,325	41,000	

For expanded coverage of these items see *Means Mechanical Cost Data* or *Means Plumbing Cost Data 1991*

155 | Heating

155 100 | Boilers

			Crew	Daily Output	Man-Hours	Unit	Mat.	Labor	Equip.	Total	Total Incl O&P	
110	2620	1980 KW, 6757 MBH	Q-21	.28	114	Ea.	36,600	2,750		39,350	44,400	110
	2640	2100 KW, 7167 MBH		.27	119		37,900	2,850		40,750	45,900	
	2660	2220 KW, 7576 MBH		.26	123		39,550	2,975		42,525	47,900	
	2680	2400 KW, 8191 MBH		.25	128		41,200	3,100		44,300	49,900	
	2700	2610 KW, 8905 MBH		.24	133		43,450	3,225		46,675	52,500	
	2720	2790 KW, 9519 MBH		.23	139		45,450	3,350		48,800	55,000	
	2740	2970 KW, 10133 MBH		.21	152		46,700	3,675		50,375	57,000	
	2760	3150 KW, 10748 MBH		.19	168		47,700	4,075		51,775	58,500	
	2780	3240 KW, 11055 MBH		.18	178		48,600	4,300		52,900	60,000	
	2800	3420 KW, 11669 MBH		.17	188		49,800	4,550		54,350	61,500	
	2820	3600 KW, 12,283 MBH		.16	200		51,850	4,825		56,675	64,000	
150	0010	**SWIMMING POOL HEATERS** Not including wiring, external										150
	0020	piping, base or pad,										
	2000	Electric, 12 KW, 4800 gallon pool	Q-19	3	8	Ea.	1,100	190		1,290	1,500	
	2020	18 KW, 7200 gallon pool		2.80	8.570		1,130	205		1,335	1,550	
	2040	24 KW, 9600 gallon pool		2.40	10		1,200	235		1,435	1,675	
	2060	30 KW, 12,000 gallon pool		2	12		1,260	285		1,545	1,800	
	2080	36 KW, 14,400 gallon pool		1.60	15		1,380	355		1,735	2,050	
	2100	54 KW, 24,000 gallon pool		1.20	20		1,640	475		2,115	2,500	
	9000	To select pool heater: 12 BTUH x S.F. pool area										
	9010	X temperature differential = required output										
	9050	For electric, KW = gallons x 2.5 divided by 1000										
	9100	For family home type pool, double the										
	9110	Rated gallon capacity = ½°F rise per hour										

155 400 | Warm Air Systems

			Crew	Daily Output	Man-Hours	Unit	Mat.	Labor	Equip.	Total	Total Incl O&P	
408	0010	**DUCT HEATERS** Electric, 480 V, 3 ph										408
	0020	Finned tubular insert, 500°F										
	0100	8" wide x 6" high, 4.0KW	Q-20	16	1.250	Ea.	277	29		306	350	
	0120	12" high, 8.0KW		15	1.330		449	31		480	540	
	0140	18" high, 12.0KW		14	1.430		630	33		663	745	
	0160	24" high, 16.0KW		13	1.540		810	35		845	945	
	0180	30" high, 20.0KW		12	1.670		990	38		1,028	1,150	
	0300	12" wide x 6" high, 6.7KW		15	1.330		288	31		319	365	
	0320	12" high, 13.3 KW		14	1.430		465	33		498	560	
	0340	18" high, 20.0KW		13	1.540		650	35		685	770	
	0360	24" high, 26.7KW		12	1.670		835	38		873	975	
	0380	30" high, 33.3KW		11	1.820		1,020	42		1,062	1,175	
	0500	18" wide x 6" high, 13.3KW		14	1.430		310	33		343	390	
	0520	12" high, 26.7KW		13	1.540		530	35		565	635	
	0540	18" high, 40.0KW		12	1.670		710	38		748	840	
	0560	24" high, 53.3 KW		11	1.820		1,045	42		1,087	1,225	
	0580	30" high, 66.7 KW		10	2		1,175	46		1,221	1,350	
	0700	24" wide x 6" high, 17.8KW		13	1.540		345	35		380	435	
	0720	12" high, 35.6KW		12	1.670		575	38		613	690	
	0740	18" high, 53.3KW		11	1.820		810	42		852	955	
	0760	24" high, 71.1KW		10	2		1,040	46		1,086	1,225	
	0780	30" high, 88.9KW		9	2.220		1,280	51		1,331	1,475	
	0900	30" wide x 6" high, 22.2KW		12	1.670		360	38		398	455	
	0920	12" high, 44.4KW		11	1.820		610	42		652	735	
	0940	18" high, 66.7KW		10	2		855	46		901	1,000	
	0960	24" high, 88.9KW		9	2.220		1,100	51		1,151	1,275	
	0980	30" high, 111.0KW		8	2.500		1,350	58		1,408	1,575	
	1400	Note decreased KW available for										
	1410	each duct size at same cost										
	1420	See line 5000 for modifications and accessories										

For expanded coverage of these items see *Means Mechanical Cost Data* or *Means Plumbing Cost Data 1991*

155 | Heating

155 400 | Warm Air Systems

			CREW	DAILY OUTPUT	MAN-HOURS	UNIT	BARE COSTS MAT.	LABOR	EQUIP.	TOTAL	TOTAL INCL O&P
408	2000	Finned tubular flange with insulated									
	2020	terminal box, 500°F									
	2100	12" wide x 36" high, 54KW	Q-20	10	2	Ea.	1,330	46		1,376	1,525
	2120	40" high, 60KW		9	2.220		1,530	51		1,581	1,750
	2200	24" wide x 36" high, 118.8KW		9	2.220		1,480	51		1,531	1,700
	2220	40" high, 132KW		8	2.500		1,700	58		1,758	1,950
	2400	36" wide x 8" high, 40KW		11	1.820		680	42		722	810
	2420	16" high, 80KW		10	2		905	46		951	1,075
	2440	24" high, 120KW		9	2.220		1,180	51		1,231	1,375
	2460	32" high, 160KW		8	2.500		1,750	58		1,808	2,000
	2480	36" high, 180KW		7	2.860		1,870	66		1,936	2,150
	2500	40" high, 200KW		6	3.330		2,070	77		2,147	2,400
	2600	40" wide x 8" high, 45KW		11	1.820		710	42		752	845
	2620	16" high, 90KW		10	2		975	46		1,021	1,150
	2640	24" high, 135KW		9	2.220		1,240	51		1,291	1,450
	2660	32" high, 180KW		8	2.500		1,650	58		1,708	1,900
	2680	36" high, 202.5KW		7	2.860		1,900	66		1,966	2,200
	2700	40" high, 225KW		6	3.330		2,160	77		2,237	2,500
	2800	48" wide x 8" high, 54.8KW		10	2		740	46		786	885
	2820	16" high, 109.8KW		9	2.220		1,030	51		1,081	1,200
	2840	24" high, 164.4KW		8	2.500		1,310	58		1,368	1,525
	2860	32" high, 219.2KW		7	2.860		1,750	66		1,816	2,025
	2880	36" high, 246.6KW		6	3.330		2,010	77		2,087	2,325
	2900	40" high, 274KW		5	4		2,270	92		2,362	2,625
	3000	56" wide x 8" high, 64KW		9	2.220		845	51		896	1,000
	3020	16" high, 128KW		8	2.500		1,170	58		1,228	1,375
	3040	24" high, 192KW		7	2.860		1,490	66		1,556	1,750
	3060	32" high, 256KW		6	3.330		1,980	77		2,057	2,300
	3080	36" high, 288KW		5	4		2,280	92		2,372	2,650
	3100	40" high, 320KW		4	5		2,520	115		2,635	2,950
	3200	64" wide x 8" high, 74KW		8	2.500		870	58		928	1,050
	3220	16" high, 148KW		7	2.860		1,210	66		1,276	1,425
	3240	24" high, 222KW		6	3.330		1,530	77		1,607	1,800
	3260	32" high, 296KW		5	4		2,060	92		2,152	2,400
	3280	36" high, 333KW		4	5		2,450	115		2,565	2,875
	3300	40" high, 370KW		3	6.670		2,700	155		2,855	3,200
	3800	Note decreased KW available for									
	3820	Each duct size at same cost									
	5000	Duct heater modifications and accessories									
	5120	T.C.O. limit auto or manual reset	Q-20	42	.476	Ea.	44.50	10.95		55.45	66
	5140	Thermostat		28	.714		180	16.45		196.45	225
	5160	Overheat thermocouple (removable)		7	2.860		270	66		336	395
	5180	Fan interlock relay		18	1.110		64.30	26		90.30	110
	5200	Air flow switch		20	1		55.80	23		78.80	96
	5220	Split terminal box cover		100	.200		18	4.61		22.61	27
	8000	To obtain BTU multiply KW by 3413									
420	0010	**FURNACES** Hot air heating, blowers, standard controls									
	0021										
	1000	Electric, UL listed, heat staging, 240 volt									
	1020	30 MBH	Q-20	4	5	Ea.	290	115		405	495
	1040	47 MBH		4	5		450	115		565	670
	1060	61 MBH		3.80	5.260		470	120		590	700
	1080	76 MBH		3.60	5.560		515	130		645	760
	1100	91 MBH		3.40	5.880		720	135		855	995
	1120	112.7 MBH		3.20	6.250		765	145		910	1,050
	1140	131.2 MBH		3.10	6.450		795	150		945	1,100
	1160	140.8 MBH		3	6.670		810	155		965	1,125
	2500	For electronic air filter, add	Q-9	10	1.600		315	36		351	400

For expanded coverage of these items see *Means Mechanical Cost Data* or *Means Plumbing Cost Data 1991*

155 | Heating

155 400 | Warm Air Systems

			CREW	DAILY OUTPUT	MAN-HOURS	UNIT	BARE COSTS MAT.	LABOR	EQUIP.	TOTAL	TOTAL INCL O&P	
451	0010	INFRA-RED UNIT										451
	2000	Electric, single or three phase										
	2050	6 KW, 20,478 BTU	1 Elec	3	2.670	Ea.	260	67		327	385	
	2100	13.5 KW, 40,956 BTU		2.50	3.200		410	80		490	570	
	2150	24 KW, 81,912 BTU	↓	2	4	↓	850	100		950	1,075	

157 | Air Conditioning/Ventilating

157 200 | System Components

			CREW	DAILY OUTPUT	MAN-HOURS	UNIT	BARE COSTS MAT.	LABOR	EQUIP.	TOTAL	TOTAL INCL O&P	
290	0010	FANS										290
	0020	Air conditioning and process air handling										
	0030	Axial flow, compact, low sound, 2.5" S.P.										
	0050	3800 CFM, 5 HP	Q-20	3.40	5.880	Ea.	2,790	135		2,925	3,275	
	0080	6400 CFM, 5 HP		2.80	7.140		3,120	165		3,285	3,675	
	0100	10,500 CFM, 7-½ HP		2.40	8.330		3,880	190		4,070	4,550	
	0120	15,600 CFM, 10 HP		1.60	12.500		4,890	290		5,180	5,825	
	0140	23,000 CFM, 15 HP		.70	28.570		7,500	660		8,160	9,250	
	0160	28,000 CFM, 20 HP	↓	.40	50	↓	8,370	1,150		9,520	10,900	
	0200	In-line centrifugal, supply/exhaust booster,										
	0220	aluminum wheel/hub, disconnect switch, ¼" S.P.										
	0240	500 CFM, 10" diameter connection	Q-20	3	6.670	Ea.	480	155		635	760	
	0260	1380 CFM, 12" diameter connection		2	10		700	230		930	1,125	
	0280	1520 CFM, 16" diameter connection		2	10		750	230		980	1,175	
	0300	2560 CFM, 18" diameter connection		1	20		1,000	460		1,460	1,800	
	0320	3480 CFM, 20" diameter connection		.80	25		1,200	575		1,775	2,200	
	1500	Vaneaxial, low pressure, 2000 CFM, ½ HP		3.60	5.560		1,600	130		1,730	1,950	
	1520	4000 CFM, 1 HP		3.20	6.250		1,700	145		1,845	2,075	
	1540	8000 CFM, 2 HP		2.80	7.140		2,150	165		2,315	2,625	
	1560	16,000 CFM, 5 HP		2.40	8.330		2,650	190		2,840	3,200	
	2000	Blowers, direct drive with motor, complete										
	2020	1030 CFM @ .5" S.P., ⅙ HP	Q-20	18	1.110	Ea.	150	26		176	205	
	2040	1150 CFM @ .5" S.P., ⅙ HP		18	1.110		150	26		176	205	
	2060	1640 CFM @ 1.0" S.P., ⅓ HP		18	1.110		182	26		208	240	
	2080	1720 CFM @ 1.0" S.P., ⅓ HP	↓	18	1.110	↓	182	26		208	240	
	2090	4 speed										
	2100	600 to 1160 CFM @ .5" S.P., ⅙ HP	Q-20	16	1.250	Ea.	200	29		229	265	
	2120	740 to 1700 CFM @ 1.0" S.P., ⅓ HP	"	14	1.430	"	268	33		301	345	
	2500	Ceiling fan, right angle, extra quiet, 0.10" S.P.										
	2520	95 CFM	Q-20	20	1	Ea.	144	23		167	195	
	2540	210 CFM		19	1.050		155	24		179	205	
	2560	385 CFM		18	1.110		197	26		223	255	
	2580	885 CFM		16	1.250		375	29		404	455	
	2600	1650 CFM		13	1.540		495	35		530	600	
	2620	2960 CFM	↓	11	1.820		670	42		712	800	
	2680	For speed control switch, add	1 Elec	16	.500		47	12.60		59.60	70	
	3000	Paddle blade air circulator, 3 speed switch										
	3020	42", 5000 CFM high, 3000 CFM low	Q-20	6	3.330	Ea.	61.40	77		138.40	185	
	3040	52", 6500 CFM high, 4000 CFM low	"	4	5	"	65.20	115		180.20	245	
	3100	For antique white motor, same cost										
	3200	For brass plated motor, same cost				Ea.	65.20			65.20	72	
	3300	For light adaptor kit, add				"	27.30			27.30	30	

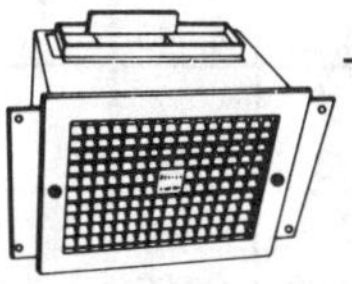

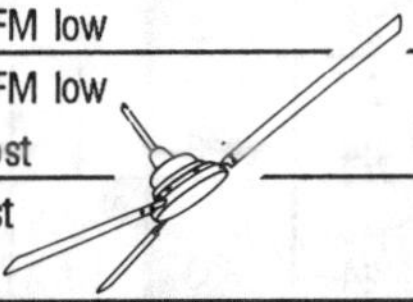

For expanded coverage of these items see *Means Mechanical Cost Data* or *Means Plumbing Cost Data 1991*

157 | Air Conditioning/Ventilating

157 200 | System Components

			CREW	DAILY OUTPUT	MAN-HOURS	UNIT	BARE COSTS MAT.	BARE COSTS LABOR	BARE COSTS EQUIP.	BARE COSTS TOTAL	TOTAL INCL O&P
290	3500	Centrifugal, airfoil, motor and drive, complete									
	3520	1000 CFM, ½ HP	Q-20	2.50	8	Ea.	1,275	185		1,460	1,675
	3540	2000 CFM, 1 HP		2	10		1,400	230		1,630	1,900
	3560	4000 CFM, 3 HP		1.80	11.110		1,800	255		2,055	2,375
	3580	8000 CFM, 7-½ HP		1.40	14.290		2,975	330		3,305	3,775
	3600	12,000 CFM, 10 HP		1	20		3,700	460		4,160	4,775
	4500	Corrosive fume resistant, plastic									
	4600	roof ventilators, centrifugal, V belt drive, motor									
	4620	¼" S.P., 250 CFM, ¼ HP	Q-20	6	3.330	Ea.	1,790	77		1,867	2,075
	4640	895 CFM, ⅓ HP		5	4		1,940	92		2,032	2,275
	4660	1630 CFM, ½ HP		4	5		2,300	115		2,415	2,700
	4680	2240 CFM, 1 HP		3	6.670		2,390	155		2,545	2,850
	4700	3810 CFM, 2 HP		2	10		2,660	230		2,890	3,275
	4720	11760 CFM, 5 HP		1	20		4,480	460		4,940	5,625
	4740	18810 CFM, 10 HP		.70	28.570		6,550	660		7,210	8,200
	4800	For intermediate capacity, motors may be varied									
	4810	For explosion proof motor, add				Ea.	15%				
	5000	Utility set, centrifugal, V belt drive, motor									
	5020	¼" S.P., 1900 CFM, ¼ HP	Q-20	6	3.330	Ea.	3,060	77		3,137	3,475
	5040	2170 CFM, ⅓ HP		5	4		3,090	92		3,182	3,550
	5060	2680 CFM, ½ HP		4	5		3,090	115		3,205	3,575
	5080	3020 CFM, ¾ HP		3	6.670		3,120	155		3,275	3,675
	5100	½" S.P., 3195 CFM, 1 HP		2	10		3,140	230		3,370	3,800
	5120	3610 CFM, 1-½ HP		1.60	12.500		3,170	290		3,460	3,925
	5140	4120 CFM, 2 HP		1.40	14.290		3,230	330		3,560	4,050
	5160	7850 CFM, 5 HP		1.30	15.380		3,880	355		4,235	4,800
	5180	10,200 CFM, 7-½ HP		1.20	16.670		3,930	385		4,315	4,900
	5200	For explosion proof motor, add					15%				
	5500	Industrial exhauster, for air which may contain granular material									
	5520	1000 CFM, 1-½ HP	Q-20	2.50	8	Ea.	1,900	185		2,085	2,375
	5540	2000 CFM, 3 HP		2	10		2,275	230		2,505	2,850
	5560	4000 CFM, 7-½ HP		1.80	11.110		3,075	255		3,330	3,775
	5580	8000 CFM, 15 HP		1.40	14.290		5,200	330		5,530	6,225
	5600	12,000 CFM, 30 HP		1	20		8,375	460		8,835	9,900
	6000	Propeller exhaust, wall shutter, ¼" S.P.									
	6020	Direct drive, two speed									
	6100	375 CFM, 1/10 HP	Q-20	10	2	Ea.	176	46		222	265
	6120	730 CFM, ⅛ HP		9	2.220		213	51		264	310
	6140	1000 CFM, ⅙ HP		8	2.500		245	58		303	355
	6160	1890 CFM, ¼ HP		7	2.860		263	66		329	390
	6180	3275 CFM, ½ HP		6	3.330		325	77		402	475
	6200	4720 CFM, 1 HP		5	4		500	92		592	690
	6300	V-belt drive, 3 phase									
	6320	6175 CFM, ¾ HP	Q-20	5	4	Ea.	495	92		587	685
	6340	7500 CFM, ¾ HP		5	4		535	92		627	730
	6360	10,100 CFM, 1 HP		4.50	4.440		710	100		810	935
	6380	14,300 CFM, 1-½ HP		4	5		870	115		985	1,125
	6400	19,800 CFM, 2 HP		3	6.670		1,200	155		1,355	1,550
	6420	26,250 CFM, 3 HP		2.60	7.690		1,550	175		1,725	1,975
	6440	38,500 CFM, 5 HP		2.20	9.090		1,910	210		2,120	2,425
	6460	46,000 CFM, 7-½ HP		2	10		2,110	230		2,340	2,675
	6480	51,500 CFM, 10 HP		1.80	11.110		2,320	255		2,575	2,950
	6650	Residential, bath exhaust, grille, back draft damper									
	6660	50 CFM	Q-20	24	.833	Ea.	18.10	19.20		37.30	49
	6670	110 CFM		22	.909		48	21		69	84
	6680	Light combination, squirrel cage, 100 watt, 70 CFM		24	.833		55.60	19.20		74.80	90
	6700	Light/heater combination, ceiling mounted									
	6710	70 CFM, 1450 watt	Q-20	24	.833	Ea.	91.20	19.20		110.40	130

For expanded coverage of these items see *Means Mechanical Cost Data* or *Means Plumbing Cost Data 1991*

157 | Air Conditioning/Ventilating

157 200 | System Components

			DAILY	MAN-		\multicolumn{4}{c}{BARE COSTS}	TOTAL
		CREW	OUTPUT	HOURS	UNIT	MAT.	LABOR	EQUIP.	TOTAL	INCL O&P
6800	Heater combination, recessed, 70 CFM	Q-20	24	.833	Ea.	38.70	19.20		57.90	72
6820	With 2 infrared bulbs		23	.870		52	20		72	87
6900	Kitchen exhaust, grille, complete, 160 CFM		22	.909		54.60	21		75.60	92
6920	270 CFM		18	1.110		83.70	26		109.70	130
7000	Roof exhauster, centrifugal, aluminum housing, 12" galvanized									
7020	curb, bird screen, back draft damper, ¼" S.P.									
7100	Direct drive, 420 CFM, 8" sq. damper	Q-20	7	2.860	Ea.	415	66		481	555
7120	675 CFM, 12" sq. damper		6	3.330		585	77		662	760
7140	770 CFM, 16" sq. damper		5	4		865	92		957	1,100
7160	1870 CFM, 20" sq. damper		4.20	4.760		1,200	110		1,310	1,475
7180	2150 CFM, 20" sq. damper		4	5		1,400	115		1,515	1,725
7200	V-belt drive, 1660 CFM, 12" sq. damper		6	3.330		690	77		767	875
7220	2830 CFM, 14" sq. damper		5	4		845	92		937	1,075
7240	4600 CFM, 20" sq. damper		4	5		1,110	115		1,225	1,400
7260	8750 CFM, 26" sq. damper		3	6.670		1,230	155		1,385	1,575
7280	12,500 CFM, 32" sq. damper		2	10		2,140	230		2,370	2,700
7300	21,600 CFM, 40" sq. damper		1	20		3,570	460		4,030	4,625
7320	For 2 speed winding, add					15%				
7340	For explosionproof motor, add					268			268	295
7360	For belt drive, top discharge, add					15%				
7500	Utility set, steel construction, pedestal, ¼" S.P.									
7520	Direct drive, 150 CFM, ⅛ HP	Q-20	6.40	3.130	Ea.	470	72		542	625
7540	485 CFM, ⅙ HP		5.80	3.450		590	79		669	770
7560	1950 CFM, ½ HP		4.80	4.170		695	96		791	910
7580	2410 CFM, ¾ HP		4.40	4.550		1,280	105		1,385	1,575
7600	3328 CFM, 1-½ HP		3	6.670		1,430	155		1,585	1,800
7680	V-belt drive, drive cover, 3 phase									
7700	800 CFM, ¼ HP	Q-20	6	3.330	Ea.	335	77		412	485
7720	1300 CFM, ⅓ HP		5	4		385	92		477	565
7740	2000 CFM, 1 HP		4.60	4.350		450	100		550	645
7760	2900 CFM, ¾ HP		4.20	4.760		610	110		720	835
7780	3600 CFM, ¾ HP		4	5		735	115		850	980
7800	4800 CFM, 1 HP		3.50	5.710		915	130		1,045	1,200
7820	6700 CFM, 1-½ HP		3	6.670		1,010	155		1,165	1,350
7840	11,000 CFM, 3 HP		2	10		1,850	230		2,080	2,375
7860	13,000 CFM, 3 HP		1.60	12.500		2,140	290		2,430	2,800
7880	15,000 CFM, 5 HP		1	20		2,180	460		2,640	3,100
7900	17,000 CFM, 7-½ HP		.80	25		2,250	575		2,825	3,350
7920	20,000 CFM, 7-½ HP		.80	25		2,340	575		2,915	3,450
8000	Ventilation, residential									
8020	Attic, roof type									
8030	Aluminum dome, damper & curb									
8040	6" diameter, 300 CFM	1 Elec	16	.500	Ea.	143	12.60		155.60	175
8050	7" diameter, 450 CFM		15	.533		160	13.40		173.40	195
8060	9" diameter, 900 CFM		14	.571		285	14.35		299.35	335
8080	12" diameter, 1000 CFM (gravity)		10	.800		200	20		220	250
8090	16" diameter, 1500 CFM (gravity)		9	.889		255	22		277	315
8100	20" diameter, 2500 CFM (gravity)		8	1		320	25		345	390
8110	26" diameter, 4000 CFM (gravity)		7	1.140		390	29		419	470
8120	32" diameter, 6500 CFM (gravity)		6	1.330		545	34		579	650
8130	38" diameter, 8000 CFM (gravity)		5	1.600		770	40		810	905
8140	50" diameter, 13,000 CFM (gravity)		4	2		1,220	50		1,270	1,425
8160	Plastic, ABS dome									
8180	1050 CFM	1 Elec	14	.571	Ea.	67	14.35		81.35	95
8200	1600 CFM	"	12	.667	"	101	16.75		117.75	135
8240	Attic, wall type, with shutter, one speed									
8250	12" diameter, 1000 CFM	1 Elec	14	.571	Ea.	115	14.35		129.35	150
8260	14" diameter, 1500 CFM	"	12	.667	"	135	16.75		151.75	175

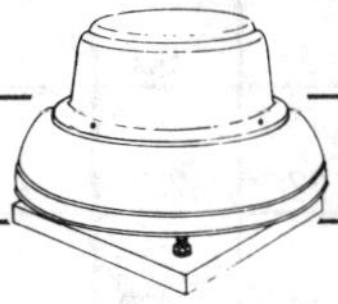

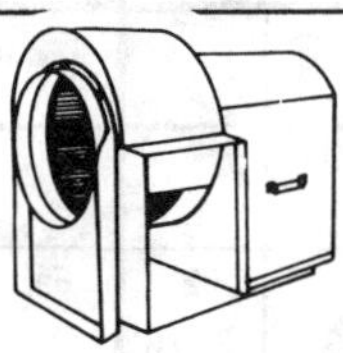

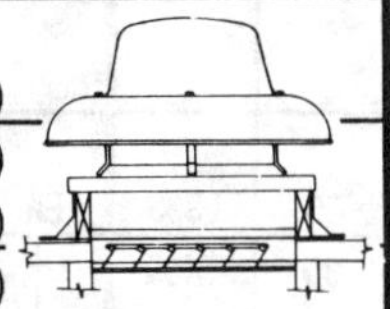

For expanded coverage of these items see *Means Mechanical Cost Data* or *Means Plumbing Cost Data 1991*

157 | Air Conditioning/Ventilating

157 200 | System Components

		CREW	DAILY OUTPUT	MAN-HOURS	UNIT	MAT.	LABOR	EQUIP.	TOTAL	TOTAL INCL O&P	
290	8270	16" diameter, 2000 CFM	1 Elec	9	.889	Ea.	166	22		188	215	290
	8290	Whole house, wall type, with shutter, one speed										
	8300	30" diameter, 4800 CFM	1 Elec	7	1.140	Ea.	290	29		319	360	
	8310	36" diameter, 7000 CFM		6	1.330		345	34		379	430	
	8320	42" diameter, 10,000 CFM		5	1.600		410	40		450	510	
	8330	48" diameter, 16,000 CFM		4	2		495	50		545	620	
	8340	For two speed, add					11			11	12.10	
	8350	Whole house, lay-down type, with shutter, one speed										
	8360	30" diameter, 4500 CFM	1 Elec	8	1	Ea.	303	25		328	370	
	8370	36" diameter, 6500 CFM		7	1.140		355	29		384	435	
	8380	42" diameter, 9000 CFM		6	1.330		420	34		454	510	
	8390	48" diameter, 12,000 CFM		5	1.600		500	40		540	610	
	8440	For two speed, add					11			11	12.10	
	8450	For 12 hour timer switch, add	1 Elec	32	.250		16.50	6.30		22.80	27	
	8500	Wall exhausters, centrifugal, auto damper, 1/8" S.P.										
	8520	Direct drive, 610 CFM, 1/20 HP	Q-20	14	1.430	Ea.	170	33		203	235	
	8540	796 CFM, 1/12 HP		13	1.540		176	35		211	245	
	8560	822 CFM, 1/6 HP		12	1.670		277	38		315	365	
	8580	1320 CFM, 1/4 HP		12	1.670		280	38		318	365	
	8600	1756 CFM, 1/4 HP		11	1.820		325	42		367	420	
	8620	1983 CFM, 1/4 HP		10	2		390	46		436	500	
	8640	2900 CFM, 1/2 HP		9	2.220		475	51		526	600	
	8660	3307 CFM, 3/4 HP		8	2.500		520	58		578	660	
	9500	V-belt drive, 3 phase										
	9520	2800 CFM, 1/4 HP	Q-20	9	2.220	Ea.	765	51		816	920	
	9540	3740 CFM, 1/2 HP		8	2.500		790	58		848	955	
	9560	4400 CFM, 3/4 HP		7	2.860		800	66		866	980	
	9580	5700 CFM, 1-1/2 HP		6	3.330		810	77		887	1,000	

157 400 | Accessories

		CREW	DAILY OUTPUT	MAN-HOURS	UNIT	MAT.	LABOR	EQUIP.	TOTAL	TOTAL INCL O&P	
420	0010	**CONTROL COMPONENTS**										420
	0700	Controller, receiver										
	0850	Electric, single snap switch	1 Elec	4	2	Ea.	239	50		289	335	
	0860	Dual snap switches	"	3	2.670	"	317	67		384	450	
	3590	Sensor, electric operated										
	3620	Humidity	1 Elec	8	1	Ea.	40.40	25		65.40	82	
	3650	Pressure		8	1		485	25		510	570	
	3680	Temperature		10	.800		69.20	20		89.20	105	
	5000	Thermostats										
	5200	24 hour, automatic, clock	1 Shee	8	1	Ea.	86.90	25		111.90	135	
	5220	Electric, 2 wire	1 Elec	13	.615		12.35	15.50		27.85	36	
	5230	3 wire		10	.800		14.95	20		34.95	46	
	5420	Electric operated, humidity		8	1		156	25		181	210	
	5430	DPST		8	1		35.50	25		60.50	76	
	7090	Valves, motor controlled, including actuator										
	7100	Electric motor actuated										
	7200	Brass, two way, screwed										
	7210	1/2" pipe size	L-6	36	.333	Ea.	163	8.45		171.45	190	
	7220	3/4" pipe size		30	.400		182	10.15		192.15	215	
	7230	1" pipe size		28	.429		201	10.85		211.85	235	
	7240	1-1/2" pipe size		19	.632		279	16		295	330	
	7250	2" pipe size		16	.750		425	19		444	495	
	7350	Brass, three way, screwed										
	7360	1/2" pipe size	L-6	33	.364	Ea.	204	9.20		213.20	240	
	7370	3/4" pipe size		27	.444		230	11.25		241.25	270	
	7380	1" pipe size		25.50	.471		300	11.95		311.95	350	
	7390	1-1/2" pipe size		17	.706		306	17.90		323.90	365	
	7400	2" pipe size		14	.857		460	22		482	540	

For expanded coverage of these items see *Means Mechanical Cost Data* or *Means Plumbing Cost Data 1991*

157 | Air Conditioning/Ventilating

157 400 | Accessories

			CREW	DAILY OUTPUT	MAN-HOURS	UNIT	MAT.	LABOR	EQUIP.	TOTAL	TOTAL INCL O&P	
420	7550	Iron body, two way, flanged										420
	7560	2-½" pipe size	L-6	4	3	Ea.	535	76		611	700	
	7570	3" pipe size		3	4		625	100		725	840	
	7580	4" pipe size		2	6		890	150		1,040	1,200	
	7590	6" pipe size	↓	1.50	8	↓	2,490	205		2,695	3,050	
	7850	Iron body, three way, flanged										
	7860	2-½" pipe size	L-6	3	4	Ea.	800	100		900	1,025	
	7870	3" pipe size		2.50	4.800		1,030	120		1,150	1,325	
	7880	4" pipe size		2	6		1,180	150		1,330	1,525	
	7890	6" pipe size	↓	1.50	8	↓	3,060	205		3,265	3,675	

160 | Raceways

160 100 | Cable Trays

			CREW	DAILY OUTPUT	MAN-HOURS	UNIT	MAT.	LABOR	EQUIP.	TOTAL	TOTAL INCL O&P	
105	0010	**CABLE TRAY** Ladder type w/ftngs & supports, 4" dp., to 15' elev.										105
	0100	For higher elevations, see 160-130-9900										
	0160	Galv. steel tray										
	0170	4" rung spacing, 6" wide	1 Elec	49	.163	L.F.	5.45	4.11		9.56	12.05	
	0180	9" wide		46	.174		6.05	4.37		10.42	13.10	
	0200	12" wide		43	.186		6.60	4.68		11.28	14.15	
	0400	18" wide		41	.195		7.70	4.91		12.61	15.70	
	0600	24" wide		39	.205		8.85	5.15		14	17.35	
	0650	30" wide		34	.235		11.20	5.90		17.10	21	
	0700	36" wide		30	.267		12.45	6.70		19.15	24	
	0800	6" rung spacing, 6" wide		50	.160		5	4.02		9.02	11.45	
	0850	9" wide		47	.170		5.45	4.28		9.73	12.30	
	0860	12" wide		44	.182		5.85	4.57		10.42	13.20	
	0870	18" wide		42	.190		6.60	4.79		11.39	14.35	
	0880	24" wide		40	.200		7.35	5.05		12.40	15.50	
	0890	30" wide		35	.229		8.80	5.75		14.55	18.15	
	0900	36" wide		32	.250		9.60	6.30		15.90	19.85	
	0910	9" rung spacing, 6" wide		51	.157		4.65	3.95		8.60	10.95	
	0920	9" wide		49	.163		4.95	4.11		9.06	11.50	
	0930	12" wide		47	.170		5.30	4.28		9.58	12.15	
	0940	18" wide		45	.178		5.75	4.47		10.22	12.95	
	0950	24" wide		43	.186		6.20	4.68		10.88	13.75	
	0960	30" wide		40	.200		7.30	5.05		12.35	15.45	
	0970	36" wide		37	.216		7.80	5.45		13.25	16.60	
	0980	12" rung spacing, 6" wide		53	.151		4.60	3.80		8.40	10.65	
	0990	9" wide		52	.154		4.75	3.87		8.62	10.95	
	1000	12" wide		50	.160		4.95	4.02		8.97	11.40	
	1010	18" wide		48	.167		5.40	4.19		9.59	12.15	
	1020	24" wide		47	.170		5.75	4.28		10.03	12.65	
	1030	30" wide		44	.182		6.50	4.57		11.07	13.90	
	1040	36" wide		42	.190		6.90	4.79		11.69	14.65	
	1041	18" rung spacing, 6" wide		54	.148		4.55	3.73		8.28	10.50	
	1042	9" wide		53	.151		4.70	3.80		8.50	10.80	
	1043	12" wide		51	.157		4.90	3.95		8.85	11.20	
	1044	18" wide		49	.163		5.20	4.11		9.31	11.80	
	1045	24" wide		48	.167		5.40	4.19		9.59	12.15	
	1046	30" wide		45	.178		5.55	4.47		10.02	12.70	
	1047	36" wide	↓	43	.186		5.80	4.68		10.48	13.30	

160 | Raceways

160 100 | Cable Trays

		Description	CREW	DAILY OUTPUT	MAN-HOURS	UNIT	MAT.	LABOR	EQUIP.	TOTAL	TOTAL INCL O&P	
105	1050	Elbows, horiz. 9" rung spacing, 90°, 12" radius, 6" wide	1 Elec	4.80	1.670	Ea.	18.90	42		60.90	83	105
	1060	9" wide		4.20	1.900		20.25	48		68.25	93	
	1070	12" wide		3.80	2.110		22.95	53		75.95	105	
	1080	18" wide		3.10	2.580		29.15	65		94.15	130	
	1090	24" wide		2.70	2.960		33.15	75		108.15	145	
	1100	30" wide		2.40	3.330		43.75	84		127.75	170	
	1110	36" wide		2.10	3.810		51.70	96		147.70	200	
	1120	90°, 24" radius, 6" wide		4.60	1.740		31.05	44		75.05	99	
	1130	9" wide		4	2		33.75	50		83.75	110	
	1140	12" wide		3.60	2.220		35.10	56		91.10	120	
	1150	18" wide		2.90	2.760		42.40	69		111.40	150	
	1160	24" wide		2.50	3.200		46.40	80		126.40	170	
	1170	30" wide		2.20	3.640		58.30	91		149.30	200	
	1180	36" wide		1.90	4.210		62.25	105		167.25	225	
	1190	90°, 36" radius, 6" wide		4.40	1.820		44.55	46		90.55	115	
	1200	9" wide		3.80	2.110		47.25	53		100.25	130	
	1210	12" wide		3.40	2.350		48.60	59		107.60	140	
	1220	18" wide		2.70	2.960		57	75		132	175	
	1230	24" wide		2.30	3.480		60.95	87		147.95	195	
	1240	30" wide		2	4		74.20	100		174.20	230	
	1250	36" wide		1.70	4.710		80.85	120		200.85	265	
	1260	45°, 12" radius, 6" wide		6.60	1.210		14.85	30		44.85	61	
	1270	9" wide		5.50	1.450		15.65	37		52.65	71	
	1280	12" wide		4.80	1.670		16.20	42		58.20	80	
	1290	18" wide		3.80	2.110		17.20	53		70.20	97	
	1300	24" wide		3.10	2.580		22.55	65		87.55	120	
	1310	30" wide		2.70	2.960		27.85	75		102.85	140	
	1320	36" wide		2.30	3.480		29.15	87		116.15	160	
	1330	45°, 24" radius, 6" wide		6.40	1.250		18.90	31		49.90	67	
	1340	9" wide		5.30	1.510		20.25	38		58.25	78	
	1350	12" wide		4.60	1.740		22.95	44		66.95	90	
	1360	18" wide		3.60	2.220		23.85	56		79.85	110	
	1370	24" wide		2.90	2.760		27.85	69		96.85	135	
	1380	30" wide		2.50	3.200		34.45	80		114.45	155	
	1390	36" wide		2.10	3.810		38.45	96		134.45	185	
	1400	45°, 36" radius, 6" wide		6.20	1.290		27	32		59	78	
	1410	9" wide		5.10	1.570		28.35	39		67.35	89	
	1420	12" wide		4.40	1.820		29.70	46		75.70	100	
	1430	18" wide		3.40	2.350		31.80	59		90.80	120	
	1440	24" wide		2.70	2.960		34.45	75		109.45	150	
	1450	30" wide		2.30	3.480		43.75	87		130.75	175	
	1460	36" wide		1.90	4.210		47.70	105		152.70	210	
	1470	Elbows, horizontal, 4" rung spacing, use 9" rung x 1.50										
	1480	6" rung spacing use 9" rung x 1.20										
	1490	12" rung spacing use 9" rung x .93										
	1500	Elbows, vert., 90°, 9" rung spacing, 12" radius, 6" wide	1 Elec	4.80	1.670	Ea.	26.50	42		68.50	91	
	1510	9" wide		4.20	1.900		27.30	48		75.30	100	
	1520	12" wide		3.80	2.110		27.85	53		80.85	110	
	1530	18" wide		3.10	2.580		29.15	65		94.15	130	
	1540	24" wide		2.70	2.960		30.50	75		105.50	145	
	1550	30" wide		2.40	3.330		33.15	84		117.15	160	
	1560	36" wide		2.10	3.810		34.45	96		130.45	180	
	1570	24" radius, 6" wide		4.60	1.740		38.45	44		82.45	105	
	1580	9" wide		4	2		39.75	50		89.75	120	
	1590	12" wide		3.60	2.220		40.80	56		96.80	125	
	1600	18" wide		2.90	2.760		43.75	69		112.75	150	
	1610	24" wide		2.50	3.200		45.05	80		125.05	170	
	1620	30" wide		2.20	3.640		51.70	91		142.70	190	

160 | Raceways

160 100 | Cable Trays

		CREW	DAILY OUTPUT	MAN-HOURS	UNIT	BARE COSTS MAT.	LABOR	EQUIP.	TOTAL	TOTAL INCL O&P	
1630	36" wide	1 Elec	1.90	4.210	Ea.	53	105		158	215	105
1640	36" radius, 6" wide		4.40	1.820		51.70	46		97.70	125	
1650	9" wide		3.80	2.110		53	53		106	135	
1660	12" wide		3.40	2.350		54.35	59		113.35	145	
1670	18" wide		2.70	2.960		58.30	75		133.30	175	
1680	24" wide		2.30	3.480		59.65	87		146.65	195	
1690	30" wide		2	4		67.60	100		167.60	225	
1700	36" wide	↓	1.70	4.710	↓	70.25	120		190.25	250	
1710	Elbows, vertical, 4" rung spacing, use 9" rung x 1.25										
1720	6" rung spacing, use 9" rung x 1.15										
1730	12" rung spacing, use 9" rung x .90										
1740	Tee, horizontal, 9" rung spacing, 12" radius, 6" wide	1 Elec	2.50	3.200	Ea.	42.40	80		122.40	165	
1750	9" wide		2.30	3.480		45.10	87		132.10	180	
1760	12" wide		2.20	3.640		47.70	91		138.70	190	
1770	18" wide		2	4		54.30	100		154.30	210	
1780	24" wide		1.80	4.440		63.60	110		173.60	235	
1790	30" wide		1.70	4.710		76.85	120		196.85	260	
1800	36" wide		1.50	5.330		88.75	135		223.75	295	
1810	24" radius, 6" wide		2.30	3.480		76.85	87		163.85	215	
1820	9" wide		2.10	3.810		80.75	96		176.75	230	
1830	12" wide		2	4		84.75	100		184.75	240	
1840	18" wide		1.80	4.440		93	110		203	265	
1850	24" wide		1.60	5		102	125		227	300	
1860	30" wide		1.50	5.330		118	135		253	330	
1870	36" wide		1.30	6.150		129	155		284	370	
1880	36" radius, 6" wide		2.10	3.810		109	96		205	260	
1890	9" wide		1.90	4.210		114	105		219	280	
1900	12" wide		1.80	4.440		120	110		230	295	
1910	18" wide		1.60	5		130	125		255	330	
1920	24" wide		1.40	5.710		146	145		291	375	
1930	30" wide		1.30	6.150		159	155		314	405	
1940	36" wide		1.10	7.270		172	185		357	460	
1980	Tee, vertical, 9" rung spacing 12" radius, 6" wide		2.70	2.960		84.75	75		159.75	205	
1990	9" wide		2.60	3.080		86	77		163	210	
2000	12" wide		2.50	3.200		87	80		167	215	
2010	18" wide		2.30	3.480		89	87		176	225	
2020	24" wide		2.20	3.640		91	91		182	235	
2030	30" wide		2	4		96	100		196	255	
2040	36" wide		1.80	4.440		99	110		209	275	
2050	24" radius, 6" wide		2.50	3.200		172	80		252	310	
2060	9" wide		2.40	3.330		175	84		259	315	
2070	12" wide		2.30	3.480		180	87		267	325	
2080	18" wide		2.10	3.810		185	96		281	345	
2090	24" wide		2	4		190	100		290	360	
2100	30" wide		1.80	4.440		205	110		315	390	
2110	36" wide		1.60	5		212	125		337	420	
2120	36" radius, 6" wide		2.30	3.480		290	87		377	450	
2130	9" wide		2.20	3.640		292	91		383	455	
2140	12" wide		2.10	3.810		295	96		391	465	
2150	18" wide		1.90	4.210		297	105		402	485	
2160	24" wide		1.80	4.440		305	110		415	500	
2170	30" wide		1.60	5		312	125		437	530	
2180	36" wide	↓	1.40	5.710	↓	318	145		463	560	
2190	Tee, 4" rung spacing, use 9" rung x 1.30										
2200	6" rung spacing, use 9" rung x 1.20										
2210	12" rung spacing, use 9" rung x .90										
2220	Cross, horizontal, 9" rung spacing, 12" radius, 6" wide	1 Elec	2	4	Ea.	58	100		158	210	
2230	9" wide	"	1.90	4.210	"	61	105		166	225	

45

160 | Raceways

160 100 | Cable Trays

		Crew	Daily Output	Man-Hours	Unit	Mat.	Labor	Equip.	Total	Total Incl O&P
2240	12" wide	1 Elec	1.80	4.440	Ea.	68	110		178	240
2250	18" wide		1.70	4.710		73	120		193	255
2260	24" wide		1.50	5.330		81	135		216	285
2270	30" wide		1.40	5.710		98	145		243	320
2280	36" wide		1.30	6.150		110	155		265	350
2290	24" radius, 6" wide		1.80	4.440		114	110		224	290
2300	9" wide		1.70	4.710		118	120		238	305
2310	12" wide		1.60	5		125	125		250	325
2320	18" wide		1.50	5.330		131	135		266	340
2330	24" wide		1.30	6.150		146	155		301	390
2340	30" wide		1.20	6.670		159	170		329	425
2350	36" wide		1.10	7.270		172	185		357	460
2360	36" radius, 6" wide		1.60	5		159	125		284	360
2370	9" wide		1.50	5.330		165	135		300	380
2380	12" wide		1.40	5.710		173	145		318	405
2390	18" wide		1.30	6.150		192	155		347	440
2400	24" wide		1.10	7.270		212	185		397	505
2410	30" wide		1	8		227	200		427	545
2420	36" wide		.90	8.890		243	225		468	595
2430	Cross, horizontal, 4" rung spacing, use 9" rung x 1.30									
2440	6" rung spacing, use 9" rung x 1.20									
2450	12" rung spacing, use 9" rung x .90									
2460	Reducer, 9" to 6" wide	1 Elec	6.50	1.230	Ea.	38	31		69	88
2470	12" to 9" wide tray		6	1.330		38.50	34		72.50	92
2480	18" to 12" wide tray		5.20	1.540		39	39		78	100
2490	24" to 18" wide tray		4.50	1.780		41	45		86	110
2500	30" to 24" wide tray		4	2		42.50	50		92.50	120
2510	36" to 30" wide tray		3.50	2.290		43.50	57		100.50	135
2511	Reducer, 18" to 6" wide tray		5.20	1.540		39	39		78	100
2512	24" to 12" wide tray		4.50	1.780		39.50	45		84.50	110
2513	30" to 18" wide tray		4	2		43.50	50		93.50	120
2514	30" to 12" wide tray		4	2		42.50	50		92.50	120
2515	36" to 24" wide tray		3.50	2.290		44	57		101	135
2516	36" to 18" wide tray		3.50	2.290		44	57		101	135
2517	36" to 12" wide tray		3.50	2.290		44	57		101	135
2520	Dropout or end plate, 6" wide		16	.500		3.05	12.60		15.65	22
2530	9" wide		14	.571		3.55	14.35		17.90	25
2540	12" wide		13	.615		3.90	15.50		19.40	27
2550	18" wide		11	.727		4.60	18.30		22.90	32
2560	24" wide		10	.800		5.55	20		25.55	36
2570	30" wide		9	.889		6.10	22		28.10	40
2580	36" wide		8	1		6.95	25		31.95	45
2590	Tray connector		24	.333		5.45	8.40		13.85	18.40
3200	Aluminum tray, 4" deep, 6" rung spacing, 6" wide		67	.119	L.F.	8.25	3		11.25	13.50
3210	9" wide		64	.125		8.70	3.14		11.84	14.20
3220	12" wide		62	.129		9.20	3.25		12.45	14.90
3230	18" wide		57	.140		10.20	3.53		13.73	16.45
3240	24" wide		53	.151		11.40	3.80		15.20	18.15
3250	30" wide		50	.160		12.45	4.02		16.47	19.65
3260	36" wide		47	.170		13.50	4.28		17.78	21
3270	9" rung spacing, 6" wide		70	.114		7.20	2.87		10.07	12.15
3280	9" wide		67	.119		7.50	3		10.50	12.70
3290	12" wide		65	.123		7.75	3.10		10.85	13.10
3300	18" wide		61	.131		8.50	3.30		11.80	14.20
3310	24" wide		58	.138		9.10	3.47		12.57	15.15
3320	30" wide		54	.148		9.90	3.73		13.63	16.40
3330	36" wide		50	.160		10.70	4.02		14.72	17.70
3340	12" rung spacing, 6" wide		73	.110		6.80	2.76		9.56	11.55

160 | Raceways

160 100 | Cable Trays

			CREW	DAILY OUTPUT	MAN-HOURS	UNIT	BARE COSTS MAT.	LABOR	EQUIP.	TOTAL	TOTAL INCL O&P	
105	3350	9" wide	1 Elec	70	.114	L.F.	6.90	2.87		9.77	11.85	105
	3360	12" wide		67	.119		7.20	3		10.20	12.35	
	3370	18" wide		64	.125		7.75	3.14		10.89	13.15	
	3380	24" wide		62	.129		8.25	3.25		11.50	13.85	
	3390	30" wide		57	.140		8.75	3.53		12.28	14.85	
	3400	36" wide		53	.151		9.25	3.80		13.05	15.80	
	3401	18" rung, spacing, 6" wide		75	.107		7	2.68		9.68	11.65	
	3402	9" wide tray		72	.111		7.20	2.79		9.99	12.05	
	3403	12" wide tray		70	.114		7.35	2.87		10.22	12.35	
	3404	18" wide tray		67	.119		7.70	3		10.70	12.90	
	3405	24" wide tray		65	.123		7.90	3.10		11	13.25	
	3406	30" wide tray		60	.133		8.25	3.35		11.60	14.05	
	3407	36" wide tray		55	.145		8.60	3.66		12.26	14.85	
	3410	Elbows, horiz., 9" rung spacing, 90°, 12" radius, 6" wide		4.80	1.670	Ea.	25.95	42		67.95	90	
	3420	9" wide		4.20	1.900		27	48		75	100	
	3430	12" wide		3.80	2.110		31.40	53		84.40	115	
	3440	18" wide		3.10	2.580		36.75	65		101.75	135	
	3450	24" wide		2.70	2.960		44.30	75		119.30	160	
	3460	30" wide		2.40	3.330		47.60	84		131.60	175	
	3470	36" wide		2.10	3.810		58.30	96		154.30	205	
	3480	90°, 24" radius, 6" wide		4.60	1.740		37.85	44		81.85	105	
	3490	9" wide		4	2		41.15	50		91.15	120	
	3500	12" wide		3.60	2.220		44.30	56		100.30	130	
	3510	18" wide		2.90	2.760		50.85	69		119.85	160	
	3520	24" wide		2.50	3.200		59	80		139	185	
	3530	30" wide		2.20	3.640		66	91		157	210	
	3540	36" wide		1.90	4.210		76	105		181	240	
	3550	90°, 36" radius, 6" wide		4.40	1.820		51	46		97	125	
	3560	9" wide		3.80	2.110		53	53		106	135	
	3570	12" wide		3.40	2.350		59	59		118	150	
	3580	18" wide		2.70	2.960		66	75		141	185	
	3590	24" wide		2.30	3.480		75	87		162	210	
	3600	30" wide		2	4		82	100		182	240	
	3610	36" wide		1.70	4.710		94	120		214	280	
	3620	45°, 12" radius, 6" wide		6.60	1.210		17.50	30		47.50	64	
	3630	9" wide		5.50	1.450		17.75	37		54.75	74	
	3640	12" wide		4.80	1.670		18.45	42		60.45	82	
	3650	18" wide		3.80	2.110		21.60	53		74.60	100	
	3660	24" wide		3.10	2.580		27	65		92	125	
	3670	30" wide		2.70	2.960		30.30	75		105.30	145	
	3680	36" wide		2.30	3.480		32.45	87		119.45	165	
	3690	45°, 24" radius, 6" wide		6.40	1.250		23.80	31		54.80	73	
	3700	9" wide		5.30	1.510		25.95	38		63.95	85	
	3710	12" wide		4.60	1.740		27	44		71	94	
	3720	18" wide		3.60	2.220		28.10	56		84.10	115	
	3730	24" wide		2.90	2.760		33.55	69		102.55	140	
	3740	30" wide		2.50	3.200		40	80		120	165	
	3750	36" wide		2.10	3.810		42.25	96		138.25	190	
	3760	45°, 36" radius, 6" wide		6.20	1.290		30.30	32		62.30	81	
	3770	9" wide		5.10	1.570		31.40	39		70.40	93	
	3780	12" wide		4.40	1.820		32.45	46		78.45	105	
	3790	18" wide		3.40	2.350		36.80	59		95.80	130	
	3800	24" wide		2.70	2.960		44.30	75		119.30	160	
	3810	30" wide		2.30	3.480		46.50	87		133.50	180	
	3820	36" wide		1.90	4.210		51.90	105		156.90	215	
	3830	Elbows, horizontal, 4" rung spacing, use 9" rung x 1.50										
	3840	6" rung spacing, use 9" rung x 1.20										
	3850	12" rung spacing, use 9" rung x .93										

47

160 | Raceways

160 100 | Cable Trays

		Description	CREW	DAILY OUTPUT	MAN-HOURS	UNIT	BARE COSTS MAT.	LABOR	EQUIP.	TOTAL	TOTAL INCL O&P	
105	3860	Elbows, vertical, 9" rung spacing, 90°, 12" radius, 6" wide	1 Elec	4.80	1.670	Ea.	37.85	42		79.85	105	105
	3870	9" wide		4.20	1.900		38.95	48		86.95	115	
	3880	12" wide		3.80	2.110		39.25	53		92.25	120	
	3890	18" wide		3.10	2.580		41	65		106	140	
	3900	24" wide		2.70	2.960		43.25	75		118.25	160	
	3910	30" wide		2.40	3.330		44.35	84		128.35	175	
	3920	36" wide		2.10	3.810		45.40	96		141.40	190	
	3930	24" radius, 6" wide		4.60	1.740		54	44		98	125	
	3940	9" wide		4	2		54.50	50		104.50	135	
	3950	12" wide		3.60	2.220		55.50	56		111.50	145	
	3960	18" wide		2.90	2.760		58	69		127	165	
	3970	24" wide		2.50	3.200		60	80		140	185	
	3980	30" wide		2.20	3.640		62	91		153	205	
	3990	36" wide		1.90	4.210		66	105		171	230	
	4000	36" radius, 6" wide		4.40	1.820		67	46		113	140	
	4010	9" wide		3.80	2.110		69	53		122	155	
	4020	12" wide		3.40	2.350		72	59		131	165	
	4030	18" wide		2.70	2.960		75.50	75		150.50	195	
	4040	24" wide		2.30	3.480		79	87		166	215	
	4050	30" wide		2	4		83	100		183	240	
	4060	36" wide		1.70	4.710		86.50	120		206.50	270	
	4070	Elbows vertical, 4" rung, spacing, use 9" rung x 1.25										
	4080	6" rung spacing, use 9" rung x 1.15										
	4090	12" rung spacing, use 9" rung x .90										
	4100	Tee, horizontal, 9" rung spacing, 12" radius, 6" wide	1 Elec	2.50	3.200	Ea.	44.35	80		124.35	170	
	4110	9" wide		2.30	3.480		46.50	87		133.50	180	
	4120	12" wide		2.20	3.640		47.50	91		138.50	185	
	4130	18" wide		2.10	3.810		58	96		154	205	
	4140	24" wide		2	4		63	100		163	220	
	4150	30" wide		1.80	4.440		73	110		183	245	
	4160	36" wide		1.70	4.710		86.50	120		206.50	270	
	4170	24" radius, 6" wide		2.30	3.480		75.60	87		162.60	210	
	4180	9" wide		2.10	3.810		81	96		177	230	
	4190	12" wide		2	4		84	100		184	240	
	4200	18" wide		1.90	4.210		95	105		200	260	
	4210	24" wide		1.80	4.440		102	110		212	275	
	4220	30" wide		1.60	5		114	125		239	310	
	4230	36" wide		1.50	5.330		168	135		303	385	
	4240	36" radius, 6" wide		2.10	3.810		108	96		204	260	
	4250	9" wide		1.90	4.210		112	105		217	280	
	4260	12" wide		1.80	4.440		122	110		232	300	
	4270	18" wide		1.70	4.710		129	120		249	315	
	4280	24" wide		1.60	5		142	125		267	340	
	4290	30" wide		1.40	5.710		181	145		326	410	
	4300	36" wide		1.30	6.150		200	155		355	450	
	4310	Tee, vertical, 9" rung spacing, 12" radius, 6" wide		2.70	2.960		106	75		181	225	
	4320	9" wide		2.60	3.080		108	77		185	235	
	4330	12" wide		2.50	3.200		109	80		189	240	
	4340	18" wide		2.30	3.480		112	87		199	250	
	4350	24" wide		2.20	3.640		120	91		211	265	
	4360	30" wide		2.10	3.810		123	96		219	275	
	4370	36" wide		2	4		127	100		227	290	
	4380	24" radius, 6" wide		2.50	3.200		222	80		302	365	
	4390	9" wide		2.40	3.330		225	84		309	370	
	4400	12" wide		2.30	3.480		228	87		315	380	
	4410	18" wide		2.10	3.810		231	96		327	395	
	4420	24" wide		2	4		233	100		333	405	
	4430	30" wide		1.90	4.210		238	105		343	420	

160 | Raceways

		160 100	Cable Trays	CREW	DAILY OUTPUT	MAN-HOURS	UNIT	BARE COSTS MAT.	LABOR	EQUIP.	TOTAL	TOTAL INCL O&P	
105	4440		36" wide	1 Elec	1.80	4.440	Ea.	249	110		359	440	105
	4450		36" radius, 6" wide		2.30	3.480		395	87		482	565	
	4460		9" wide		2.20	3.640		405	91		496	580	
	4470		12" wide		2.10	3.810		410	96		506	590	
	4480		18" wide		1.90	4.210		415	105		520	615	
	4490		24" wide		1.80	4.440		430	110		540	640	
	4500		30" wide		1.70	4.710		435	120		555	655	
	4510		36" wide		1.60	5		445	125		570	675	
	4520		Tees, 4" rung spacing, use 9" rung x 1.30										
	4530		6" rung spacing, use 9" rung x 1.20										
	4540		12" rung spacing, use 9" rung x .90										
	4550		Cross, horizontal, 9" rung spacing, 12" radius, 6" wide	1 Elec	2.20	3.640	Ea.	53	91		144	195	
	4560		9" wide		2.10	3.810		58	96		154	205	
	4570		12" wide		2	4		59	100		159	215	
	4580		18" wide		1.80	4.440		70	110		180	240	
	4590		24" wide		1.70	4.710		74	120		194	255	
	4600		30" wide		1.50	5.330		87	135		222	295	
	4610		36" wide		1.40	5.710		109	145		254	330	
	4620		24" radius, 6" wide		2	4		95	100		195	255	
	4630		9" wide		1.90	4.210		102	105		207	270	
	4640		12" wide		1.80	4.440		106	110		216	280	
	4650		18" wide		1.60	5		122	125		247	320	
	4660		24" wide		1.50	5.330		133	135		268	345	
	4670		30" wide		1.30	6.150		155	155		310	400	
	4680		36" wide		1.20	6.670		175	170		345	440	
	4690		36" radius, 6" wide		1.80	4.440		140	110		250	320	
	4700		9" wide		1.70	4.710		146	120		266	335	
	4710		12" wide		1.60	5		154	125		279	355	
	4720		18" wide		1.40	5.710		165	145		310	395	
	4730		24" wide		1.30	6.150		204	155		359	455	
	4740		30" wide		1.10	7.270		223	185		408	515	
	4750		36" wide		1	8		248	200		448	570	
	4760		Cross, horizontal, 4" rung spacing, use 9" rung x 1.30										
	4770		6" rung spacing, use 9" rung x 1.20										
	4780		12" rung spacing, use 9" rung x .90										
	4790		Reducer, 9" to 6" wide	1 Elec	8	1	Ea.	40	25		65	81	
	4800		12" to 9" wide tray		7	1.140		41	29		70	88	
	4810		18" to 12" wide tray		6.20	1.290		42	32		74	94	
	4820		24" to 18" wide tray		5.30	1.510		44	38		82	105	
	4830		30" to 24" wide tray		4.60	1.740		46	44		90	115	
	4840		36" to 30" wide tray		4	2		48	50		98	125	
	4841		Reducer, 18" to 6" wide tray		6.20	1.290		42	32		74	94	
	4842		24" to 12" wide tray		5.30	1.510		43	38		81	105	
	4843		30" to 18" wide tray		4.60	1.740		45	44		89	115	
	4844		30" to 12" wide tray		4.60	1.740		45	44		89	115	
	4845		36" to 24" wide tray		4	2		48	50		98	125	
	4846		36" to 18" wide tray		4	2		48	50		98	125	
	4847		36" to 12" wide tray		4	2		48	50		98	125	
	4850		Dropout or end plate, 6" wide		16	.500		3.70	12.60		16.30	23	
	4860		9" wide tray		14	.571		4	14.35		18.35	26	
	4870		12" wide tray		13	.615		4.25	15.50		19.75	28	
	4880		18" wide tray		11	.727		5.75	18.30		24.05	33	
	4890		24" wide tray		10	.800		6.75	20		26.75	37	
	4900		30" wide tray		9	.889		8.05	22		30.05	42	
	4910		36" wide tray		8	1		9	25		34	47	
	4920		Tray connector		24	.333		5.30	8.40		13.70	18.20	
	8000		Elbow, 36" radius, horiz., 60° 6" wide tray		5.30	1.510		47	38		85	110	
	8010		9" wide tray		4.50	1.780		51	45		96	120	

160 | Raceways

160 100 | Cable Trays

			CREW	DAILY OUTPUT	MAN-HOURS	UNIT	BARE COSTS MAT.	LABOR	EQUIP.	TOTAL	TOTAL INCL O&P	
105	8020	12" wide tray	1 Elec	3.90	2.050	Ea.	53	52		105	135	105
	8030	18" wide tray		3.10	2.580		57	65		122	160	
	8040	24" wide tray		2.50	3.200		66	80		146	190	
	8050	30" wide tray		2.20	3.640		69	91		160	210	
	8060	30°, 6" wide tray		7	1.140		37	29		66	83	
	8070	9" wide tray		5.70	1.400		39	35		74	95	
	8080	12" wide tray		4.90	1.630		40	41		81	105	
	8090	18" wide tray		3.70	2.160		42	54		96	125	
	8100	24" wide tray		2.90	2.760		50	69		119	155	
	8110	30" wide tray		2.40	3.330		52	84		136	180	
	8120	Adjustable, 6" wide tray		6.20	1.290		48	32		80	100	
	8130	9" wide tray		5.10	1.570		51	39		90	115	
	8140	12" wide tray		4.40	1.820		52	46		98	125	
	8150	18" wide tray		3.40	2.350		57	59		116	150	
	8160	24" wide tray		2.70	2.960		60	75		135	175	
	8170	30" wide tray		2.30	3.480		68	87		155	205	
	8180	Wye, 36" radius, horiz., 45°, 6" wide tray		2.30	3.480		84	87		171	220	
	8190	9" wide tray		2.20	3.640		91	91		182	235	
	8200	12" wide tray		2.10	3.810		101	96		197	255	
	8210	18" wide tray		1.90	4.210		121	105		226	290	
	8220	24" wide tray		1.80	4.440		140	110		250	320	
	8230	30" wide tray		1.70	4.710		178	120		298	370	
	8240	Elbow, 36" radius, vert, in/outside, 60°, 6" wide tray		5.30	1.510		53	38		91	115	
	8250	9" wide tray		4.50	1.780		55	45		100	125	
	8260	12" wide tray		3.90	2.050		56	52		108	140	
	8270	18" wide tray		3.10	2.580		58	65		123	160	
	8280	24" wide tray		2.50	3.200		61	80		141	185	
	8290	30" wide tray		2.20	3.640		65	91		156	205	
	8300	45°, 6" wide tray		6.20	1.290		47	32		79	100	
	8310	9" wide tray		5.10	1.570		50	39		89	115	
	8320	12" wide tray		4.40	1.820		51	46		97	125	
	8330	18" wide tray		3.40	2.350		53	59		112	145	
	8340	24" wide tray		2.70	2.960		56	75		131	170	
	8350	30" wide tray		2.30	3.480		57	87		144	190	
	8360	30°, 6" wide tray		7	1.140		42	29		71	89	
	8370	9" wide tray		5.70	1.400		43	35		78	99	
	8380	12" wide tray		4.90	1.630		45	41		86	110	
	8390	18" wide tray		3.70	2.160		46	54		100	130	
	8400	24" wide tray		2.90	2.760		47	69		116	155	
	8410	30" wide tray		2.40	3.330		50	84		134	180	
	8660	Adjustable, 6" wide tray		6.20	1.290		48	32		80	100	
	8670	9" wide tray		5.10	1.570		51	39		90	115	
	8680	12" wide tray		4.40	1.820		52	46		98	125	
	8690	18" wide tray		3.40	2.350		57	59		116	150	
	8700	24" wide tray		2.70	2.960		60	75		135	175	
	8710	30" wide tray		2.30	3.480		67	87		154	205	
	8720	Cross, vertical, 6" wide tray		1.80	4.440		312	110		422	510	
	8730	9" wide tray		1.70	4.710		318	120		438	525	
	8740	12" wide tray		1.60	5		323	125		448	540	
	8750	18" wide tray		1.40	5.710		334	145		479	580	
	8760	24" wide tray		1.30	6.150		350	155		505	615	
	8770	30" wide tray		1.10	7.270		366	185		551	675	
	9200	Splice plate		48	.167	Pr.	6.75	4.19		10.94	13.60	
	9210	Expansion joint		48	.167		8.10	4.19		12.29	15.10	
	9220	Horizontal hinged		48	.167		6.75	4.19		10.94	13.60	
	9230	Vertical hinged		48	.167		8.10	4.19		12.29	15.10	
	9240	Ladder hanger, vertical		28	.286	Ea.	1.80	7.20		9	12.60	
	9250	Ladder to channel connector		24	.333	"	21.85	8.40		30.25	36	

160 | Raceways

160 100 | Cable Trays

		Crew	Daily Output	Man-Hours	Unit	Bare Costs Mat.	Labor	Equip.	Total	Total Incl O&P	
105	9260 Ladder to box connector 30" wide	1 Elec	19	.421	Ea.	22	10.60		32.60	40	105
	9270 24" wide		20	.400		22	10.05		32.05	39	
	9280 18" wide		21	.381		21	9.60		30.60	37	
	9290 12" wide		22	.364		19	9.15		28.15	34	
	9300 9" wide		23	.348		18	8.75		26.75	33	
	9310 6" wide		24	.333		18	8.40		26.40	32	
	9320 Ladder floor flange		24	.333		14	8.40		22.40	28	
	9330 Cable roller for tray 30" wide		10	.800		122	20		142	165	
	9340 24" wide		11	.727		104	18.30		122.30	140	
	9350 18" wide		12	.667		100	16.75		116.75	135	
	9360 12" wide		13	.615		78	15.50		93.50	110	
	9370 9" wide		14	.571		69	14.35		83.35	97	
	9380 6" wide		15	.533		56	13.40		69.40	81	
	9390 Pulley, single wheel		12	.667		140	16.75		156.75	180	
	9400 Triple wheel		10	.800		280	20		300	340	
	9440 Nylon cable tie, 14" long		80	.100		.30	2.52		2.82	4.04	
	9450 Ladder, hold down clamp		60	.133		3.95	3.35		7.30	9.30	
	9460 Cable clamp		60	.133		4.05	3.35		7.40	9.40	
	9470 Wall bracket for 30" wide tray		19	.421		20.95	10.60		31.55	39	
	9480 24" wide tray		20	.400		17	10.05		27.05	34	
	9490 18" wide tray		21	.381		15.35	9.60		24.95	31	
	9500 12" wide tray		22	.364		14.60	9.15		23.75	30	
	9510 9" wide tray		23	.348		12.70	8.75		21.45	27	
	9520 6" wide tray		24	.333		12.45	8.40		20.85	26	
110	0010 **CABLE TRAY** Solid bottom, w/ftngs & supports, 3" dp, to 15' high										110
	0200 For higher elevations, see 160-130-9900										
	0220 Galvanized steel, tray, 6" wide	1 Elec	60	.133	L.F.	4.45	3.35		7.80	9.85	
	0240 12" wide		50	.160		5.70	4.02		9.72	12.20	
	0260 18" wide		35	.229		6.95	5.75		12.70	16.15	
	0280 24" wide		30	.267		8.15	6.70		14.85	18.85	
	0300 30" wide		25	.320		9.70	8.05		17.75	23	
	0320 36" wide		22	.364		13.85	9.15		23	29	
	0340 Elbow, horizontal, 90°, 12" radius, 6" wide		4.80	1.670	Ea.	32	42		74	97	
	0360 12" wide		3.40	2.350		37	59		96	130	
	0370 18" wide		2.70	2.960		42	75		117	155	
	0380 24" wide		2.20	3.640		51	91		142	190	
	0390 30" wide		1.90	4.210		61	105		166	225	
	0400 36" wide		1.70	4.710		69	120		189	250	
	0420 24" radius, 6" wide		4.60	1.740		46	44		90	115	
	0440 12" wide		3.20	2.500		54	63		117	150	
	0450 18" wide		2.50	3.200		63	80		143	190	
	0460 24" wide		2	4		72	100		172	230	
	0470 30" wide		1.70	4.710		84	120		204	265	
	0480 36" wide		1.50	5.330		96	135		231	305	
	0500 36" radius, 6" wide		4.40	1.820		68	46		114	140	
	0520 12" wide		3	2.670		78	67		145	185	
	0530 18" wide		2.30	3.480		94	87		181	235	
	0540 24" wide		1.80	4.440		103	110		213	280	
	0550 30" wide		1.50	5.330		119	135		254	330	
	0560 36" wide		1.30	6.150		135	155		290	375	
	0580 Elbow, vertical, 90°, 12" radius, 6" wide		4.80	1.670		40	42		82	105	
	0600 12" wide		3.40	2.350		42	59		101	135	
	0610 18" wide		2.70	2.960		43	75		118	155	
	0620 24" wide		2.20	3.640		49	91		140	190	
	0630 30" wide		1.90	4.210		53	105		158	215	
	0640 36" wide		1.70	4.710		55	120		175	235	
	0670 24" radius, 6" wide		4.60	1.740		56	44		100	125	
	0690 12" wide		3.20	2.500		61	63		124	160	

160 | Raceways

160 100 | Cable Trays

			CREW	DAILY OUTPUT	MAN-HOURS	UNIT	BARE COSTS MAT.	LABOR	EQUIP.	TOTAL	TOTAL INCL O&P	
110	0700	18" wide	1 Elec	2.50	3.200	Ea.	67	80		147	195	110
	0710	24" wide		2	4		71	100		171	225	
	0720	30" wide		1.70	4.710		76	120		196	260	
	0730	36" wide		1.50	5.330		82	135		217	290	
	0750	36" radius, 6" wide		4.40	1.820		76	46		122	150	
	0770	12" wide		3.30	2.420		84	61		145	180	
	0780	18" wide		2.30	3.480		92	87		179	230	
	0790	24" wide		1.80	4.440		101	110		211	275	
	0800	30" wide		1.50	5.330		111	135		246	320	
	0810	36" wide		1.30	6.150		119	155		274	360	
	0840	Tee, horizontal, 12" radius, 6" wide		2.50	3.200		49	80		129	175	
	0860	12" wide		2	4		54	100		154	210	
	0870	18" wide		1.70	4.710		63	120		183	245	
	0880	24" wide		1.40	5.710		70	145		215	290	
	0890	30" wide		1.30	6.150		81	155		236	320	
	0900	36" wide		1.10	7.270		92	185		277	370	
	0940	24" radius, 6" wide		2.30	3.480		78	87		165	215	
	0960	12" wide		1.80	4.440		91	110		201	265	
	0970	18" wide		1.50	5.330		99	135		234	305	
	0980	24" wide		1.20	6.670		135	170		305	395	
	0990	30" wide		1.10	7.270		146	185		331	430	
	1000	36" wide		.90	8.890		159	225		384	505	
	1020	36" radius, 6" wide		2.10	3.810		119	96		215	270	
	1040	12" wide		1.60	5		135	125		260	335	
	1050	18" wide		1.30	6.150		146	155		301	390	
	1060	24" wide		1.10	7.270		189	185		374	480	
	1070	30" wide		1	8		207	200		407	525	
	1080	36" wide		.80	10		212	250		462	605	
	1100	Tee, vertical, 12" radius, 6" wide		2.50	3.200		81	80		161	210	
	1120	12" wide		2	4		84	100		184	240	
	1130	18" wide		1.80	4.440		86	110		196	260	
	1140	24" wide		1.70	4.710		94	120		214	280	
	1150	30" wide		1.50	5.330		101	135		236	310	
	1160	36" wide		1.30	6.150		105	155		260	345	
	1180	24" radius, 6" wide		2.30	3.480		119	87		206	260	
	1200	12" wide		1.80	4.440		127	110		237	305	
	1210	18" wide		1.60	5		135	125		260	335	
	1220	24" wide		1.50	5.330		140	135		275	350	
	1230	30" wide		1.30	6.150		153	155		308	395	
	1240	36" wide		1.10	7.270		159	185		344	445	
	1260	36" radius, 6" wide		2.10	3.810		189	96		285	350	
	1280	12" wide		1.60	5		195	125		320	400	
	1290	18" wide		1.40	5.710		207	145		352	440	
	1300	24" wide		1.30	6.150		212	155		367	460	
	1310	30" wide		1.10	7.270		244	185		429	540	
	1320	36" wide		1	8		257	200		457	580	
	1340	Cross, horizontal, 12" radius, 6" wide		2	4		59	100		159	215	
	1360	12" wide		1.70	4.710		68	120		188	250	
	1370	18" wide		1.40	5.710		76	145		221	295	
	1380	24" wide		1.20	6.670		84	170		254	340	
	1390	30" wide		1	8		94	200		294	400	
	1400	36" wide		.90	8.890		104	225		329	445	
	1420	24" radius, 6" wide		1.80	4.440		108	110		218	285	
	1440	12" wide		1.50	5.330		121	135		256	330	
	1450	18" wide		1.20	6.670		134	170		304	395	
	1460	24" wide		1	8		170	200		370	485	
	1470	30" wide		.90	8.890		189	225		414	540	
	1480	36" wide		.80	10		201	250		451	595	

160 | Raceways

160 100 | Cable Trays

			Crew	Daily Output	Man-Hours	Unit	Mat.	Labor	Equip.	Total	Total Incl O&P	
110	1500	36" radius, 6" wide	1 Elec	1.60	5	Ea.	178	125		303	380	110
	1520	12" wide		1.30	6.150		195	155		350	445	
	1530	18" wide		1	8		212	200		412	530	
	1540	24" wide		.90	8.890		249	225		474	605	
	1550	30" wide		.80	10		270	250		520	670	
	1560	36" wide		.70	11.430		292	285		577	745	
	1580	Drop out or end plate, 6" wide		16	.500		7.40	12.60		20	27	
	1600	12" wide		13	.615		9.25	15.50		24.75	33	
	1610	18" wide		11	.727		9.90	18.30		28.20	38	
	1620	24" wide		10	.800		11.60	20		31.60	42	
	1630	30" wide		9	.889		13.10	22		35.10	47	
	1640	36" wide		8	1		14	25		39	53	
	1660	Reducer, 12" to 6" wide		6	1.330		39	34		73	92	
	1680	18" to 12" wide		5.30	1.510		40	38		78	100	
	1700	18" to 6" wide		5.30	1.510		40	38		78	100	
	1720	24" to 18" wide		4.60	1.740		42	44		86	110	
	1740	24" to 12" wide		4.60	1.740		42	44		86	110	
	1760	30" to 24" wide		4	2		44	50		94	125	
	1780	30" to 18" wide		4	2		44	50		94	125	
	1800	30" to 12" wide		4	2		44	50		94	125	
	1820	36" to 30" wide		3.60	2.220		46	56		102	135	
	1840	36" to 24" wide		3.60	2.220		46	56		102	135	
	1860	36" to 18" wide		3.60	2.220		46	56		102	135	
	1880	36" to 12" wide		3.60	2.220		47	56		103	135	
	2000	Aluminum, tray, 6" wide		75	.107	L.F.	6.35	2.68		9.03	10.95	
	2020	12" wide		65	.123		8.40	3.10		11.50	13.80	
	2030	18" wide		50	.160		10.45	4.02		14.47	17.45	
	2040	24" wide		45	.178		12.55	4.47		17.02	20	
	2050	30" wide		35	.229		14.75	5.75		20.50	25	
	2060	36" wide		32	.250		18.70	6.30		25	30	
	2080	Elbow, horizontal, 90°, 12" radius, 6" wide		4.80	1.670	Ea.	46	42		88	115	
	2100	12" wide		3.80	2.110		53	53		106	135	
	2110	18" wide		3.40	2.350		64	59		123	160	
	2120	24" wide		2.90	2.760		74	69		143	185	
	2130	30" wide		2.50	3.200		90	80		170	220	
	2140	36" wide		2.20	3.640		101	91		192	245	
	2160	24" radius, 6" wide		4.60	1.740		67	44		111	140	
	2180	12" wide		3.60	2.220		80	56		136	170	
	2190	18" wide		3.20	2.500		90	63		153	190	
	2200	24" wide		2.70	2.960		111	75		186	230	
	2210	30" wide		2.30	3.480		127	87		214	270	
	2220	36" wide		2	4		146	100		246	310	
	2240	36" radius, 6" wide		4.40	1.820		99	46		145	175	
	2260	12" wide		3.40	2.350		117	59		176	215	
	2270	18" wide		3	2.670		140	67		207	255	
	2280	24" wide		2.50	3.200		152	80		232	285	
	2290	30" wide		2.10	3.810		170	96		266	330	
	2300	36" wide		1.80	4.440		200	110		310	385	
	2320	Elbow vertical, 90°, 12" radius, 6" wide		4.80	1.670		56	42		98	125	
	2340	12" wide		3.80	2.110		58	53		111	140	
	2350	18" wide		3.40	2.350		64	59		123	160	
	2360	24" wide		2.90	2.760		69	69		138	180	
	2370	30" wide		2.50	3.200		72	80		152	200	
	2380	36" wide		2.20	3.640		75	91		166	220	
	2400	24" radius, 6" wide		4.60	1.740		80	44		124	155	
	2420	12" wide		3.60	2.220		85	56		141	175	
	2430	18" wide		3.20	2.500		92	63		155	195	
	2440	24" wide		2.70	2.960		100	75		175	220	

160 | Raceways

160 100 | Cable Trays

		Crew	Daily Output	Man-Hours	Unit	Mat.	Labor	Equip.	Total	Total Incl O&P	
110	2450	30" wide	1 Elec	2.30	3.480	Ea.	106	87		193	245	110
	2460	36" wide		2	4		117	100		217	275	
	2480	36" radius, 6" wide		4.40	1.820		105	46		151	185	
	2500	12" wide		3.40	2.350		117	59		176	215	
	2510	18" wide		3	2.670		127	67		194	240	
	2520	24" wide		2.50	3.200		133	80		213	265	
	2530	30" wide		2.10	3.810		146	96		242	300	
	2540	36" wide		1.80	4.440		153	110		263	335	
	2560	Tee, horizontal, 12" radius, 6" wide		2.50	3.200		72	80		152	200	
	2580	12" wide		2.20	3.640		85	91		176	230	
	2590	18" wide		2	4		99	100		199	255	
	2600	24" wide		1.80	4.440		110	110		220	285	
	2610	30" wide		1.50	5.330		127	135		262	340	
	2620	36" wide		1.20	6.670		146	170		316	410	
	2640	24" radius, 6" wide		2.30	3.480		119	87		206	260	
	2660	12" wide		2	4		135	100		235	295	
	2670	18" wide		1.80	4.440		153	110		263	335	
	2680	24" wide		1.50	5.330		189	135		324	405	
	2690	30" wide		1.20	6.670		153	170		323	415	
	2700	36" wide		1.10	7.270		237	185		422	530	
	2720	36" radius, 6" wide		2.10	3.810		195	96		291	355	
	2740	12" wide		1.80	4.440		210	110		320	395	
	2750	18" wide		1.60	5		245	125		370	455	
	2760	24" wide		1.30	6.150		285	155		440	540	
	2770	30" wide		1	8		320	200		520	650	
	2780	36" wide		.90	8.890		370	225		595	735	
	2800	Tee, vertical, 12" radius, 6" wide		2.50	3.200		104	80		184	235	
	2820	12" wide		2.20	3.640		106	91		197	250	
	2830	18" wide		2.10	3.810		110	96		206	260	
	2840	24" wide		2	4		117	100		217	275	
	2850	30" wide		1.80	4.440		127	110		237	305	
	2860	36" wide		1.50	5.330		135	135		270	345	
	2880	24" radius, 6" wide		2.30	3.480		153	87		240	295	
	2900	12" wide		2	4		159	100		259	325	
	2910	18" wide		1.90	4.210		172	105		277	345	
	2920	24" wide		1.80	4.440		190	110		300	375	
	2930	30" wide		1.60	5		205	125		330	410	
	2940	36" wide		1.30	6.150		217	155		372	465	
	2960	36" radius, 6" wide		2.10	3.810		237	96		333	400	
	2980	12" wide		1.70	4.710		249	120		369	450	
	2990	18" wide		1.70	4.710		260	120		380	460	
	3000	24" wide		1.60	5		270	125		395	485	
	3010	30" wide		1.40	5.710		307	145		452	550	
	3020	36" wide		1.10	7.270		335	185		520	640	
	3040	Cross, horizontal, 12" radius, 6" wide		2.20	3.640		92	91		183	235	
	3060	12" wide		2	4		105	100		205	265	
	3070	18" wide		1.70	4.710		117	120		237	305	
	3080	24" wide		1.40	5.710		135	145		280	360	
	3090	30" wide		1.30	6.150		153	155		308	395	
	3100	36" wide		1.10	7.270		170	185		355	455	
	3120	24" radius, 6" wide		2	4		159	100		259	325	
	3140	12" wide		1.80	4.440		190	110		300	375	
	3150	18" wide		1.50	5.330		205	135		340	425	
	3160	24" wide		1.20	6.670		245	170		415	515	
	3170	30" wide		1.10	7.270		270	185		455	565	
	3180	36" wide		.90	8.890		290	225		515	650	
	3200	36" radius, 6" wide		1.80	4.440		290	110		400	485	
	3220	12" wide		1.60	5		305	125		430	520	

160 | Raceways

160 100 | Cable Trays

			Crew	Daily Output	Man-Hours	Unit	Bare Costs Mat.	Bare Costs Labor	Bare Costs Equip.	Bare Costs Total	Total Incl O&P	
110	3230	18" wide	1 Elec	1.30	6.150	Ea.	340	155		495	605	110
	3240	24" wide		1	8		370	200		570	705	
	3250	30" wide		.90	8.890		405	225		630	775	
	3260	36" wide		.80	10		470	250		720	890	
	3280	Dropout, or end plate 6" wide		16	.500		9.40	12.60		22	29	
	3300	12" wide		13	.615		10.60	15.50		26.10	35	
	3310	18" wide		11	.727		12.70	18.30		31	41	
	3320	24" wide		10	.800		13.95	20		33.95	45	
	3330	30" wide		9	.889		16.15	22		38.15	51	
	3340	36" wide		8	1		18.60	25		43.60	58	
	3380	Reducer, 12" to 6" wide		7	1.140		50	29		79	97	
	3400	18" to 12" wide		6	1.330		53	34		87	110	
	3420	18" to 6" wide		6	1.330		53	34		87	110	
	3440	24" to 18" wide		5.30	1.510		56	38		94	120	
	3460	24" to 12" wide		5.30	1.510		56	38		94	120	
	3480	30" to 24" wide		4.60	1.740		60	44		104	130	
	3500	30" to 18" wide		4.60	1.740		60	44		104	130	
	3520	30" to 12" wide		4.60	1.740		60	44		104	130	
	3540	36" to 30" wide		4	2		63	50		113	145	
	3560	36" to 24" wide		4	2		64	50		114	145	
	3580	36" to 18" wide		4	2		64	50		114	145	
	3600	36" to 12" wide		4	2		66	50		116	145	
120	0010	CABLE TRAY Trough, vented w/ftngs & supports, 6" dp, to 15' hi										120
	0020	For higher elevations, see 160-130-9900										
	0200	Galvanized steel, tray, 6" wide	1 Elec	45	.178	L.F.	5.90	4.47		10.37	13.10	
	0240	12" wide		40	.200		7.25	5.05		12.30	15.40	
	0260	18" wide		35	.229		8.65	5.75		14.40	18	
	0280	24" wide		30	.267		9.90	6.70		16.60	21	
	0300	30" wide		25	.320		14.25	8.05		22.30	28	
	0320	36" wide		20	.400		15.95	10.05		26	32	
	0340	Elbow, horizontal, 90°, 12" radius, 6" wide		3.80	2.110	Ea.	34.75	53		87.75	115	
	0360	12" wide		2.80	2.860		40.80	72		112.80	150	
	0370	18" wide		2.20	3.640		46.50	91		137.50	185	
	0380	24" wide		1.80	4.440		57	110		167	230	
	0390	30" wide		1.60	5		64.50	125		189.50	255	
	0400	36" wide		1.40	5.710		75	145		220	295	
	0420	24" radius, 6" wide		3.60	2.220		50	56		106	140	
	0440	12" wide		2.60	3.080		58	77		135	180	
	0450	18" wide		2	4		69	100		169	225	
	0460	24" wide		1.60	5		79.50	125		204.50	275	
	0470	30" wide		1.40	5.710		91.50	145		236.50	315	
	0480	36" wide		1.20	6.670		102	170		272	360	
	0500	36" radius, 6" wide		3.40	2.350		75	59		134	170	
	0520	12" wide		2.40	3.330		85	84		169	215	
	0530	18" wide		1.80	4.440		103	110		213	280	
	0540	24" wide		1.40	5.710		108	145		253	330	
	0550	30" wide		1.20	6.670		122	170		292	380	
	0560	36" wide		1	8		135	200		335	445	
	0580	Elbow, vertical, 90°, 12" radius, 6" wide		3.80	2.110		43.50	53		96.50	125	
	0600	12" wide		2.80	2.860		49	72		121	160	
	0610	18" wide		2.20	3.640		50	91		141	190	
	0620	24" wide		1.80	4.440		56	110		166	225	
	0630	30" wide		1.60	5		58	125		183	250	
	0640	36" wide		1.40	5.710		61.50	145		206.50	280	
	0660	24" radius, 6" wide		3.60	2.220		62	56		118	150	
	0680	12" wide		2.60	3.080		68	77		145	190	
	0690	18" wide		2	4		73	100		173	230	
	0700	24" wide		1.60	5		77	125		202	270	

160 | Raceways

160 100 | Cable Trays

			Crew	Daily Output	Man-Hours	Unit	Mat.	Labor	Equip.	Total	Total Incl O&P	
120	0710	30" wide	1 Elec	1.40	5.710	Ea.	85	145		230	305	120
	0720	36" wide		1.20	6.670		90	170		260	345	
	0740	36" radius, 6" wide		3.40	2.350		84	59		143	180	
	0760	12" wide		2.40	3.330		91	84		175	225	
	0770	18" wide		1.80	4.440		100	110		210	275	
	0780	24" wide		1.40	5.710		106	145		251	330	
	0790	30" wide		1.20	6.670		110	170		280	370	
	0800	36" wide		1	8		122	200		322	430	
	0820	Tee, horizontal, 12" radius, 6" wide		2	4		51	100		151	205	
	0840	12" wide		1.60	5		57	125		182	250	
	0850	18" wide		1.40	5.710		65	145		210	285	
	0860	24" wide		1.20	6.670		75	170		245	330	
	0870	30" wide		1.10	7.270		85	185		270	365	
	0880	36" wide		1	8		94	200		294	400	
	0900	24" radius, 6" wide		1.80	4.440		84	110		194	255	
	0920	12" wide		1.40	5.710		93	145		238	315	
	0930	18" wide		1.20	6.670		104	170		274	360	
	0940	24" wide		1	8		134	200		334	445	
	0950	30" wide		.90	8.890		145	225		370	490	
	0960	36" wide		.80	10		163	250		413	550	
	0980	36" radius, 6" wide		1.60	5		122	125		247	320	
	1000	12" wide		1.20	6.670		140	170		310	400	
	1010	18" wide		1	8		152	200		352	465	
	1020	24" wide		.80	10		183	250		433	575	
	1030	30" wide		.70	11.430		195	285		480	640	
	1040	36" wide		.60	13.330		225	335		560	745	
	1060	Tee, vertical, 12" radius, 6" wide		2	4		85	100		185	240	
	1080	12" wide		1.60	5		86	125		211	280	
	1090	18" wide		1.50	5.330		89	135		224	295	
	1100	24" wide		1.40	5.710		94	145		239	315	
	1110	30" wide		1.30	6.150		99	155		254	335	
	1120	36" wide		1.10	7.270		102	185		287	380	
	1140	24" radius, 6" wide		1.80	4.440		115	110		225	290	
	1160	12" wide		1.40	5.710		120	145		265	345	
	1170	18" wide		1.30	6.150		127	155		282	370	
	1180	24" wide		1.20	6.670		135	170		305	395	
	1190	30" wide		1.10	7.270		143	185		328	425	
	1200	36" wide		.90	8.890		155	225		380	500	
	1220	36" radius, 6" wide		1.60	5		183	125		308	385	
	1240	12" wide		1.20	6.670		188	170		358	455	
	1250	18" wide		1.10	7.270		194	185		379	485	
	1260	24" wide		1	8		205	200		405	525	
	1270	30" wide		.90	8.890		240	225		465	595	
	1280	36" wide		.70	11.430		245	285		530	695	
	1300	Cross, horizontal, 12" radius, 6" wide		1.60	5		65	125		190	255	
	1320	12" wide		1.40	5.710		70	145		215	290	
	1330	18" wide		1.20	6.670		80	170		250	335	
	1340	24" wide		1	8		82.50	200		282.50	390	
	1350	30" wide		.90	8.890		93	225		318	430	
	1360	36" wide		.80	10		105	250		355	485	
	1380	24" radius, 6" wide		1.40	5.710		110	145		255	335	
	1400	12" wide		1.20	6.670		115	170		285	375	
	1410	18" wide		1	8		127	200		327	435	
	1420	24" wide		.80	10		160	250		410	545	
	1430	30" wide		.70	11.430		178	285		463	620	
	1440	36" wide		.60	13.330		190	335		525	705	
	1460	36" radius, 6" wide		1.20	6.670		190	170		360	455	
	1480	12" wide	↓	1	8	↓	195	200		395	510	

160 | Raceways

160 100 | Cable Trays

Line	Description	CREW	DAILY OUTPUT	MAN-HOURS	UNIT	MAT.	LABOR	EQUIP.	TOTAL	TOTAL INCL O&P
1490	18" wide	1 Elec	.80	10	Ea.	200	250		450	590
1500	24" wide		.60	13.330		240	335		575	760
1510	30" wide		.50	16		257	400		657	875
1520	36" wide		.40	20		284	505		789	1,050
1540	Dropout or end plate, 6" wide		13	.615		8.40	15.50		23.90	32
1560	12" wide		11	.727		10.30	18.30		28.60	38
1580	18" wide		10	.800		11.35	20		31.35	42
1600	24" wide		9	.889		13	22		35	47
1620	30" wide		8	1		14	25		39	53
1640	36" wide		6.70	1.190		15.25	30		45.25	61
1660	Reducer, 12" to 6" wide		4.70	1.700		41	43		84	110
1680	18" to 12" wide		4.20	1.900		43	48		91	120
1700	18" to 6" wide		4.20	1.900		43	48		91	120
1720	24" to 18" wide		3.60	2.220		44	56		100	130
1740	24" to 12" wide		3.60	2.220		44	56		100	130
1760	30" to 24" wide		3.20	2.500		46	63		109	145
1780	30" to 18" wide		3.20	2.500		46	63		109	145
1800	30" to 12" wide		3.20	2.500		46	63		109	145
1820	36" to 30" wide		2.90	2.760		50	69		119	155
1840	36" to 24" wide		2.90	2.760		50	69		119	155
1860	36" to 18" wide		2.90	2.760		51	69		120	160
1880	36" to 12" wide		2.90	2.760		51	69		120	160
2000	Aluminum, tray, 6" wide		60	.133	L.F.	8.35	3.35		11.70	14.15
2010	9" wide		55	.145		9.70	3.66		13.36	16.05
2020	12" wide		50	.160		10.55	4.02		14.57	17.55
2030	18" wide		45	.178		12.70	4.47		17.17	21
2040	24" wide		40	.200		14.85	5.05		19.90	24
2050	30" wide		35	.229		19.70	5.75		25.45	30
2060	36" wide		30	.267		21.30	6.70		28	33
2080	Elbow, horiz., 90°, 12" radius, 6" wide		3.80	2.110	Ea.	50	53		103	135
2090	9" wide		3.50	2.290		55	57		112	145
2100	12" wide		3.10	2.580		58	65		123	160
2110	18" wide		2.80	2.860		69	72		141	180
2120	24" wide		2.30	3.480		80	87		167	215
2130	30" wide		2	4		97	100		197	255
2140	36" wide		1.80	4.440		106	110		216	280
2160	24" radius, 6" wide		3.60	2.220		73	56		129	165
2180	12" wide		2.90	2.760		85	69		154	195
2190	18" wide		2.60	3.080		99	77		176	225
2200	24" wide		2.10	3.810		113	96		209	265
2210	30" wide		1.80	4.440		128	110		238	305
2220	36" wide		1.60	5		138	125		263	340
2240	36" radius, 6" wide		3.40	2.350		103	59		162	200
2260	12" wide		2.70	2.960		117	75		192	240
2270	18" wide		2.40	3.330		133	84		217	270
2280	24" wide		1.90	4.210		145	105		250	315
2290	30" wide		1.70	4.710		173	120		293	365
2300	36" wide		1.40	5.710		190	145		335	420
2320	Elbow, vertical, 90°, 12" radius, 6" wide		3.80	2.110		61	53		114	145
2330	9" wide		3.50	2.290		65	57		122	155
2340	12" wide		3.10	2.580		66	65		131	170
2350	18" wide		2.80	2.860		69	72		141	180
2360	24" wide		2.30	3.480		75	87		162	210
2370	30" wide		2	4		80	100		180	235
2380	36" wide		1.80	4.440		81	110		191	255
2400	24" radius, 6" wide		3.60	2.220		82	56		138	175
2420	12" wide		2.90	2.760		90	69		159	200
2430	18" wide		2.60	3.080		98	77		175	220

160 | Raceways

			160 100	Cable Trays		CREW	DAILY OUTPUT	MAN-HOURS	UNIT	BARE COSTS MAT.	LABOR	EQUIP.	TOTAL	TOTAL INCL O&P	
120	2440			24" wide		1 Elec	2.10	3.810	Ea.	100	96		196	250	120
	2450			30" wide			1.80	4.440		105	110		215	280	
	2460			36" wide			1.60	5		110	125		235	305	
	2480			36" radius, 6" wide			3.40	2.350		103	59		162	200	
	2500			12" wide			2.70	2.960		110	75		185	230	
	2510			18" wide			2.40	3.330		123	84		207	260	
	2520			24" wide			1.90	4.210		133	105		238	305	
	2530			30" wide			1.70	4.710		145	120		265	335	
	2540			36" wide			1.40	5.710		150	145		295	375	
	2560			Tee, horizontal, 12" radius, 6" wide			2	4		77	100		177	235	
	2570			9" wide			1.90	4.210		80	105		185	245	
	2580			12" wide			1.80	4.440		85	110		195	260	
	2590			18" wide			1.60	5		100	125		225	295	
	2600			24" wide			1.40	5.710		115	145		260	340	
	2610			30" wide			1.20	6.670		122	170		292	380	
	2620			36" wide			1.10	7.270		138	185		323	420	
	2640			24" radius, 6" wide			1.80	4.440		117	110		227	295	
	2660			12" wide			1.60	5		134	125		259	335	
	2670			18" wide			1.40	5.710		145	145		290	370	
	2680			24" wide			1.20	6.670		185	170		355	450	
	2690			30" wide			1	8		200	200		400	515	
	2700			36" wide			.90	8.890		228	225		453	580	
	2720			36" radius, 6" wide			1.60	5		190	125		315	395	
	2740			12" wide			1.40	5.710		217	145		362	450	
	2750			18" wide			1.20	6.670		244	170		414	515	
	2760			24" wide			1	8		284	200		484	610	
	2770			30" wide			.80	10		307	250		557	710	
	2780			36" wide			.70	11.430		350	285		635	810	
	2800			Tee, vertical, 12" radius, 6" wide			2	4		105	100		205	265	
	2810			9" wide			1.90	4.210		106	105		211	275	
	2820			12" wide			1.80	4.440		114	110		224	290	
	2830			18" wide			1.70	4.710		115	120		235	300	
	2840			24" wide			1.60	5		117	125		242	315	
	2850			30" wide			1.50	5.330		122	135		257	330	
	2860			36" wide			1.30	6.150		127	155		282	370	
	2880			24" radius, 6" wide			1.80	4.440		148	110		258	330	
	2900			12" wide			1.60	5		160	125		285	360	
	2910			18" wide			1.50	5.330		173	135		308	390	
	2920			24" wide			1.40	5.710		183	145		328	415	
	2930			30" wide			1.30	6.150		200	155		355	450	
	2940			36" wide			1.10	7.270		205	185		390	495	
	2960			36" radius, 6" wide			1.60	5		228	125		353	435	
	2980			12" wide			1.40	5.710		245	145		390	480	
	2990			18" wide			1.30	6.150		255	155		410	510	
	3000			24" wide			1.20	6.670		267	170		437	540	
	3010			30" wide			1.10	7.270		290	185		475	590	
	3020			36" wide			.90	8.890		310	225		535	670	
	3040			Cross, horizontal, 12" radius, 6" wide			1.80	4.440		95	110		205	270	
	3050			9" wide			1.70	4.710		102	120		222	285	
	3060			12" wide			1.60	5		105	125		230	300	
	3070			18" wide			1.40	5.710		110	145		255	335	
	3080			24" wide			1.20	6.670		123	170		293	385	
	3090			30" wide			1.10	7.270		148	185		333	435	
	3100			36" wide			.90	8.890		178	225		403	525	
	3120			24" radius, 6" wide			1.60	5		173	125		298	375	
	3140			12" wide			1.40	5.710		190	145		335	420	
	3150			18" wide			1.20	6.670		205	170		375	475	
	3160			24" wide			1	8		233	200		433	555	

160 | Raceways

160 100 | Cable Trays

		Crew	Daily Output	Man-Hours	Unit	Bare Costs Mat.	Bare Costs Labor	Bare Costs Equip.	Bare Costs Total	Total Incl O&P
3170	30" wide	1 Elec	.90	8.890	Ea.	255	225		480	610
3180	36" wide		.70	11.430		285	285		570	740
3200	36" radius, 6" wide		1.40	5.710		285	145		430	525
3220	12" wide		1.20	6.670		310	170		480	590
3230	18" wide		1	8		335	200		535	665
3240	24" wide		.80	10		390	250		640	800
3250	30" wide		.70	11.430		420	285		705	885
3260	36" wide		.60	13.330		490	335		825	1,025
3280	Dropout or end plate, 6" wide		13	.615		9.35	15.50		24.85	33
3300	12" wide		11	.727		11.45	18.30		29.75	40
3310	18" wide		10	.800		13.75	20		33.75	45
3320	24" wide		9	.889		16.50	22		38.50	51
3330	30" wide		8	1		17.90	25		42.90	57
3340	36" wide		7	1.140		20	29		49	64
3370	Reducer, 9" to 6" wide		6	1.330		52	34		86	105
3380	12" to 6" wide		5.70	1.400		55	35		90	115
3390	12" to 9" wide		5.70	1.400		55	35		90	115
3400	18" to 12" wide		4.80	1.670		58	42		100	125
3420	18" to 6" wide		4.80	1.670		58	42		100	125
3430	18" to 9" wide		4.80	1.670		58	42		100	125
3440	24" to 18" wide		4.20	1.900		62	48		110	140
3460	24" to 12" wide		4.20	1.900		62	48		110	140
3470	24" to 9" wide		4.20	1.900		63	48		111	140
3480	30" to 24" wide		3.60	2.220		64	56		120	155
3490	24" to 6" wide		4.20	1.900		63	48		111	140
3500	30" to 18" wide		3.60	2.220		64	56		120	155
3520	30" to 12" wide		3.60	2.220		66	56		122	155
3540	36" to 30" wide		3.20	2.500		67	63		130	165
3560	36" to 24" wide		3.20	2.500		67	63		130	165
3580	36" to 18" wide		3.20	2.500		67	63		130	165
3600	36" to 12" wide		3.20	2.500		67	63		130	165
3610	Elbow, horizontal, 60°, 12" radius, 6" wide		3.90	2.050		41	52		93	120
3620	9" wide		3.60	2.220		44	56		100	130
3630	12" wide		3.20	2.500		49	63		112	145
3640	18" wide		2.90	2.760		53	69		122	160
3650	24" wide		2.40	3.330		64	84		148	195
3680	Elbow, horizontal, 45°, 12" radius, 6" wide		4	2		36	50		86	115
3690	9" wide		3.70	2.160		38	54		92	120
3700	12" wide		3.30	2.420		39	61		100	135
3710	18" wide		3	2.670		44	67		111	145
3720	24" wide		2.50	3.200		51	80		131	175
3750	Elbow, horizontal, 30° 12" radius, 6" wide		4.10	1.950		31	49		80	105
3760	9" wide		3.80	2.110		32	53		85	115
3770	12' wide		3.40	2.350		35	59		94	125
3780	18" wide		3.10	2.580		38	65		103	140
3790	24" wide		2.60	3.080		41	77		118	160
3820	Elbow, vertical, 60°, in/outside, 12" radius, 6" wide		3.90	2.050		50	52		102	130
3830	9" wide		3.60	2.220		51	56		107	140
3840	12" wide		3.20	2.500		52	63		115	150
3850	18" wide		2.90	2.760		55	69		124	165
3860	24" wide		2.40	3.330		57	84		141	185
3890	Elbow, vertical, 45°, in/outside, 12" radius, 6" wide		4	2		41	50		91	120
3900	9" wide		3.70	2.160		43	54		97	130
3910	12" wide		3.30	2.420		44	61		105	140
3920	18" wide		3	2.670		45	67		112	150
3930	24" wide		2.50	3.200		50	80		130	175
3960	Elbow, vertical, 30°, in/outside, 12" radius, 6" wide		4.10	1.950		36	49		85	110
3970	9" wide		3.80	2.110		38	53		91	120

160 | Raceways

160 100 | Cable Trays

		Description	CREW	DAILY OUTPUT	MAN-HOURS	UNIT	MAT.	LABOR	EQUIP.	TOTAL	TOTAL INCL O&P	
120	3980	12" wide	1 Elec	3.40	2.350	Ea.	38.50	59		97.50	130	120
	3990	18" wide		3.10	2.580		39	65		104	140	
	4000	24" wide		2.60	3.080		40	77		117	160	
	4250	Reducer, left or right hand, 24" to 18" wide		4.20	1.900		55	48		103	130	
	4260	24" to 12" wide		4.20	1.900		55	48		103	130	
	4270	24" to 9" wide		4.20	1.900		55	48		103	130	
	4280	24" to 6" wide		4.20	1.900		56	48		104	130	
	4290	18" to 12" wide		4.80	1.670		51	42		93	120	
	4300	18" to 9" wide		4.80	1.670		51	42		93	120	
	4310	18" to 6" wide		4.80	1.670		51	42		93	120	
	4320	12" to 9" wide		5.70	1.400		49	35		84	105	
	4330	12" to 6" wide		5.70	1.400		49	35		84	105	
	4340	9" to 6" wide		6	1.330		47	34		81	100	
	4350	Splice plate		48	.167		3.70	4.19		7.89	10.25	
	4360	Splice plate, expansion joint		48	.167		4.20	4.19		8.39	10.80	
	4370	Splice plate, hinged, horizontal		48	.167		3.30	4.19		7.49	9.80	
	4380	Vertical		48	.167		4.65	4.19		8.84	11.30	
	4390	Trough, hanger, vertical		28	.286		15	7.20		22.20	27	
	4400	Box connector, 24" wide		20	.400		20.50	10.05		30.55	37	
	4410	18" wide		21	.381		17.70	9.60		27.30	34	
	4420	12" wide		22	.364		16.40	9.15		25.55	32	
	4430	9" wide		23	.348		15.50	8.75		24.25	30	
	4440	6" wide		24	.333		15	8.40		23.40	29	
	4450	Floor flange		24	.333		15.90	8.40		24.30	30	
	4460	Hold down clamp		60	.133		1.55	3.35		4.90	6.65	
	4520	Wall bracket for 24" wide tray		20	.400		14.85	10.05		24.90	31	
	4530	18" wide tray		21	.381		14.30	9.60		23.90	30	
	4540	12" wide tray		22	.364		7.65	9.15		16.80	22	
	4550	9" wide tray		23	.348		6.75	8.75		15.50	20	
	4560	6" wide tray		24	.333		6.20	8.40		14.60	19.20	
	5000	Cable channel, aluminum, vented, 1-¼" deep, 4" wide, straight		80	.100	L.F.	5.95	2.52		8.47	10.25	
	5010	Elbow, horizontal, 36" radius, 90°		5	1.600	Ea.	94	40		134	165	
	5020	60°		5.50	1.450		72	37		109	135	
	5030	45°		6	1.330		59	34		93	115	
	5040	30°		6.50	1.230		51	31		82	100	
	5050	Adjustable		6	1.330		49	34		83	105	
	5060	Elbow, vertical, 36" radius, 90°		5	1.600		106	40		146	175	
	5070	60°		5.50	1.450		84	37		121	145	
	5080	45°		6	1.330		69	34		103	125	
	5090	30°		6.50	1.230		58	31		89	110	
	5100	Adjustable		6	1.330		49	34		83	105	
	5110	Splice plate, hinged, horizontal		48	.167		3.50	4.19		7.69	10.05	
	5120	Splice plate hinged vertical		48	.167		5	4.19		9.19	11.70	
	5130	Hanger, vertical		28	.286		5.60	7.20		12.80	16.75	
	5140	Single		28	.286		10.60	7.20		17.80	22	
	5150	Double		20	.400		10.80	10.05		20.85	27	
	5160	Channel to box connector		24	.333		14.20	8.40		22.60	28	
	5170	Hold down clip		80	.100		1.50	2.52		4.02	5.35	
	5180	Wall bracket, single		28	.286		4.80	7.20		12	15.90	
	5190	Double		20	.400		6.15	10.05		16.20	22	
	5200	Cable roller		16	.500		64	12.60		76.60	89	
	5210	Splice plate		48	.167		2.25	4.19		6.44	8.65	
130	0010	**CABLE TRAY COVERS AND DIVIDERS** To 15' high										130
	0011	For higher elevations, see 160-130-9900										
	0100	Covers, ventilated galv. steel, straight, 6" wide tray size	1 Elec	260	.031	L.F.	2.15	.77		2.92	3.51	
	0200	9" wide tray size		230	.035		2.65	.87		3.52	4.21	
	0300	12" wide tray size		200	.040		3.15	1.01		4.16	4.95	
	0400	18" wide tray size		150	.053		4.25	1.34		5.59	6.65	

160 | Raceways

160 100 | Cable Trays

			CREW	DAILY OUTPUT	MAN-HOURS	UNIT	BARE COSTS MAT.	BARE COSTS LABOR	BARE COSTS EQUIP.	BARE COSTS TOTAL	TOTAL INCL O&P	
130	0500	24" wide tray size	1 Elec	110	.073	L.F.	5.30	1.83		7.13	8.55	130
	0600	30" wide tray size		90	.089		6.35	2.24		8.59	10.30	
	0700	36" wide tray size		80	.100		7.30	2.52		9.82	11.75	
	1000	Elbow, horizontal, 90°, 12" radius, 6" wide tray size		75	.107	Ea.	14.75	2.68		17.43	20	
	1020	9" wide tray size		64	.125		16.30	3.14		19.44	23	
	1040	12" wide tray size		54	.148		17.50	3.73		21.23	25	
	1060	18" wide tray size		42	.190		24	4.79		28.79	33	
	1080	24" wide tray size		33	.242		28.40	6.10		34.50	40	
	1100	30" wide tray size		30	.267		37.10	6.70		43.80	51	
	1120	36" wide tray size		25	.320		43.50	8.05		51.55	60	
	1160	24" radius, 6" wide tray size		68	.118		25.20	2.96		28.16	32	
	1180	9" wide tray size		58	.138		26	3.47		29.47	34	
	1200	12" wide tray size		48	.167		28	4.19		32.19	37	
	1220	18" wide tray size		38	.211		35	5.30		40.30	46	
	1240	24" wide tray size		30	.267		43	6.70		49.70	57	
	1260	30" wide tray size		26	.308		55	7.75		62.75	72	
	1280	36" wide tray size		22	.364		65	9.15		74.15	85	
	1320	36" radius, 6" wide tray size		60	.133		37	3.35		40.35	46	
	1340	9" wide tray size		52	.154		40	3.87		43.87	50	
	1360	12" wide tray size		42	.190		43	4.79		47.79	54	
	1380	18" wide tray size		36	.222		55	5.60		60.60	69	
	1400	24" wide tray size		26	.308		65	7.75		72.75	83	
	1420	30" wide tray size		23	.348		78	8.75		86.75	99	
	1440	36" wide tray size		20	.400		91	10.05		101.05	115	
	1480	Elbow, horizontal, 45°, 12" radius, 6" wide tray size		75	.107		10.60	2.68		13.28	15.60	
	1500	9" wide tray size		64	.125		12.70	3.14		15.84	18.60	
	1520	12" wide tray size		54	.148		13.80	3.73		17.53	21	
	1540	18" wide tray size		44	.182		16.70	4.57		21.27	25	
	1560	24" wide tray size		38	.211		19	5.30		24.30	29	
	1580	30" wide tray size		33	.242		23	6.10		29.10	34	
	1600	36" wide tray size		30	.267		27	6.70		33.70	40	
	1640	24" radius, 6" wide tray size		68	.118		15.40	2.96		18.36	21	
	1660	9" wide tray size		58	.138		17.25	3.47		20.72	24	
	1680	12" wide tray size		48	.167		19.60	4.19		23.79	28	
	1700	18" wide tray size		40	.200		22	5.05		27.05	32	
	1720	24" wide tray size		35	.229		26.50	5.75		32.25	38	
	1740	30" wide tray size		30	.267		32	6.70		38.70	45	
	1760	36" wide tray size		26	.308		37	7.75		44.75	52	
	1800	36" radius, 6" wide tray size		60	.133		22.80	3.35		26.15	30	
	1820	9" wide tray size		52	.154		25.50	3.87		29.37	34	
	1840	12" wide tray size		42	.190		27.50	4.79		32.29	37	
	1860	18" wide tray size		38	.211		31.50	5.30		36.80	42	
	1880	24" wide tray size		31	.258		39	6.50		45.50	52	
	1900	30" wide tray size		26	.308		43	7.75		50.75	59	
	1920	36" wide tray size		24	.333		51	8.40		59.40	68	
	1960	Elbow, vertical, 90°, 12" radius, 6" wide tray size		75	.107		12.40	2.68		15.08	17.60	
	1980	9" wide tray size		64	.125		12.70	3.14		15.84	18.60	
	2000	12" wide tray size		54	.148		13.80	3.73		17.53	21	
	2020	18" wide tray size		44	.182		15.65	4.57		20.22	24	
	2040	24" wide tray size		34	.235		16.20	5.90		22.10	27	
	2060	30" wide tray size		30	.267		18	6.70		24.70	30	
	2080	36" wide tray size		25	.320		22	8.05		30.05	36	
	2120	24" radius, 6" wide tray size		68	.118		15.40	2.96		18.36	21	
	2140	9" wide tray size		58	.138		16.75	3.47		20.22	24	
	2160	12" wide tray size		48	.167		18	4.19		22.19	26	
	2180	18" wide tray size		40	.200		23	5.05		28.05	33	
	2200	24" wide tray size		31	.258		26.50	6.50		33	39	
	2220	30" wide tray size		26	.308		30	7.75		37.75	44	

61

160 | Raceways

160 100 | Cable Trays

			CREW	DAILY OUTPUT	MAN-HOURS	UNIT	BARE COSTS MAT.	BARE COSTS LABOR	BARE COSTS EQUIP.	BARE COSTS TOTAL	TOTAL INCL O&P	
130	2240	36" wide tray size	1 Elec	22	.364	Ea.	33	9.15		42.15	50	130
	2280	36" radius, 6" wide tray size		60	.133		18	3.35		21.35	25	
	2300	9" wide tray size		52	.154		22	3.87		25.87	30	
	2320	12" wide tray size		42	.190		25.50	4.79		30.29	35	
	2340	18" wide tray size		38	.211		31	5.30		36.30	42	
	2350	24" wide tray size		27	.296		36	7.45		43.45	51	
	2360	30" wide tray size		23	.348		43	8.75		51.75	60	
	2370	36" wide tray size		20	.400		50	10.05		60.05	70	
	2400	Tee, horizontal, 12" radius, 6" wide tray size		46	.174		22	4.37		26.37	31	
	2410	9" wide tray size		40	.200		23	5.05		28.05	33	
	2420	12" wide tray size		34	.235		26.50	5.90		32.40	38	
	2430	18" wide tray size		30	.267		31	6.70		37.70	44	
	2440	24" wide tray size		26	.308		40	7.75		47.75	55	
	2460	30" wide tray size		18	.444		47	11.20		58.20	68	
	2470	36" wide tray size		15	.533		56	13.40		69.40	81	
	2500	24" radius, 6" wide tray size		44	.182		36	4.57		40.57	46	
	2510	9" wide tray size		38	.211		41	5.30		46.30	53	
	2520	12" wide tray size		32	.250		43	6.30		49.30	57	
	2530	18" wide tray size		28	.286		54	7.20		61.20	70	
	2540	24" wide tray size		24	.333		82	8.40		90.40	105	
	2560	30" wide tray size		16	.500		94	12.60		106.60	120	
	2570	36" wide tray size		13	.615		104	15.50		119.50	135	
	2600	36" radius, 6" wide tray size		42	.190		64	4.79		68.79	77	
	2610	9" wide tray size		36	.222		66	5.60		71.60	81	
	2620	12" wide tray size		30	.267		72	6.70		78.70	89	
	2630	18" wide tray size		26	.308		84	7.75		91.75	105	
	2640	24" wide tray size		22	.364		113	9.15		122.15	140	
	2660	30" wide tray size		14	.571		122	14.35		136.35	155	
	2670	36" wide tray size		11	.727		139	18.30		157.30	180	
	2700	Cross, horizontal, 12" radius, 6" wide tray size		34	.235		33	5.90		38.90	45	
	2710	9" wide tray size		32	.250		36	6.30		42.30	49	
	2720	12" wide tray size		30	.267		40	6.70		46.70	54	
	2730	18" wide tray size		26	.308		47	7.75		54.75	63	
	2740	24" wide tray size		18	.444		57	11.20		68.20	79	
	2760	30" wide tray size		15	.533		66	13.40		79.40	92	
	2770	36" wide tray size		14	.571		77	14.35		91.35	105	
	2800	24" radius, 6" wide tray size		32	.250		64	6.30		70.30	80	
	2810	9" wide tray size		30	.267		69	6.70		75.70	86	
	2820	12" wide tray size		28	.286		75	7.20		82.20	93	
	2830	18" wide tray size		24	.333		90	8.40		98.40	110	
	2840	24" wide tray size		16	.500		109	12.60		121.60	140	
	2860	30" wide tray size		13	.615		123	15.50		138.50	160	
	2870	36" wide tray size		12	.667		139	16.75		155.75	180	
	2900	36" radius, 6" wide tray size		30	.267		106	6.70		112.70	125	
	2910	9" wide tray size		28	.286		112	7.20		119.20	135	
	2920	12" wide tray size		26	.308		117	7.75		124.75	140	
	2930	18" wide tray size		22	.364		134	9.15		143.15	160	
	2940	24" wide tray size		14	.571		172	14.35		186.35	210	
	2960	30" wide tray size		11	.727		183	18.30		201.30	230	
	2970	36" wide tray size		10	.800		200	20		220	250	
	3000	Reducer, 9" to 6" wide tray size		64	.125		16	3.14		19.14	22	
	3010	12" to 6" wide tray size		54	.148		17	3.73		20.73	24	
	3020	12" to 9" wide tray size		54	.148		17	3.73		20.73	24	
	3030	18" to 12" wide tray size		44	.182		18	4.57		22.57	27	
	3050	18" to 6" wide tray size		44	.182		18	4.57		22.57	27	
	3060	24" to 18" wide tray size		40	.200		25	5.05		30.05	35	
	3070	24" to 12" wide tray size		40	.200		22	5.05		27.05	32	
	3090	30" to 24" wide tray size		35	.229		27	5.75		32.75	38	

160 | Raceways

160 100 | Cable Trays

		Crew	Daily Output	Man-Hours	Unit	Bare Costs Mat.	Labor	Equip.	Total	Total Incl O&P	
3100	30" to 18" wide tray size	1 Elec	35	.229	Ea.	27	5.75		32.75	38	130
3110	30" to 12" wide tray size		35	.229		22	5.75		27.75	33	
3140	36" to 30" wide tray size		32	.250		27.50	6.30		33.80	40	
3150	36" to 24" wide tray size		32	.250		27.50	6.30		33.80	40	
3160	36" to 18" wide tray size		32	.250		27.50	6.30		33.80	40	
3170	36" to 12" wide tray size		32	.250		27.50	6.30		33.80	40	
3250	Covers, aluminum, straight 6" wide tray size		260	.031	L.F.	2.20	.77		2.97	3.56	
3270	9" wide tray size		230	.035		2.70	.87		3.57	4.26	
3290	12" wide tray size		200	.040		3.25	1.01		4.26	5.05	
3310	18" wide tray size		160	.050		4.25	1.26		5.51	6.55	
3330	24" wide tray size		130	.062		5.40	1.55		6.95	8.25	
3350	30" wide tray size		100	.080		5.90	2.01		7.91	9.45	
3370	36" wide tray size		90	.089		6.30	2.24		8.54	10.25	
3400	Elbow, horizontal, 90°, 12" radius, 6" wide tray size		75	.107	Ea.	15.65	2.68		18.33	21	
3410	9" wide tray size		64	.125		17	3.14		20.14	23	
3420	12" wide tray size		54	.148		18	3.73		21.73	25	
3430	18" wide tray size		44	.182		23	4.57		27.57	32	
3440	24" wide tray size		35	.229		29	5.75		34.75	40	
3460	30" wide tray size		32	.250		36	6.30		42.30	49	
3470	36" wide tray size		27	.296		43	7.45		50.45	58	
3500	24" radius, 6" wide tray size		68	.118		22	2.96		24.96	29	
3510	9" wide tray size		58	.138		27	3.47		30.47	35	
3520	12" wide tray size		48	.167		29	4.19		33.19	38	
3530	18" wide tray size		40	.200		35	5.05		40.05	46	
3540	24" wide tray size		32	.250		43	6.30		49.30	57	
3560	30" wide tray size		28	.286		53	7.20		60.20	69	
3570	36" wide tray size		24	.333		64	8.40		72.40	83	
3600	36" radius, 6" wide tray size		60	.133		38	3.35		41.35	47	
3610	9" wide tray size		52	.154		41	3.87		44.87	51	
3620	12" wide tray size		42	.190		45	4.79		49.79	57	
3630	18" wide tray size		38	.211		55	5.30		60.30	68	
3640	24" wide tray size		28	.286		66	7.20		73.20	83	
3660	30" wide tray size		25	.320		77	8.05		85.05	97	
3670	36" wide tray size		22	.364		90	9.15		99.15	115	
3700	Elbow, horizontal, 45°, 12" radius, 6" wide tray size		75	.107		11.50	2.68		14.18	16.60	
3710	9" wide tray size		64	.125		12	3.14		15.14	17.85	
3720	12" wide tray size		54	.148		13.40	3.73		17.13	20	
3730	18" wide tray size		44	.182		15.40	4.57		19.97	24	
3740	24" wide tray size		40	.200		17.65	5.05		22.70	27	
3760	30" wide tray size		35	.229		22	5.75		27.75	33	
3770	36" wide tray size		32	.250		26.50	6.30		32.80	38	
3800	24" radius, 6" wide tray size		68	.118		13.50	2.96		16.46	19.20	
3810	9" wide tray size		58	.138		16.75	3.47		20.22	24	
3820	12" wide tray size		48	.167		17.65	4.19		21.84	26	
3830	18" wide tray size		40	.200		22	5.05		27.05	32	
3840	24" wide tray size		36	.222		27	5.60		32.60	38	
3860	30" wide tray size		32	.250		31	6.30		37.30	43	
3870	36" wide tray size		28	.286		36	7.20		43.20	50	
3900	36" radius, 6" wide tray size		60	.133		23	3.35		26.35	30	
3910	9" wide tray size		52	.154		25.50	3.87		29.37	34	
3920	12" wide tray size		42	.190		27.50	4.79		32.29	37	
3930	18" wide tray size		38	.211		32	5.30		37.30	43	
3940	24" wide tray size		32	.250		39	6.30		45.30	52	
3960	30" wide tray size		28	.286		44	7.20		51.20	59	
3970	36" wide tray size		25	.320		50	8.05		58.05	67	
4000	Elbow, vertical, 90°, 12" radius, 6" wide tray size		75	.107		13.40	2.68		16.08	18.70	
4010	9" wide tray size		64	.125		13.50	3.14		16.64	19.50	
4020	12" wide tray size		54	.148		14.65	3.73		18.38	22	

160 | Raceways

160 100 | Cable Trays

			CREW	DAILY OUTPUT	MAN-HOURS	UNIT	BARE COSTS MAT.	LABOR	EQUIP.	TOTAL	TOTAL INCL O&P	
130	4030	18" wide tray size	1 Elec	44	.182	Ea.	16.70	4.57		21.27	25	130
	4040	24" wide tray size		35	.229		16.55	5.75		22.30	27	
	4060	30" wide tray size		32	.250		17.65	6.30		23.95	29	
	4070	36" wide tray size		27	.296		22	7.45		29.45	35	
	4100	24" radius, 6" wide tray size		68	.118		15.40	2.96		18.36	21	
	4110	9" wide tray size		58	.138		16.80	3.47		20.27	24	
	4120	12" wide tray size		48	.167		18	4.19		22.19	26	
	4130	18" wide tray size		40	.200		22	5.05		27.05	32	
	4140	24" wide tray size		32	.250		24	6.30		30.30	36	
	4160	30" wide tray size		28	.286		31	7.20		38.20	45	
	4170	36" wide tray size		24	.333		33	8.40		41.40	49	
	4200	36" radius, 6" wide tray size		60	.133		17.80	3.35		21.15	25	
	4210	9" wide tray size		52	.154		22	3.87		25.87	30	
	4220	12" wide tray size		42	.190		25	4.79		29.79	35	
	4230	18" wide tray size		38	.211		31	5.30		36.30	42	
	4240	24" wide tray size		28	.286		37	7.20		44.20	51	
	4260	30" wide tray size		25	.320		45	8.05		53.05	61	
	4270	36" wide tray size		22	.364		49	9.15		58.15	67	
	4300	Tee, horizontal, 12" radius, 6" wide tray size		54	.148		22	3.73		25.73	30	
	4310	9" wide tray size		44	.182		23	4.57		27.57	32	
	4320	12" wide tray size		40	.200		26.50	5.05		31.55	37	
	4330	18" wide tray size		34	.235		31	5.90		36.90	43	
	4340	24" wide tray size		28	.286		39	7.20		46.20	54	
	4360	30" wide tray size		22	.364		45	9.15		54.15	63	
	4370	36" wide tray size		18	.444		55.50	11.20		66.70	78	
	4400	24" radius, 6" wide tray size		48	.167		36	4.19		40.19	46	
	4410	9" wide tray size		40	.200		40	5.05		45.05	51	
	4420	12" wide tray size		36	.222		44	5.60		49.60	57	
	4430	18" wide tray size		30	.267		52	6.70		58.70	67	
	4440	24" wide tray size		24	.333		82	8.40		90.40	105	
	4460	30" wide tray size		20	.400		92	10.05		102.05	115	
	4470	36" wide tray size		16	.500		102	12.60		114.60	130	
	4500	36" radius, 6" wide tray size		44	.182		64	4.57		68.57	77	
	4510	9" wide tray size		36	.222		66	5.60		71.60	81	
	4520	12" wide tray size		32	.250		73	6.30		79.30	90	
	4530	18" wide tray size		28	.286		82	7.20		89.20	100	
	4540	24" wide tray size		22	.364		106	9.15		115.15	130	
	4560	30" wide tray size		18	.444		117	11.20		128.20	145	
	4570	36" wide tray size		14	.571		134	14.35		148.35	170	
	4600	Cross, horizontal, 12" radius, 6" wide tray size		40	.200		33	5.05		38.05	44	
	4610	9" wide tray size		36	.222		36	5.60		41.60	48	
	4620	12" wide tray size		32	.250		40	6.30		46.30	53	
	4630	18" wide tray size		28	.286		46.50	7.20		53.70	62	
	4640	24" wide tray size		24	.333		56	8.40		64.40	74	
	4660	30" wide tray size		20	.400		65	10.05		75.05	86	
	4670	36" wide tray size		16	.500		76	12.60		88.60	100	
	4700	24" radius, 6" wide tray size		36	.222		65	5.60		70.60	80	
	4710	9" wide tray size		32	.250		70	6.30		76.30	86	
	4720	12" wide tray size		28	.286		76	7.20		83.20	94	
	4730	18" wide tray size		24	.333		88	8.40		96.40	110	
	4740	24" wide tray size		20	.400		106	10.05		116.05	130	
	4760	30" wide tray size		16	.500		123	12.60		135.60	155	
	4770	36" wide tray size		12	.667		134	16.75		150.75	170	
	4800	36" radius, 6" wide tray size		32	.250		106	6.30		112.30	125	
	4810	9" wide tray size		28	.286		110	7.20		117.20	130	
	4820	12" wide tray size		25	.320		117	8.05		125.05	140	
	4830	18" wide tray size		22	.364		134	9.15		143.15	160	
	4840	24" wide tray size		18	.444		160	11.20		171.20	195	

160 | Raceways

160 100 | Cable Trays

		CREW	DAILY OUTPUT	MAN-HOURS	UNIT	BARE COSTS MAT.	LABOR	EQUIP.	TOTAL	TOTAL INCL O&P	
130	4860	30" wide tray size	1 Elec	14	.571	Ea.	183	14.35		197.35	225	130
	4870	36" wide tray size		11	.727		200	18.30		218.30	245	
	4900	Reducer, 9" to 6" wide tray size		64	.125		16.70	3.14		19.84	23	
	4910	12" to 6" wide tray size		54	.148		17.75	3.73		21.48	25	
	4920	12" to 9" wide tray size		54	.148		17.75	3.73		21.48	25	
	4930	18" to 12" wide tray size		44	.182		19	4.57		23.57	28	
	4950	18" to 6" wide tray size		44	.182		19	4.57		23.57	28	
	4960	24" to 18" wide tray size		40	.200		25	5.05		30.05	35	
	4970	24" to 12" wide tray size		40	.200		22	5.05		27.05	32	
	4990	30" to 24" wide tray size		35	.229		26	5.75		31.75	37	
	5000	30" to 18" wide tray size		35	.229		26	5.75		31.75	37	
	5010	30" to 12" wide tray size		35	.229		26	5.75		31.75	37	
	5040	36" to 30" wide tray size		32	.250		28	6.30		34.30	40	
	5050	36" to 24" wide tray size		32	.250		28	6.30		34.30	40	
	5060	36" to 18" wide tray size		32	.250		28	6.30		34.30	40	
	5070	36" to 12" wide tray size		32	.250		28	6.30		34.30	40	
	5710	Tray cover hold down clamp		60	.133		4.55	3.35		7.90	9.95	
	8000	Divider strip, straight, galvanized, 3" deep		200	.040	L.F.	1.85	1.01		2.86	3.52	
	8020	4" deep		180	.044		2.30	1.12		3.42	4.18	
	8040	6" deep		160	.050		3	1.26		4.26	5.15	
	8060	Aluminum 3" deep		210	.038		1.85	.96		2.81	3.45	
	8080	4" deep		190	.042		2.30	1.06		3.36	4.09	
	8100	6" deep		170	.047		2.95	1.18		4.13	4.99	
	8110	Divider strip, vertical fitting, 3" deep										
	8120	12" radius, galvanized, 30°	1 Elec	28	.286	Ea.	9	7.20		16.20	21	
	8140	45°		27	.296		11.35	7.45		18.80	23	
	8160	60°		26	.308		12.05	7.75		19.80	25	
	8180	90°		25	.320		15.05	8.05		23.10	28	
	8200	Aluminum 30°		29	.276		7.70	6.95		14.65	18.70	
	8220	45°		28	.286		9	7.20		16.20	21	
	8240	60°		27	.296		10.60	7.45		18.05	23	
	8260	90°		26	.308		13.25	7.75		21	26	
	8280	24" radius, galvanized, 30°		25	.320		13.50	8.05		21.55	27	
	8300	45°		24	.333		15.50	8.40		23.90	29	
	8320	60°		23	.348		19.40	8.75		28.15	34	
	8340	90°		22	.364		27.55	9.15		36.70	44	
	8360	Aluminum, 30°		26	.308		12.20	7.75		19.95	25	
	8380	45°		25	.320		14.85	8.05		22.90	28	
	8400	60°		24	.333		18.20	8.40		26.60	32	
	8420	90°		23	.348		25.45	8.75		34.20	41	
	8440	36" radius, galvanized 30°		22	.364		18.20	9.15		27.35	34	
	8460	45°		21	.381		22.25	9.60		31.85	39	
	8480	60°		20	.400		25.45	10.05		35.50	43	
	8500	90°		19	.421		35	10.60		45.60	54	
	8520	Aluminum, 30°		23	.348		19	8.75		27.75	34	
	8540	45°		22	.364		25	9.15		34.15	41	
	8560	60°		21	.381		32	9.60		41.60	49	
	8570	90°		20	.400		43	10.05		53.05	62	
	8590	Divider strip, vertical fitting, 4" deep										
	8600	12" radius, galvanized, 30°	1 Elec	27	.296	Ea.	11.55	7.45		19	24	
	8610	45°		26	.308		13.40	7.75		21.15	26	
	8620	60°		25	.320		15	8.05		23.05	28	
	8630	90°		24	.333		18.40	8.40		26.80	33	
	8640	Aluminum, 30°		28	.286		10.80	7.20		18	22	
	8650	45°		27	.296		12.55	7.45		20	25	
	8660	60°		26	.308		14.30	7.75		22.05	27	
	8670	90°		25	.320		16.50	8.05		24.55	30	
	8680	24" radius, galvanized, 30°		24	.333		18.35	8.40		26.75	33	

160 | Raceways

160 100 | Cable Trays

		CREW	DAILY OUTPUT	MAN-HOURS	UNIT	BARE COSTS MAT.	BARE COSTS LABOR	BARE COSTS EQUIP.	BARE COSTS TOTAL	TOTAL INCL O&P
130 8690	45°	1 Elec	23	.348	Ea.	22.80	8.75		31.55	38
8700	60°		22	.364		26.50	9.15		35.65	43
8710	90°		21	.381		35	9.60		44.60	53
8720	Aluminum 30°		25	.320		16.85	8.05		24.90	30
8730	45°		24	.333		20.60	8.40		29	35
8740	60°		23	.348		25	8.75		33.75	40
8750	90°		22	.364		33	9.15		42.15	50
8760	36" radius, galvanized 30°		23	.348		22	8.75		30.75	37
8770	45°		22	.364		25	9.15		34.15	41
8780	60°		21	.381		31	9.60		40.60	48
8790	90°		20	.400		42	10.05		52.05	61
8800	Aluminum 30°		24	.333		26.50	8.40		34.90	42
8810	45°		23	.348		33	8.75		41.75	49
8820	60°		22	.364		41	9.15		50.15	59
8830	90°		21	.381		53	9.60		62.60	72
8840	Divider strip, vertical fitting, 6" deep									
8850	12" radius, galvanized, 30°	1 Elec	24	.333	Ea.	12.70	8.40		21.10	26
8860	45°		23	.348		14.10	8.75		22.85	28
8870	60°		22	.364		16.55	9.15		25.70	32
8880	90°		21	.381		20	9.60		29.60	36
8890	Aluminum, 30°		25	.320		12.05	8.05		20.10	25
8900	45°		24	.333		14.05	8.40		22.45	28
8910	60°		23	.348		14.75	8.75		23.50	29
8920	90°		22	.364		17.65	9.15		26.80	33
8930	24" radius, galvanized 30°		23	.348		18.35	8.75		27.10	33
8940	45°		22	.364		22.80	9.15		31.95	39
8950	60°		21	.381		27.55	9.60		37.15	44
8960	90°		20	.400		37	10.05		47.05	56
8970	Aluminum, 30°		24	.333		17.65	8.40		26.05	32
8980	45°		23	.348		23.30	8.75		32.05	39
8990	60°		22	.364		26.50	9.15		35.65	43
9000	90°		21	.381		36	9.60		45.60	54
9010	36" radius, galvanized 30°		22	.364		22	9.15		31.15	38
9020	45°		21	.381		27.55	9.60		37.15	44
9030	60°		20	.400		35	10.05		45.05	53
9040	90°		19	.421		44.50	10.60		55.10	65
9050	Aluminum, 30°		23	.348		27.55	8.75		36.30	43
9060	45°		22	.364		36	9.15		45.15	53
9070	60°		21	.381		42	9.60		51.60	60
9080	90°		20	.400		50	10.05		60.05	70
9120	Divider strip, horizontal fitting, galvanized, 3" deep		33	.242		12.85	6.10		18.95	23
9130	4" deep		30	.267		14.20	6.70		20.90	26
9140	6" deep		27	.296		18.75	7.45		26.20	32
9150	Aluminum 3" deep		35	.229		12.15	5.75		17.90	22
9160	4" deep		32	.250		13.45	6.30		19.75	24
9170	6" deep		29	.276		17.65	6.95		24.60	30
9300	Divider strip protector		300	.027	L.F.	1.20	.67		1.87	2.31
9310	Fastener, ladder tray				Ea.	.23			.23	.25
9320	Trough or solid bottom tray				"	.16			.16	.18
9899										
9900	Add to labor for higher elevated installation									
9910	15' to 20' high add						10%			
9920	20' to 25' high add						20%			
9930	25' to 30' high add						25%			
9940	30' to 35' high add						30%			
9960	Over 40' high add						40%			
150 0010	WIREWAY to 15' high	C9.3 -125								
0020	For higher elevations, see 160-130-9900									

160 | Raceways

160 100 | Cable Trays

			CREW	DAILY OUTPUT	MAN-HOURS	UNIT	BARE COSTS MAT.	LABOR	EQUIP.	TOTAL	TOTAL INCL O&P	
150	0100	Screw cover with fittings and supports, 2-½" x 2-½"	1 Elec	45	.178	L.F.	5.70	4.47		10.17	12.85	150
	0200	4" x 4"		40	.200		6.45	5.05		11.50	14.50	
	0400	6" x 6"		30	.267		10.65	6.70		17.35	22	
	0600	8" x 8"		20	.400		14.30	10.05		24.35	31	
	0620	10" x 10"		15	.533		23.90	13.40		37.30	46	
	0640	12" x 12"		10	.800		33.65	20		53.65	67	
	0800	Elbows 90°, 2-½"		24	.333	Ea.	16.10	8.40		24.50	30	
	1000	4"		20	.400		18.70	10.05		28.75	35	
	1200	6"		18	.444		20.45	11.20		31.65	39	
	1400	8"		16	.500		33.25	12.60		45.85	55	
	1420	10"		12	.667		39.90	16.75		56.65	69	
	1440	12"		10	.800		60	20		80	96	
	1500	Elbows, 45°, 2-½"		24	.333		16.10	8.40		24.50	30	
	1510	4"		20	.400		19.65	10.05		29.70	36	
	1520	6"		18	.444		20.45	11.20		31.65	39	
	1530	8"		16	.500		31.15	12.60		43.75	53	
	1540	10"		12	.667		40	16.75		56.75	69	
	1550	12"		10	.800		89	20		109	130	
	1600	"T" box, 2-½"		18	.444		19	11.20		30.20	37	
	1800	4"		16	.500		22	12.60		34.60	43	
	2000	6"		14	.571		25	14.35		39.35	49	
	2200	8"		12	.667		46	16.75		62.75	75	
	2220	10"		10	.800		47	20		67	81	
	2240	12"		8	1		92	25		117	140	
	2300	Cross, 2-½"		16	.500		20.50	12.60		33.10	41	
	2310	4"		14	.571		25	14.35		39.35	49	
	2320	6"		12	.667		31	16.75		47.75	59	
	2400	Panel adapter, 2-½"		24	.333		7	8.40		15.40	20	
	2600	4"		20	.400		9.35	10.05		19.40	25	
	2800	6"		18	.444		10.60	11.20		21.80	28	
	3000	8"		16	.500		14.40	12.60		27	34	
	3020	10"		14	.571		16.50	14.35		30.85	39	
	3040	12"		12	.667		40	16.75		56.75	69	
	3200	Reducer, 4" to 2-½"		24	.333		10.35	8.40		18.75	24	
	3400	6" to 4"		20	.400		20.40	10.05		30.45	37	
	3600	8" to 6"		18	.444		24.20	11.20		35.40	43	
	3620	10" to 8"		16	.500		29.50	12.60		42.10	51	
	3640	12" to 10"		14	.571		34.75	14.35		49.10	59	
	3780	End cap, 2-½"		24	.333		2.30	8.40		10.70	14.90	
	3800	4"		20	.400		2.90	10.05		12.95	18.05	
	4000	6"		18	.444		3.50	11.20		14.70	20	
	4200	8"		16	.500		4.60	12.60		17.20	24	
	4220	10"		14	.571		6.60	14.35		20.95	28	
	4240	12"		12	.667		10.35	16.75		27.10	36	
	4300	U-connector, 2-½"		200	.040		2.50	1.01		3.51	4.24	
	4320	4"		200	.040		3	1.01		4.01	4.79	
	4340	6"		180	.044		3.50	1.12		4.62	5.50	
	4360	8"		170	.047		5.75	1.18		6.93	8.05	
	4380	10"		150	.053		7	1.34		8.34	9.70	
	4400	12"		130	.062		11.80	1.55		13.35	15.25	
	4420	Hanger, 2-½"		100	.080		4	2.01		6.01	7.35	
	4430	4"		100	.080		5.15	2.01		7.16	8.65	
	4440	6"		80	.100		9.25	2.52		11.77	13.90	
	4450	8"		65	.123		12.10	3.10		15.20	17.90	
	4460	10"		50	.160		14	4.02		18.02	21	
	4470	12"		40	.200		34	5.05		39.05	45	
	4500	Hinged cover with fittings and supports 2-½" x 2-½"		60	.133	L.F.	5.40	3.35		8.75	10.90	
	4520	4" x 4"		45	.178	"	5.95	4.47		10.42	13.15	

160 | Raceways

160 100 | Cable Trays

			Crew	Daily Output	Man-Hours	Unit	Mat.	Labor	Equip.	Total	Total Incl O&P	
150	4540	6" x 6"	1 Elec	40	.200	L.F.	10.20	5.05		15.25	18.65	150
	4560	8" x 8"		30	.267		16.25	6.70		22.95	28	
	4580	10" x 10"		25	.320		23.75	8.05		31.80	38	
	4600	12" x 12"		12	.667		33.85	16.75		50.60	62	
	4700	Elbows 90°, hinged cover 2-½" x 2-½"		32	.250	Ea.	16.10	6.30		22.40	27	
	4720	4"		27	.296		18.70	7.45		26.15	32	
	4730	6"		23	.348		20.45	8.75		29.20	35	
	4740	8"		18	.444		33.25	11.20		44.45	53	
	4750	10"		14	.571		39.90	14.35		54.25	65	
	4760	12"		12	.667		60.45	16.75		77.20	91	
	4800	Tee box, hinged cover, 2-½"		23	.348		19	8.75		27.75	34	
	4810	4"		20	.400		22	10.05		32.05	39	
	4820	6"		18	.444		25	11.20		36.20	44	
	4830	8"		16	.500		46	12.60		58.60	69	
	4840	10"		12	.667		47	16.75		63.75	76	
	4860	12"		10	.800		92	20		112	130	
	4880	Cross box, hinged cover, 2-½" x 2-½"		18	.444		20.50	11.20		31.70	39	
	4900	4"		16	.500		25	12.60		37.60	46	
	4920	6"		13	.615		31	15.50		46.50	57	
	4940	8"		11	.727		65	18.30		83.30	99	
	4960	10"		10	.800		110	20		130	150	
	4980	12"		9	.889		120	22		142	165	
	5000	Flanged, oil tite, w/screw cover, 2-½" x 2-½"		40	.200	L.F.	11.90	5.05		16.95	21	
	5020	4" x 4"		35	.229		14.10	5.75		19.85	24	
	5040	6" x 6"		30	.267		21.80	6.70		28.50	34	
	5060	8" x 8"		25	.320		31.10	8.05		39.15	46	
	5120	Elbows 90°, flanged, 2-½"		23	.348	Ea.	28.60	8.75		37.35	44	
	5140	4"		20	.400		32.75	10.05		42.80	51	
	5160	6"		18	.444		40.50	11.20		51.70	61	
	5180	8"		15	.533		61	13.40		74.40	87	
	5240	Tee box, flanged 2-½"		18	.444		35	11.20		46.20	55	
	5260	4"		16	.500		39	12.60		51.60	61	
	5280	6"		15	.533		54.50	13.40		67.90	80	
	5300	8"		13	.615		78	15.50		93.50	110	
	5360	Cross box, flanged 2-½"		15	.533		46.50	13.40		59.90	71	
	5380	4"		13	.615		57	15.50		72.50	86	
	5400	6"		12	.667		72	16.75		88.75	105	
	5420	8"		10	.800		90	20		110	130	
	5480	Flange gasket, 2-½"		160	.050		1.40	1.26		2.66	3.40	
	5500	4"		80	.100		1.75	2.52		4.27	5.65	
	5520	6"		53	.151		2.40	3.80		6.20	8.25	
	5530	8"		40	.200		3.05	5.05		8.10	10.80	

160 200 | Conduits

			Crew	Daily Output	Man-Hours	Unit	Mat.	Labor	Equip.	Total	Total Incl O&P	
205	0010	CONDUIT To 15' high, includes 2 terminations, 2 elbows and	C9.3-105									205
	0020	11 beam clamps per 100 L.F.										
	0300	Aluminum, ½" diameter	1 Elec	100	.080	L.F.	.80	2.01		2.81	3.85	
	0500	¾" diameter		90	.089		1.07	2.24		3.31	4.48	
	0700	1" diameter		80	.100		1.53	2.52		4.05	5.40	
	1000	1-¼" diameter		70	.114		1.98	2.87		4.85	6.40	
	1030	1-½" diameter		65	.123		2.45	3.10		5.55	7.25	
	1050	2" diameter		60	.133		3.40	3.35		6.75	8.70	
	1070	2-½" diameter		50	.160		5.35	4.02		9.37	11.85	
	1100	3" diameter		45	.178		7.05	4.47		11.52	14.35	
	1130	3-½" diameter		40	.200		8.75	5.05		13.80	17.05	
	1140	4" diameter		35	.229		10.40	5.75		16.15	19.95	
	1150	5" diameter		25	.320		16.20	8.05		24.25	30	
	1160	6" diameter		20	.400		22.50	10.05		32.55	40	

160 | Raceways

160 200 | Conduits

		CREW	DAILY OUTPUT	MAN-HOURS	UNIT	BARE COSTS MAT.	BARE COSTS LABOR	BARE COSTS EQUIP.	BARE COSTS TOTAL	TOTAL INCL O&P	
205	1170 Elbows, ½" diameter	1 Elec	40	.200	Ea.	2.16	5.05		7.21	9.80	205
	1200 ¾" diameter		32	.250		2.95	6.30		9.25	12.55	
	1230 1" diameter		28	.286		4.10	7.20		11.30	15.10	
	1250 1-¼" diameter		24	.333		6.55	8.40		14.95	19.60	
	1270 1-½" diameter		20	.400		8.75	10.05		18.80	24	
	1300 2" diameter		16	.500		12.85	12.60		25.45	33	
	1330 2-½" diameter		12	.667		23.75	16.75		40.50	51	
	1350 3" diameter		8	1		36.70	25		61.70	78	
	1370 3-½" diameter		6	1.330		56.45	34		90.45	110	
	1400 4" diameter		5	1.600		67.70	40		107.70	135	
	1410 5" diameter		4	2		184	50		234	275	
	1420 6" diameter		2.50	3.200		257	80		337	400	
	1430 Couplings, ½" diameter					.70			.70	.77	
	1450 ¾" diameter					1.07			1.07	1.18	
	1470 1" diameter					1.39			1.39	1.53	
	1500 1-¼" diameter					1.72			1.72	1.89	
	1530 1-½" diameter					1.99			1.99	2.19	
	1550 2" diameter					2.80			2.80	3.08	
	1570 2-½" diameter					6.35			6.35	7	
	1600 3" diameter					8.30			8.30	9.15	
	1630 3-½" diameter					11.40			11.40	12.55	
	1650 4" diameter					13.70			13.70	15.05	
	1670 5" diameter					34.75			34.75	38	
	1690 6" diameter					54.20			54.20	60	
	1750 Rigid galvanized steel, ½" diameter	1 Elec	90	.089	L.F.	1.08	2.24		3.32	4.49	
	1770 ¾" diameter		80	.100		1.40	2.52		3.92	5.25	
	1800 1" diameter		65	.123		1.75	3.10		4.85	6.50	
	1830 1-¼" diameter		60	.133		2.30	3.35		5.65	7.50	
	1850 1-½" diameter		55	.145		2.85	3.66		6.51	8.55	
	1870 2" diameter		45	.178		3.60	4.47		8.07	10.55	
	1900 2-½" diameter		35	.229		5.85	5.75		11.60	14.90	
	1930 3" diameter		25	.320		7.65	8.05		15.70	20	
	1950 3-½" diameter		22	.364		9.95	9.15		19.10	24	
	1970 4" diameter		20	.400		11.60	10.05		21.65	28	
	1980 5" diameter		15	.533		24.95	13.40		38.35	47	
	1990 6" diameter		10	.800		34.70	20		54.70	68	
	2000 Elbows, ½" diameter		32	.250	Ea.	2.50	6.30		8.80	12.05	
	2030 ¾" diameter		28	.286		2.70	7.20		9.90	13.60	
	2050 1" diameter		24	.333		3.75	8.40		12.15	16.50	
	2070 1-¼" diameter		18	.444		5.45	11.20		16.65	23	
	2100 1-½" diameter		16	.500		6.80	12.60		19.40	26	
	2130 2" diameter		12	.667		11.85	16.75		28.60	38	
	2150 2-½" diameter		8	1		22	25		47	61	
	2170 3" diameter		6	1.330		33	34		67	86	
	2200 3-½" diameter		4.20	1.900		57	48		105	135	
	2220 4" diameter		4	2		67	50		117	150	
	2230 5" diameter		3.50	2.290		170	57		227	270	
	2240 6" diameter		2	4		230	100		330	400	
	2250 Couplings, ½" diameter					.85			.85	.94	
	2270 ¾" diameter					1.04			1.04	1.14	
	2300 1" diameter					1.47			1.47	1.62	
	2330 1-¼" diameter					1.83			1.83	2.01	
	2350 1-½" diameter					2.30			2.30	2.53	
	2370 2" diameter					3.05			3.05	3.36	
	2400 2-½" diameter					6.90			6.90	7.60	
	2430 3" diameter					9.40			9.40	10.35	
	2450 3-½" diameter					12.60			12.60	13.85	
	2470 4" diameter					13.15			13.15	14.45	

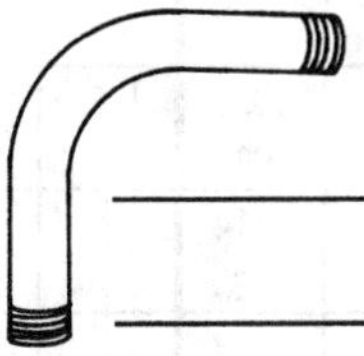

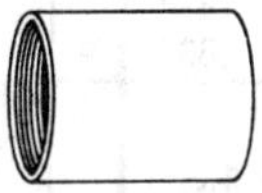

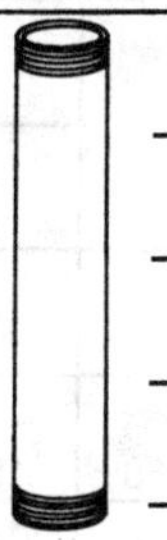

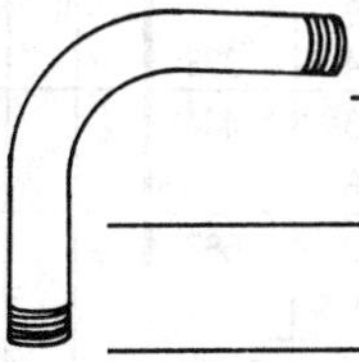

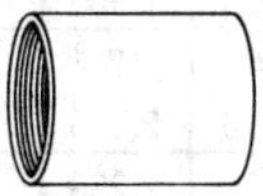

160 | Raceways

160 200 | Conduits

			Crew	Daily Output	Man-Hours	Unit	Mat.	Labor	Equip.	Total	Total Incl O&P	
205	2480	5" diameter				Ea.	29.45			29.45	32	205
	2490	6" diameter				"	39.15			39.15	43	
	2500	Steel, intermediate conduit (IMC), ½" diameter	1 Elec	100	.080	L.F.	.87	2.01		2.88	3.93	
	2530	¾" diameter		90	.089		1.08	2.24		3.32	4.49	
	2550	1" diameter		70	.114		1.40	2.87		4.27	5.80	
	2570	1-¼" diameter 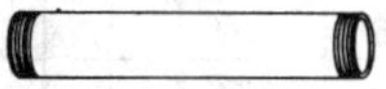		65	.123		1.75	3.10		4.85	6.50	
	2600	1-½" diameter		60	.133		2.30	3.35		5.65	7.50	
	2630	2" diameter		50	.160		2.85	4.02		6.87	9.10	
	2650	2-½" diameter		40	.200		4.60	5.05		9.65	12.50	
	2670	3" diameter		30	.267		6.30	6.70		13	16.85	
	2700	3-½" diameter		27	.296		8.70	7.45		16.15	21	
	2730	4" diameter		25	.320		10.25	8.05		18.30	23	
	2750	Elbows, ½" diameter		32	.250	Ea.	2.10	6.30		8.40	11.60	
	2770	¾" diameter		28	.286		2.65	7.20		9.85	13.55	
	2800	1" diameter		24	.333		3.70	8.40		12.10	16.45	
	2830	1-¼" diameter 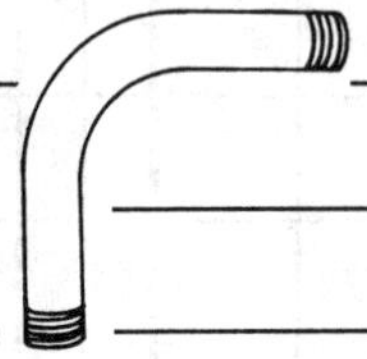		18	.444		5.30	11.20		16.50	22	
	2850	1-½" diameter		16	.500		6.65	12.60		19.25	26	
	2870	2" diameter		12	.667		10.10	16.75		26.85	36	
	2900	2-½" diameter		8	1		19	25		44	58	
	2930	3" diameter		6	1.330		29	34		63	81	
	2950	3-½" diameter		4.20	1.900		51	48		99	125	
	2970	4" diameter		4	2		59	50		109	140	
	3000	Couplings, ½" diameter					.85			.85	.94	
	3030	¾" diameter					1.04			1.04	1.14	
	3050	1" diameter					1.47			1.47	1.62	
	3070	1-¼" diameter					1.83			1.83	2.01	
	3100	1-½" diameter					2.30			2.30	2.53	
	3130	2" diameter 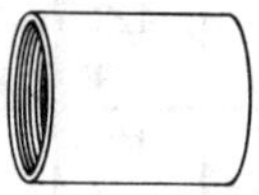					3.05			3.05	3.36	
	3150	2-½" diameter					6.95			6.95	7.65	
	3170	3" diameter					9.60			9.60	10.55	
	3200	3-½" diameter					12.80			12.80	14.10	
	3230	4" diameter					13.45			13.45	14.80	
	4100	Rigid steel, plastic coated, 40 mil. thick										
	4130	½" diameter	1 Elec	80	.100	L.F.	2.55	2.52		5.07	6.50	
	4150	¾" diameter		70	.114		2.80	2.87		5.67	7.30	
	4170	1" diameter 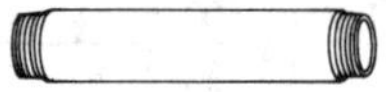		55	.145		3.60	3.66		7.26	9.35	
	4200	1-¼" diameter		50	.160		4.60	4.02		8.62	11	
	4230	1-½" diameter		45	.178		5.25	4.47		9.72	12.40	
	4250	2" diameter		35	.229		6.95	5.75		12.70	16.15	
	4270	2-½" diameter		25	.320		10.10	8.05		18.15	23	
	4300	3" diameter		22	.364		13.25	9.15		22.40	28	
	4330	3-½" diameter		20	.400		14.80	10.05		24.85	31	
	4350	4" diameter		18	.444		18.90	11.20		30.10	37	
	4370	5" diameter		15	.533		31.55	13.40		44.95	55	
	4400	Elbows, ½" diameter		28	.286	Ea.	6.25	7.20		13.45	17.50	
	4430	¾" diameter 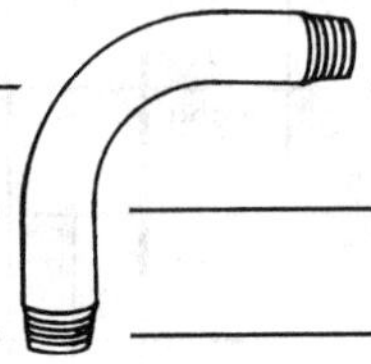		24	.333		7.45	8.40		15.85	21	
	4450	1" diameter		18	.444		8.55	11.20		19.75	26	
	4470	1-¼" diameter		16	.500		10.55	12.60		23.15	30	
	4500	1-½" diameter		12	.667		12.95	16.75		29.70	39	
	4530	2" diameter		8	1		18	25		43	57	
	4550	2-½" diameter		6	1.330		34	34		68	87	
	4570	3" diameter		4.20	1.900		55	48		103	130	
	4600	3-½" diameter		4	2		71	50		121	150	
	4630	4" diameter		3.80	2.110		75	53		128	160	
	4650	5" diameter		3.50	2.290		180	57		237	285	
	4680	Couplings, ½" diameter					1.90			1.90	2.09	
	4700	¾" diameter					1.98			1.98	2.18	
	4730	1" diameter					2.60			2.60	2.86	

160 | Raceways

160 200 | Conduits

		CREW	DAILY OUTPUT	MAN-HOURS	UNIT	BARE COSTS MAT.	BARE COSTS LABOR	BARE COSTS EQUIP.	BARE COSTS TOTAL	TOTAL INCL O&P	
205	4750	1-¼" diameter				Ea.	3			3	3.30	205
	4770	1-½" diameter 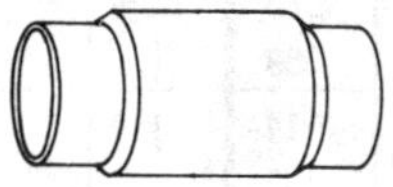					3.60			3.60	3.96	
	4800	2" diameter					5.20			5.20	5.70	
	4830	2-½" diameter					12.90			12.90	14.20	
	4850	3" diameter					15.70			15.70	17.25	
	4870	3-½" diameter					21			21	23	
	4900	4" diameter					24			24	26	
	4950	5" diameter					76.50			76.50	84	
	5000	Electric metallic tubing (EMT), ½" diameter	1 Elec	170	.047	L.F.	.33	1.18		1.51	2.11	
	5020	¾" diameter		130	.062		.47	1.55		2.02	2.80	
	5040	1" diameter		115	.070		.70	1.75		2.45	3.35	
	5060	1-¼" diameter		100	.080		1	2.01		3.01	4.07	
	5080	1-½" diameter		90	.089		1.15	2.24		3.39	4.57	
	5100	2" diameter		80	.100		1.50	2.52		4.02	5.35	
	5120	2-½" diameter		60	.133		3.30	3.35		6.65	8.60	
	5140	3" diameter 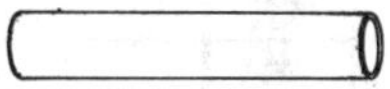		50	.160		4.10	4.02		8.12	10.45	
	5160	3-½" diameter		45	.178		5.70	4.47		10.17	12.85	
	5180	4" diameter		40	.200		6.75	5.05		11.80	14.85	
	5200	Field bends, 45° to 90°, ½" diameter		89	.090	Ea.		2.26		2.26	3.34	
	5220	¾" diameter		80	.100			2.52		2.52	3.71	
	5240	1" diameter		73	.110			2.76		2.76	4.07	
	5260	1-¼" diameter		38	.211			5.30		5.30	7.80	
	5280	1-½" diameter		36	.222			5.60		5.60	8.25	
	5300	2" diameter		26	.308			7.75		7.75	11.45	
	5320	Offsets, ½" diameter		65	.123			3.10		3.10	4.57	
	5340	¾" diameter		62	.129			3.25		3.25	4.79	
	5360	1" diameter		53	.151			3.80		3.80	5.60	
	5380	1-¼" diameter 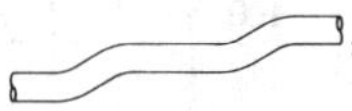		30	.267			6.70		6.70	9.90	
	5400	1-½" diameter		28	.286			7.20		7.20	10.60	
	5420	2" diameter		20	.400			10.05		10.05	14.85	
	5700	Elbows, 1" diameter		40	.200		2.10	5.05		7.15	9.75	
	5720	1-¼" diameter		32	.250		2.90	6.30		9.20	12.50	
	5740	1-½" diameter		24	.333		3.65	8.40		12.05	16.40	
	5760	2" diameter		20	.400		5.85	10.05		15.90	21	
	5780	2-½" diameter		12	.667		16.60	16.75		33.35	43	
	5800	3" diameter		9	.889		25.80	22		47.80	61	
	5820	3-½" diameter		7	1.140		35	29		64	81	
	5840	4" diameter		6	1.330		41	34		75	95	
	5900	Slipfit elbows, 1 end, 2-½" diameter		13	.615		16.90	15.50		32.40	41	
	5920	3" diameter		10	.800		23	20		43	55	
	5940	3-½" diameter		8	1		32	25		57	72	
	5960	4" diameter		7	1.140		38	29		67	84	
	6000	Slipfit elbows, 2 end, 2-½" diameter		14	.571		17.30	14.35		31.65	40	
	6020	3" diameter		11	.727		24	18.30		42.30	53	
	6040	3-½" diameter		9	.889		33	22		55	69	
	6060	4" diameter		8	1		38	25		63	79	
	6080	Available 30° - 45° - 90°										
	6200	Couplings, set screw, steel, ½" diameter 				Ea.	.50			.50	.55	
	6220	¾" diameter					.80			.80	.88	
	6240	1" diameter					1.25			1.25	1.38	
	6260	1-¼" diameter					2.50			2.50	2.75	
	6280	1-½" diameter					3.60			3.60	3.96	
	6300	2" diameter					4.80			4.80	5.30	
	6320	2-½" diameter					11			11	12.10	
	6340	3" diameter					12.50			12.50	13.75	
	6360	3-½" diameter					14.40			14.40	15.85	
	6380	4" diameter					16.50			16.50	18.15	
	6500	Box connectors, set screw, steel, ½" diameter	1 Elec	120	.067		.40	1.68		2.08	2.92	

160 | Raceways

160 200 | Conduits

		Crew	Daily Output	Man-Hours	Unit	Bare Costs Mat.	Bare Costs Labor	Bare Costs Equip.	Bare Costs Total	Total Incl O&P
205 6520	¾" diameter	1 Elec	110	.073	Ea.	.65	1.83		2.48	3.42
6540	1" diameter 		90	.089		1.10	2.24		3.34	4.51
6560	1-¼" diameter		70	.114		2.10	2.87		4.97	6.55
6580	1-½" diameter		60	.133		3.15	3.35		6.50	8.40
6600	2" diameter		50	.160		4.45	4.02		8.47	10.85
6620	2-½" diameter		36	.222		13.35	5.60		18.95	23
6640	3" diameter		27	.296		16	7.45		23.45	29
6680	3-½" diameter		21	.381		21	9.60		30.60	37
6700	4" diameter		16	.500		24	12.60		36.60	45
6740	Insulated box connectors, set screw, steel, ½" diameter		120	.067		.52	1.68		2.20	3.05
6760	¾" diameter		110	.073		.90	1.83		2.73	3.69
6780	1" diameter		90	.089		1.45	2.24		3.69	4.90
6800	1-¼" diameter 		70	.114		2.60	2.87		5.47	7.10
6820	1-½" diameter		60	.133		3.70	3.35		7.05	9
6840	2" diameter		50	.160		5.50	4.02		9.52	12
6860	2-½" diameter		36	.222		24	5.60		29.60	35
6880	3" diameter		27	.296		29	7.45		36.45	43
6900	3-½" diameter		21	.381		39	9.60		48.60	57
6920	4" diameter		16	.500		43	12.60		55.60	66
7000	EMT to conduit adapters, ½" diameter (compression)		70	.114		1.60	2.87		4.47	6
7020	¾" diameter		60	.133		2.35	3.35		5.70	7.55
7040	1" diameter 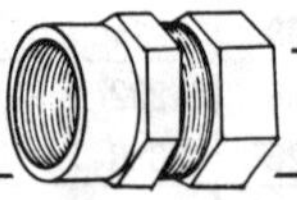		50	.160		3.50	4.02		7.52	9.80
7060	1-¼" diameter		40	.200		5.30	5.05		10.35	13.25
7080	1-½" diameter		30	.267		6.55	6.70		13.25	17.10
7100	2" diameter		25	.320		9.35	8.05		17.40	22
7200	EMT to Greenfield adapters, ½" to ⅜" diameter (compression)		90	.089		1.30	2.24		3.54	4.73
7220	½" diameter 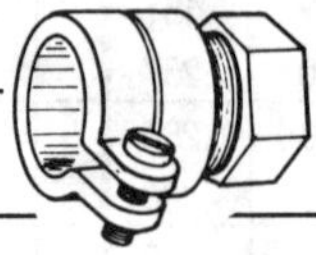		90	.089		2.30	2.24		4.54	5.85
7240	¾" diameter		80	.100		3	2.52		5.52	7
7260	1" diameter		70	.114		7.90	2.87		10.77	12.95
7270	1-¼" diameter		60	.133		9	3.35		12.35	14.85
7280	1-½" diameter		50	.160		10.20	4.02		14.22	17.15
7290	2" diameter		40	.200		14.90	5.05		19.95	24
7400	EMT, IB, LR or LL fittings with covers, ½" diameter, set screw		24	.333		4.70	8.40		13.10	17.55
7420	¾" diameter 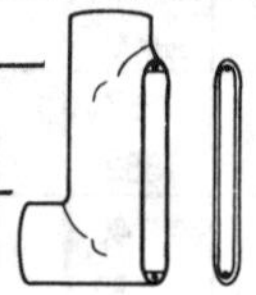		20	.400		5.75	10.05		15.80	21
7440	1" diameter		16	.500		8.50	12.60		21.10	28
7450	1-¼" diameter		13	.615		12.35	15.50		27.85	36
7460	1-½" diameter		11	.727		15.45	18.30		33.75	44
7470	2" diameter		9	.889		26	22		48	62
7600	EMT, "T" fittings with covers, ½" diameter, set screw		16	.500		5.50	12.60		18.10	25
7620	¾" diameter		15	.533		7.10	13.40		20.50	28
7640	1" diameter 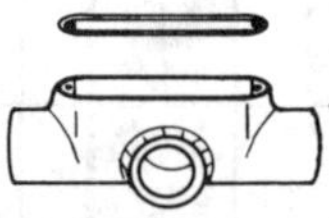		12	.667		9.65	16.75		26.40	35
7650	1-¼" diameter		11	.727		15.90	18.30		34.20	45
7660	1-½" diameter		10	.800		21.95	20		41.95	54
7670	2" diameter		8	1		34.90	25		59.90	76
8000	EMT, expansion fittings, no jumper, ½" diameter		24	.333		25	8.40		33.40	40
8020	¾" diameter		20	.400		32	10.05		42.05	50
8040	1" diameter		16	.500		41	12.60		53.60	64
8060	1-¼" diameter		13	.615		50	15.50		65.50	78
8080	1-½" diameter		11	.727		68	18.30		86.30	100
8100	2" diameter		9	.889		94	22		116	135
8110	2-½" diameter		7	1.140		134	29		163	190
8120	3" diameter		6	1.330		175	34		209	240
8140	4" diameter		5	1.600		278	40		318	365
8200	Split adapter, ½" diameter		110	.073		.81	1.83		2.64	3.59
8210	¾" diameter 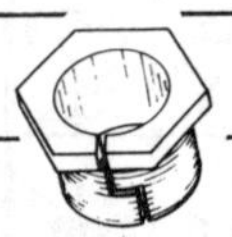		90	.089		1.15	2.24		3.39	4.57
8220	1" diameter		70	.114		1.85	2.87		4.72	6.30
8230	1-¼" diameter		60	.133		2.90	3.35		6.25	8.15
8240	1-½" diameter		50	.160		4.20	4.02		8.22	10.55

160 | Raceways

160 200 | Conduits

			Crew	Daily Output	Man-Hours	Unit	Mat.	Labor	Equip.	Total	Total Incl O&P	
205	8250	2" diameter	1 Elec	36	.222	Ea.	11.95	5.60		17.55	21	205
	8300	1 hole clips, ½" diameter		500	.016		.16	.40		.56	.77	
	8320	¾" diameter		470	.017		.21	.43		.64	.86	
	8340	1" diameter		444	.018		.32	.45		.77	1.02	
	8360	1-¼" diameter		400	.020		.48	.50		.98	1.27	
	8380	1-½" diameter		355	.023		.75	.57		1.32	1.66	
	8400	2" diameter		320	.025		1.02	.63		1.65	2.05	
	8420	2-½" diameter		266	.030		1.90	.76		2.66	3.21	
	8440	3" diameter		160	.050		2.15	1.26		3.41	4.22	
	8460	3-½" diameter		133	.060		2.50	1.51		4.01	4.98	
	8480	4" diameter		100	.080		4.80	2.01		6.81	8.25	
	8500	Clamp back spacers, ½" diameter		500	.016		.40	.40		.80	1.03	
	8510	¾" diameter		470	.017		.46	.43		.89	1.14	
	8520	1" diameter		444	.018		.72	.45		1.17	1.46	
	8530	1-¼" diameter		400	.020		1.05	.50		1.55	1.90	
	8540	1-½" diameter		355	.023		1.35	.57		1.92	2.32	
	8550	2" diameter		320	.025		2.20	.63		2.83	3.35	
	8560	2-½" diameter		266	.030		3.90	.76		4.66	5.40	
	8570	3" diameter		160	.050		6.10	1.26		7.36	8.55	
	8580	3-½" diameter		133	.060		8.20	1.51		9.71	11.25	
	8590	4" diameter		100	.080		18	2.01		20.01	23	
	8600	Offset connectors, ½" diameter		40	.200		1.70	5.05		6.75	9.30	
	8610	¾" diameter		32	.250		2.35	6.30		8.65	11.85	
	8620	1" diameter		24	.333		3.60	8.40		12	16.35	
	8650	90° pulling elbows, female, ½" diameter, with gasket		24	.333		2.30	8.40		10.70	14.90	
	8660	¾" diameter		20	.400		3.70	10.05		13.75	18.95	
	8700	Couplings, compression, ½" diameter, steel					1.26			1.26	1.39	
	8710	¾" diameter					1.75			1.75	1.93	
	8720	1" diameter					3			3	3.30	
	8730	1-¼" diameter					5.35			5.35	5.90	
	8740	1-½" diameter					7.80			7.80	8.60	
	8750	2" diameter					10.60			10.60	11.65	
	8760	2-½" diameter					46.90			46.90	52	
	8770	3" diameter					58.60			58.60	64	
	8780	3-½" diameter					95.60			95.60	105	
	8790	4" diameter					97			97	105	
	8800	Box connectors, compression, ½" diam., steel	1 Elec	120	.067		1.26	1.68		2.94	3.86	
	8810	¾" diameter		110	.073		1.75	1.83		3.58	4.63	
	8820	1" diameter		90	.089		3.10	2.24		5.34	6.70	
	8830	1-¼" diameter		70	.114		5.70	2.87		8.57	10.50	
	8840	1-½" diameter		60	.133		8.40	3.35		11.75	14.20	
	8850	2" diameter		50	.160		13.05	4.02		17.07	20	
	8860	2-½" diameter		36	.222		37.50	5.60		43.10	50	
	8870	3" diameter		27	.296		51.50	7.45		58.95	68	
	8880	3-½" diameter		21	.381		78	9.60		87.60	100	
	8890	4" diameter		16	.500		80	12.60		92.60	105	
	8900	Box connectors, insulated compression, ½" diam., steel		120	.067		1.10	1.68		2.78	3.69	
	8910	¾" diameter		110	.073		1.40	1.83		3.23	4.24	
	8920	1" diameter		90	.089		2.40	2.24		4.64	5.95	
	8930	1-¼" diameter		70	.114		5.70	2.87		8.57	10.50	
	8940	1-½" diameter		60	.133		8.40	3.35		11.75	14.20	
	8950	2" diameter		50	.160		10.45	4.02		14.47	17.45	
	8960	2-½" diameter		36	.222		43	5.60		48.60	56	
	8970	3" diameter		27	.296		54	7.45		61.45	70	
	8980	3-½" diameter		21	.381		80	9.60		89.60	100	
	8990	4" diameter		16	.500		85	12.60		97.60	110	
	9100	PVC, #40, ½" diameter		190	.042	L.F.	.41	1.06		1.47	2.01	
	9110	¾" diameter		145	.055	"	.53	1.39		1.92	2.63	

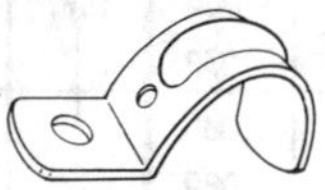

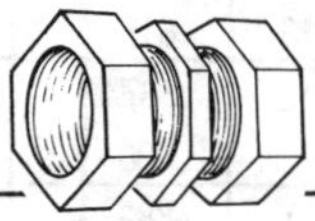

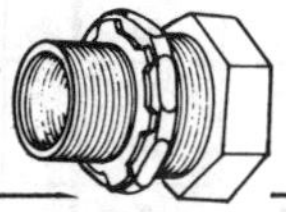

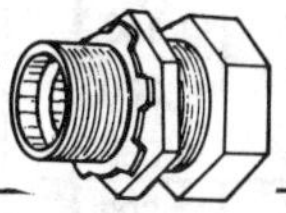

160 | Raceways

160 200 | Conduits

		Crew	Daily Output	Man-Hours	Unit	Bare Costs Mat.	Labor	Equip.	Total	Total Incl O&P	
205	9120	1" diameter	1 Elec	125	.064	L.F.	.80	1.61		2.41	3.26	205
	9130	1-¼" diameter		110	.073		1.07	1.83		2.90	3.88	
	9140	1-½" diameter		100	.080		1.30	2.01		3.31	4.40	
	9150	2" diameter		90	.089		1.70	2.24		3.94	5.15	
	9160	2-½" diameter		65	.123		2.70	3.10		5.80	7.55	
	9170	3" diameter		55	.145		3.20	3.66		6.86	8.90	
	9180	3-½" diameter		50	.160		4.10	4.02		8.12	10.45	
	9190	4" diameter		45	.178		4.50	4.47		8.97	11.55	
	9200	5" diameter		35	.229		6.50	5.75		12.25	15.65	
	9210	6" diameter		30	.267		8.60	6.70		15.30	19.35	
	9220	Elbows, ½" diameter		50	.160	Ea.	.67	4.02		4.69	6.70	
	9230	¾" diameter		42	.190		.73	4.79		5.52	7.90	
	9240	1" diameter		35	.229		1.15	5.75		6.90	9.75	
	9250	1-¼" diameter		28	.286		1.60	7.20		8.80	12.35	
	9260	1-½" diameter		20	.400		2.17	10.05		12.22	17.25	
	9270	2" diameter		16	.500		3.18	12.60		15.78	22	
	9280	2-½" diameter		11	.727		5.80	18.30		24.10	33	
	9290	3" diameter		9	.889		10.15	22		32.15	44	
	9300	3-½" diameter		7	1.140		14	29		43	58	
	9310	4" diameter		6	1.330		17.50	34		51.50	69	
	9320	5" diameter		4	2		30.45	50		80.45	110	
	9330	6" diameter		3	2.670		52.50	67		119.50	155	
	9340	Field bends, 45° & 90°, ½" diameter		45	.178			4.47		4.47	6.60	
	9350	¾" diameter		40	.200			5.05		5.05	7.45	
	9360	1" diameter		35	.229			5.75		5.75	8.50	
	9370	1-¼" diameter		32	.250			6.30		6.30	9.30	
	9380	1-½" diameter		27	.296			7.45		7.45	11	
	9390	2" diameter		20	.400			10.05		10.05	14.85	
	9400	2-½" diameter		16	.500			12.60		12.60	18.55	
	9410	3" diameter		13	.615			15.50		15.50	23	
	9420	3-½" diameter		12	.667			16.75		16.75	25	
	9430	4" diameter		10	.800			20		20	30	
	9440	5" diameter		9	.889			22		22	33	
	9450	6" diameter		8	1			25		25	37	
	9460	PVC adapters, ½" diameter		80	.100		.25	2.52		2.77	3.99	
	9470	¾" diameter		64	.125		.46	3.14		3.60	5.15	
	9480	1" diameter		53	.151		.59	3.80		4.39	6.25	
	9490	1-¼" diameter		46	.174		.75	4.37		5.12	7.30	
	9500	1-½" diameter		40	.200		.90	5.05		5.95	8.40	
	9510	2" diameter		32	.250		1.30	6.30		7.60	10.70	
	9520	2-½" diameter		23	.348		2.20	8.75		10.95	15.35	
	9530	3" diameter		18	.444		3.25	11.20		14.45	20	
	9540	3-½" diameter		13	.615		4.25	15.50		19.75	28	
	9550	4" diameter		11	.727		5.50	18.30		23.80	33	
	9560	5" diameter		8	1		11.40	25		36.40	50	
	9570	6" diameter		6	1.330		13.50	34		47.50	64	
	9580	PVC-LB, LR or LL fittings & covers										
	9590	½" diameter	1 Elec	20	.400	Ea.	1.75	10.05		11.80	16.80	
	9600	¾" diameter		16	.500		2.25	12.60		14.85	21	
	9610	1" diameter		12	.667		2.45	16.75		19.20	27	
	9620	1-¼" diameter		9	.889		3.70	22		25.70	37	
	9630	1-½" diameter		7	1.140		4.45	29		33.45	47	
	9640	2" diameter		6	1.330		7.90	34		41.90	58	
	9650	2-½" diameter		6	1.330		30.45	34		64.45	83	
	9660	3" diameter		5	1.600		31.50	40		71.50	94	
	9670	3-½" diameter		4	2		32.50	50		82.50	110	
	9680	4" diameter		3	2.670		34.50	67		101.50	135	
	9690	PVC-tee fitting & cover										

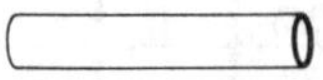

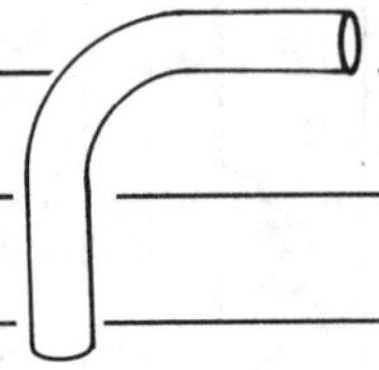

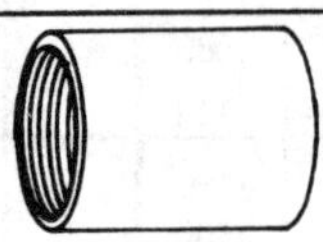

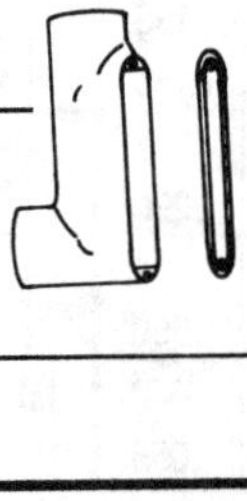

160 | Raceways

160 200 | Conduits

			CREW	DAILY OUTPUT	MAN-HOURS	UNIT	BARE COSTS MAT.	BARE COSTS LABOR	BARE COSTS EQUIP.	BARE COSTS TOTAL	TOTAL INCL O&P	
205	9700	½" 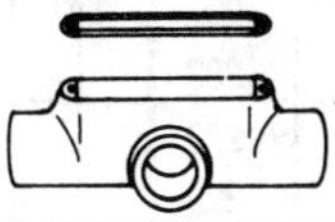	1 Elec	14	.571	Ea.	2.20	14.35		16.55	24	205
	9710	¾"		13	.615		2.75	15.50		18.25	26	
	9720	1"		10	.800		2.75	20		22.75	33	
	9730	1-¼"		9	.889		4.45	22		26.45	38	
	9740	1-½"		8	1		5.90	25		30.90	44	
	9750	2"		7	1.140		8.50	29		37.50	52	
	9760	PVC-reducers, ¾" x ½" diameter					.45			.45	.50	
	9770	1" x ½" diameter					1			1	1.10	
	9780	1" x ¾" diameter					1.07			1.07	1.18	
	9790	1-¼" x ¾" diameter					1.35			1.35	1.49	
	9800	1-¼" x 1" diameter					1.35			1.35	1.49	
	9810	1-½" x 1-¼" diameter 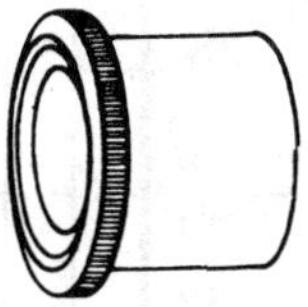					1.40			1.40	1.54	
	9820	2" x 1-¼" diameter					1.70			1.70	1.87	
	9830	2-½" x 2" diameter					5.50			5.50	6.05	
	9840	3" x 2" diameter					5.85			5.85	6.45	
	9850	4" x 3" diameter					7.60			7.60	8.35	
	9860	Cement, quart					8			8	8.80	
	9870	Gallon					29			29	32	
	9880	Heat bender, to 6" diameter					795			795	875	
	9900	Add to labor for higher elevated installation										
	9910	15' to 20' high, add						10%				
	9920	20' to 25' high, add						20%				
	9930	25' to 30' high, add						25%				
	9940	30' to 35' high, add						30%				
	9950	35' to 40' high, add						35%				
	9960	Over 40' high, add						40%				
	9980	Allow. for cond. ftngs., 5% min.-20% max.										
210	0010	**CONDUIT** To 15' high, includes couplings only										210
	0200	Electric metallic tubing, ½" diameter	1 Elec	435	.018	L.F.	.28	.46		.74	.99	
	0220	¾" diameter		253	.032		.38	.80		1.18	1.59	
	0240	1" diameter		207	.039		.55	.97		1.52	2.04	
	0260	1-¼" diameter		173	.046		.83	1.16		1.99	2.63	
	0280	1-½" diameter		153	.052		.95	1.32		2.27	2.99	
	0300	2" diameter 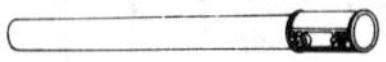		130	.062		1.25	1.55		2.80	3.66	
	0320	2-½" diameter		92	.087		2.70	2.19		4.89	6.20	
	0340	3" diameter		74	.108		3.35	2.72		6.07	7.70	
	0360	3-½" diameter		67	.119		4.75	3		7.75	9.65	
	0380	4" diameter		57	.140		5.50	3.53		9.03	11.25	
	0500	Steel rigid galvanized, ½" diameter		146	.055		.86	1.38		2.24	2.98	
	0520	¾" diameter		125	.064		1.07	1.61		2.68	3.55	
	0540	1" diameter		93	.086		1.49	2.16		3.65	4.83	
	0560	1-¼" diameter 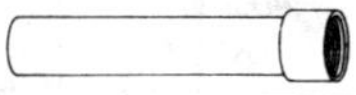		88	.091		1.92	2.29		4.21	5.50	
	0580	1-½" diameter		80	.100		2.40	2.52		4.92	6.35	
	0600	2" diameter		65	.123		3.12	3.10		6.22	8	
	0620	2-½" diameter		48	.167		5.43	4.19		9.62	12.15	
	0640	3" diameter		32	.250		6.80	6.30		13.10	16.75	
	0660	3-½" diameter		30	.267		8.48	6.70		15.18	19.25	
	0680	4" diameter		26	.308		9.85	7.75		17.60	22	
	0700	5" diameter		25	.320		20.35	8.05		28.40	34	
	0720	6" diameter		24	.333		28.50	8.40		36.90	44	
220	0010	**CONDUIT NIPPLES** With locknuts and bushings										220
	0100	Aluminum, ½" diameter, close	1 Elec	36	.222	Ea.	1.50	5.60		7.10	9.90	
	0120	1-½" long		36	.222		1.50	5.60		7.10	9.90	
	0140	2" long		36	.222		1.57	5.60		7.17	10	
	0160	2-½" long		36	.222		1.75	5.60		7.35	10.20	
	0180	3" long		36	.222		1.80	5.60		7.40	10.25	

75

160 | Raceways

160 200 | Conduits

			CREW	DAILY OUTPUT	MAN-HOURS	UNIT	BARE COSTS MAT.	LABOR	EQUIP.	TOTAL	TOTAL INCL O&P	
220	0200	3-½" long	1 Elec	36	.222	Ea.	1.90	5.60		7.50	10.35	220
	0220	4" long		36	.222		2	5.60		7.60	10.45	
	0240	5" long		36	.222		2.15	5.60		7.75	10.60	
	0260	6" long		36	.222		2.25	5.60		7.85	10.75	
	0280	8" long		36	.222		2.70	5.60		8.30	11.20	
	0300	10" long		36	.222		3.15	5.60		8.75	11.70	
	0320	12" long		36	.222		3.60	5.60		9.20	12.20	
	0340	¾" diameter, close		32	.250		2.10	6.30		8.40	11.60	
	0360	1-½" long		32	.250		2.15	6.30		8.45	11.65	
	0380	2" long		32	.250		2.20	6.30		8.50	11.70	
	0400	2-½" long		32	.250		2.30	6.30		8.60	11.80	
	0420	3" long		32	.250		2.40	6.30		8.70	11.95	
	0440	3-½" long		32	.250		2.45	6.30		8.75	12	
	0460	4" long		32	.250		2.55	6.30		8.85	12.10	
	0480	5" long		32	.250		2.80	6.30		9.10	12.35	
	0500	6" long		32	.250		3.10	6.30		9.40	12.70	
	0520	8" long		32	.250		3.60	6.30		9.90	13.25	
	0540	10" long		32	.250		4	6.30		10.30	13.70	
	0560	12" long		32	.250		4.65	6.30		10.95	14.40	
	0580	1" diameter, close		27	.296		3.15	7.45		10.60	14.45	
	0600	2" long		27	.296		3.35	7.45		10.80	14.70	
	0620	2-½" long		27	.296		3.45	7.45		10.90	14.80	
	0640	3" long		27	.296		3.55	7.45		11	14.90	
	0660	3-½" long		27	.296		3.85	7.45		11.30	15.25	
	0680	4" long		27	.296		4	7.45		11.45	15.40	
	0700	5" long		27	.296		4.35	7.45		11.80	15.80	
	0720	6" long		27	.296		4.75	7.45		12.20	16.25	
	0740	8" long		27	.296		5.55	7.45		13	17.10	
	0760	10" long		27	.296		6.35	7.45		13.80	18	
	0780	12" long		27	.296		7.05	7.45		14.50	18.75	
	0800	1-¼" diameter, close		23	.348		4.45	8.75		13.20	17.80	
	0820	2" long		23	.348		4.50	8.75		13.25	17.85	
	0840	2-½" long		23	.348		4.65	8.75		13.40	18.05	
	0860	3" long		23	.348		4.95	8.75		13.70	18.35	
	0880	3-½" long		23	.348		5.20	8.75		13.95	18.65	
	0900	4" long		23	.348		5.55	8.75		14.30	19	
	0920	5" long		23	.348		6	8.75		14.75	19.50	
	0940	6" long		23	.348		6.55	8.75		15.30	20	
	0960	8" long		23	.348		7.55	8.75		16.30	21	
	0980	10" long		23	.348		8.55	8.75		17.30	22	
	1000	12" long		23	.348		9.60	8.75		18.35	23	
	1020	1-½" diameter, close		20	.400		6.25	10.05		16.30	22	
	1040	2" long		20	.400		6.30	10.05		16.35	22	
	1060	2-½" long		20	.400		6.45	10.05		16.50	22	
	1080	3" long		20	.400		6.75	10.05		16.80	22	
	1100	3-½" long		20	.400		7.40	10.05		17.45	23	
	1120	4" long		20	.400		7.45	10.05		17.50	23	
	1140	5" long		20	.400		8	10.05		18.05	24	
	1160	6" long		20	.400		8.50	10.05		18.55	24	
	1180	8" long		20	.400		9.85	10.05		19.90	26	
	1200	10" long		20	.400		11.05	10.05		21.10	27	
	1220	12" long		20	.400		12.30	10.05		22.35	28	
	1240	2" diameter, close		18	.444		8.90	11.20		20.10	26	
	1260	2-½" long		18	.444		9.70	11.20		20.90	27	
	1280	3" long		18	.444		10.10	11.20		21.30	28	
	1300	3-½" long		18	.444		10.75	11.20		21.95	28	
	1320	4" long		18	.444		11	11.20		22.20	29	
	1340	5" long		18	.444		12	11.20		23.20	30	

160 | Raceways

160 200 | Conduits

		CREW	DAILY OUTPUT	MAN-HOURS	UNIT	BARE COSTS MAT.	BARE COSTS LABOR	BARE COSTS EQUIP.	BARE COSTS TOTAL	TOTAL INCL O&P	
220	1360	6" long	1 Elec	18	.444	Ea.	12.90	11.20		24.10	31	220
	1380	8" long		18	.444		14.75	11.20		25.95	33	
	1400	10" long		18	.444		16.60	11.20		27.80	35	
	1420	12" long		18	.444		18.45	11.20		29.65	37	
	1440	2-½" diameter, close		15	.533		18.10	13.40		31.50	40	
	1460	3" long		15	.533		18.70	13.40		32.10	40	
	1480	3-½" long		15	.533		19.15	13.40		32.55	41	
	1500	4" long		15	.533		19.70	13.40		33.10	41	
	1520	5" long		15	.533		20.55	13.40		33.95	42	
	1540	6" long		15	.533		21.55	13.40		34.95	44	
	1560	8" long		15	.533		23.65	13.40		37.05	46	
	1580	10" long		15	.533		25.85	13.40		39.25	48	
	1600	12" long		15	.533		28.20	13.40		41.60	51	
	1620	3" diameter, close		12	.667		21.70	16.75		38.45	49	
	1640	3" long		12	.667		22.45	16.75		39.20	49	
	1660	3-½" long		12	.667		23.70	16.75		40.45	51	
	1680	4" long		12	.667		27.15	16.75		43.90	55	
	1700	5" long		12	.667		24.90	16.75		41.65	52	
	1720	6" long		12	.667		26.85	16.75		43.60	54	
	1740	8" long		12	.667		29.70	16.75		46.45	57	
	1760	10" long		12	.667		32.55	16.75		49.30	61	
	1780	12" long		12	.667		35.65	16.75		52.40	64	
	1800	3-½" diameter, close		11	.727		40.25	18.30		58.55	71	
	1820	4" long		11	.727		42.15	18.30		60.45	73	
	1840	5" long		11	.727		44.20	18.30		62.50	76	
	1860	6" long		11	.727		46	18.30		64.30	78	
	1880	8" long		11	.727		49.80	18.30		68.10	82	
	1900	10" long		11	.727		52.70	18.30		71	85	
	1920	12" long		11	.727		56.50	18.30		74.80	89	
	1940	4" diameter, close		9	.889		49.80	22		71.80	88	
	1960	4" long		9	.889		51.75	22		73.75	90	
	1980	5" long		9	.889		53.65	22		75.65	92	
	2000	6" long		9	.889		55.60	22		77.60	94	
	2020	8" long		9	.889		60.30	22		82.30	99	
	2040	10" long		9	.889		65.15	22		87.15	105	
	2060	12" long		9	.889		69	22		91	110	
	2080	5" diameter, close		7	1.140		94.85	29		123.85	145	
	2100	5" long		7	1.140		107	29		136	160	
	2120	6" long		7	1.140		110	29		139	165	
	2140	8" long		7	1.140		116	29		145	170	
	2160	10" long		7	1.140		121	29		150	175	
	2180	12" long		7	1.140		146	29		175	205	
	2200	6" diameter, close		6	1.330		160	34		194	225	
	2220	5" long		6	1.330		165	34		199	230	
	2240	6" long		6	1.330		168	34		202	235	
	2260	8" long		6	1.330		176	34		210	245	
	2280	10" long		6	1.330		185	34		219	255	
	2300	12" long		6	1.330		192	34		226	260	
	2320	Rigid galvanized steel, ½" diameter, close		32	.250		1.15	6.30		7.45	10.55	
	2340	1-½" long		32	.250		1.25	6.30		7.55	10.65	
	2360	2" long		32	.250		1.35	6.30		7.65	10.75	
	2380	2-½" long		32	.250		1.40	6.30		7.70	10.85	
	2400	3" long		32	.250		1.45	6.30		7.75	10.90	
	2420	3-½" long		32	.250		1.50	6.30		7.80	10.95	
	2440	4" long		32	.250		1.60	6.30		7.90	11.05	
	2460	5" long		32	.250		1.75	6.30		8.05	11.20	
	2480	6" long		32	.250		1.90	6.30		8.20	11.40	
	2500	8" long		32	.250		2.80	6.30		9.10	12.35	

160 | Raceways

				DAILY	MAN-		\multicolumn{4}{c}{BARE COSTS}	TOTAL
	160 200	**Conduits**	CREW	OUTPUT	HOURS	UNIT	MAT.	LABOR	EQUIP.	TOTAL	INCL O&P
220	2520	10" long	1 Elec	32	.250	Ea.	3.10	6.30		9.40	12.70	220
	2540	12" long		32	.250		3.50	6.30		9.80	13.15
	2560	¾" diameter, close		27	.296		1.65	7.45		9.10	12.80
	2580	2" long		27	.296		1.75	7.45		9.20	12.95
	2600	2-½" long		27	.296		1.80	7.45		9.25	13
	2620	3" long		27	.296		1.85	7.45		9.30	13.05
	2640	3-½" long		27	.296		1.95	7.45		9.40	13.15
	2660	4" long		27	.296		2.05	7.45		9.50	13.25
	2680	5" long		27	.296		2.20	7.45		9.65	13.40
	2700	6" long		27	.296		2.35	7.45		9.80	13.60
	2720	8" long		27	.296		3.20	7.45		10.65	14.50
	2740	10" long		27	.296		3.70	7.45		11.15	15.05
	2760	12" long		27	.296		4.05	7.45		11.50	15.45
	2780	1" diameter, close		23	.348		2.70	8.75		11.45	15.90
	2800	2" long		23	.348		2.85	8.75		11.60	16.05
	2820	2-½" long		23	.348		2.95	8.75		11.70	16.15
	2840	3" long		23	.348		3.05	8.75		11.80	16.25
	2860	3-½" long		23	.348		3.10	8.75		11.85	16.35
	2880	4" long		23	.348		3.20	8.75		11.95	16.45
	2900	5" long		23	.348		3.40	8.75		12.15	16.65
	2920	6" long		23	.348		3.60	8.75		12.35	16.90
	2940	8" long		23	.348		4.70	8.75		13.45	18.10
	2960	10" long		23	.348		5.40	8.75		14.15	18.85
	2980	12" long		23	.348		5.90	8.75		14.65	19.40
	3000	1-¼" diameter, close		20	.400		3.45	10.05		13.50	18.65
	3020	2" long		20	.400		3.55	10.05		13.60	18.75
	3040	3" long		20	.400		3.75	10.05		13.80	19
	3060	3-½" long		20	.400		3.85	10.05		13.90	19.10
	3080	4" long		20	.400		3.95	10.05		14	19.20
	3100	5" long		20	.400		4.35	10.05		14.40	19.65
	3120	6" long		20	.400		4.60	10.05		14.65	19.90
	3140	8" long		20	.400		5.90	10.05		15.95	21
	3160	10" long		20	.400		6.90	10.05		16.95	22
	3180	12" long		20	.400		7.75	10.05		17.80	23
	3200	1-½" diameter, close		18	.444		4.70	11.20		15.90	22
	3220	2" long		18	.444		4.75	11.20		15.95	22
	3240	2-½" long		18	.444		5.05	11.20		16.25	22
	3260	3" long		18	.444		5.20	11.20		16.40	22
	3280	3-½" long		18	.444		5.35	11.20		16.55	22
	3300	4" long		18	.444		5.50	11.20		16.70	23
	3320	5" long		18	.444		5.90	11.20		17.10	23
	3340	6" long		18	.444		6.55	11.20		17.75	24
	3360	8" long		18	.444		7.95	11.20		19.15	25
	3380	10" long		18	.444		8.95	11.20		20.15	26
	3400	12" long		18	.444		9.40	11.20		20.60	27
	3420	2" diameter, close		16	.500		6.65	12.60		19.25	26
	3440	2-½" long		16	.500		6.95	12.60		19.55	26
	3460	3" long		16	.500		7.40	12.60		20	27
	3480	3-½" long		16	.500		7.65	12.60		20.25	27
	3500	4" long		16	.500		8.05	12.60		20.65	27
	3520	5" long		16	.500		8.45	12.60		21.05	28
	3540	6" long		16	.500		8.95	12.60		21.55	28
	3560	8" long		16	.500		10.70	12.60		23.30	30
	3580	10" long		16	.500		11.95	12.60		24.55	32
	3600	12" long		16	.500		12.95	12.60		25.55	33
	3620	2-½" diameter, close		13	.615		16.20	15.50		31.70	41
	3640	3" long		13	.615		16.60	15.50		32.10	41
	3660	3-½" long		13	.615		17.55	15.50		33.05	42

160 | Raceways

160 200 | Conduits

		Crew	Daily Output	Man-Hours	Unit	Mat.	Labor	Equip.	Total	Total Incl O&P	
220	3680	4" long	1 Elec	13	.615	Ea.	17.85	15.50		33.35	42	220
	3700	5" long		13	.615		19.05	15.50		34.55	44	
	3720	6" long		13	.615		20.15	15.50		35.65	45	
	3740	8" long		13	.615		22.60	15.50		38.10	48	
	3760	10" long		13	.615		24.40	15.50		39.90	50	
	3780	12" long		13	.615		26.60	15.50		42.10	52	
	3800	3" diameter, close		12	.667		21.10	16.75		37.85	48	
	3820	3" long		12	.667		20.35	16.75		37.10	47	
	3900	3-½" long		12	.667		21	16.75		37.75	48	
	3920	4" long		12	.667		21.60	16.75		38.35	49	
	3940	5" long		12	.667		23.35	16.75		40.10	50	
	3960	6" long		12	.667		24.35	16.75		41.10	52	
	3980	8" long		12	.667		26.35	16.75		43.10	54	
	4000	10" long		12	.667		29.45	16.75		46.20	57	
	4020	12" long		12	.667		32.95	16.75		49.70	61	
	4040	3-½" diameter, close		10	.800		34.15	20		54.15	67	
	4060	4" long		10	.800		35.35	20		55.35	69	
	4080	5" long		10	.800		36.40	20		56.40	70	
	4100	6" long		10	.800		37.50	20		57.50	71	
	4120	8" long		10	.800		41.70	20		61.70	76	
	4140	10" long		10	.800		42.75	20		62.75	77	
	4160	12" long		10	.800		46.15	20		66.15	80	
	4180	4" diameter, close		8	1		41.20	25		66.20	82	
	4200	4" long		8	1		41.60	25		66.60	83	
	4220	5" long		8	1		42.75	25		67.75	84	
	4240	6" long		8	1		45	25		70	87	
	4260	8" long		8	1		47	25		72	89	
	4280	10" long		8	1		52	25		77	94	
	4300	12" long		8	1		55	25		80	98	
	4320	5" diameter, close		6	1.330		81	34		115	140	
	4340	5" long		6	1.330		88	34		122	145	
	4360	6" long		6	1.330		91	34		125	150	
	4380	8" long		6	1.330		93	34		127	150	
	4400	10" long		6	1.330		98	34		132	155	
	4420	12" long		6	1.330		105	34		139	165	
	4440	6" diameter, close		5	1.600		137	40		177	210	
	4460	5" long		5	1.600		144	40		184	220	
	4480	6" long		5	1.600		147	40		187	220	
	4500	8" long		5	1.600		150	40		190	225	
	4520	10" long		5	1.600		160	40		200	235	
	4540	12" long		5	1.600		164	40		204	240	
	4560	Plastic coated, 40 mil thick, ½" diameter, 2" long		32	.250		5.60	6.30		11.90	15.45	
	4580	2-½" long		32	.250		6.35	6.30		12.65	16.25	
	4600	3" long		32	.250		6.40	6.30		12.70	16.35	
	4680	3-½" long		32	.250		7.10	6.30		13.40	17.10	
	4700	4" long		32	.250		7.25	6.30		13.55	17.25	
	4720	5" long		32	.250		7.30	6.30		13.60	17.30	
	4740	6" long		32	.250		7.50	6.30		13.80	17.55	
	4760	8" long		32	.250		7.80	6.30		14.10	17.85	
	4780	10" long		32	.250		8.05	6.30		14.35	18.15	
	4800	12" long		32	.250		8.45	6.30		14.75	18.60	
	4820	¾" diameter, 2" long		26	.308		5.75	7.75		13.50	17.75	
	4840	2-½" long		26	.308		7.35	7.75		15.10	19.50	
	4860	3" long		26	.308		7.50	7.75		15.25	19.70	
	4880	3-½" long		26	.308		8.15	7.75		15.90	20	
	4900	4" long		26	.308		8.40	7.75		16.15	21	
	4920	5" long		26	.308		8.50	7.75		16.25	21	
	4940	6" long		26	.308		8.65	7.75		16.40	21	

160 | Raceways

160 200 | Conduits

			CREW	DAILY OUTPUT	MAN-HOURS	UNIT	BARE COSTS MAT.	LABOR	EQUIP.	TOTAL	TOTAL INCL O&P	
220	4960	8" long	1 Elec	26	.308	Ea.	8.90	7.75		16.65	21	220
	4980	10" long		26	.308		9.25	7.75		17	22	
	5000	12" long		26	.308		9.60	7.75		17.35	22	
	5020	1" diameter, 2" long		22	.364		7.35	9.15		16.50	22	
	5040	2-½" long		22	.364		8.25	9.15		17.40	23	
	5060	3" long		22	.364		8.45	9.15		17.60	23	
	5080	3-½" long		22	.364		9.15	9.15		18.30	24	
	5100	4" long		22	.364		9.25	9.15		18.40	24	
	5120	5" long		22	.364		9.45	9.15		18.60	24	
	5140	6" long		22	.364		9.60	9.15		18.75	24	
	5160	8" long		22	.364		10.05	9.15		19.20	25	
	5180	10" long		22	.364		10.55	9.15		19.70	25	
	5200	12" long		22	.364		11.90	9.15		21.05	27	
	5220	1-¼" diameter, 2" long		18	.444		9.60	11.20		20.80	27	
	5240	2-½" long		18	.444		10.40	11.20		21.60	28	
	5260	3" long		18	.444		10.60	11.20		21.80	28	
	5280	3-½" long		18	.444		11	11.20		22.20	29	
	5300	4" long		18	.444		11.45	11.20		22.65	29	
	5320	5" long		18	.444		11.60	11.20		22.80	29	
	5340	6" long		18	.444		12.10	11.20		23.30	30	
	5360	8" long		18	.444		12.20	11.20		23.40	30	
	5380	10" long		18	.444		13.60	11.20		24.80	31	
	5400	12" long		18	.444		15.90	11.20		27.10	34	
	5420	1-½" diameter, 2" long		16	.500		10.95	12.60		23.55	31	
	5440	2-½" long		16	.500		11.75	12.60		24.35	32	
	5460	3" long		16	.500		11.90	12.60		24.50	32	
	5480	3-½" long		16	.500		12.35	12.60		24.95	32	
	5500	4" long		16	.500		12.90	12.60		25.50	33	
	5520	5" long		16	.500		13.10	12.60		25.70	33	
	5540	6" long		16	.500		14.85	12.60		27.45	35	
	5560	8" long		16	.500		15.85	12.60		28.45	36	
	5580	10" long		16	.500		18.35	12.60		30.95	39	
	5600	12" long		16	.500		21.20	12.60		33.80	42	
	5620	2" diameter, 2-½" long		14	.571		15.35	14.35		29.70	38	
	5640	3" long		14	.571		15.65	14.35		30.00	38	
	5660	3-½" long		14	.571		16.60	14.35		30.95	39	
	5680	4" long		14	.571		17.50	14.35		31.85	40	
	5700	5" long		14	.571		18.05	14.35		32.40	41	
	5720	6" long		14	.571		18.55	14.35		32.90	42	
	5740	8" long		14	.571		21.15	14.35		35.50	44	
	5760	10" long		14	.571		24.40	14.35		38.75	48	
	5780	12" long		14	.571		28.05	14.35		42.40	52	
	5800	2-½" diameter, 3-½" long		12	.667		29.30	16.75		46.05	57	
	5820	4" long		12	.667		30.50	16.75		47.25	58	
	5840	5" long		12	.667		34.15	16.75		50.90	62	
	5860	6" long		12	.667		35	16.75		51.75	63	
	5880	8" long		12	.667		39.70	16.75		56.45	68	
	5900	10" long		12	.667		44	16.75		60.75	73	
	5920	12" long		12	.667		49	16.75		65.75	79	
	5940	3" diameter, 3-½" long		11	.727		33.95	18.30		52.25	64	
	5960	4" long		11	.727		35	18.30		53.30	66	
	5980	5" long		11	.727		37	18.30		55.30	68	
	6000	6" long		11	.727		42	18.30		60.30	73	
	6020	8" long		11	.727		46	18.30		64.30	78	
	6040	10" long		11	.727		54	18.30		72.30	86	
	6060	12" long		11	.727		62	18.30		80.30	95	
	6080	3-½" diameter, 4" long		9	.889		47	22		69	85	
	6100	5" long		9	.889		48	22		70	86	

160 | Raceways

160 200 | Conduits

		CREW	DAILY OUTPUT	MAN-HOURS	UNIT	BARE COSTS MAT.	LABOR	EQUIP.	TOTAL	TOTAL INCL O&P	
220											220
6120	6" long	1 Elec	9	.889	Ea.	51	22		73	89	
6140	8" long		9	.889		59	22		81	98	
6160	10" long		9	.889		66	22		88	105	
6180	12" long		9	.889		71	22		93	110	
6200	4" diameter, 4" long		7.50	1.070		56	27		83	100	
6220	5" long		7.50	1.070		57	27		84	100	
6240	6" long		7.50	1.070		61	27		88	105	
6260	8" long		7.50	1.070		67	27		94	115	
6280	10" long		7.50	1.070		80	27		107	130	
6300	12" long		7.50	1.070		85	27		112	135	
6320	5" diameter, 5" long		5.50	1.450		116	37		153	180	
6340	6" long		5.50	1.450		122	37		159	190	
6360	8" long		5.50	1.450		128	37		165	195	
6380	10" long		5.50	1.450		134	37		171	200	
6400	12" long		5.50	1.450		140	37		177	210	
6420	6" diameter, 5" long		4.50	1.780		168	45		213	250	
6440	6" long		4.50	1.780		178	45		223	260	
6460	8" long		4.50	1.780		183	45		228	265	
6480	10" long		4.50	1.780		196	45		241	280	
6500	12" long		4.50	1.780		206	45		251	295	
230											230
0010	**CONDUIT IN CONCRETE SLAB** Including terminations,										
0020	fittings and supports										
3230	PVC, schedule 40, ½" diameter	1 Elec	270	.030	L.F.	.34	.75		1.09	1.47	
3250	¾" diameter		230	.035		.35	.87		1.22	1.68	
3270	1" diameter 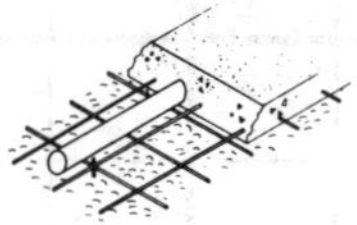		200	.040		.48	1.01		1.49	2.01	
3300	1-¼" diameter		170	.047		.64	1.18		1.82	2.45	
3330	1-½" diameter		140	.057		.81	1.44		2.25	3.01	
3350	2" diameter		120	.067		1.07	1.68		2.75	3.65	
3370	2-½" diameter		90	.089		1.75	2.24		3.99	5.25	
3400	3" diameter		80	.100		2.40	2.52		4.92	6.35	
3430	3-½" diameter		60	.133		3	3.35		6.35	8.25	
3440	4" diameter		50	.160		3.55	4.02		7.57	9.85	
3450	5" diameter		40	.200		5.15	5.05		10.20	13.10	
3460	6" diameter		30	.267		6.50	6.70		13.20	17.05	
3530	Sweeps, 1" diameter, 30" radius		32	.250	Ea.	4.70	6.30		11	14.45	
3550	1-¼" diameter		24	.333		6.85	8.40		15.25	19.90	
3570	1-½" diameter		21	.381		7.10	9.60		16.70	22	
3600	2" diameter		18	.444		9.30	11.20		20.50	27	
3630	2-½" diameter		14	.571		13.20	14.35		27.55	36	
3650	3" diameter 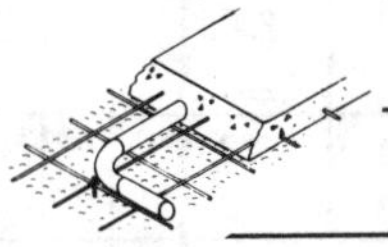		10	.800		20.50	20		40.50	52	
3670	3-½" diameter		8	1		22	25		47	61	
3700	4" diameter		7	1.140		31	29		60	77	
3710	5" diameter		6	1.330		46	34		80	100	
3730	Couplings, ½" diameter					.21			.21	.23	
3750	¾" diameter					.25			.25	.28	
3770	1" diameter					.40			.40	.44	
3800	1-¼" diameter					.55			.55	.61	
3830	1-½" diameter 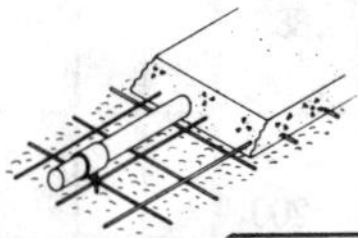					.70			.70	.77	
3850	2" diameter					.97			.97	1.07	
3870	2-½" diameter					1.75			1.75	1.93	
3900	3" diameter					2.75			2.75	3.03	
3930	3-½" diameter					3.10			3.10	3.41	
3950	4" diameter					4.25			4.25	4.68	
3960	5" diameter					10.55			10.55	11.60	
3970	6" diameter					13.50			13.50	14.85	
4030	End bells 1" diameter, PVC	1 Elec	60	.133		1.42	3.35		4.77	6.50	
4050	1-¼" diameter		53	.151		1.70	3.80		5.50	7.50	
4100	1-½" diameter		48	.167		1.70	4.19		5.89	8.05	

160 | Raceways

160 200 | Conduits

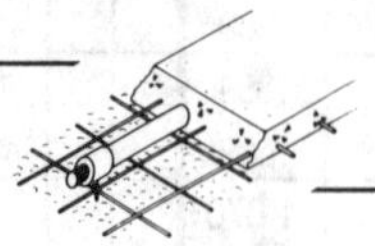

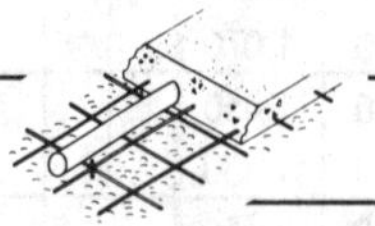

		CREW	DAILY OUTPUT	MAN-HOURS	UNIT	MAT.	LABOR	EQUIP.	TOTAL	TOTAL INCL O&P	
230	4150	2" diameter	1 Elec	34	.235	Ea.	2.65	5.90		8.55	11.65	230
	4170	2-½" diameter		27	.296		2.80	7.45		10.25	14.10	
	4200	3" diameter		20	.400		3.10	10.05		13.15	18.25	
	4250	3-½" diameter		16	.500		3.40	12.60		16	22	
	4300	4" diameter		14	.571		3.70	14.35		18.05	25	
	4310	5" diameter		12	.667		5.70	16.75		22.45	31	
	4320	6" diameter		9	.889		6.25	22		28.25	40	
	4350	Rigid galvanized steel, ½" diameter		200	.040	L.F.	1.01	1.01		2.02	2.60	
	4400	¾" diameter		170	.047		1.26	1.18		2.44	3.13	
	4450	1" diameter		130	.062		1.72	1.55		3.27	4.18	
	4500	1-¼" diameter		110	.073		2.23	1.83		4.06	5.15	
	4600	1-½" diameter		100	.080		2.75	2.01		4.76	6	
	4800	2" diameter		90	.089		3.55	2.24		5.79	7.20	
240	0010	**CONDUIT IN TRENCH** Includes terminations and fittings										240
	0020	Does not include excavation or backfill, see div. 022-200										
	0200	Rigid galvanized steel, 2" diameter	1 Elec	150	.053	L.F.	3.40	1.34		4.74	5.70	
	0400	2-½" diameter		100	.080		5.60	2.01		7.61	9.15	
	0600	3" diameter		80	.100		7.10	2.52		9.62	11.50	
	0800	3-½" diameter		70	.114		9.30	2.87		12.17	14.45	
	1000	4" diameter		50	.160		11.50	4.02		15.52	18.60	
	1200	5" diameter		40	.200		23.20	5.05		28.25	33	
	1400	6" diameter		30	.267		33	6.70		39.70	46	
250	0010	**CONDUIT FITTINGS** For RGS										250
	0050	Standard, locknuts, ½" diameter				Ea.	.11			.11	.12	
	0100	¾" diameter					.17			.17	.19	
	0300	1" diameter					.29			.29	.32	
	0500	1-¼" diameter					.38			.38	.42	
	0700	1-½" diameter					.58			.58	.64	
	1000	2" diameter					.84			.84	.92	
	1030	2-½" diameter					2			2	2.20	
	1050	3" diameter					2.60			2.60	2.86	
	1070	3-½" diameter					4.45			4.45	4.90	
	1100	4" diameter					5.50			5.50	6.05	
	1110	5" diameter					11.90			11.90	13.10	
	1120	6" diameter					20.05			20.05	22	
	1130	Bushings, plastic, ½" diameter	1 Elec	40	.200		.11	5.05		5.16	7.55	
	1150	¾" diameter		32	.250		.17	6.30		6.47	9.45	
	1170	1" diameter		28	.286		.28	7.20		7.48	10.90	
	1200	1-¼" diameter		24	.333		.40	8.40		8.80	12.80	
	1230	1-½" diameter		18	.444		.54	11.20		11.74	17.10	
	1250	2" diameter		15	.533		.97	13.40		14.37	21	
	1270	2-½" diameter		13	.615		2.05	15.50		17.55	25	
	1300	3" diameter		12	.667		2.40	16.75		19.15	27	
	1330	3-½" diameter		11	.727		2.90	18.30		21.20	30	
	1350	4" diameter		9	.889		3.60	22		25.60	37	
	1360	5" diameter		7	1.140		7.85	29		36.85	51	
	1370	6" diameter		5	1.600		15.10	40		55.10	76	
	1390	Steel, ½" diameter		40	.200		.19	5.05		5.24	7.65	
	1400	¾" diameter		32	.250		.27	6.30		6.57	9.60	
	1430	1" diameter		28	.286		.43	7.20		7.63	11.10	
	1450	Steel, insulated, 1-¼" diameter		24	.333		2.40	8.40		10.80	15	
	1470	1-½" diameter		18	.444		3.10	11.20		14.30	19.90	
	1500	2" diameter		15	.533		4.20	13.40		17.60	24	
	1530	2-½" diameter		13	.615		7.85	15.50		23.35	31	
	1550	3" diameter		12	.667		10.50	16.75		27.25	36	
	1570	3-½" diameter		11	.727		14	18.30		32.30	42	

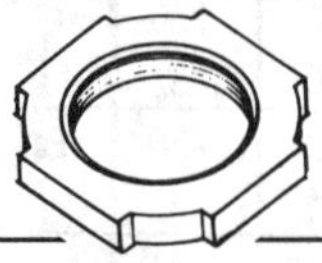

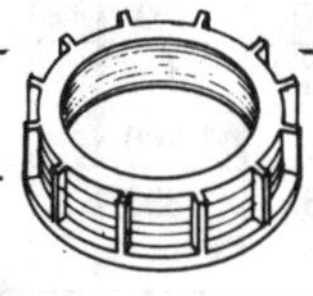

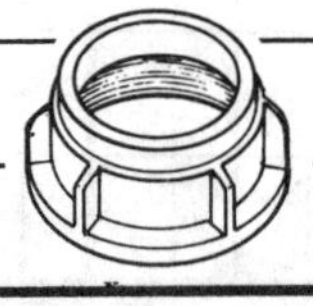

160 | Raceways

160 200 | Conduits

		CREW	DAILY OUTPUT	MAN-HOURS	UNIT	BARE COSTS MAT.	LABOR	EQUIP.	TOTAL	TOTAL INCL O&P
1600	4" diameter	1 Elec	9	.889	Ea.	17.50	22		39.50	52
1610	5" diameter		7	1.140		37	29		66	83
1620	6" diameter		5	1.600		58	40		98	125
1630	Sealing locknuts, ½" diameter		40	.200		.62	5.05		5.67	8.10
1650	¾" diameter		32	.250		.73	6.30		7.03	10.10
1670	1" diameter		28	.286		1.10	7.20		8.30	11.80
1700	1-¼" diameter		24	.333		1.75	8.40		10.15	14.30
1730	1-½" diameter		18	.444		2.25	11.20		13.45	19
1750	2" diameter		15	.533		2.85	13.40		16.25	23
1760	Grounding bushing, insulated, ½" diameter		32	.250		2.35	6.30		8.65	11.85
1770	¾" diameter		28	.286		2.95	7.20		10.15	13.85
1780	1" diameter		20	.400		3.35	10.05		13.40	18.55
1800	1-¼" diameter		18	.444		4.20	11.20		15.40	21
1830	1-½" diameter		16	.500		4.55	12.60		17.15	24
1850	2" diameter		13	.615		6.05	15.50		21.55	30
1870	2-½" diameter		12	.667		9.80	16.75		26.55	36
1900	3" diameter		11	.727		13.10	18.30		31.40	41
1930	3-½" diameter		9	.889		16.15	22		38.15	51
1950	4" diameter		8	1		19.90	25		44.90	59
1960	5" diameter		6	1.330		38.60	34		72.60	92
1970	6" diameter		4	2		58	50		108	140
1990	Coupling with set screw, ½" diameter		50	.160		1.55	4.02		5.57	7.65
2000	¾" diameter		40	.200		2.45	5.05		7.50	10.10
2030	1" diameter		35	.229		3.90	5.75		9.65	12.80
2050	1-¼" diameter		28	.286		6.10	7.20		13.30	17.30
2070	1-½" diameter		23	.348		7.80	8.75		16.55	22
2090	2" diameter		20	.400		17.50	10.05		27.55	34
2100	2-½" diameter		18	.444		37.40	11.20		48.60	58
2110	3" diameter		15	.533		45.10	13.40		58.50	69
2120	3-½" diameter		12	.667		64	16.75		80.75	95
2130	4" diameter		10	.800		84	20		104	120
2140	5" diameter		9	.889		142	22		164	190
2150	6" diameter		8	1		185	25		210	240
2160	Box connector, with set screw, plain ½" diameter		70	.114		1.35	2.87		4.22	5.75
2170	¾" diameter		60	.133		1.85	3.35		5.20	7
2180	1" diameter		50	.160		2.95	4.02		6.97	9.20
2190	Insulated, 1-¼" diameter		40	.200		5.20	5.05		10.25	13.15
2200	1-½" diameter		30	.267		7.50	6.70		14.20	18.15
2210	2" diameter		20	.400		14.90	10.05		24.95	31
2220	2-½" diameter		18	.444		39	11.20		50.20	59
2230	3" diameter		15	.533		50	13.40		63.40	75
2240	3-½" diameter		12	.667		71	16.75		87.75	105
2250	4" diameter		10	.800		88	20		108	125
2260	5" diameter		9	.889		175	22		197	225
2270	6" diameter		8	1		210	25		235	270
2280	LB, LR or LL fittings & covers, ½" diameter		16	.500		5.10	12.60		17.70	24
2290	¾" diameter		13	.615		6.20	15.50		21.70	30
2300	1" diameter		11	.727		8.80	18.30		27.10	37
2330	1-¼" diameter		8	1		13.60	25		38.60	52
2350	1-½" diameter		6	1.330		16.75	34		50.75	68
2370	2" diameter		5	1.600		27.90	40		67.90	90
2380	2-½" diameter		4	2		60	50		110	140
2390	3" diameter		3.50	2.290		78	57		135	170
2400	3-½" diameter		3	2.670		135	67		202	250
2410	4" diameter		2.50	3.200		140	80		220	275
2420	T fittings with cover, ½" diameter		12	.667		5.95	16.75		22.70	31
2430	¾" diameter		11	.727		7.15	18.30		25.45	35
2440	1" diameter		9	.889		10.60	22		32.60	45

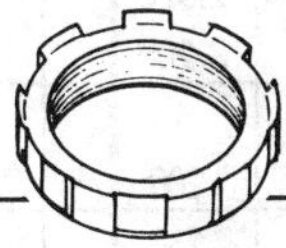

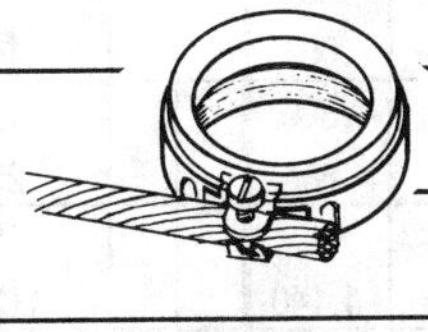

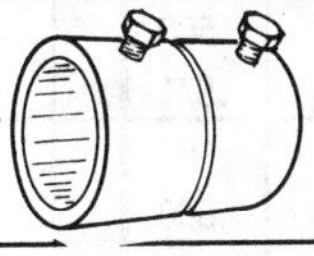

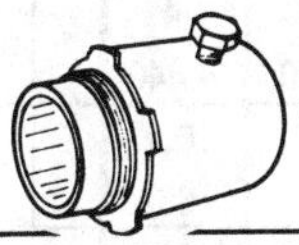

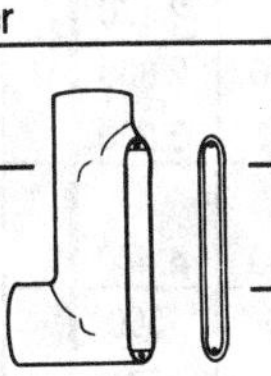

160 | Raceways

160 200 | Conduits

			Crew	Daily Output	Man-Hours	Unit	Bare Costs Mat.	Labor	Equip.	Total	Total Incl O&P	
250	2450	1-¼" diameter	1 Elec	6	1.330	Ea.	14.90	34		48.90	66	250
	2470	1-½" diameter		5	1.600		19.10	40		59.10	80	
	2500	2" diameter		4	2		30	50		80	105	
	2510	2-½" diameter		3.50	2.290		65	57		122	155	
	2520	3" diameter		3	2.670		82	67		149	190	
	2530	3-½" diameter		2.50	3.200		140	80		220	275	
	2540	4" diameter		2	4		155	100		255	320	
	2550	Nipples, chase, plain, ½" diameter		40	.200		.32	5.05		5.37	7.80	
	2560	¾" diameter		32	.250		.44	6.30		6.74	9.75	
	2570	1" diameter		28	.286		.87	7.20		8.07	11.55	
	2600	Insulated, 1-¼" diameter		24	.333		3.10	8.40		11.50	15.80	
	2630	1-½" diameter		18	.444		4.15	11.20		15.35	21	
	2650	2" diameter		15	.533		6.35	13.40		19.75	27	
	2660	2-½" diameter		12	.667		16.30	16.75		33.05	43	
	2670	3" diameter		10	.800		17.10	20		37.10	49	
	2680	3-½" diameter		9	.889		25	22		47	61	
	2690	4" diameter		8	1		38	25		63	79	
	2700	5" diameter		7	1.140		112	29		141	165	
	2710	6" diameter		6	1.330		174	34		208	240	
	2720	Nipples, offset, plain, ½" diameter		40	.200		1.92	5.05		6.97	9.55	
	2730	¾" diameter		32	.250		2	6.30		8.30	11.50	
	2740	1" diameter		24	.333		2.45	8.40		10.85	15.10	
	2750	Insulated, 1-¼" diameter		20	.400		11.60	10.05		21.65	28	
	2760	1-½" diameter		18	.444		14.30	11.20		25.50	32	
	2770	2" diameter		16	.500		22.50	12.60		35.10	43	
	2780	3" diameter		14	.571		48	14.35		62.35	74	
	2850	Coupling, expansion, ½" diameter		12	.667		20.95	16.75		37.70	48	
	2880	¾" diameter		10	.800		24.65	20		44.65	57	
	2900	1" diameter		8	1		29.60	25		54.60	70	
	2920	1-¼" diameter		6.40	1.250		39.50	31		70.50	90	
	2940	1-½" diameter		5.30	1.510		54	38		92	115	
	2960	2" diameter		4.60	1.740		82	44		126	155	
	2980	2-½" diameter		3.60	2.220		128	56		184	225	
	3000	3" diameter		3	2.670		157	67		224	270	
	3020	3-½" diameter		2.80	2.860		190	72		262	315	
	3040	4" diameter		2.40	3.330		215	84		299	360	
	3060	5" diameter		2	4		360	100		460	545	
	3080	6" diameter		1.80	4.440		665	110		775	895	
	3100	Expansion deflection, ½" diameter		12	.667		67	16.75		83.75	98	
	3120	¾" diameter		12	.667		71	16.75		87.75	105	
	3140	1" diameter		10	.800		82	20		102	120	
	3160	1-¼" diameter		6.40	1.250		94	31		125	150	
	3180	1-½" diameter		5.30	1.510		107	38		145	175	
	3200	2" diameter		4.60	1.740		137	44		181	215	
	3220	2-½" diameter		3.60	2.220		180	56		236	280	
	3240	3" diameter		3	2.670		230	67		297	350	
	3260	3-½" diameter		2.80	2.860		270	72		342	405	
	3280	4" diameter		2.40	3.330		325	84		409	480	
	3300	5" diameter		2	4		500	100		600	700	
	3320	6" diameter		1.80	4.440		825	110		935	1,075	
	3340	Ericson, ½" diameter		16	.500		1.75	12.60		14.35	21	
	3360	¾" diameter		14	.571		2.20	14.35		16.55	24	
	3380	1" diameter		11	.727		4.30	18.30		22.60	32	
	3400	1-¼" diameter		8	1		8.15	25		33.15	46	
	3420	1-½" diameter		7	1.140		10.20	29		39.20	54	
	3440	2" diameter		5	1.600		20.35	40		60.35	82	
	3460	2-½" diameter		4	2		44	50		94	125	
	3480	3" diameter		3.50	2.290		65	57		122	155	

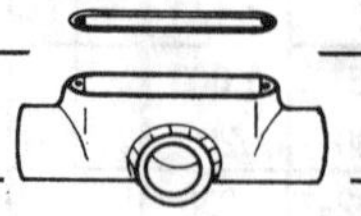

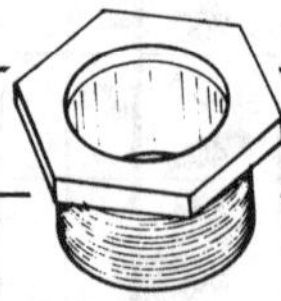

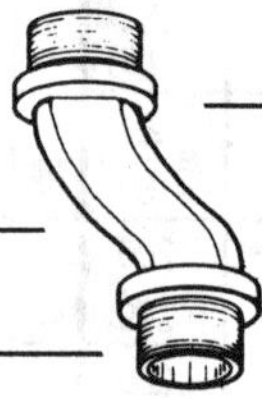

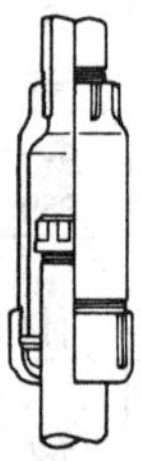

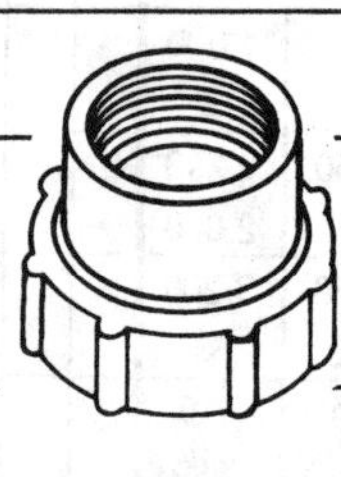

160 200 | Conduits

		160 200 Conduits	CREW	DAILY OUTPUT	MAN-HOURS	UNIT	BARE COSTS MAT.	BARE COSTS LABOR	BARE COSTS EQUIP.	BARE COSTS TOTAL	TOTAL INCL O&P	
250	3500	3-½″ diameter	1 Elec	3	2.670	Ea.	105	67		172	215	250
	3520	4″ diameter		2.70	2.960		126	75		201	250	
	3540	5″ diameter		2.50	3.200		250	80		330	395	
	3560	6″ diameter		2.30	3.480		340	87		427	505	
	3580	Split, ½″ diameter		32	.250		1.60	6.30		7.90	11.05	
	3600	¾″ diameter		27	.296		2.05	7.45		9.50	13.25	
	3620	1″ diameter		20	.400		2.85	10.05		12.90	18	
	3640	1-¼″ diameter		16	.500		5.75	12.60		18.35	25	
	3660	1-½″ diameter		14	.571		7.25	14.35		21.60	29	
	3680	2″ diameter		12	.667		14.55	16.75		31.30	41	
	3700	2-½″ diameter		10	.800		33.20	20		53.20	66	
	3720	3″ diameter		9	.889		50.35	22		72.35	88	
	3740	3-½″ diameter		8	1		81	25		106	125	
	3760	4″ diameter		7	1.140		96	29		125	150	
	3780	5″ diameter		6	1.330		151	34		185	215	
	3800	6″ diameter		5	1.600		202	40		242	280	
	4600	Reducing bushings, ¾″ to ½″ diameter		54	.148		.51	3.73		4.24	6.05	
	4620	1″ to ¾″ diameter		46	.174		.80	4.37		5.17	7.35	
	4640	1-¼″ to 1″ diameter		40	.200		1.67	5.05		6.72	9.25	
	4660	1-½″ to 1-¼″ diameter		36	.222		2.10	5.60		7.70	10.55	
	4680	2″ to 1-½″ diameter		32	.250		4.75	6.30		11.05	14.50	
	4740	2-½″ to 2″		30	.267		7.50	6.70		14.20	18.15	
	4760	3″ to 2-½″		28	.286		9.30	7.20		16.50	21	
	4800	Through-wall seal, ½″ diameter		8	1		95	25		120	140	
	4820	¾″ diameter		7.50	1.070		95	27		122	145	
	4840	1″ diameter		6.50	1.230		95	31		126	150	
	4860	1-¼″ diameter		5.50	1.450		150	37		187	220	
	4880	1-½″ diameter		5	1.600		150	40		190	225	
	4900	2″ diameter		4.20	1.900		150	48		198	235	
	4920	2-½″ diameter		3.50	2.290		185	57		242	290	
	4940	3″ diameter		3	2.670		185	67		252	305	
	4960	3-½″ diameter		2.50	3.200		290	80		370	440	
	4980	4″ diameter		2	4		290	100		390	470	
	5000	5″ diameter		1.50	5.330		430	135		565	670	
	5020	6″ diameter	↓	1	8	↓	430	200		630	770	
	5100	Cable supports for 2 or more wires										
	5120	1-½″ diameter	1 Elec	8	1	Ea.	29	25		54	69	
	5140	2″ diameter		6	1.330		42	34		76	96	
	5160	2-½″ diameter		4	2		48	50		98	125	
	5180	3″ diameter		3.50	2.290		63	57		120	155	
	5200	3-½″ diameter		2.60	3.080		85	77		162	210	
	5220	4″ diameter		2	4		105	100		205	265	
	5240	5″ diameter		1.50	5.330		195	135		330	415	
	5260	6″ diameter		1	8		330	200		530	660	
	5280	Service entrance cap, ½″ diameter		16	.500		4.30	12.60		16.90	23	
	5300	¾″ diameter		13	.615		4.95	15.50		20.45	28	
	5320	1″ diameter		10	.800		6.20	20		26.20	37	
	5340	1-¼″ diameter		8	1		7.90	25		32.90	46	
	5360	1-½″ diameter		6.50	1.230		11.85	31		42.85	59	
	5380	2″ diameter		5.50	1.450		20.70	37		57.70	77	
	5400	2-½″ diameter		4	2		71	50		121	150	
	5420	3″ diameter		3.40	2.350		104	59		163	200	
	5440	3-½″ diameter		3	2.670		137	67		204	250	
	5460	4″ diameter		2.70	2.960		172	75		247	300	
	5600	Fire stop fittings, to ¾″ diameter		24	.333		53	8.40		61.40	71	
	5610	1″ diameter		22	.364		64	9.15		73.15	84	
	5620	1-½″ diameter		20	.400		80	10.05		90.05	105	
	5640	2″ diameter	↓	16	.500	↓	125	12.60		137.60	155	

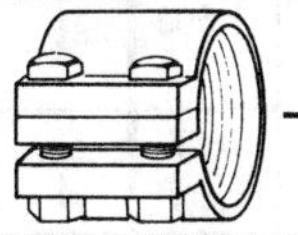
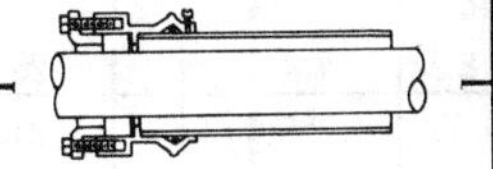
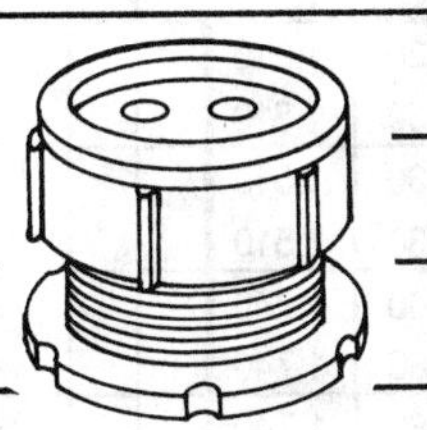
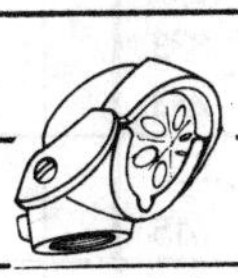

160 | Raceways

160 200	**Conduits**	CREW	DAILY OUTPUT	MAN-HOURS	UNIT	MAT.	LABOR	EQUIP.	TOTAL	TOTAL INCL O&P
5660	3" diameter	1 Elec	12	.667	Ea.	155	16.75		171.75	195
5680	4" diameter		10	.800		205	20		225	255
5700	6" diameter		8	1		360	25		385	435
5750	90° pull elbows, steel, female, ½" diameter		16	.500		3.90	12.60		16.50	23
5760	¾" diameter		13	.615		4.55	15.50		20.05	28
5780	1" diameter		11	.727		7.65	18.30		25.95	35
5800	1-¼" diameter		8	1		10.40	25		35.40	49
5820	1-½" diameter		6	1.330		15.85	34		49.85	67
5840	2" diameter		5	1.600		26	40		66	88
6000	Explosion proof, flexible coupling									
6010	½" diameter, 4" long	1 Elec	12	.667	Ea.	48	16.75		64.75	78
6020	6" long		12	.667		53	16.75		69.75	83
6050	12" long		12	.667		67	16.75		83.75	98
6070	18" long		12	.667		83	16.75		99.75	115
6090	24" long		12	.667		98	16.75		114.75	135
6110	30" long		12	.667		112	16.75		128.75	150
6130	36" long		12	.667		127	16.75		143.75	165
6140	¾" diameter, 4" long		10	.800		57	20		77	92
6150	6" long		10	.800		65	20		85	100
6180	12" long		10	.800		85	20		105	125
6200	18" long		10	.800		106	20		126	145
6220	24" long		10	.800		127	20		147	170
6240	30" long		10	.800		150	20		170	195
6260	36" long		10	.800		170	20		190	215
6270	1" diameter, 6" long		8	1		115	25		140	165
6300	12" long		8	1		145	25		170	195
6320	18" long		8	1		175	25		200	230
6340	24" long		8	1		205	25		230	265
6360	30" long		8	1		235	25		260	295
6380	36" long		8	1		265	25		290	330
6390	1-¼" diameter, 12" long		6.40	1.250		215	31		246	285
6410	18" long		6.40	1.250		255	31		286	325
6430	24" long		6.40	1.250		295	31		326	370
6450	30" long		6.40	1.250		330	31		361	410
6470	36" long		6.40	1.250		370	31		401	455
6480	1-½" diameter, 12" long		5.30	1.510		295	38		333	380
6500	18" long		5.30	1.510		345	38		383	435
6520	24" long		5.30	1.510		390	38		428	485
6540	30" long		5.30	1.510		435	38		473	535
6560	36" long		5.30	1.510		490	38		528	595
6570	2" diameter, 12" long		4.60	1.740		380	44		424	485
6590	18" long		4.60	1.740		445	44		489	555
6610	24" long		4.60	1.740		495	44		539	610
6630	30" long		4.60	1.740		560	44		604	680
6650	36" long		4.60	1.740		625	44		669	750
7000	Close up plug, ½" diameter, explosion proof		40	.200		.95	5.05		6	8.45
7010	¾" diameter		32	.250		1.10	6.30		7.40	10.50
7020	1" diameter		28	.286		1.30	7.20		8.50	12.05
7030	1-¼" diameter		24	.333		1.40	8.40		9.80	13.90
7040	1-½" diameter		18	.444		2.05	11.20		13.25	18.75
7050	2" diameter		15	.533		3.40	13.40		16.80	24
7060	2-½" diameter		13	.615		5.35	15.50		20.85	29
7070	3" diameter		12	.667		7.85	16.75		24.60	33
7080	3-½" diameter		11	.727		9.10	18.30		27.40	37
7090	4" diameter		9	.889		11.65	22		33.65	46
7091	Elbow, female, 45°, ½"		16	.500		4.15	12.60		16.75	23
7092	¾"		13	.615		4.50	15.50		20	28
7093	1"		11	.727		6	18.30		24.30	34

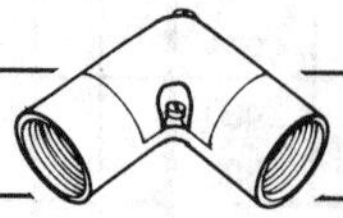

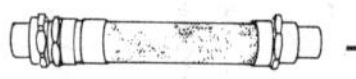

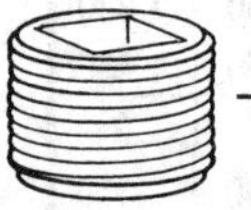

160 | Raceways

160 200 | Conduits

		CREW	DAILY OUTPUT	MAN-HOURS	UNIT	BARE COSTS MAT.	BARE COSTS LABOR	BARE COSTS EQUIP.	BARE COSTS TOTAL	TOTAL INCL O&P
7094	1-¼"	1 Elec	8	1	Ea.	8.90	25		33.90	47
7095	1-½"		6	1.330		9.50	34		43.50	60
7096	2" 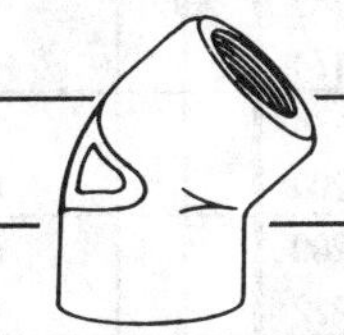		5	1.600		12	40		52	73
7097	2-½"		4.50	1.780		32	45		77	100
7098	3"		4.20	1.900		35	48		83	110
7099	3-½"		4	2		52	50		102	130
7100	4"		3.80	2.110		64	53		117	150
7101	90°, ½"		16	.500		3.95	12.60		16.55	23
7102	¾" 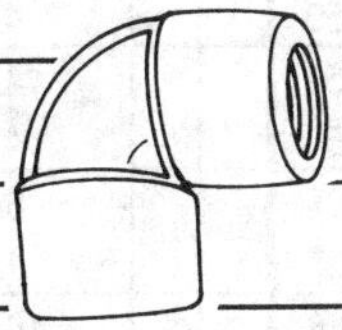		13	.615		4.30	15.50		19.80	28
7103	1"		11	.727		5.80	18.30		24.10	33
7104	1-¼"		8	1		9.05	25		34.05	47
7105	1-½"		6	1.330		15.45	34		49.45	67
7106	2"		5	1.600		26	40		66	88
7107	2-½"		4.50	1.780		47	45		92	120
7110	Elbows, 90° long, male & female, ½" diameter, explosion proof		16	.500		4.85	12.60		17.45	24
7120	¾" diameter		13	.615		5	15.50		20.50	28
7130	1" diameter 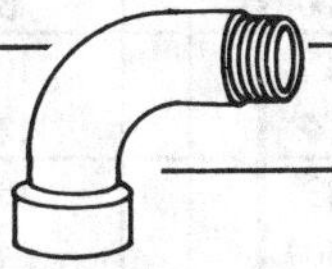		11	.727		7.10	18.30		25.40	35
7140	1-¼" diameter		8	1		11.15	25		36.15	49
7150	1-½" diameter		6	1.330		16.70	34		50.70	68
7160	2" diameter		5	1.600		25.10	40		65.10	87
7170	Capped elbow, ½" diameter, diameter proof		11	.727		5.85	18.30		24.15	33
7180	¾" diameter		8	1		6.40	25		31.40	44
7190	1" diameter		6	1.330		9.10	34		43.10	60
7200	1-¼" diameter		5	1.600		17	40		57	78
7210	Pulling elbow, ½" diameter, explosion proof		11	.727		26.80	18.30		45.10	56
7220	¾" diameter		8	1		27.85	25		52.85	68
7230	1" diameter		6	1.330		73.45	34		107.45	130
7240	1-¼" diameter		5	1.600		83	40		123	150
7250	1-½" diameter		5	1.600		109	40		149	180
7260	2" diameter 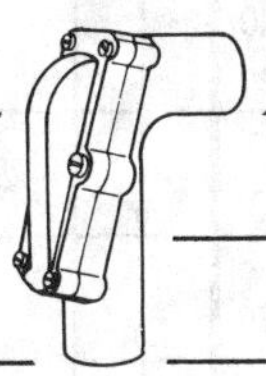		4	2		113	50		163	200
7270	2-½" diameter		3.50	2.290		260	57		317	370
7280	3" diameter		3	2.670		240	67		307	365
7290	3-½" diameter		2.50	3.200		445	80		525	610
7300	4" diameter		2.20	3.640		455	91		546	635
7310	LB conduit body, ½" diameter		11	.727		16.70	18.30		35	45
7320	¾" diameter		8	1		18.90	25		43.90	58
7330	T conduit body, ½" diameter		9	.889		17.80	22		39.80	53
7340	¾" diameter		6	1.330		20.05	34		54.05	72
7350	Explosionproof, round box w/cover, 3 threaded hubs, ½"		8	1		16.20	25		41.20	55
7351	¾"		8	1		17.80	25		42.80	57
7352	1" 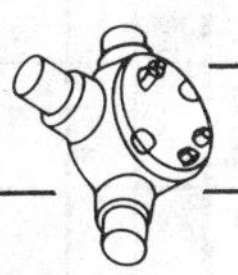		7.50	1.070		21.65	27		48.65	63
7353	1-¼"		7	1.140		36.30	29		65.30	82
7354	1-½"		7	1.140		74.80	29		103.80	125
7355	2"		6	1.330		77	34		111	135
7356	Round box w/cover & mtng flange, 3 threaded hubs, ½"		8	1		25.90	25		50.90	66
7357	¾"		8	1		27	25		52	67
7358	4 threaded hubs, 1"		7	1.140		30.35	29		59.35	76
7400	Unions, ½" diameter, explosion proof		20	.400		3.80	10.05		13.85	19.05
7410	¾" - ½" diameter		16	.500		5.10	12.60		17.70	24
7420	¾" diameter 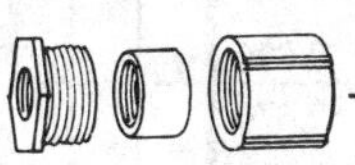		16	.500		5.10	12.60		17.70	24
7430	1" diameter		14	.571		9.30	14.35		23.65	31
7440	1-¼" diameter		12	.667		13.90	16.75		30.65	40
7450	1-½" diameter		10	.800		17.80	20		37.80	49
7460	2" diameter		8.50	.941		23.30	24		47.30	61
7480	2-½" diameter		8	1		33.40	25		58.40	74
7490	3" diameter		7	1.140		48	29		77	95
7500	3-½" diameter		6	1.330		71	34		105	130
7510	4" diameter		5	1.600		81	40		121	150

160 | Raceways

160 200 | Conduits

		CREW	DAILY OUTPUT	MAN-HOURS	UNIT	BARE COSTS MAT.	LABOR	EQUIP.	TOTAL	TOTAL INCL O&P
7680	Reducer, ¾" to ½"	1 Elec	54	.148	Ea.	.87	3.73		4.60	6.45
7690	1" to ½"		46	.174		.90	4.37		5.27	7.45
7700	1" to ¾"		46	.174		.93	4.37		5.30	7.50
7710	1-¼" to ¾"		40	.200		1.77	5.05		6.82	9.40
7720	1-¼" to 1"		40	.200		1.77	5.05		6.82	9.40
7730	1-½" to 1"		36	.222		2.35	5.60		7.95	10.85
7740	1-½" to 1-¼"		36	.222		2.40	5.60		8	10.90
7750	2" to ¾"		32	.250		4.98	6.30		11.28	14.75
7760	2" to 1-¼"		32	.250		4.98	6.30		11.28	14.75
7770	2" to 1-½"		32	.250		4.98	6.30		11.28	14.75
7780	2-½" to 1-½"		30	.267		6.30	6.70		13	16.85
7790	3" to 2"		30	.267		8.35	6.70		15.05	19.10
7800	3-½" to 2-½"		28	.286		14.60	7.20		21.80	27
7810	4" to 3"		28	.286		15.90	7.20		23.10	28
7820	Sealing fitting, vertical/horizontal, ½"		12	.667		6.85	16.75		23.60	32
7830	¾"		10	.800		8	20		28	39
7840	1"		8	1		10.30	25		35.30	48
7850	1-¼"		7	1.140		12.35	29		41.35	56
7860	1-½"		6	1.330		18.80	34		52.80	70
7870	2"		5	1.600		24.40	40		64.40	86
7880	2-½"		4.50	1.780		37	45		82	105
7890	3"		4	2		46	50		96	125
7900	3-½"		3.50	2.290		127	57		184	225
7910	4"		3	2.670		190	67		257	310
7920	Sealing hubs, 1" by 1-½"		12	.667		5.50	16.75		22.25	31
7930	1-¼" by 2"		10	.800		7.15	20		27.15	38
7940	1-½" by 2"		9	.889		16.60	22		38.60	51
7950	2" by 2-½"		8	1		22.50	25		47.50	62
7960	3" by 4"		7	1.140		39	29		68	85
7970	4" by 5"		6	1.330		78	34		112	135
7980	Drain, ½"		32	.250		12.30	6.30		18.60	23
7990	Breather, ½"		32	.250		12.30	6.30		18.60	23
8000	Plastic coated 40 mil thick									
8010	LB, LR or LL conduit body w/cover, ½" diameter	1 Elec	13	.615	Ea.	19.50	15.50		35	44
8020	¾" diameter		11	.727		21	18.30		39.30	50
8030	1" diameter		8	1		28.50	25		53.50	68
8040	1-¼" diameter		6	1.330		41.50	34		75.50	95
8050	1-½" diameter		5	1.600		50	40		90	115
8060	2" diameter		4.50	1.780		74	45		119	145
8070	2-½" diameter		4	2		130	50		180	215
8080	3" diameter		3.50	2.290		165	57		222	265
8090	3-½" diameter		3	2.670		240	67		307	365
8100	4" diameter		2.50	3.200		270	80		350	415
8150	T conduit body with cover, ½" diameter		11	.727		22.10	18.30		40.40	51
8160	¾" diameter		9	.889		25	22		47	61
8170	1" diameter		6	1.330		33	34		67	86
8180	1-¼" diameter		5	1.600		47	40		87	110
8190	1-½" diameter		4.50	1.780		59	45		104	130
8200	2" diameter		4	2		85	50		135	170
8210	2-½" diameter		3.50	2.290		138	57		195	235
8220	3" diameter		3	2.670		183	67		250	300
8230	3-½" diameter		2.50	3.200		264	80		344	410
8240	4" diameter		2	4		287	100		387	465
8300	FS conduit body, 1 gang, ¾" diameter		11	.727		7.60	18.30		25.90	35
8310	1" diameter		10	.800		9.85	20		29.85	41
8350	2 gang, ¾" diameter		9	.889		14.05	22		36.05	48
8360	1" diameter		8	1		16.20	25		41.20	55
8400	Duplex receptacle cover		64	.125		12.90	3.14		16.04	18.85

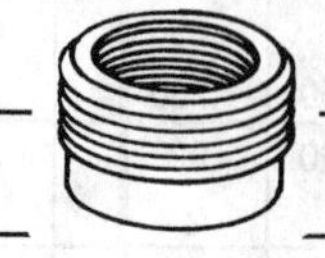

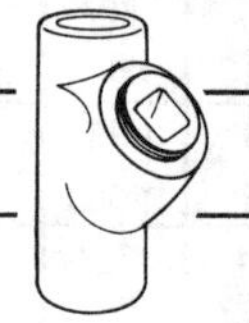

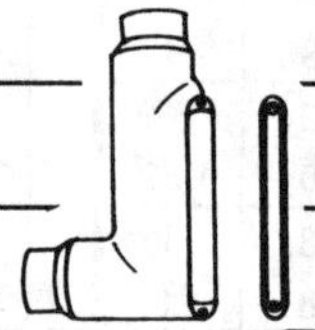

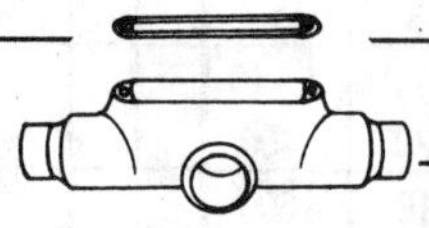

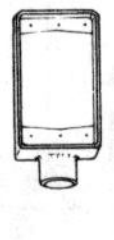

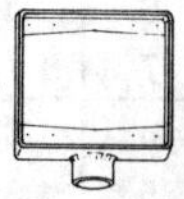

160 | Raceways

160 200 | Conduits

		CREW	DAILY OUTPUT	MAN-HOURS	UNIT	BARE COSTS MAT.	BARE COSTS LABOR	BARE COSTS EQUIP.	BARE COSTS TOTAL	TOTAL INCL O&P	
250	8410	Switch cover	1 Elec	64	.125	Ea.	15.95	3.14		19.09	22	250
	8420	Switch, vaportight cover		53	.151		48	3.80		51.80	58	
	8430	Blank, cover		64	.125		8.75	3.14		11.89	14.25	
	8520	FSC conduit body, 1 gang, ¾" diameter		10	.800		9.20	20		29.20	40	
	8530	1" diameter		9	.889		13	22		35	47	
	8550	2 gang, ¾" diameter		8	1		15.10	25		40.10	54	
	8560	1" diameter		7	1.140		19	29		48	63	
	8590	Conduit hubs, ½" diameter		18	.444		14.60	11.20		25.80	33	
	8600	¾" diameter		16	.500		16.25	12.60		28.85	36	
	8610	1" diameter		14	.571		20.75	14.35		35.10	44	
	8620	1-¼" diameter		12	.667		23.90	16.75		40.65	51	
	8630	1-½" diameter		10	.800		27.30	20		47.30	60	
	8640	2" diameter		8.80	.909		39.50	23		62.50	77	
	8650	2-½" diameter		8.50	.941		62	24		86	105	
	8660	3" diameter		8	1		79	25		104	125	
	8670	3-½" diameter		7.50	1.070		110	27		137	160	
	8680	4" diameter		7	1.140		134	29		163	190	
	8690	5" diameter		6	1.330		160	34		194	225	
	8700	Plastic coated 40 mil thick										
	8710	Pipe strap, stamped 1 hole, ½" diameter	1 Elec	470	.017	Ea.	2.15	.43		2.58	3	
	8720	¾" diameter		440	.018		2.40	.46		2.86	3.32	
	8730	1" diameter		400	.020		3.45	.50		3.95	4.54	
	8740	1-¼" diameter		355	.023		4.40	.57		4.97	5.70	
	8750	1-½" diameter		320	.025		5.30	.63		5.93	6.75	
	8760	2" diameter		266	.030		6.10	.76		6.86	7.85	
	8770	2-½" diameter		200	.040		7.25	1.01		8.26	9.45	
	8780	3" diameter		133	.060		9.45	1.51		10.96	12.65	
	8790	3-½"		110	.073		10.55	1.83		12.38	14.30	
	8800	4" diameter		90	.089		14.35	2.24		16.59	19.10	
	8810	5" diameter		70	.114		70	2.87		72.87	81	
	8840	Clamp back spacers, ¾" diameter		440	.018		4.95	.46		5.41	6.10	
	8850	1" diameter		400	.020		6.45	.50		6.95	7.85	
	8860	1-¼" diameter		355	.023		7.65	.57		8.22	9.25	
	8870	1-½" diameter		320	.025		10.55	.63		11.18	12.55	
	8880	2" diameter		266	.030		16.55	.76		17.31	19.30	
	8900	3" diameter		133	.060		37	1.51		38.51	43	
	8920	4" diameter		90	.089		66	2.24		68.24	76	
	8950	Touch-up plastic coating, spray, 13 oz.					11			11	12.10	
	8960	Sealing fittings, ½" diameter	1 Elec	11	.727		23	18.30		41.30	52	
	8970	¾" diameter		9	.889		23.50	22		45.50	59	
	8980	1" diameter		7.50	1.070		31	27		58	74	
	8990	1-¼" diameter		6.50	1.230		34	31		65	83	
	9000	1-½" diameter		5.50	1.450		47	37		84	105	
	9010	2" diameter		4.80	1.670		57	42		99	125	
	9020	2-½" diameter		4	2		90	50		140	175	
	9030	3" diameter		3.50	2.290		112	57		169	210	
	9040	3-½" diameter		3	2.670		280	67		347	405	
	9050	4" diameter		2.50	3.200		430	80		510	590	
	9060	5" diameter		1.70	4.710		560	120		680	790	
	9070	Unions, ½" diameter		18	.444		19.70	11.20		30.90	38	
	9080	¾" diameter		15	.533		20	13.40		33.40	42	
	9090	1" diameter		13	.615		27	15.50		42.50	53	
	9100	1-¼" diameter		11	.727		43	18.30		61.30	74	
	9110	1-½" diameter		9.50	.842		52	21		73	88	
	9120	2" diameter		8	1		69	25		94	115	
	9130	2-½" diameter		7.50	1.070		94	27		121	145	
	9140	3" diameter		6.80	1.180		130	30		160	185	
	9150	3-½" diameter		5.80	1.380		160	35		195	225	

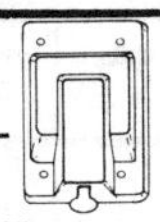

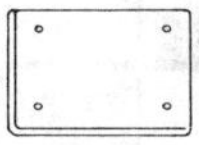

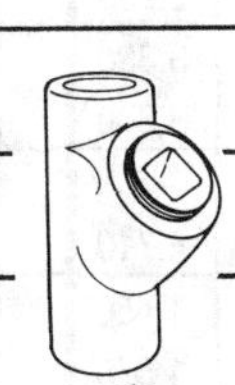

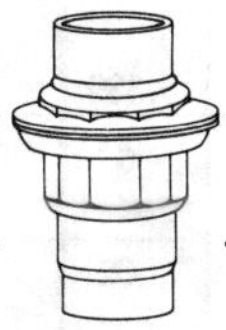

160 | Raceways

160 200 | Conduits

		CREW	DAILY OUTPUT	MAN-HOURS	UNIT	BARE COSTS MAT.	LABOR	EQUIP.	TOTAL	TOTAL INCL O&P	
9160	4" diameter	1 Elec	4.80	1.670	Ea.	205	42		247	285	250
9170	5" diameter	"	4	2	"	380	50		430	490	
0010	**CUTTING AND DRILLING**										260
0100	Hole drilling to 10' high, concrete wall										
0110	8" thick, ½" pipe size	1 Elec	12	.667	Ea.		16.75		16.75	25	
0120	¾" pipe size		12	.667			16.75		16.75	25	
0130	1" pipe size		9.50	.842			21		21	31	
0140	1-¼" pipe size		9.50	.842			21		21	31	
0150	1-½" pipe size		9.50	.842			21		21	31	
0160	2" pipe size		4.40	1.820			46		46	68	
0170	2-½" pipe size		4.40	1.820			46		46	68	
0180	3" pipe size		4.40	1.820			46		46	68	
0190	3-½" pipe size		3.30	2.420			61		61	90	
0200	4" pipe size		3.30	2.420			61		61	90	
0500	12" thick, ½" pipe size		9.40	.851			21		21	32	
0520	¾" pipe size		9.40	.851			21		21	32	
0540	1" pipe size		7.30	1.100			28		28	41	
0560	1-¼" pipe size		7.30	1.100			28		28	41	
0570	1-½" pipe size		7.30	1.100			28		28	41	
0580	2" pipe size		3.60	2.220			56		56	83	
0590	2-½" pipe size		3.60	2.220			56		56	83	
0600	3" pipe size		3.60	2.220			56		56	83	
0610	3-½" pipe size		2.80	2.860			72		72	105	
0630	4" pipe size		2.50	3.200			80		80	120	
0650	16" thick ½" pipe size		7.60	1.050			26		26	39	
0670	¾" pipe size		7	1.140			29		29	42	
0690	1" pipe size		6	1.330			34		34	50	
0710	1-¼" pipe size		5.50	1.450			37		37	54	
0730	1-½" pipe size		5.50	1.450			37		37	54	
0750	2" pipe size		3	2.670			67		67	99	
0770	2-½" pipe size		2.70	2.960			75		75	110	
0790	3" pipe size		2.50	3.200			80		80	120	
0810	3-½" pipe size		2.30	3.480			87		87	130	
0830	4" pipe size		2	4			100		100	150	
0850	20" thick ½" pipe size		6.40	1.250			31		31	46	
0870	¾" pipe size		6	1.330			34		34	50	
0890	1" pipe size		5	1.600			40		40	59	
0910	1-¼" pipe size		4.80	1.670			42		42	62	
0930	1-½" pipe size		4.60	1.740			44		44	65	
0950	2" pipe size		2.70	2.960			75		75	110	
0970	2-½" pipe size		2.40	3.330			84		84	125	
0990	3" pipe size		2.20	3.640			91		91	135	
1010	3-½" pipe size		2	4			100		100	150	
1030	4" pipe size		1.70	4.710			120		120	175	
1050	24" thick ½" pipe size		5.50	1.450			37		37	54	
1070	¾" pipe size		5.10	1.570			39		39	58	
1090	1" pipe size		4.30	1.860			47		47	69	
1110	1-¼" pipe size		4	2			50		50	74	
1130	1-½" pipe size		4	2			50		50	74	
1150	2" pipe size		2.40	3.330			84		84	125	
1170	2-½" pipe size		2.20	3.640			91		91	135	
1190	3" pipe size		2	4			100		100	150	
1210	3-½" pipe size		1.80	4.440			110		110	165	
1230	4" pipe size		1.50	5.330			135		135	200	
1500	Brick wall, 8" thick, ½" pipe size		18	.444			11.20		11.20	16.50	
1520	¾" pipe size		18	.444			11.20		11.20	16.50	
1540	1" pipe size		13.30	.602			15.15		15.15	22	
1560	1-¼" pipe size		13.30	.602			15.15		15.15	22	

160 | Raceways

160 200 | Conduits

		CREW	DAILY OUTPUT	MAN-HOURS	UNIT	MAT.	LABOR	EQUIP.	TOTAL	TOTAL INCL O&P
1580	1-½" pipe size	1 Elec	13.30	.602	Ea.		15.15		15.15	22
1600	2" pipe size		5.70	1.400			35		35	52
1620	2-½" pipe size		5.70	1.400			35		35	52
1640	3" pipe size		5.70	1.400			35		35	52
1660	3-½" pipe size		4.40	1.820			46		46	68
1680	4" pipe size		4	2			50		50	74
1700	12" thick, ½" pipe size		14.50	.552			13.90		13.90	20
1720	¾" pipe size		14.50	.552			13.90		13.90	20
1740	1" pipe size		11	.727			18.30		18.30	27
1760	1-¼" pipe size		11	.727			18.30		18.30	27
1780	1-½" pipe size		11	.727			18.30		18.30	27
1800	2" pipe size		5	1.600			40		40	59
1820	2-½" pipe size		5	1.600			40		40	59
1840	3" pipe size		5	1.600			40		40	59
1860	3-½" pipe size		3.80	2.110			53		53	78
1880	4" pipe size		3.30	2.420			61		61	90
1900	16" thick, ½" pipe size		12.30	.650			16.35		16.35	24
1920	¾" pipe size		12.30	.650			16.35		16.35	24
1940	1" pipe size		9.30	.860			22		22	32
1960	1-¼" pipe size		9.30	.860			22		22	32
1980	1-½" pipe size		9.30	.860			22		22	32
2000	2" pipe size		4.40	1.820			46		46	68
2010	2-½" pipe size		4.40	1.820			46		46	68
2030	3" pipe size		4.40	1.820			46		46	68
2050	3-½" pipe size		3.30	2.420			61		61	90
2070	4" pipe size		3	2.670			67		67	99
2090	20" thick, ½" pipe size		10.70	.748			18.80		18.80	28
2110	¾" pipe size		10.70	.748			18.80		18.80	28
2130	1" pipe size		8	1			25		25	37
2150	1-¼" pipe size		8	1			25		25	37
2170	1-½" pipe size		8	1			25		25	37
2190	2" pipe size		4	2			50		50	74
2210	2-½" pipe size		4	2			50		50	74
2230	3" pipe size		4	2			50		50	74
2250	3-½" pipe size		3	2.670			67		67	99
2270	4" pipe size		2.70	2.960			75		75	110
2290	24" thick, ½" pipe size		9.40	.851			21		21	32
2310	¾" pipe size		9.40	.851			21		21	32
2330	1" pipe size		7.10	1.130			28		28	42
2350	1-¼" pipe size		7.10	1.130			28		28	42
2370	1-½" pipe size		7.10	1.130			28		28	42
2390	2" pipe size		3.60	2.220			56		56	83
2410	2-½" pipe size		3.60	2.220			56		56	83
2430	3" pipe size		3.60	2.220			56		56	83
2450	3-½" pipe size		2.80	2.860			72		72	105
2470	4" pipe size		2.50	3.200			80		80	120
3000	Knockouts to 8' high, metal boxes & enclosures									
3020	With hole saw, ½" pipe size	1 Elec	53	.151	Ea.		3.80		3.80	5.60
3040	¾" pipe size		47	.170			4.28		4.28	6.30
3050	1" pipe size		40	.200			5.05		5.05	7.45
3060	1-¼" pipe size		36	.222			5.60		5.60	8.25
3070	1-½" pipe size		32	.250			6.30		6.30	9.30
3080	2" pipe size		27	.296			7.45		7.45	11
3090	2-½" pipe size		20	.400			10.05		10.05	14.85
4010	3" pipe size		16	.500			12.60		12.60	18.55
4030	3-½" pipe size		13	.615			15.50		15.50	23
4050	4" pipe size		11	.727			18.30		18.30	27
4070	With hand punch set, ½" pipe size		40	.200			5.05		5.05	7.45

160 | Raceways

160 200 | Conduits

		CREW	DAILY OUTPUT	MAN-HOURS	UNIT	BARE COSTS MAT.	LABOR	EQUIP.	TOTAL	TOTAL INCL O&P	
260	4090	¾" pipe size	1 Elec	32	.250	Ea.		6.30		6.30	9.30	**260**
	4110	1" pipe size		30	.267			6.70		6.70	9.90	
	4130	1-¼" pipe size		28	.286			7.20		7.20	10.60	
	4150	1-½" pipe size		26	.308			7.75		7.75	11.45	
	4170	2" pipe size		20	.400			10.05		10.05	14.85	
	4190	2-½" pipe size		17	.471			11.85		11.85	17.50	
	4200	3" pipe size		15	.533			13.40		13.40	19.80	
	4220	3-½" pipe size		12	.667			16.75		16.75	25	
	4240	4" pipe size		10	.800			20		20	30	
	4260	With hydraulic punch, ½" pipe size		44	.182			4.57		4.57	6.75	
	4280	¾" pipe size		38	.211			5.30		5.30	7.80	
	4300	1" pipe size		38	.211			5.30		5.30	7.80	
	4320	1-¼" pipe size		38	.211			5.30		5.30	7.80	
	4340	1-½" pipe size		38	.211			5.30		5.30	7.80	
	4360	2" pipe size		32	.250			6.30		6.30	9.30	
	4380	2-½" pipe size		27	.296			7.45		7.45	11	
	4400	3" pipe size		23	.348			8.75		8.75	12.90	
	4420	3-½" pipe size		20	.400			10.05		10.05	14.85	
	4440	4" pipe size		18	.444			11.20		11.20	16.50	
270	0010	**FLEXIBLE METALLIC CONDUIT**										**270**
	0050	Greenfield, ⅜" diameter	1 Elec	200	.040	L.F.	.20	1.01		1.21	1.71	
	0100	½" diameter		200	.040		.29	1.01		1.30	1.80	
	0200	¾" diameter		160	.050		.37	1.26		1.63	2.26	
	0250	1" diameter		100	.080		.70	2.01		2.71	3.74	
	0300	1-¼" diameter		70	.114		.88	2.87		3.75	5.20	
	0350	1-½" diameter		50	.160		1.13	4.02		5.15	7.20	
	0370	2" diameter		40	.200		1.48	5.05		6.53	9.05	
	0380	2-½" diameter		30	.267		1.72	6.70		8.42	11.80	
	0390	3" diameter		25	.320		2.14	8.05		10.19	14.25	
	0400	3-½" diameter		20	.400		3.75	10.05		13.80	19	
	0410	4" diameter		15	.533		5.40	13.40		18.80	26	
	0420	Connectors, plain, ⅜" diameter		100	.080	Ea.	.48	2.01		2.49	3.50	
	0430	½" diameter		80	.100		.75	2.52		3.27	4.54	
	0440	¾" diameter		70	.114		.82	2.87		3.69	5.15	
	0450	1" diameter		50	.160		1.95	4.02		5.97	8.10	
	0490	Insulated, 1" diameter		40	.200		3.05	5.05		8.10	10.80	
	0500	1-¼" diameter		40	.200		4.95	5.05		10	12.85	
	0550	1-½" diameter		32	.250		7.40	6.30		13.70	17.45	
	0600	2" diameter		23	.348		11	8.75		19.75	25	
	0610	2-½" diameter		20	.400		21.50	10.05		31.55	39	
	0620	3" diameter		17	.471		29	11.85		40.85	49	
	0630	3-½" diameter		13	.615		96	15.50		111.50	130	
	0640	4" diameter		10	.800		126	20		146	170	
	0650	Connectors 90°, plain, ⅜" diameter		80	.100		1	2.52		3.52	4.81	
	0660	½" diameter		60	.133		1.70	3.35		5.05	6.80	
	0700	¾" diameter		50	.160		2.65	4.02		6.67	8.85	
	0750	1" diameter		40	.200		4.60	5.05		9.65	12.50	
	0790	Insulated, 1" diameter		40	.200		5.50	5.05		10.55	13.50	
	0800	1-¼" diameter		30	.267		10.65	6.70		17.35	22	
	0850	1-½" diameter		23	.348		18.70	8.75		27.45	33	
	0900	2" diameter		18	.444		24.75	11.20		35.95	44	
	0910	2-½" diameter		16	.500		66	12.60		78.60	91	
	0920	3" diameter		14	.571		83	14.35		97.35	115	
	0930	3-½" diameter		11	.727		240	18.30		258.30	290	
	0940	4" diameter		8	1		360	25		385	435	
	0960	Couplings, to conduit, ½" diameter		50	.160		.55	4.02		4.57	6.55	
	0970	¾" diameter		40	.200		.90	5.05		5.95	8.40	

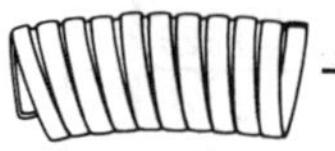

160 | Raceways

160 200 | Conduits

			CREW	DAILY OUTPUT	MAN-HOURS	UNIT	BARE COSTS MAT.	BARE COSTS LABOR	BARE COSTS EQUIP.	BARE COSTS TOTAL	TOTAL INCL O&P	
270	0980	1" diameter	1 Elec	35	.229	Ea.	1.10	5.75		6.85	9.70	270
	0990	1-¼" diameter		28	.286		2.75	7.20		9.95	13.65	
	1000	1-½" diameter 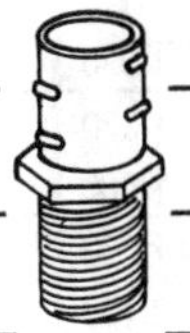		23	.348		3.30	8.75		12.05	16.55	
	1010	2" diameter		20	.400		6.70	10.05		16.75	22	
	1020	2-½" diameter		18	.444		10.95	11.20		22.15	29	
	1030	3" diameter		15	.533		27.30	13.40		40.70	50	
	1070	Sealtite, ⅜" diameter		140	.057	L.F.	1.40	1.44		2.84	3.66	
	1080	½" diameter		140	.057		1.55	1.44		2.99	3.83	
	1090	¾" diameter		100	.080		2.05	2.01		4.06	5.25	
	1100	1" diameter		70	.114		3.15	2.87		6.02	7.70	
	1200	1-¼" diameter		50	.160		4.30	4.02		8.32	10.65	
	1300	1-½" diameter		40	.200		5.95	5.05		11	13.95	
	1400	2" diameter		30	.267		7.40	6.70		14.10	18.05	
	1410	2-½" diameter		27	.296		14	7.45		21.45	26	
	1420	3" diameter		25	.320		19	8.05		27.05	33	
	1440	4" diameter 		15	.533		27	13.40		40.40	50	
	1490	Connectors, plain, ⅜" diameter		70	.114	Ea.	1.80	2.87		4.67	6.20	
	1500	½" diameter		70	.114		1.80	2.87		4.67	6.20	
	1700	¾" diameter		50	.160		2.60	4.02		6.62	8.80	
	1900	1" diameter		40	.200		3.85	5.05		8.90	11.65	
	1910	Insulated, 1" diameter		40	.200		4.65	5.05		9.70	12.55	
	2000	1-¼" diameter 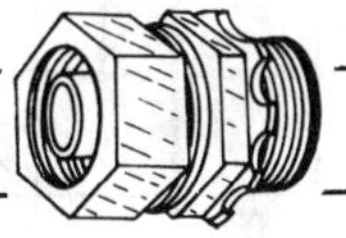		32	.250		7.25	6.30		13.55	17.25	
	2100	1-½" diameter		27	.296		10.40	7.45		17.85	22	
	2200	2" diameter		20	.400		19.45	10.05		29.50	36	
	2210	2-½" diameter		15	.533		100	13.40		113.40	130	
	2220	3" diameter		12	.667		110	16.75		126.75	145	
	2240	4" diameter		8	1		132	25		157	180	
	2290	Connectors 90°, ⅜" diameter		70	.114		2.85	2.87		5.72	7.40	
	2300	½" diameter		70	.114		2.85	2.87		5.72	7.40	
	2400	¾" diameter 		50	.160		4.35	4.02		8.37	10.75	
	2600	1" diameter		40	.200		8.80	5.05		13.85	17.10	
	2790	Insulated 1" diameter		40	.200		10.10	5.05		15.15	18.55	
	2800	1-¼" diameter		32	.250		14.30	6.30		20.60	25	
	3000	1-½" diameter 		27	.296		18	7.45		25.45	31	
	3100	2" diameter		20	.400		26	10.05		36.05	43	
	3110	2-½" diameter		14	.571		123	14.35		137.35	155	
	3120	3" diameter		11	.727		148	18.30		166.30	190	
	3140	4" diameter		7	1.140		195	29		224	255	
	4300	Coupling, sealtite to rigid, ½" diameter		20	.400		2.25	10.05		12.30	17.35	
	4500	¾" diameter 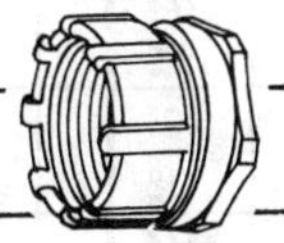		18	.444		3.20	11.20		14.40	20	
	4800	1" diameter		14	.571		4.40	14.35		18.75	26	
	4900	1-¼" diameter		12	.667		7.50	16.75		24.25	33	
	5000	1-½" diameter		11	.727		13.45	18.30		31.75	42	
	5100	2" diameter		10	.800		18.90	20		38.90	51	
	5110	2-½" diameter		9.50	.842		86	21		107	125	
	5120	3" diameter		9	.889		95	22		117	140	
	5130	3-½" diameter		9	.889		135	22		157	180	
	5140	4" diameter		8.50	.941		145	24		169	195	
275	0010	**MOTOR CONNECTIONS**										275
	0020	Flexible conduit and fittings, up to 1 HP motor, 115 volt, 1 phase	1 Elec	8	1	Ea.	2.95	25		27.95	40	
	0050	2 HP motor		6.50	1.230		2.95	31		33.95	49	
	0100	3 HP motor		5.50	1.450		4.35	37		41.35	59	
	0120	230 volt, 10 HP motor, 3 phase		4.20	1.900		5.20	48		53.20	76	
	0150	15 HP motor		3.30	2.420		9.35	61		70.35	100	
	0200	25 HP motor		2.70	2.960		10.15	75		85.15	120	
	0400	50 HP motor 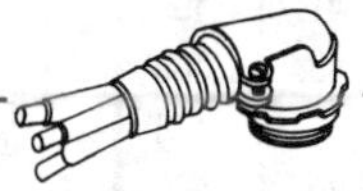		2.20	3.640		27.50	91		118.50	165	
	0600	100 HP motor		1.50	5.330		70	135		205	275	
	1500	460 volt, 5 HP motor, 3 phase		8	1		3.20	25		28.20	41	

160 | Raceways

160 200 | Conduits

		CREW	DAILY OUTPUT	MAN-HOURS	UNIT	BARE COSTS MAT.	LABOR	EQUIP.	TOTAL	TOTAL INCL O&P	
275	1520	10 HP motor	1 Elec	8	1	Ea.	3.20	25		28.20	41	275
	1530	25 HP motor		6	1.330		5.05	34		39.05	55	
	1540	30 HP motor		6	1.330		5.05	34		39.05	55	
	1550	40 HP motor		5	1.600		9.30	40		49.30	70	
	1560	50 HP motor		5	1.600		10.10	40		50.10	71	
	1570	60 HP motor		3.80	2.110		11.05	53		64.05	90	
	1580	75 HP motor		3.50	2.290		19.10	57		76.10	105	
	1590	100 HP motor		2.50	3.200		26.80	80		106.80	150	
	1600	125 HP motor		2	4		26.80	100		126.80	180	
	1610	150 HP motor		1.80	4.440		40.45	110		150.45	210	
	1620	200 HP motor		1.50	5.330		68	135		203	275	
	2005	460 Volt, 5 HP motor, 3 Phase, w/sealtite		8	1		7.30	25		32.30	45	
	2010	10 HP		8	1		7.30	25		32.30	45	
	2015	25 HP		6	1.330		11.50	34		45.50	62	
	2020	30 HP		6	1.330		11.50	34		45.50	62	
	2025	40 HP		5	1.600		18.20	40		58.20	79	
	2030	50 HP		5	1.600		18.75	40		58.75	80	
	2035	60 HP		3.80	2.110		28.60	53		81.60	110	
	2040	75 HP		3.50	2.290		34	57		91	120	
	2045	100 HP		2.50	3.200		44	80		124	165	
	2055	150 HP		1.80	4.440		79	110		189	250	
	2060	200 HP		1.50	5.330		265	135		400	490	
290	0010	**WIREMOLD RACEWAY**										290
	0090	Raceway, surface, metal, straight section										
	0100	No. 500	1 Elec	100	.080	L.F.	.46	2.01		2.47	3.48	
	0400	No. 1500, small pancake		90	.089		.76	2.24		3	4.14	
	0600	No. 2000, base & cover		90	.089		.80	2.24		3.04	4.18	
	0610	Receptacle, 6" O.C.		40	.200		4.32	5.05		9.37	12.20	
	0620	12" O.C.		44	.182		2.93	4.57		7.50	10	
	0630	18" O.C.		46	.174		2.30	4.37		6.67	9	
	0650	30" O.C.		50	.160		2.10	4.02		6.12	8.25	
	0660	60" O.C.		50	.160		1.81	4.02		5.83	7.95	
	0670	No. 2200, base & cover, blank		80	.100		1.35	2.52		3.87	5.20	
	0700	Receptacle 18" O.C.		36	.222		3.12	5.60		8.72	11.70	
	0720	30" O.C.		40	.200		2.75	5.05		7.80	10.45	
	0730	60" O.C.		40	.200		2.50	5.05		7.55	10.20	
	0800	No. 3000, base & cover		75	.107		1.65	2.68		4.33	5.80	
	0810	Receptacle, 6" O.C.		60	.133		15.50	3.35		18.85	22	
	0820	12" O.C.		62	.129		8.80	3.25		12.05	14.45	
	0830	18" O.C.		64	.125		7.10	3.14		10.24	12.45	
	0840	24" O.C.		66	.121		5.40	3.05		8.45	10.45	
	0850	30" O.C.		68	.118		4.70	2.96		7.66	9.55	
	0860	60" O.C.		70	.114		3.40	2.87		6.27	8	
	1000	No. 4000, base & cover		65	.123		3	3.10		6.10	7.85	
	1010	Receptacle, 6" O.C.		50	.160		22.40	4.02		26.42	31	
	1020	12" O.C.		52	.154		13.20	3.87		17.07	20	
	1030	18" O.C.		54	.148		11	3.73		14.73	17.60	
	1040	24" O.C.		56	.143		8.85	3.59		12.44	15.05	
	1050	30" O.C.		58	.138		7.95	3.47		11.42	13.85	
	1060	60" O.C.		60	.133		6.20	3.35		9.55	11.75	
	1200	No. 6000, base & cover		50	.160		4.70	4.02		8.72	11.10	
	1210	Receptacle, 6" O.C.		35	.229		26.65	5.75		32.40	38	
	1220	12" O.C.		37	.216		16.80	5.45		22.25	27	
	1230	18" O.C.		39	.205		14.30	5.15		19.45	23	
	1240	24" O.C.		41	.195		11.65	4.91		16.56	20	
	1250	30" O.C.		43	.186		11.20	4.68		15.88	19.25	
	1260	60" O.C.		45	.178		8.60	4.47		13.07	16.05	
	2400	Fittings, elbows, No. 500		40	.200	Ea.	.78	5.05		5.83	8.30	

160 | Raceways

160 200 | Conduits

		Crew	Daily Output	Man-Hours	Unit	Bare Costs Mat.	Labor	Equip.	Total	Total Incl O&P	
290	2800 Elbow cover, No. 2000	1 Elec	40	.200	Ea.	1.60	5.05		6.65	9.20	290
	3000 Switch box, No. 500		16	.500		6.25	12.60		18.85	25	
	3400 Telephone outlet, No. 1500		16	.500		5.43	12.60		18.03	25	
	3600 Junction box, No. 1500		16	.500		3.67	12.60		16.27	23	
	3800 Plugmold wired sections, No. 2000										
	4000 1 circuit, 6 outlets, 3 ft. long	1 Elec	8	1	Ea.	16.50	25		41.50	55	
	4100 2 circuits, 8 outlets, 6 ft. long		5.30	1.510		21.05	38		59.05	79	
	4200 Tele-power poles, aluminum, 4 outlets		2.70	2.960		98.50	75		173.50	220	
	4300 Overhead distribution systems, 125 volt										
	4400 ODS 2G30 50 ft., 1 circ., 3W #2000 size	1 Elec	75	.107	L.F.	2.10	2.68		4.78	6.25	
	4600 ODS 2GA30 50 ft., 2 circ., 4W #2000 size		75	.107	"	2.55	2.68		5.23	6.75	
	4800 2010A entrance end fitting		20	.400	Ea.	1.90	10.05		11.95	16.95	
	5000 2010B blank end fitting		40	.200		.29	5.05		5.34	7.75	
	5200 G2003 supporting clip		40	.200		1.73	5.05		6.78	9.35	
	5400 ODS 3G30 50 ft., 1 circ., 3W #3000 size		65	.123	L.F.	3.75	3.10		6.85	8.70	
	5600 ODS 3GA30 50 ft., 2 circ., 4W #3000 size		65	.123	"	3.90	3.10		7	8.85	
	5800 G3010A entrance end fitting		20	.400	Ea.	2.45	10.05		12.50	17.55	
	6000 G3010B blank end fitting		40	.200		1.02	5.05		6.07	8.55	
	6020 G3017 NE internal elbow		20	.400		4.47	10.05		14.52	19.75	
	6030 G3018 AE external elbow		20	.400		6.50	10.05		16.55	22	
	6040 G3007 C device bracket		53	.151		1.65	3.80		5.45	7.40	
	6200 G3008TC T-bar clip		40	.200		1.58	5.05		6.63	9.15	
	6400 G3008A hanger clamp		32	.250		2.40	6.30		8.70	11.95	
	7000 G4000B base		90	.089	L.F.	1.91	2.24		4.15	5.40	
	7200 G4000D divider		100	.080	"	.37	2.01		2.38	3.38	
	7400 G4010D entrance end fitting		16	.500	Ea.	8.95	12.60		21.55	28	
	7600 G4010B blank end fitting		40	.200		1.91	5.05		6.96	9.55	
	7610 G4046 B recp. & tele. cover		53	.151		4.31	3.80		8.11	10.35	
	7620 G4018 external elbow		16	.500		13.60	12.60		26.20	34	
	7630 G4001 coupling		53	.151		2.25	3.80		6.05	8.10	
	7640 G4001 D divider clip & coup.		80	.100		.56	2.52		3.08	4.33	
	7650 G4086 A panel connector		16	.500		6.15	12.60		18.75	25	
	7800 G4074 take off connector		16	.500		21.25	12.60		33.85	42	
	8000 G6074 take off connector		16	.500		23.57	12.60		36.17	45	
	8100 G4046H take off fitting		16	.500		2.83	12.60		15.43	22	
	8200 G6008A hanger clamp		32	.250		5.16	6.30		11.46	14.95	
	8230 G6001 coupling					2.74			2.74	3.01	
	8240 G6007 C-1 device bracket	1 Elec	53	.151		3.30	3.80		7.10	9.25	
	8250 G6007 C-2 device bracket		40	.200		4	5.05		9.05	11.85	
	8260 G6010 B blank end fitting		40	.200		3.55	5.05		8.60	11.35	
	8270 G6017 TX combination elbow		14	.571		13.30	14.35		27.65	36	
	8300 G6086 panel connector		16	.500		5.40	12.60		18	25	
	8400 2321G cable adapter assembly, 6 ft.		32	.250		16.38	6.30		22.68	27	
	8450										
	8500 Chan-L-Wire system installed in 1-⅝" x 1-⅝" strut. Strut										
	8600 not incl., 30 amp, 4 wire, 3 phase	1 Elec	200	.040	L.F.	2.20	1.01		3.21	3.91	
	8700 Junction box		8	1	Ea.	15.05	25		40.05	54	
	8800 Insulating end cap		40	.200		4.30	5.05		9.35	12.15	
	8900 Strut splice plate		40	.200		5.20	5.05		10.25	13.15	
	9000 Tap		40	.200		10.45	5.05		15.50	18.90	
	9100 Fixture hanger		60	.133		3.95	3.35		7.30	9.30	
	9200 Pulling tool					41			41	45	

160 300 | Conduit Support

310	0010 FASTENERS see division 050-500 and 151-900										310
320	0010 HANGERS Steel										320
	0030 Conduit supports										

160 | Raceways

160 300 | Conduit Support

		CREW	DAILY OUTPUT	MAN-HOURS	UNIT	BARE COSTS MAT.	BARE COSTS LABOR	BARE COSTS EQUIP.	BARE COSTS TOTAL	TOTAL INCL O&P
0050	Strap, 2 hole, rigid conduit									
0100	½" diameter	1 Elec	470	.017	Ea.	.09	.43		.52	.73
0150	¾" diameter		440	.018		.10	.46		.56	.79
0200	1" diameter		400	.020		.15	.50		.65	.91
0300	1-¼" diameter		355	.023		.23	.57		.80	1.09
0350	1-½" diameter 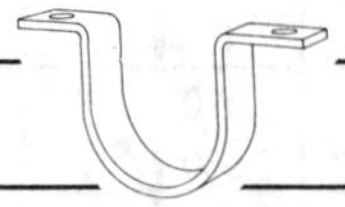		320	.025		.27	.63		.90	1.23
0400	2" diameter		266	.030		.38	.76		1.14	1.53
0500	2-½" diameter		160	.050		.76	1.26		2.02	2.69
0550	3" diameter		133	.060		.95	1.51		2.46	3.28
0600	3-½" diameter		100	.080		1.22	2.01		3.23	4.31
0650	4" diameter		80	.100		1.40	2.52		3.92	5.25
0700	EMT, ½" diameter		470	.017		.07	.43		.50	.71
0800	¾" diameter		440	.018		.11	.46		.57	.80
0850	1" diameter		400	.020		.15	.50		.65	.91
0900	1-¼" diameter		355	.023		.21	.57		.78	1.07
0950	1-½" diameter 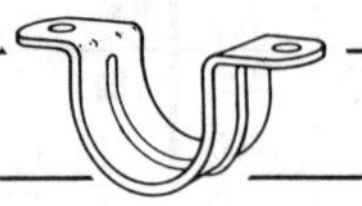		320	.025		.26	.63		.89	1.21
1000	2" diameter		266	.030		.33	.76		1.09	1.48
1100	2-½" diameter		160	.050		.70	1.26		1.96	2.63
1150	3" diameter		133	.060		.92	1.51		2.43	3.25
1200	3-½" diameter		100	.080		1.15	2.01		3.16	4.24
1250	4" diameter		80	.100		1.30	2.52		3.82	5.15
1400	Hanger, conduit, with bolt, ½" diameter		200	.040		.30	1.01		1.31	1.82
1450	¾" diameter		190	.042		.33	1.06		1.39	1.93
1500	1" diameter		176	.045		.45	1.14		1.59	2.18
1550	1-¼" diameter 		160	.050		.52	1.26		1.78	2.43
1600	1-½" diameter		140	.057		.66	1.44		2.10	2.85
1650	2" diameter		130	.062		.75	1.55		2.30	3.11
1700	2-½" diameter		100	.080		.80	2.01		2.81	3.85
1750	3" diameter		64	.125		.95	3.14		4.09	5.70
1800	3-½" diameter		50	.160		1.15	4.02		5.17	7.20
1850	4" diameter		40	.200		2.80	5.05		7.85	10.50
1900	Riser clamps, conduit, ½" diameter		40	.200		6.80	5.05		11.85	14.90
1950	¾" diameter		36	.222		7.25	5.60		12.85	16.25
2000	1" diameter		30	.267		7.75	6.70		14.45	18.45
2100	1-¼" diameter		27	.296		8.20	7.45		15.65	20
2150	1-½" diameter		27	.296		8.85	7.45		16.30	21
2200	2" diameter		20	.400		9.25	10.05		19.30	25
2250	2-½" diameter 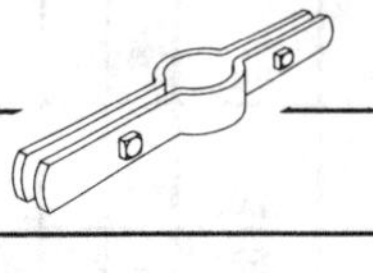		20	.400		9.60	10.05		19.65	25
2300	3" diameter		18	.444		10.20	11.20		21.40	28
2350	3-½" diameter		18	.444		11.10	11.20		22.30	29
2400	4" diameter		14	.571		12.60	14.35		26.95	35
2500	Threaded rod, ¼" diameter, painted		260	.031	L.F.	.37	.77		1.14	1.55
2600	⅜" diameter 		200	.040		.63	1.01		1.64	2.18
2700	½" diameter		140	.057		1.15	1.44		2.59	3.39
2800	⅝" diameter		100	.080		1.70	2.01		3.71	4.84
2900	¾" diameter		60	.133		2.80	3.35		6.15	8.05
2940	Couplings, painted, ¼" diameter				C	68			68	75
2960	⅜" diameter 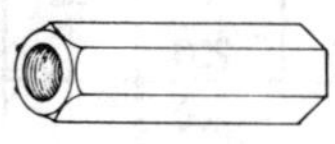					96			96	105
2970	½" diameter					139			139	155
2980	⅝" diameter					245			245	270
2990	¾" diameter					370			370	405
3000	Nuts, galvanized, ¼" diameter					4			4	4.40
3050	⅜" diameter					9.60			9.60	10.55
3100	½" diameter					19			19	21
3150	⅝" diameter					54			54	59
3200	¾" diameter 					62			62	68
3250	Washers, galvanized, ¼" diameter					3.20			3.20	3.52
3300	⅜" diameter					6.75			6.75	7.45

160 | Raceways

160 300 | Conduit Support

		CREW	DAILY OUTPUT	MAN-HOURS	UNIT	BARE COSTS MAT.	BARE COSTS LABOR	BARE COSTS EQUIP.	BARE COSTS TOTAL	TOTAL INCL O&P
3350	½" diameter				C	12			12	13.20
3400	⅝" diameter 					25			25	28
3450	¾" diameter					36.50			36.50	40
3500	Lock washers, galvanized, ¼" diameter					2.60			2.60	2.86
3550	⅜" diameter					4.85			4.85	5.35
3600	½" diameter 					8.10			8.10	8.90
3650	⅝" diameter					15			15	16.50
3700	¾" diameter					23			23	25
3800	Channels, steel, ¾" x 1-½"	1 Elec	80	.100	L.F.	1.50	2.52		4.02	5.35
3900	1-½" x 1-½" 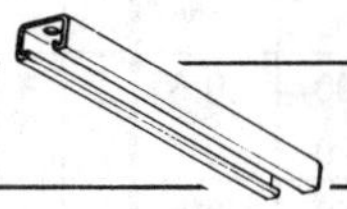		70	.114		2.25	2.87		5.12	6.70
4000	1-⅞" x 1-½"		60	.133		3.30	3.35		6.65	8.60
4100	3" x 1-½"		50	.160		4.60	4.02		8.62	11
4200	Spring nuts, long, ¼"		120	.067	Ea.	.65	1.68		2.33	3.19
4250	⅜"		100	.080		.76	2.01		2.77	3.81
4300	½"		80	.100		.76	2.52		3.28	4.55
4350	Spring nuts, short, ¼"		120	.067		.69	1.68		2.37	3.24
4400	⅜"		100	.080		.76	2.01		2.77	3.81
4450	½"		80	.100		.88	2.52		3.40	4.68
4500	Closure strip 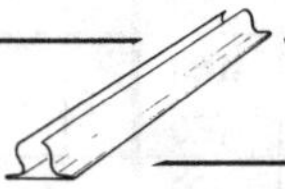		200	.040	L.F.	1.14	1.01		2.15	2.74
4550	End cap		60	.133	Ea.	.51	3.35		3.86	5.50
4600	End connector ¾" conduit		40	.200		1.65	5.05		6.70	9.25
4650	Junction box, 1 channel		16	.500		13	12.60		25.60	33
4700	2 channel		14	.571		15.70	14.35		30.05	38
4750	3 channel 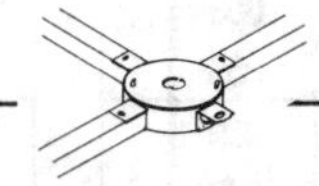		12	.667		17.75	16.75		34.50	44
4800	4 channel		10	.800		19.85	20		39.85	52
4850	Spliceplate		40	.200		4.96	5.05		10.01	12.90
4900	Continuous concrete insert, 1-½" deep, 1' long		16	.500		7.65	12.60		20.25	27
4950	2' long		14	.571		10	14.35		24.35	32
5000	3' long		12	.667		12.40	16.75		29.15	38
5050	4' long 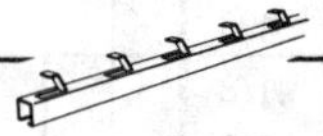		10	.800		14.60	20		34.60	46
5100	6' long		8	1		21.50	25		46.50	61
5150	¾" deep, 1' long		16	.500		7.05	12.60		19.65	26
5200	2' long		14	.571		8.85	14.35		23.20	31
5250	3' long		12	.667		10.60	16.75		27.35	36
5300	4' long		10	.800		12.25	20		32.25	43
5350	6' long		8	1		18.35	25		43.35	57
5400	90° angle fitting 2-⅛" x 2-⅛"		60	.133		1.20	3.35		4.55	6.25
5450	Channel supports, suspension rod type, small		60	.133		3.70	3.35		7.05	9
5500	Large		40	.200		4.30	5.05		9.35	12.15
5550	Beam clamp, small 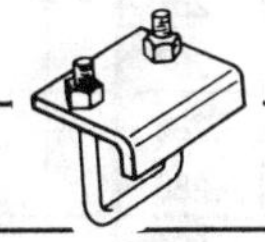		60	.133		3.15	3.35		6.50	8.40
5600	Large		40	.200		3.40	5.05		8.45	11.15
5650	U-support, small		60	.133		3.50	3.35		6.85	8.80
5700	Large		40	.200		4.35	5.05		9.40	12.20
5750	Concrete insert, cast, for up to ½" threaded rod		16	.500		2.25	12.60		14.85	21
5800	Beam clamp, ¼" clamp, ¼" threaded drop rod		32	.250		1.45	6.30		7.75	10.90
5900	⅜" clamp, ⅜" threaded drop rod		32	.250		2.50	6.30		8.80	12.05
6000	Channel strap for rigid conduit, ½" diameter		540	.015		.67	.37		1.04	1.29
6050	¾" diameter		440	.018		.75	.46		1.21	1.50
6100	1" diameter		420	.019		.80	.48		1.28	1.59
6150	1-¼" diameter		400	.020		.93	.50		1.43	1.77
6200	1-½" diameter		400	.020		1.05	.50		1.55	1.90
6250	2" diameter		267	.030		1.20	.75		1.95	2.43
6300	2-½" diameter		267	.030		1.30	.75		2.05	2.54
6350	3" diameter		160	.050		1.40	1.26		2.66	3.40
6400	3-½" diameter		133	.060		1.75	1.51		3.26	4.16
6450	4" diameter		100	.080		1.95	2.01		3.96	5.10
6500	5" diameter		80	.100		2.42	2.52		4.94	6.40
6550	6" diameter		60	.133		3.40	3.35		6.75	8.70

97

160 | Raceways

160 300 | Conduit Support

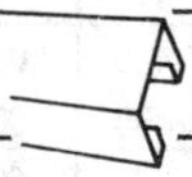

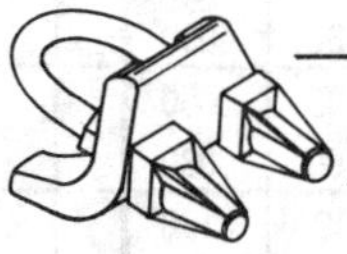

			CREW	DAILY OUTPUT	MAN-HOURS	UNIT	BARE COSTS MAT.	LABOR	EQUIP.	TOTAL	TOTAL INCL O&P	
320	6600	EMT, ½" diameter	1 Elec	540	.015	Ea.	.67	.37		1.04	1.29	320
	6650	¾" diameter		440	.018		.72	.46		1.18	1.47	
	6700	1" diameter		420	.019		.79	.48		1.27	1.58	
	6750	1-¼" diameter		400	.020		.89	.50		1.39	1.72	
	6800	1-½" diameter		400	.020		1.03	.50		1.53	1.88	
	6850	2" diameter		267	.030		1.18	.75		1.93	2.41	
	6900	2-½" diameter		267	.030		1.60	.75		2.35	2.87	
	6950	3" diameter		160	.050		1.75	1.26		3.01	3.78	
	6970	3-½" diameter		133	.060		1.85	1.51		3.36	4.27	
	6990	4" diameter		100	.080		2.25	2.01		4.26	5.45	
	7000	Clip, 1 hole for rigid conduit, ½" diameter		500	.016		.26	.40		.66	.88	
	7050	¾" diameter		470	.017		.38	.43		.81	1.05	
	7100	1" diameter		440	.018		.54	.46		1	1.27	
	7150	1-¼" diameter		400	.020		.97	.50		1.47	1.81	
	7200	1-½" diameter		355	.023		1.10	.57		1.67	2.05	
	7250	2" diameter		320	.025		2.15	.63		2.78	3.29	
	7300	2-½" diameter		266	.030		4.35	.76		5.11	5.90	
	7350	3" diameter		160	.050		6.25	1.26		7.51	8.75	
	7400	3-½" diameter		133	.060		8.95	1.51		10.46	12.10	
	7450	4" diameter		100	.080		20	2.01		22.01	25	
	7500	5" diameter		80	.100		70	2.52		72.52	81	
	7550	6" diameter		60	.133		76	3.35		79.35	89	
	7820	Conduit hangers, with bolt & 12" rod, ½" diameter		150	.053		1.12	1.34		2.46	3.21	
	7830	¾" diameter		145	.055		1.15	1.39		2.54	3.31	
	7840	1" diameter		135	.059		1.20	1.49		2.69	3.52	
	7850	1-¼" diameter		120	.067		1.28	1.68		2.96	3.88	
	7860	1-½" diameter		110	.073		1.40	1.83		3.23	4.24	
	7870	2" diameter		100	.080		1.48	2.01		3.49	4.60	
	7880	2-½" diameter		80	.100		2.20	2.52		4.72	6.15	
	7890	3" diameter		60	.133		2.35	3.35		5.70	7.55	
	7900	3-½" diameter		45	.178		2.45	4.47		6.92	9.30	
	7910	4" diameter		35	.229		5.05	5.75		10.80	14.05	
	7920	5" diameter		30	.267		5.50	6.70		12.20	15.95	
	7930	6" diameter		25	.320		12.30	8.05		20.35	25	
	7950	Jay clamp, ½" diameter		32	.250		1.48	6.30		7.78	10.90	
	7960	¾" diameter		32	.250		1.80	6.30		8.10	11.25	
	7970	1" diameter		32	.250		2.25	6.30		8.55	11.75	
	7980	1-¼" diameter		30	.267		2.95	6.70		9.65	13.15	
	7990	1-½" diameter		30	.267		3.70	6.70		10.40	13.95	
	8000	2" diameter		30	.267		5.40	6.70		12.10	15.85	
	8010	2-½" diameter		28	.286		7.60	7.20		14.80	18.95	
	8020	3" diameter		28	.286		10.40	7.20		17.60	22	
	8030	3-½" diameter		25	.320		13.30	8.05		21.35	27	
	8040	4" diameter		25	.320		23.20	8.05		31.25	37	
	8050	5" diameter		20	.400		60.65	10.05		70.70	82	
	8060	6" diameter		16	.500		114	12.60		126.60	145	
	8070	Channels, ¾" x 1-½" w/12" rods for ½" to 1" conduit		30	.267		3.65	6.70		10.35	13.90	
	8080	1-½" x 1-½" w/12" rods for 1-¼" to 2" conduit		28	.286		4.30	7.20		11.50	15.35	
	8090	1-½" x 1-½" w/12" rods for 2-½" to 4" conduit		26	.308		5.15	7.75		12.90	17.10	
	8100	1-½" x 1-⅞" w/12" rods for 5" to 6" conduit		24	.333		9.95	8.40		18.35	23	
	8110	Beam clamp, conduit, plastic coated, ½" diameter		30	.267		8.50	6.70		15.20	19.25	
	8120	¾"		30	.267		9.20	6.70		15.90	20	
	8130	1"		30	.267		9.30	6.70		16	20	
	8140	1-¼"		28	.286		12.65	7.20		19.85	25	
	8150	1-½"		28	.286		15.15	7.20		22.35	27	
	8160	2"		28	.286		20.20	7.20		27.40	33	
	8170	2-½"		26	.308		22.50	7.75		30.25	36	
	8180	3"		26	.308		26	7.75		33.75	40	

160 | Raceways

160 300 | Conduit Support

		CREW	DAILY OUTPUT	MAN-HOURS	UNIT	MAT.	LABOR	EQUIP.	TOTAL	TOTAL INCL O&P
8190	3-½"	1 Elec	23	.348	Ea.	27	8.75		35.75	43
8200	4"		23	.348		27	8.75		35.75	43
8210	5"	↓	18	.444	↓	85	11.20		96.20	110
8220	Channels, plastic coated									
8250	¾" x 1-½", w/12" rods for ½" to 1" conduit	1 Elec	28	.286	Ea.	12.65	7.20		19.85	25
8260	1-½" x 1-½", w/12" rods for 1-¼" to 2" conduit		26	.308		14.25	7.75		22	27
8270	1-½" x 1-½", w/12" rods for 2-½" to 3-½" cond.		24	.333		15.60	8.40		24	30
8280	1-½" x 1-⅞", w/12" rods for 4" to 5" conduit		22	.364		26	9.15		35.15	42
8290	1-½" x 1-⅞", w/12" rods for 6" conduit		20	.400		28	10.05		38.05	46
8320	Conduit hangers plastic coated, with bolt & 12" rod, ½" diam.		140	.057		7.05	1.44		8.49	9.90
8330	¾"		135	.059		7.30	1.49		8.79	10.25
8340	1"		125	.064		7.50	1.61		9.11	10.65
8350	1-¼"		110	.073		8	1.83		9.83	11.50
8360	1-½"		100	.080		8.95	2.01		10.96	12.80
8370	2"		90	.089		9.75	2.24		11.99	14.05
8380	2-½"		70	.114		11.70	2.87		14.57	17.10
8390	3"		50	.160		14.15	4.02		18.17	22
8400	3-½"		35	.229		14.95	5.75		20.70	25
8410	4"		25	.320		21.10	8.05		29.15	35
8420	5"		20	.400		23	10.05		33.05	40
9000	Parallel type, conduit beam clamp, ½"		32	.250		1.90	6.30		8.20	11.40
9010	¾"		32	.250		2.10	6.30		8.40	11.60
9020	1"		32	.250		2.25	6.30		8.55	11.75
9030	1-¼"		30	.267		2.80	6.70		9.50	13
9040	1-½"		30	.267		3.15	6.70		9.85	13.35
9050	2"		30	.267		4.10	6.70		10.80	14.40
9060	2-½"		28	.286		4.95	7.20		12.15	16.05
9070	3"		28	.286		6.10	7.20		13.30	17.30
9090	4"		25	.320		7.75	8.05		15.80	20
9110	Right angle, conduit beam clamp, ½"		32	.250		1.25	6.30		7.55	10.65
9120	¾"		32	.250		1.35	6.30		7.65	10.75
9130	1"		32	.250		1.50	6.30		7.80	10.95
9140	1-¼"		30	.267		1.75	6.70		8.45	11.85
9150	1-½"		30	.267		1.95	6.70		8.65	12.05
9160	2"		30	.267		2.80	6.70		9.50	13
9170	2-½"		28	.286		3.65	7.20		10.85	14.65
9180	3"		28	.286		3.80	7.20		11	14.80
9190	3-½"		25	.320		5.10	8.05		13.15	17.50
9200	4"		25	.320		5.55	8.05		13.60	18
9230	Adjustable, conduit, hanger, ½"		32	.250		1.30	6.30		7.60	10.70
9240	¾"		32	.250		1.40	6.30		7.70	10.85
9250	1"		32	.250		1.50	6.30		7.80	10.95
9260	1-¼"		30	.267		1.60	6.70		8.30	11.65
9270	1-½"		30	.267		1.65	6.70		8.35	11.70
9280	2"		30	.267		1.80	6.70		8.50	11.90
9290	2-½"		28	.286		3.45	7.20		10.65	14.40
9300	3"		28	.286		3.85	7.20		11.05	14.85
9310	3-½"		25	.320		4.20	8.05		12.25	16.50
9320	4"		25	.320		5.80	8.05		13.85	18.25
9330	5"		20	.400		7.10	10.05		17.15	23
9340	6"		16	.500		9.30	12.60		21.90	29
9350	Combination conduit hanger, ⅜"		32	.250		2.90	6.30		9.20	12.50
9360	Adjustable flange ⅜"	↓	32	.250	↓	3.55	6.30		9.85	13.20

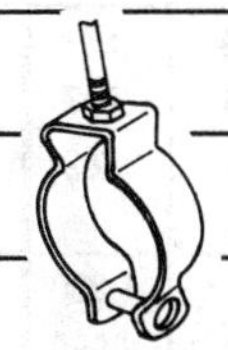

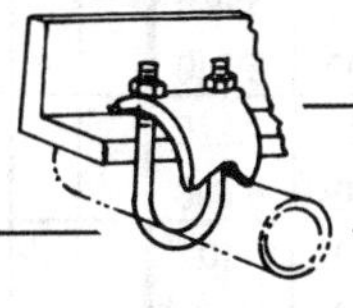

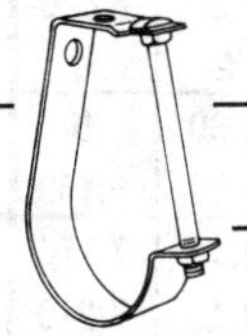

160 500 | Ducts

0010	TRENCH DUCT Steel with cover									
0020	Standard adjustable, depths to 4"									

160 | Raceways

160 500 | Ducts

		CREW	DAILY OUTPUT	MAN-HOURS	UNIT	BARE COSTS MAT.	LABOR	EQUIP.	TOTAL	TOTAL INCL O&P	
540	0100 Straight, single compartment, 9" wide	1 Elec	120	.067	L.F.	39	1.68		40.68	45	540
	0200 12" wide		16	.500		44	12.60		56.60	67	
	0400 18" wide		13	.615		59	15.50		74.50	88	
	0600 24" wide		11	.727		76	18.30		94.30	110	
	0700 27" wide		10.50	.762		83	19.15		102.15	120	
	0800 30" wide		10	.800		93	20		113	130	
	1000 36" wide		8	1		110	25		135	160	
	1020 Two compartment, 9" wide		19	.421		44	10.60		54.60	64	
	1030 12" wide		15	.533		50	13.40		63.40	75	
	1040 18" wide		12	.667		64	16.75		80.75	95	
	1050 24" wide		10	.800		81	20		101	120	
	1060 30" wide		9	.889		99	22		121	140	
	1070 36" wide		7	1.140		115	29		144	170	
	1090 Three compartment, 9" wide		18	.444		50	11.20		61.20	72	
	1100 12" wide		14	.571		57	14.35		71.35	84	
	1110 18" wide		11	.727		70	18.30		88.30	105	
	1120 24" wide		9	.889		88	22		110	130	
	1130 30" wide		8	1		107	25		132	155	
	1140 36" wide		6	1.330		125	34		159	185	
	1200 Horizontal elbow, 9" wide		2.70	2.960	Ea.	145	75		220	270	
	1400 12" wide		2.30	3.480		170	87		257	315	
	1600 18" wide		2	4		215	100		315	385	
	1800 24" wide		1.60	5		300	125		425	515	
	1900 27" wide		1.50	5.330		345	135		480	580	
	2000 30" wide		1.30	6.150		410	155		565	680	
	2200 36" wide		1.20	6.670		530	170		700	830	
	2220 Two compartment, 9" wide		1.90	4.210		235	105		340	415	
	2230 12" wide		1.50	5.330		260	135		395	485	
	2240 18" wide		1.20	6.670		315	170		485	595	
	2250 24" wide		1	8		400	200		600	735	
	2260 30" wide		.90	8.890		530	225		755	915	
	2270 36" wide		.80	10		650	250		900	1,075	
	2290 Three compartment, 9" wide		1.80	4.440		240	110		350	430	
	2300 12" wide		1.40	5.710		280	145		425	520	
	2310 18" wide		1.10	7.270		335	185		520	640	
	2320 24" wide		.90	8.890		425	225		650	800	
	2330 30" wide		.80	10		550	250		800	975	
	2350 36" wide		.70	11.430		685	285		970	1,175	
	2400 Vertical elbow, 9" wide		2.70	2.960		50	75		125	165	
	2600 12" wide		2.30	3.480		55	87		142	190	
	2800 18" wide		2	4		64	100		164	220	
	3000 24" wide		1.60	5		74	125		199	265	
	3100 27" wide		1.50	5.330		79	135		214	285	
	3200 30" wide		1.30	6.150		83	155		238	320	
	3400 36" wide		1.20	6.670		93	170		263	350	
	3600 Cross, 9" wide		2	4		235	100		335	405	
	3800 12" wide		1.60	5		250	125		375	460	
	4000 18" wide		1.30	6.150		295	155		450	555	
	4200 24" wide		1.10	7.270		380	185		565	690	
	4300 27" wide		1.10	7.270		450	185		635	765	
	4400 30" wide		1	8		500	200		700	845	
	4600 36" wide		.90	8.890		615	225		840	1,000	
	4620 Two compartment, 9" wide		1.90	4.210		245	105		350	425	
	4630 12" wide		1.50	5.330		265	135		400	490	
	4640 18" wide		1.20	6.670		320	170		490	600	
	4650 24" wide		1	8		405	200		605	745	
	4660 30" wide		.90	8.890		530	225		755	915	
	4670 36" wide		.80	10		645	250		895	1,075	

160 | Raceways

160 500 | Ducts

		CREW	DAILY OUTPUT	MAN-HOURS	UNIT	BARE COSTS MAT.	BARE COSTS LABOR	BARE COSTS EQUIP.	BARE COSTS TOTAL	TOTAL INCL O&P	
540	4690	Three compartment, 9" wide	1 Elec	1.80	4.440	Ea.	250	110		360	440	540
	4700	12" wide		1.40	5.710		290	145		435	530	
	4710	18" wide		1.10	7.270		340	185		525	645	
	4720	24" wide		.90	8.890		430	225		655	805	
	4730	30" wide		.80	10		560	250		810	985	
	4740	36" wide		.70	11.430		685	285		970	1,175	
	4800	End closure, 9" wide		7.20	1.110		14	28		42	57	
	5000	12" wide		6	1.330		15.75	34		49.75	67	
	5200	18" wide		5	1.600		26.50	40		66.50	89	
	5400	24" wide		4	2		35	50		85	115	
	5500	27" wide		3.50	2.290		40	57		97	130	
	5600	30" wide		3.30	2.420		42	61		103	135	
	5800	36" wide		2.90	2.760		51	69		120	160	
	6000	Tees, 9" wide		2	4		145	100		245	310	
	6200	12" wide		1.80	4.440		170	110		280	350	
	6400	18" wide		1.60	5		215	125		340	420	
	6600	24" wide		1.50	5.330		300	135		435	530	
	6700	27" wide		1.40	5.710		345	145		490	590	
	6800	30" wide		1.30	6.150		405	155		560	675	
	7000	36" wide		1	8		530	200		730	880	
	7020	Two compartment, 9" wide		1.90	4.210		170	105		275	345	
	7030	12" wide		1.70	4.710		185	120		305	380	
	7040	18" wide		1.50	5.330		235	135		370	455	
	7050	24" wide		1.40	5.710		325	145		470	570	
	7060	30" wide		1.20	6.670		440	170		610	730	
	7070	36" wide		.95	8.420		555	210		765	925	
	7090	Three compartment, 9" wide		1.80	4.440		190	110		300	375	
	7100	12" wide		1.60	5		205	125		330	410	
	7110	18" wide		1.40	5.710		255	145		400	495	
	7120	24" wide		1.30	6.150		350	155		505	615	
	7130	30" wide		1.10	7.270		465	185		650	780	
	7140	36" wide		.90	8.890		590	225		815	980	
	7200	Riser and cabinet connector, 9" wide		2.70	2.960		64	75		139	180	
	7400	12" wide		2.30	3.480		73	87		160	210	
	7600	18" wide		2	4		90	100		190	250	
	7800	24" wide		1.60	5		110	125		235	305	
	7900	27" wide		1.50	5.330		115	135		250	325	
	8000	30" wide		1.30	6.150		125	155		280	365	
	8200	36" wide		1	8		140	200		340	450	
	8400	Insert assembly, cell to conduit adapter, 1-¼"		16	.500		20.60	12.60		33.20	41	
	8500	Adjustable partition		320	.025	L.F.	6.95	.63		7.58	8.55	
	8600	Depth of duct over 4" per 1", add					2.80			2.80	3.08	
	8700	Support post	1 Elec	240	.033		6.40	.84		7.24	8.30	
	8800	Cover double tile trim, 2 sides					10.65			10.65	11.70	
	8900	4 sides					31.50			31.50	35	
	9160	Trench duct 3-½" x 4-½" add					2.70			2.70	2.97	
	9170	Trench duct 4" x 5" add					2.70			2.70	2.97	
	9200	For carpet trim, add					10			10	11	
	9210	For double carpet trim, add					29.85			29.85	33	
560	0010	**UNDERFLOOR DUCT**										560
	0020											
	0100	Duct, 1-⅜" x 3-⅛" blank, standard 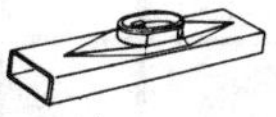	1 Elec	80	.100	L.F.	3.45	2.52		5.97	7.50	
	0200	1-⅜" x 7-¼" blank, super duct		60	.133		6.30	3.35		9.65	11.90	
	0400	⅞" or 1-⅜" insert type, 24" O.C., 1-⅜", x 3-⅛", std.		70	.114		3.45	2.87		6.32	8.05	
	0600	1-⅜" x 7-¼", super duct		50	.160		6.30	4.02		10.32	12.85	
	0800	Junction box, single duct, 1 level, 3-⅛"		4	2	Ea.	83	50		133	165	
	0820	3-⅛" x 7-¼"		4	2	"	83	50		133	165	

101

160 | Raceways

160 500 | Ducts

			CREW	DAILY OUTPUT	MAN-HOURS	UNIT	MAT.	LABOR	EQUIP.	TOTAL	TOTAL INCL O&P	
560	0840	2 level, 3-1/8" upper & lower	1 Elec	3.20	2.500	Ea.	95	63		158	195	560
	0860	3-1/8" upper, 7-1/4" lower		2.70	2.960		95	75		170	215	
	0880	Carpet pan for above		80	.100		30	2.52		32.52	37	
	0900	Terrazzo pan for above		67	.119		115	3		118	130	
	1000	Junction box, single duct, 1 level, 7-1/4"		2.70	2.960		115	75		190	235	
	1020	2 level, 7-1/4" upper & lower		2.70	2.960		130	75		205	255	
	1040	2 duct, two 3-1/8" upper & lower		3.20	2.500		185	63		248	295	
	1200	1 level, 2 duct, 3-1/8"		3.20	2.500		125	63		188	230	
	1220	Carpet pan for above boxes		80	.100		35.50	2.52		38.02	43	
	1240	Terrazzo pan for above boxes		67	.119		140	3		143	160	
	1260	Junction box, 1 level, two 3-1/8" x one 3-1/8" + one 7-1/4"		2.30	3.480		195	87		282	345	
	1280	2 level, two 3-1/8" upper, one 3-1/8" + one 7-1/4" lower		2	4		220	100		320	390	
	1300	Carpet pan for above boxes		80	.100		41	2.52		43.52	49	
	1320	Terrazzo pan for above boxes		67	.119		155	3		158	175	
	1400	Junction box, 1 level, 2 duct, 7-1/4"		2.30	3.480		280	87		367	435	
	1420	Two 3-1/8" + one 7-1/4"		2	4		280	100		380	455	
	1440	Carpet pan for above		80	.100		48	2.52		50.52	57	
	1460	Terrazzo pan for above		67	.119		230	3		233	255	
	1580	Junction box, 1 level, one 3-1/8" + one 7-1/4" x same		2.30	3.480		205	87		292	355	
	1600	Triple duct, 3-1/8"		2.30	3.480		240	87		327	395	
	1700	Junction box, 1 level, one 3-1/8" + two 7-1/4"		2	4		310	100		410	490	
	1720	Carpet pan for above		80	.100		55	2.52		57.52	64	
	1740	Terrazzo pan for above		67	.119		270	3		273	300	
	1800	Insert to conduit adapter, 3/4" & 1"		32	.250		4.10	6.30		10.40	13.80	
	2000	Support, single cell		27	.296		5.15	7.45		12.60	16.65	
	2200	Super duct		16	.500		5.45	12.60		18.05	25	
	2400	Double cell		16	.500		5.45	12.60		18.05	25	
	2600	Triple cell		11	.727		8.40	18.30		26.70	36	
	2800	Vertical elbow, standard duct		10	.800		11.60	20		31.60	42	
	3000	Super duct		8	1		23	25		48	62	
	3200	Cabinet connector, standard duct		32	.250		4.50	6.30		10.80	14.25	
	3400	Super duct		27	.296		8.75	7.45		16.20	21	
	3600	Conduit adapter, 1" to 1-1/4"		32	.250		6.10	6.30		12.40	16	
	3800	2" to 1-1/4"		27	.296		8.15	7.45		15.60	19.95	
	4000	Outlet, low tension (tele, computer, etc.)		8	1		18.65	25		43.65	58	
	4200	High tension, receptacle (120 volt)		8	1		22.85	25		47.85	62	
	4300	End closure, standard duct		160	.050		.75	1.26		2.01	2.68	
	4310	Super duct		160	.050		1.45	1.26		2.71	3.45	
	4350	Elbow, horiz., standard duct		26	.308		24	7.75		31.75	38	
	4360	Super duct		26	.308		46	7.75		53.75	62	
	4380	Elbow, offset, standard duct		26	.308		11.60	7.75		19.35	24	
	4390	Super duct		26	.308		24	7.75		31.75	38	
	4400	Marker screw assembly for inserts		50	.160		1.50	4.02		5.52	7.60	
	4410	Y take off, standard duct		26	.308		10.40	7.75		18.15	23	
	4420	Super duct		26	.308		22	7.75		29.75	36	
	4430	Box opening plug, standard duct		160	.050		.77	1.26		2.03	2.70	
	4440	Super duct		160	.050		1.50	1.26		2.76	3.51	
	4450	Sleeve coupling, standard duct		160	.050		2.45	1.26		3.71	4.55	
	4460	Super duct		160	.050		4.75	1.26		6.01	7.10	
	4470	Conduit adapter, standard duct, 3/4"		32	.250		6.10	6.30		12.40	16	
	4480	1" or 1-1/4"		32	.250		6.10	6.30		12.40	16	
	4500	1-1/2"		32	.250		8.15	6.30		14.45	18.25	
580	0010	**WIRING DUCT** Plastic										580
	1250	PVC, snap-in slots, adhesive backed										
	1270	1-1/2"W x 2"H	1 Elec	60	.133	L.F.	3.18	3.35		6.53	8.45	
	1280	1-1/2"W x 3"H		60	.133		3.92	3.35		7.27	9.25	
	1290	1-1/2"W x 4"H		60	.133		4.63	3.35		7.98	10.05	
	1300	2"W x 1"H		60	.133		3.03	3.35		6.38	8.30	

160 | Raceways

160 500 | Ducts

			CREW	DAILY OUTPUT	MAN-HOURS	UNIT	BARE COSTS				TOTAL INCL O&P
							MAT.	LABOR	EQUIP.	TOTAL	
580	1310	2"W x 1-½"H	1 Elec	60	.133	L.F.	3.20	3.35		6.55	8.45	580
	1320	2"W x 2"H		60	.133		3.36	3.35		6.71	8.65
	1330	2"W x 2-½"H		60	.133		3.92	3.35		7.27	9.25
	1340	2"W x 3"H		60	.133		4.19	3.35		7.54	9.55
	1350	2"W x 4"H		60	.133		4.80	3.35		8.15	10.25
	1360	2-½"W x 3"H		60	.133		4.35	3.35		7.70	9.75
	1370	3"W x 1"H		55	.145		3.33	3.66		6.99	9.05
	1380	3"W x 1-¼"H		55	.145		3.77	3.66		7.43	9.55
	1390	3"W x 2"H		55	.145		3.89	3.66		7.55	9.70
	1400	3"W x 3"H		55	.145		4.72	3.66		8.38	10.60
	1410	3"W x 4"H		55	.145		5.73	3.66		9.39	11.70
	1420	3"W x 5"H		55	.145		7.12	3.66		10.78	13.25
	1430	4"W x 1-½"H		50	.160		3.95	4.02		7.97	10.30
	1440	4"W x 2"H		50	.160		4.35	4.02		8.37	10.75
	1450	4"W x 3"H		50	.160		5.05	4.02		9.07	11.50
	1460	4"W x 4"H		50	.160		6.30	4.02		10.32	12.85
	1470	4"W x 5"H		50	.160		8.35	4.02		12.37	15.15
	1550	Cover, 1-½"W		100	.080		.66	2.01		2.67	3.70
	1560	2"W		100	.080		.82	2.01		2.83	3.87
	1570	2-½"W		100	.080		.98	2.01		2.99	4.05
	1580	3"W		100	.080		1.20	2.01		3.21	4.29
	1590	4"W		100	.080		1.36	2.01		3.37	4.47

161 | Conductors and Grounding

161 100 | Conductors

			CREW	DAILY OUTPUT	MAN-HOURS	UNIT	BARE COSTS				TOTAL INCL O&P
							MAT.	LABOR	EQUIP.	TOTAL	
105	0010	ARMORED CABLE										105
	0050	600 volt, copper (BX), #14, 2 wire	1 Elec	2.40	3.330	C.L.F.	27.40	84		111.40	155
	0100	3 wire		2.20	3.640		32.60	91		123.60	170
	0120	4 wire		2	4		46.75	100		146.75	200
	0150	#12, 2 wire		2.30	3.480		31.60	87		118.60	165
	0200	3 wire		2	4		42.40	100		142.40	195
	0220	4 wire		1.80	4.440		59.80	110		169.80	230
	0240	#12, 19 wire, stranded		1.10	7.270		375	185		560	685
	0250	#10, 2 wire		2	4		53.25	100		153.25	205
	0300	3 wire		1.60	5		66.30	125		191.30	260
	0320	4 wire		1.40	5.710		102	145		247	325
	0350	#8, 3 wire		1.30	6.150		110	155		265	350
	0370	4 wire		1.10	7.270		164	185		349	450
	0380	#6, 2 wire, stranded		1.30	6.150		118	155		273	360
	0400	3 conductor with PVC jacket, in cable tray, #6		3.10	2.580		195	65		260	310
	0450	#4		2.70	2.960		250	75		325	385
	0500	#2		2.30	3.480		340	87		427	505
	0550	#1		2	4		463	100		563	660
	0600	1/0		1.80	4.440		533	110		643	750
	0650	2/0		1.70	4.710		650	120		770	890
	0700	3/0		1.60	5		767	125		892	1,025
	0750	4/0		1.50	5.330		884	135		1,019	1,175
	0800	250 MCM		1.20	6.670		993	170		1,163	1,350
	0850	350 MCM		1.10	7.270		1,305	185		1,490	1,700
	0900	500 MCM		1	8		1,725	200		1,925	2,200
	0910	4 conductor with PVC jacket in cable tray, #6		2.70	2.960		248	75		323	385

161 | Conductors and Grounding

161 100	Conductors		CREW	DAILY OUTPUT	MAN-HOURS	UNIT	BARE COSTS			TOTAL INCL O&P
							MAT.	LABOR	EQUIP. TOTAL	
105 0920		#4	1 Elec	2.30	3.480	C.L.F.	319	87	406	480
0930		#2		2	4		396	100	496	585
0940		#1		1.80	4.440		575	110	685	800
0950		1/0		1.70	4.710		667	120	787	910
0960		2/0		1.60	5		750	125	875	1,000
0970		3/0		1.50	5.330		910	135	1,045	1,200
0980		4/0		1.20	6.670		1,150	170	1,320	1,525
0990		250 MCM		1.10	7.270		1,360	185	1,545	1,775
1000		350 MCM		1	8		1,620	200	1,820	2,075
1010		500 MCM		.90	8.890		2,220	225	2,445	2,775
1050	5 KV, copper, 3 conductor with PVC jacket,									
1060	non-shielded, in cable tray, #4		1 Elec	190	.042	L.F.	3.80	1.06	4.86	5.75
1100		#2		180	.044		4.95	1.12	6.07	7.10
1200		#1		150	.053		6.35	1.34	7.69	8.95
1400		1/0		145	.055		7.30	1.39	8.69	10.10
1600		2/0		130	.062		8.50	1.55	10.05	11.65
2000		4/0		120	.067		11.30	1.68	12.98	14.90
2100		250 MCM		110	.073		15.45	1.83	17.28	19.70
2150		350 MCM		105	.076		19.10	1.92	21.02	24
2200		500 MCM		90	.089		23.25	2.24	25.49	29
2400	15 KV, copper, 3 conductor with PVC jacket,									
2500	grounded neutral, in cable tray, #2		1 Elec	150	.053	L.F.	8.55	1.34	9.89	11.40
2600		#1		140	.057		9.15	1.44	10.59	12.20
2800		1/0		130	.062		11.25	1.55	12.80	14.65
2900		2/0		110	.073		13.55	1.83	15.38	17.60
3000		4/0		95	.084		15.50	2.12	17.62	20
3100		250 MCM		90	.089		17.15	2.24	19.39	22
3150		350 MCM		80	.100		19.85	2.52	22.37	26
3200		500 MCM		70	.114		27.20	2.87	30.07	34
3400	15 KV, copper, 3 conductor with PVC jacket,									
3450	ungrounded neutral, in cable tray, #2		1 Elec	130	.062	L.F.	9	1.55	10.55	12.20
3500		#1		115	.070		9.95	1.75	11.70	13.55
3600		1/0		100	.080		11.50	2.01	13.51	15.60
3700		2/0		95	.084		14.10	2.12	16.22	18.65
3800		4/0		80	.100		17	2.52	19.52	22
4000		250 MCM		70	.114		19.45	2.87	22.32	26
4050		350 MCM		65	.123		26.35	3.10	29.45	34
4100		500 MCM		60	.133		31.85	3.35	35.20	40
4200	600 volt, aluminum, 3 conductor in cable tray with PVC jacket									
4300		#2	1 Elec	270	.030	L.F.	2.05	.75	2.80	3.36
4400		#1		230	.035		2.30	.87	3.17	3.82
4500		#1/0		200	.040		2.90	1.01	3.91	4.68
4600		#2/0		180	.044		2.95	1.12	4.07	4.90
4700		#3/0		170	.047		3.40	1.18	4.58	5.50
4800		#4/0		160	.050		4.15	1.26	5.41	6.40
4900		250 MCM		150	.053		4.95	1.34	6.29	7.45
5000		350 MCM		120	.067		5.90	1.68	7.58	8.95
5200		500 MCM		110	.073		7.30	1.83	9.13	10.75
5300		750 MCM		95	.084		9.45	2.12	11.57	13.50
5400	600 volt, aluminum, 4 conductor in cable tray with PVC jacket									
5410		#2	1 Elec	260	.031	L.F.	2.35	.77	3.12	3.73
5430		#1		220	.036		2.95	.91	3.86	4.60
5450		1/0		190	.042		3.40	1.06	4.46	5.30
5470		2/0		170	.047		3.45	1.18	4.63	5.55
5480		3/0		160	.050		4.05	1.26	5.31	6.30
5500		4/0		150	.053		4.75	1.34	6.09	7.20
5520		250 MCM		140	.057		5.20	1.44	6.64	7.85
5540		350 MCM		110	.073		6.70	1.83	8.53	10.05

161 | Conductors and Grounding

161 100 | Conductors

			CREW	DAILY OUTPUT	MAN-HOURS	UNIT	MAT.	LABOR	EQUIP.	TOTAL	TOTAL INCL O&P	
105	5560	500 MCM	1 Elec	100	.080	L.F.	8.35	2.01		10.36	12.15	105
	5580	750 MCM		90	.089		11.45	2.24		13.69	15.90	
	5600	5 KV, aluminum, unshielded in cable tray, #2 with PVC jacket		190	.042		2.95	1.06		4.01	4.81	
	5700	#1		180	.044		3.25	1.12		4.37	5.25	
	5800	1/0		150	.053		3.30	1.34		4.64	5.60	
	6000	2/0		145	.055		3.35	1.39		4.74	5.75	
	6200	3/0		130	.062		4.05	1.55		5.60	6.75	
	6300	4/0		120	.067		4.75	1.68		6.43	7.70	
	6400	250 MCM		110	.073		5.25	1.83		7.08	8.50	
	6500	350 MCM		105	.076		6.15	1.92		8.07	9.60	
	6600	500 MCM		100	.080		7.25	2.01		9.26	10.95	
	6800	750 MCM		90	.089		9.05	2.24		11.29	13.25	
	7000	15 KV, aluminum, shielded grounded, #1 with PVC jacket		150	.053		6.80	1.34		8.14	9.45	
	7200	1/0		140	.057		7.35	1.44		8.79	10.20	
	7300	2/0		130	.062		7.45	1.55		9	10.50	
	7400	3/0		120	.067		8.40	1.68		10.08	11.70	
	7500	4/0		110	.073		8.50	1.83		10.33	12.05	
	7600	250 MCM		100	.080		9.40	2.01		11.41	13.30	
	7700	350 MCM		90	.089		11.05	2.24		13.29	15.45	
	7800	500 MCM		80	.100		13.25	2.52		15.77	18.30	
	8000	750 MCM		68	.118		15.75	2.96		18.71	22	
	8200	15 KV, aluminum, shielded-ungrounded, #1 with PVC jacket		125	.064		8.30	1.61		9.91	11.50	
	8300	1/0		115	.070		8.60	1.75		10.35	12.05	
	8400	2/0		105	.076		9.40	1.92		11.32	13.15	
	8500	3/0		100	.080		9.65	2.01		11.66	13.60	
	8600	4/0		95	.084		10.40	2.12		12.52	14.55	
	8700	250 MCM		90	.089		11.15	2.24		13.39	15.55	
	8800	350 MCM		80	.100		12.70	2.52		15.22	17.70	
	8900	500 MCM		70	.114		15.45	2.87		18.32	21	
	9200	750 MCM		58	.138		18.75	3.47		22.22	26	
135	0010	**CONTROL CABLE**										135
	0020	600 volt, copper, #14 THWN wire with PVC jacket, 2 wires	1 Elec	9	.889	C.L.F.	14.45	22		36.45	49	
	0030	3 wires		8	1		20.40	25		45.40	60	
	0100	4 wires		7	1.140		23	29		52	68	
	0150	5 wires		6.50	1.230		31.45	31		62.45	80	
	0200	6 wires		6	1.330		37.05	34		71.05	90	
	0300	8 wires		5.30	1.510		43.35	38		81.35	105	
	0400	10 wires		4.80	1.670		52.60	42		94.60	120	
	0500	12 wires		4.30	1.860		77.50	47		124.50	155	
	0600	14 wires		3.80	2.110		84	53		137	170	
	0700	16 wires		3.50	2.290		97	57		154	190	
	0800	18 wires		3.30	2.420		108	61		169	210	
	0810	19 wires		3.10	2.580		112	65		177	220	
	0900	20 wires		3	2.670		119	67		186	230	
	1000	22 wires		2.80	2.860		125	72		197	245	
137	0010	**FIBER OPTICS CABLE**										137
	0020	Fiber optics cable only. added costs depend on the type of fiber										
	0030	special connectors, optical modems, and networking parts.										
	0040	Specialized tools & techniques cause installation costs to vary.										
	0070	Minimum, bulk simplex	1 Elec	8	1	C.L.F.	35	25		60	76	
	0080	Maximum, bulk plenum quad	"	2.29	3.490	"	775	88		863	980	
140	0010	**MINERAL INSULATED CABLE** 600 volt										140
	0100	1 conductor, #12	1 Elec	1.60	5	C.L.F.	201	125		326	405	
	0200	#10		1.60	5		211	125		336	420	
	0400	#8		1.50	5.330		230	135		365	450	
	0500	#6		1.40	5.710		266	145		411	505	
	0600	#4		1.20	6.670		350	170		520	635	

105

161 | Conductors and Grounding

	161 100	Conductors	CREW	DAILY OUTPUT	MAN-HOURS	UNIT	BARE COSTS MAT.	LABOR	EQUIP.	TOTAL	TOTAL INCL O&P	
140	0800	#2	1 Elec	1.10	7.270	C.L.F.	500	185		685	820	140
	0900	#1		1.05	7.620		571	190		761	910	
	1000	1/0		1	8		659	200		859	1,025	
	1100	2/0		.95	8.420		785	210		995	1,175	
	1200	3/0		.90	8.890		929	225		1,154	1,350	
	1400	4/0		.80	10		1,068	250		1,318	1,550	
	1500	2 conductor, #12		1.40	5.710		317	145		462	560	
	1600	#10		1.20	6.670		382	170		552	670	
	1800	#8		1.10	7.270		477	185		662	795	
	2000	#6		1.05	7.620		626	190		816	970	
	2100	#4		1	8		822	200		1,022	1,200	
	2200	3 conductor, #12		1.20	6.670		371	170		541	655	
	2400	#10		1.10	7.270		450	185		635	765	
	2600	#8		1.05	7.620		562	190		752	900	
	2800	#6		1	8		729	200		929	1,100	
	3000	#4		.90	8.890		978	225		1,203	1,400	
	3100	4 conductor, #12		1.20	6.670		411	170		581	700	
	3200	#10		1.10	7.270		488	185		673	805	
	3400	#8		1	8		625	200		825	985	
	3600	#6		.90	8.890		820	225		1,045	1,225	
	3620	7 conductor, #12		1.10	7.270		520	185		705	840	
	3640	#10		1	8		657	200		857	1,025	
	3800	M.I. terminations, 600 volt, 1 conductor, #12		8	1	Ea.	6.95	25		31.95	45	
	4000	#10		7.60	1.050		6.95	26		32.95	47	
	4100	#8		7.30	1.100		6.95	28		34.95	48	
	4200	#6		6.70	1.190		6.95	30		36.95	52	
	4400	#4		6.20	1.290		10.45	32		42.45	59	
	4600	#2		5.70	1.400		10.45	35		45.45	64	
	4800	#1		5.30	1.510		10.45	38		48.45	68	
	5000	1/0		5	1.600		10.45	40		50.45	71	
	5100	2/0		4.70	1.700		10.45	43		53.45	75	
	5200	3/0		4.30	1.860		10.45	47		57.45	81	
	5400	4/0		4	2		21.15	50		71.15	98	
	5500	2 conductor, #12		6.70	1.190		7.50	30		37.50	53	
	5600	#10		6.40	1.250		10	31		41	57	
	5800	#8		6.20	1.290		10	32		42	59	
	6000	#6		5.70	1.400		10	35		45	63	
	6200	#4		5.30	1.510		20.55	38		58.55	79	
	6400	3 conductor, #12		5.70	1.400		8.30	35		43.30	61	
	6500	#10		5.50	1.450		11.35	37		48.35	67	
	6600	#8		5.20	1.540		11.35	39		50.35	70	
	6800	#6		4.80	1.670		11.35	42		53.35	74	
	7200	#4		4.60	1.740		21.40	44		65.40	88	
	7400	4 conductor, #12		4.60	1.740		11.65	44		55.65	77	
	7500	#10		4.40	1.820		11.65	46		57.65	80	
	7600	#8		4.20	1.900		11.65	48		59.65	84	
	8400	#6		4	2		23.25	50		73.25	100	
	8500	7 conductor, #12		3.50	2.290		14.75	57		71.75	100	
	8600	#10		3	2.670		25.80	67		92.80	125	
	8800	Crimping tool, plier type					54			54	59	
	9000	Stripping tool					80			80	88	
	9200	Hand vise					27			27	30	
145	0010	NON-METALLIC SHEATHED CABLE 600 volt										145
	0100	Copper with ground wire, (Romex)										
	0150	#14, 2 wire	1 Elec	2.70	2.960	C.L.F.	16	75		91	130	
	0200	3 wire		2.40	3.330		30	84		114	155	
	0220	4 wire		2.20	3.640		62	91		153	205	
	0250	#12, 2 wire		2.50	3.200		25	80		105	145	

161 | Conductors and Grounding

161 100 | Conductors

		CREW	DAILY OUTPUT	MAN-HOURS	UNIT	MAT.	LABOR	EQUIP.	TOTAL	TOTAL INCL O&P
0300	3 wire	1 Elec	2.20	3.640	C.L.F.	41	91		132	180
0320	4 wire		2	4		92	100		192	250
0350	#10, 2 wire		2.20	3.640		41	91		132	180
0400	3 wire		1.80	4.440		63	110		173	235
0420	4 wire		1.60	5		122	125		247	320
0450	#8, 3 wire		1.50	5.330		134	135		269	345
0480	4 wire		1.40	5.710		225	145		370	460
0500	#6, 3 wire		1.40	5.710		187	145		332	420
0520	#4, 3 wire		1.20	6.670		280	170		450	555
0540	#2, 3 wire		1.10	7.270		400	185		585	710
0550	SE type SER aluminum cable, 3 RHW and									
0600	1 bare neutral, 3 #8 & 1 #8	1 Elec	1.60	5	C.L.F.	50.75	125		175.75	240
0650	3 #6 & 1 #6		1.40	5.710		57.50	145		202.50	275
0700	3 #4 & 1 #6		1.20	6.670		73.30	170		243.30	330
0750	3 #2 & 1 #4		1.10	7.270		99.25	185		284.25	380
0800	3 #1/0 & 1 #2		1	8		147	200		347	460
0850	3 #2/0 & 1 #1		.90	8.890		170	225		395	515
0900	3 #4/0 & 1 #2/0		.80	10		219	250		469	610
1450	UF underground feeder cable, copper with ground, #14-2 cond.		4	2		21.85	50		71.85	98
1500	#12-2 conductor		3.50	2.290		29.80	57		86.80	120
1550	#10-2 conductor		3	2.670		45	67		112	150
1600	#14-3 conductor		3.50	2.290		33.50	57		90.50	120
1650	#12-3 conductor		3	2.670		46	67		113	150
1700	#10-3 conductor		2.50	3.200		68.70	80		148.70	195
1750	#14-1 conductor		13	.615		11.50	15.50		27	36
1800	#12-1 conductor		11	.727		14.95	18.30		33.25	43
1850	#10-1 conductor		10	.800		20.60	20		40.60	52
1900	#8-1 conductor		8	1		32.20	25		57.20	73
1950	#6-1 conductor		6.50	1.230		42.15	31		73.15	92
2000	#4-1 conductor		5.30	1.510		66.75	38		104.75	130
2100	#2-1 conductor		4.50	1.780		93.50	45		138.50	170
2400	SEU service entrance cable, copper 2 conductors, #8 + #8 neut.		1.50	5.330		90.70	135		225.70	300
2600	#6 + #8 neutral		1.30	6.150		127	155		282	370
2800	#6 + #6 neutral		1.30	6.150		135	155		290	375
3000	#4 + #6 neutral		1.10	7.270		218.50	185		403.50	510
3200	#4 + #4 neutral		1.10	7.270		244	185		429	540
3400	#3 + #5 neutral		1.05	7.620		270	190		460	580
3600	#3 + #3 neutral		1.05	7.620		308	190		498	620
3800	#2 + #4 neutral		1	8		339	200		539	670
4000	#1 + #1 neutral		.95	8.420		593	210		803	965
4200	1/0 + 1/0 neutral		.90	8.890		659	225		884	1,050
4400	2/0 + 2/0 neutral		.85	9.410		790	235		1,025	1,225
4600	3/0 + 3/0 neutral		.80	10		989	250		1,239	1,450
4800	Aluminum, 2 conductors #8 + #8 neutral		1.60	5		49.90	125		174.90	240
5000	#6 + #6 neutral		1.40	5.710		56.80	145		201.80	275
5100	#4 + #6 neutral		1.25	6.400		71.60	160		231.60	315
5200	#4 + #4 neutral		1.20	6.670		74.70	170		244.70	330
5300	#2 + #4 neutral		1.15	6.960		89.80	175		264.80	355
5400	#2 + #2 neutral		1.10	7.270		96	185		281	375
5450	1/0 + #2 neutral		1.05	7.620		139	190		329	435
5500	1/0 + 1/0 neutral		1	8		143	200		343	455
5550	2/0 + #1 neutral		.95	8.420		155	210		365	485
5600	2/0 + 2/0 neutral		.90	8.890		164	225		389	510
5800	3/0 + 1/0 neutral		.85	9.410		193	235		428	560
6000	3/0 + 3/0 neutral		.85	9.410		208	235		443	580
6200	4/0 + 2/0 neutral		.80	10		214	250		464	605
6400	4/0 + 4/0 neutral		.80	10		228	250		478	620
6500	Service entrance cap for copper SEU									

161 | Conductors and Grounding

161 100 | Conductors

			CREW	DAILY OUTPUT	MAN-HOURS	UNIT	BARE COSTS MAT.	BARE COSTS LABOR	BARE COSTS EQUIP.	BARE COSTS TOTAL	TOTAL INCL O&P	
145	6600	100 amp	1 Elec	12	.667	Ea.	4.25	16.75		21	29	145
	6700	150 amp		10	.800		9.20	20		29.20	40	
	6800	200 amp	↓	8	1	↓	12.60	25		37.60	51	
150	0010	**SHIELDED CABLE** Splicing & terminations not included										150
	0050	Copper, CLP shielding, 5KV #4	1 Elec	2.20	3.640	C.L.F.	115	91		206	260	
	0100	#2		2	4		139	100		239	300	
	0200	#1		2	4		155	100		255	320	
	0400	1/0		1.90	4.210		178	105		283	350	
	0600	2/0		1.80	4.440		217	110		327	405	
	0800	4/0		1.60	5		291	125		416	505	
	1000	250 MCM		1.50	5.330		320	135		455	550	
	1200	350 MCM		1.30	6.150		435	155		590	705	
	1400	500 MCM		1.20	6.670		555	170		725	860	
	1600	15 KV, ungrounded neutral, #1		2	4		183	100		283	350	
	1800	1/0		1.90	4.210		227	105		332	405	
	2000	2/0		1.80	4.440		257	110		367	450	
	2200	4/0		1.60	5		338	125		463	560	
	2400	250 MCM		1.50	5.330		353	135		488	585	
	2600	350 MCM		1.30	6.150		480	155		635	755	
	2800	500 MCM		1.20	6.670		595	170		765	900	
	3000	25 KV, grounded neutral, #1/0		1.80	4.440		317	110		427	515	
	3200	2/0		1.70	4.710		338	120		458	545	
	3400	4/0		1.50	5.330		422	135		557	660	
	3600	250 MCM		1.40	5.710		533	145		678	800	
	3800	350 MCM		1.20	6.670		622	170		792	930	
	3900	500 MCM		1.10	7.270		734	185		919	1,075	
	4000	35 KV, grounded neutral, #1/0		1.70	4.710		344	120		464	555	
	4200	2/0		1.60	5		389	125		514	615	
	4400	4/0		1.40	5.710		488	145		633	750	
	4600	250 MCM		1.30	6.150		578	155		733	865	
	4800	350 MCM		1.10	7.270		689	185		874	1,025	
	5000	500 MCM		1	8		811	200		1,011	1,200	
	5050	Aluminum, CLP shielding, 5KV, #2		2.50	3.200		115	80		195	245	
	5070	#1		2.20	3.640		120	91		211	265	
	5090	1/0		2	4		137	100		237	300	
	5100	2/0		1.90	4.210		161	105		266	335	
	5150	4/0		1.80	4.440		189	110		299	375	
	5200	250 MCM		1.60	5		218	125		343	425	
	5220	350 MCM		1.50	5.330		252	135		387	475	
	5240	500 MCM		1.30	6.150		343	155		498	605	
	5260	750 MCM		1.20	6.670		449	170		619	740	
	5300	15 KV aluminum, CLP, #1		2.20	3.640		150	91		241	300	
	5320	1/0		2	4		155	100		255	320	
	5340	2/0		1.90	4.210		183	105		288	360	
	5360	4/0		1.80	4.440		206	110		316	390	
	5380	250 MCM		1.60	5		242	125		367	450	
	5400	350 MCM		1.50	5.330		263	135		398	485	
	5420	500 MCM		1.30	6.150		384	155		539	650	
	5440	750 MCM	↓	1.20	6.670	↓	503	170		673	800	
155	0010	**SPECIAL WIRES & FITTINGS**										155
	0100	Fixture, TFFN, 600 volt, 90°, stranded #18	1 Elec	13	.615	C.L.F.	5.40	15.50		20.90	29	
	0150	#16		13	.615		6.70	15.50		22.20	30	
	0200	AF, 300 volt, 150°, stranded #18		13	.615		30.90	15.50		46.40	57	
	0250	#16		13	.615		37.10	15.50		52.60	64	
	0300	#14		12	.667		48.20	16.75		64.95	78	
	0350	#12		11	.727		74	18.30		92.30	110	
	0400	#10		10	.800		133.50	20		153.50	175	

161 | Conductors and Grounding

161 100 | Conductors

		CREW	DAILY OUTPUT	MAN-HOURS	UNIT	BARE COSTS MAT.	BARE COSTS LABOR	BARE COSTS EQUIP.	BARE COSTS TOTAL	TOTAL INCL O&P	
0500	Thermostat, no jacket, twisted, #18-2 conductor	1 Elec	8	1	C.L.F.	7.35	25		32.35	45	155
0550	#18-3		7	1.140		10.10	29		39.10	54	
0600	#18-4		6.50	1.230		14	31		45	61	
0650	#18-5		6	1.330		16.70	34		50.70	68	
0700	#18-6		5.50	1.450		20.65	37		57.65	77	
0750	#18-7		5	1.600		23.10	40		63.10	85	
0800	#18-8		4.80	1.670		26.60	42		68.60	91	
0900	TV, antenna lead-in, 300 ohm #20-2 conductor		7	1.140		11.45	29		40.45	55	
0950	Coaxial, feeder outlet		7	1.140		13	29		42	57	
1000	Coaxial, main riser		6	1.330		18.95	34		52.95	70	
1100	Sound, shielded with drain, #22-2 conductor		8	1		16.85	25		41.85	56	
1150	#22-3 conductor		7.50	1.070		22.10	27		49.10	64	
1200	#22-4 conductor		6.50	1.230		23.70	31		54.70	72	
1250	Nonshielded #22-2 conductor		10	.800		10.40	20		30.40	41	
1300	#22-3 conductor		9	.889		16.90	22		38.90	52	
1350	#22-4 conductor		8	1		23.20	25		48.20	63	
1400	Microphone cable	↓	8	1	↓	40	25		65	81	
1500	Fire alarm, FEP teflon, 150 volt, 200° centigrade										
1550	#22, 1 pair	1 Elec	10	.800	C.L.F.	56	20		76	91	
1600	2 pair		8	1		93	25		118	140	
1650	4 pair		7	1.140		143	29		172	200	
1700	6 pair		6	1.330		185.50	34		219.50	255	
1750	8 pair		5.50	1.450		233	37		270	310	
1800	10 pair		5	1.600		281	40		321	370	
1850	#18, 1 pair		8	1		64	25		89	110	
1900	2 pair		6.50	1.230		122	31		153	180	
1950	4 pair		4.80	1.670		185.50	42		227.50	265	
2000	6 pair		4	2		244	50		294	345	
2050	8 pair		3.50	2.290		318	57		375	435	
2100	10 pair		3	2.670		365	67		432	500	
2200	Telephone, twisted, PVC insulation, #22-2 conductor		10	.800		10.60	20		30.60	41	
2250	#22-3 conductor		9	.889		11.20	22		33.20	45	
2300	#22-4 conductor		8	1		14.50	25		39.50	53	
2350	#19-2 conductor		9	.889		11.20	22		33.20	45	
2500	Tray cable type TC, copper #14, 2 conductor		9	.889		14.40	22		36.40	49	
2520	3 conductor		8	1		20.10	25		45.10	59	
2540	4 conductor		7	1.140		22.05	29		51.05	67	
2560	5 conductor		6.50	1.230		30.90	31		61.90	80	
2580	6 conductor		6	1.330		35.40	34		69.40	88	
2600	8 conductor		5.30	1.510		42	38		80	100	
2620	10 conductor	↓	4.80	1.670	↓	51	42		93	120	
2640	300V, copper braided shield, PVC jacket										
2650	2 conductor #18 stranded	1 Elec	7	1.140	C.L.F.	27	29		56	72	
2660	3 conductor #18	"	6	1.330	"	44	34		78	98	
3000	Strain relief grip for cable										
3050	Cord, top, #12-3	1 Elec	40	.200	Ea.	9.30	5.05		14.35	17.65	
3060	#12-4		40	.200		9.30	5.05		14.35	17.65	
3070	#12-5		39	.205		10.60	5.15		15.75	19.30	
3100	#10-3		39	.205		10.60	5.15		15.75	19.30	
3110	#10-4		38	.211		10.60	5.30		15.90	19.50	
3120	#10-5		38	.211		11.35	5.30		16.65	20	
3200	Bottom, #12-3		40	.200		21.15	5.05		26.20	31	
3210	#12-4		40	.200		21.15	5.05		26.20	31	
3220	#12-5		39	.205		24.90	5.15		30.05	35	
3230	#10-3		39	.205		26.85	5.15		32	37	
3300	#10-4		38	.211		31.20	5.30		36.50	42	
3310	#10-5	↓	38	.211	↓	33.40	5.30		38.70	45	
3500	Coaxial, connectors 50 ohm impedance quick disconnect										

161 | Conductors and Grounding

161 100 | Conductors

		CREW	DAILY OUTPUT	MAN-HOURS	UNIT	MAT.	LABOR	EQUIP.	TOTAL	TOTAL INCL O&P	
155	3540	BNC plug, for RG A/U #58 cable	1 Elec	42	.190	Ea.	3.25	4.79		8.04	10.65	155
	3550	RG A/U #59 cable		42	.190		3.25	4.79		8.04	10.65	
	3560	RG A/U #62 cable		42	.190		3.25	4.79		8.04	10.65	
	3600	BNC jack for RG A/U #58 cable		42	.190		3.25	4.79		8.04	10.65	
	3610	RG A/U #59 cable		42	.190		3.25	4.79		8.04	10.65	
	3620	RG A/U #62 cable		42	.190		3.25	4.79		8.04	10.65	
	3660	BNC panel jack for RG A/U #58 cable		40	.200		7	5.05		12.05	15.15	
	3670	RG A/U #59 cable		40	.200		7	5.05		12.05	15.15	
	3680	RG A/U #62 cable		40	.200		7	5.05		12.05	15.15	
	3720	BNC bulkhead jack for RG A/U #58 cable		40	.200		7.50	5.05		12.55	15.70	
	3730	RG A/U 59 cable		40	.200		7.50	5.05		12.55	15.70	
	3740	RG A/U 62 cable		40	.200		7.50	5.05		12.55	15.70	
	3850	Coaxial cable, RG A/U 58, 50 ohm		8	1	C.L.F.	16	25		41	55	
	3860	RG A/U 59, 75 ohm		8	1		15	25		40	54	
	3870	RG A/U 62, 93 ohm		8	1		15	25		40	54	
	3950	RG A/U 58, 50 ohm fire rated		8	1		132	25		157	180	
	3960	RG A/U 59, 75 ohm fire rated		8	1		161	25		186	215	
	3970	RG A/U 62, 93 ohm fire rated		8	1		129	25		154	180	
160	0010	**UNDERCARPET**										160
	0020	Power System										
	0100	Cable flat, 3 conductor, #12, w/attached bottom shield	1 Elec	982	.008	L.F.	2.85	.20		3.05	3.44	
	0200	Shield, top, steel		1,768	.005	"	3.05	.11		3.16	3.52	
	0250	Splice, 3 conductor		48	.167	Ea.	9.45	4.19		13.64	16.60	
	0300	Top shield		96	.083		.78	2.10		2.88	3.95	
	0350	Tap		40	.200		12.10	5.05		17.15	21	
	0400	Insulating patch, splice, tap, & end		48	.167		27.80	4.19		31.99	37	
	0450	Fold		230	.035			.87		.87	1.29	
	0500	Top shield, tap & fold		96	.083		.78	2.10		2.88	3.95	
	0700	Transition, block assembly		77	.104		19.30	2.61		21.91	25	
	0750	Receptacle frame & base		32	.250		21.15	6.30		27.45	33	
	0800	Cover receptacle		120	.067		1.90	1.68		3.58	4.57	
	0850	Cover blank		160	.050		2.25	1.26		3.51	4.33	
	0860	Receptacle, direct connected, single		25	.320		60	8.05		68.05	78	
	0870	Dual		16	.500		98.80	12.60		111.40	125	
	0880	Combination Hi & Lo, tension		21	.381		70	9.60		79.60	91	
	0900	Box, floor with cover		20	.400		60	10.05		70.05	81	
	0920	Floor service w/barrier		4	2		169	50		219	260	
	1000	Wall, surface, with cover		20	.400		36	10.05		46.05	54	
	1100	Wall, flush, with cover		20	.400		26	10.05		36.05	43	
	1200											
	1450	Cable, flat, 5 conductor #12, w/attached bottom shield	1 Elec	800	.010	L.F.	4.85	.25		5.10	5.70	
	1550	Shield, top, steel		1,768	.005	"	4.80	.11		4.91	5.45	
	1600	Splice, 5 conductor		48	.167	Ea.	15.70	4.19		19.89	23	
	1650	Top shield		96	.083		.78	2.10		2.88	3.95	
	1700	Tap		48	.167		20.10	4.19		24.29	28	
	1750	Insulating patch, splice tap, & end		83	.096		27.80	2.42		30.22	34	
	1800	Transition, block assembly		77	.104		27.80	2.61		30.41	34	
	1850	Box, wall, flush with cover		20	.400		34	10.05		44.05	52	
	1900	Cable, flat, 4 conductor, #12		933	.009	L.F.	3.95	.22		4.17	4.66	
	1950	3 conductor #10		982	.008		3.35	.20		3.55	3.99	
	1960	4 conductor #10		933	.009		4.40	.22		4.62	5.15	
	1970	5 conductor #10		884	.009		5.45	.23		5.68	6.35	
	2500	Telephone System										
	2510	Transition fitting wall box, surface	1 Elec	24	.333	Ea.	17	8.40		25.40	31	
	2520	Flush		24	.333		17	8.40		25.40	31	
	2530	Flush, for PC board		24	.333		17	8.40		25.40	31	
	2540	Floor service box		4	2		170	50		220	260	
	2550	Cover, surface					8.10			8.10	8.90	

161 | Conductors and Grounding

161 100 | Conductors

			CREW	DAILY OUTPUT	MAN-HOURS	UNIT	BARE COSTS MAT.	LABOR	EQUIP.	TOTAL	TOTAL INCL O&P	
160	2560	Flush				Ea.	8.10			8.10	8.90	160
	2570	Flush for PC board					8.10			8.10	8.90	
	2700	Floor fitting w/duplex jack & cover	1 Elec	21	.381		26	9.60		35.60	43	
	2720	Low profile		53	.151		9.15	3.80		12.95	15.65	
	2740	Miniature w/duplex jack		53	.151		12.05	3.80		15.85	18.85	
	2760	25 pair kit		21	.381		28.10	9.60		37.70	45	
	2780	Low profile		53	.151		9.40	3.80		13.20	15.95	
	2800	Call director kit for 5 cable		19	.421		45	10.60		55.60	65	
	2820	4 pair kit		19	.421		53.30	10.60		63.90	74	
	2840	3 pair kit		19	.421		55.90	10.60		66.50	77	
	2860	Comb. 25 pair & 3 cond power		21	.381		45	9.60		54.60	64	
	2880	5 cond power		21	.381		50	9.60		59.60	69	
	2900	PC board, 8-3 pair		161	.050		34.50	1.25		35.75	40	
	2920	6-4 pair		161	.050		34.50	1.25		35.75	40	
	2940	3 pair adapter		161	.050		34.50	1.25		35.75	40	
	2950	Plug		77	.104		1.36	2.61		3.97	5.35	
	2960	Couplers		321	.025	↓	4.10	.63		4.73	5.45	
	3000	Bottom shield for 25 pr. cable		4,420	.002	L.F.	.45	.05		.50	.56	
	3020	4 pair		4,420	.002		.18	.05		.23	.27	
	3040	Top shield for 25 pr. cable		4,420	.002		.45	.05		.50	.56	
	3100	Cable assembly, double-end, 50', 25 pr.		11.80	.678	Ea.	102.70	17.05		119.75	140	
	3110	3 pair		23.60	.339		35.10	8.55		43.65	51	
	3120	4 pair		23.60	.339	↓	39.52	8.55		48.07	56	
	3140	Bulk 3 pair		1,473	.005	L.F.	.55	.14		.69	.81	
	3160	4 pair	↓	1,473	.005	"	.65	.14		.79	.92	
	3500	Data System										
	3520	Cable 25 conductor w/conn. 40', 75 ohm	1 Elec	14.50	.552	Ea.	41	13.90		54.90	66	
	3530	Single lead		22	.364		116	9.15		125.15	140	
	3540	Dual lead	↓	22	.364	↓	149	9.15		158.15	175	
	3560	Shields same for 25 cond. as 25 pair tele.										
	3570	Single & dual, none req'd.										
	3590	BNC coax connectors, Plug	1 Elec	40	.200	Ea.	4.50	5.05		9.55	12.40	
	3600	TNC coax connectors, Plug	"	40	.200	"	4.50	5.05		9.55	12.40	
	3700	Cable-bulk										
	3710	Single lead	1 Elec	1,473	.005	L.F.	2.40	.14		2.54	2.84	
	3720	Dual lead	"	1,473	.005	"	3.15	.14		3.29	3.67	
	3730	Hand tool crimp				Ea.	248			248	275	
	3740	Hand tool notch				"	12			12	13.20	
	3750	Boxes & floor fitting same as telephone										
	3790	Data cable notching 90°	1 Elec	97	.082	Ea.		2.07		2.07	3.06	
	3800	180°		60	.133			3.35		3.35	4.95	
	8100	Drill floor		160	.050	↓	1.15	1.26		2.41	3.12	
	8200	Marking floor		1,600	.005	L.F.		.13		.13	.19	
	8300	Tape, hold down		6,400	.001	"	.12	.03		.15	.18	
	8350	Tape primer, 500 ft. per can	↓	96	.083	Ea.	15.10	2.10		17.20	19.70	
	8400	Tool, splicing				"	180			180	200	
165	0010	**WIRE**	C9.3-130									165
	0020	600 volt, type THW, copper, solid, #14	1 Elec	13	.615	C.L.F.	4.80	15.50		20.30	28	
	0030	#12		11	.727		6.70	18.30		25	34	
	0040	#10		10	.800		9.80	20		29.80	40	
	0050	Stranded #14		13	.615		5.60	15.50		21.10	29	
	0100	#12		11	.727		7.60	18.30		25.90	35	
	0120	#10		10	.800		11.70	20		31.70	43	
	0140	#8		8	1		18.90	25		43.90	58	
	0160	#6		6.50	1.230		23.85	31		54.85	72	
	0180	#4		5.30	1.510		36.80	38		74.80	97	
	0200	#3		5	1.600		44.85	40		84.85	110	
	0220	#2	↓	4.50	1.780	↓	54.65	45		99.65	125	

111

161 | Conductors and Grounding

161 100 | Conductors

		CREW	DAILY OUTPUT	MAN-HOURS	UNIT	BARE COSTS MAT.	BARE COSTS LABOR	BARE COSTS EQUIP.	BARE COSTS TOTAL	TOTAL INCL O&P
0240	#1	1 Elec	4	2	C.L.F.	71.90	50		121.90	155
0260	1/0		3.30	2.420		84.80	61		145.80	185
0280	2/0		2.90	2.760		102.85	69		171.85	215
0300	3/0		2.50	3.200		126	80		206	255
0350	4/0		2.20	3.640		156	91		247	305
0400	250 MCM		2	4		199	100		299	365
0420	300 MCM		1.90	4.210		256	105		361	440
0450	350 MCM		1.80	4.440		270	110		380	460
0480	400 MCM		1.70	4.710		330	120		450	540
0490	500 MCM		1.60	5		372	125		497	595
0500	600 MCM		1.30	6.150		565	155		720	850
0510	750 MCM		1.10	7.270		690	185		875	1,025
0520	1000 MCM		.90	8.890		1,005	225		1,230	1,425
0530	Aluminum, stranded, #8		9	.889		7.95	22		29.95	42
0540	#6		8	1		9.80	25		34.80	48
0560	#4		6.50	1.230		13	31		44	60
0580	#2		5.30	1.510		17.45	38		55.45	75
0600	#1		4.50	1.780		25.30	45		70.30	94
0620	1/0		4	2		28.80	50		78.80	105
0640	2/0		3.60	2.220		33.95	56		89.95	120
0680	3/0		3.30	2.420		40.70	61		101.70	135
0700	4/0		3.10	2.580		47.55	65		112.55	150
0720	250 MCM		2.90	2.760		56.45	69		125.45	165
0740	300 MCM		2.70	2.960		74.30	75		149.30	190
0760	350 MCM		2.50	3.200		80	80		160	205
0780	400 MCM		2.30	3.480		88	87		175	225
0800	500 MCM		2	4		101	100		201	260
0850	600 MCM		1.90	4.210		123	105		228	290
0880	700 MCM		1.70	4.710		143	120		263	330
0900	750 MCM		1.60	5		150	125		275	350
0920	Type THWN-THHN, copper, solid, #14		13	.615		4.10	15.50		19.60	27
0940	#12		11	.727		5.65	18.30		23.95	33
0960	#10		10	.800		9.40	20		29.40	40
1000	Stranded, #14		13	.615		4.80	15.50		20.30	28
1200	#12		11	.727		6.75	18.30		25.05	34
1250	#10		10	.800		11.20	20		31.20	42
1300	#8		8	1		18.35	25		43.35	57
1350	#6		6.50	1.230		25.10	31		56.10	73
1400	#4		5.30	1.510		39.70	38		77.70	100
1450	#3		5	1.600		53.20	40		93.20	120
1500	#2		4.50	1.780		70.95	45		115.95	145
1550	#1		4	2		92.65	50		142.65	175
1600	1/0		3.30	2.420		110	61		171	210
1650	2/0		2.90	2.760		127	69		196	240
1700	3/0		2.50	3.200		156	80		236	290
2000	4/0		2.20	3.640		192	91		283	345
2200	250 MCM		2	4		226	100		326	395
2400	300 MCM		1.90	4.210		269	105		374	450
2600	350 MCM		1.80	4.440		298	110		408	495
2700	400 MCM		1.70	4.710		356	120		476	565
2800	500 MCM		1.60	5		422	125		547	650
2900	600 volt, copper, type XHHW, solid, #14		13	.615		7.20	15.50		22.70	31
2920	#12		11	.727		10.05	18.30		28.35	38
2940	#10		10	.800		13.55	20		33.55	45
3000	Stranded #14		13	.615		9.25	15.50		24.75	33
3020	#12		11	.727		11.20	18.30		29.50	39
3040	#10		10	.800		16.35	20		36.35	48
3060	#8		8	1		22.65	25		47.65	62

161 | Conductors and Grounding

161 100 | Conductors

		CREW	DAILY OUTPUT	MAN-HOURS	UNIT	BARE COSTS MAT.	LABOR	EQUIP.	TOTAL	TOTAL INCL O&P
3080	#6	1 Elec	6.50	1.230	C.L.F.	25.30	31		56.30	74
3100	#4		5.30	1.510		41	38		79	100
3120	#2		4.50	1.780		60	45		105	130
3140	#1		4	2		81	50		131	165
3160	1/0		3.30	2.420		96	61		157	195
3180	2/0		2.90	2.760		115	69		184	230
3200	3/0		2.50	3.200		142	80		222	275
3220	4/0		2.20	3.640		180	91		271	335
3240	250 MCM		2	4		230	100		330	400
3260	300 MCM		1.90	4.210		265	105		370	450
3280	350 MCM		1.80	4.440		302	110		412	495
3300	400 MCM		1.70	4.710		360	120		480	570
3320	500 MCM		1.60	5		430	125		555	660
3340	600 MCM		1.30	6.150		583	155		738	870
3360	750 MCM		1.10	7.270		735	185		920	1,075
3380	1000 MCM		.80	10		1,055	250		1,305	1,525
4000	600 volt, copper, type TW, solid, #14		13	.615		4	15.50		19.50	27
4050	#12		11	.727		5.60	18.30		23.90	33
4100	#10		10	.800		8.70	20		28.70	39
4110	Stranded #14		13	.615		4.60	15.50		20.10	28
4120	#12		11	.727		6.65	18.30		24.95	34
4130	#10		10	.800		10.10	20		30.10	41
4150	#8		8	1		16.95	25		41.95	56
4160	#6		6.50	1.230		22.30	31		53.30	70
4170	#4		5.30	1.510		35.65	38		73.65	95
4190	#2		4.50	1.780		53.40	45		98.40	125
4200	#1		4	2		70.35	50		120.35	150
4210	600 volt, copper, type THW-MTW, stranded, #14		13	.615		7.05	15.50		22.55	31
4220	#12		11	.727		9.95	18.30		28.25	38
4240	#10		10	.800		14.05	20		34.05	45
4260	#8		8	1		22.30	25		47.30	62
5000	600 volt, aluminum, type XHHW, stranded, #8		9	.889		9.10	22		31.10	43
5020	#6		8	1		9.90	25		34.90	48
5040	#4		6.50	1.230		13.25	31		44.25	60
5060	#2		5.30	1.510		18.05	38		56.05	76
5080	#1		4.50	1.780		26.45	45		71.45	95
5100	1/0		4	2		28.90	50		78.90	105
5120	2/0		3.60	2.220		34.55	56		90.55	120
5140	3/0		3.30	2.420		40.90	61		101.90	135
5160	4/0		3.10	2.580		48.20	65		113.20	150
5180	250 MCM		2.90	2.760		56.50	69		125.50	165
5200	300 MCM		2.70	2.960		74.50	75		149.50	190
5220	350 MCM		2.50	3.200		80	80		160	205
5240	400 MCM		2.30	3.480		88	87		175	225
5260	500 MCM		2	4		103	100		203	260
5280	600 MCM		1.90	4.210		123	105		228	290
5300	700 MCM		1.80	4.440		145	110		255	325
5320	750 MCM		1.70	4.710		152	120		272	340
5340	1000 MCM		1.20	6.670		218	170		388	485
5400	600 volt, copper, type XLPE-USE, solid, #12		11	.727		9.50	18.30		27.80	37
5420	#10		10	.800		12.65	20		32.65	44
5440	Stranded, #14		13	.615		9.60	15.50		25.10	33
5460	#12		11	.727		11	18.30		29.30	39
5480	#10		10	.800		14.45	20		34.45	46
5500	#8		8	1		23.35	25		48.35	63
5520	#6		6.50	1.230		29.70	31		60.70	78
5540	#4		5.30	1.510		45.20	38		83.20	105
5560	#2		4.50	1.780		62	45		107	135

161 | Conductors and Grounding

161 100 | Conductors

			CREW	DAILY OUTPUT	MAN-HOURS	UNIT	BARE COSTS MAT.	LABOR	EQUIP.	TOTAL	TOTAL INCL O&P	
165	5580	#1	1 Elec	4	2	C.L.F.	79	50		129	160	165
	5600	1/0		3.30	2.420		94	61		155	195	
	5620	2/0		2.90	2.760		112	69		181	225	
	5640	3/0		2.50	3.200		137	80		217	270	
	5660	4/0		2.20	3.640		171	91		262	325	
	5680	250 MCM		2	4		228	100		328	400	
	5700	300 MCM		1.90	4.210		260	105		365	440	
	5720	350 MCM		1.80	4.440		304	110		414	500	
	5740	400 MCM		1.70	4.710		344	120		464	555	
	5760	500 MCM		1.60	5		405	125		530	630	
	5780	600 MCM		1.30	6.150		553	155		708	835	
	5800	750 MCM		1.10	7.270		692	185		877	1,025	
	5820	1000 MCM		.90	8.890		1,050	225		1,275	1,475	
	5840	600 volt, type XLPE-USE, aluminum, stranded, #6		8	1		11.45	25		36.45	50	
	5860	#4		6.50	1.230		14.50	31		45.50	62	
	5880	#2		5.30	1.510		19.25	38		57.25	77	
	5900	#1		4.50	1.780		27.25	45		72.25	96	
	5920	1/0		4	2		30.90	50		80.90	110	
	5940	2/0		3.60	2.220		36	56		92	120	
	5960	3/0		3.30	2.420		44	61		105	140	
	5980	4/0		3.10	2.580		50	65		115	150	
	6000	250 MCM		2.90	2.760		62	69		131	170	
	6020	300 MCM		2.70	2.960		82	75		157	200	
	6060	400 MCM		2.30	3.480		96	87		183	235	
	6080	500 MCM		2	4		113	100		213	275	
	6100	600 MCM		1.90	4.210		133	105		238	305	
	6110	700 MCM		1.80	4.440		158	110		268	340	
	6120	750 MCM		1.70	4.710		164	120		284	355	

161 500 | Terminations

			CREW	DAILY OUTPUT	MAN-HOURS	UNIT	MAT.	LABOR	EQUIP.	TOTAL	TOTAL INCL O&P	
510	0010	**CABLE CONNECTORS**										510
	0100	600 volt, nonmetallic, #14-2 wire	1 Elec	160	.050	Ea.	.26	1.26		1.52	2.14	
	0200	#14-3 wire to #12-2 wire		133	.060		.26	1.51		1.77	2.52	
	0300	#12-3 wire to #10-2 wire		114	.070		.26	1.76		2.02	2.89	
	0400	#10-3 wire to #14-4 and #12-4 wire		100	.080		.26	2.01		2.27	3.26	
	0500	#8-3 wire to #10-4 wire		80	.100		.75	2.52		3.27	4.54	
	0600	#6-3 wire		40	.200		1.08	5.05		6.13	8.60	
	0800	SER, aluminum 3 #8 insulated + 1 #8 ground		32	.250		1.08	6.30		7.38	10.45	
	0900	3 #6 + 1 #6 ground		24	.333		1.37	8.40		9.77	13.90	
	1000	3 #4 + 1 #6 ground		22	.364		1.37	9.15		10.52	15	
	1100	3 #2 + 1 #4 ground		20	.400		2.50	10.05		12.55	17.60	
	1200	3 1/0 + 1 #2 ground		18	.444		5.70	11.20		16.90	23	
	1400	3 2/0 + 1 #1 ground		16	.500		6.80	12.60		19.40	26	
	1600	3 4/0 + 1 #2/0 ground		14	.571		8	14.35		22.35	30	
	1800	600 volt, armored, #14-2 wire		80	.100		.27	2.52		2.79	4.01	
	2200	#14-4, #12-3 and #10-2 wire		40	.200		.27	5.05		5.32	7.75	
	2400	#12-4, #10-3 and #8-2 wire		32	.250		.33	6.30		6.63	9.65	
	2600	#8-3 and #10-4 wire		26	.308		1.15	7.75		8.90	12.70	
	2650	#8-4 wire		22	.364		1.75	9.15		10.90	15.45	
	2700	PVC jacket connector, #6-3 wire, #6-4 wire		16	.500		4.50	12.60		17.10	24	
	2800	#4-3 wire, #4-4 wire		16	.500		4.50	12.60		17.10	24	
	2900	#2-3 wire		12	.667		4.50	16.75		21.25	30	
	3000	#1-3 wire, #2-4 wire		12	.667		6.75	16.75		23.50	32	
	3200	1/0-3 wire		11	.727		6.75	18.30		25.05	34	
	3400	2/0-3 wire, 1/0-4 wire		10	.800		6.75	20		26.75	37	
	3500	3/0-3 wire, 2/0-4 wire		9	.889		8.85	22		30.85	43	
	3600	4/0-3 wire, 3/0-4 wire		7	1.140		8.85	29		37.85	52	
	3800	250 MCM-3 wire, 4/0-4 wire		6	1.330		16.65	34		50.65	68	

161 | Conductors and Grounding

161 500 | Terminations

			CREW	DAILY OUTPUT	MAN-HOURS	UNIT	BARE COSTS MAT.	BARE COSTS LABOR	BARE COSTS EQUIP.	BARE COSTS TOTAL	TOTAL INCL O&P	
510	4000	350 MCM-3 wire, 250 MCM-4 wire	1 Elec	5	1.600	Ea.	16.65	40		56.65	78	510
	4100	350 MCM-4 wire		4	2		23.65	50		73.65	100	
	4200	500 MCM-3 wire		4	2		23.65	50		73.65	100	
	4250	500 MCM-4 wire, 750 MCM-3 wire		3.50	2.290		45	57		102	135	
	4300	750 MCM-4 wire		3	2.670		45	67		112	150	
	4400	5 KV, armored, #4		8	1		28	25		53	68	
	4600	#2		8	1		28	25		53	68	
	4800	#1		8	1		28	25		53	68	
	5000	1/0		6.40	1.250		36	31		67	86	
	5200	2/0		5.30	1.510		36	38		74	96	
	5500	4/0		4	2		47	50		97	125	
	5600	250 MCM		3.60	2.220		55	56		111	145	
	5650	350 MCM		3.20	2.500		68	63		131	170	
	5700	500 MCM		2.50	3.200		68	80		148	195	
	5720	750 MCM		2.20	3.640		98	91		189	245	
	5750	1000 MCM		2	4		135	100		235	295	
	5800	15 KV, armored, #1		4	2		45	50		95	125	
	5900	1/0		4	2		45	50		95	125	
	6000	3/0		3.60	2.220		59	56		115	145	
	6100	4/0		3.40	2.350		59	59		118	150	
	6200	250 MCM		3.20	2.500		66	63		129	165	
	6300	350 MCM		2.70	2.960		76	75		151	195	
	6400	500 MCM		2	4		76	100		176	230	
520	0010	CABLE TERMINATIONS										520
	0050	Terminal lugs, solderless, #16 to #10	1 Elec	50	.160	Ea.	.40	4.02		4.42	6.40	
	0100	#8 to #4		30	.267		1.25	6.70		7.95	11.30	
	0150	#2 to #1		22	.364		2.90	9.15		12.05	16.70	
	0200	1/0 to 2/0		16	.500		5.60	12.60		18.20	25	
	0250	3/0		12	.667		5.60	16.75		22.35	31	
	0300	4/0		11	.727		5.60	18.30		23.90	33	
	0350	250 MCM		9	.889		5.70	22		27.70	39	
	0400	350 MCM		7	1.140		13.25	29		42.25	57	
	0450	500 MCM		6	1.330		13.25	34		47.25	64	
	0500	600 MCM		5.80	1.380		33	35		68	88	
	0550	750 MCM		5.20	1.540		33	39		72	93	
	0600	Split bolt connectors, tapped, #6		16	.500		1.90	12.60		14.50	21	
	0650	#4		14	.571		2.60	14.35		16.95	24	
	0700	#2		12	.667		3.60	16.75		20.35	29	
	0750	#1		11	.727		4.65	18.30		22.95	32	
	0800	1/0		10	.800		4.85	20		24.85	35	
	0850	2/0		9	.889		7.85	22		29.85	42	
	0900	3/0		7.20	1.110		10.60	28		38.60	53	
	1000	4/0		6.40	1.250		12.85	31		43.85	61	
	1100	250 MCM		5.70	1.400		13	35		48	66	
	1200	300 MCM		5.30	1.510		19.50	38		57.50	78	
	1400	350 MCM		4.60	1.740		23.75	44		67.75	91	
	1500	500 MCM		4	2		30.95	50		80.95	110	
	1600	Crimp, 1 hole lugs, copper or aluminum, 600 volt										
	1620	#14	1 Elec	60	.133	Ea.	.14	3.35		3.49	5.10	
	1630	#12		50	.160		.21	4.02		4.23	6.15	
	1640	#10		45	.178		.21	4.47		4.68	6.85	
	1780	#8		36	.222		.69	5.60		6.29	9	
	1800	#6		30	.267		.70	6.70		7.40	10.65	
	2000	#4		27	.296		.93	7.45		8.38	12.05	
	2200	#2		24	.333		1.85	8.40		10.25	14.40	
	2400	#1		20	.400		1.95	10.05		12	17	
	2600	2/0		15	.533		2.40	13.40		15.80	22	

161 | Conductors and Grounding

	161 500	Terminations	CREW	DAILY OUTPUT	MAN-HOURS	UNIT	BARE COSTS MAT.	LABOR	EQUIP.	TOTAL	TOTAL INCL O&P	
520	2800	3/0	1 Elec	12	.667	Ea.	3	16.75		19.75	28	520
	3000	4/0		11	.727		3.25	18.30		21.55	31	
	3200	250 MCM		9	.889		3.85	22		25.85	37	
	3400	300 MCM		8	1		4.35	25		29.35	42	
	3500	350 MCM		7	1.140		4.70	29		33.70	48	
	3600	400 MCM		6.50	1.230		5.45	31		36.45	52	
	3800	500 MCM		6	1.330		6.60	34		40.60	57	
	4000	600 MCM		5.80	1.380		11.85	35		46.85	64	
	4200	700 MCM		5.50	1.450		12.40	37		49.40	68	
	4400	750 MCM		5.20	1.540		13.60	39		52.60	72	
	4500	Crimp, 2-way connectors, copper or alum., 600 volt,										
	4510	#14	1 Elec	60	.133	Ea.	.23	3.35		3.58	5.20	
	4520	#12		50	.160		.35	4.02		4.37	6.35	
	4530	#10		45	.178		.35	4.47		4.82	7	
	4540	#8		27	.296		.95	7.45		8.40	12.05	
	4600	#6		25	.320		2.10	8.05		10.15	14.20	
	4800	#4		23	.348		2.20	8.75		10.95	15.35	
	5000	#2		20	.400		3.40	10.05		13.45	18.60	
	5200	#1		16	.500		5.65	12.60		18.25	25	
	5400	1/0		13	.615		5.90	15.50		21.40	29	
	5420	2/0		12	.667		6	16.75		22.75	31	
	5440	3/0		11	.727		6.90	18.30		25.20	35	
	5460	4/0		10	.800		7.40	20		27.40	38	
	5480	250 MCM		9	.889		7.70	22		29.70	41	
	5500	300 MCM		8.50	.941		8.25	24		32.25	44	
	5520	350 MCM		8	1		8.63	25		33.63	47	
	5540	400 MCM		7.30	1.100		11.30	28		39.30	53	
	5560	500 MCM		6.20	1.290		14.10	32		46.10	63	
	5580	600 MCM		5.50	1.450		20.20	37		57.20	76	
	5600	700 MCM		4.50	1.780		20.75	45		65.75	89	
	5620	750 MCM		4	2		20.75	50		70.75	97	
	7000	Compression equipment adapter for aluminum wire, #6		30	.267		3.60	6.70		10.30	13.85	
	7020	#4		27	.296		3.80	7.45		11.25	15.20	
	7040	#2		24	.333		4.05	8.40		12.45	16.85	
	7060	#1		20	.400		4.60	10.05		14.65	19.90	
	7080	1/0		18	.444		4.80	11.20		16	22	
	7100	2/0		15	.533		7.30	13.40		20.70	28	
	7140	4/0		11	.727		8.65	18.30		26.95	37	
	7160	250 MCM		9	.889		9.10	22		31.10	43	
	7180	300 MCM		8	1		9.90	25		34.90	48	
	7200	350 MCM		7	1.140		10.80	29		39.80	54	
	7220	400 MCM		6.50	1.230		13.10	31		44.10	60	
	7240	500 MCM		6	1.330		14.05	34		48.05	65	
	7260	600 MCM		5.80	1.380		18.85	35		53.85	72	
	7280	750 MCM		5.20	1.540		19.20	39		58.20	78	
	8000	Compression tool, hand					600			600	660	
	8100	Hydraulic					1,375			1,375	1,525	
	8500	Hydraulic dies					125			125	140	
525	0010	CABLE TERMINATIONS, 5 KV to 35 KV										525
	0100	Indoor, insulation diameter range .525" to 1.025"										
	0300	Padmount, 5 KV	1 Elec	8	1	Ea.	43	25		68	84	
	0400	15 KV		6.40	1.250		83	31		114	140	
	0500	25 KV		6	1.330		98	34		132	155	
	0600	35 KV		5.60	1.430		110	36		146	175	
	0700	.975" to 1.570"										
	0800	Padmount, 5 KV	1 Elec	8	1	Ea.	52	25		77	94	
	0900	15 KV		6	1.330		110	34		144	170	
	1000	25 KV		5.60	1.430		125	36		161	190	

161 | Conductors and Grounding

161 500 | Terminations

			CREW	DAILY OUTPUT	MAN-HOURS	UNIT	MAT.	LABOR	EQUIP.	TOTAL	TOTAL INCL O&P	
525	1100	35 KV	1 Elec	5.30	1.510	Ea.	142	38		180	210	525
	1200	1.540" to 1.900"										
	1300	Padmount, 5 KV	1 Elec	7.40	1.080	Ea.	78	27		105	125	
	1400	15 KV		5.60	1.430		141	36		177	210	
	1500	25 KV		5.30	1.510		167	38		205	240	
	1600	35 KV		5	1.600		192	40		232	270	
	1700	Outdoor systems, #4 stranded to 1/0 stranded										
	1800	5 KV	1 Elec	7.40	1.080	Ea.	84	27		111	135	
	1900	15KV		5.30	1.510		90	38		128	155	
	2000	25 KV		5	1.600		130	40		170	200	
	2100	35 KV		4.80	1.670		130	42		172	205	
	2200	#1 solid to 4/0 stranded, 5 KV		6.90	1.160		90	29		119	140	
	2300	15 KV		5	1.600		100	40		140	170	
	2400	25 KV		4.80	1.670		140	42		182	215	
	2500	35 KV		4.60	1.740		140	44		184	220	
	2600	3/0 solid to 350 MCM stranded, 5 KV		6.40	1.250		113	31		144	170	
	2700	15 KV		4.80	1.670		117	42		159	190	
	2800	25 KV		4.60	1.740		155	44		199	235	
	2900	35 KV		4.40	1.820		155	46		201	240	
	3000	400 MCM compact to 750 MCM stranded, 5 KV		6	1.330		140	34		174	205	
	3100	15 KV		4.60	1.740		150	44		194	230	
	3200	25 KV		4.40	1.820		195	46		241	280	
	3300	35 KV		4.20	1.900		195	48		243	285	
	3400	1000 MCM, 5 KV		5.60	1.430		152	36		188	220	
	3500	15 KV		4.40	1.820		157	46		203	240	
	3600	25 KV		4.20	1.900		205	48		253	295	
	3700	35 KV		4	2		205	50		255	300	
540	0010	**CABLE SPLICING** URD or similar, ideal conditions										540
	0100	#6 stranded to #1 stranded, 5 KV	1 Elec	4	2	Ea.	80	50		130	160	
	0120	15 KV		3.60	2.220		80	56		136	170	
	0140	25 KV		3.20	2.500		80	63		143	180	
	0200	#1 stranded to 4/0 stranded, 5 KV		3.60	2.220		80	56		136	170	
	0210	15 KV		3.20	2.500		80	63		143	180	
	0220	25 KV		2.80	2.860		80	72		152	195	
	0300	4/0 stranded to 500 MCM stranded, 5 KV		3.30	2.420		225	61		286	340	
	0310	15 KV		2.90	2.760		225	69		294	350	
	0320	25 KV		2.50	3.200		225	80		305	365	
	0400	500 MCM, 5 KV		3.20	2.500		225	63		288	340	
	0410	15 KV		2.80	2.860		225	72		297	355	
	0420	25 KV		2.30	3.480		225	87		312	375	
	0500	600 MCM, 5 KV		2.90	2.760		225	69		294	350	
	0510	15 KV		2.40	3.330		225	84		309	370	
	0520	25 KV		2	4		225	100		325	395	
	0600	750 MCM, 5 KV		2.60	3.080		240	77		317	380	
	0610	15 KV		2.20	3.640		240	91		331	400	
	0620	25 KV		1.90	4.210		240	105		345	420	
	0700	1000 MCM, 5 KV		2.30	3.480		255	87		342	410	
	0710	15 KV		1.90	4.210		255	105		360	435	
	0720	25 KV		1.60	5		255	125		380	465	

161 800 | Grounding

				CREW	DAILY OUTPUT	MAN-HOURS	UNIT	MAT.	LABOR	EQUIP.	TOTAL	TOTAL INCL O&P	
810	0010	**GROUNDING**	C9.3 -140										810
	0030	Rod, copper clad, 8' long, ½" diameter		1 Elec	5	1.600	Ea.	10.15	40		50.15	71	
	0040	⅝" diameter			5.50	1.450		11.50	37		48.50	67	
	0050	¾" diameter			5.30	1.510		19	38		57	77	
	0080	10' long, ½" diameter			4.80	1.670		12.55	42		54.55	76	
	0090	⅝" diameter			4.60	1.740		15.25	44		59.25	81	

161 | Conductors and Grounding

161 800 | Grounding

		CREW	DAILY OUTPUT	MAN-HOURS	UNIT	BARE COSTS MAT.	LABOR	EQUIP.	TOTAL	TOTAL INCL O&P	
810	0100	¾" diameter	1 Elec	4.40	1.820	Ea.	24	46		70	94	810
	0130	15' long, ¾" diameter	"	4	2		56	50		106	135	
	0150	Coupling, bronze, ½" diameter					4.50			4.50	4.95	
	0160	⅝" diameter					5.95			5.95	6.55	
	0170	¾" diameter					8.75			8.75	9.65	
	0190	Drive studs, ½" diameter					3.10			3.10	3.41	
	0210	⅝" diameter					3.20			3.20	3.52	
	0220	¾" diameter					3.30			3.30	3.63	
	0230	Clamp, bronze, ½" diameter	1 Elec	32	.250		2.35	6.30		8.65	11.85	
	0240	⅝" diameter		32	.250		2.65	6.30		8.95	12.20	
	0250	¾" diameter		32	.250		3.40	6.30		9.70	13.05	
	0260	Wire, ground, bare armored, #8-1 conductor		2	4	C.L.F.	64	100		164	220	
	0270	#6-1 conductor		1.80	4.440		78	110		188	250	
	0280	#4-1 conductor		1.60	5		120	125		245	320	
	0320	Bare copper wire #14 solid		14	.571		4.05	14.35		18.40	26	
	0330	#12		13	.615		5.60	15.50		21.10	29	
	0340	#10		12	.667		9.35	16.75		26.10	35	
	0350	#8		11	.727		16.60	18.30		34.90	45	
	0360	#6		10	.800		23.50	20		43.50	56	
	0370	#4		8	1		36.20	25		61.20	77	
	0380	#2		5	1.600		53.50	40		93.50	120	
	0390	Bare copper wire #8 stranded		11	.727		18.70	18.30		37	48	
	0410	#6		10	.800		23.50	20		43.50	56	
	0450	#4		8	1		36.20	25		61.20	77	
	0600	#2		5	1.600		53.50	40		93.50	120	
	0650	#1		4.50	1.780		70.45	45		115.45	145	
	0700	1/0		4	2		83.40	50		133.40	165	
	0750	2/0		3.60	2.220		100.80	56		156.80	195	
	0800	3/0		3.30	2.420		123.50	61		184.50	225	
	1000	4/0		2.85	2.810		153	71		224	275	
	1200	250 MCM		2.40	3.330		180	84		264	320	
	1210	300 MCM		2.20	3.640		235	91		326	395	
	1220	350 MCM		2	4		250	100		350	425	
	1230	400 MCM		1.90	4.210		310	105		415	495	
	1240	500 MCM		1.70	4.710		340	120		460	550	
	1250	600 MCM		1.30	6.150		443	155		598	715	
	1260	750 MCM		1.20	6.670		556	170		726	860	
	1270	1000 MCM		1	8		810	200		1,010	1,200	
	1350	Bare aluminum, #8 stranded		10	.800		6.10	20		26.10	36	
	1360	#6		9	.889		9.65	22		31.65	44	
	1370	#4		8	1		13.95	25		38.95	52	
	1380	#2		6.50	1.230		21.55	31		52.55	69	
	1390	#1		5.30	1.510		27.40	38		65.40	86	
	1400	1/0		4.50	1.780		34	45		79	105	
	1410	2/0		4	2		40	50		90	120	
	1420	3/0		3.60	2.220		47	56		103	135	
	1430	4/0		3.30	2.420		60	61		121	155	
	1440	250 MCM		3.10	2.580		77	65		142	180	
	1450	300 MCM		2.90	2.760		93	69		162	205	
	1460	400 MCM		2.50	3.200		116	80		196	245	
	1470	500 MCM		2.30	3.480		160	87		247	305	
	1480	600 MCM		2	4		182	100		282	350	
	1490	700 MCM		1.90	4.210		196	105		301	370	
	1500	750 MCM		1.70	4.710		210	120		330	405	
	1510	1000 MCM	↓	1.60	5	↓	284	125		409	500	
	1800	Water pipe ground clamps, heavy duty										
	2000	Bronze, ½" to 1" diameter	1 Elec	8	1	Ea.	5.75	25		30.75	43	
	2100	1-¼" to 2" diameter	"	8	1	"	8.25	25		33.25	46	

161 | Conductors and Grounding

161 800 | Grounding

		CREW	DAILY OUTPUT	MAN-HOURS	UNIT	BARE COSTS MAT.	BARE COSTS LABOR	BARE COSTS EQUIP.	BARE COSTS TOTAL	TOTAL INCL O&P	
2200	2-½" to 3" diameter	1 Elec	6	1.330	Ea.	25	34		59	77	810
2730	Cadweld, 4/0 wire to 1" ground rod		7	1.140		7.50	29		36.50	51	
2740	4/0 wire to building steel		7	1.140		5.75	29		34.75	49	
2750	4/0 wire to motor frame		7	1.140		5.75	29		34.75	49	
2760	4/0 wire to 4/o wire		7	1.140		4.70	29		33.70	48	
2770	4/0 wire to #4 wire		7	1.140		4.70	29		33.70	48	
2780	4/0 wire to #8 wire		7	1.140		4.70	29		33.70	48	
2790	Mold, reusable, for above					42			42	46	
2800	Brazed connections, #6 wire	1 Elec	12	.667		6.90	16.75		23.65	32	
3000	#2 wire		10	.800		9.15	20		29.15	40	
3100	3/0 wire		8	1		13.80	25		38.80	52	
3200	4/0 wire		7	1.140		16.10	29		45.10	60	
3400	250 MCM wire		5	1.600		18.40	40		58.40	80	
3600	500 MCM wire		4	2		22.80	50		72.80	99	
3700	Insulated ground wire, copper #14		13	.615	C.L.F.	5.35	15.50		20.85	29	
3710	#12		11	.727		7.40	18.30		25.70	35	
3720	#10		10	.800		11.35	20		31.35	42	
3730	#8		8	1		19.20	25		44.20	58	
3740	#6		6.50	1.230		24.10	31		55.10	72	
3750	#4		5.30	1.510		36.70	38		74.70	96	
3770	#2		4.50	1.780		56.20	45		101.20	130	
3780	#1		4	2		74.50	50		124.50	155	
3790	1/0		3.30	2.420		89	61		150	190	
3800	2/0		2.90	2.760		108	69		177	220	
3810	3/0		2.50	3.200		132	80		212	265	
3820	4/0		2.20	3.640		165	91		256	315	
3830	250 MCM		2	4		205	100		305	375	
3840	300 MCM		1.90	4.210		265	105		370	450	
3850	350 MCM		1.80	4.440		280	110		390	475	
3860	400 MCM		1.70	4.710		340	120		460	550	
3870	500 MCM		1.60	5		380	125		505	605	
3880	600 MCM		1.30	6.150		575	155		730	860	
3890	750 MCM		1.10	7.270		705	185		890	1,050	
3900	1000 MCM		.90	8.890		1,005	225		1,230	1,425	
3950	Insulated ground wire, aluminum #8		9	.889		7.65	22		29.65	41	
3960	#6		8	1		9.40	25		34.40	47	
3970	#4		6.50	1.230		12.70	31		43.70	60	
3980	#2		5.30	1.510		16.85	38		54.85	75	
3990	#1		4.50	1.780		24.75	45		69.75	93	
4000	1/0		4	2		28	50		78	105	
4010	2/0		3.60	2.220		32.40	56		88.40	120	
4020	3/0		3.30	2.420		39.50	61		100.50	135	
4030	4/0		3.10	2.580		47.20	65		112.20	150	
4040	250 MCM		2.90	2.760		55	69		124	165	
4050	300 MCM		2.70	2.960		72	75		147	190	
4060	350 MCM		2.50	3.200		78	80		158	205	
4070	400 MCM		2.30	3.480		86	87		173	225	
4080	500 MCM		2	4		99	100		199	255	
4090	600 MCM		1.90	4.210		120	105		225	290	
4100	700 MCM		1.70	4.710		138	120		258	325	
4110	750 MCM		1.60	5		145	125		270	345	
5000	Copper Electrolytic ground rod system										
5010	Includes augering hole, mixing clay electrolyte,										
5020	Installing tube, and terminating ground wire										
5100	Straight Vertical type, 2" Dia.										
5120	8.5' long, Clamp Connection	1 Elec	2.67	3	Ea.	390	75		465	540	
5130	With Cadweld Connection		1.95	4.100		465	105		570	665	
5140	10' long		2.35	3.400		405	86		491	570	

161 | Conductors and Grounding

161 800 | Grounding

		Crew	Daily Output	Man-Hours	Unit	Bare Costs Mat.	Labor	Equip.	Total	Total Incl O&P	
810	5150	With Cadweld Connection	1 Elec	1.78	4.490	Ea.	475	115		590	690	810
	5160	12' long		2.16	3.700		480	93		573	665	
	5170	With Cadweld Connection		1.67	4.790		530	120		650	760	
	5180	20' long		1.74	4.600		760	115		875	1,000	
	5190	With Cadweld Connection		1.40	5.710		835	145		980	1,125	
	5200	L-Shaped, 2" Dia.										
	5220	4' Vert. x 10 Horz., Clamp Connection	1 Elec	5.33	1.500	Ea.	615	38		653	730	
	5230	With Cadweld Connection	"	3.08	2.600	"	685	65		750	850	
	5300	Protective Box at grade level, with breather slots										
	5320	Round, 12" long, Plastic	1 Elec	32	.250	Ea.	38	6.30		44.30	51	
	5330	Concrete	"	16	.500		47	12.60		59.60	70	
	5400	Bentonite Clay, 50# bag, 1 per 10' of rod					27			27	30	

162 | Boxes and Wiring Devices

162 100 | Boxes

		Crew	Daily Output	Man-Hours	Unit	Bare Costs Mat.	Labor	Equip.	Total	Total Incl O&P	
110	0010	**OUTLET BOXES**										110
	0020	Pressed steel, octagon, 4"	1 Elec	20	.400	Ea.	1.06	10.05		11.11	16	
	0040	For Romex or BX		20	.400		1.43	10.05		11.48	16.45	
	0050	For Romex or BX, with bracket		20	.400		1.78	10.05		11.83	16.80	
	0100	Extension		40	.200		1.27	5.05		6.32	8.85	
	0150	Square 4"		20	.400		1.30	10.05		11.35	16.30	
	0160	For Romex or BX		20	.400		1.85	10.05		11.90	16.90	
	0170	For Romex or BX, with bracket		20	.400		2.20	10.05		12.25	17.30	
	0200	Extension		40	.200		1.68	5.05		6.73	9.30	
	0220	2-1/8" deep, 1" KO		20	.400		2.15	10.05		12.20	17.20	
	0250	Covers, blank		64	.125		.50	3.14		3.64	5.20	
	0260	Raised device		64	.125		1.05	3.14		4.19	5.80	
	0300	Plaster rings		64	.125		.77	3.14		3.91	5.50	
	0350	Square, 4-11/16"		20	.400		2.40	10.05		12.45	17.50	
	0370	2-1/8" deep, 3/4" to 1-1/4" KO		20	.400		2.70	10.05		12.75	17.85	
	0400	Extension		40	.200		2.70	5.05		7.75	10.40	
	0450	Covers, blank		53	.151		.80	3.80		4.60	6.50	
	0460	Raised device		53	.151		2.60	3.80		6.40	8.45	
	0500	Plaster rings		53	.151		1.50	3.80		5.30	7.25	
	0550	Handy box		27	.296		1.03	7.45		8.48	12.15	
	0560	Covers, device		64	.125		.42	3.14		3.56	5.10	
	0600	Extension		54	.148		1.46	3.73		5.19	7.10	
	0650	Switchbox		27	.296		1.10	7.45		8.55	12.20	
	0660	Romex or BX		27	.296		1.66	7.45		9.11	12.85	
	0670	Romex or BX, with bracket		27	.296		2.50	7.45		9.95	13.75	
	0680	Partition, metal		27	.296		1	7.45		8.45	12.10	
	0700	Masonry, 1 gang, 2-1/2" deep		27	.296		2.80	7.45		10.25	14.10	
	0710	3-1/2" deep		27	.296		2.95	7.45		10.40	14.25	
	0750	2 gang, 2-1/2" deep		20	.400		3.35	10.05		13.40	18.55	
	0760	3-1/2" deep		20	.400		3.55	10.05		13.60	18.75	
	0800	3 gang, 2-1/2" deep		13	.615		4.15	15.50		19.65	27	
	0850	4 gang, 2-1/2" deep		10	.800		4.45	20		24.45	35	
	0860	5 gang, 2-1/2" deep		9	.889		5.40	22		27.40	39	
	0870	6 gang, 2-1/2" deep		8	1		6	25		31	44	
	0880	Masonry thru-the-wall, 1 gang, 4" block		16	.500		5.40	12.60		18	25	
	0890	6" block		16	.500		6.55	12.60		19.15	26	

162 | Boxes and Wiring Devices

162 100 | Boxes

			CREW	DAILY OUTPUT	MAN-HOURS	UNIT	BARE COSTS MAT.	LABOR	EQUIP.	TOTAL	TOTAL INCL O&P	
110	0900	8" block	1 Elec	16	.500	Ea.	7.05	12.60		19.65	26	110
	0920	2 gang, 6" block		16	.500		6.65	12.60		19.25	26	
	0940	Bar hanger with ⅜" stud, for wood and masonry boxes		53	.151		1.90	3.80		5.70	7.70	
	0950	Concrete, set flush, 4" deep		20	.400		4.75	10.05		14.80	20	
	1000	Plate with ⅜" stud		80	.100		2	2.52		4.52	5.90	
	1100	Concrete, floor, 1 gang		5.30	1.510		42	38		80	100	
	1150	2 gang		4	2		79	50		129	160	
	1200	3 gang		2.70	2.960		114	75		189	235	
	1250	For duplex receptacle, pedestal mounted, add		24	.333		30.50	8.40		38.90	46	
	1270	Flush mounted, add		27	.296		10.50	7.45		17.95	23	
	1300	For telephone, pedestal mounted, add		30	.267		30	6.70		36.70	43	
	1350	Carpet flange, 1 gang		53	.151		36	3.80		39.80	45	
	1400	Cast, 1 gang, FS (2" deep), ½" hub		12	.667		6.90	16.75		23.65	32	
	1410	¾" hub		12	.667		7.30	16.75		24.05	33	
	1420	FD (2-11/16" deep), ½" hub		12	.667		7.95	16.75		24.70	34	
	1430	¾" hub		12	.667		8.75	16.75		25.50	34	
	1450	2 gang, FS, ½" hub		10	.800		12.35	20		32.35	43	
	1460	¾" hub		10	.800		12.75	20		32.75	44	
	1470	FD, ½" hub		10	.800		14.50	20		34.50	46	
	1480	¾" hub		10	.800		14.75	20		34.75	46	
	1500	3 gang, FS, ¾" hub		9	.889		18.50	22		40.50	53	
	1510	Switch cover, 1 gang, FS		64	.125		2.05	3.14		5.19	6.90	
	1520	2 gang		53	.151		2.85	3.80		6.65	8.75	
	1530	Duplex receptacle cover, 1 gang, FS		64	.125		2.05	3.14		5.19	6.90	
	1540	Duplex receptacle cover, 2 gang, FS		53	.151		2.95	3.80		6.75	8.85	
	1550	Weatherproof switch cover		64	.125		8.10	3.14		11.24	13.55	
	1600	Weatherproof receptacle cover		64	.125		8.10	3.14		11.24	13.55	
	1750	FSC, 1 gang, ½" hub		11	.727		7.65	18.30		25.95	35	
	1760	¾" hub		11	.727		8.35	18.30		26.65	36	
	1770	2 gang, ½" hub		9	.889		13.10	22		35.10	47	
	1780	¾" hub		9	.889		13.70	22		35.70	48	
	1790	FDC, 1 gang, ½" hub		11	.727		9.15	18.30		27.45	37	
	1800	¾" hub		11	.727		9.85	18.30		28.15	38	
	1810	2 gang, ½" hub		9	.889		16.80	22		38.80	51	
	1820	¾" hub		9	.889		15.60	22		37.60	50	
	2000	Poke-thru fitting, fire rated, for 3-¾" floor		6.80	1.180		58	30		88	105	
	2040	For 7" floor		6.80	1.180		61	30		91	110	
	2100	Pedestal, 15 amp, duplex receptacle & blank plate		5.25	1.520		70	38		108	135	
	2120	Duplex receptacle and telephone plate		5.25	1.520		71	38		109	135	
	2140	Pedestal, 20 amp, duplex recept. & phone plate		5	1.600		71	40		111	140	
	2160	Telephone plate, both sides		5.25	1.520		67	38		105	130	
	2200	Abandonment plate		32	.250		22.50	6.30		28.80	34	
120	0010	**OUTLET BOXES, PLASTIC**										120
	0050	4", round, with 2 mounting nails	1 Elec	25	.320	Ea.	1.02	8.05		9.07	13	
	0100	Bar hanger mounted		25	.320		1.90	8.05		9.95	13.95	
	0200	Square with 2 mounting nails		25	.320		1.30	8.05		9.35	13.30	
	0300	Plaster ring		64	.125		.41	3.14		3.55	5.10	
	0400	Switch box with 2 mounting nails, 1 gang		30	.267		.68	6.70		7.38	10.65	
	0500	2 gang		25	.320		1.45	8.05		9.50	13.50	
	0600	3 gang		20	.400		2.35	10.05		12.40	17.45	
	0700	Old work box		30	.267		1.20	6.70		7.90	11.20	
130	0010	**PULL BOXES & CABINETS**										130
	0100	Sheet metal, pull box, NEMA 1, type SC, 6"W x 6"H x 4"D	1 Elec	8	1	Ea.	6.10	25		31.10	44	
	0180	6"W x 8"H x 4"D		8	1		7.15	25		32.15	45	
	0200	8"W x 8"H x 4"D		8	1		8.35	25		33.35	46	
	0210	10"W x 10"H x 4"D		7	1.140		11	29		40	55	
	0220	12"W x 12"H x 4"D		6	1.330		14.10	34		48.10	65	

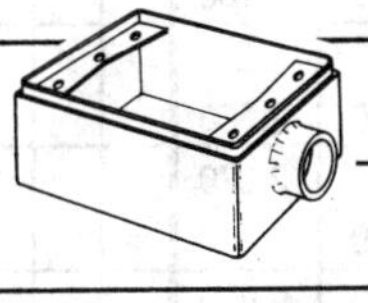

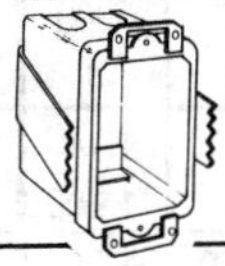

162 | Boxes and Wiring Devices

162 100 | Boxes

			CREW	DAILY OUTPUT	MAN-HOURS	UNIT	BARE COSTS MAT.	LABOR	EQUIP.	TOTAL	TOTAL INCL O&P	
130	0230	15"W x 15"H x 4"D	1 Elec	5.20	1.540	Ea.	19.60	39		58.60	79	130
	0240	18"W x 18"H x 4"D		4.40	1.820		24	46		70	94	
	0250	6"W x 6"H x 6"D		8	1		7.35	25		32.35	45	
	0260	8"W x 8"H x 6"D		7.50	1.070		10	27		37	51	
	0270	10"W x 10"H x 6"D		5.50	1.450		13.05	37		50.05	68	
	0300	10"W x 12"H x 6"D		5.30	1.510		14.70	38		52.70	72	
	0310	12"W x 12"H x 6"D		5.20	1.540		16.55	39		55.55	75	
	0320	15"W x 15"H x 6"D		4.60	1.740		22.60	44		66.60	89	
	0330	18"W x 18"H x 6"D		4.20	1.900		29.50	48		77.50	105	
	0340	24"W x 24"H x 6"D		3.20	2.500		59.60	63		122.60	160	
	0350	12"W x 12"H x 8"D		5	1.600		24	40		64	86	
	0360	15"W x 15"H x 8"D		4.50	1.780		44.75	45		89.75	115	
	0370	18"W x 18"H x 8"D		4	2		63.35	50		113.35	145	
	0380	24"W x 18"H x 6"D		3.70	2.160		48	54		102	135	
	0400	16"W x 20"H x 8"D		4	2		54.60	50		104.60	135	
	0500	20"W x 24"H x 8"D		3.20	2.500		63.35	63		126.35	165	
	0510	24"W x 24"H x 8"D		3	2.670		66.55	67		133.55	170	
	0600	24"W x 36"H x 8"D		2.70	2.960		90	75		165	210	
	0610	30"W x 30"H x 8"D		2.70	2.960		118	75		193	240	
	0620	36"W x 36"H x 8"D		2	4		162	100		262	325	
	0630	24"W x 24"H x 10"D		2.50	3.200		82	80		162	210	
	0650	Hinged cabinets, type A, 6"W x 6"H x 4"D		8	1		6.10	25		31.10	44	
	0660	8"W x 8"H x 4"D		8	1		8.35	25		33.35	46	
	0670	10"W x 10"H x 4"D		7	1.140		11	29		40	55	
	0680	12"W x 12"H x 4"D		6	1.330		14.10	34		48.10	65	
	0690	15"W x 15"H x 4"D		5.20	1.540		21.65	39		60.65	81	
	0700	18"W x 18"H x 4"D		4.40	1.820		27	46		73	97	
	0710	6"W x 6"H x 6"D		8	1		7.35	25		32.35	45	
	0720	8"W x 8"H x 6"D		7.50	1.070		11.55	27		38.55	52	
	0730	10"W x 10"H x 6"D		5.50	1.450		14.20	37		51.20	70	
	0740	12"W x 12"H x 6"D		5.20	1.540		16.55	39		55.55	75	
	0800	12"W x 16"H x 6"D		4.70	1.700		19.60	43		62.60	85	
	0810	15"W x 15"H x 6"D		4.60	1.740		22.60	44		66.60	89	
	0820	18"W x 18"H x 6"D		4.20	1.900		29.50	48		77.50	105	
	1000	20"W x 20"H x 6"D		3.60	2.220		40.10	56		96.10	125	
	1010	24"W x 24"H x 6"D		3.20	2.500		59	63		122	160	
	1020	12"W x 12"H x 8"D		5	1.600		33	40		73	96	
	1030	15"W x 15"H x 8"D		4.50	1.780		47	45		92	120	
	1040	18"W x 18"H x 8"D		4	2		67	50		117	150	
	1200	20"W x 20"H x 8"D		3.20	2.500		80	63		143	180	
	1210	24"W x 24"H x 8"D		3	2.670		90	67		157	200	
	1220	30"W x 30"H x 8"D		2.70	2.960		130	75		205	255	
	1400	24"W x 36"H x 8"D		2.70	2.960		140	75		215	265	
	1600	24"W x 42"H x 8"D		2	4		212	100		312	380	
	1610	36"W x 36"H x 8"D		2	4		196	100		296	365	
	2100	NEMA 3R, raintight & weatherproof										
	2150	6"L x 6"W x 6"D	1 Elec	10	.800	Ea.	13.60	20		33.60	45	
	2200	8"L x 6"W x 6"D		8	1		14.20	25		39.20	53	
	2250	10"L x 6"W x 6"D		7	1.140		19.30	29		48.30	64	
	2300	12"L x 12"W x 6"D		5	1.600		24.45	40		64.45	86	
	2350	16"L x 16"W x 6"D		4.50	1.780		52.55	45		97.55	125	
	2400	20"L x 20"W x 6"D		4	2		66	50		116	145	
	2450	24"L x 18"W x 8"D		3	2.670		67	67		134	175	
	2500	24"L x 24"W x 10"D		2.50	3.200		158	80		238	295	
	2550	30"L x 24"W x 12"D		2	4		186	100		286	355	
	2600	36"L x 36"W x 12"D		1.50	5.330		310	135		445	540	
	2800	Cast iron, pull boxes for surface mounting										
	3000	NEMA 4, watertight & dust tight										

162 | Boxes and Wiring Devices

162 100 | Boxes

			CREW	DAILY OUTPUT	MAN-HOURS	UNIT	MAT.	LABOR	EQUIP.	TOTAL	TOTAL INCL O&P	
130	3050	6"L x 6"W x 6"D	1 Elec	4	2	Ea.	77	50		127	160	130
	3100	8"L x 6"W x 6"D		3.20	2.500		102	63		165	205	
	3150	10"L x 6"W x 6"D		2.50	3.200		128	80		208	260	
	3200	12"L x 12"W x 6"D		2	4		215	100		315	385	
	3250	16"L x 16"W x 6"D		1.30	6.150		435	155		590	705	
	3300	20"L x 20"W x 6"D		.80	10		805	250		1,055	1,250	
	3350	24"L x 18"W x 8"D		.70	11.430		845	285		1,130	1,350	
	3400	24"L x 24"W x 10"D		.50	16		1,280	400		1,680	2,000	
	3450	30"L x 24"W x 12"D		.40	20		1,795	505		2,300	2,725	
	3500	36"L x 36"W x 12"D		.20	40		2,950	1,000		3,950	4,725	
	3510	NEMA 4 clamp cover, 6"L x 6"W x 4"D		4	2		102	50		152	185	
	3520	8"L x 6"W x 4"D		4	2		120	50		170	205	
	4000	NEMA 7, explosionproof										
	4050	6"L x 6"W x 6"D	1 Elec	2	4	Ea.	330	100		430	510	
	4100	8"L x 6"W x 6"D		1.80	4.440		335	110		445	535	
	4150	10"L x 6"W x 6"D		1.60	5		390	125		515	615	
	4200	12"L x 12"W x 6"D		1	8		640	200		840	1,000	
	4250	16"L x 14"W x 6"D		.60	13.330		935	335		1,270	1,525	
	4300	18"L x 18"W x 8"D		.50	16		1,480	400		1,880	2,225	
	4350	24"L x 18"W x 8"D		.40	20		1,720	505		2,225	2,625	
	4400	24"L x 24"W x 10"D		.30	26.670		2,260	670		2,930	3,475	
	4450	30"L x 24"W x 12"D		.20	40		3,540	1,000		4,540	5,375	
	5000	NEMA 9, dust tight 6"L x 6"W x 6"D		3.20	2.500		73	63		136	175	
	5050	8"L x 6"W x 6"D		2.70	2.960		98	75		173	220	
	5100	10"L x 6"W x 6"D		2	4		125	100		225	285	
	5150	12"L x 12"W x 6"D		1.60	5		305	125		430	520	
	5200	16"L x 16"W x 6"D		1	8		415	200		615	755	
	5250	18"L x 18"W x 8"D		.70	11.430		545	285		830	1,025	
	5300	24"L x 18"W x 8"D		.60	13.330		800	335		1,135	1,375	
	5350	24"L x 24"W x 10"D		.40	20		1,250	505		1,755	2,125	
	5400	30"L x 24"W x 12"D		.30	26.670		1,770	670		2,440	2,925	
	6000	J.I.C. wiring boxes, NEMA 12, dust tight & drip tight										
	6050	6"L x 8"W x 4"D	1 Elec	10	.800	Ea.	23	20		43	55	
	6100	8"L x 10"W x 4"D		8	1		27.50	25		52.50	67	
	6150	12"L x 14"W x 6"D		5.30	1.510		42	38		80	100	
	6200	14"L x 16"W x 6"D		4.70	1.700		49	43		92	115	
	6250	16"L x 20"W x 6"D		4.40	1.820		126	46		172	205	
	6300	24"L x 30"W x 6"D		3.20	2.500		180	63		243	290	
	6350	24"L x 30"W x 8"D		2.90	2.760		185	69		254	305	
	6400	24"L x 36"W x 8"D		2.70	2.960		207	75		282	340	
	6450	24"L x 42"W x 8"D		2.30	3.480		228	87		315	380	
	6500	24"L x 48"W x 8"D		2	4		245	100		345	420	
	7000	Cabinets, current transformer										
	7050	Single door, 24"H x 24"W x 10"D	1 Elec	1.60	5	Ea.	76	125		201	270	
	7100	30"H x 24"W x 10"D		1.30	6.150		91	155		246	330	
	7150	36"H x 24"W x 10"D		1.10	7.270		103	185		288	385	
	7200	30"H x 30"W x 10"D		1	8		110	200		310	420	
	7250	36"H x 30"W x 10"D		.90	8.890		135	225		360	480	
	7300	36"H x 36"W x 10"D		.80	10		140	250		390	525	
	7500	Double door, 48"H x 36"W x 10"D		.60	13.330		297	335		632	820	
	7550	24"H x 24"W x 12"D		1	8		155	200		355	470	
	7600	Telephone with wood backboard										
	7620	Single door, 12"H x 12"W x 4"D	1 Elec	5.30	1.510	Ea.	46	38		84	105	
	7650	18"H x 12"W x 4"D		4.70	1.700		60	43		103	130	
	7700	24"H x 12"W x 4"D		4.20	1.900		74	48		122	150	
	7720	18"H x 18"W x 4"D		4.20	1.900		83	48		131	160	
	7750	24"H x 18"W x 4"D		4	2		106	50		156	190	
	7780	36"H x 36"W x 4"D		3.60	2.220		155	56		211	255	

162 | Boxes and Wiring Devices

162 100 | Boxes

		CREW	DAILY OUTPUT	MAN-HOURS	UNIT	BARE COSTS MAT.	LABOR	EQUIP.	TOTAL	TOTAL INCL O&P
7800	24"H x 24"W x 6"D	1 Elec	3.60	2.220	Ea.	135	56		191	230
7820	30"H x 24"W x 6"D		3.20	2.500		160	63		223	270
7850	30"H x 30"W x 6"D		2.70	2.960		195	75		270	325
7880	36"H x 30"W x 6"D		2.50	3.200		245	80		325	390
7900	48"H x 36"W x 6"D		2.20	3.640		435	91		526	615
7920	Double door, 48"H x 36"W x 6"D		2	4		445	100		545	640
8000	NEMA 12, double door, floor mounted									
8020	54" H x 42" W x 8" D	1 Elec	3	2.670	Ea.	570	67		637	725
8040	60" H x 48" W x 8" D		2.70	2.960		775	75		850	965
8060	60" H x 48" W x 10" D		2.70	2.960		795	75		870	985
8080	60" H x 60" W x 10" D		2.50	3.200		905	80		985	1,125
8100	72" H x 60" W x 10" D		2	4		1,045	100		1,145	1,300
8120	72" H x 72' W x 10" D		1.70	4.710		1,180	120		1,300	1,475
8140	60" H x 48" W x 12" D		1.70	4.710		820	120		940	1,075
8160	60" H x 60" W x 12" D		1.60	5		925	125		1,050	1,200
8180	72" H x 60" W x 12" D		1.50	5.330		1,070	135		1,205	1,375
8200	72" H x 72" W x 12" D		1.50	5.330		1,205	135		1,340	1,525
8220	60" H x 48" W x 16" D		1.60	5		855	125		980	1,125
8240	72" H x 72" W x 16" D		1.30	6.150		1,285	155		1,440	1,650
8260	60" H x 48" W x 20" D		1.50	5.330		900	135		1,035	1,200
8280	72" H x 72" W x 20" D		1.10	7.270		1,310	185		1,495	1,700
8300	60" H x 48" W x 24" D		1.30	6.150		940	155		1,095	1,275
8320	72" H x 72" W x 24" D		1	8		1,380	200		1,580	1,825
8340	Pushbutton enclosure, oiltight									
8360	3-½" H x 3-¼" W x 2-¾" D, for 1 P.B.	1 Elec	12	.667	Ea.	21	16.75		37.75	48
8380	5-¾" H x 3-¼" W x 2-¾" D, for 2 P.B.		11	.727		24	18.30		42.30	53
8400	8" H x 3-¼" W x 2-¾" D, for 3 P.B.		10.50	.762		26	19.15		45.15	57
8420	10-¼" H x 3-¼" W x 2-¾" D, for 4 P.B.		10.50	.762		28	19.15		47.15	59
8440	7-¼" H x 6-¼" W x 3" D, for 4 P.B.		10	.800		31.50	20		51.50	64
8460	12-½" H x 3-¼" W x 3" D, for 5 P.B.		9	.889		33	22		55	69
8480	9-½" H x 6-¼" W x 3" D, for 6 P.B.		8.50	.941		36	24		60	75
8500	9-½" H x 8-½" W x 3" D, for 9 P.B.		8	1		42	25		67	83
8510	11-¾" H x 8-½" W x 3" D, for 12 P.B.		7	1.140		47	29		76	94
8520	11-¾" H x 10-¾" W x 3" D, for 16 P.B.		6.50	1.230		54	31		85	105
8540	14" H x 10-¾" W x 3" D, for 20 P.B.		5	1.600		61	40		101	125
8560	14" H x 13" W 3" D, for 25 P.B.		4.50	1.780		69	45		114	140
8580	Sloping front pushbutton enclosures									
8600	3-½" H x 7-¾" W x 4-⅞" D, for 3 P.B	1 Elec	10	.800	Ea.	34	20		54	67
8620	7-¼" H x 8-½" W x 6-¾" D, for 6 P.B.		8	1		49	25		74	91
8640	9-½" H x 8-½" W x 7-⅞" D, for 9 P.B.		7	1.140		58	29		87	105
8660	11-¼" H x 8-½" W x 9 D, for 12 P.B.		5	1.600		68	40		108	135
8680	11-¾" H x 10" W x 9 D, for 16 P.B.		5	1.600		77	40		117	145
8700	11-¾" H x 13" W x 9 D, for 20 P.B.		5	1.600		86	40		126	155
8720	14" H x 13" W x 10-⅛" D, for 25 P.B.		4.50	1.780		98	45		143	175
8740	Pedestals, not including P.B. enclosure or base									
8760	Straight column 4" x 4"	1 Elec	4.50	1.780	Ea.	90	45		135	165
8780	6" x 6"		4	2		130	50		180	215
8800	Angled column 4" x 4"		4.50	1.780		104	45		149	180
8820	6" x 6"		4	2		150	50		200	240
8840	Pedestal, base 18" x 18"		10	.800		52	20		72	87
8860	24" x 24"		9	.889		120	22		142	165
8900	Electronic rack enclosures									
8920	72" H x 25 W x 24 D	1 Elec	1.50	5.330	Ea.	865	135		1,000	1,150
8940	72" H x 30 W x 24 D		1.50	5.330		920	135		1,055	1,200
8960	72" H x 25 W x 31 D		1.30	6.150		945	155		1,100	1,275
8980	72" H x 25 W x 36 D		1.20	6.670		1,000	170		1,170	1,350
9000	72" H x 30 W x 36 D		1.20	6.670		1,055	170		1,225	1,400
9020	NEMA 12 & 4 enclosure panels									

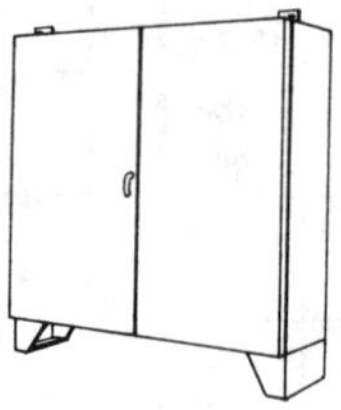

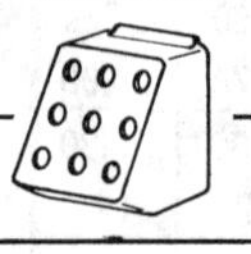

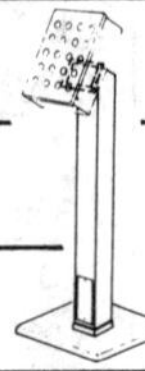

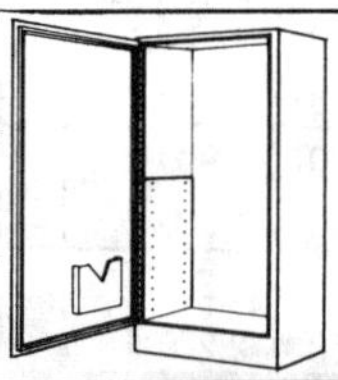

162 | Boxes and Wiring Devices

162 100 | Boxes

			CREW	DAILY OUTPUT	MAN-HOURS	UNIT	BARE COSTS MAT.	LABOR	EQUIP.	TOTAL	TOTAL INCL O&P	
130	9040	12" x 24"	1 Elec	20	.400	Ea.	14.60	10.05		24.65	31	130
	9060	16" x 12"		20	.400		9.10	10.05		19.15	25	
	9080	20" x 16"		20	.400		13.60	10.05		23.65	30	
	9100	20" x 20"		19	.421		16.10	10.60		26.70	33	
	9120	24" x 20"		18	.444		21	11.20		32.20	40	
	9140	24" x 24"		17	.471		25.50	11.85		37.35	46	
	9160	30" x 20"		16	.500		25	12.60		37.60	46	
	9180	30" x 24"		16	.500		31	12.60		43.60	53	
	9200	36" x 24"		15	.533		37	13.40		50.40	61	
	9220	36" x 30"		15	.533		47	13.40		60.40	72	
	9240	42" x 24"		15	.533		41	13.40		54.40	65	
	9260	42" x 30"		14	.571		52.60	14.35		66.95	79	
	9280	42" x 36"		14	.571		62.50	14.35		76.85	90	
	9300	48" x 24"		14	.571		45.50	14.35		59.85	71	
	9320	48" x 30"		14	.571		59	14.35		73.35	86	
	9340	48" x 36"		13	.615		70	15.50		85.50	100	
	9360	60" x 36"		12	.667		84	16.75		100.75	115	
	9400	Wiring trough steel JIC, clamp cover										
	9490	4" x 4", 12" long	1 Elec	12	.667	Ea.	33	16.75		49.75	61	
	9510	24" long		10	.800		41	20		61	75	
	9530	36" long		8	1		50	25		75	92	
	9540	48" long		7	1.140		59	29		88	105	
	9550	60" long		6	1.330		68	34		102	125	
	9560	6" x 6", 12" long		11	.727		41	18.30		59.30	72	
	9580	24" long		9	.889		55	22		77	94	
	9600	36" long		7	1.140		69	29		98	120	
	9610	48" long		6	1.330		83	34		117	140	
	9620	60" long		5	1.600		97	40		137	165	
140	0010	**PULL BOXES & CABINETS** Nonmetallic										140
	0080	Enclosures fiberglass NEMA 4X										
	0100	Wall mount, quick release latch door, 20"H x 16"W x 6"D	1 Elec	4.80	1.670	Ea.	180	42		222	260	
	0110	20"H x 20"W x 6"D		4.50	1.780		205	45		250	290	
	0120	24"H x 20"W x 6"D		4.20	1.900		220	48		268	315	
	0130	20"H x 16"W x 8"D		4.50	1.780		200	45		245	285	
	0140	20"H x 20"W x 8"D		4.20	1.900		220	48		268	315	
	0150	24"H x 24"W x 8"D		3.80	2.110		250	53		303	355	
	0160	30"H x 24"W x 8"D		3.20	2.500		280	63		343	400	
	0170	36"H x 30"W x 8"D		3	2.670		365	67		432	500	
	0180	20"H x 16"W x 10"D		3.50	2.290		220	57		277	325	
	0190	20"H x 20"W x 10"D		3.20	2.500		240	63		303	355	
	0200	24"H x 20"W x 10"D		3	2.670		260	67		327	385	
	0210	30"H x 24"W x 10"D		2.80	2.860		305	72		377	440	
	0220	20"H x 16"W x 12"D		3	2.670		250	67		317	375	
	0230	20"H x 20"W x 12"D		2.80	2.860		260	72		332	390	
	0240	24"H x 24"W x 12"D		2.60	3.080		290	77		367	435	
	0250	30"H x 24"W x 12"D		2.40	3.330		325	84		409	480	
	0260	36"H x 30"W x 12"D		2.20	3.640		420	91		511	595	
	0270	36"H x 36"W x 12"D		2.10	3.810		460	96		556	645	
	0280	48"H x 36"W x 12"D		2	4		540	100		640	745	
	0290	60"H x 36"W x 12"D		1.80	4.440		605	110		715	830	
	0300	30"H x 24"W x 16"D		1.40	5.710		370	145		515	620	
	0310	48"H x 36"W x 16"D		1.20	6.670		605	170		775	915	
	0320	60"H x 36"W x 16"D		1	8		660	200		860	1,025	
	0480	Freestanding, one door, 72"H x 25"W x 25"D		.80	10		1,325	250		1,575	1,825	
	0490	Two doors with two panels, 72"H x 49"W x 24"D		.50	16		3,195	400		3,595	4,100	
	0500	Floor stand kits, for NEMA 4 & 12, 20"W or more		24	.333		38.50	8.40		46.90	55	
	0510	6"H x 10"D		24	.333		43	8.40		51.40	60	
	0520	6"H x 12"D		24	.333		48.50	8.40		56.90	66	

125

162 | Boxes and Wiring Devices

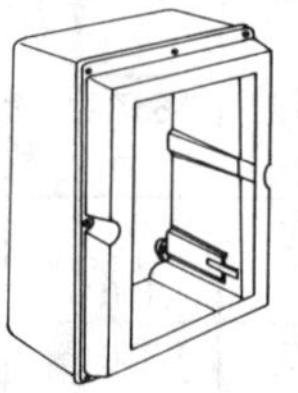

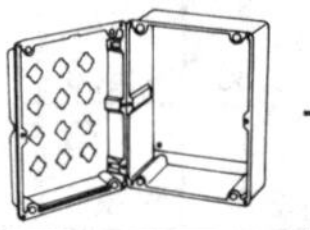

162 100 | Boxes

			CREW	DAILY OUTPUT	MAN-HOURS	UNIT	BARE COSTS MAT.	LABOR	EQUIP.	TOTAL	TOTAL INCL O&P	
140	0530	6"H x 18"D	1 Elec	24	.333	Ea.	57	8.40		65.40	75	140
	0540	12"H x 8"D		22	.364		51	9.15		60.15	70	
	0550	12"H x 10"D		22	.364		54.50	9.15		63.65	73	
	0560	12"H x 12"D		22	.364		58.50	9.15		67.65	78	
	0570	12"H x 16"D		22	.364		65	9.15		74.15	85	
	0580	12"H x 18"D		22	.364		69	9.15		78.15	89	
	0590	12"H x 20"D		22	.364		72.50	9.15		81.65	93	
	0600	18"H x 8"D		20	.400		62	10.05		72.05	83	
	0610	18"H x 10"D		20	.400		65	10.05		75.05	86	
	0620	18"H x 12"D		20	.400		69	10.05		79.05	91	
	0630	18"H x 16"D		20	.400		77	10.05		87.05	100	
	0640	24"H x 8"D		16	.500		72.50	12.60		85.10	98	
	0650	24"H x 10"D		16	.500		77	12.60		89.60	105	
	0660	24"H x 12"D		16	.500		80	12.60		92.60	105	
	0670	24"H x 16"D		16	.500		88	12.60		100.60	115	
	0680	Small, screw cover, 5-½"H x 4"W x 4-15/16"D		12	.667		23	16.75		39.75	50	
	0690	7-½"H x 4"W x 4-15/16"D		12	.667		24.50	16.75		41.25	52	
	0700	7-½"H x 6"W x 5-3/16"D		10	.800		28	20		48	61	
	0710	9-½"H x 6"W x 5-11/16"D		10	.800		29	20		49	62	
	0720	11-½"H x 8"W x 6-11/16"D		8	1		43	25		68	84	
	0730	13-½"H x 10"W x 7-3/16"D		7	1.140		52	29		81	100	
	0740	15-½"H x 12"W x 8-3/16"D		6	1.330		67	34		101	125	
	0750	17-½"H x 14"W x 8-11/16"D		5	1.600		80	40		120	145	
	0760	Screw cover with window, 6"H x 4"W x 5"D		12	.667		39	16.75		55.75	68	
	0770	8"H x 4"W x 5"D		11	.727		41	18.30		59.30	72	
	0780	8"H x 6"W x 5"D		11	.727		44	18.30		62.30	75	
	0790	10"H x 6"W x 6"D		10	.800		46.50	20		66.50	81	
	0800	12"H x 8"W x 7"D		8	1		67	25		92	110	
	0810	14"H x 10"W x 7"D		7	1.140		82.50	29		111.50	135	
	0820	16"H x 12"W x 8"D		6	1.330		106	34		140	165	
	0830	18"H x 14"W x 9"D		5	1.600		126	40		166	200	
	0840	Quick-release latch cover, 5-½"H x 4"W x 5"D		12	.667		30	16.75		46.75	58	
	0850	7-½"H x 4"W x 5"D		12	.667		31	16.75		47.75	59	
	0860	7-½"H x 6"W x 5-¼"D		10	.800		37	20		57	70	
	0870	9-½"H x 6"W x 5-¾"D		10	.800		38	20		58	72	
	0880	11-½"H x 8"W x 6-¾"D		8	1		54	25		79	97	
	0890	13-½"H x 10"W x 7-¼"D		7	1.140		68	29		97	115	
	0900	15-½"H x 12"W x 8-¼"D		6	1.330		87	34		121	145	
	0910	17-½"H x 14"W x 8-¾"D		5	1.600		102	40		142	170	
	0920	Pushbutton, 1 hole 5-½"H x 4"W x 4-15/16"D		12	.667		23.50	16.75		40.25	51	
	0930	2 hole 7-½"H x 4"W x 4-15/16"D		11	.727		26	18.30		44.30	56	
	0940	4 hole 7-½"H x 6"W x 5-3/16"D		10.50	.762		30.50	19.15		49.65	62	
	0950	6 hole 9-½"H x 6"W x 5-11/16"D		9	.889		38	22		60	75	
	0960	8 hole 11-½"H x 8"W x 6-11/16"D		8.50	.941		49	24		73	89	
	0970	12 hole 13-½"H x 10"W x 7-3/16"D		8	1		63	25		88	105	
	0980	20 hole 15-½"H x 12"W x 8-3/16"D		5	1.600		86	40		126	155	
	0990	30 hole 17-½"H x 14"W x 8-11/16"D		4.50	1.780		94	45		139	170	
	1450	Enclosures polyester NEMA 4X										
	1460	Small, screw cover,										
	1500	3-15/16"H x 3-15/16"W x 3-1/16"D	1 Elec	12	.667	Ea.	17.50	16.75		34.25	44	
	1510	5-3/16"H x 3-5/16"W x 3-1/16"D		12	.667		17.50	16.75		34.25	44	
	1520	5-7/8"H x 3-7/8"W x 4-3/16"D		12	.667		18	16.75		34.75	45	
	1530	5-7/8"H x 5-7/8"W x 4-3/16"D		12	.667		20	16.75		36.75	47	
	1540	7-5/8"H x 3-5/16"W x 3-1/16"D		12	.667		18	16.75		34.75	45	
	1550	10-3/16"H x 3-5/16"W x 3-1/16"D		10	.800		21	20		41	53	
	1560	Clear cover, 3-15/16"H x 3-15/16"W x 2-7/8"D		12	.667		19	16.75		35.75	46	
	1570	5-3/16"H x 3-5/16"W x 2-7/8"D		12	.667		28	16.75		44.75	56	
	1580	5-7/8"H x 3-7/8"W x 4"D		12	.667		35.50	16.75		52.25	64	

162 | Boxes and Wiring Devices

162 100 | Boxes

			CREW	DAILY OUTPUT	MAN-HOURS	UNIT	BARE COSTS MAT.	LABOR	EQUIP.	TOTAL	TOTAL INCL O&P	
140	1590	5-7/8"H x 5-7/8"W x 4"D	1 Elec	12	.667	Ea.	43	16.75		59.75	72	140
	1600	7-5/8"H x 3-5/16"W x 2-7/8"D		12	.667		31	16.75		47.75	59	
	1610	10-3/16"H x 3-5/16"W x 2-7/8"D		10	.800		39	20		59	73	
	1620	Pushbutton, 1 hole, 5-5/8"H x 3-5/16"W x 3-1/16"D		12	.667		16.50	16.75		33.25	43	
	1630	2 hole, 7-5/8"H x 3-5/16"W x 3-1/8"D		11	.727		19	18.30		37.30	48	
	1640	3 hole, 10-3/16"H x 3-5/16"W x 3-1/8"D		10.50	.762		22.50	19.15		41.65	53	
	8000	Wireway fiberglass, straight sect. screwcover, 12"L, 4"W x 4"D		40	.200		56	5.05		61.05	69	
	8010	6"W x 6"D		30	.267		100	6.70		106.70	120	
	8020	24"L, 4"W x 4"D		20	.400		72	10.05		82.05	94	
	8030	6"W x 6"D		15	.533		115	13.40		128.40	145	
	8040	36"L, 4"W x 4"D		13.30	.602		92	15.15		107.15	125	
	8050	6"W x 6"D		10	.800		130	20		150	175	
	8060	48"L, 4"W x 4"D		10	.800		110	20		130	150	
	8070	6"W x 6"D		7.50	1.070		185	27		212	245	
	8080	60"L, 4"W x 4"D		8	1		125	25		150	175	
	8090	6"W x 6"D		6	1.330		190	34		224	260	
	8100	Elbow 90°, 4"W x 4"D		20	.400		61	10.05		71.05	82	
	8110	6"W x 6"D		18	.444		115	11.20		126.20	145	
	8120	Elbow 45°, 4"W x 4"D		20	.400		61	10.05		71.05	82	
	8130	6"W x 6"D		18	.444		115	11.20		126.20	145	
	8140	Tee, 4"W x 4"D		16	.500		72	12.60		84.60	98	
	8150	6"W x 6"D		14	.571		135	14.35		149.35	170	
	8160	Cross, 4"W x 4"D		14	.571		102	14.35		116.35	135	
	8170	6"W x 6"D		12	.667		195	16.75		211.75	240	
	8180	Cut-off fitting w/flange & adhesive, 4"W x 4"D		18	.444		44	11.20		55.20	65	
	8190	6"W x 6"D		16	.500		95	12.60		107.60	125	
	8200	Flexible ftng., hvy neoprene coated nylon, 4"W x 4"D		20	.400		78	10.05		88.05	100	
	8210	6"W x 6"D		18	.444		110	11.20		121.20	140	
	8220	Closure plate, fiberglass, 4"W x 4"D		20	.400		16	10.05		26.05	32	
	8230	6"W x 6"D		18	.444		17	11.20		28.20	35	
	8240	Box connector, stainless steel type 304, 4"W x 4"D		20	.400		26.25	10.05		36.30	44	
	8250	6"W x 6"D		18	.444		28.35	11.20		39.55	48	
	8260	Hanger, 4"W x 4"D		100	.080		5.10	2.01		7.11	8.60	
	8270	6"W x 6"D		80	.100		7.30	2.52		9.82	11.75	
	8280	Straight tube section fiberglass, 4"W x 4"D, 12" long		40	.200		50	5.05		55.05	62	
	8290	24" long		20	.400		62	10.05		72.05	83	
	8300	36" long		13.30	.602		72	15.15		87.15	100	
	8310	48" long		10	.800		85	20		105	125	
	8320	60" long		8	1		96	25		121	145	
	8330	120" long		4	2		140	50		190	230	

162 300 | Wiring Devices

			CREW	DAILY OUTPUT	MAN-HOURS	UNIT	MAT.	LABOR	EQUIP.	TOTAL	INCL O&P	
310	0010	**LOW VOLTAGE SWITCHING**										310
	3600	Relays, 120V or 277V standard	1 Elec	12	.667	Ea.	20.30	16.75		37.05	47	
	3800	Flush switch, standard		40	.200		6.10	5.05		11.15	14.15	
	4000	Interchangeable		40	.200		9.10	5.05		14.15	17.45	
	4100	Surface switch, standard		40	.200		3	5.05		8.05	10.75	
	4200	Transformer 115V to 25V		12	.667		67	16.75		83.75	98	
	4400	Master control, 12 circuit, manual		4	2		53	50		103	135	
	4500	25 circuit, motorized		4	2		58	50		108	140	
	4600	Rectifier, silicon		12	.667		23.10	16.75		39.85	50	
	4800	Switchplates, 1 gang, 1, 2 or 3 switch, plastic		80	.100		1.75	2.52		4.27	5.65	
	5000	Stainless steel		80	.100		5.20	2.52		7.72	9.45	
	5400	2 gang, 3 switch, stainless steel		53	.151		10.45	3.80		14.25	17.10	
	5500	4 switch, plastic		53	.151		3.70	3.80		7.50	9.70	
	5600	2 gang, 4 switch, stainless steel		53	.151		10.45	3.80		14.25	17.10	
	5700	6 switch, stainless steel		53	.151		25	3.80		28.80	33	
	5800	3 gang, 9 switch, stainless steel		32	.250		34	6.30		40.30	47	

162 | Boxes and Wiring Devices

162 300 | Wiring Devices

			CREW	DAILY OUTPUT	MAN-HOURS	UNIT	MAT.	LABOR	EQUIP.	TOTAL	TOTAL INCL O&P	
310	5900	Receptacle, triple, 1 return, 1 feed	1 Elec	26	.308	Ea.	23	7.75		30.75	37	310
	6000	2 feed		20	.400		23	10.05		33.05	40	
	6100	Relay gang boxes, flush or surface, 6 gang		5.30	1.510		47	38		85	110	
	6200	12 gang		4.70	1.700		49	43		92	115	
	6400	18 gang		4	2		57	50		107	135	
	6500	Frame, to hold up to 6 relays		12	.667		27.50	16.75		44.25	55	
	7200	Control wire, 2 conductor		6.30	1.270	C.L.F.	10.70	32		42.70	59	
	7400	3 conductor		5	1.600		15.95	40		55.95	77	
	7600	19 conductor		2.50	3.200		140	80		220	275	
	7800	26 conductor		2	4		215	100		315	385	
	8000	Weatherproof, 3 conductor		5	1.600		40	40		80	105	
320	0010	**WIRING DEVICES**										320
	0200	Toggle switch, quiet type, single pole, 15 amp	1 Elec	40	.200	Ea.	3.20	5.05		8.25	10.95	
	0500	20 amp		27	.296		4.55	7.45		12	16	
	0510	30 amp		23	.348		12.65	8.75		21.40	27	
	0520	Mercury, 15 amp		40	.200		5.80	5.05		10.85	13.80	
	0530	Lock handle, 20 amp		27	.296		14	7.45		21.45	26	
	0540	Security key, 20 amp		26	.308		34.35	7.75		42.10	49	
	0600	3 way, 15 amp		23	.348		4.95	8.75		13.70	18.35	
	0800	20 amp		18	.444		6.20	11.20		17.40	23	
	0810	30 amp		9	.889		16.75	22		38.75	51	
	0820	Mercury, 15 amp		23	.348		9.25	8.75		18	23	
	0830	Lock handle, 20 amp		18	.444		14.95	11.20		26.15	33	
	0840	Security key, 20 amp		17	.471		35.45	11.85		47.30	56	
	0900	4 way, 15 amp		15	.533		14.10	13.40		27.50	35	
	1000	20 amp		11	.727		16.05	18.30		34.35	45	
	1020	Lock handle, 20 amp		11	.727		31	18.30		49.30	61	
	1100	Toggle switch, quiet type, double pole, 15 amp		15	.533		7.10	13.40		20.50	28	
	1200	20 amp		11	.727		8.50	18.30		26.80	36	
	1210	30 amp		9	.889		18.85	22		40.85	54	
	1230	Lock handle, 20 amp		11	.727		15.20	18.30		33.50	44	
	1250	Security key, 20 amp		10	.800		35.45	20		55.45	69	
	1420	Toggle switch, quiet type, 1 pole, 2 throw, center off, 15 amp		23	.348		29.90	8.75		38.65	46	
	1440	20 amp		18	.444		34.35	11.20		45.55	54	
	1460	Lock handle, 20 amp		18	.444		38	11.20		49.20	58	
	1480	Momentary contact, 15 amp		23	.348		12.80	8.75		21.55	27	
	1500	20 amp		18	.444		16.40	11.20		27.60	35	
	1520	Momentary contact, lock handle, 20 amp		18	.444		21	11.20		32.20	40	
	1650	Dimmer switch, 120 volt, incandescent, 600 watt, 1 pole		16	.500		9	12.60		21.60	28	
	1700	600 watt, 3 way		12	.667		14.30	16.75		31.05	40	
	1750	1000 watt, 1 pole		16	.500		67	12.60		79.60	92	
	1800	1000 watt, 3 pole		12	.667		70	16.75		86.75	100	
	2000	1500 watt, 1 pole		11	.727		115	18.30		133.30	155	
	2100	2000 watt, 1 pole		8	1		155	25		180	210	
	2110	Fluorescent, 600 watt		15	.533		57	13.40		70.40	83	
	2120	1000 watt		15	.533		90	13.40		103.40	120	
	2130	1500 watt		10	.800		175	20		195	220	
	2160	Explosionproof, toggle switch, wall, single pole		5.30	1.510		54	38		92	115	
	2180	Receptacle, single outlet, 20 amp		5.30	1.510		127	38		165	195	
	2190	30 amp		4	2		210	50		260	305	
	2290	60 amp		2.50	3.200		300	80		380	450	
	2360	Plug, 20 amp		16	.500		50	12.60		62.60	74	
	2370	30 amp		12	.667		103	16.75		119.75	140	
	2380	60 amp		8	1		140	25		165	190	
	2410	Furnace, thermal cutoff switch with plate		26	.308		8.20	7.75		15.95	20	
	2460	Receptacle, duplex, 120 volt, grounded, 15 amp		40	.200		1.65	5.05		6.70	9.25	
	2470	20 amp		27	.296		4.35	7.45		11.80	15.80	

162 | Boxes and Wiring Devices

162 300 | Wiring Devices

			CREW	DAILY OUTPUT	MAN-HOURS	UNIT	MAT.	LABOR	EQUIP.	TOTAL	TOTAL INCL O&P	
320	2480	Ground fault interupting, 15 amp	1 Elec	27	.296	Ea.	26.50	7.45		33.95	40	320
	2490	Dryer, 30 amp		15	.533		8.25	13.40		21.65	29	
	2500	Range, 50 amp		11	.727		10.35	18.30		28.65	38	
	2600	Wall plates, stainless steel, 1 gang		80	.100		1.50	2.52		4.02	5.35	
	2800	2 gang		53	.151		3.75	3.80		7.55	9.75	
	3000	3 gang		32	.250		6.10	6.30		12.40	16	
	3100	4 gang		27	.296		9.50	7.45		16.95	21	
	3110	Brown plastic, 1 gang		80	.100		.50	2.52		3.02	4.26	
	3120	2 gang		53	.151		1.05	3.80		4.85	6.75	
	3130	3 gang		32	.250		2.42	6.30		8.72	11.95	
	3140	4 gang		27	.296		5.10	7.45		12.55	16.60	
	3150	Brushed brass, 1 gang		80	.100		3.95	2.52		6.47	8.05	
	3160	Anodized aluminum, 1 gang		80	.100		4.40	2.52		6.92	8.55	
	3170	Switch cover, weatherproof, 1 gang		60	.133		4.10	3.35		7.45	9.45	
	3180	Vandal proof lock, 1 gang		60	.133		4.30	3.35		7.65	9.70	
	3200	Lampholder, keyless		26	.308		2.50	7.75		10.25	14.20	
	3400	Pullchain with receptacle		22	.364		6.40	9.15		15.55	21	
	3500	Pilot light, neon with jewel		27	.296		7.05	7.45		14.50	18.75	
	3600	Receptacle, 20 amp, 250 volt, NEMA 6		27	.296		7.80	7.45		15.25	19.60	
	3620	277 volt NEMA 7, 30 amp or 50 amp		27	.296		12.80	7.45		20.25	25	
	3640	120/250 volt NEMA 10, 30 amp		27	.296		8.90	7.45		16.35	21	
	3680	125/250 volt NEMA 14, 30 amp		25	.320		29	8.05		37.05	44	
	3700	3 pole, 250 volt NEMA 15, 30 amp		25	.320		29	8.05		37.05	44	
	3720	120/208 volt NEMA 18		25	.320		13.75	8.05		21.80	27	
	3740	30 amp, 125 volt NEMA 5		15	.533		11.45	13.40		24.85	32	
	3760	250 volt NEMA 6		15	.533		11.45	13.40		24.85	32	
	3780	277 volt NEMA 7		15	.533		13.40	13.40		26.80	35	
	3820	125/250 volt NEMA 14		14	.571		29.40	14.35		43.75	54	
	3840	3 pole, 250 volt NEMA 15		14	.571		28.30	14.35		42.65	52	
	3880	50 amp, 125 volt NEMA 5		11	.727		24.90	18.30		43.20	54	
	3900	250 volt NEMA 6		11	.727		23.65	18.30		41.95	53	
	3920	277 volt NEMA 7		11	.727		26.90	18.30		45.20	57	
	3960	125/250 volt NEMA 14		10	.800		35.60	20		55.60	69	
	3980	3 pole 250 volt NEMA 15		10	.800		35.60	20		55.60	69	
	4020	60 amp, 125/250 volt, NEMA 14		8	1		38.80	25		63.80	80	
	4040	3 pole, 250 volt NEMA 15		8	1		38.80	25		63.80	80	
	4060	120/208 volt NEMA 18		8	1		38.80	25		63.80	80	
	4100	Receptacle locking, 20 amp, 125 volt NEMA L5		27	.296		10.50	7.45		17.95	23	
	4120	250 volt NEMA 6		27	.296		10.50	7.45		17.95	23	
	4140	277 volt NEMA L7		27	.296		10.50	7.45		17.95	23	
	4150	3 pole, 250 volt, NEMA L11		27	.296		16.10	7.45		23.55	29	
	4160	20 amp, 480 volt NEMA L8		27	.296		12.80	7.45		20.25	25	
	4180	600 volt NEMA L9		27	.296		15.30	7.45		22.75	28	
	4200	125/250 volt NEMA L10		27	.296		17.30	7.45		24.75	30	
	4230	125/250 volt NEMA L14		25	.320		14.85	8.05		22.90	28	
	4280	250 volt NEMA L15		25	.320		14.85	8.05		22.90	28	
	4300	480 volt NEMA L16		25	.320		16.10	8.05		24.15	30	
	4320	3 phase, 120/208 volt NEMA L18		25	.320		19.60	8.05		27.65	33	
	4340	277/480 volt NEMA L19		25	.320		19.60	8.05		27.65	33	
	4360	347/600 volt NEMA L20		25	.320		18.95	8.05		27	33	
	4380	120/208 volt NEMA L21		23	.348		18.30	8.75		27.05	33	
	4400	277/480 volt NEMA L22		23	.348		21	8.75		29.75	36	
	4420	347/600 volt NEMA L23		23	.348		21	8.75		29.75	36	
	4440	30 amp, 125 volt NEMA L5		15	.533		15.30	13.40		28.70	37	
	4460	250 volt NEMA L6		15	.533		16.15	13.40		29.55	38	
	4480	277 volt NEMA L7		15	.533		16.15	13.40		29.55	38	
	4500	480 volt NEMA L8		15	.533		19.05	13.40		32.45	41	
	4520	600 volt NEMA L9		15	.533		19.05	13.40		32.45	41	

162 | Boxes and Wiring Devices

162 300	Wiring Devices	CREW	DAILY OUTPUT	MAN-HOURS	UNIT	MAT.	LABOR	EQUIP.	TOTAL	TOTAL INCL O&P	
320	4540	125/250 volt NEMA L10	1 Elec	15	.533	Ea.	21.50	13.40		34.90	43	320
	4560	3 phase, 250 volt NEMA L11		15	.533		21.50	13.40		34.90	43	
	4620	125/250 volt NEMA L14		14	.571		22.45	14.35		36.80	46	
	4640	250 volt NEMA L15		14	.571		22.45	14.35		36.80	46	
	4660	480 volt NEMA L16		14	.571		24.80	14.35		39.15	49	
	4680	600 volt NEMA L17		14	.571		24.80	14.35		39.15	49	
	4700	120/208 NEMA L18		14	.571		26.90	14.35		41.25	51	
	4720	120/208 NEMA L19		14	.571		26.90	14.35		41.25	51	
	4740	347/600 NEMA L20		14	.571		26.90	14.35		41.25	51	
	4760	120/208 NEMA L21		13	.615		24.80	15.50		40.30	50	
	4780	277/480 NEMA L22		13	.615		28.50	15.50		44	54	
	4800	347/600 NEMA L23		13	.615		28.50	15.50		44	54	
	4840	Receptacle corrosion resistant, 15 or 20 amp, 125 volt NEMA L5		27	.296		16.30	7.45		23.75	29	
	4860	250 volt NEMA L6		27	.296		16.30	7.45		23.75	29	
	4900	Receptacle cover plate, phenolic plastic, NEMA 5 & 6		80	.100		.97	2.52		3.49	4.78	
	4910	NEMA 7-23		80	.100		1.75	2.52		4.27	5.65	
	4920	Stainless steel, NEMA 5 & 6		80	.100		1.90	2.52		4.42	5.80	
	4930	NEMA 7-23		80	.100		3.70	2.52		6.22	7.80	
	4940	Brushed brass NEMA 5 & 6		80	.100		3.80	2.52		6.32	7.90	
	4950	NEMA 7-23		80	.100		3.80	2.52		6.32	7.90	
	4960	Anodized aluminum, NEMA 5 & 6		80	.100		8.40	2.52		10.92	12.95	
	4970	NEMA 7-23		80	.100		8.40	2.52		10.92	12.95	
	4980	Weatherproof NEMA 7-23		60	.133		17.55	3.35		20.90	24	
	5100	Plug, 20 amp, 250 volt, NEMA 6		30	.267		8.60	6.70		15.30	19.35	
	5110	277 volt NEMA 7		30	.267		9.50	6.70		16.20	20	
	5120	3 pole, 120/250 volt, NEMA 10		26	.308		18	7.75		25.75	31	
	5130	125/250 volt NEMA 14		26	.308		27.70	7.75		35.45	42	
	5140	250 volt NEMA 15		26	.308		27.70	7.75		35.45	42	
	5150	120/208 volt NEMA 8		26	.308		27.70	7.75		35.45	42	
	5160	30 amp, 125 volt NEMA 5		13	.615		32.70	15.50		48.20	59	
	5170	250 volt NEMA 6		13	.615		34.85	15.50		50.35	61	
	5180	277 volt NEMA 7		13	.615		30.60	15.50		46.10	57	
	5190	125/250 volt NEMA 14		13	.615		30.60	15.50		46.10	57	
	5200	3 pole, 250 volt NEMA 15		12	.667		27.70	16.75		44.45	55	
	5210	50 amp, 125 volt NEMA 5		9	.889		36	22		58	73	
	5220	250 volt NEMA 6		9	.889		36	22		58	73	
	5230	277 volt NEMA 7		9	.889		36	22		58	73	
	5240	125/250 volt NEMA 14		9	.889		37	22		59	74	
	5250	3 pole, 250 volt NEMA 15		8	1		37	25		62	78	
	5260	60 amp, 125/250 volt NEMA 14		7	1.140		41	29		70	88	
	5270	3 pole, 250 volt NEMA 15		7	1.140		41	29		70	88	
	5280	120/208 volt NEMA 18		7	1.140		42	29		71	89	
	5300	Plug angle, 20 amp, 250 volt NEMA 6		30	.267		10.55	6.70		17.25	22	
	5310	30 amp, 125 volt NEMA 5		13	.615		23.90	15.50		39.40	49	
	5320	250 volt NEMA 6		13	.615		25	15.50		40.50	50	
	5330	277 volt NEMA 7		13	.615		27.40	15.50		42.90	53	
	5340	125/250 volt NEMA 14		13	.615		26	15.50		41.50	51	
	5350	3 pole, 250 volt NEMA 15		12	.667		28.50	16.75		45.25	56	
	5360	50 amp, 125 volt NEMA 5		9	.889		23.90	22		45.90	59	
	5370	250 volt NEMA 6		9	.889		23.90	22		45.90	59	
	5380	277 volt NEMA 7		9	.889		27.40	22		49.40	63	
	5390	125/250 volt NEMA 14		9	.889		28.50	22		50.50	64	
	5400	3 pole, 250 volt NEMA 15		8	1		31.25	25		56.25	72	
	5410	60 amp, 125/250 volt NEMA 14		7	1.140		37.70	29		66.70	84	
	5420	3 pole, 250 volt NEMA 15		7	1.140		36.55	29		65.55	83	
	5430	120/208 volt NEMA 18		7	1.140		34.35	29		63.35	80	
	5500	Plug, locking, 20 amp, 125 volt NEMA L5		30	.267		8.75	6.70		15.45	19.55	
	5510	250 volt NEMA L6		30	.267		8.75	6.70		15.45	19.55	

162 | Boxes and Wiring Devices

162 300 | Wiring Devices

		Crew	Daily Output	Man-Hours	Unit	Bare Costs Mat.	Labor	Equip.	Total	Total Incl O&P	
320	5520	277 volt NEMA L7	1 Elec	30	.267	Ea.	8.70	6.70		15.40	19.45	320
	5530	480 volt NEMA L8		30	.267		9.70	6.70		16.40	21	
	5540	600 volt NEMA L9		30	.267		9.70	6.70		16.40	21	
	5550	3 pole, 125/250 volt NEMA L10		26	.308		12.25	7.75		20	25	
	5560	250 volt NEMA L11		26	.308		12.25	7.75		20	25	
	5570	480 volt NEMA L12		26	.308		14.35	7.75		22.10	27	
	5580	125/250 volt NEMA L14		26	.308		16.80	7.75		24.55	30	
	5590	250 volt NEMA L15		26	.308		16.80	7.75		24.55	30	
	5600	480 volt NEMA L16		26	.308		18.75	7.75		26.50	32	
	5610	4 pole, 120/208 volt NEMA L18		24	.333		21.45	8.40		29.85	36	
	5620	277/480 volt NEMA L19		24	.333		21.45	8.40		29.85	36	
	5630	347/600 volt NEMA L20		24	.333		21.45	8.40		29.85	36	
	5640	120/208 volt NEMA L21		24	.333		16.30	8.40		24.70	30	
	5650	277/480 volt NEMA L22		24	.333		20.45	8.40		28.85	35	
	5660	347/600 volt NEMA L23		24	.333		20.45	8.40		28.85	35	
	5670	30 amp, 125 volt NEMA L5		13	.615		13.50	15.50		29	38	
	5680	250 volt NEMA L6		13	.615		13.50	15.50		29	38	
	5690	277 volt NEMA L7		13	.615		13.50	15.50		29	38	
	5700	480 volt NEMA L8		13	.615		14.60	15.50		30.10	39	
	5710	600 volt NEMA L9		13	.615		14.95	15.50		30.45	39	
	5720	3 pole, 125/250 volt NEMA L10		11	.727		12.55	18.30		30.85	41	
	5730	250 volt NEMA L11		11	.727		12.55	18.30		30.85	41	
	5760	125/250 volt NEMA L14		11	.727		16.85	18.30		35.15	46	
	5770	250 volt NEMA L15		11	.727		16.85	18.30		35.15	46	
	5780	480 volt NEMA L16		11	.727		18.25	18.30		36.55	47	
	5790	600 volt NEMA L17		11	.727		18.25	18.30		36.55	47	
	5800	4 pole, 120/208 volt NEMA L18		10	.800		20.30	20		40.30	52	
	5810	120/208 volt NEMA L19		10	.800		21.10	20		41.10	53	
	5820	347/600 volt NEMA L20		10	.800		21.10	20		41.10	53	
	5830	120/208 volt NEMA L21		10	.800		18.85	20		38.85	50	
	5840	277/480 volt NEMA L22		10	.800		21.80	20		41.80	54	
	5850	347/600 volt NEMA L23		10	.800		21.80	20		41.80	54	
	6000	Connector, 20 amp, 250 volt NEMA 6		30	.267		14.30	6.70		21	26	
	6010	277 volt NEMA 7		30	.267		16.30	6.70		23	28	
	6020	3 pole, 120/250 volt NEMA 10		26	.308		19	7.75		26.75	32	
	6030	125/250 volt nema 14		26	.308		19.20	7.75		26.95	33	
	6040	250 volt NEMA 15		26	.308		19.20	7.75		26.95	33	
	6050	120/208 volt NEMA 18		26	.308		20.50	7.75		28.25	34	
	6060	30 amp, 125 volt NEMA 5		13	.615		32.70	15.50		48.20	59	
	6070	250 volt NEMA 6		13	.615		28.50	15.50		44	54	
	6080	277 volt NEMA 7		13	.615		32.70	15.50		48.20	59	
	6110	50 amp, 125 volt NEMA 5		9	.889		46	22		68	84	
	6120	250 volt NEMA 6		9	.889		46	22		68	84	
	6130	277 volt NEMA 7		9	.889		46	22		68	84	
	6200	Connector locking, 20 amp, 125 volt NEMA L5		30	.267		13.65	6.70		20.35	25	
	6210	250 volt NEMA L6		30	.267		13.65	6.70		20.35	25	
	6220	277 volt NEMA L7		30	.267		13.65	6.70		20.35	25	
	6230	480 volt NEMA L8		30	.267		15.30	6.70		22	27	
	6240	600 volt NEMA L9		30	.267		15.30	6.70		22	27	
	6250	3 pole, 125/250 volt NEMA L10		26	.308		17.60	7.75		25.35	31	
	6260	250 volt NEMA L11		26	.308		17.60	7.75		25.35	31	
	6280	125/250 volt NEMA L14		26	.308		18	7.75		25.75	31	
	6290	250 volt NEMA L15		26	.308		18	7.75		25.75	31	
	6300	480 volt NEMA L16		26	.308		19	7.75		26.75	32	
	6310	4 pole, 120/208 volt NEMA L18		24	.333		17	8.40		25.40	31	
	6320	277/480 volt NEMA L19		24	.333		19	8.40		27.40	33	
	6330	347/600 volt NEMA L20		24	.333		19	8.40		27.40	33	
	6340	120/208 volt NEMA L21		24	.333		26.50	8.40		34.90	42	

162 | Boxes and Wiring Devices

162 300 | Wiring Devices

			CREW	DAILY OUTPUT	MAN-HOURS	UNIT	BARE COSTS MAT.	LABOR	EQUIP.	TOTAL	TOTAL INCL O&P	
320	6350	277/480 volt NEMA L22	1 Elec	24	.333	Ea.	30.60	8.40		39	46	320
	6360	347/600 volt NEMA L23		24	.333		30.60	8.40		39	46	
	6370	30 amp, 125 volt NEMA L5		13	.615		25	15.50		40.50	50	
	6380	250 volt NEMA L6		13	.615		25	15.50		40.50	50	
	6390	277 volt NEMA L7		13	.615		25	15.50		40.50	50	
	6400	480 volt NEMA L8		13	.615		28.50	15.50		44	54	
	6410	600 volt NEMA L9		13	.615		28.50	15.50		44	54	
	6420	3 pole, 125/250 volt NEMA L10		11	.727		34.35	18.30		52.65	65	
	6430	250 volt NEMA L11		11	.727		34.35	18.30		52.65	65	
	6460	125/250 volt NEMA L14		11	.727		35.45	18.30		53.75	66	
	6470	250 volt NEMA L15		11	.727		35.45	18.30		53.75	66	
	6480	480 volt NEMA L16		11	.727		38.75	18.30		57.05	70	
	6490	600 volt NEMA L17		11	.727		38.75	18.30		57.05	70	
	6500	4 pole, 120/208 volt NEMA L18		10	.800		41	20		61	75	
	6510	120/208 volt NEMA L19		10	.800		41	20		61	75	
	6520	347/600 volt NEMA L20		10	.800		42	20		62	76	
	6530	120/208 volt NEMA L21		10	.800		26.50	20		46.50	59	
	6540	277/480 volt NEMA L22		10	.800		36	20		56	69	
	6550	347/600 volt NEMA L23		10	.800		39	20		59	73	
	7000	Receptacle computer, 250 volt, 15 amp, 3 pole 4 wire		8	1		54	25		79	97	
	7010	20 amp, 2 pole 3 wire		8	1		38	25		63	79	
	7020	30 amp, 2 pole 3 wire		6.50	1.230		42	31		73	92	
	7030	30 amp, 3 pole 4 wire		6.50	1.230		60	31		91	110	
	7040	60 amp, 3 pole 4 wire		4.50	1.780		200	45		245	285	
	7050	100 amp, 3 pole 4 wire		3	2.670		215	67		282	335	
	7100	Connector computer, 250 volt, 15 amp, 3 pole 4 wire		27	.296		48.50	7.45		55.95	64	
	7110	20 amp, 2 pole 3 wire		27	.296		35.60	7.45		43.05	50	
	7120	30 amp, 2 pole 3 wire		15	.533		37.70	13.40		51.10	61	
	7130	30 amp, 3 pole 4 wire		15	.533		45.70	13.40		59.10	70	
	7140	60 amp, 3 pole 4 wire		8	1		145	25		170	195	
	7150	100 amp, 3 pole 4 wire		4	2		195	50		245	290	
	7200	Plug, computer, 250 volt, 15 amp, 3 pole 4 wire		27	.296		41.40	7.45		48.85	57	
	7210	20 amp, 2 pole, 3 wire		27	.296		29.45	7.45		36.90	43	
	7220	30 amp, 2 pole, 3 wire		15	.533		31.60	13.40		45	55	
	7230	30 amp, 3 pole, 4 wire		15	.533		44.65	13.40		58.05	69	
	7240	60 amp, 3 pole, 4 wire		8	1		115	25		140	165	
	7250	100 amp, 3 pole, 4 wire		4	2		170	50		220	260	
	7300	Connector adapter to flexible conduit ½"		60	.133		2.45	3.35		5.80	7.65	
	7310	¾"		50	.160		2.70	4.02		6.72	8.90	
	7320	1-¼"		30	.267		3.55	6.70		10.25	13.80	
	7330	1-½"		23	.348		11.60	8.75		20.35	26	

163 | Starters, Boards and Switches

163 100 | Starters & Controls

			CREW	DAILY OUTPUT	MAN-HOURS	UNIT	BARE COSTS MAT.	LABOR	EQUIP.	TOTAL	TOTAL INCL O&P	
110	0010	MOTOR CONTROL CENTER Consists of starters & structures	C9.3 -172									110
	0050	Starters, class 1, type B, comb. MCP, FVNR, with										
	0100	control transformer, 10 HP, size 1, 12" high	1 Elec	2.70	2.960	Ea.	588	75		663	755	
	0200	25 HP, size 2, 18" high		2	4		705	100		805	925	
	0300	50 HP, size 3, 24" high		1	8		1,075	200		1,275	1,475	
	0350	75 HP, size 4, 24" high		.80	10		2,000	250		2,250	2,575	

163 | Starters, Boards and Switches

163 100 | Starters & Controls

			CREW	DAILY OUTPUT	MAN-HOURS	UNIT	MAT.	LABOR	EQUIP.	TOTAL	TOTAL INCL O&P	
110	0400	100 HP, size 4, 30" high	1 Elec	.70	11.430	Ea.	2,000	285		2,285	2,625	110
	0500	200 HP, size 5, 48" high		.50	16		4,068	400		4,468	5,075	
	0600	400 HP, size 6, 72" high		.40	20		6,820	505		7,325	8,250	
	0610											
	0800	Structures, 300 amp, 22,000 rms, takes any										
	0900	combination of starters up to 72" high	1 Elec	.80	10	Ea.	965	250		1,215	1,425	
	1000	Back to back, 72" front & 66" back	"	.60	13.330		1,745	335		2,080	2,425	
	1100	For copper bus add per structure					125			125	140	
	1200	For NEMA 12, add per structure					118			118	130	
	1300	For 42,000 rms, add per structure					118			118	130	
	1400	For 100,000 rms, size 1 & 2, add					94			94	105	
	1500	Size 3, add					143			143	155	
	1600	Size 4, add					295			295	325	
	1700	For pilot lights, add per starter	1 Elec	16	.500		82	12.60		94.60	110	
	1800	For push button, add per starter		16	.500		56	12.60		68.60	80	
	1900	For auxilliary contacts, add per starter		16	.500		162	12.60		174.60	195	
120	0010	**MOTOR CONTROL CENTER COMPONENTS**										120
	0100	Starter, size 1, FVNR, NEMA 1, type A, fusible	1 Elec	2.70	2.960	Ea.	485	75		560	645	
	0120	Circuit breaker		2.70	2.960		536	75		611	700	
	0140	Type B, fusible		2.70	2.960		545	75		620	710	
	0160	Circuit breaker		2.70	2.960		600	75		675	770	
	0180	NEMA 12, type A, fusible		2.60	3.080		493	77		570	655	
	0200	Circuit breaker		2.60	3.080		560	77		637	730	
	0220	Type B, fusible		2.60	3.080		578	77		655	750	
	0240	Circuit breaker		2.60	3.080		630	77		707	805	
	0300	Starter, size 1, FVR, NEMA 1, type A, fusible		2	4		527	100		627	730	
	0320	Circuit breaker		2	4		561	100		661	765	
	0340	Type B, fusible		2	4		590	100		690	800	
	0360	Circuit breaker		2	4		647	100		747	860	
	0380	NEMA 12, type A, fusible		1.90	4.210		556	105		661	770	
	0400	Circuit breaker		1.90	4.210		600	105		705	815	
	0420	Type B, fusible		1.90	4.210		625	105		730	845	
	0440	Circuit breaker		1.90	4.210		690	105		795	915	
	0490	Starter size 1, 2 speed, separate winding										
	0500	NEMA 1, type A, fusible	1 Elec	2.60	3.080	Ea.	652	77		729	830	
	0520	Circuit breaker		2.60	3.080		700	77		777	885	
	0540	Type B, fusible		2.60	3.080		743	77		820	930	
	0560	Circuit breaker		2.60	3.080		795	77		872	990	
	0580	NEMA 12, type A, fusible		2.50	3.200		676	80		756	860	
	0600	Circuit breaker		2.50	3.200		730	80		810	920	
	0620	Type B, fusible		2.50	3.200		776	80		856	970	
	0640	Circuit breaker		2.50	3.200		838	80		918	1,050	
	0650	Starter size 1, 2 speed, consequent pole										
	0660	NEMA 1, type A, fusible	1 Elec	2.60	3.080	Ea.	710	77		787	895	
	0680	Circuit breaker		2.60	3.080		762	77		839	950	
	0700	Type B, fusible		2.60	3.080		806	77		883	1,000	
	0720	Circuit breaker		2.60	3.080		860	77		937	1,050	
	0740	NEMA 12, type A, fusible		2.50	3.200		736	80		816	930	
	0760	Circuit breaker		2.50	3.200		796	80		876	995	
	0780	Type B, fusible		2.50	3.200		854	80		934	1,050	
	0800	Circuit breaker		2.50	3.200		906	80		986	1,125	
	0810	Starter size 1, 2 speed, space only										
	0820	NEMA 1, type A, fusible	1 Elec	16	.500	Ea.	184	12.60		196.60	220	
	0840	Circuit breaker		16	.500		184	12.60		196.60	220	
	0860	Type B, fusible		16	.500		184	12.60		196.60	220	
	0880	Circuit breaker		16	.500		184	12.60		196.60	220	
	0900	NEMA 12, type A, fusible		15	.533		196	13.40		209.40	235	
	0920	Circuit breaker		15	.533		196	13.40		209.40	235	

163 | Starters, Boards and Switches

163 100	Starters & Controls	CREW	DAILY OUTPUT	MAN-HOURS	UNIT	BARE COSTS MAT.	LABOR	EQUIP.	TOTAL	TOTAL INCL O&P	
0940	Type B, fusible	1 Elec	15	.533	Ea.	196	13.40		209.40	235	120
0960	Circuit breaker		15	.533		196	13.40		209.40	235	
1100	Starter size 2, FVNR, NEMA 1, type A, fusible		2	4		589	100		689	795	
1120	Circuit breaker		2	4		618	100		718	830	
1140	Type B, fusible		2	4		675	100		775	890	
1160	Circuit breaker		2	4		715	100		815	935	
1180	NEMA 12, type A, fusible		1.90	4.210		618	105		723	835	
1200	Circuit breaker		1.90	4.210		654	105		759	875	
1220	Type B, fusible		1.90	4.210		715	105		820	945	
1240	Circuit breaker		1.90	4.210		750	105		855	980	
1300	Starter size 2, FVR, NEMA 1, type A, fusible		1.60	5		731	125		856	990	
1320	Circuit breaker		1.60	5		748	125		873	1,000	
1340	Type B, fusible		1.60	5		822	125		947	1,100	
1360	Circuit breaker		1.60	5		872	125		997	1,150	
1380	NEMA type 12, type A, fusible		1.50	5.330		767	135		902	1,050	
1400	Circuit breaker		1.50	5.330		793	135		928	1,075	
1420	Type B, fusible		1.50	5.330		873	135		1,008	1,150	
1440	Circuit breaker		1.50	5.330		910	135		1,045	1,200	
1490	Starter size 2, 2 speed, separate winding										
1500	NEMA 1, type A, fusible	1 Elec	1.90	4.210	Ea.	859	105		964	1,100	
1520	Circuit breaker		1.90	4.210		920	105		1,025	1,175	
1540	Type B, fusible		1.90	4.210		989	105		1,094	1,250	
1560	Circuit breaker		1.90	4.210		1,030	105		1,135	1,300	
1570	NEMA 12, type A, fusible		1.80	4.440		910	110		1,020	1,175	
1580	Circuit breaker		1.80	4.440		960	110		1,070	1,225	
1600	Type B, fusible		1.80	4.440		1,050	110		1,160	1,325	
1620	Circuit breaker		1.80	4.440		1,112	110		1,222	1,400	
1630	Starter size 2, 2 speed, consequent pole										
1640	NEMA 1, type A, fusible	1 Elec	1.90	4.210	Ea.	1,015	105		1,120	1,275	
1660	Circuit breaker		1.90	4.210		1,071	105		1,176	1,325	
1680	Type B, fusible		1.90	4.210		1,199	105		1,304	1,475	
1700	Circuit breaker		1.90	4.210		1,242	105		1,347	1,525	
1720	NEMA 12, type A, fusible		1.80	4.440		1,092	110		1,202	1,375	
1740	Circuit breaker		1.80	4.440		1,170	110		1,280	1,450	
1760	Type B, fusible		1.80	4.440		1,240	110		1,350	1,525	
1780	Circuit breaker		1.80	4.440		1,295	110		1,405	1,600	
1830	Starter size 2, autotransformer										
1840	NEMA 1, type A, fusible	1 Elec	1.70	4.710	Ea.	1,942	120		2,062	2,300	
1860	Circuit breaker		1.70	4.710		1,815	120		1,935	2,175	
1880	Type B, fusible		1.70	4.710		1,967	120		2,087	2,350	
1900	Circuit breaker		1.70	4.710		1,854	120		1,974	2,225	
1920	NEMA 12, type A, fusible		1.60	5		1,990	125		2,115	2,375	
1940	Circuit breaker		1.60	5		1,885	125		2,010	2,250	
1960	Type B, fusible		1.60	5		2,090	125		2,215	2,475	
1980	Circuit breaker		1.60	5		1,967	125		2,092	2,350	
2030	Starter size 2, space only										
2040	NEMA 1, type A, fusible	1 Elec	16	.500	Ea.	185	12.60		197.60	220	
2060	Circuit breaker		16	.500		185	12.60		197.60	220	
2080	Type B, fusible		16	.500		185	12.60		197.60	220	
2100	Circuit breaker		16	.500		185	12.60		197.60	220	
2120	NEMA 12, type A, fusible		15	.533		195	13.40		208.40	235	
2140	Circuit breaker		15	.533		195	13.40		208.40	235	
2160	Type B, fusible		15	.533		195	13.40		208.40	235	
2180	Circuit breaker		15	.533		195	13.40		208.40	235	
2300	Starter size 3, FVNR, NEMA 1, type A, fusible		1	8		756	200		956	1,125	
2320	Circuit breaker		1	8		715	200		915	1,075	
2340	Type B, fusible		1	8		872	200		1,072	1,250	
2360	Circuit breaker		1	8		805	200		1,005	1,175	

163 | Starters, Boards and Switches

163 100 | Starters & Controls

		CREW	DAILY OUTPUT	MAN-HOURS	UNIT	BARE COSTS MAT.	LABOR	EQUIP.	TOTAL	TOTAL INCL O&P	
2380	NEMA 12, type A, fusible	1 Elec	.95	8.420	Ea.	803	210		1,013	1,200	120
2400	Circuit breaker		.95	8.420		770	210		980	1,150	
2420	Type B, fusible		.95	8.420		900	210		1,110	1,300	
2440	Circuit breaker		.95	8.420		835	210		1,045	1,225	
2500	Starter size 3, FVR, NEMA 1, type A, fusible		.80	10		1,910	250		2,160	2,475	
2520	Circuit breaker		.80	10		1,967	250		2,217	2,525	
2540	Type B, fusible		.80	10		1,967	250		2,217	2,525	
2560	Circuit breaker		.80	10		2,096	250		2,346	2,675	
2580	NEMA 12, type A, fusible		.75	10.670		2,096	270		2,366	2,700	
2600	Circuit breaker		.75	10.670		2,095	270		2,365	2,700	
2620	Type B, fusible		.75	10.670		2,120	270		2,390	2,725	
2640	Circuit breaker		.75	10.670		2,190	270		2,460	2,800	
2690	Starter size 3, 2 speed, separate winding										
2700	NEMA 1, type A, fusible	1 Elec	1	8	Ea.	2,225	200		2,425	2,750	
2720	Circuit breaker		1	8		2,333	200		2,533	2,875	
2740	Type B, fusible		1	8		2,310	200		2,510	2,850	
2760	Circuit breaker		1	8		2,390	200		2,590	2,925	
2780	NEMA 12, type A, fusible		.95	8.420		2,330	210		2,540	2,875	
2800	Circuit breaker		.95	8.420		2,495	210		2,705	3,050	
2820	Type B, fusible		.95	8.420		2,440	210		2,650	3,000	
2840	Circuit breaker		.95	8.420		2,545	210		2,755	3,100	
2850	Starter size 3, 2 speed, consequent pole										
2860	NEMA 1, type A, fusible	1 Elec	1	8	Ea.	2,600	200		2,800	3,150	
2880	Circuit breaker		1	8		2,680	200		2,880	3,250	
2900	Type B, fusible		1	8		2,732	200		2,932	3,300	
2920	Circuit breaker		1	8		2,764	200		2,964	3,350	
2940	NEMA 12, type A, fusible		.95	8.420		2,865	210		3,075	3,475	
2960	Circuit breaker		.95	8.420		2,810	210		3,020	3,400	
2980	Type B, fusible		.95	8.420		2,840	210		3,050	3,425	
3000	Circuit breaker		.95	8.420		2,865	210		3,075	3,475	
3100	Starter size 3, autotransformer, NEMA 1, type A, fusible		.80	10		2,760	250		3,010	3,400	
3120	Circuit breaker		.80	10		2,655	250		2,905	3,300	
3140	Type B, fusible		.80	10		2,870	250		3,120	3,525	
3160	Circuit breaker		.80	10		2,732	250		2,982	3,375	
3180	NEMA 12, type A, fusible		.75	10.670		2,895	270		3,165	3,575	
3200	Circuit breaker		.75	10.670		2,760	270		3,030	3,425	
3220	Type B, fusible		.75	10.670		2,997	270		3,267	3,700	
3240	Circuit breaker		.75	10.670		2,865	270		3,135	3,550	
3260	Starter size 3, space only, NEMA 1, type A, fusible		15	.533		575	13.40		588.40	650	
3280	Circuit breaker		15	.533		310	13.40		323.40	360	
3300	Type B, fusible		15	.533		575	13.40		588.40	650	
3320	Circuit breaker		15	.533		310	13.40		323.40	360	
3340	NEMA 12, type A, fusible		14	.571		600	14.35		614.35	680	
3360	Circuit breaker		14	.571		323	14.35		337.35	375	
3380	Type B, fusible		14	.571		600	14.35		614.35	680	
3400	Circuit breaker		14	.571		323	14.35		337.35	375	
3500	Starter size 4, FVNR, NEMA 1, type A, fusible		.80	10		1,195	250		1,445	1,675	
3520	Circuit breaker		.80	10		1,300	250		1,550	1,800	
3540	Type B, fusible		.80	10		1,355	250		1,605	1,850	
3560	Circuit breaker		.80	10		1,515	250		1,765	2,050	
3580	NEMA 12, type A, fusible		.75	10.670		1,310	270		1,580	1,825	
3600	Circuit breaker		.75	10.670		1,432	270		1,702	1,975	
3620	Type B, fusible		.75	10.670		1,470	270		1,740	2,025	
3640	Circuit breaker		.75	10.670		1,597	270		1,867	2,150	
3700	Starter size 4, FVR, NEMA 1, type A, fusible		.60	13.330		3,555	335		3,890	4,400	
3720	Circuit breaker		.60	13.330		3,682	335		4,017	4,550	
3740	Type B, fusible		.60	13.330		3,635	335		3,970	4,500	
3760	Circuit breaker		.60	13.330		3,739	335		4,074	4,600	

163 | Starters, Boards and Switches

	163 100	Starters & Controls	CREW	DAILY OUTPUT	MAN-HOURS	UNIT	MAT.	LABOR	EQUIP.	TOTAL	TOTAL INCL O&P	
120	3780	NEMA 12, type A, fusible	1 Elec	.58	13.790	Ea.	3,765	345		4,110	4,650	120
	3800	Circuit breaker		.58	13.790		3,924	345		4,269	4,825	
	3820	Type B, fusible		.58	13.790		3,847	345		4,192	4,750	
	3840	Circuit breaker		.58	13.790		3,980	345		4,325	4,900	
	3890	Starter size 4, 2 speed, separate windings										
	3900	NEMA 1, type A, fusible	1 Elec	.80	10	Ea.	4,249	250		4,499	5,050	
	3920	Circuit breaker		.80	10		4,440	250		4,690	5,250	
	3940	Type B, fusible		.80	10		4,330	250		4,580	5,125	
	3960	Circuit breaker		.80	10		4,450	250		4,700	5,275	
	3980	NEMA 12, type A, fusible		.75	10.670		4,450	270		4,720	5,300	
	4000	Circuit breaker		.75	10.670		4,615	270		4,885	5,475	
	4020	Type B, fusible		.75	10.670		4,480	270		4,750	5,325	
	4040	Circuit breaker		.75	10.670		4,665	270		4,935	5,525	
	4050	Starter size 4, 2 speed, consequent pole										
	4060	NEMA 1, type A, fusible	1 Elec	.80	10	Ea.	4,850	250		5,100	5,700	
	4080	Circuit breaker		.80	10		4,935	250		5,185	5,800	
	4100	Type B, fusible		.80	10		4,935	250		5,185	5,800	
	4120	Circuit breaker		.80	10		5,095	250		5,345	5,975	
	4140	NEMA 12, type A, fusible		.75	10.670		5,170	270		5,440	6,075	
	4160	Circuit breaker		.75	10.670		5,230	270		5,500	6,150	
	4180	Type B, fusible		.75	10.670		5,230	270		5,500	6,150	
	4200	Circuit breaker		.75	10.670		5,355	270		5,625	6,275	
	4300	Starter size 4, autotransformer, NEMA 1, type A, fusible		.65	12.310		5,145	310		5,455	6,125	
	4320	Circuit breaker		.65	12.310		4,930	310		5,240	5,875	
	4340	Type B, fusible		.65	12.310		5,355	310		5,665	6,350	
	4360	Circuit breaker		.65	12.310		5,085	310		5,395	6,050	
	4380	NEMA 12, type A, fusible		.62	12.900		5,470	325		5,795	6,500	
	4400	Circuit breaker		.62	12.900		5,150	325		5,475	6,150	
	4420	Type B, fusible		.62	12.900		5,575	325		5,900	6,600	
	4440	Circuit breaker		.62	12.900		5,410	325		5,735	6,425	
	4500	Starter size 4, space only, NEMA 1, type A, fusible		14	.571		690	14.35		704.35	780	
	4520	Circuit breaker		14	.571		400	14.35		414.35	460	
	4540	Type B, fusible		14	.571		690	14.35		704.35	780	
	4560	Circuit breaker		14	.571		395	14.35		409.35	455	
	4580	NEMA 12, type A, fusible		13	.615		720	15.50		735.50	815	
	4600	Circuit breaker		13	.615		410	15.50		425.50	475	
	4620	Type B, fusible		13	.615		695	15.50		710.50	785	
	4640	Circuit breaker		13	.615		400	15.50		415.50	465	
	4800	Starter size 5, FVNR, NEMA 1, type A, fusible		.50	16		4,800	400		5,200	5,875	
	4820	Circuit breaker		.50	16		5,010	400		5,410	6,100	
	4840	Type B, fusible		.50	16		4,910	400		5,310	6,000	
	4860	Circuit breaker		.50	16		5,100	400		5,500	6,200	
	4880	NEMA 12, type A, fusible		.48	16.670		5,070	420		5,490	6,200	
	4900	Circuit breaker		.48	16.670		5,382	420		5,802	6,550	
	4920	Type B, fusible		.48	16.670		5,275	420		5,695	6,425	
	4940	Circuit breaker		.48	16.670		5,415	420		5,835	6,575	
	5000	Starter size 5, FVR, NEMA 1, type A, fusible		.40	20		7,430	505		7,935	8,925	
	5020	Circuit breaker		.40	20		7,640	505		8,145	9,150	
	5040	Type B, fusible		.40	20		7,535	505		8,040	9,025	
	5060	Circuit breaker		.40	20		7,745	505		8,250	9,250	
	5080	NEMA 12, type A, fusible		.38	21.050		7,850	530		8,380	9,425	
	5100	Circuit breaker		.38	21.050		8,150	530		8,680	9,750	
	5120	Type B, fusible		.38	21.050		8,035	530		8,565	9,625	
	5140	Circuit breaker		.38	21.050		8,275	530		8,805	9,875	
	5190	Starter size 5, 2 speed, separate windings										
	5200	NEMA 1, type A, fusible	1 Elec	.50	16	Ea.	8,650	400		9,050	10,100	
	5220	Circuit breaker		.50	16		9,105	400		9,505	10,600	
	5240	Type B, fusible		.50	16		8,920	400		9,320	10,400	

163 | Starters, Boards and Switches

163 100	Starters & Controls	CREW	DAILY OUTPUT	MAN-HOURS	UNIT	MAT.	LABOR	EQUIP.	TOTAL	TOTAL INCL O&P	
120	5260	Circuit breaker	1 Elec	.50	16	Ea.	9,125	400		9,525	10,600	120
	5280	NEMA 12, type A, fusible		.48	16.670		8,920	420		9,340	10,400	
	5300	Circuit breaker		.48	16.670		9,200	420		9,620	10,700	
	5320	Type B, fusible		.48	16.670		9,550	420		9,970	11,100	
	5340	Circuit breaker		.48	16.670		9,340	420		9,760	10,900	
	5400	Starter size 5, autotransformer, NEMA 1, type A, fusible		.35	22.860		10,400	575		10,975	12,300	
	5420	Circuit breaker		.35	22.860		9,900	575		10,475	11,700	
	5440	Type B, fusible		.35	22.860		10,600	575		11,175	12,500	
	5460	Circuit breaker		.35	22.860		10,000	575		10,575	11,800	
	5480	NEMA 12, type A, fusible		.34	23.530		11,020	590		11,610	13,000	
	5500	Circuit breaker		.34	23.530		10,500	590		11,090	12,400	
	5520	Type B, fusible		.34	23.530		11,225	590		11,815	13,200	
	5540	Circuit breakers		.34	23.530		10,600	590		11,190	12,500	
	5600	Starter size 5, space only, NEMA 1, type A, fusible		12	.667		1,055	16.75		1,071	1,175	
	5620	Circuit breaker		12	.667		740	16.75		756.75	840	
	5640	Type B, fusible		12	.667		1,100	16.75		1,116	1,225	
	5660	Circuit breaker		12	.667		740	16.75		756.75	840	
	5680	NEMA 12, type A, fusible		11	.727		1,140	18.30		1,158	1,275	
	5700	Circuit breaker		11	.727		745	18.30		763.30	845	
	5720	Type B, fusible		11	.727		1,140	18.30		1,158	1,275	
	5740	Circuit breaker		11	.727		745	18.30		763.30	845	
	5800	Fuse, light contactor NEMA 1, type A, 30 amp		2.70	2.960		485	75		560	645	
	5820	60 amp		2	4		596	100		696	805	
	5840	100 amp		1	8		760	200		960	1,125	
	5860	200 amp		.80	10		1,200	250		1,450	1,700	
	5880	Type B, 30 amp		2.70	2.960		555	75		630	720	
	5900	60 amp		2	4		683	100		783	900	
	5920	100 amp		1	8		862	200		1,062	1,250	
	5940	200 amp		.80	10		1,367	250		1,617	1,875	
	5960	NEMA 12, type A, 30 amp		2.60	3.080		530	77		607	695	
	5980	60 amp		1.90	4.210		630	105		735	850	
	6000	100 amp		.95	8.420		790	210		1,000	1,175	
	6020	200 amp		.75	10.670		1,280	270		1,550	1,800	
	6040	Type B, 30 amp		2.60	3.080		586	77		663	760	
	6060	60 amp		1.90	4.210		720	105		825	950	
	6080	100 amp		.95	8.420		907	210		1,117	1,300	
	6100	200 amp		.75	10.670		1,438	270		1,708	1,975	
	6200	Circuit breaker, light contactor NEMA 1, type A, 30 amp		2.70	2.960		540	75		615	705	
	6220	60 amp		2	4		617	100		717	825	
	6240	100 amp		1	8		694	200		894	1,050	
	6260	200 amp		.80	10		1,260	250		1,510	1,750	
	6280	Type B, 30 amp		2.70	2.960		602	75		677	770	
	6300	60 amp		2	4		703	100		803	920	
	6320	100 amp		1	8		782	200		982	1,150	
	6340	200 amp		.80	10		1,443	250		1,693	1,950	
	6360	NEMA 12, type A, 30 amp		2.60	3.080		550	77		627	720	
	6380	60 amp		1.90	4.210		658	105		763	880	
	6400	100 amp		.95	8.420		715	210		925	1,100	
	6420	200 amp		.75	10.670		1,341	270		1,611	1,875	
	6440	Type B, 30 amp		2.60	3.080		643	77		720	820	
	6460	60 amp		1.90	4.210		738	105		843	970	
	6480	100 amp		.95	8.420		826	210		1,036	1,225	
	6500	200 amp		.75	10.670		1,525	270		1,795	2,075	
	6600	Fusible switch, NEMA 1, type A, 30 amp		5.30	1.510		295	38		333	380	
	6620	60 amp		5	1.600		325	40		365	415	
	6640	100 amp		4	2		427	50		477	545	
	6660	200 amp		3.20	2.500		731	63		794	895	
	6680	400 amp		2.30	3.480		1,442	87		1,529	1,725	

163 | Starters, Boards and Switches

163 100 | Starters & Controls

		CREW	DAILY OUTPUT	MAN-HOURS	UNIT	MAT.	LABOR	EQUIP.	TOTAL	TOTAL INCL O&P
6700	600 amp	1 Elec	1.60	5	Ea.	2,137	125		2,262	2,525
6720	800 amp		1.30	6.150		2,323	155		2,478	2,775
6740	NEMA 12, type A, 30 amp		5.20	1.540		310	39		349	400
6760	60 amp		4.90	1.630		350	41		391	445
6780	100 amp		3.90	2.050		453	52		505	575
6800	200 amp		3.10	2.580		767	65		832	940
6820	400 amp		2.20	3.640		1,442	91		1,533	1,725
6840	600 amp		1.50	5.330		2,266	135		2,401	2,700
6860	800 amp		1.20	6.670		2,441	170		2,611	2,925
6900	Circuit breaker, NEMA 1, type A, 30 amp		5.30	1.510		378	38		416	470
6920	60 amp		5	1.600		400	40		440	500
6940	100 amp		4	2		400	50		450	515
6960	225 amp		3.20	2.500		736	63		799	900
6980	400 amp		2.30	3.480		1,585	87		1,672	1,875
7000	600 amp		1.60	5		2,240	125		2,365	2,650
7020	800 amp		1.30	6.150		2,845	155		3,000	3,350
7040	NEMA 12, type A, 30 amp		5.20	1.540		398	39		437	495
7060	60 amp		4.90	1.630		432	41		473	535
7080	100 amp		3.90	2.050		432	52		484	550
7100	225 amp		3.10	2.580		767	65		832	940
7120	400 amp		2.20	3.640		1,680	91		1,771	1,975
7140	600 amp		1.50	5.330		2,380	135		2,515	2,825
7160	800 amp		1.20	6.670		2,985	170		3,155	3,525
7300	Incoming line, main lug only, 600 amp, alum, NEMA 1		.80	10		937	250		1,187	1,400
7320	NEMA 12		.75	10.670		985	270		1,255	1,475
7340	Copper, NEMA 1		.80	10		1,030	250		1,280	1,500
7360	800 amp, alum., NEMA 1		.75	10.670		1,965	270		2,235	2,550
7380	NEMA 12		.70	11.430		2,070	285		2,355	2,700
7400	Copper, NEMA 1		.75	10.670		2,415	270		2,685	3,050
7420	1200 amp, copper, NEMA 1		.70	11.430		2,650	285		2,935	3,350
7440	Incoming line, fusible switch, 400 amp, alum., NEMA 1		.60	13.330		1,854	335		2,189	2,525
7460	NEMA 12		.55	14.550		1,965	365		2,330	2,700
7480	Copper, NEMA 1		.60	13.330		1,935	335		2,270	2,625
7500	600 amp, alum., NEMA 1		.55	14.550		2,045	365		2,410	2,800
7520	NEMA 12		.50	16		2,200	400		2,600	3,025
7540	Copper, NEMA 1		.55	14.550		2,145	365		2,510	2,900
7560	Incoming line, circuit breaker, 225 amp, alum., NEMA 1		.60	13.330		2,200	335		2,535	2,925
7580	NEMA 12		.55	14.550		2,300	365		2,665	3,075
7600	Copper, NEMA 1		.60	13.330		2,390	335		2,725	3,125
7620	400 amp, alum., NEMA 1		.60	13.330		2,575	335		2,910	3,325
7640	NEMA 12		.55	14.550		2,700	365		3,065	3,500
7660	Copper, NEMA 1		.60	13.330		2,650	335		2,985	3,400
7680	600 amp, alum., NEMA 1		.55	14.550		2,755	365		3,120	3,575
7700	NEMA 12		.50	16		2,920	400		3,320	3,800
7720	Copper, NEMA 1		.55	14.550		2,835	365		3,200	3,650
7740	800 amp, copper, NEMA 1		.45	17.780		3,240	445		3,685	4,225
7760	Incoming line, for copper bus, add					295			295	325
7780	For 65000 amp bus bracing, add					303			303	335
7800	For NEMA 3R enclosure, add					1,575			1,575	1,725
7820	For NEMA 12 enclosure, add					210			210	230
7840	For ¼" x 1" ground bus, add	1 Elec	16	.500		167	12.60		179.60	200
7860	For ¼" x 2" ground bus, add		12	.667		273	16.75		289.75	325
7880	Main rating, basic section, alum., NEMA 1, 600 amp		.80	10			250		250	370
7900	800 amp		.70	11.430		128	285		413	565
7920	1200 amp		.60	13.330		253	335		588	775
7940	Basic section, for copper bus, add					293			293	320
7960	For 65000 amp bus bracing, add					298			298	330
7980	For NEMA 3R enclosure, add					1,575			1,575	1,725

163 | Starters, Boards and Switches

163 100 | Starters & Controls

			CREW	DAILY OUTPUT	MAN-HOURS	UNIT	MAT.	LABOR	EQUIP.	TOTAL	TOTAL INCL O&P	
120	8000	For NEMA 12, enclosure, add				Ea.	211			211	230	120
	8020	For ¼" x 1" ground bus, add	1 Elec	16	.500		167	12.60		179.60	200	
	8040	For ¼" x 2" ground bus, add		12	.667		268	16.75		284.75	320	
	8060	Unit devices, pilot light, standard		16	.500		85	12.60		97.60	110	
	8080	Pilot light, push to test		16	.500		92	12.60		104.60	120	
	8100	Pilot light, standard, and push button		12	.667		135	16.75		151.75	175	
	8120	Pilot light, push to test, and push button		12	.667		165	16.75		181.75	205	
	8140	Pilot light, standard, and select switch		12	.667		155	16.75		171.75	195	
	8160	Pilot light, push to test, and select switch		12	.667		175	16.75		191.75	215	
130	0010	**MOTOR STARTERS & CONTROLS**										130
	0050	Magnetic, FVNR, with enclosure and heaters, 480 volt										
	0080	2 HP, size 00	1 Elec	3.50	2.290	Ea.	118	57		175	215	
	0100	5 HP, size 0		2.30	3.480		140	87		227	285	
	0200	10 HP, size 1		1.60	5		151	125		276	350	
	0300	25 HP, size 2		1.10	7.270		286	185		471	585	
	0400	50 HP, size 3		.90	8.890		468	225		693	845	
	0500	100 HP, size 4		.60	13.330		1,057	335		1,392	1,650	
	0600	200 HP, size 5		.45	17.780		2,430	445		2,875	3,325	
	0610	400 HP, size 6		.40	20		6,839	505		7,344	8,275	
	0620	NEMA 7, 5 HP, size 0		1.60	5		530	125		655	770	
	0630	10 HP, size 1		1.10	7.270		551	185		736	875	
	0640	25 HP, size 2		.90	8.890		870	225		1,095	1,275	
	0650	50 HP, size 3		.60	13.330		1,294	335		1,629	1,925	
	0660	100 HP, size 4		.45	17.780		2,060	445		2,505	2,925	
	0670	200 HP, size 5		.25	32		4,913	805		5,718	6,600	
	0700	Combination, with motor circuit protectors, 5 HP, size 0		1.80	4.440		440	110		550	650	
	0800	10 HP, size 1		1.30	6.150		460	155		615	735	
	0900	25 HP, size 2		1	8		650	200		850	1,000	
	1000	50 HP, size 3		.66	12.120		922	305		1,227	1,475	
	1200	100 HP, size 4		.40	20		2,000	505		2,505	2,950	
	1220	NEMA 7, 5 HP, size 0		1.30	6.150		910	155		1,065	1,225	
	1230	10 HP, size 1		1	8		930	200		1,130	1,325	
	1240	25 HP, size 2		.66	12.120		1,260	305		1,565	1,825	
	1250	50 HP, size 3		.40	20		2,050	505		2,555	3,000	
	1260	100 HP, size 4		.30	26.670		3,195	670		3,865	4,500	
	1270	200 HP, size 5		.20	40		6,880	1,000		7,880	9,050	
	1400	Combination, with fused switch, 5 HP, size 0		1.80	4.440		365	110		475	565	
	1600	10 HP, size 1		1.30	6.150		380	155		535	645	
	1800	25 HP, size 2		1	8		579	200		779	935	
	2000	50 HP, size 3		.66	12.120		955	305		1,260	1,500	
	2200	100 HP, size 4		.40	20		1,780	505		2,285	2,700	
	2610	NEMA 4, with start-stop pushbutton size 1		1.30	6.150		805	155		960	1,125	
	2620	Size 2		1	8		1,150	200		1,350	1,550	
	2630	Size 3		.66	12.120		2,045	305		2,350	2,700	
	2640	Size 4		.40	20		2,920	505		3,425	3,950	
	2650	NEMA 4, FVNR, including control transformer										
	2660	Size 1	1 Elec	1.30	6.150	Ea.	890	155		1,045	1,200	
	2670	Size 2		1	8		1,250	200		1,450	1,675	
	2680	Size 3		.66	12.120		2,325	305		2,630	3,000	
	2690	Size 4		.40	20		3,115	505		3,620	4,175	
	2710	Magnetic, FVR, control circuit transformer, NEMA 1, size 1		1.30	6.150		445	155		600	720	
	2720	Size 2		1	8		765	200		965	1,150	
	2730	Size 3		.66	12.120		1,250	305		1,555	1,825	
	2740	Size 4		.40	20		2,698	505		3,203	3,700	
	2760	NEMA 4, size 1		1.10	7.270		662	185		847	1,000	
	2770	Size 2		.80	10		1,110	250		1,360	1,600	
	2780	Size 3		.60	13.330		1,755	335		2,090	2,425	

163 | Starters, Boards and Switches

163 100 | Starters & Controls

			CREW	DAILY OUTPUT	MAN-HOURS	UNIT	BARE COSTS MAT.	LABOR	EQUIP.	TOTAL	TOTAL INCL O&P	
130	2790	Size 4	1 Elec	.35	22.860	Ea.	3,615	575		4,190	4,825	130
	2820	NEMA 12, size 1		1.10	7.270		495	185		680	815	
	2830	Size 2		.80	10		880	250		1,130	1,350	
	2840	Size 3		.60	13.330		1,435	335		1,770	2,075	
	2850	Size 4		.35	22.860		3,024	575		3,599	4,175	
	2870	Combination FVR, fused, w/control Xfmr & PB, NEMA 1, size 1		1	8		735	200		935	1,100	
	2880	Size 2		.75	10.670		1,115	270		1,385	1,625	
	2890	Size 3		.55	14.550		1,805	365		2,170	2,525	
	2900	Size 4		.35	22.860		3,570	575		4,145	4,775	
	2910	NEMA 4, size 1		.90	8.890		1,110	225		1,335	1,550	
	2920	Size 2		.70	11.430		1,750	285		2,035	2,350	
	2930	Size 3		.50	16		2,920	400		3,320	3,800	
	2940	Size 4		.30	26.670		4,985	670		5,655	6,475	
	2950	NEMA 12, size 1		1	8		840	200		1,040	1,225	
	2960	Size 2		.70	11.430		1,270	285		1,555	1,825	
	2970	Size 3		.50	16		1,995	400		2,395	2,800	
	2980	Size 4		.30	26.670		4,095	670		4,765	5,500	
	3010	Manual, single phase, w/pilot, 1 pole 120V NEMA 1		6.40	1.250		42	31		73	93	
	3020	NEMA 4		4	2		125	50		175	210	
	3030	2 pole, 230V, NEMA 1		6.40	1.250		52	31		83	105	
	3040	NEMA 4		4	2		125	50		175	210	
	3050	3 phase, 3 pole 600V, NEMA 1		5.50	1.450		137	37		174	205	
	3060	NEMA 4		3.50	2.290		265	57		322	375	
	3070	NEMA 12		3.50	2.290		156	57		213	255	
	3500	Magnetic FVNR with NEMA 12, enclosure & heaters, 480 volt										
	3600	5 HP, size 0	1 Elec	2.20	3.640	Ea.	178	91		269	330	
	3700	10 HP, size 1		1.50	5.330		195	135		330	415	
	3800	25 HP, size 2		1	8		360	200		560	695	
	3900	50 HP, size 3		.80	10		546	250		796	970	
	4000	100 HP, size 4		.50	16		1,290	400		1,690	2,025	
	4100	200 HP, size 5		.40	20		3,080	505		3,585	4,125	
	4200	Combination with motor circuit protectors, 5 HP, size 0		1.70	4.710		520	120		640	745	
	4300	10 HP, size 1		1.20	6.670		535	170		705	835	
	4400	25 HP, size 2		.90	8.890		736	225		961	1,150	
	4500	50 HP, size 3		.60	13.330		1,050	335		1,385	1,650	
	4600	100 HP, size 4		.37	21.620		2,360	545		2,905	3,400	
	4700	Combination with fused switch, 5 HP, size 0		1.70	4.710		435	120		555	655	
	4800	10 HP, size 1		1.20	6.670		453	170		623	745	
	4900	25 HP, size 2		.90	8.890		675	225		900	1,075	
	5000	50 HP, size 3		.60	13.330		1,070	335		1,405	1,675	
	5100	100 HP, size 4		.37	21.620		2,175	545		2,720	3,200	
	5200	Factory installed controls, adders to size 0 thru 5										
	5300	Start-stop push button	1 Elec	32	.250	Ea.	30	6.30		36.30	42	
	5400	Hand-off-auto-selector switch		32	.250		30	6.30		36.30	42	
	5500	Pilot light		32	.250		55	6.30		61.30	70	
	5600	Start-stop-pilot		32	.250		81	6.30		87.30	98	
	5700	Auxiliary contact, NO or NC		32	.250		40	6.30		46.30	53	
	5800	NO-NC		32	.250		76	6.30		82.30	93	
	5810	Magnetic FVR, NEMA 7 w/heaters, size 1		.66	12.120		927	305		1,232	1,475	
	5830	Size 2		.55	14.550		1,555	365		1,920	2,250	
	5840	Size 3		.35	22.860		2,437	575		3,012	3,525	
	5850	Size 4		.30	26.670		4,233	670		4,903	5,650	
	5860	Combination w/circuit breakers, heaters, control xfmr PB size 1		.60	13.330		1,390	335		1,725	2,025	
	5870	Size 2		.40	20		2,034	505		2,539	2,975	
	5880	Size 3		.25	32		3,245	805		4,050	4,750	
	5890	Size 4		.20	40		5,975	1,000		6,975	8,050	
	5900	Manual, 240 volt, .75 HP motor		4	2		85	50		135	170	
	5910	2 HP motor		4	2		85	50		135	170	

163 | Starters, Boards and Switches

163 100 | Starters & Controls

		CREW	DAILY OUTPUT	MAN-HOURS	UNIT	BARE COSTS MAT.	LABOR	EQUIP.	TOTAL	TOTAL INCL O&P	
130	6000	Magnetic, 240 volt, 1 or 2 pole, .75 HP motor	1 Elec	4	2	Ea.	113	50		163	200	130
	6020	2 HP motor		4	2		124	50		174	210	
	6040	5 HP motor		3	2.670		178	67		245	295	
	6060	10 HP motor		2.30	3.480		410	87		497	580	
	6100	3 pole, .75 HP motor		3	2.670		120	67		187	230	
	6120	5 HP motor		2.30	3.480		151	87		238	295	
	6140	10 HP motor		1.60	5		290	125		415	505	
	6160	15 HP motor		1.60	5		290	125		415	505	
	6180	20 HP motor		1.10	7.270		475	185		660	795	
	6200	25 HP motor		1.10	7.270		475	185		660	795	
	6210	30 HP motor		.90	8.890		475	225		700	855	
	6220	40 HP motor		.90	8.890		1,030	225		1,255	1,475	
	6230	50 HP motor		.90	8.890		1,030	225		1,255	1,475	
	6240	60 HP motor		.60	13.330		2,360	335		2,695	3,100	
	6250	75 HP motor		.60	13.330		2,360	335		2,695	3,100	
	6260	100 HP motor		.60	13.330		2,360	335		2,695	3,100	
	6270	125 HP motor		.45	17.780		6,645	445		7,090	7,975	
	6280	150 HP motor		.45	17.780		6,645	445		7,090	7,975	
	6290	200 HP motor		.45	17.780		6,645	445		7,090	7,975	
	6400	Starter & nonfused disconnect, 240 volt, 1-2 pole, .75 HP motor		2	4		180	100		280	345	
	6410	2 HP motor		2	4		191	100		291	360	
	6420	5 HP motor		1.80	4.440		250	110		360	440	
	6430	10 HP motor		1.40	5.710		480	145		625	740	
	6440	3 pole, .75 HP motor		1.60	5		191	125		316	395	
	6450	5 HP motor		1.40	5.710		225	145		370	460	
	6460	10 HP motor		1.10	7.270		347	185		532	650	
	6470	15 HP motor		1	8		400	200		600	735	
	6480	20 HP motor		.75	10.670		473	270		743	915	
	6490	25 HP motor		.75	10.670		643	270		913	1,100	
	6500	30 HP motor		.65	12.310		643	310		953	1,175	
	6510	40 HP motor		.62	12.900		1,195	325		1,520	1,800	
	6520	50 HP motor		.56	14.290		1,262	360		1,622	1,925	
	6530	60 HP motor		.45	17.780		2,575	445		3,020	3,500	
	6540	75 HP motor		.38	21.050		2,920	530		3,450	4,000	
	6550	100 HP motor		.35	22.860		2,920	575		3,495	4,050	
	6560	125 HP motor		.30	26.670		7,205	670		7,875	8,925	
	6570	150 HP motor		.26	30.770		7,605	775		8,380	9,500	
	6580	200 HP motor		.25	32		7,605	805		8,410	9,550	
	6600	Starter & fused disconnect, 240 volt, 1-2 pole, .75 HP motor		2	4		168	100		268	335	
	6610	2 HP motor		2	4		181	100		281	350	
	6620	5 HP motor		1.80	4.440		237	110		347	425	
	6630	10 HP motor		1.40	5.710		480	145		625	740	
	6640	3 pole, .75 HP motor		1.60	5		190	125		315	395	
	6650	5 HP motor		1.40	5.710		230	145		375	465	
	6660	10 HP motor		1.10	7.270		415	185		600	725	
	6690	15 HP motor		1	8		640	200		840	1,000	
	6700	20 HP motor		.80	10		640	250		890	1,075	
	6710	25 HP motor		.80	10		640	250		890	1,075	
	6720	30 HP motor		.70	11.430		659	285		944	1,150	
	6730	40 HP motor		.60	13.330		1,315	335		1,650	1,950	
	6740	50 HP motor		.60	13.330		1,315	335		1,650	1,950	
	6750	60 HP motor		.45	17.780		2,655	445		3,100	3,575	
	6760	75 HP motor		.45	17.780		2,995	445		3,440	3,950	
	6770	100 HP motor		.35	22.860		2,995	575		3,570	4,150	
	6780	125 HP motor		.27	29.630		7,340	745		8,085	9,175	
	6790	Combination starter & nonfusible disconnect										
	6800	240 volt, 1-2 pole, .75 HP motor	1 Elec	2	4	Ea.	320	100		420	500	
	6810	2 HP motor	"	2	4	"	320	100		420	500	

163 | Starters, Boards and Switches

		163 100	Starters & Controls	CREW	DAILY OUTPUT	MAN-HOURS	UNIT	BARE COSTS MAT.	BARE COSTS LABOR	BARE COSTS EQUIP.	BARE COSTS TOTAL	TOTAL INCL O&P	
130	6820		5 HP motor	1 Elec	1.50	5.330	Ea.	335	135		470	565	130
	6830		10 HP motor		1.20	6.670		525	170		695	825	
	6840		3 pole, .75 HP motor		1.80	4.440		320	110		430	515	
	6850		5 HP motor		1.30	6.150		335	155		490	595	
	6860		10 HP motor		1	8		526	200		726	875	
	6870		15 HP motor		1	8		526	200		726	875	
	6880		20 HP motor		.66	12.120		861	305		1,166	1,400	
	6890		25 HP motor		.66	12.120		870	305		1,175	1,400	
	6900		30 HP motor		.66	12.120		878	305		1,183	1,425	
	6910		40 HP motor		.40	20		1,650	505		2,155	2,550	
	6920		50 HP motor		.40	20		1,650	505		2,155	2,550	
	6930		60 HP motor		.35	22.860		3,655	575		4,230	4,875	
	6940		75 HP motor		.35	22.860		3,655	575		4,230	4,875	
	6950		100 HP motor		.35	22.860		3,700	575		4,275	4,925	
	6960		125 HP motor		.30	26.670		9,615	670		10,285	11,600	
	6970		150 HP motor		.30	26.670		9,700	670		10,370	11,700	
	6980		200 HP motor	↓	.30	26.670	↓	9,730	670		10,400	11,700	
	6990		Combination starter and fused disconnect										
	7000		240 volt, 1-2 pole, .75 HP motor	1 Elec	2	4	Ea.	335	100		435	515	
	7010		2 HP motor		2	4		335	100		435	515	
	7020		5 HP motor		1.50	5.330		350	135		485	585	
	7030		10 HP motor		1.20	6.670		550	170		720	855	
	7040		3 pole, .75 HP motor		1.80	4.440		335	110		445	535	
	7050		5 HP motor		1.30	6.150		347	155		502	610	
	7060		10 HP motor		1	8		545	200		745	895	
	7070		15 HP motor		1	8		545	200		745	895	
	7080		20 HP motor		.66	12.120		910	305		1,215	1,450	
	7090		25 HP motor		.66	12.120		910	305		1,215	1,450	
	7100		30 HP motor		.66	12.120		1,000	305		1,305	1,550	
	7110		40 HP motor		.40	20		1,745	505		2,250	2,650	
	7120		50 HP motor		.40	20		1,745	505		2,250	2,650	
	7130		60 HP motor		.40	20		3,852	505		4,357	4,975	
	7140		75 HP motor		.35	22.860		3,852	575		4,427	5,075	
	7150		100 HP motor		.35	22.860		3,852	575		4,427	5,075	
	7160		125 HP motor		.35	22.860		10,000	575		10,575	11,800	
	7170		150 HP motor		.30	26.670		10,000	670		10,670	12,000	
	7180		200 HP motor	↓	.30	26.670	↓	10,000	670		10,670	12,000	
	7190		Combination starter & circuit breaker disconnect										
	7200		240 volt, 1-2 pole, .75 HP motor	1 Elec	2	4	Ea.	440	100		540	635	
	7210		2 HP motor		2	4		440	100		540	635	
	7220		5 HP motor		1.50	5.330		460	135		595	705	
	7230		10 HP motor		1.20	6.670		650	170		820	965	
	7240		3 pole, .75 HP motor		1.80	4.440		445	110		555	655	
	7250		5 HP motor		1.30	6.150		460	155		615	735	
	7260		10 HP motor		1	8		648	200		848	1,000	
	7270		15 HP motor		1	8		648	200		848	1,000	
	7280		20 HP motor		.66	12.120		915	305		1,220	1,450	
	7290		25 HP motor		.66	12.120		915	305		1,220	1,450	
	7300		30 HP motor		.66	12.120		915	305		1,220	1,450	
	7310		40 HP motor		.40	20		1,995	505		2,500	2,925	
	7320		50 HP motor		.40	20		1,995	505		2,500	2,925	
	7330		60 HP motor		.40	20		4,584	505		5,089	5,775	
	7340		75 HP motor		.35	22.860		4,584	575		5,159	5,900	
	7350		100 HP motor		.35	22.860		4,584	575		5,159	5,900	
	7360		125 HP motor		.35	22.860		9,890	575		10,465	11,700	
	7370		150 HP motor		.30	26.670		9,890	670		10,560	11,900	
	7380		200 HP motor	↓	.30	26.670	↓	9,890	670		10,560	11,900	
	7400		Magnetic FVNR with enclosure & heaters, 2 pole,										

163 | Starters, Boards and Switches

163 100 | Starters & Controls

		CREW	DAILY OUTPUT	MAN-HOURS	UNIT	BARE COSTS MAT.	LABOR	EQUIP.	TOTAL	TOTAL INCL O&P	
130	7410	230 volt, 1 HP size 00	1 Elec	4	2	Ea.	115	50		165	200	130
	7420	2 HP, size 0		4	2		125	50		175	210	
	7430	3 HP, size 1		3	2.670		142	67		209	255	
	7440	5 HP, size 1p		3	2.670		175	67		242	290	
	7450	115 volt, ⅓ HP, size 00		4	2		105	50		155	190	
	7460	1 HP, size 0		4	2		120	50		170	205	
	7470	2 HP, size 1		3	2.670		133	67		200	245	
	7480	3 HP, size 1P		3	2.670		170	67		237	285	
	7500	3 pole, 480 volt, 600 HP, size 7	↓	.35	22.860	↓	8,860	575		9,435	10,600	
	7590	Magnetic FVNR with heater, NEMA 1										
	7600	600 volt, 3 pole, 5 HP motor	1 Elec	2.30	3.480	Ea.	140	87		227	285	
	7610	10 HP motor		1.60	5		155	125		280	355	
	7620	25 HP motor		1.10	7.270		290	185		475	590	
	7630	30 HP motor		.90	8.890		470	225		695	845	
	7640	40 HP motor		.90	8.890		470	225		695	845	
	7650	50 HP motor		.90	8.890		470	225		695	845	
	7660	60 HP motor		.60	13.330		1,020	335		1,355	1,625	
	7670	75 HP motor		.60	13.330		1,020	335		1,355	1,625	
	7680	100 HP motor		.60	13.330		1,020	335		1,355	1,625	
	7690	125 HP motor		.45	17.780		2,370	445		2,815	3,275	
	7700	150 HP motor		.45	17.780		2,370	445		2,815	3,275	
	7710	200 HP motor		.45	17.780		2,370	445		2,815	3,275	
	7750	Starter & nonfused disconnect, 600 volt, 3 pole, 5 HP motor		1.40	5.710		206	145		351	440	
	7760	10 HP motor		1.10	7.270		210	185		395	500	
	7770	25 HP motor		.75	10.670		350	270		620	780	
	7780	30 HP motor		.65	12.310		535	310		845	1,050	
	7790	40 HP motor		.65	12.310		577	310		887	1,100	
	7800	50 HP motor		.65	12.310		577	310		887	1,100	
	7810	60 HP motor		.46	17.390		1,135	435		1,570	1,900	
	7820	75 HP motor		.46	17.390		1,180	435		1,615	1,950	
	7830	100 HP motor		.42	19.050		1,262	480		1,742	2,100	
	7840	125 HP motor		.35	22.860		2,625	575		3,200	3,725	
	7850	150 HP motor		.35	22.860		2,625	575		3,200	3,725	
	7860	200 HP motor		.30	26.670		2,920	670		3,590	4,200	
	7870	Starter & fused disconnect, 600 volt, 3 pole, 5 HP motor		1.40	5.710		258	145		403	495	
	7880	10 HP motor		1.10	7.270		273	185		458	570	
	7890	25 HP motor		.75	10.670		433	270		703	870	
	7900	30 Hp motor		.65	12.310		603	310		913	1,125	
	7910	40 HP motor		.65	12.310		603	310		913	1,125	
	7920	50 HP motor		.65	12.310		603	310		913	1,125	
	7930	60 HP motor		.46	17.390		1,262	435		1,697	2,025	
	7940	75 HP motor		.46	17.390		1,262	435		1,697	2,025	
	7950	100 HP motor		.42	19.050		1,370	480		1,850	2,225	
	7960	125 HP motor		.35	22.860		2,710	575		3,285	3,825	
	7970	150 HP motor		.35	22.860		2,710	575		3,285	3,825	
	7980	200 HP motor	↓	.30	26.670	↓	3,295	670		3,965	4,625	
	7990	Combination starter and nonfusible disconnect										
	8000	600 volt, 3 pole, 5 HP motor	1 Elec	1.80	4.440	Ea.	315	110		425	510	
	8010	10 HP motor		1.30	6.150		345	155		500	610	
	8020	25 HP motor		1	8		540	200		740	890	
	8030	30 HP motor		.66	12.120		875	305		1,180	1,425	
	8040	40 HP motor		.66	12.120		875	305		1,180	1,425	
	8050	50 HP motor		.66	12.120		875	305		1,180	1,425	
	8060	60 HP motor		.40	20		1,600	505		2,105	2,500	
	8070	75 HP motor		.40	20		1,600	505		2,105	2,500	
	8080	100 HP motor		.40	20		1,600	505		2,105	2,500	
	8090	125 HP motor		.35	22.860		3,600	575		4,175	4,800	
	8100	150 HP motor	↓	.35	22.860		3,600	575		4,175	4,800	

163 | Starters, Boards and Switches

163 100 | Starters & Controls

		Description	CREW	DAILY OUTPUT	MAN-HOURS	UNIT	BARE COSTS MAT.	LABOR	EQUIP.	TOTAL	TOTAL INCL O&P	
130	8110	200 HP motor	1 Elec	.35	22.860	Ea.	3,600	575		4,175	4,800	130
	8140	Combination starter and fused disconnect										
	8150	600 volt, 3 pole, 5 HP motor	1 Elec	1.80	4.440	Ea.	365	110		475	565	
	8160	10 HP motor		1.30	6.150		380	155		535	645	
	8170	25 HP motor		1	8		577	200		777	930	
	8180	30 HP motor		.66	12.120		945	305		1,250	1,500	
	8190	40 HP motor		.66	12.120		960	305		1,265	1,500	
	8200	50 HP motor		.66	12.120		960	305		1,265	1,500	
	8210	60 HP motor		.40	20		1,751	505		2,256	2,675	
	8220	75 HP motor		.40	20		1,751	505		2,256	2,675	
	8230	100 HP motor		.40	20		1,751	505		2,256	2,675	
	8240	125 HP motor		.35	22.860		3,915	575		4,490	5,150	
	8250	150 HP motor		.35	22.860		3,915	575		4,490	5,150	
	8260	200 HP motor		.35	22.860		3,915	575		4,490	5,150	
	8290	Combination starter & circuit breaker disconnect										
	8300	600 volt, 3 pole, 5 HP motor	1 Elec	1.80	4.440	Ea.	455	110		565	665	
	8310	10 HP motor		1.30	6.150		470	155		625	745	
	8320	25 HP motor		1	8		675	200		875	1,050	
	8330	30 HP motor		.66	12.120		930	305		1,235	1,475	
	8340	40 HP motor		.66	12.120		930	305		1,235	1,475	
	8350	50 HP motor		.66	12.120		930	305		1,235	1,475	
	8360	60 HP motor		.40	20		1,995	505		2,500	2,925	
	8370	75 HP motor		.40	20		1,995	505		2,500	2,925	
	8380	100 HP motor		.40	20		1,995	505		2,500	2,925	
	8390	125 HP motor		.35	22.860		4,555	575		5,130	5,850	
	8400	150 HP motor		.35	22.860		4,555	575		5,130	5,850	
	8410	200 HP motor		.35	22.860		4,555	575		5,130	5,850	
	8430	Starter & circuit breaker disconnect										
	8440	600 volt, 3 pole, 5 HP motor	1 Elec	1.40	5.710	Ea.	370	145		515	620	
	8450	10 HP motor		1.10	7.270		385	185		570	695	
	8460	25 HP motor		.75	10.670		515	270		785	965	
	8470	30 HP motor		.65	12.310		695	310		1,005	1,225	
	8480	40 HP motor		.65	12.310		742	310		1,052	1,275	
	8490	50 HP motor		.65	12.310		742	310		1,052	1,275	
	8500	60 HP motor		.46	17.390		1,600	435		2,035	2,400	
	8510	75 HP motor		.46	17.390		1,600	435		2,035	2,400	
	8520	100 HP motor		.42	19.050		1,600	480		2,080	2,475	
	8530	125 HP motor		.35	22.860		2,970	575		3,545	4,125	
	8540	150 HP motor		.35	22.860		2,970	575		3,545	4,125	
	8550	200 HP motor		.30	26.670		3,380	670		4,050	4,700	
	8900	240 volt, 1-2 pole, .75 HP motor		2	4		185	100		285	350	
	8910	2 HP motor		2	4		195	100		295	365	
	8920	5 HP motor		1.80	4.440		250	110		360	440	
	8930	10 HP motor		1.40	5.710		370	145		515	620	
	8950	3 pole, .75 HP motor		1.60	5		200	125		325	405	
	8970	5 HP motor		1.40	5.710		250	145		395	485	
	8980	10 HP motor		1.10	7.270		375	185		560	685	
	8990	15 HP motor		1	8		420	200		620	760	
	9100	20 HP motor		.75	10.670		587	270		857	1,050	
	9110	25 HP motor		.75	10.670		587	270		857	1,050	
	9120	30 HP motor		.65	12.310		587	310		897	1,100	
	9130	40 HP motor		.62	12.900		1,575	325		1,900	2,200	
	9140	50 HP motor		.56	14.290		1,575	360		1,935	2,275	
	9150	60 HP motor		.45	17.780		2,935	445		3,380	3,900	
	9160	75 HP motor		.38	21.050		3,380	530		3,910	4,500	
	9170	100 HP motor		.35	22.860		3,380	575		3,955	4,575	
	9180	125 HP motor		.30	26.670		8,240	670		8,910	10,100	
	9190	150 HP motor		.26	30.770		8,240	775		9,015	10,200	

163 | Starters, Boards and Switches

163 100 | Starters & Controls

			CREW	DAILY OUTPUT	MAN-HOURS	UNIT	BARE COSTS MAT.	LABOR	EQUIP.	TOTAL	TOTAL INCL O&P	
130	9200	200 HP motor	1 Elec	.25	32	Ea.	8,240	805		9,045	10,300	130

163 200 | Boards

			CREW	DAILY OUTPUT	MAN-HOURS	UNIT	MAT.	LABOR	EQUIP.	TOTAL	INCL O&P	
205	0010	**CIRCUIT BREAKERS** (in enclosure)										205
	0100	Enclosed (NEMA 1), 600 volt, 3 pole, 30 amp	1 Elec	3.20	2.500	Ea.	220	63		283	335	
	0200	60 amp		2.80	2.860		220	72		292	350	
	0400	100 amp		2.30	3.480		270	87		357	425	
	0600	225 amp		1.50	5.330		578	135		713	835	
	0700	400 amp		.80	10		998	250		1,248	1,475	
	0800	600 amp		.60	13.330		1,620	335		1,955	2,275	
	1000	800 amp		.47	17.020		2,100	430		2,530	2,950	
	1200	1000 amp		.42	19.050		2,665	480		3,145	3,650	
	1220	1200 amp		.40	20		3,620	505		4,125	4,725	
	1240	1600 amp		.36	22.220		5,900	560		6,460	7,325	
	1260	2000 amp		.32	25		6,000	630		6,630	7,525	
	1400	1200 amp with ground fault		.40	20		5,100	505		5,605	6,350	
	1600	1600 amp with ground fault		.36	22.220		6,900	560		7,460	8,425	
	1800	2000 amp with ground fault		.32	25		7,245	630		7,875	8,900	
	2000	Disconnect, 240 volt 3 pole, 5 HP motor		3.20	2.500		140	63		203	245	
	2020	10 HP motor		3.20	2.500		140	63		203	245	
	2040	15 HP motor		2.80	2.860		140	72		212	260	
	2060	20 HP motor		2.30	3.480		185	87		272	335	
	2080	25 HP motor		2.30	3.480		185	87		272	335	
	2100	30 HP motor		2.30	3.480		185	87		272	335	
	2120	40 HP motor		2	4		570	100		670	775	
	2140	50 HP motor		1.50	5.330		570	135		705	825	
	2160	60 HP motor		1.50	5.330		570	135		705	825	
	2180	75 HP motor		1	8		960	200		1,160	1,350	
	2200	100 HP motor		.80	10		960	250		1,210	1,425	
	2220	125 HP motor		.80	10		960	250		1,210	1,425	
	2240	150 HP motor		.60	13.330		1,600	335		1,935	2,250	
	2260	200 HP motor		.60	13.330		1,600	335		1,935	2,250	
	2300	Enclosed (NEMA 7), explosion proof, 600 volt, 3 pole, 50 amp		2.30	3.480		445	87		532	620	
	2350	100 amp		1.50	5.330		560	135		695	815	
	2400	150 amp		1	8		1,185	200		1,385	1,600	
	2450	250 amp		.80	10		2,355	250		2,605	2,950	
	2500	400 amp		.60	13.330		2,355	335		2,690	3,075	
220	0010	**FUSES**										220
	0020	Cartridge, nonrenewable										
	0050	250 volt, 30 amp	1 Elec	50	.160	Ea.	.67	4.02		4.69	6.70	
	0100	60 amp		50	.160		1	4.02		5.02	7.05	
	0150	100 amp		40	.200		4.26	5.05		9.31	12.10	
	0200	200 amp		36	.222		10.29	5.60		15.89	19.55	
	0250	400 amp		30	.267		18.42	6.70		25.12	30	
	0300	600 amp		24	.333		27.71	8.40		36.11	43	
	0400	600 volt, 30 amp		40	.200		2.86	5.05		7.91	10.55	
	0450	60 amp		40	.200		4.25	5.05		9.30	12.10	
	0500	100 amp		36	.222		9.06	5.60		14.66	18.20	
	0550	200 amp		30	.267		17.90	6.70		24.60	30	
	0600	400 amp		24	.333		35.59	8.40		43.99	52	
	0650	600 amp		20	.400		51.17	10.05		61.22	71	
	0800	Dual element, time delay, 250 volt, 30 amp		50	.160		1.99	4.02		6.01	8.15	
	0850	60 amp		50	.160		3.62	4.02		7.64	9.90	
	0900	100 amp		40	.200		8.12	5.05		13.17	16.35	
	0950	200 amp		36	.222		17.96	5.60		23.56	28	
	1000	400 amp		30	.267		32.36	6.70		39.06	46	
	1050	600 amp		24	.333		49.65	8.40		58.05	67	

163 | Starters, Boards and Switches

163 200 | Boards

			CREW	DAILY OUTPUT	MAN-HOURS	UNIT	BARE COSTS MAT.	LABOR	EQUIP.	TOTAL	TOTAL INCL O&P	
220	1300	600 volt, 15 to 30 amp	1 Elec	40	.200	Ea.	4.41	5.05		9.46	12.30	220
	1350	35 to 60 amp		40	.200		7.54	5.05		12.59	15.70	
	1400	70 to 100 amp		36	.222		15.55	5.60		21.15	25	
	1450	110 to 200 amp		30	.267		31.07	6.70		37.77	44	
	1500	225 to 400 amp		24	.333		62.39	8.40		70.79	81	
	1550	600 amp		20	.400		89.29	10.05		99.34	115	
	1800	Class K5, high capacity, 250 volt, 30 amp		50	.160		5.16	4.02		9.18	11.60	
	1850	60 amp		50	.160		12.08	4.02		16.10	19.25	
	1900	100 amp		40	.200		25.55	5.05		30.60	36	
	1950	200 amp		36	.222		50.88	5.60		56.48	64	
	2000	400 amp		30	.267		101.41	6.70		108.11	120	
	2050	600 amp		24	.333		120	8.40		128.40	145	
	2200	600 volt, 30 amp		40	.200		6.66	5.05		11.71	14.75	
	2250	60 amp		40	.200		14.30	5.05		19.35	23	
	2300	100 amp		36	.222		30.55	5.60		36.15	42	
	2350	200 amp		30	.267		57.39	6.70		64.09	73	
	2400	400 amp		24	.333		114.69	8.40		123.09	140	
	2450	600 amp		20	.400		146.17	10.05		156.22	175	
	2700	Class J, CLF, 250 or 600 volt, 30 amp		40	.200		6.44	5.05		11.49	14.50	
	2750	60 amp		40	.200		13.34	5.05		18.39	22	
	2800	100 amp		36	.222		30.80	5.60		36.40	42	
	2850	200 amp		30	.267		62.16	6.70		68.86	78	
	2900	400 amp		24	.333		121.07	8.40		129.47	145	
	2950	600 amp		20	.400		156.36	10.05		166.41	185	
	3100	Class L, 250 or 600 volt, 601 to 1200 amp		16	.500		191	12.60		203.60	230	
	3150	1500-1600 amp		13	.615		249	15.50		264.50	295	
	3200	1800-2000 amp		10	.800		329	20		349	390	
	3250	2500 amp		10	.800		435	20		455	510	
	3300	3000 amp		8	1		502	25		527	590	
	3350	3500-4000 amp		8	1		677	25		702	780	
	3400	4500-5000 amp		6.70	1.190		829	30		859	955	
	3450	6000 amp		5.70	1.400		1,066	35		1,101	1,225	
	3600	Plug, 120 volt, 1 to 10 amp		50	.160		.55	4.02		4.57	6.55	
	3650	15 to 30 amp		50	.160		.40	4.02		4.42	6.40	
	3700	Dual element 0.3 to 14 amp		50	.160		1.95	4.02		5.97	8.10	
	3750	15 to 30 amp		50	.160		.93	4.02		4.95	6.95	
	3800	Fustat, 120 volt, 15 to 30 amp		50	.160		1	4.02		5.02	7.05	
	3850	0.3 to 14 amp		50	.160		1.95	4.02		5.97	8.10	
	3900	Adapters .3 to 10 amp		50	.160		1.21	4.02		5.23	7.25	
	3950	15 to 30 amp		50	.160		1	4.02		5.02	7.05	
225	0010	**FUSE CABINETS**										225
	0050	120/240 volts, 3 wire, 30 amp branches,										
	0100	plug fuse not included										
	0200	4 circuits	1 Elec	4	2	Ea.	30.30	50		80.30	110	
	0300	6 circuits		3.20	2.500		48	63		111	145	
	0400	8 circuits		2.70	2.960		58	75		133	175	
	0500	12 circuits		2	4		80	100		180	235	
230	0010	**LOAD CENTERS** (residential type) C9.3-170										230
	0100	3 wire, 120/240V, 1 phase, including 1 pole plug-in breakers										
	0200	100 amp main lugs, indoor, 8 circuits	1 Elec	1.40	5.710	Ea.	74	145		219	295	
	0300	12 circuits		1.20	6.670		100	170		270	360	
	0400	Rainproof, 8 circuits		1.40	5.710		85	145		230	305	
	0500	12 circuits		1.20	6.670		109	170		279	370	
	0600	200 amp main lugs, indoor, 16 circuits		.90	8.890		182	225		407	530	
	0700	20 circuits		.75	10.670		223	270		493	640	
	0800	24 circuits		.65	12.310		246	310		556	730	
	0900	30 circuits		.60	13.330		292	335		627	815	

163 | Starters, Boards and Switches

163 200 | Boards

			CREW	DAILY OUTPUT	MAN-HOURS	UNIT	BARE COSTS MAT.	BARE COSTS LABOR	BARE COSTS EQUIP.	BARE COSTS TOTAL	TOTAL INCL O&P	
230	1000	42 circuits	1 Elec	.40	20	Ea.	426	505		931	1,200	230
	1200	Rainproof, 16 circuits		.90	8.890		228	225		453	580	
	1300	20 circuits		.75	10.670		250	270		520	670	
	1400	24 circuits		.65	12.310		275	310		585	760	
	1500	30 circuits		.60	13.330		315	335		650	840	
	1600	42 circuits		.40	20		520	505		1,025	1,325	
	1800	400 amp main lugs, indoor, 42 circuits		.36	22.220		600	560		1,160	1,475	
	1900	Rainproof, 42 circuit		.36	22.220		692	560		1,252	1,575	
	2200	Plug in breakers with 20 amp, 1 pole, 4 wire, 120/208 volts										
	2210	125 amp main lugs, indoor, 12 circuits	1 Elec	1.20	6.670	Ea.	150	170		320	415	
	2300	18 circuits		.80	10		217	250		467	610	
	2400	Rainproof, 12 circuits		1.20	6.670		170	170		340	435	
	2500	18 circuits		.80	10		244	250		494	640	
	2600	200 amp main lugs, indoor, 24 circuits		.65	12.310		285	310		595	770	
	2700	30 circuits		.60	13.330		315	335		650	840	
	2800	36 circuits		.50	16		400	400		800	1,025	
	2900	42 circuits		.40	20		430	505		935	1,225	
	3000	Rainproof, 24 circuits		.65	12.310		315	310		625	805	
	3100	30 circuits		.60	13.330		360	335		695	890	
	3200	36 circuits		.50	16		500	400		900	1,150	
	3300	42 circuits		.40	20		535	505		1,040	1,325	
	3500	400 amp main lugs, indoor, 42 circuits		.36	22.220		625	560		1,185	1,525	
	3600	Rainproof, 42 circuits		.36	22.220		715	560		1,275	1,600	
	3700	Plug-in breakers with 20 amp, 1 pole, 3 wire, 120/240 volts										
	3800	100 amp main breaker, indoor, 12 circuits	1 Elec	1.20	6.670	Ea.	151	170		321	415	
	3900	18 circuits		.80	10		205	250		455	595	
	4000	200 amp main breaker, indoor, 20 circuits		.75	10.670		300	270		570	725	
	4200	24 circuits		.65	12.310		327	310		637	815	
	4300	30 circuits		.60	13.330		365	335		700	895	
	4400	40 circuits		.45	17.780		420	445		865	1,125	
	4500	Rainproof, 20 circuits		.75	10.670		325	270		595	755	
	4600	24 circuits		.65	12.310		360	310		670	855	
	4700	30 circuits		.60	13.330		385	335		720	920	
	4800	40 circuits		.45	17.780		435	445		880	1,150	
	5000	400 amp main breaker, indoor, 42 circuits		.36	22.220		1,390	560		1,950	2,350	
	5100	Rainproof, 42 circuits		.36	22.220		1,525	560		2,085	2,500	
	5300	Plug in breakers with 20 amp, 1 pole, 4 wire, 120/208 volts										
	5400	200 amp main breaker, indoor, 30 circuits	1 Elec	.60	13.330	Ea.	550	335		885	1,100	
	5500	42 circuits		.40	20		655	505		1,160	1,475	
	5600	Rainproof, 30 circuits		.60	13.330		595	335		930	1,150	
	5700	42 circuits		.40	20		700	505		1,205	1,525	
240	0010	**METER CENTERS AND SOCKETS**										240
	0100	Sockets, single position, 4 terminal, 100 amp	1 Elec	3.20	2.500	Ea.	23.70	63		86.70	120	
	0200	150 amp		2.30	3.480		28.50	87		115.50	160	
	0300	200 amp		1.90	4.210		37	105		142	195	
	0400	20 amp		3.20	2.500		42	63		105	140	
	0500	Double position, 4 terminal, 100 amp		2.80	2.860		70.50	72		142.50	185	
	0600	150 amp		2.10	3.810		86	96		182	235	
	0700	200 amp		1.70	4.710		115	120		235	300	
	0800	Trans-socket, 13 terminal, 3 CT mounts, 400 amp		1	8		432	200		632	770	
	0900	800 amp		.60	13.330		571	335		906	1,125	
	2000	Meter center, main fusible switch, 1P 3W 120/240V										
	2030	400 amp	1 Elec	8	1	Ea.	567	25		592	660	
	2040	600 amp		.55	14.550		1,092	365		1,457	1,750	
	2050	800 amp		.45	17.780		1,785	445		2,230	2,625	
	2060	Rainproof 1P 3W 120/240V, 400 amp		.80	10		745	250		995	1,200	
	2070	600 amp		.55	14.550		1,360	365		1,725	2,025	

163 | Starters, Boards and Switches

163 200 | Boards

		CREW	DAILY OUTPUT	MAN-HOURS	UNIT	BARE COSTS MAT.	LABOR	EQUIP.	TOTAL	TOTAL INCL O&P	
240	2080	800 amp	1 Elec	.45	17.780	Ea.	2,083	445		2,528	2,950	240
	2100	3P 4W 120/208V, 400 amp		.80	10		693	250		943	1,125	
	2110	600 amp		.55	14.550		1,207	365		1,572	1,875	
	2120	800 amp		.45	17.780		2,500	445		2,945	3,400	
	2130	Rainproof 3P 4W 120/208V, 400 amp		.80	10		830	250		1,080	1,275	
	2140	600 amp		.55	14.550		1,615	365		1,980	2,325	
	2150	800 amp	↓	.45	17.780	↓	3,030	445		3,475	4,000	
	2170	Main circuit breaker, 1P 3W 120/240V										
	2180	400 amp	1 Elec	.80	10	Ea.	975	250		1,225	1,450	
	2190	600 amp		.55	14.550		1,490	365		1,855	2,175	
	2200	800 amp		.45	17.780		1,910	445		2,355	2,750	
	2210	1000 amp		.40	20		2,730	505		3,235	3,750	
	2220	1200 amp		.38	21.050		3,935	530		4,465	5,100	
	2230	1600 amp		.34	23.530		5,930	590		6,520	7,400	
	2240	Rainproof 1P 3W 120/240V, 400 amp		.80	10		1,210	250		1,460	1,700	
	2250	600 amp		.55	14.550		1,840	365		2,205	2,575	
	2260	800 amp		.45	17.780		2,350	445		2,795	3,250	
	2270	1000 amp		.40	20		3,150	505		3,655	4,200	
	2280	1200 amp		.38	21.050		4,435	530		4,965	5,650	
	2300	3P 4W 120/208V, 400 amp		.80	10		1,170	250		1,420	1,650	
	2310	600 amp		.55	14.550		1,835	365		2,200	2,550	
	2320	800 amp		.45	17.780		2,415	445		2,860	3,325	
	2330	1000 amp		.40	20		3,125	505		3,630	4,175	
	2340	1200 amp		.38	21.050		4,220	530		4,750	5,425	
	2350	1600 amp		.34	23.530		6,435	590		7,025	7,950	
	2360	Rainproof 3P 4W 120/208V, 400 amp		.80	10		1,420	250		1,670	1,925	
	2370	600 amp		.55	14.550		2,135	365		2,500	2,900	
	2380	800 amp		.45	17.780		2,830	445		3,275	3,775	
	2390	1000 amp		.38	21.050		3,500	530		4,030	4,625	
	2400	1200 amp	↓	.34	23.530	↓	4,695	590		5,285	6,050	
	2420	Main lugs terminal box, 1P 3W 120/240V										
	2430	800 amp	1 Elec	.47	17.020	Ea.	180	430		610	830	
	2440	1600 amp		.36	22.220		715	560		1,275	1,600	
	2450	Rainproof 1P 3W 120/240V, 225 amp		1.20	6.670		170	170		340	435	
	2460	800 amp		.47	17.020		242	430		672	900	
	2470	1600 amp		.36	22.220		770	560		1,330	1,675	
	2500	3P 4W 120/208V, 800 amp		.47	17.020		215	430		645	870	
	2510	1600 amp		.36	22.220		800	560		1,360	1,700	
	2520	Rainproof 3P 4W 120/208V, 225 amp		1.20	6.670		184	170		354	450	
	2530	800 amp		.47	17.020		273	430		703	930	
	2540	1600 amp	↓	.36	22.220	↓	845	560		1,405	1,750	
	2590	Basic meter device										
	2600	1P 3W 120/240V 4 jaw 125A sockets, 3 meter	1 Elec	.50	16	Ea.	255	400		655	875	
	2610	4 meter		.45	17.780		340	445		785	1,025	
	2620	5 meter		.40	20		410	505		915	1,200	
	2630	6 meter		.30	26.670		500	670		1,170	1,550	
	2640	7 meter		.28	28.570		570	720		1,290	1,700	
	2650	8 meter		.26	30.770		660	775		1,435	1,875	
	2660	10 meter	↓	.24	33.330	↓	825	840		1,665	2,150	
	2680	Rainproof 1P 3W 120/240V 4 jaw 125A sockets										
	2690	3 meter	1 Elec	.50	16	Ea.	270	400		670	890	
	2700	4 meter		.45	17.780		365	445		810	1,050	
	2710	6 meter		.30	26.670		540	670		1,210	1,575	
	2720	7 meter		.28	28.570		620	720		1,340	1,750	
	2730	8 meter	↓	.26	30.770	↓	710	775		1,485	1,925	
	2750	1P 3W 120/240V 4 jaw sockets										
	2760	with 125A circuit breaker, 3 meter	1 Elec	.50	16	Ea.	525	400		925	1,175	
	2770	4 meter	"	.45	17.780	"	695	445		1,140	1,425	

163 | Starters, Boards and Switches

163 200 | Boards

			DAILY	MAN-		\multicolumn{4}{c}{BARE COSTS}	TOTAL
		CREW	OUTPUT	HOURS	UNIT	MAT.	LABOR	EQUIP.	TOTAL	INCL O&P
2780	5 meter	1 Elec	.40	20	Ea.	845	505		1,350	1,675
2790	6 meter		.30	26.670		1,000	670		1,670	2,100
2800	7 meter		.28	28.570		1,175	720		1,895	2,350
2810	8 meter		.26	30.770		1,335	775		2,110	2,600
2820	10 meter	↓	.24	33.330	↓	1,660	840		2,500	3,075
2830	Rainproof 1P 3W 120/240V 4 jaw sockets									
2840	with 125A circuit breaker, 3 meter	1 Elec	.50	16	Ea.	535	400		935	1,175
2850	4 meter		.45	17.780		700	445		1,145	1,425
2870	6 meter		.30	26.670		1,030	670		1,700	2,125
2880	7 meter		.28	28.570		1,230	720		1,950	2,425
2890	8 meter	↓	.26	30.770		1,390	775		2,165	2,675
2920	1P 3W on 3P 4W 120/208V system 5 jaw									
2930	125A sockets, 3 meter	1 Elec	.50	16	Ea.	275	400		675	895
2940	4 meter		.45	17.780		375	445		820	1,075
2950	5 meter		.40	20		455	505		960	1,250
2960	6 meter		.30	26.670		540	670		1,210	1,575
2970	7 meter		.28	28.570		625	720		1,345	1,750
2980	8 meter		.26	30.770		720	775		1,495	1,925
2990	10 meter	↓	.24	33.330	↓	900	840		1,740	2,225
3000	Rainproof 1P 3W on 3P 4W 120/208V system									
3020	5 jaw 125A sockets, 3 meter	1 Elec	.50	16	Ea.	300	400		700	925
3030	4 meter		.45	17.780		400	445		845	1,100
3050	6 meter		.30	26.670		590	670		1,260	1,650
3060	7 meter		.28	28.570		695	720		1,415	1,825
3070	8 meter	↓	.26	30.770		775	775		1,550	2,000
3090	1P 3W on 3P 4W 120/208V system 5 jaw sockets									
3100	With 125A circuit breaker, 3 meter	1 Elec	.50	16	Ea.	535	400		935	1,175
3110	4 meter		.45	17.780		695	445		1,140	1,425
3120	5 meter		.40	20		870	505		1,375	1,700
3130	6 meter		.30	26.670		1,030	670		1,700	2,125
3140	7 meter		.28	28.570		1,235	720		1,955	2,425
3150	8 meter		.26	30.770		1,390	775		2,165	2,675
3160	10 meter	↓	.24	33.330	↓	1,715	840		2,555	3,125
3170	Rainproof 1P 3W on 3P 4W 120/208V system									
3180	5 jaw sockets w/125A circuit breaker, 3 meter	1 Elec	.50	16	Ea.	555	400		955	1,200
3190	4 meter		.45	17.780		735	445		1,180	1,475
3210	6 meter		.30	26.670		1,095	670		1,765	2,200
3220	7 meter		.28	28.570		1,300	720		2,020	2,500
3230	8 meter	↓	.26	30.770	↓	1,455	775		2,230	2,750
3250	1P 3W 120/240V 4 jaw sockets									
3260	with 200A circuit breaker, 3 meter	1 Elec	.50	16	Ea.	810	400		1,210	1,475
3270	4 meter		.45	17.780		1,050	445		1,495	1,825
3290	6 meter		.30	26.670		1,545	670		2,215	2,700
3300	7 meter		.28	28.570		1,845	720		2,565	3,100
3310	8 meter		.28	28.570	↓	2,090	720		2,810	3,350
3330	Rainproof 1P 3W 120/240V 4 jaw sockets									
3350	with 200A circuit breaker, 3 meter	1 Elec	.50	16	Ea.	830	400		1,230	1,500
3360	4 meter		.45	17.780		1,090	445		1,535	1,850
3380	6 meter		.30	26.670		1,600	670		2,270	2,750
3390	7 meter		.28	28.570		1,870	720		2,590	3,125
3400	8 meter	↓	.26	30.770		2,140	775		2,915	3,500
3420	1P 3W on 3P 4W 120/208V 5 jaw sockets									
3430	with 200A circuit breaker, 3 meter	1 Elec	.50	16	Ea.	835	400		1,235	1,525
3440	4 meter		.45	17.780		1,090	445		1,535	1,850
3460	6 meter		.30	26.670		1,600	670		2,270	2,750
3470	7 meter		.28	28.570		1,900	720		2,620	3,150
3480	8 meter	↓	.26	30.770	↓	2,160	775		2,935	3,525
3500	Rainproof 1P 3W on 3P 4W 120/208V 5 jaw socket									

163 | Starters, Boards and Switches

163 200 | Boards

			Crew	Daily Output	Man-Hours	Unit	Mat.	Labor	Equip.	Total	Total Incl O&P
240	3510	with 200A circuit breaker, 3 meter	1 Elec	.50	16	Ea.	840	400		1,240	1,525
	3520	4 meter		.45	17.780		1,110	445		1,555	1,875
	3540	6 meter		.30	26.670		1,660	670		2,330	2,825
	3550	7 meter		.28	28.570		1,950	720		2,670	3,200
	3560	8 meter		.26	30.770		2,195	775		2,970	3,550
	3600	Automatic circuit closing, add					22			22	24
	3610	Manual circuit closing, add					40			40	44
	3650	Branch meter device									
	3660	3P 4W 208/120 or 240/120 7 jaw sockets									
	3670	with 200A circuit breaker, 2 meter	1 Elec	.45	17.780	Ea.	1,780	445		2,225	2,625
	3680	3 meter		.40	20		2,625	505		3,130	3,625
	3690	4 meter		.35	22.860		3,500	575		4,075	4,700
	3700	Main circuit breaker 42,000 rms, 400 amp		.80	10		1,155	250		1,405	1,650
	3710	600 amp		.55	14.550		1,815	365		2,180	2,525
	3720	800 amp		.45	17.780		2,365	445		2,810	3,250
	3730	Rainproof main circ. brakr 42,000 rms 400 amp		.80	10		1,380	250		1,630	1,900
	3740	600 amp		.55	14.550		2,130	365		2,495	2,875
	3750	800 amp		.45	17.780		2,815	445		3,260	3,750
	3760	Main circuit breaker 65,000 rms, 400 amp		.80	10		1,700	250		1,950	2,250
	3770	600 amp		.55	14.550		2,175	365		2,540	2,925
	3780	800 amp		.45	17.780		2,750	445		3,195	3,675
	3790	1000 amp		.40	20		3,025	505		3,530	4,075
	3800	1200 amp		.38	21.050		4,230	530		4,760	5,425
	3810	1600 amp		.34	23.530		6,180	590		6,770	7,675
	3820	Rainproof main circ. brakr 65,000 rms, 400 amp		.80	10		1,980	250		2,230	2,550
	3830	600 amp		.55	14.550		2,500	365		2,865	3,300
	3840	800 amp		.45	17.780		3,165	445		3,610	4,150
	3850	1000 amp		.40	20		3,545	505		4,050	4,650
	3860	1200 amp		.38	21.050		4,880	530		5,410	6,150
	3880	Main circuit breaker 100,000 rms, 400 amp		.80	10		700	250		950	1,150
	3890	600 amp		.55	14.550		1,185	365		1,550	1,850
	3900	800 amp		.45	17.780		2,430	445		2,875	3,325
	3910	Rainproof, 400 amp		.80	10		815	250		1,065	1,275
	3920	600 amp		.55	14.550		1,600	365		1,965	2,300
	3930	800 amp		.45	17.780		2,940	445		3,385	3,900
	3940	Main lugs terminal box, 800 amp		.47	17.020		215	430		645	870
	3950	1600 amp		.36	22.220		795	560		1,355	1,700
	3960	Rainproof, 800 amp		.47	17.020		285	430		715	945
	3970	1600 amp		.36	22.220		850	560		1,410	1,750
245	0010	**PANELBOARDS** (Commercial use)									
	0050	NQOB, w/20 amp 1 pole bolt-on circuit breakers									
	0100	3 wire, 120/240 volts, 100 amp main lugs									
	0150	10 circuits	1 Elec	1	8	Ea.	295	200		495	620
	0200	14 circuits		.88	9.090		335	230		565	705
	0250	18 circuits		.75	10.670		390	270		660	825
	0300	20 circuits		.65	12.310		424	310		734	925
	0350	225 amp main lugs, 24 circuits		.60	13.330		480	335		815	1,025
	0400	30 circuits		.45	17.780		555	445		1,000	1,275
	0450	36 circuits		.40	20		632	505		1,137	1,450
	0500	38 circuits		.36	22.220		655	560		1,215	1,550
	0550	42 circuits		.33	24.240		714	610		1,324	1,675
	0600	4 wire, 120/208 volts, 100 amp main lugs, 12 circuits		1	8		335	200		535	665
	0650	16 circuits		.75	10.670		385	270		655	820
	0700	20 circuits		.65	12.310		445	310		755	945
	0750	24 circuits		.60	13.330		485	335		820	1,025
	0800	30 circuits		.53	15.090		575	380		955	1,200
	0850	225 amp main lugs, 32 circuits		.45	17.780		625	445		1,070	1,350

163 | Starters, Boards and Switches

163 200 | Boards

		CREW	DAILY OUTPUT	MAN-HOURS	UNIT	BARE COSTS MAT.	BARE COSTS LABOR	BARE COSTS EQUIP.	BARE COSTS TOTAL	TOTAL INCL O&P
0900	34 circuits	1 Elec	.42	19.050	Ea.	640	480		1,120	1,400
0950	36 circuits		.40	20		665	505		1,170	1,475
1000	42 circuits		.34	23.530		740	590		1,330	1,700
1040	225 amp main lugs, NEMA 7, 12 circuits		.50	16		1,485	400		1,885	2,225
1100	24 circuits		.20	40		2,265	1,000		3,265	3,975
1200	NEHB, w/20 amp, 1 pole bolt-on circuit breakers									
1250	4 wire, 277/480 volts, 100 amp main lugs, 12 circuits	1 Elec	.88	9.090	Ea.	660	230		890	1,075
1300	20 circuits		.60	13.330		955	335		1,290	1,550
1350	225 amp main lugs, 24 circuits		.45	17.780		1,135	445		1,580	1,900
1400	30 circuits		.40	20		1,350	505		1,855	2,225
1450	36 circuits		.36	22.220		1,580	560		2,140	2,575
1500	42 circuits		.30	26.670		1,825	670		2,495	3,000
1510	225 amp main lugs, NEMA 7, 12 circuits		.45	17.780		2,855	445		3,300	3,800
1590	24 circuits		.15	53.330		5,100	1,350		6,450	7,600
1600	NQOB panel, w/20 amp, 1 pole, circuit breakers									
1650	3 wire, 120/240 volt with main circuit breaker									
1700	100 amp main, 12 circuits	1 Elec	.80	10	Ea.	425	250		675	840
1750	20 circuits		.60	13.330		545	335		880	1,100
1800	225 amp main, 30 circuits		.34	23.530		995	590		1,585	1,975
1850	42 circuits		.26	30.770		1,160	775		1,935	2,425
1900	400 amp main, 30 circuits		.27	29.630		1,495	745		2,240	2,750
1950	42 circuits		.25	32		1,645	805		2,450	3,000
2000	4 wire, 120/208 volts with main circuit breaker									
2050	100 amp main, 24 circuits	1 Elec	.47	17.020	Ea.	650	430		1,080	1,350
2100	30 circuits		.40	20		725	505		1,230	1,550
2200	225 amp main, 32 circuits		.36	22.220		1,170	560		1,730	2,100
2250	42 circuits		.28	28.570		1,320	720		2,040	2,525
2300	400 amp main, 42 circuits		.24	33.330		1,835	840		2,675	3,250
2350	600 amp main, 42 circuits		.20	40		2,080	1,000		3,080	3,775
2400	NEHB, with 20 amp, 1 pole circuit breaker									
2450	4 wire, 227/480 volts with main circuit breaker									
2500	100 amp main, 24 circuits	1 Elec	.42	19.050	Ea.	1,300	480		1,780	2,125
2550	30 circuits		.38	21.050		1,530	530		2,060	2,475
2600	225 amp main, 30 circuits		.36	22.220		1,995	560		2,555	3,025
2650	42 circuits		.28	28.570		2,375	720		3,095	3,675
2700	400 amp main, 42 circuits		.23	34.780		2,835	875		3,710	4,400
2750	600 amp main, 42 circuits		.19	42.110		3,890	1,050		4,940	5,850
3010	Main lug, no main breaker, 240 volt, 1 pole, 3 wire, 100 amp		2.30	3.480		230	87		317	380
3020	225 amp		1.20	6.670		325	170		495	605
3030	400 amp		.90	8.890		450	225		675	825
3060	3 pole, 3 wire, 100 amp		2.30	3.480		270	87		357	425
3070	225 amp		1.20	6.670		320	170		490	600
3080	400 amp		.90	8.890		420	225		645	790
3090	600 amp		.80	10		480	250		730	900
3110	3 pole, 4 wire, 100 amp		2.30	3.480		295	87		382	455
3120	225 amp		1.20	6.670		365	170		535	650
3130	400 amp		.90	8.890		480	225		705	860
3140	600 amp		.80	10		555	250		805	980
3160	480 volt, 3 pole, 3 wire, 100 amp		2.30	3.480		345	87		432	510
3170	225 amp		1.20	6.670		469	170		639	765
3180	400 amp		.90	8.890		525	225		750	910
3190	600 amp		.80	10		585	250		835	1,025
3210	277/480 volt, 3 pole, 4 wire, 100 amp		2.30	3.480		395	87		482	565
3220	225 amp		1.20	6.670		540	170		710	840
3230	400 amp		.90	8.890		605	225		830	995
3240	600 amp		.80	10		705	250		955	1,150
3260	Main circuit breaker, 240 volt, 1 pole, 3 wire, 100 amp		2	4		346	100		446	530
3270	225 amp		1	8		765	200		965	1,150

163 | Starters, Boards and Switches

163 200 | Boards

		CREW	DAILY OUTPUT	MAN-HOURS	UNIT	BARE COSTS MAT.	LABOR	EQUIP.	TOTAL	TOTAL INCL O&P	
245	3280	400 amp	1 Elec	.80	10	Ea.	1,240	250		1,490	1,725	245
	3310	3 pole, 3 wire, 100 amp		2	4		423	100		523	615	
	3320	225 amp		1	8		865	200		1,065	1,250	
	3330	400 amp		.80	10		1,325	250		1,575	1,825	
	3360	120/208 volt, 3 pole, 4 wire, 100 amp		2	4		442	100		542	635	
	3370	225 amp		1	8		885	200		1,085	1,275	
	3380	400 amp		.80	10		1,405	250		1,655	1,925	
	3410	480 volt, 3 pole, 3 wire, 100 amp		2	4		570	100		670	775	
	3420	225 amp		1	8		1,015	200		1,215	1,425	
	3430	400 amp		.80	10		1,530	250		1,780	2,050	
	3460	277/480 volt, 3 pole, 4 wire, 100 amp		2	4		625	100		725	835	
	3470	225 amp		1	8		1,090	200		1,290	1,500	
	3480	400 amp		.80	10		1,600	250		1,850	2,125	
	3510	Main circuit breaker, HIC, 240 volt, 1 pole, 3 wire, 100 amp		2	4		930	100		1,030	1,175	
	3520	225 amp		1	8		1,565	200		1,765	2,025	
	3530	400 amp		.80	10		1,725	250		1,975	2,275	
	3560	3 pole, 3 wire, 100 amp		2	4		1,100	100		1,200	1,350	
	3570	225 amp		1	8		1,910	200		2,110	2,400	
	3580	400 amp		.80	10		1,915	250		2,165	2,475	
	3610	120/208 volt, 3 pole, 4 wire, 100 amp		2	4		1,145	100		1,245	1,400	
	3620	225 amp		1	8		1,915	200		2,115	2,400	
	3630	400 amp		.80	10		1,995	250		2,245	2,575	
	3660	480 volt, 3 pole, 3 wire, 100 amp		2	4		1,225	100		1,325	1,500	
	3670	225 amp		1	8		1,915	200		2,115	2,400	
	3680	400 amp		.80	10		2,130	250		2,380	2,725	
	3710	277/480 volt, 3 pole, 4 wire, 100 amp		2	4		1,280	100		1,380	1,550	
	3720	225 amp		1	8		1,970	200		2,170	2,475	
	3730	400 amp		.80	10		2,215	250		2,465	2,800	
	3760	Main circuit breaker with shunt trip, 100 amp		1.20	6.670		600	170		770	910	
	3770	225 amp		.80	10		1,060	250		1,310	1,525	
	3780	400 amp		.70	11.430		1,580	285		1,865	2,150	
250	0010	**PANELBOARD & LOAD CENTER CIRCUIT BREAKERS**										250
	0050	Bolt-on, 10,000 amp I.C., 120 volt, 1 pole										
	0100	15 to 50 amp	1 Elec	10	.800	Ea.	7.50	20		27.50	38	
	0200	60 amp		8	1		7.50	25		32.50	45	
	0300	70 amp		8	1		15.30	25		40.30	54	
	0350	240 volt, 2 pole										
	0400	15 to 50 amp	1 Elec	8	1	Ea.	16.06	25		41.06	55	
	0500	60 amp		7.50	1.070		16.06	27		43.06	57	
	0600	80 to 100 amp		5	1.600		37.75	40		77.75	100	
	0700	3 pole, bolt-on, 15 to 60 amp		6.20	1.290		48.45	32		80.45	100	
	0800	70 amp		5	1.600		63.25	40		103.25	130	
	0900	80 to 100 amp		3.60	2.220		75	56		131	165	
	1000	22,000 amp I.C., 240 volt, 2 pole, 70 to 225 amp		2.70	2.960		219	75		294	350	
	1100	3 pole, 70 to 225 amp		2.30	3.480		337	87		424	500	
	1200	14,000 amp I.C., 277 volts, 1 pole, 15 to 30 amp		8	1		31	25		56	71	
	1300	22,000 amp I.C., 480 volts, 2 pole, 70 to 225 amp		2.70	2.960		372	75		447	520	
	1400	3 pole, 70 to 225 amp		2.30	3.480		469	87		556	645	
	2000	Plug-in, panel or load center, 120/240 volt, to 60 amp, 1 pole		12	.667		6.50	16.75		23.25	32	
	2010	2 pole		9	.889		13.26	22		35.26	48	
	2020	3 pole		7.50	1.070		45	27		72	89	
	2030	100 amp, 2 pole		6	1.330		38.25	34		72.25	92	
	2040	3 pole		4.50	1.780		67.85	45		112.85	140	
	2050	150 amp, 2 pole		3	2.670		80	67		147	185	
	2100	High interrupting capacity, 120/240 volt, plug-in, 30 amp, 1 pole		12	.667		13.80	16.75		30.55	40	
	2110	60 amp, 2 pole		9	.889		27.60	22		49.60	63	
	2120	3 pole		7.50	1.070		75	27		102	120	

163 | Starters, Boards and Switches

163 200 | Boards

		CREW	DAILY OUTPUT	MAN-HOURS	UNIT	BARE COSTS MAT.	LABOR	EQUIP.	TOTAL	TOTAL INCL O&P	
250	2130	100 amp, 2 pole	1 Elec	6	1.330	Ea.	63	34		97	120	250
	2140	3 pole		4.50	1.780		102	45		147	180	
	2150	125 amp, 2 pole		3	2.670		206	67		273	325	
	2200	Bolt-on, 30 amp, 1 pole		10	.800		15.30	20		35.30	47	
	2210	60 amp, 2 pole		7.50	1.070		31.62	27		58.62	74	
	2220	3 pole		6.20	1.290		80	32		112	135	
	2230	100 amp, 2 pole		5	1.600		73.50	40		113.50	140	
	2240	3 pole		3.60	2.220		117	56		173	210	
	2300	Ground fault, 240 volt, 30 amp, 1 pole		7	1.140		48	29		77	95	
	2310	2 pole		6	1.330		82	34		116	140	
	2350	Key operated, 240 volt, 1 pole, 30 amp		7	1.140		10.60	29		39.60	54	
	2360	Switched neutral, 240 volt, 30 amp, 2 pole		6	1.330		22.30	34		56.30	74	
	2370	3 pole		5.50	1.450		33.70	37		70.70	91	
	2400	Shunt trip for 240 volt breaker, 60 amp, 1 pole		4	2		47	50		97	125	
	2410	2 pole		3.50	2.290		57	57		114	150	
	2420	3 pole		3	2.670		95	67		162	205	
	2430	100 amp, 2 pole		3	2.670		82	67		149	190	
	2440	3 pole		2.50	3.200		122	80		202	255	
	2450	150 amp, 2 pole		2	4		255	100		355	430	
	2500	Auxiliary switch for 240 volt, breaker, 60 amp, 1 pole		4	2		39	50		89	115	
	2510	2 pole		3.50	2.290		50	57		107	140	
	2520	3 pole		3	2.670		82	67		149	190	
	2530	100 amp, 2 pole		3	2.670		77	67		144	185	
	2540	3 pole		2.50	3.200		102	80		182	230	
	2550	150 amp, 2 pole		2	4		240	100		340	415	
	2600	Panel or load center, 277/480 volt, plug-in, 30 amp, 1 pole		12	.667		28.35	16.75		45.10	56	
	2610	60 amp, 2 pole		9	.889		66	22		88	105	
	2620	3 pole		7.50	1.070		122	27		149	175	
	2650	Bolt-on, 60 amp, 2 pole		7.50	1.070		76.40	27		103.40	125	
	2660	3 pole		6.20	1.290		130	32		162	190	
	2700	I-line, 277/480 volt, 30 amp, 1 pole		8	1		35	25		60	76	
	2710	60 amp, 2 pole		7.50	1.070		128	27		155	180	
	2720	3 pole		6.20	1.290		148	32		180	210	
	2730	100 amp, 1 pole		7.50	1.070		65	27		92	110	
	2740	2 pole		5	1.600		153	40		193	230	
	2750	3 pole		3.50	2.290		180	57		237	285	
	2800	High interrupting capacity, 277/480 volt, plug-in, 30 amp, 1 pole		12	.667		99	16.75		115.75	135	
	2810	60 amp, 2 pole		9	.889		237	22		259	295	
	2820	3 pole		7	1.140		281	29		310	350	
	2830	Bolt-on, 30 amp, 1 pole		8	1		99	25		124	145	
	2840	60 amp, 2 pole		7.50	1.070		236	27		263	300	
	2850	3 pole		6.20	1.290		281	32		313	355	
	2900	I-line, 30 amp, 1 pole		8	1		99	25		124	145	
	2910	60 amp, 2 pole		7.50	1.070		264	27		291	330	
	2920	3 pole		6.20	1.290		302	32		334	380	
	2930	100 amp, 1 pole		7.50	1.070		132	27		159	185	
	2940	2 pole		5	1.600		297	40		337	385	
	2950	3 pole		3.60	2.220		345	56		401	460	
	2960	Shunt trip, 277/480V breaker, remote oper., 30 amp, 1 pole		4	2		185	50		235	280	
	2970	60 amp, 2 pole		3.50	2.290		224	57		281	330	
	2980	3 pole		3	2.670		278	67		345	405	
	2990	100 amp, 1 pole		3.50	2.290		204	57		261	310	
	3000	2 pole		3	2.670		288	67		355	415	
	3010	3 pole		2.50	3.200		322	80		402	475	
	3050	Under voltage trip, 277/480 volt breaker, 30 amp, 1 pole		4	2		182	50		232	275	
	3060	60 amp, 2 pole		3.50	2.290		224	57		281	330	
	3070	3 pole		3	2.670		278	67		345	405	
	3080	100 amp, 1 pole		3.50	2.290		202	57		259	305	

163 | Starters, Boards and Switches

163 200 | Boards

			CREW	DAILY OUTPUT	MAN-HOURS	UNIT	MAT.	LABOR	EQUIP.	TOTAL	TOTAL INCL O&P	
250	3090	2 pole	1 Elec	3	2.670	Ea.	288	67		355	415	250
	3100	3 pole		2.50	3.200		321	80		401	470	
	3150	Motor operated 277/480 volt breaker, 30 amp, 1 pole		4	2		294	50		344	400	
	3160	60 amp, 2 pole		3.50	2.290		337	57		394	455	
	3170	3 pole		3	2.670		387	67		454	525	
	3180	100 amp, 1 pole		3.50	2.290		321	57		378	440	
	3190	2 pole		3	2.670		408	67		475	550	
	3200	3 pole		2.50	3.200		434	80		514	595	
	3250	Panelboard spacers, per pole		40	.200		2.35	5.05		7.40	10	
255	0010	**SUBSTATIONS**, Require switch with cable connections, transformer,										255
	0100	& Low Voltage section										
	0200	Load interrupter switch, 600 amp, 2 position										
	0300	NEMA 1, 4.8 KV, 300 KVA & below w/CLF fuses	R-3	.40	50	Ea.	8,550	1,250	260	10,060	11,500	
	0400	400 KVA & above w/CLF fuses		.38	52.630		10,675	1,325	275	12,275	14,000	
	0500	Non fusible		.41	48.780		6,975	1,225	255	8,455	9,750	
	0600	13.8 KV, 300 KVA & below		.38	52.630		9,890	1,325	275	11,490	13,100	
	0700	400 KVA & above		.36	55.560		11,675	1,400	290	13,365	15,200	
	0800	Non fusible		.40	50		7,625	1,250	260	9,135	10,500	
	0900	Cable lugs for 2 feeders 4.8 KV or 13.8 KV	1 Elec	8	1		260	25		285	325	
	1000	Pothead, one 3 conductor or three 1 conductor		4	2		1,340	50		1,390	1,550	
	1100	Two 3 conductor or six 1 conductor		2	4		2,625	100		2,725	3,025	
	1200	Key interlocks		8	1		280	25		305	345	
	1300	Lightning arrestors-Distribution class (no charge)										
	1400	Intermediate class or line type 4.8 KV	1 Elec	2.70	2.960	Ea.	1,430	75		1,505	1,675	
	1500	13.8 KV		2	4		1,895	100		1,995	2,225	
	1600	Station class, 4.8 KV		2.70	2.960		2,450	75		2,525	2,800	
	1700	13.8 KV		2	4		4,215	100		4,315	4,775	
	1800	Transformers, 4800 volts to 480/277 volts, 75 KVA	R-3	.68	29.410		6,940	735	155	7,830	8,900	
	1900	112.5 KVA		.65	30.770		8,475	770	160	9,405	10,600	
	2000	150 KVA		.57	35.090		9,640	875	180	10,695	12,100	
	2100	225 KVA		.48	41.670		11,120	1,050	215	12,385	14,000	
	2200	300 KVA		.41	48.780		12,445	1,225	255	13,925	15,800	
	2300	500 KVA		.36	55.560		16,320	1,400	290	18,010	20,300	
	2400	750 KVA		.29	68.970		21,930	1,725	360	24,015	27,100	
	2500	13,800 volts to 480/277 volts, 75 KVA		.61	32.790		9,840	820	170	10,830	12,200	
	2600	112.5 KVA		.55	36.360		12,950	910	190	14,050	15,800	
	2700	150 KVA		.49	40.820		13,465	1,025	210	14,700	16,600	
	2800	225 KVA		.41	48.780		14,830	1,225	255	16,310	18,400	
	2900	300 KVA		.37	54.050		15,655	1,350	280	17,285	19,500	
	3000	500 KVA		.31	64.520		18,970	1,600	335	20,905	23,600	
	3100	750 KVA		.26	76.920		22,900	1,925	400	25,225	28,500	
	3200	Forced air cooling & temperature alarm	1 Elec	1	8		1,890	200		2,090	2,375	
	3300	Low voltage components										
	3400	Maximum panel height 49-½", single or twin row										
	3500	Breaker heights, FA or FH, 6"										
	3600	KA or KH, 8"										
	3700	LA, 11"										
	3800	MA, 14"										
	3900	Breakers, 2 pole, 15 to 60 amp, type FA	1 Elec	5.60	1.430	Ea.	168	36		204	240	
	4000	70 to 100 amp, FA		4.20	1.900		187	48		235	275	
	4100	15 to 60 amp, FH		5.60	1.430		246	36		282	325	
	4200	70 to 100 amp, FH		4.20	1.900		278	48		326	375	
	4300	125 to 225 amp, KA		3.40	2.350		435	59		494	565	
	4400	125 to 225 amp, KH		3.40	2.350		966	59		1,025	1,150	
	4500	125 to 400 amp, LA		2.50	3.200		746	80		826	940	
	4600	125 to 600 amp, MA		1.80	4.440		1,169	110		1,279	1,450	
	4700	700 & 800 amp, MA		1.50	5.330		1,508	135		1,643	1,850	

163 | Starters, Boards and Switches

163 200 | Boards

		CREW	DAILY OUTPUT	MAN-HOURS	UNIT	MAT.	LABOR	EQUIP.	TOTAL	TOTAL INCL O&P	
4800	3 pole, 15 to 60 amp, FA	1 Elec	5.30	1.510	Ea.	211	38		249	290	255
4900	70 to 100 amp, FA		4	2		253	50		303	355	
5000	15 to 60 amp, FH		5.30	1.510		296	38		334	380	
5100	70 to 100 amp, FH		4	2		329	50		379	435	
5200	125 to 225 amp, KA		3.20	2.500		551	63		614	700	
5300	125 to 225 amp, KH		3.20	2.500		1,169	63		1,232	1,375	
5400	125 to 400 amp, LA		2.30	3.480		924	87		1,011	1,150	
5500	125 to 600 amp, MA		1.60	5		1,488	125		1,613	1,825	
5600	700 & 800 amp, MA		1.30	6.150		1,885	155		2,040	2,300	
0010	**SWITCHBOARDS** Incoming main service section,										260
0100	Aluminum bus bars, not including CT's or PT's										
0200	No main disconnect, includes CT compartment										
0300	120/208 volt, 4 wire, 600 amp	1 Elec	.50	16	Ea.	1,880	400		2,280	2,650	
0400	800 amp		.44	18.180		2,060	455		2,515	2,950	
0500	1000 amp		.40	20		2,369	505		2,874	3,350	
0600	1200 amp		.36	22.220		2,534	560		3,094	3,625	
0700	1600 amp		.33	24.240		2,780	610		3,390	3,950	
0800	2000 amp		.31	25.810		2,980	650		3,630	4,225	
1000	3000 amp		.28	28.570		3,860	720		4,580	5,300	
1200	277/480 volt, 4 wire, 600 amp		.50	16		1,895	400		2,295	2,675	
1300	800 amp		.44	18.180		2,060	455		2,515	2,950	
1400	1000 amp		.40	20		2,365	505		2,870	3,350	
1500	1200 amp		.36	22.220		2,530	560		3,090	3,600	
1600	1600 amp		.33	24.240		2,755	610		3,365	3,925	
1700	2000 amp		.31	25.810		2,965	650		3,615	4,225	
1800	3000 amp		.28	28.570		3,800	720		4,520	5,250	
1900	4000 amp		.26	30.770		4,725	775		5,500	6,350	
2000	Fused switch & CT compartment										
2100	120/208 volt, 4 wire, 400 amp	1 Elec	.56	14.290	Ea.	2,620	360		2,980	3,425	
2200	600 amp		.47	17.020		3,050	430		3,480	3,975	
2300	800 amp		.42	19.050		4,095	480		4,575	5,200	
2400	1200 amp		.34	23.530		5,090	590		5,680	6,475	
2500	277/480 volt, 4 wire, 400 amp		.57	14.040		2,675	355		3,030	3,475	
2600	600 amp		.47	17.020		3,090	430		3,520	4,025	
2700	800 amp		.42	19.050		4,120	480		4,600	5,250	
2800	1200 amp		.34	23.530		5,150	590		5,740	6,550	
2900	Pressure switch & CT compartment										
3000	120/208 volt, 4 wire, 800 amp	1 Elec	.40	20	Ea.	5,640	505		6,145	6,950	
3100	1200 amp		.33	24.240		6,410	610		7,020	7,950	
3200	1600 amp		.31	25.810		7,130	650		7,780	8,800	
3300	2000 amp		.28	28.570		8,340	720		9,060	10,200	
3310	2500 amp		.25	32		9,500	805		10,305	11,600	
3320	3000 amp		.22	36.360		14,357	915		15,272	17,100	
3330	4000 amp		.20	40		18,950	1,000		19,950	22,300	
3400	277/480 volt, 4 wire, 800 amp		.40	20		8,242	505		8,747	9,800	
3600	1200 amp, with ground fault		.33	24.240		9,650	610		10,260	11,500	
4000	1600 amp, with ground fault		.31	25.810		10,400	650		11,050	12,400	
4200	2000 amp, with ground fault		.28	28.570		12,400	720		13,120	14,700	
4400	Circuit breaker, molded case & CT compartment										
4600	3 pole, 4 wire, 600 amp	1 Elec	.47	17.020	Ea.	4,215	430		4,645	5,275	
4800	800 amp		.42	19.050		4,500	480		4,980	5,650	
5000	1200 amp		.34	23.530		6,200	590		6,790	7,700	
5100	Copper bus bars, not incl. CT's or PT's, add, minimum					15%					
0010	**SWITCHBOARD** (in plant distribution)										262
0100	Main lugs only, to 600 volt, 3 pole, 3 wire, 200 amp	1 Elec	.60	13.330	Ea.	1,215	335		1,550	1,825	
0110	400 amp		.60	13.330		1,215	335		1,550	1,825	
0120	600 amp		.60	13.330		1,330	335		1,665	1,950	

163 | Starters, Boards and Switches

163 200 | Boards

			Crew	Daily Output	Man-Hours	Unit	Bare Costs Mat.	Bare Costs Labor	Bare Costs Equip.	Bare Costs Total	Total Incl O&P
262	0130	800 amp	1 Elec	.54	14.810	Ea.	1,400	375		1,775	2,100
	0140	1200 amp		.46	17.390		1,750	435		2,185	2,575
	0150	1600 amp		.43	18.600		2,039	470		2,509	2,925
	0160	2000 amp		.41	19.510		2,240	490		2,730	3,200
	0250	To 480 volt, 3 pole, 4 wire, 200 amp		.60	13.330		1,120	335		1,455	1,725
	0260	400 amp		.60	13.330		1,280	335		1,615	1,900
	0270	600 amp		.60	13.330		1,400	335		1,735	2,025
	0280	800 amp		.54	14.810		1,535	375		1,910	2,250
	0290	1200 amp		.46	17.390		1,900	435		2,335	2,725
	0300	1600 amp		.43	18.600		2,160	470		2,630	3,075
	0310	2000 amp		.41	19.510		2,420	490		2,910	3,375
	0400	Main circuit breaker, to 600 volt, 3 pole, 3 wire, 200 amp		.60	13.330		2,675	335		3,010	3,450
	0410	400 amp		.57	14.040		3,000	355		3,355	3,825
	0420	600 amp		.55	14.550		3,525	365		3,890	4,425
	0430	800 amp		.52	15.380		3,660	385		4,045	4,600
	0440	1200 amp		.44	18.180		5,510	455		5,965	6,725
	0450	1600 amp		.42	19.050		6,140	480		6,620	7,450
	0460	2000 amp		.40	20		6,560	505		7,065	7,950
	0550	277/480 volt, 3 pole, 4 wire, 200 amp		.60	13.330		2,700	335		3,035	3,475
	0560	400 amp		.57	14.040		3,050	355		3,405	3,875
	0570	600 amp		.55	14.550		3,605	365		3,970	4,500
	0580	800 amp		.52	15.380		3,775	385		4,160	4,725
	0590	1200 amp		.44	18.180		5,640	455		6,095	6,875
	0600	1600 amp		.42	19.050		6,325	480		6,805	7,675
	0610	2000 amp		.40	20		6,745	505		7,250	8,150
	0700	Main fusible switch w/fuse, 208/240 volt, 3 pole, 3 wire, 200 amp		.60	13.330		1,625	335		1,960	2,275
	0710	400 amp		.57	14.040		1,950	355		2,305	2,675
	0720	600 amp		.55	14.550		2,165	365		2,530	2,925
	0730	800 amp		.52	15.380		3,135	385		3,520	4,025
	0740	1200 amp		.44	18.180		3,980	455		4,435	5,050
	0800	120/208, 120/240 volt, 3 pole, 4 wire, 200 amp		.60	13.330		1,640	335		1,975	2,300
	0810	400 amp		.57	14.040		1,980	355		2,335	2,700
	0820	600 amp		.55	14.550		2,210	365		2,575	2,975
	0830	800 amp		.52	15.380		3,265	385		3,650	4,175
	0840	1200 amp		.44	18.180		4,120	455		4,575	5,200
	0900	480 or 600 volt, 3 pole, 3 wire, 200 amp		.60	13.330		2,125	335		2,460	2,825
	0910	400 amp		.57	14.040		2,400	355		2,755	3,150
	0920	600 amp		.55	14.550		2,650	365		3,015	3,450
	0930	800 amp		.52	15.380		3,540	385		3,925	4,475
	0940	1200 amp		.44	18.180		4,465	455		4,920	5,575
	1000	277 or 480 volt, 3 pole, 4 wire, 200 amp		.60	13.330		2,150	335		2,485	2,850
	1010	400 amp		.57	14.040		2,460	355		2,815	3,225
	1020	600 amp		.55	14.550		2,755	365		3,120	3,575
	1030	800 amp		.52	15.380		3,640	385		4,025	4,575
	1040	1200 amp		.44	18.180		4,700	455		5,155	5,850
	1120	1600 amp		.38	21.050		5,800	530		6,330	7,150
	1130	2000 amp		.34	23.530		7,300	590		7,890	8,900
	1150	Pressure switch, bolted, 3 pole, 208/240 volt, 3 wire, 800 amp		.48	16.670		4,075	420		4,495	5,100
	1160	1200 amp		.40	20		4,750	505		5,255	5,975
	1170	1600 amp		.38	21.050		5,400	530		5,930	6,725
	1180	2000 amp		.34	23.530		6,700	590		7,290	8,250
	1200	120/208 or 120/240 volt, 3 pole, 4 wire, 800 amp		.48	16.670		4,425	420		4,845	5,475
	1210	1200 amp		.40	20		5,300	505		5,805	6,575
	1220	1600 amp		.38	21.050		6,000	530		6,530	7,375
	1230	2000 amp		.34	23.530		7,400	590		7,990	9,025
	1300	480 or 600 volt, 3 wire, 800 amp		.48	16.670		4,500	420		4,920	5,575
	1310	1200 amp		.40	20		5,400	505		5,905	6,675
	1320	1600 amp		.38	21.050		6,100	530		6,630	7,500

163 | Starters, Boards and Switches

163 200 | Boards

			CREW	DAILY OUTPUT	MAN-HOURS	UNIT	BARE COSTS MAT.	LABOR	EQUIP.	TOTAL	TOTAL INCL O&P	
262	1330	2000 amp	1 Elec	.34	23.530	Ea.	7,625	590		8,215	9,250	262
	1400	277-480 volt, 4 wire, 800 amp		.48	16.670		4,600	420		5,020	5,675	
	1410	1200 amp		.40	20		5,425	505		5,930	6,700	
	1420	1600 amp		.38	21.050		6,150	530		6,680	7,550	
	1430	2000 amp		.34	23.530		7,625	590		8,215	9,250	
	1500	Main ground fault protector, 1200-2000 amp		2.70	2.960		3,182	75		3,257	3,600	
	1600	Bus way connection, 200 amp		2.70	2.960		210	75		285	340	
	1610	400 amp		2.30	3.480		242	87		329	395	
	1620	600 amp		2	4		320	100		420	500	
	1630	800 amp		1.60	5		335	125		460	555	
	1640	1200 amp		1.30	6.150		455	155		610	730	
	1650	1600 amp		1.20	6.670		530	170		700	830	
	1660	2000 amp		1	8		618	200		818	975	
	1700	Shunt trip for remote operation 200 amp		4	2		635	50		685	775	
	1710	400 amp		4	2		1,020	50		1,070	1,200	
	1720	600 amp		4	2		1,570	50		1,620	1,800	
	1730	800 amp		4	2		2,030	50		2,080	2,300	
	1740	1200-2000 amp		4	2		4,300	50		4,350	4,800	
	1800	Motor operated main breaker 200 amp		4	2		1,195	50		1,245	1,400	
	1810	400 amp		4	2		1,720	50		1,770	1,975	
	1820	600 amp		4	2		2,230	50		2,280	2,525	
	1830	800 amp		4	2		2,650	50		2,700	3,000	
	1840	1200-2000 amp		4	2		4,900	50		4,950	5,475	
	1900	Current/potential transformer metering compartment 200-800 amp		2.70	2.960		790	75		865	980	
	1940	1200 amp		2.70	2.960		985	75		1,060	1,200	
	1950	1600-2000 amp		2.70	2.960		1,190	75		1,265	1,425	
	2000	With watt meter 200-800 amp		2	4		2,270	100		2,370	2,650	
	2040	1200 amp		2	4		2,540	100		2,640	2,950	
	2050	1600-2000 amp		2	4		2,750	100		2,850	3,175	
	2100	Split bus 60-200 amp		5.30	1.510		155	38		193	225	
	2130	400 amp		2.30	3.480		268	87		355	425	
	2140	600 amp		1.80	4.440		335	110		445	535	
	2150	800 amp		1.30	6.150		422	155		577	695	
	2170	1200 amp		1	8		480	200		680	825	
	2250	Contactor control 60 amp		2	4		1,195	100		1,295	1,475	
	2260	100 amp		1.50	5.330		1,350	135		1,485	1,675	
	2270	200 amp		1	8		2,025	200		2,225	2,525	
	2280	400 amp		.50	16		6,170	400		6,570	7,375	
	2290	600 amp		.42	19.050		6,900	480		7,380	8,300	
	2300	800 amp		.36	22.220		8,215	560		8,775	9,850	
	2500	Modifier for two distribution sections, add		.40	20		1,560	505		2,065	2,450	
	2520	Three distribution sections, add		.20	40		3,095	1,000		4,095	4,900	
	2560	Auxiliary pull section, 20", add		1	8		1,000	200		1,200	1,400	
	2580	24", add		.90	8.890		1,133	225		1,358	1,575	
	2600	30", add		.80	10		1,265	250		1,515	1,775	
	2620	36", add		.70	11.430		1,375	285		1,660	1,925	
	2640	Dog house, 12", add		1.20	6.670		298	170		468	575	
	2660	18", add		1	8		340	200		540	670	
	3000	Transition section between switchboard and transformer										
	3050	or motor control center, 4 wire, alum. bus, 600 amp	1 Elec	.57	14.040	Ea.	1,275	355		1,630	1,925	
	3100	800 amp		.50	16		1,490	400		1,890	2,225	
	3150	1000 amp		.44	18.180		1,540	455		1,995	2,375	
	3200	1200 amp		.40	20		1,750	505		2,255	2,675	
	3250	1600 amp		.36	22.220		1,925	560		2,485	2,950	
	3300	2000 amp		.33	24.240		2,160	610		2,770	3,275	
	3350	2500 amp		.31	25.810		2,370	650		3,020	3,575	
	3400	3000 amp		.28	28.570		2,600	720		3,320	3,925	
	4000	Weatherproof construction, per vertical section		.88	9.090		2,025	230		2,255	2,575	

163 | Starters, Boards and Switches

163 200 | Boards

			CREW	DAILY OUTPUT	MAN-HOURS	UNIT	MAT.	LABOR	EQUIP.	TOTAL	TOTAL INCL O&P	
264	0010	**DISTRIBUTION SECTION**										264
	0100	Aluminum bus bars, not including breakers										
	0160	Subfeed lug-rated at 60 amp	1 Elec	.65	12.310	Ea.	825	310		1,135	1,375	
	0170	100 amp		.63	12.700		945	320		1,265	1,500	
	0180	200 amp		.60	13.330		1,070	335		1,405	1,675	
	0190	400 amp		.55	14.550		1,200	365		1,565	1,850	
	0200	120/208 or 277/480 volt, 4 wire, 600 amp		.50	16		1,400	400		1,800	2,125	
	0300	800 amp		.44	18.180		1,490	455		1,945	2,325	
	0400	1000 amp		.40	20		1,640	505		2,145	2,550	
	0500	1200 amp		.36	22.220		1,750	560		2,310	2,750	
	0600	1600 amp		.33	24.240		1,990	610		2,600	3,100	
	0700	2000 amp		.31	25.810		2,080	650		2,730	3,250	
	0800	2500 amp		.30	26.670		2,510	670		3,180	3,750	
	0900	3000 amp		.28	28.570		2,865	720		3,585	4,225	
	0950	4000 amp		.26	30.770		3,685	775		4,460	5,200	
266	0010	**FEEDER SECTION** Group mounted devices										266
	0030	Circuit breakers										
	0160	FA frame, 15 to 60 amp, 240 volt, 1 pole	1 Elec	8	1	Ea.	44	25		69	86	
	0170	2 pole		7	1.140		82	29		111	135	
	0180	3 pole		5.30	1.510		116	38		154	185	
	0210	480 volt, 1 pole		8	1		64	25		89	110	
	0220	2 pole		7	1.140		121	29		150	175	
	0230	3 pole		5.30	1.510		158	38		196	230	
	0260	600 volt, 2 pole		7	1.140		150	29		179	205	
	0270	3 pole		5.30	1.510		185	38		223	260	
	0280	FA frame, 70 to 100 amp, 240 volt, 1 pole		7	1.140		57	29		86	105	
	0310	2 pole		5	1.600		116	40		156	185	
	0320	3 pole		4	2		148	50		198	235	
	0330	480 volt, 1 pole		7	1.140		70	29		99	120	
	0360	2 pole		5	1.600		160	40		200	235	
	0370	3 pole		4	2		194	50		244	290	
	0380	600 volt, 2 pole		5	1.600		186	40		226	265	
	0410	3 pole		4	2		216	50		266	310	
	0420	KA frame, 70 to 225 amp		3.20	2.500		512	63		575	655	
	0430	LA frame, 125 to 400 amp		2.30	3.480		910	87		997	1,125	
	0460	MA frame, 450 to 600 amp		1.60	5		1,452	125		1,577	1,775	
	0470	700 to 800 amp		1.30	6.150		1,854	155		2,009	2,275	
	0480	1000 amp		1	8		2,350	200		2,550	2,875	
	0490	PA frame, 1200 amp		.80	10		4,010	250		4,260	4,775	
	0500	Branch circuit, fusible switch, 600 volt, double 30/30 amp		4	2		270	50		320	370	
	0550	60/60 amp		3.20	2.500		270	63		333	390	
	0600	100/100 amp		2.70	2.960		428	75		503	580	
	0650	Single, 30 amp		5.30	1.510		137	38		175	205	
	0700	60 amp		4.70	1.700		137	43		180	215	
	0750	100 amp		4	2		214	50		264	310	
	0800	200 amp		2.70	2.960		485	75		560	645	
	0850	400 amp		2.30	3.480		1,086	87		1,173	1,325	
	0900	600 amp		1.80	4.440		1,325	110		1,435	1,625	
	0950	800 amp		1.30	6.150		2,175	155		2,330	2,625	
	1000	1200 amp		.80	10		2,755	250		3,005	3,400	
	1080	Branch circuit, circuit breakers, high interrupting capacity										
	1100	60 amp, 240, 480 or 600 volt, 1 pole	1 Elec	8	1	Ea.	105	25		130	155	
	1120	2 pole		7	1.140		232	29		261	300	
	1140	3 pole		5.30	1.510		275	38		313	360	
	1150	100 amp, 240, 480 or 600 volt, 1 pole		7	1.140		115	29		144	170	
	1160	2 pole		5	1.600		275	40		315	360	
	1180	3 pole		4	2		304	50		354	410	

163 | Starters, Boards and Switches

163 200 | Boards

			CREW	DAILY OUTPUT	MAN-HOURS	UNIT	BARE COSTS MAT.	LABOR	EQUIP.	TOTAL	TOTAL INCL O&P	
266	1200	225 amp, 240, 480 or 600 volt, 2 pole	1 Elec	3.50	2.290	Ea.	918	57		975	1,100	266
	1220	3 pole		3.20	2.500		1,110	63		1,173	1,325	
	1240	400 amp, 240, 480 or 600 volt, 2 pole		2.50	3.200		1,220	80		1,300	1,450	
	1260	3 pole		2.30	3.480		1,445	87		1,532	1,725	
	1280	600 amp, 240, 480 or 600 volt, 2 pole		1.80	4.440		1,475	110		1,585	1,800	
	1300	3 pole		1.60	5		1,775	125		1,900	2,150	
	1320	800 amp, 240, 480 or 600 volt, 2 pole		1.50	5.330		1,800	135		1,935	2,175	
	1340	3 pole		1.30	6.150		2,240	155		2,395	2,700	
	1360	1000 amp, 240, 480 or 600 volt, 2 pole		1.10	7.270		2,315	185		2,500	2,825	
	1380	3 pole		1	8		2,695	200		2,895	3,250	
	1400	1200 amp, 240, 480 or 600 volt, 2 pole		.90	8.890		3,525	225		3,750	4,200	
	1420	3 pole		.80	10		4,475	250		4,725	5,300	
	1700	Fusible switch, 240 V, 60 amp, 2 pole		3.20	2.500		158	63		221	265	
	1720	3 pole		3	2.670		205	67		272	325	
	1740	100 amp, 2 pole		2.70	2.960		235	75		310	370	
	1760	3 pole		2.50	3.200		285	80		365	430	
	1780	200 amp, 2 pole		2	4		282	100		382	460	
	1800	3 pole		1.90	4.210		388	105		493	585	
	1820	400 amp, 2 pole		1.50	5.330		627	135		762	890	
	1840	3 pole		1.30	6.150		865	155		1,020	1,175	
	1860	600 amp, 2 pole		1	8		900	200		1,100	1,275	
	1880	3 pole		.90	8.890		1,200	225		1,425	1,650	
	1900	240-600 V, 800 amp, 2 pole		.70	11.430		1,665	285		1,950	2,250	
	1920	3 pole		.60	13.330		2,180	335		2,515	2,900	
	2000	600 V, 60 amp, 2 pole		3.20	2.500		235	63		298	350	
	2040	100 amp, 2 pole		2.70	2.960		342	75		417	485	
	2080	200 amp, 2 pole		2	4		388	100		488	575	
	2120	400 amp, 2 pole		1.50	5.330		810	135		945	1,100	
	2160	600 amp, 2 pole		1	8		1,050	200		1,250	1,450	
	2500	Branch circuit, circuit breakers, 60 amp, 600 volt, 3 pole		5.30	1.510		197	38		235	275	
	2520	240, 480 or 600 volt, 1 pole		8	1		63	25		88	105	
	2540	240 volt, 2 pole		7	1.140		84	29		113	135	
	2560	480 or 600 volt, 2 pole		7	1.140		149	29		178	205	
	2580	240 volt, 3 pole		5.30	1.510		115	38		153	185	
	2600	480 volt, 3 pole		5.30	1.510		159	38		197	230	
	2620	100 amp, 600 volt, 2 pole		5	1.600		176	40		216	255	
	2640	3 pole		4	2		212	50		262	305	
	2660	480 volt, 2 pole		5	1.600		159	40		199	235	
	2680	240 volt, 2 pole		5	1.600		115	40		155	185	
	2700	3 pole		4	2		137	50		187	225	
	2720	480 volt, 3 pole		4	2		176	50		226	270	
	2740	225 amp, 240, 480 or 600 volt, 2 pole		3.50	2.290		377	57		434	500	
	2760	3 pole		3.20	2.500		456	63		519	595	
	2780	400 amp, 240, 480 or 600 volt, 2 pole		2.50	3.200		678	80		758	865	
	2800	3 pole		2.30	3.480		830	87		917	1,050	
	2820	600 amp, 240 or 480 volt, 2 pole		1.80	4.440		1,100	110		1,210	1,375	
	2840	3 pole		1.60	5		1,335	125		1,460	1,650	
	2860	800 amp, 240, 480 volt or 600 volt, 2 pole		1.50	5.330		1,365	135		1,500	1,700	
	2880	3 pole		1.30	6.150		1,710	155		1,865	2,100	
	2900	1000 amp, 240, 480 or 600 volt, 2 pole		1.10	7.270		1,930	185		2,115	2,400	
	2920	480 volt, 600 volt, 3 pole		1	8		2,180	200		2,380	2,700	
	2940	1200 amp, 240, 480 or 600 volt, 2 pole		.90	8.890		2,950	225		3,175	3,575	
	2960	3 pole		.80	10		2,970	250		3,220	3,650	
	2980	600 volt, 3 pole		.80	10		3,840	250		4,090	4,600	
268	0010	SWITCHBOARD INSTRUMENTS 3 phase, 4 wire	1 Elec	8	1	Ea.	1,000	25		1,025	1,125	268
	0100	AC indicating, ammeter & switch		8	1		1,000	25		1,025	1,125	
	0200	Voltmeter & switch		8	1		1,000	25		1,025	1,125	
	0300	Wattmeter		8	1		1,600	25		1,625	1,800	

163 | Starters, Boards and Switches

163 200 | Boards

		CREW	DAILY OUTPUT	MAN-HOURS	UNIT	BARE COSTS MAT.	LABOR	EQUIP.	TOTAL	TOTAL INCL O&P	
268	0400	AC recording, ammeter	1 Elec	4	2	Ea.	4,460	50		4,510	4,975	268
	0500	Voltmeter		4	2		4,460	50		4,510	4,975	
	0600	Ground fault protection, zero sequence		2.70	2.960		3,135	75		3,210	3,550	
	0700	Ground return path		2.70	2.960		3,135	75		3,210	3,550	
	0800	3 current transformers, 5 to 800 amp		2	4		770	100		870	995	
	0900	1000 to 1500 amp		1.30	6.150		1,430	155		1,585	1,800	
	1200	2000 to 4000 amp		1	8		1,860	200		2,060	2,350	
	1300	Fused potential transformer, maximum 600 volt		8	1		510	25		535	600	

163 300 | Switches

			CREW	DAILY OUTPUT	MAN-HOURS	UNIT	MAT.	LABOR	EQUIP.	TOTAL	INCL O&P	
310	0010	**CONTACTORS, AC** Enclosed (NEMA 1)										310
	0050	Lighting, 600 volt 3 pole, electrically held										
	0100	20 amp	1 Elec	4	2	Ea.	108	50		158	195	
	0200	30 amp		3.60	2.220		118	56		174	210	
	0300	60 amp		3	2.670		236	67		303	360	
	0400	100 amp		2.50	3.200		392	80		472	550	
	0500	200 amp		1.40	5.710		916	145		1,061	1,225	
	0600	300 amp		.80	10		2,000	250		2,250	2,575	
	0800	Mechanically held, 30 amp		3.60	2.220		180	56		236	280	
	0900	60 amp		3	2.670		355	67		422	490	
	1000	75 amp		2.80	2.860		510	72		582	665	
	1100	100 amp		2.50	3.200		510	80		590	680	
	1200	150 amp		2	4		1,000	100		1,100	1,250	
	1300	200 amp		1.40	5.710		1,110	145		1,255	1,425	
	1500	Magnetic with auxiliary contact, size 00, 9 amp		4	2		93	50		143	175	
	1600	Size 0, 18 amp		4	2		110	50		160	195	
	1700	Size 1, 27 amp		3.60	2.220		130	56		186	225	
	1800	Size 2, 45 amp		3	2.670		239	67		306	360	
	1900	Size 3, 90 amp		2.50	3.200		398	80		478	555	
	2000	Size 4, 135 amp		2.30	3.480		925	87		1,012	1,150	
	2100	Size 5, 270 amp		.90	8.890		1,935	225		2,160	2,450	
	2200	Size 6, 540 amp		.60	13.330		5,535	335		5,870	6,575	
	2300	Size 7, 810 amp		.50	16		7,440	400		7,840	8,775	
	2310	Size 8, 1215 amp		.40	20		11,640	505		12,145	13,500	
	2500	Magnetic, 240 volt 1-2 pole, magnetic, .75 HP motor		4	2		84	50		134	165	
	2520	2 HP motor		3.60	2.220		106	56		162	200	
	2540	5 HP motor		2.50	3.200		234	80		314	375	
	2560	10 HP motor		1.40	5.710		380	145		525	630	
	2600	240 volt or less, 3 pole, .75 HP motor		4	2		95	50		145	180	
	2620	5 HP motor		3.60	2.220		126	56		182	220	
	2640	10 HP motor		3.60	2.220		254	56		310	360	
	2660	15 HP motor		2.50	3.200		254	80		334	400	
	2700	25 HP motor		2.50	3.200		405	80		485	565	
	2720	30 HP motor		1.40	5.710		405	145		550	660	
	2740	40 HP motor		1.40	5.710		900	145		1,045	1,200	
	2760	50 HP motor		.80	10		900	250		1,150	1,350	
	2800	75 HP motor		.80	10		1,930	250		2,180	2,500	
	2820	100 HP motor		.50	16		1,930	400		2,330	2,725	
	2860	150 HP motor		.50	16		5,600	400		6,000	6,750	
	2880	200 HP motor		.50	16		5,600	400		6,000	6,750	
	3000	600 volt, 3 pole, 5 HP motor		4	2		116	50		166	200	
	3020	10 HP motor		3.60	2.220		132	56		188	230	
	3040	25 HP motor		3	2.670		254	67		321	380	
	3100	50 HP motor		2.50	3.200		405	80		485	565	
	3160	100 HP motor		1.40	5.710		930	145		1,075	1,225	
	3220	200 HP motor		.80	10		1,935	250		2,185	2,500	
320	0010	**CONTROL STATIONS**										320
	0050	NEMA 1, heavy duty, stop/start	1 Elec	8	1	Ea.	41	25		66	82	

163 | Starters, Boards and Switches

163 300 | Switches

			CREW	DAILY OUTPUT	MAN-HOURS	UNIT	BARE COSTS MAT.	BARE COSTS LABOR	BARE COSTS EQUIP.	BARE COSTS TOTAL	TOTAL INCL O&P	
320	0100	Stop/start, pilot light	1 Elec	6.20	1.290	Ea.	98	32		130	155	320
	0200	Hand/off/automatic		6.20	1.290		48	32		80	100	
	0400	Stop/start/reverse		5.30	1.510		86	38		124	150	
	0500	NEMA 7, heavy duty, stop/start		6	1.330		119	34		153	180	
	0600	Stop/start, pilot light		4	2		254	50		304	355	
	0700	NEMA 7 or 9, 1 element		6	1.330		119	34		153	180	
	0800	2 element		6	1.330		138	34		172	200	
	0900	3 element		4	2		238	50		288	335	
	0910	Selector switch, 2 position		6	1.330		129	34		163	190	
	0920	3 position		4	2		227	50		277	325	
	0930	Oiltight, 1 element		8	1		46	25		71	88	
	0940	2 element		6.20	1.290		60	32		92	115	
	0950	3 element		5.30	1.510		87	38		125	150	
	0960	Selector switch, 2 position		6.20	1.290		52	32		84	105	
	0970	3 position		5.30	1.510		65	38		103	130	
330	0010	**CONTROL SWITCHES** Field installed										330
	6000	Push button 600V 10A, momentary contact										
	6150	Standard operator with colored button	1 Elec	34	.235	Ea.	26	5.90		31.90	37	
	6160	With single block 1NO 1NC		18	.444		42	11.20		53.20	63	
	6170	With double block 2NO 2NC		15	.533		65	13.40		78.40	91	
	6180	Stnd operator w/mushroom button 1-9/16" diam.		34	.235		26	5.90		31.90	37	
	6190	Stnd operator w/mushroom button 2-1/4" diam.										
	6200	With single block 1NO 1NC	1 Elec	18	.444	Ea.	44	11.20		55.20	65	
	6210	With double block 2NO 2NC		15	.533		68	13.40		81.40	95	
	6500	Maintained contact, selector operator		34	.235		26	5.90		31.90	37	
	6510	With single block 1NO 1NC		18	.444		42	11.20		53.20	63	
	6520	With double block 2NO 2NC		15	.533		68	13.40		81.40	95	
	6560	Spring-return selector operator		34	.235		32	5.90		37.90	44	
	6570	With single block 1NO 1NC		18	.444		47	11.20		58.20	68	
	6580	With double block 2NO 2NC		15	.533		74	13.40		87.40	100	
	6620	Transformer operator w/illuminated										
	6630	button 6V#12 lamp	1 Elec	32	.250	Ea.	47	6.30		53.30	61	
	6640	With single block 1NO 1NC w/guard		16	.500		68	12.60		80.60	93	
	6650	With double block 2NO 2NC w/guard		13	.615		89	15.50		104.50	120	
	6690	Combination operator		34	.235		37	5.90		42.90	49	
	6700	With single block 1NO 1NC		18	.444		42	11.20		53.20	63	
	6710	With double block 2NO 2NC		15	.533		68	13.40		81.40	95	
	9000	Indicating light unit, full voltage										
	9010	110-125V front mount	1 Elec	32	.250	Ea.	37	6.30		43.30	50	
	9020	130V resistor type		32	.250		37	6.30		43.30	50	
	9030	6V transformer type		32	.250		42	6.30		48.30	55	
350	0010	**RELAYS** Enclosed (NEMA 1)										350
	0050	600 volt AC, 1 pole, 12 amp	1 Elec	5.30	1.510	Ea.	60	38		98	120	
	0100	2 pole, 12 amp		5	1.600		80	40		120	145	
	0200	4 pole, 10 amp		4.50	1.780		95	45		140	170	
	0500	250 volt DC, 1 pole, 15 amp		5.30	1.510		92	38		130	155	
	0600	2 pole, 10 amp		5	1.600		84	40		124	150	
	0700	4 pole, 4 amp		4.50	1.780		95	45		140	170	
360	0010	**SAFETY SWITCHES**										360
	0100	General duty, 240 volt, 3 pole, fused, 30 amp	1 Elec	3.20	2.500	Ea.	38	63		101	135	
	0200	60 amp		2.30	3.480		65	87		152	200	
	0300	100 amp		1.90	4.210		114	105		219	280	
	0400	200 amp		1.30	6.150		230	155		385	480	
	0500	400 amp		.90	8.890		513	225		738	895	
	0600	600 amp		.60	13.330		1,153	335		1,488	1,775	
	0610	Non fused, 30 amp		3.20	2.500		32	63		95	130	

161

163 | Starters, Boards and Switches

163 300 | Switches

		CREW	DAILY OUTPUT	MAN-HOURS	UNIT	BARE COSTS MAT.	LABOR	EQUIP.	TOTAL	TOTAL INCL O&P
0650	60 amp	1 Elec	2.30	3.480	Ea.	40	87		127	175
0700	100 amp		1.90	4.210		90	105		195	255
0750	200 amp		1.30	6.150		170	155		325	415
0800	400 amp		.90	8.890		410	225		635	780
0850	600 amp		.60	13.330		880	335		1,215	1,475
1100	Heavy duty, 600 volt, 3 pole, non fused									
1110	30 amp	1 Elec	3.20	2.500	Ea.	54	63		117	150
1500	60 amp		2.30	3.480		110	87		197	250
1700	100 amp		1.90	4.210		150	105		255	320
1900	200 amp		1.30	6.150		227	155		382	480
2100	400 amp		.90	8.890		510	225		735	890
2300	600 amp		.60	13.330		975	335		1,310	1,575
2500	800 amp		.47	17.020		1,760	430		2,190	2,575
2700	1200 amp		.40	20		2,370	505		2,875	3,350
2900	240 volt, 3 pole, fused									
2910	30 amp	1 Elec	3.20	2.500	Ea.	62	63		125	160
3000	60 amp		2.30	3.480		103	87		190	240
3300	100 amp		1.90	4.210		162	105		267	335
3500	200 amp		1.30	6.150		275	155		430	530
3700	400 amp		.90	8.890		618	225		843	1,000
3900	600 amp		.60	13.330		1,135	335		1,470	1,750
4100	800 amp		.47	17.020		2,060	430		2,490	2,900
4300	1200 amp		.40	20		2,625	505		3,130	3,625
4340	2 pole, fused, 30 amp		3.50	2.290		47	57		104	135
4350	600 volt, 3 pole, fused, 30 amp		3.20	2.500		103	63		166	205
4380	60 amp		2.30	3.480		123	87		210	265
4400	100 amp		1.90	4.210		222	105		327	400
4420	200 amp		1.30	6.150		330	155		485	590
4440	400 amp		.90	8.890		834	225		1,059	1,250
4450	600 amp		.60	13.330		1,390	335		1,725	2,025
4460	800 amp		.47	17.020		2,370	430		2,800	3,250
4480	1200 amp		.40	20		3,115	505		3,620	4,175
4500	240 volt, 3 pole NEMA 3R (no hubs), fused									
4510	30 amp	1 Elec	3.10	2.580	Ea.	111	65		176	220
4700	60 amp		2.20	3.640		173	91		264	325
4900	100 amp		1.80	4.440		245	110		355	435
5100	200 amp		1.20	6.670		330	170		500	610
5300	400 amp		.80	10		721	250		971	1,175
5500	600 amp		.50	16		1,495	400		1,895	2,250
5510	Heavy duty, 600 volt, 3 pole, 3ph., NEMA 3R fused, 30 amp		3.10	2.580		173	65		238	285
5520	60 amp		2.20	3.640		200	91		291	355
5530	100 amp		1.80	4.440		310	110		420	505
5540	200 amp		1.20	6.670		425	170		595	715
5550	400 amp		.80	10		970	250		1,220	1,450
5700	600 volt, 3 pole, NEMA 3R, nonfused									
5710	30 amp	1 Elec	3.10	2.580	Ea.	100	65		165	205
5900	60 amp		2.20	3.640		165	91		256	315
6100	100 amp		1.80	4.440		233	110		343	420
6300	200 amp		1.20	6.670		280	170		450	555
6500	400 amp		.80	10		690	250		940	1,125
6700	600 amp		.50	16		1,365	400		1,765	2,100
6900	600 volt, 6 pole, NEMA 3R, nonfused, 30 amp		2.70	2.960		595	75		670	765
7100	60 amp		2	4		690	100		790	910
7300	100 amp		1.50	5.330		845	135		980	1,125
7500	200 amp		1.20	6.670		1,000	170		1,170	1,350
7600	600 volt, 3 pole, NEMA 7, explosion proof, nonfused									
7610	30 amp	1 Elec	2.20	3.640	Ea.	485	91		576	670
7620	60 amp	"	1.80	4.440	"	495	110		605	710

163 | Starters, Boards and Switches

163 300 | Switches

		Crew	Daily Output	Man-Hours	Unit	Mat.	Labor	Equip.	Total	Total Incl O&P	
360	7630	100 amp	1 Elec	1.20	6.670	Ea.	575	170		745	880	360
	7640	200 amp		.80	10		1,175	250		1,425	1,675	
	7710	600 volt, 6 pole, NEMA 3R, fused, 30 amp		2.70	2.960		710	75		785	890	
	7900	60 amp		2	4		840	100		940	1,075	
	8100	100 amp		1.50	5.330		1,015	135		1,150	1,325	
	8110	240 volt, 3 pole, NEMA 12, fused, 30 amp		3.10	2.580		113	65		178	220	
	8120	60 amp		2.20	3.640		149	91		240	300	
	8130	100 amp		1.80	4.440		254	110		364	445	
	8140	200 amp		1.20	6.670		365	170		535	650	
	8150	400 amp		.80	10		726	250		976	1,175	
	8160	600 amp		.50	16		1,257	400		1,657	1,975	
	8180	600 volt, 3 pole, NEMA 12, 600 volt, fused, 30 amp		3.10	2.580		173	65		238	285	
	8190	60 amp		2.20	3.640		186	91		277	340	
	8200	100 amp		1.80	4.440		276	110		386	470	
	8210	200 amp		1.20	6.670		424	170		594	715	
	8220	400 amp		.80	10		900	250		1,150	1,350	
	8230	600 amp		.50	16		1,550	400		1,950	2,300	
	8240	600 volt, 3 pole, NEMA 12, nonfused, 30 amp		3.10	2.580		120	65		185	230	
	8250	60 amp		2.20	3.640		146	91		237	295	
	8260	100 amp		1.80	4.440		206	110		316	390	
	8270	200 amp		1.20	6.670		280	170		450	555	
	8280	400 amp		.80	10		595	250		845	1,025	
	8290	600 amp		.50	16		960	400		1,360	1,650	
	8310	Fused heavy duty, 600 volt, 3 pole, NEMA 4, 30 amp		3	2.670		489	67		556	635	
	8320	60 amp		2.20	3.640		525	91		616	715	
	8330	100 amp		1.80	4.440		1,050	110		1,160	1,325	
	8340	200 amp		1.20	6.670		1,465	170		1,635	1,850	
	8350	400 amp		.80	10		2,620	250		2,870	3,250	
	8360	Non fused, heavy duty, 600 volt, 3 pole, NEMA 4, 30 amp		3	2.670		425	67		492	565	
	8370	60 amp		2.20	3.640		490	91		581	675	
	8380	100 amp		1.80	4.440		970	110		1,080	1,225	
	8390	200 amp		1.20	6.670		1,325	170		1,495	1,700	
	8400	400 amp		.80	10		2,380	250		2,630	3,000	
	8490	Motor starters, manual, single phase, NEMA 1		6.40	1.250		29	31		60	78	
	8500	NEMA 4		4	2		86	50		136	170	
	8700	NEMA 7		4	2		88	50		138	170	
	8900	NEMA 1 with pilot		6.40	1.250		40	31		71	90	
	8920	3 pole, NEMA 1, 230/460 volt, 5 HP, size 0		3.50	2.290		97	57		154	190	
	8940	10 HP, size 1		2	4		114	100		214	275	
	9010	Disc. switch, 600V, 3 pole, fused, 30 amp, to 10 HP motor		3.20	2.500		130	63		193	235	
	9050	60 amp, to 30 HP motor		2.30	3.480		130	87		217	270	
	9070	100 amp, to 60 HP motor		1.90	4.210		239	105		344	420	
	9100	200 amp, to 125 HP motor		1.30	6.150		338	155		493	600	
	9110	400 amp, to 200 HP motor		.90	8.890		875	225		1,100	1,300	
370	0010	**TIME SWITCHES**										370
	0100	Single pole, single throw, 24 hour dial	1 Elec	4	2	Ea.	47	50		97	125	
	0200	24 hour dial with reserve power		3.60	2.220		239	56		295	345	
	0300	Astronomic dial		3.60	2.220		80	56		136	170	
	0400	Astronomic dial with reserve power		3.30	2.420		263	61		324	380	
	0500	7 day calendar dial		3.30	2.420		75	61		136	175	
	0600	7 day calendar dial with reserve power		3.20	2.500		250	63		313	370	
	0700	Photo cell 2000 watt		8	1		17	25		42	56	
	1080	Load management device, 2 loads		4	2		415	50		465	530	
	1100	Load management device, 8 loads		1	8		1,150	200		1,350	1,550	

163 500 | Motors

510	0010	**HANDLING** Add to normal labor cost for restricted areas										510
	5000	Motors										

163 | Starters, Boards and Switches

163 500 | Motors

			DAILY	MAN-		\multicolumn{4}{c}{BARE COSTS}	TOTAL
		CREW	OUTPUT	HOURS	UNIT	MAT.	LABOR	EQUIP.	TOTAL	INCL O&P
510	5100	½ HP, approximately 23 pounds	1 Elec	4	2	Ea.		50		50	74
	5110	¾ HP, approximately 28 pounds		4	2			50		50	74
	5120	1 HP, approximately 33 pounds		4	2			50		50	74
	5130	1-½ HP, approximately 44 pounds		3.20	2.500			63		63	93
	5140	2 HP, approximately 56 pounds		3	2.670			67		67	99
	5150	3 HP, approximately 71 pounds		2.30	3.480			87		87	130
	5160	5 HP, approximately 82 pounds		1.90	4.210			105		105	155
	5170	7-½ HP, approximately 124 pounds		1.50	5.330			135		135	200
	5180	10 HP, approximately 144 pounds		1.20	6.670			170		170	250
	5190	15 HP, approximately 185 pounds		1	8			200		200	295
	5200	20 HP, approximately 214 pounds	2 Elec	1.50	10.670			270		270	395
	5210	25 HP, approximately 266 pounds		1.40	11.430			285		285	425
	5220	30 HP, approximately 310 pounds		1.20	13.330			335		335	495
	5230	40 HP, approximately 400 pounds		1	16			400		400	595
	5240	50 HP, approximately 450 pounds		.90	17.780			445		445	660
	5250	75 HP, approximately 680 pounds		.80	20			505		505	745
	5260	100 HP, approximately 870 pounds	3 Elec	1	24			605		605	890
	5270	125 HP, approximately 940 pounds		.80	30			755		755	1,125
	5280	150 HP, approximately 1200 pounds		.70	34.290			860		860	1,275
	5290	175 HP, approximately 1300 pounds		.60	40			1,000		1,000	1,475
	5300	200 HP, approximately 1400 pounds		.50	48			1,200		1,200	1,775
520	0010	**MOTORS** 230/460 volts, 60 HZ									
	0050	Dripproof, Class B, 1.15 service factor									
	0100	1800 RPM, 1 HP	1 Elec	4.50	1.780	Ea.	137	45		182	215
	0150	2 HP		4.50	1.780		169	45		214	250
	0200	3 HP		4.50	1.780		184	45		229	270
	0250	5 HP		4.50	1.780		203	45		248	290
	0300	7.5 HP		4.20	1.900		290	48		338	390
	0350	10 HP		4	2		356	50		406	465
	0400	15 HP		3.20	2.500		461	63		524	600
	0450	20 HP		2.60	3.080		576	77		653	750
	0500	25 HP		2.50	3.200		711	80		791	900
	0550	30 HP		2.40	3.330		862	84		946	1,075
	0600	40 HP		2	4		1,100	100		1,200	1,350
	0650	50 HP		1.60	5		1,290	125		1,415	1,600
	0700	60 HP		1.40	5.710		1,624	145		1,769	2,000
	0750	75 HP		1.20	6.670		1,994	170		2,164	2,450
	0800	100 HP		.90	8.890		2,620	225		2,845	3,200
	0850	125 HP		.70	11.430		3,164	285		3,449	3,900
	0900	150 HP		.60	13.330		5,012	335		5,347	6,000
	0950	200 HP		.50	16		6,465	400		6,865	7,700
	1000	1200 RPM, 1 HP		4.50	1.780		210	45		255	295
	1050	2 HP		4.50	1.780		226	45		271	315
	1100	3 HP		4.50	1.780		295	45		340	390
	1150	5 HP		4.50	1.780		398	45		443	505
	1200	3600 RPM, 2 HP		4.50	1.780		190	45		235	275
	1250	3 HP		4.50	1.780		215	45		260	305
	1300	5 HP		4.50	1.780		235	45		280	325
	1350	Totally enclosed, Class B, 1.0 service factor									
	1400	1800 RPM, 1 HP	1 Elec	4.50	1.780	Ea.	152	45		197	235
	1450	2 HP		4.50	1.780		177	45		222	260
	1500	3 HP		4.50	1.780		208	45		253	295
	1550	5 HP		4.50	1.780		241	45		286	330
	1600	7.5 HP		4.20	1.900		308	48		356	410
	1650	10 HP		4	2		368	50		418	480
	1700	15 HP		3.20	2.500		529	63		592	675
	1750	20 HP		2.60	3.080		632	77		709	810

163 | Starters, Boards and Switches

163 500 | Motors

			CREW	DAILY OUTPUT	MAN-HOURS	UNIT	MAT.	LABOR	EQUIP.	TOTAL	TOTAL INCL O&P	
520	1800	25 HP	1 Elec	2.50	3.200	Ea.	822	80		902	1,025	520
	1850	30 HP		2.40	3.330		910	84		994	1,125	
	1900	40 HP		2	4		1,180	100		1,280	1,450	
	1950	50 HP		1.60	5		1,466	125		1,591	1,800	
	2000	60 HP		1.40	5.710		2,310	145		2,455	2,750	
	2050	75 HP		1.20	6.670		2,668	170		2,838	3,175	
	2100	100 HP		.90	8.890		3,575	225		3,800	4,275	
	2150	125 HP		.70	11.430		5,060	285		5,345	6,000	
	2200	150 HP		.60	13.330		6,105	335		6,440	7,200	
	2250	200 HP		.50	16		8,800	400		9,200	10,300	
	2300	1200 RPM, 1 HP		4.50	1.780		200	45		245	285	
	2350	2 HP		4.50	1.780		220	45		265	310	
	2400	3 HP		4.50	1.780		295	45		340	390	
	2450	5 HP		4.50	1.780		410	45		455	515	
	2500	3600 RPM, 2 HP		4.50	1.780		183	45		228	265	
	2550	3 HP		4.50	1.780		220	45		265	310	
	2600	5 HP	↓	4.50	1.780	↓	295	45		340	390	

164 | Transformers and Bus Ducts

164 100 | Transformers

				CREW	DAILY OUTPUT	MAN-HOURS	UNIT	MAT.	LABOR	EQUIP.	TOTAL	TOTAL INCL O&P	
110	0010	**BUCK-BOOST TRANSFORMER**	C9.3 -215										110
	0100	Single phase, 120/240 volt primary, 12/24 volt secondary											
	0200	0.10 KVA		1 Elec	8	1	Ea.	40	25		65	81	
	0400	0.25 KVA			5.70	1.400		57	35		92	115	
	0600	0.50 KVA			4	2		70	50		120	150	
	0800	0.75 KVA			3.10	2.580		93	65		158	200	
	1000	1.0 KVA			2	4		113	100		213	275	
	1200	1.5 KVA			1.80	4.440		133	110		243	310	
	1400	2.0 KVA			1.60	5		176	125		301	380	
	1600	3.0 KVA			1.40	5.710		241	145		386	475	
	1800	5.0 KVA			1.20	6.670		350	170		520	635	
	2000	3 phase, 240/208 volt, 15 KVA			1.20	6.670		291	170		461	570	
	2200	30 KVA			.80	10		381	250		631	790	
	2400	45 KVA			.70	11.430		505	285		790	980	
	2600	75 KVA			.60	13.330		706	335		1,041	1,275	
	2800	112.5 KVA			.57	14.040		1,000	355		1,355	1,625	
	3000	150 KVA			.45	17.780		1,159	445		1,604	1,925	
	3200	225 KVA			.40	20		1,648	505		2,153	2,550	
	3400	300 KVA		↓	.36	22.220	↓	2,265	560		2,825	3,325	
120	0010	**DRY TYPE TRANSFORMER**	C9.3 -215										120
	0050	Single phase, 240/480 volt primary 120/240 volt secondary											
	0100	1 KVA		1 Elec	2	4	Ea.	108	100		208	265	
	0300	2 KVA			1.60	5		151	125		276	350	
	0500	3 KVA			1.40	5.710		195	145		340	425	
	0700	5 KVA			1.20	6.670		265	170		435	540	
	0900	7.5 KVA			1.10	7.270		371	185		556	680	
	1100	10 KVA		↓	.80	10		456	250		706	875	
	1300	15 KVA		2 Elec	1.20	13.330		615	335		950	1,175	
	1500	25 KVA		"	1	16	↓	806	400		1,206	1,475	

164 | Transformers and Bus Ducts

164 100 | Transformers

		CREW	DAILY OUTPUT	MAN-HOURS	UNIT	BARE COSTS MAT.	LABOR	EQUIP.	TOTAL	TOTAL INCL O&P
1700	37.5 KVA	2 Elec	.80	20	Ea.	1,030	505		1,535	1,875
1900	50 KVA		.70	22.860		1,262	575		1,837	2,225
2100	75 KVA	↓	.65	24.620		1,700	620		2,320	2,775
2110	100 KVA	R-3	.90	22.220		2,150	555	115	2,820	3,325
2120	167 KVA	"	.80	25		3,245	625	130	4,000	4,650
2190	480V primary 120/240V secondary, nonvent., 15 KVA	2 Elec	1.20	13.330		831	335		1,166	1,400
2200	25 KVA		.90	17.780		1,234	445		1,679	2,025
2210	37 KVA		.75	21.330		1,825	535		2,360	2,800
2220	50 KVA		.65	24.620		2,015	620		2,635	3,125
2230	75 KVA		.60	26.670		2,830	670		3,500	4,100
2240	100 KVA		.50	32		3,468	805		4,273	5,000
2250	Low operating temperature(80°C), 25 KVA		1	16		1,132	400		1,532	1,850
2260	37 KVA		.80	20		1,400	505		1,905	2,275
2270	50 KVA		.70	22.860		1,865	575		2,440	2,900
2280	75 KVA		.65	24.620		2,468	620		3,088	3,625
2290	100 KVA		.55	29.090		2,780	730		3,510	4,150
2300	3 phase, 240/480 volt primary, 120/208 volt secondary									
2310	Ventilated, 3 KVA	1 Elec	1	8	Ea.	354	200		554	685
2700	6 KVA		.80	10		408	250		658	820
2900	9 KVA		.70	11.430		525	285		810	1,000
3100	15 KVA	2 Elec	1.10	14.550		775	365		1,140	1,400
3300	30 KVA		.90	17.780		1,020	445		1,465	1,775
3500	45 KVA		.80	20		1,225	505		1,730	2,100
3700	75 KVA		.70	22.860		1,840	575		2,415	2,875
3900	112.5 KVA	R-3	.90	22.220		2,450	555	115	3,120	3,650
4100	150 KVA		.85	23.530		3,126	590	120	3,836	4,450
4300	225 KVA		.65	30.770		4,200	770	160	5,130	5,925
4500	300 KVA		.55	36.360		5,400	910	190	6,500	7,500
4700	500 KVA		.45	44.440		8,500	1,100	230	9,830	11,200
4800	750 KVA		.35	57.140		13,700	1,425	295	15,420	17,500
4820	1000 KVA	↓	.32	62.500	↓	16,600	1,550	325	18,475	20,900
5020	480 volt primary, 120/208 volt secondary,									
5030	Nonventilated, 15 KVA	2 Elec	1.10	14.550	Ea.	839	365		1,204	1,475
5040	30 KVA		.80	20		1,326	505		1,831	2,200
5050	45 KVA		.70	22.860		1,975	575		2,550	3,025
5060	75 KVA	↓	.65	24.620		3,050	620		3,670	4,275
5070	112 KVA	R-3	.85	23.530		4,100	590	120	4,810	5,525
5081	150 KVA		.85	23.530		5,075	590	120	5,785	6,600
5090	225 KVA		.60	33.330		7,260	835	175	8,270	9,400
5100	300 KVA		.50	40		8,490	1,000	210	9,700	11,000
5200	Low operating temperature (80°C), 30 KVA		.90	22.220		1,326	555	115	1,996	2,400
5210	45 KVA		.80	25		1,920	625	130	2,675	3,175
5220	75 KVA		.70	28.570		2,550	715	150	3,415	4,025
5230	112 KVA		.90	22.220		3,225	555	115	3,895	4,500
5240	150 KVA		.85	23.530		4,500	590	120	5,210	5,950
5250	225 KVA		.65	30.770		6,324	770	160	7,254	8,275
5260	300 KVA		.55	36.360		7,400	910	190	8,500	9,700
5270	500 KVA		.45	44.440		10,900	1,100	230	12,230	13,900
5380	3 phase, 5 KV primary, 277/480 volt secondary,									
5400	High voltage, 112 KVA	R-3	.85	23.530	Ea.	6,426	590	120	7,136	8,075
5410	150 KVA		.65	30.770		7,500	770	160	8,430	9,575
5420	225 KVA		.55	36.360		9,225	910	190	10,325	11,700
5430	300 KVA		.45	44.440		11,000	1,100	230	12,330	14,000
5440	500 KVA		.35	57.140		14,530	1,425	295	16,250	18,400
5450	750 KVA		.32	62.500		19,100	1,550	325	20,975	23,700
5460	1000 KVA		.30	66.670		22,400	1,675	345	24,420	27,500
5470	1500 KVA		.27	74.070		26,115	1,850	385	28,350	31,900
5480	2000 KVA	↓	.25	80	↓	30,675	2,000	415	33,090	37,200

164 | Transformers and Bus Ducts

164 100 | Transformers

		CREW	DAILY OUTPUT	MAN-HOURS	UNIT	BARE COSTS MAT.	LABOR	EQUIP.	TOTAL	TOTAL INCL O&P	
120	5490	2500 KVA	R-3	.20	100	Ea.	34,890	2,500	520	37,910	42,700	120
	5500	3000 KVA	"	.18	111	"	44,500	2,775	580	47,855	53,500	
	5590	15 KV primary, 277/480 volt secondary										
	5600	High voltage, 112 KVA	R-3	.85	23.530	Ea.	7,450	590	120	8,160	9,200	
	5610	150 KVA		.65	30.770		8,600	770	160	9,530	10,800	
	5620	225 KVA		.55	36.360		11,100	910	190	12,200	13,800	
	5630	300 KVA		.45	44.440		13,920	1,100	230	15,250	17,200	
	5640	500 KVA		.35	57.140		17,920	1,425	295	19,640	22,200	
	5650	750 KVA		.32	62.500		22,400	1,550	325	24,275	27,300	
	5660	1000 KVA		.30	66.670		25,650	1,675	345	27,670	31,100	
	5670	1500 KVA		.27	74.070		29,500	1,850	385	31,735	35,600	
	5680	2000 KVA		.25	80		33,000	2,000	415	35,415	39,700	
	5690	2500 KVA		.20	100		38,100	2,500	520	41,120	46,200	
	5700	3000 KVA		.18	111		45,300	2,775	580	48,655	54,500	
	6000	2400V primary, 480V secondary 300 KVA		.45	44.440		11,110	1,100	230	12,440	14,100	
	6010	500 KVA		.35	57.140		14,645	1,425	295	16,365	18,600	
	6020	750 KVA	↓	.32	62.500	↓	19,100	1,550	325	20,975	23,700	
140	0010	**ISOLATING PANELS** used with isolating transformers										140
	0020	For hospital applications										
	0100	Critical care area, 8 circuit, 3 KVA	1 Elec	.58	13.790	Ea.	3,475	345		3,820	4,325	
	0200	5 KVA		.54	14.810		3,560	375		3,935	4,475	
	0400	7.5 KVA		.52	15.380		3,680	385		4,065	4,625	
	0600	10 KVA		.44	18.180		3,800	455		4,255	4,850	
	0800	Operating room power & lighting, 8 circuit, 3 KVA		.58	13.790		2,865	345		3,210	3,675	
	1000	5 KVA		.54	14.810		2,966	375		3,341	3,825	
	1200	7.5 KVA		.52	15.380		3,039	385		3,424	3,925	
	1400	10 KVA		.44	18.180		3,193	455		3,648	4,200	
	1600	X-ray systems, 15 KVA, 90 amp		.44	18.180		7,262	455		7,717	8,675	
	1800	25 KVA, 125 amp	↓	.36	22.220	↓	7,442	560		8,002	9,000	
150	0010	**ISOLATING TRANSFORMER**	C9.3-215									150
	0100	Single phase, 120/240 volt primary, 120/240 volt secondary										
	0200	0.50 KVA	1 Elec	4	2	Ea.	93	50		143	175	
	0400	1 KVA		2	4		144	100		244	305	
	0600	2 KVA		1.60	5		200	125		325	405	
	0800	3 KVA		1.40	5.710		267	145		412	505	
	1000	5 KVA		1.20	6.670		371	170		541	655	
	1200	7.5 KVA		1.10	7.270		493	185		678	810	
	1400	10 KVA		.80	10		587	250		837	1,025	
	1600	15 KVA		.60	13.330		875	335		1,210	1,450	
	1800	25 KVA	↓	.50	16		1,215	400		1,615	1,925	
	1810	37.5 KVA	2 Elec	.80	20		1,350	505		1,855	2,225	
	1820	75 KVA	"	.65	24.620		2,060	620		2,680	3,175	
	1830	3 phase, 120/240 to 120/208V secondary, 112.5 KVA	R-3	.90	22.220		2,943	555	115	3,613	4,175	
	1840	150 KVA		.85	23.530		3,443	590	120	4,153	4,800	
	1850	225 KVA		.65	30.770		4,728	770	160	5,658	6,525	
	1860	300 KVA		.55	36.360		6,630	910	190	7,730	8,850	
	1870	500 KVA		.45	44.440		9,690	1,100	230	11,020	12,600	
	1880	750 KVA	↓	.35	57.140	↓	15,100	1,425	295	16,820	19,100	
160	0010	**OIL FILLED TRANSFORMER** Pad mounted, Primary delta or Y,	C9.3-215									160
	0050	5 KV or 15 KV, with taps, 277/480 secondary, 3 phase										
	0100	150 KVA	R-3	.65	30.770	Ea.	5,400	770	160	6,330	7,250	
	0110	225 KVA		.55	36.360		6,500	910	190	7,600	8,700	
	0200	300 KVA		.45	44.440		8,000	1,100	230	9,330	10,700	
	0300	500 KVA		.40	50		9,800	1,250	260	11,310	12,900	
	0400	750 KVA		.38	52.630		12,500	1,325	275	14,100	16,000	
	0500	1000 KVA	↓	.26	76.920	↓	14,800	1,925	400	17,125	19,600	

164 | Transformers and Bus Ducts

164 100 | Transformers

			CREW	DAILY OUTPUT	MAN-HOURS	UNIT	MAT.	LABOR	EQUIP.	TOTAL	TOTAL INCL O&P	
160	0600	1500 KVA	R-3	.23	86.960	Ea.	18,900	2,175	450	21,525	24,500	160
	0700	2000 KVA		.20	100		23,300	2,500	520	26,320	29,900	
	0710	2500 KVA		.19	105		26,800	2,625	545	29,970	34,000	
	0720	3000 KVA		.17	118		28,500	2,950	610	32,060	36,400	
	0800	3750 KVA		.16	125		32,000	3,125	650	35,775	40,500	
170	0010	TRANSFORMER, SILICON FILLED Pad mounted										170
	0020	5 KV or 15 KV primary 277/480 volt secondary, 3 phase										
	0050	225 KVA	R-3	.55	36.360	Ea.	14,100	910	190	15,200	17,100	
	0100	300 KVA		.45	44.440		15,000	1,100	230	16,330	18,400	
	0200	500 KVA		.40	50		17,675	1,250	260	19,185	21,600	
	0250	750 KVA		.38	52.630		21,500	1,325	275	23,100	25,900	
	0300	1000 KVA		.26	76.920		25,500	1,925	400	27,825	31,300	
	0350	1500 KVA		.23	86.960		32,800	2,175	450	35,425	39,800	
	0400	2000 KVA		.20	100		40,000	2,500	520	43,020	48,300	
	0450	2500 KVA		.19	105		45,900	2,625	545	49,070	55,000	
190	0010	HANDLING Add to normal labor cost in restricted areas										190
	5000	Transformers										
	5150	15 KVA, approximately 200 pounds	2 Elec	2.70	5.930	Ea.		150		150	220	
	5160	25 KVA, approximately 300 pounds		2.50	6.400			160		160	240	
	5170	37.5 KVA, approximately 400 pounds		2.30	6.960			175		175	260	
	5180	50 KVA, approximately 500 pounds		2	8			200		200	295	
	5190	75 KVA, approximately 600 pounds		1.80	8.890			225		225	330	
	5200	100 KVA, approximately 700 pounds		1.60	10			250		250	370	
	5210	112.5 KVA, approximately 800 pounds	3 Elec	2.20	10.910			275		275	405	
	5220	125 KVA, approximately 900 pounds		2	12			300		300	445	
	5230	150 KVA, approximately 1000 pounds		1.80	13.330			335		335	495	
	5240	167 KVA, approximately 1200 pounds		1.60	15			375		375	555	
	5250	200 KVA, approximately 1400 pounds		1.40	17.140			430		430	635	
	5260	225 KVA, approximately 1600 pounds		1.30	18.460			465		465	685	
	5270	250 KVA, approximately 1800 pounds		1.10	21.820			550		550	810	
	5280	300 KVA, approximately 2000 pounds		1	24			605		605	890	
	5290	500 KVA, approximately 3000 pounds		.75	32			805		805	1,200	
	5300	600 KVA, approximately 3500 pounds		.67	35.820			900		900	1,325	
	5310	750 KVA, approximately 4000 pounds		.60	40			1,000		1,000	1,475	
	5320	1000 KVA, approximately 5000 pounds		.50	48			1,200		1,200	1,775	

164 200 | Bus Ducts/Busways

			CREW	DAILY OUTPUT	MAN-HOURS	UNIT	MAT.	LABOR	EQUIP.	TOTAL	TOTAL INCL O&P	
210	0010	ALUMINUM BUS DUCT 10 ft. long	C9.3 -235									210
	0050	3 pole 4 wire, plug-in/indoor, straight section, 225 amp	1 Elec	22	.364	L.F.	39	9.15		48.15	56	
	0100	400 amp		18	.444		48.78	11.20		59.98	70	
	0150	600 amp		16	.500		66.56	12.60		79.16	92	
	0200	800 amp		13	.615		78	15.50		93.50	110	
	0250	1000 amp		12	.667		98.80	16.75		115.55	135	
	0300	1350 amp		11	.727		131	18.30		149.30	170	
	0310	1600 amp		9	.889		165	22		187	215	
	0320	2000 amp		8	1		202	25		227	260	
	0330	2500 amp		7	1.140		246	29		275	315	
	0340	3000 amp		6	1.330		279	34		313	355	
	0350	Feeder, 600 amp		17	.471		69.68	11.85		81.53	94	
	0400	800 amp		14	.571		79.56	14.35		93.91	110	
	0450	1000 amp		13	.615		99.84	15.50		115.34	135	
	0500	1350 amp		12	.667		131	16.75		147.75	170	
	0550	1600 amp		10	.800		164	20		184	210	
	0600	2000 amp		9	.889		198	22		220	250	
	0620	2500 amp		7	1.140		246	29		275	315	
	0630	3000 amp		6	1.330		278	34		312	355	
	0640	4000 amp		5	1.600		374	40		414	470	

164 | Transformers and Bus Ducts

164 200 | Bus Ducts/Busways

		CREW	DAILY OUTPUT	MAN-HOURS	UNIT	MAT.	LABOR	EQUIP.	TOTAL	TOTAL INCL O&P
0650	Elbow, 225 amp	1 Elec	2.20	3.640	Ea.	406	91		497	580
0700	400 amp		1.90	4.210		431	105		536	630
0750	600 amp		1.70	4.710		444	120		564	665
0800	800 amp		1.50	5.330		450	135		585	695
0850	1000 amp		1.40	5.710		493	145		638	755
0900	1350 amp		1.30	6.150		636	155		791	930
0950	1600 amp		1.20	6.670		763	170		933	1,075
1000	2000 amp		1	8		869	200		1,069	1,250
1020	2500 amp		.90	8.890		1,060	225		1,285	1,500
1030	3000 amp		.80	10		1,240	250		1,490	1,725
1040	4000 amp		.70	11.430		1,739	285		2,024	2,325
1100	Cable tap box, end, 225 amp		1.80	4.440		348	110		458	550
1150	400 amp		1.60	5		572	125		697	815
1200	600 amp		1.30	6.150		764	155		919	1,075
1250	800 amp		1.10	7.270		770	185		955	1,125
1300	1000 amp		1	8		800	200		1,000	1,175
1350	1350 amp		.80	10		848	250		1,098	1,300
1400	1600 amp		.70	11.430		889	285		1,174	1,400
1450	2000 amp		.60	13.330		967	335		1,302	1,550
1460	2500 amp		.50	16		1,060	400		1,460	1,750
1470	3000 amp		.40	20		1,165	505		1,670	2,025
1480	4000 amp		.30	26.670		1,300	670		1,970	2,425
1500	Switchboard stub, 225 amp		2.90	2.760		205	69		274	330
1550	400 amp		2.70	2.960		239	75		314	375
1600	600 amp		2.30	3.480		300	87		387	460
1650	800 amp		2	4		323	100		423	505
1700	1000 amp		1.60	5		393	125		518	620
1750	1350 amp		1.50	5.330		455	135		590	700
1800	1600 amp		1.30	6.150		525	155		680	805
1850	2000 amp		1.20	6.670		593	170		763	900
1860	2500 amp		1.10	7.270		728	185		913	1,075
1870	3000 amp		1	8		858	200		1,058	1,250
1880	4000 amp		.90	8.890		1,186	225		1,411	1,625
1890	Tee fittings, 225 amp		1.60	5		503	125		628	740
1900	400 amp		1.40	5.710		535	145		680	800
1950	600 amp		1.30	6.150		624	155		779	915
2000	800 amp		1.20	6.670		660	170		830	975
2050	1000 amp		1.10	7.270		749	185		934	1,100
2100	1350 amp		1	8		1,040	200		1,240	1,450
2150	1600 amp		.80	10		1,185	250		1,435	1,675
2200	2000 amp		.60	13.330		2,174	335		2,509	2,875
2220	2500 amp		.50	16		2,579	400		2,979	3,425
2230	3000 amp		.40	20		2,912	505		3,417	3,950
2240	4000 amp		.30	26.670		3,806	670		4,476	5,175
2300	Wall flange, 600 amp		10	.800		88.40	20		108.40	125
2310	800 amp		8	1		88.40	25		113.40	135
2320	1000 amp		6.50	1.230		88.40	31		119.40	145
2330	1350 amp		5.40	1.480		88.40	37		125.40	150
2340	1600 amp		4.50	1.780		88.40	45		133.40	165
2350	2000 amp		4	2		88.40	50		138.40	170
2360	2500 amp		3.30	2.420		88.40	61		149.40	185
2370	3000 amp		2.70	2.960		118	75		193	240
2380	4000 amp		2	4		118	100		218	280
2390	5000 amp		1.50	5.330		118	135		253	330
2400	Vapor barrier		4	2		180	50		230	270
2420	Roof flange kit		2	4		382	100		482	570
2600	Expansion fitting, 225 amp		5	1.600		645	40		685	770
2610	400 amp		4	2		733	50		783	880

164 | Transformers and Bus Ducts

164 200 | Bus Ducts/Busways

		CREW	DAILY OUTPUT	MAN-HOURS	UNIT	BARE COSTS MAT.	LABOR	EQUIP.	TOTAL	TOTAL INCL O&P	
2620	600 amp	1 Elec	3	2.670	Ea.	868	67		935	1,050	210
2630	800 amp		2.30	3.480		1,030	87		1,117	1,250	
2640	1000 amp		2	4		1,217	100		1,317	1,475	
2650	1350 amp		1.80	4.440		1,648	110		1,758	1,975	
2660	1600 amp		1.60	5		2,000	125		2,125	2,375	
2670	2000 amp		1.40	5.710		2,241	145		2,386	2,675	
2680	2500 amp		1.20	6.670		2,595	170		2,765	3,100	
2690	3000 amp		1	8		3,193	200		3,393	3,800	
2700	4000 amp		.80	10		3,947	250		4,197	4,725	
2800	Reducer, unfused, 400 amp		4	2		280	50		330	380	
2810	600 amp		3	2.670		322	67		389	455	
2820	800 amp		2.30	3.480		385	87		472	555	
2830	1000 amp		2	4		460	100		560	655	
2840	1350 amp		1.80	4.440		868	110		978	1,125	
2850	1600 amp		1.60	5		978	125		1,103	1,250	
2860	2000 amp		1.40	5.710		1,288	145		1,433	1,625	
2870	2500 amp		1.20	6.670		1,555	170		1,725	1,950	
2880	3000 amp		1	8		1,895	200		2,095	2,375	
2890	4000 amp		.80	10		2,863	250		3,113	3,525	
2950	Reducer, fuse included, 225 amp		2.20	3.640		1,644	91		1,735	1,950	
2960	400 amp		2.10	3.810		1,932	96		2,028	2,275	
2970	600 amp		1.80	4.440		2,369	110		2,479	2,775	
2980	800 amp		1.60	5		4,069	125		4,194	4,650	
2990	1000 amp		1.50	5.330		4,666	135		4,801	5,325	
3000	1200 amp		1.40	5.710		5,541	145		5,686	6,300	
3010	1600 amp		1.10	7.270		6,934	185		7,119	7,900	
3020	2000 amp		.90	8.890		8,240	225		8,465	9,400	
3100	Reducer, circuit breaker, 225 amp		2.20	3.640		1,786	91		1,877	2,100	
3110	400 amp		2.10	3.810		2,206	96		2,302	2,575	
3120	600 amp		1.80	4.440		3,028	110		3,138	3,500	
3130	800 amp		1.60	5		3,523	125		3,648	4,050	
3140	1000 amp		1.50	5.330		4,094	135		4,229	4,700	
3150	1200 amp		1.40	5.710		5,099	145		5,244	5,825	
3160	1600 amp		1.10	7.270		6,180	185		6,365	7,075	
3170	2000 amp		.90	8.890		7,210	225		7,435	8,250	
3250	Reducer, circuit breaker, 75,000 AIC, 225 amp		2.20	3.640		2,307	91		2,398	2,675	
3260	400 amp		2.10	3.810		2,678	96		2,774	3,075	
3270	600 amp		1.80	4.440		3,425	110		3,535	3,925	
3280	800 amp		1.60	5		3,832	125		3,957	4,400	
3290	1000 amp		1.50	5.330		4,455	135		4,590	5,100	
3300	1200 amp		1.40	5.710		5,510	145		5,655	6,275	
3310	1600 amp		1.10	7.270		6,664	185		6,849	7,600	
3320	2000 amp		.90	8.890		7,535	225		7,760	8,625	
3400	Reducer, circuit breaker CLF 225 amp		2.20	3.640		2,838	91		2,929	3,250	
3410	400 amp		2.10	3.810		3,285	96		3,381	3,750	
3420	600 amp		1.80	4.440		5,408	110		5,518	6,125	
3430	800 amp		1.60	5		5,598	125		5,723	6,350	
3440	1000 amp		1.50	5.330		6,144	135		6,279	6,950	
3450	1200 amp		1.40	5.710		7,457	145		7,602	8,425	
3460	1600 amp		1.10	7.270		7,648	185		7,833	8,675	
3470	2000 amp		.90	8.890		8,353	225		8,578	9,525	
3550	Ground bus added to bus duct, 225 amp		160	.050	L.F.	9.85	1.26		11.11	12.70	
3560	400 amp		160	.050		9.85	1.26		11.11	12.70	
3570	600 amp		140	.057		10.45	1.44		11.89	13.60	
3580	800 amp		120	.067		12.50	1.68		14.18	16.25	
3590	1000 amp		100	.080		12.50	2.01		14.51	16.70	
3600	1350 amp		90	.089		12.50	2.24		14.74	17.05	
3610	1600 amp		80	.100		15.75	2.52		18.27	21	

164 | Transformers and Bus Ducts

164 200 | Bus Ducts/Busways

		CREW	DAILY OUTPUT	MAN-HOURS	UNIT	BARE COSTS MAT.	LABOR	EQUIP.	TOTAL	TOTAL INCL O&P	
210	3620	2000 amp	1 Elec	80	.100	L.F.	18	2.52		20.52	24	210
	3630	2500 amp		70	.114		26.78	2.87		29.65	34	
	3640	3000 amp		60	.133		29.20	3.35		32.55	37	
	3650	4000 amp		50	.160		33.53	4.02		37.55	43	
	3810	High short circuit, 400 amp		18	.444		54.59	11.20		65.79	77	
	3820	600 amp		16	.500		70	12.60		82.60	96	
	3830	800 amp		13	.615		82	15.50		97.50	115	
	3840	1000 amp		12	.667		98	16.75		114.75	135	
	3850	1350 amp		11	.727		141	18.30		159.30	180	
	3860	1600 amp		9	.889		164	22		186	215	
	3870	2000 amp		8	1		204	25		229	260	
	3880	2500 amp		7	1.140		241	29		270	310	
	3890	3000 amp		6	1.330		283	34		317	360	
	3920	Cross, 225 amp		2.80	2.860	Ea.	654	72		726	825	
	3930	400 amp		2.30	3.480		731	87		818	935	
	3940	600 amp		2	4		860	100		960	1,100	
	3950	800 amp		1.70	4.710		937	120		1,057	1,200	
	3960	1000 amp		1.50	5.330		1,082	135		1,217	1,400	
	3970	1350 amp		1.40	5.710		1,524	145		1,669	1,900	
	3980	1600 amp		1.10	7.270		1,740	185		1,925	2,175	
	3990	2000 amp		.90	8.890		2,034	225		2,259	2,575	
	4000	2500 amp		.80	10		2,359	250		2,609	2,975	
	4010	3000 amp		.60	13.330		2,678	335		3,013	3,450	
	4020	4000 amp		.50	16		3,481	400		3,881	4,425	
	4040	Cable tap box, center, 225 amp		1.80	4.440		499	110		609	715	
	4050	400 amp		1.60	5		715	125		840	970	
	4060	600 amp		1.30	6.150		979	155		1,134	1,300	
	4070	800 amp		1.10	7.270		1,030	185		1,215	1,400	
	4080	1000 amp		1	8		1,154	200		1,354	1,575	
	4090	1350 amp		.80	10		1,365	250		1,615	1,875	
	4100	1600 amp		.70	11.430		1,505	285		1,790	2,075	
	4110	2000 amp		.60	13.330		1,690	335		2,025	2,350	
	4120	2500 amp		.50	16		1,952	400		2,352	2,750	
	4130	3000 amp		.40	20		2,225	505		2,730	3,200	
	4140	4000 amp		.30	26.670		2,838	670		3,508	4,100	
	4500	Weatherproof, feeder, 600 amp		15	.533	L.F.	64	13.40		77.40	90	
	4520	800 amp		12	.667		89	16.75		105.75	125	
	4540	1000 amp		11	.727		105	18.30		123.30	145	
	4560	1350 amp		10	.800		158	20		178	205	
	4580	1600 amp		8.50	.941		185	24		209	240	
	4600	2000 amp		8	1		236	25		261	295	
	4620	2500 amp		6	1.330		278	34		312	355	
	4640	3000 amp		5	1.600		325	40		365	415	
	4660	4000 amp		4	2		441	50		491	560	
	5000	3 pole, 3 wire, feeder, 600 amp		20	.400		55	10.05		65.05	75	
	5010	800 amp		16	.500		62	12.60		74.60	87	
	5020	1000 amp		15	.533		69	13.40		82.40	96	
	5030	1350 amp		14	.571		105	14.35		119.35	135	
	5040	1600 amp		12	.667		136	16.75		152.75	175	
	5050	2000 amp		10	.800		158	20		178	205	
	5060	2500 amp		8	1		194	25		219	250	
	5070	3000 amp		7	1.140		226	29		255	290	
	5080	4000 amp		6	1.330		299	34		333	380	
	5200	Plug-in type, 225 amp		25	.320		30.50	8.05		38.55	45	
	5210	400 amp		21	.381		36.80	9.60		46.40	55	
	5220	600 amp		18	.444		48	11.20		59.20	69	
	5230	800 amp		15	.533		61	13.40		74.40	87	
	5240	1000 amp		14	.571		69	14.35		83.35	97	

171

164 | Transformers and Bus Ducts

164 200 | Bus Ducts/Busways

		CREW	DAILY OUTPUT	MAN-HOURS	UNIT	MAT.	LABOR	EQUIP.	TOTAL	TOTAL INCL O&P
5250	1350 amp	1 Elec	13	.615	L.F.	105	15.50		120.50	140
5260	1600 amp		10	.800		137	20		157	180
5270	2000 amp		9	.889		158	22		180	205
5280	2500 amp		8	1		194	25		219	250
5290	3000 amp		7	1.140		226	29		255	290
5300	4000 amp		6	1.330		300	34		334	380
5330	High short circuit, 400 amp		21	.381		48	9.60		57.60	67
5340	600 amp		18	.444		53	11.20		64.20	75
5350	800 amp		15	.533		69	13.40		82.40	96
5360	1000 amp		14	.571		78	14.35		92.35	105
5370	1350 amp		13	.615		115	15.50		130.50	150
5380	1600 amp		10	.800		141	20		161	185
5390	2000 amp		9	.889		168	22		190	220
5400	2500 amp		8	1		205	25		230	265
5410	3000 amp		7	1.140		237	29		266	305
5440	Elbow, 225 amp		2.50	3.200	Ea.	325	80		405	475
5450	400 amp		2.20	3.640		346	91		437	515
5460	600 amp		2	4		379	100		479	565
5470	800 amp		1.70	4.710		386	120		506	600
5480	1000 amp		1.60	5		394	125		519	620
5490	1350 amp		1.50	5.330		525	135		660	775
5500	1600 amp		1.40	5.710		615	145		760	890
5510	2000 amp		1.20	6.670		704	170		874	1,025
5520	2500 amp		1	8		845	200		1,045	1,225
5530	3000 amp		.90	8.890		963	225		1,188	1,400
5540	4000 amp		.80	10		1,416	250		1,666	1,925
5560	Tee fittings, 225 amp		1.80	4.440		428	110		538	635
5570	400 amp		1.60	5		451	125		576	680
5580	600 amp		1.50	5.330		541	135		676	795
5590	800 amp		1.40	5.710		572	145		717	840
5600	1000 amp		1.30	6.150		603	155		758	890
5610	1350 amp		1.20	6.670		865	170		1,035	1,200
5620	1600 amp		.90	8.890		979	225		1,204	1,400
5630	2000 amp		.70	11.430		1,772	285		2,057	2,375
5640	2500 amp		.60	13.330		2,132	335		2,467	2,850
5650	3000 amp		.50	16		2,302	400		2,702	3,125
5660	4000 amp		.35	22.860		3,080	575		3,655	4,225
5680	Cross, 225 amp		3.20	2.500		568	63		631	720
5690	400 amp		2.70	2.960		615	75		690	785
5700	600 amp		2.30	3.480		742	87		829	945
5710	800 amp		2	4		810	100		910	1,050
5720	1000 amp		1.80	4.440		860	110		970	1,100
5730	1350 amp		1.60	5		1,314	125		1,439	1,625
5740	1600 amp		1.30	6.150		1,505	155		1,660	1,875
5750	2000 amp		1.10	7.270		1,664	185		1,849	2,100
5760	2500 amp		.90	8.890		1,926	225		2,151	2,450
5770	3000 amp		.70	11.430		2,168	285		2,453	2,800
5780	4000 amp		.60	13.330		2,838	335		3,173	3,625
5800	Expansion fitting, 225 amp		5.80	1.380		541	35		576	645
5810	400 amp		4.60	1.740		618	44		662	745
5820	600 amp		3.50	2.290		747	57		804	905
5830	800 amp		2.60	3.080		927	77		1,004	1,125
5840	1000 amp		2.30	3.480		1,010	87		1,097	1,250
5850	1350 amp		2.10	3.810		1,205	96		1,301	1,475
5860	1600 amp		1.80	4.440		1,554	110		1,664	1,875
5870	2000 amp		1.60	5		1,762	125		1,887	2,125
5880	2500 amp		1.40	5.710		1,983	145		2,128	2,400
5890	3000 amp		1.20	6.670		2,410	170		2,580	2,900

164 | Transformers and Bus Ducts

164 200 | Bus Ducts/Busways

		CREW	DAILY OUTPUT	MAN-HOURS	UNIT	BARE COSTS MAT.	LABOR	EQUIP.	TOTAL	TOTAL INCL O&P
5900	4000 amp	1 Elec	.90	8.890	Ea.	3,080	225		3,305	3,725
5940	Reducer, nonfused, 400 amp		4.60	1.740		204	44		248	290
5950	600 amp		3.50	2.290		254	57		311	365
5960	800 amp		2.60	3.080		315	77		392	460
5970	1000 amp		2.30	3.480		357	87		444	520
5980	1350 amp		2.10	3.810		693	96		789	905
5990	1600 amp		1.80	4.440		757	110		867	1,000
6000	2000 amp		1.60	5		974	125		1,099	1,250
6010	2500 amp		1.40	5.710		1,257	145		1,402	1,600
6020	3000 amp		1.10	7.270		1,478	185		1,663	1,900
6030	4000 amp		.90	8.890		1,854	225		2,079	2,375
6050	Reducer, fuse included, 225 amp		2.50	3.200		1,525	80		1,605	1,800
6060	400 amp		2.40	3.330		1,824	84		1,908	2,125
6070	600 amp		2.10	3.810		2,194	96		2,290	2,550
6080	800 amp		1.80	4.440		3,858	110		3,968	4,400
6090	1000 amp		1.70	4.710		4,393	120		4,513	5,000
6100	1350 amp		1.60	5		5,305	125		5,430	6,025
6110	1600 amp		1.30	6.150		6,639	155		6,794	7,525
6120	2000 amp		1	8		7,875	200		8,075	8,950
6160	Reducer, circuit breaker, 225 amp		2.50	3.200		1,741	80		1,821	2,025
6170	400 amp		2.40	3.330		2,164	84		2,248	2,500
6180	600 amp		2.10	3.810		2,972	96		3,068	3,400
6190	800 amp		1.80	4.440		3,425	110		3,535	3,925
6200	1000 amp		1.70	4.710		3,961	120		4,081	4,525
6210	1350 amp		1.60	5		4,872	125		4,997	5,550
6220	1600 amp		1.30	6.150		5,892	155		6,047	6,700
6230	2000 amp		1	8		7,015	200		7,215	8,025
6270	Cable tap box, center, 225 amp		2.10	3.810		420	96		516	605
6280	400 amp		1.80	4.440		629	110		739	855
6290	600 amp		1.50	5.330		896	135		1,031	1,175
6300	800 amp		1.30	6.150		932	155		1,087	1,250
6310	1000 amp		1.20	6.670		994	170		1,164	1,350
6320	1350 amp		.90	8.890		1,174	225		1,399	1,625
6330	1600 amp		.80	10		1,314	250		1,564	1,825
6340	2000 amp		.70	11.430		1,442	285		1,727	2,000
6350	2500 amp		.60	13.330		1,628	335		1,963	2,275
6360	3000 amp		.50	16		1,823	400		2,223	2,600
6370	4000 amp		.35	22.860		2,194	575		2,769	3,250
6390	Cable tap box, end, 225 amp		2.10	3.810		284	96		380	455
6400	400 amp		1.80	4.440		500	110		610	715
6410	600 amp		1.50	5.330		680	135		815	945
6420	800 amp		1.30	6.150		690	155		845	990
6430	1000 amp		1.20	6.670		706	170		876	1,025
6440	1350 amp		.90	8.890		768	225		993	1,175
6450	1600 amp		.80	10		798	250		1,048	1,250
6460	2000 amp		.70	11.430		850	285		1,135	1,350
6470	2500 amp		.60	13.330		881	335		1,216	1,475
6480	3000 amp		.50	16		927	400		1,327	1,625
6490	4000 amp		.35	22.860		1,030	575		1,605	1,975
7000	Weatherproof, feeder, 600 amp		17	.471	L.F.	64.17	11.85		76.02	88
7020	800 amp		14	.571		72.10	14.35		86.45	100
7040	1000 amp		13	.615		86	15.50		101.50	115
7060	1350 amp		12	.667		132	16.75		148.75	170
7080	1600 amp		10	.800		160	20		180	205
7100	2000 amp		9	.889		186	22		208	240
7120	2500 amp		7	1.140		238	29		267	305
7140	3000 amp		6	1.330		265	34		299	340
7160	4000 amp		5	1.600		361	40		401	455

164 | Transformers and Bus Ducts

164 200 | Bus Ducts/Busways

		CREW	DAILY OUTPUT	MAN-HOURS	UNIT	BARE COSTS MAT.	BARE COSTS LABOR	BARE COSTS EQUIP.	BARE COSTS TOTAL	TOTAL INCL O&P
0010	**BUS DUCT** 100 amp and less, aluminum or copper, plug-in									
0080	Bus duct, 3 pole 3 wire, 100 amp	1 Elec	42	.190	L.F.	8.24	4.79		13.03	16.15
0110	Elbow		4	2	Ea.	109	50		159	195
0120	Tee		2	4		139	100		239	300
0130	Wall flange		8	1		23.40	25		48.40	63
0140	Ground kit		16	.500		9.90	12.60		22.50	29
0180	3 pole 4 wire, 100 amp		40	.200	L.F.	10.60	5.05		15.65	19.10
0200	Cable tap box		3.10	2.580	Ea.	72	65		137	175
0300	End closure		16	.500		22.80	12.60		35.40	44
0400	Elbow		4	2		109	50		159	195
0500	Tee		2	4		133	100		233	295
0600	Hangers		10	.800		7.35	20		27.35	38
0700	Circuit breakers, 15 to 50 amp, 1 pole		8	1		130	25		155	180
0800	15 to 60 amp, 2 pole		6.70	1.190		200	30		230	265
0900	3 pole		5.30	1.510		225	38		263	305
1000	60 to 100 amp, 1 pole		6.70	1.190		145	30		175	205
1100	70 to 100 amp, 2 pole		5.30	1.510		225	38		263	305
1200	3 pole		4.50	1.780		250	45		295	340
1220	Switch, nonfused		8	1		35	25		60	76
1240	Fused, 3 fuses, 4 wire, 30 amp		8	1		160	25		185	215
1260	60 amp		5.30	1.510		165	38		203	240
1280	100 amp		4.50	1.780		250	45		295	340
1300	Plug, fusible, 3 pole 250 volt, 30 amp		5.30	1.510		129	38		167	200
1310	60 amp		5.30	1.510		146	38		184	215
1320	100 amp		4.50	1.780		200	45		245	285
1330	3 pole 480 volt, 30 amp		5.30	1.510		146	38		184	215
1340	60 amp		5.30	1.510		151	38		189	220
1350	100 amp		4.50	1.780		206	45		251	295
1360	Circuit breaker, 3 pole 250 volt, 60 amp		5.30	1.510		87	38		125	150
1370	3 pole 480 volt, 100 amp		4.50	1.780		273	45		318	365
2000	Bus duct, 2 wire, 250 volt 30 amp		60	.133	L.F.	2.60	3.35		5.95	7.80
2100	60 amp		50	.160		3.10	4.02		7.12	9.35
2200	300 volt, 30 amp		60	.133		3.10	3.35		6.45	8.35
2300	60 amp		50	.160		3.85	4.02		7.87	10.20
2400	3 wire, 250 volt, 30 amp		60	.133		3.40	3.35		6.75	8.70
2500	60 amp		50	.160		4.55	4.02		8.57	10.95
2600	480/277 volt, 30 amp		60	.133		4.55	3.35		7.90	9.95
2700	60 amp		50	.160		5.95	4.02		9.97	12.50
2750	End feed, 300 volt, 2 wire, max. 30 amp		6	1.330	Ea.	15.50	34		49.50	67
2800	60 amp		5.50	1.450		18.45	37		55.45	74
2850	30 amp miniature		6	1.330		7.85	34		41.85	58
2900	3 wire, 30 amp		6	1.330		18.45	34		52.45	70
2950	60 amp		5.50	1.450		21.60	37		58.60	78
3000	30 amp miniature		6	1.330		10.45	34		44.45	61
3050	Center feed, 300 volt 2 wire, 30 amp		6	1.330		21.60	34		55.60	73
3100	60 amp		5.50	1.450		26.55	37		63.55	83
3150	3 wire, 30 amp		6	1.330		27.85	34		61.85	80
3200	60 amp		5.50	1.450		30	37		67	87
3220	Elbow, 30 amp		6	1.330		10.90	34		44.90	62
3240	60 amp		5.50	1.450		21.65	37		58.65	78
3260	End cap		40	.200		2.90	5.05		7.95	10.60
3280	Strength beam, 10 ft.		15	.533		18	13.40		31.40	40
3300	Hanger		24	.333		2.15	8.40		10.55	14.75
3320	Tap box, nonfusible		6.30	1.270		17.75	32		49.75	67
3340	Fusible, 30 amp, 1 fuse		6	1.330		27.60	34		61.60	80
3360	2 fuse		6	1.330		49	34		83	105
3380	3 fuse		6	1.330		66	34		100	120
3400	Circuit breaker, handle on cover, 1 pole		6	1.330		43	34		77	97

164 | Transformers and Bus Ducts

164 200 | Bus Ducts/Busways

			CREW	DAILY OUTPUT	MAN-HOURS	UNIT	MAT.	LABOR	EQUIP.	TOTAL	TOTAL INCL O&P	
215	3420	2 pole	1 Elec	6	1.330	Ea.	55	34		89	110	215
	3440	3 pole		6	1.330		89	34		123	145	
	3460	Circuit breaker, external operhandle, 1 pole		6	1.330		60	34		94	115	
	3480	2 pole		6	1.330		72	34		106	130	
	3500	3 pole		6	1.330		106	34		140	165	
	3520	Terminal plug, only		16	.500		8.40	12.60		21	28	
	3540	Terminal with receptacle		16	.500		9	12.60		21.60	28	
	3560	Fixture plug		16	.500		6.80	12.60		19.40	26	
	4000	Copper bus duct, lighting, 2 wire 300 volt, 20 amp		70	.114	L.F.	3	2.87		5.87	7.55	
	4020	35 amp		60	.133		3.15	3.35		6.50	8.40	
	4040	50 amp		55	.145		3.60	3.66		7.26	9.35	
	4060	60 amp		50	.160		4	4.02		8.02	10.35	
	4080	3 wire 300 volt, 20 amp		70	.114		3.60	2.87		6.47	8.20	
	4100	35 amp		60	.133		4.10	3.35		7.45	9.45	
	4120	50 amp		55	.145		4.45	3.66		8.11	10.30	
	4140	60 amp		50	.160		5.80	4.02		9.82	12.30	
	4160	Feeder in box, end, 1 circuit		6	1.330	Ea.	20.20	34		54.20	72	
	4180	2 circuit		5.50	1.450		27.60	37		64.60	84	
	4200	Center, 1 circuit		6	1.330		30	34		64	83	
	4220	2 circuit		5.50	1.450		35	37		72	93	
	4240	End cap		40	.200		3.05	5.05		8.10	10.80	
	4260	Hanger, surface mount		24	.333		.90	8.40		9.30	13.35	
	4280	Coupling		40	.200		5.80	5.05		10.85	13.80	
220	0010	**COPPER BUS DUCT** Plug-in, indoor										220
	0050	3 pole 4 wire, bus duct, straight section, 225 amp	1 Elec	20	.400	L.F.	50	10.05		60.05	70	
	1000	400 amp		16	.500		82	12.60		94.60	110	
	1500	600 amp		13	.615		91	15.50		106.50	125	
	2400	800 amp		10	.800		138	20		158	180	
	2450	1000 amp		9	.889		158	22		180	205	
	2500	1350 amp		8	1		212	25		237	270	
	2510	1600 amp		6	1.330		254	34		288	330	
	2520	2000 amp		5	1.600		306	40		346	395	
	2530	2500 amp		4	2		381	50		431	495	
	2540	3000 amp		3	2.670		488	67		555	635	
	2550	Feeder, 600 amp		14	.571		92	14.35		106.35	120	
	2600	800 amp		11	.727		142	18.30		160.30	185	
	2700	1000 amp		10	.800		163	20		183	210	
	2800	1350 amp		9	.889		212	22		234	265	
	2900	1600 amp		7	1.140		254	29		283	320	
	3000	2000 amp		6	1.330		306	34		340	385	
	3010	2500 amp		4	2		381	50		431	495	
	3020	3000 amp		3	2.670		482	67		549	630	
	3030	4000 amp		2	4		610	100		710	820	
	3040	5000 amp		1	8		736	200		936	1,100	
	3100	Elbows, 225 amp		2	4	Ea.	423	100		523	615	
	3200	400 amp		1.80	4.440		515	110		625	730	
	3300	600 amp		1.60	5		530	125		655	770	
	3400	800 amp		1.40	5.710		540	145		685	805	
	3500	1000 amp		1.30	6.150		580	155		735	865	
	3600	1350 amp		1.20	6.670		825	170		995	1,150	
	3700	1600 amp		1.10	7.270		985	185		1,170	1,350	
	3800	2000 amp		.90	8.890		1,115	225		1,340	1,550	
	3810	2500 amp		.80	10		1,455	250		1,705	1,975	
	3820	3000 amp		.70	11.430		1,775	285		2,060	2,375	
	3830	4000 amp		.60	13.330		2,510	335		2,845	3,250	
	3840	5000 amp		.50	16		2,910	400		3,310	3,800	
	4000	End box, 225 amp		17	.471		70	11.85		81.85	94	

164 | Transformers and Bus Ducts

164 200 | Bus Ducts/Busways

		CREW	DAILY OUTPUT	MAN-HOURS	UNIT	MAT.	LABOR	EQUIP.	TOTAL	TOTAL INCL O&P	
220	4100	400 amp	1 Elec	16	.500	Ea.	70	12.60		82.60	96	220
	4200	600 amp		14	.571		70	14.35		84.35	98	
	4300	800 amp		13	.615		70	15.50		85.50	100	
	4400	1000 amp		12	.667		70	16.75		86.75	100	
	4500	1350 amp		11	.727		70	18.30		88.30	105	
	4600	1600 amp		10	.800		70	20		90	105	
	4700	2000 amp		9	.889		94	22		116	135	
	4710	2500 amp		8	1		94	25		119	140	
	4720	3000 amp		7	1.140		94	29		123	145	
	4730	4000 amp		6	1.330		119	34		153	180	
	4740	5000 amp		5	1.600		119	40		159	190	
	4800	Cable tap box, end, 225 amp		1.60	5		337	125		462	555	
	5000	400 amp		1.30	6.150		597	155		752	885	
	5100	600 amp		1.10	7.270		775	185		960	1,125	
	5200	800 amp		1	8		831	200		1,031	1,200	
	5300	1000 amp		.80	10		872	250		1,122	1,325	
	5400	1350 amp		.70	11.430		943	285		1,228	1,450	
	5500	1600 amp		.60	13.330		984	335		1,319	1,575	
	5600	2000 amp		.50	16		1,091	400		1,491	1,800	
	5610	2500 amp		.40	20		1,224	505		1,729	2,100	
	5620	3000 amp		.30	26.670		1,361	670		2,031	2,500	
	5630	4000 amp		.20	40		1,525	1,000		2,525	3,175	
	5640	5000 amp		.10	80		1,754	2,000		3,754	4,900	
	5700	Switchboard stub, 225 amp		2.70	2.960		208	75		283	340	
	5800	400 amp		2.30	3.480		262	87		349	415	
	5900	600 amp		2	4		316	100		416	495	
	6000	800 amp		1.60	5		390	125		515	615	
	6100	1000 amp		1.50	5.330		464	135		599	710	
	6200	1350 amp		1.30	6.150		545	155		700	830	
	6300	1600 amp		1.20	6.670		637	170		807	950	
	6400	2000 amp		1	8		765	200		965	1,150	
	6410	2500 amp		.90	8.890		907	225		1,132	1,325	
	6420	3000 amp		.80	10		1,106	250		1,356	1,600	
	6430	4000 amp		.70	11.430		1,400	285		1,685	1,975	
	6440	5000 amp		.60	13.330		1,700	335		2,035	2,375	
	6490	Tee fittings, 225 amp		1.20	6.670		555	170		725	860	
	6500	400 amp		1	8		693	200		893	1,050	
	6600	600 amp		.90	8.890		738	225		963	1,150	
	6700	800 amp		.80	10		918	250		1,168	1,375	
	6750	1000 amp		.70	11.430		1,020	285		1,305	1,550	
	6800	1350 amp		.60	13.330		1,377	335		1,712	2,000	
	7000	1600 amp		.50	16		1,570	400		1,970	2,325	
	7100	2000 amp		.40	20		3,162	505		3,667	4,225	
	7110	2500 amp		.30	26.670		3,784	670		4,454	5,150	
	7120	3000 amp		.25	32		4,640	805		5,445	6,300	
	7130	4000 amp		.20	40		5,800	1,000		6,800	7,875	
	7140	5000 amp		.10	80		6,920	2,000		8,920	10,600	
	7200	Plug-in switches, 600 volt, 3 pole, 30 amp		4	2		154	50		204	245	
	7300	60 amp		3.60	2.220		165	56		221	265	
	7400	100 amp		2.70	2.960		236	75		311	370	
	7500	200 amp		1.60	5		410	125		535	635	
	7600	400 amp		.70	11.430		1,030	285		1,315	1,550	
	7700	600 amp		.45	17.780		1,498	445		1,943	2,300	
	7800	800 amp		.33	24.240		2,590	610		3,200	3,750	
	7900	1200 amp		.25	32		4,862	805		5,667	6,525	
	7910	1600 amp		.22	36.360		4,892	915		5,807	6,725	
	8000	Plug-in circuit breakers, molded case, 15 to 50 amp		4.40	1.820		295	46		341	390	
	8100	70 to 100 amp		3.10	2.580		326	65		391	455	

164 | Transformers and Bus Ducts

164 200 | Bus Ducts/Busways

		CREW	DAILY OUTPUT	MAN-HOURS	UNIT	BARE COSTS MAT.	LABOR	EQUIP.	TOTAL	TOTAL INCL O&P	
8200	150 to 225 amp	1 Elec	1.70	4.710	Ea.	724	120		844	970	220
8300	250 to 400 amp		.70	11.430		1,455	285		1,740	2,025	
8400	500 to 600 amp		.50	16		2,140	400		2,540	2,950	
8500	700 to 800 amp		.32	25		2,570	630		3,200	3,750	
8600	900 to 1000 amp		.28	28.570		2,965	720		3,685	4,325	
8700	1200 amp		.22	36.360		4,690	915		5,605	6,500	
8720	1400 amp		.20	40		4,690	1,000		5,690	6,650	
8730	1600 amp		.20	40		4,700	1,000		5,700	6,650	
8750	Circuit breakers with current limiting fuse, 15 to 50 amp		4.40	1.820		915	46		961	1,075	
8760	70 to 100 amp		3.10	2.580		915	65		980	1,100	
8770	150 to 225 amp		1.70	4.710		2,190	120		2,310	2,575	
8780	250 to 400 amp		.70	11.430		2,570	285		2,855	3,250	
8790	500 to 600 amp		.50	16		3,800	400		4,200	4,775	
8800	700 to 800 amp		.32	25		4,290	630		4,920	5,650	
8810	900 to 1000 amp		.28	28.570		4,770	720		5,490	6,300	
8850	Combination starter FVNR, fusible switch, NEMA size 0, 30 amp		2	4		556	100		656	760	
8860	NEMA size 1, 60 amp		1.80	4.440		587	110		697	810	
8870	NEMA size 2, 100 amp		1.30	6.150		731	155		886	1,025	
8880	NEMA size 3, 200 amp		1	8		1,174	200		1,374	1,600	
8900	Circuit breaker, NEMA size 0, 30 amp		2	4		556	100		656	760	
8910	NEMA size 1, 60 amp		1.80	4.440		587	110		697	810	
8920	NEMA size 2, 100 amp		1.30	6.150		824	155		979	1,125	
8930	NEMA size 3, 200 amp		1	8		1,050	200		1,250	1,450	
8950	Combination contactor, fusible switch, NEMA size 0, 30 amp		2	4		525	100		625	725	
8960	NEMA size 1, 60 amp		1.80	4.440		551	110		661	770	
8970	NEMA size 2, 100 amp		1.30	6.150		670	155		825	965	
8980	NEMA size 3, 200 amp		1	8		1,092	200		1,292	1,500	
9000	Circuit breaker, NEMA size 0, 30 amp		2	4		540	100		640	745	
9010	NEMA size 1, 60 amp		1.80	4.440		561	110		671	780	
9020	NEMA size 2, 100 amp		1.30	6.150		752	155		907	1,050	
9030	NEMA size 3, 200 amp		1	8		1,000	200		1,200	1,400	
9050	Control transformer for above, NEMA size 0, 30 amp		8	1		95	25		120	140	
9060	NEMA size 1, 60 amp		8	1		95	25		120	140	
9070	NEMA size 2, 100 amp		7	1.140		132	29		161	190	
9080	NEMA size 3, 200 amp		7	1.140		182	29		211	245	
9100	Comb. fusible switch & lighting control, electrically held, 30 amp		2	4		530	100		630	730	
9110	60 amp		1.80	4.440		675	110		785	910	
9120	100 amp		1.30	6.150		922	155		1,077	1,250	
9130	200 amp		1	8		1,937	200		2,137	2,425	
9150	Mechanically held, 30 amp		2	4		567	100		667	770	
9160	60 amp		1.80	4.440		788	110		898	1,025	
9170	100 amp		1.30	6.150		1,092	155		1,247	1,425	
9180	200 amp		1	8		2,235	200		2,435	2,750	
9200	Ground bus added to bus duct, 225 amp		160	.050	L.F.	16.23	1.26		17.49	19.70	
9210	400 amp		120	.067		16.23	1.68		17.91	20	
9220	600 amp		120	.067		17.30	1.68		18.98	22	
9230	800 amp		80	.100		18.40	2.52		20.92	24	
9240	1000 amp		80	.100		18.40	2.52		20.92	24	
9250	1350 amp		70	.114		23.80	2.87		26.67	30	
9260	1600 amp		60	.133		32.55	3.35		35.90	41	
9270	2000 amp		55	.145		37.80	3.66		41.46	47	
9280	2500 amp		50	.160		53.05	4.02		57.07	64	
9290	3000 amp		45	.178		68	4.47		72.47	81	
9300	4000 amp		40	.200		85	5.05		90.05	100	
9310	5000 amp		35	.229		108	5.75		113.75	125	
9320	High short circuit bracing, add					10.75			10.75	11.85	
0010	**COPPER BUS DUCT**										225
0100	3 pole 4 wire, weatherproof, feeder duct, 600 amp	1 Elec	12	.667	L.F.	114	16.75		130.75	150	

164 | Transformers and Bus Ducts

164 200 | Bus Ducts/Busways

			CREW	DAILY OUTPUT	MAN-HOURS	UNIT	MAT.	LABOR	EQUIP.	TOTAL	TOTAL INCL O&P	
225	0110	800 amp	1 Elec	9	.889	L.F.	168	22		190	220	225
	0120	1000 amp		8.50	.941		190	24		214	245	
	0130	1350 amp		8	1		257	25		282	320	
	0140	1600 amp		6	1.330		310	34		344	390	
	0150	2000 amp		5	1.600		380	40		420	475	
	0160	2500 amp		3.50	2.290		460	57		517	590	
	0170	3000 amp		2.50	3.200		582	80		662	760	
	0180	4000 amp		1.80	4.440		738	110		848	975	
	0200	Plug-in/indoor, bus duct, high short circuit, 400 amp		16	.500		92	12.60		104.60	120	
	0210	600 amp		13	.615		104	15.50		119.50	135	
	0220	800 amp		10	.800		153	20		173	200	
	0230	1000 amp		9	.889		168	22		190	220	
	0240	1350 amp		8	1		234	25		259	295	
	0250	1600 amp		6	1.330		272	34		306	350	
	0260	2000 amp		5	1.600		321	40		361	415	
	0270	2500 amp		4	2		395	50		445	510	
	0280	3000 amp		3	2.670		492	67		559	640	
	0310	Cross, 225 amp		1.50	5.330	Ea.	767	135		902	1,050	
	0320	400 amp		1.40	5.710		1,000	145		1,145	1,300	
	0330	600 amp		1.30	6.150		1,070	155		1,225	1,400	
	0340	800 amp		1.10	7.270		1,390	185		1,575	1,800	
	0350	1000 amp		1	8		1,580	200		1,780	2,025	
	0360	1350 amp		.90	8.890		2,185	225		2,410	2,725	
	0370	1600 amp		.85	9.410		2,510	235		2,745	3,100	
	0380	2000 amp		.80	10		2,920	250		3,170	3,575	
	0390	2500 amp		.70	11.430		3,480	285		3,765	4,250	
	0400	3000 amp		.60	13.330		4,240	335		4,575	5,150	
	0410	4000 amp		.50	16		5,325	400		5,725	6,450	
	0430	Expansion fitting, 225 amp		2.70	2.960		695	75		770	875	
	0440	400 amp		2.30	3.480		879	87		966	1,100	
	0450	600 amp		2	4		1,000	100		1,100	1,250	
	0460	800 amp		1.70	4.710		1,315	120		1,435	1,625	
	0470	1000 amp		1.50	5.330		1,490	135		1,625	1,825	
	0480	1350 amp		1.40	5.710		2,040	145		2,185	2,450	
	0490	1600 amp		1.30	6.150		2,410	155		2,565	2,875	
	0500	2000 amp		1.10	7.270		2,750	185		2,935	3,300	
	0510	2500 amp		.90	8.890		3,200	225		3,425	3,850	
	0520	3000 amp		.80	10		4,135	250		4,385	4,925	
	0530	4000 amp		.60	13.330		5,000	335		5,335	6,000	
	0550	Reducer, nonfused, 225 amp		2.70	2.960		265	75		340	400	
	0560	400 amp		2.30	3.480		395	87		482	565	
	0570	600 amp		2	4		469	100		569	665	
	0580	800 amp		1.70	4.710		600	120		720	835	
	0590	1000 amp		1.50	5.330		714	135		849	985	
	0600	1350 amp		1.40	5.710		1,190	145		1,335	1,525	
	0610	1600 amp		1.30	6.150		1,400	155		1,555	1,775	
	0620	2000 amp		1.10	7.270		1,835	185		2,020	2,300	
	0630	2500 amp		.90	8.890		2,200	225		2,425	2,750	
	0640	3000 amp		.80	10		2,700	250		2,950	3,350	
	0650	4000 amp		.60	13.330		3,465	335		3,800	4,300	
	0670	Reducer, fuse included, 225 amp		2.20	3.640		1,645	91		1,736	1,950	
	0680	400 amp		2.10	3.810		2,070	96		2,166	2,425	
	0690	600 amp		1.80	4.440		2,410	110		2,520	2,825	
	0700	800 amp		1.60	5		4,240	125		4,365	4,850	
	0710	1000 amp		1.50	5.330		4,880	135		5,015	5,575	
	0720	1350 amp		1.40	5.710		5,830	145		5,975	6,625	
	0730	1600 amp		1.10	7.270		7,185	185		7,370	8,175	
	0740	2000 amp		.90	8.890		8,590	225		8,815	9,775	

164 | Transformers and Bus Ducts

164 200 | Bus Ducts/Busways

		CREW	DAILY OUTPUT	MAN-HOURS	UNIT	BARE COSTS MAT.	BARE COSTS LABOR	BARE COSTS EQUIP.	TOTAL	TOTAL INCL O&P	
225	0790	Reducer, circuit breaker, 225 amp	1 Elec	2.20	3.640	Ea.	1,810	91		1,901	2,125	225
	0800	400 amp		2.10	3.810		2,190	96		2,286	2,550	
	0810	600 amp		1.80	4.440		3,130	110		3,240	3,600	
	0820	800 amp		1.60	5		3,640	125		3,765	4,200	
	0830	1000 amp		1.50	5.330		4,180	135		4,315	4,800	
	0840	1350 amp		1.40	5.710		5,300	145		5,445	6,050	
	0850	1600 amp		1.10	7.270		6,400	185		6,585	7,300	
	0860	2000 amp		.90	8.890		7,500	225		7,725	8,575	
	0910	Cable tap box, center, 225 amp		1.60	5		550	125		675	790	
	0920	400 amp		1.30	6.150		865	155		1,020	1,175	
	0930	600 amp		1.10	7.270		1,110	185		1,295	1,500	
	0940	800 amp		1	8		1,325	200		1,525	1,750	
	0950	1000 amp		.80	10		1,455	250		1,705	1,975	
	0960	1350 amp		.70	11.430		1,700	285		1,985	2,300	
	0970	1600 amp		.60	13.330		1,900	335		2,235	2,575	
	0980	2000 amp		.50	16		2,250	400		2,650	3,075	
	1040	2500 amp		.40	20		2,650	505		3,155	3,650	
	1060	3000 amp		.30	26.670		3,180	670		3,850	4,500	
	1080	4000 amp		.20	40		3,845	1,000		4,845	5,725	
	1800	3 pole 3 wire, feeder duct, weatherproof, 600 amp		14	.571	L.F.	87	14.35		101.35	115	
	1820	800 amp		11	.727		130	18.30		148.30	170	
	1840	1000 amp		10	.800		135	20		155	180	
	1860	1350 amp		9	.889		195	22		217	250	
	1880	1600 amp		7	1.140		233	29		262	300	
	1900	2000 amp		6	1.330		286	34		320	365	
	1920	2500 amp		4	2		360	50		410	470	
	1940	3000 amp		3	2.670		435	67		502	580	
	1960	4000 amp		2	4		562	100		662	765	
	2000	Feeder duct, 600 amp		16	.500		72	12.60		84.60	98	
	2010	800 amp		13	.615		103	15.50		118.50	135	
	2020	1000 amp		12	.667		109	16.75		125.75	145	
	2030	1350 amp		10	.800		164	20		184	210	
	2040	1600 amp		8	1		190	25		215	245	
	2050	2000 amp		7	1.140		243	29		272	310	
	2060	2500 amp		5	1.600		302	40		342	390	
	2070	3000 amp		4	2		360	50		410	470	
	2080	4000 amp		3	2.670		466	67		533	610	
	2200	Bus duct plug-in, 225 amp		23	.348		37	8.75		45.75	54	
	2210	400 amp		18	.444		55	11.20		66.20	77	
	2220	600 amp		15	.533		72	13.40		85.40	99	
	2230	800 amp		12	.667		104	16.75		120.75	140	
	2240	1000 amp		10	.800		109	20		129	150	
	2250	1350 amp		9	.889		168	22		190	220	
	2260	1600 amp		7	1.140		190	29		219	250	
	2270	2000 amp		6	1.330		243	34		277	315	
	2280	2500 amp		5	1.600		302	40		342	390	
	2290	3000 amp		4	2		362	50		412	470	
	2330	High short circuit, 400 amp		18	.444		64	11.20		75.20	87	
	2340	600 amp		15	.533		81	13.40		94.40	110	
	2350	800 amp		12	.667		114	16.75		130.75	150	
	2360	1000 amp		10	.800		118	20		138	160	
	2370	1350 amp		9	.889		172	22		194	220	
	2380	1600 amp		7	1.140		205	29		234	270	
	2390	2000 amp		6	1.330		254	34		288	330	
	2400	2500 amp		5	1.600		306	40		346	395	
	2410	3000 amp		4	2		376	50		426	490	
	2440	Elbows, 225 amp		2.30	3.480		321	87		408	480	
	2450	400 amp		2.10	3.810	Ea.	377	96		473	555	

164 | Transformers and Bus Ducts

164 200 | Bus Ducts/Busways

		CREW	DAILY OUTPUT	MAN-HOURS	UNIT	BARE COSTS MAT.	BARE COSTS LABOR	BARE COSTS EQUIP.	BARE COSTS TOTAL	TOTAL INCL O&P
2460	600 amp	1 Elec	1.80	4.440	Ea.	438	110		548	645
2470	800 amp		1.60	5		438	125		563	670
2480	1000 amp		1.50	5.330		441	135		576	685
2490	1350 amp		1.40	5.710		612	145		757	885
2500	1600 amp		1.30	6.150		754	155		909	1,050
2510	2000 amp		1	8		865	200		1,065	1,250
2520	2500 amp		.90	8.890		1,190	225		1,415	1,650
2530	3000 amp		.80	10		1,350	250		1,600	1,850
2540	4000 amp		.70	11.430		1,960	285		2,245	2,575
2560	Tee fittings, 225 amp		1.40	5.710		445	145		590	700
2570	400 amp		1.20	6.670		530	170		700	830
2580	600 amp		1	8		590	200		790	945
2590	800 amp		.90	8.890		734	225		959	1,150
2600	1000 amp		.80	10		756	250		1,006	1,200
2610	1350 amp		.70	11.430		1,086	285		1,371	1,625
2620	1600 amp		.60	13.330		1,224	335		1,559	1,850
2630	2000 amp		.50	16		2,440	400		2,840	3,275
2640	2500 amp		.35	22.860		2,990	575		3,565	4,150
2650	3000 amp		.30	26.670		3,520	670		4,190	4,850
2660	4000 amp		.25	32		4,480	805		5,285	6,125
2680	Cross, 225 amp		1.80	4.440		610	110		720	835
2690	400 amp		1.60	5		745	125		870	1,000
2700	600 amp		1.50	5.330		865	135		1,000	1,150
2710	800 amp		1.30	6.150		1,110	155		1,265	1,450
2720	1000 amp		1.20	6.670		1,190	170		1,360	1,550
2730	1350 amp		1.10	7.270		1,700	185		1,885	2,150
2740	1600 amp		1	8		1,935	200		2,135	2,425
2750	2000 amp		.90	8.890		2,275	225		2,500	2,825
2760	2500 amp		.80	10		2,780	250		3,030	3,425
2770	3000 amp		.70	11.430		3,230	285		3,515	3,975
2780	4000 amp		.50	16		4,160	400		4,560	5,175
2800	Expansion fitting, 225 amp		3.20	2.500		560	63		623	710
2810	400 amp		2.70	2.960		700	75		775	880
2820	600 amp		2.30	3.480		815	87		902	1,025
2830	800 amp		2	4		1,107	100		1,207	1,375
2840	1000 amp		1.80	4.440		1,190	110		1,300	1,475
2850	1350 amp		1.60	5		1,485	125		1,610	1,825
2860	1600 amp		1.50	5.330		1,830	135		1,965	2,200
2870	2000 amp		1.30	6.150		2,145	155		2,300	2,600
2880	2500 amp		1.10	7.270		2,515	185		2,700	3,025
2890	3000 amp		.90	8.890		3,045	225		3,270	3,675
2900	4000 amp		.70	11.430		3,845	285		4,130	4,650
2920	Reducer, nonfused, 225 amp		3.20	2.500		239	63		302	355
2930	400 amp		2.70	2.960		280	75		355	420
2940	600 amp		2.30	3.480		335	87		422	500
2950	800 amp		2	4		462	100		562	655
2960	1000 amp		1.80	4.440		550	110		660	770
2970	1350 amp		1.60	5		895	125		1,020	1,175
2980	1600 amp		1.50	5.330		1,080	135		1,215	1,375
2990	2000 amp		1.30	6.150		1,355	155		1,510	1,725
3000	2500 amp		1.10	7.270		2,120	185		2,305	2,600
3010	3000 amp		.90	8.890		2,040	225		2,265	2,575
3020	4000 amp		.70	11.430		2,570	285		2,855	3,250
3040	Reducer, fuse included, 225 amp		2.50	3.200		1,560	80		1,640	1,825
3050	400 amp		2.40	3.330		1,830	84		1,914	2,125
3060	600 amp		2.10	3.810		2,290	96		2,386	2,650
3070	800 amp		1.80	4.440		4,000	110		4,110	4,575
3080	1000 amp		1.70	4.710		4,425	120		4,545	5,050

164 | Transformers and Bus Ducts

164 200 | Bus Ducts/Busways

			CREW	DAILY OUTPUT	MAN-HOURS	UNIT	MAT.	LABOR	EQUIP.	TOTAL	TOTAL INCL O&P	
225	3090	1350 amp	1 Elec	1.60	5	Ea.	5,245	125		5,370	5,950	225
	3100	1600 amp		1.30	6.150		6,600	155		6,755	7,500	
	3110	2000 amp		1	8		7,950	200		8,150	9,050	
	3160	Reducer, circuit breaker, 225 amp		2.50	3.200		1,730	80		1,810	2,025	
	3170	400 amp		2.40	3.330		2,095	84		2,179	2,425	
	3180	600 amp		2.10	3.810		3,080	96		3,176	3,525	
	3190	800 amp		1.80	4.440		3,520	110		3,630	4,025	
	3200	1000 amp		1.70	4.710		4,030	120		4,150	4,600	
	3210	1350 amp		1.60	5		5,080	125		5,205	5,775	
	3220	1600 amp		1.30	6.150		6,175	155		6,330	7,025	
	3230	2000 amp		1	8		6,200	200		6,400	7,125	
	3280	Cable tap box, center, 225 amp		1.80	4.440		430	110		540	640	
	3290	400 amp		1.50	5.330		680	135		815	945	
	3300	600 amp		1.30	6.150		935	155		1,090	1,250	
	3310	800 amp		1.20	6.670		1,105	170		1,275	1,475	
	3320	1000 amp		.90	8.890		1,130	225		1,355	1,575	
	3330	1350 amp		.80	10		1,425	250		1,675	1,950	
	3340	1600 amp		.70	11.430		1,530	285		1,815	2,100	
	3350	2000 amp		.60	13.330		2,145	335		2,480	2,850	
	3360	2500 amp		.50	16		2,160	400		2,560	2,975	
	3370	3000 amp		.35	22.860		2,435	575		3,010	3,525	
	3380	4000 amp		.25	32		2,965	805		3,770	4,450	
	3400	Cable tap box, end, 225 amp		1.80	4.440		278	110		388	470	
	3410	400 amp		1.50	5.330		510	135		645	760	
	3420	600 amp		1.30	6.150		678	155		833	975	
	3430	800 amp		1.20	6.670		705	170		875	1,025	
	3440	1000 amp		.90	8.890		720	225		945	1,125	
	3450	1350 amp		.80	10		770	250		1,020	1,225	
	3460	1600 amp		.70	11.430		805	285		1,090	1,300	
	3470	2000 amp		.60	13.330		890	335		1,225	1,475	
	3480	2500 amp		.50	16		960	400		1,360	1,650	
	3490	3000 amp		.35	22.860		1,065	575		1,640	2,025	
	3500	4000 amp		.25	32		1,190	805		1,995	2,500	
	4600	Plugs, fusible, 3 pole 250 volt, 30 amp		4	2		143	50		193	230	
	4610	60 amp		3.60	2.220		155	56		211	255	
	4620	100 amp		2.70	2.960		220	75		295	350	
	4630	200 amp		1.60	5		388	125		513	615	
	4640	400 amp		.70	11.430		1,030	285		1,315	1,550	
	4650	600 amp		.45	17.780		1,470	445		1,915	2,275	
	4700	4 pole 120/208 volt, 30 amp		3.90	2.050		168	52		220	260	
	4710	60 amp		3.50	2.290		173	57		230	275	
	4720	100 amp		2.60	3.080		248	77		325	385	
	4730	200 amp		1.50	5.330		433	135		568	675	
	4740	400 amp		.65	12.310		1,118	310		1,428	1,675	
	4750	600 amp		.40	20		1,612	505		2,117	2,525	
	4800	3 pole 480 volt, 30 amp		4	2		155	50		205	245	
	4810	60 amp		3.60	2.220		165	56		221	265	
	4820	100 amp		2.70	2.960		232	75		307	365	
	4830	200 amp		1.60	5		409	125		534	635	
	4840	400 amp		.70	11.430		1,030	285		1,315	1,550	
	4850	600 amp		.45	17.780		1,468	445		1,913	2,275	
	4860	800 amp		.33	24.240		2,590	610		3,200	3,750	
	4870	1000 amp		.30	26.670		3,054	670		3,724	4,350	
	4880	1200 amp		.25	32		4,830	805		5,635	6,500	
	4890	1600 amp		.22	36.360		4,841	915		5,756	6,675	
	4900	4 pole 277/480 volt, 30 amp		3.90	2.050		175	52		227	270	
	4910	60 amp		3.50	2.290		187	57		244	290	
	4920	100 amp		2.60	3.080		273	77		350	415	

164 | Transformers and Bus Ducts

164 200 | Bus Ducts/Busways

			CREW	DAILY OUTPUT	MAN-HOURS	UNIT	BARE COSTS MAT.	LABOR	EQUIP.	TOTAL	TOTAL INCL O&P	
225	4930	200 amp	1 Elec	1.50	5.330	Ea.	453	135		588	695	225
	4940	400 amp		.65	12.310		1,117	310		1,427	1,675	
	4950	600 amp		.40	20		1,611	505		2,116	2,525	
	5050	800 amp		.30	26.670		2,678	670		3,348	3,925	
	5060	1000 amp		.28	28.570		3,141	720		3,861	4,525	
	5070	1200 amp		.24	33.330		4,930	840		5,770	6,650	
	5080	1600 amp		.21	38.100		4,944	960		5,904	6,850	
	5150	Fusible with starter, 3 pole 250 volt, 30 amp		3.50	2.290		556	57		613	695	
	5160	60 amp		3.20	2.500		587	63		650	740	
	5170	100 amp		2.50	3.200		736	80		816	930	
	5180	200 amp		1.40	5.710		1,174	145		1,319	1,500	
	5200	3 pole 480 volt, 30 amp		3.50	2.290		556	57		613	695	
	5210	60 amp		3.20	2.500		587	63		650	740	
	5220	100 amp		2.50	3.200		736	80		816	930	
	5230	200 amp		1.40	5.710		1,174	145		1,319	1,500	
	5300	Fusible with contactor, 3 pole 250 volt, 30 amp		3.50	2.290		545	57		602	685	
	5310	60 amp		3.20	2.500		571	63		634	720	
	5320	100 amp		2.50	3.200		700	80		780	890	
	5330	200 amp		1.40	5.710		1,117	145		1,262	1,450	
	5400	3 pole 480 volt, 30 amp		3.50	2.290		545	57		602	685	
	5410	60 amp		3.20	2.500		566	63		629	715	
	5420	100 amp		2.50	3.200		700	80		780	890	
	5430	200 amp		1.40	5.710		1,117	145		1,262	1,450	
	5450	Fusible with capacitor, 3 pole 250 volt, 30 amp		3	2.670		1,416	67		1,483	1,650	
	5460	60 amp		2	4		2,127	100		2,227	2,500	
	5500	3 pole 480 volt, 30 amp		3	2.670		1,225	67		1,292	1,450	
	5510	60 amp		2	4		1,854	100		1,954	2,200	
	5600	Circuit breaker, 3 pole 250 volt, 60 amp		4.50	1.780		221	45		266	310	
	5610	100 amp		3.20	2.500		273	63		336	395	
	5650	4 pole 120/208 volt, 60 amp		4.40	1.820		258	46		304	350	
	5660	100 amp		3.10	2.580		298	65		363	425	
	5700	3 pole 4 wire 277/480 volt, 60 amp		4.30	1.860		305	47		352	405	
	5710	100 amp		3	2.670		330	67		397	460	
	5720	225 amp		1.60	5		793	125		918	1,050	
	5730	400 amp		.60	13.330		1,596	335		1,931	2,250	
	5740	600 amp		.48	16.670		2,235	420		2,655	3,075	
	5750	700 amp		.30	26.670		2,672	670		3,342	3,925	
	5760	800 amp		.30	26.670		2,672	670		3,342	3,925	
	5770	900 amp		.27	29.630		3,136	745		3,881	4,550	
	5780	1000 amp		.27	29.630		3,136	745		3,881	4,550	
	5790	1200 amp		.21	38.100		4,933	960		5,893	6,850	
	5810	Circuit breaker w/HIC fuses, 3 pole 480 volt, 60 amp		4.40	1.820		381	46		427	485	
	5820	100 amp		3.10	2.580		409	65		474	545	
	5830	225 amp		1.70	4.710		1,308	120		1,428	1,625	
	5840	400 amp		.70	11.430		2,085	285		2,370	2,725	
	5850	600 amp		.50	16		2,456	400		2,856	3,300	
	5860	700 amp		.32	25		2,894	630		3,524	4,100	
	5870	800 amp		.32	25		2,894	630		3,524	4,100	
	5880	900 amp		.28	28.570		3,275	720		3,995	4,675	
	5890	1000 amp		.28	28.570		3,275	720		3,995	4,675	
	5950	3 pole 4 wire, 277/480 volt, 60 amp		4.30	1.860		412	47		459	520	
	5960	100 amp		3	2.670		451	67		518	595	
	5970	225 amp		1.50	5.330		1,364	135		1,499	1,700	
	5980	400 amp		.55	14.550		2,224	365		2,589	2,975	
	5990	600 amp		.47	17.020		2,564	430		2,994	3,450	
	6000	700 amp		.29	27.590		3,000	695		3,695	4,325	
	6010	800 amp		.29	27.590		3,000	695		3,695	4,325	
	6020	900 amp		.26	30.770		3,568	775		4,343	5,075	

164 | Transformers and Bus Ducts

164 200 | Bus Ducts/Busways

			CREW	DAILY OUTPUT	MAN-HOURS	UNIT	MAT.	LABOR	EQUIP.	TOTAL	TOTAL INCL O&P	
225	6030	1000 amp	1 Elec	.26	30.770	Ea.	3,568	775		4,343	5,075	225
	6040	1200 amp		.20	40		5,569	1,000		6,569	7,600	
	6100	Circuit breaker with starter, 3 pole 250 volt, 60 amp		3.20	2.500		592	63		655	745	
	6110	100 amp		2.50	3.200		854	80		934	1,050	
	6120	225 amp		1.50	5.330		1,092	135		1,227	1,400	
	6130	3 pole 480 volt, 60 amp		3.20	2.500		592	63		655	745	
	6140	100 amp		2.50	3.200		854	80		934	1,050	
	6150	225 amp		1.50	5.330		1,092	135		1,227	1,400	
	6200	Circuit breaker with contactor, 3 pole 250 volt, 60 amp		3.20	2.500		566	63		629	715	
	6210	100 amp		2.50	3.200		777	80		857	975	
	6220	225 amp		1.50	5.330		1,000	135		1,135	1,300	
	6250	3 pole 480 volt, 60 amp		3.20	2.500		566	63		629	715	
	6260	100 amp		2.50	3.200		777	80		857	975	
	6270	225 amp		1.50	5.330		1,000	135		1,135	1,300	
	6300	Circuit breaker with capacitor, 3 pole 250 volt, 60 amp		2	4		2,120	100		2,220	2,475	
	6310	3 pole 480 volt, 60 amp		2	4		2,170	100		2,270	2,525	
	6400	Add control transformer with pilot light to starter		16	.500		170	12.60		182.60	205	
	6410	Switch, fusible, mechanically held contactor optional		16	.500		160	12.60		172.60	195	
	6430	Circuit breaker, mechanically held contactor optional		16	.500		160	12.60		172.60	195	
	6450	Ground neutralizer, 3 pole		16	.500		32	12.60		44.60	54	
230	0010	**COPPER OR ALUMINUM BUS DUCT FITTINGS**										230
	0100	Flange, wall, with vapor barrier, 225 amp	1 Elec	3.10	2.580	Ea.	255	65		320	375	
	0110	400 amp		3	2.670		255	67		322	380	
	0120	600 amp		2.90	2.760		255	69		324	385	
	0130	800 amp		2.70	2.960		255	75		330	390	
	0140	1000 amp		2.50	3.200		255	80		335	400	
	0150	1350 amp		2.30	3.480		255	87		342	410	
	0160	1600 amp		2.10	3.810		255	96		351	420	
	0170	2000 amp		2	4		255	100		355	430	
	0180	2500 amp		1.80	4.440		255	110		365	445	
	0190	3000 amp		1.60	5		289	125		414	505	
	0200	4000 amp		1.30	6.150		289	155		444	545	
	0300	Roof, 225 amp		3.10	2.580		378	65		443	510	
	0310	400 amp		3	2.670		378	67		445	515	
	0320	600 amp		2.90	2.760		378	69		447	520	
	0330	800 amp		2.70	2.960		378	75		453	525	
	0340	1000 amp		2.50	3.200		378	80		458	535	
	0350	1350 amp		2.30	3.480		378	87		465	545	
	0360	1600 amp		2.10	3.810		378	96		474	555	
	0370	2000 amp		2	4		378	100		478	565	
	0380	2500 amp		1.80	4.440		378	110		488	580	
	0390	3000 amp		1.60	5		378	125		503	600	
	0400	4000 amp		1.30	6.150		378	155		533	645	
	0420	Support, floor mounted, 225 amp		10	.800		82	20		102	120	
	0430	400 amp		10	.800		82	20		102	120	
	0440	600 amp		9	.889		82	22		104	125	
	0450	800 amp		8	1		82	25		107	125	
	0460	1000 amp		6.50	1.230		82	31		113	135	
	0470	1350 amp		5.30	1.510		82	38		120	145	
	0480	1600 amp		4.60	1.740		82	44		126	155	
	0490	2000 amp		4	2		82	50		132	165	
	0500	2500 amp		3.20	2.500		82	63		145	185	
	0510	3000 amp		2.70	2.960		115	75		190	235	
	0520	4000 amp		2	4		115	100		215	275	
	0540	Weather stop, 225 amp		6	1.330		173	34		207	240	
	0550	400 amp		5	1.600		173	40		213	250	
	0560	600 amp		4.50	1.780		173	45		218	255	
	0570	800 amp		4	2		173	50		223	265	

183

164 | Transformers and Bus Ducts

164 200 | Bus Ducts/Busways

			CREW	DAILY OUTPUT	MAN-HOURS	UNIT	BARE COSTS MAT.	LABOR	EQUIP.	TOTAL	TOTAL INCL O&P	
230	0580	1000 amp	1 Elec	3.20	2.500	Ea.	173	63		236	285	230
	0590	1350 amp		2.70	2.960		173	75		248	300	
	0600	1600 amp		2.30	3.480		173	87		260	320	
	0610	2000 amp		2	4		173	100		273	340	
	0620	2500 amp		1.60	5		173	125		298	375	
	0630	3000 amp		1.30	6.150		173	155		328	420	
	0640	4000 amp		1	8		173	200		373	485	
	0660	End closure, 225 amp		17	.471		70	11.85		81.85	94	
	0670	400 amp		16	.500		70	12.60		82.60	96	
	0680	600 amp		14	.571		70	14.35		84.35	98	
	0690	800 amp		13	.615		70	15.50		85.50	100	
	0700	1000 amp		12	.667		70	16.75		86.75	100	
	0710	1350 amp		11	.727		70	18.30		88.30	105	
	0720	1600 amp		10	.800		70	20		90	105	
	0730	2000 amp		9	.889		95	22		117	140	
	0740	2500 amp		8	1		95	25		120	140	
	0750	3000 amp		7	1.140		95	29		124	145	
	0760	4000 amp		6	1.330		120	34		154	180	
	0780	Switchboard stub, 3 pole 3 wire, 225 amp		3	2.670		188	67		255	305	
	0790	400 amp		2.60	3.080		241	77		318	380	
	0800	600 amp		2.30	3.480		298	87		385	455	
	0810	800 amp		1.80	4.440		340	110		450	540	
	0820	1000 amp		1.70	4.710		383	120		503	595	
	0830	1350 amp		1.50	5.330		472	135		607	715	
	0840	1600 amp		1.40	5.710		535	145		680	800	
	0850	2000 amp		1.20	6.670		638	170		808	950	
	0860	2500 amp		1	8		793	200		993	1,175	
	0870	3000 amp		.90	8.890		932	225		1,157	1,350	
	0880	4000 amp		.80	10		1,200	250		1,450	1,700	
	0900	3 pole 4 wire, 225 amp		2.70	2.960		211	75		286	340	
	0910	400 amp		2.30	3.480		267	87		354	425	
	0920	600 amp		2	4		319	100		419	500	
	0930	800 amp		1.60	5		394	125		519	620	
	0940	1000 amp		1.50	5.330		463	135		598	705	
	0950	1350 amp		1.30	6.150		551	155		706	835	
	0960	1600 amp		1.20	6.670		643	170		813	955	
	0970	2000 amp		1	8		757	200		957	1,125	
	0980	2500 amp		.90	8.890		912	225		1,137	1,325	
	0990	3000 amp		.80	10		1,117	250		1,367	1,600	
	1000	4000 amp		.70	11.430		1,416	285		1,701	1,975	
	1050	Service head, weatherproof, 3 pole 3 wire, 225 amp		1.50	5.330		408	135		543	645	
	1060	400 amp		1.40	5.710		648	145		793	925	
	1070	600 amp		1.30	6.150		890	155		1,045	1,200	
	1080	800 amp		1.20	6.670		1,030	170		1,200	1,375	
	1090	1000 amp		1	8		1,050	200		1,250	1,450	
	1100	1350 amp		.90	8.890		1,277	225		1,502	1,725	
	1110	1600 amp		.80	10		1,390	250		1,640	1,900	
	1120	2000 amp		.70	11.430		1,612	285		1,897	2,200	
	1130	2500 amp		.60	13.330		1,885	335		2,220	2,575	
	1140	3000 amp		.45	17.780		2,157	445		2,602	3,025	
	1150	4000 amp		.35	22.860		2,800	575		3,375	3,925	
	1200	3 pole 4 wire, 225 amp		1.30	6.150		515	155		670	795	
	1210	400 amp		1.20	6.670		829	170		999	1,150	
	1220	600 amp		1.10	7.270		1,050	185		1,235	1,425	
	1230	800 amp		1	8		1,225	200		1,425	1,650	
	1240	1000 amp		.85	9.410		1,339	235		1,574	1,825	
	1250	1350 amp		.75	10.670		1,519	270		1,789	2,075	
	1260	1600 amp		.70	11.430		1,715	285		2,000	2,300	

164 | Transformers and Bus Ducts

164 200 | Bus Ducts/Busways

			CREW	DAILY OUTPUT	MAN-HOURS	UNIT	MAT.	LABOR	EQUIP.	TOTAL	TOTAL INCL O&P	
230	1270	2000 amp	1 Elec	.60	13.330	Ea.	1,993	335		2,328	2,700	230
	1280	2500 amp		.50	16		2,343	400		2,743	3,175	
	1290	3000 amp		.40	20		2,800	505		3,305	3,825	
	1300	4000 amp		.30	26.670		3,255	670		3,925	4,575	
	1350	Flanged end, 3 pole 3 wire, 225 amp		3	2.670		190	67		257	310	
	1360	400 amp		2.60	3.080		242	77		319	380	
	1370	600 amp		2.30	3.480		298	87		385	455	
	1380	800 amp		1.80	4.440		340	110		450	540	
	1390	1000 amp		1.70	4.710		386	120		506	600	
	1400	1350 amp		1.50	5.330		489	135		624	735	
	1410	1600 amp		1.40	5.710		546	145		691	815	
	1420	2000 amp		1.20	6.670		659	170		829	975	
	1430	2500 amp		1	8		793	200		993	1,175	
	1440	3000 amp		.90	8.890		927	225		1,152	1,350	
	1450	4000 amp		.80	10		1,200	250		1,450	1,700	
	1500	3 pole 4 wire, 225 amp		2.70	2.960		206	75		281	335	
	1510	400 amp		2.30	3.480		268	87		355	425	
	1520	600 amp		2	4		319	100		419	500	
	1530	800 amp		1.60	5		392	125		517	615	
	1540	1000 amp		1.50	5.330		462	135		597	705	
	1550	1350 amp		1.30	6.150		551	155		706	835	
	1560	1600 amp		1.20	6.670		628	170		798	940	
	1570	2000 amp		1	8		756	200		956	1,125	
	1580	2500 amp		.90	8.890		912	225		1,137	1,325	
	1590	3000 amp		.80	10		1,117	250		1,367	1,600	
	1600	4000 amp		.70	11.430		1,416	285		1,701	1,975	
	1650	Hanger, standard, 225 amp		32	.250		8.20	6.30		14.50	18.30	
	1660	400 amp		24	.333		8.20	8.40		16.60	21	
	1670	600 amp		20	.400		8.20	10.05		18.25	24	
	1680	800 amp		16	.500		8.20	12.60		20.80	28	
	1690	1000 amp		12	.667		8.20	16.75		24.95	34	
	1700	1350 amp		10	.800		8.20	20		28.20	39	
	1710	1600 amp		10	.800		8.20	20		28.20	39	
	1720	2000 amp		9	.889		8.20	22		30.20	42	
	1730	2500 amp		8	1		8.20	25		33.20	46	
	1740	3000 amp		8	1		8.20	25		33.20	46	
	1750	4000 amp		8	1		8.20	25		33.20	46	
	1800	Spring type, 225 amp		8	1		47	25		72	89	
	1810	400 amp		7	1.140		47	29		76	94	
	1820	600 amp		7	1.140		47	29		76	94	
	1830	800 amp		7	1.140		47	29		76	94	
	1840	1000 amp		7	1.140		47	29		76	94	
	1850	1350 amp		7	1.140		47	29		76	94	
	1860	1600 amp		6	1.330		47	34		81	100	
	1870	2000 amp		6	1.330		47	34		81	100	
	1880	2500 amp		6	1.330		47	34		81	100	
	1890	3000 amp		5	1.600		47	40		87	110	
	1900	4000 amp		5	1.600		47	40		87	110	
240	0010	**FEEDRAIL**, 12 foot mounting										240
	0050	Trolley busway, 3 pole										
	0100	300 volt 60 amp, plain, 10 ft. lengths	1 Elec	50	.160	L.F.	15.56	4.02		19.58	23	
	0300	Door track		50	.160		17.24	4.02		21.26	25	
	0500	Curved track		30	.267		70.38	6.70		77.08	87	
	0700	Coupling				Ea.	6.32			6.32	6.95	
	0900	Center feed	1 Elec	5.30	1.510		25	38		63	84	
	1100	End feed		5.30	1.510		29.17	38		67.17	88	
	1300	Hanger set		24	.333		2.55	8.40		10.95	15.20	
	3000	600 volt 100 amp, plain, 10 ft. lengths		35	.229	L.F.	31.21	5.75		36.96	43	

164 | Transformers and Bus Ducts

164 200 | Bus Ducts/Busways

			CREW	DAILY OUTPUT	MAN-HOURS	UNIT	BARE COSTS MAT.	LABOR	EQUIP.	TOTAL	TOTAL INCL O&P	
240	3300	Door track	1 Elec	35	.229	L.F.	36.41	5.75		42.16	49	240
	3700	Coupling				Ea.	31.21			31.21	34	
	4000	End cap	1 Elec	40	.200		22.95	5.05		28	33	
	4200	End feed		4	2		96.90	50		146.90	180	
	4500	Trolley, 600 volt, 20 amp		5.30	1.510		198	38		236	275	
	4700	30 amp		5.30	1.510		192	38		230	265	
	4900	Duplex, 40 amp		4	2		408	50		458	525	
	5000	60 amp		4	2		387	50		437	500	
	5300	Fusible, 20 amp		4	2		433	50		483	550	
	5500	30 amp		4	2		408	50		458	525	
	5900	300 volt, 20 amp		5.30	1.510		102	38		140	170	
	6000	30 amp		5.30	1.510		156	38		194	230	
	6300	Fusible, 20 amp		4.70	1.700		224	43		267	310	
	6500	30 amp		4.70	1.700		317	43		360	410	
	7300	Busway, 250 volt, 50 amp, 2 wire		70	.114	L.F.	7.04	2.87		9.91	12	
	7330	Coupling				Ea.	11.68			11.68	12.85	
	7340	Center feed	1 Elec	6	1.330		145	34		179	210	
	7350	End feed		6	1.330		32	34		66	85	
	7360	End cap		40	.200		12.34	5.05		17.39	21	
	7370	Hanger set		24	.333		2.65	8.40		11.05	15.30	
	7400	125/250 volt, 3 wire		60	.133	L.F.	7.96	3.35		11.31	13.70	
	7430	Coupling		6	1.330	Ea.	14.38	34		48.38	65	
	7440	Center feed		6	1.330		156	34		190	220	
	7450	End feed		6	1.330		33	34		67	86	
	7460	End cap		40	.200		14.43	5.05		19.48	23	
	7470	Hanger set		24	.333		2.60	8.40		11	15.25	
	7480	Trolley, 250 volt, 20 amp, 2 pole		6	1.330		15.81	34		49.81	67	
	7490	30 amp		6	1.330		15.81	34		49.81	67	
	7500	125/250 volt, 20 amp, 3 pole		6	1.330		20.80	34		54.80	72	
	7510	30 amp		6	1.330		20.80	34		54.80	72	
	8000	Cleaning tools, 300 volt, dust remover					50			50	55	
	8100	Bus bar cleaner					72			72	79	
	8300	600 volt, dust remover, 60 amp					135			135	150	
	8400	100 amp					175			175	195	
	8600	Bus bar cleaner, 60 amp					365			365	400	
	8700	100 amp					215			215	235	

164 300 | Computer Pwr. Supplies

			CREW	DAILY OUTPUT	MAN-HOURS	UNIT	MAT.	LABOR	EQUIP.	TOTAL	INCL O&P	
301	0010	**VOLTAGE MONITOR SYSTEMS** (test equipment)										301
	0100	AC voltage monitor system, 120/240 V, one-channel				Ea.	2,570			2,570	2,825	
	0110	Modem adapter					320			320	350	
	0120	Add-on detector only					1,345			1,345	1,475	
	0150	AC voltage remote monitor sys., 3 channel, 120, 230, or 480 V					4,650			4,650	5,125	
	0160	With internal modem					4,900			4,900	5,400	
	0170	Combination temperature and humidity probe					720			720	790	
	0180	Add-on detector only					3,360			3,360	3,700	
	0190	With internal modem					3,675			3,675	4,050	
305	0010	**AUTOMATIC VOLTAGE REGULATORS**										305
	0100	Computer grade, solid state, variable trans. volt. regulator										
	0110	Single-phase, 120 V, 8.6 KVA	2 Elec	1.33	12.030	Ea.	2,670	305		2,975	3,375	
	0120	17.3 KVA		1.14	14.040		3,948	355		4,303	4,875	
	0130	208/240 V, 7.5/8.6 KVA		1.33	12.030		2,670	305		2,975	3,375	
	0140	13.5/15.6 KVA		1.33	12.030		2,790	305		3,095	3,525	
	0150	27.0/31.2 KVA		1.14	14.040		4,024	355		4,379	4,950	
	0210	Two-phase, single control, 208/240 V, 15.0/17.3 KVA		1.14	14.040		3,948	355		4,303	4,875	
	0220	Individual phase control, 15.0/17.3 KVA		1.14	14.040		4,720	355		5,075	5,725	
	0230	30.0/34.6 KVA	3 Elec	1.33	18.050		6,795	455		7,250	8,150	

164 | Transformers and Bus Ducts

164 300 | Computer Pwr. Supplies

			CREW	DAILY OUTPUT	MAN-HOURS	UNIT	MAT.	LABOR	EQUIP.	TOTAL	TOTAL INCL O&P	
305	0310	Three-phase, single control, 208/240 V, 26/30 KVA	2 Elec	1	16	Ea.	4,765	400		5,165	5,825	305
	0320	380/480 V, 24/30 KVA	"	1	16		4,765	400		5,165	5,825	
	0330	43/54 KVA	3 Elec	1.33	18.050		7,199	455		7,654	8,600	
	0340	Individual phase control, 208 V, 26 KVA	"	1.33	18.050		7,199	455		7,654	8,600	
	0350	52 KVA	R-3	.91	21.980		9,585	550	115	10,250	11,500	
	0360	340/480 V, 24/30 KVA	"	.91	21.980		10,101	550	115	10,766	12,100	
	0370	43/54 KVA	2 Elec	1	16		4,488	400		4,888	5,525	
	0380	48/60 KVA	3 Elec	1.33	18.050		7,519	455		7,974	8,950	
	0390	86/108 KVA	R-3	.91	21.980		10,450	550	115	11,115	12,400	
	0500	Standard grade, solid state, variable transformer volt. regulator										
	0510	Single-phase, 115 V, 2.3 KVA	1 Elec	2	4	Ea.	1,582	100		1,682	1,900	
	0520	4.2 KVA		2.29	3.490		2,160	88		2,248	2,500	
	0530	6.6 KVA		1.14	7.020		1,885	175		2,060	2,325	
	0540	13.0 KVA		1.14	7.020		1,940	175		2,115	2,400	
	0550	16.6 KVA	2 Elec	1.23	13.010		2,432	325		2,757	3,150	
	0610	230 V, 8.3 KVA		1.33	12.030		2,225	305		2,530	2,900	
	0620	21.4 KVA		1.23	13.010		3,083	325		3,408	3,875	
	0630	29.9 KVA		1.23	13.010		2,870	325		3,195	3,650	
	0710	460 V, 9.2 KVA		1.33	12.030		2,953	305		3,258	3,700	
	0720	20.7 KVA		1.23	13.010		3,300	325		3,625	4,125	
	0810	Three-phase, 230 V, 13.1 KVA	3 Elec	1.41	17.020		4,271	430		4,701	5,325	
	0820	19.1 KVA		1.41	17.020		4,362	430		4,792	5,425	
	0830	25.1 KVA		1.60	15		4,510	375		4,885	5,525	
	0840	57.8 KVA	R-3	.95	21.050		6,024	525	110	6,659	7,525	
	0850	74.9 KVA	"	.91	21.980		8,258	550	115	8,923	10,000	
	0910	460 V, 14.3 KVA	3 Elec	1.41	17.020		4,732	430		5,162	5,825	
	0920	19.1 KVA		1.41	17.020		5,080	430		5,510	6,225	
	0930	27.9 KVA		1.50	16		4,534	400		4,934	5,575	
	0940	59.8 KVA	R-3	1	20		7,228	500	105	7,833	8,800	
	0950	79.7 KVA		.95	21.050		7,480	525	110	8,115	9,125	
	0960	118 KVA		.95	21.050		7,659	525	110	8,294	9,325	
	1000	Laboratory grade, precision, electronic voltage regulator										
	1110	Single-phase, 115 V, .5 KVA	1 Elec	2.29	3.490	Ea.	1,436	88		1,524	1,700	
	1120	1.0 KVA		2	4		1,517	100		1,617	1,825	
	1130	3.0 KVA		.80	10		2,315	250		2,565	2,925	
	1140	6.0 KVA	2 Elec	1.46	10.960		2,670	275		2,945	3,350	
	1150	10.0 KVA	3 Elec	1	24		4,785	605		5,390	6,150	
	1160	15.0 KVA	"	1.50	16		5,049	400		5,449	6,150	
	1210	230 V, 3.0 KVA	1 Elec	.80	10		2,816	250		3,066	3,475	
	1220	6.0 KVA	2 Elec	1.46	10.960		2,945	275		3,220	3,650	
	1230	10.0 KVA	3 Elec	1.71	14.040		5,202	355		5,557	6,250	
	1240	15.0 KVA	"	1.60	15		5,632	375		6,007	6,750	
310	0010	**ISOLATION TRANSFORMER**										310
	0100	Computer grade, isolation transformer										
	0110	Single-phase, 120/240 V, .5 KVA	1 Elec	4	2	Ea.	395	50		445	510	
	0120	1.0 KVA		2.67	3		615	75		690	790	
	0130	2.5 KVA		2	4		710	100		810	930	
	0140	5 KVA		1.14	7.020		800	175		975	1,150	
315	0010	**TRANSIENT VOLTAGE SUPPRESSOR TRANSFORMER**										315
	0110	Single-phase, 120 V, 1.8 KVA	1 Elec	4	2	Ea.	310	50		360	415	
	0120	3.6 KVA		4	2		470	50		520	590	
	0130	7.2 KVA		3.20	2.500		820	63		883	995	
	0150	240 V, 3.6 KVA		4	2		415	50		465	530	
	0160	7.2 KVA		4	2		600	50		650	735	
	0170	14.4 KVA		3.20	2.500		925	63		988	1,100	
	0210	Plug-in unit, 120 V, 1.8 KVA		8	1		345	25		370	415	
320	0010	**TRANSIENT SUPPRESSOR/VOLTAGE REGULATOR** (without isolation)										320
	0110	Single-phase, 115 V, 1.0 KVA	1 Elec	2.67	3	Ea.	950	75		1,025	1,150	

164 | Transformers and Bus Ducts

164 300	Computer Pwr. Supplies	CREW	DAILY OUTPUT	MAN-HOURS	UNIT	MAT.	LABOR	EQUIP.	TOTAL	TOTAL INCL O&P	
320	0120	2.0 KVA	1 Elec	2.29	3.490	Ea.	1,332	88		1,420	1,600	320
	0130	4.0 KVA		2.13	3.760		1,766	94		1,860	2,075	
	0140	220 V, 1.0 KVA		2.67	3		1,060	75		1,135	1,275	
	0150	2.0 KVA		2.29	3.490		1,422	88		1,510	1,700	
	0160	4.0 KVA		2.13	3.760		1,856	94		1,950	2,175	
	0210	Plug-in unit, 120 V, 1.0 KVA		8	1		998	25		1,023	1,125	
	0220	2.0 KVA		8	1		1,369	25		1,394	1,550	
325	0010	**COMPUTER REGULATOR TRANSFORMER**										325
	0100	Ferro-resonant, constant voltage, variable transformer										
	0110	Single-phase, 240 V, .5 KVA	1 Elec	2.67	3	Ea.	408	75		483	560	
	0120	1.0 KVA		2	4		630	100		730	840	
	0130	2.0 KVA		1	8		1,050	200		1,250	1,450	
	0210	Plug-in unit, 120 V, .14 KVA		8	1		235	25		260	295	
	0220	.25 KVA		8	1		275	25		300	340	
	0230	.5 KVA		8	1		405	25		430	485	
	0240	1.0 KVA		5.33	1.500		615	38		653	730	
	0250	2.0 KVA		4	2		1,050	50		1,100	1,225	
330	0010	**POWER CONDITIONER TRANSFORMER**										330
	0100	Electronic solid state, buck-boost, transformer, w/tap switch										
	0110	Single-phase, 115 V, 3.0 KVA, + or - 3% accuracy	2 Elec	1.60	10	Ea.	2,200	250		2,450	2,800	
	0120	208, 220, 230, or 240 V, 5.0 KVA, + or - 1.5% accuracy	3 Elec	1.60	15		2,850	375		3,225	3,700	
	0130	5.0 KVA, + or - 6% accuracy	2 Elec	1.14	14.040		2,550	355		2,905	3,325	
	0140	7.5 KVA, + or - 1.5% accuracy	3 Elec	1.50	16		3,600	400		4,000	4,550	
	0150	7.5 KVA, + or - 6% accuracy		1.60	15		3,000	375		3,375	3,850	
	0160	10.0 KVA, + or - 1.5% accuracy		1.33	18.050		4,800	455		5,255	5,950	
	0170	10.0 KVA, + or - 6% accuracy		1.41	17.020		4,100	430		4,530	5,150	
335	0010	**UNINTERRUPTIBLE POWER SUPPLY/CONDITIONER TRANSFORMERS**										335
	0100	Volt. regulating, isolating trans., w/invert. & 10 min. battery pack										
	0110	Single-phase, 120 V, .35 KVA	1 Elec	2.29	3.490	Ea.	940	88		1,028	1,175	
	0120	.5 KVA		2	4		1,020	100		1,120	1,275	
	0130	For additional 55 min. battery, add to .2 KVA		2.29	3.490		420	88		508	590	
	0140	Add to .5 KVA		1.14	7.020		525	175		700	840	
	0150	Single-phase, 120 V, .75 KVA		.80	10		1,675	250		1,925	2,225	
	0160	1.0 KVA		.80	10		2,515	250		2,765	3,150	
	0170	1.5 KVA	2 Elec	1.14	14.040		3,345	355		3,700	4,200	
	0180	2 KVA	"	.89	17.980		4,270	450		4,720	5,375	
	0190	3 KVA	R-3	.63	31.750		5,770	795	165	6,730	7,700	
	0200	5 KVA		.42	47.620		8,080	1,200	250	9,530	10,900	
	0210	7.5 KVA		.33	60.610		10,630	1,525	315	12,470	14,300	
	0220	10 KVA		.28	71.430		12,155	1,775	370	14,300	16,400	
	0230	15 KVA		.22	90.910		14,645	2,275	475	17,395	20,000	
	0500	For options & accessories, add to above, minimum									10%	
	0520	Maximum									35%	
	0600	For complex & special design systems to meet specific										
	0610	requirements, obtain quote from vendor.										

165 | Power Systems and Capacitors

		165 100	Power Systems	CREW	DAILY OUTPUT	MAN-HOURS	UNIT	BARE COSTS MAT.	LABOR	EQUIP.	TOTAL	TOTAL INCL O&P	
110	0010	**AUTOMATIC TRANSFER SWITCHES**		C9.3-245									110
	0100		Switches, enclosed 480 volt, 3 pole, 30 amp	1 Elec	2.30	3.480	Ea.	1,180	87		1,267	1,425	
	0200		60 amp		1.90	4.210		1,715	105		1,820	2,050	
	0300		100 amp		1.30	6.150		2,517	155		2,672	3,000	
	0400		150 amp		1.20	6.670		3,155	170		3,325	3,725	
	0500		225 amp		1	8		3,990	200		4,190	4,675	
	0600		260 amp		1	8		4,200	200		4,400	4,925	
	0700		400 amp		.80	10		5,775	250		6,025	6,725	
	0800		600 amp		.50	16		7,875	400		8,275	9,250	
	0900		800 amp		.40	20		9,295	505		9,800	11,000	
	1000		1000 amp		.38	21.050		13,385	530		13,915	15,500	
	1100		1200 amp		.35	22.860		15,225	575		15,800	17,600	
	1200		1600 amp		.30	26.670		19,500	670		20,170	22,400	
	1300		2000 amp		.25	32		21,500	805		22,305	24,800	
	1600		Accessories, time delay on engine starting					240			240	265	
	1700		Adjustable time delay on retransfer					290			290	320	
	1800		Three close differential relays					500			500	550	
	1900		Test switch					65			65	72	
	2000		Auxiliary contact when normal fails					65			65	72	
	2100		Pilot light-emergency					130			130	145	
	2200		Pilot light-normal					130			130	145	
	2300		Auxiliary contact-closed on normal					80			80	88	
	2400		Auxiliary contact-closed on emergency					80			80	88	
	2500		Frequency relay					285			285	315	
115	0010	**NON-AUTOMATIC TRANSFER SWITCHES** enclosed											115
	0100		Fuses included, 480 volt 3 pole, 30 amp	1 Elec	2.30	3.480	Ea.	1,020	87		1,107	1,250	
	0150		60 amp		1.90	4.210		1,420	105		1,525	1,725	
	0200		100 amp		1.30	6.150		1,530	155		1,685	1,900	
	0250		200 amp		1	8		2,500	200		2,700	3,050	
	0300		400 amp		.80	10		4,170	250		4,420	4,950	
	0350		600 amp		.50	16		6,200	400		6,600	7,425	
	1000		250 volt 3 pole, 30 amp		2.30	3.480		910	87		997	1,125	
	1100		60 amp		1.90	4.210		1,370	105		1,475	1,675	
	1150		100 amp		1.30	6.150		1,480	155		1,635	1,850	
	1200		200 amp		1	8		2,400	200		2,600	2,925	
	1300		600 amp		.50	16		6,100	400		6,500	7,300	
	1500		Nonfused 480 volt 3 pole, 60 amp		1.90	4.210		1,190	105		1,295	1,475	
	1600		100 amp		1.30	6.150		1,295	155		1,450	1,650	
	1650		200 amp		1	8		2,300	200		2,500	2,825	
	1700		400 amp		.80	10		4,015	250		4,265	4,800	
	1750		600 amp		.50	16		5,800	400		6,200	6,975	
	2000		250 volt 3 pole, 30 amp		2.30	3.480		880	87		967	1,100	
	2050		60 amp		1.90	4.210		1,200	105		1,305	1,475	
	2150		200 amp		1	8		2,300	200		2,500	2,825	
	2200		400 amp		.80	10		4,015	250		4,265	4,800	
	2250		600 amp		.50	16		5,900	400		6,300	7,075	
	2500		NEMA 3R, 480 volt 3 pole, 60 amp		1.80	4.440		1,350	110		1,460	1,650	
	2550		100 amp		1.20	6.670		1,460	170		1,630	1,850	
	2600		200 amp		.90	8.890		3,300	225		3,525	3,950	
	2650		400 amp		.70	11.430		4,395	285		4,680	5,250	
	2800		250 volt 3 pole, solid neutral, 100 amp		1.20	6.670		1,735	170		1,905	2,150	
	2850		200 amp		.90	8.890		2,685	225		2,910	3,275	
	2900		250 volt, 2 pole, solid neutral, 100 amp		1.30	6.150		1,685	155		1,840	2,075	
	2950		200 amp		1	8		2,545	200		2,745	3,100	
120	0010	**GENERATOR SET**											120
	0020		Gas or gasoline operated, includes battery,										
	0050		charger, muffler & transfer switch										
	0200		3 phase, 4 wire, 277/480 volt, 7.5 KW	R-3	.83	24.100	Ea.	5,480	600	125	6,205	7,050	

165 | Power Systems and Capacitors

165 100 | Power Systems

			CREW	DAILY OUTPUT	MAN-HOURS	UNIT	MAT.	LABOR	EQUIP.	TOTAL	TOTAL INCL O&P	
120	0300	10 KW	R-3	.71	28.170	Ea.	7,470	705	145	8,320	9,425	120
	0400	15 KW		.63	31.750		8,860	795	165	9,820	11,100	
	0500	30 KW		.55	36.360		12,730	910	190	13,830	15,600	
	0520	55 KW		.50	40		15,400	1,000	210	16,610	18,600	
	0600	70 KW		.40	50		20,950	1,250	260	22,460	25,200	
	0700	85 KW		.33	60.610		24,520	1,525	315	26,360	29,600	
	0800	115 KW		.28	71.430		44,900	1,775	370	47,045	52,500	
	0900	170 KW		.25	80		77,430	2,000	415	79,845	88,500	
	2000	Diesel engine, including battery, charger,										
	2010	muffler, transfer switch & fuel tank, 30 KW	R-3	.55	36.360	Ea.	13,650	910	190	14,750	16,600	
	2100	50 KW		.42	47.620		16,750	1,200	250	18,200	20,500	
	2200	75 KW		.35	57.140		22,000	1,425	295	23,720	26,600	
	2300	100 KW		.31	64.520		24,350	1,600	335	26,285	29,500	
	2400	125 KW		.29	68.970		26,000	1,725	360	28,085	31,500	
	2500	150 KW		.26	76.920		30,000	1,925	400	32,325	36,300	
	2600	175 KW		.25	80		31,200	2,000	415	33,615	37,700	
	2700	200 KW		.24	83.330		32,400	2,075	435	34,910	39,200	
	2800	250 KW		.23	86.960		35,450	2,175	450	38,075	42,700	
	2900	300 KW		.22	90.910		42,550	2,275	475	45,300	50,500	
	3000	350 KW		.20	100		45,600	2,500	520	48,620	54,500	
	3100	400 KW		.19	105		56,000	2,625	545	59,170	66,000	
	3200	500 KW		.18	111		65,000	2,775	580	68,355	76,000	
	3220	600 KW		.19	105		89,000	2,625	545	92,170	102,500	
	3240	750 KW		.16	125		125,000	3,125	650	128,775	143,000	
130	0010	NON-AUTOMATIC TRANSFER SWITCHES Enclosed										130
	1250	400 amp	1 Elec	.80	10	Ea.	4,120	250		4,370	4,900	
	2100	100 amp	"	1.30	6.150	"	1,495	155		1,650	1,875	

165 200 | Capacitors

			CREW	DAILY OUTPUT	MAN-HOURS	UNIT	MAT.	LABOR	EQUIP.	TOTAL	TOTAL INCL O&P	
210	0010	CAPACITORS Indoor										210
	0020	240 volts, single & 3 phase, 0.5 KVAR	1 Elec	2.70	2.960	Ea.	198	75		273	330	
	0100	1.0 KVAR		2.70	2.960		239	75		314	375	
	0150	2.5 KVAR		2	4		288	100		388	465	
	0200	5.0 KVAR		1.80	4.440		335	110		445	535	
	0250	7.5 KVAR		1.60	5		377	125		502	600	
	0300	10 KVAR		1.50	5.330		464	135		599	710	
	0350	15 KVAR		1.30	6.150		615	155		770	905	
	0400	20 KVAR		1.10	7.270		770	185		955	1,125	
	0450	25 KVAR		1	8		915	200		1,115	1,300	
	1000	480 volts, single & 3 phase, 1 KVAR		2.70	2.960		177	75		252	305	
	1050	2 KVAR		2.70	2.960		210	75		285	340	
	1100	5 KVAR		2	4		276	100		376	450	
	1150	7.5 KVAR		2	4		295	100		395	475	
	1200	10 KVAR		2	4		345	100		445	530	
	1250	15 KVAR		2	4		405	100		505	595	
	1300	20 KVAR		1.60	5		450	125		575	680	
	1350	30 KVAR		1.50	5.330		560	135		695	815	
	1400	40 KVAR		1.20	6.670		710	170		880	1,025	
	1450	50 KVAR		1.10	7.270		795	185		980	1,150	
	2000	600 volts, single & 3 phase, 1 KVAR		2.70	2.960		177	75		252	305	
	2050	2 KVAR		2.70	2.960		210	75		285	340	
	2100	5 KVAR		2	4		275	100		375	450	
	2150	7.5 KVAR		2	4		295	100		395	475	
	2200	10 KVAR		2	4		345	100		445	530	
	2250	15 KVAR		1.60	5		405	125		530	630	
	2300	20 KVAR		1.60	5		450	125		575	680	
	2350	25 KVAR		1.50	5.330		535	135		670	785	

165 | Power Systems and Capacitors

165 200 | Capacitors

			CREW	DAILY OUTPUT	MAN-HOURS	UNIT	BARE COSTS MAT.	LABOR	EQUIP.	TOTAL	TOTAL INCL O&P	
210	2400	35 KVAR	1 Elec	1.40	5.710	Ea.	625	145		770	900	210
	2450	50 KVAR	"	1.30	6.150	"	795	155		950	1,100	

166 | Lighting

166 100 | Lighting

			CREW	DAILY OUTPUT	MAN-HOURS	UNIT	BARE COSTS MAT.	LABOR	EQUIP.	TOTAL	TOTAL INCL O&P	
110	0010	**EXIT AND EMERGENCY LIGHTING**										110
	0080	Exit light, ceiling or wall mount, incandescent, single face	1 Elec	8	1	Ea.	46	25		71	88	
	0100	Double face		6.70	1.190		52	30		82	100	
	0120	Explosion proof		3.80	2.110		265	53		318	370	
	0150	Fluorescent, single face		8	1		112	25		137	160	
	0160	Double face		6.70	1.190		118	30		148	175	
	0300	Emergency light units, battery operated										
	0350	Twin sealed beam light, 25 watt, 6 volt each										
	0500	Lead battery operated	1 Elec	4	2	Ea.	225	50		275	320	
	0700	Nickel cadmium battery operated		4	2		375	50		425	485	
	0780	Additional remote mount, sealed beam, 25 W6V		26.70	.300		19	7.55		26.55	32	
	0790	Twin sealed beam light, 25 W6V each		26.70	.300		37	7.55		44.55	52	
	0900	Self-contained fluorescent lamp pack		10	.800		176	20		196	225	
115	0010	**EXTERIOR FIXTURES** With lamps										115
	0200	Wall mounted, incandescent, 100 watt	1 Elec	8	1	Ea.	31	25		56	71	
	0400	Quartz, 500 watt		5.30	1.510		80	38		118	145	
	0420	1500 watt		4.20	1.900		105	48		153	185	
	0600	Mercury vapor, 100 watt		5.30	1.510		230	38		268	310	
	0800	Wall pack, mercury vapor, 175 watt		4	2		235	50		285	335	
	1000	250 watt		4	2		250	50		300	350	
	1100	Low pressure sodium, 35 watt		4	2		166	50		216	255	
	1150	55 watt		4	2		250	50		300	350	
	1160	High pressure sodium, 70 watt		4	2		281	50		331	385	
	1170	150 watt		4	2		300	50		350	405	
	1180	Metal Halide, 175 watt		4	2		226	50		276	325	
	1190	250 watt		4	2		316	50		366	420	
	1200	Floodlights with ballast and lamp,										
	1400	pole mounted, pole not included										
	1500	Mercury vapor, 250 watt	1 Elec	2.40	3.330	Ea.	252	84		336	400	
	1600	400 watt		2.20	3.640		300	91		391	465	
	1800	1000 watt		2	4		447	100		547	640	
	1950	Metal halide, 175 watt		2.70	2.960		283	75		358	420	
	2000	400 watt		2.20	3.640		372	91		463	545	
	2200	1000 watt		2	4		540	100		640	745	
	2210	1500 watt		1.85	4.320		570	110		680	790	
	2250	Low pressure sodium, 55 watt		2.70	2.960		435	75		510	590	
	2270	90 watt		2	4		485	100		585	680	
	2290	180 watt		2	4		620	100		720	830	
	2340	High pressure sodium, 70 watt		2.70	2.960		250	75		325	385	
	2360	100 watt		2.70	2.960		285	75		360	425	
	2380	150 watt		2.70	2.960		290	75		365	430	
	2400	400 watt		2.20	3.640		380	91		471	555	
	2600	1000 watt		2	4		700	100		800	920	
	2610	Incandescent, 300 watt		4	2		70	50		120	150	
	2620	500 watt		4	2		110	50		160	195	

166 | Lighting

166 100 | Lighting

		CREW	DAILY OUTPUT	MAN-HOURS	UNIT	BARE COSTS MAT.	LABOR	EQUIP.	TOTAL	TOTAL INCL O&P	
115	2630	1000 watt	1 Elec	3	2.670	Ea.	120	67		187	230	115
	2640	1500 watt		3	2.670		130	67		197	240	
	2650	Roadway area luminaire, low pressure sodium, 135 watt		2	4		480	100		580	675	
	2700	180 watt		2	4		510	100		610	710	
	2720	Mercury vapor, 400 watt		2.20	3.640		530	91		621	720	
	2730	1000 watt		2	4		587	100		687	795	
	2750	Metal halide, 400 watt		2.20	3.640		576	91		667	770	
	2760	1000 watt		2	4		643	100		743	855	
	2780	High pressure sodium, 400 watt		2.20	3.640		685	91		776	890	
	2790	1000 watt	↓	2	4		800	100		900	1,025	
	2800	Light poles, anchor base,										
	2820	not including concrete bases										
	2840	Aluminum pole, 8' high	1 Elec	4	2	Ea.	216	50		266	310	
	2850	10' high		4	2		285	50		335	390	
	2860	12' high		3.80	2.110		310	53		363	420	
	2870	14' high		3.40	2.350		380	59		439	505	
	2880	16' high	↓	3	2.670		618	67		685	780	
	3000	20' high	R-3	2.90	6.900		545	170	36	751	895	
	3200	30' high		2.60	7.690		1,090	190	40	1,320	1,525	
	3400	35' high		2.30	8.700		1,485	215	45	1,745	2,000	
	3600	40' high	↓	2	10		1,655	250	52	1,957	2,250	
	3800	Bracket arms, 1 arm	1 Elec	8	1		65	25		90	110	
	4000	2 arms		8	1		90	25		115	135	
	4200	3 arms		5.30	1.510		120	38		158	190	
	4400	4 arms		5.30	1.510		160	38		198	230	
	4500	Steel pole, galvanized, 8' high		3.80	2.110		365	53		418	480	
	4510	10' high		3.70	2.160		385	54		439	505	
	4520	12' high		3.40	2.350		410	59		469	540	
	4530	14' high		3.10	2.580		445	65		510	585	
	4540	16' high		2.90	2.760		480	69		549	630	
	4550	18' high	↓	2.70	2.960		700	75		775	880	
	4600	20' high	R-3	2.60	7.690		775	190	40	1,005	1,175	
	4800	30' high		2.30	8.700		1,075	215	45	1,335	1,550	
	5000	35' high		2.20	9.090		1,180	225	47	1,452	1,675	
	5200	40' high	↓	1.70	11.760		1,310	295	61	1,666	1,950	
	5400	Bracket arms, 1 arm	1 Elec	8	1		58	25		83	100	
	5600	2 arms		8	1		125	25		150	175	
	5800	3 arms		5.30	1.510		150	38		188	220	
	6000	4 arms	↓	5.30	1.510		195	38		233	270	
	6100	Fiberglass pole for 1 or 2 fixtures, 20' high	R-3	4	5		540	125	26	691	810	
	6200	30' high		3.60	5.560		1,155	140	29	1,324	1,500	
	6300	35' high		3.20	6.250		1,365	155	33	1,553	1,775	
	6400	40' high	↓	2.80	7.140		1,575	180	37	1,792	2,050	
	6420	Wood pole, 4-½" x 5-⅛", 8' high	1 Elec	6	1.330		115	34		149	175	
	6430	10' high		6	1.330		170	34		204	235	
	6440	12' high		5.70	1.400		190	35		225	260	
	6450	15' high		5	1.600		210	40		250	290	
	6460	20' high	↓	4	2		220	50		270	315	
	6500	Bollard light, lamp & ballast, 42" high with polycarbonate lens										
	6700	Mercury vapor, 175 watt	1 Elec	3	2.670	Ea.	400	67		467	540	
	6800	Metal halide, 175 watt		3	2.670		440	67		507	585	
	6900	High pressure sodium, 70 watt		3	2.670		480	67		547	625	
	7000	100 watt		3	2.670		480	67		547	625	
	7100	150 watt		3	2.670		485	67		552	635	
	7200	Incandescent, 150 watt	↓	3	2.670	↓	335	67		402	470	
	7300	Transformer bases, not including concrete bases										
	7320	Maximum pole size, steel, 40' high	1 Elec	2	4	Ea.	1,260	100		1,360	1,525	
	7340	Cast aluminum, 30' high	"	3	2.670	"	450	67		517	595	

166 | Lighting

166 100 | Lighting

		Crew	Daily Output	Man-Hours	Unit	Mat.	Labor	Equip.	Total	Total Incl O&P
7350	40' high	1 Elec	2.50	3.200	Ea.	675	80		755	860
7380	Landscape recessed uplight, incl. housing, ballast, transformer									
7390	& reflector									
7400	Mercury vapor, 100 watt	1 Elec	5	1.600	Ea.	720	40		760	850
7420	Incandescent, 250 watt		5	1.600		390	40		430	490
7440	Quartz, 250 watt		5	1.600		445	40		485	550
7460	500 watt		4	2		475	50		525	595
7500	Replacement (H.I.D.) ballasts,									
7510	Multi-tap 120/208/240/277 volt									
7550	High pressure sodium, 70 watt	1 Elec	10	.800	Ea.	115	20		135	155
7560	100 watt		9.40	.851		120	21		141	165
7570	150 watt		9	.889		130	22		152	175
7580	250 watt		8.50	.941		190	24		214	245
7590	400 watt		7	1.140		210	29		239	275
7600	1000 watt		6	1.330		300	34		334	380
7610	Metal halide, 175 watt		8	1		105	25		130	155
7620	250 watt		8	1		145	25		170	195
7630	400 watt		7	1.140		160	29		189	220
7640	1000 watt		6	1.330		230	34		264	305
7650	1500 watt		5	1.600		270	40		310	355
7680	Mercury vapor, 100 watt		9	.889		85	22		107	125
7700	175 watt		8	1		105	25		130	155
7720	250 watt		8	1		145	25		170	195
7730	400 watt		7	1.140		155	29		184	215
7740	1000 watt		6	1.330		220	34		254	290
7800	Walkway luminaire, square 16", mercury vapor, 175 watt		3	2.670		260	67		327	385
7810	Metal halide 250 watt		2.70	2.960		310	75		385	450
7820	High pressure sodium 70 watt		3	2.670		320	67		387	450
7830	100 watt		3	2.670		340	67		407	475
7840	150 watt		3	2.670		355	67		422	490
7850	200 watt		3	2.670		370	67		437	505
7900	Round 19", mercury vapor, 175 watt		3	2.670		380	67		447	515
7910	Metal halide, 250 watt		2.70	2.960		430	75		505	585
7920	High pressure sodium, 70 watt		3	2.670		445	67		512	590
7930	100 watt		3	2.670		455	67		522	600
7940	150 watt		3	2.670		460	67		527	605
7950	250 watt		2.70	2.960		475	75		550	635
8000	Sphere 14" opal, incandescent, 200 watt		4	2		190	50		240	285
8010	Mercury vapor, 100 watt		3	2.670		280	67		347	405
8020	Sphere 18" opal, incandescent, 300 watt		3.50	2.290		235	57		292	345
8030	Mercury vapor, 175 watt		3	2.670		320	67		387	450
8040	Sphere 16" clear, high pressure sodium, 70 watt		3	2.670		405	67		472	545
8050	100 watt		3	2.670		435	67		502	580
8100	Cube 16" opal, incandescent, 300 watt		3.50	2.290		265	57		322	375
8110	Mercury vapor, 175 watt		3	2.670		355	67		422	490
8120	High pressure sodium, 70 watt		3	2.670		380	67		447	515
8130	100 watt		3	2.670		390	67		457	530
8200	Lantern, mercury vapor, 100 watt		3	2.670		205	67		272	325
8210	175 watt		3	2.670		190	67		257	310
8220	250 watt		2.70	2.960		285	75		360	425
8230	High pressure sodium, 70 watt		3	2.670		235	67		302	360
8240	100 watt		3	2.670		265	67		332	390
8250	150 watt		3	2.670		270	67		337	395
8260	250 watt		2.70	2.960		360	75		435	505
8270	Incandescent, 300 watt		3.50	2.290		155	57		212	255
8300	Reflector 22" w/globe, mercury vapor, 100 watt		3	2.670		260	67		327	385
8310	175 watt		3	2.670		265	67		332	390
8320	250 watt		2.70	2.960		350	75		425	495

166 | Lighting

166 100 | Lighting

			Crew	Daily Output	Man-Hours	Unit	Bare Costs Mat.	Labor	Equip.	Total	Total Incl O&P	
115	8330	High pressure sodium, 70 watt	1 Elec	3	2.670	Ea.	320	67		387	450	115
	8340	100 watt		3	2.670		325	67		392	455	
	8350	150 watt		3	2.670		330	67		397	460	
	8360	250 watt	↓	2.70	2.960	↓	425	75		500	580	
120	0010	**FIXTURE HANGERS**										120
	0220	Box hub cover	1 Elec	32	.250	Ea.	1.90	6.30		8.20	11.40	
	0240	Canopy		12	.667		4.45	16.75		21.20	30	
	0260	Connecting block		40	.200		2.10	5.05		7.15	9.75	
	0280	Cushion hanger		16	.500		15	12.60		27.60	35	
	0300	Box hanger, with mounting strap		8	1		3.50	25		28.50	41	
	0320	Connecting block		40	.200		.62	5.05		5.67	8.10	
	0340	Flexible, ½" diameter, 4" long		12	.667		6.80	16.75		23.55	32	
	0360	6" long		12	.667		7.35	16.75		24.10	33	
	0380	8" long		12	.667		8.20	16.75		24.95	34	
	0400	10" long		12	.667		8.70	16.75		25.45	34	
	0420	12" long		12	.667		9.50	16.75		26.25	35	
	0440	15" long		12	.667		9.90	16.75		26.65	36	
	0460	18" long		12	.667		11.35	16.75		28.10	37	
	0480	¾" diameter, 4" long		10	.800		8.25	20		28.25	39	
	0500	6" long		10	.800		9.30	20		29.30	40	
	0520	8" long		10	.800		10.10	20		30.10	41	
	0540	10" long		10	.800		10.80	20		30.80	42	
	0560	12" long		10	.800		11.85	20		31.85	43	
	0580	15" long		10	.800		13	20		33	44	
	0600	18" long	↓	10	.800	↓	14.50	20		34.50	46	
125	0010	**FIXTURE WHIPS**										125
	0080	⅜" Greenfield, 2 connectors, 6' long										
	0100	TFFN wire, three #18	1 Elec	32	.250	Ea.	6.30	6.30		12.60	16.20	
	0150	Four #18		28	.286		6.55	7.20		13.75	17.80	
	0200	Three #16		32	.250		6.30	6.30		12.60	16.20	
	0250	Four #16		28	.286		6.70	7.20		13.90	18	
	0300	THHN wire, three #14		32	.250		7.60	6.30		13.90	17.65	
	0350	Four #14		28	.286		7.90	7.20		15.10	19.30	
	0500	AF wire, three #18		32	.250		8.20	6.30		14.50	18.30	
	0550	Three #16		32	.250		8.45	6.30		14.75	18.60	
	0600	Three #14	↓	32	.250	↓	8.60	6.30		14.90	18.75	
130	0010	**INTERIOR LIGHTING FIXTURES** Including lamps, mounting	C9.3 250									130
	0030	hardware and connections										
	0100	Fluorescent, C.W. lamps, troffer, recess mounted in grid, RS										
	0200	Acrylic lens, 1'W x 4'L, two 40 watt	1 Elec	5.70	1.400	Ea.	45	35		80	100	
	0210	1'W x 4'L, three 40 watt		5.40	1.480		61	37		98	120	
	0300	2'W x 2'L, two U40 watt		5.70	1.400		58	35		93	115	
	0400	2'W x 4'L, two 40 watt		5.30	1.510		48	38		86	110	
	0500	2'W x 4'L, three 40 watt		5	1.600		62	40		102	130	
	0600	2'W x 4'L, four 40 watt		4.70	1.700		63	43		106	135	
	0700	4'W x 4'L, four 40 watt		3.20	2.500		165	63		228	275	
	0800	4'W x 4'L, six 40 watt		3.10	2.580		180	65		245	295	
	0900	4'W x 4'L, eight 40 watt	↓	2.90	2.760	↓	190	69		259	310	
	1000	Surface mounted, RS										
	1030	Acrylic lens with hinged & latched door frame										
	1100	1'W x 4'L, two 40 watt	1 Elec	7	1.140	Ea.	50	29		79	97	
	1110	1'W x 4'L, three 40 watt		6.70	1.190		74	30		104	125	
	1200	2'W x 2'L, two U40 watt		7	1.140		80	29		109	130	
	1300	2'W x 4'L, two 40 watt		6.20	1.290		63	32		95	115	
	1400	2'W x 4'L, three 40 watt		5.70	1.400		82	35		117	140	
	1500	2'W x 4'L, four 40 watt		5.30	1.510		83	38		121	145	

166 | Lighting

166 100 | Lighting

		CREW	DAILY OUTPUT	MAN-HOURS	UNIT	BARE COSTS MAT.	LABOR	EQUIP.	TOTAL	TOTAL INCL O&P
1600	4'W x 4'L, four 40 watt	1 Elec	3.60	2.220	Ea.	158	56		214	255
1700	4'W x 4'L, six 40 watt		3.30	2.420		176	61		237	285
1800	4'W x 4'L, eight 40 watt		3.10	2.580		194	65		259	310
1900	2'W x 8'L, four 40 watt		3.20	2.500		150	63		213	260
2000	2'W x 8'L, eight 40 watt		3.10	2.580		156	65		221	265
2010	Acrylic wrap around lens									
2020	6"W x 4'L, one 40 watt	1 Elec	8	1	Ea.	41	25		66	82
2030	6"W x 8'L, two 40 watt		4	2		63	50		113	145
2040	11"W x 4'L, two 40 watt		7	1.140		41	29		70	88
2050	11"W x 8'L, four 40 watt		3.30	2.420		75	61		136	175
2060	16"W x 4'L, four 40 watt		5.30	1.510		68	38		106	130
2070	16"W x 8'L, eight 40 watt		3.20	2.500		125	63		188	230
2080	2'W x 2'L, two U40 watt		7	1.140		100	29		129	150
2100	Strip fixture									
2200	4' long, one 40 watt RS	1 Elec	8.50	.941	Ea.	24.90	24		48.90	62
2300	4' long, two 40 watt RS		8	1		26	25		51	66
2400	4' long, one 40 watt, SL		8	1		43	25		68	84
2500	4' long, two 40 watt, SL		7	1.140		48	29		77	95
2600	8' long, one 75 watt, SL		6.70	1.190		41	30		71	89
2700	8' long, two 75 watt, SL		6.20	1.290		47	32		79	100
2800	4' long, two 60 watt, HO		6.70	1.190		65	30		95	115
2900	8' long, two 110 watt, HO		5.30	1.510		72	38		110	135
2910	4' long, two 115 watt, VHO		6.50	1.230		90	31		121	145
2920	8' long, two 215 watt, VHO		5.20	1.540		103	39		142	170
3000	Pendent mounted, industrial, white porcelain enamel									
3100	4' long, two 40 watt, RS	1 Elec	5.70	1.400	Ea.	60	35		95	120
3200	4' long, two 60 watt, HO		5	1.600		92	40		132	160
3300	8' long, two 75 watt, SL		4.40	1.820		93	46		139	170
3400	8' long, two 110 watt, HO		4	2		110	50		160	195
3410	Acrylic finish, 4' long, two 40 watt, RS		5.70	1.400		53	35		88	110
3420	4' long, two 60 watt, HO		5	1.600		88	40		128	155
3430	4' long, two 115 watt, VHO		4.80	1.670		125	42		167	200
3440	8' long, two 75 watt, SL		4.40	1.820		88	46		134	165
3450	8' long, two 110 watt, HO		4	2		102	50		152	185
3460	8' long, two 215 watt, VHO		3.80	2.110		144	53		197	235
3470	Troffer, air handling, 2'W x 4'L with four 40 watt, RS		4	2		140	50		190	230
3480	2'W x 2'L with two U40 watt RS		5.50	1.450		110	37		147	175
3490	Air connector insulated, 5" diameter		20	.400		47	10.05		57.05	67
3500	6" diameter		20	.400		48	10.05		58.05	68
3510	Troffer parabolic lay-in, 1'W x 4'L with one F40		5.70	1.400		89	35		124	150
3520	1'W x 4'L with two F40		5.30	1.510		91	38		129	155
3530	2'W x 4'L with three F40		5	1.600		133	40		173	205
3580	Mercury vapor, integral ballast, ceiling, recess mounted,									
3590	prismatic glass lens, floating door									
3600	2'W x 2'L, 250 watt DX lamp	1 Elec	3.20	2.500	Ea.	255	63		318	375
3700	2'W x 2'L, 400 watt DX lamp		2.90	2.760		265	69		334	395
3800	Surface mtd., prismatic lens, 2'W x 2'L, 250 watt DX lamp		2.70	2.960		235	75		310	370
3900	2'W x 2'L, 400 watt DX lamp		2.40	3.330		255	84		339	405
4000	High bay, aluminum reflector									
4030	Single unit, 400 watt DX lamp	1 Elec	2.30	3.480	Ea.	245	87		332	400
4100	Single unit, 1000 watt DX lamp		2	4		420	100		520	610
4200	Twin unit, two 400 watt DX lamps		1.60	5		490	125		615	725
4210	Low bay, aluminum reflector, 250W DX lamp		3.20	2.500		300	63		363	425
4220	Metal halide, integral ballast, ceiling, recess mounted									
4230	prismatic glass lens, floating door									
4240	2'W x 2'L, 250 watt	1 Elec	3.20	2.500	Ea.	280	63		343	400
4250	2'W x 2'L, 400 watt		2.90	2.760		320	69		389	455
4260	Surface mounted, 2'W x 2'L, 250 watt		2.70	2.960		260	75		335	395

166 | Lighting

166 100	Lighting	CREW	DAILY OUTPUT	MAN-HOURS	UNIT	BARE COSTS MAT.	LABOR	EQUIP.	TOTAL	TOTAL INCL O&P
4270	2'W x 2'L, 400 watt	1 Elec	2.40	3.330	Ea.	300	84		384	455
4280	High bay, aluminum reflector,									
4290	Single unit, 400 watt	1 Elec	2.30	3.480	Ea.	280	87		367	435
4300	Single unit, 1000 watt		2	4		520	100		620	720
4310	Twin unit, 400 watt		1.60	5		560	125		685	800
4320	Low bay, aluminum reflector, 250W DX lamp		3.20	2.500		350	63		413	480
4330	400 watt lamp		2.50	3.200		520	80		600	690
4340	High pressure sodium integral ballast ceiling, recess mounted									
4350	prismatic glass lens, floating door									
4360	2'W x 2'L, 150 watt lamp	1 Elec	3.20	2.500	Ea.	320	63		383	445
4370	2'W x 2'L, 400 watt lamp		2.90	2.760		345	69		414	480
4380	Surface mounted, 2'W x 2'L, 150 watt lamp		2.70	2.960		315	75		390	455
4390	2'W x 2'L, 400 watt lamp		2.40	3.330		340	84		424	500
4400	High bay, aluminum reflector,									
4410	Single unit, 400 watt lamp	1 Elec	2.30	3.480	Ea.	435	87		522	610
4430	Single unit, 1000 watt lamp		2	4		650	100		750	865
4440	Low bay, aluminum reflector, 150 watt lamp		3.20	2.500		330	63		393	455
4450	Incandescent, high hat can, round alzak reflector, prewired									
4470	100 watt	1 Elec	8	1	Ea.	48	25		73	90
4480	150 watt		8	1		50	25		75	92
4500	300 watt		6.70	1.190		55	30		85	105
4520	Round with reflector and baffles, 150 watt		8	1		49	25		74	91
4540	Round with concentric louver, 150 watt PAR		8	1		48	25		73	90
4600	Square glass lens with metal trim, prewired									
4630	100 watt	1 Elec	6.70	1.190	Ea.	30	30		60	77
4700	200 watt		6.70	1.190		35	30		65	83
4800	300 watt		5.70	1.400		54	35		89	110
4810	500 watt		5	1.600		135	40		175	210
4900	Ceiling/wall, surface mounted, metal cylinder, 75 watt		10	.800		31	20		51	64
4920	150 watt		10	.800		43	20		63	77
4930	300 watt		8	1		147	25		172	200
5000	500 watt		6.70	1.190		255	30		285	325
5010	Square, 100 watt		8	1		50	25		75	92
5020	150 watt		8	1		50	25		75	92
5030	300 watt		7	1.140		137	29		166	195
5040	500 watt		6	1.330		208	34		242	280
5200	Ceiling, surface mounted, opal glass drum									
5300	8", one 60 watt	1 Elec	10	.800	Ea.	31	20		51	64
5400	10", two 60 watt lamps		8	1		35	25		60	76
5500	12", four 60 watt lamps		6.70	1.190		75	30		105	125
5510	Pendent, round, 100 watt		8	1		59	25		84	100
5520	150 watt		8	1		59	25		84	100
5530	300 watt		6.70	1.190		142	30		172	200
5540	500 watt		5.50	1.450		215	37		252	290
5550	Square, 100 watt		6.70	1.190		117	30		147	175
5560	150 watt		6.70	1.190		122	30		152	180
5570	300 watt		5.70	1.400		157	35		192	225
5580	500 watt		5	1.600		210	40		250	290
5600	Wall, round, 100 watt		8	1		48	25		73	90
5620	300 watt		8	1		177	25		202	230
5630	500 watt		6.70	1.190		260	30		290	330
5640	Square, 100 watt		8	1		90	25		115	135
5650	150 watt		8	1		90	25		115	135
5660	300 watt		7	1.140		147	29		176	205
5670	500 watt		6	1.330		216	34		250	285
6010	Vapor tight, incandescent, ceiling mounted, 200 watt		6.20	1.290		44	32		76	96
6020	Recessed, 200 watt		6.70	1.190		56	30		86	105
6030	Pendent, 200 watt		6.70	1.190		48	30		78	97

166 | Lighting

166 100 | Lighting

		Crew	Daily Output	Man-Hours	Unit	Bare Costs Mat.	Bare Costs Labor	Bare Costs Equip.	Bare Costs Total	Total Incl O&P	
6040	Wall, 200 watt	1 Elec	8	1	Ea.	49	25		74	91	130
6100	Fluorescent, surface mounted, 2 lamps, 4'L, RS, 40 watt		3.20	2.500		74	63		137	175	
6110	Industrial, 2 lamps 4' long in tandem, 430 MA		2.20	3.640		145	91		236	295	
6130	2 lamps 4' long, 800 MA		1.90	4.210		105	105		210	270	
6160	Pendent, indust, 2 lamps 4'L in tandem, 430 MA		1.90	4.210		157	105		262	330	
6170	2 lamps 4' long, 430 MA		2.30	3.480		84	87		171	220	
6180	2 lamps 4' long, 800 MA		1.70	4.710		115	120		235	300	
6200	Mercury vapor with ballast, 175 watt		3.20	2.500		235	63		298	350	
6300	Explosionproof										
6310	Metal halide, ballast, ceiling, surface mounted, 175 watt	1 Elec	2.90	2.760	Ea.	670	69		739	840	
6320	250 watt		2.70	2.960		775	75		850	965	
6330	400 watt		2.40	3.330		836	84		920	1,050	
6340	Ceiling, pendent mounted, 175 watt		2.60	3.080		640	77		717	820	
6350	250 watt		2.40	3.330		745	84		829	945	
6360	400 watt		2.10	3.810		816	96		912	1,050	
6370	Wall, surface mounted, 175 watt		2.90	2.760		700	69		769	870	
6380	250 watt		2.70	2.960		805	75		880	995	
6390	400 watt		2.40	3.330		856	84		940	1,075	
6400	High pressure sodium, ceiling surface mounted, 70 watt		3	2.670		725	67		792	895	
6410	100 watt		3	2.670		740	67		807	915	
6420	150 watt		2.70	2.960		765	75		840	950	
6430	Pendent mounted, 70 watt		2.70	2.960		680	75		755	860	
6440	100 watt		2.70	2.960		700	75		775	880	
6450	150 watt		2.40	3.330		725	84		809	920	
6460	Wall mounted, 70 watt		3	2.670		750	67		817	925	
6470	100 watt		3	2.670		775	67		842	950	
6480	150 watt		2.70	2.960		780	75		855	970	
6510	Incandescent, ceiling mounted, 200 watt		4	2		270	50		320	370	
6520	Pendent mounted, 200 watt		3.50	2.290		235	57		292	345	
6530	Wall mounted, 200 watt		4	2		295	50		345	400	
6600	Fluorescent, RS, 4' long, ceiling mounted, two 40 watt		2.70	2.960		1,375	75		1,450	1,625	
6610	Three 40 watt		2.20	3.640		2,010	91		2,101	2,350	
6620	Four 40 watt		1.90	4.210		2,615	105		2,720	3,025	
6630	Pendent mounted, two 40 watt		2.30	3.480		1,460	87		1,547	1,725	
6640	Three 40 watt		1.90	4.210		2,120	105		2,225	2,500	
6650	Four 40 watt		1.70	4.710		2,700	120		2,820	3,150	
6700	Mercury vapor with ballast, surface mounted, 175 watt		2.70	2.960		555	75		630	720	
6710	250 watt		2.70	2.960		590	75		665	760	
6740	400 watt		2.40	3.330		715	84		799	910	
6750	Pendent mounted, 175 watt		2.40	3.330		550	84		634	730	
6760	250 watt		2.40	3.330		565	84		649	745	
6770	400 watt		2.10	3.810		685	96		781	895	
6780	Wall mounted, 175 watt		2.70	2.960		580	75		655	750	
6790	250 watt		2.70	2.960		635	75		710	810	
6820	400 watt		2.40	3.330		750	84		834	950	
6850	Vandalproof, surface mounted, fluorescent, two 40 watt		3.20	2.500		105	63		168	210	
6860	Incandescent, one 150 watt		8	1		45	25		70	87	
6900	Mirror light, fluorescent, RS, acrylic enclosure, two 40 watt		8	1		61	25		86	105	
6910	One 40 watt		8	1		56	25		81	99	
6920	One 20 watt		12	.667		49	16.75		65.75	79	
7000	Low bay, aluminum reflector. 70 watt, high pressure sodium		4	2		305	50		355	410	
7010	250 watt, high pressure sodium		3.20	2.500		545	63		608	690	
7020	400 watt, high pressure sodium		2.50	3.200		565	80		645	740	
7500	Ballast replacement, by weight of ballast, to 15' high										
7520	Indoor fluorescent, less than 2 lbs.	1 Elec	10	.800	Ea.		20		20	30	
7540	2 40W, watt reducer, 2 to 5 lbs.		9.40	.851		18	21		39	51	
7560	2 F96 slimline, over 5 lbs.		8	1		28	25		53	68	
7580	Vaportite ballast, less than 2 lbs.		9.40	.851			21		21	32	

166 | Lighting

166 100	Lighting	CREW	DAILY OUTPUT	MAN-HOURS	UNIT	BARE COSTS MAT.	LABOR	EQUIP.	TOTAL	TOTAL INCL O&P
130 7600	2 lbs. to 5 lbs.	1 Elec	8.90	.899	Ea.		23		23	33	130
7620	Over 5 lbs.	"	7.60	1.050	"		26		26	39
7990	Decorator									
8000	Pendent RLM in colors, shallow dome, 12" diam. 100 watt	1 Elec	8	1	Ea.	43	25		68	84
8010	Regular dome, 12" diam., 100 watt		8	1		43	25		68	84
8020	16" diam., 200 watt		7	1.140		46	29		75	93
8030	18" diam., 500 watt		6	1.330		74	34		108	130
8100	Picture framing light, minimum		16	.500		37	12.60		49.60	59
8110	Maximum		16	.500		87	12.60		99.60	115
8150	Miniature low voltage, recessed, pinhole		8	1		82	25		107	125
8160	Star		8	1		82	25		107	125
8170	Adjustable cone		8	1		90	25		115	135
8180	Eyeball		8	1		90	25		115	135
8190	Cone		8	1		90	25		115	135
8200	Coilex baffle		8	1		90	25		115	135
8210	Surface mounted, adjustable cylinder		8	1		90	25		115	135
8250	Chandeliers, incandescent									
8260	24" diam. x 42" high, 6 light candle	1 Elec	6	1.330	Ea.	270	34		304	345
8270	24" diam. x 42" high, 6 light candle w/glass shade		6	1.330		300	34		334	380
8280	17" diam. x 12" high, 8 light w/glass panels		8	1		265	25		290	330
8290	32" diam. 48"H, 10 light bohemian lead crystal		4	2		1,165	50		1,215	1,350
8300	27" diam. x 29"H, 10 light bohemian lead crystal		4	2		1,250	50		1,300	1,450
8310	21" diam. x 9" high 6 light sculptured ice crystal		8	1		520	25		545	610
8500	Accent lights, on floor or edge, .5W low volt incandescent									
8520	incl. transformer & fastenings, based on 100' lengths									
8550	Lights in clear tubing, 12" on center	1 Elec	230	.035	L.F.	3.65	.87		4.52	5.30
8560	6" on center		160	.050		6.10	1.26		7.36	8.55
8570	4" on center		130	.062		8.70	1.55		10.25	11.85
8580	3" on center		125	.064		11.65	1.61		13.26	15.20
8590	2" on center		100	.080		16.50	2.01		18.51	21
8600	Carpet, lights both sides 6" OC, in alum. extrusion		270	.030		9.20	.75		9.95	11.20
8610	In bronze extrusion		270	.030		11.30	.75		12.05	13.55
8620	Carpet-bare floor, lights 18" OC, in alum. extrusion		270	.030		5.65	.75		6.40	7.30
8630	In bronze extrusion		270	.030		7.70	.75		8.45	9.55
8640	Carpet edge-wall, lights 6" OC in alum. extrusion		270	.030		9.20	.75		9.95	11.20
8650	In bronze extrusion		270	.030		11.30	.75		12.05	13.55
8660	Bare floor, lights 18" OC, in aluminum extrusion		300	.027		7.70	.67		8.37	9.45
8670	In bronze extrusion		300	.027		10.45	.67		11.12	12.50
8680	Bare floor conduit, aluminum extrusion		300	.027		2.45	.67		3.12	3.69
8690	In bronze extrusion		300	.027		4.85	.67		5.52	6.35
8700	Step edge to 36", lights 6" OC, in alum. extrusion		100	.080	Ea.	31	2.01		33.01	37
8710	In bronze extrusion		100	.080		37	2.01		39.01	44
8720	Step edge to 54", lights 6" OC, in alum. extrusion		100	.080		42	2.01		44.01	49
8730	In bronze extrusion		100	.080		53	2.01		55.01	61
8740	Step edge to 72", lights 6" OC, in alum. extrusion		100	.080		55	2.01		57.01	63
8750	In bronze extrusion		100	.080		68	2.01		70.01	78
8760	Connector, male		32	.250		.81	6.30		7.11	10.20
8770	Female with pigtail		32	.250		2.50	6.30		8.80	12.05
8780	Clamps		400	.020		.22	.50		.72	.98
8790	Transformers, 55 watt		8	1		35	25		60	76
8800	250 watt		4	2		114	50		164	200
8810	1000 watt		2.70	2.960		245	75		320	380
135 0010	INTERIOR LIGHTING FIXTURES Incl. lamps, and mounting hardware										135
0100	Mercury vapor, recessed, round, 250 watt	1 Elec	3.20	2.500	Ea.	355	63		418	485
0120	400 watt		2.90	2.760		415	69		484	560
0140	1000 watt		2.40	3.330		640	84		724	830
0200	Square, 1000 watt		2.40	3.330		720	84		804	915
0220	Surface, round, 250 watt		2.70	2.960		365	75		440	510

166 | Lighting

166 100	Lighting	CREW	DAILY OUTPUT	MAN-HOURS	UNIT	BARE COSTS MAT.	LABOR	EQUIP.	TOTAL	TOTAL INCL O&P	
0240	400 watt	1 Elec	2.40	3.330	Ea.	620	84		704	805	135
0260	1000 watt		1.80	4.440		910	110		1,020	1,175	
0320	Square, 1000 watt		1.80	4.440		710	110		820	945	
0340	Pendent, round, 250 watt		2.70	2.960		380	75		455	530	
0360	400 watt		2.40	3.330		670	84		754	860	
0380	1000 watt		1.80	4.440		1,075	110		1,185	1,350	
0400	Square, 250 watt		2.70	2.960		370	75		445	515	
0420	400 watt		2.40	3.330		565	84		649	745	
0440	1000 watt		1.80	4.440		700	110		810	935	
0460	Wall, round, 250 watt		2.70	2.960		405	75		480	555	
0480	400 watt		2.40	3.330		600	84		684	785	
0500	1000 watt		1.80	4.440		795	110		905	1,050	
0520	Square, 250 watt		2.70	2.960		405	75		480	555	
0540	400 watt		2.40	3.330		600	84		684	785	
0560	1000 watt		1.80	4.440		800	110		910	1,050	
0700	High pressure sodium, recessed, round, 70 watt		3.50	2.290		355	57		412	475	
0720	100 watt		3.50	2.290		375	57		432	495	
0740	150 watt		3.20	2.500		395	63		458	525	
0760	Square, 70 watt		3.60	2.220		375	56		431	495	
0780	100 watt		3.60	2.220		385	56		441	505	
0820	250 watt		3	2.670		470	67		537	615	
0840	1000 watt		2.40	3.330		900	84		984	1,125	
0860	Surface round, 70 watt		3	2.670		385	67		452	525	
0880	100 watt		3	2.670		395	67		462	535	
0900	150 watt		2.70	2.960		435	75		510	590	
0920	Square, 70 watt		3	2.670		390	67		457	530	
0940	100 watt		3	2.670		400	67		467	540	
0980	250 watt		2.50	3.200		460	80		540	625	
1040	Pendent, round, 70 watt		3	2.670		350	67		417	485	
1060	100 watt		3	2.670		375	67		442	510	
1080	150 watt		2.70	2.960		445	75		520	600	
1100	Square, 70 watt		3	2.670		375	67		442	510	
1120	100 watt		3	2.670		385	67		452	525	
1140	150 watt		2.70	2.960		445	75		520	600	
1160	250 watt		2.50	3.200		660	80		740	845	
1180	400 watt		2.40	3.330		700	84		784	895	
1220	Wall, round, 70 watt		3	2.670		440	67		507	585	
1240	100 watt		3	2.670		450	67		517	595	
1260	150 watt		2.70	2.960		480	75		555	640	
1300	Square, 70 watt		3	2.670		460	67		527	605	
1320	100 watt		3	2.670		470	67		537	615	
1340	150 watt		2.40	3.330		490	84		574	665	
1360	250 watt		2.50	3.200		570	80		650	745	
1380	400 watt		2.40	3.330		740	84		824	940	
1400	1000 watt		1.80	4.440		995	110		1,105	1,250	
1500	Metal halide, recessed, round, 175 watt		3.40	2.350		375	59		434	500	
1520	250 watt		3.20	2.500		400	63		463	535	
1540	400 watt		2.90	2.760		470	69		539	620	
1580	Square, 175 watt		3.40	2.350		340	59		399	460	
1640	Surface, round, 175 watt		2.90	2.760		415	69		484	560	
1660	250 watt		2.70	2.960		435	75		510	590	
1680	400 watt		2.40	3.330		685	84		769	875	
1720	Square, 175 watt		2.90	2.760		350	69		419	485	
1800	Pendent, round, 175 watt		2.90	2.760		370	69		439	510	
1820	250 watt		2.70	2.960		425	75		500	580	
1840	400 watt		2.40	3.330		735	84		819	930	
1880	Square, 175 watt		2.90	2.760		370	69		439	510	
1900	250 watt		2.70	2.960		425	75		500	580	

166 | Lighting

		166 100	Lighting	CREW	DAILY OUTPUT	MAN-HOURS	UNIT	BARE COSTS MAT.	LABOR	EQUIP.	TOTAL	TOTAL INCL O&P	
135	1920		400 watt	1 Elec	2.40	3.330	Ea.	735	84		819	930	135
	1980		Wall, round, 175 watt		2.90	2.760		395	69		464	535	
	2000		250 watt		2.70	2.960		450	75		525	605	
	2020		400 watt		2.40	3.330		725	84		809	920	
	2060		Square, 175 watt		2.90	2.760		415	69		484	560	
	2080		250 watt		2.70	2.960		450	75		525	605	
	2100		400 watt		2.40	3.330		725	84		809	920	
	2500		Vaporproof, mercury vapor, recessed, 250 watt		3.20	2.500		330	63		393	455	
	2520		400 watt		2.90	2.760		390	69		459	530	
	2540		1000 watt		2.40	3.330		685	84		769	875	
	2560		Surface, 250 watt		2.70	2.960		365	75		440	510	
	2580		400 watt		2.40	3.330		530	84		614	705	
	2600		1000 watt		1.80	4.440		685	110		795	920	
	2620		Pendent, 250 watt		2.70	2.960		370	75		445	515	
	2640		400 watt		2.40	3.330		540	84		624	720	
	2660		1000 watt		1.80	4.440		685	110		795	920	
	2680		Wall, 250 watt		2.70	2.960		390	75		465	540	
	2700		400 watt		2.40	3.330		560	84		644	740	
	2720		1000 watt		1.80	4.440		735	110		845	975	
	2800		High pressure sodium, recessed, 70 watt		3.50	2.290		330	57		387	450	
	2820		100 watt		3.50	2.290		340	57		397	460	
	2840		150 watt		3.20	2.500		360	63		423	490	
	2900		Surface, 70 watt		3	2.670		415	67		482	555	
	2920		100 watt		3	2.670		435	67		502	580	
	2940		150 watt		2.70	2.960		455	75		530	610	
	3000		Pendent, 70 watt		3	2.670		415	67		482	555	
	3020		100 watt		3	2.670		435	67		502	580	
	3040		150 watt		2.70	2.960		460	75		535	615	
	3100		Wall, 70 watt		3	2.670		445	67		512	590	
	3120		100 watt		3	2.670		460	67		527	605	
	3140		150 watt		2.70	2.960		480	75		555	640	
	3200		Metal halide, recessed, 175 watt		3.40	2.350		330	59		389	450	
	3220		250 watt		3.20	2.500		355	63		418	485	
	3240		400 watt		2.90	2.760		450	69		519	595	
	3260		1000 watt		2.40	3.330		800	84		884	1,000	
	3280		Surface, 175 watt		2.90	2.760		365	69		434	505	
	3300		250 watt		2.70	2.960		545	75		620	710	
	3320		400 watt		2.40	3.330		625	84		709	810	
	3340		1000 watt		1.80	4.440		1,000	110		1,110	1,275	
	3360		Pendent, 175 watt		2.90	2.760		365	69		434	505	
	3380		250 watt		2.70	2.960		550	75		625	715	
	3400		400 watt		2.40	3.330		635	84		719	820	
	3420		1000 watt		1.80	4.440		1,100	110		1,210	1,375	
	3440		Wall, 175 watt		2.90	2.760		390	69		459	530	
	3460		250 watt		2.70	2.960		570	75		645	735	
	3480		400 watt		2.40	3.330		655	84		739	845	
	3500		1000 watt		1.80	4.440		1,155	110		1,265	1,425	
	5000		Indirect lighting										
	5010		Freestanding round, 72"H 16" diam., 175W metal halide	1 Elec	8	1	Ea.	510	25		535	600	
	5020		250 watt metal halide		8	1		530	25		555	620	
	5030		150 watt high pressure sodium		8	1		550	25		575	640	
	5040		250 watt high pressure sodium		8	1		575	25		600	670	
	5050		72" H 21" diam, 400 watt metal halide		8	1		555	25		580	650	
	5060		250 watt high pressure sodium		8	1		580	25		605	675	
	5070		400 watt high pressure sodium		8	1		590	25		615	685	
	5090		Freestanding square w/legs, 72" high 13.5" sq.,										
	5100		175 watt metal halide	1 Elec	8	1	Ea.	485	25		510	570	
	5110		250 watt metal halide	"	8	1	"	505	25		530	595	

166 | Lighting

166 100	Lighting	CREW	DAILY OUTPUT	MAN-HOURS	UNIT	BARE COSTS				TOTAL INCL O&P
						MAT.	LABOR	EQUIP.	TOTAL	
5120	150 watt high pressure sodium	1 Elec	8	1	Ea.	540	25		565	630
5130	250 watt high pressure sodium		8	1		560	25		585	655
5140	72"H 18" sq., 400 watt metal halide		8	1		530	25		555	620
5150	250 watt high pressure sodium		8	1		560	25		585	655
5160	400 watt high pressure sodium		8	1		585	25		610	680
5190	Portable rectangle, 6" high 13.5" x 20"									
5200	175 watt metal halide	1 Elec	12	.667	Ea.	295	16.75		311.75	350
5210	250 watt metal halide		12	.667		320	16.75		336.75	375
5220	150 watt high pressure sodium		12	.667		340	16.75		356.75	400
5230	250 watt high pressure sodium		12	.667		365	16.75		381.75	425
5240	8" high 18" x 24", 400 watt metal halide		12	.667		370	16.75		386.75	430
5250	250 watt high pressure sodium		12	.667		380	16.75		396.75	445
5260	400 watt high pressure sodium		12	.667		405	16.75		421.75	470
5270	Portable square, 15" high 13.5" sq., 175 watt metal halide		12	.667		330	16.75		346.75	390
5280	250 watt metal halide		12	.667		380	16.75		396.75	445
5290	150 watt high pressure sodium		12	.667		365	16.75		381.75	425
5300	250 watt high pressure sodium		12	.667		390	16.75		406.75	455
5400	Pendent 16" round/square, 175 watt metal halide		3.20	2.500		360	63		423	490
5410	250 watt metal halide		2.70	2.960		375	75		450	525
5420	400 watt metal halide		2.40	3.330		405	84		489	570
5430	150 watt high pressure sodium		3.20	2.500		405	63		468	540
5440	250 watt high pressure sodium		2.70	2.960		435	75		510	590
5450	400 watt high pressure sodium		2.40	3.330		460	84		544	630
0010	**LAMPS**									
0080	Fluorescent, rapid start, cool white, 2' long, 20 watt	1 Elec	1	8	C	385	200		585	720
0100	4' long, 40 watt		.90	8.890		224	225		449	575
0120	3' long, 30 watt		.90	8.890		495	225		720	875
0150	U-40 watt		.80	10		874	250		1,124	1,325
0170	4' long, 35 watt energy saver		.90	8.890		305	225		530	665
0200	Slimline, 4' long, 40 watt		.90	8.890		700	225		925	1,100
0300	8' long, 75 watt		.80	10		625	250		875	1,050
0350	8' long, 60 watt energy saver		.80	10		680	250		930	1,125
0400	High output, 4' long, 60 watt		.90	8.890		795	225		1,020	1,200
0500	8' long, 110 watt		.80	10		820	250		1,070	1,275
0520	Very high output, 4' long, 110 watt		.90	8.890		1,455	225		1,680	1,925
0550	8' long, 215 watt		.70	11.430		1,395	285		1,680	1,950
0600	Mercury vapor, mogul base, deluxe white, 100 watt		.30	26.670		2,436	670		3,106	3,675
0650	175 watt		.30	26.670		1,820	670		2,490	3,000
0700	250 watt		.30	26.670		3,200	670		3,870	4,500
0800	400 watt		.30	26.670		2,570	670		3,240	3,825
0900	1000 watt		.20	40		5,780	1,000		6,780	7,850
1000	Metal halide, mogul base, 175 watt		.30	26.670		4,043	670		4,713	5,450
1100	250 watt		.30	26.670		4,850	670		5,520	6,325
1200	400 watt		.30	26.670		4,613	670		5,283	6,075
1300	1000 watt		.20	40		10,641	1,000		11,641	13,200
1320	1000 watt, 125,000 initial lumens		.20	40		10,668	1,000		11,668	13,200
1330	1500 watt		.20	40		10,839	1,000		11,839	13,400
1350	Sodium high pressure, 70 watt		.30	26.670		4,712	670		5,382	6,175
1360	100 watt		.30	26.670		4,871	670		5,541	6,350
1370	150 watt		.30	26.670		5,059	670		5,729	6,550
1380	250 watt		.30	26.670		5,380	670		6,050	6,900
1400	400 watt		.30	26.670		5,727	670		6,397	7,300
1450	1000 watt		.20	40		13,619	1,000		14,619	16,500
1500	Low pressure, 35 watt		.30	26.670		3,993	670		4,663	5,375
1550	55 watt		.30	26.670		4,402	670		5,072	5,825
1600	90 watt		.30	26.670		5,140	670		5,810	6,650
1650	135 watt		.20	40		6,905	1,000		7,905	9,075

166 | Lighting

	166 100	Lighting	CREW	DAILY OUTPUT	MAN-HOURS	UNIT	BARE COSTS MAT.	LABOR	EQUIP.	TOTAL	TOTAL INCL O&P	
140	1700	180 watt	1 Elec	.20	40	C	7,308	1,000		8,308	9,525	140
	1750	Quartz line, clear, 500 watt		1.10	7.270		1,985	185		2,170	2,450	
	1760	1500 watt		.20	40		3,630	1,000		4,630	5,475	
	1800	Incandescent, interior, A21, 100 watt		1.60	5		183	125		308	385	
	1900	A21, 150 watt		1.60	5		218	125		343	425	
	2000	A23, 200 watt		1.60	5		234	125		359	445	
	2200	PS 30, 300 watt		1.60	5		356	125		481	575	
	2210	PS 35, 500 watt		1.60	5		650	125		775	900	
	2230	PS 52, 1000 watt		1.30	6.150		1,632	155		1,787	2,025	
	2240	PS 52, 1500 watt		1.30	6.150		2,553	155		2,708	3,025	
	2300	R30, 75 watt		1.30	6.150		420	155		575	690	
	2400	R40, 150 watt		1.30	6.150		460	155		615	735	
	2500	Exterior, PAR 38, 75 watt		1.30	6.150		605	155		760	895	
	2600	PAR 38, 150 watt		1.30	6.150		580	155		735	865	
	2700	PAR 46, 200 watt		1.10	7.270		2,185	185		2,370	2,675	
	2800	PAR 56, 300 watt		1.10	7.270		2,480	185		2,665	3,000	
	3000	Guards, fluorescent lamp, 4' long		1	8		405	200		605	745	
	3200	8' long		.90	8.890		570	225		795	955	
145	0010	**RESIDENTIAL FIXTURES**										145
	0400	Fluorescent, interior, surface, circline, 32 watt & 40 watt	1 Elec	20	.400	Ea.	49	10.05		59.05	69	
	0500	2' x 2', two U 40 watt		8	1		68	25		93	110	
	0700	Shallow under cabinet, two 20 watt		16	.500		46	12.60		58.60	69	
	0900	Wall mounted, 4'L, one 40 watt, with baffle		10	.800		42	20		62	76	
	2000	Incandescent, exterior lantern, wall mounted, 60 watt		16	.500		37	12.60		49.60	59	
	2100	Post light, 150W, with 7' post		4	2		108	50		158	195	
	2500	Lamp holder, weatherproof with 150W PAR		16	.500		17	12.60		29.60	37	
	2550	With reflector and guard		12	.667		32	16.75		48.75	60	
	2600	Interior pendent, globe with shade, 150 watt		20	.400		80	10.05		90.05	105	
150	0010	**TRACK LIGHTING**										150
	0080	Track, 1 circuit, 4' section	1 Elec	6.70	1.190	Ea.	35	30		65	83	
	0100	8' section		5.30	1.510		52	38		90	115	
	0200	12' section		4.40	1.820		87	46		133	165	
	0300	3 circuits, 4' section		6.70	1.190		39	30		69	87	
	0400	8' section		5.30	1.510		52	38		90	115	
	0500	12' section		4.40	1.820		96	46		142	175	
	1000	Feed kit, surface mounting		16	.500		13	12.60		25.60	33	
	1100	End cover		24	.333		2.10	8.40		10.50	14.70	
	1200	Feed kit, stem mounting, 1 circuit		16	.500		17	12.60		29.60	37	
	1300	3 circuit		16	.500		17	12.60		29.60	37	
	2000	Electrical joiner for continuous runs, 1 circuit		32	.250		7.20	6.30		13.50	17.20	
	2100	3 circuit		32	.250		13	6.30		19.30	24	
	2200	Fixtures, spotlight, 150w PAR		16	.500		51	12.60		63.60	75	
	3000	Wall washer, 250 watt tungsten halogen		16	.500		110	12.60		122.60	140	
	3100	Low voltage, 25/50 watt, 1 circuit		16	.500		111	12.60		123.60	140	
	3120	3 circuit		16	.500		117	12.60		129.60	145	

167 | Electric Utilities

	167 100	Electric Utilities	CREW	DAILY OUTPUT	MAN-HOURS	UNIT	BARE COSTS MAT.	LABOR	EQUIP.	TOTAL	TOTAL INCL O&P	
110	0010	**ELECTRIC & TELEPHONE SITEWORK** Not including excavation,										110
	0200	backfill and cast in place concrete										

167 | Electric Utilities

167 100 | Electric Utilities

		CREW	DAILY OUTPUT	MAN-HOURS	UNIT	BARE COSTS MAT.	BARE COSTS LABOR	BARE COSTS EQUIP.	BARE COSTS TOTAL	TOTAL INCL O&P
0250	For bedding see div. 026									
0400	Hand holes, precast concrete with concrete cover									
0600	2' x 2' x 3' deep	R-3	2.40	8.330	Ea.	244	210	43	497	625
0800	3' x 3' x 3' deep		1.90	10.530		336	265	55	656	820
1000	4' x 4' x 4' deep	↓	1.40	14.290	↓	728	355	74	1,157	1,400
1200	Manholes, precast, with iron racks, pulling irons, C.I. frame									
1400	and cover, 4' x 6' x 7' deep	R-3	1.20	16.670	Ea.	1,300	415	87	1,802	2,150
1600	6' x 8' x 7' deep		1	20		1,580	500	105	2,185	2,600
1800	6' x 10' x 7' deep		.80	25		1,785	625	130	2,540	3,025
2000	Poles, wood, creosoted, see also division 166-115, 20' high		3.10	6.450		220	160	34	414	520
2400	25' high		2.90	6.900		275	170	36	481	595
2600	30' high		2.60	7.690		320	190	40	550	680
2800	35' high		2.40	8.330		410	210	43	663	805
3000	40' high		2.30	8.700		495	215	45	755	915
3200	45' high	↓	1.70	11.760	↓	525	295	61	881	1,075
3400	Cross arms with hardware & insulators									
3600	4' long	1 Elec	2.50	3.200	Ea.	80	80		160	205
3800	5' long		2.40	3.330		97	84		181	230
4000	6' long		2.20	3.640	↓	112	91		203	260
4200	Underground duct, banks ready for concrete fill, min. of 7"									
4400	between conduits, ctr. to ctr.(for wire & cable see div. 161)									
4580	PVC, type EB, 1 @ 2" diameter	1 Elec	240	.033	L.F.	.36	.84		1.20	1.63
4600	2 @ 2" diameter		120	.067		.72	1.68		2.40	3.27
4800	4 @ 2" diameter		60	.133		1.44	3.35		4.79	6.55
4900	1 @ 3" diameter		200	.040		.50	1.01		1.51	2.04
5000	2 @ 3" diameter		100	.080		1	2.01		3.01	4.07
5200	4 @ 3" diameter		50	.160		2	4.02		6.02	8.15
5300	1 @ 4" diameter		160	.050		.81	1.26		2.07	2.75
5400	2 @ 4" diameter		80	.100		1.62	2.52		4.14	5.50
5600	4 @ 4" diameter		40	.200		3.24	5.05		8.29	11
5800	6 @ 4" diameter		27	.296		4.86	7.45		12.31	16.35
5810	1 @ 5" diameter		130	.062		1.24	1.55		2.79	3.65
5820	2 @ 5" diameter		65	.123		2.48	3.10		5.58	7.30
5840	4 @ 5" diameter		35	.229		4.96	5.75		10.71	13.95
5860	6 @ 5" diameter		25	.320		7.44	8.05		15.49	20
5870	1 @ 6" diameter		100	.080		1.71	2.01		3.72	4.85
5880	2 @ 6" diameter		50	.160		3.42	4.02		7.44	9.70
5900	4 @ 6" diameter		25	.320		6.84	8.05		14.89	19.40
5920	6 @ 6" diameter		15	.533		10.26	13.40		23.66	31
6200	Rigid galvanized steel, 2 @ 2" diameter		90	.089		7.10	2.24		9.34	11.10
6400	4 @ 2" diameter		45	.178		14.20	4.47		18.67	22
6800	2 @ 3" diameter		50	.160		14.10	4.02		18.12	21
7000	4 @ 3" diameter		25	.320		28.20	8.05		36.25	43
7200	2 @ 4" diameter		35	.229		20.80	5.75		26.55	31
7400	4 @ 4" diameter		17	.471		41.60	11.85		53.45	63
7600	6 @ 4" diameter		11	.727		62.40	18.30		80.70	96
7620	2 @ 5" diameter		30	.267		43.70	6.70		50.40	58
7640	4 @ 5" diameter		15	.533		87.40	13.40		100.80	115
7660	6 @ 5" diameter		9	.889		131.10	22		153.10	175
7680	2 @ 6" diameter		20	.400		61.20	10.05		71.25	82
7700	4 @ 6" diameter		10	.800		122.40	20		142.40	165
7720	6 @ 6" diameter	↓	7	1.140	↓	183.60	29		212.60	245
7800	For Cast-in-place Concrete - Add									
7810	Under 1 c.y.	C-6	16	3	C.Y.	78	56	3.88	137.88	175
7820	1 c.y. - 5 c.y.		19.20	2.500		76	46	3.23	125.23	160
7830	Over 5 c.y.		24	2		74	37	2.58	113.58	140
7850	For Reinforcing Rods - Add									
7860	#4 to #7	2 Rodm	7	2.290	Ton	.520	55		575	665

167 | Electric Utilities

167 100 | Electric Utilities

			CREW	DAILY OUTPUT	MAN-HOURS	UNIT	BARE COSTS MAT.	LABOR	EQUIP.	TOTAL	TOTAL INCL O&P	
110	7870	#8 to #14	2 Rodm	4	4	Ton	510	96		606	720	110
	8000	Fittings, PVC type EB, elbow, 2" diameter	1 Elec	16	.500	Ea.	4.25	12.60		16.85	23	
	8200	3" diameter		14	.571		8.60	14.35		22.95	31	
	8400	4" diameter		12	.667		13.80	16.75		30.55	40	
	8420	5" diameter		10	.800		21	20		41	53	
	8440	6" diameter		9	.889		35	22		57	72	
	8500	Coupling, 2" diameter					1.03			1.03	1.13	
	8600	3" diameter					1.25			1.25	1.38	
	8700	4" diameter					1.65			1.65	1.82	
	8720	5" diameter					3.60			3.60	3.96	
	8740	6" diameter					5.50			5.50	6.05	
	8800	Adapter, 2" diameter	1 Elec	26	.308		1.22	7.75		8.97	12.75	
	9000	3" diameter		20	.400		3.40	10.05		13.45	18.60	
	9200	4" diameter		16	.500		5	12.60		17.60	24	
	9220	5" diameter		13	.615		12.75	15.50		28.25	37	
	9240	6" diameter		10	.800		14.60	20		34.60	46	
	9400	End bell, 2" diameter		16	.500		2.75	12.60		15.35	22	
	9600	3" diameter		14	.571		3.30	14.35		17.65	25	
	9800	4" diameter		12	.667		3.85	16.75		20.60	29	
	9810	5" diameter		10	.800		5.85	20		25.85	36	
	9820	6" diameter		8	1		6.40	25		31.40	44	
	9830	5° angle coupling, 2" diameter		26	.308		1.45	7.75		9.20	13	
	9840	3" diameter		20	.400		1.95	10.05		12	17	
	9850	4" diameter		16	.500		2.80	12.60		15.40	22	
	9860	5" diameter		13	.615		3.75	15.50		19.25	27	
	9870	6" diameter		10	.800		5.60	20		25.60	36	
	9880	Expansion joint, 2" diameter		16	.500		12.25	12.60		24.85	32	
	9890	3" diameter		18	.444		16.50	11.20		27.70	35	
	9900	4" diameter		12	.667		31	16.75		47.75	59	
	9910	5" diameter		10	.800		46	20		66	80	
	9920	6" diameter		8	1		62	25		87	105	
	9930	Heat bender, 2" diameter					290			290	320	
	9940	6" diameter					835			835	920	
	9950	Cement, quart					8			8	8.80	
120	0010	**FIBRE DUCT**										120
	0080	Type 1, 2" diameter	1 Elec	200	.040	L.F.	.77	1.01		1.78	2.33	
	0100	3" diameter		160	.050		1.05	1.26		2.31	3.01	
	0200	4" diameter		110	.073		1.15	1.83		2.98	3.97	
	0220	5" diameter		100	.080		2.31	2.01		4.32	5.50	
	0240	6" diameter		80	.100		3.42	2.52		5.94	7.50	
	0300	Fittings elbow, 2" diameter		12	.667	Ea.	13	16.75		29.75	39	
	0400	3" diameter		12	.667		13.95	16.75		30.70	40	
	0600	4" diameter		10	.800		18.40	20		38.40	50	
	0620	5" diameter		9	.889		29	22		51	65	
	0640	6" diameter		8	1		32	25		57	72	
	0800	Coupling, 2" diameter					1.16			1.16	1.28	
	1000	3" diameter					1.32			1.32	1.45	
	1200	4" diameter					1.47			1.47	1.62	
	1220	5" diameter					2.14			2.14	2.35	
	1240	6" diameter					2.90			2.90	3.19	
	1300	Adapter, 2" diameter	1 Elec	26	.308		2.65	7.75		10.40	14.35	
	1400	3" diameter		20	.400		2.98	10.05		13.03	18.15	
	1500	4" diameter		16	.500		3.46	12.60		16.06	22	
	1520	5" diameter		13	.615		5.35	15.50		20.85	29	
	1540	6" diameter		10	.800		6.90	20		26.90	37	
	1600	End bell, 2" diameter		13	.615		2.76	15.50		18.26	26	
	1800	3" diameter		11	.727		3.03	18.30		21.33	30	
	1900	4" diameter		10	.800		3.57	20		23.57	34	

167 | Electric Utilities

167 100	Electric Utilities	CREW	DAILY OUTPUT	MAN-HOURS	UNIT	BARE COSTS MAT.	LABOR	EQUIP.	TOTAL	TOTAL INCL O&P	
1920	5" diameter	1 Elec	9	.889	Ea.	5.15	22		27.15	39	120
1940	6" diameter		7.50	1.070		6.75	27		33.75	47	
2000	Bends, 5°, 2" diameter		26	.308		1.55	7.75		9.30	13.15	
2200	3" diameter		20	.400		2.04	10.05		12.09	17.10	
2400	4" diameter		16	.500		3.03	12.60		15.63	22	
2420	5" diameter		13	.615		4.36	15.50		19.86	28	
2440	6" diameter		10	.800		6.45	20		26.45	37	
2500	Expansion joint, 2" diameter		13	.615		9.50	15.50		25	33	
2550	3" diameter		11	.727		10.05	18.30		28.35	38	
2600	4" diameter		10	.800		10.85	20		30.85	42	
2650	5" diameter		9	.889		12.70	22		34.70	47	
2700	6" diameter		7.50	1.070		13.90	27		40.90	55	
2800	Bends, flexible 2" diameter		12	.667		11.80	16.75		28.55	38	
2850	3" diameter		12	.667		15.35	16.75		32.10	42	
2900	4" diameter		10	.800		21.15	20		41.15	53	
2950	5" diameter		9	.889		30	22		52	66	
3000	Plastic spacers, 3" diameter		100	.080		.50	2.01		2.51	3.52	
3050	3-½" diameter		100	.080		.57	2.01		2.58	3.60	
3100	4" diameter		100	.080		.57	2.01		2.58	3.60	
0010	**TEMPORARY POWER EQUIP (PRO-RATED PER JOB)**										130
0020	Service, overhead feed, 3 use										
0030	100 Amp	1 Elec	1.25	6.400	Ea.	445	160		605	725	
0040	200 Amp		1	8		570	200		770	925	
0050	400 Amp		.75	10.670		1,135	270		1,405	1,650	
0060	600 Amp		.50	16		1,380	400		1,780	2,100	
0100	Service, underground feed, 3 use										
0110	100 Amp	1 Elec	2	4	Ea.	415	100		515	605	
0120	200 Amp		1.15	6.960		545	175		720	860	
0130	400 Amp		1	8		1,055	200		1,255	1,450	
0140	600 Amp		.75	10.670		1,200	270		1,470	1,725	
0150	800 Amp		.50	16		2,050	400		2,450	2,850	
0160	1000 Amp		.35	22.860		2,160	575		2,735	3,225	
0170	1200 Amp		.25	32		2,350	805		3,155	3,775	
0180	2000 Amp		.20	40		3,060	1,000		4,060	4,850	
0200	Transformers, 3 use										
0210	30 KVA	1 Elec	1	8	Ea.	330	200		530	660	
0220	45 KVA		.75	10.670		435	270		705	875	
0230	75 KVA		.50	16		660	400		1,060	1,325	
0240	112.5 KVA		.40	20		875	505		1,380	1,700	
0250	Feeder, PVC, CU wire										
0260	60 Amp w/trench	1 Elec	96	.083	L.F.	3.07	2.10		5.17	6.45	
0270	100 Amp w/trench		85	.094		4.12	2.37		6.49	8.05	
0280	200 Amp w/trench		59	.136		8.65	3.41		12.06	14.55	
0290	400 Amp w/trench		42	.190		18.25	4.79		23.04	27	
0300	Feeder, PVC, aluminum wire										
0310	60 Amp w/trench	1 Elec	96	.083	L.F.	2.81	2.10		4.91	6.20	
0320	100 Amp w/trench		85	.094		3.24	2.37		5.61	7.05	
0330	200 Amp w/trench		59	.136		6.90	3.41		10.31	12.65	
0340	400 Amp w/trench		42	.190		11.90	4.79		16.69	20	
0350	Feeder, EMT, CU wire										
0360	60 Amp	1 Elec	90	.089	L.F.	2.87	2.24		5.11	6.45	
0370	100 Amp		80	.100		5.40	2.52		7.92	9.65	
0380	200 Amp		60	.133		10.30	3.35		13.65	16.30	
0390	400 Amp		35	.229		13.65	5.75		19.40	24	
0400	Feeder, EMT, Al wire										
0410	60 Amp	1 Elec	90	.089	L.F.	2.29	2.24		4.53	5.80	
0420	100 Amp	"	80	.100	"	4.60	2.52		7.12	8.75	

167 | Electric Utilities

167 100 | Electric Utilities

			CREW	DAILY OUTPUT	MAN-HOURS	UNIT	BARE COSTS MAT.	LABOR	EQUIP.	TOTAL	TOTAL INCL O&P	
130	0430	200 Amp	1 Elec	60	.133	L.F.	8.70	3.35		12.05	14.50	130
	0440	400 Amp	"	35	.229	"	11.85	5.75		17.60	22	
	0500	Equipment, 3 use										
	0510	Spider box 50 Amp	1 Elec	8	1	Ea.	122	25		147	170	
	0520	Lighting cord 100'		8	1		26	25		51	66	
	0530	Light stanchion	↓	8	1	↓	53	25		78	95	
	0540	Temporary cords, 100', 3 use										
	0550	Feeder cord, 50 Amp	1 Elec	16	.500	Ea.	116	12.60		128.60	145	
	0560	Feeder cord, 100 Amp		12	.667		340	16.75		356.75	400	
	0570	Tap cord, 50 Amp		12	.667		325	16.75		341.75	380	
	0580	Tap cord, 100 Amp	↓	6	1.330	↓	465	34		499	560	
	0590	Temporary cords, 50', 3 use										
	0600	Feeder cord, 50 Amp	1 Elec	16	.500	Ea.	68	12.60		80.60	93	
	0610	Feeder cord, 100 Amp		12	.667		170	16.75		186.75	210	
	0620	Tap cord, 50 Amp		12	.667		146	16.75		162.75	185	
	0630	Tap cord, 100 Amp	↓	6	1.330	↓	240	34		274	315	
	0700	Connections										
	0710	Compressor or pump										
	0720	30 Amp	1 Elec	7	1.140	Ea.	13.25	29		42.25	57	
	0730	60 Amp		5.30	1.510		30.50	38		68.50	90	
	0740	100 Amp	↓	4	2	↓	39.90	50		89.90	120	
	0750	Tower crane										
	0760	60 Amp	1 Elec	4.50	1.780	Ea.	30.50	45		75.50	100	
	0770	100 Amp	"	3	2.670	"	39.90	67		106.90	145	
	0780	Manlift										
	0790	Single	1 Elec	3	2.670	Ea.	30.50	67		97.50	135	
	0800	Double	"	2	4	"	39.90	100		139.90	190	
	0810	Welder										
	0820	50 Amp w/disconnect	1 Elec	5	1.600	Ea.	183	40		223	260	
	0830	100 Amp w/disconnect		3.80	2.110		280	53		333	385	
	0840	200 Amp w/disconnect		2.50	3.200		445	80		525	610	
	0850	400 Amp w/disconnect	↓	1	8	↓	1,440	200		1,640	1,875	
	0860	Office trailer										
	0870	60 Amp	1 Elec	4.50	1.780	Ea.	60	45		105	130	
	0880	100 Amp		3	2.670		80	67		147	185	
	0890	200 Amp	↓	2	4	↓	350	100		450	535	
	0900	Lamping, add per floor				Total				525		
	0910	Maintenance, total temp. power cost				Job				5%		

168 | Special Systems

168 100 | Special Systems

			CREW	DAILY OUTPUT	MAN-HOURS	UNIT	BARE COSTS MAT.	LABOR	EQUIP.	TOTAL	TOTAL INCL O&P	
105	0010	**CLOCKS**										105
	0080	12" diameter, single face	1 Elec	8	1	Ea.	54	25		79	97	
	0100	Double face	"	6.20	1.290	"	113	32		145	170	
110	0010	**CLOCK SYSTEMS**										110
	0100	Time system components, master controller	1 Elec	.33	24.240	Ea.	1,273	610		1,883	2,300	
	0200	Program bell		8	1		42	25		67	83	
	0400	Combination clock & speaker		3.20	2.500		147	63		210	255	
	0600	Frequency generator		2	4		4,995	100		5,095	5,650	
	0800	Job time automatic stamp recorder, minimum	↓	4	2	↓	348	50		398	455	

168 | Special Systems

168 100 | Special Systems

			CREW	DAILY OUTPUT	MAN-HOURS	UNIT	BARE COSTS MAT.	LABOR	EQUIP.	TOTAL	TOTAL INCL O&P	
110	1000	Maximum	1 Elec	4	2	Ea.	530	50		580	655	110
	1200	Time stamp for correspondence, hand operated					262			262	290	
	1400	Fully automatic					385			385	425	
	1600	Master time clock system, clocks & bells, 20 room	4 Elec	.20	160		3,182	4,025		7,207	9,450	
	1800	50 room	"	.08	400		7,320	10,100		17,420	22,900	
	2000	Time clock, 100 cards in & out, 1 color	1 Elec	3.20	2.500		750	63		813	920	
	2200	2 colors		3.20	2.500		795	63		858	965	
	2400	With 3 circuit program device, minimum		2	4		294	100		394	470	
	2600	Maximum		2	4		424	100		524	615	
	2800	Metal rack for 25 cards		7	1.140		46	29		75	93	
	3000	Watchman's tour station		8	1		49	25		74	91	
	3200	Annunciator with zone indication		1	8		179	200		379	495	
	3400	Time clock with tape		1	8		477	200		677	820	
112	0010	**CLOCK AND PROGRAM SYSTEMS** For electronic scoreboards										112
	0100	See division 114-805										
115	0010	**DOCTORS IN-OUT REGISTER**										115
	0050	Register, 200 names	4 Elec	.64	50	Ea.	7,365	1,250		8,615	9,950	
	0100	Combination control and recall, 200 names	"	.64	50		9,630	1,250		10,880	12,500	
	0200	Recording register	1 Elec	.50	16		3,734	400		4,134	4,700	
	0300	Transformers	"	4	2		124	50		174	210	
	0400	Pocket pages					650			650	715	
120	0010	**DETECTION SYSTEMS**										120
	0100	Burglar alarm, battery operated, mechanical trigger	1 Elec	4	2	Ea.	190	50		240	285	
	0200	Electrical trigger		4	2		229	50		279	325	
	0400	For outside key control, add		8	1		54	25		79	97	
	0600	For remote signaling circuitry, add		8	1		85	25		110	130	
	0800	Card reader, flush type, standard		2.70	2.960		643	75		718	815	
	1000	Multi-code		2.70	2.960		824	75		899	1,025	
	1200	Door switches, hinge switch		5.30	1.510		41	38		79	100	
	1400	Magnetic switch		5.30	1.510		48	38		86	110	
	1600	Exit control locks, horn alarm		4	2		237	50		287	335	
	1800	Flashing light alarm		4	2		268	50		318	370	
	2000	Indicating panels, 1 channel		2.70	2.960		252	75		327	385	
	2200	10 channel		1.60	5		865	125		990	1,125	
	2400	20 channel		1	8		1,674	200		1,874	2,150	
	2600	40 channel		.57	14.040		3,090	355		3,445	3,925	
	2800	Ultrasonic motion detector, 12 volt		2.30	3.480		159	87		246	305	
	3000	Infrared photoelectric detector		2.30	3.480		128	87		215	270	
	3200	Passive infrared detector		2.30	3.480		195	87		282	345	
	3400	Glass break alarm switch		8	1		32	25		57	72	
	3420	Switchmats, 30" x 5'		5.30	1.510		58	38		96	120	
	3440	25'		4	2		138	50		188	225	
	3460	Police connect panel		4	2		170	50		220	260	
	3480	Telephone dialer		5.30	1.510		263	38		301	345	
	3500	Alarm bell		4	2		53	50		103	135	
	3520	Siren		4	2		100	50		150	185	
	3540	Microwave detector, 10' to 200'		2	4		460	100		560	655	
	3560	10' to 350'		2	4		1,326	100		1,426	1,600	
	3600	Fire, sprinkler & standpipe alarm, control panel, 4 zone		2	4		700	100		800	920	
	3800	8 zone		1	8		975	200		1,175	1,375	
	4000	12 zone		.66	12.120		1,400	305		1,705	2,000	
	4020	Alarm device		8	1		93	25		118	140	
	4050	Actuating device		8	1		225	25		250	285	
	4200	Battery and rack		4	2		530	50		580	655	
	4400	Automatic charger		8	1		.340	25		365	410	
	4600	Signal bell		8	1		38	25		63	79	
	4800	Trouble buzzer or manual station		8	1		28	25		53	68	

168 | Special Systems

168 100 | Special Systems

			CREW	DAILY OUTPUT	MAN-HOURS	UNIT	MAT.	LABOR	EQUIP.	TOTAL	TOTAL INCL O&P	
120	5000	Detector, rate of rise	1 Elec	8	1	Ea.	26	25		51	66	120
	5100	Fixed temperature		8	1		21	25		46	60	
	5200	Smoke detector, ceiling type		6.20	1.290		49	32		81	100	
	5400	Duct type		3.20	2.500		197	63		260	310	
	5600	Light and horn		5.30	1.510		81	38		119	145	
	5800	Fire alarm horn		6.70	1.190		28	30		58	75	
	6000	Door holder, electro-magnetic		4	2		59	50		109	140	
	6200	Combination holder and closer		3.20	2.500		330	63		393	455	
	6400	Code transmitter		4	2		530	50		580	655	
	6600	Drill switch		8	1		66	25		91	110	
	6800	Master box		2.70	2.960		1,600	75		1,675	1,875	
	7000	Break glass station		8	1		38	25		63	79	
	7800	Remote annunciator, 8 zone lamp		1.80	4.440		188	110		298	370	
	8000	12 zone lamp		1.30	6.150		234	155		389	485	
	8200	16 zone lamp		1.10	7.270		287	185		472	585	
125	0010	**DOORBELL SYSTEM** Incl. transformer, button & signal										125
	0100	6" bell	1 Elec	4	2	Ea.	44	50		94	125	
	0200	Buzzer		4	2		43	50		93	120	
	1000	Door chimes, 2 notes, minimum		16	.500		21	12.60		33.60	42	
	1020	Maximum		12	.667		88	16.75		104.75	120	
	1100	Tube type, 3 tube system		12	.667		72	16.75		88.75	105	
	1180	4 tube system		10	.800		175	20		195	220	
	1900	For transformer & button, minimum add		5	1.600		21	40		61	83	
	1960	Maximum, add		4.50	1.780		45	45		90	115	
	3000	For push button only, minimum		24	.333		7.80	8.40		16.20	21	
	3100	Maximum		20	.400		19	10.05		29.05	36	
	3200	Bell transformer		16	.500		12.50	12.60		25.10	32	
130	0010	**ELECTRIC HEATING**										130
	0200	Snow melting for paved surface embedded mat heaters & controls	1 Elec	130	.062	S.F.	4.68	1.55		6.23	7.45	
	0400	Cable heating, radiant heat plaster, no controls, in South		130	.062		5.67	1.55		7.22	8.50	
	0600	In North		90	.089		5.67	2.24		7.91	9.55	
	0800	Cable on ½" board, not incl. controls, tract housing		90	.089		4.68	2.24		6.92	8.45	
	1000	Custom housing		80	.100		5.35	2.52		7.87	9.60	
	1100	Rule of thumb: Baseboard units, including control		4.40	1.820	KW	58.50	46		104.50	130	
	1200	Duct heaters, including controls		5.30	1.510	"	47.90	38		85.90	110	
	1300	Baseboard heaters, 2' long, 375 watt		8	1	Ea.	29.70	25		54.70	70	
	1400	3' long, 500 watt		8	1		37	25		62	78	
	1600	4' long, 750 watt		6.70	1.190		45.63	30		75.63	95	
	1800	5' long, 935 watt		5.70	1.400		60.77	35		95.77	120	
	2000	6' long, 1125 watt		5	1.600		67.98	40		107.98	135	
	2200	7' long, 1310 watt		4.40	1.820		83.40	46		129.40	160	
	2400	8' long, 1500 watt		4	2		90.64	50		140.64	175	
	2600	9' long, 1680 watt		3.60	2.220		103	56		159	195	
	2800	10' long, 1875 watt		3.30	2.420		103	61		164	205	
	2950	Wall heaters with fan, 120 to 277 volt										
	2970	surface mounted, residential, 750 watt	1 Elec	7	1.140	Ea.	50	29		79	97	
	2980	1000 watt		7	1.140		64	29		93	115	
	2990	1250 watt		6	1.330		77	34		111	135	
	3000	1500 watt		5	1.600		82	40		122	150	
	3010	2000 watt		5	1.600		86	40		126	155	
	3040	2250 watt		4	2		129	50		179	215	
	3050	2500 watt		4	2		143	50		193	230	
	3070	4000 watt		3.50	2.290		148	57		205	250	
	3080	Commercial, 750 watt		7	1.140		92	29		121	145	
	3090	1000 watt		7	1.140		99	29		128	150	
	3100	1250 watt		6	1.330		103	34		137	165	
	3110	1500 watt		5	1.600		143	40		183	215	

168 | Special Systems

168 100 | Special Systems

		CREW	DAILY OUTPUT	MAN-HOURS	UNIT	BARE COSTS MAT.	LABOR	EQUIP.	TOTAL	TOTAL INCL O&P
3120	2000 watt	1 Elec	5	1.600	Ea.	143	40		183	215
3130	2500 watt		4.50	1.780		153	45		198	235
3140	3000 watt		4	2		187	50		237	280
3150	4000 watt		3.50	2.290		198	57		255	305
3160	Recessed, residential, 750 watt		6	1.330		64	34		98	120
3170	1000 watt		6	1.330		72	34		106	130
3180	1250 watt		5	1.600		103	40		143	175
3190	1500 watt		4	2		103	50		153	190
3210	2000 watt		4	2		107	50		157	190
3230	2500 watt		3.50	2.290		131	57		188	230
3240	3000 watt		3	2.670		138	67		205	250
3250	4000 watt		2.70	2.960		143	75		218	265
3260	Commercial, 750 watt		6	1.330		83	34		117	140
3270	1000 watt		6	1.330		87	34		121	145
3280	1250 watt		5	1.600		103	40		143	175
3290	1500 watt		4	2		108	50		158	195
3300	2000 watt		4	2		121	50		171	205
3310	2500 watt		3.50	2.290		132	57		189	230
3320	3000 watt		3	2.670		149	67		216	265
3330	4000 watt		2.70	2.960		154	75		229	280
3600	Thermostats, integral		16	.500		23	12.60		35.60	44
3800	Line voltage, 1 pole		8	1		23	25		48	62
3810	2 pole		8	1		23	25		48	62
3820	Low voltage, 1 pole		8	1		19	25		44	58
4000	Heat trace system, 400 degree									
4020	115V, 2.5 watts per L.F.	1 Elec	530	.015	L.F.	4.17	.38		4.55	5.15
4030	5 watts per L.F.		530	.015		4.17	.38		4.55	5.15
4050	10 watts per L.F.		530	.015		4.17	.38		4.55	5.15
4060	220V, 4 watts per L.F.		530	.015		4.17	.38		4.55	5.15
4080	480V, 8 watts per L.F.		530	.015		4.17	.38		4.55	5.15
4200	Heater raceway									
4220	5/8"w x 3/8" H	1 Elec	200	.040	L.F.	2.68	1.01		3.69	4.43
4240	5/8"w x 1/2" H	"	190	.042	"	3.75	1.06		4.81	5.70
4260	Heat transfer cement									
4280	1 gallon				Ea.	36			36	40
4300	5 gallon				"	145			145	160
4320	Snap band, clamp									
4340	3/4" pipe size	1 Elec	470	.017	Ea.		.43		.43	.63
4360	1" pipe size		444	.018			.45		.45	.67
4380	1-1/4" pipe size		400	.020			.50		.50	.74
4400	1-1/2" pipe size		355	.023			.57		.57	.84
4420	2" pipe size		320	.025			.63		.63	.93
4440	3" pipe size		160	.050			1.26		1.26	1.86
4460	4" pipe size		100	.080			2.01		2.01	2.97
4480	Single pole thermostat NEMA 4, 30 amp		8	1		135	25		160	185
4500	NEMA 7, 30 amp		7	1.140		140	29		169	195
4520	Double pole, NEMA 4, 30 amp		7	1.140		232	29		261	300
4540	NEMA 7, 30 amp		6	1.330		278	34		312	355
4560	Thermostat/contactor combination, NEMA 4									
4580	30 amp 4 pole	1 Elec	3.60	2.220	Ea.	408	56		464	530
4600	50 amp 4 pole		3	2.670		413	67		480	555
4620	75 amp 3 pole		2.50	3.200		489	80		569	655
4640	75 amp 4 pole		2.30	3.480		846	87		933	1,050
4680	Control transformer, 50 VA		4	2		57	50		107	135
4700	75 VA		3.10	2.580		62	65		127	165
4720	Expediter fitting		11	.727		14	18.30		32.30	42
5000	Radiant heating ceiling panels, 2' x 4', 500 watt		16	.500		111	12.60		123.60	140
5050	750 watt		16	.500		124	12.60		136.60	155

168 | Special Systems

168 100 | Special Systems

			CREW	DAILY OUTPUT	MAN-HOURS	UNIT	BARE COSTS MAT.	LABOR	EQUIP.	TOTAL	TOTAL INCL O&P	
130	5200	For recessed plaster frame, add	1 Elec	32	.250	Ea.	22	6.30		28.30	33	130
	5300	Infra-red quartz heaters, 120 volts, 1000 watts		6.70	1.190		76	30		106	130	
	5350	1500 watt		5	1.600		76	40		116	145	
	5400	240 volts, 1500 watt		5	1.600		76	40		116	145	
	5450	2000 watt		4	2		76	50		126	160	
	5500	3000 watt		3	2.670		109	67		176	220	
	5550	4000 watt		2.60	3.080		109	77		186	235	
	5570	Modulating control		.80	10		47	250		297	425	
	5600	Unit heaters, heavy duty, with fan & mounting bracket										
	5650	Single phase, 208-240-277 volt, 3 KW	1 Elec	3.20	2.500	Ea.	176	63		239	285	
	5700	4 KW		2.80	2.860		186	72		258	310	
	5750	5 KW		2.40	3.330		186	84		270	330	
	5800	7 KW		1.90	4.210		279	105		384	465	
	5850	10 KW		1.30	6.150		321	155		476	580	
	5900	13 KW		1	8		416	200		616	755	
	5950	15 KW		.90	8.890		480	225		705	860	
	6000	480 volt, 3KW		3.30	2.420		255	61		316	370	
	6020	4 KW		3	2.670		272	67		339	400	
	6040	5 KW		2.60	3.080		291	77		368	435	
	6060	7 KW		2	4		375	100		475	560	
	6080	10 KW		1.40	5.710		457	145		602	715	
	6100	13 KW		1.10	7.270		470	185		655	785	
	6120	15 KW		1	8		595	200		795	950	
	6140	20 KW		.90	8.890		797	225		1,022	1,200	
	6300	3 phase, 208-240 volt, 5 KW		2.40	3.330		209	84		293	355	
	6320	7 KW		1.90	4.210		293	105		398	480	
	6340	10 KW		1.30	6.150		357	155		512	620	
	6360	15 KW		.90	8.890		530	225		755	915	
	6380	20 KW		.70	11.430		769	285		1,054	1,275	
	6400	25 KW		.50	16		863	400		1,263	1,550	
	6500	480 volt, 5 KW		2.60	3.080		300	77		377	445	
	6520	7 KW		2	4		362	100		462	545	
	6540	10 KW		1.40	5.710		436	145		581	690	
	6560	13 KW		1.10	7.270		468	185		653	785	
	6580	15 KW		1	8		578	200		778	935	
	6600	20 KW		.90	8.890		786	225		1,011	1,200	
	6620	25 KW		.60	13.330		878	335		1,213	1,450	
	6630	30 KW		.70	11.430		973	285		1,258	1,500	
	6640	40 KW		.60	13.330		1,380	335		1,715	2,025	
	6650	50 KW		.50	16		1,673	400		2,073	2,425	
	6800	Vertical discharge heaters, with fan										
	6820	Single phase, 208-240-277 volt, 10 KW	1 Elec	1.30	6.150	Ea.	493	155		648	770	
	6840	15 KW		.90	8.890		666	225		891	1,075	
	6900	3 phase, 208-240 volt, 10 KW		1.30	6.150		493	155		648	770	
	6920	15 KW		.90	8.890		594	225		819	985	
	6940	20 KW		.70	11.430		855	285		1,140	1,375	
	6960	25 KW		.50	16		906	400		1,306	1,600	
	6980	30 KW		.40	20		1,060	505		1,565	1,900	
	7000	40 KW		.36	22.220		1,246	560		1,806	2,200	
	7020	50 KW		.32	25		1,458	630		2,088	2,525	
	7100	480 volt, 10 KW		1.40	5.710		593	145		738	865	
	7120	15 KW		1	8		683	200		883	1,050	
	7140	20 KW		.90	8.890		859	225		1,084	1,275	
	7160	25 KW		.60	13.330		980	335		1,315	1,575	
	7180	30 KW		.50	16		1,133	400		1,533	1,850	
	7200	40 KW		.40	20		1,339	505		1,844	2,225	
	7220	50 KW		.35	22.860		1,539	575		2,114	2,550	
	7410	Sill height convector heaters, 5" high x 2' long, 500 watt		6.70	1.190		160	30		190	220	

168 | Special Systems

168 100 | Special Systems

		CREW	DAILY OUTPUT	MAN-HOURS	UNIT	BARE COSTS MAT.	LABOR	EQUIP.	TOTAL	TOTAL INCL O&P	
7420	3' long, 750 watt	1 Elec	6.50	1.230	Ea.	171	31		202	235	130
7430	4' long, 1000 watt		6.20	1.290		214	32		246	285	
7440	5' long, 1250 watt		5.50	1.450		230	37		267	305	
7450	6' long, 1500 watt		4.80	1.670		251	42		293	340	
7460	8' long, 2000 watt		3.60	2.220		318	56		374	430	
7470	10' long, 2500 watt		3	2.670		473	67		540	620	
7900	Cabinet convector heaters, 240 volt										
7920	2' long, 1000 watt	1 Elec	5.30	1.510	Ea.	257	38		295	340	
7940	1500 watt		5.30	1.510		278	38		316	360	
7960	2000 watt		5.30	1.510		309	38		347	395	
7980	3' long, 1500 watt		4.60	1.740		298	44		342	390	
8000	2250 watt		4.60	1.740		329	44		373	425	
8020	3000 watt		4.60	1.740		381	44		425	485	
8040	4' long, 2000 watt		4	2		368	50		418	480	
8060	3000 watt		4	2		389	50		439	500	
8080	4000 watt		4	2		484	50		534	605	
8100	Available also in 208 or 277 volt										
8200	Cabinet unit heaters, 120 to 277 volt, 1 pole,										
8220	wall mounted, 2000 watt	1 Elec	4.60	1.740	Ea.	811	44		855	955	
8230	3000 watt		4.60	1.740		832	44		876	980	
8240	4000 watt		4.40	1.820		879	46		925	1,025	
8250	5000 watt		4.40	1.820		905	46		951	1,075	
8260	6000 watt		4.20	1.900		931	48		979	1,100	
8270	8000 watt		4	2		946	50		996	1,125	
8280	10,000 watt		3.80	2.110		967	53		1,020	1,150	
8290	12,000 watt		3.50	2.290		1,144	57		1,201	1,350	
8300	13,500 watt		2.90	2.760		1,280	69		1,349	1,500	
8310	16,000 watt		2.70	2.960		1,451	75		1,526	1,700	
8320	20,000 watt		2.30	3.480		1,482	87		1,569	1,750	
8330	24,000 watt		1.90	4.210		1,560	105		1,665	1,875	
8350	Recessed, 2000 watt		4.40	1.820		868	46		914	1,025	
8370	3000 watt		4.40	1.820		900	46		946	1,050	
8380	4000 watt		4.20	1.900		946	48		994	1,100	
8390	5000 watt		4.20	1.900		978	48		1,026	1,150	
8400	6000 watt		4	2		1,004	50		1,054	1,175	
8410	8000 watt		3.80	2.110		1,019	53		1,072	1,200	
8420	10,000 watt		3.50	2.290		1,050	57		1,107	1,250	
8430	12,000 watt		2.90	2.760		1,232	69		1,301	1,450	
8440	13,500 watt		2.70	2.960		1,336	75		1,411	1,575	
8450	16,000 watt		2.30	3.480		1,440	87		1,527	1,725	
8460	20,000 watt		1.90	4.210		1,485	105		1,590	1,800	
8470	24,000 watt		1.60	5		1,545	125		1,670	1,875	
8490	Ceiling mounted, 2000 watt		3.20	2.500		811	63		874	985	
8510	3000 watt		3.20	2.500		837	63		900	1,025	
8520	4000 watt		3	2.670		879	67		946	1,075	
8530	5000 watt		3	2.670		900	67		967	1,100	
8540	6000 watt		2.80	2.860		936	72		1,008	1,125	
8550	8000 watt		2.40	3.330		946	84		1,030	1,175	
8560	10,000 watt		2.20	3.640		978	91		1,069	1,200	
8570	12,000 watt		2	4		1,154	100		1,254	1,425	
8580	13,500 watt		1.50	5.330		1,265	135		1,400	1,600	
8590	16,000 watt		1.30	6.150		1,275	155		1,430	1,625	
8600	20,000 watt		.90	8.890		1,380	225		1,605	1,850	
8610	24,000 watt		.60	13.330		1,435	335		1,770	2,075	
8630	208 to 480 volt, 3 pole										
8650	Wall mounted, 2000 watt	1 Elec	4.60	1.740	Ea.	795	44		839	940	
8670	3000 watt		4.60	1.740		822	44		866	970	
8680	4000 watt		4.40	1.820		879	46		925	1,025	

168 | Special Systems

168 100 | Special Systems

			CREW	DAILY OUTPUT	MAN-HOURS	UNIT	MAT.	LABOR	EQUIP.	TOTAL	TOTAL INCL O&P	
130	8690	5000 watt	1 Elec	4.40	1.820	Ea.	915	46		961	1,075	130
	8700	6000 watt		4.20	1.900		936	48		984	1,100	
	8710	8000 watt		4	2		952	50		1,002	1,125	
	8720	10,000 watt		3.80	2.110		978	53		1,031	1,150	
	8730	12,000 watt		3.50	2.290		1,071	57		1,128	1,275	
	8740	13,500 watt		2.90	2.760		1,220	69		1,289	1,450	
	8750	16,000 watt		2.70	2.960		1,375	75		1,450	1,625	
	8760	20,000 watt		2.30	3.480		1,425	87		1,512	1,700	
	8770	24,000 watt		1.90	4.210		1,530	105		1,635	1,850	
	8790	Recessed, 2000 watt		4.40	1.820		865	46		911	1,025	
	8810	3000 watt		4.40	1.820		896	46		942	1,050	
	8820	4000 watt		4.20	1.900		942	48		990	1,100	
	8830	5000 watt		4.20	1.900		973	48		1,021	1,150	
	8840	6000 watt		4	2		1,000	50		1,050	1,175	
	8850	8000 watt		3.80	2.110		1,010	53		1,063	1,200	
	8860	10,000 watt		3.50	2.290		1,050	57		1,107	1,250	
	8870	12,000 watt		2.90	2.760		1,134	69		1,203	1,350	
	8880	13,500 watt		2.70	2.960		1,280	75		1,355	1,525	
	8890	16,000 watt		2.30	3.480		1,410	87		1,497	1,675	
	8900	20,000 watt		1.90	4.210		1,440	105		1,545	1,750	
	8920	24,000 watt		1.60	5		1,545	125		1,670	1,875	
	8940	Ceiling mount, 2000 watt		3.20	2.500		795	63		858	965	
	8950	3000 watt		3.20	2.500		816	63		879	990	
	8960	4000 watt		3	2.670		879	67		946	1,075	
	8970	5000 watt		3	2.670		915	67		982	1,100	
	8980	6000 watt		2.80	2.860		941	72		1,013	1,150	
	8990	8000 watt		2.40	3.330		946	84		1,030	1,175	
	9000	10,000 watt		2.20	3.640		978	91		1,069	1,200	
	9020	13,500 watt		1.50	5.330		1,280	135		1,415	1,600	
	9030	16,000 watt		1.30	6.150		1,380	155		1,535	1,750	
	9040	20,000 watt		.90	8.890		1,425	225		1,650	1,900	
	9060	24,000 watt		.60	13.330		1,510	335		1,845	2,150	
140	0010	**LIGHTNING PROTECTION**										140
	0200	Air terminals, copper										
	0400	⅜" diameter x 10" (to 75' high)	1 Elec	8	1	Ea.	18.90	25		43.90	58	
	0500	½" diameter x 12" (over 75' high)		8	1		22	25		47	61	
	1000	Aluminum, ½" diameter x 12" (to 75' high)		8	1		14.70	25		39.70	53	
	1100	⅝" diameter x 12" (over 75' high)		8	1		18.90	25		43.90	58	
	2000	Cable, copper, 220 lb. per thousand ft. (to 75' high)		320	.025	L.F.	1.03	.63		1.66	2.06	
	2100	375 lb. per thousand ft. (over 75' high)		230	.035		1.58	.87		2.45	3.03	
	2500	Aluminum, 101 lb. per thousand ft. (to 75' high)		280	.029		.25	.72		.97	1.34	
	2600	199 lb. per thousand ft. (over 75' high)		240	.033		.47	.84		1.31	1.76	
	3000	Arrestor, 175 volt AC to ground		8	1	Ea.	27.30	25		52.30	67	
	3100	650 volt AC to ground		6.70	1.190	"	69	30		99	120	
145	0010	**NURSE CALL SYSTEMS**										145
	0100	Single bedside call station	1 Elec	8	1	Ea.	140	25		165	190	
	0200	Ceiling speaker station		8	1		36	25		61	77	
	0400	Emergency call station		8	1		60	25		85	105	
	0600	Pillow speaker		8	1		115	25		140	165	
	0800	Double bedside call station		4	2		240	50		290	340	
	1000	Duty station		4	2		110	50		160	195	
	1200	Standard call button		8	1		44	25		69	86	
	1400	Lights, corridor, dome or zone indicator		8	1		39	25		64	80	
	1600	Master control station for 20 stations	2 Elec	.65	24.620	Total	3,000	620		3,620	4,225	
150	0010	**PUBLIC ADDRESS SYSTEM**										150
	0100	Conventional, office	1 Elec	5.33	1.500	Speaker	67	38		105	130	
	0200	Industrial	"	2.70	2.960	"	132	75		207	255	
	0400	Explosionproof system is 3 times cost of central control										

168 | Special Systems

168 100 | Special Systems

		CREW	DAILY OUTPUT	MAN-HOURS	UNIT	BARE COSTS MAT.	LABOR	EQUIP.	TOTAL	TOTAL INCL O&P
150	0600	Installation costs run about 120% of material cost									150
155	0010	**SOUND SYSTEM**									155
	0100	Components, outlet, projector	1 Elec	8	1	Ea.	29	25		54	69
	0200	Microphone		4	2		33	50		83	110
	0400	Speakers, ceiling or wall		8	1		56	25		81	99
	0600	Trumpets		4	2		105	50		155	190
	0800	Privacy switch		8	1		40	25		65	81
	1000	Monitor panel		4	2		185	50		235	280
	1200	Antenna, AM/FM		4	2		103	50		153	190
	1400	Volume control		8	1		37	25		62	78
	1600	Amplifier, 250 watts		1	8		765	200		965	1,150
	1800	Cabinets		1	8		398	200		598	735
	2000	Intercom, 25 station capacity, master station		1	8		960	200		1,160	1,350
	2020	11 station capacity		2	4		474	100		574	670
	2200	Remote station		8	1		76	25		101	120
	2400	Intercom outlets		8	1		45	25		70	87
	2600	Handset		4	2		144	50		194	235
	2800	Emergency call system, 12 zones, annunciator		1.30	6.150		450	155		605	725
	3000	Bell		5.30	1.510		47	38		85	110
	3200	Light or relay		8	1		23	25		48	62
	3400	Transformer		4	2		103	50		153	190
	3600	House telephone, talking station		1.60	5		221	125		346	430
	3800	Press to talk, release to listen		5.30	1.510		52	38		90	115
	4000	System-on button					31			31	34
	4200	Door release	1 Elec	4	2		54	50		104	135
	4400	Combination speaker and microphone		8	1		93	25		118	140
	4600	Termination box		3.20	2.500		29	63		92	125
	4800	Amplifier or power supply		5.30	1.510		337	38		375	425
	5000	Vestibule door unit		16	.500	Name	62	12.60		74.60	87
	5200	Strip cabinet		27	.296	Ea.	118	7.45		125.45	140
	5400	Directory		16	.500		55	12.60		67.60	79
	6000	Master door, button buzzer type, 100 unit		.27	29.630		566	745		1,311	1,725
	6020	200 unit		.15	53.330		1,050	1,350		2,400	3,125
	6040	300 unit		.10	80		1,575	2,000		3,575	4,700
	6060	Transformer		8	1		15	25		40	54
	6080	Door opener		5.30	1.510		21	38		59	79
	6100	Buzzer with door release and plate		4	2		21	50		71	97
	6200	Intercom type, 100 unit		.27	29.630		698	745		1,443	1,875
	6220	200 unit		.15	53.330		1,375	1,350		2,725	3,500
	6240	300 unit		.10	80		2,050	2,000		4,050	5,225
	6260	Amplifier		2	4		103	100		203	260
	6280	Speaker with door release		4	2		31	50		81	110
160	0010	**T.V. SYSTEMS**									160
	0100	Master TV antenna system									
	0200	VHF reception & distribution, 12 outlets	1 Elec	6	1.330	Outlet	118	34		152	180
	0400	30 outlets		10	.800		78	20		98	115
	0600	100 outlets		13	.615		80	15.50		95.50	110
	0800	VHF & UHF reception & distribution, 12 outlets		6	1.330		118	34		152	180
	1000	30 outlets		10	.800		78	20		98	115
	1200	100 outlets		13	.615		80	15.50		95.50	110
	1400	School and deluxe systems, 12 outlets		2.40	3.330		155	84		239	295
	1600	30 outlets		4	2		137	50		187	225
	1800	80 outlets		5.30	1.510		132	38		170	200
	1900	Amplifier		4	2	Ea.	360	50		410	470
	1910	Antenna		2	4	"	106	100		206	265
	2000	Closed circuit, surveillance, one station (camera & monitor)		1.30	6.150	Total	745	155		900	1,050

168 | Special Systems

168 100	Special Systems	CREW	DAILY OUTPUT	MAN-HOURS	UNIT	BARE COSTS MAT.	BARE COSTS LABOR	BARE COSTS EQUIP.	BARE COSTS TOTAL	TOTAL INCL O&P
2200	For additional camera stations, add	1 Elec	2.70	2.960	Ea.	410	75		485	560
2400	Industrial quality, one station (camera & monitor)		1.30	6.150	Total	1,539	155		1,694	1,925
2600	For additional camera stations, add		2.70	2.960	Ea.	945	75		1,020	1,150
2610	For low light, add		2.70	2.960		756	75		831	940
2620	For very low light, add		2.70	2.960		5,500	75		5,575	6,150
2800	For weatherproof camera station, add		1.30	6.150		585	155		740	870
3000	For pan and tilt, add		1.30	6.150		1,500	155		1,655	1,875
3200	For zoom lens - remote control, add, minimum		2	4		1,400	100		1,500	1,700
3400	Maximum		2	4		5,050	100		5,150	5,700
3410	For automatic iris for low light, add		2	4		1,200	100		1,300	1,475
3600	Educational T.V. studio, basic 3 camera system, black & white,									
3800	electrical & electronic equip. only, minimum	4 Elec	.80	40	Total	7,200	1,000		8,200	9,400
4000	Maximum (full console)		.28	114		30,500	2,875		33,375	37,800
4100	As above, but color system, minimum		.28	114		40,500	2,875		43,375	48,800
4120	Maximum		.12	267		176,500	6,700		183,200	204,000
4200	For film chain, black & white, add	1 Elec	1	8	Ea.	8,200	200		8,400	9,325
4250	Color, add		.25	32		10,000	805		10,805	12,200
4400	For video tape recorders, add, minimum		1	8		2,250	200		2,450	2,775
4600	Maximum	4 Elec	.40	80		14,400	2,000		16,400	18,800
0010	**RESIDENTIAL WIRING**									
0020	20' avg. runs and #14/2 wiring incl. unless otherwise noted									
1000	Service & panel, includes 24' SE-AL cable, service eye, meter,									
1010	Socket, panel board, main bkr., ground rod, 15 or 20 amp									
1020	1-pole circuit breakers, and misc. hardware									
1100	100 amp, with 10 branch breakers	1 Elec	1.19	6.720	Ea.	270	170		440	545
1110	With PVC conduit and wire		.92	8.700		291	220		511	645
1120	With RGS conduit and wire		.73	10.960		384	275		659	830
1150	150 amp, with 14 branch breakers		1.03	7.770		447	195		642	780
1170	With PVC conduit and wire		.82	9.760		478	245		723	890
1180	With RGS conduit and wire		.67	11.940		587	300		887	1,100
1200	200 amp, with 18 branch breakers		.90	8.890		551	225		776	935
1220	With PVC conduit and wire		.73	10.960		587	275		862	1,050
1230	With RGS conduit and wire		.62	12.900		785	325		1,110	1,350
1800	Lightning surge suppressor for above services, add		32	.250		30	6.30		36.30	42
2000	Switch devices									
2100	Single pole, 15 amp, Ivory, with a 1-gang box, cover plate,									
2110	Type NM (Romex) cable	1 Elec	17.10	.468	Ea.	5.72	11.75		17.47	24
2120	Type MC (BX) cable		14.30	.559		10.82	14.05		24.87	33
2130	EMT & wire		5.71	1.400		13.78	35		48.78	67
2150	3-way, #14/3, type NM cable		14.55	.550		9.46	13.85		23.31	31
2170	Type MC cable		12.31	.650		12.79	16.35		29.14	38
2180	EMT & wire		5	1.600		15	40		55	76
2200	4-way, #14/3, type NM cable		14.55	.550		18.56	13.85		32.41	41
2220	Type MC cable		12.31	.650		21.79	16.35		38.14	48
2230	EMT & wire		5	1.600		23.40	40		63.40	85
2250	S.P., 20 amp, #12/2, type NM cable		13.33	.600		10.60	15.10		25.70	34
2270	Type MC cable		11.43	.700		14.87	17.60		32.47	42
2280	EMT & wire		4.85	1.650		17.78	41		58.78	81
2300	S.P. rotary dimmer, 600W, type NM cable		14.55	.550		13.15	13.85		27	35
2320	Type MC cable		12.31	.650		18.35	16.35		34.70	44
2330	EMT & wire		5	1.600		21.26	40		61.26	83
2350	3-way rotary dimmer, type NM cable		13.33	.600		19.34	15.10		34.44	44
2370	Type MC cable		11.43	.700		23.20	17.60		40.80	52
2380	EMT & wire		4.85	1.650		25.42	41		66.42	89
2400	Interval timer wall switch, 20 amp, 1-30 min., #12/2			.550						
2410	Type NM cable	1 Elec	14.55	.550	Ea.	19.34	13.85		33.19	42
2420	Type MC cable	"	12.31	.650	"	24.28	16.35		40.63	51

168 | Special Systems

168 100 | Special Systems

		CREW	DAILY OUTPUT	MAN-HOURS	UNIT	BARE COSTS MAT.	LABOR	EQUIP.	TOTAL	TOTAL INCL O&P
2430	EMT & wire	1 Elec	5	1.600	Ea.	27.56	40		67.56	90
2500	Decorator style									
2510	S.P., 15 amp, type NM cable	1 Elec	17.10	.468	Ea.	8.11	11.75		19.86	26
2520	Type MC cable		14.30	.559		13.47	14.05		27.52	36
2530	EMT & wire		5.71	1.400		16.43	35		51.43	70
2550	3-way, #14/3, type NM cable		14.55	.550		11.28	13.85		25.13	33
2570	Type MC cable		12.31	.650		16.06	16.35		32.41	42
2580	EMT & wire		5	1.600		18.15	40		58.15	79
2600	4-way, #14/3, type NM cable		14.55	.550		20.80	13.85		34.65	43
2620	Type MC cable		12.31	.650		24.54	16.35		40.89	51
2630	EMT & wire		5	1.600		26.73	40		66.73	89
2650	S.P., 20 amp, #12/2, type NM cable		13.33	.600		14.92	15.10		30.02	39
2670	Type MC cable		11.43	.700		19	17.60		36.60	47
2680	EMT & wire		4.85	1.650		22.15	41		63.15	86
2700	S.P., slide dimmer, type NM cable		17.10	.468		18.20	11.75		29.95	37
2720	Type MC cable		14.30	.559		23.60	14.05		37.65	47
2730	EMT & wire		5.71	1.400		27	35		62	82
2750	S.P., touch dimmer, type NM cable		17.10	.468		25	11.75		36.75	45
2770	Type MC cable		14.30	.559		30	14.05		44.05	54
2780	EMT & wire		5.71	1.400		33.28	35		68.28	89
2800	3-way touch dimmer, type NM cable		13.33	.600		35.36	15.10		50.46	61
2820	Type MC cable		11.43	.700		39.52	17.60		57.12	69
2830	EMT & wire		4.85	1.650		41.60	41		82.60	105
3000	Combination devices									
3100	S.P. switch/15 amp recpt., Ivory, 1-gang box, plate									
3110	Type NM cable	1 Elec	11.43	.700	Ea.	11.44	17.60		29.04	39
3120	Type MC cable		10	.800		20.43	20		40.43	52
3130	EMT & wire		4.40	1.820		23.60	46		69.60	93
3150	S.P. switch/pilot light, type NM cable		11.43	.700		11.33	17.60		28.93	38
3170	Type MC cable		10	.800		16	20		36	47
3180	EMT & wire		4.43	1.810		18.93	45		63.93	88
3200	2-S.P. switches, 2-#14/2, type NM cables		10	.800		14.71	20		34.71	46
3220	Type MC cable		8.89	.900		22.46	23		45.46	58
3230	EMT & wire		4.10	1.950		21.37	49		70.37	96
3250	3-way switch/15 amp recpt., #14/3, type NM cable		10	.800		20.33	20		40.33	52
3270	Type MC cable		8.89	.900		23.60	23		46.60	59
3280	EMT & wire		4.10	1.950		26	49		75	100
3300	2-3 way switches, 2-#14/3 type NM cables		8.89	.900		26	23		49	62
3320	Type MC cable		8	1		30.16	25		55.16	70
3330	EMT & wire		4	2		29.12	50		79.12	105
3350	S.P. switch/20 amp recpt., #12/2 type NM cable		10	.800		18.72	20		38.72	50
3370	Type MC cable		8.89	.900		23.60	23		46.60	59
3380	EMT & wire		4.10	1.950		26	49		75	100
3400	Decorator style									
3410	S.P. switch/15 amp recpt., type NM cable	1 Elec	11.43	.700	Ea.	19	17.60		36.60	47
3420	Type MC cable		10	.800		20.22	20		40.22	52
3430	EMT & wire		4.40	1.820		23.50	46		69.50	93
3450	S.P. switch/pilot light, type NM cable		11.43	.700		16.22	17.60		33.82	44
3470	Type MC cable		10	.800		20.75	20		40.75	53
3480	EMT & wire		4.40	1.820		25	46		71	95
3500	2-S.P. switches, 2-#14/2 type NM cables		10	.800		18.40	20		38.40	50
3520	Type MC cable		8.89	.900		26	23		49	62
3530	EMT & wire		4.10	1.950		25	49		74	100
3550	3-way/15 amp recpt., #14/3 type NM cable		10	.800		24	20		44	56
3570	Type MC cable		8.89	.900		27	23		50	63
3580	EMT & wire		4.10	1.950		29	49		78	105
3650	2-3 way switches, 2-3 #14/3 type NM cables		8.89	.900		31.20	23		54.20	68
3670	Type MC cable		8	1		35.36	25		60.36	76

168 | Special Systems

168 100 | Special Systems

		CREW	DAILY OUTPUT	MAN-HOURS	UNIT	BARE COSTS MAT.	LABOR	EQUIP.	TOTAL	TOTAL INCL O&P
3680	EMT & wire	1 Elec	4	2	Ea.	34.32	50		84.32	110
3700	S.P. switch/20 amp recpt., #12/2 type NM cable		10	.800		21.84	20		41.84	54
3720	Type MC cable		8.89	.900		27	23		50	63
3730	EMT & wire		4.10	1.950		29	49		78	105
4000	Receptacle devices									
4010	Duplex outlet, 15 amp recpt., Ivory, 1-gang box, plate									
4015	Type NM cable	1 Elec	12.31	.650	Ea.	5.72	16.35		22.07	30
4020	Type MC cable		12.31	.650		10.30	16.35		26.65	35
4030	EMT & wire		5.33	1.500		13.31	38		51.31	70
4050	With #12/2 type NM cable		12.31	.650		6.86	16.35		23.21	32
4070	Type MC cable		10.67	.750		12.32	18.85		31.17	41
4080	EMT & wire		4.71	1.700		14.20	43		57.20	79
4100	20 amp recpt., #12/2 type NM cable		12.31	.650		9.30	16.35		25.65	34
4120	Type MC cable		10.67	.750		13.62	18.85		32.47	43
4130	EMT & wire		4.71	1.700		16.60	43		59.60	81
4140	For GFI see line 4300 below									
4150	Decorator style, 15 amp recpt., type NM cable	1 Elec	14.55	.550	Ea.	7	13.85		20.85	28
4170	Type MC cable		12.31	.650		11.54	16.35		27.89	37
4180	EMT & wire		5.33	1.500		14.45	38		52.45	72
4200	With #12/2 type NM cable		12.31	.650		8.22	16.35		24.57	33
4220	Type MC cable		10.67	.750		12.58	18.85		31.43	42
4230	EMT & wire		4.71	1.700		15.50	43		58.50	80
4250	20 amp recpt. #12/2 type NM cable		12.31	.650		11.75	16.35		28.10	37
4270	Type MC cable		10.67	.750		15	18.85		33.85	44
4280	EMT & wire		4.71	1.700		19.45	43		62.45	84
4300	GFI, 15 amp recpt., type NM cable		12.31	.650		28	16.35		44.35	55
4320	Type MC cable		10.67	.750		32.24	18.85		51.09	63
4330	EMT & wire		4.71	1.700		35.36	43		78.36	100
4350	GFI with #12/2 type NM cable		10.67	.750		29	18.85		47.85	60
4370	Type MC cable		9.20	.870		33.28	22		55.28	69
4380	EMT & wire		4.21	1.900		36.40	48		84.40	110
4400	20 amp recpt., #12/2 type NM cable		10.67	.750		31.20	18.85		50.05	62
4420	Type MC cable		9.20	.870		35.36	22		57.36	71
4430	EMT & wire		4.21	1.900		37.44	48		85.44	110
4500	Weather-proof cover for above receptacles, add		32	.250		3.54	6.30		9.84	13.20
4550	Air conditioner outlet, 20 amp-240 volt recpt.									
4560	30' of #12/2, 2 pole circuit breaker									
4570	Type NM cable	1 Elec	10	.800	Ea.	26	20		46	58
4580	Type MC cable		9	.889		31.20	22		53.20	67
4590	EMT & wire		4	2		42.64	50		92.64	120
4600	Decorator style, type NM cable		10	.800		28	20		48	61
4620	Type MC cable		9	.889		33.28	22		55.28	70
4630	EMT & wire		4	2		43.68	50		93.68	120
4650	Dryer outlet, 30 amp-240 volt recpt., 20' of #10/3									
4660	2 pole circuit breaker									
4670	Type NM cable	1 Elec	6.41	1.250	Ea.	42.64	31		73.64	93
4680	Type MC cable		5.71	1.400		43.68	35		78.68	100
4690	EMT & wire		3.48	2.300		40.56	58		98.56	130
4700	Range outlet, 50 amp-240 volt recpt., 30' of #8/3									
4710	Type NM cable	1 Elec	4.21	1.900	Ea.	71.76	48		119.76	150
4720	Type MC cable		4	2		69.68	50		119.68	150
4730	EMT & wire		2.96	2.700		58.24	68		126.24	165
4750	Central vacuum outlet		6.40	1.250		53	31		84	105
4770	Type MC cable		5.71	1.400		37.44	35		72.44	93
4780	EMT & wire		3.48	2.300		48.90	58		106.90	140
4800	30 amp-110 volt locking recpt., #10/2 circ. bkr.									
4810	Type NM cable	1 Elec	6.20	1.290	Ea.	45.76	32		77.76	98
4820	Type MC cable	"	5.40	1.480	"	48.90	37		85.90	110

168 | Special Systems

168 100	Special Systems	CREW	DAILY OUTPUT	MAN-HOURS	UNIT	MAT.	LABOR	EQUIP.	TOTAL	TOTAL INCL O&P
4830	EMT & wire	1 Elec	3.20	2.500	Ea.	44.72	63		107.72	140
4900	Low voltage outlets									
4910	Telephone recpt., 20' of 4/C phone wire	1 Elec	26	.308	Ea.	5.20	7.75		12.95	17.15
4920	TV recpt., 20' of RG59U coax wire, F type connector	"	16	.500	"	7.90	12.60		20.50	27
4950	Door bell chime, transformer, 2 buttons, 60' of bellwire									
4970	Economy model	1 Elec	11.50	.696	Ea.	44.72	17.50		62.22	75
4980	Custom model		11.50	.696		91.52	17.50		109.02	125
4990	Luxury model, 3 buttons		9.50	.842		197	21		218	250
6000	Lighting outlets									
6050	Wire only (for fixture) type NM cable	1 Elec	32	.250	Ea.	3.45	6.30		9.75	13.10
6070	Type MC cable		24	.333		6.80	8.40		15.20	19.85
6080	EMT & wire		10	.800		9.15	20		29.15	40
6100	Box (4") and wire (for fixture), type NM cable		25	.320		5.93	8.05		13.98	18.40
6120	Type MC cable		20	.400		10.60	10.05		20.65	27
6130	EMT & wire		11	.727		12.85	18.30		31.15	41
6200	Fixtures (use with lines 6050 or 6100 above)									
6210	Canopy style, economy grade	1 Elec	40	.200	Ea.	19.45	5.05		24.50	29
6220	Custom grade		40	.200		35.36	5.05		40.41	46
6250	Dining room chandelier, economy grade		19	.421		58.24	10.60		68.84	80
6260	Custom grade		19	.421		172	10.60		182.60	205
6270	Luxury grade		15	.533		384	13.40		397.40	440
6310	Kitchen fixture (fluorescent), economy grade		30	.267		39.52	6.70		46.22	53
6320	Custom grade		25	.320		126	8.05		134.05	150
6350	Outdoor, wall mounted, economy grade		30	.267		22.67	6.70		29.37	35
6360	Custom grade		30	.267		78	6.70		84.70	96
6370	Luxury grade		25	.320		176	8.05		184.05	205
6410	Outdoor Par floodlights, 1 lamp, 150 watt		20	.400		15.15	10.05		25.20	32
6420	2 lamp, 150 watt each		20	.400		25.22	10.05		35.27	43
6430	For infrared security sensor, add		32	.250		75	6.30		81.30	92
6450	Outdoor, quartz-halogen, 300 watt flood		20	.400		28	10.05		38.05	46
6600	Recessed downlight, round, pre-wired, 50 or 75 watt trim		30	.267		27	6.70		33.70	40
6610	With shower light trim		30	.267		32	6.70		38.70	45
6620	With wall washer trim		28	.286		40	7.20		47.20	55
6630	With eye-ball trim		28	.286		37	7.20		44.20	51
6640	For direct contact with insulation, add					1.15			1.15	1.27
6700	Porcelain lamp holder	1 Elec	40	.200		2.70	5.05		7.75	10.40
6710	With pull switch		40	.200		3	5.05		8.05	10.75
6750	Fluorescent strip, 1-20 watt tube, wrap around diffuser, 24"		24	.333		40	8.40		48.40	56
6760	1-40 watt tube, 48"		24	.333		57	8.40		65.40	75
6770	2-40 watt tubes, 48"		20	.400		67	10.05		77.05	89
6780	With 0° ballast		20	.400		70	10.05		80.05	92
6800	Bathroom heat lamp, 1-250 watt		28	.286		23.80	7.20		31	37
6810	2-250 watt lamps		28	.286		39.52	7.20		46.72	54
6820	For timer switch, see line 2400									
6900	Outdoor post lamp, incl. post, fixture, 35' of #14/2									
6910	Type NMC cable	1 Elec	3.50	2.290	Ea.	140	57		197	240
6920	Photo-eye, add		27	.296		22.50	7.45		29.95	36
6950	Clock dial time switch, 24 hr., w/enclosure, type NM cable		11.43	.700		39	17.60		56.60	69
6970	Type MC cable		11	.727		44	18.30		62.30	75
6980	EMT & wire		4.85	1.650		46	41		87	110
7000	Alarm systems									
7050	Smoke detectors, box, #14/3 type NM cable	1 Elec	14.55	.550	Ea.	21.63	13.85		35.48	44
7070	Type MC cable		12.31	.650		26	16.35		42.35	53
7080	EMT & wire		5	1.600		38	40		78	100
7090	For relay output to security system, add					9			9	9.90
8000	Residential equipment									
8050	Disposal hook-up, incl. switch, outlet box, 3' of flex									
8060	20 amp-1 pole circ. bkr., and 25' of #12/2									

168 | Special Systems

168 100	Special Systems	CREW	DAILY OUTPUT	MAN-HOURS	UNIT	BARE COSTS MAT.	LABOR	EQUIP.	TOTAL	TOTAL INCL O&P
8070	Type NM cable	1 Elec	10	.800	Ea.	17.50	20		37.50	49
8080	Type MC cable		8	1		20.95	25		45.95	60
8090	EMT & wire	↓	5	1.600	↓	22.67	40		62.67	84
8100	Trash compactor or dishwasher hook-up, incl. outlet box,									
8110	3' of flex, 15 amp-1 pole circ. bkr., and 25' of #14/2									
8120	Type NM cable	1 Elec	10	.800	Ea.	11.85	20		31.85	43
8130	Type MC cable		8	1		14.66	25		39.66	53
8140	EMT & wire	↓	5	1.600	↓	17.57	40		57.57	79
8150	Hot water sink dispensor hook-up, use line 8100									
8200	Vent/exhaust fan hook-up, type NM cable	1 Elec	32	.250	Ea.	3.43	6.30		9.73	13.05
8220	Type MC cable		24	.333		6.86	8.40		15.26	19.95
8230	EMT & wire	↓	10	.800	↓	9.15	20		29.15	40
8250	Bathroom vent fan, 50 CFM (use with above hook-up)									
8260	Economy model	1 Elec	15	.533	Ea.	18	13.40		31.40	40
8270	Low noise model		15	.533		23.71	13.40		37.11	46
8280	Custom model	↓	12	.667		85	16.75		101.75	120
8300	Bathroom or kitchen vent fan, 110 CFM									
8310	Economy model	1 Elec	15	.533	Ea.	45.45	13.40		58.85	70
8320	Low noise model	"	15	.533	"	59.28	13.40		72.68	85
8350	Paddle fan, variable speed (w/o lights)									
8360	Economy model (AC motor)	1 Elec	10	.800	Ea.	70.72	20		90.72	110
8370	Custom model (AC motor)		10	.800		123	20		143	165
8380	Luxury model (DC motor)		8	1		251	25		276	315
8390	Remote speed switch for above, add	↓	12	.667	↓	16.22	16.75		32.97	43
8500	Whole house exhaust fan, ceiling mount, 36", variable speed									
8510	Remote switch, incl. shutters, 20 amp-1 pole circ. bkr.									
8520	30' of #12/2/ type NM cable	1 Elec	4	2	Ea.	368	50		418	480
8530	Type MC cable		3.50	2.290		376	57		433	500
8540	EMT & wire	↓	3	2.670	↓	392	67		459	530
8600	Whirlpool tub hook-up, incl. timer switch, outlet box									
8610	3' of flex, 20 amp-1 pole GFI circ. bkr.									
8620	30' of #12/2 type NM cable	1 Elec	10	.800	Ea.	60	20		80	96
8630	Type MC cable		8	1		63	25		88	105
8640	EMT & wire		4	2		65	50		115	145
8650	Hot water heater hook-up, incl. 1-2 pole circ. bkr. box;									
8660	3' of flex, 20' of #10/2 type NM cable	1 Elec	10	.800	Ea.	11.85	20		31.85	43
8670	Type MC cable		8	1		14.56	25		39.56	53
8680	EMT & wire	↓	5	1.600	↓	17.26	40		57.26	78
9000	Heating/air conditioning									
9050	Furnace/boiler hook-up, incl. firestat, local on-off switch									
9060	Emergency switch, and 40' of type NM cable	1 Elec	4	2	Ea.	29	50		79	105
9070	Type MC cable		3.50	2.290		35.15	57		92.15	125
9080	EMT & wire	↓	1.50	5.330	↓	39.52	135		174.52	240
9100	Air conditioner hook-up, incl. local 60 amp disc. switch									
9110	3' Sealtite, 40 amp, 2 pole circuit breaker									
9130	40' of #8/2 type NM cable	1 Elec	3.50	2.290	Ea.	103	57		160	200
9140	Type MC cable		3	2.670		108	67		175	220
9150	EMT & wire	↓	1.30	6.150	↓	109	155		264	350
9200	Heat pump hook-up, 1-40 & 1-100 amp 2 pole circ. bkr.									
9210	Local disconnect switch, 3' Sealtite									
9220	40' of #8/2 & 30' of #3/2									
9230	Type NM cable	1 Elec	1.30	6.150	Ea.	252	155		407	505
9240	Type MC cable		1.08	7.410	↓	257	185		442	560
9250	EMT & wire		.94	8.510		247	215		462	590
9500	Thermostat hook-up, using low voltage wire									
9520	Heating only	1 Elec	24	.333	Ea.	3.43	8.40		11.83	16.15
9530	Heating/cooling	"	20	.400	"	3.75	10.05		13.80	19

169 | Power Transmission and Distribution

169 100 | Power Trans. & Dist.

		CREW	DAILY OUTPUT	MAN-HOURS	UNIT	MAT.	LABOR	EQUIP.	TOTAL	TOTAL INCL O&P
110	**0010 LINE POLES & FIXTURES** [C9.5-100]									**110**
	0100 Digging holes in earth, average	R-5	25.14	3.500	Ea.		78	53	131	175
	0105 In rock, average	"	4.51	19.510			435	295	730	975
	0200 Wood poles, material handling and spotting	R-7	6.49	7.400			135	25	160	235
	0220 Erect wood poles in earth	R-5	6.77	13		615	290	195	1,100	1,325
	0250 In rock	"	5.87	14.990		615	335	225	1,175	1,425
	0260 Disposal of surplus material	R-7	20.87	2.300	Mile		43	7.70	50.70	74
	0300 Crossarms for wood pole structure									
	0310 Material handling and spotting	R-7	14.55	3.300	Ea.		61	11.10	72.10	105
	0320 Install crossarms	R-5	11	8	"	220	180	120	520	640
	0330 Disposal of surplus material	R-7	40	1.200	Mile		22	4.03	26.03	39
	0400 Formed plate pole structure									
	0410 Material handling and spotting	R-7	2.40	20	Ea.		370	67	437	640
	0420 Erect steel plate pole	R-5	1.95	45.130		4,250	1,000	680	5,930	6,925
	0500 Guys, anchors and hardware for pole, in earth		7.04	12.500		260	280	190	730	910
	0510 In rock		17.96	4.900		310	110	74	494	585
	0900 Foundations for line poles									
	0920 Excavation, in earth	R-5	135.38	.650	C.Y.		14.45	9.80	24.25	32
	0940 In rock	"	20	4.400	"		98	66	164	220
	0950 See also Division 023									
	0960 Concrete foundations	R-5	11	8	C.Y.	58	180	120	358	465
	0970 See also Division 033									
120	**0010 LINE TOWERS & FIXTURES**									**120**
	0100 Excavation and backfill, earth	R-5	135.38	.650	C.Y.		14.45	9.80	24.25	32
	0105 Rock		21.46	4.100	"		91	62	153	205
	0200 Steel footings (grillage) in earth		3.91	22.510	Ton	800	500	340	1,640	2,000
	0205 In rock		3.20	27.500	"	800	610	415	1,825	2,250
	0290 See also Division 023									
	0300 Rock anchors	R-5	5.87	14.990	Ea.	235	335	225	795	1,000
	0400 Concrete foundations	"	12.85	6.850	C.Y.	58	155	105	318	405
	0490 See also Division 033									
	0500 Towers-material handling and spotting	R-7	22.56	2.130	Ton		39	7.15	46.15	68
	0540 Steel tower erection	R-5	7.65	11.500		800	255	175	1,230	1,450
	0550 Lace and box		1.09	80.730		800	1,800	1,225	3,825	4,900
	0560 Painting total structure		1.47	59.860	Ea.	166	1,325	905	2,396	3,175
	0570 Disposal of surplus material	R-7	20.87	2.300	Mile		43	7.70	50.70	74
	0600 Special towers-material handling and spotting	"	12.31	3.900	Ton		72	13.10	85.10	125
	0640 Special steel structure erection	R-6	6.52	13.500		1,040	300	390	1,730	2,025
	0650 Special steel lace and box	"	6.29	13.990		1,040	310	405	1,755	2,050
	0670 Disposal of surplus material	R-7	7.87	6.100	Mile		115	20	135	195
130	**0010 OVERHEAD LINE CONDUCTORS & DEVICES** [C9.5-100]									**130**
	0100 Conductors, primary circuits									
	0110 Material handling and spotting	R-5	9.78	9	W.Mile		200	135	335	450
	0120 For river crossing, add		11	8			180	120	300	400
	0150 Installation only, conductors, 210 to 636 MCM		1.96	44.900		4,457	1,000	675	6,132	7,150
	0160 795 to 954 MCM		1.87	47.060		6,580	1,050	710	8,340	9,600
	0170 1000 to 1600 MCM		1.47	59.860		10,710	1,325	905	12,940	14,800
	0180 Over 1600 MCM		1.35	65.190		14,280	1,450	985	16,715	19,000
	0200 For river crossing, add, 210 to 636 MCM		1.24	70.970			1,575	1,075	2,650	3,550
	0220 795 to 954 MCM		1.09	80.730			1,800	1,225	3,025	4,025
	0230 1000 to 1600 MCM		.97	90.720			2,025	1,375	3,400	4,525
	0240 Over 1600 MCM		.87	101			2,250	1,525	3,775	5,050
	0300 Joints and dead ends	R-8	6	8	Ea.	620	180	45	845	1,000
	0400 Sagging	R-5	73.33	1.200	W.Mile		27	18.10	45.10	60
	0500 Clipping, per structure, 69 KV	R-10	9.60	5	Ea.		120	62	182	245
	0510 161 KV		5.33	9.010			215	110	325	445
	0520 345 to 500 KV		2.53	18.970			455	235	690	935
	0600 Make and install jumpers, per structure, 69 KV	R-8	3.20	15		163	340	84	587	780

219

169 | Power Transmission and Distribution

169 100 | Power Trans. & Dist.

			CREW	DAILY OUTPUT	MAN-HOURS	UNIT	MAT.	LABOR	EQUIP.	TOTAL	TOTAL INCL O&P
130	0620	161 KV	R-8	1.20	40	Ea.	336	900	225	1,461	1,975
	0640	345 to 500 KV	"	.32	150		561	3,375	840	4,776	6,600
	0700	Installing spacers	R-10	68.57	.700		34	16.70	8.70	59.40	72
	0720	For river crossings, add	"	60	.800			19.10	9.95	29.05	39
	0800	Installing pulling line (500 KV only)	R-9	1.45	44.140	W.Mile	316	935	185	1,436	1,950
	0810	Disposal of surplus material	R-7	6.96	6.900	Mile		130	23	153	220
	0820	With trailer mounted reel stands	"	13.71	3.500	"		65	11.75	76.75	110
	0900	Insulators and hardware, primary circuits									
	0920	Material handling and spotting, 69 KV	R-7	480	.100	Ea.		1.85	.34	2.19	3.21
	0930	161 KV		685.71	.070			1.30	.24	1.54	2.25
	0950	345 to 500 KV		960	.050			.93	.17	1.10	1.60
	1000	Install disk insulators, 69 KV	R-5	880	.100		33	2.23	1.51	36.74	41
	1020	161 KV		977.78	.090		38	2	1.36	41.36	46
	1040	345 to 500 KV		1,100	.080		38	1.78	1.21	40.99	46
	1060	See Div. 169-150-7400 for pin or pedestal insulator									
	1100	Install disk insulator at river crossing, add									
	1110	69 KV	R-5	586.67	.150	Ea.		3.34	2.26	5.60	7.50
	1120	161 KV		880	.100			2.23	1.51	3.74	4.99
	1140	345 to 500 KV		880	.100			2.23	1.51	3.74	4.99
	1150	Disposal of surplus material	R-7	41.74	1.150	Mile		21	3.86	24.86	37
	1300	Overhead ground wire installation									
	1320	Material handling and spotting	R-7	5.65	8.500	W.Mile		155	29	184	275
	1340	Installation of overhead ground wire	R-5	1.76	50		1,938	1,125	755	3,818	4,625
	1350	At river crossing, add		1.17	75.210			1,675	1,125	2,800	3,750
	1360	Disposal of surplus material		41.74	2.110	Mile		47	32	79	105
	1400	Installing conductors, underbuilt circuits									
	1420	Material handling and spotting	R-7	5.65	8.500	W.Mile		155	29	184	275
	1440	Installing conductors, per wire, 210 to 636 MCM	R-5	1.96	44.900		4,457	1,000	675	6,132	7,150
	1450	795 to 954 MCM		1.87	47.060		6,580	1,050	710	8,340	9,600
	1460	1000 to 1600 MCM		1.47	59.860		10,710	1,325	905	12,940	14,800
	1470	Over 1600 MCM		1.35	65.190		14,288	1,450	985	16,723	19,000
	1500	Joints and dead ends	R-8	6	8	Ea.	620	180	45	845	1,000
	1550	Sagging	R-5	8.80	10	W.Mile		225	150	375	500
	1600	Clipping, per structure, 69 KV	R-10	9.60	5	Ea.		120	62	182	245
	1620	161 KV		5.33	9.010			215	110	325	445
	1640	345 to 500 KV		2.53	18.970			455	235	690	935
	1700	Making and installing jumpers, per structure, 69 KV	R-8	5.87	8.180		163	185	46	394	505
	1720	161 KV		.96	50		336	1,125	280	1,741	2,375
	1740	345 to 500 KV		.32	150		561	3,375	840	4,776	6,600
	1800	Installing spacers	R-10	96	.500		33	11.95	6.25	51.20	61
	1810	Disposal of surplus material	R-7	6.96	6.900	Mile		130	23	153	220
	2000	Insulators and hardware for underbuilt circuits									
	2100	Material handling and spotting	R-7	1,200	.040	Ea.		.74	.13	.87	1.28
	2150	Install disk insulators, 69 KV	R-8	600	.080		33	1.80	.45	35.25	39
	2160	161 KV		686	.070		38	1.58	.39	39.97	45
	2170	345 to 500 KV		800	.060		38	1.35	.34	39.69	44
	2180	Disposal of surplus material	R-7	41.74	1.150	Mile		21	3.86	24.86	37
	2300	Sectionalizing switches, 69 KV	R-5	1.26	69.840	Ea.	8,900	1,550	1,050	11,500	13,300
	2310	161 KV		.80	110		10,000	2,450	1,650	14,100	16,500
	2500	Protective devices		5.50	16		2,900	355	240	3,495	4,000
	2600	Clearance poles, 8 poles per mile									
	2650	In earth, 69 KV	R-5	1.16	75.860	Mile	2,440	1,700	1,150	5,290	6,475
	2660	161 KV	"	.64	138		4,000	3,050	2,075	9,125	11,300
	2670	345 to 500 KV	R-6	.48	183		4,800	4,075	5,300	14,175	17,200
	2800	In rock, 69 KV	R-5	.69	128		2,440	2,850	1,925	7,215	9,050
	2820	161 KV	"	.35	251		4,000	5,600	3,800	13,400	17,000
	2840	345 to 500 KV	R-6	.24	367		4,800	8,175	10,600	23,575	29,200

169 | Power Transmission and Distribution

169 100	Power Trans. & Dist.	CREW	DAILY OUTPUT	MAN-HOURS	UNIT	BARE COSTS MAT.	LABOR	EQUIP.	TOTAL	TOTAL INCL O&P
140	0010 **TRANSMISSION LINE RIGHT OF WAY**									140
	0100 Clearing right of way	B-87	6.67	6	Acre		130	415	545	650
	0200 Restoration & seeding	B-10D	4	3	"	556	63	225	844	950
150	0010 **SUBSTATION EQUIPMENT**									150
	1000 Main conversion equipment									
	1050 Power transformers, 13 to 26 KV	R-11	1.72	32.560	MVA	9,785	750	305	10,840	12,200
	1060 46 KV		3.50	16		9,167	370	150	9,687	10,800
	1070 69 KV		3.11	18.010		7,931	415	170	8,516	9,525
	1080 110 KV		3.29	17.020		7,416	390	160	7,966	8,925
	1090 161 KV		4.31	12.990		6,900	300	120	7,320	8,175
	1100 500 KV		7	8		6,850	185	75	7,110	7,900
	1200 Grounding transformers	↓	3.11	18.010	Ea.	43,260	415	170	43,845	48,400
	1300 Station capacitors									
	1350 Synchronous, 13 to 26 KV	R-11	3.11	18.010	MVAR	2,700	415	170	3,285	3,775
	1360 46 KV		3.33	16.820		3,427	385	155	3,967	4,525
	1370 69 KV		3.81	14.700		3,386	340	135	3,861	4,375
	1380 161 KV		6.51	8.600		3,162	200	80	3,442	3,850
	1390 500 KV		10.37	5.400		2,754	125	50	2,929	3,275
	1450 Static, 13 to 26 KV		3.11	18.010		2,285	415	170	2,870	3,325
	1460 46 KV		3.01	18.600		2,910	430	175	3,515	4,025
	1470 69 KV		3.81	14.700		2,810	340	135	3,285	3,750
	1480 161 KV		6.51	8.600		2,600	200	80	2,880	3,250
	1490 500 KV		10.37	5.400	↓	2,390	125	50	2,565	2,875
	1600 Voltage regulators, 13 to 26 KV	↓	.75	74.670	Ea.	102,400	1,725	700	104,825	116,000
	2000 Power circuit breakers									
	2050 Oil circuit breakers, 13 to 26 KV	R-11	1.12	50	Ea.	22,660	1,150	465	24,275	27,200
	2060 46 KV		.75	74.670		33,000	1,725	700	35,425	39,600
	2070 69 KV		.45	124		76,600	2,850	1,175	80,625	90,000
	2080 161 KV		.16	350		117,300	8,050	3,275	128,625	144,500
	2090 500 KV		.06	933		440,000	21,400	8,725	470,125	525,500
	2100 Air circuit breakers, 13 to 26 KV		.56	100		23,690	2,300	935	26,925	30,500
	2110 161 KV		.62	90.320		102,000	2,075	845	104,920	116,000
	2150 Gas circuit breakers, 13 to 26 KV		.56	100		88,740	2,300	935	91,975	102,000
	2160 161 KV		.08	700		117,000	16,100	6,550	139,650	160,000
	2170 500 KV		.04	1,400		410,000	32,200	13,100	455,300	513,500
	2200 Vacuum circuit breakers, 13 to 26 KV	↓	.56	100	↓	19,400	2,300	935	22,635	25,800
	3000 Disconnecting switches									
	3050 Gang operated switches									
	3060 Manual operation, 13 to 26 KV	R-11	1.65	33.940	Ea.	2,680	780	315	3,775	4,450
	3070 46 KV		1.12	50		9,167	1,150	465	10,782	12,300
	3080 69 KV		.80	70		10,300	1,600	655	12,555	14,400
	3090 161 KV		.56	100		12,360	2,300	935	15,595	18,100
	3100 500 KV		.14	400		33,660	9,200	3,725	46,585	55,000
	3110 Motor operation, 161 KV		.51	110		18,540	2,525	1,025	22,090	25,300
	3120 500 KV		.28	200		51,500	4,600	1,875	57,975	65,500
	3250 Circuit switches, 161 KV	↓	.41	137	↓	37,000	3,150	1,275	41,425	46,800
	3300 Single pole switches									
	3350 Disconnecting switches, 13 to 26 KV	R-11	28	2	Ea.	5,150	46	18.70	5,214	5,750
	3360 46 KV		8	7		8,755	160	65	8,980	9,950
	3370 69 KV		5.60	10		9,785	230	93	10,108	11,200
	3380 161 KV		2.80	20		37,000	460	185	37,645	41,600
	3390 500 KV		.22	255		106,000	5,850	2,375	114,225	128,000
	3450 Grounding switches, 46 KV		5.60	10		13,390	230	93	13,713	15,200
	3460 69 KV		3.73	15.010		13,900	345	140	14,385	16,000
	3470 161 KV		2.24	25		14,730	575	235	15,540	17,300
	3480 500 KV	↓	.62	90.320	↓	18,330	2,075	845	21,250	24,200
	4000 Instrument transformers									

169 | Power Transmission and Distribution

	169 100	Power Trans. & Dist.	CREW	DAILY OUTPUT	MAN-HOURS	UNIT	BARE COSTS MAT.	LABOR	EQUIP.	TOTAL	TOTAL INCL O&P	
150	4050	Current transformers, 13 to 26 KV	R-11	14	4	Ea.	1,262	92	37	1,391	1,575	150
	4060	46 KV		9.33	6		3,656	140	56	3,852	4,300	
	4070	69 KV		7	8		3,780	185	75	4,040	4,525	
	4080	161 KV		1.87	29.950		12,240	690	280	13,210	14,800	
	4100	Potential transformers, 13 to 26 KV		11.20	5		1,787	115	47	1,949	2,200	
	4110	46 KV		8	7		3,670	160	65	3,895	4,350	
	4120	69 KV		6.22	9		3,890	205	84	4,179	4,675	
	4130	161 KV		2.24	25		8,440	575	235	9,250	10,400	
	4140	500 KV	↓	1.40	40	↓	25,000	920	375	26,295	29,300	
	7000	Conduit, conductors, and insulators										
	7100	Conduit, metallic	R-11	560	.100	Lb.	1.20	2.30	.93	4.43	5.75	
	7110	Non-metallic	"	800	.070	"	1.09	1.61	.65	3.35	4.32	
	7190	See also Division 160										
	7200	Wire and cable	R-11	700	.080	Lb.	1.62	1.84	.75	4.21	5.35	
	7290	See also Division 161										
	7300	Bus	R-11	590	.095	Lb.	1.62	2.18	.89	4.69	6	
	7390	See also Division 164										
	7400	Insulators, pedestal type	R-11	112	.500	Ea.		11.50	4.67	16.17	22	
	7490	See also Line 169-130-1000										
	7500	Grounding systems	R-11	280	.200	Lb.	5.40	4.60	1.87	11.87	14.85	
	7590	See also Division 161										
	7600	Manholes	R-11	4.15	13.490	Ea.	1,810	310	125	2,245	2,600	
	7690	See also Division 025										
	7700	Cable tray	R-11	40	1.400	L.F.	7.95	32	13.10	53.05	71	
	7790	See also Division 160										
	8000	Protective equipment										
	8050	Lightning arrestors, 13 to 26 KV	R-11	18.67	3	Ea.	645	69	28	742	845	
	8060	46 KV		14	4		1,751	92	37	1,880	2,100	
	8070	69 KV		11.20	5		2,245	115	47	2,407	2,700	
	8080	161 KV		5.60	10		3,090	230	93	3,413	3,850	
	8090	500 KV		1.40	40		10,506	920	375	11,801	13,300	
	8150	Reactors and resistors, 13 to 26 KV		28	2		1,475	46	18.70	1,539	1,700	
	8160	46 KV		4.31	12.990		4,408	300	120	4,828	5,425	
	8170	69 KV		2.80	20		7,210	460	185	7,855	8,825	
	8180	161 KV		2.24	25		8,240	575	235	9,050	10,200	
	8190	500 KV		.08	700		33,000	16,100	6,550	55,650	67,500	
	8250	Fuses, 13 to 26 KV		18.67	3		840	69	28	937	1,050	
	8260	46 KV		11.20	5		945	115	47	1,107	1,250	
	8270	69 KV		8	7		997	160	65	1,222	1,400	
	8280	161 KV	↓	4.67	11.990		1,260	275	110	1,645	1,925	
	9000	Station service equipment										
	9100	Conversion equipment										
	9110	Station service transformers	R-11	5.60	10	Ea.	39,780	230	93	40,103	44,200	
	9120	Battery chargers		11.20	5	"	1,600	115	47	1,762	1,975	
	9200	Control batteries	↓	14	4	KAH	36.50	92	37	165.50	220	

171 | S.F., C.F. and % of Total Costs

	171 000	S.F. & C.F. Costs			UNIT	UNIT COSTS ¼	MEDIAN	¾	% OF TOTAL ¼	MEDIAN	¾	
010	0010	APARTMENTS Low Rise (1 to 3 story)	C14.1 -000	C14.1 -100	S.F.	35.20	44.30	59.35				010
	0020	Total project cost			C.F.	3.16	4.16	5.15				

For expanded coverage of these items see *Means Square Foot Cost Data 1991*

171 | S.F., C.F. and % of Total Costs

	171 000	S.F. & C.F. Costs	UNIT	UNIT COSTS ¼	MEDIAN	¾	% OF TOTAL ¼	MEDIAN	¾	
010	2720	Plumbing	S.F.	2.76	3.61	4.61	6.80%	9%	10.20%	010
	2770	Heating, ventilating, air conditioning		1.76	2.13	3.18	4.20%	5.80%	7.60%	
	2900	Electrical		2.05	2.74	3.80	5.20%	6.70%	8.60%	
	3100	Total: Mechanical & Electrical	↓	6.15	7.55	9.95	15.90%	18.30%	22.80%	
	9000	Per apartment unit, total cost	Apt.	27,700	40,700	60,700				
	9500	Total: Mechanical & Electrical	"	5,100	7,425	10,500				
020	0010	APARTMENTS Mid Rise (4 to 7 story)	S.F.	45.05	55.40	68.20				020
	0020	Total project costs	C.F.	3.65	5.10	6				
	2720	Plumbing	S.F.	2.75	3.47	4.69	6.20%	7.20%	8.90%	
	2900	Electrical		3.13	4.21	5.15	6.60%	7.20%	8.90%	
	3100	Total: Mechanical & Electrical	↓	8.65	10.90	13.20	17.90%	20.10%	22.30%	
	9000	Per apartment unit, total cost	Apt.	42,500	53,600	68,200				
	9500	Total: Mechanical & Electrical	"	10,400	12,100	17,700				
030	0010	APARTMENTS High Rise (8 to 24 story)	S.F.	53.10	64.35	72.45				030
	0020	Total project costs	C.F.	4.39	6.15	7.45				
	2720	Plumbing	S.F.	3.41	4.63	5.80	6.70%	9.10%	10.40%	
	2900	Electrical		3.66	4.72	6.30	6.40%	7.60%	9.10%	
	3100	Total: Mechanical & Electrical	↓	10.80	13.35	16.85	18.20%	22.30%	24.50%	
	8000									
	9000	Per apartment unit, total cost	Apt.	49,800	58,500	63,300				
	9500	Total: Mechanical & Electrical	"	12,000	13,700	14,600				
040	0010	AUDITORIUMS	S.F.	53.25	75.80	98.65				040
	0020	Total project costs	C.F.	3.53	4.92	6.70				
	2720	Plumbing	S.F.	3.42	4.55	5.90	5.70%	6.80%	8.40%	
	2770	Heating, ventilating, air conditioning		7.15	17.25	20.05	6.90%	16%	19.80%	
	2900	Electrical		4.37	6.30	8.45	6.70%	8.80%	11%	
	3100	Total: Mechanical & Electrical		9.05	12.40	21.65	14.70%	18.70%	24.40%	
050	0010	AUTOMOTIVE SALES	↓	37.15	47.05	61.30				050
	0020	Total project costs	C.F.	2.78	3.24	4.20				
	2720	Plumbing	S.F.	1.86	2.61	3.55	2.80%	5.90%	6.40%	
	2770	Heating, ventilating, air conditioning		2.71	4.47	6.45	6.30%	10.20%	10.70%	
	2900	Electrical		3.18	5.10	7.45	7.30%	9.90%	12.30%	
	3100	Total: Mechanical & Electrical		6.70	12.65	15.05	15.40%	19.10%	30.30%	
060	0010	BANKS	↓	82	103	135				060
	0020	Total project costs	C.F.	5.80	7.90	10.40				
	2720	Plumbing	S.F.	2.69	3.84	5.65	2.90%	4%	5%	
	2770	Heating, ventilating, air conditioning		5.05	7	9.95	5.10%	7.40%	8.70%	
	2900	Electrical		7.95	10.45	13.90	8.30%	10.30%	12.20%	
	3100	Total: Mechanical & Electrical		13.25	18.50	26.15	14.20%	18.20%	23.50%	
130	0010	CHURCHES	↓	54.05	67.40	86.10				130
	0020	Total project costs	C.F.	3.45	4.31	5.65				
	2720	Plumbing	S.F.	2.16	3.03	4.46	3.60%	4.90%	6.30%	
	2770	Heating, ventilating, air conditioning		5.05	6.55	9.40	7.70%	10%	12.10%	
	2900	Electrical		4.48	6	7.80	7.20%	8.70%	10.70%	
	3100	Total: Mechanical & Electrical		9.70	13.90	18.40	16.20%	21.80%	26.40%	
150	0010	CLUBS, COUNTRY	↓	55	66.05	86.40				150
	0020	Total project costs	C.F.	4.68	5.70	7.95				
	2720	Plumbing	S.F.	3.51	4.71	8.55	5.40%	8.90%	10%	
	2770	Heating, ventilating, air conditioning		3.25	7	11	6.70%	10.50%	12.70%	
	2900	Electrical		3.92	6.95	8.60	7%	9.70%	11.30%	
	3100	Total: Mechanical & Electrical		10.65	16.25	24.20	17.20%	24.20%	30.90%	
170	0010	CLUBS, SOCIAL Fraternal	↓	47.20	65.05	84.90				170
	0020	Total project costs	C.F.	2.89	4.34	5.34				
	2720	Plumbing	S.F.	2.21	3.50	4.41	4.90%	6.80%	7.80%	
	2770	Heating, ventilating, air conditioning		4.19	5.60	6.85	8.20%	10.80%	12.50%	
	2900	Electrical		3.31	5.70	6.55	6.70%	9.40%	11.50%	
	3100	Total: Mechanical & Electrical	↓	10.05	13.65	19.20	17.80%	26.50%	33.10%	

For expanded coverage of these items see *Means Square Foot Cost Data 1991*

171 | S.F., C.F. and % of Total Costs

171 000 | S.F. & C.F. Costs

				UNIT COSTS			% OF TOTAL		
			UNIT	¼	MEDIAN	¾	¼	MEDIAN	¾
180	0010	CLUBS, Y.M.C.A.	S.F.	54.90	69.80	88.70			
	0020	Total project costs	C.F.	2.68	4.45	5.35			
	2720	Plumbing	S.F.	3.96	7.25	8.21	6%	9.70%	11.60%
	2900	Electrical		3.88	5.45	8.70	6.40%	8.20%	10.50%
	3100	Total: Mechanical & Electrical	↓	11.05	16	25.90	16.20%	23.40%	30%
190	0010	COLLEGES Classrooms & Administration	S.F.	67.75	89.75	112			
	0020	Total project costs	C.F.	4.74	6.75	10			
	2720	Plumbing	S.F.	3.54	4.70	7.45	4%	6.40%	8.90%
	2770	Heating, ventilating, air conditioning		7.15	10.30	16.90	8.70%	12.20%	14.60%
	2900	Electrical		5.20	7.25	12.85	7.70%	9.90%	12%
	3100	Total: Mechanical & Electrical		15	22	33.05	18.70%	28.20%	35.10%
210	0010	COLLEGES Science, Engineering, Laboratories	↓	79.80	109	129			
	0020	Total project costs	C.F.	5.85	8.05	9.30			
	2720	Plumbing	S.F.	3.83	5.75	8	5.90%	6.80%	8%
	2770	Heating, ventilating, air conditioning		6	12.30	14.50	8.20%	14.40%	19.10%
	2900	Electrical		7.35	10.70	14.75	7.80%	9.60%	12%
	3100	Total: Mechanical & Electrical		24.85	34.75	51.75	25.40%	34%	38.70%
230	0010	COLLEGES Student Unions	↓	68.85	96.95	112			
	0020	Total project costs	C.F.	3.89	4.97	6.30			
	2720	Plumbing	S.F.	4.78	6.25	7.15	4.30%	6.50%	8.60%
	2770	Heating, ventilating, air conditioning		10.50	12.30	17.80	10.90%	14.10%	17.50%
	2900	Electrical		5.55	8.20	11.10	7.30%	9.70%	10.60%
	3100	Total: Mechanical & Electrical		18.15	25.55	30.40	22.90%	26%	30.10%
250	0010	COMMUNITY CENTERS	↓	57.50	70.65	91.05			
	0020	Total project costs	C.F.	3.58	5.15	6.65			
	2720	Plumbing	S.F.	2.99	4.85	6.60	5.40%	6.90%	9.30%
	2770	Heating, ventilating, air conditioning		4.62	6.65	9.10	7.50%	10.10%	12.70%
	2900	Electrical		4.86	6.30	8.85	7.40%	9.20%	11.10%
	3100	Total: Mechanical & Electrical		11.70	17.80	25.45	19.50%	26%	31.10%
280	0010	COURT HOUSES	↓	76.45	94	116			
	0020	Total project costs	C.F.	6.20	7	8.15			
	2720	Plumbing	S.F.	3.93	5.40	6.25	3.90%	6.60%	7.40%
	2770	Heating, ventilating, air conditioning		10.45	11.65	12.70	10.30%	12.60%	14.80%
	2900	Electrical		7.25	9	14.50	8.40%	9.80%	11.50%
	3100	Total: Mechanical & Electrical		16.75	23.90	34.40	20.10%	25.70%	29.70%
300	0010	DEPARTMENT STORES	↓	31.15	41.55	49.10			
	0020	Total project costs	C.F.	1.40	2.05	2.54			
	2720	Plumbing	S.F.	1.01	1.39	1.83	2.80%	3.90%	5.80%
	2770	Heating, ventilating, air conditioning		3.24	4.30	6.75	9%	11.80%	15%
	2900	Electrical		3.56	4.83	6	10.40%	12.10%	14%
	3100	Total: Mechanical & Electrical		6.70	12.75	14.20	22%	26.90%	32.90%
310	0010	DORMITORIES Low Rise (1 to 3 story)	↓	50.30	68.20	86.40			
	0020	Total project costs	C.F.	4.35	6.20	8.15			
	2720	Plumbing	S.F.	3.50	4.39	5.90	8%	8.90%	9.60%
	2770	Heating, ventilating, air conditioning		3.70	4.25	5.90	4.60%	7.60%	9.90%
	2900	Electrical		3.58	5.25	6.45	6.40%	8.70%	9.50%
	3100	Total: Mechanical & Electrical	↓	8.45	14.20	19.35	18.40%	22.50%	28.40%
	9000	Per bed, total cost	Bed	10,400	17,200	26,900			
320	0010	DORMITORIES Mid Rise (4 to 8 story)	S.F.	72.95	86.35	111			
	0020	Total project costs	C.F.	7.14	8.65	10.25			
	2720	Plumbing	S.F.	5.75	6.70	8.45	6.40%	10%	10.30%
	2900	Electrical		5.95	8.30	10.10	8%	8.90%	10.10%
	3100	Total: Mechanical & Electrical	↓	15.50	19.15	27.30	18.10%	22.20%	30.60%
	9000	Per bed, total cost	Bed	14,400	20,500	23,000			
340	0010	FACTORIES	S.F.	26.05	36.35	62.30			
	0020	Total project costs	C.F.	1.91	2.43	3.59			

For expanded coverage of these items see *Means Square Foot Cost Data 1991*

171 | S.F., C.F. and % of Total Costs

171 000 | S.F. & C.F. Costs

		Description	UNIT	UNIT COSTS ¼	UNIT COSTS MEDIAN	UNIT COSTS ¾	% OF TOTAL ¼	% OF TOTAL MEDIAN	% OF TOTAL ¾	
340	2900	Electrical	S.F.	3.58	8.05	9.05	8.90%	11.30%	15.80%	340
	3100	Total: Mechanical & Electrical		9.60	15.35	22.10	18.50%	28%	34%	
360	0010	**FIRE STATIONS**	↓	54.35	73.20	88.30				360
	0020	Total project costs	C.F.	3.47	4.67	5.85				
	2720	Plumbing	S.F.	3.49	5.45	7.40	5.90%	7.30%	9.50%	
	2770	Heating, ventilating, air conditioning		2.99	4.80	7.65	4.80%	7.30%	9.20%	
	2900	Electrical		4.09	6.80	9.75	7.20%	9.60%	11.90%	
	3100	Total: Mechanical & Electrical		10.35	16	22.10	17.50%	22.60%	27.50%	
370	0010	**FRATERNITY HOUSES** And Sorority Houses	↓	53.70	64.10	71.50				370
	0020	Total project costs	C.F.	5.15	6.25	6.90				
	2720	Plumbing	S.F.	4.05	4.74	6.30	5.90%	8%	10.80%	
	2900	Electrical		3.54	4.66	8.45	6.50%	8.80%	10.40%	
	3100	Total: Mechanical & Electrical	↓	10.05	14.25	17.15	14.60%	20.70%	24.20%	
380	0010	**FUNERAL HOMES**	S.F.	51.10	64.25	94.15				380
	0020	Total project costs	C.F.	3.61	5.20	6.45				
	2720	Plumbing	S.F.	2.02	2.81	3.05	4.10%	4.40%	4.70%	
	2770	Heating, ventilating, air conditioning		4.50	4.55	5.45	7%	9.20%	10.40%	
	2900	Electrical		3.38	4.58	6.55	5.90%	7.70%	11%	
	3100	Total: Mechanical & Electrical		9.25	12.25	14.15	17.80%	20.80%	27.10%	
390	0010	**GARAGES, COMMERCIAL** (service)	↓	30.90	48.45	63.90				390
	0020	Total project costs	C.F.	1.97	2.89	4.16				
	2720	Plumbing	S.F.	1.98	3.12	6.25	4.90%	7.40%	11%	
	2730	Heating & ventilating		2.91	4	4.83	5.20%	7.20%	9.50%	
	2900	Electrical		2.71	4.49	6.30	7%	9%	11.10%	
	3100	Total: Mechanical & Electrical		6.40	11.35	16.30	15.70%	21.90%	27.80%	
400	0010	**GARAGES, MUNICIPAL** (repair)	↓	39	53.50	81				400
	0020	Total project costs	C.F.	2.44	3.40	4.55				
	2720	Plumbing	S.F.	2.06	3.87	6.35	4.10%	6.90%	8.70%	
	2730	Heating & ventilating		2.58	4.62	6.95	6.10%	7.80%	11.60%	
	2900	Electrical		2.97	4.65	6.80	6.60%	8.10%	10.50%	
	3100	Total: Mechanical & Electrical		7.80	15.50	21.90	17%	24.40%	32.40%	
410	0010	**GARAGES, PARKING**	↓	17.75	22.50	37.35				410
	0020	Total project costs	C.F.	1.53	2.03	3.34				
	2720	Plumbing	S.F.	.32	.62	.90	2.10%	2.80%	3.80%	
	2900	Electrical		.75	1.09	1.76	4.20%	5.20%	6.50%	
	3100	Total: Mechanical & Electrical	↓	1.29	1.74	2.60	7.10%	8.30%	9.50%	
	9000	Per car, total cost	Car	5,675	7,725	10,900				
	9500	Total: Mechanical & Electrical	"	405	610	910				
430	0010	**GYMNASIUMS**	S.F.	46.15	62.60	80.70				430
	0020	Total project costs	C.F.	2.32	3.23	4.03				
	2720	Plumbing	S.F.	2.87	3.91	4.85	4.80%	7.20%	8.30%	
	2770	Heating, ventilating, air conditioning		3.03	5.30	8.65	7.20%	9.70%	14%	
	2900	Electrical		3.92	4.76	6.60	6.20%	8.90%	10.60%	
	3100	Total: Mechanical & Electrical		8.45	13.10	16.95	16.60%	21.80%	27.40%	
460	0010	**HOSPITALS**	↓	103	123	172				460
	0020	Total project costs	C.F.	7.55	9.20	12.70				
	2720	Plumbing	S.F.	9.05	11.55	15.65	7.50%	9.10%	10.80%	
	2770	Heating, ventilating, air conditioning		9.85	16.30	22.55	8.40%	13.80%	16.70%	
	2900	Electrical		10.50	14.15	21.55	9.90%	12.20%	15.10%	
	3100	Total: Mechanical & Electrical	↓	30.65	42.35	61	28.20%	35.90%	40.30%	
	9000	Per bed or person, total cost	Bed	27,800	56,300	68,200				
480	0010	**HOUSING** For the Elderly	S.F.	49.45	62	77.75				480
	0020	Total project costs	C.F.	3.49	4.86	6.20				
	2720	Plumbing	S.F.	3.74	5.15	7	8.30%	9.60%	10.80%	
	2730	Heating, ventilating, air conditioning	"	1.69	2.59	3.56	3.20%	5.60%	6.80%	

For expanded coverage of these items see *Means Square Foot Cost Data 1991*

171 | S.F., C.F. and % of Total Costs

171 000 | S.F. & C.F. Costs

			UNIT	UNIT COSTS ¼	UNIT COSTS MEDIAN	UNIT COSTS ¾	% OF TOTAL ¼	% OF TOTAL MEDIAN	% OF TOTAL ¾	
480	2900	Electrical	S.F.	3.64	5.10	6.95	7.50%	9%	10.60%	480
	2910	Electrical incl. electric heat		4.20	7.90	9	9.60%	11.10%	12.60%	
	3100	Total: Mechanical & Electrical	↓	9.15	12.75	16.55	18.30%	21.70%	24.70%	
	9000	Per rental unit, total cost	Unit	44,600	52,400	57,400				
	9500	Total: Mechanical & Electrical	"	8,600	10,800	12,900				
500	0010	**HOUSING** Public (low-rise)	S.F.	38.80	52.65	71.65				500
	0020	Total project costs	C.F.	3.21	4.17	5.30				
	2720	Plumbing	S.F.	2.74	3.85	4.85	6.80%	9%	11.50%	
	2730	Heating, ventilating, air conditioning		1.46	2.84	3.03	4.20%	6%	6.40%	
	2900	Electrical		2.42	3.44	4.87	4.90%	6.40%	8.10%	
	3100	Total: Mechanical & Electrical	↓	7.15	10.25	14.30	14.90%	19.10%	22.20%	
	9000	Per apartment, total cost	Apt.	41,900	47,500	59,300				
	9500	Total: Mechanical & Electrical	"	7,025	9,650	12,100				
510	0010	**ICE SKATING RINKS**	S.F.	36	49.95	88.10				510
	0020	Total project costs	C.F.	2.03	2.54	2.99				
	2720	Plumbing	S.F.	1.07	1.59	2.42	3.10%	3.20%	4.60%	
	2900	Electrical		2.82	3.70	5.15	5.70%	7%	10.10%	
	3100	Total: Mechanical & Electrical	↓	5.10	7.25	10.90	12.40%	16.40%	25.90%	
520	0010	**JAILS**	S.F.	115	130	156				520
	0020	Total project costs	C.F.	8.50	10.95	13.20				
	2720	Plumbing	S.F.	6.70	11.55	13.90	7%	8.30%	12%	
	2770	Heating, ventilating, air conditioning		6.75	12.15	17.65	6.30%	9.40%	12.10%	
	2900	Electrical		10.55	13.05	16.75	7.80%	10.40%	12.40%	
	3100	Total: Mechanical & Electrical		25.70	36.20	49.40	23.20%	29.90%	35.30%	
530	0010	**LIBRARIES**	↓	64.45	79.15	98.75				530
	0020	Total project costs	C.F.	4.64	5.45	6.80				
	2720	Plumbing	S.F.	2.62	3.62	4.85	3.60%	4.50%	5.70%	
	2770	Heating, ventilating, air conditioning		6.55	9.25	11.95	8.70%	11%	13%	
	2900	Electrical		6.60	8.40	10.75	8.40%	10.90%	12.10%	
	3100	Total: Mechanical & Electrical		13.90	19.10	27.45	19.40%	24.50%	29.40%	
550	0010	**MEDICAL CLINICS**	↓	62.25	76.50	95.35				550
	0020	Total project costs	C.F.	4.72	6.25	8.10				
	2720	Plumbing	S.F.	4.27	5.90	8.10	6%	8.40%	10%	
	2770	Heating, ventilating, air conditioning		5.20	6.65	9.85	6.70%	8.90%	11.70%	
	2900	Electrical		5.50	7.40	9.80	8.10%	9.90%	11.90%	
	3100	Total: Mechanical & Electrical		13.55	17.45	24.40	19%	24.40%	29.70%	
570	0010	**MEDICAL OFFICES**	↓	57.20	71.90	87.45				570
	0020	Total project costs	C.F.	4.44	5.95	7.90				
	2720	Plumbing	S.F.	3.49	5.20	7.10	5.70%	6.90%	9.20%	
	2770	Heating, ventilating, air conditioning		4.04	6.10	7.90	6.50%	8%	10.40%	
	2900	Electrical		4.83	6.95	9.30	7.60%	9.70%	11.70%	
	3100	Total: Mechanical & Electrical		11.30	16.05	21.05	17.30%	22.40%	27.10%	
590	0010	**MOTELS**	↓	41.75	55.85	75.85				590
	0020	Total project costs	C.F.	3.61	5.55	8.50				
	2720	Plumbing	S.F.	3.76	4.70	5.70	9.40%	10.60%	12.50%	
	2770	Heating, ventilating, air conditioning		1.99	3.42	4.99	4.90%	5.60%	8.20%	
	2900	Electrical		3.48	4.27	5.50	7%	8.10%	10.40%	
	3100	Total: Mechanical & Electrical	↓	8.25	10.85	14.50	17.90%	23.10%	26.20%	
	9000	Per rental unit, total cost	Unit	14,900	28,400	38,800				
	9500	Total: Mechanical & Electrical	"	4,025	5,700	6,150				
600	0010	**NURSING HOMES**	S.F.	57.40	75.75	92.15				600
	0020	Total project costs	C.F.	4.58	6	8				
	2720	Plumbing	S.F.	5.10	6.25	9.10	9.30%	10.30%	13.30%	
	2770	Heating, ventilating, air conditioning		5.20	7.25	9.30	9.20%	11.40%	11.80%	
	2900	Electrical		5.75	7.25	9.45	9.70%	11%	12.80%	
	3100	Total: Mechanical & Electrical	↓	13.40	17.90	26.95	22.30%	28.30%	33.30%	

For expanded coverage of these items see *Means Square Foot Cost Data 1991*

171 | S.F., C.F. and % of Total Costs

171 000 | S.F. & C.F. Costs

				UNIT COSTS			% OF TOTAL			
			UNIT	¼	MEDIAN	¾	¼	MEDIAN	¾	
600	9000	Per bed or person, total cost	Bed	22,200	28,900	36,700				600
610	0010	**OFFICES** Low-Rise (1 to 4 story)	S.F.	47.10	60.35	79.90				610
	0020	Total project costs	C.F.	3.49	4.86	6.55				
	2720	Plumbing	S.F.	1.79	2.70	3.86	3.60%	4.50%	6%	
	2770	Heating, ventilating, air conditioning		3.81	5.35	7.84	7.20%	10.40%	11.90%	
	2900	Electrical		3.98	5.50	7.55	7.40%	9.50%	11%	
	3100	Total: Mechanical & Electrical		8.25	12.25	17.90	14.90%	20.80%	26.80%	
620	0010	**OFFICES** Mid-Rise (5 to 10 story)	↓	52.95	65.05	87.25				620
	0020	Total project costs	C.F.	3.63	4.69	6.60				
	2720	Plumbing	S.F.	1.60	2.43	3.50	2.80%	3.60%	4.50%	
	2770	Heating, ventilating, air conditioning		3.94	5.65	9	7.60%	9.30%	11%	
	2900	Electrical		3.36	4.81	7.40	6.50%	8%	10%	
	3100	Total: Mechanical & Electrical		9.50	12.20	20.35	16.70%	20.50%	25.70%	
630	0010	**OFFICES** High-Rise (11 to 20 story)	↓	62.70	79.25	98.30				630
	0020	Total project costs	C.F.	4.01	5.70	8.10				
	2900	Electrical	S.F.	3.13	4.56	7	5.80%	7%	10.50%	
	3100	Total: Mechanical & Electrical		11.45	14.55	24.20	17.20%	21.40%	29.40%	
640	0010	**POLICE STATIONS**	↓	78.40	101	129				640
	0020	Total project costs	C.F.	5.75	7.45	9.90				
	2720	Plumbing	S.F.	4.28	6.25	10.50	5.60%	6.80%	10.70%	
	2770	Heating, ventilating, air conditioning		6.30	8.50	12.10	7%	10.50%	11.90%	
	2900	Electrical		7.85	12.50	15.80	9.40%	11.70%	14.70%	
	3100	Total: Mechanical & Electrical		21.25	26.55	34.70	22.60%	27.50%	33.10%	
650	0010	**POST OFFICES**	↓	63.85	76.20	99.55				650
	0020	Total project costs	C.F.	3.52	4.60	5.45				
	2720	Plumbing	S.F.	2.72	3.44	4.36	4.20%	5.30%	5.60%	
	2770	Heating, ventilating, air conditioning		3.93	5.25	8	6.60%	8%	9.80%	
	2900	Electrical		5	7.05	8.35	7.40%	9.40%	11%	
	3100	Total: Mechanical & Electrical		11	15.10	21	16.50%	21.40%	26.30%	
660	0010	**POWER PLANTS**	↓	375	555	850				660
	0020	Total project costs	C.F.	10.20	18.85	52.10				
	2900	Electrical	S.F.	22.05	57.65	93.80	9.20%	12.30%	18.40%	
	8100	Total: Mechanical & Electrical		66.55	143	322	28.80%	32.50%	52.60%	
670	0010	**RELIGIOUS EDUCATION**	↓	47.65	56.30	69.80				670
	0020	Total project costs	C.F.	2.81	3.97	5.25				
	2720	Plumbing	S.F.	2.02	2.94	4.06	3.90%	4.90%	6.90%	
	2770	Heating, ventilating, air conditioning		4.64	5.50	7.25	8.10%	9.90%	11.20%	
	2900	Electrical		3.62	4.82	6.55	7.20%	8.70%	10.30%	
	3100	Total: Mechanical & Electrical		7.85	10.75	16.15	14.70%	19.70%	22.90%	
690	0010	**RESEARCH** Laboratories and facilities	↓	68.20	103	152				690
	0020	Total project costs	C.F.	4	8.35	12.15				
	2720	Plumbing	S.F.	6.95	9.55	13.40	5.20%	8.30%	10.80%	
	2770	Heating, ventilating, air conditioning		6.75	22.05	26	7.20%	16.40%	17.70%	
	2900	Electrical		8.25	11.90	23.60	9.20%	11.50%	16.20%	
	3100	Total: Mechanical & Electrical		17.50	34.95	62.30	20.60%	31.90%	41.70%	
700	0010	**RESTAURANTS**	↓	68.15	89.75	116				700
	0020	Total project costs	C.F.	5.95	7.80	9.90				
	2720	Plumbing	S.F.	5.65	7.10	9.65	6%	8.20%	9.10%	
	2770	Heating, ventilating, air conditioning		7.75	10.20	13.20	9.40%	12.30%	13%	
	2900	Electrical		7.35	9.30	12.45	8.30%	10.40%	11.80%	
	3100	Total: Mechanical & Electrical	↓	16.15	22	29.30	18.30%	23.10%	31.40%	
	9000	Per seat unit, total cost	Seat	2,275	3,375	4,175				
	9500	Total: Mechanical & Electrical	"	490	645	1,020				
720	0010	**RETAIL STORES**	S.F.	31.65	43.60	57.60				720
	0020	Total project costs	C.F.	2.23	3.15	4.39				
	2720	Plumbing	S.F.	1.19	1.98	3.53	3.10%	4.50%	6.80%	
	2770	Heating, ventilating, air conditioning	"	2.61	3.58	5.30	6.70%	8.60%	10.10%	

For expanded coverage of these items see *Means Square Foot Cost Data 1991*

171 | S.F., C.F. and % of Total Costs

	171 000	S.F. & C.F. Costs	UNIT	UNIT COSTS ¼	MEDIAN	¾	% OF TOTAL ¼	MEDIAN	¾	
720	2900	Electrical	S.F.	3.01	4.07	5.95	7.40%	10%	11.90%	720
	3100	Total: Mechanical & Electrical		5.50	8.40	11.90	14.90%	18.80%	24.20%	
740	0010	**SCHOOLS** Elementary		53.25	65.40	78.20				740
	0020	Total project costs	C.F.	3.59	4.53	5.80				
	2720	Plumbing	S.F.	3.09	4.45	5.85	5.60%	7.10%	9.20%	
	2730	Heating & ventilating		4.65	7.50	10.35	8.10%	10.80%	15.10%	
	2900	Electrical		4.87	6.15	7.95	8.40%	10%	11.70%	
	3100	Total: Mechanical & Electrical		11.20	16.30	21	20%	26%	32%	
	9000	Per pupil, total cost	Ea.	4,750	7,325	9,950				
	9500	Total: Mechanical & Electrical	"	1,425	2,125	5,050				
760	0010	**SCHOOLS** Junior High & Middle	S.F.	56.50	65.95	78.90				760
	0020	Total project costs	C.F.	3.50	4.40	5.10				
	2720	Plumbing	S.F.	3.30	3.99	5.20	5.40%	6.90%	8.10%	
	2770	Heating, ventilating, air conditioning		4.05	7.75	10.90	8.70%	11.50%	17.40%	
	2900	Electrical		5.10	6.40	7.50	7.80%	9.30%	10.60%	
	3100	Total: Mechanical & Electrical		11.90	16.15	23.10	19.30%	27%	32.20%	
	9000	Per pupil, total cost	Ea.	5,075	7,525	9,875				
780	0010	**SCHOOLS** Senior High	S.F.	57.15	66.10	88.65				780
	0020	Total project costs	C.F.	3.60	4.43	5.60				
	2720	Plumbing	S.F.	2.95	4.96	7.90	5%	6.50%	8%	
	2770	Heating, ventilating, air conditioning		6.75	7.60	10.90	8.90%	11.50%	14.20%	
	2900	Electrical		5.65	7.40	11.20	8.30%	10%	11.80%	
	3100	Total: Mechanical & Electrical		11.95	18.65	24.45	16.90%	24.30%	29.70%	
	9000	Per pupil, total cost	Ea.	6,875	9,425	12,100				
800	0010	**SCHOOLS** Vocational	S.F.	46.55	62.85	84.05				800
	0020	Total project costs	C.F.	2.90	4.04	5.55				
	2720	Plumbing	S.F.	3.04	4.59	6.60	5.40%	6.90%	8.50%	
	2770	Heating, ventilating, air conditioning		5.40	7.80	13.05	8.80%	12.10%	15.90%	
	2900	Electrical		4.99	6.75	9.70	9%	11.50%	13.80%	
	3100	Total: Mechanical & Electrical		11.55	16.85	25.30	21.10%	29.30%	35.90%	
	9000	Per pupil, total cost	Ea.	6,650	17,200	25,800				
830	0010	**SPORTS ARENAS**	S.F.	40.80	51.40	65.55				830
	0020	Total project costs	C.F.	2.22	4.04	5.10				
	2720	Plumbing	S.F.	2.09	3.58	6.40	4.30%	6.30%	8.50%	
	2770	Heating, ventilating, air conditioning		4.33	6.05	7.85	5.80%	10.20%	13.50%	
	2900	Electrical		3.37	5.65	6.95	7.10%	9.70%	12.20%	
	3100	Total: Mechanical & Electrical		7.45	13.25	17.05	13.40%	22.50%	30.80%	
850	0010	**SUPERMARKETS**		37.60	43.35	50.20				850
	0020	Total project costs	C.F.	2.06	2.45	3.17				
	2720	Plumbing	S.F.	2.02	2.65	3.12	5%	6%	6.90%	
	2770	Heating, ventilating, air conditioning		3.10	3.69	4.51	8.50%	8.50%	9.50%	
	2900	Electrical		4.40	5.35	6.55	10.30%	12.40%	13.50%	
	3100	Total: Mechanical & Electrical		7.30	10.55	12.95	18.10%	22.40%	27.70%	
860	0010	**SWIMMING POOLS**		57.30	74.15	105				860
	0020	Total project costs	C.F.	5	5.80	6.80				
	2720	Plumbing	S.F.	4.02	6.60	9.25	4.60%	9.60%	12.40%	
	2900	Electrical		4.36	6.15	9.30	6.50%	7.60%	7.90%	
	3100	Total: Mechanical & Electrical		10.10	18.15	35.65	17.50%	24.90%	31%	
870	0010	**TELEPHONE EXCHANGES**	S.F.	82.90	119	150				870
	0020	Total project costs	C.F.	5.15	7.70	10.75				
	2720	Plumbing	S.F.	2.87	4.93	7.30	3.50%	5.70%	6.60%	
	2770	Heating, ventilating, air conditioning		6.95	16	19.90	11.70%	16%	18.40%	
	2900	Electrical		7.60	13.05	23.60	10.70%	13.90%	17.80%	
	3100	Total: Mechanical & Electrical		16.95	23.65	46.20	20.30%	30.80%	35%	

For expanded coverage of these items see *Means Square Foot Cost Data 1991*

171 | S.F., C.F. and % of Total Costs

171 000	S.F. & C.F. Costs	UNIT	UNIT COSTS ¼	UNIT COSTS MEDIAN	UNIT COSTS ¾	% OF TOTAL ¼	% OF TOTAL MEDIAN	% OF TOTAL ¾	
890	0010 **TERMINALS** Bus	S.F.	37.75	57.25	72.40				890
	0020 Total project costs	C.F.	1.86	3.18	4.13				
	2720 Plumbing	S.F.	1.25	2.82	4.35	2.30%	7.20%	8.80%	
	2900 Electrical		1.94	4.42	7.45	7.50%	8%	11.80%	
	3100 Total: Mechanical & Electrical		1.98	6.05	10.05	8.30%	16.90%	19.60%	
910	0010 **THEATERS**	S.F.	46.95	61.35	92.85				910
	0020 Total project costs	C.F.	2.49	3.55	5.15				
	2720 Plumbing	S.F.	1.59	1.84	5.50	2.90%	4.60%	6.10%	
	2770 Heating, ventilating, air conditioning		4.42	5.95	6.80	7.30%	11.60%	13.30%	
	2900 Electrical		4.46	6	11.70	8%	9.30%	12.20%	
	3100 Total: Mechanical & Electrical		10.55	12.50	23.15	17.10%	24.90%	27.40%	
940	0010 **TOWN HALLS** City Halls & Municipal Buildings		57.75	72.25	94.60				940
	0020 Total project costs	C.F.	3.92	5.90	7.30				
	2720 Plumbing	S.F.	2.02	3.96	6.95	4.20%	5.90%	7.90%	
	2770 Heating, ventilating, air conditioning		4.30	8.55	9.75	7%	9%	13.20%	
	2900 Electrical		4.58	6.80	9.40	7.90%	9.40%	11.30%	
	3100 Total: Mechanical & Electrical		9.60	15.90	23.15	15.80%	21.30%	29.10%	
970	0010 **WAREHOUSES** And Storage Buildings		20.70	28.55	44.05				970
	0020 Total project costs	C.F.	1.08	1.70	2.84				
	2720 Plumbing	S.F.	.70	1.21	2.31	2.80%	4.70%	6.40%	
	2730 Heating & ventilating		.80	2.09	3.02	2.40%	5%	8.30%	
	2900 Electrical		1.27	2.33	3.88	4.90%	7.20%	10%	
	3100 Total: Mechanical & Electrical		2.31	4.08	8.95	9.50%	15.40%	21.40%	
990	0010 **WAREHOUSE & OFFICES** Combination		25.15	32.95	45.50				990
	0020 Total project costs	C.F.	1.32	1.94	2.89				
	2720 Plumbing	S.F.	.99	1.70	2.65	3.60%	4.60%	6.20%	
	2770 Heating, ventilating, air conditioning		1.56	2.48	3.49	5%	5.60%	9.50%	
	2900 Electrical		1.70	2.52	4.01	5.70%	7.60%	9.90%	
	3100 Total: Mechanical & Electrical		3.59	5.60	8.55	11.70%	16.40%	22.10%	

For expanded coverage of these items see *Means Square Foot Cost Data 1991*

HOW TO USE ASSEMBLIES COST TABLES

System Number Determination (Section B)
Major system subdivision is **09.2**
(two digits plus decimal point plus last digit)
Major category within system subdivision is **710** (three digits)
Item line number is **0200** (four digits)
Complete system number is **B 09.2-710-0200**

System Components
The components of a typical system are listed separately to show the user an assumed makeup of that system's price. The price for each system in the table below is calculated in a similar fashion.

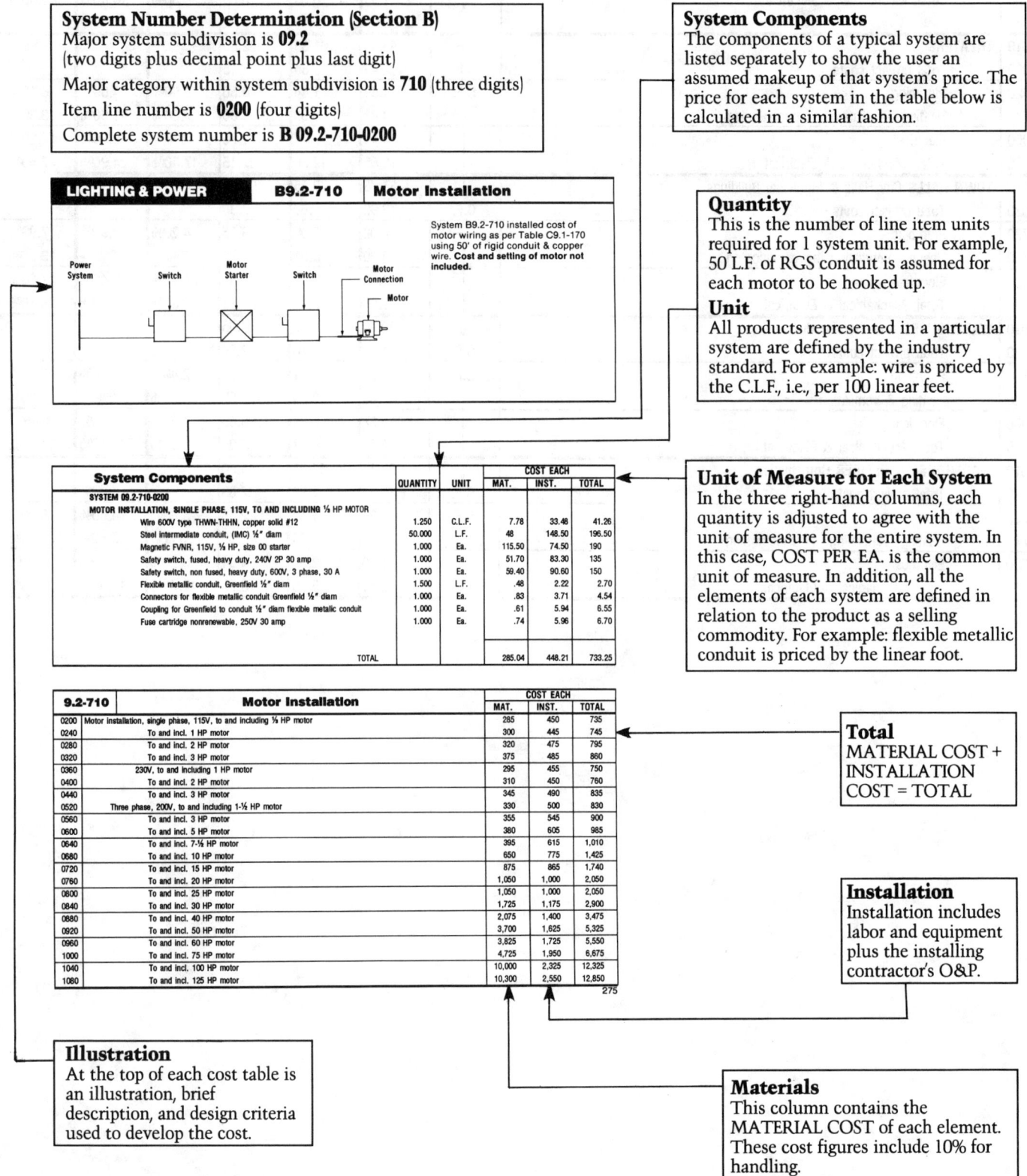

Quantity
This is the number of line item units required for 1 system unit. For example, 50 L.F. of RGS conduit is assumed for each motor to be hooked up.

Unit
All products represented in a particular system are defined by the industry standard. For example: wire is priced by the C.L.F., i.e., per 100 linear feet.

Unit of Measure for Each System
In the three right-hand columns, each quantity is adjusted to agree with the unit of measure for the entire system. In this case, COST PER EA. is the common unit of measure. In addition, all the elements of each system are defined in relation to the product as a selling commodity. For example: flexible metallic conduit is priced by the linear foot.

Total
MATERIAL COST + INSTALLATION COST = TOTAL

Installation
Installation includes labor and equipment plus the installing contractor's O&P.

Illustration
At the top of each cost table is an illustration, brief description, and design criteria used to develop the cost.

Materials
This column contains the MATERIAL COST of each element. These cost figures include 10% for handling.

SECTION B
ASSEMBLIES COSTS

Section B of this book provides the costs of construction "systems" made up by combining unit prices, including overhead and profit, from the Section A.

The System Components at the head of each table show typical unit price elements that are combined to create the total cost for each assembly in the table.

By choosing the assembly with characteristics nearest to those required by your job, an accurate estimate can be compiled quickly.

Assemblies Estimates are especially useful for preparing budget estimates, preparing feasibility studies, comparing the cost of optional construction methods, and checking the approximate magnitude of unit price estimates.

TABLE OF CONTENTS

REF. NO.		PAGE
8.0-000	**MECHANICAL SYSTEMS**	
8.1-110	Electric Water Heaters — Residential	232
8.1-160	Electric Water Heaters — Commercial	233
8.2-810	Halon Fire Suppression	234
8.3-110	Hydronic, Electric Boilers — Small	235
8.3-120	Hydronic, Electric Boilers — Large	236
9.0-100	**ELECTRIC SYSTEMS**	
9.0-110	**Estimating Procedure**	
9.0-111	Typical Commercial Service Entrance	237
9.0-112	Typical Commercial Electric System	237
9.0-113	Preliminary Procedure	238
9.0-114	Example	238
9.0-1151	Nominal Watts Per S.F. for Electric Systems	239
9.0-1152	HP Requirements for Elevators	239
9.0-1153	Watts Per Motor	239
9.0-116	Electrical Formulas	240
9.0-117	Cost per S.F. for Electric System	241-242
9.0-117	Cost per S.F. for the Total Electric System	243
9.1-100	**SERVICE & DISTRIBUTION**	
9.1-110	H.V. Shielded Conductor	244
9.1-210	Electrical Service	245

REF. NO.		PAGE
9.1-310	Electrical Feeder	246
9.1-410	Switchgear	247
9.2-000	**LIGHTING & POWER**	
9.2-200	**General**	
9.2-201	Illumination Levels in Footcandles	248
9.2-202	General Lighting Loads	249
9.2-203	Lighting Limits	249
9.2-204	Footcandle & Watt/S.F. Calculations	250
9.2-205	Watts/S.F. for Popular Fixture Types	250
9.2-212	Fluorescent Fixture (by Type)	251
9.2-213	Fluorescent Fixture (by Wattage)	252
9.2-222	Incandescent Fixture (by Type)	253
9.2-223	Incandescent Fixture (by Wattage)	254
9.2-232	H.I.D. Fixture (by Type), 8'-10' Elevation, 100 F.C.	255
9.2-233	H.I.D. Fixture (by Wattage)	256
9.2-234	H.I.D. Fixture (by Type), 16' Elevation	257
9.2-235	H.I.D. Fixture (by Wattage)	258
9.2-236	H.I.D. Fixture (by Type), 20' Elevation	259
9.2-237	H.I.D. Fixture (by Wattage)	260
9.2-238	H.I.D. Fixture (by Type), 30' Elevation	261

REF. NO.		PAGE
9.2-239	H.I.D. Fixture (by Wattage)	262
9.2-241	H.I.D. Fixture (by Type), 8'-10' Elevation, 50 F.C.	263
9.2-242	H.I.D. Fixture (by Wattage)	264
9.2-243	H.I.D. Fixture (by Type), 16' Elevation	265
9.2-244	H.I.D. Fixture (by Wattage)	266
9.2-252	Light Pole	267
9.2-522	Receptacle (by Wattage)	268
9.2-524	Receptacles	269
9.2-525	Receptacles & Wall Switches	270-271
9.2-542	Wall Switch by S.F.	272
9.2-582	Miscellaneous Power	273
9.2-610	Central A.C. Power (by Wattage)	274
9.2-710	Motor Installation	275-276
9.2-720	Motor Feeder	277
9.2-730	Magnetic Starter	278
9.2-740	Safety Switches	279
9.2-750	Motor Connections	280
9.2-760	Motor & Starter	281-283
9.4-000	**SPECIAL**	
9.4-100	Communication & Alarm	284
9.4-150	Telephone	285
9.4-310	Generator (by KW)	286
9.4-420	Baseboard Radiation	287
9.4-440	Baseboard Radiation	288
12.3-110	Trenching	289-291

PLUMBING B8.1-110 Electric Water Heaters - Resi.

Installation includes piping and fittings within 10' of heater. Electric water heaters do not require venting.

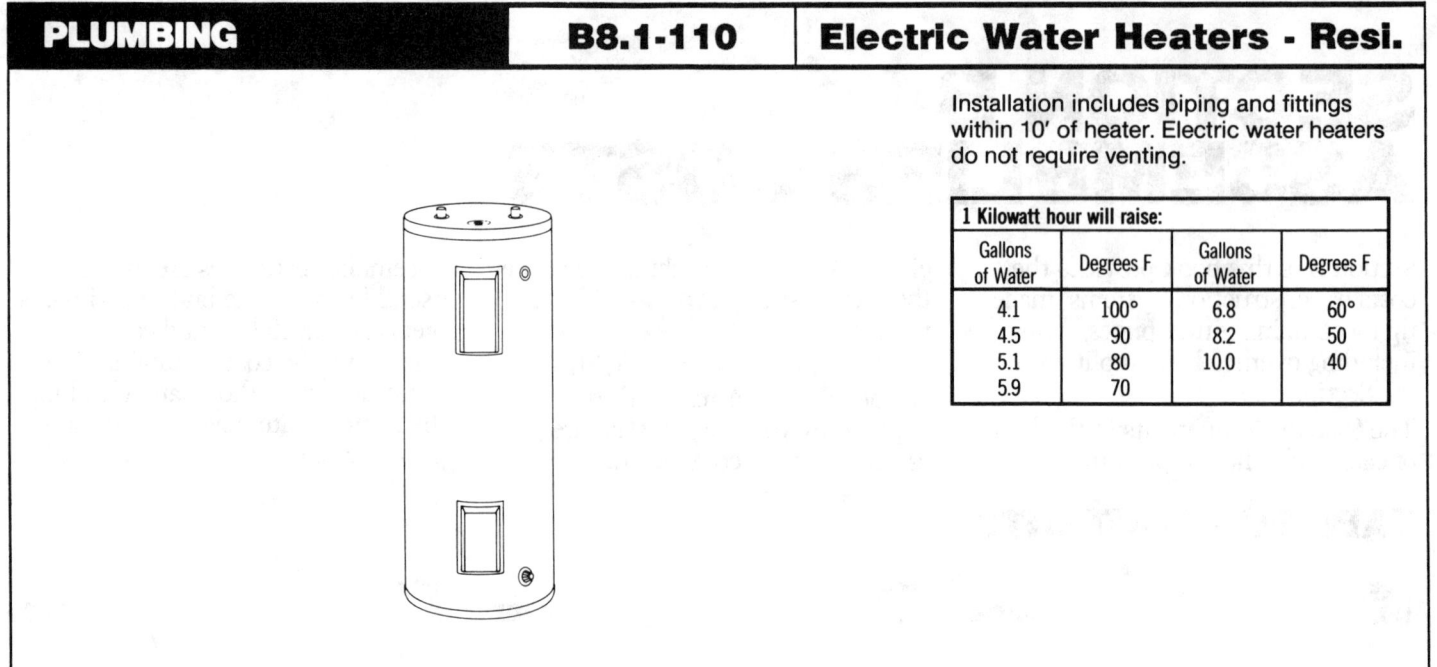

1 Kilowatt hour will raise:			
Gallons of Water	Degrees F	Gallons of Water	Degrees F
4.1	100°	6.8	60°
4.5	90	8.2	50
5.1	80	10.0	40
5.9	70		

System Components	QUANTITY	UNIT	COST EACH		
			MAT.	INST.	TOTAL
SYSTEM 08.1-110-1780 ELECTRIC WATER HEATER, RESIDENTIAL, 100° F RISE 10 GALLON TANK, 7 GPH					
Water heater, residential electric, glass lined tank, 10 Gal	1.000	Ea.	158.40	131.60	290
Copper tubing, type L, solder joint, hanger 10' OC ½" diam	30.000	L.F.	39	112.50	151.50
Wrought copper 90° elbow for solder joints ½" diam.	4.000	Ea.	1.28	60.72	62
Wrought copper Tee for solder joints, ½" diam	2.000	Ea.	1.08	46.92	48
Wrought copper union for soldered joints, ½" diam	2.000	Ea.	4.66	31.94	36.60
Valve, gate, bronze, 125 lb, NRS, soldered ½" diam	2.000	Ea.	23.98	26.02	50
Relief valve, bronze, press & temp, self-close, ¾" IPS	1.000	Ea.	47.30	10.70	58
Wrought copper adapter, CTS to MPT ¾" IPS	1.000	Ea.	1.24	14.46	15.70
Copper tubing, type L, solder joints, ¾" diam	1.000	L.F.	1.95	4	5.95
Wrought copper 90° elbow for solder joints ¾" diam	1.000	Ea.	.54	16.01	16.55
TOTAL			279.43	454.87	734.30

8.1-110	Electric Water Heaters - Residential Systems	COST EACH		
		MAT.	INST.	TOTAL
1760	Electric water heater, residential, 100° F rise			
1780	10 gallon tank, 7 GPH	280	455	735
1820	20 gallon tank, 7 GPH	340	490	830
1860	30 gallon tank, 7 GPH	405	510	915
1900	40 gallon tank, 8 GPH	465	560	1,025
1940	52 gallon tank, 10 GPH	495	565	1,060
1980	66 gallon tank, 13 GPH	710	645	1,355
2020	80 gallon tank, 16 GPH	775	675	1,450
2060	120 gallon tank, 23 GPH	1,175	785	1,960

PLUMBING B8.1-160 Elec. Water Htrs. - Comm.

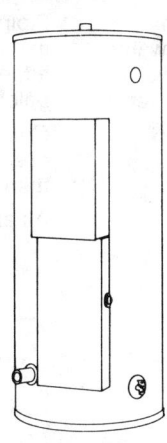

Systems below include piping and fittings within 10' of heater. Electric water heaters do not require venting.

System Components	QUANTITY	UNIT	COST EACH MAT.	COST EACH INST.	COST EACH TOTAL
SYSTEM 08.1-160-1820					
ELECTRIC WATER HEATER, COMMERCIAL, 100° F RISE					
50 GALLON TANK, 9 KW, 37 GPH					
Water heater, commercial, electric, 50 Gal, 9 KW, 37 GPH	1.000	Ea.	1,683	167	1,850
Copper tubing, type L, solder joint, hanger 10' OC, ¾" diam	34.000	L.F.	66.30	136	202.30
Wrought copper 90° elbow for solder joints ¾" diam	5.000	Ea.	2.70	80.05	82.75
Wrought copper Tee for solder joints, ¾" diam	2.000	Ea.	2.68	51.32	54
Wrought copper union for soldered joints, ¾" diam	2.000	Ea.	6.12	33.78	39.90
Valve, gate, bronze, 125 lb, NRS, soldered ¾" diam	2.000	Ea.	31.68	30.32	62
Relief valve, bronze, press & temp, self-close, ¾" IPS	1.000	Ea.	47.30	10.70	58
Wrought copper adapter, copper tubing to male, ¾" IPS	1.000	Ea.	1.24	14.46	15.70
TOTAL			1,841.02	523.63	2,364.65

8.1-160	Electric Water Heaters - Commercial Systems	COST EACH MAT.	COST EACH INST.	COST EACH TOTAL
1800	Electric water heater, commercial, 100° F rise			
1820	50 gallon tank, 9 KW 37 GPH	1,850	525	2,375
1860	80 gal, 12 KW 49 GPH	2,400	655	3,055
1900	36 KW 147 GPH	3,275	690	3,965
1940	120 gal, 36 KW 147 GPH	3,525	765	4,290
1980	150 gal, 120 KW 490 GPH	12,000	790	12,790
2020	200 gal, 120 KW 490 GPH	12,600	790	13,390
2060	250 gal, 150 KW 615 GPH	14,100	925	15,025
2100	300 gal, 180 KW 738 GPH	15,400	1,000	16,400
2140	350 gal, 30 KW 123 GPH	10,800	1,125	11,925
2180	180 KW 738 GPH	15,700	1,075	16,775
2220	500 gal, 30 KW 123 GPH	14,000	1,300	15,300
2260	240 KW 984 GPH	21,900	1,325	23,225
2300	700 gal, 30 KW 123 GPH	16,800	1,525	18,325
2340	300 KW 1230 GPH	26,600	1,475	28,075
2380	1000 gal, 60 KW 245 GPH	20,400	2,050	22,450
2420	480 KW 1970 GPH	35,900	2,100	38,000
2460	1500 gal, 60 KW 245 GPH	30,100	2,575	32,675
2500	480 KW 1970 GPH	42,700	2,525	45,225

For expanded coverage of these items see *Means Mechanical Cost Data* or *Means Plumbing Cost Data 1991*

FIRE PROTECTION — B8.2-810 — Halon Fire Suppression

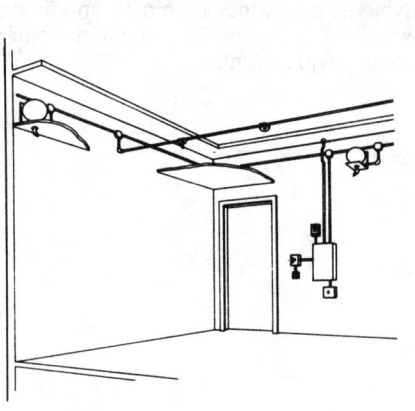

General: Automatic fire protection (suppression) systems other than water sprinklers may be desired for special environments, high risk areas, isolated locations or unusual hazards. Some typical applications would include:

- Paint dip tanks
- Securities vaults
- Electronic data processing
- Tape and data storage
- Transformer rooms
- Spray booths
- Petroleum storage
- High rack storage

Piping and wiring costs are dependent on the individual application and must be added to the component costs shown below.

Costs for large jobs and those using prefabrications will run 15 to 25% less than these.

All areas are assumed to be open.

8.2-810	Unit Components	COST EACH		
		MAT.	INST.	TOTAL
0020	Detectors with brackets			
0040	Fixed temperature heat detector	23	37	60
0060	Rate of temperature rise detector	29	37	66
0080	Ion detector (smoke) detector	54	46	100
0100				
0200	Extinguisher agent			
0240	200 lb halon, container	2,525	145	2,670
0280	75 lb carbon dioxide cylinder	785	94	879
0300				
0320	Dispersion nozzle			
0340	Halon 1-½″ dispersion nozzle	75	22	97
0380	Carbon dioxide 3″ x 5″ dispersion nozzle	53	17.20	70.20
0400				
0420	Control station			
0440	Single zone control station with batteries	1,150	295	1,445
0470	Multizone (4) control station with batteries	2,375	585	2,960
0490				
0500	Electric mechanical release	200	150	350
0520				
0550	Manual pull station	34	51	85
0570				
0640	Battery standby power 10″ x 10″ x 17″	585	72	657
0700				
0740	Bell signalling device	42	37	79

8.2-810	Halon Systems	COST PER C.F.		
		MAT.	INST.	TOTAL
0820	Average halon system, minimum			.55
0840	Maximum			1.50

HEATING — B8.3-110 — Hydronic, Electric Boilers

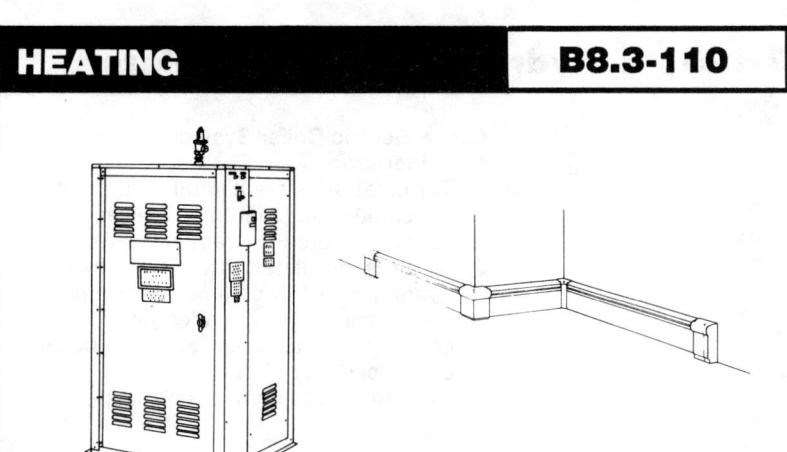

Boiler   Baseboard

Small Electric Boiler System Considerations:
1. Terminal units are fin tube baseboard radiation rated at 720 BTU/hr with 200° water temperature or 820 BTU/hr steam.
2. Primary use being for residential or smaller supplementary areas, the floor levels are based on 7-1/2' ceiling heights.
3. All distribution piping is copper for boilers through 205 MBH. All piping for larger systems is steel pipe.

System Components	QUANTITY	UNIT	COST EACH MAT.	INST.	TOTAL
SYSTEM 08.3-110-1120					
SMALL HEATING SYSTEM, HYDRONIC, ELECTRIC BOILER					
1,480 S.F., 61 MBH, STEAM, 1 FLOOR					
Boiler, electric steam, standard controls & trim, 18 KW, 61.4 MBH	1.000	Ea.	3,300	700	4,000
Copper tubing type L, solder joint, hanger 10'OC, 1-1/4" diam	160.000	L.F.	590.40	833.60	1,424
Radiation, 3/4" copper tube w/alum fin baseboard pkg 7" high	60.000	L.F.	508.20	565.80	1,074
Rough in baseboard panel or fin tube with valves & traps	10.000	Set	1,134.50	2,865.50	4,000
Boiler room fittings and valves	1.000	System	330	70	400
Pipe covering, calcium silicate w/cover 1" wall 1-1/4" diam	160.000	L.F.	321.60	534.40	856
Low water cut-off, quick hookup, in gage glass tappings	1.000	Ea.	115.50	19.50	135
TOTAL			6,300.20	5,588.80	11,889
COST PER S.F.			4.26	3.78	8.04

8.3-110	Small Heating Systems, Hydronic, Electric Boilers	COST PER S.F. MAT.	INST.	TOTAL
1100	Small heating systems, hydronic, electric boilers			
1120	Steam, 1 floor, 1480 S.F., 61 M.B.H.	4.25	3.77	8.02
1160	3,000 S.F., 123 M.B.H.	2.98	3.31	6.29
1200	5,000 S.F., 205 M.B.H.	2.56	3.04	5.60
1240	2 floors, 12,400 S.F., 512 M.B.H.	2.27	3.03	5.30
1280	3 floors, 24,800 S.F., 1023 M.B.H.	2.26	2.99	5.25
1320	34,750 S.F., 1,433 M.B.H.	2.12	2.90	5.02
1360	Hot water, 1 floor, 1,000 S.F., 41 M.B.H.	5.90	2.08	7.98
1400	2,500 S.F., 103 M.B.H.	4.06	3.77	7.83
1440	2 floors, 4,850 S.F., 205 M.B.H.	3.89	4.54	8.43
1480	3 floors, 9,700 S.F., 410 M.B.H.	3.93	4.71	8.64

For expanded coverage of these items see *Means Mechanical Cost Data* or *Means Plumbing Cost Data 1991*

HEATING B8.3-120 Hydronic, Electric Boilers

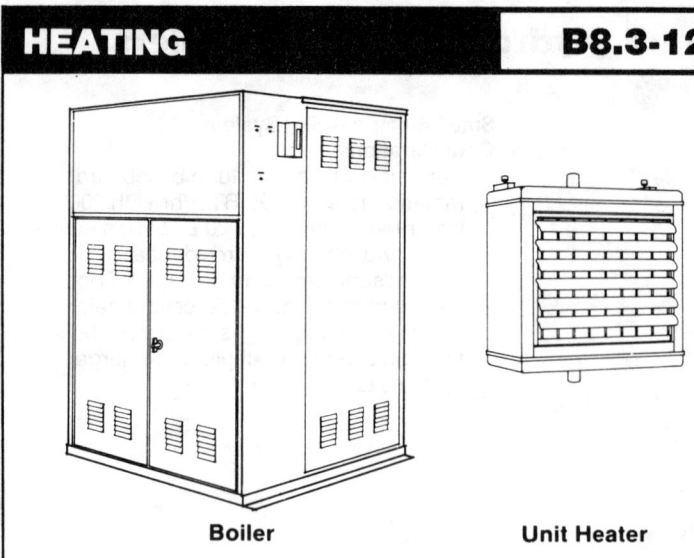

Boiler   Unit Heater

Large Electric Boiler System Considerations:
1. Terminal units are all unit heaters of the same size. Quantities are varied to accommodate total requirements.
2. All air is circulated through the heaters a minimum of three times per hour.
3. As the capacities are adequate for commercial use, floor levels are based on 10' ceiling heights.
4. All distribution piping is black steel pipe.

System Components	QUANTITY	UNIT	COST EACH		
			MAT.	INST.	TOTAL
SYSTEM 08.3-120-1240					
LARGE HEATING SYSTEM, HYDRONIC, ELECTRIC BOILER					
9,280 S.F., 150 KW, 510 MBH, 1 FLOOR					
Boiler, electric hot water, standard controls & trim 150 KW, 510 MBH	1.000	Ea.	6,765	1,135	7,900
Boiler room fittings and valves	1.000	System	3,382.50	567.50	3,950
Expansion tank, painted steel, 60 Gal capacity ASME	1.000	Ea.	1,617	83	1,700
Circulating pump, CI, close cpld, 50 GPM, 2 HP, 2" pipe conn	1.000	Ea.	918.50	181.50	1,100
Unit heater, 1 speed propeller, horizontal, 200° EWT, 72.7 MBH	7.000	Ea.	4,851	539	5,390
Unit heater piping hookup with controls	7.000	Set	1,661.38	4,533.62	6,195
Pipe, steel, black, schedule 40, welded, 2-½" diam	380.000	L.F.	1,561.80	4,765.20	6,327
Pipe covering, calcium silicate w/cover, 1" wall, 2-½" diam	380.000	L.F.	995.60	1,303.40	2,299
TOTAL			21,752.78	13,108.22	34,861
COST PER S.F.			2.34	1.41	3.75

8.3-120	Large Heating Systems, Hydronic, Electric Boilers	COST PER S.F.		
		MAT.	INST.	TOTAL
1230	Large heating systems, hydronic, electric boilers			
1240	9,280 S.F., 150 K.W., 510 M.B.H., 1 floor	2.34	1.41	3.75
1280	14,900 S.F., 240 K.W., 820 M.B.H., 2 floors	2.48	2.32	4.80
1320	18,600 S.F., 300 K.W., 1,024 M.B.H., 3 floors	2.58	2.55	5.13
1360	26,100 S.F., 420 K.W., 1,432 M.B.H., 4 floors	2.47	2.47	4.94
1400	39,100 S.F., 630 K.W., 2,148 M.B.H., 4 floors	2.17	2.06	4.23
1440	57,700 S.F., 900 K.W., 3,071 M.B.H., 5 floors	2.09	2.03	4.12
1480	111,700 S.F., 1,800 K.W., 6,148 M.B.H., 6 floors	1.86	1.74	3.60
1520	149,000 S.F., 2,400 K.W., 8,191 M.B.H., 8 floors	1.82	1.73	3.55
1560	223,300 S.F., 3,600 K.W., 12,283 M.B.H., 14 floors	1.85	1.97	3.82

ELECTRICAL B9.0-110 Estimating Procedure

Figure 9.0-111 Typical Overhead Service Entrance

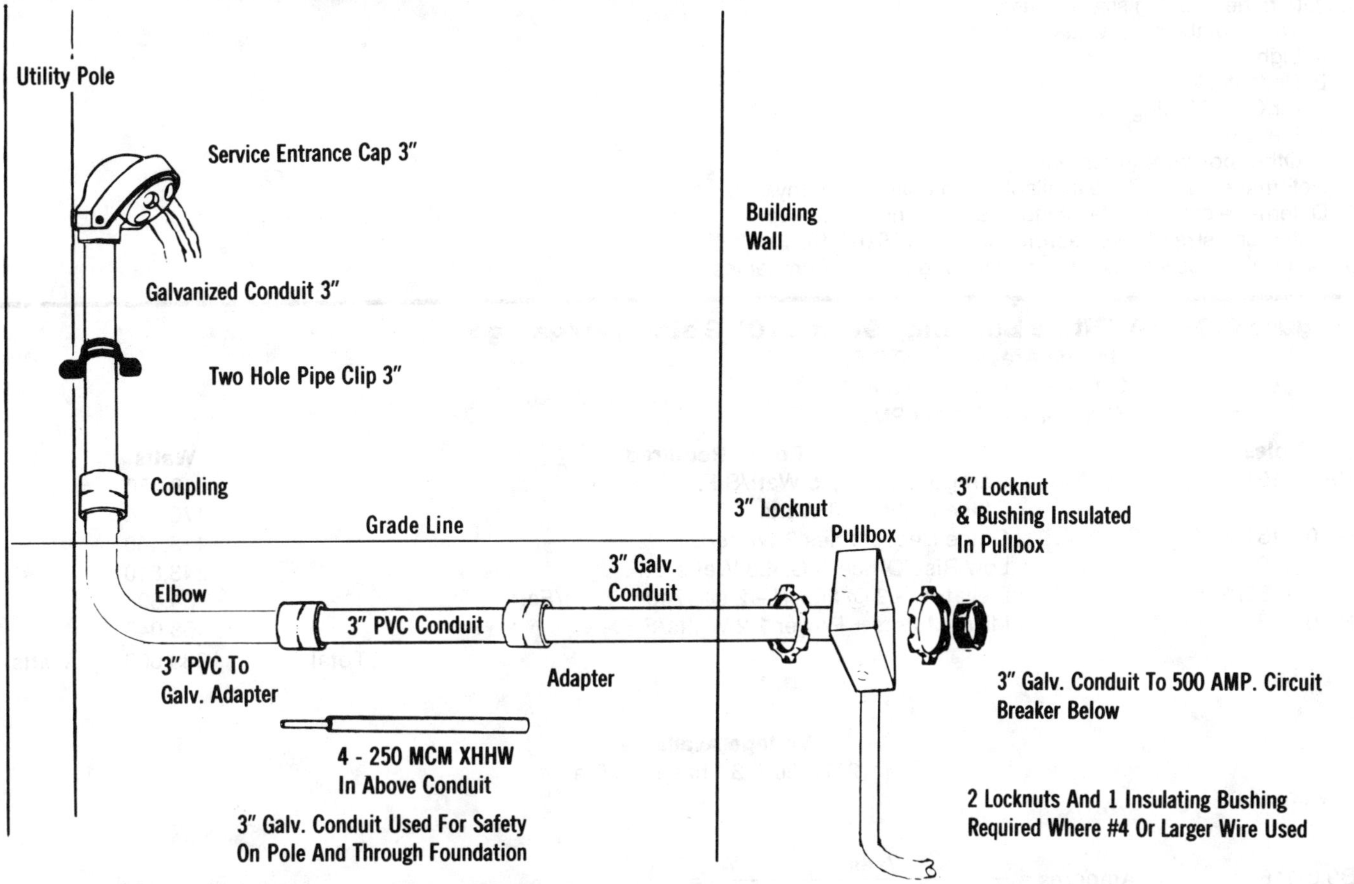

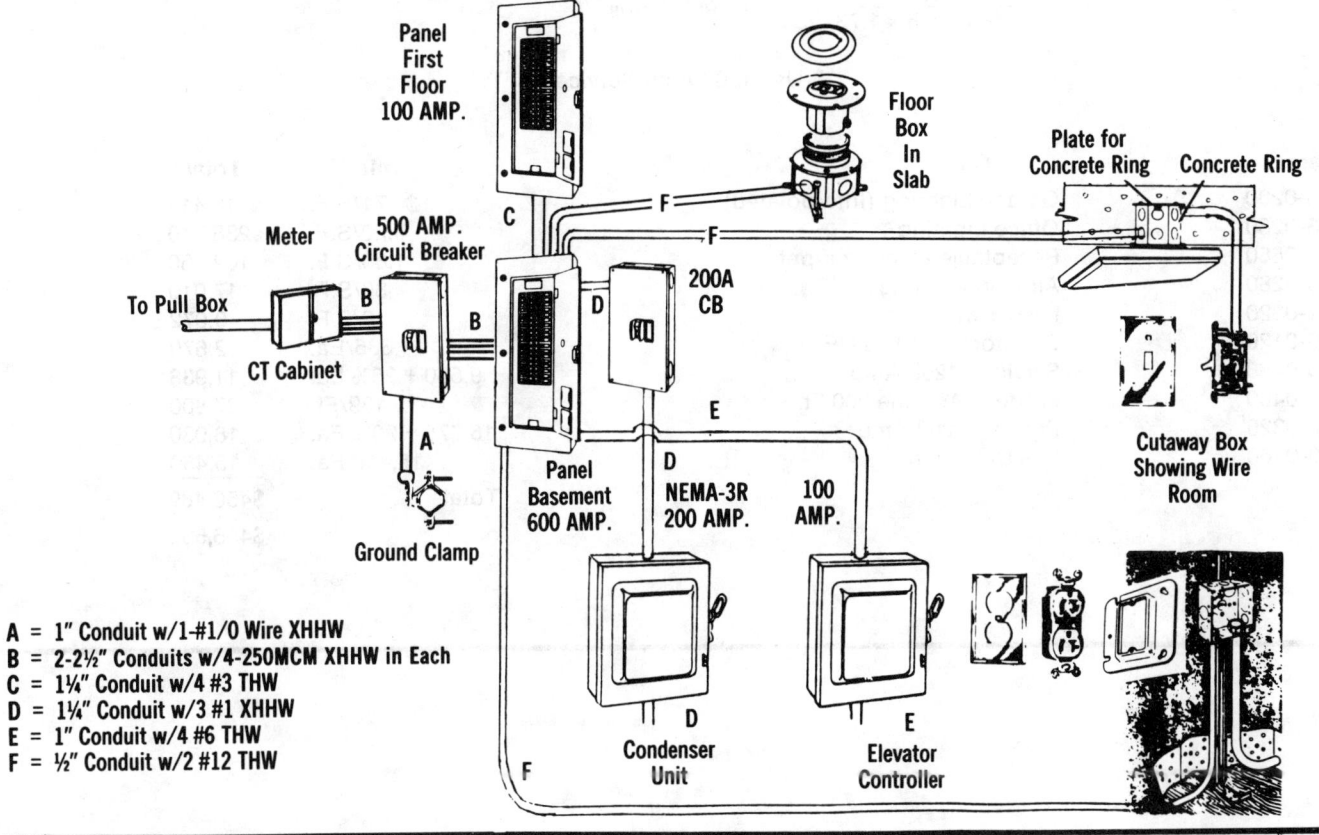

Figure 9.0-112 Typical Commercial Electric System

A = 1" Conduit w/1-#1/0 Wire XHHW
B = 2-2½" Conduits w/4-250MCM XHHW in Each
C = 1¼" Conduit w/4 #3 THW
D = 1¼" Conduit w/3 #1 XHHW
E = 1" Conduit w/4 #6 THW
F = ½" Conduit w/2 #12 THW

ELECTRICAL | B9.0-110 | Estimating Procedure

Figure 9.0-113 Preliminary Procedure

1. Determine building size and use
2. Develop total load in watts
   a. Lighting
   b. Receptacle
   c. Air Conditioning
   d. Elevator
   e. Other power requirements
3. Determine best voltage available from utility company.
4. Determine cost from tables for loads (a) thru (e) above.
5. Determine size of service from formulas (B9.0-116).
6. Determine costs for service, panels, and feeders from tables.

Figure 9.0-114 Office Building 90' x 210', 3 story, w/garage

Garage Area = 18,900 S.F.
Office Area = 56,700 S.F.
Elevator = 2 @ 125 FPM

Tables	Power Required	Watts
B9.0-1151	Garage Lighting .5 Watt/S.F.	9,450
	Office Lighting 3 Watts/S.F.	170,100
B9.0-1151	Office Receptacles 2 Watts/S.F.	113,400
C9.2-602	Low Rise Office A.C. 4.3 Watts/S.F.	243,810
B9.0-1152, 1153	Elevators - 2 @ 20 HP = 2 @ 17404 Watts/Ea.	34,808
B9.0-1151	Misc. Motors + Power 1.2 Watts/S.F.	68,040
	Total	639,608 Watts

Voltage Available
277/480V, 3 Phase, 4 Wire

Formula

B9.0-116

$$\text{Amperes} = \frac{\text{Watts}}{\text{Volts} \times \text{Power Factor} \times 1.73} =$$

$$\frac{639,608}{480V \times .8 \times 1.73} = 963 \text{ Amps}$$

∴ Use 1200 Amp Service

System	Cost	Unit	Total
B9.2-213-0200	Garage Lighting (Interpolated)	$ .71/S.F.	$ 13,419
B9.2-213-0280	Office Lighting	4.20/S.F.	238,140
B9.2-524-0880	Receptacle - Undercarpet	1.80/S.F.	102,060
B9.2-610-0280	Air Conditioning	.30/S.F.	17,010
B9.2-582-0320	Misc. Pwr.	.16/S.F.	9,072
B9.2-710-2120	Elevators - 2 @ 20 HP	1,335/Ea.	2,670
B9.1-210-0480	Service - 1200 Amp	9,550 + 25% Ea.	11,938
B9.1-310-0480	Feeder - Assume 200 Ft.	139/Ft.	27,800
B9.1-410-0320	Panels - 1200 Amp	15,775 + 20% Ea.	18,930
B9.4-100-0400	Fire Detection	15,450 Ea.	15,450
		Total	$456,489
		or	$456,500

ELECTRICAL — B9.0-110 — Estimating Procedure

Table 9.0-1151 Nominal Watts Per S.F. for Electric Systems for Various Building Types

Type Construction	1. Lighting	2. Devices	3. HVAC	4. Misc.	5. Elevator	Total Watts
Apartment, luxury high rise	2	2.2	3	1		
Apartment, low rise	2	2	3	1		
Auditorium	2.5	1	3.3	.8		
Bank, branch office	3	2.1	5.7	1.4		
Bank, main office	2.5	1.5	5.7	1.4		
Church	1.8	.8	3.3	.8		
College, science building	3	3	5.3	1.3		
College, library	2.5	.8	5.7	1.4		
College, physical education center	2	1	4.5	1.1		
Department store	2.5	.9	4	1		
Dormitory, college	1.5	1.2	4	1		
Drive-in donut shop	3	4	6.8	1.7		
Garage commercial	.5	.5	0	.5		
Hospital, general	2	4.5	5	1.3		
Hospital, pediatric	3	3.8	5	1.3		
Hotel, airport	2	1	5	1.3		
Housing for the elderly	2	1.2	4	1		
Manufacturing, food processing	3	1	4.5	1.1		
Manufacturing, apparel	2	1	4.5	1.1		
Manufacturing, tools	4	1	4.5	1.1		
Medical clinic	2.5	1.5	3.2	1		
Nursing home	2	1.6	4	1		
Office building, hi rise	3	2	4.7	1.2		
Radio-TV studio	3.8	2.2	7.6	1.9		
Restaurant	2.5	2	6.8	1.7		
Retail store	2.5	.9	5.5	1.4		
School, elementary	3	1.9	5.3	1.3		
School, junior high	3	1.5	5.3	1.3		
School, senior high	2.3	1.7	5.3	1.3		
Supermarket	3	1	4	1		
Telephone exchange	1	.6	4.5	1.1		
Theater	2.5	1	3.3	.8		
Town Hall	2	1.9	5.3	1.3		
U.S. Post Office	3	2	5	1.3		
Warehouse, grocery	1	.6	0	.5		

Rule of Thumb: 1 KVA = 1 HP (Single Phase)

Three Phase:
Watts = 1.73 x Volts x Current x Power Factor x Efficiency

$$\text{Horsepower} = \frac{\text{Volts} \times \text{Current} \times 1.73 \times \text{Power Factor}}{746 \text{ Watts}}$$

Table 9.0-1152 Horsepower Requirements for Elevators with 3 Phase Motors

Type	Maximum Travel Height in Ft.	Travel Speeds in FPM	Capacity of Cars in Lbs. 1200	1500	1800
Hydraulic	70	70	10	15	15
		85	15	15	15
		100	15	15	20
		110	20	20	20
		125	20	20	20
		150	25	25	25
		175	25	30	30
		200	30	30	40
Geared Traction	300	200			
		350			

			2000	2500	3000
Hydraulic	70	70	15	20	20
		85	20	20	25
		100	20	25	30
		110	20	25	30
		125	25	30	40
		150	30	40	50
		175	40	50	50
		200	40	50	60
Geared Traction	300	200	10	10	15
		350	15	15	23

			3500	4000	4500
Hydraulic	70	70	20	25	30
		85	25	30	30
		100	30	40	40
		110	40	40	50
		125	40	50	50
		150	50	50	60
		175	60		
		200	60		
Geared Traction	300	200	15		23
		350	23		35

The power factor of electric motors varies from 80% to 90% in larger size motors. The efficiency likewise varies from 80% on a small motor to 90% on a large motor.

Table 9.0-1153 Watts per Motor

90% Power Factor & Efficiency @ 200 or 460V			
HP	Watts	HP	Watts
10	9024	30	25784
15	13537	40	33519
20	17404	50	41899
25	21916	60	49634

ELECTRICAL — B9.0-110 — Estimating Procedure

Table 9.0-116 Electrical Formulas

OHM'S LAW

Ohm's Law is a method of explaining the relation existing between voltage, current, and resistance in an electrical circuit. It is practically the basis of all electrical calculations. The term "electromotive force" is often used to designate pressure in volts. This formula can be expressed in various forms.

To find the current in amperes:

$$\text{Current} = \frac{\text{Voltage}}{\text{Resistance}} \quad \text{or} \quad \text{Amperes} = \frac{\text{Volts}}{\text{Ohms}} \quad \text{or} \quad I = \frac{E}{R}$$

The flow of current in amperes through any circuit is equal to the voltage or electromotive force divided by the resistance of that circuit.

To find the pressure or voltage:

$$\text{Voltage} = \text{Current} \times \text{Resistance} \quad \text{or} \quad \text{Volts} = \text{Amperes} \times \text{Ohms} \quad \text{or} \quad E = I \times R$$

The voltage required to force a current through a circuit is equal to the resistance of the circuit multiplied by the current.

To find the resistance:

$$\text{Resistance} = \frac{\text{Voltage}}{\text{Current}} \quad \text{or} \quad \text{Ohms} = \frac{\text{Volts}}{\text{Amperes}} \quad \text{or} \quad R = \frac{E}{I}$$

The resistance of a circuit is equal to the voltage divided by the current flowing through that circuit.

POWER FORMULAS

One horsepower = 746 watts   One kilowatt = 1000 watts

The power factor of electric motors varies from 80% to 90% in the larger size motors.

SINGLE-PHASE ALTERNATING CURRENT CIRCUITS

Power in Watts = Volts x Amperes x Power Factor

To find current in amperes:

$$\text{Current} = \frac{\text{Watts}}{\text{Volts} \times \text{Power Factor}}$$

$$\text{Amperes} = \frac{\text{Watts}}{\text{Volts} \times \text{Power Factor}} \quad \text{or} \quad I = \frac{W}{E \times PF}$$

To find current of a motor, single phase:

$$\text{Current} = \frac{\text{Horsepower} \times 746}{\text{Volts} \times \text{Power Factor} \times \text{Efficiency}}$$

$$I = \frac{HP \times 746}{E \times PF \times \text{Eff.}}$$

To find horsepower of a motor, single phase:

$$\text{Horsepower} = \frac{\text{Volts} \times \text{Current} \times \text{Power Factor} \times \text{Efficiency}}{746 \text{ Watts}}$$

$$HP = \frac{E \times I \times PF \times \text{Eff.}}{746}$$

To find power in watts of a motor, single phase:

Watts = Volts x Current x Power Factor x Efficiency   or
Watts = E x I x PF x Eff.

To find single phase KVA:

$$1 \text{ Phase KVA} = \frac{\text{Volts} \times \text{Amps}}{1000}$$

THREE-PHASE ALTERNATING CURRENT CIRCUITS

Power in Watts = Volts x Amperes x Power Factor x 1.73

To find current in amperes in each wire:

$$\text{Current} = \frac{\text{Watts}}{\text{Voltage} \times \text{Power Factor} \times 1.73}$$

$$\text{Amperes} = \frac{\text{Watts}}{\text{Volts} \times \text{Power Factor} \times 1.73} \quad \text{or} \quad I = \frac{W}{E \times PF \times 1.73}$$

To find current of a motor, 3 phase:

$$\text{Current} = \frac{\text{Horsepower} \times 746}{\text{Volts} \times \text{Power Factor} \times \text{Efficiency} \times 1.73}$$

$$I = \frac{HP \times 746}{E \times PF \times \text{Eff.} \times 1.73}$$

To find horsepower of a motor, 3 phase:

$$\text{Horsepower} = \frac{\text{Volts} \times \text{Current} \times 1.73 \times \text{Power Factor}}{746 \text{ Watts}}$$

$$HP = \frac{E \times I \times 1.73 \times PF}{746}$$

To find power in watts of a motor, 3 phase:

Watts = Volts x Current x 1.73 x Power Factor x Efficiency   or
Watts = E x I x 1.73 x PF x Eff.

To find 3 phase KVA:

$$3 \text{ phase KVA} = \frac{\text{Volts} \times \text{Amps} \times 1.73}{1000}$$

$$KVA = \frac{V \times A \times 1.73}{1000}$$

Power Factor (PF) is the percentage ratio of the measured watts (effective power) to the volt-amperes (apparent watts)

$$\text{Power Factor} = \frac{\text{Watts}}{\text{Volts} \times \text{Amperes}} \times 100\%$$

ELECTRICAL — B9.0-110 — Estimating Procedure

A **Conceptual Estimate** of the costs for a building, when final drawings are not available, can be quickly figured by using **Table B9.0-117 Cost Per S.F. For Electrical Systems For Various Building Types**. The following definitions apply to this table.

1. **Service And Distribution:** This system includes the incoming primary feeder from the power company, the main building transformer, metering arrangement, switchboards, distribution panel boards, stepdown transformers, power and lighting panels. Items marked (*) include the cost of the primary feeder and transformer. In all other projects the cost of the primary feeder and transformer is paid for by the local power company.
2. **Lighting:** Includes all interior fixtures for decor, illumination, exit and emergency lighting. Fixtures for exterior building lighting are included but parking area lighting is not included unless mentioned. See also Section B9.2 for detailed analysis of lighting requirements and costs.
3. **Devices:** Includes all outlet boxes, receptacles, switches for lighting control, dimmers and cover plates.
4. **Equipment Connections:** Includes all materials and equipment for making connections for Heating, Ventilating and Air Conditioning, Food Service and other motorized items requiring connections.
5. **Basic Materials:** This category includes all disconnect power switches not part of service equipment, raceways for wires, pull boxes, junction boxes, supports, fittings, grounding materials, wireways, busways and cable systems.
6. **Special Systems:** Includes installed equipment only for the particular system such as fire detection and alarm, sound, emergency generator and others as listed in the table.

Table 9.0-117 Cost per S.F. for Electric Systems for Various Building Types

Type Construction	1. Service & Distrib.	2. Lighting	3. Devices	4. Equipment Connections	5. Basic Materials	6. Special Systems — Fire Alarm & Detection	6. Special Systems — Lightning Protection	6. Special Systems — Master TV Antenna
Apartment, luxury high rise	$1.01	$ .70	$ .50	$ .65	$1.72	$ .30		$ .20
Apartment, low rise	.58	.60	.44	.54	1.00	.26		
Auditorium	1.29	3.58	.38	.95	2.07	.41		
Bank, branch office	1.52	3.94	.65	.96	1.96	1.15		
Bank, main office	1.16	2.15	.20	.42	2.11	.60		
Church	.77	2.18	.26	.21	.99	.60		
*College, science building	1.43	2.79	.84	.72	2.24	.50		
*College library	1.07	1.58	.17	.45	1.25	.60		
*College, physical education center	1.69	2.24	.27	.36	.96	.33		
Department store	.57	1.56	.17	.64	1.70	.26		
*Dormitory, college	.75	1.99	.18	.42	1.66	.44		.27
Drive-in donut shop	2.15	5.97	.95	.97	2.71	—		
Garage, commercial	.29	.73	.12	.29	.57	—		
*Hospital, general	4.16	3.07	1.10	.77	3.39	.37	$ .08	
*Hospital, pediatric	3.64	4.59	.93	2.80	6.28	.43		.33
*Hotel, airport	1.64	2.52	.18	.39	2.47	.33	.18	.30
Housing for the elderly	.46	.60	.27	.74	2.11	.43		.26
Manufacturing, food processing	1.03	3.14	.15	1.42	2.31	.26		
Manufacturing apparel	.68	1.63	.21	.54	1.24	.22		
Manufacturing, tools	1.55	3.84	.19	.64	2.07	.27		
Medical clinic	.57	1.26	.32	.97	1.56	.42		
Nursing home	1.07	2.50	.33	.28	2.07	.57		.20
Office building	1.46	3.36	.15	.54	2.16	.29	.15	
Radio-TV studio	1.03	3.47	.50	1.01	2.55	.39		
Restaurant	3.86	3.29	.61	1.56	3.08	.22		
Retail store	.81	1.75	.18	.39	.96	—		
School, elementary	1.36	3.10	.38	.39	2.58	.36		.13
School, junior high	.82	2.59	.18	.68	2.05	.43		
*School, senior high	.91	2.04	.35	.90	2.27	.37		
Supermarket	.93	1.76	.24	1.49	1.98	.16		
*Telephone exchange	2.26	.73	.12	.64	1.35	.68		
Theater	1.78	2.40	.39	1.30	2.01	.50		
Town Hall	1.08	1.90	.39	.48	2.66	.33		
*U.S. Post Office	3.18	2.44	.40	.71	1.89	.33		
Warehouse, grocery	.59	1.06	.12	.39	1.42	.20		

* Includes cost of primary feeder and transformer. Cont'd on next page.

ELECTRICAL — B9.0-110 — Estimating Procedure

COST ASSUMPTIONS:

Each of the projects analyzed in Table C9.0-117 were bid within the last 10 years in the Northeastern part of the United States. Bid prices have been adjusted to Jan. 1 levels. The list of projects is by no means all-inclusive, yet by carefully examining the various systems for a particular building type, certain cost relationships will emerge. The use of Section C14 with the S.F. and C.F. electrical costs should produce a budget S.F. cost for the electrical portion of a job that is consistent with the amount of design information normally available at the conceptual estimate stage.

Table 9.0-117 (Cont.) Cost per S.F. for Electric Systems for Various Building Types

Type Construction	6. Special Systems, Cont'd.						
	Intercom Systems	Sound Systems	Closed Circuit TV	Snow Melting	Emergency Generator	Security	Master Clock Sys.
Apartment, luxury high rise	$ .42						
Apartment, low rise	.30						
Auditorium		$1.11	$ .52		$ .85		
Bank, branch office	.58		1.19			$1.00	
Bank, main office	.33		.25		.69	.55	
Church	.41						$ .22
* College, science building	.41				.85		.26
* College, library					.45		
* College, physical education center		.57					
Department store					.17		
* Dormitory, college	.56						
Drive-in donut shop							.09
Garage, commercial							.06
* Hospital, general	.43		.16		1.19		
* Hospital, pediatric	2.97	.30	.33		.75		
* Hotel, airport	.43				.44		
Housing for the elderly	.52						
Manufacturing, food processing		.18			1.55		
Manufacturing, apparel		.26					
Manufacturing, tools		.33		$ .20			
Medical clinic							
Nursing home	.99				.38		
Office building		.14			.38	.16	.06
Radio-TV studio	.57				.97		.40
Restaurant		.26					
Retail store							
School, elementary		.16					.16
School, junior high		.47			.32		.33
* School, senior high	.39		.26		.45	.22	.23
Supermarket		.19			.40	.26	
* Telephone exchange					3.91	.12	
Theater		.38					
Town Hall							.16
* U.S. Post Office	.38			.06	.44		
Warehouse, grocery	.24						

*Includes cost of primary feeder and transformer. Cont'd on next page.

ELECTRICAL — B9.0-110 — Estimating Procedure

General: Variations in the following square foot costs are due to the type of structural systems of the buildings, geographical location, local electrical codes, designer's preference for specific materials and equipment, and the owner's particular requirements.

Table 9.0-117 (cont.) Cost per S.F. for Total Electric Systems for Various Building Types

Type Construction	Basic Description	Total Floor Area in Square Feet	Total Cost per Square Foot for Total Electric Systems
Apartment building, luxury high rise	All electric, 18 floors, 86 1 B.R., 34 2 B.R.	115,000	$ 5.50
Apartment building, low rise	All electric, 2 floors, 44 units, 1 & 2 B.R.	40,200	3.72
Auditorium	All electric, 1200 person capacity	28,000	11.16
Bank, branch office	All electric, 1 floor	2,700	12.95
Bank, main office	All electric, 8 floors	54,900	8.68
Church	All electric, incl. Sunday school	17,700	5.42
* College, science building	All electric, 3 1/2 floors, 47 rooms	27,500	10.04
* College, library	All electric	33,500	5.57
* College, physical education center	All electric	22,000	6.42
Department store	Gas heat, 1 floor	85,800	5.07
* Dormitory, college	All electric, 125 rooms	63,000	6.27
Drive-in donut shop	Gas heat, incl. parking area lighting	1,500	12.84
Garage, commercial	All electric	52,300	2.06
* Hospital, general	Steam heat, 4 story garage, 300 beds	540,000	14.72
* Hospital, pediatric	Steam heat, 6 stories	278,000	23.35
Hotel, airport	All electric, 625 guest rooms	536,000	8.88
Housing for the elderly	All electric, 7 floors, 100 1 B.R. units	67,000	5.39
Manufacturing, food processing	Electric heat, 1 floor	9,600	10.04
Manufacturing, apparel	Electric heat, 1 floor	28,000	4.78
Manufacturing, tools	Electric heat, 2 floors	42,000	9.09
Medical clinic	Electric heat, 2 floors	22,700	5.10
Nursing home	Gas heat, 3 floors, 60 beds	21,000	8.39
Office building	All electric, 15 floors	311,200	8.85
Radio-TV studio	Electric heat, 3 floors	54,000	10.89
Restaurant	All electric	2,900	12.88
Retail store	All electric	3,000	4.09
School, elementary	All electric, 1 floor	39,500	8.62
School, junior high	All electric, 1 floor	49,500	7.87
* School, senior high	All electric, 1 floor	158,300	8.39
Supermarket	Gas heat	30,600	7.41
* Telephone exchange	Gas heat, 300 KW emergency generator	24,800	9.81
Theater	Electric heat, twin cinema	14,000	8.76
Town Hall	All electric	20,000	7.00
* U.S. Post Office	All electric	495,000	9.83
Warehouse, grocery	All electric	96,400	4.02

*Includes cost of primary feeder and transformer.

SERVICE — B9.1-110 — H.V. Shielded Conductor

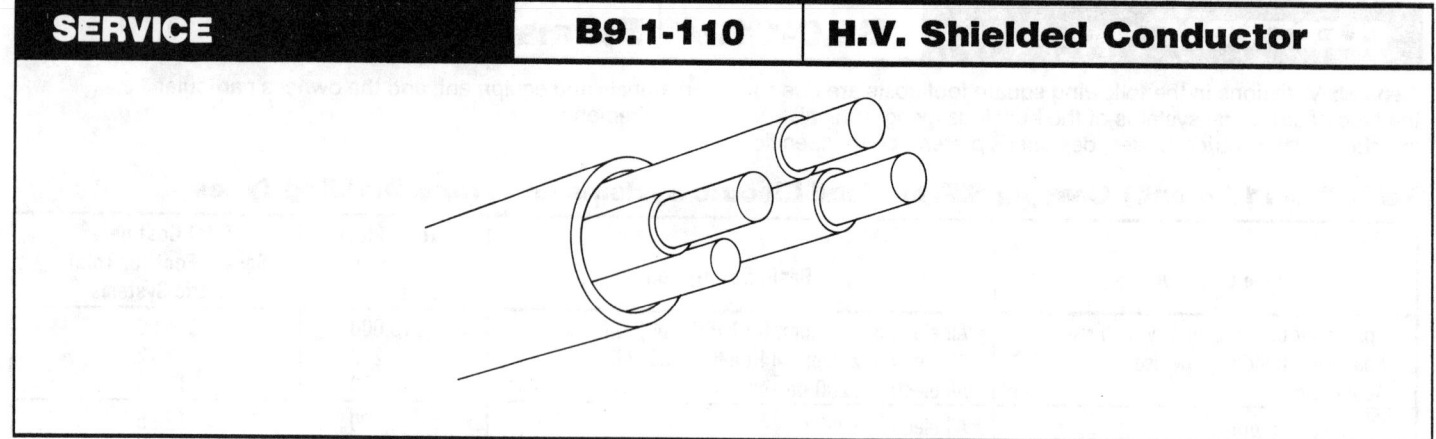

System Components	QUANTITY	UNIT	COST PER L.F. MAT.	COST PER L.F. INST.	COST PER L.F. TOTAL
SYSTEM 09.1-110-0200					
HIGH VOLTAGE CABLE, NEUTRAL AND CONDUIT INCLUDED, COPPER #2, 5 KV					
Cable, copper, CLP shield, 5 KV, #2, no connections	.030	C.L.F.	4.59	4.41	9
Wire 600 volt, type THW, copper, stranded, #4	.010	C.L.F.	.40	.57	.97
Rigid galv steel conduit to 15'H, 2"diam, w/term, ftng, suppt & scaffold	1.000	L.F.	3.96	6.59	10.55
TOTAL			8.95	11.57	20.52

9.1-110	High Voltage Shielded Conductors	MAT.	INST.	TOTAL
0200	High voltage cable, neutral & conduit included, copper #2, 5 KV	8.95	11.55	20.50
0240	Copper #1, 5 KV	9.70	11.75	21.45
0280	15 KV	15.05	16.70	31.75
0320	Copper 1/0, 5 KV	10.45	11.85	22.30
0360	15 KV	16.50	16.90	33.40
0400	25 KV	19.50	17.20	36.70
0440	35 KV	23	19	42
0480	Copper 2/0, 5 KV	14.40	14.20	28.60
0520	15 KV	17.70	17.35	35.05
0560	25 KV	23	19	42
0600	35 KV	26	22	48
0640	Copper 4/0, 5 KV	19.15	18.15	37.30
0680	15 KV	23	19.70	42.70
0720	25 KV	26	19.95	45.95
0760	35 KV	30	23	53
0800	Copper 250 MCM, 5 KV	20	18.70	38.70
0840	15 KV	24	20	44
0880	25 KV	32	23	55
0920	35 KV	48	28	76
0960	Copper 350 MCM, 5 KV	25	19.85	44.85
1000	15 KV	31	24	55
1040	25 KV	35	24	59
1080	35 KV	52	29	81
1120	Copper 500 MCM, 5 KV	32	22	54
1160	15 KV	50	29	79
1200	25 KV	55	29	84
1240	35 KV	57	30	87

SERVICE B9.1-210 Electric Service

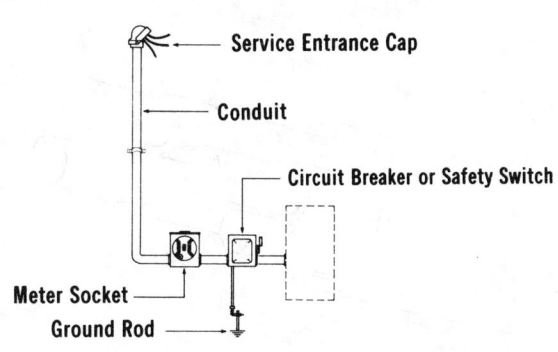

System Components	QUANTITY	UNIT	COST EACH MAT.	INST.	TOTAL
SYSTEM 09.1-210-0200					
SERVICE INSTALLATION, INCLUDES BREAKERS, METERING, 20' CONDUIT & WIRE					
3 PHASE, 4 WIRE, 60 AMPS					
Circuit breaker, enclosed (NEMA 1), 600 volt, 3 pole, 60 amp	1.000	Ea.	242	108	350
Meter socket, single position, 4 terminal, 100 amp	1.000	Ea.	26.07	93.93	120
Rigid galvanized steel conduit, ¾", including fittings	20.000	L.F.	30.80	74.20	105
Wire, 600V type XHHW, copper stranded #6	.900	C.L.F.	25.05	41.55	66.60
Service entrance cap ¾" diameter	1.000	Ea.	5.45	22.55	28
Conduit LB fitting with cover, ¾" diameter	1.000	Ea.	6.82	23.18	30
Ground rod, copper clad, 8' long, ¾" diameter	1.000	Ea.	20.90	56.10	77
Ground rod clamp, bronze, ¾" diameter	1.000	Ea.	3.74	9.31	13.05
Ground wire, bare armored, #6-1 conductor	.200	C.L.F.	17.16	32.84	50
TOTAL			377.99	461.66	839.65

9.1-210	Electric Service, 3 Phase - 4 Wire	COST EACH MAT.	INST.	TOTAL
0200	Service installation, includes breakers, metering, 20' conduit & wire			
0220	3 phase, 4 wire, 120/208 volts, 60 amp	380	460	840
0240	100 amps	495	555	1,050
0280	200 amps	670	845	1,515
0320	400 amps	1,425	1,550	2,975
0360	600 amps	2,800	2,100	4,900
0400	800 amps	4,100	2,550	6,650
0440	1000 amps	5,225	2,925	8,150
0480	1200 amps	6,575	2,975	9,550
0520	1600 amps	11,200	4,300	15,500
0560	2000 amps	12,400	4,875	17,275
0570	Add 25% for 277/480 volt			
0610	1 phase, 3 wire, 120/240 volts, 100 amps	240	505	745
0620	200 amps	495	810	1,305

SERVICE B9.1-310 Electrical Feeder

System Components	QUANTITY	UNIT	COST PER L.F.		
			MAT.	INST.	TOTAL
SYSTEM 09.1-310-0200					
FEEDERS, INCLUDING STEEL CONDUIT & WIRE, 60 AMPERES					
Rigid galvanized steel conduit, ¾", including fittings	1.000	L.F.	1.54	3.71	5.25
Wire 600 volt, type XHHW copper stranded #6	.040	C.L.F.	1.11	1.85	2.96
TOTAL			2.65	5.56	8.21

9.1-310	Feeder Installation	COST PER L.F.		
		MAT.	INST.	TOTAL
0200	Feeder installation, including conduit and wire, 60 amperes	2.65	5.55	8.20
0240	100 amperes	4.50	7.40	11.90
0280	200 amperes	9.50	11.25	20.75
0320	400 amperes	19	22	41
0360	600 amperes	41	36	77
0400	800 amperes	54	44	98
0440	1000 amperes	69	56	125
0480	1200 amperes	82	57	139
0520	1600 amperes	110	89	199
0560	2000 amperes	140	110	250

| SERVICE | B9.1-410 | Switchgear |

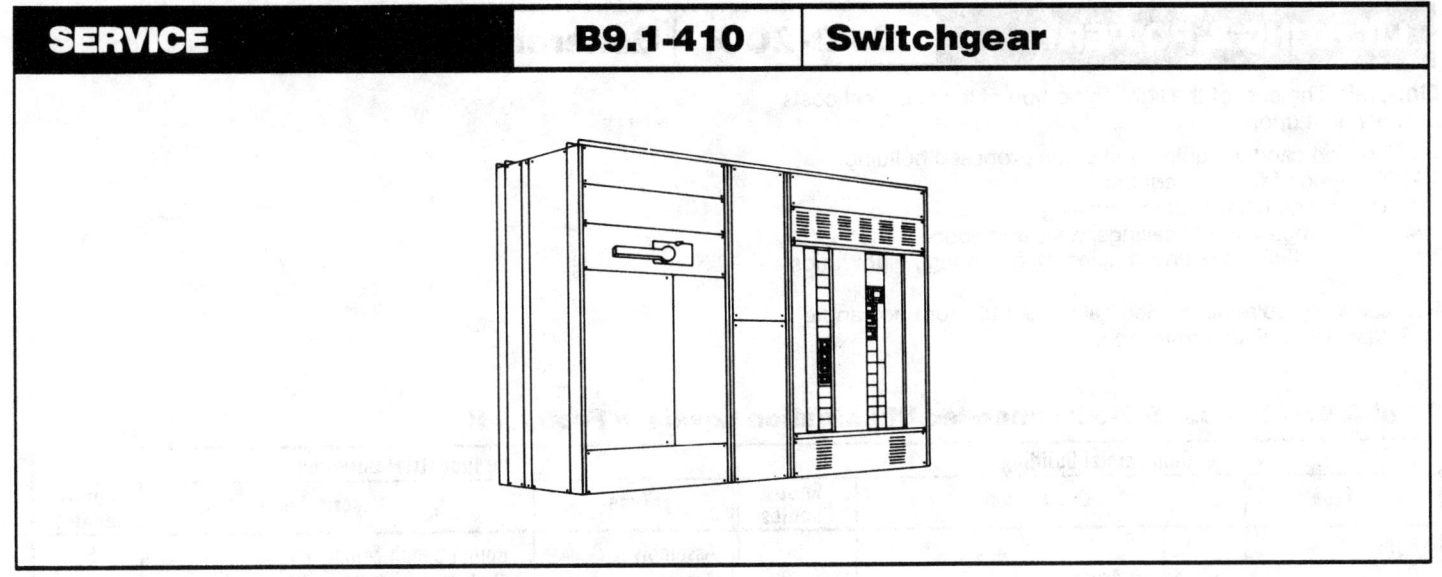

System Components	QUANTITY	UNIT	COST EACH		
			MAT.	INST.	TOTAL
SYSTEM 09.1-410-0240					
SWITCHGEAR INSTALLATION, INCL SWBD, PANELS & CIRC BREAKERS, 600 AMPS					
Panelboard, NQOB 225A 4W 120/208V main CB, w/20A bkrs 42 circ	1.000	Ea.	1,452	1,073	2,525
Switchboard, alum. bus bars, 120/208V, 4 wire, 600V	1.000	Ea.	2,068	582	2,650
Distribution sect., alum. bus bar, 120/208 or 277/480 V, 4 wire, 600A	1.000	Ea.	1,540	585	2,125
Feeder section circuit breakers, KA frame, 70 to 225 amp	3.000	Ea.	1,689.60	275.40	1,965
TOTAL			6,749.60	2,515.40	9,265

9.1-410	Switchgear	COST EACH		
		MAT.	INST.	TOTAL
0200	Switchgear inst., incl. swbd., panels & circ bkr, 400 amps, 120/208 volt	2,725	1,875	4,600
0240	600 amperes	6,750	2,525	9,275
0280	800 amperes	8,175	3,650	11,825
0320	1200 amperes	10,200	5,575	15,775
0360	1600 amperes	13,900	7,800	21,700
0400	2000 amperes	17,200	9,950	27,150
0410	Add 20% for 277/480 volt			

LIGHTING & POWER — B9.2-200 — General

General: The cost of the lighting portion of the electrical costs is dependent upon:

1. The footcandle requirement of the proposed building.
2. The type of fixtures required.
3. The ceiling heights of the building.
4. Reflectance value of ceilings, walls and floors.
5. Fixture efficiencies and spacing vs. mounting height ratios.

Footcandle Requirements: See Table B9.2-204 for Footcandle and Watts per S.F. determination.

TABLE 9.2-201 I.E.S. Recommended Illumination Levels In Footcandles

Commercial Buildings			Industrial Buildings		
Type	Description	Foot-Candles	Type	Description	Foot-Candles
Bank	Lobby	50	Assembly Areas	Rough bench & machine work	50
	Customer Areas	70		Medium bench & machine work	100
	Teller Stations	150		Fine bench & machine work	500
	Accounting Areas	150	Inspection Areas	Ordinary	50
Offices	Routine Work	100		Difficult	100
	Accounting	150		Highly Difficult	200
	Drafting	200	Material Handling	Loading	20
	Corridors, Halls, Washrooms	30		Stock Picking	30
Schools	Reading or Writing	70		Packing, Wrapping	50
	Drafting, Labs, Shops	100	Stairways Washrooms	Service Areas	20
	Libraries	70		Service Areas	20
	Auditoriums, Assembly	15	Storage Areas	Inactive	5
	Auditoriums, Exhibition	30		Active, Rough, Bulky	10
Stores	Circulation Areas	30		Active, Medium	20
	Stock Rooms	30		Active, Fine	50
	Merchandise Areas, Service	100	Garages	Active Traffic Areas	20
	Self-Service Areas	200		Service & Repair	100

LIGHTING & POWER — B9.2-200 — General

Table 9.2-202 General Lighting Loads by Occupancies

Type of Occupancy	Unit Load per S.F. (Watts)
Armories and Auditoriums	1
Banks	5
Barber Shops and Beauty Parlors	3
Churches	1
Clubs	2
Court Rooms	2
*Dwelling Units	3
Garages — Commercial (storage)	½
Hospitals	2
*Hotels and Motels, including apartment houses without provisions for cooking by tenants	2
Industrial Commercial (Loft) Buildings	2
Lodge Rooms	1½
Office Buildings	5
Restaurants	2
Schools	3
Stores	3
Warehouses (storage)	¼
*In any of the above occupancies except one-family dwellings and individual dwelling units of multi-family dwellings:	
Assembly Halls and Auditoriums	1
Halls, Corridors, Closets	½
Storage Spaces	¼

Table 9.2-203 Lighting Limit (Connected Load) for Listed Occupancies: New Building Proposed Energy Conservation Guideline

Type of Use	Maximum Watts per S.F.
Interior	
Category A: Classrooms, office areas, automotive mechanical areas, museums, conference rooms, drafting rooms, clerical areas, laboratories, merchandising areas, kitchens, examining rooms, book stacks, athletic facilities.	3.00
Category B: Auditoriums, waiting areas, spectator areas, restrooms, dining areas, transportation terminals, working corridors in prisons and hospitals, book storage areas, active inventory storage, hospital bedrooms, hotel and motel bedrooms, enclosed shopping mall concourse areas, stairways.	1.00
Category C: Corridors, lobbies, elevators, inactive storage areas.	0.50
Category D: Indoor parking.	0.25
Exterior	
Category E: Building perimeter: wall-wash, facade, canopy.	5.00 (per linear foot)
Category F: Outdoor parking.	0.10

LIGHTING & POWER — B9.2-200 — General

Table 9.2-204 Procedure for Calculating Footcandles and Watts Per Square Foot

1. Initial footcandles = No. of fixtures x lamps per fixture x lumens per lamp x coefficient of utilization ÷ square feet
2. Maintained footcandles = initial footcandles x maintenance factor
3. Watts per square foot = No. of fixtures x lamps x (lamp watts + ballast watts) ÷ square feet

Example — To find footcandles and watts per S.F. for an office 20' x 20' with 11 fluorescent fixtures each having 4-40 watt C.W. lamps.

Based on good reflectance and clean conditions:
Lumens per lamp = 40 watt cool white at 3150 lumens per lamp (Table C9.2-251)
Coefficient of utilization = .42 (varies from .62 for light colored areas to .27 for dark)
Maintenance factor = .75 (varies from .80 for clean areas with good maintenance to .50 for poor)
Ballast loss = 8 watts per lamp. (Varies with manufacturer. See manufacturers' catalog.)

1. Initial footcandles:

$$\frac{11 \times 4 \times 3150 \times .42}{400} = \frac{58212}{400} = 145 \text{ footcandles}$$

2. Maintained footcandles:
145 x .75 = 109 footcandles

3. Watts per S.F.

$$\frac{11 \times 4 \times (40 + 8)}{400} = \frac{2112}{400} = 5.3 \text{ watts per S.F.}$$

Table 9.2-205 Approximate Watts Per Square Foot for Popular Fixture Types

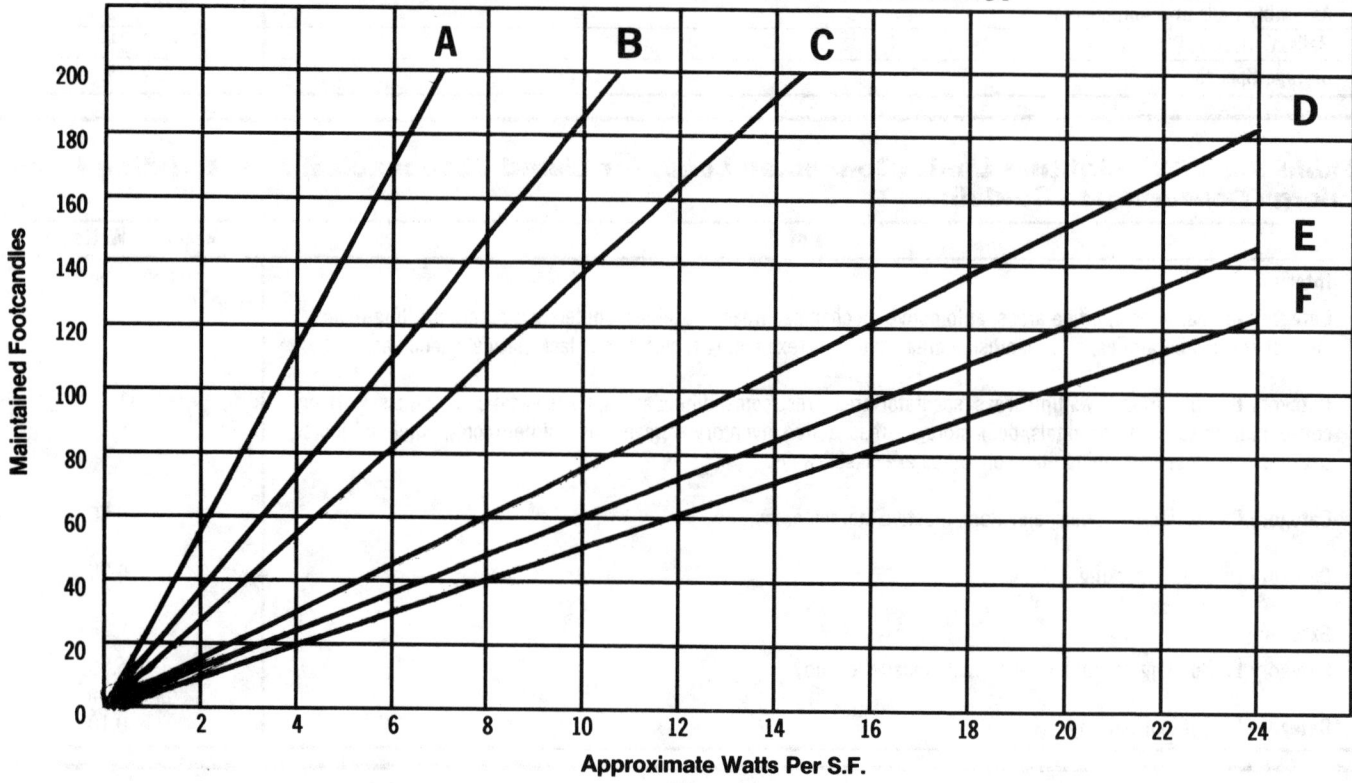

Due to the many variables involved, use for preliminary estimating only:
- A. Fluorescent — industrial System B9.2-212
- B. Fluorescent — lens unit System B9.2-212 Fixture types B & C
- C. Fluorescent — louvered unit
- D. Incandescent — open reflector System B9.2-222, Type D
- E. Incandescent — lens unit System B9.2-222, Type A
- F. Incandescent — down light System B9.2-222, Type B

LIGHTING & POWER — B9.2-212 — Fluorescent Fixture (by Type)

A. Strip Fixture
B. Surface Mounted
C. Recessed
D. Pendent Mounted

Design Assumptions:
1. A 100 footcandle average maintained level of illumination.
2. Ceiling heights range from 9' to 11'.
3. Average reflectance values are assumed for ceilings, walls and floors.
4. Cool white (CW) fluorescent lamps with 3150 lumens for 40 watt lamps and 6300 lumens for 8' slimline lamps.
5. Four 40 watt lamps per 4' fixture and two 8' lamps per 8' fixture.
6. Average fixture efficiency values and spacing to mounting height ratios.
7. Installation labor is average U.S. rate as of January 1.

System Components	QUANTITY	UNIT	COST PER S.F. MAT.	COST PER S.F. INST.	COST PER S.F. TOTAL
SYSTEM 09.2-212-0520					
FLUORESCENT FIXTURES MOUNTED 9'-11" ABOVE FLOOR, 100 FC					
TYPE A, 8 FIXTURES PER 400 S.F.					
Steel intermediate conduit, (IMC) ½" diam	.404	L.F.	.39	1.20	1.59
Wire, 600V, type THWN-THHN, copper, solid, #12	.008	C.L.F.	.05	.21	.26
Fluorescent strip fixture 8' long, surface mounted, two 75W SL	.020	Ea.	1.03	.97	2
Steel outlet box 4" concrete	.020	Ea.	.10	.30	.40
Steel outlet box plate with stud, 4" concrete	.020	Ea.	.04	.07	.11
TOTAL			1.61	2.75	4.36

9.2-212	Fluorescent Fixtures (by Type)	MAT.	INST.	TOTAL
0520	Fluorescent fixtures, type A, 8 fixtures per 400 S.F.	1.61	2.75	4.36
0560	11 fixtures per 600 S.F.	1.51	2.67	4.18
0600	17 fixtures per 1000 S.F.	1.47	2.62	4.09
0640	23 fixtures per 1600 S.F.	1.30	2.49	3.79
0680	28 fixtures per 2000 S.F.	1.30	2.49	3.79
0720	41 fixtures per 3000 S.F.	1.27	2.48	3.75
0800	53 fixtures per 4000 S.F.	1.25	2.42	3.67
0840	64 fixtures per 5000 S.F.	1.25	2.42	3.67
0880	Type B, 11 fixtures per 400 S.F.	3.37	3.93	7.30
0920	15 fixtures per 600 S.F.	3.09	3.78	6.87
0960	24 fixtures per 1000 S.F.	3	3.77	6.77
1000	35 fixtures per 1600 S.F.	2.80	3.59	6.39
1040	42 fixtures per 2000 S.F.	2.73	3.62	6.35
1080	61 fixtures per 3000 S.F.	2.76	3.47	6.23
1160	80 fixtures per 4000 S.F.	2.63	3.57	6.20
1200	98 fixtures per 5000 S.F.	2.62	3.54	6.16
1240	Type C, 11 fixtures per 400 S.F.	2.75	4.29	7.04
1280	14 fixtures per 600 S.F.	2.40	4.01	6.41
1320	23 fixtures per 1000 S.F.	2.39	3.98	6.37
1360	34 fixtures per 1600 S.F.	2.29	3.93	6.22
1400	43 fixtures per 2000 S.F.	2.32	3.89	6.21
1440	63 fixtures per 3000 S.F.	2.26	3.84	6.10
1520	81 fixtures per 4000 S.F.	2.18	3.78	5.96
1560	101 fixtures per 5000 S.F.	2.18	3.78	5.96
1600	Type D, 8 fixtures per 400 S.F.	2.68	3.28	5.96
1640	12 fixtures per 600 S.F.	2.67	3.27	5.94
1680	19 fixtures per 1000 S.F.	2.56	3.19	5.75
1720	27 fixtures per 1600 S.F.	2.38	3.10	5.48
1760	34 fixtures per 2000 S.F.	2.37	3.07	5.44
1800	48 fixtures per 3000 S.F.	2.26	2.99	5.25
1880	64 fixtures per 4000 S.F.	2.26	2.99	5.25
1920	79 fixtures per 5000 S.F.	2.26	2.99	5.25

LIGHTING & POWER — B9.2-213 — Fluorescent Fixt. (by Wattage)

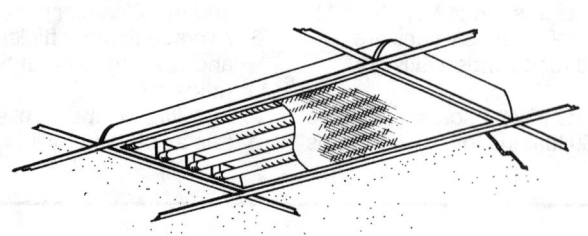

Type C. Recessed, mounted on grid ceiling suspension system, 2' x 4', four 40 watt lamps, acrylic prismatic diffusers.

5.3 watts per S.F. in 100 footcandles.
3 watts per S.F. for 57 footcandles.

System Components	QUANTITY	UNIT	COST PER S.F. MAT.	COST PER S.F. INST.	COST PER S.F. TOTAL
SYSTEM 09.2-213-0200					
FLUORESCENT FIXTURES RECESS MOUNTED IN CEILING					
1 WATT PER S.F., 20 FC, 5 FIXTURES PER 1000 S.F.					
Steel intermediate conduit, (IMC) ½" diam	.128	L.F.	.12	.38	.50
Wire, 600 volt, type THW, copper, solid, #12	.003	C.L.F.	.02	.08	.10
Fluorescent fixture, recessed, 2'x4', four 40W, w/lens, for grid ceiling	.005	Ea.	.35	.33	.68
Steel outlet box 4" square	.005	Ea.	.03	.07	.10
Fixture whip, Greenfield w/#12 THHN wire	.005	Ea.	.01	.02	.03
TOTAL			.53	.88	1.41

9.2-213	Fluorescent Fixtures (by Wattage)	MAT.	INST.	TOTAL
0190	Fluorescent fixtures recess mounted in ceiling			
0200	1 watt per S.F., 20 FC, 5 fixtures per 1000 S.F.	.53	.88	1.41
0240	2 watts per S.F., 40 FC, 10 fixtures per 1000 S.F.	1.05	1.74	2.79
0280	3 watts per S.F., 60 FC, 15 fixtures per 1000 S.F.	1.58	2.62	4.20
0320	4 watts per S.F., 80 FC, 20 fixtures per 1000 S.F.	2.09	3.47	5.56
0400	5 watts per S.F., 100 FC, 25 fixtures per 1000 S.F.	2.61	4.35	6.96

LIGHTING & POWER — B9.2-222 — Incandes. Fixture (by Type)

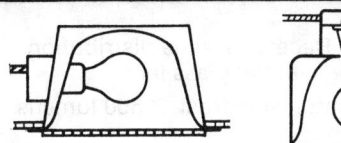

Type A. Recessed wide distribution reflector with flat glass lens 150 W.
  Maximum spacing = 1.2 x mounting height.
  13 watts per S.F. for 100 footcandles.

Type B. Recessed reflector down light with baffles 150 W.
  Maximum spacing = 0.8 x mounting height.
  18 watts per S.F. for 100 footcandles.

Type C. Recessed PAR-38 flood lamp with concentric louver 150 W.
  Maximum spacing = 0.5 x mounting height.
  19 watts per S.F. for 100 footcandles.

Type D. Recessed R-40 flood lamp with reflector skirt.
  Maximum spacing = 0.7 x mounting height.
  15 watts per S.F. for 100 footcandles.

System Components	QUANTITY	UNIT	COST PER S.F. MAT.	INST.	TOTAL
SYSTEM 09.2-222-0400					
INCANDESCENT FIXTURE RECESS MOUNTED, 100 FC					
TYPE A, 34 FIXTURES PER 400 S.F.					
Steel intermediate conduit, (IMC) ½" diam	1.060	L.F.	1.02	3.15	4.17
Wire, 600V, type THWN-THHN, copper, solid, #12	.033	C.L.F.	.21	.88	1.09
Steel outlet box 4" square	.085	Ea.	.44	1.26	1.70
Fixture whip, Greenfield w/#12 THHN wire	.085	Ea.	.19	.31	.50
Incandescent fixture, recessed, w/lens, prewired, square trim, 200W	.085	Ea.	3.27	3.78	7.05
TOTAL			5.13	9.38	14.51

9.2-222	Incandescent Fixture (by Type)	MAT.	INST.	TOTAL
0380	Incandescent fixture recess mounted, 100 FC			
0400	Type A, 34 fixtures per 400 S.F.	5.15	9.40	14.55
0440	49 fixtures per 600 S.F.	5	9.25	14.25
0480	63 fixtures per 800 S.F.	4.89	9.15	14.04
0520	90 fixtures per 1200 S.F.	4.74	8.95	13.69
0560	116 fixtures per 1600 S.F.	4.65	8.85	13.50
0600	143 fixtures per 2000 S.F.	4.61	8.85	13.46
0640	Type B, 47 fixtures per 400 S.F.	8.85	11.85	20.70
0680	66 fixtures per 600 S.F.	8.40	11.55	19.95
0720	88 fixtures per 800 S.F.	8.40	11.55	19.95
0760	127 fixtures per 1200 S.F.	8.15	11.45	19.60
0800	160 fixtures per 1600 S.F.	8.05	11.35	19.40
0840	206 fixtures per 2000 S.F.	8	11.30	19.30
0880	Type C, 51 fixtures per 400 S.F.	9.30	12.35	21.65
0920	74 fixtures per 600 S.F.	9	12.15	21.15
0960	97 fixtures per 800 S.F.	8.90	12.10	21
1000	142 fixtures per 1200 S.F.	8.75	11.95	20.70
1040	186 fixtures per 1600 S.F.	8.65	11.90	20.55
1080	230 fixtures per 2000 S.F.	8.60	11.90	20.50
1120	Type D, 39 fixtures per 400 S.F.	7.40	9.75	17.15
1160	57 fixtures per 600 S.F.	7.25	9.60	16.85
1200	75 fixtures per 800 S.F.	7.20	9.60	16.80
1240	109 fixtures per 1200 S.F.	7.05	9.50	16.55
1280	143 fixtures per 1600 S.F.	6.90	9.35	16.25
1320	176 fixtures per 2000 S.F.	6.85	9.35	16.20

LIGHTING & POWER — B9.2-223 — Incandes. Fixt. (by Wattage)

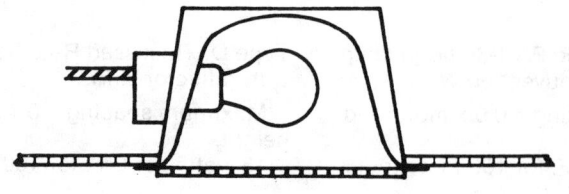

Type A. Recessed, wide distribution reflector with flat glass lens.

150 watt inside frost—2500 lumens per lamp.

PS-25 extended service lamp

Maximum spacing = 1.2 x mounting height.

13 watts per S.F. for 100 footcandles.

System Components	QUANTITY	UNIT	COST PER S.F. MAT.	INST.	TOTAL
SYSTEM 09.2-223-0200					
INCANDESCENT FIXTURE RECESS MOUNTED, TYPE A					
1 WATT PER S.F., 8 FC, 6 FIXT PER 1000 S.F.					
Steel intermediate conduit, (IMC) ½" diam	.091	L.F.	.09	.27	.36
Wire, 600V, type THWN-THHN, copper, solid, #12	.002	C.L.F.	.01	.05	.06
Incandescent fixture, recessed, w/lens, prewired, square trim, 200W	.006	Ea.	.23	.27	.50
Steel outlet box 4" square	.006	Ea.	.03	.09	.12
Fixture whip, Greenfield w/#12 THHN wire	.006	Ea.	.01	.02	.03
TOTAL			.37	.70	1.07

9.2-223	Incandescent Fixture (by Wattage)	COST PER S.F. MAT.	INST.	TOTAL
0190	Incandescent fixture recess mounted, type A			
0200	1 watt per S.F., 8 FC, 6 fixtures per 1000 S.F.	.37	.70	1.07
0240	2 watt per S.F., 16 FC, 12 fixtures per 1000 S.F.	.74	1.40	2.14
0280	3 watt per S.F., 24 FC, 18 fixtures, per 1000 S.F.	1.11	2.08	3.19
0320	4 watt per S.F., 32 FC, 24 fixtures per 1000 S.F.	1.49	2.78	4.27
0400	5 watt per S.F., 40 FC, 30 fixtures per 1000 S.F.	1.89	3.48	5.37

LIGHTING & POWER — B9.2-232 — H.I.D. Fixture (by Type)

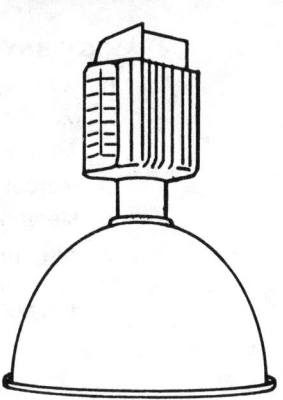

HIGH BAY FIXTURES
- A. Mercury vapor 400 watt
- B. Metal halide 400 watt
- C. High Pressure sodium 400 watt
- D. Mercury vapor 1000 watt
- E. Metal halide 1000 watt
- F. High pressure sodium 1000 watt
- G. Metal halide 1000 watt 125,000 lumen lamp

System Components	QUANTITY	UNIT	MAT.	INST.	TOTAL
SYSTEM 09.2-232-0520					
HIGH INTENSITY DISCHARGE FIXTURE, 8'-10' ABOVE WORK PLANE, 100 FC					
TYPE A, 12 FIXTURES PER 900 S.F.					
Steel intermediate conduit, (IMC) ½" diam	.620	L.F.	.60	1.84	2.44
Wire, 600V, type THWN-THHN, copper, solid, #10	.012	C.L.F.	.12	.36	.48
Steel outlet box 4" concrete	.013	Ea.	.07	.19	.26
Steel outlet box plate with stud 4" concrete	.013	Ea.	.03	.05	.08
Mercury vapor, hi bay, aluminum reflector, 400W DX lamp	.013	Ea.	3.50	1.70	5.20
TOTAL			4.32	4.14	8.46

9.2-232	H.I.D. Fixture, High Bay (by Type)	MAT.	INST.	TOTAL
0500	High intensity discharge fixture, 8'-10' above work plane, 100 FC			
0520	Type A, 12 fixtures per 900 S.F.	4.32	4.14	8.46
0560	24 fixtures per 1800 S.F.	4.05	4.05	8.10
0600	36 fixtures per 3000 S.F.	4.04	3.99	8.03
0640	44 fixtures per 4000 S.F.	3.77	3.90	7.67
0680	54 fixtures per 5000 S.F.	3.77	3.90	7.67
0720	86 fixtures per 8000 S.F.	3.77	3.90	7.67
0760	103 fixtures per 10000 S.F.	3.50	3.76	7.26
0800	165 fixtures per 16000 S.F.	3.50	3.76	7.26
0840	329 fixtures per 32000 S.F.	3.50	3.76	7.26
0880	Type B, 8 fixtures per 900 S.F.	3.37	2.94	6.31
0920	15 fixtures per 1800 S.F.	3.06	2.84	5.90
0960	24 fixtures per 3000 S.F.	3.06	2.84	5.90
1000	31 fixtures per 4000 S.F.	3.06	2.84	5.90
1040	38 fixtures per 5000 S.F.	3.06	2.84	5.90
1080	60 fixtures per 8000 S.F.	3.06	2.84	5.90
1120	72 fixtures per 10000 S.F.	2.74	2.63	5.37
1160	115 fixtures per 16000 S.F.	2.74	2.63	5.37
1200	230 fixtures per 32000 S.F.	2.74	2.63	5.37
1240	Type C, 4 fixtures per 900 S.F.	2.34	1.82	4.16
1280	8 fixtures per 1800 S.F.	2.34	1.82	4.16
1320	13 fixtures per 3000 S.F.	2.34	1.82	4.16
1360	17 fixtures per 4000 S.F.	2.34	1.82	4.16
1400	21 fixtures per 5000 S.F.	2.29	1.67	3.96
1440	33 fixtures per 8000 S.F.	2.28	1.64	3.92
1480	40 fixtures per 10000 S.F.	2.25	1.55	3.80
1520	63 fixtures per 16000 S.F.	2.25	1.55	3.80
1560	126 fixtures per 32000 S.F.	2.25	1.55	3.80

LIGHTING & POWER   B9.2-233   H.I.D. Fixture (by Wattage)

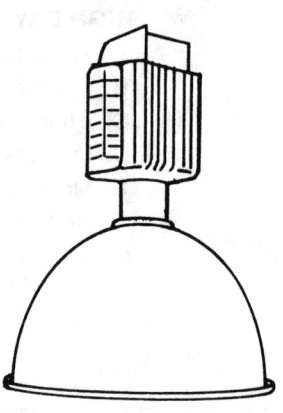

HIGH BAY FIXTURES
A. Mercury vapor 400 watt
B. Metal halide 400 watt
C. High Pressure sodium 400 watt
D. Mercury vapor 1000 watt
E. Metal halide 1000 watt
F. High pressure sodium 1000 watt
G. Metal halide 1000 watt 125,000 lumen lamp

System Components	QUANTITY	UNIT	COST PER S.F. MAT.	INST.	TOTAL
SYSTEM 09.2-233-0200					
HIGH INTENSITY DISCHARGE FIXTURE, 8'-10' ABOVE WORK PLANE					
1 WATT/S.F., TYPE A, 18 FC, 2 FIXTURES/1000 S.F.					
Steel intermediate conduit, (IMC) ½" diam	.120	L.F.	.13	.42	.55
Wire, 600V, type THWN-THHN, copper, solid, #10	.002	C.L.F.	.02	.06	.08
Mercury vapor, hi bay, aluminum reflector, 400W DX lamp	.002	Ea.	.54	.26	.80
Steel outlet box 4" concrete	.002	Ea.	.01	.03	.04
Steel outlet box plate with stud, 4" concrete	.002	Ea.		.01	.01
TOTAL			.70	.78	1.48

9.2-233	H.I.D. Fixture, High Bay (by Wattage)	COST PER S.F. MAT.	INST.	TOTAL
0190	High intensity discharge fixture, 8'-10' above work plane			
0200	1 watt/S.F., type A, 18 FC, 2 fixtures/1000 S.F.	.70	.78	1.48
0240	Type B, 29 FC, 2 fixtures/1000 S.F.	.75	.65	1.40
0280	Type C, 54 FC, 2 fixtures/1000 S.F.	1.03	.50	1.53
0360	2 watt/S.F., type A, 36 FC, 4 fixtures/1000 S.F.	1.41	1.51	2.92
0400	Type B, 59 FC, 4 fixtures/1000 S.F.	1.48	1.25	2.73
0440	Type C, 108 FC, 4 fixtures/1000 S.F.	2.06	.97	3.03
0520	3 watt/S.F., type A, 60 FC, 7 fixtures/1000 S.F.	2.38	2.35	4.73
0560	Type B, 103 FC, 7 fixtures/1000 S.F.	2.54	2	4.54
0600	Type C, 189 FC, 6 fixtures/1000 S.F.	3.48	1.26	4.74
0680	4 watt/S.F., type A, 77 FC, 9 fixtures/1000 S.F.	3.06	3.06	6.12
0720	Type B, 133 FC, 9 fixtures/1000 S.F.	3.27	2.61	5.88
0760	Type C, 243 FC, 9 fixtures/1000 S.F.	4.64	2.15	6.79
0840	5 watt/S.F., type A, 95 FC, 11 fixtures/1000 S.F.	3.74	3.78	7.52
0880	Type B, 162 FC, 11 fixtures/1000 S.F.	4.01	3.25	7.26
0920	Type C, 297 FC, 11 fixtures/1000 S.F.	5.70	2.68	8.38

(Reference at row 0360/0400: C9.2-241)

LIGHTING & POWER — B9.2-234 — H.I.D. Fixture (by Type)

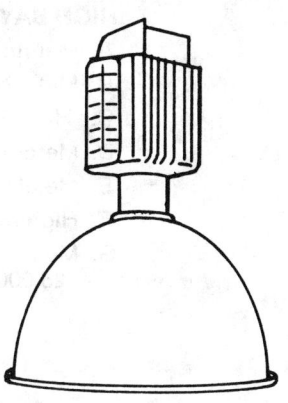

HIGH BAY FIXTURES

A. Mercury vapor 400 watt
B. Metal halide 400 watt
C. High Pressure sodium 400 watt
D. Mercury vapor 1000 watt
E. Metal halide 1000 watt
F. High pressure sodium 1000 watt
G. Metal halide 1000 watt 125,000 lumen lamp

System Components	QUANTITY	UNIT	COST PER S.F. MAT.	INST.	TOTAL
SYSTEM 09.2-234-0520					
HIGH INTENSITY DISCHARGE FIXTURE, 16' ABOVE WORK PLANE, 100 FC					
TYPE D, 5 FIXTURES PER 900 S.F.					
Steel intermediate conduit, (IMC) ½" diam	.570	L.F.	.55	1.69	2.24
Wire, 600V, type THWN-THHN, copper, solid, #10	.017	C.L.F.	.18	.50	.68
Steel outlet box 4" concrete	.006	Ea.	.03	.09	.12
Steel outlet box plate with stud, 4" concrete	.006	Ea.	.01	.02	.03
Mercury vapor, hi bay, aluminum reflector, 1000W DX lamp	.006	Ea.	2.77	.89	3.66
TOTAL			3.54	3.19	6.73

9.2-234	H.I.D. Fixture, High Bay (by Type)	MAT.	INST.	TOTAL
0510	High intensity discharge fixture, 16' above work plane, 100 FC			
0520	Type D, 5 fixtures per 900 S.F.	3.54	3.19	6.73
0560	9 fixtures per 1800 S.F.	3.15	3.26	6.41
0600	13 fixtures per 3000 S.F.	2.73	3.24	5.97
0640	17 fixtures per 4000 S.F.	2.73	3.24	5.97
0680	21 fixtures per 5000 S.F.	2.73	3.24	5.97
0720	33 fixtures per 8000 S.F.	2.71	3.18	5.89
0760	39 fixtures per 10,000 S.F.	2.71	3.18	5.89
0800	61 fixtures per 16,000 S.F.	2.68	3.09	5.77
1240	Type C, 5 fixtures per 900 S.F.	3.23	1.88	5.11
1280	9 fixtures per 1800 S.F.	2.83	1.97	4.80
1320	15 fixtures per 3000 S.F.	2.83	1.97	4.80
1360	18 fixtures per 4000 S.F.	2.76	1.76	4.52
1400	22 fixtures per 5000 S.F.	2.76	1.76	4.52
1440	36 fixtures per 8000 S.F.	2.76	1.76	4.52
1480	42 fixtures per 10,000 S.F.	2.34	1.82	4.16
1520	65 fixtures per 16,000 S.F.	2.34	1.82	4.16
1600	Type G, 4 fixtures per 900 S.F.	3.08	2.94	6.02
1640	6 fixtures per 1800 S.F.	2.50	2.74	5.24
1720	9 fixtures per 4000 S.F.	1.92	2.68	4.60
1760	11 fixtures per 5000 S.F.	1.92	2.68	4.60
1840	21 fixtures per 10,000 S.F.	1.84	2.41	4.25
1880	33 fixtures per 16,000 S.F.	1.84	2.41	4.25

LIGHTING & POWER — B9.2-235 — H.I.D. Fixture (by Wattage)

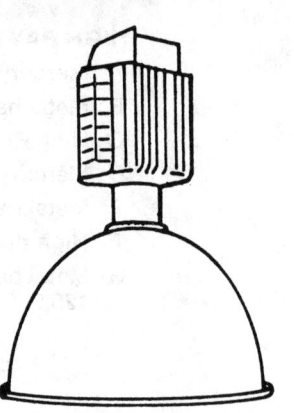

HIGH BAY FIXTURES

- A. Mercury vapor 400 watt
- B. Metal halide 400 watt
- C. High Pressure sodium 400 watt
- D. Mercury vapor 1000 watt
- E. Metal halide 1000 watt
- F. High pressure sodium 1000 watt
- G. Metal halide 1000 watt 125,000 lumen lamp

System Components	QUANTITY	UNIT	COST PER S.F. MAT.	INST.	TOTAL
SYSTEM 09.2-235-0200					
HIGH INTENSITY DISCHARGE FIXTURE, 16' ABOVE WORK PLANE					
1 WATT/S.F., TYPE D, 23 FC, 1 FIXTURE/1000 S.F.					
Steel intermediate conduit, (IMC) ½" diam	.140	L.F.	.13	.42	.55
Wire, 600V, type THWN-THHN, copper, solid, #10	.004	C.L.F.	.04	.12	.16
Mercury vapor, hi bay, aluminum reflector, 1000W DX lamp	.001	Ea.	.46	.15	.61
Steel outlet box 4" concrete	.001	Ea.	.01	.01	.02
Steel outlet box plate with stud, 4" concrete	.001	Ea.			
TOTAL			.64	.70	1.34

9.2-235	H.I.D. Fixture, High Bay (by Wattage)	MAT.	INST.	TOTAL
0190	High intensity discharge fixture, 16' above work plane			
0200	1 watt/S.F., type D, 23 FC, 1 fixture/1000 S.F.	.64	.70	1.34
0240	Type E, 42 FC, 1 fixture/1000 S.F.	.76	.73	1.49
0280	Type G, 52 FC, 1 fixture/1000 S.F.	.76	.73	1.49
0320	Type C, 54 FC, 2 fixture/1000 S.F.	1.14	.82	1.96
0400	2 watt/S.F., type D, 45 FC, 2 fixture/1000 S.F.	1.28	1.41	2.69
0440	Type E, 84 FC, 2 fixture/1000 S.F.	1.53	1.50	3.03
0480	Type G, 105 FC, 2 fixture/1000 S.F.	1.53	1.50	3.03
0520	Type C, 108 FC, 4 fixture/1000 S.F.	2.28	1.65	3.93
0600	3 watt/S.F., type D, 68 FC, 3 fixture/1000 S.F.	1.93	2.07	4
0640	Type E, 126 FC, 3 fixture/1000 S.F.	2.31	2.22	4.53
0680	Type G, 157 FC, 3 fixture/1000 S.F.	2.31	2.22	4.53
0720	Type C, 162 FC, 6 fixture/1000 S.F.	3.42	2.47	5.89
0800	4 watt/ S.F., type D, 91 FC, 4 fixture/1000 S.F.	2.74	3.27	6.01
0840	Type E, 168 FC, 4 fixture/1000 S.F.	3.07	2.98	6.05
0880	Type G, 210 FC, 4 fixture/1000 S.F.	3.07	2.98	6.05
0920	Type C, 243 FC, 9 fixture/1000 S.F.	5.05	3.43	8.48
1000	5 watt/S.F., type D, 113 FC, 5 fixture/1000 S.F.	3.22	3.47	6.69
1040	Type E, 210 FC, 5 fixture/1000 S.F.	3.85	3.71	7.56
1080	Type G, 262 FC, 5 fixture/1000 S.F.	3.85	3.71	7.56
1120	Type C, 297 FC, 11 fixture/1000 S.F.	6.20	4.26	10.46

LIGHTING & POWER — B9.2-236 — H.I.D. Fixture (By Type)

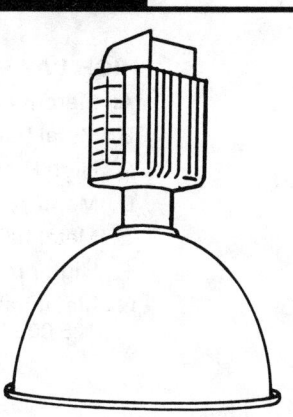

HIGH BAY FIXTURES

A. Mercury vapor 400 watt
B. Metal halide 400 watt
C. High Pressure sodium 400 watt
D. Mercury vapor 1000 watt
E. Metal halide 1000 watt
F. High pressure sodium 1000 watt
G. Metal halide 1000 watt 125,000 lumen lamp

System Components	QUANTITY	UNIT	COST PER S.F. MAT.	INST.	TOTAL
SYSTEM 09.2-236-0520					
HIGH INTENSITY DISCHARGE FIXTURE, 20' ABOVE WORK PLANE, 100 FC					
TYPE D, 6 FIXTURES PER 900 S.F.					
Steel intermediate conduit, (IMC) ½" diam	.860	L.F.	.83	2.55	3.38
Wire, 600V, type THWN-THHN, copper, solid, #10.	.003	C.L.F.	.27	.77	1.04
Steel outlet box 4" concrete	.008	Ea.	.04	.10	.14
Steel outlet box plate with stud, 4" concrete	.008	Ea.	.02	.03	.05
Mercury vapor, hi bay, aluminum reflector, 1000W DX lamp	.008	Ea.	3.23	1.04	4.27
TOTAL			4.39	4.49	8.88

9.2-236	H.I.D. Fixture, High Bay (By Type)	COST PER S.F. MAT.	INST.	TOTAL
0510	High intensity discharge fixture 20' above work plane, 100 FC			
0520	Type D, 6 fixtures per 900 S.F.	4.39	4.49	8.88
0560	10 fixtures per 1800 S.F.	3.91	4.32	8.23
0600	15 fixtures per 3000 S.F.	3.47	4.21	7.68
0640	18 fixtures per 4000 S.F.	3.47	4.21	7.68
0680	22 fixtures per 5000 S.F.	3.02	4.13	7.15
0720	35 fixtures per 8000 S.F.	3.02	4.13	7.15
0760	40 fixtures per 10000 S.F.	3.02	4.13	7.15
0800	63 fixtures per 16000 S.F.	3.01	4.10	7.11
0840	123 fixtures per 32000 S.F.	3.01	4.10	7.11
1240	Type C, 6 fixtures per 900 S.F.	3.86	2.42	6.28
1280	10 fixtures per 1800 S.F.	3.36	2.27	5.63
1320	16 fixtures per 3000 S.F.	2.90	2.18	5.08
1360	20 fixtures per 4000 S.F.	2.90	2.18	5.08
1400	24 fixtures per 5000 S.F.	2.90	2.18	5.08
1440	38 fixtures per 8000 S.F.	2.87	2.09	4.96
1520	68 fixtures per 16000 S.F.	2.49	2.30	4.79
1560	132 fixtures per 32000 S.F.	2.49	2.30	4.79
1600	Type G, 4 fixtures per 900 S.F.	3.06	2.88	5.94
1640	6 fixtures per 1800 S.F.	2.50	2.74	5.24
1680	7 fixtures per 3000 S.F.	2.47	2.65	5.12
1720	10 fixtures per 4000 S.F.	2.46	2.62	5.08
1760	11 fixtures per 5000 S.F.	1.97	2.83	4.80
1800	18 fixtures per 8000 S.F.	1.97	2.83	4.80
1840	22 fixtures per 10000 S.F.	1.97	2.83	4.80
1880	34 fixtures per 16000 S.F.	1.94	2.74	4.68
1920	66 fixtures per 32000 S.F.	1.87	2.50	4.37

(Rows 0560 and 0600 reference C9.2-241)

LIGHTING & POWER — B9.2-237 — H.I.D. Fixture (By Wattage)

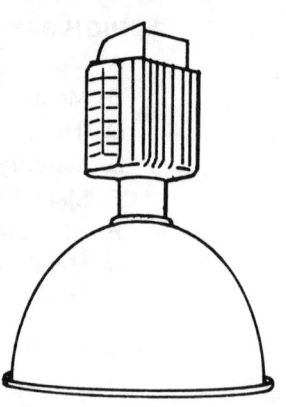

HIGH BAY FIXTURES

A. Mercury vapor 400 watt
B. Metal halide 400 watt
C. High Pressure sodium 400 watt
D. Mercury vapor 1000 watt
E. Metal halide 1000 watt
F. High pressure sodium 1000 watt
G. Metal halide 1000 watt 125,000 lumen lamp

System Components	QUANTITY	UNIT	COST PER S.F. MAT.	COST PER S.F. INST.	COST PER S.F. TOTAL
SYSTEM 09.2-237-0200					
HIGH INTENSITY DISCHARGE FIXTURE, 20' ABOVE WORK PLANE					
1 WATT/S.F., TYPE D, 22FC, 1 FIXTURE 1000 S.F.					
Steel intermediate conduit, (IMC) ½" diam	.158	L.F.	.15	.47	.62
Wire, 600V, type THWN-THHN, copper, solid, #10	.005	C.L.F.	.05	.15	.20
Mercury vapor, hi bay, aluminum reflector, 1000W DX lamp	.001	Ea.	.46	.15	.61
Steel outlet box 4" concrete	.001	Ea.	.01	.01	.02
Steel outlet box plate with stud, 4" concrete	.001	Ea.			
TOTAL			.67	.78	1.45

9.2-237	H.I.D. Fixture, High Bay (By Wattage)	MAT.	INST.	TOTAL
0190	High intensity discharge fixture, 20' above work plane			
0200	1 watt/S.F., type D, 22 FC, 1 fixture/1000 S.F.	.67	.78	1.45
0240	Type E, 40 FC, 1 fixture/1000 S.F.	.78	.79	1.57
0280	Type G, 50 FC, 1 fixture/1000 S.F.	.78	.79	1.57
0320	Type C, 52 FC, 2 fixtures/1000 S.F.	1.17	.92	2.09
0400	2 watt/S.F., type D, 43 FC, 2 fixtures/1000 S.F.	1.33	1.58	2.91
0440	Type E, 81 FC, 2 fixtures/1000 S.F.	1.56	1.59	3.15
0480	Type G, 101 FC, 2 fixtures/1000 S.F.	1.56	1.59	3.15
0520	Type C, 104 FC, 4 fixtures/1000 S.F.	2.33	1.81	4.14
0600	3 watt/S.F., type D, 65 FC, 3 fixtures/1000 S.F.	2.02	2.32	4.34
0640	Type E, 121 FC, 3 fixtures/1000 S.F.	2.37	2.36	4.73
0680	Type G, 151 FC, 3 fixtures/1000 S.F.	2.37	2.36	4.73
0720	Type C, 155 FC, 6 fixtures/1000 S.F.	3.51	2.73	6.24
0800	4 watt/S.F., type D, 87 FC, 4 fixtures/1000 S.F.	2.69	3.10	5.79
0840	Type E, 161 FC, 4 fixtures/1000 S.F.	3.14	3.15	6.29
0880	Type G, 202 FC, 4 fixtures/1000 S.F.	3.14	3.15	6.29
0920	Type C, 233 FC, 9 fixtures/1000 S.F.	5.20	3.75	8.95
1000	5 watt/S.F., type D, 108 FC, 5 fixtures/1000 S.F.	3.36	3.89	7.25
1040	Type E, 202 FC, 5 fixtures/1000 S.F.	3.93	3.95	7.88
1080	Type G, 252 FC, 5 fixtures/1000 S.F.	3.93	3.95	7.88
1120	Type C, 285 FC, 11 fixtures/1000 S.F.	6.35	4.68	11.03

LIGHTING & POWER — B9.2-238 — H.I.D. Fixture (By Type)

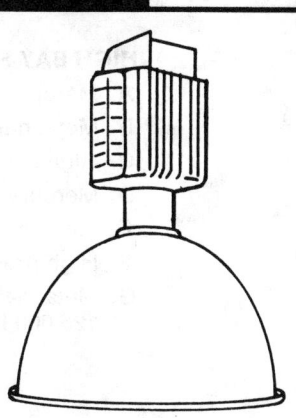

HIGH BAY FIXTURES

A. Mercury vapor 400 watt
B. Metal halide 400 watt
C. High Pressure sodium 400 watt
D. Mercury vapor 1000 watt
E. Metal halide 1000 watt
F. High pressure sodium 1000 watt
G. Metal halide 1000 watt 125,000 lumen lamp

System Components	QUANTITY	UNIT	MAT.	INST.	TOTAL
SYSTEM 09.2-238-0520					
HIGH INTENSITY DISCHARGE FIXTURE, 30' ABOVE WORK PLANE, 100 FC					
TYPE D, 8 FIXTURES PER 900 S.F.					
Steel intermediate conduit, (IMC) ½" diam	1.150	L.F.	1.10	3.42	4.52
Wire, 600V, type THWN-THHN, copper, solid, #10	.035	C.L.F.	.36	1.04	1.40
Steel outlet box 4" concrete	.009	Ea.	.05	.13	.18
Steel outlet box plate with stud, 4" concrete	.009	Ea.	.02	.03	.05
Mercury vapor, hi bay, aluminum reflector, 1000W DX lamp	.009	Ea.	4.16	1.33	5.49
TOTAL			5.69	5.95	11.64

9.2-238	H.I.D. Fixture, High Bay (by Type)	MAT.	INST.	TOTAL
0510	High intensity discharge fixture, 30' above work plane, 100 FC			
0520	Type D, 8 fixtures per 900 S.F.	5.70	5.95	11.65
0560	11 fixtures per 1800 S.F.	4.29	5.50	9.79
0600	18 fixtures per 3000 S.F.	4.29	5.50	9.79
0640	21 fixtures per 4000 S.F.	3.83	5.35	9.18
0680	25 fixtures per 5000 S.F.	3.83	5.35	9.18
0760	44 fixtures per 10,000 S.F.	3.38	5.25	8.63
0800	67 fixtures per 16,000 S.F.	3.38	5.25	8.63
0840	132 fixtures per 32000 S.F.	3.38	5.25	8.63
1240	Type F, 4 fixtures per 900 S.F.	3.64	2.92	6.56
1280	6 fixtures per 1800 S.F.	2.94	2.78	5.72
1320	8 fixtures per 3000 S.F.	2.94	2.78	5.72
1360	9 fixtures per 4000 S.F.	2.21	2.65	4.86
1400	10 fixtures per 5000 S.F.	2.21	2.65	4.86
1440	17 fixtures per 8000 S.F.	2.21	2.65	4.86
1480	18 fixtures per 10,000 S.F.	2.14	2.44	4.58
1520	27 fixtures per 16,000 S.F.	2.14	2.44	4.58
1560	52 fixtures per 32000 S.F.	2.13	2.41	4.54
1600	Type G, 4 fixtures per 900 S.F.	3.12	3.09	6.21
1640	6 fixtures per 1800 S.F.	2.52	2.80	5.32
1680	9 fixtures per 3000 S.F.	2.49	2.71	5.20
1720	11 fixtures per 4000 S.F.	2.46	2.62	5.08
1760	13 fixtures per 5000 S.F.	2.46	2.62	5.08
1800	21 fixtures per 8000 S.F.	2.46	2.62	5.08
1840	23 fixtures per 10,000 S.F.	1.97	2.80	4.77
1880	36 fixtures per 16,000 S.F.	1.97	2.80	4.77
1920	70 fixtures per 32000 S.F.	1.97	2.80	4.77

LIGHTING & POWER — B9.2-239 — H.I.D. Fixture (by Wattage)

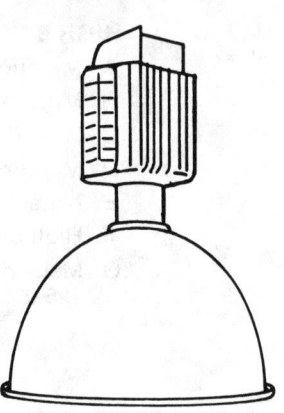

HIGH BAY FIXTURES

- A. Mercury vapor 400 watt
- B. Metal halide 400 watt
- C. High Pressure sodium 400 watt
- D. Mercury vapor 1000 watt
- E. Metal halide 1000 watt
- F. High pressure sodium 1000 watt
- G. Metal halide 1000 watt 125,000 lumen lamp

System Components	QUANTITY	UNIT	COST PER S.F. MAT.	INST.	TOTAL
SYSTEM 09.2-239-0200					
HIGH INTENSITY DISCHARGE FIXTURE, 30' ABOVE WORK PLANE					
1 WATT/S.F., TYPE D, 23FC, 1 FIXTURE/1000 S.F.					
Steel intermediate conduit, (IMC) ½" diam	.186	L.F.	.18	.55	.73
Wire, 600V type THWN-THHN, copper, solid, #10	.006	C.L.F.	.06	.18	.24
Mercury vapor, hi bay, aluminum reflector, 1000W DX lamp	.001	Ea.	.46	.15	.61
Steel outlet box 4" concrete	.001	Ea.	.01	.01	.02
Steel outlet box plate with stud, 4" concrete	.001	Ea.			
TOTAL			.71	.89	1.60

9.2-239	H.I.D. Fixture, High Bay (by Wattage)	MAT.	INST.	TOTAL
0190	High intensity discharge fixture, 30' above work plane			
0200	1 watt/S.F., type D, 23 FC, 1 fixture/1000 S.F.	.71	.89	1.60
0240	Type E, 37 FC, 1 fixture/1000 S.F.	.83	.92	1.75
0280	Type G, 45 FC., 1 fixture/1000 S.F.	.83	.92	1.75
0320	Type F, 50 FC, 1 fixture/1000 S.F.	.91	.72	1.63
0400	2 watt/S.F., type D, 40 FC, 2 fixtures/1000 S.F.	1.40	1.77	3.17
0440	Type E, 74 FC, 2 fixtures/1000 S.F.	1.65	1.86	3.51
0480	Type G, 92 FC, 2 fixtures/1000 S.F.	1.65	1.86	3.51
0520	Type F, 100 FC, 2 fixtures/1000 S.F.	1.81	1.49	3.30
0600	3 watt/S.F., type D, 60 FC, 3 fixtures/1000 S.F.	2.14	2.65	4.79
0640	Type E, 110 FC, 3 fixtures/1000 S.F.	2.51	2.80	5.31
0680	Type G, 138FC, 3 fixtures/1000 S.F.	2.51	2.80	5.31
0720	Type F, 150 FC, 3 fixtures/1000 S.F.	2.74	2.21	4.95
0800	4 watt/ S.F., type D, 80 FC, 4 fixtures/1000 S.F.	2.82	3.52	6.34
0840	Type E, 148 FC, 4 fixtures/1000 S.F.	3.33	3.73	7.06
0880	Type G, 185 FC, 4 fixtures/1000 S.F.	3.33	3.73	7.06
0920	Type F, 200 FC, 4 fixtures/1000 S.F.	3.65	2.96	6.61
1000	5 watt/ S.F., type D, 100 FC 5 fixtures/1000 S.F.	3.53	4.42	7.95
1040	Type E, 185 FC, 5 fixtures/1000 S.F.	4.16	4.66	8.82
1080	Type G, 230 FC, 5 fixtures/1000 S.F.	4.16	4.66	8.82
1120	Type F, 250 FC, 5 fixtures/1000 S.F.	4.56	3.69	8.25

Reference: C9.2-241 (at lines 0240/0280)

LIGHTING & POWER — B9.2-241 — H.I.D. Fixture (by Type)

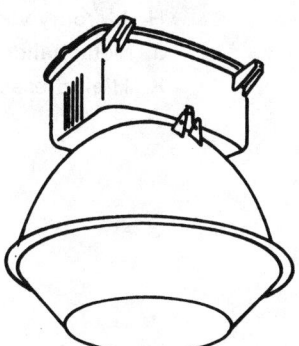

LOW BAY FIXTURES
H. Mercury vapor 250 watt
J. Metal halide 250 watt
K. High pressure sodium 150 watt

System Components	QUANTITY	UNIT	MAT.	INST.	TOTAL
SYSTEM 09.2-241-0520					
HIGH INTENSITY DISCHARGE FIXTURE, 8'-10' ABOVE WORK PLANE, 50 FC					
TYPE H, 13 FIXTURES PER 900 S.F.					
Steel intermediate conduit, (IMC) ½" diam	.960	L.F.	.92	2.85	3.77
Wire, 600V, type THWN-THHN, copper, solid, #10	.020	C.L.F.	.21	.59	.80
Steel outlet box 4" concrete	.014	Ea.	.07	.21	.28
Steel outlet box plate with stud, 4" concrete	.014	Ea.	.03	.05	.08
Mercury vapor, lo bay, aluminum reflector, 250W DX lamp	.014	Ea.	4.62	1.33	5.95
TOTAL			5.85	5.03	10.88

9.2-241	H.I.D. Fixture, Low Bay (by Type)	MAT.	INST.	TOTAL
0510	High intensity discharge fixture, 8'-10' above work plane, 50 FC			
0520	Type H, 13 fixtures per 900 S.F.	5.85	5.05	10.90
0560	28 fixtures per 1800 S.F.	5.85	5	10.85
0600	41 fixtures per 3000 S.F.	5.85	5.05	10.90
0640	55 fixtures per 4000 S.F.	5.85	5.05	10.90
0680	68 fixtures per 5000 S.F.	5.85	5.05	10.90
0760	121 fixtures per 10,000 S.F.	5.20	4.83	10.03
0800	193 fixtures per 16000 S.F.	5.20	4.83	10.03
0840	386 fixtures per 32,000 S.F.	5.20	4.83	10.03
0880	Type J, 7 fixtures per 900 S.F.	3.76	2.81	6.57
0920	13 fixtures per 1800 S.F.	3.41	2.79	6.20
0960	21 fixtures per 3000 S.F.	3.41	2.79	6.20
1000	28 fixtures per 4000 S.F.	3.41	2.79	6.20
1040	35 fixtures per 5000 S.F.	3.41	2.79	6.20
1120	62 fixtures per 10,000 S.F.	3	2.67	5.67
1160	99 fixtures per 16,000 S.F.	3	2.67	5.67
1200	199 fixtures per 32,000 S.F.	3	2.67	5.67
1240	Type K, 9 fixtures per 900 S.F.	4.12	2.39	6.51
1280	16 fixtures per 1800 S.F.	3.77	2.30	6.07
1320	26 fixtures per 3000 S.F.	3.76	2.27	6.03
1360	31 fixtures per 4000 S.F.	3.40	2.23	5.63
1400	39 fixtures per 5000 S.F.	3.40	2.23	5.63
1440	62 fixtures per 8000 S.F.	3.40	2.23	5.63
1480	78 fixtures per 10,000 S.F.	3.40	2.23	5.63
1520	124 fixtures per 16,000 S.F.	3.38	2.17	5.55
1560	248 fixtures per 32,000 S.F.	3.13	2.41	5.54

LIGHTING & POWER — B9.2-242 — H.I.D. Fixture (by Wattage)

LOW BAY FIXTURES
H. Mercury vapor 250 watt
J. Metal halide 250 watt
K. High pressure sodium 150 watt

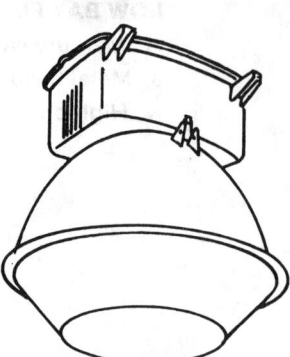

System Components	QUANTITY	UNIT	COST PER S.F. MAT.	COST PER S.F. INST.	COST PER S.F. TOTAL
SYSTEM 09.2-242-0200					
HIGH INTENSITY DISCHARGE FIXTURE, 8'-10' ABOVE WORK PLANE					
1 WATT/S.F., TYPE H, 19 FC, 4 FIXTURES/1000 S.F.					
Steel intermediate conduit, (IMC) ½" diam	.274	L.F.	.26	.81	1.07
Wire, 600V, type THWN-THHN, copper, solid, #10	.008	C.L.F.	.08	.24	.32
Mercury vapor, lo bay, aluminum reflector, 250W DX lamp	.004	Ea.	1.32	.38	1.70
Steel outlet box 4" concrete	.004	Ea.	.02	.06	.08
Steel outlet box plate with stud, 4" concrete	.004	Ea.	.01	.01	.02
TOTAL			1.69	1.50	3.19

9.2-242	H.I.D. Fixture, Low Bay (by Wattage)	MAT.	INST.	TOTAL
0190	High intensity discharge fixture, 8'-10' above work plane			
0200	1 watt/S.F., type H, 19 FC, 4 fixtures/1000 S.F.	1.69	1.50	3.19
0240	Type J, 30 FC, 4 fixtures/1000 S.F.	1.92	1.52	3.44
0280	Type K, 29 FC, 5 fixtures/1000 S.F.	2.12	1.35	3.47
0360	2 watt/S.F. type H, 33 FC, 7 fixtures/1000 S.F.	3.07	2.90	5.97
0400	Type J, 52 FC, 7 fixtures/1000 S.F.	3.42	2.79	6.21
0440	Type K, 63 FC, 11 fixtures/1000 S.F.	4.60	2.85	7.45
0520	3 watt/S.F., type H, 51 FC, 11 fixtures/1000 S.F.	4.76	4.43	9.19
0560	Type J, 81 FC, 11 fixtures/1000 S.F.	5.30	4.21	9.51
0600	Type K, 92 FC, 16 fixtures/1000 S.F.	6.75	4.20	10.95
0680	4 watt/S.F., type H, 65 FC, 14 fixtures/1000 S.F.	6.10	5.85	11.95
0720	Type J, 103 FC, 14 fixtures/1000 S.F.	6.80	5.55	12.35
0760	Type K, 127 FC, 22 fixtures/1000 S.F.	9.25	5.70	14.95
0840	5 watt/S.F., type H, 84 FC, 18 fixtures/1000 S.F.	7.80	7.35	15.15
0880	Type J, 133 FC, 18 fixtures/1000 S.F.	8.70	7	15.70
0920	Type K, 155 FC, 27 fixtures/1000 S.F.	11.35	7.05	18.40

LIGHTING & POWER — B9.2-243 — H.I.D. Fixture (by Type)

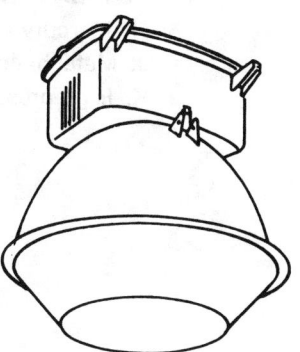

LOW BAY FIXTURES

H. Mercury vapor 250 watt
J. Metal halide 250 watt
K. High pressure sodium 150 watt

System Components	QUANTITY	UNIT	MAT.	INST.	TOTAL
SYSTEM 09.2-243-0520					
HIGH INTENSITY DISCHARGE FIXTURE, 16' ABOVE WORK PLANE, 50 FC					
TYPE H, 18 FIXTURES PER 900 S.F.					
Steel intermediate conduit, (IMC) ½" diam	1.290	L.F.	1.24	3.83	5.07
Wire, 600V type, THWN-THHN, copper, solid, #10	.027	C.L.F.	.28	.80	1.08
Steel outlet box 4" concrete	.020	Ea.	.10	.30	.40
Steel outlet box plate with stud, 4" concrete	.020	Ea.	.04	.07	.11
Mercury vapor lo bay, aluminum reflector, 250W DX lamp	.020	Ea.	6.60	1.90	8.50
TOTAL			8.26	6.90	15.16

9.2-243	H.I.D. Fixture, Low Bay (by Type)	MAT.	INST.	TOTAL
0510	High intensity discharge fixture, 16' above work plane, 50 FC			
0520	Type H, 18 fixtures per 900 S.F.	8.25	6.90	15.15
0560	32 fixtures per 1800 S.F.	7.60	6.70	14.30
0600	46 fixtures per 3000 S.F.	6.95	6.55	13.50
0640	62 fixtures per 4000 S.F.	6.95	6.55	13.50
0680	68 fixtures per 5000 S.F.	6.30	6.35	12.65
0760	137 fixtures per 10,000 S.F.	6.30	6.35	12.65
0800	218 fixtures per 16,000 S.F.	6.30	6.35	12.65
0840	436 fixtures per 32,000 S.F.	6.30	6.35	12.65
0880	Type J, 9 fixtures per 900 S.F.	4.64	3.37	8.01
0920	14 fixtures per 1800 S.F.	3.87	3.17	7.04
0960	24 fixtures per 3000 S.F.	3.89	3.23	7.12
1000	32 fixtures per 4000 S.F.	3.89	3.23	7.12
1040	35 fixtures per 5000 S.F.	3.52	3.15	6.67
1080	56 fixtures per 8000 S.F.	3.52	3.15	6.67
1120	70 fixtures per 10,000 S.F.	3.53	3.14	6.67
1160	111 fixtures per 16,000 S.F.	3.52	3.15	6.67
1200	222 fixtures per 32,000 S.F.	3.52	3.15	6.67
1240	Type K, 11 fixtures per 900 S.F.	5.05	3.11	8.16
1280	20 fixtures per 1800 S.F.	4.61	2.88	7.49
1320	29 fixtures per 3000 S.F.	4.26	2.84	7.10
1360	39 fixtures per 4000 S.F.	4.25	2.81	7.06
1400	44 fixtures per 5000 S.F.	3.91	2.75	6.66
1440	62 fixtures per 8000 S.F.	3.91	2.75	6.66
1480	87 fixtures per 10,000 S.F.	3.91	2.75	6.66
1520	138 fixtures per 16,000 S.F.	3.91	2.75	6.66

LIGHTING & POWER — B9.2-244 — H.I.D. Fixture (by Wattage)

LOW BAY FIXTURES
H. Mercury vapor 250 watt
J. Metal halide 250 watt
K. High pressure sodium 150 watt

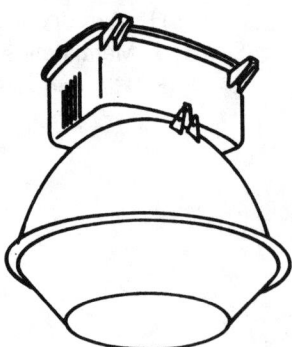

System Components	QUANTITY	UNIT	COST PER S.F. MAT.	COST PER S.F. INST.	COST PER S.F. TOTAL
SYSTEM 09.2-244-0200					
HIGH INTENSITY DISCHARGE FIXTURE, 16' ABOVE WORK PLANE					
1 WATT/S.F., TYPE H, 19 FC, 4 FIXTURES/1000 S.F.					
Steel intermediate conduit, (IMC) ½" diam	.324	L.F.	.31	.96	1.27
Wire, 600V, type THWN-THHN, copper, solid, #10	.010	C.L.F.	.10	.30	.40
Mercury vapor, lo bay, aluminum reflector, 250W DX lamp	.004	Ea.	1.32	.38	1.70
Steel outlet box 4" concrete	.004	Ea.	.02	.06	.08
Steel outlet box plate with stud, 4" concrete	.004	Ea.	.01	.01	.02
TOTAL			1.76	1.71	3.47

9.2-244	H.I.D. Fixture, Low Bay (by Wattage)	MAT.	INST.	TOTAL
0190	High intensity discharge fixture, mounted 16' above work plane			
0200	1 watt/S.F., type H, 19 FC, 4 fixtures/1000 S.F.	1.76	1.71	3.47
0240	Type J, 28 FC, 4 fixt./1000 S.F.	1.98	1.72	3.70
0280	Type K, 27 FC, 5 fixt./1000 S.F.	2.31	1.92	4.23
0360	2 watts/S.F., type H, 30 FC, 7 fixt/1000 S.F.	3.20	3.31	6.51
0400	Type J, 48 FC, 7 fixt/1000 S.F.	3.60	3.34	6.94
0440	Type K, 58 FC, 11 fixt/1000 S.F.	4.96	3.91	8.87
0520	3 watts/S.F., type H, 47 FC, 11 fixt/1000 S.F.	4.95	5.05	10
0560	Type J, 75 FC, 11 fixt/1000 S.F.	5.55	5.05	10.60
0600	Type K, 85 FC, 16 fixt/1000 S.F.	7.25	5.85	13.10
0680	4 watts/S.F., type H, 60 FC, 14 fixt/1000 S.F.	6.35	6.65	13
0720	Type J, 95 FC, 14 fixt/1000 S.F.	7.15	6.70	13.85
0760	Type K, 117 FC, 22 fixt/1000 S.F.	9.95	7.85	17.80
0840	5 watts/S.F., type H, 77 FC, 18 fixt/1000 S.F.	8.25	8.60	16.85
0880	Type J, 122 FC, 18 fixt/1000 S.F.	9.15	8.40	17.55
0920	Type K, 143 FC, 27 fixt/1000 S.F.	12.25	9.75	22

LIGHTING & POWER | B9.2-252 | Light Pole

Table 9.2-252 Procedure for Calculating Floodlights Required for Various Footcandles

Poles should not be spaced more than 4 times the fixture mounting height for good light distribution. To maintain 1 footcandle over a large area use these watts per square foot:

Incandescent	0.15
Metal Halide	0.032
Mercury Vapor	0.05
High Pressure Sodium	0.024

Estimating Chart

Select Lamp type.
Determine total square feet.

Chart will show quantity of fixtures to provide 1 footcandle initial, at intersection of lines. Multiply fixture quantity by desired footcandle level.

Chart based on use of wide beam luminaires in an area whose dimensions are large compared to mounting height and is approximate only.

System Components	QUANTITY	UNIT	COST EACH		
			MAT.	INST.	TOTAL
SYSTEM 09.2-252-0200					
LIGHT POLES, ALUMINUM,, 20' HIGH, 1 ARM BRACKET					
Aluminum light pole, 20', no concrete base	1.000	Ea.	599.50	295.50	895
Bracket arm for Aluminum light pole	1.000	Ea.	71.50	38.50	110
Excavation by hand, pits to 6' deep, heavy soil or clay	2.368	C.Y.		127.87	127.87
Footing, concrete incl forms, reinforcing, spread, under 1 C.Y.	.465	C.Y.	42.97	47.71	90.68
Backfill by hand	1.903	C.Y.		37.11	37.11
Compaction vibrating plate	1.903	C.Y.		5.80	5.80
TOTAL			713.97	552.49	1,266.46

9.2-252	Light Pole (Installed)	COST EACH		
		MAT.	INST.	TOTAL
0200	Light pole, aluminum, 20' high, 1 arm bracket	715	550	1,265
0240	2 arm brackets	740	550	1,290
0280	3 arm brackets	775	570	1,345
0320	4 arm brackets	820	570	1,390
0360	30' high, 1 arm bracket	1,325	695	2,020
0400	2 arm brackets	1,350	690	2,040
0440	3 arm brackets	1,375	715	2,090
0480	4 arm brackets	1,425	710	2,135
0680	40' high, 1 arm bracket	1,950	930	2,880
0720	2 arm brackets	1,975	930	2,905
0760	3 arm brackets	2,025	950	2,975
0800	4 arm brackets	2,050	945	2,995
0840	Steel, 20' high, 1 arm bracket	960	575	1,535
0880	2 arm brackets	1,025	580	1,605
0920	3 arm brackets	1,050	595	1,645
0960	4 arm brackets	1,100	595	1,695
1000	30' high, 1 arm bracket	1,300	735	2,035
1040	2 arm brackets	1,375	735	2,110
1080	3 arm brackets	1,400	750	2,150
1120	4 arm brackets	1,450	755	2,205
1320	40' high, 1 arm bracket	1,575	1,000	2,575
1360	2 arm brackets	1,650	1,000	2,650
1400	3 arm brackets	1,675	1,025	2,700
1440	4 arm brackets	1,725	1,025	2,750

LIGHTING & POWER   B9.2-522   Receptacle (by Wattage)

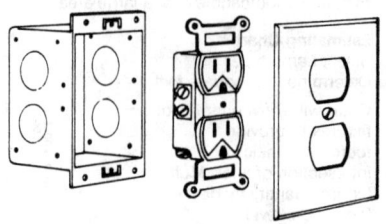

Duplex Receptacle

System Components	QUANTITY	UNIT	COST PER S.F. MAT.	COST PER S.F. INST.	COST PER S.F. TOTAL
SYSTEM 09.2-522-0200					
RECEPTACLES INCL. PLATE, BOX, CONDUIT, WIRE & TRANS. WHEN REQUIRED					
2.5 PER 1000 S.F., .3 WATTS PER S.F.					
Steel intermediate conduit, (IMC) ½" diam	167.000	L.F.	.16	.50	.66
Wire 600V type THWN-THHN, copper solid #12	3.382	C.L.F.	.02	.09	.11
Wiring device, receptacle, duplex, 120V grounded, 15 amp	2.500	Ea.		.02	.02
Wall plate, 1 gang, brown plastic	2.500	Ea.		.01	.01
Steel outlet box 4" square	2.500	Ea.		.04	.04
Steel outlet box 4" plaster rings	2.500	Ea.		.01	.01
TOTAL			.19	.66	.85

9.2-522	Receptacle (by Wattage)	MAT.	INST.	TOTAL
0190	Receptacles include plate, box, conduit, wire & transformer when required			
0200	2.5 per 1000 S.F., .3 watts per S.F.	.19	.66	.85
0240	With transformer	.22	.70	.92
0280	4 per 1000 S.F., .5 watts per S.F.	.22	.77	.99
0320	With transformer	.26	.82	1.08
0360	5 per 1000 S.F., .6 watts per S.F.	.26	.91	1.17
0400	With transformer	.31	.98	1.29
0440	8 per 1000 S.F., .9 watts per S.F.	.27	1.01	1.28
0480	With transformer	.35	1.10	1.45
0520	10 per 1000 S.F., 1.2 watts per S.F.	.29	1.10	1.39
0560	With transformer	.41	1.24	1.65
0600	16.5 per 1000 S.F., 2.0 watts per S.F.	.34	1.37	1.71
0640	With transformer	.55	1.62	2.17
0680	20 per 1000 S.F., 2.4 watts per S.F.	.36	1.49	1.85
0720	With transformer	.60	1.78	2.38

LIGHTING & POWER — B9.2-524 — Receptacles

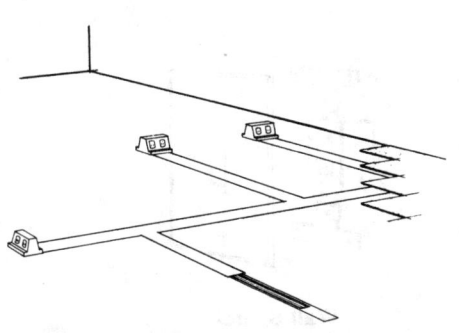

Underfloor Receptacle System

Description: Table 9.2-524 includes installed costs of raceways and copper wire from panel to and including receptacle.

National Electrical Code prohibits use of undercarpet system in residential, school or hospital buildings. Can only be used with carpet squares.

Low density = (1) Outlet per 259 S.F. of floor area.
High density = (1) Outlet per 127 S.F. of floor area.

System Components	QUANTITY	UNIT	MAT.	INST.	TOTAL
SYSTEM 09.2-524-0200					
RECEPTACLE SYSTEMS, UNDERFLOOR DUCT, 5' ON CENTER, LOW DENSITY					
Underfloor duct 3-⅛" x ⅞" w/insert 24" on center	.190	L.F.	.72	.81	1.53
Vertical elbow for underfloor duct, 3-⅛"					
Underfloor duct conduit adapter, 2" x 1-¼"					
Underfloor duct junction box, single duct, 3-⅛"	.003	Ea.	.27	.22	.49
Underfloor junction box carpet pan	.003	Ea.	.10	.01	.11
Underfloor duct outlet, high tension receptacle	.004	Ea.	.10	.15	.25
Wire 600V TW copper solid #12	.010	C.L.F.	.06	.27	.33
TOTAL			1.25	1.46	2.71

9.2-524	Receptacles	MAT.	INST.	TOTAL
0200	Receptacle systems, underfloor duct, 5' on center, low density	1.25	1.46	2.71
0240	High density	1.41	1.87	3.28
0280	7' on center, low density	1.02	1.26	2.28
0320	High density	1.18	1.67	2.85
0400	Poke thru fittings, low density	.63	.61	1.24
0440	High density	1.24	1.23	2.47
0520	Telepoles, using Romex, low density	.46	.57	1.03
0560	High density	.93	1.13	2.06
0600	Using EMT, low density	.47	.70	1.17
0640	High density	.95	1.42	2.37
0720	Conduit system with floor boxes, low density	.53	.49	1.02
0760	High density	1.08	.99	2.07
0840	Undercarpet power system, 3 conductor with 5 conductor feeder, low density	.71	.19	.90
0880	High density	1.43	.37	1.80

LIGHTING & POWER   B9.2-525   Receptacles & Wall Switches

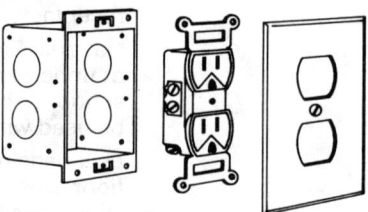
Duplex Receptacle

Wall Switch

System Components	QUANTITY	UNIT	COST PER S.F.		
			MAT.	INST.	TOTAL
SYSTEM 09.2-525-0520					
RECEPTACLES AND WALL SWITCHES					
4 RECEPTACLES PER 400 S.F.					
Steel intermediate conduit, (IMC), ½" diam	.220	L.F.	.21	.65	.86
Wire, 600 volt, type THWN-THHN, copper, solid #12	.005	C.L.F.	.03	.13	.16
Steel outlet box 4" square	.010	Ea.	.01	.15	.16
Steel outlet box, 4" square, plaster rings	.010	Ea.	.01	.05	.06
Receptacle, duplex, 120 volt grounded, 15 amp	.010	Ea.	.02	.07	.09
Wall plate, 1 gang, brown plastic	.010	Ea.	.01	.04	.05
TOTAL			.29	1.09	1.38

9.2-525	Receptacles And Wall Switches	COST PER S.F.		
		MAT.	INST.	TOTAL
0520	Receptacles and wall switches, 400 S.F., 4 receptacles	.29	1.09	1.38
0560	6 receptacles	.32	1.27	1.59
0600	8 receptacles	.36	1.48	1.84
0640	1 switch	.06	.24	.30
0680	600 S.F., 6 receptacles	.29	1.09	1.38
0720	8 receptacles	.31	1.24	1.55
0760	10 receptacles	.33	1.39	1.72
0800	2 switches	.08	.31	.39
0840	1000 S.F., 10 receptacles	.29	1.09	1.38
0880	12 receptacles	.29	1.15	1.44
0920	14 receptacles	.32	1.24	1.56
0960	2 switches	.05	.18	.23
1000	1600 S.F., 12 receptacles	.25	.97	1.22
1040	14 receptacles	.27	1.05	1.32
1080	16 receptacles	.29	1.09	1.38
1120	4 switches	.06	.21	.27
1160	2000 S.F., 14 receptacles	.26	.99	1.25
1200	16 receptacles	.26	1	1.26
1240	18 receptacles	.27	1.05	1.32
1280	4 switches	.05	.18	.23
1320	3000 S.F., 12 receptacles	.21	.75	.96
1360	18 receptacles	.26	.93	1.19
1400	24 receptacles	.26	1	1.26
1440	6 switches	.05	.18	.23

LIGHTING & POWER	B9.2-525	Receptacles & Wall Switches			
9.2-525	Receptacles And Wall Switches		COST PER S.F.		
			MAT.	INST.	TOTAL
1480	3600 S.F., 20 receptacles		.25	.90	1.15
1520	24 receptacles		.25	.93	1.18
1560	28 receptacles		.26	.96	1.22
1600	8 switches		.05	.20	.25
1640	4000 S.F., 16 receptacles		.21	.75	.96
1680	24 receptacles		.26	.93	1.19
1720	30 receptacles		.25	.97	1.22
1760	8 switches		.05	.18	.23
1800	5000 S.F., 20 receptacles		.21	.75	.96
1840	26 receptacles		.25	.90	1.15
1880	30 receptacles		.26	.93	1.19
1920	10 switches		.05	.18	.23

LIGHTING & POWER — B9.2-542 — Wall Switch By Square Foot

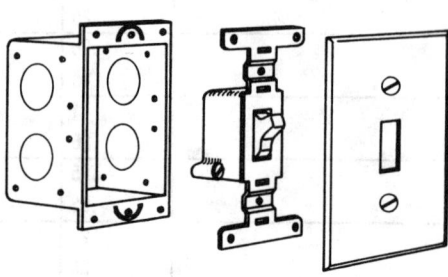

Description: Table B9.2-542 includes the cost for switch, plate, box, conduit in slab or EMT exposed and copper wire. Add 20% for exposed conduit.

No power required for switches. Federal energy guidelines recommend the maximum lighting area controlled per switch shall not exceed 1000 S.F. and that areas over 500 S.F. shall be so controlled that total illumination can be reduced by at least 50%.

System Components	QUANTITY	UNIT	COST PER S.F.		
			MAT.	INST.	TOTAL
SYSTEM 09.2-542-0200					
WALL SWITCHES, 1.0 PER 1000 S.F.					
Steel intermediate conduit, (IMC) ½" diam	22.000	L.F.	21.12	65.34	86.46
Wire 600V type THWN-THHN, copper solid #12	.420	C.L.F.	2.61	11.25	13.86
Toggle switch, single pole, 15 amp	1.000	Ea.	3.52	7.43	10.95
Wall plate, 1 gang, brown plastic	1.000	Ea.	.55	3.71	4.26
Steel outlet box 4" square	1.000	Ea.	1.43	14.87	16.30
Steel outlet box 4" plaster rings	1.000	Ea.	.85	4.65	5.50
TOTAL			30.08	107.25	137.33
COST PER S.F.			.03	.11	.14

9.2-542	Wall Switch By Sq. Ft.	COST PER S.F.		
		MAT.	INST.	TOTAL
0200	Wall switches, 1.0 per 1000 S.F.	.03	.11	.14
0240	1.2 per 1000 S.F.	.03	.12	.15
0280	2.0 per 1000 S.F.	.05	.17	.22
0320	2.5 per 1000 S.F.	.06	.21	.27
0360	5.0 per 1000 S.F.	.13	.46	.59
0400	10.0 per 1000 S.F.	.26	.93	1.19

LIGHTING & POWER — B9.2-582 — Miscellaneous Power

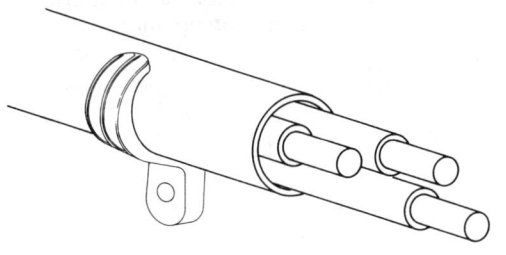

System 9.2-582 includes all wiring and connections.

System Components	QUANTITY	UNIT	COST PER S.F. MAT.	COST PER S.F. INST.	COST PER S.F. TOTAL
SYSTEM 09.2-582-0200					
MISCELLANEOUS POWER, TO .5 WATTS					
Steel intermediate conduit, (IMC) ½" diam	15.000	L.F.	.01	.04	.05
Wire 600V type THWN-THHN, copper solid #12	.325	C.L.F.	.01	.01	.02
TOTAL			.02	.05	.07

9.2-582	Miscellaneous Power	MAT.	INST.	TOTAL
0200	Miscellaneous power, to .5 watts	.02	.05	.07
0240	.8 watts	.02	.07	.09
0280	1 watt	.03	.10	.13
0320	1.2 watts	.04	.12	.16
0360	1.5 watts	.04	.14	.18
0400	1.8 watts	.05	.16	.21
0440	2 watts	.06	.19	.25
0480	2.5 watts	.07	.23	.30
0520	3 watts	.09	.28	.37

LIGHTING & POWER — B9.2-610 — Central A.C. Power

System 9.2-610 includes all wiring and connections for central air conditioning units.

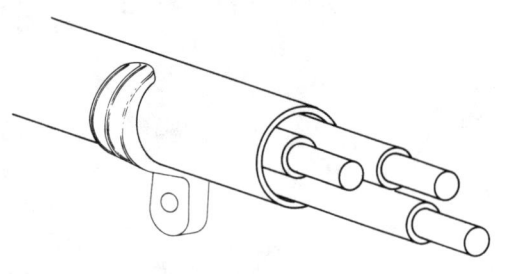

System Components	QUANTITY	UNIT	COST PER S.F. MAT.	COST PER S.F. INST.	COST PER S.F. TOTAL
SYSTEM 09.2-610-0200					
CENTRAL AIR CONDITIONING POWER, 1 WATT					
Steel intermediate conduit, ½" diam.	.030	L.F.	.03	.09	.12
Wire 600V type THWN-THHN, copper solid #12	.001	C.L.F.	.01	.03	.04
TOTAL			.04	.12	.16

9.2-610	Central A. C. Power (by Wattage)	MAT.	INST.	TOTAL
0200	Central air conditioning power, 1 watt	.04	.12	.16
0220	2 watts	.04	.14	.18
0240	3 watts	.06	.15	.21
0280	4 watts	.09	.21	.30
0320	6 watts	.15	.27	.42
0360	8 watts	.17	.29	.46
0400	10 watts	.23	.33	.56

LIGHTING & POWER   B9.2-710   Motor Installation

System B9.2-710 installed cost of motor wiring as per Table C9.1-170 using 50' of rigid conduit & copper wire. **Cost and setting of motor not included.**

System Components	QUANTITY	UNIT	COST EACH MAT.	COST EACH INST.	COST EACH TOTAL
SYSTEM 09.2-710-0200					
MOTOR INSTALLATION, SINGLE PHASE, 115V, TO AND INCLUDING ⅓ HP MOTOR					
Wire 600V type THWN-THHN, copper solid #12	1.250	C.L.F.	7.78	33.48	41.26
Steel intermediate conduit, (IMC) ½" diam	50.000	L.F.	48	148.50	196.50
Magnetic FVNR, 115V, ⅓ HP, size 00 starter	1.000	Ea.	115.50	74.50	190
Safety switch, fused, heavy duty, 240V 2P 30 amp	1.000	Ea.	51.70	83.30	135
Safety switch, non fused, heavy duty, 600V, 3 phase, 30 A	1.000	Ea.	59.40	90.60	150
Flexible metallic conduit, Greenfield ½" diam	1.500	L.F.	.48	2.22	2.70
Connectors for flexible metallic conduit Greenfield ½" diam	1.000	Ea.	.83	3.71	4.54
Coupling for Greenfield to conduit ½" diam flexible metalic conduit	1.000	Ea.	.61	5.94	6.55
Fuse cartridge nonrenewable, 250V 30 amp	1.000	Ea.	.74	5.96	6.70
TOTAL			285.04	448.21	733.25

9.2-710	Motor Installation	COST EACH MAT.	COST EACH INST.	COST EACH TOTAL
0200	Motor installation, single phase, 115V, to and including ⅓ HP motor	285	450	735
0240	To and incl. 1 HP motor	300	445	745
0280	To and incl. 2 HP motor	320	475	795
0320	To and incl. 3 HP motor	375	485	860
0360	230V, to and including 1 HP motor	295	455	750
0400	To and incl. 2 HP motor	310	450	760
0440	To and incl. 3 HP motor	345	490	835
0520	Three phase, 200V, to and including 1-½ HP motor	330	500	830
0560	To and incl. 3 HP motor	355	545	900
0600	To and incl. 5 HP motor	380	605	985
0640	To and incl. 7-½ HP motor	395	615	1,010
0680	To and incl. 10 HP motor	650	775	1,425
0720	To and incl. 15 HP motor	875	865	1,740
0760	To and incl. 20 HP motor	1,050	1,000	2,050
0800	To and incl. 25 HP motor	1,050	1,000	2,050
0840	To and incl. 30 HP motor	1,725	1,175	2,900
0880	To and incl. 40 HP motor	2,075	1,400	3,475
0920	To and incl. 50 HP motor	3,700	1,625	5,325
0960	To and incl. 60 HP motor	3,825	1,725	5,550
1000	To and incl. 75 HP motor	4,725	1,950	6,675
1040	To and incl. 100 HP motor	10,000	2,325	12,325
1080	To and incl. 125 HP motor	10,300	2,550	12,850

LIGHTING & POWER — B9.2-710 Motor Installation

9.2-710 Motor Installation

		COST EACH		
		MAT.	INST.	TOTAL
1120	To and incl. 150 HP motor	12,200	3,025	15,225
1160	To and incl. 200 HP motor	14,800	3,675	18,475
1240	230V, to and including 1-½ HP motor	320	495	815
1280	To and incl. 3 HP motor	345	540	885
1320	To and incl. 5 HP motor	370	600	970
1360	To and incl. 7-½ HP motor	370	600	970
1400	To and incl. 10 HP motor	585	730	1,315
1440	To and incl. 15 HP motor	675	805	1,480
1480	To and incl. 20 HP motor	995	975	1,970
1520	To and incl. 25 HP motor	1,050	1,000	2,050
1560	To and incl. 30 HP motor	1,075	1,000	2,075
1600	To and incl. 40 HP motor	2,025	1,350	3,375
1640	To and incl. 50 HP motor	2,125	1,425	3,550
1680	To and incl. 60 HP motor	3,700	1,625	5,325
1720	To and incl. 75 HP motor	4,350	1,825	6,175
1760	To and incl. 100 HP motor	4,850	2,050	6,900
1800	To and incl. 125 HP motor	10,400	2,400	12,800
1840	To and incl. 150 HP motor	11,000	2,750	13,750
1880	To and incl. 200 HP motor	11,800	3,025	14,825
1960	460V, to and including 2 HP motor	380	500	880
2000	To and incl. 5 HP motor	400	545	945
2040	To and incl. 10 HP motor	415	595	1,010
2080	To and incl. 15 HP motor	570	690	1,260
2120	To and incl. 20 HP motor	600	735	1,335
2160	To and incl. 25 HP motor	660	775	1,435
2200	To and incl. 30 HP motor	860	835	1,695
2240	To and incl. 40 HP motor	1,050	900	1,950
2280	To and incl. 50 HP motor	1,125	1,000	2,125
2320	To and incl. 60 HP motor	1,800	1,175	2,975
2360	To and incl. 75 HP motor	2,050	1,300	3,350
2400	To and incl. 100 HP motor	2,225	1,425	3,650
2440	To and incl. 125 HP motor	3,800	1,625	5,425
2480	To and incl. 150 HP motor	4,525	1,825	6,350
2520	To and incl. 200 HP motor	5,175	2,075	7,250
2600	575V, to and including 2 HP motor	380	500	880
2640	To and incl. 5 HP motor	400	545	945
2680	To and incl. 10 HP motor	415	595	1,010
2720	To and incl. 20 HP motor	570	690	1,260
2760	To and incl. 25 HP motor	600	735	1,335
2800	To and incl. 30 HP motor	860	835	1,695
2840	To and incl. 50 HP motor	910	870	1,780
2880	To and incl. 60 HP motor	1,775	1,150	2,925
2920	To and incl. 75 HP motor	1,800	1,175	2,975
2960	To and incl. 100 HP motor	2,050	1,300	3,350
3000	To and incl. 125 HP motor	3,725	1,600	5,325
3040	To and incl. 150 HP motor	3,800	1,625	5,425
3080	To and incl. 200 HP motor	4,675	1,850	6,525

LIGHTING & POWER — B9.2-720 — Motor Feeder

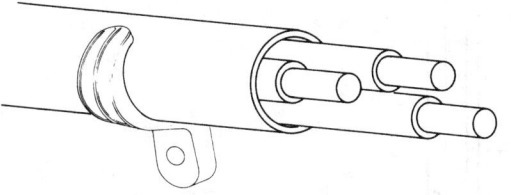

System Components	QUANTITY	UNIT	COST PER L.F. MAT.	COST PER L.F. INST.	COST PER L.F. TOTAL
SYSTEM 09.2-720-0200					
MOTOR FEEDER SYSTEMS, SINGLE PHASE, UP TO 115V, 1HP OR 230V, 2HP					
Steel intermediate conduit, (IMC) ½" diam	1.000	L.F.	.96	2.97	3.93
Wire 600V type THWN-THHN, copper solid #12	.020	C.L.F.	.12	.54	.66
TOTAL			1.08	3.51	4.59

9.2-720	Motor Feeder	MAT.	INST.	TOTAL
0200	Motor feeder systems, single phase, feed up to 115V 1HP or 230V 2 HP	1.08	3.51	4.59
0240	115V 2HP, 230V 3HP	1.17	3.56	4.73
0280	115V 3HP	1.36	3.71	5.07
0360	Three phase, feed to 200V 3HP, 230V 5HP, 460V 10HP, 575V 10HP	1.15	3.77	4.92
0440	200V 5HP, 230V 7.5HP, 460V 15HP, 575V 20HP	1.27	3.86	5.13
0520	200V 10HP, 230V 10HP, 460V 30HP, 575V 30HP	1.57	4.07	5.64
0600	200V 15HP, 230V 15HP, 460V 40HP, 575V 50HP	2.02	4.66	6.68
0680	200V 20HP, 230V 25HP, 460V 50HP, 575V 60HP	2.75	5.95	8.70
0760	200V 25HP, 230V 30HP, 460V 60HP, 575V 75HP	3.30	6.10	9.40
0840	200V 30HP	3.52	6.20	9.72
0920	230V 40HP, 460V 75HP, 575V 100HP	4.30	6.85	11.15
1000	200V 40HP	5.10	7.25	12.35
1080	230V 50HP, 460V 100HP, 575V 125HP	5.90	8.05	13.95
1160	200V 50HP, 230V 60HP, 460V 125HP, 575V 150HP	7.20	8.55	15.75
1240	200V 60HP, 460V 150HP	8.30	9.95	18.25
1320	230V 75HP, 575V 200HP	10.75	10.35	21.10
1400	200V 75HP	11.90	10.70	22.60
1480	230V 100HP, 460V 200HP	13.95	12.35	26.30
1560	200V 100HP	19.20	15.50	34.70
1640	230V 125HP	26	16.80	42.80
1720	200V 125HP, 230V 150HP	24	19.45	43.45
1800	200V 150HP	27	21	48
1880	200V 200HP	38	31	69
1960	230V 200HP	36	23	59

LIGHTING & POWER — B9.2-730 — Magnetic Starter

Starters are full voltage, type NEMA 1 for general purpose indoor application with motor overload protection and include mounting and wire connections.

System Components	QUANTITY	UNIT	COST EACH MAT.	COST EACH INST.	COST EACH TOTAL
SYSTEM 09.2-730-0200					
MAGNETIC STARTER, SIZE 00 TO ⅓ HP, 1 PHASE 115V OR 1 HP 230V	1.000	Ea.	126.50	73.50	200
TOTAL			126.50	73.50	200

9.2-730	Magnetic Starter	MAT.	INST.	TOTAL
0200	Magnetic starter, size 00, to ⅓ HP, 1 phase, 115V or 1 HP 230V	125	74	199
0280	Size 00, to 1-½ HP, 3 phase, 200-230V or 2 HP 460-575V	130	85	215
0360	Size 0, to 1 HP, 1 phase, 115V or 2 HP 230V	140	73	213
0440	Size 0, to 3 HP, 3 phase, 200-230V or 5 HP 460-575V	155	130	285
0520	Size 1, to 2 HP, 1 phase, 115V or 3 HP 230V	155	99	254
0600	Size 1, to 7-½ HP, 3 phase, 200-230V or 10 HP 460-575V	165	185	350
0680	Size 2, to 10 HP, 3 phase, 200V, 15 HP-230V or 25 HP 460-575V	315	270	585
0760	Size 3, to 25 HP, 3 phase, 200V, 30 HP-230V or 50 HP 460-575V	515	330	845
0840	Size 4, to 40 HP, 3 phase, 200V, 50 HP-230V or 100 HP 460-575V	1,175	485	1,660
0920	Size 5, to 75 HP, 3 phase, 200V, 100 HP-230V or 200 HP 460-575V	2,675	650	3,325
1000	Size 6, to 150 HP, 3 phase, 200V, 200 HP-230V or 400 HP 460-575V	7,525	750	8,275

LIGHTING & POWER B9.2-740 Safety Switches

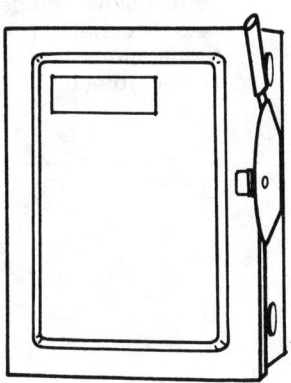

Safety switches are type NEMA 1 for general purpose indoor application, and include time delay fuses, insulation and wire terminations.

System Components	QUANTITY	UNIT	COST EACH MAT.	COST EACH INST.	COST EACH TOTAL
SYSTEM 09.2-740-0200					
SAFETY SWITCH, 30A FUSED, 1 PHASE, 115V OR 230V.					
Safety switch fused, hvy duty, 240v 2p 30 amp	1.000	Ea.	51.70	83.30	135
Fuse, dual element time delay 250V, 30 Amp	2.000	Ea.	4.38	11.92	16.30
TOTAL			56.08	95.22	151.30

9.2-740	Safety Switches	MAT.	INST.	TOTAL
0200	Safety switch, 30A fused, 1 phase, 2HP 115V or 3HP, 230V.	56	95	151
0280	3 phase, 5HP, 200V or 7 ½HP, 230V	75	110	185
0360	15HP, 460V or 20HP, 575V	130	115	245
0440	60A fused, 3 phase, 15HP 200V or 15HP 230V	125	145	270
0520	30HP 460V or 40HP 575V	160	150	310
0600	100A fused, 3 phase, 20HP 200V or 25HP 230V	205	180	385
0680	50HP 460V or 60HP 575V	295	180	475
0760	200A fused, 3 phase, 50HP 200V or 60HP 230V	360	250	610
0840	125HP 460V or 150HP 575V	465	255	720
0920	400A fused, 3 phase, 100HP 200V or 125HP 230V	785	350	1,135
1000	250HP 460V or 350HP 575V	1,125	370	1,495

LIGHTING & POWER — B9.2-750 — Motor Connections

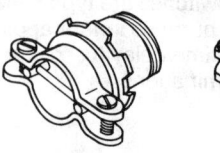
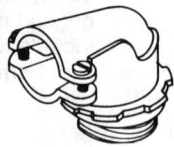

Straight Connector Angle Connector

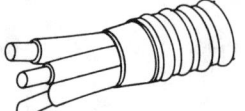

Flexible Conduit

Table below includes costs for the flexible conduit. Not included are wire terminations and testing motor for correct rotation.

System Components	QUANTITY	UNIT	MAT.	INST.	TOTAL
SYSTEM 09.2-750-0200					
MOTOR CONNECTIONS, SINGLE PHASE, 115V/230V UP TO 1 HP					
Motor connection, flexible conduit & fittings, 1 hp motor 115v	1.000	Ea.	3.09	34.91	38
TOTAL			3.09	34.91	38

9.2-750	Motor Connections	MAT.	INST.	TOTAL
0200	Motor connections, single phase, 115/230V, up to 1 HP	3.09	35	38.09
0240	Up to 3 HP	2.93	41	43.93
0280	Three phase, 200/230/460/575V, up to 3 HP	3.25	46	49.25
0320	Up to 5 HP	3.25	46	49.25
0360	Up to 7-½ HP	4.79	54	58.79
0400	Up to 10 HP	5.70	70	75.70
0440	Up to 15 HP	10.30	90	100.30
0480	Up to 25 HP	11.15	110	121.15
0520	Up to 50 HP	30	135	165
0560	Up to 100 HP	77	200	277

LIGHTING & POWER — B9.2-760 — Motor & Starter

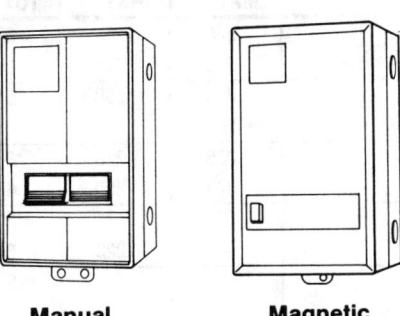
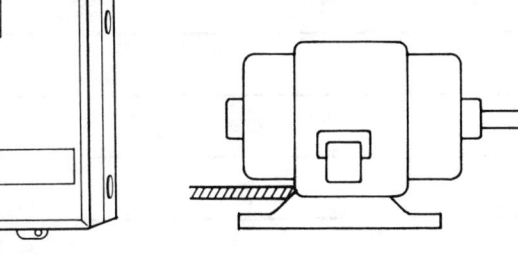

Manual Starter   **Magnetic Starter**   **Induction Motor**

For 230/460 Volt A.C., 3 phase, 60 cycle ball bearing squirrel cage induction motors, NEMA Class B standard line. Installation included.

No conduit, wire, or terminations included.

System Components	QUANTITY	UNIT	COST EACH MAT.	COST EACH INST.	COST EACH TOTAL
SYSTEM 09.2-760-0220					
MOTOR, DRIPPROOF CLASS B INSULATION, 1.15 SERVICE FACTOR, WITH STARTER					
1 H.P., 1200 RPM WITH MANUAL STARTER					
Motor, dripproof, class B insul, 1.15 serv fact, 1200 RPM, 1 HP	1.000	Ea.	231	64	295
Motor starter, manual, 3 phase, 1 HP motor	1.000	Ea.	106.70	83.30	190
TOTAL			337.70	147.30	485

9.2-760	Motor & Starter	MAT.	INST.	TOTAL
0190	Motor, dripproof, class B insulation, 1.15 service factor			
0200	1 HP, 1200 RPM, motor only	230	64	294
0220	With manual starter	340	145	485
0240	With magnetic starter	360	150	510
0260	1800 RPM, motor only	150	64	214
0280	With manual starter	255	150	405
0300	With magnetic starter	280	150	430
0320	2 HP, 1200 RPM, motor only	250	66	316
0340	With manual starter	355	150	505
0360	With magnetic starter	405	195	600
0380	1800 RPM, motor only	185	64	249
0400	With manual starter	295	145	440
0420	With magnetic starter	340	195	535
0440	3600 RPM, motor only	210	66	276
0460	With manual starter	315	150	465
0480	With magnetic starter	365	195	560
0500	3 HP, 1200 RPM, motor only	325	66	391
0520	With manual starter	430	150	580
0540	With magnetic starter	480	195	675
0560	1800 RPM, motor only	200	68	268
0580	With manual starter	310	150	460
0600	With magnetic starter	355	200	555
0620	3600 RPM, motor only	235	69	304
0640	With manual starter	345	150	495
0660	With magnetic starter	390	200	590
0680	5 HP, 1200 RPM, motor only	440	67	507
0700	With manual starter	565	215	780
0720	With magnetic starter	605	250	855

LIGHTING & POWER — B9.2-760 Motor & Starter

9.2-760 Motor & Starter

		MAT.	INST.	TOTAL
0740	1800 RPM, motor only	225	67	292
0760	With manual starter	350	215	565
0780	With magnetic starter	390	250	640
0800	3600 RPM, motor only	260	67	327
0820	With manual starter	385	215	600
0840	With magnetic starter	425	250	675
0860	7.5 HP, 1800 RPM, motor only	320	71	391
0880	With manual starter	445	220	665
0900	With magnetic starter	635	340	975
0920	10 HP, 1800 RPM, motor only	390	73	463
0940	With manual starter	515	225	740
0960	With magnetic starter	705	345	1,050
0980	15 HP, 1800 RPM, motor only	505	93	598
1000	With magnetic starter	820	365	1,185
1040	20 HP, 1800 RPM, motor only	635	115	750
1060	With magnetic starter	1,150	445	1,595
1100	25 HP, 1800 RPM, motor only	780	120	900
1120	With magnetic starter	1,300	450	1,750
1160	30 HP, 1800 RPM, motor only	950	125	1,075
1180	With magnetic starter	1,475	455	1,930
1220	40 HP, 1800 RPM, motor only	1,200	140	1,340
1240	With magnetic starter	2,375	625	3,000
1280	50 HP, 1800 RPM, motor only	1,425	180	1,605
1300	With magnetic starter	2,575	670	3,245
1340	60 HP, 1800 RPM, motor only	1,775	215	1,990
1360	With magnetic starter	4,450	865	5,315
1400	75 HP, 1800 RPM, motor only	2,200	255	2,455
1420	With magnetic starter	4,875	910	5,785
1460	100 HP, 1800 RPM, motor only	2,875	320	3,195
1480	With magnetic starter	5,550	970	6,520
1520	125 HP, 1800 RPM, motor only	3,475	420	3,895
1540	With magnetic starter	11,000	1,175	12,175
1580	150 HP, 1800 RPM, motor only	5,525	485	6,010
1600	With magnetic starter	13,000	1,250	14,250
1640	200 HP, 1800 RPM, motor only	7,100	590	7,690
1660	With magnetic starter	14,600	1,350	15,950
1680	Totally encl, class B insul, 1.0 ser. fac., 1HP, 1200RPM, motor only	220	65	285
1700	With manual starter	325	150	475
1720	With magnetic starter	350	150	500
1740	1800 RPM, motor only	165	68	233
1760	With manual starter	275	150	425
1780	With magnetic starter	295	155	450
1800	2 HP, 1200 RPM, motor only	240	68	308
1820	With manual starter	350	150	500
1840	With magnetic starter	395	200	595
1860	1800 RPM, motor only	195	65	260
1880	With manual starter	300	150	450
1900	With magnetic starter	350	195	545
1920	3600 RPM, motor only	200	64	264
1940	With manual starter	310	145	455
1960	With magnetic starter	355	195	550
1980	3 HP, 1200 RPM, motor only	325	66	391
2000	With manual starter	430	150	580
2020	With magnetic starter	480	195	675
2040	1800 RPM, motor only	230	66	296
2060	With manual starter	335	150	485
2080	With magnetic starter	385	195	580
2100	3600 RPM, motor only	240	68	308

LIGHTING & POWER — B9.2-760 Motor & Starter

9.2-760	Motor & Starter	COST EACH		
		MAT.	INST.	TOTAL
2120	With manual starter	350	150	500
2140	With magnetic starter	395	200	595
2160	5 HP, 1200 RPM, motor only	450	64	514
2180	With manual starter	575	215	790
2200	With magnetic starter	615	250	865
2220	1800 RPM, motor only	265	65	330
2240	With manual starter	390	215	605
2260	With magnetic starter	430	250	680
2280	3600 RPM, motor only	325	66	391
2300	With manual starter	450	215	665
2320	With magnetic starter	490	250	740
2340	7.5 HP, 1800 RPM, motor only	340	71	411
2360	With manual starter	465	220	685
2380	With magnetic starter	655	340	995
2400	10 HP, 1800 RPM, motor only	405	75	480
2420	With manual starter	530	225	755
2440	With magnetic starter	720	345	1,065
2460	15 HP, 1800 RPM, motor only	580	93	673
2480	With magnetic starter	895	365	1,260
2500	20 HP, 1800 RPM, motor only	695	115	810
2520	With magnetic starter	1,200	445	1,645
2540	25 HP, 1800 RPM, motor only	905	120	1,025
2560	With magnetic starter	1,425	450	1,875
2580	30 HP, 1800 RPM, motor only	1,000	125	1,125
2600	With magnetic starter	1,525	455	1,980
2620	40 HP, 1800 RPM, motor only	1,300	150	1,450
2640	With magnetic starter	2,450	640	3,090
2660	50 HP, 1800 RPM, motor only	1,625	185	1,810
2680	With magnetic starter	2,775	675	3,450
2700	60 HP, 1800 RPM, motor only	2,550	210	2,760
2720	With magnetic starter	5,225	860	6,085
2740	75 HP, 1800 RPM, motor only	2,925	240	3,165
2760	With magnetic starter	5,600	890	6,490
2780	100 HP, 1800 RPM, motor only	3,925	345	4,270
2800	With magnetic starter	6,600	995	7,595
2820	125 HP, 1800 RPM, motor only	5,575	435	6,010
2840	With magnetic starter	13,100	1,175	14,275
2860	150 HP, 1800 RPM, motor only	6,725	485	7,210
2880	With magnetic starter	14,200	1,225	15,425
2900	200 HP, 1800 RPM, motor only	9,675	620	10,295
2920	With magnetic starter	17,200	1,375	18,575

SPECIAL — B9.4-100 Communication & Alarm

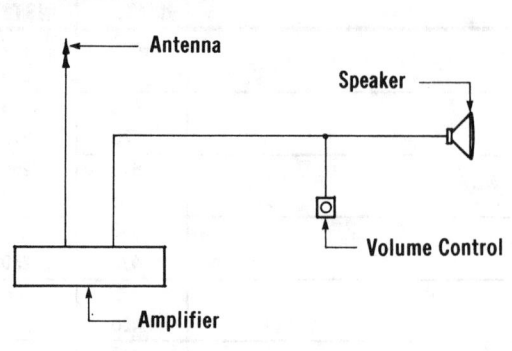

Sound System Includes AM-FM antenna, outlets, rigid conduit, & copper wire.
Fire Detection System Includes pull stations, signals, smoke & heat detectors, rigid conduit, & copper wire.
Intercom System Includes master & remote stations, rigid conduit, & copper wire.
Master Clock System Includes clocks, bells, rigid conduit, & copper wire.
Master TV Antenna Includes antenna, VHF-UHF reception & distribution, rigid conduit, & copper wire.

System Components	QUANTITY	UNIT	MAT.	INST.	TOTAL
SYSTEM 09.4-100-0220					
SOUND SYSTEM, INCLUDES OUTLETS, BOXES, CONDUIT & WIRE					
Steel intermediate conduit, (IMC) ½" diam	600.000	L.F.	576	1,782	2,358
Wire sound shielded w/drain, #22-2 conductor	15.500	C.L.F.	287.37	580.63	868
Sound system speakers ceiling or wall	12.000	Ea.	739.20	448.80	1,188
Steel intermediate conduit, (IMC) ½" diam	600.000	L.F.	576	1,782	2,358
Sound system volume control	12.000	Ea.	488.40	447.60	936
Sound system amplifier, 250 Watts	1.000	Ea.	841.50	308.50	1,150
Sound system antenna, AM FM	1.000	Ea.	113.30	76.70	190
Sound system monitor panel	1.000	Ea.	203.50	76.50	280
Sound system cabinet	1.000	Ea.	437.80	297.20	735
Steel outlet box 4" square	12.000	Ea.	17.16	178.44	195.60
Steel outlet box 4" plaster rings	12.000	Ea.	10.20	55.80	66
TOTAL			4,290.43	6,034.17	10,324.60

9.4-100	Communication & Alarm Systems	MAT.	INST.	TOTAL
0200	Communication & alarm systems, includes outlets, boxes, conduit & wire			
0210	Sound system, 6 outlets	3,125	3,775	6,900
0220	12 outlets	4,300	6,025	10,325
0240	30 outlets	7,425	11,400	18,825
0280	100 outlets	22,400	38,100	60,500
0320	Fire detection systems, 12 detectors	1,600	3,075	4,675
0360	25 detectors	2,750	5,200	7,950
0400	50 detectors	5,250	10,200	15,450
0440	100 detectors	9,425	18,400	27,825
0480	Intercom systems, 6 stations	1,825	2,575	4,400
0520	12 stations	3,625	5,100	8,725
0560	25 stations	6,200	9,825	16,025
0600	50 stations	12,000	18,500	30,500
0640	100 stations	23,600	36,100	59,700
0680	Master clock systems, 6 rooms	2,875	4,175	7,050
0720	12 rooms	4,225	7,125	11,350
0760	20 rooms	5,675	10,100	15,775
0800	30 rooms	9,050	18,600	27,650
0840	50 rooms	14,400	31,300	45,700
0880	100 rooms	27,500	62,000	89,500
0920	Master TV antenna systems, 6 outlets	1,600	2,650	4,250
0960	12 outlets	3,000	4,950	7,950
1000	30 outlets	5,975	11,400	17,375
1040	100 outlets	19,900	37,200	57,100

SPECIAL B9.4-150 | Telephone

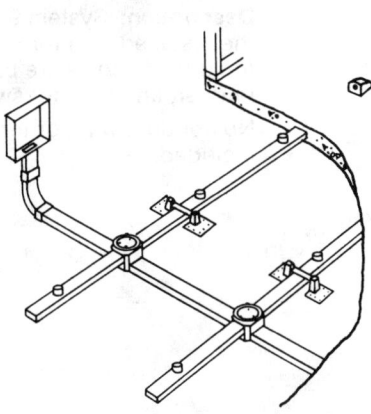

Description: System 9.4-150 includes telephone fitting installed. Does not include cable.

When poke thru fittings and telepoles are used for power, they can also be used for telephones at a negligible additional cost.

System Components	QUANTITY	UNIT	COST PER S.F. MAT.	INST.	TOTAL
SYSTEM 09.4-150-0200					
TELEPHONE SYSTEMS, UNDERFLOOR DUCT, 5' ON CENTER, LOW DENSITY					
Underfloor duct 7-¼" w/insert 2' O.C. 1-⅜" x 7-¼" super duct	.190	L.F.	1.32	1.12	2.44
Vertical elbow for underfloor superduct, 7-¼", included					
Under floor duct conduit adapter, 2" x 1-¼", included					
Underfloor duct junction box, single duct, 7-¼" x 3 ⅛"	.003	Ea.	.27	.22	.49
Underfloor junction box carpet pan	.003	Ea.	.10	.01	.11
Underfloor duct outlet, low tension	.004	Ea.	.08	.15	.23
TOTAL			1.77	1.50	3.27

9.4-150	Telephone Systems	COST PER S.F. MAT.	INST.	TOTAL
0200	Telephone systems, underfloor duct, 5' on center, low density	1.77	1.50	3.27
0240	5' on center, high density	1.85	1.65	3.50
0280	7' on center, low density	1.44	1.26	2.70
0320	7' on center, high density	1.52	1.41	2.93
0400	Poke thru fittings, low density	.59	.44	1.03
0440	High density	1.17	.90	2.07
0520	Telepoles, low density	.43	.45	.88
0560	High density	.87	.89	1.76
0640	Conduit system with floor boxes, low density	.57	.52	1.09
0680	High density	1.15	1.02	2.17

SPECIAL — B9.4-310 — Generator (by KW)

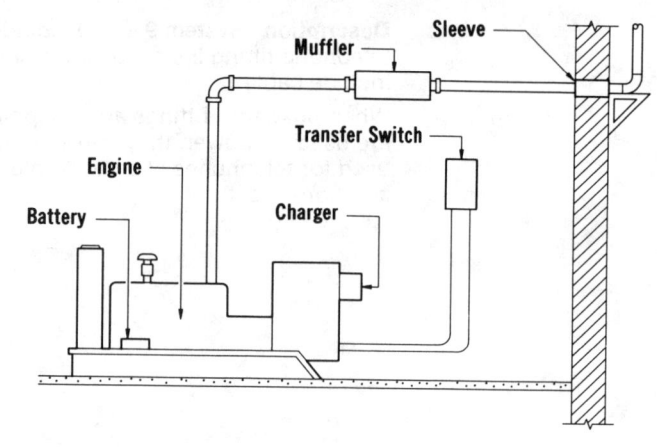

Description: System 9.4-310 tabulates the installed cost for generators by KW. Included in costs are battery, charger, muffler, and transfer switch.

No conduit, wire, or terminations included.

System Components	QUANTITY	UNIT	COST PER KW MAT.	INST.	TOTAL
SYSTEM 09.4-310-0200					
GENERATOR SET, INCL. BATTERY, CHARGER, MUFFLER & TRANSFER SWITCH					
GAS/GASOLINE OPER., 3 PHASE, 4 WIRE 277/480V, 7.5 KW					
Generator set, gas, 3 phase, 4 wire, 277/480V, 7.5 KW	.133	Ea.	803.73	136.27	940
TOTAL			803.73	136.27	940

9.4-310	Generators (by KW)	MAT.	INST.	TOTAL
0190	Generator sets, include battery, charger, muffler & transfer switch			
0200	Gas/gasoline operated, 3 phase, 4 wire, 277/480 volt, 7.5 KW	805	135	940
0240	10 KW	820	120	940
0280	15 KW	650	90	740
0320	30 KW	465	53	518
0360	70 KW	330	31	361
0400	85 KW	315	31	346
0440	115 KW	430	27	457
0480	170 KW	500	19.55	519.55
0560	Diesel engine with fuel tank, 30 KW	500	53	553
0600	50 KW	370	42	412
0640	75 KW	325	32	357
0680	100 KW	270	27	297
0720	125 KW	230	23	253
0760	150 KW	220	22	242
0800	175 KW	195	19.30	214.30
0840	200 KW	180	17.80	197.80
0880	250 KW	155	14.80	169.80
0920	300 KW	155	12.30	167.30
0960	350 KW	145	12.40	157.40
1000	400 KW	155	11	166
1040	500 KW	145	9	154

SPECIAL — B9.4-420 — Electric Baseboard Radiation

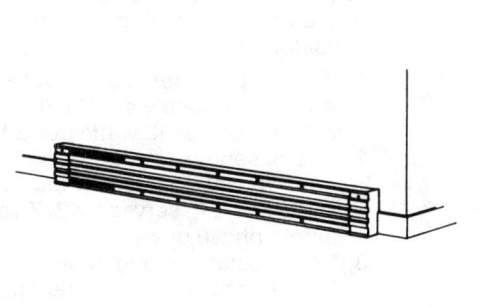

Low Density and Medium Density Baseboard Radiation

The costs shown in Table 9.4-420 are based on the following system considerations:
1. The heat loss per square foot is based on approximately 34 BTU/hr. per S.F. of floor or 10 watts per S.F. of floor.
2. Baseboard radiation is based on the low watt density type rated 187 watts per L.F. and the medium density type rated 250 watts per L.F.
3. Thermostat is not included.
4. Wiring costs include branch circuit wiring.

System Components	QUANTITY	UNIT	COST PER S.F. MAT.	COST PER S.F. INST.	COST PER S.F. TOTAL
SYSTEM 09.4-420-1000					
ELECTRIC BASEBOARD RADIATION, LOW DENSITY, 900 S.F., 31 MBH, 9KW					
Electric baseboard radiator, 5' long 935 watt	.011	Ea.	.74	.58	1.32
Steel intermediate conduit, (IMC) ½" diam	.170	L.F.	.16	.50	.66
Wire 600 volt, type THW, copper, solid, #12	.005	C.L.F.	.04	.13	.17
TOTAL			.94	1.21	2.15

9.4-420	Electric Baseboard Radiation	MAT.	INST.	TOTAL
1000	Electric baseboard radiation, low density, 900 S.F., 31 MBH, 9 KW	.94	1.21	2.15
1200	1500 S.F., 51 MBH, 15 KW	.93	1.19	2.12
1400	2100 S.F., 72 MBH, 21 KW	.84	1.07	1.91
1600	3000 S.F., 102 MBH, 30 KW	.76	.98	1.74
2000	Medium density, 900 S.F., 31 MBH, 9 KW	.80	1.11	1.91
2200	1500 S.F., 51 MBH, 15 KW	.79	1.09	1.88
2400	2100 S.F., 72 MBH, 21 KW	.77	1.02	1.79
2600	3000 S.F., 102 MBH, 30 KW	.69	.93	1.62

SPECIAL — B9.4-440 — Electric Baseboard Radiation

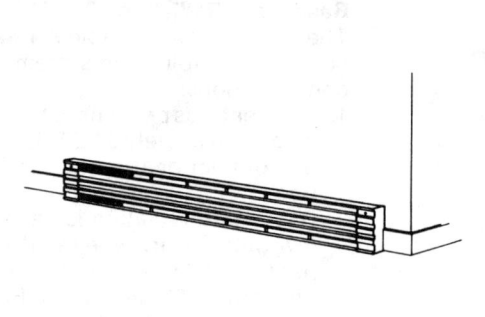

Commercial Duty Baseboard Radiation
The cost shown in Table 9.4-440 are based on the following system considerations:

1. The heat loss per square foot is based on approximately 41 BTU/hr. per S.F. of floor or 12 watts per S.F.
2. The baseboard radiation is of the commercial duty type rated 250 watts per L.F. served by 277 volt, single phase power.
3. Thermostat is not included.
4. Wiring costs include branch circuit wiring.

System Components	QUANTITY	UNIT	COST PER S.F. MAT.	COST PER S.F. INST.	COST PER S.F. TOTAL
SYSTEM 09.4-440-1000					
ELECTRIC BASEBOARD RADIATION, MEDIUM DENSITY, 1230 S.F., 51 MBH, 15 KW					
Electric baseboard radiator, 5' long	.013	Ea.	.87	.69	1.56
Steel intermediate conduit, (IMC) ½" diam	.154	L.F.	.15	.46	.61
Wire 600 volt, type THW, copper, solid, #12	.004	C.L.F.	.03	.11	.14
TOTAL			1.05	1.26	2.31

9.4-440	Electric Baseboard Radiation	MAT.	INST.	TOTAL
1000	Electric baseboard radiation, medium density, 1230 SF, 51 MBH, 15 KW	1.05	1.26	2.31
1200	2500 S.F. floor area, 106 MBH, 31 KW	.97	1.18	2.15
1400	3700 S.F. floor area, 157 MBH, 46 KW	.96	1.15	2.11
1600	4800 S.F. floor area, 201 MBH, 59 KW	.89	1.06	1.95
1800	11,300 S.F. floor area, 464 MBH, 136 KW	.86	.97	1.83
2000	30,000 S.F. floor area, 1229 MBH, 360 KW	.85	.94	1.79

UTILITIES B12.3-110 Trenching

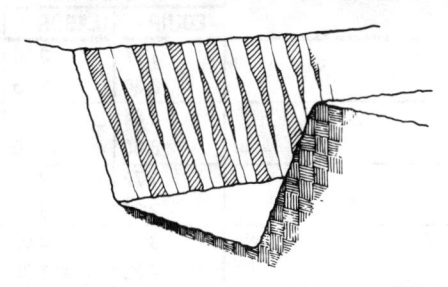

Trenching Systems are shown on a cost per linear foot basis. The systems include: excavation; backfill placed and compaction for various depths and trench bottom widths. Side slopes vary from 0:1 to 2:1.

The Expanded System Listing shows trenching systems that range from 2' to 12' in width. Depths range from 2' to 24'.

System Components	QUANTITY	UNIT	COST PER L.F.		
			EQUIP.	LABOR	TOTAL
SYSTEM 12.3-110-1310					
TRENCHING, BACKHOE, 0 TO 1 SLOPE, 2' WIDE, 2' DP, ⅜ C.Y. BUCKET					
Excavation, trench, hyd. backhoe, track mtd., ⅜ C.Y. bucket	.174	C.Y.	.24	.56	.80
Backfill and load spoil, from stockpile	.174	C.Y.	.11	.16	.27
Compaction by rammer tamper, 8" lifts, 4 passes	.014	C.Y.	.01	.02	.03
Remove excess spoil, 6 C.Y. dump truck, 2 mile roundtrip	.160	C.Y.	.42	.28	.70
TOTAL			.78	1.02	1.80

12.3-110	Trenching	COST PER L.F.		
		EQUIP.	LABOR	TOTAL
1310	Trenching, backhoe, 0 to 1 slope, 2' wide, 2' deep, ⅜ C.Y. bucket	.78	1.02	1.80
1320	3' deep, ⅜ C.Y. bucket	1	1.54	2.54
1330	4' deep, ⅜ C.Y. bucket	1.22	2.04	3.26
1340	6' deep, ⅜ C.Y. bucket	1.73	2.63	4.36
1350	8' deep, ½ C.Y. bucket	2.08	3.41	5.49
1360	10' deep, 1 C.Y. bucket	3.10	4.10	7.20
1400	4' wide, 2' deep, ⅜ C.Y. bucket	1.63	2.07	3.70
1410	3' deep, ⅜ C.Y. bucket	2.31	3.09	5.40
1420	4' deep, ½ C.Y. bucket	2.53	3.23	5.76
1430	6' deep, ½ C.Y. bucket	3.45	4.95	8.40
1440	8' deep, ½ C.Y. bucket	5.30	6.50	11.80
1450	10' deep, 1 C.Y. bucket	6.40	8.05	14.45
1460	12' deep, 1 C.Y. bucket	8.15	10.30	18.45
1470	15' deep, 1-½ C.Y. bucket	7.10	8.80	15.90
1480	18' deep, 2-½ C.Y. bucket	10	12.65	22.65
1520	6' wide, 6' deep, ⅝ C.Y. bucket	5.95	6.65	12.60
1530	8' deep, ¾ C.Y. bucket	7.95	8.35	16.30
1540	10' deep, 1 C.Y. bucket	9.45	10.05	19.50
1550	12' deep, 1-¼ C.Y. bucket	8.35	7.85	16.20
1560	16' deep, 2 C.Y. bucket	13.55	9	22.55
1570	20' deep, 3-½ C.Y. bucket	15.55	16.25	31.80
1580	24' deep, 3-½ C.Y. bucket	25	27	52
1640	8' wide, 12' deep, 1-¼ C.Y. bucket	12.25	10.65	22.90
1650	15' deep, 1-½ C.Y. bucket	14.50	13.20	27.70
1660	18' deep, 2-½ C.Y. bucket	21	13.35	34.35
1680	24' deep, 3-½ C.Y. bucket	35	36	71
1730	10' wide, 20' deep, 3-½ C.Y. bucket	28	27	55
1740	24' deep, 3-½ C.Y. bucket	44	45	89
1780	12' wide, 20' deep, 3-½ C.Y. bucket	34	33	67
1790	25' deep, bucket	58	61	119
1800	½ to 1 slope, 2' wide, 2' deep, ⅜ C.Y. bucket	1.03	1.32	2.35
1810	3' deep, ⅜ C.Y. bucket	1.48	2.22	3.70

UTILITIES		B12.3-110	Trenching			

12.3-110	Trenching	COST PER L.F.		
		EQUIP.	LABOR	TOTAL
1820	4' deep, ⅜ C.Y. bucket	1.97	3.30	5.27
1840	6' deep, ⅜ C.Y. bucket	3.36	5.15	8.51
1860	8' deep, ½ C.Y. bucket	4.84	7.95	12.79
1880	10' deep, 1 C.Y. bucket	8.60	11.10	19.70
2300	4' wide, 2' deep, ⅜ C.Y. bucket	1.72	2.20	3.92
2310	3' deep, ⅜ C.Y. bucket	2.84	3.62	6.46
2320	4' deep, ½ C.Y. bucket	3.26	3.95	7.21
2340	6' deep, ½ C.Y. bucket	4.92	6.90	11.82
2360	8' deep, ½ C.Y. bucket	8.15	9.60	17.75
2380	10' deep, 1 C.Y. bucket	11.50	14.15	25.65
2400	12' deep, 1 C.Y. bucket	12.80	15.20	28
2430	15' deep, 1-½ C.Y. bucket	15.80	18.85	34.65
2460	18' deep, 2-½ C.Y. bucket	27	23	50
2840	6' wide, 6' deep, ⅝ C.Y. bucket	6.85	7.60	14.45
2860	8' deep, ¾ C.Y. bucket	11.05	11.50	22.55
2880	10' deep, 1 C.Y. bucket	14.20	15.15	29.35
2900	12' deep, 1-¼ C.Y. bucket	13.45	12.55	26
2940	16' deep, 2 C.Y. bucket	21	20	41
2980	20' deep, 3-½ C.Y. bucket	34	35	69
3020	24' deep, 3-½ C.Y. bucket	62	65	127
3100	8' wide, 12' deep, 1-¼ C.Y. bucket	17.80	15.15	32.95
3120	15' deep, 1-½ C.Y. bucket	23	21	44
3140	18' deep, 2-½ C.Y. bucket	36	23	59
3180	24' deep, 3-½ C.Y. bucket	70	73	143
3270	10' wide, 20' deep, 3-½ C.Y. bucket	43	43	86
3280	24' deep, 3-½ C.Y. bucket	80	82	162
3370	12' wide, 20' deep, 3-½ C.Y. bucket	49	48	97
3380	25' deep, 3-½ C.Y. bucket	94	96	190
3500	1 to 1 slope, 2' wide, 2' deep, ⅜ C.Y. bucket	1.20	1.54	2.74
3520	3' deep, ⅜ C.Y. bucket	1.90	2.75	4.65
3540	4' deep, ⅜ C.Y. bucket	2.55	4.18	6.73
3560	6' deep, ⅜ C.Y. bucket	4.55	6.80	11.35
3580	8' deep, ½ C.Y. bucket	6.80	10.85	17.65
3600	10' deep, 1 C.Y. bucket	14.15	17.70	31.85
3800	4' wide, 2' deep, ⅜ C.Y. bucket	2.06	2.63	4.69
3820	3' deep, ⅜ C.Y. bucket	3.62	4.62	8.24
3840	4' deep, ½ C.Y. bucket	3.87	4.40	8.27
3860	6' deep, ½ C.Y. bucket	6.10	8.30	14.40
3880	8' deep, ½ C.Y. bucket	10.95	12.60	23.55
3900	10' deep, 1 C.Y. bucket	15.30	18.20	33.50
3920	12' deep, 1 C.Y. bucket	22	26	48
3940	15' deep, 1-½ C.Y. bucket	22	25	47
3960	18' deep, 2-½ C.Y. bucket	39	30	69
4030	6' wide, 6' deep, ⅝ C.Y. bucket	8.30	9.20	17.50
4040	8' deep, ¾ C.Y. bucket	13.85	14.90	28.75
4050	10' deep, 1 C.Y. bucket	18.45	21	39.45
4060	12' deep, 1-¼ C.Y. bucket	18.15	18.60	36.75
4070	16' deep, 2 C.Y. bucket	36	26	62
4080	20' deep, 3-½ C.Y. bucket	49	55	104
4090	24' deep, 3-½ C.Y. bucket	93	110	203
4500	8' wide, 12' deep, 1-¼ C.Y. bucket	23	21	44
4550	15' deep, 1-½ C.Y. bucket	30	30	60
4600	18' deep, 2-½ C.Y. bucket	49	35	84
4650	24' deep, 3-½ C.Y. bucket	100	115	215
4800	10' wide, 20' deep, 3-½ C.Y. bucket	61	64	125
4850	24' deep, 3-½ C.Y. bucket	110	120	230
4950	12' wide, 20' deep, 3-½ C.Y. bucket	66	68	134
4980	25' deep, 3-½ C.Y. bucket	135	150	285

UTILITIES		B12.3-110	Trenching		
12.3-110	Trenching		COST PER L.F.		
			EQUIP.	LABOR	TOTAL
5000	1-½ to 1 slope, 2' wide, 2' deep, ⅜ C.Y. bucket		1.40	1.78	3.18
5020	3' deep, ⅜ C.Y. bucket		2.32	3.23	5.55
5040	4' deep, ⅜ C.Y. bucket		3.11	4.91	8.02
5060	6' deep, ⅜ C.Y. bucket		5.60	7.95	13.55
5080	8' deep, ½ C.Y. bucket		8.40	12.75	21.15
5100	10' deep, 1 C.Y. bucket		15.65	18.25	33.90
5300	4' wide, 2' deep, ⅜ C.Y. bucket		1.94	2.47	4.41
5320	3' deep, ⅜ C.Y. bucket		3.53	4.50	8.03
5340	4' deep, ½ C.Y. bucket		4.59	5.15	9.74
5360	6' deep, ½ C.Y. bucket		7.15	9.35	16.50
5380	8' deep, ½ C.Y. bucket		13.10	14.30	27.40
5400	10' deep, 1 C.Y. bucket		18.45	21	39.45
5420	12' deep, 1 C.Y. bucket		27	31	58
5450	15' deep, 1-½ C.Y. bucket		27	27	54
5480	18' deep, 2-½ C.Y. bucket		48	32	80
5660	6' wide, 6' deep, ⅝ C.Y. bucket		9.55	10.30	19.85
5680	8' deep, ¾ C.Y. bucket		16.10	16.60	32.70
5700	10' deep, 1 C.Y. bucket		22	23	45
5720	12' deep, 1-¼ C.Y. bucket		21	19.65	40.65
5760	16' deep, 2 C.Y. bucket		43	28	71
5800	20' deep, 3-½ C.Y. bucket		60	63	123
5840	24' deep, 3-½ C.Y. bucket		115	120	235
6020	8' wide, 12' deep, 1-¼ C.Y. bucket		27	23	50
6050	15' deep, 1-½ C.Y. bucket		36	32	68
6080	18' deep, 2-½ C.Y. bucket		59	37	96
6140	24' deep, 3-½ C.Y. bucket		125	130	255
6300	10' wide, 20' deep, 3-½ C.Y. bucket		72	71	143
6350	24' deep, 3-½ C.Y. bucket		130	135	265
6450	12' wide, 20' deep, 3-½ C.Y. bucket		78	75	153
6480	25' deep, 3-½ C.Y. bucket		160	165	325
6600	2 to 1 slope, 2' wide, 2' deep, ⅜ C.Y. bucket		1.96	1.63	3.59
6620	3' deep, ⅜ C.Y. bucket		2.64	3.55	6.19
6640	4' deep, ⅜ C.Y. bucket		3.52	5.45	8.97
6660	6' deep, ⅜ C.Y. bucket		5.95	8.50	14.45
6680	8' deep, ½ C.Y. bucket		9.50	14.35	23.85
6700	10' deep, 1 C.Y. bucket		17.80	21	38.80
6900	4' wide, 2' deep, ⅜ C.Y. bucket		1.94	2.47	4.41
6920	3' deep, ⅜ C.Y. bucket		3.62	4.62	8.24
6940	4' deep, ½ C.Y. bucket		5.05	5.50	10.55
6960	6' deep, ½ C.Y. bucket		7.90	10.15	18.05
6980	8' deep, ½ C.Y. bucket		14.45	15.70	30.15
7000	10' deep, 1 C.Y. bucket		21	23	44
7020	12' deep, 1 C.Y. bucket		30	34	64
7050	15' deep, 1-½ C.Y. bucket		30	30	60
7080	18' deep, 2-½ C.Y. bucket		54	36	90
7260	6' wide, 6' deep, ⅝ C.Y. bucket		10.40	10.90	21.30
7280	8' deep, ¾ C.Y. bucket		17.55	17.90	35.45
7300	10' deep, ¾ C.Y. bucket		24	26	50
7320	12' deep, 1-¼ C.Y. bucket		24	22	46
7360	16' deep, 2 C.Y. bucket		48	31	79
7400	20' deep, 3-½ C.Y. bucket		67	70	137
7440	24' deep, 3-½ C.Y. bucket		130	140	270
7620	8' wide, 12' deep, 1-¼ C.Y. bucket		30	25	55
7650	15' deep, 1-½ C.Y. bucket		40	36	76
7680	18' deep, 2-½ C.Y. bucket		65	41	106
7740	24' deep, 3-½ C.Y. bucket		140	145	285
7920	10' wide, 20' deep, 3-½ C.Y. bucket		80	78	158
7940	24' deep, 3-½ C.Y. bucket		145	150	295

SECTION C REFERENCE

This section contains a wide array of relevant estimating information. Included are charts and tables, design and cost information, suggested estimating procedures, tax and insurance rates, and other technical information. Many of the items listed in this section are the object of reference numbers from other sections of the book. Others, such as the wire and conduit tables, can aid the estimator to approximate various sizes when minimal information is available from drawings.

The reference material and data are provided as accurate estimating aids. In all cases, applicable codes should be consulted in order to determine code compliance of individual projects.

The estimating procedures show how the editors arrived at the figures and are often of value in listing materials for purchase. This section also includes information on design and economy in construction.

TABLE OF CONTENTS

REF. NO.		PAGE
	MECHANICAL	
8.1-101	Hot Water Consumption Rates	294
8.1-102	Fixture Demands	294
	ELECTRIC SERVICE & DISTRIBUTION	
9.1-110	**Electric Circuit Voltages**	
9.1-111–9.1-117	Common A.C. Circuits	295–297
9.1-120	Maximum Circuit Length	297
9.1-140	**Design and Cost Tables**	
9.1-141	Minimum Wire Size/Amperes per Insulation	298
9.1-142	Maximum Number of Wires in Conduit	298
9.1-143	Cable Cost Comparison	299
9.1-144	L.F. Cost of Conduit in Place	299
9.1-145	L.F. Cost of Wire in Conduit in Place	299
9.1-146	Metric Equivalent Conduit and Wire	300
9.1-147	Concrete for Conduit Encasement	301
9.1-148	Size and Weight of Wire by Ampere Load	302
9.1-149	Size and Weight of Bus Duct by Ampere Load	302
9.1-150	Transformer Weight by KVA	302
9.1-151	Generator Weight by KW	302
9.1-152	Conduit Weight by Size per 100 Feet	303
9.1-153	Weight of Cast Boxes in Pounds	303
9.1-154	NEMA Enclosure Classifications	304
9.1-155	**KW Value/Cost Determination**	
9.1-158	Ampere Values per KW, Voltage and Phase	305

REF. NO.		PAGE
9.1-160	**KVA Value/Cost Determination**	
9.1-161	Multiplier Values for KVA to Amperes	306
9.1-170	**H.P. Value/Cost Determination**	
9.1-171	Ampere Values per H.P., Voltage & Phase Values	307
9.1-172	Worksheet for Motor Circuits	308
9.1-173	Max. H.P. for Starter Size by Voltage	308
	Lighting and Power	
9.2-241	Cost of High Intensity Discharge Lamps	309
9.2-242	Costs for other than C.W. Lamps	309
9.2-251	Lamp Comparison and Floodlight Cost	310
9.2-600	**Air Conditioning**	
9.2-602	Watts, BTU per Hr., and Ton per S.F.	310
	UNIT COST PROCEDURES	
9.3-100	Cable Tray	311
	Sample Estimate	312
9.3-105	Conduit to 15' high	313
9.3-110	Conduit in Concrete	314
9.3-115	Conduit in Trench	314
9.3-120	Underfloor Duct	315–316
9.3-125	Wireway	317
9.3-128	Undercarpet Systems	317–318
9.3-130	Wire	318
9.3-135	Armored Cable	318
9.3-140	Ground Rods	319
9.3-145	Boxes	319
9.3-150	Outlet Boxes	319
9.3-160	Wiring Devices	320–322
9.3-170	Load Centers	320
9.3-172	Motor Control Center	323
9.3-175	Motor Connections	323
9.3-180	Motor Starter & Controls	324

REF. NO.		PAGE
9.3-190	Safety Switches	324
9.3-195	Switchgear	325
9.3-200	Distribution Section	325
9.3-205	Feeder Section	326
9.3-210	Switchboard Instruments	326
9.3-215	Transformers	326
9.3-235	Aluminum Bus Duct	327–328
9.3-245	Automatic Transfer Switches	328
9.3-250	Interior Lighting Fixtures	329
9.3-400	Heat Trace Cable Systems	330–331
9.3-405	Spiral-Wrapped Heat Trace Cable (Pitch Table)	331
9.3-450	Uninterruptible Power Supply Systems	332
9.5-100	Power Transmission Line Requirements	333
	RELATED ITEMS	
10.1-103	Mech. & Elec. Engineering Fees	334
10.1-301	N.E. Builder's Insurance Rates	334
10.1-302	Performance Bond	334
10.2-200	**Workers' Compensation**	
10.2-201	Insurance Rates by Trade	335
10.2-202	Insurance Rates by State	335
10.2-203	Workers' Comp. by Trade & State	336
10.2-204	Workers' Comp. by Trade & Province	337
10.2-300	Unemployment & Social Security	338
10.2-400	Overtime: Production Efficiency	338
10.3-101	Sales Tax by State	338
10.3-200	Overhead & Profit	339
10.3-300	Rental Rates	340–341
10.4-400	Repair & Remodeling	342
14.1-000	Square Foot and Cubic Foot Building Costs	343
14.1-100	S.F., C.F., & % of Total Costs	343–344

PLUMBING — C8.1-100 | Hot Water

Table 8.1-101 Hot Water Consumption Rates

Type of Building	Size Factor	Maximum Hourly Demand	Average Day Demand
Apartment Dwellings	No. of Apartments:		
	Up to 20	12.0 Gal. per apt.	42.0 Gal. per apt.
	21 to 50	10.0 Gal. per apt.	40.0 Gal. per apt.
	51 to 75	8.5 Gal. per apt.	38.0 Gal. per apt.
	76 to 100	7.0 Gal. per apt.	37.0 Gal. per apt.
	101 to 200	6.0 Gal. per apt.	36.0 Gal. per apt.
	201 up	5.0 Gal. per apt.	35.0 Gal. per apt.
Dormitories	Men	3.8 Gal. per man	13.1 Gal. per man
	Women	5.0 Gal. per woman	12.3 Gal. per woman
Hospitals	Per bed	23 Gal. per patient	90 Gal. per patient
Hotels	Single room with bath	17 Gal. per unit	50 Gal. per unit
	Double room with bath	27 Gal. per unit	80 Gal. per unit
Motels	No. of units:		
	Up to 20	6.0 Gal. per unit	20.0 Gal. per unit
	21 to 100	5.0 Gal. per unit	14.0 Gal. per unit
	101 Up	4.0 Gal. per unit	10.0 Gal. per unit
Nursing Homes		4.5 Gal. per bed	18.4 Gal. per bed
Office buildings		0.4 Gal. per person	1.0 Gal. per person
Restaurants	Full meal type	1.5 Gal./max. meals/hr.	2.4 Gal. per meal
	Drive-in snack type	0.7 Gal./max. meals/hr.	0.7 Gal. per meal
Schools	Elementary	0.6 Gal. per student	0.6 Gal. per student
	Secondary & High	1.0 Gal. per student	1.8 Gal. per student

For evaluation purposes, recovery rate and storage capacity are inversely proportional. Water heaters should be sized so that the maximum hourly demand anticipated can be met in addition to allowance for the heat loss from the pipes and storage tank.

Table 8.1-102 Fixture Demands in Gallons Per Fixture Per Hour

Table below is based on 140°F final temperature except for dishwashers in public places (*) where 180°F water is mandatory.

Fixture	Apartment House	Club	Gym	Hospital	Hotel	Indust. Plant	Office	Private Home	School
Bathtubs	20	20	30	20	20			20	
Dishwashers, automatic	15	50-150*		50-150*	50-200*	20-100*		15	20-100*
Kitchen sink	10	20		20	30		20	10	20
Laundry, stationary tubs	20	28		28	28			20	
Laundry, automatic wash	75	75		100	150			75	
Private lavatory	2	2	2	2	2	2	2	2	2
Public lavatory	4	6	8	6	8	12	6		15
Showers	30	150	225	75	75	225	30	30	225
Service sink	20	20		20	30	20	20	15	20
Demand factor	0.30	0.30	0.40	0.25	0.25	0.40	0.30	0.30	0.40
Storage capacity factor	1.25	0.90	1.00	0.60	0.80	1.00	2.00	0.70	1.00

To obtain the probable maximum demand multiply the total demands for the fixtures (gal./fixture/hour) by the demand factor. The heater should have a heating capacity in gallons per hour equal to this maximum. The storage tank should have a capacity in gallons equal to the probable maximum demand multiplied by the storage capacity factor.

SERVICE — C9.1-110 — Electric Circuit Voltages

General: The following method provides the user with a simple non-technical means of obtaining comparative costs of wiring circuits. The circuits considered serve the electrical loads of motors, electric heating, lighting and transformers, for example, that require low voltage 60 Hertz alternating current.

The method used here is suitable only for obtaining estimated costs. It is **not** intended to be used as a substitute for electrical engineering design applications.

Conduit and wire circuits can represent from twenty to thirty percent of the total building electrical cost. By following the described steps and using the tables the user can translate the various types of electric circuits into estimated costs.

Wire Size: Wire size is a function of the electric load which is usually listed in one of the following units:

1. Amperes (A)
2. Watts (W)
3. Kilowatts (KW)
4. Volt amperes (VA)
5. Kilovolt amperes (KVA)
6. Horsepower (HP)

These units of electric load must be converted to amperes in order to obtain the size of wire necessary to carry the load. To convert electric load units to amperes one must have an understanding of the voltage classification of the power source and the voltage characteristics of the electrical equipment or load to be energized. The seven A.C. circuits commonly used are illustrated in Figures 9.1-111 thru 9.1-117 showing the transformer load voltage and the point of use voltage at the point on the circuit where the load is connected. The difference between the source and point of use voltages is attributed to the circuit voltage drop and is considered to be approximately 4%.

Motor Voltages: Motor voltages are listed by their point of use voltage and not the power source voltage.

For example: 460 volts instead of 480 volts
200 instead of 208 volts
115 volts instead of 120 volts

Lighting and Heating Voltages: Lighting and heating equipment voltages are listed by the power source voltage and not the point of wire voltage.

For example: 480, 277, 120 volt lighting
480 volt heating or air conditioning unit
208 volt heating unit

Transformer Voltages: Transformer primary (input) and secondary (output) voltages are listed by the power source voltage.

For example: Single phase 10 KVA
Primary 240/480 volts
Secondary 120/240 volts

In this case, the primary voltage may be 240 volts with a 120 volts secondary or may be 480 volts with either a 120v or a 240v secondary.

For example: Three phase 10 KVA
Primary 480 volts
Secondary 208Y/120 volts

In this case the transformer is suitable for connection to a circuit with a 3 phase 3 wire or 3 phase 4 wire circuit with a 480 voltage. This application will provide a secondary circuit of 3 phase 4 wire with 208 volts between phase wires and 120 volts between any phase wire and the neutral (white) wire.

Figure 9.1-111

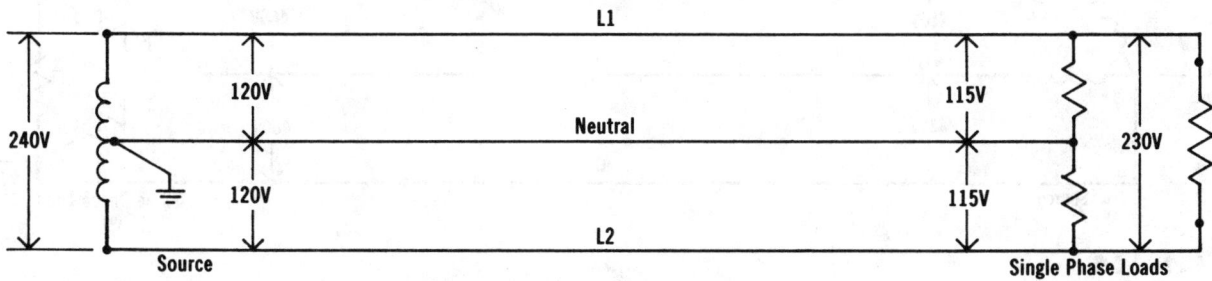

3 Wire, 1 Phase, 120/240 Volt System

Figure 9.1-112

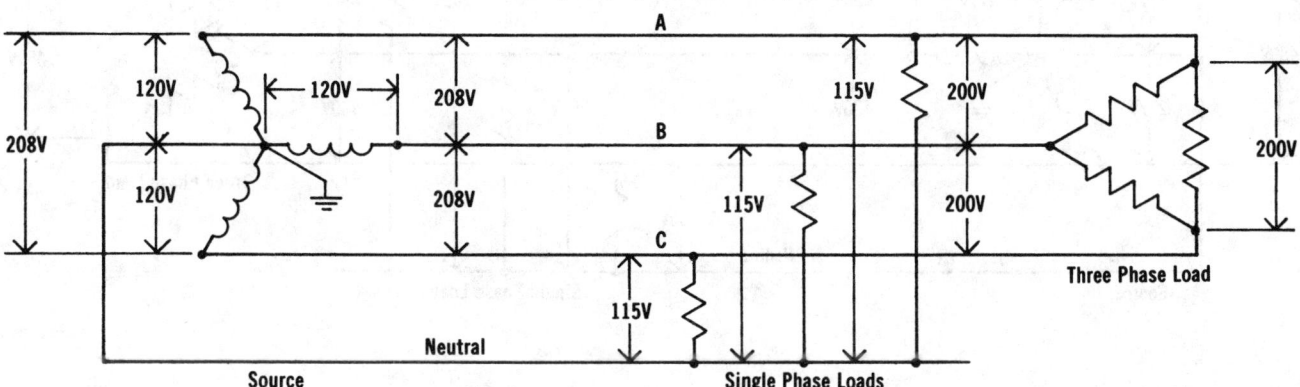

4 wire, 3 Phase, 208Y/120 Volt System

SERVICE   C9.1-110   Electric Circuit Voltages

Figure 9.1-113

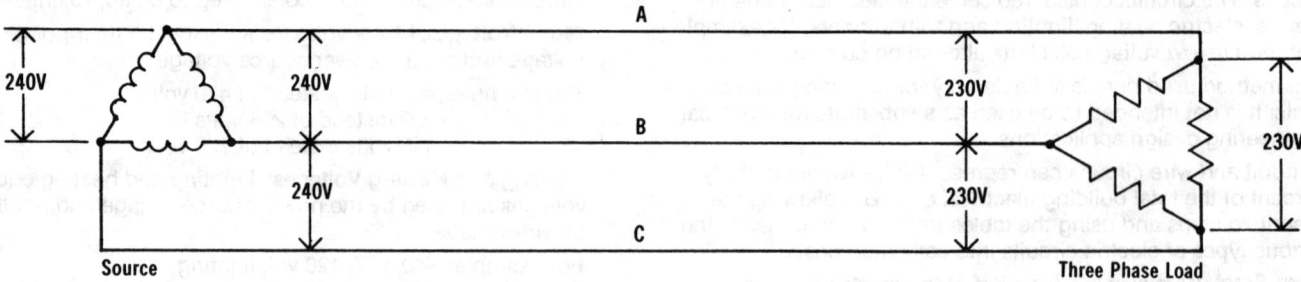

Figure 9.1-114

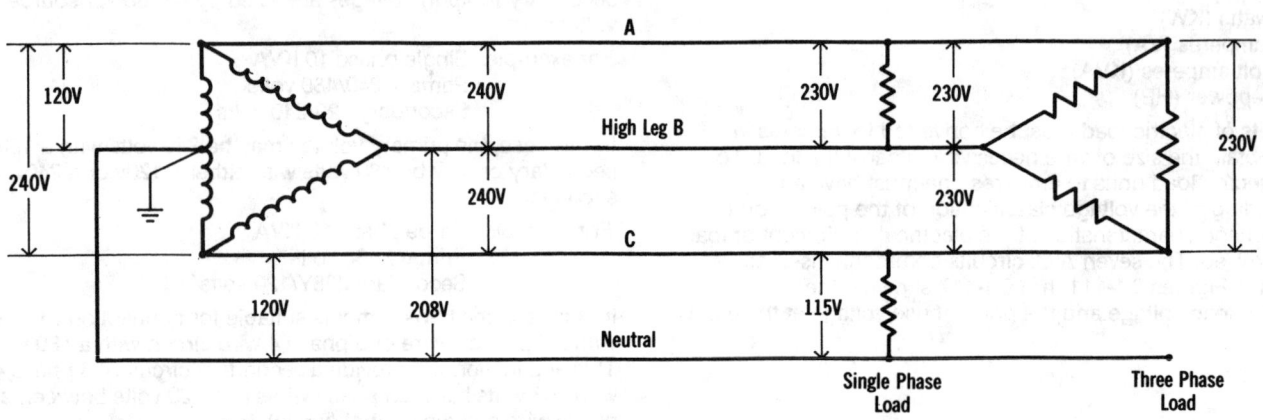

Figure 9.1-115

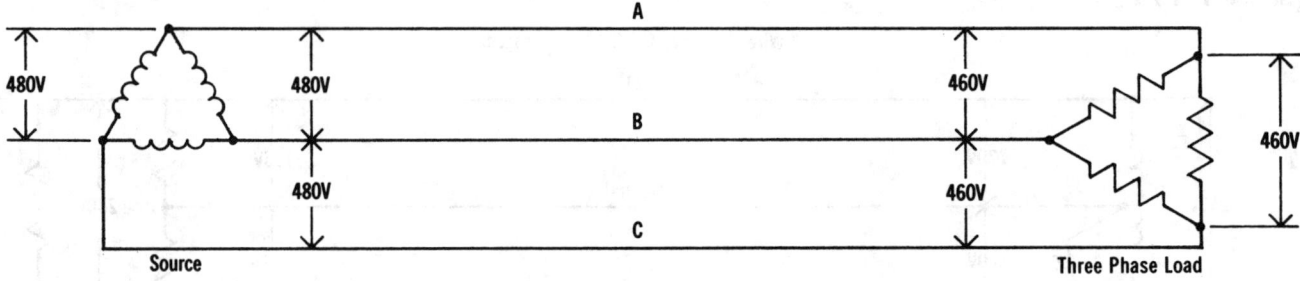

Figure 9.1-116

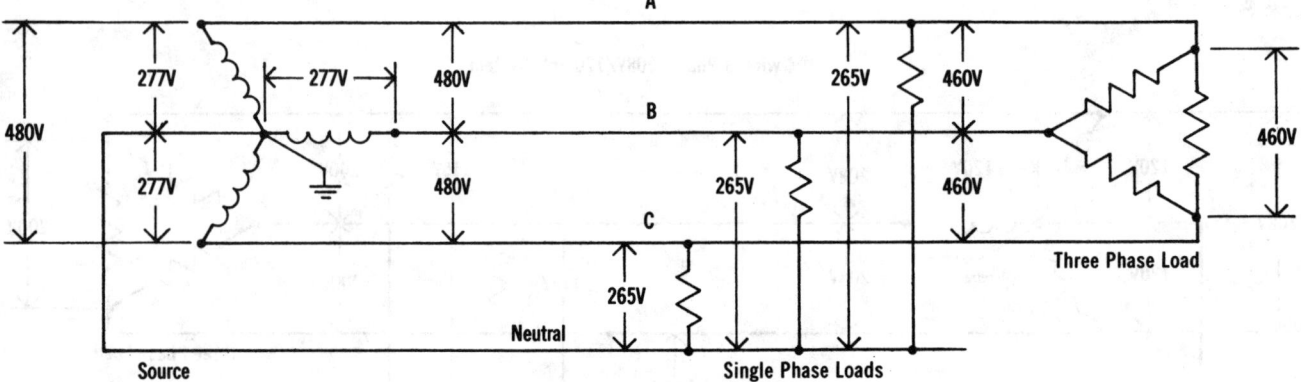

SERVICE | C9.1-110 | Electric Circuit Voltages

Figure 9.1-117

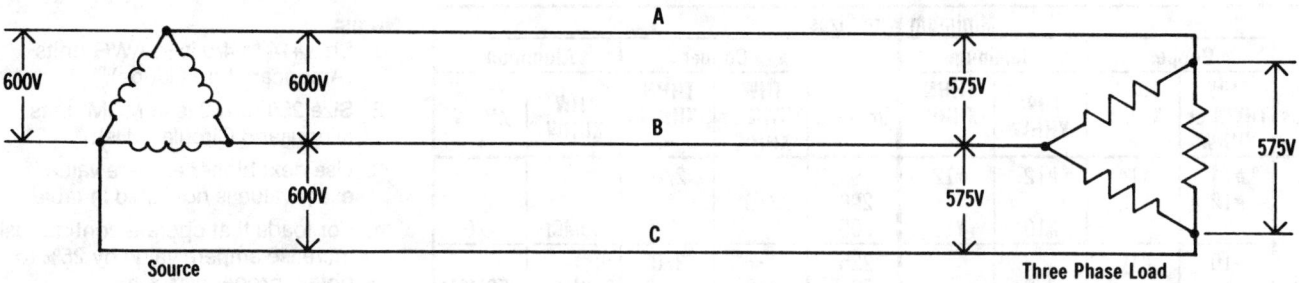

3 Wire, 3 Phase, 600 Volt System

Maximum Circuit Length: Table C9.1-120 indicates typical maximum installed length a circuit can have and still maintain an adequate voltage level at the point of use. The circuit length is similar to the conduit length.

If the circuit length for an ampere load and a copper wire size exceeds the length obtained from Table C9.1-120, use the next largest wire size to compensate voltage drop.

Example: A 130 ampere load at 480 volts, 3 phase, 3 wire with No. 1 wire can be run a maximum of 555 L.F. and provide satisfactory operation. If the same load is to be wired at the end of a 625 L.F. circuit, then a larger wire must be used.

Table 9.1-120 Maximum Circuit Length (Approximate) for Various Power Requirements Assuming THW, Copper Wire @75°C, Based Upon a 4% Voltage Drop

Amperes	Wire Size	Maximum Circuit Length in Feet				
		2 Wire, 1 Phase		3 Wire, 3 Phase		
		120V	240V	240V	480V	600V
15	14*	50	105	120	240	300
	14	50	100	120	235	295
20	12*	60	125	145	290	360
	12	60	120	140	280	350
30	10*	65	130	155	305	380
	10	65	130	150	300	375
50	8	60	125	145	285	355
65	6	75	150	175	345	435
85	4	90	185	210	425	530
115	2	110	215	250	500	620
130	1	120	240	275	555	690
150	1/0	130	260	305	605	760
175	2/0	140	285	330	655	820
200	3/0	155	315	360	725	904
230	4/0	170	345	395	795	990
255	250	185	365	420	845	1055
285	300	195	395	455	910	1140
310	350	210	420	485	975	1220
380	500	245	490	565	1130	1415

*Solid Conductor.
Note: The circuit length is the one way distance between the origin and the load.

SERVICE | **C9.1-140** | **Design and Cost Tables**

Table 9.1-141 Minimum Copper and Aluminum Wire Size Allowed for Various Types of Insulation

Amperes	Copper THW THWN or XHHW	Copper THHN XHHW *	Aluminum THW XHHW	Aluminum THHN XHHW *	Amperes	Copper THW THWN or XHHW	Copper THHN XHHW *	Aluminum THW XHHW	Aluminum THHN XHHW *
15A	#14	#14	#12	#12	195		2/0		
20	#12	#12			200	3/0			
25			#10	#10	205			250MCM	4/0
30	#10	#10			225		3/0		
40			#8		230	4/0		300MCM	250MCM
45				#8	250			350MCM	
50	#8		#6		255	250MCM			300MCM
55		#8			260		4/0		
60				#6	270			400MCM	
65	#6		#4		280				350MCM
75		#6	#3	#4	285	300MCM			
85	#4			#3	290		250MCM		
90			#2		305				400MCM
95		#4			310	350MCM		500MCM	
100	#3		#1	#2	320		300MCM		
110		#3			335	400MCM			
115	#2			#1	340			600MCM	
120			1/0		350		350MCM		500MCM
130	#1	#2			375			700MCM	
135			2/0	1/0	380	500MCM	400MCM		
150	1/0	#1		2/0	385			750MCM	600MCM
155			3/0		420	600MCM			700MCM
170		1/0			430		500MCM		
175	2/0			3/0	435				750MCM
180			4/0		475		600MCM		

*Dry Locations Only

Notes:
1. Size #14 to 4/0 is in AWG units (American Wire Gauge).
2. Size 250 to 750 is in MCM units (Thousand Circular Mils).
3. Use next higher ampere value if exact value is not listed in table.
4. For loads that operate continuously increase ampere value by 25% to obtain proper wire size.
5. Refer to Table C9.1-120 for the maximum circuit length for the various size wires.

Table 9.1-142 Maximum Number of Wires (Insulations Noted) for Various Conduit Sizes

Copper Wire Size	1/2" TW	1/2" THW	1/2" THWN	3/4" TW	3/4" THW	3/4" THWN	1" TW	1" THW	1" THWN	1-1/4" TW	1-1/4" THW	1-1/4" THWN	1-1/2" TW	1-1/2" THW	1-1/2" THWN	2" TW	2" THW	2" THWN	2-1/2" TW	2-1/2" THW	2-1/2" THWN	3" THW	3" THWN	3-1/2" THW	3-1/2" THWN	4" THW	4" THWN
#14	9	6	13	15	10	24	25	16	39	44	29	69	60	40	94	99	65	154	142	93		143		192			
#12	7	4	10	12	8	18	19	13	29	35	24	51	47	32	70	78	53	114	111	76	164	117		157			
#10	5	4	6	9	6	11	15	11	18	26	19	32	36	26	44	60	43	73	85	61	104	95	160	127		163	
#8	2	1	3	4	3	5	7	5	9	12	10	16	17	13	22	28	22	36	40	32	51	49	79	66	106	85	136
#6		1	1	2	1	4	4	3	6	7	5	11	10	7	15	16	12	26	23	17	37	36	57	48	76	62	98
#4		1	1	1	1	2	3	2	4	5	4	7	7	5	9	12	9	16	17	13	22	27	35	36	47	47	60
#3		1	1	1	1	1	2	2	3	4	3	6	6	4	8	10	8	13	15	11	19	23	29	31	39	40	51
#2		1	1	1	1	1	2	1	3	4	2	5	5	4	7	9	7	11	13	10	16	20	25	27	33	34	43
#1					1	1	1	1	1	3	2	3	4	3	5	6	5	8	9	7	12	14	18	19	25	25	32
1/0					1	1	1	1	1	2	1	3	3	2	4	5	4	7	8	6	10	12	15	16	21	21	27
2/0					1	1	1	1	1	1	1	2	3	2	3	5	3	6	7	5	8	10	13	14	17	18	22
3/0					1	1	1	1	1	1	1	1	2	1	3	4	3	5	6	4	7	9	11	12	14	15	18
4/0						1		1	1	1	1	1	1	1	2	3	2	4	5	3	6	7	9	10	12	13	15
250MCM								1	1	1	1	1	1	1	1	2	1	3	4	3	4	6	7	8	10	10	12
300									1	1	1	1	1	1	1	2	1	3	3	2	4	5	6	7	8	9	11
350									1	1	1	1	1	1	1	1	1	2	3	2	3	4	5	6	7	8	9
400										1		1	1	1	1	1	1	1	2	2	3	4	5	5	6	7	8
500										1		1	1	1	1	1	1	1	1	1	3	3	4	4	5	6	7
600												1	1		1	1	1	1	1	1	2	3	3	4	4	5	5
700													1		1	1		1	1	1	1	2	3	3	4	4	5
750															1	1		1	1	1	1	2	3	3	3	4	4

SERVICE — C9.1-140 — Design and Cost Tables

Table 9.1-143 Cable Cost Comparisons

Table below lists material prices per C.L.F. for copper conductor cables. Aluminum wiring generally requires larger conductor sizes than copper wiring and is subject to very close tolerance in torque tightening of connections. Size of conduit must allow for the increased size of the aluminum conductors.

600V Wire Capacity		Size	Cost of Single Conductor, per C.L.F., Material Only, Copper Wire					
Aluminum THW	Copper THW		TW	THW	THWN/THHN	Bare Copper	5KV CLP Shielded	15KV CLP Shielded
	15 amp	#14	$ 4.00*	$ 4.80*	$ 4.10*	$ 4.05*	—	—
	20	#12	5.60*	6.70*	5.65*	5.60*	—	—
	30	#10	8.70*	9.80*	9.40*	9.35*	—	—
40 amp	45	#8	16.95	18.90	18.35	16.60*	—	—
50	65	#6	22.30	23.85	25.10	23.50*	—	—
65	85	#4	35.65	36.80	39.70	36.20*	$115.00	—
90	115	#2	53.40	54.65	70.95	53.50	139.00	—
100	130	#1	70.35	71.90	92.65	70.45	155.00	$183.00
120	150	1/0	—	84.80	110.00	83.40	178.00	227.00
135	175	2/0	—	102.85	127.00	100.80	217.00	257.00
155	200	3/0	—	126.00	156.00	123.50	—	—
180	230	4/0	—	156.00	192.00	153.00	291.00	338.00
205	255	250 MCM	—	199.00	226.00	180.00	320.00	353.00
230	285	300	—	256.00	269.00	235.00	—	—
250	310	350	—	270.00	298.00	250.00	435.00	480.00
		400	—	330.00	356.00	310.00	—	—
310	380	500	—	372.00	422.00	340.00	555.00	595.00
		600	—	565.00	—	443.00	—	—
		750	—	690.00	—	556.00	—	—
		1,000	—	1,005.00	—	810.00	—	—

* Solid conductor wire

Table 9.1-144 Lineal Foot Cost In Place for Various Size and Type of Conduit (Incl. O & P)

Type Conduit	Conduit Size, Installed Cost per L.F.									
	1/2"	3/4"	1"	1-1/4"	1-1/2"	2"	2-1/2"	3"	3-1/2"	4"
Rigid Steel	$4.49	$5.25	$6.50	$7.50	$8.55	$10.55	$14.90	$20.00	$24.00	$28.00
Intermediate (IMC)	3.93	4.49	5.80	6.50	7.50	9.10	12.50	16.85	21.00	23.00
Aluminum	3.85	4.48	5.40	6.40	7.25	8.70	11.85	14.35	17.05	19.95
EMT	2.11	2.80	3.35	4.07	4.57	5.35	8.60	10.45	12.85	14.85

The above table assumes a 15' maximum mounting height and includes all fittings, terminations and supports, based on 100' runs.

Table 9.1-145 C.L.F. Cost for 600 Volt Insulated Wire Installed in Conduit Per Conductor (Incl. O & P)

Wire Size	Installed Cost per C.L.F.			Wire Size	Installed Cost per C.L.F.		
	Copper		Aluminum		Copper		Aluminum
	THW	THWN/THHN	THW		THW	THWN/THHN	THW
#14	$ 28.00*	$ 27.00*	—	1/0	$185.00	$210.00	$105.00
#12	34.00*	33.00*	—	2/0	215.00	240.00	120.00
#10	40.00*	40.00*	—	3/0	255.00	290.00	135.00
# 8	58.00	57.00	$42.00	4/0	305.00	345.00	150.00
# 6	72.00	73.00	48.00	250 MCM	365.00	395.00	165.00
# 4	97.00	100.00	60.00	300	440.00	450.00	190.00
# 2	125.00	145.00	75.00	350	460.00	495.00	205.00
# 1	155.00	175.00	94.00	500	595.00	650.00	260.00

* Solid Conductor Wire

SERVICE — C9.1-140 — Design and Cost Tables

Table 9.1-146A Metric Equivalent, Conduit

| U.S. vs. European Conduit—Approximate Equivalents ||||
| United States || European ||
Trade Size	Inside Diameter Inch/MM	Trade Size	Inside Diameter MM
½	.622/15.8	11	16.4
¾	.824/20.9	16	19.9
1	1.049/26.6	21	25.5
1¼	1.380/35.0	29	34.2
1½	1.610/40.9	36	44.0
2	2.067/52.5	42	51.0
2½	2.469/62.7		
3	3.068/77.9		
3½	3.548/90.12		
4	4.026/102.3		
5	5.047/128.2		
6	6.065/154.1		

Table 9.1-146B Metric Equivalent, Wire

| U.S. vs. European Wire—Approximate Equivalents ||||
| United States || European ||
Size AWG or MCM	Area Cir. Mils.(CM) MM^2	Size MM^2	Area Cir. Mils.
18	1620/.82	.75	1480
16	2580/1.30	1.0	1974
14	4110/2.08	1.5	2961
12	6530/3.30	2.5	4935
10	10,380/5.25	4	7896
8	16,510/8.36	6	11,844
6	26,240/13.29	10	19,740
4	41,740/21.14	16	31,584
3	52,620/26.65	25	49,350
2	66,360/33.61	—	—
1	83,690/42.39	35	69,090
1/0	105,600/53.49	50	98,700
2/0	133,100/67.42	—	—
3/0	167,800/85.00	70	138,180
4/0	211,600/107.19	95	187,530
250	250,000/126.64	120	236,880
300	300,000/151.97	150	296,100
350	350,000/177.30	—	—
400	400,000/202.63	185	365,190
500	500,000/253.29	240	473,760
600	600,000/303.95	300	592,200
700	700,000/354.60	—	—
750	750,000/379.93	—	—

SERVICE | **C9.1-140** | **Design and Cost Tables**

Table 9.1-147 Concrete for Conduit Encasement
Table below lists C.Y. of concrete for 100 L.F. of trench. Conduits separation center to center should meet 7.5" (N.E.C.).

Number of Conduits	1	2	3	4	6	8	9	Number of Conduits
Trench Dimension	11.5" x 11.5"	11.5" x 19"	11.5" x 27"	19" x 19"	19" x 27"	19" x 38"	27" x 27"	Trench Dimension
Conduit Diameter 2"	3.29	5.39	7.64	8.83	12.51	17.66	17.72	Conduit Diameter 2"
2.5"	3.23	5.29	7.49	8.62	12.19	17.23	17.25	2.5"
3.0"	3.15	5.13	7.24	8.29	11.71	16.59	16.52	3.0"
3.5"	3.08	4.97	7.02	7.99	11.26	15.98	15.84	3.5"
4.0"	2.99	4.80	6.76	7.65	10.74	15.30	15.07	4.0"
5"	2.78	4.37	6.11	6.78	9.44	13.57	13.12	5"
6.0"	2.52	3.84	5.33	5.74	7.87	11.48	10.77	6.0"

SERVICE — C9.1-140 — Design and Cost Tables

Table 9.1-148 Size Required and Weight (Lbs./1000 L.F.) of Aluminum and Copper THW Wire by Ampere Load

Amperes	Copper Size	Aluminum Size	Copper Weight	Aluminum Weight
15	14	12	24	11
20	12	10	33	17
30	10	8	48	39
45	8	6	77	52
65	6	4	112	72
85	4	2	167	101
100	3	1	205	136
115	2	1/0	252	162
130	1	2/0	324	194
150	1/0	3/0	397	233
175	2/0	4/0	491	282
200	3/0	250	608	347
230	4/0	300	753	403
255	250	400	899	512
285	300	500	1068	620
310	350	500	1233	620
335	400	600	1396	772
380	500	750	1732	951

Table 9.1-149 Weight (Lbs./L.F.) of 4 Pole Aluminum and Copper Bus Duct by Ampere Load

Amperes	Aluminum Feeder	Copper Feeder	Aluminum Plug-In	Copper Plug-In
225			7	7
400			8	13
600	10	10	11	14
800	10	19	13	18
1000	11	19	16	22
1350	14	24	20	30
1600	17	26	25	39
2000	19	30	29	46
2500	27	43	36	56
3000	30	48	42	73
4000	39	67		
5000		78		

Table 9.1-150 Transformer Weight (Lbs.) by KVA

Oil Filled 3 Phase 5/15 KV To 480/277			
KVA	Lbs.	KVA	Lbs.
150	1800	1000	6200
300	2900	1500	8400
500	4700	2000	9700
750	5300	3000	15000

Dry 240/480 To 120/240 Volt			
1 Phase		3 Phase	
KVA	Lbs.	KVA	Lbs.
1	23	3	90
2	36	6	135
3	59	9	170
5	73	15	220
7.5	131	30	310
10	149	45	400
15	205	75	600
25	255	112.5	950
37.5	295	150	1140
50	340	225	1575
75	550	300	1870
100	670	500	2850
167	900	750	4300

Table 9.1-151 Generator Weight (Lbs.) by KW

3 Phase 4 Wire 277/480 Volt			
Gas		Diesel	
KW	Lbs.	KW	Lbs.
7.5	600	30	1800
10	630	50	2230
15	960	75	2250
30	1500	100	3840
65	2350	125	4030
85	2570	150	5500
115	4310	175	5650
170	6530	200	5930
		250	6320
		300	7840
		350	8220
		400	10750
		500	11900

SERVICE | C9.1-140 | Design and Cost Tables

Table 9.1-152A Conduit Weight Comparisons (Lbs. per 100 ft.) Empty

Type	1/2"	3/4"	1"	1-1/4"	1-1/2"	2"	2-1/2"	3"	3-1/2"	4"	5"	6"
Rigid Aluminum	28	37	55	72	89	119	188	246	296	350	479	630
Rigid Steel	79	105	153	201	249	332	527	683	831	972	1314	1745
Intermediate Steel (IMC)	60	82	116	150	182	242	401	493	573	638		
Electrical Metallic Tubing (EMT)	29	45	65	96	111	141	215	260	365	390		
Polyvinyl Chloride, Schedule 40	16	22	32	43	52	69	109	142	170	202	271	350
Polyvinyl Chloride Encased Burial						38		67	88	105	149	202
Fibre Duct Encased Burial						127		164	180	206	400	511
Fibre Duct Direct Burial						150		251	300	354		
Transite Encased Burial						160		240	290	330	450	550
Transite Direct Burial						220		310		400	540	640

Table 9.1-152B Conduit Weight Comparisons (Lbs. per 100 ft.) with Maximum Cable Fill*

Type	1/2"	3/4"	1"	1-1/4"	1-1/2"	2"	2-1/2"	3"	3-1/2"	4"	5"	6"
Rigid Galvanized Steel (RGS)	104	140	235	358	455	721	1022	1451	1749	2148	3083	4343
Intermediate Steel (IMC)	84	113	186	293	379	611	883	1263	1501	1830		
Electrical Metallic Tubing (EMT)	54	116	183	296	368	445	641	930	1215	1540		

*Conduit & Heaviest Conductor Combination

Table 9.1-153 Weight Comparisons of Common Size Cast Boxes in Lbs.

Size NEMA 4 or 9	Cast Iron	Cast Aluminum	Size NEMA 7	Cast Iron	Cast Aluminum
6" x 6" x 6"	17	7	6" x 6" x 6"	40	15
8" x 6" x 6"	21	8	8" x 6" x 6"	50	19
10" x 6" x 6"	23	9	10" x 6" x 6"	55	21
12" x 12" x 6"	52	20	12" x 6" x 6"	100	37
16" x 16" x 6"	97	36	16" x 16" x 6"	140	52
20" x 20" x 6"	133	50	20" x 20" x 6"	180	67
24" x 18" x 8"	149	56	24" x 18" x 8"	250	93
24" x 24" x 10"	238	88	24" x 24" x 10"	358	133
30" x 24" x 12"	324	120	30" x 24" x 10"	475	176
36" x 36" x 12"	500	185	30" x 24" x 12"	510	189

Table 9.1-154 Standard Electrical Enclosure Types
NEMA Enclosures

Electrical enclosures serve two basic purposes; they protect people from accidental contact with enclosed electrical devices and connections, and they protect the enclosed devices and connections from specified external conditions. The National Electrical Manufacturers Association (NEMA) has established the following standards. Because these descriptions are not intended to be complete representations of NEMA listings, consultation of NEMA literature is advised for detailed information.

The following definitions and descriptions pertain to NONHAZARDOUS locations.

NEMA Type 1: General purpose enclosures intended for use indoors, primarily to prevent accidental contact of personnel with the enclosed equipment in areas that do not involve unusual conditions.

NEMA Type 2: Dripproof indoor enclosures intended to protect the enclosed equipment against dripping noncorrosive liquids and falling dirt.

NEMA Type 3: Dustproof, raintight and sleet-resistant (ice-resistant) enclosures intended for use outdoors to protect the enclosed equipment against wind-blown dust, rain, sleet, and external ice formation.

NEMA Type 3R: Rainproof and sleet-resistant (ice-resistant) enclosures which are intended for use outdoors to protect the enclosed equipment against rain. These enclosures are constructed so that the accumulation and melting of sleet (ice) will not damage the enclosure and its internal mechanisms.

NEMA Type 3S: Enclosures intended for outdoor use to provide limited protection against wind-blown dust, rain, and sleet (ice) and to allow operation of external mechanisms when ice-laden.

NEMA Type 4: Watertight and dust-tight enclosures intended for use indoors and out — to protect the enclosed equipment against splashing water, seepage of water, falling or hose-directed water, and severe external condensation.

NEMA Type 4X: Watertight, dust-tight, and corrosion-resistant indoor and outdoor enclosures featuring the same provisions as Type 4 enclosures, plus corrosion resistance.

NEMA Type 5: Indoor enclosures intended primarily to provide limited protection against dust and falling dirt.

NEMA Type 6: Enclosures intended for indoor and outdoor use — primarily to provide limited protection against the entry of water during occasional temporary submersion at a limited depth.

NEMA Type 6R: Enclosures intended for indoor and outdoor use — primarily to provide limited protection against the entry of water during prolonged submersion at a limited depth.

NEMA Type 11: Enclosures intended for indoor use — primarily to provide, by means of oil immersion, limited protection to enclosed equipment against the corrosive effects of liquids and gases.

NEMA Type 12: Dust-tight and driptight indoor enclosures intended for use indoors in industrial locations to protect the enclosed equipment against fibers, flyings, lint, dust, and dirt, as well as light splashing, seepage, dripping, and external condensation of noncorrosive liquids.

NEMA Type 13: Oil-tight and dust-tight indoor enclosures intended primarily to house pilot devices, such as limit switches, foot switches, push buttons, selector switches, and pilot lights, and to protect these devices against lint and dust, seepage, external condensation, and sprayed water, oil, and noncorrosive coolant.

The following definitions and descriptions pertain to HAZARDOUS, or CLASSIFIED, locations:

NEMA Type 7: Enclosures intended to use in indoor locations classified as Class 1, Groups A, B, C, or D, as defined in the National Electrical Code.

NEMA Type 9: Enclosures intended for use in indoor locations classified as Class 2, Groups E, F, or G, as defined in the National Electrical Code.

SERVICE — C9.1-155 — KW Value/Cost Determination

General: Lighting and electric heating loads are expressed in watts and kilowatts.

Cost Determination:
The proper ampere values can be obtained as follows:
1. Convert watts to kilowatts (watts ÷ 1000 = kilowatts)
2. Determine voltage rating of equipment.
3. Determine whether equipment is single phase or three phase.
4. Refer to Table C9.1-158 to find ampere value from KW, Ton and Btu/hr. values.
5. Determine type of wire insulation — TW, THW, THWN.
6. Determine if wire is copper or aluminum.
7. Refer to Table C9.1-141 to obtain copper or aluminum wire size from ampere values.
8. Next refer to Table C9.1-142 for the proper conduit size to accommodate the number and size of wires in each particular case.
9. Next refer to Table C9.1-144 for the per linear foot cost of the conduit.
10. Next refer to Table C9.1-145 for the per linear foot cost of the wire. Multiply cost of wire LF x number of wires in the circuits to obtain total wire cost per LF.
11. Add values obtained in Step 9 and 10 for total cost per linear foot for conduit and wire x length of circuit = Total Cost.

Notes:
1. 1 Phase refers to single phase, 2 wire circuits.
2. 3 Phase refers to three phase, 3 wire circuits.
3. For circuits which operate continuously for 3 hours or more, multiply the ampere values by 1.25 for a given KW requirement.
4. For KW ratings not listed, add ampere values.

    For example: find the ampere value of 9 KW at 208 volt, single phase.

    4KW = 19.2
    5KW = 24.0A
    ―――――――――
    9KW = 43.2A

5. "Length of Circuit" refers to the one way distance of the run, not to the total sum of wire lengths.

Table 9.1-158 Ampere Values as Determined by KW Requirements, BTU/HR or Ton, Voltage and Phase Values

KW	Ton	BTU/HR	120V 1 Phase	208V 1 Phase	208V 3 Phase	240V 1 Phase	240V 3 Phase	277V 1 Phase	480V 3 Phase
0.5	.1422	1,707	4.2A	2.4A	1.4A	2.1A	1.2A	1.8A	0.6A
0.75	.2133	2,560	6.2	3.6	2.1	3.1	1.9	2.7	.9
1.0	.2844	3,413	8.3	4.9	2.8	4.2	2.4	3.6	1.2
1.25	.3555	4,266	10.4	6.0	3.5	5.2	3.0	4.5	1.5
1.5	.4266	5,120	12.5	7.2	4.2	6.3	3.1	5.4	1.8
2.0	.5688	6,826	16.6	9.7	5.6	8.3	4.8	7.2	2.4
2.5	.7110	8,533	20.8	12.0	7.0	10.4	6.1	9.1	3.1
3.0	.8532	10,239	25.0	14.4	8.4	12.5	7.2	10.8	3.6
4.0	1.1376	13,652	33.4	19.2	11.1	16.7	9.6	14.4	4.8
5.0	1.4220	17,065	41.6	24.0	13.9	20.8	12.1	18.1	6.1
7.5	2.1331	25,598	62.4	36.0	20.8	31.2	18.8	27.0	9.0
10.0	2.8441	34,130	83.2	48.0	27.7	41.6	24.0	36.5	12.0
12.5	3.5552	42,663	104.2	60.1	35.0	52.1	30.0	45.1	15.0
15.0	4.2662	51,195	124.8	72.0	41.6	62.4	37.6	54.0	18.0
20.0	5.6883	68,260	166.4	96.0	55.4	83.2	48.0	73.0	24.0
25.0	7.1104	85,325	208.4	120.2	70.0	104.2	60.0	90.2	30.0
30.0	8.5325	102,390		144.0	83.2	124.8	75.2	108.0	36.0
35.0	9.9545	119,455		168.0	97.1	145.6	87.3	126.0	42.1
40.0	11.3766	136,520		192.0	110.8	166.4	96.0	146.0	48.0
45.0	12.7987	153,585			124.8	187.5	112.8	162.0	54.0
50.0	14.2208	170,650			140.0	208.4	120.0	180.0	60.0
60.0	17.0650	204,780			166.4		150.4	216.0	72.0
70.0	19.9091	238,910			194.2		174.6		84.2
80.0	22.7533	273,040			221.6		192.0		96.0
90.0	25.5975	307,170					225.6		108.0
100.0	28.4416	341,300							120.0

SPECIAL   C9.1-160   KVA Value/Cost Determination

General: Control transformers are listed in VA. Step-down and power transformers are listed in KVA.

Cost Determination:

1. Convert VA to KVA. Volt amperes (VA) ÷ 1000 = Kilovolt amperes (KVA).
2. Determine voltage rating of equipment.
3. Determine whether equipment is single phase or three phase.
4. Refer to Table C9.1-161 to find ampere value from KVA value.
5. Determine type of wire insulation — TW, THW, THWN.
6. Determine if wire is copper or aluminum.
7. Refer to Table C9.1-141 to obtain copper or aluminum wire size from ampere values.
8. Next refer to Table C9.1-142 for the proper conduit size to accommodate the number and size of wires in each particular case.
9. Next refer to Table C9.1-144 for the per linear foot cost of the conduit.
10. Next refer to Table C9.1-145 for the per linear foot cost of the wire. Multiply cost of wire per L.F. x number of wires in the circuits to obtain total wire cost.
11. Add values obtained in Step 9 and 10 for total cost per linear foot for conduit and wire x length of circuit = Total Cost.

Example: A transformer rated 10 KVA 480 volts primary, 240 volts secondary, 3 phase has the capacity to furnish the following:

1. Primary amperes = 10 KVA x 1.20 = 12 amperes (from Table C9.1-161)
2. Secondary amperes = 10 KVA x 2.40 = 24 amperes (from Table C9.1-161)

Note: Transformers can deliver generally 125% of their rated KVA. For instance, a 10 KVA rated transformer can safely deliver 12.5 KVA.

Table 9.1-161 Multiplier Values for KVA to Amperes Determined by Voltage and Phase Values

Volts	Multiplier for Circuits	
	2 Wire, 1 Phase	3 Wire, 3 Phase
115	8.70	
120	8.30	
230	4.30	2.51
240	4.16	2.40
200	5.00	2.89
208	4.80	2.77
265	3.77	2.18
277	3.60	2.08
460	2.17	1.26
480	2.08	1.20
575	1.74	1.00
600	1.66	0.96

SERVICE — C9.1-170 — HP Value/Cost Determination

General: Motors can be powered by any of the seven systems shown in Figure C9.1-111 thru Figure C9.1-117 provided the motor voltage characteristics are compatible with the power system characteristics.

Cost Determination:

Motor Amperes for the various size H.P. and voltage are listed in Table C9.1-171. To find the amperes, locate the required H.P. rating and locate the amperes under the appropriate circuit characteristics.

For example:

A. 100 H.P., 3 phase, 460 volt motor = 124 amperes (Table C9.1-171)
B. 10 H.P., 3 phase, 200 volt motor = 32.2 amperes (Table C9.1-171)

Table 9.1-171 Ampere Values Determined by Horsepower, Voltage and Phase Values

H.P.	Single Phase		Three Phase			
	115V	230V	200V	230V	460V	575V
1/6	4.4A	2.2A				
1/4	5.8	2.9				
1/3	7.2	3.6				
1/2	9.8	4.9	2.3A	2.0A	1.0A	0.8A
3/4	13.8	6.9	3.2	2.8	1.4	1.1
1	16	8	4.1	3.6	1.8	1.4
1-1/2	20	10	6.0	5.2	2.6	2.1
2	24	12	7.8	6.8	3.4	2.7
3	34	17	11.0	9.6	4.8	3.9
5			17.5	15.2	7.6	6.1
7-1/2			25.3	22	11	9
10			32.2	28	14	11
15			48.3	42	21	17
20			62.1	54	27	22
25			78.2	68	34	27
30			92.0	80	40	32
40			119.6	104	52	41
50			149.5	130	65	52
60			177	154	77	62
75			221	192	96	77
100			285	248	124	99
125			359	312	156	125
150			414	360	180	144
200			552	480	240	192

Motor Wire Size: After the amperes are found in Table C9.1-171 the amperes must be increased 25% to compensate for power losses. Next refer to Table C9.1-141. Find the appropriate insulation column for copper or aluminum wire to determine the proper wire size.

For example:

A. 100 H.P., 3 phase, 460 volt motor has an ampere value of 124 amperes from Table C9.1-171
B. 124A x 1.25 = 155 amperes
C. Refer to Table C9.1-141 for THW or THWN wire insulations to find the proper wire size. For a 155 ampere load using copper wire a size 2/0 wire is needed.
D. For the 3 phase motor three wires of 2/0 size are required.

Conduit Size: To obtain the proper conduit size for the wires and type of insulation used, refer to Table C9.1-142.

For example: For the 100 H.P., 460V, 3 phase motor, it was determined that three 2/0 wires are required. Assuming THWN insulated copper wire, use Table C9.1-142 to determine that three 2/0 wires require 1-1/2" conduit.

Material Cost of the conduit and wire system depends on:

1. Wire size required
2. Copper or aluminum wire
3. Wire insulation type selected
4. Steel or plastic conduit
5. Type of conduit raceway selected.

Labor Cost of the conduit and wire system depends on:

1. Type and size of conduit
2. Type and size of wires installed
3. Location and height of installation in building or depth of trench
4. Support system for conduit.

SPECIAL C9.1-170 HP Value/Cost Determination

Cost Determination (cont.)

Magnetic starters, switches, and motor connection:
To complete the cost picture from H.P. to Costs additional items must be added to the cost of the conduit and wire system to arrive at a total cost.

1. Table B9.2-730 Magnetic Starters Installed Cost lists the various size starters for single phase and three phase motors.
2. Table B9.2-740 Heavy Duty Safety Switches Installed Cost lists safety switches required at the beginning of a motor circuit and also one required in the vicinity of the motor location.
3. Table B9.2-750 Motor Connection lists the various costs for single and three phase motors.

Worksheet to obtain total motor wiring costs:
It is assumed that the motors or motor driven equipment are furnished and installed under other sections for this estimate and the following work is done under this section:

1. Conduit
2. Wire (add 10% for additional wire beyond conduit ends for connections to switches, boxes, starters, etc.)
3. Starters
4. Safety switches
5. Motor connections

Figure 9.1-172

				Cost	
Item	Type	Size	Quantity	Unit	Total
Wire					
Conduit					
Switch					
Starter					
Switch					
Motor Connection					
Other					
Total Cost					

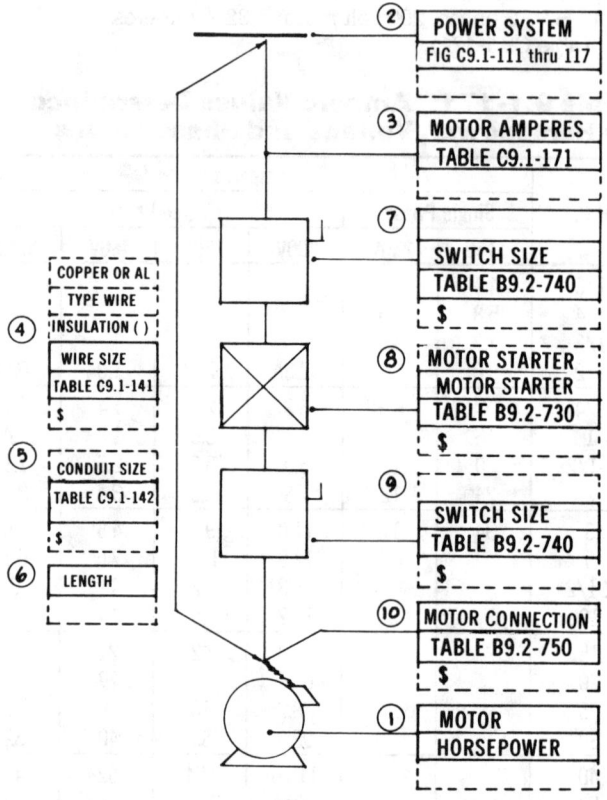

Figure 9.1-173 Maximum Horsepower for Starter Size by Voltage

Starter Size	Maximum HP (3Φ)			
	208V	240V	480V	600V
00	1½	1½	2	2
0	3	3	5	5
1	7½	7½	10	10
2	10	15	25	25
3	25	30	50	50
4	40	50	100	100
5		100	200	200
6		200	300	300
7		300	600	600
8		450	900	900
8L		700	1500	1500

LIGHTING & POWER — C9.2-240 — High Intensity Discharge

Table 9.2-241 Comparison - Cost Of Operation of High Intensity Discharge Lamps

LAMP TYPE	WATTAGE	LIFE (HOURS)	CIRCUIT WATTAGE ①	AVERAGE INITIAL LUMENS	L.L.D. ②	MEAN LUMENS ③	ONE YEAR (4000 HR.) COST OF OPERATION ④
M.V.	100 DX	24000	125	4000	61%	2440	$ 35.00
L.P.S.	SOX-35	18000	65	4800	100%	4800	18.20
H.P.S.	LU-70	12000	84	5800	90%	5220	23.32
M.H.	No Equivalent						
M.V.	175 DX	24000	210	8500	66%	5676	58.80
M.V.	250 DX	24000	295	13000	66%	7986	82.60
L.P.S.	SOX-55	18000	82	8000	100%	8000	22.96
H.P.S.	LU-100	12000	120	9500	90%	8550	33.60
M.H.	No Equivalent						
M.V.	400 DX	24000	465	24000	64%	14400	130.20
L.P.S.	SOX-90	18000	141	13500	100%	13500	39.20
H.P.S.	LU-150	16000	188	16000	90%	14400	52.64
M.H.	MH-175	7500	210	14000	73%	10200	58.80
M.V.	No Equivalent						
L.P.S.	SOX-135	18000	147	22500	100%	22500	41.16
H.P.S.	LU-250	20000	310	25500	92%	23205	86.80
M.H.	MH-250	7500	295	20500	78%	16000	82.60
M.V.	1000 DX	24000	1085	63000	61%	37820	303.80
L.P.S.	SOX-180	18000	248	33000	100%	33000	69.44
H.P.S.	LU-400	20000	480	50000	90%	45000	134.40
M.H.	MH-400	15000	465	34000	72%	24600	130.20
H.P.S.	LU-1000	15000	1100	140000	91%	127400	308.00

① Includes ballast losses and average lamp watts
② Lamp lumen depreciation (% of initial light output at 70% rated life)
③ Lamp lumen output at 70% rated life (L.L.D. x initial)
④ Based on average cost of $.07 per K.W. Hr.

- M.V. = Mercury Vapor
- L.P.S. = Low pressure sodium
- H.P.S. = High pressure sodium
- M.H. = Metal halide

Table 9.2-242 For Other than Regular Cool White (CW) Lamps

	Multiply Material Costs as Follows:				
Regular Lamps	Cool white deluxe (CWX)	x 1.35	Energy Saving Lamps	Cool white (CW/ES)	x 1.35
	Warm white deluxe (WWX)	x 1.35		Cool white deluxe (CWX/ES)	x 1.65
	Warm white (WW)	x 1.30		Warm white (WW/ES)	x 1.55
	Natural (N)	x 2.05		Warm white deluxe (WWX/ES)	x 1.65

LIGHTING & POWER — C9.2-250 — Site Floodlighting

Table 9.2-251 Lamp Comparison Chart with Enclosed Floodlight, Ballast & Lamp for Pole Mounting

Type	Watts	Initial Lumens	Lumens Per Watt	Lumens @ 40% Life	Life (Hours)	Floodlight Installed Cost (ea)
Incandescent	150	2880	19	85	750	—
	300	6360	21	84	750	$ 150.00
	500	10,850	22	80	1,000	195.00
	1000	23,740	24	80	1,000	230.00
	1500	34,400	23	80	1,000	240.00
Tungsten Halogen	500	10,950	22	97	2,000	For comparison purposes only
	1500	35,800	24	97	2,000	
Fluorescent Cool White	40	3150	79	88	20,000	
	110	9200	84	87	12,000	
	215	16,000	74	81	12,000	
Deluxe Mercury	250	12,100	48	86	24,000	400.00
	400	22,500	56	85	24,000	465.00
	1000	63,000	63	75	24,000	640.00
Metal Halide	175	14,000	80	77	7,500	420.00
	400	34,000	85	75	15,000	545.00
	1000	100,000	100	83	10,000	745.00
	1500	155,000	103	92	1,500	790.00
High Pressure Sodium	70	5800	83	90	20,000	385.00
	100	9500	95	90	20,000	425.00
	150	16,000	107	90	24,000	430.00
	400	50,000	125	90	24,000	555.00
	1000	140,000	140	90	24,000	920.00
Low Pressure Sodium	55	4600	131	98	18,000	590.00
	90	12,750	142	98	18,000	680.00
	180	33,000	183	98	18,000	830.00

Color: High Pressure Sodium — Slightly Yellow
Low Pressure Sodium — Yellow
Mercury Vapor — Green-Blue
Metal Halide — Blue-White
Note: Pole not included.

ELECTRICAL — C9.2-600 — Air Conditioning

Table 9.2-602 Central Air Conditioning Watts per S.F., BTU'S per Hour per S.F. of Floor Area and S.F. per Ton of Air Conditioning

Type Building	Watts per S.F.	BTUH per S.F.	S.F. per Ton	Type Building	Watts per S.F.	BTUH per S.F.	S.F. per Ton	Type Building	Watts per S.F.	BTUH per S.F.	S.F. per Ton
Apartments, Individual	3	26	450	Dormitory, Rooms	4.5	40	300	Libraries	5.7	50	240
Corridors	2.5	22	550	Corridors	3.4	30	400	Low Rise Office, Ext.	4.3	38	320
Auditoriums & Theaters	3.3	40	300/18*	Dress Shops	4.9	43	280	Interior	3.8	33	360
Banks	5.7	50	240	Drug Stores	9	80	150	Medical Centers	3.2	28	425
Barber Shops	5.5	48	250	Factories	4.5	40	300	Motels	3.2	28	425
Bars & Taverns	15	133	90	High Rise Off.-Ext. Rms.	5.2	46	263	Office (small suite)	4.9	43	280
Beauty Parlors	7.6	66	180	Interior Rooms	4.2	37	325	Post Office, Int. Office	4.9	42	285
Bowling Alleys	7.8	68	175	Hospitals, Core	4.9	43	280	Central Area	5.3	46	260
Churches	3.3	36	330/20*	Perimeter	5.3	46	260	Residences	2.3	20	600
Cocktail Lounges	7.8	68	175	Hotels, Guest Rooms	5	44	275	Restaurants	6.8	60	200
Computer Rooms	16	141	85	Public Spaces	6.2	55	220	Schools & Colleges	5.3	46	260
Dental Offices	6	52	230	Corridors	3.4	30	400	Shoe Stores	6.2	55	220
Dept. Stores, Basement	4	34	350	Industrial Plants, Offices	4.3	38	320	Shop'g. Ctrs., Sup. Mkts.	4	34	350
Main Floor	4.5	40	300	General Offices	4	34	350	Retail Stores	5.5	48	250
Upper Floor	3.4	30	400	Plant Areas	4.5	40	300	Specialty Shops	6.8	60	200

*Persons per ton
12,000 BTUH = 1 ton of air conditioning

UNIT COST PROCEDURES C9.3-100 Cable Tray

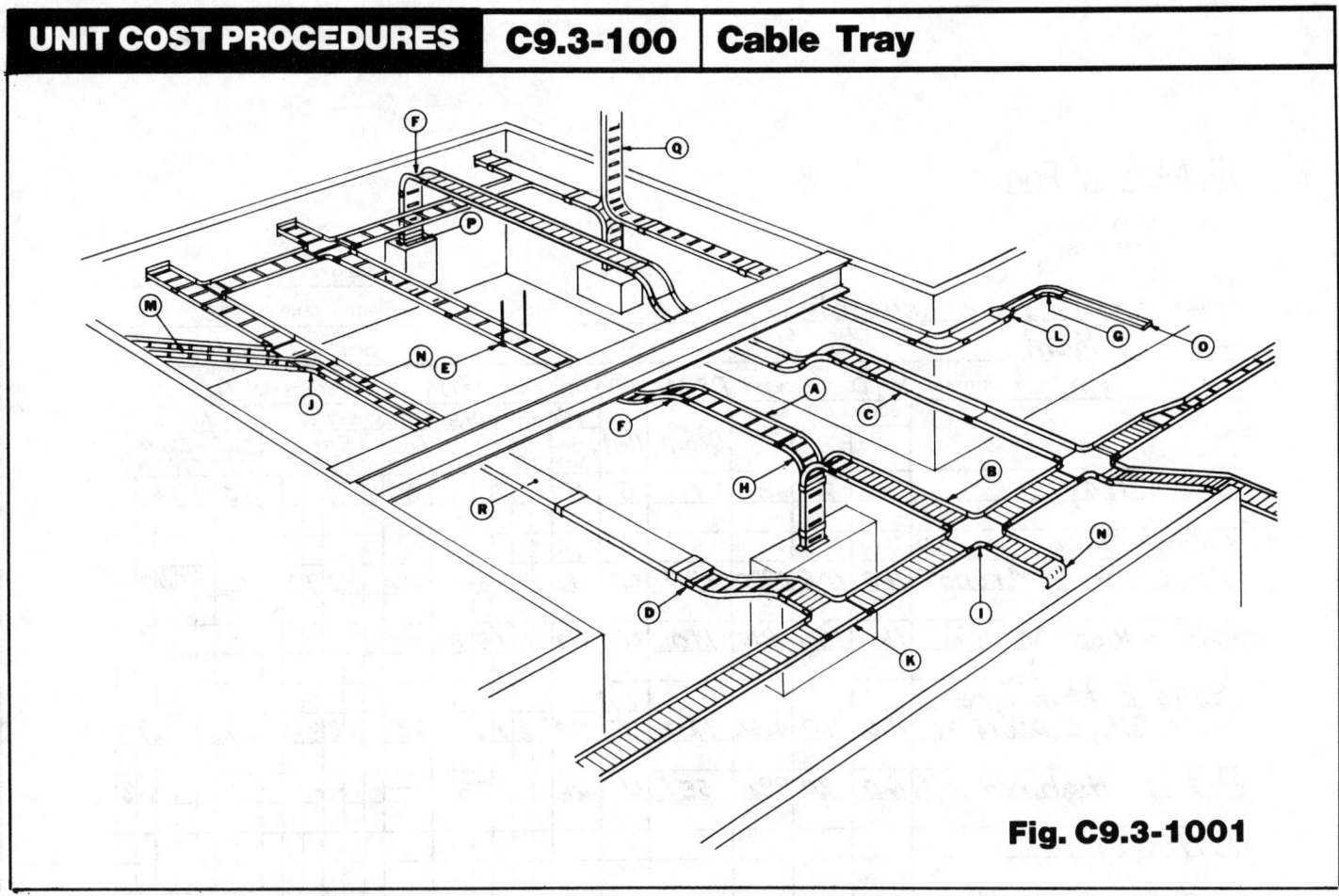

Fig. C9.3-1001

Cable Tray - When taking off cable tray it is important to identify separately the different types and sizes involved in the system being estimated. (Fig. C9.3-1001)
- A- Ladder Type, galvanized or aluminum
- B- Trough Type, galvanized or aluminum
- C- Solid Bottom, galvanized or aluminum

The unit of measure is calculated in linear feet; do not deduct from this footage any length occupied by fittings, this will be the only allowance for scrap. Be sure to include all vertical drops to panels, switch gear, etc.

Hangers - Included in the linear footage of cable tray is
- D- 1 - Pair of connector plates per 12 L.F.
- E- 1 - Pair clamp type hangers and 4' of 3/8" threaded rod per 12 L.F.

Not included are structural supports, which must be priced in addition to the hangers. (Fig. C9.3-1002) (160-105-5210)

Fittings - Identify separately the different types of fittings
1.) Ladder Type, galvanized or aluminum
2.) Trough Type, galvanized or aluminum
3.) Solid Bottom Type, galvanized or aluminum

The configuration, radius and rung spacing must also be listed. The unit of measure is "Ea." (Fig. C9.3-1002)
- F- Elbow, vertical Ea.
- G- Elbow, horizontal Ea.
- H- Tee, vertical Ea.
- I- Cross horizontal Ea.
- J- Wye, horizontal Ea.
- K- Tee, horizontal Ea.
- L- Reducing fitting Ea.

Depending on the use of the system other examples of units which must be included are
- M- Divider strip L.F.
- N- Drop-outs Ea.
- O- End caps Ea.
- P- Panel connectors Ea.

Wire and cable are not included and should be taken off separately, see Division 161.

Job Conditions - Unit prices are based on a new installation to a work plane of 15' using rolling staging.
Add to labor for elevated installations (Fig. C9.3-1002)

15' to 20' High	10%
20' to 25' High	20%
25' to 30' High	25%
30' to 35' High	30%
35' to 40' High	35%
Over 40' High	40%

Add these percentages for L.F. totals but not to fittings. Add percentages to only those quantities that fall in the different elevations, in other words, if the total quantity of cable tray is 200' but only 75' is above 15' then the 10% is added to the 75' only.

Linear foot costs do not include penetrations through walls and floors which must be added to the estimate. This section appears in Division 168.

CABLE TRAY COVERS 160-205

Covers - Cable tray covers are taken off in the same manner as the tray itself, making distinctions as to the type of cover. (Fig. C9.3-1001)
- Q- Vented, galvanized or aluminum
- R- Solid, galvanized or aluminum

Cover configurations are taken off separately noting type, specific radius and widths.

Note: Care should be taken to identify from plans and specifications exactly what is being covered. In many systems only vertical fittings are covered to retain wire and cable.

Means® Forms

COST ANALYSIS

PROJECT: Cable Tray (sample)
ARCHITECT: S. Monty
TAKE OFF BY: PHD QUANTITIES BY: PHD PRICES BY: RSM EXTENSIONS BY: JM CHECKED BY: SM
SHEET NO. 1 of 1
ESTIMATE NO. 005
DATE 7/31/91

Description	Source/Dimensions			Quant.	Unit	Man-Hours		Material		Labor	
						Labor Unit	M-H Total	Cost Unit	Bare Total	Cost Unit	Bare Total
Cable Tray:	1	2	3	4	5	6	7	8	9	10	11
Ladder Type, Galv. Stl. 4"D × 12"W-w/9" rungs	160	105	0930	240	L.F.	.17	40.80	5.30	1272	4.28	1027
@ 15-20' High, Add 10%	160	130	9910	110	L.F.	.017	1.87	—	—	.43	47
Solid Bottom Type Galv. Stl., 3"D × 18"W	160	110	0260	120	L.F.	.228	27.36	6.95	834	5.75	690
@ 20-25' High, Add 20%	160	130	9920	55	L.F.	.046	2.53	—	—	1.15	63
Fittings:											
Vert. Elbow - Ladder 90°, 9" Rung 24" Rad., 12"W	160	105	1590	8	Ea.	2.22	17.76	40.80	326	56.00	448
Horiz. Elbow - Ladder 90°, 9" Rung 24" Rad., 12"W	160	105	1140	4	Ea.	2.22	8.88	35.10	140	56.00	224
Dropout 12" W	160	105	2540	4	Ea.	.615	2.46	3.90	16	15.50	62
Vert. Elbow - Solid Bottom 24" Rad., 18"W	160	110	0700	4	Ea.	3.2	12.80	67.00	268	80.00	320
Horiz. Elbow - Solid Bottom 24" Rad., 18"W	160	110	0450	2	Ea.	3.2	6.40	63.00	126	80.00	160
Dropout 18" W	160	110	1610	2	Ea.	.727	1.45	9.90	20	18.30	37
Total Before O+P							122.43		3002		3078
Total Contractors Cost (Before O+P)										$	6080

UNIT COST PROCUDURES — C9.3-105 — Conduit to 15' High

CONDUIT TO 15' HIGH 160-200

List conduit by quantity, size, and type. Do not deduct for lengths occupied by fittings, since this will be allowance for scrap.

Example:
- A. Aluminum - size
- B. Rigid Galvanized - size
- C. Steel Intermediate (IMC) - size
- D. Rigid Steel, plastic coated 20 Mil - size
- E. Rigid Steel, plastic coated 40 Mil - size
- F. Electric Metallic Tubing (EMT) - size
- G. PVC Schedule 40 - size

Types (A) thru (E) listed above contain the following per 100 L.F.:
1. (11) Threaded couplings
2. (11) Beam type hangers
3. (2) Factory sweeps
4. (2) Fiber bushings
5. (4) Locknuts
6. (2) Field threaded pipe terminations
7. (2) Removal of concentric knockouts

Type (F) contains per 100 L.F.
1. (11) Set screw couplings
2. (11) Beam clamps
3. (2) Field bends on 1/2" and 3/4" diameter
4. (2) Factory sweeps for 1" and above
5. (2) Set screw steel connectors
6. (2) Removal of concentric knockouts

Type (G) contains per 100 L.F.
1. (11) Field cemented couplings
2. (34) Beam clamps
3. (2) Factory sweeps
4. (2) Adapters

5. (2) Locknuts
6. (2) Removal of concentric knockouts

Man-hours for all conduit to 15' include:
1. Unloading by hand
2. Hauling by hand to an area up to 200' from loading dock
3. Set up of rolling staging
4. Installation of conduit and fittings, as described in Conduit models (A) thru (G)

Not included in the material and labor are:
1. Staging rental or purchase
2. Structural Modifications
3. Wire
4. Junction boxes
5. Fittings in excess of those described in conduit models (A) thru (G)
6. Painting of conduit

FITTINGS 160-205, 250

Only those fittings listed above are included in the linear foot totals, although they should be listed separately from conduit lengths, without prices, to insure proper quantities for material procurement.

If the fittings required exceed the quantities included in the model conduit runs, then material and labor costs must be added to the difference.

> If actual needs per 100 L.F. of conduit are; (2) sweeps, (4) LB's and (1) field bend.
>
> Then, in this case (4) LB's and (1) field bend must be priced additionally.

HANGERS 160-320

It is sometimes desirable to substitute an alternate style of hanger if the support being used is not the type described in the conduit models.

Example: The 3/4" RGS conduit assumes that supports are beam type as defined on line 160-320-7960. The bare costs are:

160-		M +	L =	T	
320-7960		1.80	6.30	$8.10	Jay Clamp

To substitute an alternate support, such as a hang-on style with a 12" threaded rod and a concrete expansion shield, first add that assembly's component costs:

160-		M +	L =	T
320-7830	Hanger & Rod	1.15	1.39	2.54
050-				
520-0200	1/4" Expansion Shield	.51	1.96	2.47
515-0200	3/8" Drilled Hole	.09	2.79	2.88
515-1000	For Ceiling Inst.	—	1.12	1.12
Totals		1.75	7.26	$9.01

The difference in cost between the two types of supports is:

Hang-On	Jay Clamp	Increase/Each
$9.01	$8.10	$.91

Since the model assumes 11 supports per 100 L.F., the total increase would be:

11 × $.91 = $10.01 per CLF; or $.10 per L.F.

Another approach to hanger configurations would be to start with the conduit only as per section 160-210 and add all the supports and any other items as separate lines. This procedure is most useful if the project involves racking many runs of conduit on a single hanger, for instance a trapeze type hanger.

Example: Five (5) 2" RGS conduits, 50 L.F. each, are to be run on trapeze hangers from one pull box to another. The run includes one 90° bend.

First, list the hanger's components to create an assembly cost for each 2' wide trapeze.

		Q	M +	L =	T
160-					
320-3900	Channel	2 L.F.	4.50	5.74	10.24
320-4250	3/8" Spr. Nuts	2 EA.	1.52	4.02	5.54
320-3300	3/8" Washers	2 EA.	.14	—	.14
320-3050	3/8" Nuts	2 EA.	.19	—	.19
320-2600	3/8" Rod	2 L.F.	1.26	2.02	3.28
050-					
520-0400	3/8" Shields	2 EA.	1.80	4.14	5.94
515-0300	1/2" Hole	4 In.	.44	14.08	14.52
Trapeze Hgr. Totals:			9.85	30.00	$39.85

Next, list the components for the 50 ft. run, noting that 6 supports will be required.

		Q	M +	L =	T
160-					
210-0600	2" RGS	250 L.F.	780.00	775.00	1,555.00
205-2130	2" Elbows	5 EA.	59.25	83.75	143.00
250-1000	2" Locknuts	20 EA.	16.80	—	16.80
250-1250	2" Bushings	10 EA.	9.70	134.00	143.70
Assembly	2" Trap. HGR.	6 EA.	59.10	180.00	239.10
Total Installation:			924.85	1,172.75	$2,097.60

Job Conditions: Productivities are based on new construction to 15' high, using scaffolding in an unobstructed area. Material storage is assumed to be within 100' of work being performed.

Add to labor for elevated installations:

15' to 20' High	10%	30' to 35' High	30%
20' to 25' High	20%	35' to 40' High	35%
25' to 30' High	25%	Over 40' High	40%

Add these percentages to the L.F. labor cost, but not to fittings. Add these percentages only to quantities exceeding the different height levels, not the total conduit quantities.

Linear foot price for labor does not include penetrations in walls or floors, and must be added to the estimate. This section appears in Section 160-260.

| UNIT COST PROCEDURES | C9.3-110 | Conduit in Concrete |

CONDUIT IN CONCRETE SLAB 160-230

List conduit by quantity, size and type.

Example:

    A. Rigid galvanized steel + size
    B. P.V.C. + size

Rigid galvanized steel (A) contains per 100 L.F.:

1. (20) Ties to slab reinforcing
2. (11) Threaded steel couplings
3. (2) Factory sweeps
4. (2) Field threaded conduit terminations
5. (2) Fiber bushings + locknuts
6. (2) Removal of concentric knockouts

P.V.C. (B) contains per 100 L.F.:

1. (20) Ties to slab reinforcing
2. (11) Field cemented couplings
3. (2) Factory sweeps
4. (2) Adapters
5. (2) Removal of concentric knockouts

| UNIT COST PROCEDURES | C9.3-115 | Conduit in Trench |

CONDUIT IN TRENCH 160-240

Conduit in trench is galvanized steel and contains per 100 L.F.:

1. (11) Threaded couplings
2. (2) Factory sweeps
3. (2) Fiber bushings + (4) locknuts
4. (2) Fiber threaded conduit terminations
5. (2) Removal of concentric knockouts

Note:

Conduit in sections 160-230 and 160-240 do not include:

1. Floor cutting
2. Excavation or backfill
3. Grouting or patching

Conduit fittings in excess of those listed in the above Conduit models must be added. (Refer to C9.3-105 and C9.3-100 for Procedure example.)

UNIT COST PROCEDURES | C9.3-120 | Underfloor Duct

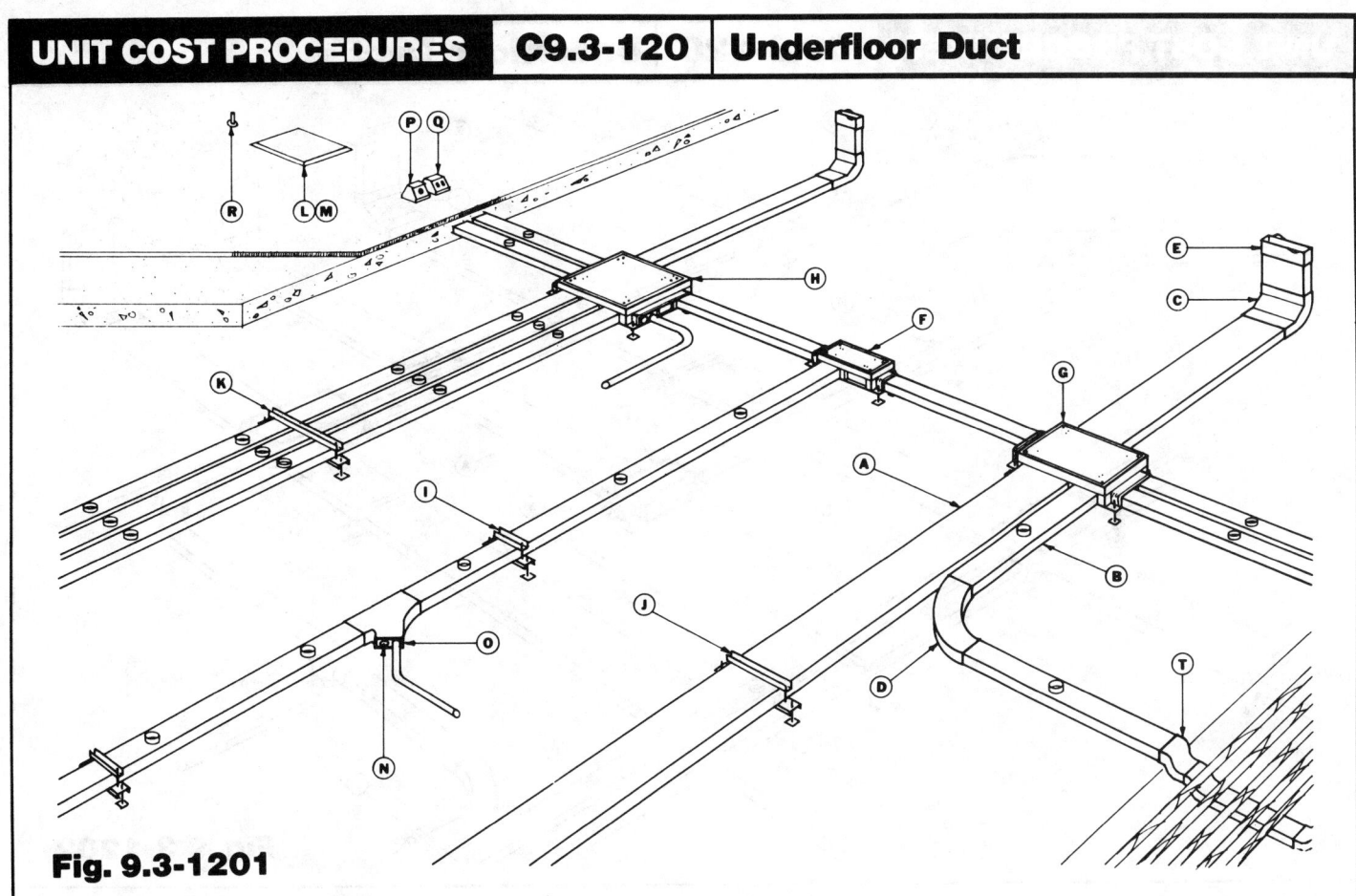

Fig. 9.3-1201

UNDERFLOOR DUCT 160-560

When pricing Underfloor Duct it is important to identify and list each component, since costs vary significantly from one type of fitting to another. Do not deduct boxes or fittings from linear foot totals; this will be your allowance for scrap.

The first step is to identify the system as either:

FIG. 9.3-1201 Single Level
FIG. 9.3-1202 Dual Level

Single Level System

Include on your "take-off sheet" the following unit price items, making sure to distinguish between Standard and Super duct:

- A. Feeder duct (blank) in L.F.
- B. Distribution duct (Inserts 2' on center) in L.F.
- C. Elbows (Vertical) Ea.
- D. Elbows (Horizontal) Ea.
- E. Cabinet connector Ea.
- F. Single duct junction box Ea.
- G. Double duct junction box Ea.
- H. Triple duct junction box Ea.
- I. Support, single cell Ea.
- J. Support, double cell Ea.
- K. Support, triple cell Ea.
- L. Carpet pan Ea.
- M. Terrazzo pan Ea.
- N. Insert to conduit adapter Ea.
- O. Conduit adapter Ea.
- P. Low tension outlet Ea.
- Q. High tension outlet Ea.
- R. Galvanized nipple Ea.
- S. Wire per C.L.F.
- T. Offset (Duct type) Ea.

**Dual Level System + Labor
see next page**

(continued)

UNIT COST PROCEDURES — C9.3-120 — Underfloor Duct

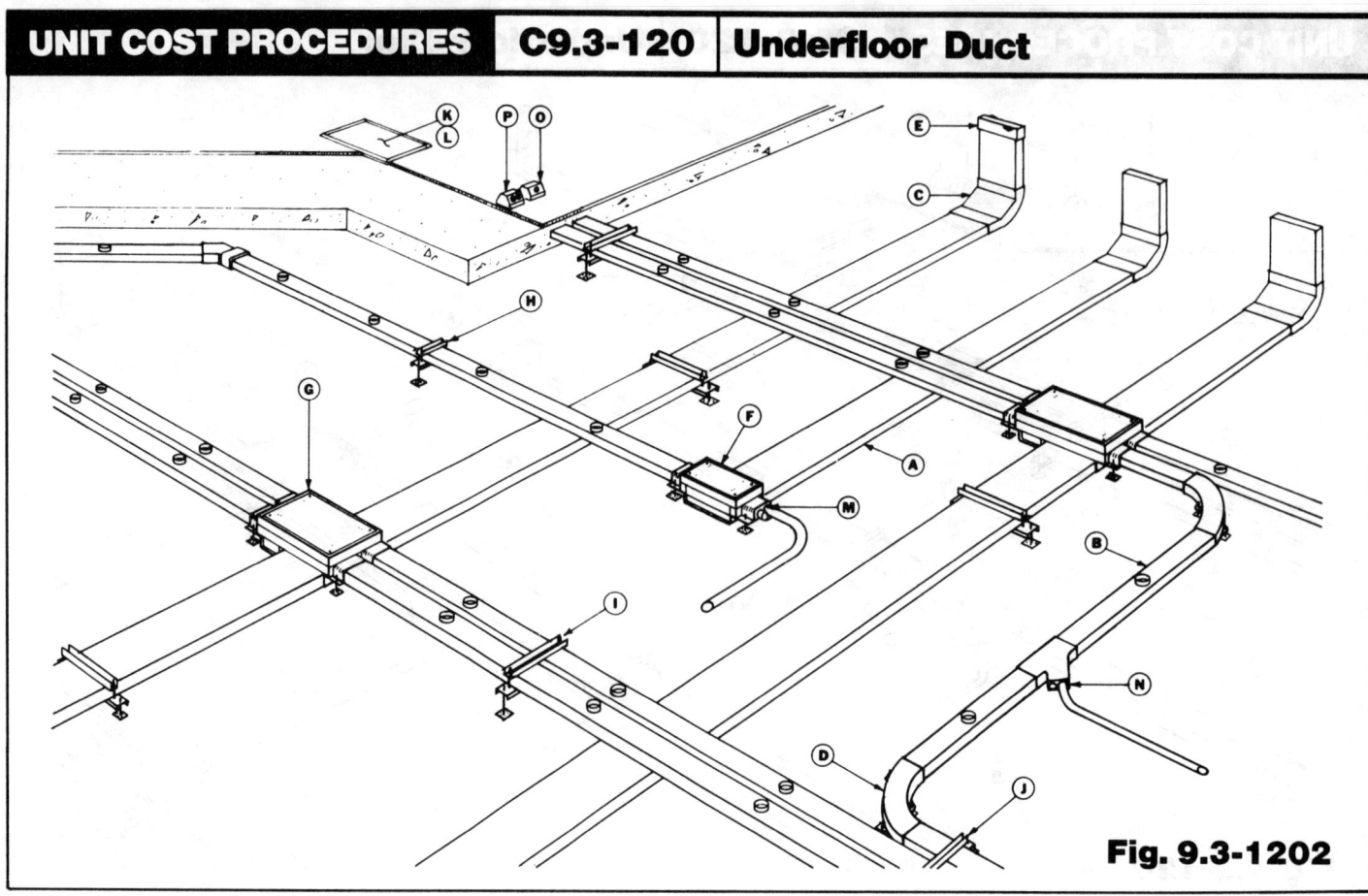

Fig. 9.3-1202

Dual Level

Include the following when "taking-off" Dual Level systems: Distinguish between Standard and Super duct.

- A. Feeder duct (blank) in L.F.
- B. Distribution duct (Inserts 2′ on center) in L.F.
- C. Elbows (Vertical) Ea.
- D. Elbows (Horizontal) Ea.
- E. Cabinet connector Ea.
- F. Single duct, 2 level, junction box Ea.
- G. Double duct, 2 level, junction box Ea.
- H. Support, single cell Ea.
- I. Support, double cell Ea.
- J. Support, triple cell Ea.
- K. Carpet pan Ea.
- L. Terrazzo pan Ea.
- M. Insert to conduit adapter Ea.
- N. Conduit adapter Ea.
- O. Low tension outlet Ea.
- P. High tension outlet Ea.
- Q. Wire per C.L.F.

Note: Make sure to include risers in linear foot totals. High tension outlets include box, receptacle, covers and related mounting hardware.

Man-hours for both Single and Dual Level systems include:
1. Unloading and uncrating
2. Hauling up to 200′ from loading dock
3. Measuring and marking
4. Setting raceway and fittings in slab or on grade
5. Leveling raceway and fittings

Man-hours do not include:
1. Floor cutting
2. Excavation or backfill
3. Concrete pour
4. Grouting or patching
5. Wire or wire pulls
6. Additional outlets after concrete is poured
7. Piping to or from Underfloor Duct

Note: Installation is based on installing up to 150′ of duct. If quantities exceed this deduct the following percentages:

1. 150′ to 250′ -10%
2. 250′ to 350′ -15%
3. 350′ to 500′ -20%
4. over 500′ -25%

Deduct these percentages from labor only.
Deduct these percentages from straight sections only.
Do not deduct from fittings or junction boxes.

JOB CONDITIONS: productivity is based on new construction. Underfloor duct to be installed on first three floors.

Material staging area within 100′ of work being performed. Area unobstructed and duct not subject to physical damage.

UNIT COST PROCEDURES — C9.3-125 — Wireway

WIREWAY 160-150

When "taking-off" Wireway, list by size and type.

Example:

1. Screw cover, unflanged + size
2. Screw cover, flanged + size
3. Hinged cover, flanged + size
4. Hinged cover, unflanged + size

Each 10' length on Wireway contains:

1. 10' of cover either screw or hinged type
2. (1) Coupling or flange gasket
3. (1) Wall type mount

All fittings must be priced separately.

Substitution of hanger types is done the same as described in C9.3-105, "HANGERS 160-500", keeping in mind that the wireway model is based on 10' sections instead of a 100' conduit run.

Man-hours for wireway include:

1. Unloading by hand
2. Hauling by hand up to 100' from loading dock
3. Measuring and marking
4. Mounting wall bracket using (2) anchor type lead fasteners
5. Installing wireway on brackets, to 15' high (For higher elevations use factors in C9.3-105.)

Job Conditions: Productivity is based on new construction, to a height of 15' using rolling staging in an unobstructed area.

Material staging area is assumed to be within 100' of work being performed. For other heights see 160-205.

UNIT COST PROCEDURES — C9.3-128 — Undercarpet Systems

UNDERCARPET SYSTEMS 161-160

Take-off Procedure for Power Systems: List components for each fitting type, tap, splice, and bend on your quantity take-off sheet. Each component must be priced separately.

Start at the power supply transition fittings and survey each circuit for the components needed. List the quantities of each component under a specific circuit number. Use the floor plan layout scale to get cable footage.

Reading across the list, combine the totals of each component in each circuit and list the total quantity in the last column.

Calculate approximately 5% for scrap for items such as cable, top shield, tape, and spray adhesive. Also provide for final variations that may occur on-site.

Suggested guidelines are:

1. Equal amounts of cable and top shield should be priced
2. For each roll of cable, price a set of cable splices
3. For every 1 ft. of cable, price 2-1/2 ft. of hold-down tape
4. For every 3 rolls of hold-down tape, price 1 can of spray adhesive

Adjust final figures wherever possible to accommodate standard packaging of the product. This information is available from the distributor.

Each transition fitting requires:

1. 1 base
2. 1 cover
3. 1 transition block

Each floor fitting requires:

1. 1 frame/base kit
2. 1 transition block
3. 2 covers (duplex/blank)

Each tap requires:

1. 1 tap connector for each conductor
2. 1 pair insulating patches
3. 2 top shield connectors

Each splice requires:

1. 1 splice connector for each conductor
2. 1 pair insulating patches
3. 3 top shield connectors

Each cable bend requires:

1. 2 top shield connectors

Each cable dead end (outside of transition block) requires:

1. 1 pair insulating patches

Labor does not include:

1. Patching or leveling uneven floors.
2. Filling in holes or removing projections from concrete slabs.
3. Sealing porous floors.
4. Sweeping and vacuuming floors.
5. Removal of existing carpeting.
6. Carpet square cut-outs.
7. Installation of carpet squares.

Take-off Procedures for Telephone Systems: After reviewing floor plans identify each transition. Number or letter each cable run from that fitting.

Start at the transition fitting and survey each circuit for the components needed. List the cable type, terminations, cable length, and floor fitting type under the specific circuit number. Use the floor plan layout scale to get the cable footage. Add some extra length (next higher increment of 5 feet) to preconnectorized cable.

Transition fittings require:

1. 1 base plate
2. 1 cover
3. 1 transition block

Floor fittings require:

1. 1 frame/base kit
2. 2 covers
3. Modular jacks

Reading across the list, combine the list of components in each circuit and list the total quantity in the last column.

Calculate the necessary scrap factors for such items as tape, bottom shield and spray adhesive. Also provide for final variations that may occur on-site.

Adjust final figures whenever possible to accommodate standard packaging. Check that items such as transition fittings, floor boxes, and floor fittings that are to utilize both power and telephone have been priced as combination fittings, so as to avoid duplication.

Make sure to include marking of floors and drilling of fasteners if fittings specified are not the adhesive type.

Labor does not include:

1. Conduit or raceways before transition of floor boxes
2. Telephone cable before transition boxes
3. Terminations before transition boxes
4. Floor preparation as described in power section

Be sure to include all cable folds when pricing labor.

UNIT COST PROCEDURES — C9.3-128 — Undercarpet Systems

UNDERCARPET SYSTEMS (Cont.)

Take-off Procedure for Data Systems: Start at the transition fittings and take-off quantities in the same manner as the telephone system, keeping in mind that data cable does not require top or bottom shields.

The data cable is simply cross-taped on the cable run to the floor fitting.

Data cable can be purchased in either bulk form in which case coaxial connector material and labor must be priced, or in preconnectorized cut lengths.

Data cable cannot be folded and must be notched at 1 inch intervals. A count of all turns must be added to the labor portion of the estimate. (Note: Some manufacturers have pre-notched cable.)

Notching required.
1. 90 degree turn requires 8 notches per side.
2. 180 degree turn requires 16 notches per side.

Floor boxes, transition boxes, and fittings are the same as described in the power and telephone procedures.

Since undercarpet systems require special hand tools, be sure to include this cost in proportion to number of crews involved in the installation.

Job Conditions: Productivity is based on new construction in an unobstructed area. Staging area is assumed to be within 200' of work being performed.

UNIT COST PROCEDURES — C9.3-130 — Wire

WIRE 161-165

Wire quantities are taken off by either measuring each cable run or by extending the conduit and raceway quantities times the number of conductors in the raceway. Ten percent should be added for waste and tie-ins. Keep in mind that the unit of measure of wire is C.L.F. not L.F. as in raceways so the formula would read:

$$\frac{\text{(L.F. Raceway} \times \text{No. of Conductors)} \times 1.10}{100} = \text{C.L.F.}$$

Price per C.L.F. of wire includes:
1. Set up wire coils or spools on racks
2. Attaching wire to pull in means
3. Measuring and cutting wire
4. Pulling wire into a raceway
5. Identifying and tagging

Price does not include:
1. Connections to breakers, panelboards or equipment
2. Splices

Job Conditions: Productivity is based on new construction to a height of 15' using rolling staging in a unobstructed area. Material staging is assumed to be within 100' of work being performed.

Economy of Scale: If more than two wires at a time is being pulled, deduct the following percentages from the labor of that grouping:

4–5 wires	25%
6-10 wires	30%
11-15 wires	35%
over 15	40%

If a wire pull is less than 100' in length and is interrupted several times by boxes, lighting outlets, etc., it may be necessary to add the following lengths to each wire being pulled:

Junction box to junction box	2 L.F.
Lighting panel to junction box	6 L.F.
Distribution panel to sub panel	8 L.F.
Switchboard to distribution panel	12 L.F.
Switchboard to motor control center	20 L.F.
Switchboard to cable tray	40 L.F.

Measure of Drops and Riser: It is important when taking off wire quantities to include the wire for drops to electrical equipment. If heights of electrical equipment are not clearly stated, use the following guide:

	Bottom A.F.F.	Top A.F.F.	Inside Cabinet
Safety switch to 100A	5'	6'	2'
Safety switch 400 to 600A	4'	6'	3'
100A panel 12 to 30 circuit	4'	6'	3'
42 circuit panel	3'	6'	4'
Switch box	3'	3'6"	1'
Switchgear	0'	8'	8'
Motor control centers	0'	8'	8'
Transformers - wall mount	4'	8'	2'
Transformers - floor mount	0'	12'	4'

UNIT COST PROCEDURES — C9.3-135 — Armored Cable

Armored Cable - Quantities are taken off in the same manner as wire.

Bx Type Cable - Productivities are based on an average run of 50' before terminating at a box fixture etc. Each 50' section includes field preparation of (2) ends with hacksaw, identification and tagging of wire. Set up is open coil type without reels attaching cable to snake and pulling across a suspended ceiling or open face wood or steel studding, price does not include drilling of studs.

Cable in Tray - Productivities are based on an average run of 100' L.F. with set up of pulling equipment for (2) 90 degree bends, attaching cable to pull-in means, identification and tagging of wires, set up of reels. Wire termination to breakers equipment etc., are not included.

Job Conditions - Productivities are based on new construction to a height of 15' using rolling staging in an unobstructed area. Material staging is assumed to be within a 100' of work being performed.

| UNIT COST PROCEDURES | C9.3-140 | Ground Rods |

GROUNDING 161-810

Grounding - When taking off grounding systems, identify separately the type and size of wire.

Example:

> Bare copper & size
> Bare aluminum & size
> Insulated copper & size
> Insulated aluminum & size

Count the number of ground rods and their size.

Example:

1. 8' foot rod - ⅝" dia.   20 Ea.
2. 10' foot rod - ⅝" dia.   12 Ea.
3. 15' foot rod - ¾" dia.   4 Ea.

Count the number of connections; the size of the largest wire will determine the productivity.

Example:

> Braze a #2 wire to a #4/0 cable
> The 4/0 cable will determine the M.H. and cost to be used.

Include individual connections to:

1. Ground rods
2. Building steel
3. Equipment
4. Raceways

Price does not include:

1. Excavation
2. Backfill
3. Sleeves or raceways used to protect grounding wires
4. Wall penetrations
5. Floor cutting
6. Core drilling

Job Conditions: Productivity is based on a ground floor area, using cable reels in an unobstructed area. Material staging area assumed to be within 100' of work being performed.

| UNIT COST PROCEDURES | C9.3-145 | Boxes |

PULL BOXES & CABINETS 162-130

List cabinets and pull boxes by NEMA type and size.

Example:

	TYPE	SIZE
	NEMA 1	6"W x 6"H x 4"D
	NEMA 3R	6"W x 6"H x 4"D

Man-hours for wall mount (indoor or outdoor) installations include:

1. Unloading and uncrating
2. Handling of enclosures up to 200' from loading dock using a dolly or pipe rollers
3. Measuring and marking
4. Drilling (4) anchor type lead fasteners using a hammer drill
5. Mounting and leveling boxes

Note: A plywood backboard is not included.

Man-hours for ceiling mounting include:

1. Unloading and uncrating
2. Handling boxes up to 100' from loading dock
3. Measuring and marking
4. Drilling (4) anchor type lead fasteners using a hammer drill
5. Installing and leveling boxes to a height of 15' using rolling staging

Man-hours for free standing cabinets include:

1. Unloading and uncrating
2. Handling of cabinets up to 200' from loading dock using a dolly or pipe rollers
3. Marking of floor
4. Drilling (4) anchor type lead fasteners using a hammer drill
5. Leveling and shimming

Man-hours for telephone cabinets include:

1. Unloading and uncrating
2. Handling cabinets up to 200' using a dolly or pipe rollers
3. Measuring and marking
4. Mounting and leveling, using (4) lead anchor type fasteners

---

| UNIT COST PROCEDURES | C9.3-150 | Outlet Boxes |

OUTLET BOXES 162-110

Outlet boxes should be included on the same take off sheet as branch piping or devices to better explain what is included in each circuit.

Each unit price in this section is a stand alone item and contains no other component unless specified, for example: to estimate a duplex outlet, components must be added

1. 4 in. square box
2. 4 in. plaster ring
3. Duplex receptacle from Div. 162-320
4. Device cover

The method of mounting outlet boxes is (2) plastic shield fasteners.

Outlet boxes plastic, man-hours include:

1. Marking box location on wood studding
2. Mounting box

Economy of Scale - for large concentrations of plastic boxes in the same area deduct the following percentages from man-hour totals:

1	to	10	0%
11	to	25	20%
26	to	50	25%
51	to	100	30%
over		100	35%

Note: It is important to understand that these percentages are not used on the total job quantities, but only areas where concentrations exceed the levels specified.

| UNIT COST PROCEDURES | C9.3-160 | Wiring Devices |

WIRING DEVICES 162-300

Wiring devices should be priced on a separate take-off form which includes boxes, covers, conduit and wire.

Man-hours for devices include:

1. Stripping of wire
2. Attaching wire to device using terminators on the device itself, lugs, set screws etc.
3. Mounting of device in box

Man-hours do not include:

1. Conduit
2. Wire
3. Boxes
4. Plates

Economy of Scale - for large concentrations of devices in the same area deduct the following percentages from man-hours:

1	to	10	0%
11	to	25	20%
26	to	50	25%
51	to	100	30%
	over	100	35%

| UNIT COST PROCEDURES | C9.3-170 | Load Centers |

LOAD CENTERS and PANELBOARDS 163-230, 245, & 250

When pricing Load Centers list panels by size and type. List Breakers in a separate column of the "Quantity Sheet," and define by phase and ampere rating.

Material and Labor prices include breakers; for example: A 100 Amp. 3-wire, 120/240V, 18 circuit panel w/main breaker as described in 163-230-3900 in the unit cost file contains 18 single pole 20A breakers.

If you do not choose to include a full panel of single pole breakers, use the following method to adjust material and labor costs.

Example: In a 18 circuit panel only 16 single pole breakers are required.

  18 breakers included
  16 breakers needed
   2 breakers need to be adjusted

In order to adjust the (2) single pole breakers not required, go to the unit price section of this book which in this example is 163-530, and price the unit cost of a 20A single pole breaker.

Example:

  163-250-2000 1 pole breaker = $ 6.50 for material
                                $16.75 for labor
                                $23.25 total material and labor

Take the material price of the breaker and multiply by .50.

  $6.50 x .50 = $3.25

Take the labor price and multiply by .60.

  $16.75 x .60 = $10.05

The adjustment per breaker will be $3.25 for material and $10.05 for labor.

Take the adjusted material and labor costs and multiply by the number of breakers not required, in this case (2).

Example:

  $ 3.25 x 2 = $ 6.50 Material
  $10.05 x 2 = $20.10 Labor
               $26.60 To be deducted from cost of panel

The adjusted material and labor cost of the panel will be:

MATERIAL	LABOR	TOTAL	
$205.00	$250.00	$455.00	
- $6.50	- $20.10	- $26.60	
$198.50	$229.90	$428.40	Adjusted Load Center

Man-hours for Load Center installation includes:

1. Unloading, uncrating and handling enclosures 200' from loading area.
2. Measuring and marking
3. Drilling (4) lead anchor type fasteners using a hammer drill
4. Mounting and leveling panel to a height of 6'
5. Preparation and termination of feeder cable to lugs or main breaker
6. Branch circuit identification
7. Lacing using tie wraps
8. Testing and load balancing
9. Marking panel directory

Not included in the material and labor cost are:

1. Modifications to enclosure
2. Structural supports
3. Additional lugs
4. Plywood backboards
5. Painting or lettering

Note: Knockouts are included in the price of terminating pipe runs and need not be added to the Load Center costs.

Job Conditions: Productivity is based on new construction to a height of 6', in an unobstructed area. Material staging area is assumed to be within 100' of work being performed.

UNIT COST PROCEDURES — C9.3-160 — Wiring Device Configurations

NEMA No.	15 R	20 R	30 R	50 R	60 R
1 125V 2 Pole, 2 Wire	◯				
2 250V 2 Pole, 2 Wire		◯	◯		
5 125V 2 Pole, 3 Wire	◯	◯	◯	◯	
6 250V 2 Pole, 3 Wire	◯	◯	◯	◯	
7 277V, AC 2 Pole, 3 Wire	◯	◯	◯	◯	
10 125/250V 3 Pole, 3 Wire		◯	◯	◯	
11 3 Phase 250V 3 Pole, 3 Wire	◯	◯	◯	◯	
14 125/250V 3 Pole, 4 Wire	◯	◯	◯	◯	◯
15 3 Phase 250V 3 Pole, 4 Wire	◯	◯	◯	◯	◯
18 3 Phase 208Y/120V 4 Pole, 4 Wire	◯	◯	◯	◯	◯

UNIT COST PROCEDURES — C9.3-160 — Wiring Device Configurations

NEMA No.	15 R	20 R	30 R	NEMA No.	15 R	20 R	30 R
L 1 125V 2 Pole, 2 Wire	⊙			**L 13** 3 Phase 600V 3 Pole, 3 Wire			⊙
L 2 250V 2 Pole, 2 Wire		⊙ 15A		**L 14** 125/250V 3 Pole, 4 Wire		⊙	⊙
L 5 125V 2 Pole, 3 Wire	⊙	⊙	⊙	**L 15** 3 Phase 250V 3 Pole, 4 Wire		⊙	⊙
L 6 250V 2 Pole, 3 Wire	⊙	⊙	⊙	**L 16** 3 Phase 480V 3 Pole, 4 Wire		⊙	⊙
L 7 277V, AC 2 Pole, 3 Wire	⊙	⊙	⊙	**L 17** 3 Phase 600 V 3 Pole, 4 Wire			⊙
L 8 480V 2 Pole, 3 Wire		⊙	⊙	**L 18** 3 Phase 208Y/120V 4 Pole, 4 Wire		⊙	⊙
L 9 600V 2 Pole, 3 Wire		⊙	⊙	**L 19** 3 Phase 480Y/277V 4 Pole, 4 Wire		⊙	⊙
L 10 125/250V 3 Pole, 3 Wire		⊙	⊙	**L 20** 3 Phase 600Y/347V 4 Pole, 4 Wire		⊙	⊙
L 11 3 Phase 250V 3 Pole, 3 Wire		⊙	⊙	**L 21** 3 Phase 208Y/120V 4 Pole, 5 Wire		⊙	⊙
L 12 3 Phase 480V 3 Pole, 3 Wire		⊙	⊙	**L 22** 3 Phase 480Y/277V 4 Pole, 5 Wire		⊙	⊙
				L 23 3 Phase 600Y/347V 4 Pole, 5 Wire		⊙	⊙

UNIT COST PROCEDURES — C9.3-172 — Motor Control Centers

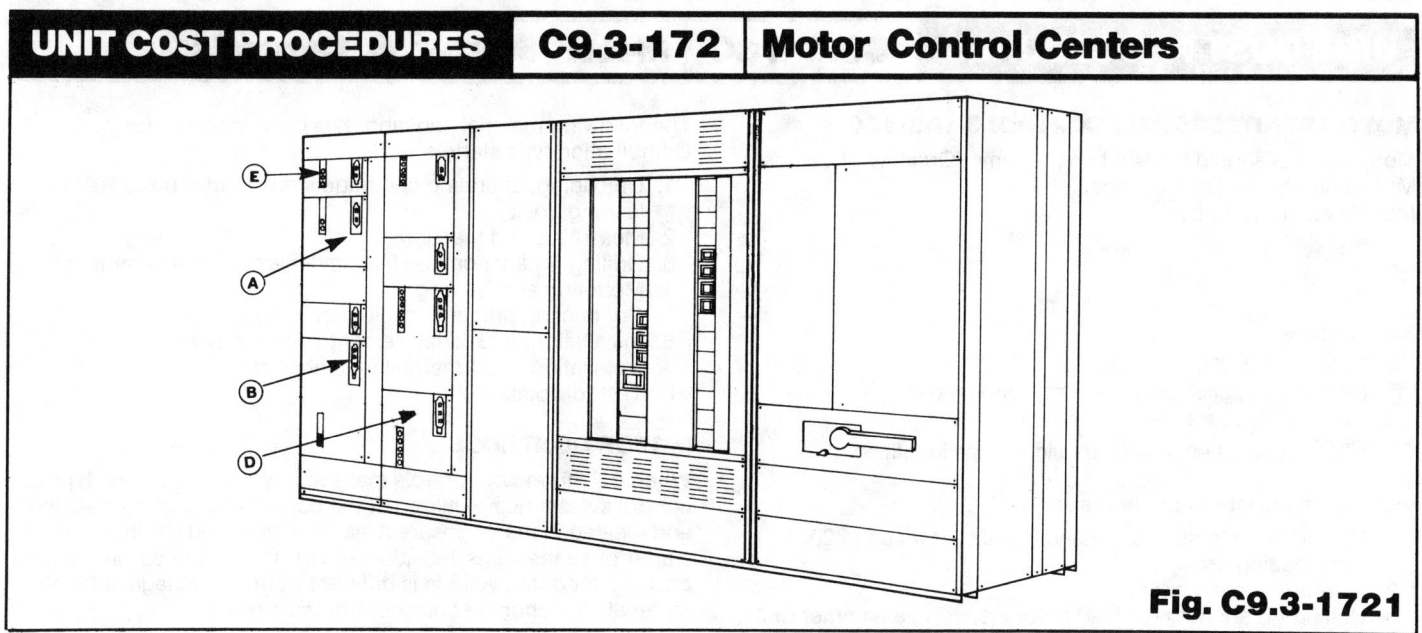

Fig. C9.3-1721

MOTOR CONTROL CENTERS 163-110

When taking off Motor Control Centers, list the size, type and height of structures.

Example:
1. 300A, 22,000 RMS, 72" high
2. 300A, back to back, 72" high

Next take off individual starters, the number of structures can also be determined by adding the height in inches of starters divided by the height of the structure, and list on the same quantity sheet as the structures. Identify starters by Type, Horsepower rating, Size and Height in inches.

Example: A. Class I, Type B, FVNR starter, 25 H.P., 18" high. Add to the list with Starters, factory installed controls.

Example: B. Pilot lights
C. Push buttons
D. Auxiliary contacts

Identify starters and structures as either copper or aluminum and by the NEMA type of enclosure.

When pricing starters and structures, be sure to add or deduct adjustments, using lines 163-110-1100 thru 163-110-1900 in the unit price section.

Included in the cost of Motor Control Structures are:

1. Uncrating
2. Hauling to location within 100' of loading dock
3. Setting structures
4. Leveling
5. Aligning
6. Bolting together structure frames
7. Bolting horizontal bus bars

Man-hours do not include:

1. Equipment pad
2. Steel channels embedded or grouted in concrete
3. Pull boxes
4. Special knockouts
5. Main switchboard section
6. Transition section
7. Instrumentation
8. External control wiring
9. Conduit or wire

Material for Starters includes:

1. Circuit breaker or fused disconnect
2. Magnetic motor starter
3. Control transformer
4. Control fuse and fuse block

Man-hours for Starters include:

1. Handling
2. Installing starter within structure
3. Internal wiring connections
4. Lacing within enclosure
5. Testing
6. Phasing

Job Conditions: Productivity is based on new construction. Motor control location assumed to be on first floor in an unobstructed area.
Material staging area within 100' of final location.

Note: Additional man-hours must be added if M.C.C. is to be installed on other than the first floor, or if rigging is required.

UNIT COST PROCEDURES — C9.3-175 — Motor Connections

MOTOR CONNECTIONS 163-520

Motor connections should be listed by size and type of motor. Included in the material and labor cost is:

1. (2) Flex connectors
2. 18" of flexible metallic wireway
3. Wire identification and termination
4. Test for rotation
5. (2) or (3) Conductors

Price does not include:

1. Mounting of motor
2. Disconnect Switch
3. Motor Starter
4. Controls
5. Conduit or wire ahead of flex

Note: When "Taking off" Motor connections, it is advisable to list connections on the same quantity sheet as Motors, Motor Starters and controls.

UNIT COST PROCEDURES — C9.3-180 — Motor Starter & Controls

MOTOR STARTERS AND CONTROLS 163-130

Motor starters should be listed on the same "Quantity Sheet" as Motors and Motor Connections.

Identify each starter by:

1. Size
2. Voltage
3. Type

Example:

A. FVNR, 480V, 2HP, Size 00
B. FVNR, 480V, 5HP, Size 0, Combination type
C. FVR, 480V, Size 2

The NEMA type of enclosure should also be identified.

Included in the labor man-hours are:

1. Unloading, uncrating and handling of starters up to 200' from loading area
2. Measuring and marking
3. Drilling (4) anchor type lead fasteners, using a hammer drill
4. Mounting and leveling starter
5. Connecting wire or cable to line and load sides of starter (when already lugged)
6. Installation of (3) thermal type heaters
7. Testing

The following is not included unless specified in the unit price description.

1. Control transformer
2. Controls, either factory or field installed
3. Conduit and wire to or from starter
4. Plywood backboard
5. Cable terminations

The following material and labor has been included for Combination type starters.

1. Unloading, uncrating and handling of starter up to 200' of loading dock
2. Measuring and marking
3. Drilling (4) anchor type lead fasteners using a hammer drill
4. Mounting and leveling
5. Connecting prepared cable conductors
6. Installation of (3) dual element cartridge type fuses
7. Installation of (3) thermal type heaters
8. Test for rotation

MOTOR CONTROLS

When pricing motor controls make sure you consider the type of control system being utilized. If the controls are factory installed and located in the enclosure itself, then you would add to your starter price the items 163-130-5200 thru 163-130-5800 in the unit cost file. If control voltage is different from line voltage, add the material and labor cost of a control transformer.

For external control of starters include the following items:

1. Raceways
2. Wire & terminations
3. Control enclosures
4. Fittings
5. Push button stations
6. Indicators

Job Conditions: Productivity is based on new construction to a height of 10'.

Material staging area is assumed to be within 100' of work being performed.

UNIT COST PROCEDURES — C9.3-190 — Safety Switches

SAFETY SWITCHES 163-360

List each Safety Switch by type, ampere rating, voltage, single or three phase, fused or nonfused.

Example:

A. General duty, 240V, 3-pole, fused
B. Heavy Duty, 600V, 3-pole, nonfused
C. Heavy Duty, 240V, 2-pole, fused
D. Heavy Duty, 600V, 3-pole, fused

Also include NEMA enclosure type and identify as:

1. Indoor
2. Weatherproof
3. Explosionproof

Installation of Safety Switches includes:

1. Unloading and uncrating
2. Handling disconnects up to 200' from loading dock
3. Measuring and marking location
4. Drilling (4) anchor type lead fasteners, using a hammer drill
5. Mounting and leveling Safety Switch
6. Installing (3) fuses
7. Phasing and tagging line and load wires

Price does not include:

1. Modifications to enclosure
2. Plywood backboard
3. Conduit or wire
4. Fuses
5. Termination of wires

Job Conditions: Productivities are based on new construction to an installed height of 6' above finished floor.

Material staging area is assumed to be within 100' of work in progress.

UNIT COST PROCEDURES — C9.3-195 Switchgear

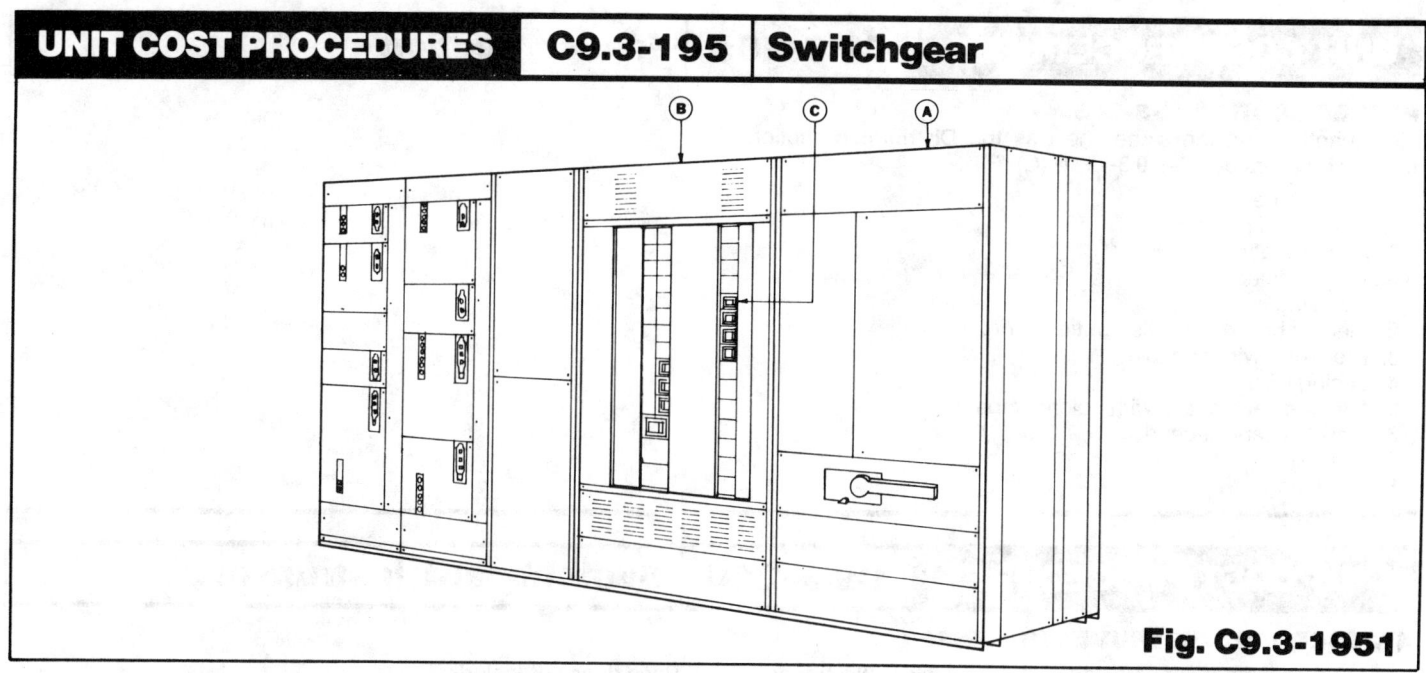

Fig. C9.3-1951

SWITCH GEAR 163-260, -262, -264, -266, -268

It is recommended that "Switchgear" or those items contained in the following sections be quoted from equipment manufacturers as a package price.

    163-260 Switchboards (Service Disc.)
    163-262 Switchboard (In-plant Dist.)
    163-264 Distribution sections
    163-266 Feeder sections
    163-268 Switchboard instruments

Included in these sections are the most common types and sizes of factory assembled equipment.

The recommended procedure for low voltage switchgear would be to price (Fig. C9.3-1951) (A) Main Switchboard Div. 163-260 or 262.
Identify by:

1. Voltage
2. Amperage
3. Type

Example:

1. 120/208V, 4-wire, 600A, nonfused
2. 277/480V, 4-wire, 600A, nonfused
3. 120/208V, 4-wire, 400A w/fused switch & CT compartment
4. 277/480V, 4-wire, 400A, w/fused switch & CT compartment
5. 120/208V, 4-wire, 800A, w/pressure switch & CT compartment
6. 277/480V, 4-wire, 800A, w/molded CB & CT compartment

Included in the labor costs for Switchboards are:

1. Uncrating
2. Hauling to 200' of loading dock
3. Setting equipment
4. Leveling and shimming
5. Anchoring
6. Cable identification
7. Testing of equipment

Not included in the Switchboard price is:

1. Rigging
2. Equipment pads
3. Steel channels embedded or grouted in concrete
4. Special knockouts
5. Transition or Auxiliary sections
6. Instrumentation
7. External control
8. Conduit and wire
9. Conductor terminations

UNIT COST PROCEDURES — C9.3-200 Distribution Section

DISTRIBUTION SECTION

After "Taking off" the Switchboard section, include on the same "Quantity sheet" the Distribution section; identify by:

1. Voltage
2. Ampere rating
3. Type

Example:
(Fig. C9.3-1951) (B) Distribution Section
Included in the labor costs of the Distribution section is:

1. Uncrating
2. Hauling to 200' of loading dock
3. Setting of distribution panel
4. Leveling & shimming
5. Anchoring of equipment to pad or floor
6. Bolting of horizontal bus bars between
7. Testing of equipment

Not included in the Distribution section is:

1. Breakers (c)
2. Equipment pads
3. Steel channels embedded or grouted in concrete
4. Pull boxes
5. Special knockouts
6. Transition section
7. Conduit or wire

UNIT COST PROCEDURES — C9.3-205 — Feeder Section

FEEDER SECTION 163-266
List quantities on the same sheet as the Distribution section.
Identify breakers by: (Fig. 9.3-1951) (C)

1. Frame type
2. Number of poles
3. Ampere rating

Installation includes:

1. Handling
2. Placing breakers in Distribution panel
3. Preparing wire or cable
4. Lacing wire
5. Marking each phase with colored tape
6. Marking panel legend
7. Testing
8. Balancing

UNIT COST PROCEDURES — C9.3-210 — Switchboard Instruments

SWITCHBOARD INSTRUMENTS 163-268

Switchboard instruments are added to the price of Switchboards according to job specifications. This equipment is usually included when ordering "Gear" from the manufacturer and will arrive factory installed.

Included in the labor cost is:

1. Internal wiring connections
2. Wire identification
3. Wire tagging

Transition sections include:

1. Uncrating
2. Hauling sections up to 100′ from loading dock
3. Positioning sections
4. Leveling sections
5. Bolting enclosures
6. Bolting vertical bus bars

Price does not include:

1. Equipment pads
2. Steel channels embedded or grouted in concrete
3. Special knockouts
4. Rigging

Job Conditions: Productivity is based on new construction, equipment to be installed on the first floor within 200′ of the loading dock.

UNIT COST PROCEDURES — C9.3-215 — Transformers

OIL FILLED TRANSFORMERS 164-160

Transformers in this section include:

1. Rigging (as required)
2. Rental of crane and operator
3. Setting of oil filled transformer
4. (4) Anchor bolts, nuts and washers in concrete pad

Price does not include:

1. Primary and secondary terminations
2. Transformer pad
3. Equipment grounding
4. Cable
5. Conduit locknuts or bushings

DRY TYPE TRANSFORMERS 164-120
BUCK-BOOST TRANSFORMERS 164-110
ISOLATING TRANSFORMERS 164-310

Transformers in these sections include:

1. Unloading and uncrating
2. Hauling transformer to within 200′ of loading dock
3. Setting in place
4. Wall mounting hardware
5. Testing

Price does not include:

1. Structural supports
2. Suspension systems
3. Welding or fabrication
4. Primary & secondary terminations

Add the following percentages to the labor for ceiling mounted transformers:

    10′ to 15′ = + 15%
    15′ to 25′ = + 30%
    Over 25′ = + 35%

Job Conditions: Productivities are based on new construction. Installation is assumed to be on the first floor, in an obstructed area to a height of 10′. Material staging area is within 100′ of final transformer location.

UNIT COST PROCEDURES — C9.3-235 — Aluminum Bus Duct

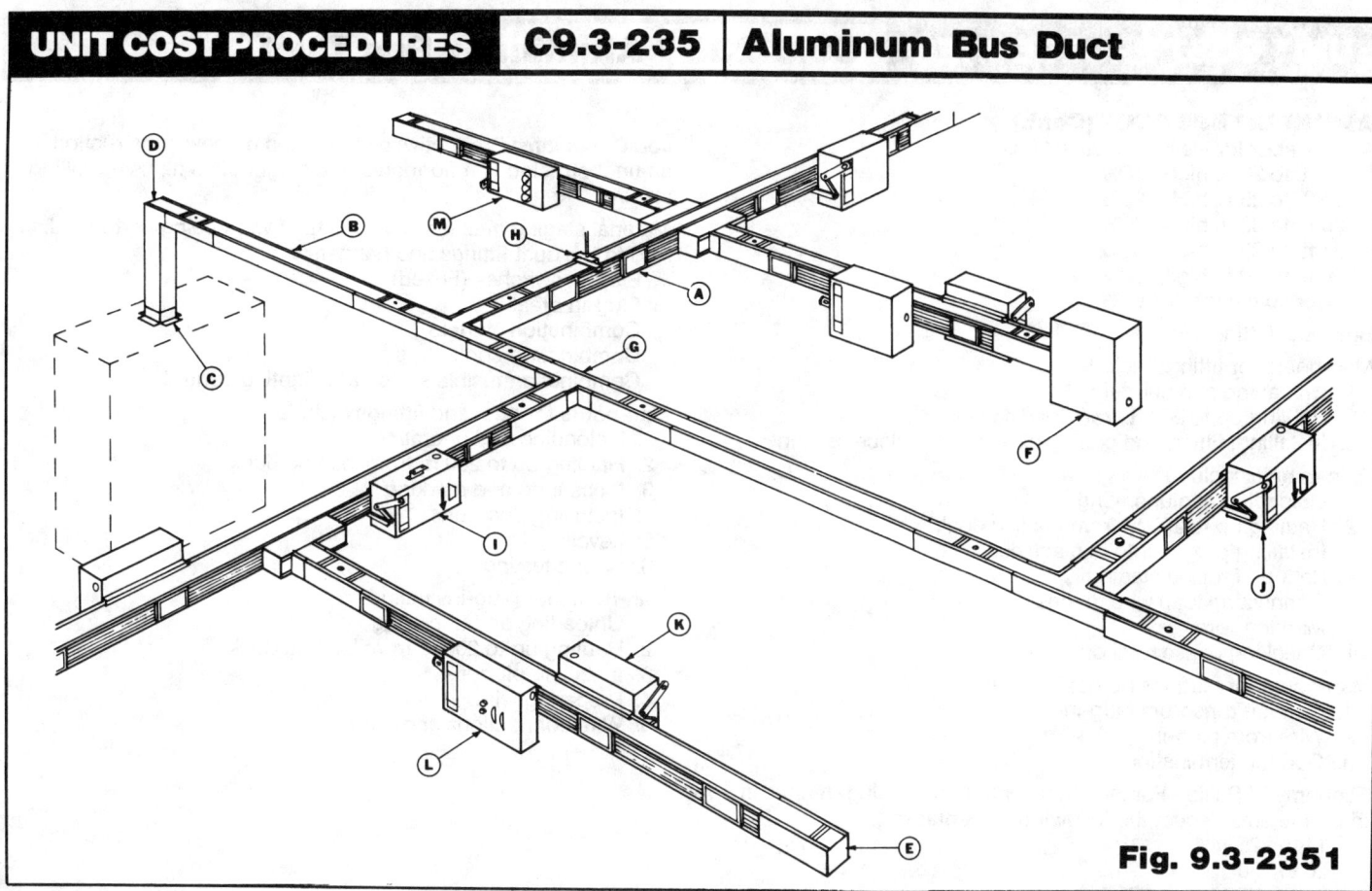

Fig. 9.3-2351

BUS DUCT 164-210, -215, -225, -230

When taking off bus duct identify the system as either:

1. Aluminum (164-210)
2. Copper (164-220 and 164-230)

List straight lengths by type and size (Fig. 9.3-2351)

A. Plug-in - 800AMP
B. Feeder - 800AMP

Do not measure thru fittings as you would on conduit, since there is no such thing as allowance for scrap in bus duct systems.

If upon taking off linear foot quantities of bus duct you find your quantities are not divisible by 10 ft., then the remainder must be priced as a special item and quoted from the manufacturer. Do not use the linear foot cost of material for these items, but you can use the total cost for L.F. labor.

Example: | **Quantity**
800A Feeder Bus (Alum.) | 52 ft.
52 ÷ 10 | = 5 - 10 ft. sections
 | 1 - 2 ft. section

From line 164-210-0400
Material = 50 x $79.56 = $3,978 + price of 2 ft. section
Labor = 52 x $14.35 = $746.20

Identify fittings by type and ampere rating

Example: (Fig. 9.3-2351)
C. Switchboard stub 800AMP
D. Elbows 800AMP
E. End box 800AMP
F. Cable tap box 800AMP
G. Tee Fittings 800AMP
H. Hangers

Plug-in Units - List separately plug-in units and identify by type and ampere rating (Fig. 9.3-2351)

I. Plug-in switches 600 Volt 3 phase 60 AMP
J. Plug-in molded case C.B. 60 AMP
K. Combination starter FVNR NEMA 1
L. Combination contactor & fused switch NEMA 1
M. Combination fusible switch & lighting control 60AMP

Man-hours for feeder and plug-in sections include:

1. Unloading and uncrating
2. Hauling up to 200 ft. from loading dock
3. Measuring and marking
4. Set up of rolling staging
5. Installing hangers
6. Hanging and bolting sections
7. Aligning and leveling
8. Testing

Man-hours do not include:

1. Modifications to existing structure for hanger supports
2. Threaded rod in excess of 2 ft.
3. Welding
4. Penetrations thru walls
5. Staging rental

Deduct the following percentages from labor only:

150 ft. to 250 ft. - 10%
251 ft. to 350 ft. - 15%
351 ft. to 500 ft. - 20%
Over 500 ft. - 25%

Deduct percentage only if runs are contained in the same area.

Example - if the job entails running 100 ft. in 5 different locations do not deduct 20%, but if the duct is being run in 1 area and the quantity is 500 ft. then you would deduct 20%.

Deduct only from straight lengths not fittings or plug-in units.

| UNIT COST PROCEDURES | C9.3-235 | Aluminum Bus Duct |

ALUMINUM BUS DUCT (Cont.)
Add to labor for elevated installations:
- 15 ft. to 20 ft. high — 10%
- 21 ft. to 25 ft. high — 20%
- 26 ft. to 30 ft. high — 30%
- 31 ft. to 35 ft. high — 40%
- 36 ft. to 40 ft. high — 50%
- Over 40 ft. high — 60%

Bus Duct Fittings:

Man-hours for fittings include:
1. Unloading and uncrating
2. Hauling up to 200 ft. from loading dock
3. Installing, fitting and bolting all ends to in place sections

Plug-in units include:
1. Unloading and uncrating
2. Hauling up to 200 ft. from loading dock
3. Installing plug-in into in place duct
4. Set up of rolling staging
5. Connecting load wire to lugs
6. Marking wire
7. Checking phase rotation

Man-hours for plug-ins do not include:
1. Conduit runs from plug-in
2. Wire from plug-in
3. Conduit termination

Economy of Scale - For large concentrations of plug-in units in the same area deduct the following percentages:
- 11 to 25 — 15%
- 26 to 50 — 20%
- 51 to 75 — 25%
- 76 to 100 — 30%
- 100 and over — 35%

Job Conditions: Productivities are based on new construction, in an unobstructed first floor area to a height of 15 ft.; using rolling staging.

Material staging area is within 100 ft. of work being performed.
Add to the duct fittings and hangers:
- Plug-in switches (Fused)
- Plug-in breakers
- Combination starters
- Combination contactors
- Combination fusible switch and lighting control

Man-hours for duct and fittings include:
1. Unloading and uncrating
2. Hauling up to 200 ft. from loading dock
3. Measuring and marking
4. Installing duct runs
5. Leveling
6. Sound testing

Man-hours for plug-ins include:
1. Unloading and uncrating
2. Hauling up to 200 ft. from loading dock
3. Installing plug-ins
4. Preparing wire
5. Wire connections and marking

| UNIT COST PROCEDURES | C9.3-245 | Automatic Transfer Switches |

AUTOMATIC TRANSFER SWITCHES 165-110
When taking off Automatic transfer switches identify by voltage, amperage and number of poles.

Example: Automatic transfer switch, 480V, 3 phase, 30A, NEMA 1 enclosure

Man-hours for transfer switches include:
1. Unloading, uncrating and handling switches up to 200' from loading dock
2. Measuring and marking
3. Drilling (4) lead type anchors, using a hammer drill
4. Mounting and leveling
5. Circuit identification
6. Testing and load balancing

Man-hours do not include:
1. Modifications in enclosure
2. Structural supports
3. Additional lugs
4. Plywood backboard
5. Painting or lettering
6. Conduit runs to or from transfer switch
7. Wire
8. Termination of wires

UNIT COST PROCEDURES — C9.3-250 — Interior Lighting Fixtures

INTERIOR LIGHTING FIXTURES 166-130

When taking off interior lighting fixtures, it is advisable to set up your quantity work sheet to conform to the lighting schedule as it appears on the print. Include the alpha-numeric code plus the symbol on your work sheet.

Take off a particular section or floor of the building and count each type of fixture before going on to another type. It would also be advantageous to include on the same work sheet the pipe, wire, fittings and circuit number associated with each type of lighting fixture. This will help you identify the costs associated with any particular lighting system and in turn make material purchases more specific as to when and how much to order under the classification of lighting.

By taking off lighting first you can get a complete "WALK THRU" of the job. This will become helpful when doing other phases of the project.

Materials for a recessed fixture include:

1. Fixture
2. Lamps
3. 6' of jack chain
4. (2) S hooks
5. (2) Wire nuts

Labor for interior recessed fixtures include:

1. Unloading by hand
2. Hauling by hand to an area up to 200' from loading dock
3. Uncrating
4. Layout
5. Installing fixture
6. Attaching jack chain & S hooks
7. Connecting circuit power
8. Reassembling fixture
9. Installing lamps
10. Testing

Material for surface mounted fixtures includes:

1. Fixture
2. Lamps
3. Either (4) lead type anchors, (4) toggle bolts, or (4) ceiling grid clips
4. (2) Wire nuts

Material for pendent mounted fixtures includes:

1. Fixture
2. Lamps
3. (2) Wire nuts
4. Rigid pendents as required by type of fixtures
5. Canopies as required by type of fixture

Labor hours include the following for both surface and pendent fixtures:

1. Unloading by hand
2. Hauling by hand to an area up to 200' from loading dock
3. Uncrating
4. Layout and marking
5. Drilling (4) holes for either lead anchors or toggle bolts using a hammer drill
6. Installing fixture
7. Leveling fixture
8. Connecting circuit power
9. Installing lamps
10. Testing

Labor for surface or pendent fixtures does not include:

1. Conduit
2. Boxes or covers
3. Connectors
4. Fixture whips
5. Special support
6. Switching
7. Wire

Economy of Scale: For large concentrations of lighting fixtures in the same area deduct the following percentages from labor:

25 to 50 fixtures	15%
51 to 75 fixtures	20%
76 to 100 fixtures	25%
101 and over	30%

JOB CONDITIONS: Productivity is based on new construction in a unobstructed first floor location, using rolling staging to 15' high.

Material staging is assumed to be within 100' of work being performed.

Add the following percentages to labor for elevated installations:

15' to 20' high	10%
21' to 25' high	20%
26' to 30' high	30%
31' to 35' high	40%
36' to 40' high	50%
41' and over	60%

UNIT COST PROCEDURES — C9.3-400 Heat Trace Cable Systems

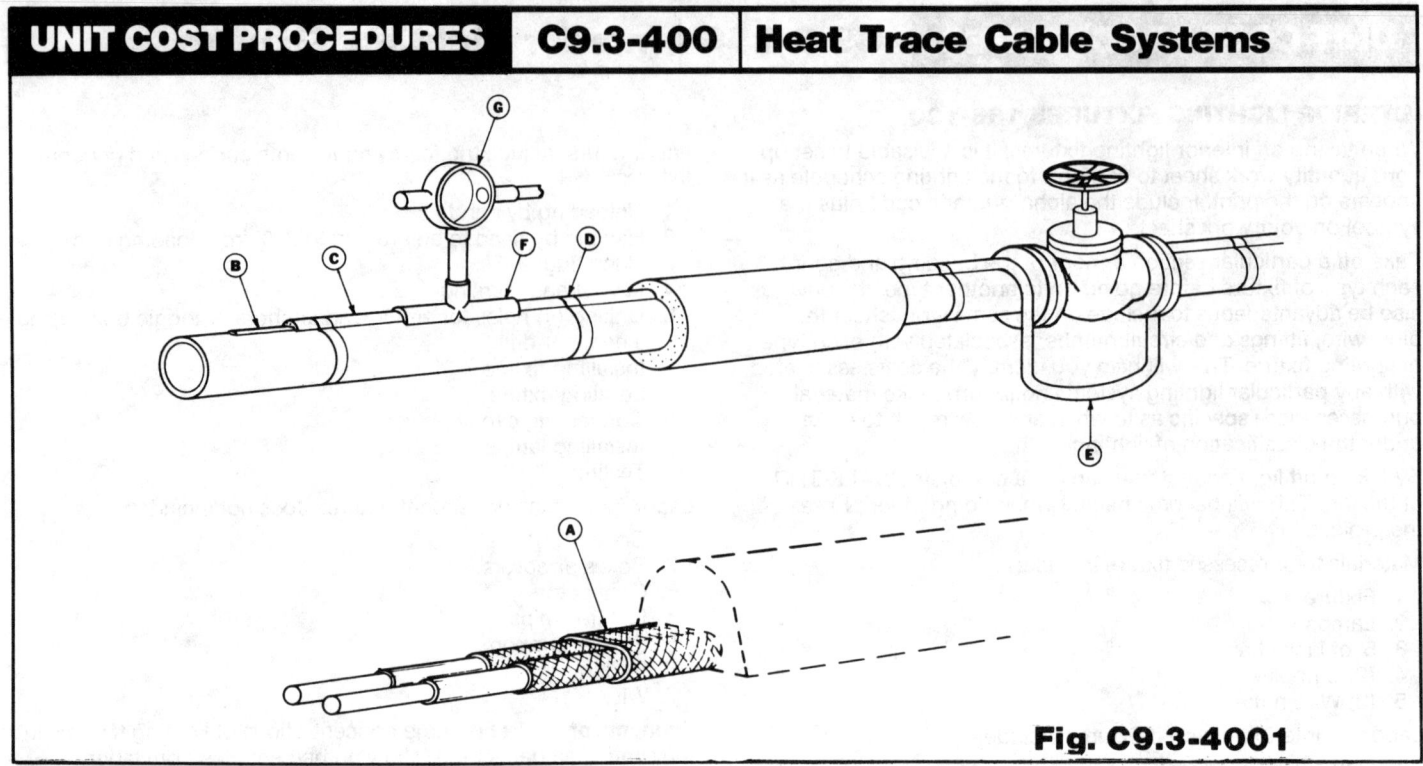

Fig. C9.3-4001

HEAT TRACE SYSTEMS 168-130

Before you can determine the cost of a HEAT TRACE installation the method of attachment must be established. There are (4) common methods:

1. Cable is simply attached to the pipe with polyester tape every 12'.
2. Cable is attached with a continuous cover of 2" wide aluminum tape.
3. Cable is attached with factory extruded heat transfer cement and covered with metallic raceway with clips every 10'.
4. Cable is attached between layers of pipe insulation using either clips or polyester tape.

In all of the above methods each component of the system must be priced individually.

Example: Components for method 3 must include:

A. Heat trace cable by voltage and watts per linear foot.
B. Heat transfer cement, 1 gallon per 60 linear feet of cover.
C. Metallic raceway by size and type.
D. Raceway clips by size of pipe.

When taking off linear foot lengths of cable add the following for each valve in the system. (E)

SCREWED OR WELDED VALVE:			FLANGED VALVE:			BUTTERFLY VALVES:		
1/2"	=	6"	1/2"	=	1'-0"	1/2"	=	0'
3/4"	=	9"	3/4"	=	1'-6"	3/4"	=	0'
1"	=	1'-0"	1"	=	2'-0"	1"	=	1'-0"
1-1/2"	=	1'-6"	1-1/2"	=	2'-6"	1-1/2"	=	1'-6"
2"	=	2'	2"	=	2'-6"	2"	=	2'-0"
2-1/2"	=	2'-6"	2-1/2"	=	3'-0"	2-1/2"	=	2'-6"
3"	=	2'-6"	3"	=	3'-6"	3"	=	2'-6"
4"	=	4'-0"	4"	=	4'-0"	4"	=	3'-0"
6"	=	7'-0"	6"	=	8'-0"	6"	=	3'-6"
8"	=	9'-6"	8"	=	11'-0"	8"	=	4'-0"
10"	=	12'-6"	10"	=	14'-0"	10"	=	4'-0"
12"	=	15'-0"	12"	=	16'-6"	12"	=	5'-0"
14"	=	18'-0"	14"	=	19'-6"	14"	=	5'-6"
16"	=	21'-6"	16"	=	23'-0"	16"	=	6'-0"
18"	=	25'-6"	18"	=	27'-0"	18"	=	6'-6"
20"	=	28'-6"	20"	=	30'-0"	20"	=	7'-0"
24"	=	34'-0"	24"	=	36'-0"	24"	=	8'-0"
30"	=	40'-0"	30"	=	42'-0"	30"	=	10'-0"

(continued)

UNIT COST PROCEDURES — C9.3-400 — Heat Trace Cable Systems

HEAT TRACE SYSTEMS 168-130 (Cont.)

Add the following quantities of heat transfer cement to linear foot totals for each valve:

NOMINAL VALVE SIZE	GALLONS OF CEMENT PER VALVE
1/2"	0.14
3/4"	0.21
1"	0.29
1-1/2"	0.36
2"	0.43
2-1/2"	0.70
3"	0.71
4"	1.00
6"	1.43
8"	1.48
10"	1.50
12"	1.60
14"	1.75
16"	2.00
18"	2.25
20"	2.50
24"	3.00
30"	3.75

The following must be added to the list of components to accurately price HEAT TRACE systems:

1. Expediter fitting and clamp fasteners (F)
2. Junction box and nipple connected to expediter fitting (G)
3. Field installed terminal blocks within junction box
4. Ground lugs
5. Piping from power source to expediter fitting
6. Controls
7. Thermostats
8. Branch wiring
9. Cable splices
10. End of cable terminations
11. Branch piping fittings and boxes

Deduct the following percentages from labor if cable lengths in the same area exceed:

150' to 250'	10%	351' to 500'	20%
251' to 350'	15%	Over 500'	25%

Add the following percentages to labor for elevated installations:

15' to 20' high	10%	31' to 35' high	40%
21' to 25' high	20%	36' to 40' high	50%
26' to 30' high	30%	Over 40' high	60%

Table 9.3-405 Spiral-Wrapped Heat Trace Cable (Pitch Table)

In order to increase the amount of heat, occasionally heat trace cable is wrapped in a spiral fashion around a pipe; increasing the number of feet of heater cable per linear foot of pipe.

Engineers first determine the heat loss per foot of pipe (based on the insulating material, its thickness, and the temperature differential across it). A ratio is then calculated by the formula:

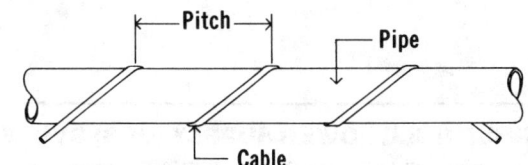

$$\text{Feet of Heat Trace per Foot of Pipe} = \frac{\text{Watts/Foot of Heat Loss}}{\text{Watts/Foot of the Cable}}$$

The linear distance between wraps (pitch) is then taken from a chart or table. Generally, the pitch is listed on a drawing leaving the estimator to calculate the total length of heat tape required. An approximation may be taken from this table.

	Feet of Heat Trace Per Foot of Pipe														
	Nominal Pipe Size in Inches														
Pitch In Inches	1	1¼	1½	2	2½	3	4	6	8	10	12	14	16	18	20	24
3.5	1.80															
4	1.65															
5	1.46	1.60	1.80													
6	1.34	1.45	1.55	1.75												
7	1.25	1.35	1.43	1.57	1.75											
8	1.20	1.28	1.34	1.45	1.60	1.80										
9	1.16	1.23	1.28	1.37	1.51	1.68										
10	1.13	1.19	1.24	1.32	1.44	1.57	1.82									
15	1.06	1.08	1.10	1.15	1.21	1.29	1.42	1.78								
20	1.04	1.05	1.06	1.08	1.13	1.17	1.25	1.49	1.73							
25		1.04	1.04	1.06	1.08	1.11	1.17	1.33	1.51	1.72						
30				1.04	1.05	1.07	1.12	1.24	1.37	1.54	1.70	1.80				
35					1.06	1.06	1.09	1.17	1.28	1.42	1.54	1.64	1.78			
40						1.05	1.07	1.14	1.22	1.33	1.44	1.52	1.64	1.75		
50							1.05	1.09	1.15	1.22	1.29	1.35	1.44	1.53	1.64	1.83
60								1.06	1.11	1.16	1.21	1.25	1.31	1.39	1.46	1.62
70								1.05	1.08	1.12	1.17	1.19	1.24	1.30	1.35	1.47
80									1.06	1.09	1.13	1.15	1.19	1.24	1.28	1.38
90									1.04	1.06	1.10	1.13	1.16	1.19	1.23	1.32
100										1.05	1.08	1.10	1.13	1.15	1.19	1.23

Note: Common practice would normally limit the lower end of the table to 5% of additional heat and above 80% an engineer would likely opt for two (2) parallel cables.

SPECIAL | C9.3-450 | Uninterruptible Power Supply Systems

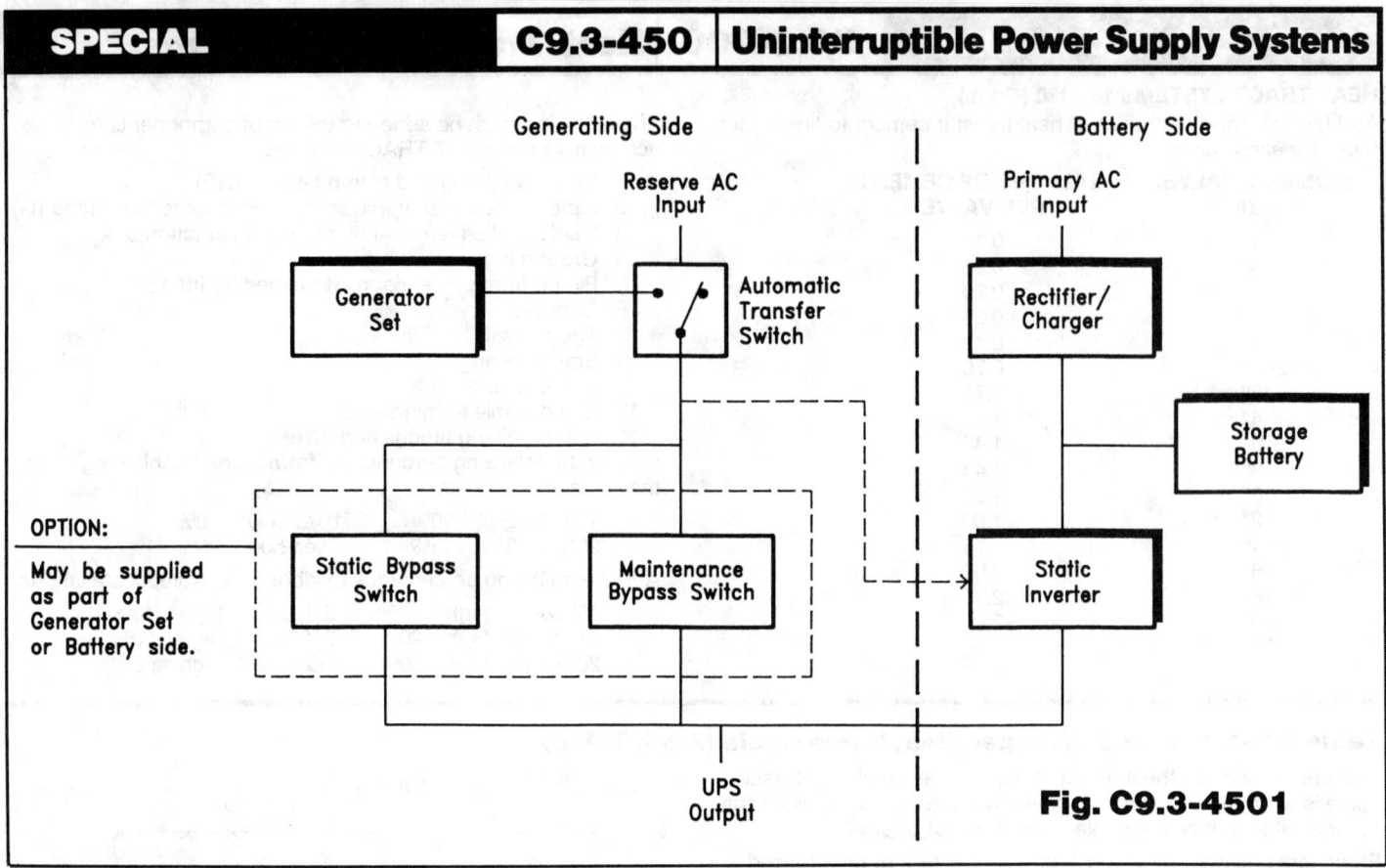

Fig. C9.3-4501

UNINTERRUPTIBLE POWER SUPPLY (UPS) SYSTEM 164-335

General: Uninterruptible Power Supply (UPS) Systems are used to provide power for legally required standby systems. They are also designed to protect computers and provide optional additional coverage for any or all loads in a facility. Figure C9.3-4501 shows a typical configuration for a UPS System with generator set.

Cost Determination:
It is recommended that UPS System material costs be obtained from equipment manufacturers as a package. Installation costs should be obtained from a vendor or contractor.

The recommended procedure for pricing UPS Systems would be to identify:

1. Frequency - by Hertz (Hz.)
    For example: 50, 60, and 400/415 Hz.
2. Apparent power and real power
    For example: 200 KVA/170 KW
3. Input/Output voltage
    For example: 120V, 208V or 240V
4. Phase - either single or three-phase
5. Options and accessories - For extended run time more batteries would be required. Other accessories include battery cabinets, battery racks, remote control panel, power distribution unit (PDU), and warranty enhancement plans.

Note:
1. Larger systems can be configured by paralleling two or more standard small size single modules.
   For example: two 15 KVA modules, combined together and configured to 30 KVA.
2. Maximum input current during battery recharge is typically 15% higher than normal current.
3. UPS Systems weights vary depending on options purchased and power rating in KVA.

POWER TRANSMISSION | **C9.5-100** | **Material Requirements**

Table 9.5-101 Average Transmission Line Material Requirements (Per Mile)

Terrain:		Flat				Rolling				Mountain			
Item		69KV	161KV	161KV	500KV	69KV	161KV	161KV	500KV	69KV	161KV	161KV	500KV
Pole Type	Unit	Wood	Wood	Steel	Steel	Wood	Wood	Steel	Steel	Wood	Wood	Steel	Steel
Conductor: 397,500 — Cir. Mil., 26/7-ACSR													
Structures	Ea.	12[1]				9[2]				7[2]			
Poles	Ea.	12				18				14			
Crossarms	Ea.	24[3]				9[4]				7[4]			
Conductor	Ft.	15,990				15,990				15,990			
Insulators[5]	Ea.	180				135				105			
Ground Wire	Ft.	5,330				10,660				10,660			
Conductor: 636,000 — Cir. Mil., 26/7-ACSR													
Structures	Ea.	13[1]	11[6]			10[2]	9[2]	6[9]		8[2]	8[2]	6[9]	
Excavation	C.Y.	—	—			—	—	120		—	—	120	
Concrete	C.Y.	—	—			—	—	10		—	—	10	
Steel Towers	Tons	—	—			—	—	32		—	—	32	
Poles	Ea.	13	11			20	18	—		16	16	—	
Crossarms	Ea.	26[3]	33[7]			10[4]	9[8]	—		8[4]	8[8]	—	
Conductor	Ft.	15,990	15,990			15,990	15,990	15,990		15,990	15,990	15,990	
Insulators[5]	Ea.	195	165			150	297	297		120	264	297	
Ground Wire	Ft.	5330	5330			10,660	10,660	10,660		10,660	10,660	10,660	
Conductor: 954,000 — Cir. Mil., 45/7-ACSR													
Structures	Ea.	14[1]	12[6]		4[11]	10[2]	9[2]	6[9]	4[11]	8[2]	8[2]	6[9]	4[13]
Excavation	C.Y.	—	—		200	—	—	125	214	—	—	125	233
Concrete	C.Y.	—	—		20	—	—	10	21	—	—	10	21
Steel Towers	Tons	—	—		57	—	—	33	57	—	—	33	63
Poles	Ea.	14	12		—	20	18	—	—	16	16	—	—
Crossarms	Ea.	28[10]	36[7]		—	10[4]	9[8]	—	—	8[4]	8[8]	—	—
Conductor	Ft.	15,990	15,990		47,970[12]	15,990	15,990	15,990	47,970[12]	15,990	15,990	15,990	47,970[12]
Insulators[5]	Ea.	210	180		288	150	297	297	288	120	264	297	576
Ground Wire	Ft.	5330	5330		10,660	10,660	10,660	10,660	10,660	10,660	10,660	10,660	10,660
Conductor: 1,351,500 — Cir. Mil., 45/7-ACSR													
Structures	Ea.			8[14]				8[14]					
Excavation	C.Y.			220				220					
Concrete	C.Y.			28				28					
Steel Towers	Ton			46				46					
Conductor	Ft.			31,680[15]				31,680[15]					
Insulators[5]	Ea.			528				528					
Ground Wire	Ft.			10,660				10,660					

1. Single pole two-arm suspension type construction
2. Two-pole wood H-frame construction
3. 4¾" x 5¾" x 8' and 4¾" x 5¾" x 10' wood crossarm
4. 6" x 8" x 26'-0" wood crossarm
5. 5¾" x 10" disc insulator
6. Single pole construction with 3 fiberglass crossarms (5-fog type insulators per phase)
7. 7'-0" fiberglass crossarms
8. 6" x 10" x 35'-0" wood crossarm
9. Laced steel tower, single circuit construction
10. 5" x 7" x 8' and 5" x 7" x 10' wood crossarm
11. Laced steel tower, single circuit 500-KV construction
12. Bundled conductor (3-sub conductors per phase)
13. Laced steel tower, single circuit restrained phases (500-KV)
14. Laced steel tower, double circuit construction
15. Both sides of double circuit strung

Note: To allow for sagging, a mile (5280 Ft.) of transmission line uses 5330 Ft. of conductor per wire (called a wire mile).

GENERAL REQUIREMENTS C10.1-100 Design & Engineering

Table 10.1-103 Mechanical and Electrical Engineering Fees
Typical **Mechanical and Electrical Engineering Fees** based on the size of the subcontract.

Type of Construction	Subcontract Size							
	$25,000	$50,000	$100,000	$225,000	$350,000	$500,000	$750,000	$1,000,000
Simple structures	6.4%	5.7%	4.8%	4.5%	4.4%	4.3%	4.2%	4.1%
Intermediate structures	8.0	7.3	6.5	5.6	5.1	5.0	4.9	4.8
Complex structures	12.0	9.0	9.0	8.0	7.5	7.5	7.0	7.0

For renovations, add 15% to 25% to applicable fee.

GENERAL REQUIREMENTS C10.1-300 Insurance & Bonds

Table 10.1-301 Builder's Insurance Rates

Builder's Risk Insurance is insurance on a building during construction. Premiums are paid by the owner or the contractor. Blasting, collapse and underground insurance would raise total insurance costs above those listed. Floater policy for materials delivered to the job runs $.75 to $1.25 per $100 value. Contractor equipment insurance runs $.50 to $1.50 per $100 value.

Tabulated below are New England Builder's Risk insurance rates in dollars per $100 value for $1,000 deductible. For $25,000 deductible, rates can be reduced 13% to 34%. On contracts over $1,000,000, rates may be lower than those tabulated. Policies are written annually for the total completed value in place. For "all risk" insurance (excluding flood, earthquake and certain other perils) add $.025 to total rates below.

Coverage	Frame Construction (Class 1)		Brick Construction (Class 4)		Fire Resistive (Class 6)	
	Range	Average	Range	Average	Range	Average
Fire Insurance	$.300 to .420	$.394	$.132 to .189	$.174	$.052 to .080	$.070
Extended Coverage	.115 to .150	.144	.080 to .105	.101	.081 to .105	.100
Vandalism	.012 to .016	.015	.008 to .011	.011	.008 to .011	.010
Total Annual Rate	$.427 to .586	$.553	$.220 to .305	$.286	$.141 to .196	$.180

Table 10.1-302 Performance Bond

This table shows the cost of a Performance Bond for a construction job scheduled to be completed in 12 months. Add 1% of the premium cost per month for jobs requiring more than 12 months to complete. The rates are "standard" rates offered to contractors that the bonding company considers financially sound and capable of doing the work. Preferred rates are offered by some bonding companies based upon financial strength of the contractor. Actual rates vary from contractor to contractor and from bonding company to bonding company. Contractors should prequalify through a bonding agency before submitting a bid on a contract that requires a bond.

Contract Amount	Building Construction Class B Projects	Highways & Bridges	
		Class A New Construction	Class A-1 Highway Resurfacing
First $ 100,000 bid	$25.00 per M	$15.00 per M	$ 9.40 per M
Next 400,000 bid	$ 2,500 plus $15.00 per M	$ 1,500 plus $10.00 per M	$ 940 plus $7.20 per M
Next 2,000,000 bid	8,500 plus 10.00 per M	5,500 plus 7.00 per M	3,820 plus 6.00 per M
Next 2,500,000 bid	28,500 plus 7.50 per M	19,500 plus 5.50 per M	15,820 plus 5.00 per M
Next 2,500,000 bid	47,250 plus 7.00 per M	33,250 plus 5.00 per M	28,320 plus 4.50 per M
Over 7,500,000 bid	64,750 plus 6.00 per M	45,750 plus 4.50 per M	39,570 plus 4.00 per M

GENERAL REQUIREMENTS C10.2-200 Workers' Compensation

Table 10.2-201 Insurance Rates by Trade

The table below tabulates the national averages for Workers' Compensation insurance rates by trade and type of building. The average "Insurance Rate" is multiplied by the "% of Building Cost" for each trade. This produces the "Workers' Compensation Cost" by % of total labor cost, to be added for each trade by building type to determine the weighted average Workers' Compensation rate for the building types analyzed.

Trade	Insurance Rate (% of Labor Cost)		% of Building Cost			Workers' Compensation Cost		
	Range	Average	Office Bldgs.	Schools & Apts.	Mfg.	Office Bldgs.	Schools & Apts.	Mfg.
Excavation, Grading, etc.	4.7% to 27.2%	10.4%	4.8%	4.9%	4.5%	.50%	.51%	.47%
Piles & Foundations	5.0 to 54.8	25.4	7.1	5.2	8.7	1.80	1.32	2.21
Concrete	5.0 to 44.3	15.3	5.0	14.8	3.7	.77	2.26	.57
Masonry	4.0 to 44.2	13.7	6.9	7.5	1.9	.95	1.03	.26
Structural Steel	5.0 to 162.5	35.4	10.7	3.9	17.6	3.79	1.38	6.23
Miscellaneous & Ornamental Metals	3.9 to 22.4	10.8	2.8	4.0	3.6	.30	.43	.39
Carpentry & Millwork	5.0 to 43.4	16.6	3.7	4.0	0.5	.61	.66	.08
Metal or Composition Siding	5.0 to 34.2	13.7	2.3	0.3	4.3	.32	.04	.59
Roofing	5.0 to 62.5	28.9	2.3	2.6	3.1	.66	.75	.90
Doors & Hardware	4.7 to 20.9	9.6	0.9	1.4	0.4	.09	.13	.04
Sash & Glazing	4.1 to 23.4	11.9	3.5	4.0	1.0	.42	.48	.12
Lath & Plaster	5.0 to 38.5	13.4	3.3	6.9	0.8	.44	.92	.11
Tile, Marble & Floors	3.2 to 23.1	8.3	2.6	3.0	0.5	.22	.25	.04
Acoustical Ceilings	3.7 to 26.9	10.2	2.4	0.2	0.3	.24	.02	.03
Painting	4.6 to 44.2	12.4	1.5	1.6	1.6	.19	.20	.20
Interior Partitions	5.0 to 43.4	16.6	3.9	4.3	4.4	.65	.71	.73
Miscellaneous Items	2.2 to 139.7	15.1	5.2	3.7	9.7	.79	.56	1.46
Elevators	2.5 to 16.2	7.7	2.1	1.1	2.2	.16	.08	.17
Sprinklers	2.2 to 15.1	7.7	0.5	—	2.0	.04	—	.15
Plumbing	2.7 to 16.0	7.5	4.9	7.2	5.2	.37	.54	.39
Heat., Vent., Air Conditioning	4.1 to 25.5	10.2	13.5	11.0	12.9	1.38	1.12	1.32
Electrical	2.4 to 12.9	6.0	10.1	8.4	11.1	.61	.50	.67
Total	2.2% to 162.5%	—	100.0%	100.0%	100.0%	15.30%	13.89%	17.13%
Overall Weighted Average							15.44%	

Table 10.2-202 Insurance Rates by State

The table below lists the weighted average Workers' Compensation base rate for each state with a factor comparing this with the national average of 15.1%.

State	Weighted Average	Factor	State	Weighted Average	Factor	State	Weighted Average	Factor
Alabama	13.2%	87	Kentucky	13.2%	87	North Dakota	13.5%	89
Alaska	22.2	147	Louisiana	12.8	85	Ohio	13.4	89
Arizona	15.8	105	Maine	24.1	160	Oklahoma	12.8	85
Arkansas	11.7	77	Maryland	15.4	102	Oregon	27.9	185
California	16.5	109	Massachusetts	25.3	168	Pennsylvania	15.2	101
Colorado	22.1	146	Michigan	15.1	100	Rhode Island	19.2	127
Connecticut	23.5	156	Minnesota	25.2	167	South Carolina	10.6	70
Delaware	12.1	80	Mississippi	10.0	66	South Dakota	10.3	68
District of Columbia	21.0	139	Missouri	8.2	54	Tennessee	10.5	70
Florida	30.4	201	Montana	37.5	248	Texas	19.2	127
Georgia	13.9	92	Nebraska	9.5	63	Utah	9.7	64
Hawaii	17.6	117	Nevada	16.2	107	Vermont	10.7	71
Idaho	12.8	85	New Hampshire	19.0	126	Virginia	9.1	60
Illinois	22.6	150	New Jersey	7.9	52	Washington	13.3	88
Indiana	6.5	43	New Mexico	18.5	123	West Virginia	10.1	67
Iowa	13.1	87	New York	11.7	77	Wisconsin	13.9	92
Kansas	9.5	63	North Carolina	7.3	48	Wyoming	5.5	36

Weighted Average for U.S. is 15.4% of payroll = 100

Rates in the following table are the base or manual costs per $100 of payroll for Workers' Compensation in each state. Rates are usually applied to straight time wages only and not to premium time wages and bonuses.

The weighted average skilled worker rate for 35 trades is 15.1%. For bidding purposes, apply the full value of Workers' Compensation directly to total labor costs, or if labor is 32%, materials 48% and overhead and profit 20% of total cost, carry 32/80 x 15.1% = 6.0% of cost (before overhead and profit) into overhead. Rates vary not only from state to state but also with the experience rating of the contractor.

Rates are the most current available at the time of publication.

GENERAL CONDITIONS C10.2-200 Workers' Compensation

Table 10.2-203 Workers' Compensation by Trade and State

STATE	CARPENTRY — 3 stories or less	CARPENTRY — interior cab work	CARPENTRY — general	CONCRETE WORK—NOC	CONCRETE WORK — flat (flr. sdwk.)	ELECTRICAL WIRING — inside	EXCAVATION — earth NOC	EXCAVATION — rock	GLAZIERS	INSULATION WORK	LATHING	MASONRY	PAINTING & DECORATING	PILE DRIVING	PLASTERING	PLUMBING	ROOFING	SHEET METAL WORK (HVAC)	STEEL ERECTION — door & sash	STEEL ERECTION — inter. ornam.	STEEL ERECTION — structure	STEEL ERECTION — NOC	TILE WORK — (interior ceramic)	WATERPROOFING	WRECKING
	5651	5437	5403	5213	5221	5190	6217	6217	5462	5479	5443	5022	5474	6003	5480	5183	5551	5538	5102	5102	5040	5057	5348	9014	5701
AL	14.97	8.55	14.18	11.06	7.25	5.86	8.68	8.68	11.20	11.17	8.35	10.59	11.54	32.21	9.38	6.53	25.13	13.57	7.78	7.78	23.21	20.90	8.16	3.60	20.90
AK	16.10	11.21	14.48	18.19	10.46	9.07	12.87	12.87	18.59	19.83	13.80	12.49	10.31	41.05	21.55	12.61	29.27	14.16	19.77	19.77	74.36	56.94	10.21	6.51	74.36
AZ	19.74	7.60	23.31	12.41	10.23	9.30	7.07	7.07	13.56	17.90	8.95	16.91	11.59	27.00	19.08	6.60	24.77	10.19	12.74	12.74	35.69	17.97	6.70	7.24	17.97
AR	11.85	6.30	15.05	12.20	6.23	4.71	8.50	8.50	8.80	8.61	8.14	10.02	10.68	16.64	10.01	4.49	13.70	7.62	6.18	6.18	44.38	16.97	5.54	5.34	44.38
CA	21.96	8.01	21.96	9.33	9.33	7.82	7.55	7.55	12.94	22.76	8.13	14.05	14.90	19.03	15.92	10.36	36.32	13.11	12.18	12.18	28.27	24.76	7.68	14.90	28.35
CO	22.81	13.43	19.38	20.39	14.20	6.56	13.75	13.75	11.58	20.41	10.43	26.22	17.00	36.16	38.54	11.54	48.70	12.88	12.23	12.23	52.23	30.77	10.81	9.24	30.77
CT	18.58	20.34	25.91	26.78	15.09	8.87	12.75	12.75	21.83	25.42	15.47	28.35	17.77	42.59	21.19	10.09	51.57	15.49	16.81	16.81	50.82	26.21	9.81	4.61	50.82
DE	11.44	13.73	11.44	9.20	6.25	5.71	8.49	8.49	11.11	11.44	10.45	9.77	13.30	11.50	10.45	5.32	22.88	10.11	10.09	10.09	26.31	10.09	7.46	9.77	25.47
DC	10.32	9.62	14.81	27.57	12.88	11.76	14.68	14.68	14.11	13.79	10.72	21.41	11.84	37.37	12.32	14.82	32.92	11.25	20.59	20.59	47.36	46.44	23.24	5.77	47.36
FL	25.21	18.82	30.26	44.32	18.17	12.89	20.27	20.27	23.43	25.66	26.91	26.88	30.18	46.97	31.60	16.01	55.77	19.12	22.40	22.40	48.03	58.10	12.70	10.32	48.03
GA	15.40	10.28	17.30	11.49	9.47	5.67	11.86	11.86	9.06	12.63	13.51	11.69	10.65	27.66	11.35	6.07	24.90	9.60	8.21	8.21	18.44	26.83	5.90	7.36	26.83
HI	11.66	9.32	39.81	13.93	9.03	8.89	10.81	10.81	14.08	20.18	9.51	17.35	7.68	28.43	19.16	5.36	40.64	8.32	14.10	14.10	27.94	26.82	7.72	10.50	27.94
ID	13.17	7.20	18.71	12.78	5.84	4.67	10.20	10.20	11.13	13.14	7.93	16.25	12.51	20.62	10.67	4.53	27.80	8.95	7.45	7.45	18.09	16.83	6.59	7.26	18.09
IL	16.54	11.14	17.49	26.51	12.88	8.75	10.19	10.19	21.11	17.72	13.22	18.01	15.60	31.52	13.46	12.20	31.86	15.94	13.72	13.72	61.21	84.88	12.92	5.22	84.88
IN	9.00	4.97	6.19	6.08	3.94	2.64	5.07	5.07	6.83	5.21	3.67	5.54	4.65	13.11	5.37	2.67	10.84	3.97	3.90	3.90	8.73	14.57	3.58	3.14	14.57
IA	9.23	7.01	10.64	17.71	4.89	5.38	9.85	9.85	8.25	12.47	6.76	10.58	8.30	17.54	8.92	7.78	18.49	8.41	9.80	9.80	38.15	37.61	6.25	4.27	37.61
KS	10.35	5.61	7.94	9.82	5.58	3.66	4.70	4.70	6.25	15.84	7.81	9.75	6.57	15.96	7.75	4.59	19.70	6.82	4.74	4.74	11.50	23.34	5.08	4.75	23.34
KY	14.27	6.19	14.56	11.42	7.61	4.67	7.40	7.40	8.65	10.16	10.07	13.10	12.37	28.02	9.53	5.21	23.87	9.76	9.85	9.85	30.22	23.44	7.65	4.39	30.22
LA	16.33	10.25	16.12	8.59	7.84	5.59	9.61	9.61	12.34	8.20	7.25	7.74	13.24	37.62	8.86	6.29	20.21	7.76	7.91	7.91	24.13	13.43	6.64	6.06	24.13
ME	12.13	10.90	38.36	24.84	10.99	8.38	16.53	16.53	18.35	19.96	13.34	19.36	19.26	43.24	19.49	12.27	44.12	13.43	17.46	17.46	52.06	57.53	13.46	7.99	52.06
MD	12.59	12.33	10.70	17.28	9.77	7.64	12.85	12.85	18.78	12.60	8.29	12.40	9.07	19.45	10.26	9.40	32.69	13.58	11.27	11.27	26.18	32.54	9.59	4.30	37.63
MA	14.16	12.04	30.31	33.73	15.36	6.21	9.34	9.34	21.21	16.86	15.19	23.65	14.05	26.22	15.99	9.21	79.41	13.85	16.23	16.23	83.51	48.66	13.21	9.81	65.27
MI	11.40	7.35	12.74	12.71	9.27	5.75	12.42	12.42	14.56	15.48	9.32	16.14	13.24	26.48	14.23	7.23	26.63	8.70	11.42	11.42	29.17	20.06	8.13	NA	29.17
MN	20.86	20.86	36.23	21.03	14.74	6.95	21.20	21.20	17.38	22.76	22.29	17.84	17.92	35.90	22.29	11.77	45.20	14.86	16.41	16.41	51.17	54.54	12.08	9.34	51.17
MS	10.19	6.87	12.79	8.41	4.70	4.93	8.18	8.18	8.45	6.92	7.85	6.29	6.64	22.56	9.94	3.36	15.30	7.80	6.98	6.98	22.27	13.33	6.72	3.86	22.27
MO	7.88	5.54	7.19	6.30	5.92	3.52	6.07	6.07	5.38	9.22	5.76	7.22	4.95	16.62	6.26	3.33	17.56	4.75	5.91	5.91	15.91	13.15	4.58	3.66	13.15
MT	23.27	13.56	43.40	38.99	21.88	8.30	27.19	27.19	19.61	25.49	23.34	44.23	44.16	54.83	28.08	15.32	62.45	16.29	17.94	17.94	162.26	55.63	14.05	16.25	162.26
NE	8.22	5.45	8.84	9.53	7.35	3.72	7.11	7.11	6.84	9.78	6.05	8.01	7.17	12.60	7.58	4.53	18.79	7.89	5.42	5.42	13.54	27.21	4.76	4.92	27.21
NV	14.25	14.25	14.25	11.31	11.31	7.21	10.61	10.61	11.46	13.98	13.68	11.93	12.97	10.90	13.68	8.97	23.39	25.48	13.01	13.01	33.81	33.81	9.98	10.90	N.A.
NH	15.51	9.63	18.51	26.18	13.21	5.16	12.90	12.90	10.28	14.57	11.62	14.47	13.26	52.73	18.31	9.06	60.55	11.19	11.94	11.94	31.55	16.57	8.96	6.26	31.55
NJ	6.83	5.66	6.83	5.78	4.90	2.43	6.26	6.26	4.91	6.54	6.43	7.98	7.58	10.12	6.43	3.18	15.67	4.20	7.66	7.66	22.64	10.49	3.16	3.51	27.74
NM	14.96	11.73	19.31	24.57	9.63	5.95	10.09	10.09	16.15	14.70	11.32	16.70	11.44	49.12	16.45	10.09	37.80	12.36	18.46	18.46	21.61	25.84	10.07	7.75	21.61
NY	9.63	4.67	9.88	12.46	9.73	5.00	10.17	10.17	8.89	8.52	8.23	12.36	9.56	17.49	9.18	7.53	22.73	9.75	7.68	7.68	17.83	24.06	7.13	5.44	19.97
NC	6.06	5.70	9.29	8.46	3.63	4.32	5.94	5.94	5.09	6.14	4.15	4.01	5.05	11.79	8.46	4.46	12.70	5.31	4.73	4.73	19.37	8.00	3.27	2.59	19.37
ND	12.86	12.86	12.86	9.98	9.98	4.54	8.28	8.28	14.60	7.64	5.87	6.34	9.54	27.52	5.87	10.27	15.98	10.27	12.86	12.86	27.52	27.52	5.69	15.98	NA
OH	9.93	9.93	9.93	10.32	10.32	3.87	10.32	10.32	11.36	8.83	8.83	10.48	11.36	10.32	8.83	5.69	20.00	12.71	N.A.	N.A.	58.93	N.A.	5.03	10.32	10.32
OK	14.20	7.38	11.62	10.27	8.38	3.78	9.39	9.39	8.02	9.81	7.80	9.85	8.30	24.54	10.73	5.06	20.50	8.02	7.74	7.74	37.18	29.25	5.53	6.60	37.18
OR	34.23	14.01	33.37	26.01	19.95	8.49	20.99	20.99	15.10	28.80	13.90	24.25	24.82	53.64	26.62	11.10	60.89	14.90	16.80	16.80	48.90	36.45	23.07	17.85	48.90
PA	12.32	11.41	12.32	18.08	8.25	5.50	9.57	9.57	10.58	12.32	13.37	12.19	12.85	17.01	13.37	7.30	27.01	9.87	16.25	16.25	41.51	16.25	8.23	12.19	64.42
RI	15.52	7.13	12.32	14.83	16.49	6.22	12.89	12.89	18.05	15.23	11.26	14.94	17.87	30.71	15.05	4.69	31.27	6.80	10.13	10.13	78.01	40.30	9.28	8.00	78.01
SC	14.28	7.39	15.32	7.64	6.55	6.30	7.43	7.43	11.77	11.46	6.85	10.01	9.36	14.13	9.58	3.44	17.21	8.84	4.23	4.23	11.28	24.72	8.80	4.44	11.28
SD	8.52	5.88	13.80	10.26	5.60	4.22	7.72	7.72	8.18	11.76	6.24	7.27	8.01	17.08	8.45	7.03	27.14	6.16	6.92	6.92	17.97	13.96	5.02	3.91	17.97
TN	11.89	6.11	11.70	9.84	5.61	4.17	7.59	7.59	7.91	9.44	6.15	8.76	8.99	21.90	7.96	5.32	18.61	8.59	8.03	8.03	20.93	15.57	4.73	4.33	20.93
TX	22.09	15.58	22.09	18.49	14.60	9.81	14.91	14.91	13.54	20.74	9.35	16.27	14.06	30.47	14.57	12.00	38.41	16.85	11.50	11.50	39.93	21.52	8.82	7.96	38.04
UT	NA	NA	8.79	9.82	4.93	5.05	6.25	6.25	6.84	6.73	8.06	13.07	9.18	15.75	8.37	5.67	20.31	5.72	5.90	5.90	NA	24.80	4.77	3.07	24.80
VT	7.62	5.25	12.12	12.62	5.63	3.63	6.85	6.85	8.04	8.22	7.31	12.12	8.01	19.05	9.67	5.05	19.24	6.31	6.66	6.66	20.53	26.40	5.90	5.02	20.53
VA	7.28	5.90	9.08	9.23	6.29	3.45	5.52	5.52	8.03	8.84	6.87	7.69	8.54	9.24	5.64	4.72	25.24	7.11	5.10	5.10	21.59	15.51	3.78	3.34	21.59
WA	12.37	12.37	12.37	10.52	8.78	3.12	8.18	8.18	13.15	10.10	12.37	12.99	10.69	21.35	13.05	4.47	11.99	5.92	10.52	10.52	29.26	29.26	7.92	11.94	14.80
WV	10.80	10.80	10.80	14.90	14.90	4.00	8.48	8.48	4.13	4.13	15.81	7.03	15.81	8.40	15.81	3.52	12.91	4.13	9.94	9.93	7.96	9.93	7.03	2.73	7.96
WI	10.26	7.57	17.21	11.12	6.31	5.41	8.58	8.58	10.62	12.79	8.28	11.77	11.34	28.37	12.80	7.34	28.44	8.70	9.19	9.19	29.73	24.92	10.03	5.38	63.36
WY	5.00	5.00	5.00	5.00	5.00	5.00	5.00	5.00	5.00	5.00	5.00	5.00	5.00	5.00	5.00	5.00	5.00	5.00	5.00	5.00	5.00	5.00	5.00	5.00	5.00
AVG.	13.72	9.61	16.64	15.29	9.55	5.97	10.37	10.37	11.90	13.48	10.22	13.71	12.36	25.40	13.39	7.45	28.91	10.24	10.79	10.79	35.36	27.59	8.28	7.09	35.54

GENERAL REQUIREMENTS C10.2-200 | Workers' Compensation

Table 10.2-204 Workers' Compensation by Trade and Province (Canadian dollars)

PROVINCE		Alberta	British Columbia	Manitoba	Ontario	New Brunswick	Newfndld. & Labrador	Northwest Territories	Nova Scotia	Prince Edward Island	Quebec	Saskatchewan	Yukon
CARPENTRY—3 stories or less	Rate Code	5.33 8-04	2.99 060412	5.65 401	3.98 062-08	3.66 403	4.75 403	6.50 4-41	2.90 4013	5.65 401	8.21 40010	5.25 B12-02	2.00 4-042
CARPENTRY—interior cab. work	Rate Code	5.33 8-04	2.99 060412	5.65 401	3.98 062-08	3.66 403	4.75 403	6.50 4-41	2.90 4013	5.65 401	8.21 40010	4.50 B11-25	2.00 4-042
CARPENTRY—general	Rate Code	5.33 8-04	2.99 060412	5.65 401	3.98 062-08	3.66 403	4.75 403	6.50 4-41	2.90 4013	5.65 401	8.21 40010	5.25 B12-02	2.00 4-042
CONCRETE WORK—NOC	Rate Code	6.48 6-01	5.36 070604	5.65 401	8.23 744-09	3.66 403	4.75 403	6.50 4-41	2.90 4222	5.65 401	11.36 40080	8.65 B14-04	2.50 2-032
CONCRETE WORK—flat (flr., sidewalk)	Rate Code	6.48 6-01	5.36 070604	5.65 401	8.23 744-09	3.66 403	4.75 403	6.50 4-41	2.90 4222	5.65 401	11.36 40080	8.65 B14-04	2.50 2-032
ELECTRICAL Wiring—inside	Rate Code	2.70 6-06	2.46 071100	2.97 402	5.99 864-07	3.66 403	2.75 400	4.50 4-46	1.33 4261	3.05 402	5.75 40150	4.50 B11-05	2.00 4-041
EXCAVATION—earth NOC	Rate Code	4.88 6-07	3.63 072607	7.11 407	12.25 753-13	3.66 403	4.75 403	7.00 4-43	2.73 4214	5.65 401	8.14 40021	5.90 R11-06	2.50 2-016
EXCAVATION—rock	Rate Code	4.88 6-07	3.63 072607	7.11 407	12.25 753-13	3.66 403	4.75 403	7.00 4-43	2.73 4214	5.65 401	8.14 40021	5.90 R11-06	2.50 2-016
GLAZIERS	Rate Code	3.65 6-03	1.52 060236	5.65 401	8.64 873-11	3.66 403	2.60 402	6.50 4-41	2.90 4233	3.05 402	6.83 40110	7.35 B13-04	2.00 4-042
INSULATION WORK	Rate Code	6.64 6-03	6.39 070504	5.65 401	8.64 873-11	3.66 403	2.60 402	6.50 4-41	2.90 4234	5.65 401	9.03 40170	5.25 B12-07	2.50 2-035
LATHING	Rate Code	6.53 6-03	6.39 070500	5.65 401	9.81 854-12	3.66 403	2.60 402	6.50 4-41	2.90 4271	3.05 402	9.03 40170	7.35 B13-02	2.50 2-036
MASONRY	Rate Code	7.56 6-04	5.36 070602	5.65 401	9.81 854-12	3.66 403	4.75 403	6.50 4-41	2.90 4231	5.65 401	11.36 40080	11.50 B15-01	2.50 2-032
PAINTING & DECORATING	Rate Code	4.91 6-03	6.39 070501	5.65 401	8.64 873-11	3.66 403	2.60 402	4.50 4-49	2.90 4275	3.05 402	9.03 40170	5.25 B12-01	2.50 2-036
PILE DRIVING	Rate Code	6.48 6-01	15.33 072502	7.11 407	10.69 836-13	3.66 403	5.50 404	7.00 4-43	3.03 4221	5.65 401	8.14 40021	5.25 B12-10	2.50 2-030
PLASTERING	Rate Code	6.53 6-03	6.39 070502	5.65 401	9.68 854-12	3.66 403	2.60 402	6.50 4-41	2.90 4271	3.05 402	9.03 40170	7.35 B13-02	2.50 2-036
PLUMBING	Rate Code	3.16 6-02	2.99 070712	2.97 402	5.99 864-07	3.66 403	3.75 401	4.50 4-46	1.97 4241	3.05 402	6.95 40130	4.50 B11-01	2.00 4-039
ROOFING	Rate Code	11.07 6-05	5.36 070600	7.94 404	9.68 854-12	3.66 403	4.75 403	6.50 4-41	2.90 4235	5.65 401	12.52 40121	11.50 B15-02	2.50 2-031
SHEET METAL WORK (HVAC)	Rate Code	2.20 6-02	2.99 070714	7.94 404	5.99 864-07	3.66 403	3.75 401	4.50 4-46	2.90 4236	3.05 402	6.95 40130	4.50 B11-07	2.00 4-040
STEEL ERECTION—door & sash	Rate Code	4.12 8-03	15.33 072509	9.51 405	10.10 827-09	3.66 403	5.50 404	6.50 4-41	2.90 4223	5.65 401	16.57 40100	11.50 B15-03	2.50 2-012
STEEL ERECTION—inter., ornam.	Rate Code	4.48 6-01	15.33 072509	9.51 405	10.10 827-09	3.66 403	4.75 403	6.50 4-41	2.90 4223	5.65 401	16.57 40100	11.50 B15-03	2.50 2-012
STEEL ERECTION—structure	Rate Code	11.40 6-08	15.33 072509	9.51 405	23.26 809-14	3.66 403	5.50 404	4.25 4-44	5.48 4227	5.65 401	16.57 40100	11.50 B15-04	2.50 2-012
STEEL ERECTION—NOC	Rate Code	11.40 6-08	15.33 072509	9.51 405	10.10 827-09	3.66 403	5.50 404	6.50 4-41	5.48 4227	5.65 401	16.57 40100	11.50 B15-03	2.50 2-012
TILE WORK—inter. (ceramic)	Rate Code	6.19 6-03	6.39 070506	5.65 401	5.99 864-07	3.66 403	2.60 402	4.50 4-49	2.90 4276	3.05 402	9.03 40170	7.35 B13-01	2.50 2-034
WATERPROOFING	Rate Code	5.39 6-02	1.52 060237	7.11 407	8.64 873-11	3.66 403	4.75 403	6.50 4-41	2.90 4239	3.05 402	11.38 40122	4.50 B11-17	2.50 2-030
WRECKING	Rate Code	17.18 6-08	5.36 070600	5.65 401	23.28 859-15	3.66 403	4.75 403	7.00 4-43	2.90 4211	5.65 401	11.36 40080	8.65 B14-07	2.50 2-030

GENERAL REQUIREMENTS C10.2-300 Unemployment & Social Security

Unemployment Taxes and Social Security Taxes (Div. 010-086)

Mass. State Unemployment tax ranges from 1.8% to 6.0% plus an experience rating assessment the following year, on the first $7,000 of wages. Federal Unemployment tax is 5.4% of the first $7,000 of wages. This is reduced by a credit for payment to the state. The minimum Federal Unemployment tax is .8% after all credits.

Combined rates in Mass. thus vary from 2.6% to 6.8% of the first $7,000 of wages. Combined average U.S. rate is about 6.2% of the first $7,000. Contractors with permanent workers will pay less since the average annual wages for skilled workers is $22.65 x 2,000 hours or about $45,300 per year. The average combined rate for U.S. would thus be 6.2% x $7,000 ÷ $45,300 = .96% of total wages for permanent employees.

Rates not only vary from state to state but also with the experience rating of the contractor.

Social Security (FICA) for 1991 is estimated at time of publication to be 7.65% of wages up to $51,300.

GENERAL REQUIREMENTS C10.2-400 Overtime

Overtime (Div. 010-064)

One way to improve the completion date of a project or eliminate negative float from a schedule, is to compress activity duration times. This can be achieved by increasing the crew size or working overtime with the proposed crew.

To determine the costs of working overtime to compress activity duration times, consider the following examples. Below is an overtime efficiency and cost chart based on a five, six, or seven day week with an eight through twelve hour day. Payroll percentage increases for time and one half and double time are shown for the various working days.

Days per Week	Hours per Day	Production Efficiency					Payroll Cost Factors	
		1 Week	2 Weeks	3 Weeks	4 Weeks	Average 4 Weeks	@ 1-1/2 Times	@ 2 Times
5	8	100%	100%	100%	100%	100%	100%	100%
	9	100	100	95	90	96.25	105.6	111.1
	10	100	95	90	85	91.25	110.0	120.0
	11	95	90	75	65	81.25	113.6	127.3
	12	90	85	70	60	76.25	116.7	133.3
6	8	100	100	95	90	96.25	108.3	116.7
	9	100	95	90	85	92.50	113.0	125.9
	10	95	90	85	80	87.50	116.7	133.3
	11	95	85	70	65	78.75	119.7	139.4
	12	90	80	65	60	73.75	122.2	144.4
7	8	100	95	85	75	88.75	114.3	128.6
	9	95	90	80	70	83.75	118.3	136.5
	10	90	85	75	65	78.75	121.4	142.9
	11	85	80	65	60	72.50	124.0	148.1
	12	85	75	60	55	68.75	126.2	152.4

GENERAL REQUIREMENTS C10.3-100 General

Table 10.3-101 Sales Tax (Div. 010-086)

State sales tax on materials is tabulated below (5 states have no sales tax). Many states allow local jurisdictions, such as a county or city, to levy additional sales tax.

Some projects may be sales tax exempt, particularly those constructed with public funds.

State	Tax	State	Tax	State	Tax	State	Tax
Alabama	4%	Illinois	5%	Montana	0%	Rhode Island	6%
Alaska	0	Indiana	5	Nebraska	4	South Carolina	5
Arizona	5	Iowa	4	Nevada	3.5	South Dakota	4
Arkansas	4	Kansas	4.25	New Hampshire	0	Tennessee	5.5
California	6	Kentucky	5	New Jersey	6	Texas	6
Colorado	3	Louisiana	4	New Mexico	4.75	Utah	6
Connecticut	7.5	Maine	5	New York	4	Vermont	4
Delaware	0	Maryland	5	North Carolina	5	Virginia	4.5
District of Columbia	6	Massachusetts	5	North Dakota	6	Washington	6.5
Florida	6	Michigan	4	Ohio	5.5	West Virginia	6
Georgia	3	Minnesota	6	Oklahoma	4	Wisconsin	5
Hawaii	4	Mississippi	6	Oregon	0	Wyoming	3
Idaho	5	Missouri	4.225	Pennsylvania	6	Average	4.44%

GENERAL REQUIREMENTS C10.3-200 | Overhead & Profit

Contractor's Overhead & Profit (Div. 010)

Listed below in the last two columns are **average** billing rates for the installing contractor's labor.

The Base Rates are averages for the building construction industry and include the usual negotiated fringe benefits. Workers' Compensation is a national average of state rates established for each trade. Average Fixed Overhead is a total of average rates for U.S. and State Unemployment, 6.2%; Social Security (FICA), 7.65%; Builders' Risk, 0.34%; and Public Liability, 1.55%. These are analyzed in C10.1-300 and C10.2-300. All the rates except Social Security vary from state to state as well as from company to company. The installing contractor's overhead presumes annual billing of $500,000 and up. Overhead percentages may increase with smaller annual billing.

Overhead varies greatly within each trade. Some controlling factors are annual volume, job type, job size, location, local economic conditions, engineering and logistical support staff and equipment requirements. All factors should be examined carefully for each job.

Abbr.	Trade	Base Rate Incl. Fringes		Workers' Comp. Ins.	Average Fixed Overhead	Overhead	Profit	Total Overhead & Profit		Rate with O & P	
		Hourly	Daily					%	Amount	Hourly	Daily
Skwk	Skilled Workers Average (35 trades)	$22.65	$181.20	15.1%	15.7%	12.8%	10%	53.6%	$12.15	$34.80	$278.40
	Helpers Average (5 trades)	17.10	136.80	16.2		13.0		54.9	9.40	26.50	212.00
	Foremen Average, Inside (50¢ over trade)	23.15	185.20	15.1		12.8		53.6	12.40	35.55	284.40
	Foremen Average, Outside ($2.00 over trade)	24.65	197.20	15.1		12.8		53.6	13.20	37.85	302.80
Clab	Common Building Laborers	17.50	140.00	16.6		11.0		53.3	9.35	26.85	214.80
Asbe	Asbestos Workers	24.70	197.60	13.5		16.0		55.2	13.65	38.35	306.80
Boil	Boilermakers	25.05	200.40	9.3		16.0		51.0	12.80	37.85	302.80
Bric	Bricklayers	22.75	182.00	13.7		11.0		50.4	11.45	34.20	273.60
Brhe	Bricklayer Helpers	17.65	141.20	13.7		11.0		50.4	8.90	26.55	212.40
Carp	Carpenters	22.00	176.00	16.6		11.0		53.3	11.75	33.75	270.00
Cefi	Cement Finishers	21.65	173.20	9.6		11.0		46.3	10.00	31.65	253.20
Elec	Electricians	25.15	201.20	6.0		16.0		47.7	12.00	37.15	297.20
Elev	Elevator Constructors	25.35	202.80	7.7		16.0		49.4	12.50	37.85	302.80
Eqhv	Equipment Operators, Crane or Shovel	23.30	186.40	10.4		14.0		50.1	11.65	34.95	279.60
Eqmd	Equipment Operators, Medium Equipment	22.50	180.00	10.4		14.0		50.1	11.25	33.75	270.00
Eqlt	Equipment Operators, Light Equipment	21.40	171.20	10.4		14.0		50.1	10.70	32.10	256.80
Eqol	Equipment Operators, Oilers	19.20	153.60	10.4		14.0		50.1	9.60	28.80	230.40
Eqmm	Equipment Operators, Master Mechanics	24.00	192.00	10.4		14.0		50.1	12.00	36.00	288.00
Glaz	Glaziers	22.55	180.40	11.9		11.0		48.6	10.95	33.50	268.00
Lath	Lathers	21.95	175.60	10.2		11.0		46.9	10.30	32.25	258.00
Marb	Marble Setters	22.55	180.40	13.7		11.0		50.4	11.35	33.90	271.20
Mill	Millwrights	22.95	183.60	9.9		11.0		46.6	10.70	33.65	269.20
Mstz	Mosaic and Terrazzo Workers	22.10	176.80	8.3		11.0		45.0	9.95	32.05	256.40
Pord	Painters, Ordinary	20.80	166.40	12.4		11.0		49.1	10.20	31.00	248.00
Psst	Painters, Structural Steel	21.45	171.60	42.9		11.0		79.6	17.05	38.50	308.00
Pape	Paper Hangers	20.80	166.40	12.4		11.0		49.1	10.20	31.00	248.00
Pile	Pile Drivers	22.20	177.60	25.4		16.0		67.1	14.90	37.10	296.80
Plas	Plasterers	21.80	174.40	13.4		11.0		50.1	10.90	32.70	261.60
Plah	Plasterer Helpers	17.90	143.20	13.4		11.0		50.1	8.95	26.85	214.80
Plum	Plumbers	25.45	203.60	7.5		16.0		49.2	12.50	37.95	303.60
Rodm	Rodmen (Reinforcing)	23.90	191.20	27.6		14.0		67.3	16.10	40.00	320.00
Rofc	Roofers, Composition	20.35	162.80	28.9		11.0		65.6	13.35	33.70	269.60
Rots	Roofers, Tile & Slate	20.45	163.60	28.9		11.0		65.6	13.40	33.85	270.80
Rohe	Roofer Helpers (Composition)	14.90	119.20	28.9		11.0		65.6	9.75	24.65	197.20
Shee	Sheet Metal Workers	25.00	200.00	10.2		16.0		51.9	13.00	38.00	304.00
Spri	Sprinkler Installers	26.40	211.20	7.7		16.0		49.4	13.05	39.45	315.60
Stpi	Steamfitters or Pipefitters	25.50	204.00	7.5		16.0		49.2	12.55	38.05	304.40
Ston	Stone Masons	22.65	181.20	13.7		11.0		50.4	11.40	34.05	272.40
Sswk	Structural Steel Workers	24.10	192.80	35.4		14.0		75.1	18.10	42.20	337.60
Tilf	Tile Layers (Floor)	22.15	177.20	8.3		11.0		45.0	9.95	32.10	256.80
Tilh	Tile Layer Helpers	17.45	139.60	8.3		11.0		45.0	7.85	25.30	202.40
Trlt	Truck Drivers, Light	18.10	144.80	13.5		11.0		50.2	9.10	27.20	217.60
Trhv	Truck Drivers, Heavy	18.40	147.20	13.5		11.0		50.2	9.25	27.65	221.20
Sswl	Welders, Structural Steel	24.10	192.80	35.4		14.0		75.1	18.10	42.20	337.60
Wrck	*Wrecking	17.50	140.00	35.5		11.0		72.2	12.65	30.15	241.20

*Not included in Averages.

GENERAL REQUIREMENTS C10.3-300 Rental Rates

Contractor Equipment (Div. 016)

Rental Rates shown in the front of the book pertain to late model high quality machines in excellent working condition, rented from equipment dealers. Rental rates from contractors may be substantially lower than the rental rates from equipment dealers depending upon economic conditions. For older, less productive machines, reduce rates by a maximum of 15%. Any overtime must be added to the base rates. For shift work, rates are lower. Usual rule of thumb is 150% of one shift rate for two shifts; 200% for three shifts.

For periods of less than one week, operated equipment is usually more economical to rent than renting bare equipment and hiring an operator.

Equipment moving and mobilization costs must be added to rental rates where applicable. A large crane, for instance, may take two days to erect and two days to dismantle.

Rental rates vary throughout the country with larger cities generally having lower rates. Lease plans for new equipment are available for periods in excess of six months with a percentage of payments applying toward purchase.

Monthly rental rates vary from 2% to 5% of the cost of the equipment depending on the anticipated life of the equipment and its wearing parts. Weekly rates are about 1/3 the monthly rates and daily rental rates about 1/3 the weekly rate.

The hourly operating costs for each piece of equipment include costs to the user such as fuel, oil, lubrication, normal expendables for the equipment, and a percentage of mechanic's wages chargeable to maintenance. The hourly operating costs listed do not include the operator's wages.

The daily cost for equipment used in the standard crews (foreword) is figured by dividing the weekly rate by five, then adding eight times the hourly operating cost to give the total daily equipment cost, not including the operator. This figure is in the right hand column of Division 016 under Crew Equip. Cost.

Pile Driving rates shown for pile hammer and extractor do not include leads, crane, boiler or compressor. Vibratory pile driving requires an added field specialist at $310 per day during set-up and pile driving operation for the electric model. The hydraulic model requires a field specialist for set-up only. Up to 125 reuses of sheet piling are possible using vibratory drivers. For normal conditions, crane capacity for hammer type and size are as follows.

Crane Capacity	Hammer Type and Size		
	Air or Steam	Diesel	Vibratory
25 ton	to 8,750 ft.-lb.		70 H.P.
40 ton	15,000 ft.-lb.	to 32,000 ft.-lb.	170 H.P.
60 ton	25,000 ft.-lb.		300 H.P.
100 ton		112,000 ft.-lb.	

Cranes should be specified for the job by size, building and site characteristics, availability, performance characteristics, and duration of time required.

Backhoes & Shovels rent for about the same as equivalent size cranes but maintenance and operating expense is higher. Crane operators rate must be adjusted for high boom heights. Average adjustments: for 150' boom add 55¢ per hour; over 185', add $1.05 per hour; over 210', add $1.30 per hour; over 250', add $2.00 per hour and over 295', add $2.80 per hour.

Tower Cranes

Capacity in Kip-Feet	Typical Jib Length in Feet	Speed at Maximum Reach and Load	Purchase Price (New)		Monthly Rental, to 6 mo.	
			Crane & 80' Mast	Mast Sections	Crane & 80' Mast	Mast Sections
725	100	350 FPM	$204,000	$505/L.F.	$ 6,275	$14.30/L.F.
900	100	500	245,000	585	5,800	15.30
*1100	130	1000	335,000	670	8,425	19.40
1450	150	1000	467,000	935	12,100	23
2150	200	1000	589,000	1,150	15,200	27
3000	200	1000	827,000	1,225	19,900	32

*Most widely used.

Tower Cranes of the climbing or static type have jibs from 50' to 200' and capacities at maximum reach range from 4,000 to 14,000 pounds. Lifting capacities increase up to maximum load as the hook radius decreases.

Typical rental rates, based on purchase price are about 2% to 3% per month.

Erection and dismantling runs between $12,000 and $71,000. Climbing operation takes three men three hours per 20' climb. Crane dead time is about five hours per 40' climb. If crane is bolted to side of the building add cost of ties and extra mast sections. Mast sections cost $510 to $1,225 per vertical foot or can be rented at 2% to 3% of purchase price per month. Contractors using climbers claim savings of $1.50 per C.Y. of concrete placed, plus 12¢ per S.F. of formwork. Climbing cranes have from 80' to 180' of mast while static cranes have 80' to 800' of mast.

Truck Cranes can be converted to tower cranes by using tower attachments. Mast heights over 400' have been used. See Division 016-460 for rental rates of high boom cranes.

A single 100' high material **Hoist and Tower** can be erected and dismantled for about $13,250; a double 100' high hoist and tower for about $19,400. Erection costs for additional heights are $92 and $112 per vertical foot respectively up to 150' and $92 to $148 per vertical foot over 150' high. A 40' high portable Buck hoist costs about $4,700 to erect and dismantle. Additional heights run $72 per vertical foot to 80' and $100 per vertical foot for the next 100'. Most material hoists do not meet local code requirements for carrying personnel.

A 150' high **Personnel Hoist** requires about 500 to 800 man-hours to erect and dismantle with costs ranging from $11,625 to $25,500. Budget erection cost is $130 per vertical foot for all trades. Local code requirements or labor scarcity requiring overtime can add up to 50% to any of the above erection costs.

Earthmoving Equipment: The selection of earthmoving equipment depends upon the type and quantity of material, moisture content, haul distance, haul road, time available, and equipment available. Short haul cut and fill operations may require dozers only, while another operation may require excavators, a fleet of trucks, and spreading and compaction equipment. Stockpiled material and granular material are easily excavated with front end loaders. Scrapers are most economically used with hauls between 300' and 1-1/2 miles if adequate haul roads can be maintained. Shovels are often used for blasted rock and any material where a vertical face of 8' or more can be excavated. Special conditions may dictate the use of draglines, clamshells, or backhoes. Spreading and compaction equipment must be matched to the soil characteristics, the compaction required and the rate the fill is being supplied.

GENERAL REQUIREMENTS C10.3-300 | Rental Rates

Steel Tubular Scaffolding (Div. 015-254)

On new construction, tubular scaffolding is efficient up to 60' high or five stories. Above this it is usually better to use a hung scaffolding if construction permits.

In repairing or cleaning the front of an existing building the cost of tubular scaffolding per S.F. of building front increases as the height increases above the first tier. The first tier cost is relatively high due to leveling and alignment. Swing scaffolding operations may interfere with tenants. In this case the tubular is more practical at all heights.

The minimum efficient crew for erection is three men. For heights over 50', a four-man crew is more efficient. Use two or more on top and two at the bottom for handing up or hoisting. Four men can erect and dismantle about nine frames per hour up to five stories. From five to eight stories they will average six frames per hour. With 7' horizontal spacing this will run about 300 S.F. and 200 S.F. of wall surface, respectively. Time for placing planks must be added to the above. On heights above 50', five planks can be placed per man-hour.

The cost per 1,000 S.F. of building front in the table below was developed by pricing the materials required for a typical tubular scaffolding system eleven frames long and two frames high. Planks were figured five wide for standing plus two wide for materials.

Frames are 2', 4' and 5' wide and usually spaced 7' O.C. horizontally. Sidewalk frames are 6' wide. Rental rates will be lower for jobs over three months duration.

For jobs under twenty-five frames, figure rental at $6.00 per frame. For jobs over one hundred frames, rental can go as low as $2.65 per frame. These figures do not include accessories which are listed separately below. Large quantities for long periods can reduce rental rates by 20%.

Item	Unit	Purchase, Each		Monthly Rent, Each		Per 1,000 S.F. of Building Front	
		Regular	Heavy Duty	Regular	Heavy Duty	No. of Frames	Rental per Mo.
5' Wide Frames, 3' High	Ea.	$55	$ —	$3.65	$ —	—	—
*5'-0" High		70	—	3.65	—	—	—
*6'-6" High		85	—	3.65	—	24	$ 87.60
2' & 4' Wide, 5' High		—	75	—	3.75	—	—
6'-0" High		—	85	—	3.75	—	—
6' Wide Frame, 7'-6" High		130	155	7.95	10	—	—
Sidewalk Bracket, 20"		20	—	1.60	—	12	19.20
Guardrail Post		15	—	1.10	—	12	13.20
Guardrail, 7' section		7	—	.80	—	11	8.80
Cross Braces		15	17	.75	.75	44	33.00
Screw Jacks & Plates		20	30	2.00	2.50	24	48.00
8" Casters		50	—	5.75	—	—	—
16' Plank, 2" x 10"		22	—	5.10	—	35	178.50
8' Plank, 2" x 10"		11	—	3.75	—	7	26.25
1' to 6' Extension Tube		—	70	—	2.50	—	—
Shoring Stringers, steel, 10' to 12' long	L.F.	—	7	—	.40	—	—
Aluminum, 12' to 16' long		—	16	—	.60	—	—
Aluminum joists with nailers, 10' to 22' long		—	12.50	—	.50	—	—
Flying Truss System, Aluminum	S.F.C.A.	—	10	—	.60	—	—
						Total	$414.55
						2 Use/Mo.	$207.28

*Most commonly used

Scaffolding is often used as falsework over 15' high during construction of cast-in-place concrete beams and slabs. Two ft. wide scaffolding is generally used for heavy beam construction. The span between frames depends upon the load to be carried with a maximum span of 5'.

Heavy duty scaffolding with a capacity of 10,000#/leg can be spaced up to 10' O.C. depending upon form support design and loading.

Scaffolding used as horizontal shoring requires less than half the material required with conventional shoring.

On new construction, erection is done by carpenters.

Rolling towers supporting horizontal shores can reduce labor and speed the job. For maintenance work, catwalks with spans up to 70' can be supported by the rolling towers.

REPAIR & REMODELING — C10.4-400 — Cost Factors

Repair and Remodeling

Cost figures in MEANS ELECTRICAL COST DATA are based on new construction utilizing the most cost-effective combination of labor, equipment and material with the work scheduled in proper sequence to allow the various trades to accomplish their work in an efficient manner.

The costs for repair and remodeling work must be modified due to the following factors that may be present in any given repair and remodeling project:

1. Equipment usage curtailment due to the physical limitations of the project, with only hand-operated equipment being used.
2. Increased requirement for shoring and bracing to hold up the building while structural changes are being made and to allow for temporary storage of construction materials on above-grade floors.
3. Material handling becomes more costly due to having to move within the confines of an enclosed building. For multi-story construction, low capacity elevators and stairwells may be the only access to the upper floors.
4. Large amount of cutting and patching and attempting to match the existing construction is required. It is often more economical to remove entire walls rather than create many new door and window openings. This sort of trade-off has to be carefully analyzed.
5. Cost of protection of completed work is increased since the usual sequence of construction usually can not be accomplished.
6. Economies of scale usually associated with new construction may not be present. If small quantities of components must be custom fabricated due to job requirements, unit costs will naturally increase. Also, if only small work areas are available at a given time, job scheduling between trades becomes difficult and subcontractor quotations may reflect the excessive start-up and shut-down phases of the job.
7. Work may have to be done on other than normal shifts and may have to be done around an existing production facility which has to stay in production during the course of the repair and remodeling.
8. Dust and noise protection of adjoining non-construction areas can involve substantial special protection and alter usual construction methods.
9. Job may be delayed due to unexpected conditions discovered during demolition or removal. These delays ultimately increase construction costs.
10. Piping and ductwork runs may not be as simple as for new construction. Wiring may have to be snaked through walls and floors.
11. Matching "existing construction" may be impossible because materials may no longer be manufactured. Substitutions may be expensive.
12. Weather protection of existing structure requires additional temporary structures to protect building at opening.
13. On small projects, because of local conditions, it may be necessary to pay a tradesman for a minimum of four hours for a task that is completed in one hour.

All of the above areas can contribute to increased costs for a repair and remodeling project. Each of the above factors should be considered in the planning, bidding and construction stage in order to minimize the increased costs associated with repair and remodeling jobs.

SQUARE FOOT — C14.1-000 | General

Square Foot and Cubic Foot Building Costs (Div. 171)

The cost figures in division 171 were derived from more than 11,300 projects contained in the Means Data Bank of Construction Costs and include the contractor's overhead and profit, but do not include architectural fees or land costs. The figures have been adjusted to January 1, 1991. New projects are added to our files each year and projects over ten years old are discarded. For this reason, certain costs may not show a uniform annual progression. In no case are all subdivisions of a project listed.

These projects were located throughout the U.S. and reflect tremendous differences in S.F. and C.F. costs. This is due to both differences in labor and material costs, plus differences in the owner's requirements. For instance, a bank in a large city would have different features than one in a rural area. This is true of all different types of buildings analyzed. As a general rule, the projects on the low side did not include any site work or equipment, but the projects on the high side may include both equipment and site work. The median figures do not generally include site work.

None of the figures "go with" any others. All individual cost items were computed and tabulated separately. Thus the sum of the median figures for Plumbing, HVAC and Electrical will not normally total up to the total Mechanical and Electrical costs arrived at by separate analysis and tabulation of the projects.

Each building was analyzed as to total and component costs and percentages. The figures were arranged in ascending order with the results tabulated as shown. The 1/4 column shows that 25% of the projects had lower costs, 75% higher. The 3/4 column shows that 75% of the projects had lower costs, 25% had higher. The median column shows that 50% of the projects had lower costs, 50% had higher.

There are two times when square foot costs are useful. The first is in the conceptual stage when no details are available. Then square foot costs make a useful starting point. The second is after the bids are in and the costs can be worked back into their appropriate units for information purposes. As soon as details become available in the project design, the square foot approach should be discontinued and the project priced as to its particular components. When more precision is required or for estimating the replacement cost of specific buildings, the "Means Square Foot Costs 1991" should be used.

In using the figures in division 171, it is recommended that the median column be used for preliminary figures if no additional information is available. The median figures, when multiplied by the total city construction cost index figures (see Appendix) and then multiplied by the project size modifier on the preceding page, should present a fairly accurate base figure, which would then have to be adjusted in view of the estimator's experience, local economic conditions, code requirements and the owner's particular requirements. There is no need to factor the percentage figures as these should remain constant from city to city. All tabulations mentioning air conditioning had at least partial air conditioning.

The editors of this book would greatly appreciate receiving cost figures on one or more of your recent projects which would then be included in the averages for next year. All cost figures received will be kept confidential except that they will be averaged with other similar projects to arrive at S.F. and C.F. cost figures for next year's book. See the last two pages of the book for details and the discount available for submitting one or more of your projects.

SQUARE FOOT — C14.1-100 | S.F., C.F., & % of Total Costs

The figures in the table below indicate typical ranges in square feet as a function of the "occupant" unit. This table is best used in the preliminary design stages to help determine the probable size requirement for the total project. See next page for the typical total size ranges for various types of buildings.

Table 14.1-101 Unit Gross Area Requirements

Building Type	Unit	Gross Area in S.F.		
		1/4	Median	3/4
Apartments	Unit	660	860	1,100
Auditorium & Play Theaters	Seat	18	25	38
Bowling Alleys	Lane		940	
Churches & Synagogues	Seat	20	28	39
Dormitories	Bed	200	230	275
Fraternity & Sorority Houses	Bed	220	315	370
Garages, Parking	Car	325	355	385
Hospitals	Unit	685	850	1,075
Hotels	Rental Unit	475	600	710
Housing for the Elderly	Unit	515	635	755
Housing, Pubic	Unit	700	875	1,030
Ice Skating Rinks	Total	27,000	30,000	36,000
Motels	Rental Unit	360	465	620
Nursing Homes	Bed	290	350	450
Restaurants	Seat	23	29	39
Schools, Elementary	Pupil	65	77	90
Junior High & Middle	↓	85	110	129
Senior High		102	130	145
Vocational		110	135	195
Shooting Ranges	Point		450	
Theaters & Movies	Seat		15	

SQUARE FOOT — C14.1-100 — S.F., C.F., & % of Total Costs

Square Foot Project Size Modifier (Div. 171)

One factor that affects the S.F. cost of a particular building is the size. In general, for buildings built to the same specifications in the same locality, the larger building will have the lower S.F. Cost. This is due mainly to the decreasing contribution of the exterior walls plus the economy of scale usually achievable in larger buildings. The Area Conversion Scale shown below will give a factor to convert costs for the typical size building to an adjusted cost for the particular project.

The Square Foot Base Size lists the median costs, most typical project size in our accumulated data and the range in size of the projects.

The Size Factor for your project is determined by dividing your project area in S.F. by the typical project size for the particular Building Type. With this factor, enter the Area Conversion Scale at the appropriate Size Factor and determine the appropriate cost multiplier for your building size.

Example: Determine the cost per S.F. for a 100,000 S.F. Mid-rise apartment building.

$$\frac{\text{Proposed building area} = 100{,}000 \text{ S.F.}}{\text{Typical size from below} = 50{,}000 \text{ S.F.}} = 2.00$$

Enter Area Conversion scale at 2.0, intersect curve, read horizontally the appropriate cost multiplier of 0.94. Size adjusted cost becomes 0.94 × $55.40=$52.08 based on national average costs.

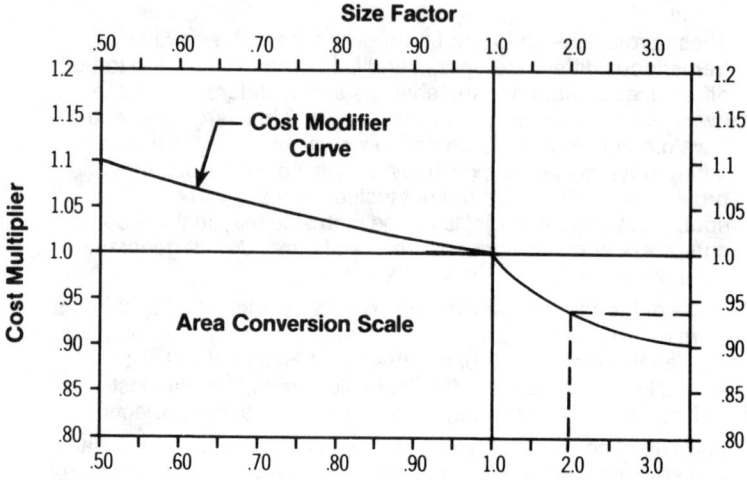

Note: For Size Factors less than .50, the Cost Multiplier is 1.1
For Size Factors greater than 3.5, the Cost Multiplier is .90

Building Type	Median Cost per S.F.	Typical Size Gross S.F.	Typical Range Gross S.F.	Building Type	Median Cost per S.F.	Typical Size Gross S.F.	Typical Range Gross S.F.
Apartments, Low Rise	$ 44.30	21,000	9,700 - 37,200	Jails	$130.00	13,700	7,500 - 28,000
Apartments, Mid Rise	55.40	50,000	32,000 - 100,000	Libraries	79.15	12,000	7,000 - 31,000
Apartments, High Rise	64.35	310,000	100,000 - 650,000	Medical Clinics	76.50	7,200	4,200 - 15,700
Auditoriums	75.80	25,000	7,600 - 39,000	Medical Offices	71.90	6,000	4,000 - 15,000
Auto Sales	47.05	20,000	10,800 - 28,600	Motels	55.85	27,000	15,800 - 51,000
Banks	103.00	4,200	2,500 - 7,500	Nursing Homes	75.75	23,000	15,000 - 37,000
Churches	67.40	9,000	5,300 - 13,200	Offices, Low Rise	60.35	8,600	4,700 - 19,000
Clubs, Country	66.05	6,500	4,500 - 15,000	Offices, Mid Rise	65.05	52,000	31,300 - 83,100
Clubs, Social	65.05	10,000	6,000 - 13,500	Offices, High Rise	79.25	260,000	151,000 - 468,000
Clubs, YMCA	69.80	28,300	12,800 - 39,400	Police Stations	101.00	10,500	4,000 - 19,000
Colleges (Class)	89.75	50,000	23,500 - 98,500	Post Offices	76.20	12,400	6,800 - 30,000
Colleges (Science Lab)	109.00	45,600	16,600 - 80,000	Power Plants	555.00	7,500	1,000 - 20,000
College (Student Union)	96.95	33,400	16,000 - 85,000	Religious Education	56.30	9,000	6,000 - 12,000
Community Center	70.65	9,400	5,300 - 16,700	Research	103.00	19,000	6,300 - 45,000
Court Houses	94.00	32,400	17,800 - 106,000	Restaurants	89.75	4,400	2,800 - 6,000
Dept. Stores	41.55	90,000	44,000 - 122,000	Retail Stores	43.60	7,200	4,000 - 17,600
Dormitories, Low Rise	68.20	24,500	13,400 - 40,000	Schools, Elementary	65.40	41,000	24,500 - 55,000
Dormitories, Mid Rise	86.35	55,600	36,100 - 90,000	Schools, Jr. High	65.95	92,000	52,000 - 119,000
Factories	36.35	26,400	12,900 - 50,000	Schools, Sr. High	66.10	101,000	50,500 - 175,000
Fire Stations	73.20	5,800	4,000 - 8,700	Schools, Vocational	62.85	37,000	20,500 - 82,000
Fraternity Houses	64.10	12,500	8,200 - 14,800	Sports Arenas	51.40	15,000	5,000 - 40,000
Funeral Homes	64.25	7,800	4,500 - 11,000	Supermarkets	43.35	20,000	12,000 - 30,000
Garages, Commercial	48.45	9,300	5,000 - 13,600	Swimming Pools	74.15	13,000	7,800 - 22,000
Garages, Municipal	53.50	8,300	4,500 - 12,600	Telephone Exchange	119.00	4,500	1,200 - 10,600
Garages, Parking	22.50	163,000	76,400 - 225,300	Terminals, Bus	57.25	11,400	6,300 - 16,500
Gymnasiums	62.60	19,200	11,600 - 41,000	Theaters	61.35	10,500	8,800 - 17,500
Hospitals	123.00	55,000	27,200 - 125,000	Town Halls	72.25	10,800	4,800 - 23,400
House (Elderly)	62.00	37,000	21,000 - 66,000	Warehouses	28.55	25,000	8,000 - 72,000
Housing (Public)	52.65	36,000	14,400 - 74,400	Warehouse & Office	32.95	25,000	8,000 - 72,000
Ice Rinks	49.95	29,000	27,200 - 33,600				

SECTION D
APPENDIX

TABLE OF CONTENTS

Historical Cost Index	346
City Cost Indexes	347
Abbreviations	356
Index	359

CITY COST INDEXES

Historical Cost Indexes

The table below lists both the Means City Cost Index based on Jan. 1, 1975 = 100 as well as the computed value of an index based on January 1, 1991 costs. Since the Jan. 1, 1991 figure is estimated, space is left to write in the actual index figures as they become available thru either the quarterly "Means Construction Cost Indexes" or as printed in the "Engineering News-Record". To compute the actual index based on Jan. 1, 1991 = 100, divide the Quarterly City Cost Index for a particular year by the actual Jan. 1, 1991 Quarterly City Cost Index. Space has been left to advance the index figures as the year progresses.

Year	"Quarterly City Cost Index" Jan. 1, 1975 = 100		Current Index Based on Jan. 1, 1991 = 100		Year	"Quarterly City Cost Index" Jan. 1, 1975 = 100	Current Index Based on Jan. 1, 1991 = 100		Year	"Quarterly City Cost Index" Jan. 1, 1975 = 100	Current Index Based on Jan. 1, 1991 = 100	
	Est.	Actual	Est.	Actual		Actual	Est.	Actual		Actual	Est.	Actual
Oct. 1991					July 1978	122.4	56.0		July 1962	46.2	21.1	
July 1991					1977	113.3	51.9		1961	45.4	20.8	
April 1991					1976	107.3	49.1		1960	45.0	20.6	
Jan. 1991	218.5		100.0	100.0	1975	102.6	47.0		1959	44.2	20.2	
July 1990		215.9	98.8		1974	94.7	43.3		1958	43.0	19.7	
1989		210.9	96.5		1973	86.3	39.5		1957	42.2	19.3	
1988		205.7	94.1		1972	79.7	36.5		1956	40.4	18.5	
1987		200.7	91.9		1971	73.5	33.6		1955	38.1	17.4	
1986		192.8	88.2		1970	65.8	30.1		1954	36.7	16.8	
1985		189.1	86.5		1969	61.6	28.2		1953	36.2	16.6	
1984		187.6	85.9		1968	56.9	26.0		1952	35.3	16.2	
1983		183.5	84.0		1967	53.9	24.7		1951	34.4	15.7	
1982		174.3	79.8		1966	51.9	23.8		1950	31.4	14.4	
1981		160.2	73.3		1965	49.7	22.7		1949	30.4	13.9	
1980		144.0	65.9		1964	48.6	22.2		1948	30.4	13.9	
1979		132.3	60.5		1963	47.3	21.6		1947	27.6	12.6	

City Cost Indexes

Tabulated on the following pages are average construction cost indexes for 162 major U.S. and Canadian cities. Index figures for both material and installation are based on the 30 major city average of 100 and represent the cost relationship as of July 1, 1990. The index for each division is computed from representative material and labor quantities for that division. The weighted average for each city is a weighted total of the components listed above it, but does not include relative productivity between trades or cities.

The material index for the weighted average includes about 100 basic construction materials with appropriate quantities of each material to represent typical "average" building construction projects.

The installation index for the weighted average includes the contribution of about 30 construction trades with their representative man-days in proportion to the material items installed. Also included in the installation costs are the representative equipment costs for those items requiring equipment.

Since each division of the book contains many different items, any particular item multiplied by the particular city index may give incorrect results. However, when all the book costs for a particular division are summarized and then factored, the result should be very close to the actual costs for that particular division for that city.

If a project has a preponderance of materials from any particular division (say structural steel), then the weighted average index should be adjusted in proportion to the value of the factor for that division.

Adjustments to Costs

Time Adjustment using the Historical Cost Indexes:

$$\frac{\text{Index for Year A}}{\text{Index for Year B}} \times \text{Cost in Year B} = \text{Cost in Year A}$$

Location Adjustment using the City Cost Indexes:

$$\frac{\text{Index for City A}}{\text{Index for City B}} \times \text{Cost in City B} = \text{Cost in City A}$$

Adjustment from the National Average:

$$\text{National Average Cost} \times \frac{\text{Index for City A}}{100} = \text{Cost in City A}$$

Note: The City Cost Indexes for Canada can be used to convert U.S. national averages to local costs in Canadian dollars.

CITY COST INDEXES

	DIVISION	ALABAMA											ALASKA			ARIZONA		
		BIRMINGHAM			HUNTSVILLE			MOBILE			MONTGOMERY			ANCHORAGE			PHOENIX		
		MAT.	INST.	TOTAL	MAT.	INST.	TOTAL	MAT.	INST.	TOTAL	MAT.	INST.	TOTAL	MAT.	INST.	TOTAL	MAT.	INST.	TOTAL
2	SITE WORK	100.0	89.2	95.2	119.5	87.0	105.0	122.5	86.2	106.4	91.9	85.4	89.0	158.9	126.5	144.5	92.4	93.9	93.1
3.1	FORMWORK	97.7	70.2	76.4	103.3	61.0	70.5	106.6	72.0	79.8	112.5	64.2	75.1	124.4	136.2	133.6	108.6	85.3	90.5
3.2	REINFORCING	94.5	69.8	84.5	95.7	62.8	82.4	82.9	69.9	77.6	82.9	69.8	77.6	117.7	130.6	123.0	110.4	89.8	102.1
3.3	CAST IN PLACE CONC.	89.2	91.2	90.4	101.8	89.5	94.3	99.9	92.5	95.4	101.1	88.9	93.7	225.7	111.2	155.8	105.4	92.2	97.4
3	CONCRETE	92.1	81.1	85.1	100.8	76.0	85.0	97.4	82.5	87.9	99.3	77.6	85.5	181.3	122.7	144.1	107.2	89.3	95.8
4	MASONRY	81.6	75.2	76.7	88.4	62.1	68.3	93.8	75.4	79.7	86.5	50.9	59.2	149.9	133.3	137.2	93.5	77.1	81.0
5	METALS	95.6	76.9	89.0	100.0	72.1	90.2	93.4	77.7	87.9	95.7	76.9	89.1	116.3	122.4	118.4	99.1	90.5	96.1
6	WOOD & PLASTICS	92.1	71.5	80.6	107.5	64.0	83.3	91.9	74.2	82.0	101.7	68.0	83.0	117.9	132.6	126.1	99.3	83.8	90.7
7	MOISTURE PROTECTION	84.5	59.0	76.4	92.1	57.2	81.0	87.3	60.6	78.8	88.6	57.4	78.7	102.6	137.0	113.5	92.6	83.7	89.8
8	DOORS, WINDOWS, GLASS	90.7	70.6	80.3	100.0	58.9	79.2	98.4	71.5	84.5	98.0	65.3	81.1	128.5	125.8	127.1	103.0	81.5	91.9
9.1	LATH & PLASTER	95.8	67.9	74.7	91.1	66.2	72.3	91.8	77.8	81.2	108.3	66.7	76.7	120.3	137.8	133.5	93.4	89.1	90.2
9.2	DRYWALL	100.8	70.7	86.8	108.6	63.3	87.5	92.8	74.4	84.2	101.0	68.0	85.6	121.9	134.5	127.8	90.6	83.9	87.5
9.5	ACOUSTICAL WORK	97.7	70.7	83.1	100.1	63.0	80.0	93.1	73.2	82.3	93.1	66.8	78.9	123.9	133.8	129.2	103.6	82.7	92.3
9.6	FLOORING	112.0	71.4	101.1	97.5	62.1	88.0	114.0	76.8	104.1	100.9	45.1	86.0	117.3	130.2	120.7	93.2	86.1	91.3
9.8	PAINTING	104.2	66.7	74.5	110.6	65.4	74.7	121.4	75.7	85.2	119.6	74.4	83.8	123.1	137.8	134.8	96.3	79.1	82.6
9	FINISHES	103.3	69.2	85.1	105.3	64.1	83.3	100.4	75.2	87.0	102.4	68.4	84.3	121.1	135.5	128.8	92.8	82.6	87.4
10-14	TOTAL DIV. 10-14	100.0	76.3	93.1	100.0	75.5	92.9	100.0	80.3	94.3	100.0	74.9	92.7	100.0	133.8	109.8	100.0	89.8	97.0
15	MECHANICAL	96.5	69.6	83.1	99.3	70.0	84.7	97.3	72.2	84.8	99.0	67.4	83.3	107.2	123.6	115.4	98.4	84.6	91.5
16	ELECTRICAL	94.9	70.0	77.8	92.6	69.1	76.4	90.5	73.6	78.9	91.6	59.5	69.5	107.5	133.0	125.1	105.3	76.8	85.7
1-16	WEIGHTED AVERAGE	95.0	74.2	83.8	100.2	69.4	83.8	97.8	76.2	86.3	96.9	67.4	81.1	125.4	128.4	127.0	99.1	84.1	91.1

	DIVISION	ARIZONA			ARKANSAS						CALIFORNIA								
		TUCSON			FORT SMITH			LITTLE ROCK			ANAHEIM			BAKERSFIELD			FRESNO		
		MAT.	INST.	TOTAL	MAT.	INST.	TOTAL	MAT.	INST.	TOTAL	MAT.	INST.	TOTAL	MAT.	INST.	TOTAL	MAT.	INST.	TOTAL
2	SITE WORK	110.2	96.1	103.9	99.9	89.4	95.2	106.8	91.6	100.0	104.6	112.6	108.2	97.0	111.3	103.4	94.7	120.2	106.0
3.1	FORMWORK	109.1	85.1	90.5	111.2	63.8	74.4	103.4	63.6	72.6	104.6	122.6	118.6	124.8	122.6	123.1	110.1	122.3	119.5
3.2	REINFORCING	95.0	89.8	92.9	124.5	63.9	99.9	117.7	59.1	94.0	99.3	129.3	111.4	96.0	129.3	109.5	106.5	129.3	115.7
3.3	CAST IN PLACE CONC.	105.5	96.8	100.2	90.4	90.0	90.1	98.4	90.4	93.5	109.3	109.8	109.6	103.2	109.9	107.3	92.9	107.9	102.1
3	CONCRETE	103.8	91.6	96.1	102.2	77.4	86.5	103.7	77.2	86.9	106.1	116.5	112.7	105.8	116.6	112.7	99.4	115.4	109.6
4	MASONRY	92.3	77.1	80.7	95.3	70.3	76.1	88.8	70.3	74.6	108.8	129.4	124.6	100.9	112.7	109.9	119.7	110.4	112.6
5	METALS	90.8	92.1	91.3	96.5	73.2	88.3	106.2	70.2	93.5	99.1	121.6	107.0	99.3	121.8	107.2	94.9	123.1	104.8
6	WOOD & PLASTICS	106.2	83.3	93.5	107.2	65.0	83.7	94.9	65.0	78.3	96.2	117.6	108.1	95.2	117.6	107.7	96.8	119.4	109.4
7	MOISTURE PROTECTION	105.5	73.5	95.3	84.8	61.8	77.5	84.3	61.8	77.2	107.9	129.2	114.6	84.9	114.7	94.4	107.5	109.7	108.2
8	DOORS, WINDOWS, GLASS	88.1	81.5	84.7	92.7	58.0	74.7	95.1	58.1	76.0	93.3	122.1	108.2	99.9	116.1	108.3	101.1	118.0	109.9
9.1	LATH & PLASTER	109.0	86.0	91.5	92.9	70.4	75.8	98.4	70.4	77.2	97.2	131.2	122.9	92.2	99.4	97.7	102.1	114.0	111.1
9.2	DRYWALL	82.1	83.9	82.9	95.0	63.7	80.4	114.8	63.7	91.0	97.4	122.4	109.0	97.9	112.0	104.5	98.9	118.8	108.2
9.5	ACOUSTICAL WORK	113.6	82.7	96.9	83.7	63.7	72.9	83.7	63.7	72.9	81.4	118.2	101.3	93.2	118.2	106.8	96.7	120.2	109.4
9.6	FLOORING	110.0	82.1	102.5	89.5	70.9	84.5	88.7	70.9	84.0	116.9	137.6	122.4	111.7	100.3	108.7	88.7	99.1	91.5
9.8	PAINTING	98.5	78.1	82.3	111.0	49.1	61.9	104.7	62.0	70.8	108.3	117.9	115.9	120.1	119.7	119.8	107.9	98.0	100.0
9	FINISHES	93.1	81.8	87.1	94.5	59.0	75.9	105.1	64.0	83.2	101.6	122.1	112.5	102.8	113.6	108.5	97.5	110.0	104.2
10-14	TOTAL DIV. 10-14	100.0	89.0	96.8	100.0	72.4	92.0	100.0	73.0	92.1	100.0	126.6	107.7	100.0	124.1	107.0	100.0	143.9	112.7
15	MECHANICAL	98.7	88.7	93.8	97.2	62.9	80.2	96.8	66.7	81.8	96.8	120.5	108.6	95.0	95.3	95.2	92.8	111.7	102.2
16	ELECTRICAL	103.2	81.4	88.2	100.1	68.6	78.4	94.2	71.9	78.8	99.5	117.1	111.6	107.1	100.0	102.2	110.6	94.7	99.6
1-16	WEIGHTED AVERAGE	99.0	85.6	91.9	97.2	69.3	82.3	98.9	70.7	83.8	101.0	120.9	111.7	99.1	110.1	105.0	99.6	112.9	106.7

	DIVISION	CALIFORNIA																	
		LOS ANGELES			OXNARD			RIVERSIDE			SACRAMENTO			SAN DIEGO			SAN FRANCISCO		
		MAT.	INST.	TOTAL	MAT.	INST.	TOTAL	MAT.	INST.	TOTAL	MAT.	INST.	TOTAL	MAT.	INST.	TOTAL	MAT.	INST.	TOTAL
2	SITE WORK	97.8	116.0	105.9	101.9	104.6	103.1	98.7	111.6	104.5	86.4	105.1	94.7	95.3	108.3	101.1	102.1	116.4	108.5
3.1	FORMWORK	111.4	123.0	120.4	98.5	123.1	117.6	114.0	122.6	120.7	110.1	125.9	122.3	105.2	123.1	119.1	103.2	136.2	128.8
3.2	REINFORCING	86.6	129.3	103.9	99.3	129.3	111.4	124.5	129.3	126.4	99.3	129.3	111.4	117.6	129.3	122.3	123.1	129.3	125.6
3.3	CAST IN PLACE CONC.	96.7	112.9	106.6	102.3	110.5	107.3	102.3	110.2	107.1	115.8	107.1	110.5	99.4	104.7	102.6	100.3	117.6	110.8
3	CONCRETE	97.4	118.3	110.7	100.9	117.1	111.2	109.6	116.7	114.1	111.1	116.4	114.4	104.6	114.1	110.6	106.0	125.9	118.6
4	MASONRY	108.7	129.4	124.5	100.8	123.6	118.3	105.2	114.9	112.7	103.3	112.0	109.9	110.4	109.6	109.8	126.4	149.9	144.4
5	METALS	101.6	122.5	109.0	105.2	121.8	111.1	99.1	121.6	107.0	111.1	123.0	115.3	99.1	120.6	106.6	103.9	126.1	111.7
6	WOOD & PLASTICS	99.6	118.6	110.2	92.7	118.5	107.1	94.7	117.6	107.4	78.3	124.0	103.7	96.1	118.2	108.4	95.1	135.1	116.4
7	MOISTURE PROTECTION	103.9	131.7	112.7	90.2	128.8	102.4	90.7	124.7	101.5	85.3	119.6	96.2	94.5	110.0	99.4	100.4	134.8	111.3
8	DOORS, WINDOWS, GLASS	102.6	122.1	112.7	102.6	122.1	112.7	103.2	122.1	112.9	91.8	118.5	105.7	107.4	122.2	115.1	113.5	132.7	123.5
9.1	LATH & PLASTER	96.3	131.2	122.7	97.6	121.0	115.4	97.6	123.6	117.3	99.1	125.6	119.2	101.9	109.6	107.7	101.5	143.9	133.6
9.2	DRYWALL	89.1	122.4	104.6	98.7	119.7	108.5	94.8	122.4	107.6	97.4	124.3	109.9	99.9	118.8	108.7	81.0	138.0	107.6
9.5	ACOUSTICAL WORK	98.9	118.2	109.4	87.5	118.2	104.1	87.5	118.2	104.1	85.6	124.8	106.9	100.8	118.9	110.7	100.9	136.8	120.3
9.6	FLOORING	96.2	137.6	107.3	95.9	137.6	107.1	95.9	137.6	107.1	86.0	126.8	96.9	98.2	128.7	106.4	107.0	136.1	114.8
9.8	PAINTING	83.9	127.0	118.1	92.1	112.9	108.6	100.7	117.9	114.4	112.9	128.0	124.8	91.4	126.4	119.2	102.1	143.7	135.2
9	FINISHES	91.1	125.3	109.3	96.5	118.6	108.3	95.1	121.6	109.2	95.5	125.9	111.7	98.8	121.6	110.9	91.0	140.1	117.1
10-14	TOTAL DIV. 10-14	100.0	126.9	107.8	100.0	126.5	107.7	100.0	126.4	107.6	100.0	145.6	113.2	100.0	124.6	107.1	100.0	151.6	114.9
15	MECHANICAL	97.6	124.0	110.7	98.5	120.1	109.3	96.6	123.3	109.9	97.9	117.0	107.4	102.8	121.4	112.1	113.0	172.3	136.5
16	ELECTRICAL	101.9	126.4	118.8	99.5	112.7	108.6	99.0	123.6	114.1	110.6	90.8	97.0	105.7	103.1	103.9	108.0	148.6	136.0
1-16	WEIGHTED AVERAGE	99.3	123.7	112.3	99.4	118.9	109.8	99.6	119.7	110.3	99.8	115.1	108.0	101.7	115.0	108.8	103.3	143.7	124.9

CITY COST INDEXES

DIVISION		CALIFORNIA									COLORADO						CONNECTICUT		
		SANTA BARBARA			STOCKTON			VALLEJO			COLO SPRINGS			DENVER			BRIDGEPORT		
		MAT.	INST.	TOTAL	MAT.	INST.	TOTAL	MAT.	INST.	TOTAL	MAT.	INST.	TOTAL	MAT.	INST.	TOTAL	MAT.	INST.	TOTAL
2	SITE WORK	125.2	112.3	119.5	121.0	113.5	117.6	106.9	114.9	110.5	98.7	92.2	95.8	105.6	99.1	102.7	121.1	97.5	110.6
3.1	FORMWORK	115.0	122.8	121.0	106.7	122.2	118.7	113.6	135.2	130.3	103.4	69.5	77.1	94.4	78.9	82.4	122.5	85.9	94.1
3.2	REINFORCING	99.3	129.3	111.4	83.3	129.3	101.9	99.3	129.3	111.4	96.0	84.9	91.5	107.4	84.9	98.3	112.7	110.7	111.9
3.3	CAST IN PLACE CONC.	125.5	122.0	123.4	102.9	107.5	105.7	102.9	107.1	105.5	113.8	95.0	102.3	123.0	91.9	104.0	102.8	99.4	100.8
3	CONCRETE	117.5	122.9	121.0	99.2	115.2	109.3	104.2	120.1	114.3	107.8	84.1	92.7	113.8	86.2	96.3	108.9	95.1	100.2
4	MASONRY	118.5	121.0	120.4	112.3	112.0	112.1	109.8	137.0	130.6	105.9	81.4	87.1	104.0	81.8	87.0	106.3	94.6	97.4
5	METALS	96.1	125.5	106.4	91.6	122.8	102.6	88.8	123.0	100.8	91.4	87.5	90.1	95.7	86.6	92.5	91.8	105.6	96.6
6	WOOD & PLASTICS	108.6	118.2	113.9	86.1	119.5	104.7	99.2	135.5	119.4	86.3	69.0	76.7	91.4	80.5	85.3	107.0	82.9	93.6
7	MOISTURE PROTECTION	89.9	106.5	95.2	89.3	111.6	96.4	87.6	126.2	99.9	85.5	77.0	82.8	116.4	78.9	104.5	100.1	113.3	104.3
8	DOORS, WINDOWS, GLASS	103.9	122.1	113.3	95.3	116.5	106.3	99.1	132.7	116.5	98.3	77.3	87.4	90.8	80.9	85.7	102.1	96.3	99.1
9.1	LATH & PLASTER	104.4	112.7	110.7	100.2	116.5	112.5	100.2	122.4	117.0	101.9	89.5	92.5	88.0	92.8	91.6	106.0	91.4	95.0
9.2	DRYWALL	122.7	120.0	121.4	107.2	118.9	112.7	107.9	131.4	118.8	93.2	76.2	85.3	88.3	86.7	87.5	113.0	81.1	98.1
9.5	ACOUSTICAL WORK	87.5	118.2	104.1	85.6	120.2	104.4	88.5	136.8	114.6	94.7	67.9	80.2	96.5	80.1	87.6	105.9	82.8	93.4
9.6	FLOORING	101.9	123.2	107.6	84.9	104.6	90.2	84.3	136.1	98.2	108.0	76.0	99.4	99.5	97.9	99.1	85.1	95.1	87.8
9.8	PAINTING	118.9	112.9	114.1	102.9	101.4	101.7	105.9	128.0	123.5	117.5	74.4	83.3	104.1	87.4	90.9	121.4	80.6	89.0
9	FINISHES	114.5	117.1	115.9	100.0	111.8	106.3	100.7	130.4	116.6	99.3	75.7	86.7	93.0	87.6	90.1	106.9	82.7	94.0
10-14	TOTAL DIV. 10-14	100.0	124.8	107.2	100.0	144.1	112.7	100.0	148.4	114.0	100.0	88.9	96.8	100.0	90.5	97.2	100.0	110.7	103.1
15	MECHANICAL	98.6	119.9	109.2	96.9	111.3	104.1	95.3	134.8	115.2	97.8	86.3	92.1	97.1	85.8	91.4	103.6	96.7	100.1
16	ELECTRICAL	98.8	112.9	108.5	101.2	110.5	107.6	110.8	123.1	119.3	98.8	78.7	84.9	96.3	80.3	85.2	103.8	90.1	94.3
1-16	WEIGHTED AVERAGE	105.3	119.4	112.8	99.2	114.8	107.5	99.4	129.0	115.2	98.6	82.5	90.0	101.1	85.0	92.5	104.0	95.2	99.3

DIVISION		CONNECTICUT											DELAWARE			D.C.		
		HARTFORD			NEW HAVEN			STAMFORD			WATERBURY			WILMINGTON			WASHINGTON		
		MAT.	INST.	TOTAL	MAT.	INST.	TOTAL	MAT.	INST.	TOTAL	MAT.	INST.	TOTAL	MAT.	INST.	TOTAL	MAT.	INST.	TOTAL
2	SITE WORK	100.2	97.8	99.1	116.9	95.7	107.5	124.8	99.3	113.4	109.1	96.8	103.6	115.1	101.6	109.1	89.9	94.1	91.8
3.1	FORMWORK	111.3	88.7	93.8	110.7	87.6	92.8	112.1	83.5	89.9	101.8	87.5	90.7	105.1	101.3	102.2	106.7	88.3	92.5
3.2	REINFORCING	115.2	110.7	113.4	112.7	110.7	111.9	130.7	110.7	122.6	115.2	110.7	113.4	112.1	100.7	107.8	108.6	87.7	100.1
3.3	CAST IN PLACE CONC.	98.3	99.4	99.0	95.1	98.9	97.4	117.8	99.8	106.8	114.9	99.5	105.5	99.0	113.5	107.8	102.7	91.0	95.6
3	CONCRETE	104.7	96.2	99.3	102.1	95.5	97.9	119.5	94.4	103.6	112.4	95.8	101.8	103.3	107.6	106.0	104.8	89.7	95.2
4	MASONRY	99.6	94.8	96.0	122.7	94.7	101.3	122.8	95.9	102.2	109.7	94.7	98.2	101.7	91.1	93.5	92.5	91.9	92.0
5	METALS	92.5	105.6	97.1	85.2	105.6	92.4	85.7	105.6	92.7	88.1	105.6	94.2	85.7	104.7	92.3	103.0	91.8	99.1
6	WOOD & PLASTICS	114.4	86.4	98.8	115.3	85.4	98.7	111.2	80.1	93.9	107.3	85.1	95.0	103.6	101.4	102.4	105.4	89.3	96.5
7	MOISTURE PROTECTION	101.2	96.0	99.5	88.2	110.6	95.3	87.9	113.3	96.0	88.7	95.8	90.9	89.1	120.4	99.0	106.7	94.1	102.7
8	DOORS, WINDOWS, GLASS	92.4	98.3	95.5	98.8	97.1	97.9	95.0	94.8	94.9	88.8	97.1	93.1	86.8	101.0	94.1	99.7	92.3	95.9
9.1	LATH & PLASTER	113.5	93.9	98.6	121.3	87.7	95.8	98.6	94.6	95.6	113.7	93.7	98.5	94.1	91.0	91.8	98.8	102.6	101.7
9.2	DRYWALL	108.2	85.6	97.6	113.0	81.0	98.1	117.9	80.9	100.7	113.4	84.6	100.0	102.5	101.3	101.9	121.1	89.2	106.2
9.5	ACOUSTICAL WORK	105.9	86.4	95.3	105.9	84.6	94.4	105.1	79.4	91.2	86.5	84.6	85.5	90.7	101.5	96.5	107.1	89.3	97.5
9.6	FLOORING	94.6	95.7	94.9	97.1	95.4	96.6	96.1	95.7	96.0	102.1	95.4	100.3	85.2	98.5	88.8	94.5	102.8	96.8
9.8	PAINTING	107.3	97.0	99.1	121.2	96.4	101.5	121.2	110.6	112.8	114.4	76.5	84.3	100.6	94.5	95.8	98.2	102.1	101.3
9	FINISHES	105.0	90.8	97.4	109.9	88.0	98.3	112.0	92.9	101.8	108.9	83.1	95.2	97.3	98.1	97.8	111.2	95.5	102.8
10-14	TOTAL DIV. 10-14	100.0	111.5	103.3	100.0	111.1	103.2	100.0	111.4	103.3	100.0	110.0	102.9	100.0	101.9	100.5	100.0	91.9	97.6
15	MECHANICAL	101.4	93.8	97.6	101.9	96.2	99.1	101.4	103.5	102.4	100.4	91.6	96.0	100.1	96.9	98.5	101.8	90.7	96.3
16	ELECTRICAL	100.2	91.7	94.3	93.8	89.7	90.9	95.6	118.6	111.4	92.4	75.1	80.5	106.3	119.1	115.1	97.3	92.5	94.0
1-16	WEIGHTED AVERAGE	100.6	95.6	97.9	101.4	95.6	98.3	104.3	101.0	102.5	100.8	92.1	96.2	98.8	103.0	101.1	101.8	91.7	96.4

DIVISION		FLORIDA															GEORGIA		
		FT LAUDERDALE			JACKSONVILLE			MIAMI			ORLANDO			TAMPA			ATLANTA		
		MAT.	INST.	TOTAL	MAT.	INST.	TOTAL	MAT.	INST.	TOTAL	MAT.	INST.	TOTAL	MAT.	INST.	TOTAL	MAT.	INST.	TOTAL
2	SITE WORK	108.2	85.3	98.1	117.9	82.4	102.1	97.2	82.2	90.5	97.1	87.9	93.0	109.9	89.7	100.9	103.8	91.9	98.5
3.1	FORMWORK	107.3	73.0	80.7	104.5	69.9	77.7	109.0	72.8	80.9	103.8	70.5	78.0	99.8	73.9	79.8	85.7	74.9	77.4
3.2	REINFORCING	100.1	81.7	92.7	87.3	68.5	79.7	100.1	81.7	92.7	100.1	70.4	88.1	100.1	80.7	92.2	85.1	78.2	82.3
3.3	CAST IN PLACE CONC.	91.5	93.5	92.7	96.9	89.6	92.5	88.6	97.1	93.8	94.3	91.0	92.3	99.1	108.8	105.0	88.4	95.0	92.4
3	CONCRETE	96.6	84.5	88.9	96.2	80.0	85.9	95.2	86.2	89.5	97.5	81.2	87.1	99.5	92.7	95.2	87.2	85.6	86.2
4	MASONRY	98.9	86.1	89.1	90.5	60.1	67.2	92.9	72.8	77.5	93.7	60.7	68.5	96.9	76.1	80.9	89.2	74.0	77.6
5	METALS	87.0	84.8	86.2	94.8	76.9	88.5	86.7	87.7	87.0	86.7	79.9	83.6	98.0	90.8	95.4	110.2	83.6	100.9
6	WOOD & PLASTICS	107.1	78.4	91.1	102.8	73.2	86.3	107.8	77.6	91.0	102.7	71.5	85.4	102.3	77.7	88.6	89.4	78.2	83.2
7	MOISTURE PROTECTION	88.1	76.4	84.4	87.4	68.8	81.5	86.4	77.2	83.4	87.5	67.9	81.3	104.5	63.2	91.4	98.0	71.6	89.7
8	DOORS, WINDOWS, GLASS	86.6	74.7	80.4	89.7	68.0	78.5	93.2	74.7	83.6	88.3	67.5	77.6	96.5	65.2	80.3	92.4	75.4	83.6
9.1	LATH & PLASTER	100.8	85.8	89.4	102.9	65.6	74.6	104.0	76.8	83.4	102.2	63.5	72.9	100.8	65.8	74.3	112.0	77.4	85.8
9.2	DRYWALL	103.2	76.7	90.9	107.2	72.1	90.8	102.8	76.6	90.6	103.2	67.3	86.4	96.8	76.8	87.5	115.5	76.7	97.4
9.5	ACOUSTICAL WORK	91.0	76.8	83.3	91.0	72.2	80.8	100.2	76.8	87.6	91.0	70.5	79.9	92.9	76.9	84.2	92.0	77.3	84.0
9.6	FLOORING	104.1	86.7	99.4	104.1	63.0	93.1	105.6	74.9	97.4	103.0	63.4	92.4	100.2	77.3	94.1	101.4	80.8	95.8
9.8	PAINTING	113.1	67.4	76.8	102.7	65.9	73.5	111.8	67.4	76.5	100.1	70.9	76.9	108.6	63.7	73.0	95.0	82.6	85.2
9	FINISHES	103.4	74.8	88.1	104.7	68.9	85.6	104.2	73.3	87.7	101.8	68.2	83.9	98.6	71.6	84.2	108.3	79.1	92.8
10-14	TOTAL DIV. 10-14	100.0	87.2	96.3	100.0	74.4	92.7	100.0	86.8	96.1	100.0	80.0	94.2	100.0	80.9	94.4	100.0	78.8	93.8
15	MECHANICAL	100.7	80.2	90.5	99.9	74.9	87.5	97.5	88.9	93.2	96.8	76.9	86.9	97.2	80.1	88.7	102.7	79.6	91.2
16	ELECTRICAL	99.1	80.1	86.0	100.3	69.1	78.8	100.7	89.6	93.1	93.5	70.3	77.5	93.5	76.0	81.4	95.6	83.7	87.4
1-16	WEIGHTED AVERAGE	97.6	81.8	89.2	98.6	72.4	84.6	96.2	82.8	89.1	95.5	73.6	83.8	99.2	80.5	89.2	99.1	80.7	89.3

CITY COST INDEXES

	DIVISION	GEORGIA COLUMBUS			GEORGIA MACON			GEORGIA SAVANNAH			HAWAII HONOLULU			IDAHO BOISE			ILLINOIS CHICAGO		
		MAT.	INST.	TOTAL	MAT.	INST.	TOTAL	MAT.	INST.	TOTAL	MAT.	INST.	TOTAL	MAT.	INST.	TOTAL	MAT.	INST.	TOTAL
2	SITE WORK	122.7	85.1	106.0	115.9	88.1	103.5	117.8	87.4	104.3	132.6	103.7	119.7	92.8	97.6	94.9	104.6	105.8	105.2
3.1	FORMWORK	105.2	57.1	67.9	98.7	64.6	72.3	101.2	68.5	75.9	132.2	107.5	113.1	110.3	92.1	96.2	80.9	112.6	105.5
3.2	REINFORCING	97.1	78.2	89.4	86.2	78.2	83.0	107.1	69.2	91.7	117.7	97.3	109.4	117.7	80.8	102.8	105.7	119.6	111.3
3.3	CAST IN PLACE CONC.	108.2	86.3	94.8	102.3	99.1	100.4	94.8	101.5	98.9	113.6	101.3	106.1	96.5	98.6	97.8	101.7	99.6	100.5
3	CONCRETE	105.1	74.1	85.4	98.0	83.7	88.9	98.8	85.7	90.5	118.2	103.4	108.8	104.0	94.5	98.0	98.5	106.5	103.6
4	MASONRY	92.6	47.2	57.8	84.3	54.6	61.5	92.1	68.9	74.4	125.6	109.4	113.1	101.7	81.7	86.4	97.3	108.1	105.6
5	METALS	95.6	82.9	91.1	90.6	87.1	89.4	100.5	82.2	94.1	110.2	98.8	106.2	93.4	86.9	91.1	89.7	111.5	97.4
6	WOOD & PLASTICS	103.5	57.3	78.9	92.5	66.5	78.0	102.6	70.4	84.7	121.3	109.2	114.6	92.3	90.8	91.5	93.6	111.5	103.6
7	MOISTURE PROTECTION	92.8	63.4	83.4	92.6	65.0	83.8	90.7	60.2	81.1	107.6	111.0	108.7	105.6	85.4	99.2	97.8	114.5	103.1
8	DOORS, WINDOWS, GLASS	89.7	61.1	74.9	93.3	66.4	79.4	91.4	63.1	76.7	114.0	103.1	108.3	104.9	80.5	92.2	110.1	113.1	111.6
9.1	LATH & PLASTER	103.3	53.0	65.2	102.9	59.5	70.0	97.6	57.6	67.3	116.8	115.7	116.0	114.3	90.5	96.3	107.0	108.2	107.9
9.2	DRYWALL	91.9	58.2	76.2	91.9	64.6	79.2	111.8	68.5	91.6	151.7	110.8	132.7	94.8	91.5	93.3	99.0	111.6	104.9
9.5	ACOUSTICAL WORK	101.5	57.9	77.9	101.5	65.3	81.9	101.6	69.4	84.2	118.7	109.0	113.4	112.9	90.5	100.7	98.6	111.6	105.7
9.6	FLOORING	82.2	49.7	73.5	88.1	57.2	79.8	95.7	70.5	88.9	132.7	112.1	127.2	94.0	88.5	92.5	98.9	110.2	101.9
9.8	PAINTING	117.0	55.4	68.1	116.5	67.7	77.7	116.8	68.6	78.5	124.1	117.4	118.8	100.4	67.6	74.3	92.8	111.4	107.5
9	FINISHES	93.3	56.3	73.6	94.6	64.9	78.8	107.6	68.1	86.6	141.3	113.3	126.4	97.1	82.9	89.5	98.5	111.2	105.3
10-14	TOTAL DIV. 10-14	100.0	73.9	92.4	100.0	75.5	92.9	100.0	74.1	92.5	100.0	120.7	106.0	100.0	84.2	95.4	100.0	109.8	102.8
15	MECHANICAL	98.4	63.7	81.1	98.7	68.5	83.7	98.4	70.6	84.6	111.1	104.3	107.8	96.5	92.9	94.7	96.6	104.7	100.6
16	ELECTRICAL	97.8	57.9	70.3	108.4	67.6	80.3	101.6	69.7	79.6	106.0	99.1	101.3	96.7	75.0	81.8	94.1	111.6	106.1
1-16	WEIGHTED AVERAGE	99.1	64.1	80.4	97.7	71.0	83.5	99.9	73.9	86.0	115.2	105.8	110.2	99.0	87.0	92.6	98.1	108.5	103.7

	DIVISION	ILLINOIS PEORIA			ILLINOIS ROCKFORD			ILLINOIS SPRINGFIELD			INDIANA EVANSVILLE			INDIANA FORT WAYNE			INDIANA GARY		
		MAT.	INST.	TOTAL	MAT.	INST.	TOTAL	MAT.	INST.	TOTAL	MAT.	INST.	TOTAL	MAT.	INST.	TOTAL	MAT.	INST.	TOTAL
2	SITE WORK	114.3	96.8	106.5	112.3	101.6	107.6	108.9	95.7	103.0	103.5	97.1	100.7	97.6	96.9	97.3	111.3	94.5	103.9
3.1	FORMWORK	117.2	94.3	99.5	125.1	101.3	106.6	104.3	93.1	95.7	105.7	91.7	94.8	119.1	90.3	96.7	113.7	100.1	103.1
3.2	REINFORCING	112.7	89.5	103.3	112.9	101.1	108.1	92.7	80.6	87.8	93.8	98.8	95.8	93.8	95.6	94.5	93.8	97.2	95.2
3.3	CAST IN PLACE CONC.	86.7	81.9	83.8	97.4	101.7	100.1	101.7	97.2	98.9	113.7	95.3	102.5	91.7	94.6	93.5	97.2	111.6	106.0
3	CONCRETE	98.6	87.5	91.5	106.4	101.9	103.6	100.2	94.2	96.4	107.6	94.2	99.1	97.6	93.0	94.7	99.7	105.8	103.6
4	MASONRY	99.2	87.9	90.6	90.1	98.5	96.5	107.1	83.2	88.8	88.1	94.1	92.7	95.4	83.1	86.0	95.5	104.5	102.4
5	METALS	87.7	85.0	86.8	108.0	104.3	106.7	92.9	85.9	90.4	93.8	95.3	94.3	99.8	96.2	98.5	89.5	101.7	93.8
6	WOOD & PLASTICS	113.6	94.7	103.1	107.2	99.2	102.7	103.1	93.1	97.5	93.0	90.9	91.9	102.9	89.9	95.7	113.0	102.0	106.9
7	MOISTURE PROTECTION	93.6	98.6	95.2	107.0	104.4	106.2	99.0	90.3	96.2	88.0	93.5	89.8	96.3	86.2	93.1	93.7	105.0	97.3
8	DOORS, WINDOWS, GLASS	93.8	88.5	91.1	100.5	97.2	98.8	105.4	84.6	94.7	106.9	89.9	98.1	98.1	85.7	91.7	98.6	95.7	97.1
9.1	LATH & PLASTER	103.9	94.3	96.6	105.2	96.4	98.6	103.8	87.3	91.3	101.2	95.0	96.5	101.9	75.7	82.0	117.3	94.4	100.0
9.2	DRYWALL	110.1	94.4	102.8	94.8	99.2	96.9	116.2	92.7	105.3	113.6	90.5	102.8	100.8	89.4	95.5	100.2	101.9	101.0
9.5	ACOUSTICAL WORK	84.0	94.5	89.7	83.9	99.4	92.3	83.9	92.8	88.7	103.8	90.6	96.6	84.9	89.6	87.4	90.2	102.0	96.6
9.6	FLOORING	105.1	90.7	101.2	123.3	94.8	115.7	115.2	86.3	107.5	97.9	90.5	95.9	98.9	85.8	95.4	100.9	106.4	102.4
9.8	PAINTING	115.8	91.3	96.3	96.9	98.1	97.9	90.8	80.9	82.9	103.5	90.2	92.9	95.2	88.0	89.5	92.4	93.8	93.5
9	FINISHES	107.4	93.0	99.7	100.7	98.4	99.5	110.6	87.9	98.5	108.0	90.7	98.8	98.6	87.8	92.9	99.2	99.0	99.1
10-14	TOTAL DIV. 10-14	100.0	91.8	97.6	100.0	100.9	100.2	100.0	89.6	97.0	100.0	95.3	98.6	100.0	98.7	99.6	100.0	107.6	102.2
15	MECHANICAL	96.1	88.9	92.5	101.6	94.9	98.3	97.1	82.1	89.6	98.0	91.4	94.7	98.3	83.3	90.8	97.6	93.3	95.5
16	ELECTRICAL	94.8	94.6	94.6	93.6	92.5	92.8	95.4	78.7	83.9	95.1	93.3	93.9	97.4	77.8	83.9	101.5	94.0	96.3
1-16	WEIGHTED AVERAGE	98.5	90.2	94.1	102.5	98.4	100.3	100.7	86.6	93.2	99.6	93.1	96.1	98.3	87.3	92.4	98.6	100.0	99.4

	DIVISION	INDIANA INDIANAPOLIS			INDIANA SOUTH BEND			INDIANA TERRE HAUTE			IOWA DAVENPORT			IOWA DES MOINES			KANSAS TOPEKA		
		MAT.	INST.	TOTAL	MAT.	INST.	TOTAL	MAT.	INST.	TOTAL	MAT.	INST.	TOTAL	MAT.	INST.	TOTAL	MAT.	INST.	TOTAL
2	SITE WORK	101.3	94.5	98.3	101.3	97.8	99.7	92.3	86.1	89.5	107.8	88.4	99.2	103.5	91.0	97.9	109.9	84.2	98.5
3.1	FORMWORK	114.0	96.7	100.6	109.0	90.5	94.7	115.5	89.6	95.4	104.0	92.0	94.7	112.9	77.8	85.7	101.4	68.5	75.9
3.2	REINFORCING	109.8	98.8	105.4	105.9	90.5	99.7	93.8	92.9	93.5	97.7	86.4	93.1	101.8	76.6	91.6	87.6	95.1	90.6
3.3	CAST IN PLACE CONC.	83.5	95.0	90.5	90.0	103.3	98.1	92.8	98.2	96.1	91.6	96.4	94.5	115.3	92.6	101.4	91.8	94.5	93.5
3	CONCRETE	95.4	96.0	95.8	97.4	97.2	97.2	97.5	94.3	95.5	95.4	93.8	94.4	111.8	85.4	95.0	92.8	84.4	87.4
4	MASONRY	100.3	94.4	95.7	94.2	90.3	91.2	86.8	96.5	94.2	115.4	83.2	90.7	101.2	78.4	83.7	100.0	74.0	80.1
5	METALS	98.9	97.5	98.4	101.2	94.9	99.0	91.5	93.7	92.3	88.8	89.1	88.9	88.7	81.1	86.0	101.5	94.9	99.2
6	WOOD & PLASTICS	100.5	97.9	99.1	107.0	90.5	97.8	109.3	94.9	99.0	105.4	93.9	99.0	104.7	76.9	89.3	94.9	68.1	80.0
7	MOISTURE PROTECTION	92.6	95.7	93.6	90.1	90.9	90.3	93.3	89.3	92.0	90.5	89.2	90.1	87.4	74.1	83.2	96.6	73.9	89.4
8	DOORS, WINDOWS, GLASS	109.7	97.3	103.3	104.9	82.7	93.5	99.0	90.0	94.3	92.1	82.6	87.2	88.9	79.0	83.8	98.5	74.6	86.1
9.1	LATH & PLASTER	96.7	96.2	96.4	105.9	88.2	92.5	107.5	94.8	97.9	100.3	84.4	88.3	106.1	72.3	80.5	87.1	72.5	76.0
9.2	DRYWALL	89.6	97.2	93.2	101.1	89.5	95.7	100.9	90.4	96.0	102.6	90.4	96.9	115.9	75.1	96.9	91.2	66.9	79.9
9.5	ACOUSTICAL WORK	101.1	97.3	99.0	88.3	89.6	89.0	91.1	90.5	90.8	91.2	90.5	90.8	104.2	76.1	89.0	94.0	67.0	79.4
9.6	FLOORING	108.0	96.4	104.9	103.7	81.6	97.8	107.9	96.3	104.8	107.9	77.1	99.7	93.3	68.7	86.7	107.5	73.2	98.3
9.8	PAINTING	91.3	94.4	93.8	97.5	73.9	78.8	120.4	81.9	89.8	103.2	89.1	92.0	104.2	78.6	83.9	89.7	74.9	77.9
9	FINISHES	94.9	96.1	95.6	100.4	83.3	91.4	103.8	88.2	95.5	102.9	88.6	95.3	108.5	75.8	91.1	94.8	70.4	81.8
10-14	TOTAL DIV. 10-14	100.0	94.9	98.5	100.0	91.3	97.4	100.0	93.8	98.2	100.0	84.1	95.4	100.0	82.9	95.0	100.0	86.9	96.2
15	MECHANICAL	100.7	93.2	97.0	98.2	85.5	91.8	98.0	90.0	94.0	99.7	79.1	89.5	96.5	82.1	89.3	99.2	74.9	87.2
16	ELECTRICAL	99.8	97.2	98.0	97.9	85.0	89.0	109.1	92.5	97.6	98.0	90.4	90.4	99.4	81.9	87.3	98.7	74.5	82.0
1-16	WEIGHTED AVERAGE	99.1	95.5	97.1	98.7	89.8	93.9	97.9	92.2	94.8	98.6	86.6	92.2	99.5	81.5	89.9	98.5	78.0	87.6

CITY COST INDEXES

DIVISION		KANSAS WICHITA			KENTUCKY LEXINGTON			KENTUCKY LOUISVILLE			LOUISIANA BATON ROUGE			LOUISIANA NEW ORLEANS			LOUISIANA SHREVEPORT		
		MAT.	INST.	TOTAL	MAT.	INST.	TOTAL	MAT.	INST.	TOTAL	MAT.	INST.	TOTAL	MAT.	INST.	TOTAL	MAT.	INST.	TOTAL
2	SITE WORK	114.1	91.7	104.1	92.4	89.4	91.1	106.8	92.0	100.2	98.5	76.9	88.9	101.8	85.7	94.6	106.2	78.8	94.0
3.1	FORMWORK	102.1	64.0	72.5	107.4	71.9	79.9	100.3	81.3	85.6	122.6	68.8	80.9	94.0	78.1	81.7	102.8	62.1	71.3
3.2	REINFORCING	87.6	98.8	92.1	101.3	92.2	97.6	117.7	92.2	107.4	100.4	63.1	85.3	94.1	73.0	85.5	100.4	61.9	84.8
3.3	CAST IN PLACE CONC.	94.4	99.8	97.7	83.7	92.0	88.8	77.9	102.7	93.0	97.2	85.8	90.2	90.6	87.6	88.8	86.4	88.5	87.7
3	CONCRETE	94.4	85.7	88.9	92.4	84.1	87.1	91.3	93.4	92.6	102.9	77.1	86.6	92.1	82.6	86.0	92.8	75.8	82.0
4	MASONRY	96.6	68.2	74.8	89.3	75.4	78.6	92.1	69.7	74.9	105.3	84.7	89.6	103.2	78.3	84.1	114.4	61.9	74.2
5	METALS	98.1	98.9	98.4	83.6	92.2	86.6	79.9	95.1	85.2	104.8	70.4	92.7	94.7	77.0	88.5	92.3	71.6	85.0
6	WOOD & PLASTICS	94.1	65.0	77.9	105.7	71.7	86.8	102.2	83.0	91.5	104.3	71.2	85.9	95.8	79.7	86.9	87.7	65.6	75.4
7	MOISTURE PROTECTION	96.9	64.3	86.6	84.8	70.9	80.4	84.9	73.5	81.3	111.2	69.3	97.9	111.4	69.3	98.0	87.1	62.3	79.2
8	DOORS, WINDOWS, GLASS	93.1	72.9	82.6	103.1	73.0	87.5	99.1	80.0	89.2	89.4	63.9	76.2	97.7	78.7	87.9	102.7	60.6	80.9
9.1	LATH & PLASTER	94.5	65.6	72.6	87.9	78.3	80.6	95.7	81.7	85.0	88.1	74.3	77.7	89.3	77.5	80.4	103.1	67.7	76.3
9.2	DRYWALL	90.7	65.0	78.7	92.0	75.3	84.2	90.3	82.3	86.6	100.3	70.1	86.2	88.3	78.4	83.7	91.0	64.3	78.6
9.5	ACOUSTICAL WORK	85.9	63.9	74.0	85.1	70.6	77.3	89.8	82.3	85.7	80.0	70.2	74.7	105.5	78.8	91.1	100.4	63.5	80.4
9.6	FLOORING	98.0	69.1	90.2	104.2	68.3	94.6	113.0	72.6	102.2	94.8	84.6	92.0	97.2	70.2	89.9	98.7	63.4	89.2
9.8	PAINTING	104.6	66.5	74.4	120.4	65.1	76.5	110.6	69.1	77.6	115.4	59.6	71.1	112.2	68.0	77.1	107.1	54.7	65.5
9	FINISHES	93.4	65.7	78.7	97.0	71.1	83.2	97.5	77.0	86.6	98.7	67.8	82.2	94.1	74.2	83.5	95.4	61.1	77.1
10-14	TOTAL DIV. 10-14	100.0	76.4	93.1	100.0	84.4	95.4	100.0	85.9	95.9	100.0	67.4	90.5	100.0	79.5	94.0	100.0	71.1	91.6
15	MECHANICAL	96.9	71.9	84.5	100.3	76.6	88.5	101.0	84.8	93.0	96.7	67.2	82.0	99.0	76.1	87.6	96.0	76.1	86.1
16	ELECTRICAL	103.2	71.2	81.1	103.1	76.3	84.6	101.0	76.1	83.8	98.0	79.6	85.4	98.0	78.8	84.8	95.4	73.5	80.3
1-16	WEIGHTED AVERAGE	97.9	75.6	86.0	95.6	78.6	86.5	95.9	82.8	88.9	100.3	74.0	86.2	98.4	78.6	87.8	96.8	70.5	82.7

DIVISION		MAINE LEWISTON			MAINE PORTLAND			MARYLAND BALTIMORE			MASSACHUSETTS BOSTON			MASSACHUSETTS LAWRENCE			MASSACHUSETTS LOWELL		
		MAT.	INST.	TOTAL	MAT.	INST.	TOTAL	MAT.	INST.	TOTAL	MAT.	INST.	TOTAL	MAT.	INST.	TOTAL	MAT.	INST.	TOTAL
2	SITE WORK	98.0	95.1	96.7	101.1	105.6	103.1	100.6	87.0	94.5	108.6	104.1	106.6	107.4	102.4	105.2	102.9	100.4	101.8
3.1	FORMWORK	107.2	82.6	88.1	107.2	82.6	88.1	111.8	89.4	94.4	105.6	127.8	122.8	119.1	115.4	116.2	111.5	115.6	114.7
3.2	REINFORCING	117.7	81.2	102.9	117.7	81.2	102.9	104.3	99.4	102.3	117.8	122.2	119.5	98.2	110.4	103.2	116.2	119.7	117.6
3.3	CAST IN PLACE CONC.	92.7	92.6	92.7	92.7	93.1	92.9	123.5	93.4	105.1	114.5	121.8	119.0	111.5	106.9	108.7	108.3	107.5	107.8
3	CONCRETE	101.2	87.7	92.6	101.2	87.9	92.8	116.9	92.3	101.3	113.5	124.2	120.3	110.0	110.5	110.3	110.7	111.8	111.4
4	MASONRY	94.1	63.9	71.0	94.3	63.9	71.0	85.5	97.2	94.4	110.5	131.7	126.7	105.8	124.4	120.1	110.3	124.4	121.1
5	METALS	94.0	88.1	91.9	107.3	88.1	100.5	97.3	96.1	96.9	110.7	120.4	114.1	96.1	108.6	100.5	93.6	114.2	100.9
6	WOOD & PLASTICS	108.5	83.3	94.5	105.1	83.3	93.0	101.9	91.1	95.9	105.0	129.0	118.4	112.7	113.7	113.2	110.5	113.7	112.2
7	MOISTURE PROTECTION	88.3	62.3	80.0	86.8	62.3	79.0	92.2	84.7	89.8	106.9	135.4	115.9	98.7	132.1	109.3	99.3	132.7	109.9
8	DOORS, WINDOWS, GLASS	107.1	71.5	88.7	95.2	71.5	82.9	96.9	97.7	97.3	105.4	126.8	116.5	107.0	108.1	107.6	101.5	109.7	105.8
9.1	LATH & PLASTER	107.3	77.9	85.0	108.2	78.3	85.5	114.4	91.3	96.9	129.6	120.2	122.5	99.2	119.4	114.5	97.0	108.3	105.6
9.2	DRYWALL	106.0	89.8	98.5	106.0	89.8	98.5	111.8	90.5	101.9	123.4	119.0	121.4	105.7	109.9	107.7	106.7	109.9	108.2
9.5	ACOUSTICAL WORK	94.8	83.5	88.7	94.8	83.5	88.7	100.6	90.6	95.2	87.6	130.2	110.6	105.9	115.0	110.8	105.9	115.0	110.8
9.6	FLOORING	104.1	68.0	94.5	101.9	68.0	92.8	103.4	98.4	102.1	118.8	128.3	121.3	97.3	125.4	104.8	103.4	125.4	109.3
9.8	PAINTING	98.3	48.9	59.1	102.2	48.9	59.9	94.6	87.1	88.7	115.2	140.9	135.6	101.1	133.1	126.5	96.6	133.1	125.6
9	FINISHES	104.0	72.9	87.4	103.9	72.9	87.4	107.4	90.0	98.1	118.9	128.2	123.8	103.2	120.0	112.2	104.7	119.4	112.5
10-14	TOTAL DIV. 10-14	100.0	83.8	95.3	100.0	83.8	95.3	100.0	92.0	97.6	100.0	122.5	106.5	100.0	120.6	105.9	100.0	121.5	106.2
15	MECHANICAL	96.6	92.8	94.7	96.6	92.8	94.7	100.4	92.4	96.4	104.0	118.5	111.2	98.8	111.7	105.2	98.4	101.3	99.8
16	ELECTRICAL	94.4	70.6	78.0	97.8	70.6	79.0	101.2	94.5	96.6	98.9	134.1	123.2	101.1	88.8	92.6	101.1	88.7	92.5
1-16	WEIGHTED AVERAGE	98.2	80.1	88.5	99.0	80.6	89.1	101.6	93.1	97.0	107.4	125.3	117.0	102.5	111.5	107.3	102.0	110.1	106.4

DIVISION		MASSACHUSETTS SPRINGFIELD			MASSACHUSETTS WORCESTER			MICHIGAN ANN ARBOR			MICHIGAN DETROIT			MICHIGAN FLINT			MICHIGAN GRAND RAPIDS		
		MAT.	INST.	TOTAL	MAT.	INST.	TOTAL	MAT.	INST.	TOTAL	MAT.	INST.	TOTAL	MAT.	INST.	TOTAL	MAT.	INST.	TOTAL
2	SITE WORK	96.2	103.5	99.4	105.5	103.8	104.8	98.6	102.6	100.4	92.5	104.3	97.7	97.9	97.0	97.5	81.7	87.6	84.3
3.1	FORMWORK	114.0	107.8	109.2	114.7	115.6	115.4	110.4	91.5	95.7	96.2	112.9	109.2	113.0	80.8	88.0	120.7	79.3	88.6
3.2	REINFORCING	98.2	114.2	104.7	98.2	119.7	106.9	109.2	109.2	109.2	88.0	109.2	96.6	109.2	109.2	109.2	117.7	79.2	102.1
3.3	CAST IN PLACE CONC.	99.4	106.7	103.8	106.2	103.8	104.7	88.9	104.4	98.3	110.9	113.6	112.6	103.7	95.5	98.7	96.2	93.2	94.4
3	CONCRETE	102.0	107.8	105.7	106.1	109.8	108.5	97.7	99.8	99.0	102.8	113.0	109.3	106.8	90.4	96.7	105.9	86.5	93.6
4	MASONRY	112.8	106.0	107.6	102.9	130.8	124.3	98.5	112.1	109.0	102.2	112.4	110.0	107.9	98.7	100.8	94.6	69.2	75.2
5	METALS	96.1	110.6	101.2	95.1	114.3	101.8	91.6	111.0	98.5	105.5	114.6	108.7	91.1	107.9	97.0	104.5	85.7	97.9
6	WOOD & PLASTICS	98.2	106.8	103.0	114.5	113.7	114.0	119.3	86.2	100.9	93.6	112.6	104.2	111.5	79.0	93.4	115.7	79.6	95.6
7	MOISTURE PROTECTION	97.8	111.0	102.0	99.9	122.6	107.1	90.6	102.4	94.4	94.8	116.7	101.8	85.1	84.4	84.9	111.5	69.8	98.3
8	DOORS, WINDOWS, GLASS	98.5	101.1	99.9	109.5	117.1	113.5	104.0	89.0	96.2	103.7	107.8	105.8	107.2	81.8	94.1	103.8	71.4	87.1
9.1	LATH & PLASTER	96.1	87.5	89.6	93.5	103.3	100.9	87.0	115.2	108.4	97.0	115.4	111.0	90.1	78.5	81.4	91.2	75.4	79.2
9.2	DRYWALL	104.9	96.1	100.8	106.7	108.5	107.6	87.8	96.5	91.9	89.5	112.7	100.3	111.8	76.4	95.3	114.9	76.7	97.1
9.5	ACOUSTICAL WORK	116.1	106.8	111.1	108.9	115.0	112.2	80.0	85.7	83.1	99.6	112.9	106.8	97.3	78.2	87.0	105.2	78.8	90.9
9.6	FLOORING	96.5	108.4	99.7	115.1	107.0	112.9	89.1	110.0	95.0	111.6	105.4	110.0	89.3	93.5	90.4	101.3	67.7	92.3
9.8	PAINTING	105.3	104.3	104.5	112.5	109.3	110.0	106.9	107.6	107.5	118.2	107.6	109.8	92.3	81.7	83.9	124.7	63.9	72.3
9	FINISHES	103.8	100.1	101.8	109.1	108.9	109.0	98.4	101.7	95.9	98.3	110.6	104.9	103.2	79.7	90.7	109.5	71.8	89.4
10-14	TOTAL DIV. 10-14	100.0	101.2	100.3	100.0	107.5	102.1	100.0	104.3	101.2	100.0	106.6	101.9	100.0	97.9	99.3	100.0	84.5	95.5
15	MECHANICAL	97.6	102.7	100.2	101.0	87.8	94.5	99.6	97.2	98.4	103.5	110.3	106.9	99.0	94.8	96.9	98.1	77.6	87.9
16	ELECTRICAL	95.4	96.5	96.2	97.2	107.5	104.3	99.3	104.0	102.5	100.3	106.8	104.8	99.3	98.6	98.8	97.9	59.9	71.8
1-16	WEIGHTED AVERAGE	99.6	103.8	101.8	102.6	109.2	106.1	97.5	101.8	99.8	100.9	110.6	106.1	100.0	93.1	96.3	101.5	76.1	87.9

CITY COST INDEXES

	DIVISION	MICHIGAN									MINNESOTA						MISSISSIPPI		
		KALAMAZOO			LANSING			SAGINAW			DULUTH			MINNEAPOLIS			JACKSON		
		MAT.	INST.	TOTAL	MAT.	INST.	TOTAL	MAT.	INST.	TOTAL	MAT.	INST.	TOTAL	MAT.	INST.	TOTAL	MAT.	INST.	TOTAL
2	SITE WORK	96.2	91.7	94.2	115.5	92.9	105.4	114.0	92.7	104.5	123.5	90.6	108.9	119.4	104.3	112.7	101.5	80.5	92.1
3.1	FORMWORK	115.2	75.3	84.3	116.5	88.9	95.1	106.2	80.7	86.4	120.8	80.4	89.5	90.8	103.4	100.6	102.6	61.3	70.6
3.2	REINFORCING	117.7	79.2	102.1	117.7	109.2	114.3	109.2	109.2	109.2	105.3	93.2	100.4	97.2	97.7	97.4	103.9	61.9	86.9
3.3	CAST IN PLACE CONC.	98.0	94.0	95.6	95.0	84.7	88.7	91.2	94.9	93.5	95.7	97.9	97.0	98.8	97.5	98.0	96.9	87.4	91.1
3	CONCRETE	105.9	85.4	92.9	104.4	88.5	94.3	98.2	90.6	93.4	102.8	90.6	95.1	96.8	99.8	98.7	99.6	75.0	84.0
4	MASONRY	98.0	74.0	79.6	106.9	76.9	83.9	98.7	73.2	79.2	110.2	86.0	91.6	100.4	100.4	100.4	101.7	60.0	69.8
5	METALS	101.4	85.6	95.8	110.4	104.0	108.2	100.1	107.9	102.8	105.3	95.2	101.8	95.9	96.7	96.2	85.9	71.1	80.7
6	WOOD & PLASTICS	96.8	73.9	84.1	114.4	90.6	101.1	107.2	79.0	91.5	100.9	79.1	88.8	99.6	102.1	101.0	93.1	64.5	77.2
7	MOISTURE PROTECTION	89.3	74.4	84.6	111.0	80.2	101.2	93.3	84.2	90.4	94.6	86.3	91.9	90.3	106.6	95.5	83.4	59.7	75.9
8	DOORS, WINDOWS, GLASS	95.1	71.7	83.0	109.1	88.9	98.6	98.5	80.8	89.3	94.7	80.5	87.3	105.0	100.5	102.6	98.3	60.8	78.9
9.1	LATH & PLASTER	89.1	72.9	76.8	90.2	81.7	83.8	99.9	79.5	84.5	105.8	82.9	88.5	90.0	104.8	101.2	97.1	59.5	68.6
9.2	DRYWALL	107.9	73.7	92.0	116.5	83.5	101.1	94.4	76.4	86.0	107.2	78.3	93.7	99.7	103.1	101.3	114.9	61.9	90.2
9.5	ACOUSTICAL WORK	99.6	73.8	85.6	99.6	90.2	94.5	104.5	78.2	90.3	96.0	78.4	86.4	97.8	102.5	100.4	88.3	62.7	74.4
9.6	FLOORING	97.2	68.4	89.5	102.4	75.4	95.2	101.3	70.3	93.0	93.4	83.8	90.8	92.3	98.3	93.9	98.8	61.7	88.9
9.8	PAINTING	110.2	74.8	82.1	111.8	83.4	89.2	121.2	70.8	81.2	119.8	96.0	100.9	108.1	104.4	105.1	114.9	53.6	66.3
9	FINISHES	104.7	73.7	88.2	110.9	83.3	96.2	99.6	74.4	86.1	104.5	85.1	94.2	98.5	103.3	101.0	108.8	58.9	82.2
10-14	TOTAL DIV. 10-14	100.0	90.4	97.2	100.0	99.3	99.8	100.0	95.7	98.7	100.0	88.2	96.5	100.0	98.0	99.4	100.0	69.0	91.0
15	MECHANICAL	97.9	83.1	90.6	99.6	84.2	92.0	99.6	79.3	89.5	98.9	87.6	93.3	101.0	100.0	100.5	99.6	60.0	79.9
16	ELECTRICAL	94.1	77.9	82.9	100.5	84.6	89.6	99.3	92.3	94.4	97.9	86.6	90.1	93.7	103.9	100.8	95.5	62.1	72.5
1-16	WEIGHTED AVERAGE	99.1	80.5	89.2	105.4	86.3	95.2	99.9	84.8	91.9	102.2	87.5	94.4	99.6	101.0	100.4	97.9	65.3	80.5

	DIVISION	MISSOURI						MONTANA						NEBRASKA					
		KANSAS CITY			ST LOUIS			BILLINGS			GREAT FALLS			LINCOLN			OMAHA		
		MAT.	INST.	TOTAL	MAT.	INST.	TOTAL	MAT.	INST.	TOTAL	MAT.	INST.	TOTAL	MAT.	INST.	TOTAL	MAT.	INST.	TOTAL
2	SITE WORK	91.4	103.9	96.9	83.4	97.3	89.6	99.4	94.4	97.2	94.0	93.6	93.8	103.8	87.4	96.5	113.7	94.1	105.0
3.1	FORMWORK	100.2	96.0	96.9	94.6	109.8	106.3	104.3	76.0	82.3	124.7	76.0	87.4	116.3	61.2	73.6	102.9	71.9	78.9
3.2	REINFORCING	78.0	95.1	84.9	82.3	102.7	90.5	112.5	77.5	98.3	112.7	77.5	98.4	107.4	67.6	91.3	96.7	67.6	84.9
3.3	CAST IN PLACE CONC.	95.2	94.5	94.8	81.7	101.5	93.8	103.3	93.8	97.5	115.0	93.2	101.7	104.6	91.5	96.6	93.6	93.1	93.3
3	CONCRETE	92.3	95.1	94.1	84.4	104.9	97.4	105.5	85.4	92.8	116.4	85.3	96.7	107.6	77.5	88.5	96.2	82.6	87.5
4	MASONRY	101.3	94.5	96.1	94.9	107.1	104.2	109.1	82.8	88.9	120.1	86.6	94.4	100.7	53.1	64.2	105.9	71.2	79.3
5	METALS	104.5	94.3	100.9	101.1	100.4	100.9	95.5	82.4	90.9	88.7	82.4	86.5	85.6	75.6	82.1	108.5	75.7	97.0
6	WOOD & PLASTICS	110.4	95.3	102.0	85.2	107.9	97.8	90.0	74.6	81.5	99.0	75.2	85.8	103.6	58.8	78.7	101.1	72.1	85.0
7	MOISTURE PROTECTION	102.3	99.8	101.5	93.5	106.2	97.5	100.1	73.6	91.7	102.3	72.8	92.9	88.5	61.7	80.0	105.7	70.5	94.6
8	DOORS, WINDOWS, GLASS	93.1	97.9	95.6	101.4	115.5	108.7	89.8	69.4	79.3	101.3	70.1	85.1	98.6	66.1	81.8	111.6	72.2	91.2
9.1	LATH & PLASTER	106.0	92.2	95.6	113.2	104.9	106.9	104.5	70.5	78.7	109.5	71.4	80.7	96.6	66.6	73.9	91.1	74.9	78.8
9.2	DRYWALL	97.6	94.7	96.3	95.0	108.2	101.2	103.6	72.2	88.9	106.1	72.2	90.5	90.1	64.4	78.1	91.9	72.6	82.9
9.5	ACOUSTICAL WORK	106.9	94.8	100.4	101.0	108.3	105.0	100.2	73.7	85.9	100.9	74.3	86.5	88.7	57.4	71.7	93.9	71.1	81.6
9.6	FLOORING	95.8	99.8	96.8	102.5	104.9	103.1	97.9	71.9	91.0	105.4	83.0	99.4	110.2	57.4	96.0	103.9	69.4	94.7
9.8	PAINTING	74.7	95.3	91.1	99.5	108.6	106.7	121.0	70.9	81.2	115.8	72.6	81.5	101.3	65.6	72.9	89.0	65.6	70.4
9	FINISHES	95.8	95.1	95.4	98.0	107.9	103.3	103.8	71.7	86.7	106.6	73.4	88.9	95.7	63.9	78.8	94.4	70.0	81.4
10-14	TOTAL DIV. 10-14	100.0	97.2	99.2	100.0	104.7	101.3	100.0	85.0	95.6	100.0	85.1	95.6	100.0	77.7	93.5	100.0	80.0	94.2
15	MECHANICAL	102.6	97.3	100.0	97.7	110.8	104.2	99.2	91.8	95.5	98.8	86.0	92.4	99.7	59.8	79.9	100.0	72.6	86.4
16	ELECTRICAL	104.4	98.6	100.4	103.1	115.7	111.8	98.8	84.4	88.9	98.3	83.7	88.2	96.5	72.9	80.2	92.3	75.4	80.7
1-16	WEIGHTED AVERAGE	99.2	96.6	97.8	95.5	108.1	102.2	100.1	83.6	91.3	102.4	83.1	92.1	98.5	67.8	82.1	101.4	76.0	87.8

	DIVISION	NEVADA						NEW HAMPSHIRE						NEW JERSEY					
		LAS VEGAS			RENO			MANCHESTER			NASHUA			JERSEY CITY			NEWARK		
		MAT.	INST.	TOTAL	MAT.	INST.	TOTAL	MAT.	INST.	TOTAL	MAT.	INST.	TOTAL	MAT.	INST.	TOTAL	MAT.	INST.	TOTAL
2	SITE WORK	90.4	107.2	97.9	90.4	105.7	97.2	91.7	88.2	90.1	98.6	92.7	96.0	112.9	105.2	109.5	107.2	105.5	106.4
3.1	FORMWORK	112.7	109.4	110.2	109.2	102.4	103.9	113.1	77.0	85.1	111.9	77.6	85.3	113.7	109.7	110.6	123.7	109.7	112.9
3.2	REINFORCING	118.4	125.1	121.1	77.3	126.1	97.1	117.7	83.4	103.8	117.7	83.4	103.8	109.2	137.3	120.6	109.2	137.3	120.6
3.3	CAST IN PLACE CONC.	98.8	108.2	104.5	109.3	105.9	107.2	93.1	84.8	88.0	100.4	95.4	97.4	98.9	104.0	102.0	105.6	98.2	101.1
3	CONCRETE	106.0	110.2	108.6	102.1	106.3	104.8	102.6	81.6	89.3	106.6	87.4	94.4	104.2	109.1	107.3	110.0	106.2	107.6
4	MASONRY	108.8	94.1	97.6	123.7	88.1	96.4	103.3	76.2	82.6	107.3	76.2	83.5	106.8	96.4	98.8	110.5	98.4	101.2
5	METALS	110.8	119.2	113.7	97.8	120.2	105.7	100.6	83.6	94.6	88.0	87.2	87.7	100.9	125.0	109.3	98.3	123.6	107.2
6	WOOD & PLASTICS	88.5	107.7	99.2	88.0	100.8	95.2	105.1	75.6	88.7	110.8	77.1	92.1	111.7	107.2	109.2	109.5	107.4	108.3
7	MOISTURE PROTECTION	88.8	110.5	95.7	102.8	106.8	104.1	96.6	110.1	100.9	102.2	110.1	104.7	117.9	113.3	116.5	105.1	109.6	106.5
8	DOORS, WINDOWS, GLASS	94.5	108.7	101.8	99.9	108.7	103.9	101.9	78.7	89.9	96.5	78.7	87.3	98.8	115.6	107.5	100.7	114.2	107.7
9.1	LATH & PLASTER	86.8	105.6	101.1	101.5	104.5	103.8	110.5	76.3	84.6	110.4	76.1	84.4	98.6	105.5	105.9	99.7	99.5	99.5
9.2	DRYWALL	92.6	107.8	99.7	99.5	110.7	104.7	113.5	72.6	94.4	114.7	72.6	95.1	108.1	105.5	106.9	109.9	105.6	107.9
9.5	ACOUSTICAL WORK	110.1	108.0	108.9	101.3	100.9	101.1	106.3	74.7	89.2	106.3	74.7	89.2	100.6	107.5	104.3	100.6	107.7	104.4
9.6	FLOORING	118.5	98.0	113.0	98.4	94.5	97.4	83.7	77.7	82.1	88.5	77.7	85.6	105.2	100.0	103.8	98.7	101.1	99.5
9.8	PAINTING	105.5	110.7	109.6	114.8	97.1	100.8	126.8	61.9	75.3	105.7	61.9	70.7	92.7	110.1	106.5	89.7	110.1	105.9
9	FINISHES	100.9	108.0	104.7	101.0	103.7	102.4	107.6	69.7	87.4	107.2	69.7	87.2	105.1	107.0	106.1	104.4	106.7	105.6
10-14	TOTAL DIV. 10-14	100.0	102.8	100.8	100.0	134.3	109.9	100.0	88.9	96.7	100.0	88.9	96.7	100.0	104.0	101.1	100.0	103.7	101.0
15	MECHANICAL	100.1	104.8	102.4	102.8	104.8	103.8	97.1	81.5	89.4	98.6	81.5	90.1	99.9	102.5	101.2	97.2	99.4	98.3
16	ELECTRICAL	103.9	105.2	104.6	108.5	106.5	107.1	101.9	74.4	82.9	97.9	74.4	81.7	96.6	110.1	106.1	97.4	107.7	104.5
1-16	WEIGHTED AVERAGE	100.7	105.8	103.4	101.9	105.1	103.6	100.3	80.0	89.5	100.5	81.7	90.4	103.3	106.8	105.2	102.4	105.2	103.9

CITY COST INDEXES

	DIVISION	NEW JERSEY						NEW MEXICO			NEW YORK								
		PATERSON			TRENTON			ALBUQUERQUE			ALBANY			BINGHAMTON			BUFFALO		
		MAT.	INST.	TOTAL	MAT.	INST.	TOTAL	MAT.	INST.	TOTAL	MAT.	INST.	TOTAL	MAT.	INST.	TOTAL	MAT.	INST.	TOTAL
2	SITE WORK	116.1	104.4	110.9	107.0	106.3	106.7	108.5	90.6	100.6	103.3	103.3	103.3	92.8	86.7	90.1	99.7	98.9	99.4
3.1	FORMWORK	109.5	106.4	107.1	124.3	108.0	111.7	125.8	74.0	85.6	117.3	102.0	105.5	111.8	80.9	87.9	121.7	114.7	116.3
3.2	REINFORCING	108.8	137.3	120.3	109.2	109.3	109.2	117.7	73.0	99.6	80.1	98.8	87.7	80.1	83.9	81.6	96.2	102.6	98.8
3.3	CAST IN PLACE CONC.	102.2	101.4	101.7	89.1	102.5	97.3	101.9	100.0	100.7	77.7	102.0	92.5	91.1	97.8	95.2	108.8	99.6	103.2
3	CONCRETE	105.1	106.5	106.0	100.6	105.2	103.5	110.2	87.4	95.7	86.1	101.7	96.0	92.7	96.0	91.0	108.5	105.8	106.8
4	MASONRY	109.9	125.3	121.7	105.2	98.2	99.8	102.9	73.0	80.0	87.8	101.1	97.9	100.4	79.9	84.7	99.6	114.7	111.1
5	METALS	96.1	125.0	106.3	98.1	108.1	101.6	107.4	81.9	98.4	97.1	100.9	98.5	99.2	88.2	95.3	104.4	101.7	103.4
6	WOOD & PLASTICS	117.5	107.4	111.9	120.2	108.4	113.6	100.4	76.4	87.0	96.9	100.6	98.9	103.8	78.1	89.5	112.4	116.0	114.4
7	MOISTURE PROTECTION	114.4	108.2	112.4	102.8	122.3	109.0	97.4	64.9	87.1	105.8	102.5	104.8	97.5	85.2	93.6	100.8	107.9	103.0
8	DOORS, WINDOWS, GLASS	98.7	120.1	109.8	104.8	110.5	107.8	99.6	71.8	85.2	104.2	94.4	99.2	99.5	74.5	86.6	96.2	107.3	102.0
9.1	LATH & PLASTER	99.6	106.0	104.4	115.3	102.7	105.8	119.0	74.0	84.9	106.1	101.5	102.6	109.1	81.8	88.4	111.0	105.8	107.1
9.2	DRYWALL	113.1	105.6	109.6	109.4	105.3	107.5	85.5	75.5	80.8	106.0	100.5	103.4	113.6	77.2	96.6	123.4	116.8	120.3
9.5	ACOUSTICAL WORK	100.6	107.7	104.4	96.9	107.1	102.4	92.1	75.6	83.1	111.3	100.6	105.5	110.6	77.3	92.6	115.5	116.9	116.3
9.6	FLOORING	90.7	125.6	100.0	101.1	101.5	101.2	103.9	67.7	94.2	86.1	91.8	87.6	99.5	81.3	94.6	104.1	107.8	105.1
9.8	PAINTING	100.0	110.1	108.0	96.5	110.1	107.3	110.2	68.4	77.0	116.9	94.3	99.0	103.5	77.3	82.7	112.4	108.4	109.2
9	FINISHES	105.5	108.8	107.2	105.4	106.7	106.1	93.4	72.4	82.2	103.1	97.8	100.3	109.1	77.8	92.4	117.1	112.6	114.7
10-14	TOTAL DIV. 10-14	100.0	104.5	101.3	100.0	118.0	105.2	100.0	82.1	94.8	100.0	94.7	98.4	100.0	89.9	97.0	100.0	102.5	100.7
15	MECHANICAL	99.9	101.6	100.8	99.8	109.9	104.8	100.4	88.2	94.3	95.9	97.8	96.9	100.1	74.6	87.4	97.4	95.0	96.2
16	ELECTRICAL	96.6	118.6	111.7	94.7	120.3	112.3	94.9	81.7	85.8	92.3	102.3	99.2	92.1	76.4	81.3	99.0	103.5	102.1
1-16	WEIGHTED AVERAGE	103.4	111.5	107.7	101.6	108.7	105.4	101.7	81.2	90.8	96.9	99.9	98.5	98.7	81.4	89.5	102.6	105.2	104.0

	DIVISION	NEW YORK															NORTH CAROLINA		
		NEW YORK			ROCHESTER			SYRACUSE			UTICA			YONKERS			CHARLOTTE		
		MAT.	INST.	TOTAL	MAT.	INST.	TOTAL	MAT.	INST.	TOTAL	MAT.	INST.	TOTAL	MAT.	INST.	TOTAL	MAT.	INST.	TOTAL
2	SITE WORK	118.1	123.9	120.7	108.1	96.0	102.7	97.1	93.9	95.7	116.4	93.0	106.0	123.3	107.1	116.1	115.3	83.8	101.3
3.1	FORMWORK	111.0	153.6	144.0	107.9	104.3	105.1	110.5	86.6	92.0	113.4	73.6	82.6	115.5	131.8	128.2	109.8	59.6	70.9
3.2	REINFORCING	100.6	178.0	132.0	106.5	100.8	104.2	106.5	103.7	105.3	106.5	80.8	96.1	80.1	125.6	98.5	87.7	64.0	78.1
3.3	CAST IN PLACE CONC.	152.5	111.3	127.3	126.7	98.5	109.5	103.0	77.7	87.6	84.0	95.6	91.1	116.4	95.1	103.4	110.7	94.0	100.5
3	CONCRETE	132.6	133.7	133.3	118.4	101.0	107.4	105.3	83.5	91.4	94.9	85.7	89.0	108.0	112.2	110.7	105.4	77.9	87.9
4	MASONRY	104.2	148.9	138.4	102.2	105.9	105.0	102.2	98.1	99.0	100.2	76.9	82.3	122.6	143.1	138.3	89.9	47.6	57.5
5	METALS	104.6	151.2	121.0	102.0	99.0	101.0	103.1	93.9	99.9	103.8	87.5	98.1	97.5	118.7	105.0	100.3	77.7	92.3
6	WOOD & PLASTICS	111.6	152.4	134.3	98.2	104.2	101.6	107.2	84.2	94.4	112.6	72.8	90.5	103.5	151.3	130.1	104.9	62.1	81.1
7	MOISTURE PROTECTION	110.1	155.4	124.5	97.4	106.8	100.4	96.6	98.2	97.1	97.5	94.1	96.5	105.7	140.9	116.9	88.7	45.0	74.8
8	DOORS, WINDOWS, GLASS	98.2	155.5	127.8	97.1	98.6	97.8	98.0	85.3	91.4	103.6	73.5	88.0	105.2	145.3	126.0	96.1	58.7	76.7
9.1	LATH & PLASTER	87.8	134.1	122.9	107.7	95.4	98.4	106.2	95.6	98.1	109.4	78.5	86.0	93.6	113.4	108.6	99.9	51.2	63.0
9.2	DRYWALL	119.1	144.9	131.2	94.2	98.3	96.1	108.8	83.5	97.0	110.4	71.7	92.4	97.5	140.4	117.5	88.2	60.7	75.3
9.5	ACOUSTICAL WORK	102.6	154.6	130.8	115.7	104.5	109.7	98.7	83.6	90.5	115.7	71.8	92.0	115.7	153.1	136.0	92.0	60.7	75.1
9.6	FLOORING	98.8	133.4	108.1	93.6	99.3	95.1	86.3	90.2	87.4	87.9	71.6	83.5	102.1	120.8	107.1	90.7	46.7	78.9
9.8	PAINTING	118.1	142.4	137.4	98.2	102.6	101.7	103.2	92.2	94.5	108.8	88.4	92.5	107.6	145.8	137.9	96.8	60.2	67.7
9	FINISHES	112.5	143.4	128.9	96.5	100.2	98.5	102.3	87.7	94.6	105.6	77.9	90.9	100.9	140.3	121.9	90.2	58.9	73.5
10-14	TOTAL DIV. 10-14	100.0	114.1	104.0	100.0	103.1	100.9	100.0	97.3	99.2	100.0	93.3	98.0	100.0	115.9	104.6	100.0	71.7	91.8
15	MECHANICAL	99.4	148.4	123.7	97.3	104.1	100.6	100.7	88.3	94.5	99.2	83.4	91.4	96.6	126.4	111.4	97.2	63.6	80.5
16	ELECTRICAL	95.6	151.4	134.1	98.3	99.6	99.2	98.6	87.6	91.0	95.7	76.1	82.2	104.1	130.7	122.4	98.0	58.2	70.6
1-16	WEIGHTED AVERAGE	107.9	143.3	126.8	102.0	101.9	101.9	101.0	89.5	94.8	101.0	82.1	90.9	103.9	127.9	116.7	98.6	64.3	80.2

	DIVISION	NORTH CAROLINA						OHIO											
		GREENSBORO			RALEIGH			AKRON			CANTON			CINCINNATI			CLEVELAND		
		MAT.	INST.	TOTAL	MAT.	INST.	TOTAL	MAT.	INST.	TOTAL	MAT.	INST.	TOTAL	MAT.	INST.	TOTAL	MAT.	INST.	TOTAL
2	SITE WORK	90.5	88.2	89.5	99.3	91.5	95.8	117.0	99.1	109.0	105.0	97.3	101.6	92.7	102.1	96.9	121.9	107.1	115.3
3.1	FORMWORK	99.9	59.7	68.7	104.3	59.6	69.7	111.4	102.8	104.7	110.2	97.7	100.5	100.0	99.8	99.9	120.4	117.3	118.0
3.2	REINFORCING	82.2	66.3	75.8	93.8	66.3	82.7	98.2	110.4	103.1	98.2	91.1	95.3	105.7	94.4	101.2	84.7	110.4	95.1
3.3	CAST IN PLACE CONC.	99.4	91.7	94.7	107.2	96.6	100.7	89.7	100.7	96.4	89.7	100.2	96.1	87.5	98.0	93.9	93.7	111.6	104.6
3	CONCRETE	95.6	76.9	83.8	103.6	79.4	88.2	95.9	102.4	100.0	95.6	98.4	97.4	94.1	98.4	96.8	97.0	113.7	107.6
4	MASONRY	102.7	47.6	60.5	89.2	47.6	57.4	93.6	100.0	98.5	107.6	96.0	98.7	74.6	93.8	89.3	96.3	114.5	110.2
5	METALS	91.3	78.3	86.7	91.2	79.9	87.2	99.0	104.9	101.1	99.0	93.3	97.0	98.6	95.0	97.3	104.9	109.1	106.4
6	WOOD & PLASTICS	91.8	62.1	75.3	95.1	62.1	76.7	104.7	103.0	103.7	103.4	98.2	100.5	109.1	98.1	103.0	142.5	115.1	127.3
7	MOISTURE PROTECTION	86.7	45.0	73.5	87.2	45.0	73.8	99.0	102.9	100.2	99.0	102.0	100.0	95.9	100.8	97.5	108.3	120.1	112.1
8	DOORS, WINDOWS, GLASS	91.0	60.2	75.0	85.4	60.2	72.4	101.0	108.4	104.8	88.8	86.8	87.8	96.9	94.0	95.4	94.2	113.5	104.2
9.1	LATH & PLASTER	97.8	62.0	70.7	106.6	55.8	68.1	116.0	101.8	105.3	112.2	87.9	93.8	103.0	97.3	98.7	104.9	116.0	113.3
9.2	DRYWALL	86.0	60.7	74.2	95.6	60.7	79.3	113.0	103.0	108.3	111.0	95.1	103.6	98.1	97.8	98.0	101.3	115.4	107.9
9.5	ACOUSTICAL WORK	97.6	60.7	77.6	108.8	60.7	82.8	82.6	103.1	93.7	101.5	98.2	99.7	96.7	98.1	97.5	98.2	115.5	107.6
9.6	FLOORING	90.0	46.7	78.4	101.9	46.7	87.1	82.3	97.9	86.5	114.1	91.2	108.0	91.1	96.0	92.4	85.0	115.0	93.0
9.8	PAINTING	91.0	60.2	66.5	90.4	60.2	66.4	107.7	101.8	103.0	101.4	94.3	95.8	103.0	91.5	93.9	104.5	114.7	112.6
9	FINISHES	88.6	59.6	73.1	97.8	59.2	77.2	103.3	102.1	102.7	110.0	94.4	101.7	97.0	95.5	96.2	97.9	115.2	107.1
10-14	TOTAL DIV. 10-14	100.0	72.1	91.9	100.0	72.9	92.1	100.0	104.3	101.2	100.0	101.3	100.3	100.0	93.5	98.1	100.0	111.2	103.2
15	MECHANICAL	95.6	63.9	79.8	97.0	63.8	80.5	99.2	96.2	97.7	99.2	83.5	91.4	99.3	92.4	95.8	101.3	106.2	103.8
16	ELECTRICAL	97.5	62.0	73.1	99.4	62.0	73.7	94.4	93.6	93.9	93.3	85.6	88.0	99.9	90.8	93.7	96.3	105.6	102.7
1-16	WEIGHTED AVERAGE	94.3	65.0	78.6	96.4	65.7	80.0	99.9	100.2	100.1	99.6	92.7	95.9	96.5	95.0	95.7	101.9	111.2	106.9

CITY COST INDEXES

	DIVISION	OHIO															OKLAHOMA		
		COLUMBUS			DAYTON			LORAIN			TOLEDO			YOUNGSTOWN			OKLAHOMA CITY		
		MAT.	INST.	TOTAL	MAT.	INST.	TOTAL	MAT.	INST.	TOTAL	MAT.	INST.	TOTAL	MAT.	INST.	TOTAL	MAT.	INST.	TOTAL
2	SITE WORK	89.6	104.9	96.4	91.3	99.0	94.7	104.8	100.5	102.9	124.2	99.0	113.0	97.2	99.9	98.4	122.7	86.1	106.4
3.1	FORMWORK	105.2	95.6	97.8	118.8	100.4	104.5	110.5	99.1	101.6	116.5	106.7	108.9	108.5	99.8	101.8	116.0	71.2	81.3
3.2	REINFORCING	115.5	97.7	108.3	98.2	95.1	96.9	98.2	110.4	103.1	98.2	96.8	97.6	98.2	100.1	99.0	94.2	63.9	82.0
3.3	CAST IN PLACE CONC.	96.4	96.3	96.4	105.9	99.8	102.1	95.4	98.7	97.4	92.8	99.8	97.1	82.4	100.9	93.7	100.5	90.0	94.1
3	CONCRETE	102.5	96.2	98.5	106.7	99.6	102.2	99.0	99.9	99.6	98.7	102.2	100.9	91.1	100.4	97.0	102.2	80.3	88.3
4	MASONRY	90.2	94.7	93.7	86.3	97.4	94.8	101.7	91.7	94.0	109.6	92.3	96.3	96.1	96.5	96.4	99.8	80.7	85.2
5	METALS	101.7	97.4	100.1	101.0	96.1	99.3	98.8	107.0	101.7	98.8	96.6	98.0	98.3	99.0	98.6	94.2	73.3	86.9
6	WOOD & PLASTICS	107.3	95.4	100.7	108.8	100.9	104.4	99.6	98.3	98.9	119.3	109.3	113.7	106.6	98.0	101.8	115.1	74.9	92.7
7	MOISTURE PROTECTION	98.8	94.9	97.6	100.8	96.7	99.5	97.6	110.8	101.8	91.5	100.3	94.3	101.1	100.1	100.8	94.4	70.4	86.8
8	DOORS, WINDOWS, GLASS	97.2	92.8	94.9	107.9	90.0	98.6	96.3	105.8	101.2	100.3	98.4	99.3	97.7	97.2	97.5	103.0	70.4	86.2
9.1	LATH & PLASTER	91.3	92.6	92.3	110.8	98.8	101.7	110.5	92.0	96.5	115.0	105.5	107.8	115.5	96.5	101.1	99.4	76.7	82.2
9.2	DRYWALL	105.7	95.5	100.9	112.7	97.7	105.7	108.0	98.1	103.4	109.8	108.8	109.4	96.3	97.9	97.0	108.5	73.9	92.4
9.5	ACOUSTICAL WORK	101.8	95.6	98.5	86.7	100.7	94.3	91.8	98.2	95.3	115.0	109.0	111.7	95.5	98.0	96.8	86.7	74.0	79.8
9.6	FLOORING	95.8	89.1	94.0	113.6	92.5	108.0	118.5	94.5	112.1	99.8	91.6	97.6	88.2	95.2	90.1	107.2	78.1	99.4
9.8	PAINTING	105.6	97.8	99.4	84.3	93.0	91.2	103.4	114.7	112.4	115.1	90.4	95.4	74.6	99.3	94.2	105.7	75.4	81.6
9	FINISHES	102.8	95.7	99.0	107.9	96.0	101.6	108.7	103.2	105.8	108.7	101.0	104.6	92.7	98.1	95.5	106.0	74.9	89.4
10-14	TOTAL DIV. 10-14	100.0	96.5	98.9	100.0	93.2	98.0	100.0	108.0	102.3	100.0	104.0	101.1	100.0	98.3	99.5	100.0	79.3	94.0
15	MECHANICAL	102.0	96.5	99.3	98.8	92.4	95.6	99.0	87.7	93.4	99.0	96.0	97.5	99.8	92.3	96.0	94.3	76.7	85.5
16	ELECTRICAL	92.5	91.7	92.0	98.2	93.7	95.1	97.3	87.6	90.6	99.2	94.8	96.2	97.3	91.2	93.1	102.8	78.9	86.3
1-16	WEIGHTED AVERAGE	99.4	95.6	97.4	100.9	95.8	98.2	100.2	96.6	98.2	102.0	98.2	99.9	97.3	96.6	96.9	100.7	78.0	88.6

	DIVISION	OKLAHOMA			OREGON						PENNSYLVANIA								
		TULSA			EUGENE			PORTLAND			ALLENTOWN			ERIE			HARRISBURG		
		MAT.	INST.	TOTAL	MAT.	INST.	TOTAL	MAT.	INST.	TOTAL	MAT.	INST.	TOTAL	MAT.	INST.	TOTAL	MAT.	INST.	TOTAL
2	SITE WORK	90.5	91.6	91.0	96.6	107.2	101.3	110.2	103.7	107.3	126.4	99.7	114.6	120.3	96.5	109.7	97.6	97.4	97.5
3.1	FORMWORK	125.2	70.4	82.8	120.8	101.2	105.6	122.6	102.5	107.0	110.6	109.0	109.4	90.5	93.2	92.5	113.7	88.7	94.3
3.2	REINFORCING	91.4	63.9	80.2	101.2	103.5	102.2	101.2	103.5	102.2	114.7	114.0	114.4	117.6	88.5	105.8	114.7	102.8	109.9
3.3	CAST IN PLACE CONC.	88.4	94.7	92.3	100.7	126.3	116.3	116.7	100.3	106.7	103.1	100.2	101.4	83.4	98.6	92.7	104.4	103.2	103.7
3	CONCRETE	96.3	82.5	87.5	104.8	114.5	110.9	114.4	101.4	106.2	107.2	104.9	105.7	92.5	95.6	94.5	108.5	97.5	101.5
4	MASONRY	95.8	70.1	76.1	114.6	91.6	97.0	126.6	96.8	103.7	86.2	103.3	99.3	105.6	92.8	95.8	82.8	89.9	88.2
5	METALS	105.0	74.7	94.3	103.4	111.4	106.2	106.9	102.5	105.4	104.7	107.8	105.8	100.9	91.1	97.5	96.7	103.3	99.0
6	WOOD & PLASTICS	116.8	74.3	93.0	92.2	99.5	96.3	89.1	101.1	95.8	104.2	111.1	108.0	89.4	92.8	91.3	110.1	89.9	98.9
7	MOISTURE PROTECTION	96.7	69.2	88.0	86.6	88.1	87.1	86.6	90.4	87.8	96.8	120.6	104.4	97.4	96.2	97.0	79.2	91.6	83.1
8	DOORS, WINDOWS, GLASS	100.5	68.7	84.1	101.9	97.6	99.7	107.6	98.4	102.8	102.5	98.9	100.6	92.3	88.7	90.4	104.1	87.8	95.6
9.1	LATH & PLASTER	99.7	72.7	79.2	113.1	85.0	91.8	117.8	91.3	97.7	99.4	94.7	95.9	110.3	87.0	92.7	96.5	90.0	91.5
9.2	DRYWALL	111.7	73.0	93.7	112.2	91.9	102.7	110.3	93.2	102.4	107.0	99.3	103.4	94.1	92.3	93.2	107.3	89.3	98.9
9.5	ACOUSTICAL WORK	86.7	73.1	79.4	110.5	99.5	104.6	110.5	101.1	105.4	100.6	111.2	106.4	100.3	92.4	96.0	98.8	89.4	93.7
9.6	FLOORING	111.1	80.5	102.9	123.1	94.7	115.5	102.6	97.9	101.4	97.0	101.5	98.2	102.6	86.5	98.3	96.9	92.7	95.8
9.8	PAINTING	79.1	75.1	75.9	119.8	78.7	87.2	97.5	78.7	82.6	104.6	97.0	98.5	88.7	77.9	80.1	91.5	79.4	81.9
9	FINISHES	106.0	74.3	89.1	115.3	87.7	100.6	107.5	89.1	97.7	103.8	99.4	101.4	96.3	86.6	91.1	102.4	86.2	93.8
10-14	TOTAL DIV. 10-14	100.0	78.2	93.6	100.0	101.6	100.4	100.0	102.4	100.7	100.0	101.2	100.3	100.0	93.7	98.1	100.0	92.9	97.9
15	MECHANICAL	96.8	81.7	89.3	98.7	91.9	95.3	98.2	94.5	96.3	100.4	104.4	102.4	99.8	88.6	94.2	101.1	94.8	98.0
16	ELECTRICAL	100.3	74.4	82.4	102.6	84.2	89.9	102.6	100.6	101.3	98.5	79.6	85.5	90.3	92.1	91.5	92.9	80.5	84.4
1-16	WEIGHTED AVERAGE	99.1	77.3	87.5	101.9	97.7	99.6	104.5	97.9	101.0	102.7	100.8	101.7	98.7	91.9	95.1	98.8	91.9	95.1

	DIVISION	PENNSYLVANIA												RHODE ISLAND			SOUTH CAROLINA		
		PHILADELPHIA			PITTSBURGH			READING			SCRANTON			PROVIDENCE			CHARLESTON		
		MAT.	INST.	TOTAL	MAT.	INST.	TOTAL	MAT.	INST.	TOTAL	MAT.	INST.	TOTAL	MAT.	INST.	TOTAL	MAT.	INST.	TOTAL
2	SITE WORK	103.1	110.0	106.2	128.6	99.8	115.8	87.2	98.3	92.1	102.7	105.8	104.1	83.6	103.7	92.5	121.9	84.6	105.3
3.1	FORMWORK	93.4	125.8	118.5	103.2	97.1	98.5	110.9	93.4	97.4	107.5	91.2	94.9	116.0	115.9	115.9	104.4	56.1	67.0
3.2	REINFORCING	82.5	116.1	96.1	82.3	105.5	91.7	114.7	110.1	112.8	114.7	113.3	114.1	117.7	114.2	116.3	95.9	64.0	83.0
3.3	CAST IN PLACE CONC.	92.5	106.9	101.3	111.1	95.6	101.6	98.0	98.3	98.2	92.4	124.4	111.9	87.5	105.3	98.4	100.8	88.6	93.3
3	CONCRETE	90.4	115.1	106.1	103.0	97.0	99.2	104.3	97.4	99.9	100.4	110.4	106.7	100.0	110.2	106.5	100.4	73.7	83.4
4	MASONRY	91.0	119.6	112.9	100.2	102.2	101.7	90.4	86.3	87.2	105.4	85.7	90.3	101.3	94.0	95.7	92.2	49.8	59.7
5	METALS	103.2	122.4	110.0	100.8	102.3	101.3	96.3	105.4	99.5	98.3	117.0	104.8	111.5	106.6	109.8	98.9	73.2	89.8
6	WOOD & PLASTICS	92.0	125.7	110.7	111.0	97.8	103.7	100.3	93.3	96.4	101.5	87.0	93.6	91.4	109.1	101.3	98.8	57.4	75.8
7	MOISTURE PROTECTION	102.7	133.2	112.4	96.4	103.3	98.6	88.0	116.3	97.0	98.7	95.8	97.8	106.2	101.4	104.7	91.1	57.7	80.5
8	DOORS, WINDOWS, GLASS	94.1	126.5	110.9	101.0	104.0	102.5	103.8	90.2	96.6	93.0	86.1	89.4	110.3	101.5	105.8	101.0	55.7	77.6
9.1	LATH & PLASTER	97.5	124.1	117.7	106.4	95.1	97.8	95.1	83.4	86.2	100.9	86.1	89.7	106.2	94.4	97.3	94.0	54.0	63.7
9.2	DRYWALL	110.6	126.7	118.1	113.3	97.8	106.1	109.3	84.0	97.5	104.5	83.2	94.5	96.0	102.9	99.2	108.0	56.0	83.8
9.5	ACOUSTICAL WORK	93.0	127.0	111.4	103.0	97.9	100.2	99.8	92.9	95.6	99.6	86.3	92.4	103.9	109.5	106.9	95.0	55.8	73.8
9.6	FLOORING	96.9	113.5	101.4	112.9	100.8	109.7	103.0	83.2	97.7	100.2	81.8	95.3	88.6	95.8	90.6	89.0	50.6	78.7
9.8	PAINTING	121.8	120.3	120.6	82.6	105.0	100.4	89.9	88.1	88.5	109.4	86.7	91.4	105.4	95.1	97.2	112.0	60.2	70.9
9	FINISHES	107.0	123.4	115.8	109.1	100.3	104.4	104.8	86.0	94.8	103.6	84.7	93.5	96.2	99.7	98.1	102.9	56.9	78.4
10-14	TOTAL DIV. 10-14	100.0	115.4	104.4	100.0	98.3	99.5	100.0	97.7	99.3	100.0	94.9	98.5	100.0	106.3	101.8	100.0	71.7	91.8
15	MECHANICAL	96.2	115.5	105.8	98.4	96.6	97.5	99.3	104.4	101.9	99.1	89.2	94.2	99.8	89.7	94.8	98.4	59.9	79.3
16	ELECTRICAL	98.1	123.7	115.7	95.3	90.8	92.2	94.4	86.9	89.2	98.3	87.4	90.8	99.4	91.9	94.2	98.5	54.0	67.8
1-16	WEIGHTED AVERAGE	98.1	119.2	109.4	102.5	98.2	100.2	98.3	95.1	96.6	99.9	94.8	97.1	100.6	99.5	100.0	100.1	62.2	79.9

CITY COST INDEXES

DIVISION		SOUTH CAROLINA COLUMBIA			SOUTH DAKOTA SIOUX FALLS			TENNESSEE										
								CHATTANOOGA			KNOXVILLE			MEMPHIS			NASHVILLE		
		MAT.	INST.	TOTAL	MAT.	INST.	TOTAL	MAT.	INST.	TOTAL	MAT.	INST.	TOTAL	MAT.	INST.	TOTAL	MAT.	INST.	TOTAL
2	SITE WORK	111.8	90.7	102.4	93.4	83.0	88.8	98.4	85.8	92.8	102.4	92.9	98.2	86.5	90.4	88.2	84.1	88.7	86.2
3.1	FORMWORK	89.6	60.2	66.8	105.2	57.7	68.4	106.3	70.3	78.4	107.0	64.6	74.1	88.5	69.4	73.7	88.1	69.9	74.0
3.2	REINFORCING	91.4	64.0	80.3	104.9	62.4	87.7	98.2	68.6	86.2	98.2	63.1	84.0	96.2	66.8	84.3	96.2	65.3	83.6
3.3	CAST IN PLACE CONC.	81.1	93.3	88.6	98.6	81.3	88.0	81.7	90.2	86.9	85.8	88.4	87.4	93.3	92.4	92.7	85.2	85.2	85.2
3	CONCRETE	85.1	77.7	80.4	101.3	70.4	81.7	90.3	80.5	84.1	92.8	76.8	82.6	93.0	81.1	85.5	88.3	77.5	81.4
4	MASONRY	87.3	50.1	58.8	106.8	66.5	75.9	78.9	76.4	77.0	79.9	67.4	70.3	86.4	71.5	75.0	92.4	73.1	77.6
5	METALS	104.6	75.2	94.3	107.1	69.2	93.8	91.5	75.3	85.8	103.3	71.9	92.3	91.0	74.4	85.2	99.2	72.5	89.8
6	WOOD & PLASTICS	86.0	62.4	72.9	98.0	56.8	75.1	105.9	72.9	87.5	107.2	66.6	84.8	83.8	71.0	76.7	107.9	72.9	88.5
7	MOISTURE PROTECTION	102.0	56.8	87.6	98.4	60.2	86.2	103.2	66.1	91.4	87.8	59.9	79.0	96.7	71.8	88.8	101.6	67.1	90.6
8	DOORS, WINDOWS, GLASS	102.4	58.0	79.5	103.4	53.4	77.5	103.7	67.1	84.8	107.4	60.4	83.1	95.2	73.7	84.1	94.1	70.1	81.7
9.1	LATH & PLASTER	104.7	53.7	66.1	110.2	63.6	74.9	93.7	69.5	75.4	91.9	67.2	73.2	90.4	77.9	80.9	89.7	67.8	73.1
9.2	DRYWALL	83.5	59.2	72.2	105.9	54.7	82.0	109.6	71.9	92.0	106.6	66.2	88.3	96.3	79.3	88.4	102.8	70.8	87.9
9.5	ACOUSTICAL WORK	93.9	61.1	76.1	101.9	54.7	76.4	97.7	72.0	83.8	89.9	65.8	76.8	99.6	70.1	83.6	99.5	71.8	84.5
9.6	FLOORING	94.5	51.2	82.9	111.8	66.3	99.6	109.1	77.5	100.6	100.9	67.6	92.0	100.8	64.6	91.1	127.9	74.5	113.7
9.8	PAINTING	121.2	60.2	72.8	112.8	52.7	65.1	90.9	65.5	70.7	94.6	70.5	75.5	91.4	77.9	80.7	94.3	68.1	73.5
9	FINISHES	91.1	58.8	73.9	107.7	55.4	79.8	106.3	69.9	86.9	103.0	67.8	84.3	96.9	76.9	86.3	107.0	70.0	87.3
10-14	TOTAL DIV. 10-14	100.0	71.8	91.8	100.0	73.1	92.2	100.0	75.2	92.8	100.0	73.3	92.2	100.0	79.8	94.1	100.0	74.3	92.5
15	MECHANICAL	99.7	61.2	80.6	99.2	56.6	78.0	99.0	71.5	85.3	99.9	68.7	84.4	100.2	79.2	89.8	97.2	71.1	84.3
16	ELECTRICAL	104.3	56.9	71.7	96.7	65.0	74.9	94.5	72.0	79.0	96.2	71.9	79.4	108.7	85.6	92.8	100.0	67.3	77.5
1-16	WEIGHTED AVERAGE	97.8	64.5	80.0	101.2	64.3	81.5	97.3	74.6	85.2	98.1	71.2	83.7	96.2	78.7	86.8	96.9	73.0	84.1

DIVISION		TEXAS																	
		AMARILLO			AUSTIN			BEAUMONT			CORPUS CHRISTI			DALLAS			EL PASO		
		MAT.	INST.	TOTAL	MAT.	INST.	TOTAL	MAT.	INST.	TOTAL	MAT.	INST.	TOTAL	MAT.	INST.	TOTAL	MAT.	INST.	TOTAL
2	SITE WORK	117.4	84.5	102.8	88.3	83.4	86.1	127.0	93.1	111.9	112.9	85.2	100.5	114.3	86.9	102.2	107.6	99.8	104.1
3.1	FORMWORK	97.8	68.9	75.4	108.0	74.7	82.2	94.4	86.2	88.0	106.2	60.9	71.1	82.8	74.9	76.7	106.1	51.9	64.1
3.2	REINFORCING	113.6	70.7	96.2	97.1	75.2	88.2	93.8	83.3	89.6	104.4	63.6	87.9	96.2	68.2	84.8	117.7	72.8	99.5
3.3	CAST IN PLACE CONC.	114.1	90.4	99.7	96.6	91.2	93.3	111.2	94.1	100.8	106.1	88.8	95.5	97.8	92.6	94.7	92.1	80.4	84.9
3	CONCRETE	110.8	80.3	91.4	99.0	83.3	89.0	104.0	90.0	95.1	105.7	75.6	86.6	94.5	83.5	87.5	100.6	68.6	80.3
4	MASONRY	106.5	66.3	75.7	104.2	78.8	84.7	111.7	94.7	98.7	107.4	65.2	75.1	102.5	73.0	79.9	95.9	54.2	64.0
5	METALS	99.7	78.7	92.3	90.9	81.5	87.6	97.8	87.7	94.2	97.7	73.7	89.3	91.2	77.8	86.5	104.3	75.8	94.3
6	WOOD & PLASTICS	94.1	71.2	81.4	96.5	78.4	86.4	94.5	90.3	92.2	101.9	63.5	80.5	96.6	79.4	87.0	91.7	48.5	67.7
7	MOISTURE PROTECTION	94.0	56.4	82.0	97.5	64.5	87.0	95.9	74.5	89.1	97.1	59.6	85.2	102.8	69.9	92.4	98.2	54.6	84.4
8	DOORS, WINDOWS, GLASS	92.5	64.3	77.9	96.7	74.2	85.1	102.7	81.8	91.9	101.1	58.8	79.2	103.6	79.3	91.0	99.8	52.2	75.2
9.1	LATH & PLASTER	92.6	76.8	80.6	80.9	78.3	78.9	86.0	80.1	81.6	92.1	68.6	74.3	90.5	81.4	83.6	90.6	52.3	61.6
9.2	DRYWALL	84.9	73.0	79.4	84.9	77.5	81.4	90.3	85.2	87.9	87.1	64.5	76.6	78.6	78.1	78.4	87.3	47.9	68.9
9.5	ACOUSTICAL WORK	91.7	71.1	80.5	94.3	77.6	85.3	94.3	89.0	91.4	90.1	62.2	75.0	96.1	78.2	86.4	90.5	46.7	66.8
9.6	FLOORING	104.1	68.4	94.5	102.6	70.0	93.8	102.6	96.0	100.8	94.6	61.8	85.8	88.7	76.0	85.3	104.2	54.4	90.9
9.8	PAINTING	103.9	54.7	64.9	108.6	57.8	68.2	105.0	81.0	85.9	96.9	60.2	67.7	100.1	77.8	82.4	89.5	45.2	54.3
9	FINISHES	91.8	66.5	78.3	91.9	70.2	80.3	94.7	84.5	89.3	90.1	62.9	75.6	84.7	78.1	81.2	91.6	47.6	68.2
10-14	TOTAL DIV. 10-14	100.0	77.9	93.5	100.0	79.2	93.9	100.0	86.7	96.1	100.0	79.4	94.0	100.0	85.1	95.7	100.0	70.3	91.3
15	MECHANICAL	98.9	73.1	86.1	98.7	78.1	88.5	99.7	79.3	89.1	98.6	62.3	80.6	99.5	74.8	87.3	101.5	62.0	81.9
16	ELECTRICAL	104.3	68.5	79.6	102.4	71.9	81.4	105.8	85.9	92.1	100.3	60.7	73.0	97.5	80.1	85.5	94.3	62.3	72.2
1-16	WEIGHTED AVERAGE	101.2	72.4	85.8	97.2	77.6	86.7	102.0	86.7	93.8	100.4	67.7	82.8	98.1	78.7	87.7	99.6	62.6	79.8

DIVISION		TEXAS												UTAH SALT LAKE CITY			VERMONT BURLINGTON		
		FORT WORTH			HOUSTON			LUBBOCK			SAN ANTONIO								
		MAT.	INST.	TOTAL	MAT.	INST.	TOTAL	MAT.	INST.	TOTAL	MAT.	INST.	TOTAL	MAT.	INST.	TOTAL	MAT.	INST.	TOTAL
2	SITE WORK	114.3	88.2	102.7	114.0	88.9	102.8	121.7	92.8	108.8	79.0	90.3	84.1	84.7	94.5	89.1	97.5	90.0	94.2
3.1	FORMWORK	101.7	75.1	81.1	98.5	72.9	78.7	108.8	66.5	76.0	94.4	68.4	74.3	114.0	75.9	84.5	116.0	75.4	84.6
3.2	REINFORCING	100.9	68.2	87.7	112.7	69.9	95.3	106.6	69.6	91.6	100.8	69.6	88.2	133.4	86.7	114.4	111.5	83.4	100.1
3.3	CAST IN PLACE CONC.	109.0	91.3	98.2	112.7	88.7	98.0	99.3	89.8	93.5	73.4	104.8	92.5	87.7	93.4	91.2	101.0	100.4	100.6
3	CONCRETE	105.7	83.0	91.3	109.9	80.8	91.4	102.8	78.9	87.6	83.7	87.4	86.1	103.2	86.0	92.3	106.4	89.1	95.4
4	MASONRY	108.5	70.1	79.1	114.2	79.1	87.3	113.2	62.8	74.6	97.4	69.2	76.3	97.1	83.4	86.6	110.8	59.5	71.5
5	METALS	97.1	77.2	90.1	93.3	76.3	87.3	88.8	78.0	85.0	93.3	82.4	89.5	106.5	92.7	101.6	103.5	90.9	99.1
6	WOOD & PLASTICS	99.2	79.9	88.5	104.1	74.0	87.3	91.3	70.2	79.6	88.3	71.1	78.7	83.6	75.0	78.8	119.7	75.1	94.9
7	MOISTURE PROTECTION	95.5	71.2	87.8	89.4	71.1	83.6	93.5	68.6	85.6	85.7	62.6	78.3	90.2	78.7	86.6	87.9	77.5	84.6
8	DOORS, WINDOWS, GLASS	99.2	79.3	88.9	103.2	72.8	87.4	99.0	64.5	81.1	102.8	71.0	86.4	100.2	76.0	87.7	105.6	65.0	84.6
9.1	LATH & PLASTER	101.5	82.9	87.4	92.9	79.4	82.6	92.1	68.4	74.1	95.1	70.2	76.3	117.9	71.2	82.5	91.2	64.2	70.7
9.2	DRYWALL	101.9	78.1	90.8	105.7	75.1	91.4	86.0	68.0	77.6	87.6	70.0	79.4	92.3	73.5	83.5	108.6	71.2	91.1
9.5	ACOUSTICAL WORK	91.7	78.2	84.4	96.9	73.0	84.0	91.7	69.2	79.5	98.0	70.3	83.0	99.3	74.2	85.7	98.9	74.5	85.7
9.6	FLOORING	105.3	74.5	97.0	94.1	74.9	89.0	106.7	65.0	95.5	91.1	72.5	86.1	100.1	67.4	91.3	109.1	62.8	96.7
9.8	PAINTING	98.9	85.6	88.4	103.6	78.2	83.4	102.7	53.9	63.9	96.0	56.3	64.5	97.5	75.9	80.3	110.1	63.3	73.0
9	FINISHES	101.5	80.7	90.5	101.9	76.2	88.2	92.9	63.0	77.0	90.2	65.5	77.0	95.7	73.8	84.0	107.7	67.7	86.4
10-14	TOTAL DIV. 10-14	100.0	85.2	95.7	100.0	80.3	94.3	100.0	82.0	94.8	100.0	77.0	93.3	100.0	86.5	96.1	100.0	80.1	94.2
15	MECHANICAL	99.8	70.6	85.3	100.4	75.0	87.8	99.6	70.2	85.1	100.4	83.5	92.0	103.9	79.6	91.8	100.8	71.7	86.3
16	ELECTRICAL	98.8	75.1	82.5	103.5	86.9	92.1	101.4	70.4	80.0	108.4	68.3	80.8	102.3	88.6	92.9	101.5	65.7	76.8
1-16	WEIGHTED AVERAGE	101.5	77.1	88.5	102.4	79.1	89.9	100.0	71.9	85.0	94.3	77.1	85.1	99.6	83.3	90.9	102.4	74.4	87.5

CITY COST INDEXES

		VIRGINIA												WASHINGTON					
	DIVISION	NEWPORT NEWS			NORFOLK			RICHMOND			ROANOKE			SEATTLE			SPOKANE		
		MAT.	INST.	TOTAL	MAT.	INST.	TOTAL	MAT.	INST.	TOTAL	MAT.	INST.	TOTAL	MAT.	INST.	TOTAL	MAT.	INST.	TOTAL
2	SITE WORK	120.7	83.8	104.3	110.9	82.3	98.2	83.0	86.3	84.5	100.4	84.2	93.2	101.1	99.8	100.5	108.0	100.7	104.8
3.1	FORMWORK	102.5	64.5	73.0	106.9	64.4	74.0	99.3	63.3	71.4	105.1	57.5	68.2	83.0	103.5	98.9	106.3	96.3	98.6
3.2	REINFORCING	100.9	69.4	88.1	100.9	69.4	88.1	96.9	75.2	88.1	105.8	76.6	94.0	108.6	103.5	106.5	112.9	103.5	109.1
3.3	CAST IN PLACE CONC.	115.4	85.6	97.2	113.2	88.0	97.8	109.5	87.8	96.3	111.6	87.1	96.6	96.7	110.4	105.1	108.3	98.9	102.5
3	CONCRETE	109.6	75.9	88.2	109.2	77.1	88.8	104.6	77.1	87.2	109.0	74.6	87.2	96.6	107.1	103.3	108.9	98.3	102.2
4	MASONRY	103.9	64.8	73.9	103.4	64.8	73.8	100.8	76.6	82.3	102.2	59.3	69.4	125.4	107.5	111.7	115.6	90.5	96.4
5	METALS	86.7	75.0	82.6	86.6	75.5	82.7	96.0	74.5	88.5	96.7	80.5	91.0	105.9	104.9	105.5	102.9	101.2	102.3
6	WOOD & PLASTICS	103.8	67.7	83.7	103.5	67.7	83.6	103.2	66.2	82.6	102.6	59.0	78.3	76.7	101.6	90.5	102.0	95.1	98.2
7	MOISTURE PROTECTION	85.5	49.6	74.1	86.8	49.6	75.0	108.7	48.6	89.6	85.8	49.4	74.2	111.9	108.7	110.9	96.2	99.0	97.0
8	DOORS, WINDOWS, GLASS	90.5	65.8	77.7	89.5	65.8	77.2	90.0	62.1	75.6	94.6	59.5	76.4	94.3	98.3	96.4	100.2	93.5	96.8
9.1	LATH & PLASTER	113.7	65.4	77.1	98.3	65.8	73.7	105.5	66.3	75.8	107.4	54.3	67.2	99.5	105.8	104.3	115.5	91.2	97.1
9.2	DRYWALL	87.4	65.1	77.0	87.4	65.1	77.0	97.8	65.6	82.8	91.8	57.3	75.7	80.8	102.1	90.8	96.4	95.3	95.9
9.5	ACOUSTICAL WORK	97.4	66.3	80.6	94.7	66.3	79.3	104.5	65.2	83.2	96.7	57.3	75.4	99.1	101.5	100.4	105.2	95.4	99.9
9.6	FLOORING	98.7	62.6	89.0	94.5	62.6	86.0	88.0	76.7	85.0	103.3	55.7	90.6	90.1	104.7	94.0	106.3	94.4	103.1
9.8	PAINTING	91.0	57.4	64.3	101.7	60.6	69.1	96.7	55.3	63.8	90.8	52.2	60.2	83.7	100.5	97.0	100.9	93.3	94.9
9	FINISHES	91.6	62.4	76.1	91.3	63.5	76.5	96.2	62.8	78.5	95.0	55.2	73.8	85.0	101.9	94.0	100.2	94.3	97.1
10-14	TOTAL DIV. 10-14	100.0	72.2	91.9	100.0	72.5	92.0	100.0	74.0	92.4	100.0	71.7	91.8	100.0	104.8	101.4	100.0	100.6	100.1
15	MECHANICAL	102.7	64.2	83.6	102.5	66.1	84.4	101.6	62.7	82.2	103.2	70.7	87.0	99.6	110.0	104.8	103.1	104.3	103.7
16	ELECTRICAL	106.1	57.4	72.5	106.1	57.4	72.5	103.2	67.7	78.7	102.3	58.3	72.0	106.5	98.1	100.7	104.1	99.5	100.9
1-16	WEIGHTED AVERAGE	100.2	67.2	82.6	99.5	67.9	82.6	99.5	70.1	83.8	100.2	66.5	82.2	100.4	105.0	102.9	103.5	98.1	100.6

		WASHINGTON			WEST VIRGINIA						WISCONSIN						WYOMING		
	DIVISION	TACOMA			CHARLESTON			HUNTINGTON			MADISON			MILWAUKEE			CHEYENNE		
		MAT.	INST.	TOTAL	MAT.	INST.	TOTAL	MAT.	INST.	TOTAL	MAT.	INST.	TOTAL	MAT.	INST.	TOTAL	MAT.	INST.	TOTAL
2	SITE WORK	104.7	97.8	101.7	119.2	98.5	110.0	124.2	101.8	114.2	83.4	98.1	89.9	75.3	100.1	86.3	109.6	89.5	100.6
3.1	FORMWORK	113.4	103.3	105.6	117.8	92.0	97.8	99.2	95.7	96.5	108.9	81.9	88.0	105.1	99.0	100.4	110.4	69.9	79.0
3.2	REINFORCING	100.7	103.5	101.8	120.8	92.0	109.1	116.3	94.0	107.3	106.2	80.9	96.0	104.5	104.6	104.5	103.2	73.1	91.0
3.3	CAST IN PLACE CONC.	100.5	101.9	101.4	117.7	96.8	104.9	114.3	97.6	104.1	100.1	102.8	101.7	80.5	95.3	89.5	98.2	91.0	93.8
3	CONCRETE	103.1	102.6	102.8	118.4	94.5	103.2	111.8	96.6	102.1	103.2	92.7	96.5	90.8	97.6	95.1	101.8	81.2	88.7
4	MASONRY	123.2	95.2	101.7	90.6	89.8	90.0	102.5	87.1	90.7	101.6	79.4	84.6	103.8	98.5	99.7	112.0	63.6	74.9
5	METALS	99.0	101.5	99.9	111.6	93.3	105.2	102.3	94.5	99.6	96.6	88.3	93.7	95.5	100.8	97.4	87.4	80.0	84.8
6	WOOD & PLASTICS	102.0	101.4	101.7	118.0	93.6	104.4	103.6	96.5	99.7	100.0	81.3	89.6	95.4	97.0	96.3	96.6	70.8	82.3
7	MOISTURE PROTECTION	110.4	107.2	109.4	89.7	90.0	89.8	89.2	91.9	90.1	87.4	81.9	85.6	103.3	97.8	101.6	89.1	68.0	82.4
8	DOORS, WINDOWS, GLASS	103.2	98.3	100.7	106.7	86.4	96.2	112.3	88.8	100.1	97.7	80.4	88.7	95.2	97.2	96.2	108.4	72.9	90.0
9.1	LATH & PLASTER	108.2	105.1	105.8	118.6	92.0	98.4	116.0	92.2	97.9	105.4	77.3	84.1	103.3	93.5	95.9	107.9	91.2	95.3
9.2	DRYWALL	99.9	102.1	100.9	100.6	92.1	96.6	98.1	94.8	96.5	109.2	80.5	95.8	95.8	97.2	96.4	95.5	79.2	87.9
9.5	ACOUSTICAL WORK	105.2	101.5	103.2	108.8	92.4	99.9	110.6	97.0	103.2	108.6	80.6	93.4	100.0	97.3	98.5	95.6	69.8	81.6
9.6	FLOORING	98.1	87.5	95.3	85.4	92.1	87.2	81.3	89.5	83.5	96.6	78.3	91.7	102.7	94.0	100.4	93.3	65.8	85.9
9.8	PAINTING	109.4	100.5	102.4	124.0	78.2	87.6	114.6	83.8	90.1	99.0	79.9	83.9	103.7	93.5	95.6	100.3	90.3	92.3
9	FINISHES	101.1	100.6	100.9	100.7	87.3	93.6	97.4	90.6	93.8	105.2	80.0	91.8	98.6	95.5	96.9	95.8	82.0	88.5
10-14	TOTAL DIV. 10-14	100.0	104.8	101.3	100.0	93.7	98.1	100.0	93.1	98.0	100.0	87.0	96.2	100.0	91.0	97.4	100.0	82.4	94.9
15	MECHANICAL	101.6	103.5	102.5	101.6	84.0	92.9	104.1	92.0	98.1	101.7	86.2	94.2	100.2	92.5	96.3	102.9	69.7	86.4
16	ELECTRICAL	104.1	106.6	105.8	95.5	86.6	89.4	98.5	88.0	91.2	89.0	89.8	89.6	93.7	102.0	99.4	98.6	74.1	81.7
1-16	WEIGHTED AVERAGE	103.5	101.7	102.5	104.5	89.7	96.6	104.0	92.1	97.7	98.3	86.7	92.1	96.3	97.0	96.7	100.1	75.0	86.7

		CANADA																	
	DIVISION	EDMONTON			MONTREAL			QUEBEC			TORONTO			VANCOUVER			WINNIPEG		
		MAT.	INST.	TOTAL	MAT.	INST.	TOTAL	MAT.	INST.	TOTAL	MAT.	INST.	TOTAL	MAT.	INST.	TOTAL	MAT.	INST.	TOTAL
2	SITE WORK	107.3	101.9	104.9	96.4	99.6	97.8	101.6	74.8	89.7	117.2	107.5	112.9	116.2	109.5	113.2	109.2	101.5	105.8
3.1	FORMWORK	120.9	99.1	104.0	120.8	106.2	109.5	114.0	106.2	107.9	119.0	126.5	124.9	109.6	125.5	121.9	108.1	93.8	97.0
3.2	REINFORCING	119.7	105.3	113.9	119.4	92.0	108.3	117.7	92.0	107.3	80.1	111.4	92.8	100.1	116.8	106.9	117.9	85.9	104.9
3.3	CAST IN PLACE CONC.	119.1	99.0	106.8	109.0	101.0	104.1	145.6	76.6	103.5	164.1	107.2	129.4	117.1	108.6	111.9	108.5	111.2	110.1
3	CONCRETE	119.6	99.6	106.9	113.7	102.2	106.4	133.0	89.5	105.4	136.3	115.2	122.9	111.8	116.0	114.4	110.5	102.1	105.2
4	MASONRY	112.8	87.7	93.5	117.8	105.2	108.1	108.8	105.2	106.0	123.3	120.8	121.4	125.7	119.0	120.5	128.6	92.3	100.8
5	METALS	102.0	103.5	102.5	88.9	100.3	92.9	86.6	91.5	88.3	103.5	110.8	106.1	104.6	111.7	107.1	103.8	100.6	105.6
6	WOOD & PLASTICS	93.7	98.0	96.1	109.9	106.1	107.8	106.8	106.1	106.4	104.7	124.2	115.5	93.4	121.0	108.7	94.7	96.5	95.7
7	MOISTURE PROTECTION	99.1	98.0	98.7	92.9	107.0	97.3	92.3	107.0	96.9	97.6	120.9	105.0	106.6	126.1	112.8	103.8	91.1	99.8
8	DOORS, WINDOWS, GLASS	100.7	98.0	99.3	101.4	89.9	95.4	102.1	101.8	101.9	95.8	119.9	108.3	107.8	119.4	113.8	111.5	89.0	99.8
9.1	LATH & PLASTER	109.2	97.0	100.0	98.9	105.2	103.7	94.9	105.2	102.7	100.2	103.6	102.7	111.3	116.5	115.2	111.9	89.9	95.2
9.2	DRYWALL	108.6	97.9	103.6	111.7	106.2	109.2	114.6	106.2	110.7	107.4	109.4	108.3	112.4	116.2	114.2	105.7	92.3	99.5
9.5	ACOUSTICAL WORK	80.0	98.0	89.8	101.5	106.4	104.1	101.5	106.4	104.1	101.5	125.4	114.5	83.1	121.8	104.0	100.6	95.8	98.0
9.6	FLOORING	99.7	93.2	98.0	92.1	107.6	96.3	88.9	107.6	93.9	95.7	115.5	101.0	100.0	120.1	105.4	109.9	91.3	104.5
9.8	PAINTING	112.4	104.0	105.8	124.3	105.3	109.2	134.3	105.3	111.3	117.7	145.9	140.1	121.2	124.8	124.0	115.8	89.8	95.2
9	FINISHES	104.8	99.6	102.0	107.5	106.0	106.7	109.4	106.0	107.6	105.2	123.4	114.9	108.2	119.9	114.4	107.3	91.5	98.9
10-14	TOTAL DIV. 10-14	100.0	95.7	98.7	100.0	102.3	100.6	100.0	102.3	100.6	100.0	102.6	100.7	100.0	114.9	104.3	100.0	98.2	99.4
15	MECHANICAL	99.4	97.5	98.4	101.1	96.3	98.7	100.2	96.2	98.2	103.4	110.5	106.9	97.9	109.8	103.8	98.8	95.5	97.1
16	ELECTRICAL	108.3	93.1	97.8	104.2	97.8	99.8	106.0	97.8	100.4	104.5	111.1	109.1	100.8	114.0	109.9	111.4	98.1	102.3
1-16	WEIGHTED AVERAGE	104.8	96.6	100.4	102.6	100.7	101.6	105.0	97.2	100.8	108.9	114.9	112.1	105.6	115.5	110.9	106.0	96.3	101.0

ABBREVIATIONS

A	Area Square Feet; Ampere	C/C	Center to Center	Demob.	Demobilization
ABS	Acrylonitrile Butadiene Styrene; Asbestos Bonded Steel	Cab.	Cabinet	d.f.u.	Drainage Fixture Units
		Cair.	Air Tool Laborer	D.H.	Double Hung
A.C.	Alternating Current; Air Conditioning; Asbestos Cement	Calc	Calculated	DHW	Domestic Hot Water
		Cap.	Capacity	Diag.	Diagonal
		Carp.	Carpenter	Diam.	Diameter
A.C.I.	American Concrete Institute	C.B.	Circuit Breaker	Distrib.	Distribution
Addit.	Additional	C.C.A.	Chromate Copper Arsenate	Dk.	Deck
Adj.	Adjustable	C.C.F.	Hundred Cubic Feet	D.L.	Dead Load; Diesel
af	Audio-frequency	cd	Candela	Do.	Ditto
A.G.A.	American Gas Association	cd/sf	Candela per Square Foot	Dp.	Depth
Agg.	Aggregate	CD	Grade of Plywood Face & Back	D.P.S.T.	Double Pole, Single Throw
A.H.	Ampere Hours	CDX	Plywood, grade C&D, exterior glue	Dr.	Driver
A hr	Ampere-hour	Cefi.	Cement Finisher	Drink.	Drinking
A.H.U.	Air Handling Unit	Cem.	Cement	D.S.	Double Strength
A.I.A.	American Institute of Architects	CF	Hundred Feet	D.S.A.	Double Strength A Grade
AIC	Ampere Interrupting Capacity	C.F.	Cubic Feet	D.S.B.	Double Strength B Grade
Allow.	Allowance	CFM	Cubic Feet per Minute	Dty.	Duty
alt.	Altitude	c.g.	Center of Gravity	DWV	Drain Waste Vent
Alum.	Aluminum	CHW	Chilled Water	DX	Deluxe White, Direct Expansion
a.m.	Ante Meridiem	C.I.	Cast Iron	dyn	Dyne
Amp.	Ampere	C.I.P.	Cast in Place	e	Eccentricity
Anod.	Anodized	Circ.	Circuit	E	Equipment Only; East
Approx.	Approximate	C.L.	Carload Lot	Ea.	Each
Apt.	Apartment	Clab.	Common Laborer	E.B.	Encased Burial
Asb.	Asbestos	C.L.F.	Hundred Linear Feet	Econ.	Economy
A.S.B.C.	American Standard Building Code	CLF	Current Limiting Fuse	EDP	Electronic Data Processing
Asbe.	Asbestos Worker	CLP	Cross Linked Polyethylene	E.D.R.	Equiv. Direct Radiation
A.S.H.R.A.E.	American Society of Heating, Refrig. & AC Engineers	cm	Centimeter	Eq.	Equation
		CMP	Corr. Metal Pipe	Elec.	Electrician; Electrical
A.S.M.E.	American Society of Mechanical Engineers	C.M.U.	Concrete Masonry Unit	Elev.	Elevator; Elevating
		Col.	Column	EMT	Electrical Metallic Conduit; Thin Wall Conduit
A.S.T.M.	American Society for Testing and Materials	CO_2	Carbon Dioxide		
		Comb.	Combination	Eng.	Engine
Attchmt.	Attachment	Compr.	Compressor	EPDM	Ethylene Propylene Diene Monomer
Avg.	Average	Conc.	Concrete		
A.W.G.	American Wire Gauge	Cont.	Continuous; Continued	Eqhv.	Equip. Oper., heavy
Bbl.	Barrel	Corr.	Corrugated	Eqlt.	Equip. Oper., light
B.&B.	Grade B and Better; Balled & Burlapped	Cos	Cosine	Eqmd.	Equip. Oper., medium
		Cot	Cotangent	Eqmm.	Equip. Oper., Master Mechanic
B.&S.	Bell and Spigot	Cov.	Cover	Eqol.	Equip. Oper., oilers
B.&W.	Black and White	CPA	Control Point Adjustment	Equip.	Equipment
b.c.c.	Body-centered Cubic	Cplg.	Coupling	ERW	Electric Resistance Welded
BE	Bevel End	C.P.M.	Critical Path Method	Est.	Estimated
B.F.	Board Feet	CPVC	Chlorinated Polyvinyl Chloride	esu	Electrostatic Units
Bg. Cem.	Bag of Cement	C. Pr.	Hundred Pair	E.W.	Each Way
BHP	Boiler Horse Power Brake Horse Power	CRC	Cold Rolled Channel	EWT	Entering Water Temperature
		Creos.	Creosote	Excav.	Excavation
B.I.	Black Iron	Crpt.	Carpet & Linoleum Layer	Exp.	Expansion
Bit.; Bitum.	Bituminous	CRT	Cathode-Ray Tube	Ext.	Exterior
Bk.	Backed	CS	Carbon Steel	Extru.	Extrusion
Bkrs.	Breakers	Csc	Cosecant	f.	Fiber stress
Bldg.	Building	C.S.F.	Hundred Square Feet	F	Fahrenheit; Female; Fill
Blk.	Block	CSI	Construction Specifications Institute	Fab.	Fabricated
Bm.	Beam			FBGS	Fiberglass
Boil.	Boilermaker	C.T.	Current Transformer	F.C.	Footcandles
B.P.M.	Blows per Minute	CTS	Copper Tube Size	f.c.c.	Face-centered Cubic
BR	Bedroom	Cu	Cubic	f'c.	Compressive Stress in Concrete; Extreme Compressive Stress
Brg.	Bearing	Cu. Ft.	Cubic Foot		
Brhe.	Bricklayer Helper	cw	Continuous Wave	F.E.	Front End
Bric.	Bricklayer	C.W.	Cool White; Cold Water	FEP	Fluorinated Ethylene Propylene (Teflon)
Brk.	Brick	Cwt.	100 Pounds		
Brng.	Bearing	C.W.X.	Cool White Deluxe	F.G.	Flat Grain
Brs.	Brass	C.Y.	Cubic Yard (27 cubic feet)	F.H.A.	Federal Housing Administration
Brz.	Bronze	C.Y./Hr.	Cubic Yard per Hour	Fig.	Figure
Bsn.	Basin	Cyl.	Cylinder	Fin.	Finished
Btr.	Better	d	Penny (nail size)	Fixt.	Fixture
BTU	British Thermal Unit	D	Deep; Depth; Discharge	Fl. Oz.	Fluid Ounces
BTUH	BTU per Hour	Dis.; Disch.	Discharge	Flr.	Floor
BX	Interlocked Armored Cable	Db.	Decibel	F.M.	Frequency Modulation; Factory Mutual
c	Conductivity	Dbl.	Double		
C	Hundred; Centigrade	DC	Direct Current	Fmg.	Framing

ABBREVIATIONS

Fndtn.	Foundation	I.P.	Iron Pipe	Mat; Mat'l.	Material
Fori.	Foreman, inside	I.P.S.	Iron Pipe Size	Max.	Maximum
Fount.	Fountain	I.P.T.	Iron Pipe Threaded	MBF	Thousand Board Feet
FPM	Feet per Minute	I.W.	Indirect Waste	MBH	Thousand BTU's per hr.
FPT	Female Pipe Thread	J	Joule	MC	Metal Clad Cable
Fr.	Frame	J.I.C.	Joint Industrial Council	M.C.F.	Thousand Cubic Feet
F.R.	Fire Rating	K	Thousand; Thousand Pounds; Heavy Wall Copper Tubing	M.C.F.M.	Thousand Cubic Feet per minute
FRK	Foil Reinforced Kraft				
FRP	Fiberglass Reinforced Plastic	K.A.H.	Thousand Amp. Hours	M.C.M.	Thousand Circular Mils
FS	Forged Steel	K.D.A.T.	Kiln Dried After Treatment	M.C.P.	Motor Circuit Protector
FSC	Cast Body; Cast Switch Box	kg	Kilogram	MD	Medium Duty
Ft.	Foot; Feet	kG	Kilogauss	M.D.O.	Medium Density Overlaid
Ftng.	Fitting	kgf	Kilogram force	Med.	Medium
Ftg.	Footing	kHz	Kilohertz	MF	Thousand Feet
Ft. Lb.	Foot Pound	Kip	1000 Pounds	M.F.B.M.	Thousand Feet Board Measure
Furn.	Furniture	KJ	Kiljoule	Mfg.	Manufacturing
FVNR	Full Voltage Non-Reversing	K.L.	Effective Length Factor	Mfrs.	Manufacturers
FXM	Female by Male	Km	Kilometer	mg	Milligram
Fy.	Minimum Yield Stress of Steel	K.L.F.	Kips per Linear Foot	MGD	Million Gallons per Day
g	Gram	K.S.F.	Kips per Square Foot	MGPH	Thousand Gallons per Hour
G	Gauss	K.S.I.	Kips per Square Inch	MH; M.H.	Manhole; Metal Halide; Man-Hour
Ga.	Gauge	K.V.	Kilovolt	MHz	Megahertz
Gal.	Gallon	K.V.A.	Kilovolt Ampere	Mi.	Mile
Gal./Min.	Gallon per Minute	K.V.A.R.	Kilovar (Reactance)	MI	Malleable Iron; Mineral Insulated
Galv.	Galvanized	KW	Kilowatt	mm	Millimeter
Gen.	General	KWh	Kilowatt-hour	Mill.	Millwright
G.F.I.	Ground Fault Interrupter	L	Labor Only; Length; Long; Medium Wall Copper Tubing	Min.; min.	Minimum; minute
Glaz.	Glazier			Misc.	Miscellaneous
GPD	Gallons per Day	Lab.	Labor	ml	Milliliter
GPH	Gallons per Hour	lat	Latitude	M.L.F.	Thousand Linear Feet
GPM	Gallons per Minute	Lath.	Lather	Mo.	Month
GR	Grade	Lav.	Lavatory	Mobil.	Mobilization
Gran.	Granular	lb.; #	Pound	Mog.	Mogul Base
Grnd.	Ground	L.B.	Load Bearing; L Conduit Body	MPH	Miles per Hour
H	High; High Strength Bar Joist; Henry	L. & E.	Labor & Equipment	MPT	Male Pipe Thread
		lb./hr.	Pounds per Hour	MRT	Mile Round Trip
H.C.	High Capacity	lb./L.F.	Pounds per Linear Foot	ms	Millisecond
H.D.	Heavy Duty; High Density	lbf/sq in.	Pound-force per Square Inch	M.S.F.	Thousand Square Feet
H.D.O.	High Density Overlaid	L.C.L.	Less than Carload Lot	Mstz.	Mosaic & Terrazzo Worker
Hdr.	Header	Ld.	Load	M.S.Y.	Thousand Square Yards
Hdwe.	Hardware	LE	Lead Equivalent	Mtd.	Mounted
Help.	Helper average	L.F.	Linear Foot	Mthe.	Mosaic & Terrazzo Helper
HEPA	High Efficiency Particulate Air Filter	Lg.	Long; Length; Large	Mtng.	Mounting
Hg	Mercury	L. & H.	Light and Heat	Mult.	Multi; Multiply
HIC	High Interrupting Capacity	L.H.	Long Span High Strength Bar Joist	M.V.A.	Million Volt Amperes
H.O.	High Output	L.J.	Long Span Standard Strength Bar Joist	M.V.A.R.	Million Volt Amperes Reactance
Horiz.	Horizontal			MV	Megavolt
H.P.	Horsepower; High Pressure	L.L.	Live Load	MW	Megawatt
H.P.F.	High Power Factor	L.L.D.	Lamp Lumen Depreciation	MXM	Male by Male
Hr.	Hour	lm	Lumen	MYD	Thousand yards
Hrs./Day	Hours per Day	lm/sf	Lumen per Square Foot	N	Natural; North
HSC	High Short Circuit	lm/W	Lumen per Watt	nA	Nanoampere
Ht.	Height	L.O.A.	Length Over All	NA	Not Available; Not Applicable
Htg.	Heating	log	Logarithm	N.B.C.	National Building Code
Htrs.	Heaters	L.P.	Liquefied Petroleum; Low Pressure	NC	Normally Closed
HVAC	Heating, Ventilating & Air Conditioning			N.E.M.A.	National Electrical Manufacturers Association
		L.P.F.	Low Power Factor		
Hvy.	Heavy	LR	Long Radius	NEHB	Bolted Circuit Breaker to 600V.
HW	Hot Water	L.S.	Lump Sum	N.L.B.	Non-Load-Bearing
Hyd.; Hydr.	Hydraulic	Lt.	Light	NM	Non-Metallic Cable
Hz.	Hertz (cycles)	Lt. Ga.	Light Gauge	nm	Nanometer
I.	Moment of Inertia	L.T.L.	Less than Truckload Lot	No.	Number
I.C.	Interrupting Capacity	Lt. Wt.	Lightweight	NO	Normally Open
ID	Inside Diameter	L.V.	Low Voltage	N.O.C.	Not Otherwise Classified
I.D.	Inside Dimension; Identification	M	Thousand; Material; Male; Light Wall Copper Tubing	Nose.	Nosing
				N.P.T.	National Pipe Thread
I.F.	Inside Frosted	m/hr; M.H.	Man-hour	NQOB	Bolted Circuit Breaker to 240V.
I.M.C.	Intermediate Metal Conduit	mA	Milliampere	N.R.C.	Noise Reduction Coefficient
In.	Inch	Mach.	Machine	N.R.S.	Non Rising Stem
Incan.	Incandescent	Mag. Str.	Magnetic Starter	ns	Nanosecond
Incl.	Included; Including	Maint.	Maintenance	nW	Nanowatt
Int.	Interior	Marb.	Marble Setter		
Inst.	Installation				
Insul.	Insulation				

ABBREVIATIONS

OB	Opposing Blade	R.H.W.	Rubber, Heat & Water Resistant; Residential Hot Water	T.D.	Temperature Difference
OC	On Center			T.E.M.	Transmission Electron Microscopy
OD.	Outside Diameter	rms	Root Mean Square	TFE	Tetrafluoroethylene (Teflon)
O.D.	Outside Dimension	Rnd.	Round	T. & G.	Tongue & Groove; Tar & Gravel
ODS	Overhead Distribution System	Rodm.	Rodman		
O & P	Overhead and Profit	Rofc.	Roofer, Composition	Th.; Thk.	Thick
Oper.	Operator	Rofp.	Roofer, Precast	Thn.	Thin
Opng.	Opening	Rohe.	Roofer Helpers (Composition)	Thrded	Threaded
Orna.	Ornamental	Rots.	Roofer, Tile & Slate	Tilf.	Tile Layer Floor
O.S.&Y.	Outside Screw and Yoke	R.O.W.	Right of Way	Tilh.	Tile Layer Helper
Ovhd.	Overhead	RPM	Revolutions per Minute	THW.	Insulated Strand Wire
OWG	Oil, Water or Gas	R.R.	Direct Burial Feeder Conduit	THWN; THHN	Nylon Jacketed Wire
Oz.	Ounce	R.S.	Rapid Start	T.L.	Truckload
P.	Pole; Applied Load; Projection	RT	Round Trip	Tot.	Total
p.	Page	S.	Suction; Single Entrance; South	T.S.	Trigger Start
Pape.	Paperhanger			Tr.	Trade
P.A.P.R.	Powered Air Purifying Respirator	Scaf.	Scaffold	Transf.	Transformer
PAR	Weatherproof Reflector	Sch.; Sched.	Schedule	Trhv.	Truck Driver, Heavy
Pc.	Piece	S.C.R.	Modular Brick	Trlr.	Trailer
P.C.	Portland Cement; Power Connector	S.D.	Sound Deadening	Trlt.	Truck Driver, Light
		S.D.R.	Standard Dimension Ratio	TV	Television
P.C.M.	Phase Contrast Microscopy	S.E.	Surfaced Edge	T.W.	Thermoplastic Water Resistant Wire
P.C.F.	Pounds per Cubic Foot	S.E.R.; S.E.U.	Service Entrance Cable		
P.E.	Professional Engineer; Porcelain Enamel; Polyethylene; Plain End	S.F.	Square Foot	UCI	Uniform Construction Index
		S.F.C.A.	Square Foot Contact Area	UF	Underground Feeder
		S.F.G.	Square Foot of Ground	U.H.F.	Ultra High Frequency
Perf.	Perforated	S.F. Hor.	Square Foot Horizontal	U.L.	Underwriters Laboratory
Ph.	Phase	S.F.R.	Square Feet of Radiation	Unfin.	Unfinished
P.I.	Pressure Injected	S.F.Shlf.	Square Foot of Shelf	URD	Underground Residential Distribution
Pile.	Pile Driver	S4S	Surface 4 Sides		
Pkg.	Package	Shee.	Sheet Metal Worker	V	Volt
Pl.	Plate	Sin.	Sine	V.A.	Volt Amperes
Plah.	Plasterer Helper	Skwk.	Skilled Worker	V.A.C.	Vinyl Composition Tile
Plas.	Plasterer	SL	Saran Lined	VAV	Variable Air Volume
Pluh.	Plumbers Helper	S.L.	Slimline	Vent.	Ventilating
Plum.	Plumber	Sldr.	Solder	Vert.	Vertical
Ply.	Plywood	S.N.	Solid Neutral	V.F.	Vinyl Faced
p.m.	Post Meridiem	S.P.	Static Pressure; Single Pole; Self Propelled	V.G.	Vertical Grain
Pord.	Painter, Ordinary			V.H.F.	Very High Frequency
pp	Pages	Spri.	Sprinkler Installer	VHO	Very High Output
PP; PPL	Polypropylene	Sq.	Square; 100 square feet	Vib.	Vibrating
P.P.M.	Parts per Million	S.P.D.T.	Single Pole, Double Throw	V.L.F.	Vertical Linear Foot
Pr.	Pair	S.P.S.T.	Single Pole, Single Throw	Vol.	Volume
Prefab.	Prefabricated	SPT	Standard Pipe Thread	W	Wire; Watt; Wide; West
Prefin.	Prefinished	Sq. Hd.	Square Head	w/	With
Prop.	Propelled	Sq. In.	Square Inch	W.C.	Water Column; Water Closet
PSF; psf	Pounds per Square Foot	S.S.	Single Strength; Stainless Steel	W.F.	Wide Flange
PSI; psi	Pounds per Square Inch	S.S.B.	Single Strength B Grade	W.G.	Water Gauge
PSIG	Pounds per Square Inch Gauge	Sswk.	Structural Steel Worker	Wldg.	Welding
PSP	Plastic Sewer Pipe	Sswl.	Structural Steel Welder	W. Mile	Wire Mile
Pspr.	Painter, Spray	St.; Stl.	Steel	W.R.	Water Resistant
Psst.	Painter, Structural Steel	S.T.C.	Sound Transmission Coefficient	Wrck.	Wrecker
P.T.	Potential Transformer	Std.	Standard	W.S.P.	Water, Steam, Petroleum
P. & T.	Pressure & Temperature	STP	Standard Temperature & Pressure	WT, Wt.	Weight
Ptd.	Painted	Stpi.	Steamfitter, Pipefitter	WWF	Welded Wire Fabric
Ptns.	Partitions	Str.	Strength; Starter; Straight	XFMR	Transformer
Pu	Ultimate Load	Strd.	Stranded	XHD	Extra Heavy Duty
PVC	Polyvinyl Chloride	Struct.	Structural	XHHW; XLPE	Cross-Linked Polyethylene Wire Insulation
Pvmt.	Pavement	Sty.	Story		
Pwr.	Power	Subj.	Subject	Y	Wye
Q	Quantity Heat Flow	Subs.	Subcontractors	yd	Yard
Quan.; Qty.	Quantity	Surf.	Surface	yr	Year
Q.C.	Quick Coupling	Sw.	Switch	Δ	Delta
r	Radius of Gyration	Swbd.	Switchboard	%	Percent
R	Resistance	S.Y.	Square Yard	~	Approximately
R.C.P.	Reinforced Concrete Pipe	Syn.	Synthetic	Ø	Phase
Rect.	Rectangle	Sys.	System	@	At
Reg.	Regular	t.	Thickness	#	Pound; Number
Reinf.	Reinforced	T	Temperature; Ton	<	Less Than
Req'd.	Required	Tan	Tangent	>	Greater Than
Resi	Residential	T.C.	Terra Cotta		
Rgh.	Rough	T & C	Threaded and Coupled		

INDEX

A

Abandon catch basin	11
Abbreviations	232
Accent light	198
light connector	198
light tranformer	198
Access floor	23
Accessory formwork	18
Acoustical ceiling	28
Adapter compression equipment	116
conduit	72
connector	132
EMT	72
greenfield	72
Aerial lift	6
Aggregate spreader	5
Air circuit breaker	221
compressor	6
conditioner receptacle	216
conditioner wiring	218
conditioning fan	39
conditioning ventilating	39, 41-42
handling fan	39
handling troffer	195
hose	6
tool	6
Air-conditioning power central	274
S.F./ton	310
wattage	310
Airfoil fan centrifugal	40
Alarm and communication system	284
burglar	207
exit control	207
fire	207
residential	217
sprinkler	207
standpipe	207
Aluminum bare wire	118
bus-duct	168-173, 327
cable	104-105
cable connector	114
cable tray	46, 51, 53, 55, 57
cable-channel	60
cable-tray	51, 53, 55, 57
conduit	68
handrail	24
light pole	267
low lamp bus-duct	174
nail	22
rivet	21
service entrance cable	107
shielded cable	108
wire	112
wire compression adapter	116
Ammeter	160
Ampere value by h.p.	307
value by kw	305
Anchor bolt	21
expansion	20
hollow wall	20
machinery	21
nailing	21
pole	219
screw	21
tower	219
wall	20
Angle plug	130
Antenna system	213
wire T.V.	109
termination	213
Apartment call system	213
S.F. & C.F.	222
Appliance	26
plumbing	34
repair	10
residential	25-26, 218
Approach ramp	23
Area requirement	343
Arena sport S.F. & C.F.	228
Armored cable	103-105, 318
cable connector	114
Arrestor lightning	212, 222
lightning substation	154
Attic ventilation fan	41
Auditorium S.F. & C.F.	223
Auger	5
Automatic circuit closing	150
fire suppression	35
gate	25
timed thermostat	42
transfer switch	189
Automotive sales S.F. & C.F.	223
Axial flow fan	39

B

Backfill	15
trench	15
Backhoe rental	5
trenching	289
Baler	26
Ballast fixture	197
high intensity discharge	193
replacement	193
Bank S.F. & C.F.	223
Bar-hanger outlet-box	121
Bare floor conduit	198
Barricade	4
Barrier parking	25
Barriers X-ray	30
Base transformer	192
Baseball scoreboard	27
Baseboard electric system	287
heat commercial system	288
heater electric	208
Basic meter device	148
section motor-control	138
Basketball scoreboard	27
Bath exhaust fan	40
heater & fan	41
steam	30
Battery inverter	188
light	191
substation	222
Beam clamp channel	97
clamp conduit	98-99
Bedding pipe	16
Bell system	208
transformer door	208
Bender duct	204
Block manhole	17
Blower	39
Board control	24
Boiler electric	35-36, 236
electric steam	35
gas-fired	36
general	35
hot-water	36
hot-water electric	236
steam electric	235
Bollard light	192
Bolt	19
anchor	21
expansion	20
toggle	20
wedge	21
Bolt-on circuit breaker	152
Bolted switch pressure	156
Bond performance	2, 334
Boom lift	6
Booster fan	39
Border light	24
Box conduit	87
connector EMT	71
connectors EMT	72
electrical	123, 319
explosionproof	123
junction	126
low-voltage relay	128
outlet	121, 319
outlet cover	121
outlet steel	120
pull	121, 319
terminal wire	126
termination	126
Boxes & wiring devices	96-99, 120-124, 128-129
Bracket pipe	32
Branch circuit breaker	159
circuit breaker hic	158
circuit fusible switch	158
meter device	150
Brass screw	23
Brazed wire to grounding	119
Break glass station	208
Breaker circuit	145
low voltage substation	154
motor operated switchboard	157
Breather conduit explosionproof	88
Brick catch basin	17
Broiler	27
Buck-boost transformer	165, 326
Bucket crane	5
Builder risk insurance	1, 334
Building air supported	3
cost S.F. & C.F.	344
directory	213
permit	2
portable	5
temporary	5
Bulb incandescent	202
Bulldozer	15
Burglar alarm	207
alarm indicating panel	207
Burial cable direct	107
Bus bar aluminum	158
substation	222
terminal S.F. & C.F.	229
Bus-duct	168-169
aluminum	168-173, 327
aluminum low lamp	174
by ampere	302
cable tap box	169, 173, 176
circuit-breaker	174, 177
circuit-breaker low amp	174
copper	175-177, 181-182, 327
copper lighting	175
copper low amp	175
end closure	184
feed low amp	174-175
feeder	168, 171, 173, 178-179
fitting	169-173, 175, 178-180, 183-185
ground bus	177
ground neutralizer	183
hanger	185
lighting	175
plug	181
plug & capacitor	182
plug & contactor	182
plug & starter	182
plug circuit-breaker	182
plug low amp	174
plug-in	168, 171, 175-179
plug-in low amp	174
reducer	170, 178, 181
roof flange	183
service head	184
switch	176
switch & control	177
switch low amp	174
switchboard stub	169
tap box	173, 176, 181
tap box circuit-breaker	174
transformer	177
wall flange	169, 183
weather stop	183
Bushing conduit	82
Busway cleaning tools	186
connection switchboard	157
feedrail	185
trolley	185
Busways	168
Button enclosure oiltight push	124
enclosure sloping front push	124
Buzzer system	213
BX cable	103

C

C.I.P concrete	18
Cabinet cast weight	303
convector heater	211
current transformer	123
electrical	121, 319
electrical floormount	124
electrical hinged	122
fuse	146
hotel	24
medicine	24
oil-tight	125
pedestal	124
strip	213
telephone wiring	123
transformer	123
unit heater	211-212
Cable aluminum	104-105
aluminum shielded	108
armored	103-105, 318
BX	103
clamp	51
coaxial	110
connector armored	114
connector nonmetallic	114
connector split bolt	115
control	105
copper	105
copper shielded	108
cost comparison	299
crimp termination	115
electric	103-105, 112
fiber optics	105
flat	110
for cable-tray	109
grip	109
heat trace	330
heating	208
high voltage in conduit	244
in cable tray	103, 105
Cable in conduit support	85
lug substation	154
mineral insulated	105-106
pulling	7
PVC jacket	104-105
sheathed nonmetallic	106
sheathed romex	106
shielded	108
splice high voltage	117
tap box bus-duct	169, 173, 176
tensioning	7
termination	115
termination high voltage	116-117
termination indoor	116
termination mineral insulated	106
termination outdoor	117
termination padmount	116
trailer	7
tray aluminum	46
tray galvanized steel	43
tray ladder type	43
tray substation	222
undercarpet system	110
underground feeder	107
wire THWN	105
Cable-channel aluminum	60
fitting	60
vented	60
Cable-channel hanger	60
Cable-tray alum cover	63-65
aluminum	51, 53, 55, 57
cost analysis	312
divider	65-66
fitting	44-59
galv cover	60-62
galvanized steel	51, 55
ladder type	43, 46-47
layout	311
solid bottom	51
trough type	55
vented	55
wall bracket	51
Cadweld wire to grounding	119
Call system apartment	213
system emergency	213
system nurse	212
Camera T.V. closed circuit	213
Canada worker compensation	337
Cap service entrance	107
Capacitor	189
indoor	190
static	221
station	221
synchronous	221
transmission	221
Carbon dioxide extinguisher	35
Card station	25
Carpet computer room	23
lighting	198
Cartridge fuse	145
Cast iron manhole cover	17
iron pull box	122
Catch basin	17
basin frame and cover	17
basin masonry	17
basin removal	11
Catwalk	4
Ceiling drill	20
fan	39
heater	26
integrated	28
luminous	201
radiant	29
suspended	28
Cement duct	204
PVC conduit	75
Center meter	147
motor-control	135-136
Centrifugal airfoil fan	40
fan	39-40
pump	7
Chain hoist	8
link fence	4
saw	7
trencher	6
Chan-l-wire system	95
Chandelier	195, 198
Channel beam clamp	97
concrete insert	97
conduit	98-99
fittings	97
junction box	97
plastic coated	99
steel	97
strap for conduit	97
strap for EMT	98
support	97
w/conduit clip	98

359

INDEX

C

Chase formwork	18
Chemical toilet	7
Chime door	208
Church S.F. & C.F.	223
Cinema equipment	24
Circline fixture	202
Circuit breaker	145
breaker air	221
breaker bolt-on	152
breaker feeder section	158
breaker gas	221
breaker hic branch	158
breaker oil	221
breaker plug-in	176
breaker power	221
breaker transmission	221
breaker vacuum	221
closing automatic	150
closing manual	150
common a.c.	295
length maximum	297
voltage electric	295
Circuit-breaker bus-duct	174, 177
bus-duct plug	182-183
bus-duct tap box	174
clf	177
control-center	138
disconnect	145
explosionproof	145
hic	152
light-contactor	137
load center	153
low amp bus-duct	174
motor operated	154
motor-starter	133-137
panel	153
panelboard	151
plug-in	152
pricing	320
shunt trip	153
switch	153
Circular saw	7
City Cost Index	347
hall S.F. & C.F.	229
modifier	347
Clamp cable	51
ground rod	118
pipe	32
riser	32
water pipe ground	118
Clamshell bucket	5
Clean room	29
Cleaning tools busway	186
Clearance pole	220
Clf circuit-breaker	177
Climbing crane	8
jack	9
Clip channel w/conduit	98
Clock	206
& bell system	207
system	206
timer	217
Club country S.F. & C.F.	223
S.F. & C.F.	223
Coaxial cable	110
connector	109
Coffee urn	27
Coin station	25
College S.F. & C.F.	224
Color wheel	24
Combination device	215
Commercial electric radiation	288
electric service	245
heater electric	209
water heater	34-35
water-heater	233
Common a.c. circuit	295
nail	22
Communication and alarm system	284
component	10
system	213
Community center S.F. & C.F.	224
Compaction soil	15
Compactor earth	5
Compensation worker	335
worker's	1
Component control	42
sound system	213
Compression equipment adapter	116
fitting	73
Compressor air	6
Computer connector	132
floor	23
grade voltage regulator	186
plug	132
power cond transformer	188
Computer receptacle	132
regulator transformer	188
room carpet	23
transformer	187
Concrete C.I.P.	18
cast in place	18
catch basin	17
conduit encasement	301
cutting	10-11
drill	10-11
drilling	90
finishing	19
formwork	18
foundation	18
hand hole	203
hole cutting	91
hole drilling	90
in place	18
insert	97
insert channel	97
insert hanger	32
manhole	17, 203
patching	18
ready mix	18
removal	11
utility vault	16
Conductor & grounding	103-105, 107-109, 111-116, 118-119
high voltage shielded	244
line	219-220
overhead	219
sagging	219-220
substation	222
underbuilt	220
wire	111
Conduit & fitting flexible	93
aluminum	68
bare floor	198
beam clamp	98-99
body	88
box	87
bushing	82
channel	98-99
connector	93
coupling explosionproof	86
electrical	68, 75
encasement concrete	301
fitting	69-70, 82-84, 86, 88-89, 92-93
fitting fire stop	85
flexible coupling	86
flexible metallic	92
greenfield	92
hanger	89, 96, 98-99, 313
high installation	75
hub	89
in place	299
in-slab	81, 314
in-slab PVC	81
in-trench electrical	82
in-trench steel	82
intermediate fitting	70
intermediate steel	70
layout	313
nipple	75-79
nipple electrical	77, 80-81
plastic coated	70
PVC	73
PVC fitting	74-75
raceway	68
rigid expansion coupling	84
rigid in-slab	82
rigid steel	69-70, 75
riser clamp	96
sealing fitting	89
sealtite	93
size for wire	298
size metric	300
steel fitting	70
substation	222
support	73, 95, 97
w/coupling	75
weight/size	303
Conduit-in-trench electrical	314
Connection motor	93, 280, 323
wire weld	119
Connections temporary	206
Connector accent light	198
adapter	132
coaxial	109
computer	132
conduit	93
locking	131
nonmetallic cable	114
sealtite	93
split bolt cable	115
stud	21
wiring	131
Constant voltage transformer	188
Construction cost index	1
management	1
special	28
Contactor & fusible switch	177
control switchboard	157
lighting	160
Contingencies	1
Contract closeout	9
Contractor equipment	5, 340
overhead	1, 9
pump	7
Control & motor starter	139
& motor-starter	143
board	24
bus-duct lighting	177
cable	105
center motor	134
component	42
enclosure	125
hand/off/automatic	161
install	9
motor	324
replace	9
station	160
station stop/start	160
switch	161
wire low-voltage	128
wire weatherproof	128
Control-center auxiliary contact	133
circuit-breaker	138
component	133-137
fusible switch	137
motor	132, 323
pilot-light	133
push button	133
structure	323
Controller time system	206
Convector cabinet heater	211
heater electric	210
Cooking range	26
Cooler beverage	27
Copper bus-duct	175-177, 181-182, 327
cable	103-105
ground wire	118
lighting bus-duct	175
low amp bus-duct	175
shielded cable	108
wire	111-113
Cord replace	9
Core drill	10-11
Corrosion resistant fan	40
Corrosion-resistant enclosure	125
receptacle	130
Cost cubic foot building	344
index city	347
index historical	346
mark up	2
square foot building	344
Country club S.F. & C.F.	223
Coupling expansion rigid conduit	84
Couplings EMT	71
Courthouse S.F. & C.F.	224
Cover cable-tray alum	63-65
cable-tray galv	60-62
manhole	17
outlet-box	121
plate receptacle	130
stair tread	3
Crane	8
bucket	5
climbing	8
crawler	8
hydraulic	8
material handling	8
rental	340
tower	8
Crematory	25
Crew	1
Crimp termination cable	115
Critical care isolating panel	167
CT & PT compartment switchboard	157
CT substation	222
Cubic foot building cost	222, 344
Current limiting fuse	146
transformer	160, 222
transformer cabinet	123
Cutting concrete	11

D

Deck roof	23
Decorator device	215
switch	215
Deep therapy room	30
Dehumidifier	26
Demand fixture	294
Demolition	10
electric	11-14
Department store S.F. & C.F.	224
Derrick	8
guyed	8
stiffleg	8
Design & cost table	298
Detection system	207
Detector infra-red	207
motion	207
smoke	208
temperature rise	208
ultrasonic motion	207
Device branch meter	150
combination	215
decorator	215
GFI	216
load management	163
motor-control-center	139
receptacle	216
residential	214
wiring	128, 320
Devices & boxes wiring	96-99, 121-124, 128-129
Dewater pumping	14
Diaphragm pump	7
Diesel generator	286
operated generator	190
Dimensionaire ceiling	28
Dimmer switch	128, 214
Direct burial cable	107
Directory building	213
Discharge hose	7
Disconnect & motor-starter	143
circuit-breaker	145
safety-switch	163
Disconnecting switch	221
Dishwasher	26-27
Disk insulator	220
Dispenser hot water	33
Dispersion nozzle	35
Disposer garbage	26
Distiller water	28
Distribution electric	295
power	221
section	325
section electric	158
Ditching	14
Divider cable-tray	65-66
Doctor register	207
Dog house switchboard	157
Domestic hot-water	232
Door bell residential	217
bell system	208
buzzer system	213
chime	208
fire	208
frame lead lined	30
opener remote	213
release	213
switch burglar alarm	207
Door-apartment intercom	213
Door-release speaker	213
Dormitory S.F. & C.F.	224
Dozer	15
Drain conduit explosionproof	88
Drainage site	17
Drill ceiling	20
concrete	10-11
core	10-11
drywall	20
plaster	20
wall	20
Drilling concrete	90
Dripproof motor	164
motor and starter	281-283
Drive pin	22
Driver sheeting	6
stud	21
Driveway removal	11
Dry transformer	165, 326
wall leaded	30
Drycleaner	25
Dryer receptacle	216
Drywall drill	20
nail	22
Duct bender	204
cement	204
electric	175
electrical	100
electrical underfloor	101
fibre	204
fitting fibre	204-205
fitting trench	101
fitting underfloor	101-102
grille	23
heaters electric	37-38

360

INDEX

D

Duct plastic wiring	102
steel trench	101
trench	100
underfloor	315
underground	203
utility	203-204
weatherproof feeder	171, 173, 178
Dump charge	11
truck	6, 16
Duplex receptacle	128, 268

E

Earth compactor	5
vibrator	15
Earthmoving equipment	340
Earthwork	15-16
equipment	15
Education religious S.F. & C.F.	227
Educational T.V. studio	214
Elderly housing S.F. & C.F.	225
Electric ballast	197
baseboard heater	208
boiler	35-36, 235-236
cabinet heater	211
cable	103-105, 112
capacitor	190
circuit voltage	295
convector heater	210
demolition	11-14
distribution	295
duct	175
duct heaters	37-38
feeder	175
feeder system	246
fixture	191-192, 194-195, 201-202
fixture hanger	194
furnace	38
generator	6
generator set	189
heat	208
heater	26
heating	36
hot-air heater	210
incinerator	25
infra-red heater	39
lamp	201
metallic tubing	71, 75
meter	159
motor	164-165
panelboard	150
pool heater	37
receptacle	129
relay	161
service	145
service & distribution	295
service system	245
switch	127, 161, 163
unit heater	208, 210
utilities	203, 205
utility	202
water heater	34, 232-233
wire	111-114
Electrical box	123, 303, 319
cabinet	121, 303, 319
conduit	68, 75
conduit greenfield	92
demolition	11-14
duct	100
duct underfloor	102
engineering fee	334
fee	1
field bend	71
floormount cabinet	124
installation drilling	90
knockouts	91
laboratory	28
maintenance	9
outlet-box	120
pole	203
sitework	202
tubing	68
Electronic rack enclosure	124
Electroytic grounding	119
Elementary school S.F. & C.F.	228
Elevated conduit	75
Elevator construction	8
fee	1
Emergency call system	213
light test	9
lighting	191
Employer liability	1
EMT	71
EMT adapter	72
box connector	71
box connectors	72
couplings	71
field bend	71
fitting	71-73
spacer	73
support	73, 96
Enclosed motor	164
Enclosure corrosion-resistant	125
electronic rack	124
fiberglass	125
oil-tight	125
panel	124
polyester	125-126
pushbutton	126-127
Engineering fee	1, 334
Entrance cable service	107
electric service	245
weather cap	85
Epoxy grout	18
Equipment	5, 24-25
cinema	24
contractor	340
earthmoving	340
earthwork	15
erection	340
formwork	18
foundation	18
general	2
insurance	1
medical	28
rental	8, 340
stage	24
substation	221
Erection equipment	340
scaffold	341
Ericson conduit coupling	84
Estimate electrical heating	208
Excavation	16
hand	15
machine	15
trench	15-16, 289-291
Exhaust granular fan	40
hood	26
Exhauster industrial	40
roof	41
Exit control alarm	207
light	191
Expansion anchor	20
bolt	20
coupling rigid conduit	84
fitting	72
shield	20
Explosionproof box	123
breather conduit	88
circuit-breaker	145
conduit box	87
conduit coupling	86
conduit fitting	86
drain conduit	88
fixture	197
fixture incandescent	197
lighting	197
plug	128
receptacle	128
reducer conduit	88
safety-switch	162
sealing conduit	88
sealing hub conduit	88
toggle switch	128
Exterior light fixture	191
lighting	191
Extinguisher fire	35
Extra work	2

F

Factor	1
Factory S.F. & C.F.	224
Fan	39
air conditioning	39
air handling	39
attic ventilation	41
axial flow	39
bath exhaust	40
booster	39
ceiling	39
centrifugal	39-40
corrosion resistant	40
exhaust granular	40
house ventilation	42
in-line	39
kitchen exhaust	41
low sound	39
paddle	218
propeller exhaust	40
Fan residential	218
roof	41
utility set	40-41
vane-axial	39
ventilation	218
ventilator	39
wall exhaust	42
wiring	218
Fastener	22
steel	21
timber	22
wood	23
Fee engineering	1, 334
Feed low amp bus-duct	175
Feeder bus-duct	168, 171, 173, 178-179
cable underground	107
duct weatherproof	171, 173, 178
electric	175
in conduit w/neutral	246
motor	277
section	158-159, 326
section branch circuit	158
section circuit breaker	158
section frame	158
section fusible switch	159
Feedrail busway	185
cleaning tools	186
Fence chain link	4
plywood	4
temporary	4
wire	4
Fiber optics cable	105
Fiberglass enclosure	125
light pole	192
panel	4
wireway	127
Fibre duct	204
Field bend EMT	71
office	5
office expense	1
Fill	15
Filtration equipment	31
Fin-tube heating system	235
Finish nail	22
Finishing concrete	19
floor	19
Fire alarm	207
alarm wire	109
call pullbox	208
detection system	284
door	208
extinguisher	35
extinguishing	234
extinguishing system	35
horn	208
signal bell	207
station S.F. & C.F.	225
stop fitting	85
suppression automatic	35
suppression halon	234
Fitting bus-duct	169-173, 175, 178-180, 183-185
cable-channel	60
cable-tray	44-59
compression	73
conduit	69-70, 82-84, 86-89, 92-93
conduit intermediate	70
conduit PVC	74-75
conduit steel	70
EMT	71-73
expansion	72
fibre duct	204-205
greenfield	92
pipe	32
poke-thru	121
PVC duct	204
sealtite	93
underfloor duct	102
underground duct	204
wireway	67-68
Fittings special	109
wireway	127
Fixture ballast	197
clean	9
demand	294
electric	194-195
explosionproof	197
explosionproof mercury vapor	197
exterior mercury vapor	191
fluorescent	194-195, 202, 251
fluorescent installed	251
hanger	194
incandescent	196
incandescent vaportight	196
interior light	194-197, 199-200
interior lighting	329
lantern	202
lighting	191
Fixture mercury vapor	195, 198, 200
mercury-vapor	198, 200
metal-halide	195
metal-halide explosionproof	197
mirror light	197
plumbing	33
residential	202, 217
sodium high pressure	191, 196-197, 199-200
type/sf HID	255, 257, 259, 261, 263, 265
type/sf incandescent	253
vandalproof	197
vaporproof	200
watt/sf HID	256, 258, 260, 262, 264, 266
watt/sf incandescent	254
whip	194
wire	108
Flatbed truck	6
Flexible conduit & fitting	93
coupling conduit	86
metallic conduit	92
Floater equipment	1
Floodlight	7
lamp cost	310
pole mounted	191
Floodlighting site	310
Floor cleaning	9
finishing	19
nail	22
patching concrete	18
pedestal	23
stand kit	125
Fluorescent fixture	194-195, 202, 251
fixture system	251
lamp	201
lamp cost	309
light by wattage	252
watt/sf system	252
Fluoroscopy room	30
Folder laundry	25
Food mixer	27
warmer	27
Football scoreboard	27
Footing tower	219
Formwork accessory	18
chase	18
concrete	18
equipment	18
sleeve	18
Foundation concrete	18
equipment	18
mat	18-19
pole	219
tower	219
Framing metal	22
Fraternal club S.F. & C.F.	223
Fraternity house S.F. & C.F.	225
Freestanding enclosure	125
indirect lighting	200
Funeral home S.F. & C.F.	225
Furnace cutoff switch	128
electric	38
hot air	38
Fuse box	247
cabinet	146
cartridge	145
current limiting	146
duel element	145
high capacity	146
motor-control-center	137
plug	146
substation	222
transmission	222
Fused safety switch	279
Fusible switch branch circuit	158
switch control-center	137
switch feeder section	159

G

Galvanized steel cable-tray	51, 55
Gang operated switch	221
Garage S.F. & C.F.	225
Garbage disposer	26
Gas circuit breaker	221
operated generator	189, 286
Gasoline operated generator	190
Gate automatic	25
General equipment	2
Generator construction	6
diesel	286
diesel operated	190
emergency	189
gas operated	189, 190, 286

INDEX

G

Generator set	189
steam	28, 35
test	10
weight/KW	302
GFI receptacle	216
Glass break alarm	207
lead	30
lined water heater	26
Glassware washer	27
Gradall	5
Grading	16
Grating sewer	17
Greenfield adapter	72
conduit	92
fitting	92
Grille duct	23
Grip cable	109
strain relief	109
Ground bus	170
clamp water pipe	118
fault indicating receptacle	129
fault protection	160
insulated wire	119
neutralizer bus-duct	183
rod	117, 119, 319
rod clamp	118
rod wire	119
wire	118
wire overhead	220
Ground-bus to bus-duct	177
Ground-fault protector switchboard	157
Grounding	117, 319
& conductor	103-104, 106-109, 111-116, 118-119
electrolytic	119
substation	222
switch	221
transformer	221
wire brazed	119
Grout epoxy	18
Guard lamp	202
Guardrail temporary	4
Guyed derrick	8
tower	32
Gymnasium S.F. & C.F.	225
Gypsum board leaded	30
lath nail	22

H

Halon fire extinguisher	35
fire suppression	234
fire suppression system	234
Hand excavation	15-16
hole	16
hole concrete	203
Hand/off/automatic control	161
Handling extra labor	163, 168
waste	25
Handrail aluminum	24
Hanger & support pipe	32-33
bus-duct	185
cable-channel	60
conduit	89, 96, 98-99, 313
EMT	96
fixture	194
plastic coated	99
rod pipe	33
rod threaded	96
trough	60
U-bolt pipe	33
Hauling truck	16
Heat electric	208
pump residential	218
radiant	28, 208
temporary	3
trace system	209, 330
Heater & fan bath	41
cabinet convector	211
ceiling mount unit	211
contractor	6
electric	26
electric baseboard	208
electric commercial	209
electric hot-air	210
electric residential	208
electric wall	208
infra-red	39
infra-red quartz	210
raceway	209
sauna	29
swimming pool	37
vertical discharge	210
wall mounted	211
water	26, 34
Heating	35-37
cable	208
control transformer	209
electric baseboard	288
estimate electrical	208
hot air	38
hydronic	35-36
hydronic electric	236
hydronic system	235
industrial	35
panel radiant	209
Hex nut	19
Hid lamp cost	309
High bay hid fixture system	255-262
bay lighting	195
installation conduit	75
intensity discharge ballast	193
intensity discharge lamp	201
intensity discharge lighting	192, 195, 197, 199-200
intensity fixture	258
intensity fixture system	255-266
intensity lamp	309
intensity operation costs	309
output lamp	194
school S.F. & C.F.	228
voltage transmission	221
High-pressure-sodium lighting	196, 199
Historical Cost Index	1, 346
Hockey scoreboard	27
Hoist and tower	8
and tower erection	340
contractor	8
lift equipment	8
personnel	8
Hole cutting electrical	91
drill	20
drilling electrical	90
Hollow wall anchor	20
Hood range	26
Hook-up electric service	245
coaxial	110
Horn fire	208
Horsepower value/cost	307
Hose air	6
discharge	7
suction	7
water	7
Hospital kitchen equipment	27
power	167
S.F. & C.F.	225
Hot air furnace	38
air heating	38
water consumption	294
water dispenser	33
water heating	36
Hot-air heater electric	210
Hot-water boiler	36
commercial	233
domestic	232
electric boiler	236
system	232-233
Hotel cabinet	24
House telephone	213
ventilation fan	42
Housing for the elderly S.F. & C.F.	225
instrument	126
public S.F. & C.F.	226
Hub conduit	89
Humidifier	26
Hydraulic crane	8
jack	9
Hydronic electric heating	236
heating	35-36

I

Ice skating rink S.F. & C.F.	226
Impact wrench	6
In-line fan	39
In-slab conduit	81
Incandescent bulb	202
explosionproof fixture	197
exterior lamp	202
fixture	196, 202
fixture system	254
fixture/sf system	253
interior lamp	202
Incinerator electric	25
Index construction cost	1
cost	347
Indicating panel burglar alarm	207
Indicator light	161
Indirect lighting	200
Industrial address system	212
exhauster	40
heating	35
lighting	195
Infra-red broiler	27
detector	207
heater	39
quartz heater	210
Insert hanger concrete	32
Installation motor	275-276
Instrument enclosure	125
housing	126
switchboard	159, 326
transformer	221
Insulator disk	220
line	220
substation	222
transmission	220
Insurance	1
builder risk	1, 334
by state	335
by trade	335
equipment	1
public liability	1
Integrated ceiling	28
Intercom	213
door-apartment	213
system	284
Interior light fixture	194-197, 199-200
lighting	199
lighting fixture	329
Intermediate conduit	70
Interval timer	214
Intrusion system	207
Invert manhole	17
Inverter battery	188
Ironer laundry	25
Isolating panel	167
transformer	167, 326
Isolation transformer	187

J

Jack hydraulic	9
Jail S.F. & C.F.	226
Job condition	2
Jumper transmission	219-220
Junction box	126
box channel	97
Junction-box underfloor duct	102

K

Kettle	27
Key station	25
Kitchen equipment	27
equipment fee	1
exhaust fan	41
Knockouts electrical	91
KVA to ampere multiplier	306
value/cost	306
KW value/cost	305

L

Lab grade voltage regulator	187
Labor index	2
restricted situation	163, 168
Laboratory equipment	27
research S.F. & C.F.	227
Ladder	7
rolling	4
type cable tray	43, 46-47
Lag screw	21
Laminated lead	30
Lamp cost floodlight	310
cost fluorescent	309
fluorescent	201
guard	202
high intensity	309
high intensity discharge	201
high output	194
incandescent	191
incandescent exterior	202
incandescent interior	202
mercury vapor	201
metal-halide	201
post	192
quartz-line	202
replace	9
slimline	201
sodium-high-pressure	201
sodium-low-pressure	201
Lampholder	129
Lamphouse	24
Landscape light	193
Lantern fixture	202
Lantern luminaire walkway	193
Laser	7
Lath lead	30
Lb conduit body	88
Lead glass	30
gypsum board	30
lath	30
lined door frame	30
plastic	30
screw anchor	20
shielding	30
Liability employer	1
Library S.F. & C.F.	226
Lift aerial	6
Light accent	198
bollard	192
border	24
by wattage fluorescent	252
exit	191
fixture exterior	191
fixture interior	194-197, 199-200
fixture troffer	195
fixture vaporproof	200
indicator	161
nurse call	212
pilot	129
pole	192, 203
pole aluminum	192
pole fiberglass	192
pole steel	192
pole system	267
pole wood	192
post	202
relamp	9
safety	198
strobe	24
switch	272
temporary	3
tower	7
underwater	31
Light-contactor circuit-breaker	137
Lighting	191-196, 199-202
and power	309
bus-duct	175
carpet	198
ceiling	28
contactor	160
control bus-duct	177
emergency	191
equipment maintenance	9
explosionproof	197
exterior	191
fixture	191
fixture interior	329
high intensity discharge	192, 195, 197, 199-200
high-pressure-sodium	196, 199
incandescent	196
indirect	200
industrial	195
interior	199
mercury vapor	195, 198
metal-halide	195, 199
outdoor	6, 310
outlet	217
picture	198
residential	217
roadway	192
stage	24
stair	198
strip	195
surgical	28
track	202
Lightning arrestor	212, 222
arrestor substation	154
protection	212
suppressor	214
Lights track	202
Line conductor	219-220
insulator	220
pole	219
pole transmission	219
spacer	220
tower	219
tower special	219
transmission	221
Load center circuit-breaker	153
interrupt switch substation	154
management switch	163
Load-center	320
indoor	146-147
plug-in breaker	146-147
rainproof	146-147
Loadcenter residential	214
Locking receptacle	216
receptacle electric	129
Low bay hid fixture system	263-266

INDEX

L

Low voltage wiring	128
Low-voltage receptacle	128
silicon rectifier	127
switching	127
switchplate	127
transformer	127
Lug switchboard	155
terminal	115
Luminaire ceiling	28
walkway	193
Luminous ceiling	201

M

Machine excavation	15
screw	21
welding	8
Machinery anchor	21
Magnetic motor starter	139
starter	278
starter & motor	281-283
Mail box call system	213
Main rating motor-control	138
Maintenance electrical	9
Management construction	1
Manhole	17
concrete	203
cover	17
electric service	203
invert	17
raise	17
removal	11
step	17
substation	222
Manual circuit closing	150
starter & motor	281-283
transfer switch	189
Mark-up cost	2
Masonry catch basin	17
manhole	17
nail	22
saw	7
Master clock system	207, 284
T.V. antenna system	284
Mat foundation	18-19
Material hoist	8
index	2
MCC test	9
Mechanical engineering fee	334
fee	1
Medical clinic S.F. & C.F.	226
equipment	28
office S.F. & C.F.	226
Medicine cabinet	24
Melting snow	208
Mercury vapor exterior fixture	191
vapor fixture	195
vapor fixture system	256
vapor fixture vaportight	197
vapor lamp	201
Mercury-vapor fixture	200
light	200
lighting	198
Metal framing	22
Metal-halide explosionproof fixture	195
fixture	197
lamp	201
lighting	195, 199-200
Meter center	147
center rainproof	149
device basic	148
device branch	150
electric	159
socket	147
socket 5 jaw	149
Metric conduit size	300
wire size	300
Microphone	213
wire	109
Microwave detector	207
oven	26
Mineral insulated cable	105-106
Mirror light fixture	197
Miscellaneous power	273
Mixer food	27
Modification to cost	2
Modifier city	347
project size	344
switchboard	157
Monitor voltage	186
Motel S.F. & C.F.	226
Motion detector	207
Motor actuated valve	42
added labor	164
and starter	281-283
Motor bearing oil	10
circuit worksheet	308
connection	93, 280, 323
control center	132, 134, 323
controlled valve	42
dripproof	164
electric	164-165
enclosed	164
feeder	277
generator	6
installation	275-276
operated circuit-breaker	154
starter	133-137, 139-144
starter & control	139, 324
starter & disconnect	143
starter magnetic	139
starter w/circuit protector	139
starter w/fused switch	139
test	10
Motor-control basic section	138
center	135-136
incoming line	138
main rating	138
pilot-light	139
Motor-control-center	133-137
device	139
fuse	137
structure	133
Motor-starter	132, 137
& control	142
circuit-breaker	133-137
enclosed & heated	139
safety-switch	163
w/pushbutton	139
Mounting board plywood	23
Movie equipment	24
S.F. & C.F.	229

N

Nail	22
lead head	30
Nipple conduit	75-79
electrical conduit	77, 80-81
plastic coated conduit	79-80
Non-automatic transfer swith	189
Nozzle dispersion	35
Nurse call light	212
call system	212
speaker station	212
Nursing home S.F. & C.F.	226
Nut hex	19

O

ODS	95
Off highway truck	6
Office field	5
floor	23
medical S.F. & C.F.	226
S.F. & C.F.	227
trailer	5
Oil circuit breaker	221
filled transformer	167, 326
heater temporary	6
water heater	34
Oil-tight cabinet	125
enclosure	125
Omitted work	2
Operated switch gang	221
Operating cost equipment	5
room isolating panel	167
room power & lighting	167
Outdoor lighting	6
Outlet box	121, 319
box plastic	121
box steel	120
lighting	217
Outlet-box bar-hanger	121
cover	121
Oven microwave	26
Overhaul	16
Overhead	1
& profit	2
& profit subcontractor	339
conductor	219
contractor	1, 9
distribution system	95
ground wire	220
Overtime	2
production efficiency	338
Oxygen lance cutting	14

P

Paddle blade air circulator	39
fan	218
Padmount cable termination	116
Panel critical care isolating	167
enclosure	124
fiberglass	4
fire	207
isolating	167
operating room isolating	167
radiant heat	209
Panelboard circuit breaker	152
electric	150
spacer	154
w/circuit breaker	150, 151-152
w/lug only	151
Parking barrier	25
equipment	25
garage S.F. & C.F.	225
Patching concrete	18
Patient nurse call	212
Pedestal cabinet	124
floor	23
Pendent indirect lighting	201
Performance bond	2, 334
Permit building	2
Personnel hoist	8
hoist erection	340
Photography	3
time lapse	3
Pickup truck	7
Picture lighting	198
Pigtail	194
Pile-driver rental	340
Pilot light	129
Pilot-light control-center	133
enclosure	126
motor-control	139
Pipe	17
& fittings	32-33
bedding	16
bedding trench	16
fitting	32
hanger & support	32-33
hanger U-bolt	33
strap	89
support	22
Piping excavation	289
Pit sump	14
Plant power S.F. & C.F.	227
Plaster drill	20
Plastic coated conduit	70
coated conduit nipple	79-80
coating touch-up	89
lead	30
outlet box	121
roof ventilator	40
Plate wall switch	129
Platform trailer	7
Plating zinc	22
Plug & capacitor bus-duct	182
& contactor bus-duct	182
& starter bus-duct	182
angle	130
bus-duct	181
computer	132
explosionproof	128
fuse	146
locking	130
low amp bus-duct	174
wiring device	130
coaxial	110
Plug-in bus-duct	168, 175-179
circuit breaker	152, 176
low amp bus-duct	174
switch	176
Plugmold raceway	95
Plumbing appliance	34
fixture	33
laboratory	27
Plywood fence	4
mounting board	23
sheathing	23
sidewalk	4
Poke-thru fitting	121
Pole aluminum light	192
anchor	219
clearance	220
cross arm	203
crossarm	219
electrical	203
fiberglass light	192
foundation	219
light	192
steel light	192

Pole tele-power	95
transmission	219
utility	192, 203
wood light	192
Police connect panel	207
station S.F. & C.F.	227
Polyester enclosure	125-126
Pool heater electric	37
swimming	31
swimming S.F. & C.F.	228
Portable air compressor	6
building	5
heater	6
indirect lighting	201
Post lamp	192
light	202
office S.F. & C.F.	227
Potential transformer	222
transformer fused	157
Pothead substation	154
Power central air-conditioning	274
circuit breaker	221
conditioner transformer	188
distribution	221
hospital	167
miscellaneous	273
plant S.F. & C.F.	227
supply uninterruptible	188
system undercarpet	110, 317
systems & capacitors	189-190
temporary	3, 205
transformer	221
transmission and distribution	219
transmission tower	219
wiring	145
Precast catch basin	17
manhole	17
Pressure switch switchboard	156
Prison S.F. & C.F.	226
Process air handling fan	39
Production efficiency overtime	338
Project overhead	2
size modifier	232
Propeller exhaust fan	40
Protection winter	4
Protective device	220
PT substation	222
Public address system	212
housing S.F. & C.F.	226
Pull box	121, 319
box explosionproof	123
box weight	303
section switchboard	157
Pump contractor	14
diaphragm	7
rental	7
submersible	7
trash	7
water	7
Pumping	14
dewater	14
Push button control-center	133
button enclosure oiltight	124
button enclosure sloping front	124
Push-button switch	161
Pushbutton enclosure	126-127
Putlog	4
PVC conduit	73
conduit cement	75
conduit fitting	74-75
conduit in-slab	81
duct fitting	204
underground duct	203

Q

Quartz heater	210
Quartz-line lamp	202

R

Raceway	43-69, 71-81, 83-87, 89-93, 95, 100-102
cable-tray	43
conduit	68
for heater cable	209
plugmold	95
wiremold	94
wireway	66, 68
Rack enclosure electronic	124
Radiant ceiling	29
heat	28, 208
heating panel	209
Radiation electric	287
electric baseboard	288
Radio frequency shielding	31

363

INDEX

R

Radio tower	32
Railing temporary	4
Rainproof meter center	149
Raise manhole	17
manhole frame	17
Raised floor	23
Ramp approach	23
temporary	4
Range cooking	26
hood	26
receptacle	129, 216
Reactor substation	222
Ready mix concrete	18
Receptacle air conditioner	216
computer	132
corrosion-resistant	130
cover plate	130
device	216
dryer	216
duplex	128
electric	129
electric locking	129
explosionproof	128
GFI	216
ground fault indicating	129
locking	216
low-voltage	128
range	129, 216
system	270-271
telephone	217
television	217
watt/sf system	268
weatherproof	216
Recorder videotape	214
Rectifier low-voltage silicon	127
Reducer bus-duct	170, 178, 181
conduit explosionproof	88
Register doctor	207
in-out	207
Regulator automatic voltage	186
voltage	186-187, 221
Relamp light	9
Relay box low-voltage	128
electric	161
frame low-voltage	128
Release door	213
Religious education S.F. & C.F.	227
Remodeling and repair	232
Removal catch basin	11
concrete	11
driveway	11
sidewalk	11
Rental equipment	8, 340
equipment rate	4-5
generator	6
scaffold	340
Repair and remodeling	342
Research laboratory S.F. & C.F.	227
Residential alarm	217
appliance	25-26, 218
device	214
door bell	217
electric radiation	287
fan	218
fixture	202, 217
heat pump	218
heater electric	208
lighting	217
loadcenter	214
service	214
smoke detector	217
switch	214
ventilation	41
washer	25
water heater	34, 218, 232
wiring	214, 217
Resistor substation	222
Restaurant S.F. & C.F.	227
Restricted situation labor	163, 168
Retail store S.F. & C.F.	227
Rigid conduit in-trench	82
in-slab conduit	82
steel conduit	70, 75
Riser clamp	32
clamp conduit	96
Rivet	21
Road temporary	4
Roadway lighting	192
Rod ground	117, 119, 319
pipe hanger	33
threaded hanger	96
Roller compaction	15
sheepsfoot	15
Rolling ladder	4
tower	4
Romex copper	106
Roof exhauster	41
sheathing	23
ventilator plastic	40
Room clean	29
Rough carpentry	23

S

Safety equipment laboratory	28
light	198
switch	161, 163, 279, 324
Safety-switch	162-163
disconnect	163
explosionproof	162
motor starter	163
Sagging conductor	219-220
Salamander	7
Sales tax	3
tax state	338
Sauna	29
Saw	7
chain	7
circular	7
masonry	7
Scaffold erection	341
rental	340
steel tubular	3
Scaffolding specialties	4
tubular	3
School elementary S.F. & C.F.	228
equipment	27
S.F. & C.F.	228
T.V.	214
Scoreboard baseball	27
Screw anchor	21
brass	23
lag	21
machine	21
sheet metal	22
steel	23
wood	23
Seal thru-wall	85
Sealing conduit explosionproof	88
fitting conduit	89
hub conduit explosionproof	88
Sealtite conduit	93
connector	93
fitting	93
Sectionalizing switch	220
Security tax social	338
Self propelled crane	8
supporting tower	32
Service & distribution electric	295
electric	145
entrance cable aluminum	107
entrance cap	85, 107
entrance electric	245
head bus-duct	184
residential	214
Sewer grating	17
Sewerage and drainage	17
Sheathed nonmetallic cable	106
Sheathing plywood	23
roof	23
Sheepsfoot roller	15
Sheet metal screw	22
Sheeting driver	6
Shield expansion	20
undercarpet	111
Shielded aluminum cable	108
cable	108
copper cable	108
sound wire	109
Shielding lead	30
radio frequency	31
Shift work	2
Shredder compactor	25
Shunt trip circuit-breaker	153
trip switchboard	157
Sidewalk removal	11
temporary	4
Sign	5
Signal bell fire	207
Single pole disconnect switch	221
Siren	207
Site drainage	17
floodlighting	310
preparation	14
removal	11
Sitework electrical	202
trenching system	289-291
Skating rink S.F. & C.F.	226
Slab on grade	18
Sleeve formwork	18
Sliding mirror	24
Slimline fluorescent tube	201
Small tool	2
Smoke detector	208
Snow melting	208
Social club S.F. & C.F.	223
security tax	338
Socket meter	147
meter 5 jaw	149
Sodium low pressure fixture	191
Sodium-high-pressure fixture	196-197, 199-200
lamp	201
Sodium-low-pressure lamp	201
Soil compaction	15
compactor	5
tamping	15
Solid bottom cable-tray	51
Sorority house S.F. & C.F.	225
Sound movie	24
system	284
system component	213
wire shielded	109
Space heater rental	6
Spacer EMT	73
line	220
panelboard	154
transmission	220
Speaker door-release	213
movie	24
sound system	213
station nurse	212
Special construction	28
electrical system	206
systems	207-212, 214
wires & fittings	108
Specialties scaffolding	4
Splice high voltage cable	117
Split bus switchboard	157
Sport arena S.F. & C.F.	228
Spotlight	24
Spotter	16
Sprinkler alarm	207
Square foot building cost	223, 344
Stage equipment	24
lighting	24
Stainless steel bolt	20
Stair lighting	198
temporary protection	3
Stamp time	207
Stand kit floor	125
Standpipe alarm	207
Starter & control motor	324
and motor	281-283
magnetic	278
motor	132-137, 139-141, 143-144
replace	9
Starters boards & switches	132-137, 139-147, 151-156, 158-159, 161
State sales tax	338
Static capacitor	221
Station capacitor	221
control	160
Steam bath	30
boiler electric	35
boiler system	235
electric boiler	235
generator	35
heating	36
jacketed kettle	27
Steamer	27
Steel bolt	19
conduit in-slab	82
conduit in-trench	82
conduit intermediate	70
conduit rigid	69
cutting	14
fastener	21
light pole	267
screw	23
tower	32
tubular scaffold	341
underground duct	203
Step manhole	17
Stiffleg derrick	8
Stop/start control station	160
Storage building S.F. & C.F.	229
van	5
Store retail S.F. & C.F.	228
S.F. & C.F.	224
Strain relief grip	109
Stranded wire	111
Strap channel w/conduit	97
channel w/EMT	98
support rigid conduit	96
Streetlight	192
Strip cabinet	213
lighting	195
Strobe light	24
Structure control-center	323
motor-control-center	133
Stub switchboard	176
Stud connector	21
driver	21
Subcontractor O & P	2
overhead & profit	339
Submersible pump	7
Submittal	3
Substation	154
battery	222
breaker low voltage	154
bus	222
cable lug	154
cable tray	222
conductor	222
conduit	222
CT	222
equipment	221
fuse	222
grounding	222
insulator	222
lightning arrestor	154
load interrupt switch	154
low voltage component	154
manhole	222
pothead	154
PT	222
reactor	222
resistor	222
temperature alarm	154
transformer	154, 221-222
transmission	221
Suction hose	7
Sump pit	14
Supermarket S.F. & C.F.	228
Support cable in conduit	85
channel	97
conduit	73, 95, 97
EMT	96
pipe	22, 32
rigid conduit strap	96
Suppressor lightning	214
transformer	187
Surgical lighting	28
Surveillance system T.V.	214
Suspended ceiling	28
Swimming pool	31
pool heater	37
pool S.F. & C.F.	228
Switch automatic transfer	328
box	120
box plastic	121
bus-duct	176
circuit-breaker	153
control	161
decorator	215
dimmer	128, 214
disconnecting	221
electric	127, 161, 163
furnace cutoff	128
fusible	137
fusible & starter	177
general duty	161
grounding	221
heavy duty	162
load management	163
low amp bus-duct	174
plate wall	129
plug-in	176
pressure bolted	156
push-button	161
residential	214
safety	161-163, 279, 324
sectionalizing	220
single pole disconnect	221
switchboard	156
time	163
toggle	128
transfer	190
transfer accessory	189
transmission	220-221
wall installed	272
wall system	270
Switchboard	325
breaker motor operated	157
busway connection	157
contactor control	157
CT & PT compartment	157
dog house	157
electric	161
ground-fault protector	157
instrument	159, 326
lug	155
main circuit breaker	156
modifier	157
pressure switch	156
pull section	157
shunt trip	157
split bus	157

INDEX

S

- Switchboard stub 176
  - stub bus-duct 169
  - switch fusible 156
  - transition section 157
  - w/bus bar 155
  - w/CT compartment 155
- Switchgear 247, 325
- Switching low-voltage 127
- Switchplate low-voltage 127
- Synchronous capacitor 221
- System antenna 213
  - baseboard electric 287
  - baseboard heat commercial 288
  - boiler hot-water 236
  - boiler steam 235
  - buzzer 213
  - cable in conduit w/neutral 244
  - chan-l-wire 95
  - clock 206
  - communication and alarm 284
  - electric boiler 236
  - electric feeder 246
  - electric service 245
  - fin-tube heating 235
  - fire detection 284
  - fluorescent fixture 251
  - fluorescent watt/sf 252
  - halon fire suppression 234
  - heat trace 209, 330
  - heating hydronic 235-236
  - high bay hid fixture 255-262
  - high intensity fixture 255-266
  - hot-water 232-233
  - incandescent fixture 254
  - incandescent fixture/sf 253
  - intercom 284
  - light pole 267
  - low bay hid fixture 263-266
  - master clock 284
  - master T.V. antenna 284
  - mercury vapor fixture 256-257
  - overhead distribution 95
  - power underfloor 316
  - receptacle 269-271
  - receptacle watt/sf 268
  - sitework trenching 289-291
  - sound 284
  - switch wall 270
  - telephone underfloor 285, 316
  - toggleswitch 270
  - T.V. surveillance 214
  - UHF 213
  - undercarpet data processing 111
  - undercarpet power 110
  - undercarpet telephone 110
  - underfloor duct 269
  - VHF 213
  - wall outlet 268
  - wall switch 272

T

- Tamper 6
- Tamping soil 15
- Tap box bus-duct 173, 176, 181
  - box electrical 169
- Tarpaulin 4
- Tax 3
  - sales 3
  - unemployment 3, 338
- Tele-power pole 95
- Telephone exchange S.F. & C.F. 228
  - house 213
  - manhole 203
  - pole 203
  - receptacle 217
  - system undercarpet 317
  - undercarpet 110
  - underfloor system 285, 316
  - wire 109
  - wiring cabinet 123
- Television equipment 213
  - receptacle 217
- Temperature rise detector 208
- Temporary building 5
  - connections 206
  - construction 3
  - facility 4
  - guardrail 4
  - heat 3
  - oil heater 6
  - power 205
  - toilet 7
- Terminal lug 115
  - S.F. & C.F. 229
- Terminal wire box 126
- Termination box 213
  - cable 115
  - high voltage cable 116-117
  - mineral insulated cable 106
- Theater S.F. & C.F. 229
- Thermostat 42
  - automatic timed 42
  - contactor combination 209
  - integral 209
  - wire 109
  - wiring 218
- Thru-wall seal 85
- Ticket dispenser 25
- Tile ceiling 28
- Timber fastener 22
- Time lapse photography 3
  - stamp 207
  - switch 163
  - system controller 206
- Timer clock 217
  - interval 214
  - switch ventilator 42
- Toaster 27
- Toggle bolt 20
  - switch 128
  - switch explosionproof 128
- Toggleswitch system 270
- Toilet chemical 7
  - temporary 7
  - trailer 7
- Tool air 6
  - small 2
  - van 8
- Torch cutting 14
- Tour station watchman 207
- Tower anchor 219
  - crane 8
  - crane rental 340
  - footing 219
  - foundation 219
  - hoist 8
  - light 7
  - line 219
  - radio 32
  - rolling 4
  - transmission 219
- Town hall S.F. & C.F. 229
- Track lighting 202
  - lights 202
- Tractor 15
  - truck 8
- Traffic detector 25
- Trailer office 5
  - platform 7
  - toilet 7
  - truck 6-7
- Tram car 7
- Tranformer accent light 198
- Transfer switch 190
  - switch accessory 189
  - switch automatic 189, 328
  - switch manual 189
  - swith non-automatic 189
- Transformer 168, 221
  - added labor 168
  - and bus duct 165-166, 177
  - base 192
  - buck-boost 165, 326
  - bus-duct 177
  - cabinet 123
  - computer 187
  - constant voltage 188
  - current 160, 222
  - door bell 208
  - dry 326
  - dry type 165-167
  - fused potential 160
  - grounding 221
  - heating control 209
  - high voltage 166-167
  - instrument 221
  - isolating 167, 326
  - isolation 187
  - low-voltage 127
  - maintenance 10
  - oil filled 167, 326
  - potential 222
  - power 221
  - power conditioner 188
  - silicon filled 168
  - substation 154, 221-222
  - suppressor 187
  - transmission 221
  - UPS 188
  - weight/KVA 302
- Transformers & bus duct 166-167, 169-173, 175-176, 178,186, 180-186
- Transient voltage suppressor 187
- Transit 7
- Transition section switchboard 157
- Transmission capacitor 221
  - circuit breaker 221
  - fuse 222
  - insulator 220
  - jumper 219-220
  - line 221, 333
  - line pole 219
  - pole 219
  - spacer 220
  - substation 221
  - switch 220-221
  - tower 219
  - transformer 221
- Trash pump 7
- Tray cable 43
- Trench backfill 15
  - duct 100
  - duct fitting 101
  - duct steel 101
  - excavation 15-16
- Trencher 6
  - chain 6
- Trenching 14, 290-291
- Troffer air handling 195
  - light fixture 195
- Trolley busway 185
- Trough hanger 60
  - type cable-tray 55
- Truck crane rental 340
  - dump 6
  - flatbed 6
  - hauling 16
  - mounted crane 8
  - off highway 6
  - pickup 7
  - rental 6
  - tractor 8
  - trailer 6-7
- Trucking 16
- Tubing electric metallic 71, 75
  - electrical 68
- Tubular scaffold steel 341
  - scaffolding 3
- T.V. antenna wire 109
  - closed circuit 213
  - closed circuit camera 213

U

- U-bolt pipe hanger 33
- UHF system 213
- Ultrasonic motion detector 207
- Underbuilt circuit 220
  - conductor 220
- Undercarpet power system 110, 317
  - shield 111
  - telephone system 110, 317
- Underdrain 17
- Underfloor duct 315
  - duct electrical 101
  - duct fitting 101-102
  - duct for telephone 285
  - duct junction-box 102
  - duct system 269
- Underground duct 203
  - duct fitting 204
- Underwater light 31
- Unemployment tax 3, 338
- Uninterruptable power supply 188
- Uninterruptible power supply 188
  - power supply system 332
- Unit cost procedure 311
  - heater cabinet 211-212
  - heater electric 208, 210
- UPS 188
- UPS systems 332
- Utilities electric 203, 205
- Utility duct 203-204
  - electric 202
  - excavation 289
  - pole 192, 203, 267
  - set fan 40-41
  - sitework 202
  - trench 15
  - vault 16

V

- Vacuum circuit breaker 221
- Valve motor actuated 42
  - motor controlled 42
- Van storage 5
- Vandalproof fixture 197
- Vane-axial fan 39
- Vaporproof light fixture 200
- Vaportight fixture incandescent 196
  - mercury vapor fixture 197
- Vault utility 16
- Vented cable-channel 60
- Ventilating air conditioning 39, 41-42
- Ventilation fan 218
  - residential 41
- Ventilator fan 39
  - timer switch 42
- VHF system 213
- Vibrator earth 15
  - plate 15
- Vibratory equipment 6
- Videotape recorder 214
- Vocational school S.F. & C.F. 228
- Voltage circuit 295
  - monitor 186
  - regulator 186-187, 221
  - regulator computer grade 186
  - regulator lab grade 187
  - regulator std grade 187
- Voltmeter 159-160

W

- W/coupling conduit 75
- W/pushbutton motor-starter 139
- Walkway luminaire 193
- Wall anchor 20
  - bracket cable-tray 51
  - drill 20
  - exhaust fan 42
  - flange bus-duct 169
  - heater 26
  - heater electric 208
  - outlet system 268
  - patching concrete 18
  - sheathing 23
  - switch installed/sf 270
  - switch plate 129
  - switch system 272
- Warehouse S.F. & C.F. 229
- Washer commercial 25
  - residential 25-26
- Watchman tour station 207
- Water dispenser hot 33
  - distiller 28
  - heater 26, 218
  - heater commercial 34-35
  - heater electric 34
  - heater oil 34
  - heating hot 36
  - hose 7
  - pipe ground clamp 118
  - pump 7
  - pumping 14
- Water-heater commercial 233
  - electric 34, 232-233
  - residential 232
- Water-tight enclosure 125
- Watt meter 159
- Wattage central air-conditioning 274
- Weather cap entrance 85
- Weatherproof bus-duct 171, 173, 178
  - control wire 128
  - receptacle 216
- Wedge bolt 21
- Welding machine 8
- Wheel color 24
- Wheelbarrow 8
- Whip fixture 194
- Winch truck 8
- Winter protection 4
- Wire aluminum 112
  - aluminum bare 118
  - copper 111-113
  - copper ground 118
  - electric 111-114
  - fence 4
  - fire alarm 109
  - fixture 108
  - ground 118
  - ground insulated 119
  - ground rod 119
  - in conduit 298
  - in conduit 600V 299
  - in conduit feeder 277
  - in conduit watts/sf 273
  - low-voltage control 128
  - pricing 318
  - size by ampere 302
  - size metric 300
  - size/ampere per insulation 298
  - telephone 109
  - THW 111

INDEX

W

Wire THW-mtw copper 113
   THWN-THHN 112
   to grounding brazed 119
   to grounding cadweld 119
   trough 125
   T.V. antenna 109
   tw copper 113
   XHHW aluminum 113
   XHHW copper 112
   XLPE-use aluminum 114
   XLPE-use copper 113
Wiremold raceway 94
Wireway fiberglass 127
   fitting 67-68, 127
   raceway 66, 68
   take-off 317
Wiring air conditioner 218
   connector 131
   device 122, 128, 320
   device configuration 321
   device plug 130
   devices & boxes 96-99, 121-124,
                            128-129
   duct plastic 102
   fan 218
   low voltage 128
   power 145
   residential 214, 217
   thermostat 218
Wood fastener 23
   pole 203
   screw 23
Work extra 2
Worker compensation 335
   compensation Canada 337
Worker's compensation 1
Wrench impact 6

X

X-ray barriers 30
   protection 30
   system 167

Y

YMCA club S.F. & C.F. 224

Z

Zinc plating 22

New Publications

Avoiding and Resolving Construction Claims
by Barry B. Bramble, Esq.
Michael F. D'Onofrio, PE
John B. Stetson, IV, RA

1st Edition
NEW! Over 240 Pages • Illustrated • Hardcover

As a member of the construction management team, chances are that sooner or later you'll be involved in a construction claim.

It may relate to a design error, subsurface condition, defective installation, material, delay—any number of unexpected events which cost extra money.

How such claims are avoided and resolved is the subject of this penetrating new guide.

Each chapter addresses a different step of the process and includes a summary checklist for action, sample problems, graphic illustrations, and a few case histories to show how courts have decided disputes.

ISBN 0-87629-180-9
Book No. 67275

$59.95/copy
U.S. Funds

Means Estimating Handbook

1st Edition
NEW! Over 900 Pages • Illustrated • Hardcover

Means Estimating Handbook simplifies the task of evaluating construction plans and specs to obtain reliable quantities for pricing.

The Handbook reflects the tremendous variety of technical data required for estimating . . .

. . . questions relating to sizing, productivity, equipment requirements, codes, design standards, engineering, pressures, stresses, loads, coverages . . . and hundreds of similar factors.

The guide provides the busy estimator with every technical reference imaginable . . . tables, illustrations, definitions, examples . . . any construction factor which will help answer the key questions:

How many, how much, and how long will it take?

ISBN 0-87629-177-9
Book No. 67276

$89.95/copy
U.S. Funds

Survival in the Construction Business: Checklists for Success
by Thomas N. Frisby

1st Edition
NEW! 300 Pages • Illustrated
Index • Appendix • Hardcover

If you're wondering how to guide your company to success and profit in the decade ahead, *Survival in the Construction Business: Checklists for Success* can show you how.

In just eight concise chapters this guide details a step-by-step approach to construction company mangement. It gives you the practical tools you need to ensure that every decision you make will help you meet your goals.

Survival's method is based on a comprehensive series of construction "Checklists" that will steer you through every phase of company evaluation, for both long-range planning and day-to-day operation. Put these checklists to use, and you'll start seeing results right away!

ISBN 0-87629-153-1
Book No. 67274

$59.95/copy
U.S. Funds

HVAC Systems Evaluation
• Comparing Systems
• Solving Problems
• Efficiency & Maintenance
by Harold R. Colen, PE

1st Edition
NEW! Over 500 Pages • Illustrated • Hardcover

A virtual encyclopedia of experienced know-how for comparing, selecting, installing, and fixing HVAC equipment and systems.

HVAC Systems Evaluation is a convenient, straight-talk way for you to understand and select HVAC systems for new or retrofit construction.

It gives you direct, right-to-the-point comparisons of how each type of system works . . . installation costs . . . operating costs . . . applications by type of building.

You get experienced advice for fixing operational problems in existing HVAC systems—*everything is covered.*

ISBN 0-87629-182-5
Book No. 67281

$57.95/copy
U.S. Funds

Reference Books

Means Construction Cost Indexes 1991

(Individual and back issues available at $42.25 per copy)

The index service providing updated cost adjustment factors

Whether updating construction costs from Means cost manuals or data from other sources, the construction cost index service is the efficient way to ensure 90-day cost accuracy.

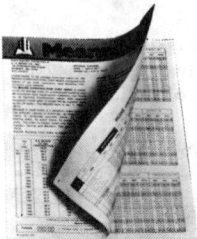

Published quarterly (January, April, July, October), this handy report provides cost adjustment factors for the preparation of more precise estimates no matter how late in the year. It's also the ideal method for making continuous cost revisions on ongoing projects as the year progresses.

The report is organized in four unique sections:

- breakdowns for 209 major cities
- national averages for 30 key cities
- five large city averages
- historical construction cost indexes

Book No. 60141 $169.00/year U.S. Funds

Means Scheduling Manual

By F. William Horsley

2nd Edition
Over 200 Pages • Illustrated • Hardcover

For experienced schedulers and project managers as well as the uninitiated

Fast, convenient expertise for keeping your scheduling skills right in step with today's cost-conscious times.

This concisely written scheduling handbook shows you the entire scheduling process far faster than any reference of its kind.

You'll benefit from all the information provided on traditional bar charts, Pert and CPM ... and home in on the precision offered by *Precedence Scheduling*.

The book guides you through all aspects of scheduling, with fold-out spread sheets, charts, sample schedules.

ISBN 0-911950-36-2
Book No. 67152 $49.95/copy U.S. Funds

Means Forms for Building Construction Professionals

2nd Edition
Over 325 Pages • Three-Ring Binder

Don't waste time trying to compose forms — we've done the job for you!

- Forms can be customized with your company name and reproduced on your copier or at your local instant printer.
- Forms for all primary construction activities—estimating, designing, project administration, scheduling, appraising.

- Many optional variations—condensed, detailed versions.
- Forms compatible with Means annual cost books and other typical user systems.
- Ideal for standardizing estimating and project management functions at low cost.
- Full size forms on durable reproduction paper presented in a sturdy three-ring binder.

ISBN 0-911950-87-7
Book No. 67231 $76.95/copy U.S. Funds

Means Labor Rates for the Construction Industry 1991

18th Annual Edition • Over 325 Pages
CITY • STATE • NATIONAL

- Detailed wage rates by trade for over 300 U.S. and Canadian cities
- Forty-six construction trades listed by local union number in each city
- Base hourly wage rates plus fringe benefit package costs gathered from reliable sources
- Dependable estimates for the trade wage rates not reported at press time

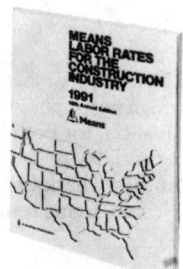

- Effective dates for newly negotiated union contracts for both 1990 and 1991
- Factors for comparing each trade rate by city, state, and national averages
- Historical 1989–1990 wage rates also included for comparison purposes
- Each city chart is alphabetically arranged with handy visual flip tabs for quick reference

ISBN 0-87629-191-4
Book No. 60121 $145.00/copy U.S. Funds

Reference Books

Planning and Managing Interior Projects
by Carol E. Farren

1st Edition
Over 300 Pages • Illustrated • Hardcover

NOW, a clearly defined working guide to project management functions of interior installations

You can rely on the expertise in *Planning and Managing Interior Projects* because it's been tested and proved out *on the job!* The author draws upon the fruits of experience to give you a better working knowledge of each area of interior project management.

If your situation requires you to be knowledgeable in *any or all phases of carrying out interior projects*— working with the client, working with building managers, contractors, movers, telephone installers and suppliers, as well as preparing designs and plans—this book will be *the best investment you can make for doing a better, more professional job!*

ISBN 0-87629-097-7
Book No. 67245

$59.95/copy
U.S. Funds

The Facilities Manager's Reference
• Management • Building Audits
• Planning • Estimating

by Harvey H. Kaiser, Ph.D.

1st Edition
Over 240 Pages with Prototype Forms and Line Art Graphics • Hardcover

Your one-step source for the latest facilities management methods used successfully by both large and small operations

One of the nation's leading management authorities describes how to manage facilities in the "real world" of modern organizations.

The author explains the diverse "hats" a facilities manager must wear as organizer, planner, estimator, supervisor, motivator, and decision-maker, and how these roles can be managed most effectively.

Now you can have access to a huge collection of new concepts, methods, and tools that you can use *immediately* to build up your level of performance and funding!

ISBN 0-87629-142-6
Book No. 67264

$59.95/copy
U.S. Funds

Means Facilities Maintenance Standards

1st Edition
Over 575 Pages • 205 Tables, Checklists, and Diagrams • Hardcover

A definitive reference addressing thousands of facilities maintenance problems

Means Facilities Maintenance Standards is a working encyclopedia that provides solutions to almost every kind of maintenance and repair dilemma.

The book guides you to the underlying causes of material deterioration, shows you how to analyze its effects, and steps you through the appropriate methods of repair. A Man-Hours section lists estimated times to carry out various maintenance tasks.

All of the checklists in this reference are organized in the order you need them. You'll never have to worry about overlooking an important consideration or crucial step in repairs again!

ISBN 0-87629-096-9
Book No. 67246

$131.95/copy
U.S. Funds

Facilities Maintenance Management
by Gregory H. Magee, PE

1st Edition
Over 250 Pages • Illustrated • Hardcover

Provocative—instructive—you'll benefit from new ideas for planning and managing maintenance functions in your organization

This comprehensive reference will guide you through important aspects of facilities maintenance management.

It gives you ideas for staffing, estimating, budgeting, scheduling, and controlling work to produce a more efficient, cost-effective maintenance department.

No matter what your need or problem, you're sure to find direction for solving it in this authoritative book—written by a professional who's conquered every kind of challenge—*including the one on your desk right now!*

ISBN 0-87629-100-0
Book No. 67249

$59.95/copy
U.S. Funds

Reference Books

Estimating for the General Contractor
by Paul J. Cook

1st Edition
Over 225 Pages • Illustrated • Hardcover

**For general contractors...
breathe new life into
your estimates and profits**

Light on theory, heavy on practical estimating methods and ideas, here's powerful help for the contractor/estimator who wants to evaluate and polish every aspect of estimating procedures.

Estimators at all levels of experience will appreciate this comprehensive package of indispensable methods and procedures.

Through the use of clear explanations as well as detailed examples, tables, and graphs, the reader is shown how estimating may be done with *maximum efficiency*—without sacrificing *quality*.

ISBN 0-87629-110-8
Book No. 67160

$59.95/copy
U.S. Funds

Business Management for the General Contractor
by Paul J. Cook

1st Edition
Over 200 Pages • Illustrated • Hardcover

**It's direct. It's current. And it's
relevant to your needs.**

Business Management for the General Contractor has one overriding priority—to give the contractor a basic working knowledge of all aspects of business management. With this dependable reference, you won't need bundles of cash or battalions of experts to solve your everyday problems.

You'll refer to this remarkable book again and again because the ideas it provides will be of continuous value to your career and your company's progress! You'll find efficient methods and strategies to help you handle almost any kind of management problem typical to contractors.

ISBN 0-87629-098-5
Book No. 67250

$54.95/copy
U.S. Funds

Bidding for the General Contractor
by Paul J. Cook

1st Edition
Over 225 Pages • Illustrated • Hardcover

**The techniques of successful bidding and
how to apply them in your own
construction business**

Now you can have a truly comprehensive guide for making competitive bids—methods and guidelines for all job sizes, up to multimillion-dollar projects.

It sheds new light on bidding procedures and techniques... at last you can see and compare your approach with other successful bidders. You'll have in-depth discussion and illustrations covering every step of the bid management process, beginning the first moment you get the sponsor's bid package.

ISBN 0-911950-77-X
Book No. 67180

$54.95/copy
U.S. Funds

Superintending for the General Contractor
Field Project Management
by Paul J. Cook

1st Edition
Over 220 Pages • Illustrated • Hardcover

**A landmark guide to the effective on-site
management of construction projects**

At last there is a guide to on-site construction management that goes beyond textbook theory and simplistic discussion. Paul J. Cook's *Superintending for the General Contractor* is a fully developed, well organized working handbook. It delves

deeply into every area of the superintendent's job, probing, elaborating...pointing out the do's and don'ts of managing manpower, materials, equipment, and paperwork.

Contains hundreds of valuable insights for dealing with clients, subcontractors, foremen, suppliers, and workers...anyone who works on the project...so it gets done at targeted quality, cost, and deadlines.

ISBN 0-87629-063-2
Book No. 67233

$54.95/copy
U.S. Funds

Reference Books

HVAC: Design Criteria, Options, Selection
by William H. Rowe, III, AIA, PE

1st Edition
Over 380 Pages • Illustrated • Hardcover

For a total understanding of HVAC systems . . .

If you're new to HVAC systems design, or simply want to make certain you're right in step with the newest HVAC design concepts and equipment, you'll benefit from this highly recommended resource.

HVAC: *Design Criteria, Options, Selection* is a masterful book, providing a thorough understanding of modern heating, ventilating, and air conditioning (HVAC) systems.

It gives you a comprehensive overview of the basic functions of HVAC, with emphasis on the design and costs of effective integrated climate control systems.

ISBN 0-87629-102-7
Book No. 67251

$59.95/copy
U.S. Funds

Hazardous Material and Hazardous Waste:
A Construction Reference Manual
by F.J. Hopcroft, P.E., D.L. Vitale, M. Ed., D.L. Anglehart, Esq.

1st Edition
Over 260 Pages • Illustrated • Hardcover

With OSHA, EPA and other agencies stepping up compliance inspections at construction sites, contractors can no longer afford to put off installing programs for informing and training their workers on the proper handling and disposal of hazardous materials.

You're given a full explanation of the laws as they pertain to construction work and what you—as an employer—are expected to do.

This includes suggested methods for storing and using hazardous materials, and then disposing of hazardous wastes, all in accordance with federal and state regulations.

ISBN 0-87629-136-1
Book No. 67258

$76.95/copy
U.S. Funds

Means Electrical Estimating
Standards and Procedures

1st Edition
Over 300 Pages • Illustrated • Hardcover

Even experienced estimators applaud the countless ways this superb guidebook helps them!

This eye-opening book breaks electrical installations down into modules and explains how to estimate each of them using the *Means Electrical Cost Data* manual.

- gives you instant electrical estimating help for specific types of installations
- gives you the combined experience of the Means staff, plus top designers and electrical contractors
- covers electrical estimating in full—from takeoff to overhead and profit

80 electrical estimating modules illustrate and explain each step in the estimating process . . . units of measure for labor and materials, typical job conditions, takeoff procedures, cost modifications . . . and a great deal more!

ISBN 0-911950-83-4
Book No. 67230

$54.95/copy
U.S. Funds

Means Mechanical Estimating
Standards and Procedures

1st Edition
Over 370 Pages • Illustrated • Hardcover

For HVAC/Plumbing/Fire Protection estimating . . . from takeoff through pricing, bidding and scheduling

Means Mechanical Estimating examines each mechanical contracting activity, pointing out the best ways to predict material and installation costs. It evaluates, analyzes, and integrates every key estimating procedure from interpreting contract documents to the final minutes of the bid.

This is a comprehensive, no-nonsense reference that offers frank discussion of how to evaluate mechanical plans and estimate all cost components . . . right down to the last installed pipe hanger.

It will help you estimate better, understand mechanical work better, and develop the most cost efficient approaches to achieve your goals.

ISBN 0-87629-066-7
Book No. 67235

$54.95/copy
U.S. Funds

Reference Books

Quantity Takeoff for the General Contractor
by Paul J. Cook

1st Edition
Over 225 Pages • Illustrated • Hardcover

How to put more speed and accuracy into your quantity takeoff work

If you're new to quantity takeoff for estimating, or simply want to be sure you're using the latest and best takeoff techniques, this book is "must" reading.

It gives you a concise overview of the process—the quantity estimator's role, the tools he or she uses, how the project is broken down, and the rules to follow which help to ensure accuracy.

You will see how to evaluate plans for the site, footings, foundation, slab, floor, wall, framing, and roof, to calculate the quantity of materials and installing labor.

If you've ever had any doubts about how to do a better, faster job making quantity takeoffs—this book will help you do just that—by pointing out ways to make error-free takeoff estimates for every project.

ISBN 0-87629-141-8
Book No. 67262

$59.95/copy
U.S. Funds

Means Unit Price Estimating

1st Edition
Over 350 Pages • Hardcover

Direct, immediate help for preparing better unit cost estimates—no matter how much experience you have!

Indispensable for strengthening your unit cost estimating

Means Unit Price Estimating directs you to the right answers to your unit cost procedural questions—and directs you fast! It describes the most productive, universally-accepted ways to

estimate, and uses checklists and charts to unearth shortcuts and time-savers. The strategy of bidding is explained, and up-to-date guidance is provided to assist in evaluation of your own approach.

A model estimate for a multi-story office building is included to demonstrate procedures. The book provides proven systems and special pointers to guide you through the building process.

ISBN 0-87629-027-6
Book No. 67232

$54.95/copy
U.S. Funds

Means Square Foot Estimating
by Billy J. Cox and F. William Horsley

1st Edition
Over 300 Pages • Hardcover

A new generation of techniques for conceptual and design-stage cost planning

Doing an effective job at the drawing board and estimating desk takes time. Too often, the time to carefully explore alternatives and evaluate different ideas is limited.

Means Square Foot Estimating is devoted to helping you accomplish more in less time. It steps you through the entire square foot cost process, pointing out faster, better ways to relate the design to the budgets.

In all, *Means Square Foot Estimating* provides clearer, better knowledge of how to greatly upgrade the *efficiency* and *effectiveness* of square foot cost estimating in the project's early stages.

ISBN 0-87629-090-X
Book No. 67145

$57.95/copy
U.S. Funds

Means Repair and Remodeling Estimating
by Edward B. Wetherill

Expanded New Edition
Over 450 Pages • Illustrated • Hardcover

- **Authoritative**
- **Easy to understand**
- **Follows CSI format**
- **Sample estimates**

Means Repair and Remodeling Estimating focuses on the unique problems of estimating renovations of existing structures. It helps you determine the true costs of remodeling through careful evaluation of architectural details and a site visit.

This, coupled with a CSI division-by-division discussion of potential pitfalls, and two sample estimates, gives you a real foundation for estimating remodeling work.

Although designed primarily for contractors and architects, the concepts in *Means Repair and Remodeling Estimating* apply to anyone who wants to enhance their renovation estimating skills.

ISBN 0-87629-144-2
Book No. 67265

$57.95/copy
U.S. Funds

Reference Books

Means Interior Estimating
by Alan E. Lew

1st Edition
Over 370 Pages • Illustrated • Hardcover

Four complete estimating manuals in one comprehensive reference

This book provides in-depth discussion and illustrations covering every type of interior construction ...

- **Readable.** Tightly written, easy to read.
- **Illustrated.** Dozens of easy-to-follow prototype estimating forms and diagrams of interior assemblies and building plans.
- **Answers.** Each fact-filled chapter is a gold mine of answers to your questions.
- **Comprehensive.** Virtually anyone whose work involves interior estimating will benefit from this book.
- **Authoritative.** Authored and edited by a team of interior estimating experts, this information is based on actual experience and proven techniques.
- Hands-on application of *Means Interior Cost Data.*

ISBN 0-87629-067-5
Book No. 67237

54.95/copy
U.S. Funds

Means Landscape Estimating
by Sylvia H. Fee

1st Edition
Over 275 Pages • Illustrated • Hardcover

Answers all your questions about preparing competitive landscape construction estimates ...

Here's the important landscape estimating reference that gives you the tools you need to solve your landscape pricing problems.

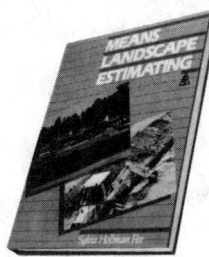

Means Landscape Estimating is a thorough, easy-reading, well organized working guide that "talks you through" every step of preparing effective bids and estimates—in a minimum of time. Written by a highly respected landscape designer and contractor.

Everything you want to know about landscape estimating is right here—including marketing your services, performing the takeoff, bidding and planning the job.

ISBN 0-87629-064-0
Book No. 67239

$57.95/copy
U.S. Funds

Home Improvement Cost Guide

2nd Edition
Over 225 Pages • Illustrated • Softcover

How to plan and price home improvements quickly, easily—projects large and small

Planning a home improvement?
Maintenance project? Read this.

Prior to planning your next home improvement, wouldn't it make sense for you to talk with several expert builders who have done the same project many times before?

Suppose these professionals happily shared their insights, warned you of potential dangers, pointed out ways for you to get the most for your money ... and then provided you with a **reliable estimate** of what you'd expect to pay for the improvement—even if you did some of the work yourself?

You'd welcome this kind of advice with open arms, of course. Anyone would.

Well, that's exactly what the **Home Improvement Cost Guide** does for you.

ISBN 0-87629-173-6
Book No. 67280

$32.95/copy
U.S. Funds

Roofing: Design Criteria, Options, Selection
by R.D. Herbert, III

1st Edition
Over 200 Pages • Illustrated • Hardcover

This authoritative new guide is overflowing with fresh, practical know-how for professionals involved in roof construction—architects, contractors, owners, facilities managers, and roofing installers.

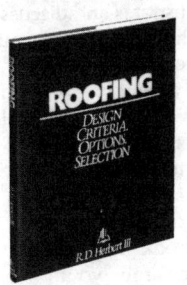

Now you can avoid roofing problems and choose the most cost-effective system—this easy-reading book helps you see the opportunities and pitfalls of modern roofing construction.

All types of roofing are covered ... built-up, singly-ply, modified bitumens, metal, sprayed-in-place, slate, tile, shingles, and shakes, as well as all types of seals and accessories.

ISBN 0-87629-104-3
Book No. 67253

$59.95/copy
U.S. Funds

Reference Books

Means Man-Hour Standards for Construction

2nd Edition
Over 750 Pages • Hardcover

The "professional's choice" for uncompromised trade and labor productivity data

Here is the working encyclopedia of labor productivity information for construction professionals... *Means Man-Hour Standards for Construction*, revised 2nd Edition.

The efficient format permits rapid comparisons of labor requirements for thousands of construction functions in the CSI MASTERFORMAT.

You'll find every bit of labor data you may need... *all in a superb layout with "quick-find" indexes and handy visual flip tabs.*

ISBN 0-87629-089-6
Book No. 67236

$131.95/copy
U.S. Funds

Means Illustrated Construction Dictionary

1st Edition
Over 575 Pages • Illustrated • Hardcover

A working handbook of over 12,000 construction terms — explained and illustrated

Here's the on-the-job reference even the most experienced professionals can turn to for immediate answers about construction terms.

The Means Dictionary is packed with thousands of up-to-date explanations of construction terminology. It covers every area of construction from design right on through everyday lingo used by tradesmen. It's "alive" with entries covering every conceivable new technique, product.

Its no-nonsense guidance, illustrations, abbreviations, and easy-to-use format will serve you for years to come

ISBN 0-911950-82-6
Book No. 67190

$87.95/copy
U.S. Funds

Means Graphic Construction Standards

1st Edition
Over 500 Pages • Illustrated

**Create construction concepts/designs
Gain new insights and approaches**

Means Graphic Construction Standards assists you in making preliminary "audits" of your designs. It simplifies the review of construction methods, helping you sort out potential problems. You decide visually which elements are essential and which offer you the most cost-effective alternatives.

The book illustrates and discusses the relationships between various building systems. Because each construction assembly gives you extensive design data, you're able to leap from rough concepts to workable plans quickly. You don't waste time working backwards from costs to designs. The book gives you the freedom to maximize your creativity within time and budget goals.

ISBN 0-911950-79-6
Book No. 67210

$109.95/copy
U.S. Funds

Fundamentals of the Construction Process

by K.K. Bentil, AIC

1st Edition
Over 450 Pages • Illustrated • Hardcover

The first and only book designed specifically to introduce the basics of building construction

Fundamentals of the Construction Process has been prepared for executives, facilities managers, and others whose responsibilities include overseeing, budgeting, or other involvement in

building or facilities construction. While construction processes are often highly technical, the book focuses on providing simplified, accessible, information.

It provides extensive coverage of the pre-construction phase, including an overview of project types, contract documents, cost estimating, contract procurement, bonding, scheduling and mobilization.

The greater part of the book is devoted to describing and illustrating the components of actual construction—materials, building methods, installation techniques—the differences between various construction "assemblies."

ISBN 0-87629-138-8
Book No. 67260

59.95/copy
U.S. Funds

Reference Books

Construction Delays:
- Documenting Causes
- Winning Claims
- Recovering Costs

by Theodore J. Trauner, Jr., PE, PP

1st Edition
NEW! 200 Pages • Illustrated • Hardcover

Learn what to look for—and what to look out for—in a construction delay case.

Whether you're a contractor or subcontractor, an owner, architect, or designer, *Construction Delays* is a detailed, fact-filled manual that can help you every step of the way—from working with your attorney to draft delay clauses in construction contracts—to learning how to document for your protection and advantage—to preparing a claim for court.

And at a time when losing a delay case could cost you thousands—even millions—of dollars, that's information you simply can't afford to be without.

Written in clear, non-legal language for construction professionals like you, *Construction Delays* takes you all the way from basic definitions and delay identification, to analysis, assessment of costs, and risk management.

ISBN 0-87629-174-4
Book No. 67278

$54.95/copy
U.S. Funds

Means Legal Reference for Design & Construction
by Charles R. Heuer, Esq., AIA

1st Edition
Over 450 Pages • Hardcover

At last—authoritative help for recognizing and understanding the legal issues in design and construction

Design and construction law is a large topic to grasp. With this in mind, the *Means Legal Reference For Design & Construction* has been prepared to enable its users to sort out and see the practical legal implications of each stage of project delivery.

Each section is illustrated and explained with examples and visuals. These make it easy for you to compare various legal documents, contracts, and situations to better understand the issues.

The large Appendix and Glossary include a comprehensive list of legal terms, names and addresses of trade associations, and samples of standard form contracts commonly used in the industry.

ISBN 0-87629-145-0
Book No. 67266

$109.95/copy
U.S. Funds

Construction Paperwork
An Efficient Management System
by J. Edward Grimes

1st Edition
Over 380 Pages • Illustrated • Hardcover

For project managers, office managers, facilities managers, design/build professionals, subcontractors . . .

Anyone responsible for using and keeping large amounts of construction documents will be delighted with this guide to controlling paperwork.

The author, J. Edward Grimes, is a project manager with 20 years of experience, and an arbitrator of construction disputes for the American Arbitration Association.

Construction Paperwork: An Efficient Management System cuts through theory to give you practical, instantly usable techniques—with immediate payback. It is the first book designed specifically to help project administrators manage paperwork more efficiently and profitably.

This book includes both manual and computer-generated formats for nearly every facet of construction documentation.

ISBN 0-87629-147-7
Book No. 67268

$65.95/copy
U.S. Funds

Insurance Repair:
Opportunities, Procedures and Methods
by Peter J. Crosa, AIC

1st Edition
Over 200 Pages • Illustrated • Hardcover

Advice for getting into the business of insurance repair—based on first-hand experience

As a contractor or subcontractor interested in expansion, you might be considering working with claims adjusters and insurance companies to repair damaged properties.

The fact is that billions of dollars are paid out annually by insurance companies . . . mostly without fierce competitive bidding. The business is also highly stable—going on in both good times and bad.

Insurance Repair: Opportunities, Procedures and Methods gives you the information you need to evaluate insurance repair, including the benefits and pitfalls—and explains what is required to be a success in this profitable business.

ISBN 0-87629-146-9
Book No. 67267

$54.95/copy
U.S. Funds

Consulting

Introducing...
MEANS CONSTRUCTION CONSULTING SERVICES

For corporate facilities departments, government agencies, architecture and engineering firms, developers, financial and investment companies

- **Project estimating and planning**
- **Construction feasibility studies/research**
- **Development and maintenance of cost databases**

R.S. Means Company now offers you the benefits of expert consulting services for individual and ongoing projects in these key areas:

Building construction estimating—planning

Control expenses, avoid cost overruns, hit budgets with Means consulting help... including reliable estimates... guidelines for expenses... project duration... cash flow projections... resource allocation... change order negotiations, and more.

Feasibility studies—analysis of construction options

Let the Means staff help you review and clarify the best construction approaches in terms of time, cost, use. These services include detailed analysis of technologies, lead times, materials use, and other important construction alternatives to provide facts and unbiased advice for management decision-making.

Creation of cost databases for unique or specialized construction applications

Utility companies, communications firms, energy companies, government agencies ... all can benefit from Means expertise in creating construction cost databases for unique types of construction.

**For complete information—call Robert Gair, Director—
1-800-448-8182**

Means Construction Seminars 1991

During the year, R.S. Means offers a series of 2-day seminars oriented to a wide range of construction-related topics. All seminars include comprehensive workbooks, current Means Cost Books, plus proven techniques for estimating and scheduling.

REPAIR AND REMODELING ESTIMATING
Repair and remodeling work is becoming increasingly competitive as more professionals enter the market. Recycling existing buildings can pose difficult estimating problems. Labor costs, energy use concerns, building codes, and the limitations of working with an existing structure place enormous importance on the development of accurate estimates. Using the exclusive techniques associated with Means' widely-acclaimed *Repair & Remodeling Cost Data*, this seminar sorts out and discusses solutions to the problems of building alteration estimating. Attendees will receive two intensive days of eye-opening methods for handling virtually every kind of repair and remodeling situation ... from demolition and removal to final restoration.

MECHANICAL AND ELECTRICAL ESTIMATING
This seminar is tailored to fit the needs of those seeking to develop or improve their skills and to have a better understanding of how mechanical and electrical estimates are prepared during the conceptual, planning, budgeting and bidding stages. Learn how to avoid costly omissions and overlaps between these two interrelated specialties by preparing complete and thorough cost estimates for both trades. Featured are order of magnitude, assemblies, and unit price estimating. In combination with the use of *Means Mechanical Cost Data*, *Means Plumbing Cost Data* and *Means Electrical Cost Data*, this seminar will ensure more accurate and complete Mechanical/Electrical estimates for both unit price and preliminary estimating procedures.

CONSTRUCTION ESTIMATING— THE UNIT PRICE APPROACH
This seminar shows how today's advanced estimating techniques and cost information sources can be used to develop more reliable unit price esimates for projects of any size. It demonstrates how to organize data, use plans efficiently, and avoid embarrassing errors by using better methods of checking.

You'll get down-to-earth help and easy-to-apply guidance for:
- making maximum use of construction cost information sources
- organizing estimating procedures in order to save time and reduce mistakes
- sorting out and identifying unusual job requirements to prevent underestimates.

SQUARE FOOT COST ESTIMATING
Learn how to make better preliminary estimates with a limited amount of budget and design information. You will benefit from examples of a wide range of systems estimates with specifications limited to building use requirements, budget, building codes, and type of building. And yet, with minimal information, you will obtain a remarkable degree of accuracy.

Workshop sessions will provide you with model square foot estimating problems and other skill-building exercises. The exclusive Means building assemblies square foot cost approach shows how to make very reliable estimates using "bare bones" budget and design information.

SCHEDULING AND PROJECT MANAGEMENT
This seminar helps you successfully establish project priorities, develop realistic schedules, and apply today's advanced management techniques to your construction projects. Hands-on exercises familiarize participants with network approaches such as Critical Path or Precedence Diagram Methods. Special emphasis is placed on cost control, including use of computer based systems. Through this seminar you'll perfect your scheduling and management skills, ensuring completion of your projects *on time* and *within budget*. Includes hands-on application of *Means Scheduling Manual* and *Building Construction Cost Data*.

THE CONSTRUCTION PROCESS— METHODS & MATERIALS
This course provides an overview of the basic construction process from the time an idea/need is identified until the final move-in. Participants will learn about the components of construction and how they are assembled to build a project.

Also provided are guidelines for reading the plans and specifications identify the key elements of a building. Attendees will achieve a thorough understanding of the construction process, from concept through completion, and with a practical overview of the methods and materials used in construction. If you are new to the construction industry or just want to know more about the complex process of converting a need for a building project into a reality, this course is for you!

AVOIDING AND RESOLVING CONSTRUCTION CLAIMS
Construction claims are a common and costly problem in the construction industry. This course provides you with insight and practical recommendations for dealing with claims. The hands-on approach focuses on recognizing and responding to problems as they arise, preparing documentation and formal reports, analyzing causation, calculating damages, evaluating responsibility and defending against unmeritorious claims. Special emphasis will be given to determining schedule and cost impact of project delays. You'll perfect your skills in negotiation to resolve disputes in order to avoid the risks of trial or arbitration. In addition, the program provides realistic approaches to minimizing and avoiding the problems which lead to claims. This course is a must for those responsible for the management and administration of construction projects.

1991 Means Seminar Schedule

SPRING & SUMMER

New York City, NY	January 28–31	Denver, CO	May 13–16
Ft. Lauderdale, FL	February 4–7	Plymouth, MA	May 13–16
Las Vegas, NV	February 18–21	Los Angeles, CA	May 20–23
San Jose, CA	February 25–28	Hartford, CT	June 3–6
Atlanta, GA	March 11–14	Tarrytown, NY	June 10–13
Atlantic City, NJ	March 18–21	Indianapolis, IN	June 17–20
Washington, DC	April 15–18	Baltimore, MD	June 24–27
Seattle, WA	April 22–25	Niagara Falls, NY	July 22–25
Chicago, IL	April 29–May 2	Minneapolis, MN	August 26–29

FALL

Hyannis, MA	September 9–12	Philadelphia, PA	October 28–31
Washington, DC	September 16–19	Long Beach, CA	October 28–31
Rutherford, NJ	September 23–26	San Francisco, CA	November 4–7
Kansas City, MO	October 7–10	San Antonio, TX	December 2–5
Raleigh, NC	October 21–24	Orlando, FL	December 9–12

For a complete schedule of courses offered at each location, call our Seminar Registrar at 1-800-448-8182.

Registration Information

How to Register
To register, call our Seminar Registrar, Marcia Crosby, today. Means toll-free number for making reservations is:
1-800-448-8182.

Registration Fees

- One seminar registration — $845 per person
- Two to four seminar registrations — $745 per person
- Five or more seminar registrations — $695 per person
- Ten or more seminar registrations — call for pricing

Special Offers

Early Registration:
Sign up 45 days prior to the seminar/save $50 off each seminar registration. Payment must be in advance.

One Individual:
Sign up for two seminars in a one-year period and pay only $1345. This is a saving of 40% on the additional seminar. Payment must be received at least ten (10) days prior to seminar date to confirm this offer.

Cancellations
Cancellations will be accepted up to ten days prior to the seminar start. After that time a 2-day seminar cancellation is subject to a $150 cancellation fee. The fee may be applied to any Means seminar within one calendar year of cancellation. Substitutions can be made at any time before the session starts. No-shows are subject to the full seminar fee.

AACE Approved Courses
The R.S. Means Construction Estimating and Management Seminars described and offered to you here have each been approved for 14 hours (1.4 CEU) of credit by the American Association of Cost Engineers (AACE) Inc. Certification Board toward meeting the continuing education requirements for re-certification as a Certified Cost Engineer/Certified Cost Consultant.

Daily Course Schedule
The first day of each seminar session begins at 8:30 A.M. and ends at 4:30 P.M. The second day is 8:00–4:00. Participants are urged to bring a hand-held calculator since many actual problems will be worked out in each session.

Seminar Tuition Includes
Current Means cost manuals, appropriate Means reference manuals and seminar workbooks. Continental breakfast and coffee breaks are also provided. Each participant receives a certificate of course completion.

Hotel/Transportation Arrangements
R.S. Means has arranged to hold a block of rooms at each hotel hosting a seminar. To take advantage of special group rates when making your reservation be sure to mention that you are attending the Means Seminar. You are of course free to stay at the lodging place of your choice. (Hotel reservations and transportation arrangements should be made directly by seminar attendees.)

Important
Class sizes are limited, so please register as soon as possible.

Registration Form

Please register the following people for the Means Construction Seminars as shown here. Full payment or deposit is enclosed, and we understand that we must make our own hotel reservations if overnight stays are necessary.

☐ Full payment of $ _____ enclosed.
☐ Deposit of $ _____ enclosed.
Balance due is $ _____ U.S. FUNDS

Name of Registrant(s)
(To appear on certificate of completion)

Firm Name _____
Address _____
City/State/Zip _____
Telephone Number _____
☐ Charge our registration(s) to:
☐ American Express ☐ Visa ☐ MasterCard
Account No. _____ Expiration Date _____

CARDHOLDER'S SIGNATURE

Seminar Name	City	Dates

Please mail check to: R.S. MEANS COMPANY, INC., 100 Construction Plaza, P.O. Box 800, Kingston, MA 02364-0800 USA

Seminars

Means In-House Training 1991

Discover the cost savings and added benefits of bringing Means proven training programs to your facility...

ATTENDEES
Facility, Design, and Construction Professionals who want to improve their estimating, project management, and negotiation skills

CONTENT
One or more MEANS Training Seminars (as described in Means Construction Seminar, 1991)

A two-day course running from 8 AM to 4 PM on two consecutive days

The intensive training includes conceptual work and practice exercises.

In-House Seminar (IHS) students benefit from discussion and practical work problems that are common to their particular environment.

COMPARISON
The In-House Seminar conducted at the client's facility will eliminate travel expenses and minimize time away from work.

An In-House Seminar program is more flexible and responsive to specific client needs and requirements.

IHS students improve their skills and broaden their knowledge. Students return immediate benefits to their work place.

IHS provides a standard and consistent method for preparing cost estimates.

CLASS SIZE
The cost effective break-even point is 10–12 students; most seminars have from 15 to 25 students; class size is limited to 35 students.

Occasionally, to satisfy their needs or to reduce per student training cost, clients invite outside personnel with a similar background to attend their MEANS Seminars.

SCHEDULING
Consult with Means' professional training advisor to determine the seminar that best suits your needs.

Set your training schedule immediately to assure dates that fit your calendar.

Means will make every effort to accommodate your schedule.

COMPREHENSIVE MATERIALS
Each participant receives a comprehensive workbook, Means reference books that are appropriate to the seminar, and a current Means cost book. The materials reinforce program content and serve as a valuable reference for the future.

CERTIFICATES & CEU's
A certificate of completion is awarded by R.S. Means Company, Inc. to those who complete the program. Continuing Education Units (CEU's) are also awarded through the American Association of Cost Engineers (AACE).

GUARANTEE
R.S. Means stands behind its In-House Seminars.

You will deal with real problems, not theoretical situations. If your In-House Seminar does not give you the tools you need to grow in the subject covered, just tell us why and we will give you credit toward another seminar.

Partial list of companies and organizations that have brought Mean's Training in-house:

- Army Corps of Engineers
- AT&T
- Bell Research Lab
- Bell Operating Companies
- Boston Edison
- Digital Equipment Corporation
- Eastman Kodak
- General Motors
- General Services Administration
- Housing and Urban Development
- IBM
- Internal Revenue Service
- Jacksonville Electric Authority
- Marine Corps
- National Guard
- Penn State University
- Port Authority of NY/NJ
- State of Missouri
- State of Virginia
- U.S. Air Force
- U.S. Army
- U.S. Navy
- University of Massachusetts
- Westinghouse Electric Authority

How to find out MORE—Call Joan M. Ward at (800) 448-8182

Software

PULSAR
The most significant advance in construction management systems since Means invented the cost book.

A key advantage of Pulsar is its extensive database! It is derived from the *Means Facilities Cost Data* book. You can use it to estimate all types of jobs, from simple remodeling to complex new construction. A special section is included for facilities maintenance cost estimates.

You can find the unit prices you need using either of two different methods. Use CSI numbers and the convenient windowing systems take you right to the items.

You can also key in the word or phrase. It's quick and easy. For example: type "drywall" and you get a list of items associated with drywall. Make your selection and the software takes you right to that item. It's just like using the index of a book—only simpler!

Pulsar includes over 400 pre-built Assemblies. They give you the accuracy of a line-by-line estimate without the work. For example: a "wet pipe sprinkler system" lists all the components you need, quantities, materials costs, installation costs, the cost per square foot and more! You can use Assemblies as they were developed, modify them to suit your conditions, or create new ones.

"Pages" are a real Pulsar benefit! You can create, store and reuse your own original Pages — combinations of unit prices and Assemblies that form specific portions of your project. A Page can consist of just about anything you choose.

You can develop and reuse your own Assemblies for specific tasks.

And you can insert and reuse individual line items that are special to your estimate.

Your estimate can be a combination of Means data and your own costs that are adjusted for local conditions.

Means' standardized form of estimating improves your negotiating powers with outside vendors and makes it easier to work with other people in your company.

You can print reports by CSI divisions, subdivisions, and detailed line-by-line estimates. "Sort" features allow you to segment reports by floor, room, job responsibility — basically any criteria you wish to include. You decide whether to burden or unburden the job and when to add sales tax, markups, markdowns, contingencies, and bonds.

Using the Means City Cost Index, you can quickly see what a job will cost in over 200 cities in the U.S. and Canada.

You can use Pulsar estimates with popular spreadsheet, database, scheduling, project management, job cost control, and graphics packages.

"Test drive" Pulsar and experience for yourself how this comprehensive software system saves you time and gives you the tools you need for fast, reliable construction cost estimating.

Complete the order form below or call to order your Diskette Demo Package.

Software Order/Information Form

I am interested in: ☐ Astro II   ☐ Pulsar

☐ Please send me the Multiple Diskette Demo Package for $50. (This cost can be credited toward your purchase of a system).*MA residents, please add state sales tax.

☐ Please tell me more about the computer services exclusively designed for the construction industry.

I have a _____ computer.   Disk Size: ☐ 3½"   ☐ 5¼"
             make/model

* ☐ Check enclosed (save shipping & handling)
☐ Charge my Demo Package to:
☐ American Express   ☐ Visa   ☐ MasterCard

Your Name: _____

Company Name: _____

Address: _____

_____
Account #

_____
Expiration Date

City/State/Zip: _____   ☐ Bill me (P.O.#) _____

Call toll free 1-800-448-8182, or mail this request today to:
R.S. Means Co., Inc.
100 Construction Plaza
P.O. Box 800
Kingston, MA 02364-0800

Software

Means Software Systems Complement the Expertise of the Professional Estimator

No computer will ever replace years of experience and hard work! But the demands on your time are considerable. There is always pressure to get more accomplished in less time. Means Software Systems are the answer! They are the powerful tools you need for fast, accurate construction cost estimating.

Takeoff is efficient and easy! Programs are menu-driven and based on familiar "scroll, cut and paste" techniques. You quickly access specific portions of the multilevel database with the easy-to-use window and scroll operation. A single key stroke then marks ("cuts") only the items you need and sends them to a buffer file until you are ready to "paste" them into your estimate.

You can use the reliable Means figures to build your estimate, and you can adjust cost factors to fit actual job conditions. Costs can be modified in numerous ways to prepare estimates—from the smallest remodeling or repair projects to multi-story new construction.

Everything you need is readily available. Material costs, crews, equipment costs, man-hours, daily output, overhead, profit, and more! It's all in the databases included in the software.

Computerized estimating is dynamic! When costs change, even complex estimates can be rapidly adjusted. As soon as you enter a new figure, the software automatically changes all dependent calculations. With more flexible estimating procedures, you have guidelines to control costs and make more informed decisions.

You already know a lot about this outstanding software because it is arranged in the industry-standard CSI MASTERFORMAT. You have two ways to search the databases—using CSI numbers, or words and phrases.

With Means Estimating Software you build standardized estimates that are consistent and easy to understand. Standardized estimates improve communications with outside vendors and other departments within your company. They can even speed the budget approval process!

Reports cover as much detail as you need. You can get reports based on major CSI divisions and subdivisions, on a detailed item-by-item basis, for parts of the job, or for the specific job criteria that you choose.

For even more extensive manipulation and reporting, you can export all or part of your estimate to many popular spreadsheet, database, and graphics packages.

With our many years of experience in both software and publishing, *we understand the importance of support!* You can take advantage of Means superb documentation, step-by-step tutorials, on-screen help, toll-free information hot line, and optional on-site training.

With Means Annual Software Service Support Agreement, you receive updates on all your cost files for each year, continued hot line support and software enhancements as they occur.

Hardware requirements: IBM® XT™, AT®, or 100% compatible (AT is preferred; the program runs faster). Color monitor preferred, but not required. 640K main memory. One 5¼" or 3½" floppy disk drive. Hard disk with 15 mb available, MS™-DOS 2.0 or higher. IBM compatible printer.

ASTRO II — Powerful Construction Software That's Easy to Use... Even If You've Never Used a Computer for Estimating!

Manual estimating is cumbersome and time-consuming. Each item must be entered separately, and when costs or conditions change, all the figures must be recalculated. With Astro II, when you change a figure, all items it affects are automatically changed. Easy-to-read, on-screen "windows" guide you from the CSI MASTERFORMAT divisions, to the subdivisions, to the unit items you need. You can also search for items using words and phrases—it's just like using the index of a book—only simpler! Then you "mark" the items you need and "paste" them to your estimate.

R.S. Means is known for its timely and comprehensive construction cost data. With Astro II, you choose the Means Data File which best suits your estimating requirements.

As your company grows and changes, you can add other Means Cost Data Files to your existing Astro II package.

It's easy. You don't have to be a programmer. When there are items that are specific to your estimate, you can create your own user files. You can then save, change, update, and reuse them for other estimates.

Labor and equipment costs change constantly—so you can adjust specific costs where necessary to suit your area and your project.

When elements of the estimate change, you don't have to redo the estimate. You just enter new costs and line items to update the estimate as often as you like.

You may want a very detailed estimate for your use, and an overview for your customer. Reports can be generated by CSI divisions, subdivisions or as line-by-line estimates.

You can plan a construction project and then use Means City Cost Indexes to quickly see what it would cost to build in over 200 cities in the United States and Canada.

For additional reports, to test "what-if" scenarios, and to create job schedules, you can export your estimate to popular spreadsheet and project management software packages.

You can take advantage of on-screen help, a toll-free 800 hot line and superbly written documentation. The software is logical and works like you do.

Call 1-800-448-8182 for more information

Software

The new electronic tool that lets you access over 20,000 lines of Means construction cost data right at your PC.

Accessing Means data has never been easier... or quicker. New **Means Data Source**® allows you to combine the power of your PC with the proven reliability of R.S. Means construction cost data. You're able to call up the information you need in mere seconds. Data Source enables you to:

Electronically search through the Means data base — over 20,000 cost lines in CSI MASTERFORMAT.

Select the appropriate lines for a job — either quantifying them in the Means program, or easily transferring them in ASCII format to any compatible program (including Lotus 1-2-3, dBase III and many others).

Feel the security and reassurance of using data that's formatted exactly like the data in our popular cost books.

Quickly and easily learn how to access and use Means data (with many useful on-line Help Screens available).

Generate professional reports — selecting from a menu of standard report formats in our program, or using your own format when you transfer the data to your spreadsheet.

Use the built-in quantifying program to extend quantities and calculate costs.

Perform your operations on all IBM and 100% IBM-compatible PC's (MS-DOS 2.0 or better).

With advantages like these, you'll want to be sure to order Means **Data Source** today. Just call **1-800-448-8182**, or mail the form below.

IBM is a trademark of International Business Machines Inc.
Lotus 1-2-3 is a registered trademark of Lotus Development Corp.
dBASE is a trademark of Ashton-Tate.
Means Data Source is a registered trademark of R.S. Means Co., Inc.

Please send me the following Data Source product(s):*

Quantity	Price		Total
_____ x	$395	Building Construction	$ _____
_____ x	$395	Mechanical	_____
_____ x	$395	Electrical	_____
_____ x	$395	Repair & Remodeling	_____
_____ x	$195	Light Commercial (10,000 line items)	_____
		Massachusetts residents add state sales tax:	_____
		Total	_____

Prices are for U.S. Delivery only. Canadian customers should write for current prices.

☐ Yes, please tell me more about the computer services exclusively designed for the construction industry.

I have a _____ computer.   Disk Size: ☐ 3½"   ☐ 5¼"
           make/model

* ☐ Check enclosed payable to R.S. Means Company, Inc.
     (Save shipping & handling)

Your Name: _____
Company Name: _____   ☐ Charge my order to:
Address: _____   ☐ American Express ☐ Visa ☐ MasterCard
City/State/Zip: _____
                                                    Account # _____
Telephone: _____   Expiration Date _____

☐ Bill me (P.O. #) _____

Call toll free 1-800-448-8182 or mail this request today to:
R.S. Means Co., Inc.
100 Construction Plaza
P.O. Box 800
Kingston, MA 02364-0800

***Discounts on Multiple Orders... starting at 25%**
If you would like to order 4 or more copies of Data Source, be sure to call us at 1-800-448-8182, ext. 39. We'll provide you with complete information on multiple discounts that start at 25%.

Plug into the Means database.

Annual Publications

Means Electrical Change Order Cost Data 1991

3rd Annual Edition
Over 400 Pages • Illustrated

How to accurately price and document electrical change orders—making sure the costs are recoverable!

As an electrical contractor, project manager, or engineer, pricing and documenting change orders is surely a key part of your job. Change orders—or project "extras"—are the source of conflicts, lost time, and sometimes serious disputes.

This guide provides you with electrical unit prices *exclusively* for pricing change orders—based on the recent, direct experience of contractors and suppliers throughout North America.

The costs are broken down into two comprehensive sections: *pre-installation* and *post-installation* changes.

For the first time, you can analyze and check your own change order estimates against the experience others have had *doing exactly the same work!*

ISBN 0-87629-205-8
Book No. 60231

$72.95/copy
U.S. Funds

Means Mechanical Cost Data 1991
HVAC • Controls

14th Annual Edition
Over 440 Pages • Illustrated

Gives you comprehensive prices for HVAC and mechanical estimating . . .

More valuable to you than ever— focused exclusively on HVAC, *controls* . . . all related piping, ductwork, accessories, and construction

For contractors and designers who must estimate costs for mechanical installations, Means "mechanical book" is a cost tool of *increasing value* each year.

You'll find the latest cost information for heating, ventilation, air conditioning, and related mechanical construction in *Means Mechanical Cost Data 1991*.

There are so many benefits from using this storehouse of mechanical cost information. It enables you to answer every kind of HVAC and related mechanical cost question.

ISBN 0-87629-195-7
Book No. 60021

$67.95/copy
U.S. Funds

Means Plumbing Cost Data 1991
Piping • Fixtures • Fire Protection

14th Annual Edition
Over 350 Pages • Illustrated

Comprehensive unit and assemblies prices for every imaginable plumbing installation

This estimating manual gives you instant access to current materials and trade labor prices for virtually all types of contemporary plumbing and fire protection contracting.

One glance through this massive guide—containing thousands of "one stop" costs for piping, fittings, valves, support structures, fire protection systems, appliances—will convince you of its great value to your pricing work.

Whether you use it for a complete unit price plumbing estimate, plumbing design concept, or for a sprinkler system quick price check, it will give you the estimating data you need.

ISBN 0-87629-204-X
Book No. 60211

$67.95/copy
U.S. Funds

Building Construction Cost Data 1991

49th Annual Edition
Over 450 Pages • Illustrated

America's foremost construction cost information guide with over 20,000 unit prices for labor, materials and installation

Building Construction Cost Data, now in its 49th year of publication, offers the reliability of over 20,000 thoroughly researched unit prices, plus the efficient, easy-to-use CSI MASTERFORMAT. Even the most complicated estimates can be accurately prepared in less time than with comparable references.

Astute construction professionals prefer *Building Construction Cost Data* as their primary estimating resource. It's the original, most sought-after book of its kind . . . known and depended upon by its users for unparalleled accuracy and versatility . . . a cost resource prepared with you—the user—in mind.

ISBN 0-87629-187-6
Book No. 60011

$65.95/copy
U.S. Funds

Annual Publications

Means Site Work Cost Data 1991

10th Annual Edition
Over 400 Pages • Illustrated

Dedicated to the special problems of site work estimating...

Here are just a few of the ways *Means Site Work Cost Data 1991* will help you

- estimate crews, equipment and man-hours required for any site work operation... earthwork hauling, underground installations

- use the price data to compare and select designs and specifications in the project's conceptual stages
- verify your prices and estimates with the manual's national averages
- use it for the hard-to-find costs and site work installations unfamiliar to you
- double check on subcontractor bids and estimates
- get expert guidance for complicated site work estimating problems

ISBN 0-87629-196-5
Book No. 60071
$67.95/copy
U.S. Funds

Means Residential Cost Data 1991

10th Annual Edition
Over 470 Pages • Illustrated

Residential costs—from a simple one-story "economy" house to a "luxury" 3-story townhouse

Thousands of Unit Prices
From stonework and insulation to painting and wall coverings, these unit prices are individually figured so you can select the items you need for very exacting estimates. All in the CSI MASTERFORMAT.

Over Eighty Building Assemblies
Fully illustrated and described assemblies can save you hours of estimating time. Each assembly lists the material and labor needed and the total costs. They give you an outstanding overview of what is needed to complete each job.

Square Foot Costs
Square Foot costs help you verify your figures and "ballpark" estimates for all popular types of residential construction.

PLUS... Reference Notes section with added information on how unit costs were figured.

ISBN 0-87629-200-7
Book No. 60171
$65.95/copy
U.S. Funds

Means Repair and Remodeling Cost Data 1991

Commercial/Residential
12th Annual Edition
Over 450 Pages • Illustrated

No matter what kind of renovation cost problem you may face, *Means Repair & Remodeling Cost Data 1991* will give you the special prices you're looking for.

This is the Means cost guide that's specifically prepared for your renovation estimating. It conforms to the Construction Specifications Institute's (CSI) MASTERFORMAT system so

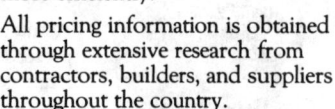

that you can prepare your estimates more efficiently.

All pricing information is obtained through extensive research from contractors, builders, and suppliers throughout the country.

PLUS... you can get hundreds of cost and time-saving tips, hints, and advice based on the expertise and background of R.S. Means.

ISBN 0-87629-199-X
Book No. 60041
$67.95/copy
U.S. Funds

Means Light Commercial Cost Data 1991

10th Annual Edition
Over 500 Pages • Illustrated

For the special estimating needs of light commercial contractors and architects

Easy to use, reliable price information about light commercial cost planning for adjusters, architects, contractors, planners and project managers.

No better resource for estimating commercial construction with current price information.

If you're still estimating commercial construction with hard to follow price sheets, bills for old jobs, or "guesstimates," we have good news for you.

Means new *Light Commercial Cost Data 1991* is totally dedicated to your special estimating needs as a commercial designer or builder.

It's simple to use, provides instantaneous price quotes, and is reliable for your 1991 cost planning. With a copy on your desk, you'll have the price data you need in *one convenient place*—not stacks of file folders, bills, or wrinkled computer printouts.

ISBN 0-87629-201-5
Book No. 60181
$65.95/copy
U.S. Funds

Annual Publications

Means Heavy Construction Cost Data 1991

5th Annual Edition
Over 380 Pages • Illustrated

Heavy construction costs for utilities, public works, earthwork, roadways, airports, pipelines, sewerage, railroads, marine work, and more!

Means Heavy Construction Cost Data 1991 is designed for contractors and engineers responsible for estimating heavy construction projects with high reliability.

It's an estimating tool that provides prices based on painstaking research into the actual costs for heavy construction throughout North America in the past 12 months. The heavy construction unit and assemblies cost entries are supplemented with preparation, mobilization, and finishing costs for most projects.

The book can be used to price out an entire estimate or to quickly verify estimates with cost data based on national averages, adjusted for locations in the U.S. and Canada.

The unit price entries are organized in the popular Means line item system containing crew make-up, crew productivity, man-hour data, and bare costs for materials, labor, and equipment . . . with and without overhead and profit.

ISBN 0-87629-202-3
Book No. 60161

$71.95/copy
U.S. Funds

Building Construction Cost Data 1991 Western Edition

4th Annual Edition
Over 500 Pages • Illustrated

For western contractors, estimators, architects, engineers, builders, facilities professionals

This regional edition of *Building Construction Cost Data* is specifically designed to give you more precise cost information for the West. It also provides greater information on the construction assemblies which are common in the West.

Based on western methods of construction, this edition makes unit cost information **easier to understand and use.**

Indexes are broken down into major construction components and subtrades.

The Western Edition has information regarding western practices and situations which are not found in our national edition. It helps you estimate more precisely because it has 30 different western locations, nearly **twice as many** as currently offered in our national edition!

ISBN 0-87629-188-4
Book No. 60221

$76.95/copy
U.S. Funds

Means Facilities Cost Data 1991

6th Annual Edition
Over 950 Pages • Illustrated

A cost planning tool for facilities construction and maintenance!

More reasons than ever to use *Means Facilities Cost Data 1991* for your facilities estimating projects!

If you are involved in facilities renovations, new construction, or maintenance as a contractor bidding for jobs or a manager planning them, there is tremendous pressure on you to justify your expenditures and to make your estimates reliable.

This *ultra-complete reference source* makes your estimating more precise and cuts down dramatically on the time you have to spend checking other job costs and calling subs and vendors.

You can use this book to adjust national average data to specific locations.

There are hundreds of other ways you can use this guide. With well over 40,000 unit prices, assembly costs, and square foot costs, it is actually five books wrapped into one.

ISBN 0-87629-194-9
Book No. 60201

$173.95/copy
U.S. Funds

Means Square Foot Costs 1991

Commercial/Residential/Industrial/Institutional
12th Annual Edition
Over 435 Pages • Illustrated

Quoting accurate square foot prices is vital to construction planning and budgeting

You can have reliable square foot prices for any building construction you're planning in minutes.

Means Square Foot Costs 1991 is the annually updated source of cost facts that covers every situation you're likely to handle—residential, commercial, industrial and institutional construction of all types.

The convenient tables enable you to simply flip to the building type under consideration and select an appropriate square foot price in just a few minute's time.

The "Unit-in-Place" assemblies style construction prices give you the ability to prepare more detailed square foot costs through the analysis of individual construction assemblies. These pages are suited perfectly to comparing and selecting various design schemes according to predetermined budgets.

ISBN 0-87629-197-3
Book No. 60051

$76.95/copy
U.S. Funds

Order Form

Means
A Southam Company
R.S. Means Company, Inc.
100 Construction Plaza, P.O. Box 800, Kingston, MA 02364-0800

1991 ORDER FORM

CALL TOLL FREE
1-800-448-8182

QTY.	BOOK NO.	COST ESTIMATING BOOKS	UNIT PRICE	Total	QTY.	BOOK NO.	REFERENCE BOOKS (cont'd)	UNIT PRICE	Total
	60061	Assemblies Cost Data 1991	$105.95			67231	Forms for Building Construction Professionals	$ 76.95	
	60011	Building Construction Cost Data 1991	65.95			67260	Fundamentals of the Construction Process	59.95	
	60221	Building Constr. Cost Data-Western Edition 1991	76.95			67210	Graphic Construction Standards	109.95	
	60111	Concrete Cost Data 1991	65.95			67258	Hazardous Material & Hazardous Waste	76.95	
	60141	Construction Cost Indexes 1991	169.00			67280	Home Improvement Cost Guide	32.95	
	60141A	Construction Cost Index-January 1991	42.25			67251	HVAC: Design Criteria, Options, Selection	59.95	
	60141B	Construction Cost Index-April 1991	42.25			67281	HVAC Systems Evaluation	57.95	
	60141C	Construction Cost Index-July 1991	42.25			67190	Illustrated Construction Dictionary	87.95	
	60141D	Construction Cost Index-October 1991	42.25			67267	Insurance Repair	54.95	
	60231	Electrical Change Order Cost Data 1991	72.95			67237	Interior Estimating	54.95	
	60031	Electrical Cost Data 1991	67.95			67239	Landscape Estimating	57.95	
	60201	Facilities Cost Data 1991	173.95			67266	Legal Reference for Design & Construction	109.95	
	60161	Heavy Construction Cost Data 1991	71.95			67236	Man-Hour Standards for Construction-2nd Ed.	131.95	
	60091	Interior Cost Data 1991	65.95			67235	Mechanical Estimating	54.95	
	60121	Labor Rates for the Const. Industry 1991	145.00			67245	Planning and Managing Interior Projects	59.95	
	60191	Landscape Cost Data 1991	71.95			67247	Project Planning and Control for Construction	58.95	
	60181	Light Commercial Cost Data 1991	65.95			67262	Quantity Takeoff for the General Contractor	59.95	
	60021	Mechanical Cost Data 1991	67.95			67265	Repair & Remodeling Estimating	57.95	
	60151	Open Shop Building Constr. Cost Data 1991	76.95			67254	Risk Management for Building Professionals	54.95	
	60211	Plumbing Cost Data 1991	67.95			67253	Roofing: Design Criteria, Options, Selection	59.95	
	60041	Repair and Remodeling Cost Data 1991	67.95			67152	Scheduling Manual	49.95	
	60171	Residential Cost Data 1991	65.95			67145	Square Foot Estimating	57.95	
	60071	Site Work Cost Data 1991	67.95			67241	Structural Steel Estimating	65.95	
	60051	Square Foot Costs 1991	76.95			67233	Superintending for the General Contractor	54.95	
		REFERENCE BOOKS				67274	Survival in the Construction Business	59.95	
	67275	Avoiding and Resolving Construction Claims	59.95			67259	Understanding the Legal Aspects of Design/Build	71.95	
	67257	Bidding & Managing Government Construction	58.95			67232	Unit Price Estimating	54.95	
	67180	Bidding for the General Contractor	54.95						
	67261	Building Profess. Guide to Contract Documents	54.95						
	67250	Business Management for the General Contractor	54.95						
	67278	Construction Delays	54.95						
	67268	Construction Paperwork	65.95						
	67255	Contractor's Business Handbook	58.95						
	67252	Cost Control in Building Design	58.95						
	67242	Cost Effective Design/Build Construction	54.95						
	67230	Electrical Estimating	54.95						
	67160	Estimating for the General Contractor	59.95						
	67276	Estimating Handbook	89.95						
	67249	Facilities Maintenance Management	59.95						
	67246	Facilities Maintenance Standards	131.95						
	67264	Facilities Manager's Reference	59.95						

MA residents add state sales tax.

TOTAL (U.S. Funds)

Prices are subject to change and are for U.S. delivery only. Canadian customers should write for current prices.

Postage and handling extra when billed. Send your check with your order to save shipping and handling charges! 1991 editions available December 1990. Means will bill you or accept MasterCard, Visa, and American Express.

BC3

SEND ORDER TO:

Name (PLEASE PRINT) _____

Company _____
☐ Company
☐ Home Address _____

City/State/Zip _____

Phone # ( ) _____

P.O. # _____

(MUST ACCOMPANY ALL ORDERS BEING BILLED)

Means Project Cost Report

SAVE! $20.00 Discount per product for each report you submit.

DISCOUNT PRODUCTS AVAILABLE — FOR U.S. CUSTOMERS ONLY — STRICTLY CONFIDENTIAL

By filling out and returning the Project Description, you can receive a discount of $20.00 off any one of the Means products advertised in the preceding pages. The cost information required includes all items marked (✱) except those where no costs occurred. The sum of all major items should equal the Total Project Cost. Motel projects will be especially appreciated.

PROJECT DESCRIPTION (No remodeling projects, please.)

✱ Type building _____
✱ Location _____
   Capacity _____
✱ Frame _____
✱ Exterior _____
✱ Basement: full ☐ part ☐ none ☐ crawl ☐
✱ Height in Stories _____
✱ Total Floor Area _____
   Ground Floor Area _____
✱ Volume in C.F. _____
   % Air Conditioned _____ Tons
   Comments: _____
   Owner _____
   Architect _____
   General Contractor _____

✱ Bid Date _____
   Typical Bay Size _____
✱ Labor Force: _____ % Union _____ Non-Union
✱ Project Description (Circle one number in each line)
   1. Economy   2. Average   3. Good   4. Luxury
   1. Square   2. Rectangular 3. Irregular 4. Very Irregular

	✱ TOTAL PROJECT COST	$
A	✱ GENERAL CONDITIONS	$
B	✱ SITE WORK	$
BS	Site Clearing & Improvement	
BE	Excavation (C.Y.)	
BF	Caissons & Piling (L.F.)	
BU	Site Utilities	
BP	Roads & Walks Exterior Paving (S.Y.)	
C	✱ CONCRETE	$
C	Cast in Place (C.Y.)	
CP	Precast (S.F.)	
D	✱ MASONRY	$
DB	Brick (M)	
DC	Block (M)	
DT	Tile (S.F.)	
DS	Stone (S.F.)	
E	✱ METALS	$
ES	Structural Steel (Tons)	
EM	Misc. & Ornamental Metals	
F	✱ WOOD & PLASTICS	$
FR	Rough Carpentry (MBF)	
FF	Finish Carpentry	
FM	Architectural Millwork	
G	✱ MOISTURE PROTECTION	$
GW	Waterproofing-Dampproofing (S.F.)	
GN	Insulation (S.F.)	
GR	Roofing & Flashing (S.F.)	
GM	Metal Siding/Curtain Wall (S.F.)	
H	✱ DOORS, WINDOWS & GLASS	$
HD	Doors (Ea.)	
HW	Windows (S.F.)	
HH	Finish Hardware	
HG	Glass & Glazing (S.F.)	
HS	Storefronts (S.F.)	

J	✱ FINISHES	$
JL	Lath & Plaster (S.Y.)	
JD	Drywall (S.F.)	
JM	Tile & Marble (S.F.)	
JT	Terrazzo (S.F.)	
JA	Acoustical Treatment (S.F.)	
JC	Carpet (S.Y.)	
JF	Hard Surface Flooring (S.F.)	
JP	Painting & Wall Covering (S.F.)	
K	✱ SPECIALTIES	$
KB	Bathroom Partitions & Accessories (S.F.)	
KF	Other Partitions (S.F.)	
KL	Lockers (Ea.)	
L	✱ EQUIPMENT	$
LK	Kitchen	
LS	School	
LO	Other	
M	✱ FURNISHINGS	$
MW	Window Treatment	
MS	Seating (Ea.)	
N	✱ SPECIAL CONSTRUCTION	$
NA	Acoustical (S.F.)	
NB	Prefab. Bldgs. (S.F.)	
NO	Other	
P	✱ CONVEYING SYSTEMS	$
PE	Elevators (Ea.)	
PS	Escalators (Ea.)	
PM	Material Handling	
Q	✱ MECHANICAL	$
QP	Plumbing (Number of fixtures)	
QS	Fire Protection (Sprinklers)	
QF	Fire Protection (Hose Standpipes)	
QB	Heating, Ventilating & A.C.	
QH	Heating & Ventilating (BTU Output)	
QA	Air Conditioning (Tons)	
R	✱ ELECTRICAL	$
RL	Lighting (S.F.)	
RP	Power Service	
RD	Power Distribution	
RA	Alarms	
RG	Special Systems	
S	MECH./ELEC. COMBINED	$

Product Name _____
Product No. _____
Your Name _____
Company _____
☐ Company
☐ Home   Street Address _____
City, State, Zip _____
☐ Please send _____ forms.

Please specify the Means product you wish to receive.
Complete the address information as requested.
Return this form with your check (product cost less $20.00) to:

R.S. Means Company, Inc.
A Southam Company

Square Foot Costs Department
100 Construction Plaza, P.O. Box 800
Kingston, MA 02364-9988

387

NOV 29 1990

Order Form

Means
A Southam Company

R.S. Means Company, Inc.
100 Construction Plaza, P.O. Box 800, Kingston, MA 02364-0800

1992 ORDER FORM

CALL TOLL FREE
1-800-448-8182

QTY.	BOOK NO.	COST ESTIMATING BOOKS	UNIT PRICE	Total	QTY.	BOOK NO.	REFERENCE BOOKS (cont'd)	UNIT PRICE	Total
	60062	Assemblies Cost Data 1992	$115.95			67231	Forms for Building Construction Professionals	$ 84.95	
	60012	Building Construction Cost Data 1992	69.95			67260	Fundamentals of the Construction Process	64.95	
	60222	Building Constr. Cost Data–Western Edition 1992	79.95			67210	Graphic Construction Standards	114.95	
	60112	Concrete Cost Data 1992	67.95			67258	Hazardous Material & Hazardous Waste	79.95	
	60142	Construction Cost Indexes 1992	180.00			67280	Home Improvement Cost Guide	35.95	
	60142A	Construction Cost Index–January 1992	45.00			67251	HVAC: Design Criteria, Options, Selection	64.95	
	60142B	Construction Cost Index–April 1992	45.00			67281	HVAC Systems Evaluation	62.95	
	60142C	Construction Cost Index–July 1992	45.00			67293	Illustrated Construction Dictionary, Unabridged	99.95	
	60142D	Construction Cost Index–October 1992	45.00			67267	Insurance Repair	58.95	
	60232	Electrical Change Order Cost Data 1992	79.95			67237	Interior Estimating	58.95	
	60032	Electrical Cost Data 1992	72.95			67239	Landscape Estimating	62.95	
	60202	Facilities Cost Data 1992	179.95			67266	Legal Reference for Design & Construction	114.95	
	60162	Heavy Construction Cost Data 1992	76.95			67236	Man-Hour Standards for Construction–2nd Ed.	144.95	
	60092	Interior Cost Data 1992	71.95			67235	Mechanical Estimating	62.95	
	60122	Labor Rates for the Const. Industry 1992	160.00			67245	Planning and Managing Interior Projects	68.95	
	60192	Landscape Cost Data 1992	74.95			67247	Project Planning and Control for Construction	64.95	
	60182	Light Commercial Cost Data 1992	68.95			67262	Quantity Takeoff for the General Contractor	64.95	
	60022	Mechanical Cost Data 1992	72.95			67265	Repair & Remodeling Estimating	62.95	
	60152	Open Shop Building Constr. Cost Data 1992	76.95			67254	Risk Management for Building Professionals	54.95	
	60212	Plumbing Cost Data 1992	71.95			67253	Roofing: Design Criteria, Options, Selection	59.95	
	60042	Repair and Remodeling Cost Data 1992	72.95			67291	Scheduling Manual	56.95	
	60172	Residential Cost Data 1992	68.95			67145	Square Foot Estimating	62.95	
	60072	Site Work Cost Data 1992	71.95			67241	Structural Steel Estimating	71.95	
	60052	Square Foot Costs 1992	84.95			67233	Superintending for the General Contractor	54.95	
		REFERENCE BOOKS				67274	Survival in the Construction Business	59.95	
	67275	Avoiding and Resolving Construction Claims	59.95			67259	Understanding the Legal Aspects of Design/Build	72.95	
	67257	Bidding & Managing Government Construction	62.95			67232	Unit Price Estimating	58.95	
	67180	Bidding for the General Contractor	56.95						
	67261	Building Profess. Guide to Contract Documents	56.95						
	67250	Business Management for the General Contractor	58.95						
	67278	Construction Delays	61.95						
	67268	Construction Paperwork	70.95						
	67255	Contractor's Business Handbook	59.95						
	67252	Cost Control in Building Design	59.95						
	67242	Cost Effective Design/Build Construction	59.95						
	67230	Electrical Estimating	61.95						
	67160	Estimating for the General Contractor	61.95						
	67276	Estimating Handbook	89.95						
	67249	Facilities Maintenance Management	66.95						
	67246	Facilities Maintenance Standards	144.95						
	67264	Facilities Manager's Reference	67.95						

MA residents add state sales tax.

TOTAL (U.S. Funds)

Prices are subject to change and are for U.S. delivery only. Canadian customers should write for current prices.

Postage and handling extra when billed. Send your check with your order to save shipping and handling charges! 1992 editions available December 1991. Means will bill you or accept MasterCard, Visa, and American Express.

BC3

SEND ORDER TO:

Name (PLEASE PRINT) _____

Company _____
☐ Company
☐ Home Address _____

City/State/Zip _____

Phone # ( ) _____

P.O. # _____

(MUST ACCOMPANY ALL ORDERS BEING BILLED)

388